真空科学ハンドブック

日本真空学会 編

コロナ社

刊行のことば

『真空科学ハンドブック』をお届けします．ハンドブックというには大部に過ぎないかといわれると，まさにそのとおりです．むしろ教科書と考えていただいた方がよいでしょう．それも，現在入手可能な真空科学・技術に関する類書の中では，おそらく最も詳しく，かつ最も高度な内容であると思います．かなり充実したものであると自負しております．このような本ができた背景には，永年にわたって Journal of the Vacuum Society of Japan（『真空』誌）に，論文，解説記事を書かれた方々，また，毎年日本真空学会が開講している真空夏季大学の講師として活躍された方々が多数いらっしゃることがあります．

真空夏季大学は 2017 年で 57 回目を迎えました．毎年，テキストを更新し，講師が交替するときには，さらに内容を付け加えるなどして，すでにかなりの厚さとなり，これ自体が真空科学・技術の教科書に成長しています．夏季大学の限られた時間内には教えきれないという矛盾も抱えています．夏季大学のテキストを出版物として残そうという話はずいぶん昔からありました．それが実現しなかったのは，夏季大学のテキストは毎年，講師が更新すべきで固定したものとするのは良くない，すなわち講師もテキスト作りで勉強すべきであるという積極的な理由もありました．一方，これほどページ数の多い本は昨今の出版事情では発行が難しいという背景もありました．

コロナ社から，社の創立 90 周年記念出版として真空学会編集の本を出したいという相談をいただいたのは 2013 年のことでした．かねてより真空科学のテキストをまとめたいという希望がありましたので，これは願ってもないことでした．夏季大学のテキストとしてかなりの内容のものが形を成していましたし，しかも，ページ数の制限はないとのことなので，ほとんどの部分はそのまま原稿とすることができる，とかなり楽観的な予想の下，編纂が始まりました．素材がほぼそろっているという点では，その予想は当たっていました．しかし，一つひとつ独立した，しかもそれぞれ講師の色が強く出ている夏季大学のテキストを集めただけでは 1 冊の本にはなりません．統一感と一貫性を確かなものにするために編集委員は工夫し，執筆者の皆様にはさまざまのお願いをいたしました．また，時間の制限のために夏季大学では扱っていない項目を加えて，網羅的なものにまとめることにも努力いたしました．

用語と記号の統一も課題でした．「真空」は相当に広い分野に広がっており，用語・記号にも分野ごとのバラエティがあります．それらを無理矢理に画一的にそろえることは，

記述のスマートさを損なうことになるので，適当と思われるところで止めてあります．

　本書には真空科学・技術の過去・現在・未来が詰まっています．「過去」は先人達が築いてきたこの分野の基礎であり，「現在」は，文字どおりこの分野の活動の現状といえるでしょう．「未来」は見えません．予想でしかありません．しかし，本書に書かれていることが，まだ見えぬ未来の科学と技術の礎になることは間違いないと思います．本書がそのように活用されれば編集委員・執筆者一同の喜びであります．

　最後になりましたが，編集委員のお一人，橘内浩之さんが本書の完成をご覧になることなく急逝されましたことはたいへん悲しく残念なことでした．本企画が始まって以来の多大のご尽力に感謝申し上げ，ご冥福をお祈りいたします．

2018 年 2 月

真空科学ハンドブック編集委員会委員長

日本真空学会会長

荒 川 一 郎

編 集 委 員 会

委 員 長

荒 川 一 郎 （学習院大学）

委 員

秋 道　　斉 （産業技術総合研究所）

稲 吉 さかえ （株式会社アルバック）

橘 内 浩 之 （元株式会社日立ハイテクノロジーズ，2017 年 2 月逝去）

末 次 祐 介 （高エネルギー加速器研究機構）

鈴 木 基 史 （京都大学）

高 橋 主 人 （元大島商船高等専門学校）

土 佐 正 弘 （物質・材料研究機構）

中 野 武 雄 （成蹊大学）

福 田 常 男 （大阪市立大学）

福 谷 克 之 （東京大学）

松 田 七美男 （東京電機大学）

松 本 益 明 （東京学芸大学）

（五十音順）

執 筆 者 一 覧

荒 川 一 郎 （学習院大学）　0 章，1.4.6～1.4.8，4.4

齊 藤 芳 男 （東京大学）　0 章，5.2.5

松 田 七美男 （東京電機大学）　1.1，1.3.1～1.3.3，1.6.1，1.6.3

福 田 常 男 （大阪市立大学）　1.2

末 次 祐 介 （高エネルギー加速器研究機構）　1.3.4～1.3.9，3.4，5.2.1

福 谷 克 之 （東京大学）　1.4.1～1.4.5，1.6.2，1.6.4

石 川 雄 一 （元横浜国立大学）　1.5

土 佐 正 弘 （物質・材料研究機構）　2.1，2.2，2.5

板 倉 明 子 （物質・材料研究機構）　2.3

為 則 雄 祐 （高輝度光科学研究センター）　2.4，2.6

山 本 将 博 （高エネルギー加速器研究機構）　2.7.1～2.7.3

道 園 真一郎 （高エネルギー加速器研究機構）　2.7.4

稲 吉 さかえ （株式会社アルバック）　2.8，2.9

高 橋 主 人 （元大島商船高等専門学校）　3.1

川 﨑 洋 補 （キヤノンアネルバ株式会社）　3.2.1，3.2.5，3.2.8～3.2.10

濱 口 宗 久 （株式会社大阪真空機器製作所）　3.2.2，3.2.3，3.2.6

臼 井 克 明 （株式会社荏原製作所）　3.2.4

降 矢 新 治 （アルバック・クライオ株式会社）　3.2.7

堀 洋 一 郎 （高エネルギー加速器研究機構）　3.3

井 川 秋 夫 （島津エミット株式会社）　3.5

菊 地 俊 雄 （VISTA 株式会社，元キヤノンアネルバ株式会社）　4.1.1～4.1.6

髙 橋 直 樹 （アトナープ株式会社）　4.1.7，4.2

吉 田　　肇 （産業技術総合研究所）　4.3，4.5，4.6

間 瀬 一 彦 （高エネルギー加速器研究機構）　5.1

金 正 倫 計 （日本原子力研究開発機構）　5.2.2

松 田 武 志 （宇宙航空研究開発機構）　5.2.3

森　　研 人 （宇宙航空研究開発機構）　5.2.3

小 森 彰 夫 （自然科学研究機構）　5.2.4

木ノ切 恭 治 （真空テクノサポート）　5.3

中 野 武 雄 （成蹊大学）　6.1

鈴 木 基 史 （京都大学）　6.1

江利口 浩 二 （京都大学）　6.2

吉 原 一 紘 （シエンタ オミクロン株式会社）　6.3

（執筆順）

（2018 年 3 月現在）

凡　　　例

1．構成および章・節・項の区分
（a）章・節・項はポイントシステムを採用した．
（b）図・表・式は，節ごとの一連番号とした．

2．用　語
（a）主要な用語は，その初出時に対応英語を併記した．
（b）外国人名は，定理や方法などに冠する際には片仮名書きとし，その他の場合は原語とした．
（c）外来語の表記については，そのまま日本語の用語として使用されているものは片仮名書きとし，日本語の用語が統一されていないものは原語で表記した．なお，片仮名表記法は，原則として JIS Z 8301 に準拠した．
（d）外国語の略語には，原則として原語（フルスペル）を併記した．
（e）真空関連用語の表記は，原則として JIS Z 8126 に準拠した．

3．単位，定数
単位は，原則として国際単位系（SI）を用いることとした．ただし，文献を引用した場合や広く慣用的に用いられている場合は，SI 以外の単位表記を認めている．
諸定数は 2014 CODATA を基にした．ただし，質量標準の見直しに伴って抜本的な改定が行われ，2018年に 2018 CODATA が発表される予定である．

4．数学記号，量記号，単位記号および図記号
一般の数学記号，量記号，単位記号および図記号は，原則として JIS に準拠した．

5．文　献
（a）文献は章末または節末に一括して掲載した．
（b）文献番号は章または節ごとの一連番号とした．
（c）文献は，本文中のその事項の右肩に片括弧付きの番号を付けて表記した．
（d）文献の記載の仕方は，つぎのとおりとした．
［雑誌］著者名：誌名，巻（発行年）ページ．
［書籍］著者名：書名，（編者名）（出版社，出版地，発行年）版，巻，章，ページ．

6．索　引
巻末に五十音順，アルファベット順で掲載した．

基 礎 定 数 表（2014 年調整値）

名　称	記　号	数　値	単　位	相対標準不確かさ
真空中の光速	c, c_0	$299\,792\,458$	$\mathrm{m \cdot s^{-1}}$	定義値
真空の透磁率	μ_0	$4\pi \times 10^{-7} = 12.566\,370\,614\cdots \times 10^{-7}$	$\mathrm{N \cdot A^{-2}}$	定義値
真空の誘電率 $1/\mu_0 c^2$	ϵ_0	$8.854\,187\,817\cdots \times 10^{-12}$	$\mathrm{F \cdot m^{-1}}$	定義値
万有引力定数（ニュートン定数）	G	$6.674\,08(31) \times 10^{-11}$	$\mathrm{m^3 \cdot kg^{-1} \cdot s^{-2}}$	4.7×10^{-5}
プランク定数	h	$6.626\,070\,040(81) \times 10^{-34}$	$\mathrm{J \cdot s}$	1.2×10^{-8}
$h/2\pi$	$\hbar$	$1.054\,571\,800(13) \times 10^{-34}$	$\mathrm{J \cdot s}$	1.2×10^{-8}
素電荷	e	$1.602\,176\,620\,8(98) \times 10^{-19}$	C	6.1×10^{-9}
磁束量子 $h/2e$	Φ_0	$2.067\,833\,831(13) \times 10^{-15}$	Wb	6.1×10^{-9}
コンダクタンス量子 $2e^2/h$	G_0	$7.748\,091\,731\,0(18) \times 10^{-15}$	S	2.3×10^{-10}
電子の質量	m_e	$9.109\,383\,56(11) \times 10^{-31}$	kg	1.2×10^{-8}
陽子の質量	m_p	$1.672\,621\,898(21) \times 10^{-27}$	kg	1.2×10^{-8}
電子・陽子の質量比	$m_\mathrm{p}/m_\mathrm{e}$	$1836.152\,673\,89(17)$		9.5×10^{-11}
微細構造定数 $e^2/4\pi\epsilon_0\hbar c$	α	$7.297\,352\,566\,4(17) \times 10^{-3}$		2.3×10^{-10}
微細構造定数の逆数	α^{-1}	$137.035\,999\,139(31)$		2.3×10^{-10}
リュードベリ定数 $\alpha^2 m_e c/2h$	R_∞	$10\,973\,731.568\,508(65)$	$\mathrm{m^{-1}}$	5.9×10^{-12}
アボガドロ定数	N_A, L	$6.022\,140\,857(74) \times 10^{23}$	$\mathrm{mol^{-1}}$	1.2×10^{-8}
ファラデー定数 $N_\mathrm{A}e$	F	$96\,485.332\,89(59)$	$\mathrm{C \cdot mol^{-1}}$	6.2×10^{-9}
1 モルの気体定数	R	$8.314\,459\,8(48)$	$\mathrm{J \cdot mol^{-1} \cdot K^{-1}}$	5.7×10^{-7}
ボルツマン定数 R/N_A	k	$1.380\,648\,52(79) \times 10^{-23}$	$\mathrm{J \cdot K^{-1}}$	5.7×10^{-7}
シュテファン・ボルツマン定数 $(\pi^2/60)k^4/\hbar^3 c^2$	σ	$5.670\,367(13) \times 10^{-8}$	$\mathrm{W \cdot m^{-2} \cdot K^{-4}}$	2.3×10^{-6}
		SI と併用してよい非 SI 単位		
電子ボルト (e/C) J	eV	$1.602\,176\,620\,8(98) \times 10^{-19}$	J	6.1×10^{-9}
（統一）原子質量単位 $\frac{1}{12}m(^{12}\mathrm{C})$	u	$1.660\,539\,040(20) \times 10^{-27}$	kg	1.2×10^{-8}

目　　　次

0.　真空科学・技術の歴史

0.1　真空と気体の科学 ･････････････････ 1
　0.1.1　真空と大気圧 ････････････････ 1
　0.1.2　気体の状態方程式と分子の運動 ･････ 2
　0.1.3　導管内の分子の運動とコンダクタン
　　　　ス（M. Knudsen と M. von Smolu-
　　　　chowski） ･･････････････････ 3
0.2　真 空 ポ ン プ ･･･････････････････ 3
　0.2.1　液柱ポンプの発明 ･･････････････ 3
　0.2.2　気体輸送式ポンプ——現代につなが
　　　　る真空技術の進歩（W. Gaede と I.

Langmuir） ──────── 4
　0.2.3　イオンポンプとゲッターポンプ ･････ 5
　0.2.4　クライオポンプ ･･･････････････ 5
0.3　圧 力 の 測 定 ･･･････････････････ 5
　0.3.1　力 学 的 測 定 ･･････････････ 5
　0.3.2　気体の諸性質を利用する圧力測定 ･･･ 6
　0.3.3　電 離 真 空 計 ･･････････････ 6
　0.3.4　質 量 分 析 計 ･･････････････ 6
0.4　真空科学・技術の現在と将来 ･･･････ 7

1.　真空の基礎科学

1.1　希薄気体の分子運動 ･･･････････････ 8
　1.1.1　気 体 の 圧 力 ･･････････････ 8
　1.1.2　空　　　　気 ･･･････････････ 8
　1.1.3　気 体 の 法 則 ･･････････････ 10
　1.1.4　気体の状態方程式 ･･････････････ 10
　1.1.5　物 質 の 三 態 ･･････････････ 11
　1.1.6　気体の熱力学 ････････････････ 12
　1.1.7　気体分子の速度分布 ････････････ 13
　1.1.8　真空科学で用いられる種々の物理量の
　　　　統 計 平 均 ･･･････････････ 15
　1.1.9　平 均 自 由 行 程 ････････････ 17
　1.1.10　入 射 頻 度 ･･････････････ 20
1.2　希薄気体の輸送現象 ･････････････ 22
　1.2.1　粘性流と分子流 ････････････ 22
　1.2.2　圧力が高い領域での輸送現象 ･････ 23
　1.2.3　圧力が低い領域での輸送現象（分子条
　　　　件下での輸送過程） ･･･････････ 33
　1.2.4　輸送現象における壁面の効果 ･･･････ 35
1.3　希薄気体の流体力学 ･････････････ 41
　1.3.1　希薄気体を特徴付ける量 ････････ 41
　1.3.2　壁面における分子散乱 ･･････････ 43
　1.3.3　流　　　　量 ･･･････････････ 43
　1.3.4　コンダクタンス ･･･････････････ 44

　1.3.5　コンダクタンスの合成 ･･････････ 45
　1.3.6　粘性流領域でのコンダクタンス ･････ 47
　1.3.7　分子流領域でのコンダクタンス (1)
　　　　──円形断面の導管の場合── ･･･ 53
　1.3.8　分子流領域でのコンダクタンス (2)
　　　　──任意の断面形状を持つ導管
　　　　の場合── ･････････････････ 57
　1.3.9　中間流領域でのコンダクタンス ･･････ 66
1.4　気体と固体表面 ･･････････････････ 70
　1.4.1　真空科学の中の表面科学 ････････ 70
　1.4.2　気体分子と表面の相互作用：吸着・散
　　　　乱・拡散・脱離 ･･･････････････ 70
　1.4.3　気 体 の 吸 着 ･･････････････ 71
　1.4.4　気体分子の散乱 ････････････ 85
　1.4.5　気 体 の 拡 散 ･･････････････ 89
　1.4.6　気 体 の 熱 脱 離 ････････････ 91
　1.4.7　電子遷移誘起脱離 ･･･････････ 93
　1.4.8　気体の吸着と脱離 ･･････････ 100
1.5　固体表面・内部からの気体放出 ･････ 112
　1.5.1　気体の固体内部への溶解 ････････ 112
　1.5.2　気体の固体内部での拡散と透過 ･････ 113
1.6　関 連 資 料 ･･･････････････････ 117
　1.6.1　マクスウェル速度分布に関する計算 ･･ 117

1.6.2 拡散方程式 ……………… 118	1.6.4 熱的適応係数の測定値 ……………… 120
1.6.3 おもな気体の基本的な性質一覧 …… 119	

2. 真空用材料と構成部品

2.1 真空容器材料 ……………… 124	2.5.4 ガス放出 ……………… 165
2.1.1 ステンレス鋼 ……………… 124	2.6 運動操作導入 ……………… 166
2.1.2 アルミニウム合金 ……………… 125	2.6.1 真空中への運動の伝達 ……………… 166
2.1.3 チタンおよびチタン合金 ……… 126	2.6.2 直線導入 ……………… 168
2.1.4 銅 ……………… 126	2.6.3 回転導入 ……………… 169
2.2 真空用部品材料と表面処理 ……… 127	2.6.4 モーター駆動 ……………… 172
2.2.1 耐熱材料（ニッケル基合金）……… 127	2.7 電気信号導入 ……………… 174
2.2.2 高温および低温用材料 ……………… 127	2.7.1 電流導入 ……………… 175
2.2.3 ガラス，セラミックス，	2.7.2 熱電対，光ファイバー導入 ……… 176
グラファイト ……………… 127	2.7.3 高電圧導入 ……………… 178
2.2.4 プラスチック，エラストマー ……… 128	2.7.4 高周波導入 ……………… 178
2.2.5 表面処理技術 ……………… 129	2.8 洗浄 ……………… 181
2.3 接合技術・材料 ……………… 130	2.8.1 汚れの種類と洗浄法 ……………… 181
2.3.1 金属と金属の接合 ……………… 131	2.8.2 機械的な除去 ……………… 182
2.3.2 金属とガラスの接合 ……………… 133	2.8.3 湿式洗浄 ……………… 183
2.3.3 金属とセラミックスの接合 ……… 134	2.8.4 乾式洗浄 ……………… 186
2.3.4 接着剤 ……………… 136	2.8.5 洗浄の評価方法 ……………… 187
2.4 真空封止 ……………… 140	2.8.6 洗浄後の保管 ……………… 188
2.4.1 エラストマーシールフランジ ……… 141	2.8.7 総合的な洗浄方法の検討例 ……… 189
2.4.2 メタルシールフランジ ……………… 150	2.8.8 関連資料 ……………… 191
2.4.3 メタルOリング ……………… 155	2.9 ガス放出データ ……………… 195
2.4.4 バルブ ……………… 158	2.9.1 熱脱離によるガス放出 ……………… 195
2.4.5 真空バルブの構造 ……………… 158	2.9.2 ガス放出速度データの参考文献 …… 217
2.4.6 各種真空バルブ ……………… 159	2.9.3 透過と拡散 ……………… 217
2.5 真空用潤滑材料 ……………… 163	2.9.4 蒸気圧 ……………… 220
2.5.1 真空中での摩擦 ……………… 163	2.9.5 ポンプからのガス放出 ……………… 223
2.5.2 液体潤滑剤 ……………… 164	2.9.6 熱脱離以外のガス放出 ……………… 225
2.5.3 固体潤滑剤 ……………… 165	

3. 真空の作成

3.1 真空の作成手順 ……………… 232	3.2 真空ポンプ ……………… 261
3.1.1 到達圧力と常用圧力 ……………… 232	3.2.1 真空ポンプの使用圧力範囲 ……… 261
3.1.2 真空装置の構成 ……………… 235	3.2.2 油回転ポンプ ……………… 265
3.1.3 真空ポンプの選択 ……………… 238	3.2.3 ルーツポンプ ……………… 270
3.1.4 真空容器の設計 ……………… 242	3.2.4 ドライポンプ ……………… 274
3.1.5 真空排気システム ……………… 248	3.2.5 拡散ポンプ ……………… 279
3.1.6 リーク検査 ……………… 256	3.2.6 ターボ分子ポンプ ……………… 284

目　次　　vii

　　3.2.7　クライオポンプ‥‥‥‥‥‥‥　292
　　3.2.8　ゲッターポンプ‥‥‥‥‥‥‥　300
　　3.2.9　スパッタイオンポンプ‥‥‥‥　308
　　3.2.10　ソープションポンプ‥‥‥‥　314
　3.3　排気プロセス‥‥‥‥‥‥‥‥‥‥　318
　　3.3.1　排気の方程式‥‥‥‥‥‥‥‥　318
　　3.3.2　粘性流領域の排気‥‥‥‥‥‥　324
　　3.3.3　分子流領域の排気‥‥‥‥‥‥　325
　3.4　排気速度とコンダクタンス‥‥‥‥　334
　　3.4.1　実効排気速度とコンダクタンス　334
　　3.4.2　粘性流領域のコンダクタンス‥‥‥‥　335

　　3.4.3　分子流領域のコンダクタンス‥‥‥‥　340
　　3.4.4　中間流領域のコンダクタンス‥‥‥‥　353
　3.5　リ　ー　ク　検　査‥‥‥‥‥‥‥‥　356
　　3.5.1　リークのメカニズム‥‥‥‥‥　358
　　3.5.2　リーク量の単位‥‥‥‥‥‥‥　361
　　3.5.3　許容リーク量‥‥‥‥‥‥‥‥　362
　　3.5.4　ヘリウムリークディテクターの原理と
　　　　　校正‥‥‥‥‥‥‥‥‥‥‥‥　363
　　3.5.5　各種リーク検出方法‥‥‥‥‥　367
　　3.5.6　リーク検出の実際‥‥‥‥‥‥　369

4. 真　空　計　測

　4.1　全　圧　真　空　計‥‥‥‥‥‥‥‥　373
　　4.1.1　U字管真空計‥‥‥‥‥‥‥‥　373
　　4.1.2　マクラウド真空計‥‥‥‥‥‥　373
　　4.1.3　ブルドン管真空計‥‥‥‥‥‥　374
　　4.1.4　隔　膜　真　空　計‥‥‥‥‥‥　374
　　4.1.5　熱　伝　導　真　空　計‥‥‥‥　377
　　4.1.6　粘　性　真　空　計‥‥‥‥‥‥　380
　　4.1.7　電　離　真　空　計‥‥‥‥‥‥　384
　4.2　質量分析計，分圧真空計‥‥‥‥‥　397
　　4.2.1　四極子形質量分析計‥‥‥‥‥　398
　　4.2.2　RGAの実際と問題点‥‥‥‥‥　401
　　4.2.3　磁場偏向型質量分析計‥‥‥‥　405
　　4.2.4　飛行時間型質量分析計‥‥‥‥　406
　　4.2.5　その他の質量分析計‥‥‥‥‥　407
　4.3　流量計，圧力制御‥‥‥‥‥‥‥‥　410
　　4.3.1　は　じ　め　に‥‥‥‥‥‥‥‥　410
　　4.3.2　マスフローコントローラー‥‥‥　410
　　4.3.3　形状の決まった孔を用いる方法‥‥‥　412
　　4.3.4　透　過　リ　ー　ク‥‥‥‥‥‥　414
　　4.3.5　膜式流量計（せっけん膜流量計）‥‥‥　415

　　4.3.6　面積流量計（フロート流量計）‥‥‥　415
　4.4　真空計測の誤差の要因と対策‥‥‥‥　416
　　4.4.1　気体の種類による感度の違い‥‥‥　417
　　4.4.2　真空系に起因する誤差‥‥‥‥　417
　　4.4.3　真空計に起因する誤差‥‥‥‥　418
　4.5　真空計を用いた気体流量の計測
　　　　システム‥‥‥‥‥‥‥‥‥‥‥‥　420
　　4.5.1　は　じ　め　に‥‥‥‥‥‥‥‥　420
　　4.5.2　基　　　　礎‥‥‥‥‥‥‥‥‥　420
　　4.5.3　真空試験のための計測システム‥‥‥　420
　　4.5.4　昇温脱離分析法‥‥‥‥‥‥‥　423
　　4.5.5　ガ　ス　透　過　測　定‥‥‥‥　425
　4.6　校　正　と　標　準‥‥‥‥‥‥‥‥　428
　　4.6.1　は　じ　め　に‥‥‥‥‥‥‥‥　428
　　4.6.2　圧　力　真　空　標　準‥‥‥‥　428
　　4.6.3　国際単位系（SI）‥‥‥‥‥‥　431
　　4.6.4　比　較　校　正　法‥‥‥‥‥‥　432
　　4.6.5　真空計測における不確かさとトレーサ
　　　　　ビリティについて‥‥‥‥‥‥‥　433

5. 真空システム

　5.1　実験研究用超高真空装置‥‥‥‥‥‥　436
　　5.1.1　超高真空の基礎‥‥‥‥‥‥‥　436
　　5.1.2　超高真空用材料と超高真空装置構成部
　　　　　品‥‥‥‥‥‥‥‥‥‥‥‥‥‥　439
　　5.1.3　実験用超高真空装置の製作‥‥‥　444
　　5.1.4　試料作製機構の具体例‥‥‥‥‥　450

　　5.1.5　超高真空実験の安全対策‥‥‥‥‥‥　451
　5.2　大　型　真　空　装　置‥‥‥‥‥‥　453
　　5.2.1　は　じ　め　に‥‥‥‥‥‥‥‥　453
　　5.2.2　粒　子　加　速　器‥‥‥‥‥‥　454
　　5.2.3　スペースチャンバー‥‥‥‥‥　466
　　5.2.4　核　融　合　装　置‥‥‥‥‥‥　475

5.2.5 重力波検出器 ……………… 487	5.3.4 断熱を利用する ……………… 503
5.3 産業用各種生産装置 …………… 496	5.3.5 蒸発を利用する ……………… 506
5.3.1 概　　要 ……………………… 496	5.3.6 無酸素環境を利用する ……… 509
5.3.2 真空の五つの性質 …………… 497	5.3.7 放電を利用する ……………… 511
5.3.3 差圧を利用する ……………… 497	5.3.8 応 用 最 前 線 ……………… 518

6. 真空の応用

6.1 薄 膜 作 製 …………………… 525	6.2.3 微細加工プラズマプロセスの今後の展
6.1.1 は じ め に ………………… 525	望 ………………………………… 548
6.1.2 薄膜作製法の概要 …………… 525	6.3 表 面 分 析 …………………… 552
6.1.3 成膜の素過程 ………………… 527	6.3.1 真空中の試料表面 …………… 552
6.1.4 実際の成膜例 ………………… 533	6.3.2 真空中の電子の飛行距離 …… 553
6.1.5 ま と め ………………… 538	6.3.3 電子と固体の相互作用を利用した表面
6.2 プラズマプロセス ……………… 539	分析 ……………………………… 553
6.2.1 低中真空領域でのプラズマ	6.3.4 X線と固体の相互作用を利用した表面
プロセス ………………………… 539	分析 ……………………………… 560
6.2.2 低中真空領域プラズマを用いた超微細	6.3.5 イオンと固体の相互作用を利用した表
加工～プラズマエッチング ……… 541	面分析 …………………………… 566

索　　引 ……………………………………………………………………………………… 571

0. 真空科学・技術の歴史

初め真空は人々の頭の中だけにあった．観念的な真空から具体的な真空の発見・実現への過程が真空科学の歴史の始まりである．真空という状態が認識されてからは，容れ物の中に真空を作る技術とそれを測る技術の発展の歴史として整理できる．その背景には真空環境の応用の歴史もあった．真空技術の発展に付き添って真空科学も成長してきた．本書ではまず初めにそのような観点から真空科学と真空技術の歴史をたどる．

0.1 真空と気体の科学

0.1.1 真空と大気圧

古代ギリシャの時代から，物質の原素は何か？その「隙間」は空虚か？に答えることは哲学者たちの重要な命題であった．紀元前 7 世紀に Thales（～BC 625 年）は「万物の原素（アルケー）は水である」と考え，Empedocles（～BC 460 年）は，水・空気・土・火の四つがすべての物質の原素であると述べたが，それらは，図 0.1.1 のような幾何学を織り交ぜた，調和としての自然界の認識方法の一つであったろう．そして Demokritos（BC 460～370 年頃）の「真実にあるのはアトモン（元素）と空虚（真空）だ」の言葉により，物がない空間，つまり，「真空」の概念が初めて生まれたとされる．しかし，その後 Aristoteles（BC 384～322 年）が，「自然は決して無駄な物を作らない＝自然は真空を嫌う」といって「真空」の存在を否定し，「隙間」を埋める五つ目の原素エーテルを提唱したため，以後 2000 年の間，「真空」の概念は遠ざけられることになった．

しかし，人間のさまざまな日常体験や道具や構築物を創り出していく経験を通じて，自然現象に対する認識も変わっていった．16 世紀末に G. Galilei が 10 m を越える深さからは水がくみ上げられないことを井戸掘り夫から聞いて，「自然が真空を嫌うにも限度がありそうだ」と考え，概念の実証を目的とした「実験」というものが生まれ，「真空」もその対象となった．Galilei が注目した 10 m の井戸の問題は，サイフォン問題として科学者たちの興味を引いた．1640 年頃，Gasparo Berti は長さ 35 ft の鉛のパイプを立て，これに水を満たしておき，上端のバルブを封じたまま下端（水桶に浸してある）のバルブを開放して，内部の水が管の途中でとどまることを実験している[1]†．1643 年の E. Torricelli と V. Viviani の実験は，初めて人々に真空の存在を納得させるものであった．この実験は，Berti の実験に触発されたと考えられるが，水ではなくこれよりはるかに比重の大きい液体である水銀を用い，実験をコンパクトにまとめた点が画期的であった．片方を封じた 1 m 程度の長さのガラス管を水銀で満たし，開口から空気が入らないように水銀壺に開口を浸したまま管を立てると，ガラス管中の水銀はおよそ 76 cm の高さまで下がってとどまった．上部の空間は「何もない」場所，つまり，真空を目で見えるものとした．そして直後の 1647 年，B. Pascal のピュイ・ドゥ・ドーム（Puy de Dome）での実験[2]により，初めて「真空」と「大気圧」とが実証された．Pascal は Torricelli の実験を，図 0.1.2 のように，水銀柱を何かの力が引き上げているのではなく，大気の圧力が水銀柱を押し上

（a）水（正 20 面体）

（b）空気（正 8 面体）

（c）土（正 6 面体）

（d）火（正 4 面体）

図 0.1.1 4 原素と 4 種の正多面体との対応

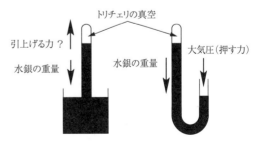

図 0.1.2 Torricelli と Pascal とがそれぞれ用いた水銀柱

† 肩付き数字は，章末または節末の引用・参考文献番号を表す．

げているためと解釈し,「大気圧, 流体の平衡」を著した.「実験こそが従うべき真の師である」とその中で述べた Pascal は, 痛烈に Aristoteles 学派を批判している. さらに, Pascal の実験の直後の 1650 年に, マグデブルク市長でもあり科学者・技術者でもあった O. von Guericke は, 二つのバルブ (弁) を有するピストン式 (鞴 (ふいご) 式) の排気ポンプを発明した. これを用いて 1654 年にマグデブルクにおいて大気圧の力を示すデモンストレーションを行ったことは「マグデブルクの半球」の名で有名である[3]. 直径 40 cm の銅製の半球を皮のガスケットで密着させ内部を排気し, これを両側から 8 頭ずつの馬で引き合っても離れなかった.

0.1.2 気体の状態方程式と分子の運動

Pascal, Guericke の実験に続いて, 1662 年, R. Boyle は, 今日「気体」の基本性質として知られる体積・圧力 = 一定 (定温条件) を, 図 0.1.3 に示すボイルの J 管と呼ばれるガラス管を用いて実験から導いた. J の形をしたガラス管の先端に水銀で少量の空気を閉じ込め, 直管部分に水銀を注ぎ足していき, 閉じ込められた空気の体積の変化を水銀柱の高さの差で表される圧力とともに測定した. 現在, 気体の量を $Pa \cdot m^3$ の単位で表すのは, ある温度における実測可能な量がボイルの時代から圧力と体積の二つであったことが由来しているからとも思われる.

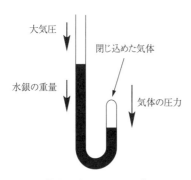

図 0.1.3 Boyle の J 管

こうして,「真空」の存在が確かめられるとともにその相補的な存在である「大気圧や気体」そのものの性質が明らかにされ始めた. この時代, R. Hooke (1665 年), C. Huygens (1672 年) などそれぞれ科学の分野で重要な法則を見い出した人々が, 大気圧と真空との力学的平衡を重要な現象と認識し, さまざまな形状の水銀柱気圧計を発明している. また, これを契機として「標高と気圧」の関係も研究され, E. Halley (1685 年) が最初の測高公式を提唱した. これは, 後の P. S. Laplace (1805 年) による多くの補正項を含めた高精度の測高公式につながっている. ジュネーブ生まれの科学者 J. A. De Luc (1727〜1817 年) は, それまでに発明された水銀柱気圧計を研究・改良し, 携帯用気圧計を製作した (1763 年). ジュネーブ科学史博物館には, 水銀柱気圧計の変遷が描かれた De Luc の著作の一部を見ることができる[4]. Boyle の後, Gay-Lussac (1802 年), A. Avogadro (1811 年) らにより気体に関して多くの法則が見い出され, Torricelli から 200 年あまりを費やして, 今日, 理想気体の状態方程式と呼ばれる基礎方程式

$$pV = \nu RT$$

が完成する. これにより, 気体を特徴付けるものが, 圧力 p, 体積 V, モル数 ν, 絶対温度 T であることが明確になり, 気体定数 R が測定されることになる. このように, 連続体としての気体が体積と圧力とを用いて性質が明らかにされていく一方, 古来からの命題であったそれを構成している「原素」についても, A. Lavoisier の質量保存の法則 (1777 年) や J. Dalton の倍数比例の法則 (1802 年) により, 仮説として原子を提案することが可能になってきていた. そして, 気体の圧力をこの粒子の運動によって説明しようと最初に試みたのは Daniel Bernoulli であり, 1738 年の著書 Hydrodynamik に「分子はまったく勝手にあらゆる方向に飛び交っている. 気体の圧力は, 分子が壁に衝突して生ずる力である.」と記している. この気体分子運動論は, それから 100 年以上を経た 19 世紀中頃に J. Joule, W. Rankin, R. Clausius, L. Boltzmann など当時エネルギーの概念を確立しつつあった熱力学者らによって再認識されることになる. 1846 年には T. Graham が, 質量の異なる 2 種類の気体分子が容器に開けた小さい孔から拡散して出てくるときに速度が違うことを実験により示している[5]. そして, 1857 年, 気体分子運動論が J. Maxwell により完成された. 個々の粒子を想定してその運動論から導かれた圧力の基礎方程式は

$$p = nkT$$

であった. n は分子の密度, k はボルツマン定数である. これは, 連続体としての気体の性質から導かれていた先の理想気体の状態方程式, $pV = \nu RT$ とまさに等価である. さらに連続体における気体定数 R と分子個々のエネルギー定数であるボルツマン定数 k とが結び付いた. そして, R と k との変換定数であるアヴォガドロ数が, J. B. Perrin により 1908〜1910 年に実測されることになる. この Perrin の実験の成果は, 分子の存在そのものを確認するものともなった.

0.1.3 導管内の分子の運動とコンダクタンス（M. Knudsen と M. von Smoluchowski）

20世紀初頭の数々の真空ポンプの発明は現代の排気技術の基礎となっているが，排気する気体の流量についてもこの時期に理論と実験で明らかになってきた．分子流においては，分子どうしの衝突がほとんどなく導管の壁との衝突が主であり，さらに壁と衝突した後に余弦則で散乱されるとみなしてよい．したがって，ここを通過して分子が移動していく量，つまり流量は，原理的には，入口への分子の入射頻度と導管の幾何学的形状だけで決まることになる．入射頻度を体積流量で表した値と，幾何学的形状で決まる通過確率との積がコンダクタンスであり，種々の形状の導管におけるコンダクタンスを計算により知ることが真空技術の分野における重要な課題であった．この試みは，まず，1909年に M. Knudsen により初めて行われた[6]．それ以前には，1875年に A. Kundt や E. Warburg により，きわめて細い導管での流量が粘性流を扱ったポアズイユの式では精度良く表せないこと，また，1890年には C. Christiansen により，多孔質材を透過する流れは拡散として扱えることなどがわかってきていた．しかしながら，中間流領域も含め分子流そのものの定式化には至っていなかった．Knudsn はこの論文で，導管の断面周長，断面積を用いて分子流の流量を解析的に表した．定式化のためのモデルでは，それまでの連続流体を扱う手法を踏襲しているが，導管の壁に衝突した分子が導管表面接線方向に与える運動量の変化という個々の分子の壁との相互作用の概念を初めて導入した．直後の1910年に，M. von Smoluchowski は，Knudsen が提案した表式は円形以外の断面形状の場合には厳密に正しいものではないことを指摘し，任意の断面形状での正確な流量を表す計算式を得た[7]．Smoluchowski は，導管内面に入射する分子の数と脱離して出ていく分子の数とを計算し，全体としての流量を定式化した．どちらも，現在，教科書やハンドブックに公式（十分に長い導管という付帯条件でのもの）として掲載されているものであり，分子流の流量の計算はすべてこれらを基礎として発展してきた．なお，ハンドブック等では，計算が容易なクヌーセン式に補正係数という形で Smoluchowski の結果を掲載することがある．また，これらの表式は，導管内部の圧力分布を線形とみなせる場合，つまり，無限に長く，断面形状が一定で，かつまっすぐな導管を想定した際に適用できるものである．有限な長さの導管における，出入口の端部の影響を考慮した流量計算は，1930年代に P. Clausing が行っており，その後，数々の近似計算式も提案されていくことになる．

0.2 真空ポンプ

0.2.1 液柱ポンプの発明

真空技術の基本的な概念である気体分子運動論が確立された後，1897年に電子が（J. J. Thomson），続いて1911年には原子核が発見され（E. Rutherford），さらに加速器の誕生とその発展へと，古来からの命題である物質の根元により詳しく迫ることになっていく．この間，真空を実現する技術もまたこれら科学実験に欠かせないものとして発展してきた．

機械式ピストンポンプである Guericke のポンプは F. Hauksbee（1703年）により複胴シリンダの回転ハンドル駆動型に改良され1分間の動作で200 Pa 程度まで排気できるようになったが，Torricelli の「真空の空間」が排気に利用されるのは19世紀に入ってからである．水銀だめからガラス製バルブ（コック）を開閉させて水銀を滴下して排気する方法を1855年に J. Pluecker と H. Geisler が発明し，続いて，水銀だめの位置の上下移動により水銀を滴下させる方法を A. Toepler（1862年）が，さらに，H. Sprengel（1865年）が断続的に滴下させる方法を実用化した[8]．これらは液柱（水銀柱）ピストンポンプと呼ばれ，19世紀末から20世紀初めにかけての発見や発明に用いられたガラス製真空容器の排気に活躍した．ガイスラーポンプで10 Pa，スプレンゲルポンプで1 Pa 程度の圧力まで排気できた[9]．この時期の真空ポンプと科学の発展は，白熱電球の発明（J.W. Swan, 1878年，および T.A. Edison, 1879年）と実用化にも直接結び付いている．1878年8月，メンローパークで白熱電球の量産プロセスを確立するためのプロジェクトを立ち上げた Edison の製造装置には，スプレンゲルポンプ，ガイスラー管，マクラウド真空計が用いられている[10]．Edison は，これらガラス製のポンプや部品の改良を重ねるとともに，使用する大量の水銀を連続的に加熱して水分を除去する仕組みを考え，また，吸湿剤である五酸化リンをトラップとして白熱電球の直下に封着して加熱・排気する複雑な工程も見い出して排気システムに組み込んだ．さらに，この五酸化リンのトラップの下流には，水銀の蒸気を金箔に吸収させる装置も取り付けられている．そして，フィラメントの加熱脱ガスだけでは白熱電球の寿命がなかなか延びないことから，ついに，ガラス球の内面そのものに吸着している水分子をベーキングすることが本質的であることに気付き，その工程を確立した．残留気体の分析はガイスラー管内の放電のスペクトルを分光器で観察して行っている．なお，Edison の液柱ポンプによる排気システ

ムで，圧力は 10^{-1} Pa まで到達している．

0.2.2 気体輸送式ポンプ——現代につながる真空技術の進歩（W. Gaede と I. Langmuir）——

白熱電球の実用化とともに，1904 年に二極管（J. Fleming），1906 年に三極管（L. De Forest）など，電球内に電極を付加する真空管（整流管や増幅管，発信管）も発明され，通信技術の発展も始まっていく．この時期に，真空ポンプも大きな発展が見られる．19 世紀から 20 世紀にかけ，気体を移送・圧縮して排気する機械式および液柱ピストンポンプから，気体分子の運動量に変化を与えて排気する分子ポンプおよび拡散ポンプへと真空ポンプが発展してきた[11]．気体輸送式ポンプは種々の原理に基づく真空ポンプ群の中で，根幹に位置するものといえる．その発展をたどってみよう．

〔1〕 回 転 ポ ン プ

液柱ピストンポンプは水銀の滴下を利用するものであったが，同じ水銀を使用して，回転機構により排気体積を移送する仕組みを W. Gaede が水銀回転ポンプとして 1905 年に発明した．毎分 10 回転で運転した場合，これは 0.1 L/s の排気速度のものであった．さらに，1908 年，Gaede は，今日使われている偏心回転体に移動翼を差し挟んだルパート型の油回転ポンプを発明し，2～150 m³/h の排気速度の実用機を開発している．これは，それまでの弁を持つ機械式ピストンポンプからの大きな進歩であった．

〔2〕 拡 散 ポ ン プ

拡散ポンプは，分子の衝突と運動量の変換を巧みに利用したものであるが，1913 年の Gaede の水銀を用いた拡散ポンプの発明以降，1916 年に I. Langmuir による改良，さらに，1928 年に C.R. Burch が油を動作液とする方法を実用化した．こうして，拡散ポンプは 20 世紀の白熱電球，電子管，X 線管の製造に活躍し，また，加速器を始めとする大型科学機器の真空排気に使用されることになる．なお，Langmuir は，白熱電球内の水分子がタングステンフィラメント上で反応して酸化タングステンと原子状水素とを発生させ，蒸発した酸化タングステンは容器内壁に吸着し，そこで原子状水素と反応して再び水分子を生成する，という電球の寿命を決める「ウォーターサイクル現象」も巧みな実験から解明している（1910～1915 年）．拡散ポンプの発明とともに発展した電子管製造分野では，高・超高真空の実現を目標として残留水分子に注目する研究が数多く行われたが，「なぜ水分子は残留しやすいのか」は，当時，あまり明らかにはならなかった．

〔3〕 ターボ分子ポンプ

気体分子運動論が確立され気体の圧力や粘性が分子

の動きとして理解できるようになると，これを利用した真空ポンプも研究され，1911 年に分子ポンプ（分子ドラッグポンプ）が，やはり Gaede により発明される．この Gaede の分子ポンプは，早くも 1913（大正 2）年には日本でも島津製作所が製造し，「ゲーデ氏最新分子式高度真空排気機」として販売を行っている．当時の定価はポンプ本体で 560 円，モーター付きが 840 円であった．分子ドラッグポンプは，その後，多くの技術者によりさまざまな構造が考案されたが，1958 年に W. Becker が，気体の粘性の利用だけでなく気体の流れを高速回転翼の回転軸方向に作るターボ分子ポンプ（Pfeiffer-Becker Pump と呼ばれる）を考案した．日本では，1971 年に大阪真空技術株式会社が国産初のターボ分子ポンプを販売している．それ以来，ターボ分子ポンプは，次節に述べる磁気軸受の実用化によるオイルレス化と並行して，翼の形状の工夫による圧縮比の向上，ねじ溝圧縮機構による高圧・大流量への対応など，著しい進歩を経て現在に至っている．

〔4〕 ポンプのオイルレス化

高真空から超高真空へフロンティアが移り，かつ表面の清浄性を重要視する半導体・精密電子デバイス産業にあっては，油は大敵であった．油拡散ポンプの作動油，ターボ分子ポンプの潤滑油の逆流・逆拡散に対して，最新の注意を払ってそれらを阻止する工夫が行われてきたが，多かれ少なかれその影響は問題になった．ターボ分子ポンプのオイルレス化に向けて，セラミックベアリング，固体潤滑剤を用いたベアリングなどが試みられてきた．潤滑剤を必要としない磁気軸受の開発は，工学のさまざまな分野での応用に向けて進められてきた．1976 年に Leybold 社によって磁気軸受を用いたターボ分子ポンプが初めて製品化された．日本では 1983 年にセイコー精機株式会社が商品化を果たしている．

粗排気系は，真空排気の開始にあっては，装置を大気圧から中真空領域まで排気する役割を担い，かつ多くの場合，排気の定常状態で大気圧と中真空領域との間にあって，その圧力差を維持するために働く．粗排気系の主役は長らく油回転真空ポンプであった．真空系内の拡散による油汚染を防止するためにトラップなどが設けられ，また，ポンプの外にまき散らされる油蒸気を排除するために，ポンプを室外に置くなどの工夫がされてきたが，根本的な解決にはならなかった．そのような状況を横目に見つつ，油を使用しない粗排気用の真空ポンプの開発に多くの努力が払われてきた．

可撓性を持つ隔膜（ダイヤフラム）をピストンの代わりに往復させて排気するダイヤフラムポンプはその一方法である．真空に接する部分に摺動部を持ち込ま

ないことによって，潤滑油を不要とした．回転運動を用いる方法では，油で潤滑かつ隙間を埋めていた摺動部を，幾何学的に接触しないような形状・構造とし，かつその隙間を可能な限り狭くして気体の逃げを小さくするという原理に基づいてさまざまな工夫・発明が進められ，スクロールポンプ，スクリューポンプ，ルーツポンプなどが世に現れた．21世紀に入って実用の域に達し，磁気軸受型のターボ分子ポンプと組み合わせて，ドライなポンプのみでオイルフリーの超高真空に達する排気系が実現した．それらの性能（到達圧力，排気速度，排気容量）は現在でも日進月歩である．

0.2.3 イオンポンプとゲッターポンプ

このように，20世紀に気体輸送式の真空ポンプが発展し，電球・電子管の生産に大きく貢献してきたが，さらに電子管の信頼性や性能をより向上させるための真空排気技術として，20世紀の中頃からは，材料表面と気体分子との反応を利用したゲッターポンプやスパッタイオンポンプが実用化された．白熱電球，電子管，半導体などの産業の需要とも相まって真空ポンプは発展してきたと考えられる．1917年にBarkhausenが発信管[8]を，1921年にHullがマグネトロン発信管を，それぞれ発明して以来，無線通信の分野での電波の送信・受信技術が注目されたが，そのためには，電子管内部をより長時間，高真空状態に保たねばならなかった．白熱電球の生産工程でも，ある種の吸着物質（ゲッター）を排気装置に組み込むことは行われていたが，ゲッター材を開発し実用化したのは，1947年のSAES社（Societa Apparecchi Elettrici e Scientifici）であった．1937年に大電力発信管であるクライストロンを発明したVarian兄弟は，レーダーの開発製作や電子線形加速器の原理を発明しバリアン社（Varian Associates）を創設して電子管の製造を行い，1957年に電子管の真空保持のためにスパッタイオンポンプを発明し，図0.2.1に示す製品を送り出した．

0.2.4 クライオポンプ

低温面に気体を吸着・凝縮して排気するクライオポンプは基本的に低温面温度でその性能が決まる．クライオポンプの発展と実用化は，低温の生成技術に直接依存してきたといってよいであろう．ドライアイス，液体窒素，液体ヘリウムなどの寒剤を用いるクライオポンプでは，それらの寒剤の供給と経済性がクライオポンプの利用範囲を決めている．液体ヘリウム温度であれば，ヘリウムと水素以外の気体を超高真空領域まで排気できる．液体ヘリウムため込み型のクライオポンプは20世紀の半ばから使われてきた．宇宙空間模擬装

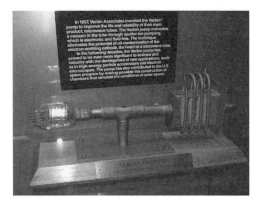

図0.2.1 バリアン社（現アジレント・テクノロジー社）のトリノ工場に飾られている最初のVacIon Pump（商品名）

置（スペースチェンバー），粒子加速器，核融合実験装置，表面研究装置などにそれぞれの用途に応じてさまざまの形態のクライオポンプが用いられてきた．しかし工業用途での液体ヘリウムの使用は，供給と経済性の点で現在でも現実的ではない．1970年代に，20 K以下の到達温度を実現した小型の機械式冷凍機を用いたクライオポンプが商品化された．清浄性と大排気速度を特長とするクライオポンプは，半導体デバイスをはじめとする電子デバイスの製造装置の排気系として，登場から今日まで大きな役割を果たしている．

0.3 圧力の測定

0.3.1 力学的測定

Pascalが水銀柱は大気圧によって押し上げられているといってから間もなく，1658～1659年に，Boyleは実際にベルジャーの中に水銀だめとガラス管（上部を封止した長さ32インチのもの）を置き，ベルジャーを排気するにつれ水銀柱の高さが下がっていくことを観察し，ベルジャー内の圧力を計測した．これが最初に行われた圧力の計測ではないかと考えられている[12]．なお，当時，BoyleはR. HookeとGuerickeの空気ポンプにラック・ピニオン機構を導入して改良した真空ポンプを発明しており，このポンプを用いてベルジャー内を水銀柱で1/4インチの高さ（約6 Torr = 800 Pa）まで排気した．このBoyleの水銀柱圧力計と機械式ピストンポンプは，その後，200年の間，真空測定と排気の唯一の手段であり続けた．1849年にE. Bourdonが金属の薄板でできた扁平パイプを利用した圧力計を発明した．これは今日でもブルドン管と呼ばれ，大気圧近くの減圧状態での圧力計測に広く用いられている．圧力計測に大きな進歩があったのは，水銀液柱ピスト

ンポンプが 1855 年から 1865 年にかけてつぎつぎに発明されたそのすぐ後である. 1874 年, H. G. McLeod は, 容器内の気体をガラス製枝管に封じ込め水銀柱で圧縮してから圧力を計測し, それからボイルの法則を利用して容器内の圧力を算出する方法を発明した. これにより, 圧力測定は 10^{-4} Pa 近くまで可能となった. 当時の水銀柱ピストンポンプの実用化は, ガラス管の精密な成形技術の進歩と枝管による巧妙なバルブ開閉操作 (水銀による岐路の封止動作) の発明によるところが大きいが, このマクラウド真空計もこれらを巧みに利用している. マクラウド真空計は Edison の白熱電球製造装置や, W. Crooks の陰極線実験装置 (1887 年のクルックス管) にも用いられ水銀の蒸気圧近くまでの圧力計測に欠かせないものであった.

0.3.2 気体の諸性質を利用する圧力測定

1857 年の気体分子運動論の確立後, 気体の分子の動きを利用した真空ポンプが Gaede や Langmuir により実用化されたが, 圧力測定にも粘性や熱伝導等気体分子の運動を利用するものが発明された. 気体の粘性が分子密度に比例することを利用した圧力計は, W. Sutherland (1897 年), J. L. Hoog (1909 年) が考案し, 1913 年には Langmuir が実際に石英ファイバーの振動減衰を測定する装置を作成している. 粘性を利用した真空計は当時広くは利用されなかったが, その後 1950 年代になってから J. W. Beams により再び注目され, 現在のスピニングローター真空計[†]の実用化につながった.

もう一つの分子の輸送現象である熱伝導を利用した真空計は, 1906 年に 2 種類のものが発明された. M. Pirani は熱フィラメントの気体分子による熱損失 (温度変化をフィラメントの電気抵抗変化として測定) を, また W. Voege は真空容器内に置いた熱電対の温度変化を, それぞれ測定する方法を開発した.

真空中での放電現象は, F. Hauksbee の時代からその放電時の発光色の観察がなされるなど関心は持たれていたが, 圧力の測定手段として用いるようになるのは 1857 年に J. H. W. Geissler が発明したガイスラー管が最初である. 放電電流の測定による精密な圧力計測は, 1937 年, F. M. Penning の発明した冷陰極電離真空計で可能となった. しかし, 電流と圧力との線形性は 10^{-4} Pa 程度までであった. その後, 1950 年代に磁場と電場の配置等に工夫がなされ, マグネトロン型冷陰極電離真空計としてさらに圧力の低い領域での

[†] JIS Z 8301 では, スピニングロータ真空計であるが, 本書では, スピニングローター真空計で統一した.

測定も可能となった.

0.3.3 電 離 真 空 計

1897 年に J. J. Thomson により電子の質量電荷比が測定され, 続いて 20 世紀初頭に, 二極管, 三極管が発明された. これらの電子管の応用が盛んになるにつれ, 圧力計測に電子による気体分子のイオン化を利用する方法が考案された. 1909 年に Otto von Baeyer が三極管内でのイオン化による圧力計測を提案し, 1916 年にベル研究所の O. E. Buckley が, 中心にフィラメント, その周囲にグリッド, さらにその外周を円筒状の集イオン電極で囲む配置を持つ三極管真空計を発明した. 三極管真空計は 10^{-6} Pa 台まで計測でき, 現在まで広く使用されている. 電離真空計の低圧測定限界を決めている要因は, 軟 X 線効果, 電子励起脱離イオン, 電極・壁からの気体放出である. 1950 年, R. T. Bayard と D. Alpert は, 三極管の電極の配置をまったく反転し, 集イオン電極の面積を小さくして軟 X 線効果を低減し, 測定領域を超高真空領域 10^{-8} Pa まで可能とした. これは, B-A 型電離真空計と呼ばれいまも広く使われている. 軟 X 線効果をさらに低減するために, 集イオン電極をイオン化室の外部に置いたエキストラクター型真空計を P. A. Redhead が 1966 年に発表し, Leybold 社がその商品化を果たした. その後, イオン収集レンズ系の最適設計により, グリッド表面からの電子励起脱離イオンを分離する方法が取り入れられ, また構成材料の低気体放出化により, 現在は 10^{-11} Pa 程度まで測定可能な製品が流通している.

0.3.4 質 量 分 析 計

質量分析計は種々の形式のものが発明, 開発され, 物質科学全般で広く使われている機器である. 現在の磁場偏向型質量分析計に近い形の装置は A. J. Dempster (1918 年) や F. W. Aston (1919 年) により作られた. 真空容器中に残る気体の種類と量を測定する質量分析計は, 真空の質を見極めるという意味で, 真空技術の発展に大きな役割を果たしてきた. ポンプの排気特性の気体種による違いを明らかにすることは, 真空ポンプの開発に欠かせなかったし, 材料から放出される気体種の分析は, 真空装置に適した材料の探索・開発に貢献した. 真空排気の観点から質量分析計を用いて残留気体を初めて詳細に調べたのは 1950 年の J. Blears であろう. 排気のごく初期過程において残留気体の 70% はすでに水となっており, 空気中の気体成分, すなわち窒素, 酸素などは, ほとんど存在しなくなることを観察している. その論文の中で, 「排気中の圧力低下の様子 (速度) を決めているのは, 分子と金属容器表面との結

合力である」と述べている．これ以降，排気時間が予想よりも長くなる原因は容器壁面からの水の脱離によるものであると考えられるようになった．真空技術の分野では，質量分析計の多くの形式の中でも，四極子形質量分析計が果たした役割が大きいであろう．1953年に W. Paul と H. Steinwedel[13] がこの方式を提案し，その後実用化・商品化が進められた．磁石を使用しないこと，比較的小型にできることなどが，真空分野への普及の大きな理由であろう．その後の開発・改良は著しく進み，現在に至っている．

0.4 真空科学・技術の現在と将来

現在，真空技術は，研究，開発，産業のさまざまの分野の基幹技術となっており，そのそれぞれで，より良い・望ましい真空環境とその実現手段が求められている．低い到達圧力，清浄な環境，環境の精密制御，排気時間の短縮，装置の大型化，あるいは小型化，等々である．それらを実現するための技術開発に努力が払われており，そのそれぞれにゴールはないといえる．技術をバックアップする科学もそれに伴っている．

例えば，中間流領域の気体の振舞いを知ることは，ドライな粗排気ポンプの中での気体のダイナミクスや，電子デバイス製作のために種々の気体を用いるプロセスにおいて重要な問題である．21世紀に入ってから，計算機のパワーが増大するにつれてこの領域のシミュレーションが現実的なものとなり，大きな発展を見ている．

何物も存在しない空間，真の真空の実現は遠い先のことであろう．それゆえ，究極の真空に向かうための真空科学・技術分野の活動は途絶えることはない．21世紀に入って，極高真空を作り・測り・保つ技術が実証・確立された．「極高真空は何の役に立つのか？」の問いに対して，より精密な表面科学，安定な電子源，粒子加速器・重力波測定装置などの特殊な用途への応用が始まっている．さまざまの応用が極高真空を舞台に試されること，そこから派生する新たな問題も，これからの真空科学・技術の活動の舞台となっていくであろう．

補足：本章の執筆に当たって全般的に文献[8],[14],[15]の記載事項を参考とした．中でも城阪俊吉著『科学技術史』[15] は真空関連の科学史・技術史を年表の代表項目に挙げ，内容も詳しく，かつ他分野との関わりも明解で参考になる．

引用・参考文献

1) T. E. Madey: J. Vac. Sci. Tech. A, **2** (1986) 110-117.

2) 江沢洋：だれが原子をみたか（岩波，東京，1976）p.75.

3) H. Jahrreiss: J. Vac. Sci. Technol. A, **5** (1987) 2466-2471.

4) M. Archinard: *De Luc et la recherche barometrique*, Musee d'hitoire des sciences de Geneve (1980).

5) W. Kauzman: *Kinetic Theory of Gases* (W. A. Benjamin Inc., 1966).

6) M. Knudsen: Ann. Phys., **28** (1909) 75.

7) M. Smoluchowski: Ann. Phys., **33** (1910) 1559.

8) 辻泰，齊藤芳男：真空技術発展の途を探る（アグネ技術センター，東京，2008）.

9) P. A. Readhead: *History of Vacuum Devices* CERN-1999-005 (1999) pp.281–290.

10) R. K. Waits: J. Vac. Sci. Technol. A, **21** (2003) 881.

11) P. A. Redhead, ed.: *Vacuum Science Technology, History of Vacuum Science and Technology* Vol.2 (American Vacuum Society, AIP Press, New York, 1994).

12) P. A. Redhead: J. Vac. Sci. Technol. A, **2** (1984) 132.

13) W. Paul and H. Steinwedel: Z. Naturforsch. A, **8** (1953) 448.

14) 熊谷寛夫，富永五郎，辻泰，堀越源一：真空の物理と応用（裳華房，東京，1970）.

15) 城阪俊吉：科学技術史（日刊工業新聞社，東京，2001）第5版.

1. 真空の基礎科学

1.1 希薄気体の分子運動

　温度の定まった気体においては，気体分子が自由に運動を行い，頻繁に衝突・散乱を繰り返し，平衡状態を保っていると気体分子運動論では考える．さらに，対象とする分子数は膨大な数に上るため，個々の分子の運動を求めることはほぼ不可能であるが，全体として一定の速度分布に落ち着いていると仮定することにより，集団的な性質を統計平均として算出するという手法がとられる．実際，この「統計力学」へと発展する手法で気体の性質を明瞭に説明することに成功しているのである．

　以下，まず 18, 19 世紀に行われた実験結果を基にした理想気体に関する性質を整理し，つぎに気体分子運動論がそれらの結果を導き出せることを説明する．

1.1.1 気体の圧力
〔1〕圧力の単位
　単位面積当りの力で定義される圧力は真空科学において最も重要な物理量である．その単位としては，国際単位系である SI (Le Système International d'Unités, The International System of Units) で定義された Pa（パスカル）とその 10^5 倍に定義された bar（バール）以外に，地表付近の大気の圧力を基準にした atm（気圧）が公的に使用を認められている．しかし，真空科学の歴史に由来する Torr（トル）も古い計器などでは残っており目にする場合がある．現存するおもな圧力単位とその定義を**表1.1.1**に示す．
〔2〕圧力単位の相互変換
　単位間の相互換算は必要不可欠である．**表1.1.2**に，Pa, mbar, atm, Torr 各単位間の換算値を示す．
〔3〕圧力による真空領域の分類
　JIS Z 8126-1 によれば，「通常の大気圧より低い圧力の気体で満たされた空間の状態」を真空と定義しており，真空を圧力に応じて**表1.1.3**のように大別している．なお，10^{-9} Pa 以下を極高真空と呼ぶこともある．
〔4〕海外における真空領域の分類
　超高真空は ultrahigh vacuum (UHV) の訳であるが，その定義には若干の差異があり，むしろ very high vacuum に相当する．したがって，海外の人と話をす

表1.1.1 圧力の単位

記号	定義・由来
Pa	国際標準である SI において，$1\ \mathrm{Pa} = 1\ \mathrm{N \cdot m^{-2}}$ で定義される．
atm	地表付近の大気圧に基づく単位系であり，標準大気圧（standard atmosphere）101 325 Pa に基づいて定義されている．
bar	cgs 単位系では $1\ \mathrm{cm^{-2}}$ 当り $1\ \mathrm{dyne} = 10^{-5}\ \mathrm{N}$ の圧力を $1\ \mathrm{\mu bar}$ とした．すなわち，$1\ \mathrm{bar} = 10^5\ \mathrm{Pa}$ で定義される単位である．10^{-3} 倍の mbar は気象情報などでなじみがあったが，現在は hPa（= 100 Pa）が用いられている．
mmHg	水銀柱の高さを mm 単位で表示した圧力値で定義される．現在では使用されない．
Torr	真空の発見とも称されるトリチェリの実験に由来する歴史的な単位系であり，高さ 0.76 m，密度 $13.595\ 10 \times 10^3\ \mathrm{kg \cdot m^{-3}}$ の水銀柱の質量に標準重力加速度 $9.806\ 65\ \mathrm{N \cdot kg^{-1}}$ を掛けて算出される圧力値を 760 Torr とした．現在は 1 Torr = 1/760 atm である．
psi	日本国内では使用できないが，主として英米で用いられている．1 lb（ポンド）= 0.453 6 kg, 1 in（インチ）0.025 4 m を基本に構成される単位系で，$1\ \mathrm{psi} \fallingdotseq 6.895 \times 10^{-3}\ \mathrm{Pa}$ となる．

表1.1.2 圧力単位の相互変換表

	Pa	mbar	Torr	atm（気圧）
Pa	1	10^{-2}	7.50×10^{-3}	9.87×10^{-6}
mbar	10^2	1	0.75	9.87×10^{-4}
Torr	133.3	1.333	1	1.316×10^{-3}
atm	10 133	1 013.3	760	1

表1.1.3 圧力による真空の領域の分類：JIS Z 8126-1 による

真空の領域名	範囲 [Pa]
低真空	大気圧 ～ 10^2
中真空	10^2 ～ 10^{-1}
高真空	10^{-1} ～ 10^{-5}
超高真空	10^{-5} 以下

る場合には十分な注意が必要である．欧米における一般的な圧力領域の分類を**表1.1.4**に示す[1]．

1.1.2 空気
　空気は身近にある最も重要な気体であり，真空ポン

表1.1.4 真空の圧力領域の分類：欧米[1]

圧力領域名	範囲 [Pa]	
Low	10^5 ~	3.3×10^3
Medium	3.3×10^3 ~	10^{-1}
High	10^{-1} ~	10^{-4}
Very high	10^{-4} ~	10^{-7}
Ultrahigh	10^{-7} ~	10^{-10}
Extreme ultrahigh	10^{-10} >	

プを用いて真空容器から排気される主たる対象である．空気は多くの成分を含む混合気体であるが，排気途中その成分比は大きく変化する．ここでは，平均的な大気について整理する．

〔1〕空気の成分

大気に含まれる気体の種類とそれらが占める比率は地表からの高度により異なるが，地表付近では，おおよそ酸素20%，窒素80%弱，残りは水蒸気，水素，二酸化炭素，メタン，貴ガスである．水蒸気の比率すなわち湿度は変動が大きいが，その他の成分は場所によらずある程度一定であると考えられる．水蒸気を除いた乾燥空気の成分比の報告例を表1.1.5に示す．

表1.1.5 乾燥空気の成分 [%]

	化学便覧[2]	Mayson[3]	CRC[4]
N_2	78.084	78.0900	78.084
O_2	20.948	20.9500	20.946
Ar	0.934	0.9300	0.934
CO_2	0.0314	0.0300	0.038
Ne	0.00182	0.0018	0.001818
He	0.000524	0.00052	0.000524
CH_4		0.00015	0.00017
Kr	0.000114	0.00010	
CO			0.0001
H_2	0.00005	0.00005	0.000055
Xe	0.0000087	0.000008	

〔2〕高度による大気圧の変化

大気圧とは地表における上空の空気の重さのことである．鉛直な空気の柱を考え，地表からの高さzにおける厚さ$\mathrm{d}z$の微小部分についての，上下からの圧力の釣合い方程式は，$\rho(z)$を空気の密度，Mを空気のモル質量（空気を混合気体で定義したときのモル質量），Rを気体定数，gを重力加速度として

$$\frac{\mathrm{d}p(z)}{\mathrm{d}z} = -\rho(z)g, \quad p(z) = \frac{\rho(z)RT}{M} \tag{1.1.1}$$

$$\therefore \frac{\mathrm{d}p(z)}{\mathrm{d}z} = -\frac{Mg}{RT}p \tag{1.1.2}$$

と表される．ここで式(1.1.1)の第2式は，後述する気体の状態方程式(1.1.16)を変形したものである．Mもgもまた温度Tも一定（$=T_0$）とみなす粗い近似では

$$p(z) = p(0)\exp\left(-\frac{Mg}{RT_0}z\right) \tag{1.1.3}$$

$$\rho(z) = \frac{M}{RT_0}p(z) \tag{1.1.4}$$

を得る．すなわち厳密ではないが，大気圧が高度とともに減少するという事実が説明できる．

実際の大気圧の高度変化については，国際民間航空機関（ICAO）が採用した「ICAO標準大気」[5]が標準として認められている．以下，このICAO標準大気の定義内容に従って説明する．地表付近での大気の密度の標準値を用いると，大気の密度の減衰係数の値はつぎのように求められる．

$$\frac{Mg}{RT_0} = 1.185 \times 10^{-4} \text{ m}^{-1} \tag{1.1.5}$$

もう少し近似精度を高めるためには，上空10 km程度までは気温が一定率$a = 0.0065$ K·m^{-1}で減少することを考慮すると，以下の関係が得られる．

$$p(z) = p(0)\left(1 - \frac{az}{T_0}\right)^{\frac{Mg}{aR}}$$
$$= 1.01325 \times 10^5 \left(1 - \frac{0.0065z}{288.15}\right)^{5.255} \text{ Pa} \tag{1.1.6}$$

図1.1.1に，上空1000 kmまでの大気圧を示す．図1.1.2は，上空40 kmまでのICAO標準値と単純なモデルによる式(1.1.3)および温度降下を考慮したモデルによる式(1.1.6)との比較を示す．

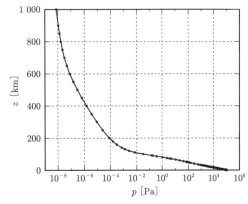

図1.1.1 上空1000 kmまでの大気圧（ICAO標準大気の標準値）の高度依存性[5]

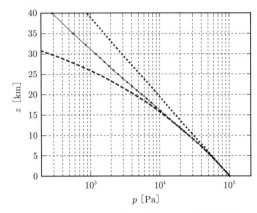

図 1.1.2 上空 40 km までの大気圧の高度依存性：標準値（実線と丸），単純なモデルに基づく式 (1.1.3) の曲線（点線），温度降下を考慮した式 (1.1.6) の曲線（破線）[5]

1.1.3 気体の法則

気体分子運動論の礎となった理想気体の性質に関する 17 世紀からの研究成果を簡単にまとめる．

〔1〕 ボイルの法則（Boyle's Law, 1662 年）

1662 年，アイルランドの自然科学者 Robert Boyle は，温度一定の条件下では，一定量の気体が占める体積は圧力に反比例することを示した．すなわち，一定量の気体が異なる体積 V_1, V_2 を占めるときの圧力をそれぞれ p_1, p_2 とすると

$$p_1 V_1 = p_2 V_2 \qquad (1.1.7)$$

の関係がある．

〔2〕 ダルトンの法則（Dalton's Law, 1801 年）

分圧の法則とも呼ばれるもので，混合気体の圧力 p は各気体成分の圧力 p_i（分圧）の和であるという法則である．

$$p = nkT = \sum_i n_i kT \qquad (1.1.8)$$

$$p = \sum_i p_i \qquad (1.1.9)$$

ここに n は気体分子密度であり，n_i は各気体成分の分子密度である．また，比例定数 k はボルツマン定数（式 (1.1.17) 参照）である．

〔3〕 ゲイ＝リュサックの法則（Gay Lussac's Law, 1802 年）

圧力一定の下では，0℃の体積を V_0 とすると，気体の体積 V が摂氏温度 t [℃] に比例し，その膨張係数が気体の種類によらず一定であるという法則である．

$$V = V_0 \left(1 + \frac{t}{273}\right) \qquad (1.1.10)$$

絶対温度の存在を示す重要な法則である．一定圧力下で体積が温度に正比例すること自体はシャルルの法則として 1787 年に提唱されていたが，Gay Lussac が種々の気体について実証し一般化した．

〔4〕 アボガドロの法則（Avogadro's Law, 1811 年）

1811 年，イタリアの自然科学者 Avogadro は，同一圧力，同一温度，同一体積のすべての種類の気体には同じ数の分子が含まれるという法則を提唱した．

〔5〕 グレアムの法則（Graham's Law, 1833 年）

穴から気体が流出する現象は一般に噴出（effusion）と呼ばれる．スコットランドの自然科学者 Graham は，気体の噴出速度（モル流量）V が気体のモル質量 M の平方根に反比例するという法則を示した．すなわち，気体分子種 a, b のモル質量をそれぞれ M_a, M_b とすると，以下のように表される．

$$\frac{V_a}{V_b} = \sqrt{\frac{M_b}{M_a}} \qquad (1.1.11)$$

非常に小さな穴を通じて気体が噴出する際には気体分子どうしの散乱が起こらない，という点で噴出は拡散とは区別される．この法則は入射頻度（後述：1.1.10 項参照）の概念を用いて初めて合理的に説明し得るものである．

1.1.4 気体の状態方程式

気体に関する数々の実験法則は，v モルの理想気体の圧力を p，体積を V，絶対温度を T とすると

$$pV = vRT \qquad (1.1.12)$$

という気体の状態方程式と呼ばれる方程式に整理される．ここに気体の種類によらない定数 R は気体定数と呼ばれ

$$R = 8.314\,459\,8(48)\ \mathrm{J\cdot K^{-1}\cdot mol^{-1}} \qquad (1.1.13)$$

という値を持つ．また，モル（mol）とは物質量の単位であり，1 モルはアボガドロ定数個の原子・分子の集合体の量を表す．ここでアボガドロ定数は，炭素の同位体 $^{12}\mathrm{C}$ 12 g に含まれる原子数，すなわち

$$N_A = 6.022\,140\,857(74) \times 10^{23}\ \text{個}\cdot\mathrm{mol^{-1}} \qquad (1.1.14)$$

である．1 モルの気体，すなわちアボガドロ定数個の気体分子は 0℃，1 atm でおおよそ 22.4 L の体積を占める．

気体の分子数 N は，アボガドロ定数とモル数 v を用いて $N = vN_A$ と表されるから，単位体積当りの気体分子数，すなわち気体分子密度 n は

$$n = \frac{N}{V} = \frac{vN_A}{V} \quad (1.1.15)$$

と表される．よって，状態方程式は

$$p = \frac{v}{V}RT = \frac{vN_A}{V}\frac{R}{N_A}T = nkT \quad (1.1.16)$$

と表すことができる．ここに k はボルツマン（Boltzmann）定数であり，つぎのような値である．

$$k = \frac{R}{N_A}$$
$$= 1.380\,648\,52(79) \times 10^{-23} \text{ J} \cdot \text{K}^{-1} \cdot \text{個}^{-1}$$
$$(1.1.17)$$

1.1.5 物質の三態

室温の真空装置内部にある空気の成分は気体であり，液体になることは考えていない．また，真空容器を構成する金属や絶縁体は室温では固体である．その理由を簡単に整理しておく．

〔1〕状 態 図

温度 T と圧力 p を軸にして，純粋物質が固相・液相・気相のいずれの状態にあるかを示した図は状態図と呼ばれる．真空計測において校正の標準気体として用いられる N_2 の熱化学的な性質を**表 1.1.6** に，またそれを基にして作成した状態図を**図 1.1.3** に示す．真空科学では 1 atm 以上の状態は一般に対象外であるが，ここでは，気相と液相の境界がなくなってしまう臨界点を含めるために，状態図は高い圧力範囲まで示した．

凝縮相（固相と液相を合わせた総称）と気相との平衡においては体積変化が大きいために，平衡蒸気圧の温度依存性が顕著である．一方，凝縮相どうしの平衡すなわち融解・凝固に関しては体積変化がほとんどないので融点の変化は 1 atm 以下においては数度程度しかない．したがって，真空においては融点はほぼ三重点の温度と等しいと考えてよい．

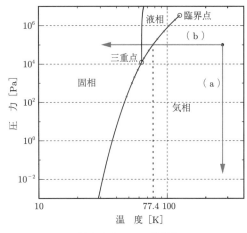

図 1.1.3 N_2 の状態図

〔2〕相 変 化

真空科学が扱う T–p 領域は，圧力は 1 atm 以下であり通常であれば温度は室温付近である．ただし，内部には高温のヒーターや極低温のクライオパネルが組み込まれる場合があり，考慮すべき温度の範囲は広い．そのような場合であっても，容器全体の温度は室温となっているであろうから，容器内の気体の温度は室温であると考えられる．図 1.1.3 の右上の状態（273.15 K，1 atm = $1.013\,25 \times 10^5$ Pa）は，気相の範囲であり，この状態（実際には N_2 の分圧は約 8 割である）から図中 (a) の矢印で示されるように，温度を一定に保ったまま排気を行い減圧していっても，明らかに気相領域のままである．一方，図中 (b) の矢印で示されるように，1 atm を保ったまま温度を下げたとすると，液相を通過して固相へと変化する．しかし，三重点の圧力以下で温度を減じた場合には，気相から直接固相へと変化（凝華）するようになる．クライオポンプで排気する際，クライオパネル面は固相領域を示す低温にあるが，真空容器すべてが低温となるわけではなく，容器内空間の温度はむしろ室温に近いと考えるべきで，容器空間には気体の N_2 分子が存在する．

逆に，室温ではすべて気体分子となっているかというと，相平衡とは別に吸着という形態で真空容器（金

表 1.1.6 N_2 の平衡蒸気圧と熱化学的性質

T [K]	48.1	53.0	55.4	59.0	62.1	65.8	71.8
p_e [kPa]	0.2	1	2	5	10	20	50
T [K]	77.4	83.6	94.0	103.8	115.6	123.6	
p_e [kPa]	1 atm	200	500	1 000	2 000	3 000	

三重点温度	63.148 K	臨界点温度	126.19 K
三重点圧力	12.52 kPa	臨界点圧力	3 398 kPa
融点（1 atm）	63.17 K		

属）表面に窒素が分子状または原子に解離して存在する．一般に，室温で気体である物質については，その吸着分子が金属表面から空間に放出されるのに要するエネルギーは，相平衡における蒸発あるいは昇華の潜熱と同程度（物理吸着）か，数十から数百倍程度に大きく（化学吸着），いずれにしても空間に放出されにくい．このことが，真空容器の排気を長引かせる大きな要因となっていることに注意する必要がある．

図 1.1.4 に，代表的な気体（H_2, N_2, O_2, H_2O）の状態図を示す．図中の○で示された三重点から上に伸びている破線は融解曲線であるが，三重点から 1 atm の範囲では，数度程度しか変化していない．三重点より右上は蒸発における平衡蒸気圧曲線で三重点より左下は昇華における平衡蒸気圧曲線である．蒸発と昇華では潜熱が若干異なるので，三重点でわずかに折れ曲がっている．図中の●は 25℃，1 atm の状態を示している．

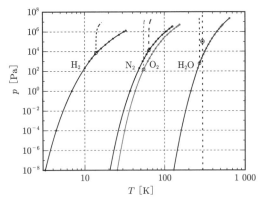

図 1.1.4 H_2，N_2，O_2，H_2O の状態図．○は三重点，●は 25℃，1 atm の状態を表す．

1.1.6 気体の熱力学

1 モルの気体の温度を単位温度上昇させるのに必要な熱量をモル比熱という．体積一定下のモル比熱は定積比熱と呼ばれ C_v [J·K^{-1}·mol^{-1}] で表される．圧力一定下のモル比熱は定圧比熱と呼ばれ C_p [J·K^{-1}·mol^{-1}] で表される．定積比熱を用いて，温度 T の理想気体の内部エネルギーは定数項を除いて $C_v T$ で与えられる．理想気体においては気体分子 1 個が何個の原子で構成されているか，またそれらがどのように結合しているかによって，C_v, C_p が定まる．すなわち，単原子分子（He, Ne, Ar, Kr, Xe, ほか）の場合，二原子分子（H_2, N_2, CO, O_2, ほか），（直線上に並んでいない）三原子以上の分子（H_2O, NH_3, CH_4, CO_2, ほか）の 3 種類について，それぞれ**表 1.1.7** のように分

表 1.1.7 理想気体の種別と運動の自由度 f，内部エネルギー U，比熱比 γ の関係

種　類	原子の配置	f	U	γ
単原子分子		3	$\frac{3}{2}RT$	$\frac{5}{3}$
二原子分子		5	$\frac{5}{2}RT$	$\frac{7}{5}$
三原子分子		6	$3RT$	$\frac{8}{6}$

類される．この相違は原子の配置により気体分子の運動（並進，回転）の自由度 f が異なること，および定積比熱には，1 自由度 1 モル当り $(1/2)R$ の熱容量が必要であるとするとうまく説明できる．

簡単な計算より定圧比熱 C_p と定積比熱 C_v の差は R であることが示され，マイヤー（Mayer）の関係式と呼ばれる．

$$C_v = \frac{1}{2}Rf \quad (f = 3, 5, 6) \tag{1.1.18}$$

$$C_p = C_v + R = \frac{1}{2}R(f+2) \tag{1.1.19}$$

よって，定圧比熱と定積比熱の比，すなわち比熱比 γ は

$$\gamma = \frac{C_p}{C_v} = \frac{f+2}{f} \tag{1.1.20}$$

と表される．

[1] 標準状態

圧力 1 atm，温度 0℃の気体の状態は，標準状態[†]と呼ばれる．標準状態にある 1 モルの理想気体の体積 V_0 は，その分子種に無関係に

$$\begin{aligned}V_0 &= \frac{RT_0}{p_0} = \frac{8.3144 \text{ J·mol}^{-1}\text{·K}^{-1} \times 273.15 \text{ K}}{101\,325 \text{ Pa}} \\ &= 0.022\,414 \text{ m}^3\text{·mol}^{-1} \\ &= 22.414 \text{ L·mol}^{-1} \tag{1.1.21}\end{aligned}$$

となる．

[†]「標準状態」については国際的な定義の変遷の歴史があるが，JIS 規格では現在この定義を採用している（JIS Z 8126-1）．将来的には標準状態という用語を使わないことになるかもしれない．

[2] 気体分子密度と平均分子間距離

気体分子密度 n は，気体の濃度を示すものであるが，逆にいえば希薄さの指標として用いることもできる．式 (1.1.16) より

$$n = \frac{p}{kT} \tag{1.1.22}$$

特に，標準状態の理想気体の分子密度 n_0 は，ロシュミット数と呼ばれる．

$$n_0 = \frac{p_0}{kT_0} = 2.6868 \times 10^{25} \text{ 個} \cdot \text{m}^{-3} \tag{1.1.23}$$

分子密度ではなく気体分子間の距離による希薄さの指標として，平均分子間距離 L_m がしばしば用いられる．これは，気体分子密度が等しくなるように分子を単純立方格子の格子点に整列させたとした場合の格子定数として，以下のように定義される．

$$L_m = n^{-\frac{1}{3}} \tag{1.1.24}$$

図 1.1.5 に 25℃ の気体の n と L_m の圧力依存性を示す．1 Pa では，$n \sim 2.429 \times 10^{20}$ 個 $\cdot$m^{-3}，したがって $L_m \sim 160.3$ nm であり，1.1.9 項で述べる気体分子の直径 d と比べると，L_m は分子直径のおよそ 500 倍程度である．すなわち，分子どうしは相当離れており十分に希薄であるということができる．

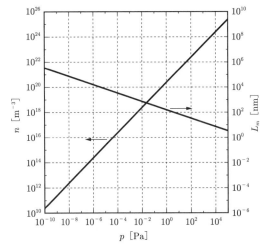

図 1.1.5　25℃ の気体分子密度 n と平均分子間距離 L_m の圧力依存性

1.1.7　気体分子の速度分布

気体分子運動論あるいはその発展である統計力学では，気体が示す圧力などのマクロな物理量が速度分布を確率密度分布として扱って気体分子個々のミクロな物理量の平均値として計算できると考える．すなわち，温度の定まった気体の分子は個々にはその位置や速度を変化させるが，全体としてある一定の速度分布を持つものと考える．これはマクスウェル速度分布あるいはマクスウェル・ボルツマン（Maxwell-Boltzman）速度分布と呼ばれ，$\boldsymbol{v}$ を速度ベクトルとして $g(\boldsymbol{v})$ で表す．速度分布がどのような関数であるかは現在では統計力学によって厳密に導かれる．しかし，ここではマクスウェルが導いた方法にならった簡単な導出を記すにとどめる．無論，マクスウェル速度分布が正しいことはその後の統計力学の成果により保証されているし，実際に分布関数を直接観測する実験により実証されている．

速度分布 $g(\boldsymbol{v})$ の確率密度分布関数としての意味は，温度が一様な気体中に含まれる全分子数 N の気体分子の内，速度が $\boldsymbol{v}$ から $\boldsymbol{v}+\mathrm{d}\boldsymbol{v}$ に含まれる分子数 $\mathrm{d}N$ が

$$\mathrm{d}N = Ng(\boldsymbol{v})\mathrm{d}\boldsymbol{v} \tag{1.1.25}$$

であるということである．したがって，ある速度ベクトル $\boldsymbol{v}$ 空間の領域 Ω に含まれる分子数は式 (1.1.25) を積分して

$$\int_\Omega \mathrm{d}N = N \int_\Omega g(\boldsymbol{v})\mathrm{d}\boldsymbol{v} \tag{1.1.26}$$

により求まる．また，$g(\boldsymbol{v})$ の全空間（速度ベクトル空間上の無限空間）での積分値は 1 でなければならない．

$$\int_{\text{全空間}} g(\boldsymbol{v})\mathrm{d}\boldsymbol{v} = 1 \tag{1.1.27}$$

なお，計算にあたっては，適切な座標系を選ばないと積分が実行できない場合がある．速度ベクトル空間の微小領域 $\mathrm{d}\boldsymbol{v}$ は直角座標系および極座標系ではそれぞれ

$$\text{直角座標系：} \mathrm{d}\boldsymbol{v} = \mathrm{d}v_x \mathrm{d}v_y \mathrm{d}v_z \tag{1.1.28}$$
$$\text{極座標系：} \mathrm{d}\boldsymbol{v} = v^2 \sin\theta \, \mathrm{d}v \mathrm{d}\theta \mathrm{d}\phi \tag{1.1.29}$$

と表現され，場合に応じて使い分ける必要がある．

[1] マクスウェルの速度分布

マクスウェルが導いた方法は概略以下のようなものである．理想気体の分子の質量を m とする．直角座標系において，分子の速度の x, y, z 方向成分が同等で，分布関数が独立に $h(v_x)$ 等と表されるとすると

$$g(\boldsymbol{v}) = h(v_x)h(v_y)h(v_z) \tag{1.1.30}$$

と書くことができる．また，速度分布 $g(\boldsymbol{v})$ が運動エネルギー

$$\epsilon = \frac{mv^2}{2} = \frac{m}{2}\left(v_x^2 + v_y^2 + v_z^2\right) \quad (1.1.31)$$

の関数であるとすると，$g(\boldsymbol{v}) = g(\epsilon)$ より

$$g(v^2) = h(v_x)h(v_y)h(v_z) \quad (1.1.32)$$

となる．この関係性を満たす関数として，指数関数

$$h(v_x) = Ae^{-\alpha v_x^2} \text{ etc.} \quad (1.1.33)$$

$$\begin{aligned}g(v^2) &= A^3 e^{-\alpha(v_x^2+v_y^2+v_z^2)} \\ &= A^3 e^{-\alpha v_x^2} e^{-\alpha v_y^2} e^{-\alpha v_z^2} \\ &= h(v_x)h(v_y)h(v_z)\end{aligned}$$

は十分である（必要性については関連資料 1.6.1 項〔2〕参照）．定数 A は，正規化条件

$$1 = \int_{-\infty}^{\infty} Ae^{-\alpha u^2}\mathrm{d}u = A\sqrt{\frac{\pi}{\alpha}} \quad (1.1.34)$$

により定まる．定数 α は，後述の圧力の計算（1.1.8 項の「統計平均」〔3〕）で示すように

$$p = 2nm\int_0^{\infty} v_x h(v_x)\mathrm{d}v_x = n\frac{m}{2\alpha} \quad (1.1.35)$$

が，気体の状態方程式から得られる関係，(1.1.16) から

$$\alpha = \frac{m}{2kT} \quad (1.1.36)$$

であることが示される．けっきょく，直角座標系においては

$$\begin{aligned}g(\boldsymbol{v})\mathrm{d}\boldsymbol{v} &= \left(\frac{m}{2\pi kT}\right)^{\frac{3}{2}} \exp\left(-\frac{mv^2}{2kT}\right)\mathrm{d}\boldsymbol{v} \\ &\qquad\qquad\qquad\qquad\qquad (1.1.37) \\ &= \prod_{i=x,y,z} h(v_i)\mathrm{d}v_i \\ &= \prod_{i=x,y,z} \sqrt{\frac{m}{2\pi kT}} \exp\left(-\frac{mv_i^2}{2kT}\right)\mathrm{d}v_i \\ &\qquad\qquad\qquad\qquad\qquad (1.1.38)\end{aligned}$$

となる．

図 1.1.6 に 25℃ の各種気体（H_2, He, Ne, N_2, Ar）について，速度ベクトルの x 成分 v_x が出現する確率密度を表す分布関数 $h(v_x)$ を示す．$h(v_x)$ のピークは $v_x = 0$ にあり，分子量が小さいものほど（例えば H_2）速度成分の大きな値に向かってなだらかに広がっている．ただし，これから速さ $v = 0$ である分子が多いというわけではないので注意が必要である．

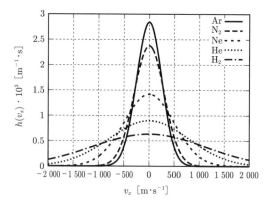

図 1.1.6　25℃ の各種気体のマクスウェル速度分布：速度ベクトルの x 方向成分 v_x が出現する確率密度分布関数 $h(v_x)$

〔2〕速さの分布

等方一様で速さ（速度ベクトルの大きさ）のみに依存する物理量の分布を考える場合には，極座標系の表式 (1.1.29) を用い，角度方向を独立に積分して得られる

$$\begin{aligned}f(v)\mathrm{d}v &= \int_0^{2\pi}\mathrm{d}\phi\int_0^{\pi}\sin\theta\mathrm{d}\theta \cdot g(\boldsymbol{v})v^2\mathrm{d}v \\ &\qquad\qquad\qquad\qquad\qquad (1.1.39) \\ &= 4\pi\left(\frac{m}{2\pi kT}\right)^{\frac{3}{2}} v^2 \exp\left(-\frac{mv^2}{2kT}\right)\mathrm{d}v \\ &\qquad\qquad\qquad\qquad\qquad (1.1.40)\end{aligned}$$

なる速さの確率密度分布関数を用いることが多い．図 1.1.7 に 25℃ の各種気体の $f(v)$ を示す．$v = 0$ の確率密度は 0 であることに注意されたい．$f(v)$ は全体として一つのピークを持つ単純な形で，温度が等しい場

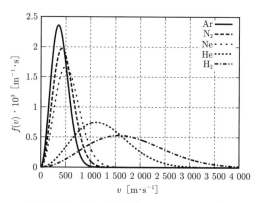

図 1.1.7　25℃ の各種気体のマクスウェルの速さ分布関数 $f(v)$

合には，分子量が小さい気体分子ほど，ピークを示す v が大きく，また v が大きい方に向かってゆるやかに裾を引いている．

■ **速さの分布関数 $f(v)$ の原始関数** 速さの分布関数 $f(v)$ の原始関数 $F(v)$ は，$\alpha = m/2kT$ と置いて

$$F(v) = \int_0^v f(v) dv$$
$$= \frac{4}{\sqrt{\pi}} \alpha^{\frac{3}{2}} \int_0^v v^2 e^{-\alpha v^2} dv \quad (1.1.41)$$
$$= \mathrm{erf}(\sqrt{\alpha}\,v) - 2\sqrt{\frac{\alpha}{\pi}} v e^{-\alpha v^2}$$
$$\quad (1.1.42)$$

$$\mathrm{erf}(x) \equiv \frac{2}{\sqrt{\pi}} \int_0^x e^{-t^2} dt \quad (1.1.43)$$

と，誤差関数 $\mathrm{erf}(x)$ を用いて表される．したがって，v_1 から v_2 までの速さを持つ分子の割合は

$$\int_{v_1}^{v_2} f(v) dv = F(v_2) - F(v_1) \quad (1.1.44)$$

と計算することができる．

例えば，$v_M = 1/\sqrt{\alpha} = \sqrt{2kT/m}$ と置いて，$v_\pm = v_M \pm 0.5 v_M$ の範囲内に含まれる分子数の割合は，つぎのとおりである．

$$F(v_+) - F(v_-)$$
$$= \left(\mathrm{erf}(1.5) - \frac{2}{\sqrt{\pi}} 1.5 e^{-1.5^2}\right)$$
$$\quad - \left(\mathrm{erf}(0.5) - \frac{2}{\sqrt{\pi}} 0.5 e^{-0.5^2}\right)$$
$$= 0.787\,7 - 0.081\,1 = 0.706\,6$$

図 1.1.8 に 25℃ の N_2 の $F(v)$，$f(v)$ を示し，v_- から v_+ までの $f(v)$ の領域を薄く塗りつぶして示した．この面積が $f(x)$ 全体の約 70% になっている．

1.1.8 真空科学で用いられる種々の物理量の統計平均

一般に気体分子に関する物理量 $A(\boldsymbol{v})$ の統計平均 $\bar{A}$ は，1.1.7 項で求めた確率密度分布関数 $g(\boldsymbol{v})$ を用いて以下のように定義できる．

$$\bar{A} = \int_\Omega A(\boldsymbol{v}) g(\boldsymbol{v}) d\boldsymbol{v} \quad (1.1.45)$$

ここに，Ω は平均をとる速度ベクトル空間であり，圧力や入射頻度の場合には半無限速度空間を考えること

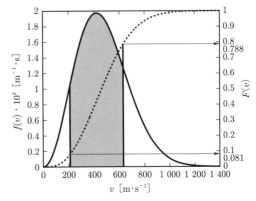

図 1.1.8 速さの分布関数（実線）$f(v)$ と原始関数（破線）$F(v)$

になる．物理量が方向に依存しないことが明らかな場合には，速さの分布関数 $f(v)$ を用いて速さ v について一次元半無限空間上で積分して

$$\bar{A} = \int_0^\infty A(v) f(v) dv \quad (1.1.46)$$

により算出することができる．以下，具体的な計算例を示す．

〔1〕 気体の平均速さ

速さ v については，速さの分布関数 $f(v)$ を重み関数として，その統計平均は，算術平均（arithmetical average）速度あるいは熱平均速度と呼ばれ

$$\bar{v} = \int_0^\infty v f(v) dv = \sqrt{\frac{8kT}{\pi m}} \quad (1.1.47)$$
$$= \sqrt{\frac{8RT}{\pi M}} = 4.60 \sqrt{\frac{T}{M}} \,[\mathrm{m \cdot s^{-1}}]$$
$$\quad (1.1.48)$$

と算出される．ここに $M\,[\mathrm{kg \cdot mol^{-1}}]$ はモル質量と呼ばれる kg 単位で表した気体分子 1 モル当りの質量である．単に平均速度といった場合には，この $\bar{v}$ のことを指している．速度分布の代表値としては，このほかに以下の二つの速度が使われる場合がある．関連資料表 1.6.1 に 0℃ でのおもな気体の平均速度を示した．

（a） 最確速度 速さ分布は一種の確率密度分布であり，図 1.1.7 より明らかに一つの最大値を持つ．その最大値は最確（most probable）速度と呼ばれ，記号 v_M で表される．$df/dv = 0$ を満たす v の値を求めて

$$v_M = \sqrt{\frac{2kT}{m}} = \sqrt{\frac{2RT}{M}} = \frac{\sqrt{\pi}}{2} \bar{v} = 0.886 \bar{v}$$
$$\quad (1.1.49)$$

となる.

(b) 2乗平均速度 速さの2乗の統計平均の平方根（root-mean-square）は2乗平均速度と呼ばれ（この呼称では速度の2乗の次元と混同される場合があるので，2乗平均根速度という呼称も使われる），記号 v_R で表される．定義より

$$\overline{v^2} = \int_0^\infty v^2 f(v) \mathrm{d}v = \frac{3kT}{m} \tag{1.1.50}$$

$$v_R = \sqrt{\overline{v^2}} = \sqrt{\frac{3kT}{m}}$$
$$= \sqrt{\frac{3RT}{M}} = \sqrt{\frac{3\pi}{8}} \bar{v} = 1.085 \bar{v} \tag{1.1.51}$$

と計算される．

〔2〕気体の平均並進運動エネルギー

並進運動エネルギーは方向依存性がないから，その統計平均は

$$\bar{\varepsilon} = \int_0^\infty \frac{1}{2} m v^2 f(v) \mathrm{d}v = \frac{1}{2} m \int v^2 f(v) \mathrm{d}v$$
$$= \frac{1}{2} m \cdot \frac{3kT}{m} = \frac{3}{2} kT \tag{1.1.52}$$

と算出される．1モル当りでは，N_A 倍して内部エネルギーの表式

$$U = \frac{3}{2} \underbrace{N_A k}_{R} T = \frac{3}{2} RT \tag{1.1.53}$$

を得るが，これは熱力学で示される単原子理想気体の内部エネルギーと一致している．

〔3〕圧　力

いま，真空容器内壁表面の法線方向を x とすると，質量 m の気体分子が弾性衝突して跳ね返る際に表面に及ぼす力積 I は，図1.1.9のように表面に対して法線成分，すなわち x 成分の運動量変化であるから

$$I = F\Delta t = 2mv_x \tag{1.1.54}$$

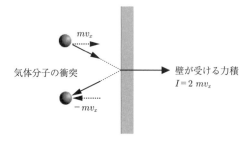

図1.1.9　気体分子の衝突による壁表面への力積の付与

と表される．したがって，マクスウェル速度分布に従う分子密度 n の気体分子が，単位面積，単位時間当りに表面に与える力積，すなわち圧力 p は，I に流束 nv_x を乗じた量を速度分布を用いて積分して

$$p = \overline{Inv_x} = \int_0^\infty \int_{-\infty}^\infty \int_{-\infty}^\infty 2mv_x \cdot nv_x g(\boldsymbol{v}) \mathrm{d}\boldsymbol{v}$$
$$= 2nm \int_0^\infty v_x^2 h(v_x) \mathrm{d}v_x$$
$$\times \int_{-\infty}^\infty g_x(v_x) \mathrm{d}v_y \times \int_{-\infty}^\infty g_z(v_z) \mathrm{d}v_z$$
$$= 2nm \cdot \frac{kT}{2m} \cdot 1 \cdot 1 = nkT \tag{1.1.55}$$

と算出される．この計算は，実験事実を整理した経験式としての気体の状態方程式 $p = nkT$ を，速度分布を仮定して運動量流束の統計平均として導いたものであり，多数の分子の運動を統一的に記述する統計力学の正統性を示す大きな証拠の一つとなっている．

〔4〕入 射 頻 度

真空容器の内壁表面など，ある表面に単位面積，単位時間当りに入射する分子の個数は入射頻度と呼ばれ記号 Γ で表す．圧力と同じ手法を用いて入射頻度を計算することができる．この場合平均をとるべき物理量は流束そのもので，式 (1.1.45) において $A(\boldsymbol{v}) = nv_x$ と置いたということになる．すなわち

$$\Gamma = \overline{nv_x} = \int_0^\infty \int_{-\infty}^\infty \int_{-\infty}^\infty nv_x g(\boldsymbol{v}) \mathrm{d}\boldsymbol{v}$$
$$= n \int_0^\infty v_x h(v_x) \mathrm{d}v_x = n \sqrt{\frac{kT}{2\pi m}}$$
$$= \frac{n}{4} \sqrt{\frac{8kT}{\pi m}}$$
$$= \frac{1}{4} n \bar{v} \tag{1.1.56}$$

と算出される．入射頻度は真空科学においてきわめて重要な物理量であり，改めて記述する（1.1.10項の「入射頻度」参照）．

〔5〕並進運動エネルギー流束

圧力の場合（圧力では運動量の流束）と同じ手法を用いて，入射する気体分子の並進運動エネルギー $\varepsilon = (1/2)mv^2$ の流束平均を求めると

$$\overline{\varepsilon n v_x} = \Gamma_\varepsilon$$
$$= \int_0^\infty \int_{-\infty}^\infty \int_{-\infty}^\infty \frac{1}{2} mv^2 \cdot nv_x g(\boldsymbol{v}) \mathrm{d}\boldsymbol{v}$$
$$= \frac{nm}{2} \int_0^\infty \int_{-\infty}^\infty \int_{-\infty}^\infty (v_x^2 + v_y^2 + v_z^2) v_x g(\boldsymbol{v}) \mathrm{d}\boldsymbol{v}$$

$$= \frac{nm}{2}\left(G_1 2G_2 G_0 + G_1 G_0 2G_2 + G_3 G_0 G_0\right)$$

$$= \frac{nm}{2}\left[2\sqrt{\frac{kT}{2\pi m}}\cdot\frac{kT}{m}\cdot 1 + \frac{1}{2\sqrt{\pi}}\left(\frac{2kT}{m}\right)^{3/2}\right]$$

$$= \frac{nm}{2\sqrt{\pi}}\left(\frac{2kT}{m}\right)^{3/2} = \frac{1}{4}n\sqrt{\frac{8kT}{\pi m}}\cdot 2kT$$

$$= \frac{1}{4}n\bar{v}\cdot 2kT = 2kT\cdot \varGamma \qquad (1.1.57)$$

と計算され(計算途中の定積分値 G_0, G_1, G_2 は関連資料 1.6.1 項〔1〕参照),入射頻度 $\varGamma$ で除すと,表面に入射する気体分子の運動エネルギーの平均は 1 分子当り $2kT$ ということになる.これは,入射面を想定しない空間全体での並進運動エネルギーの統計平均値 $(3/2)kT$ とは異なる.なぜならば,入射面を想定した場合,速い気体分子ほど入射面を通過する流束が大きく,入射する分子の平均エネルギーへの寄与が大きくなるからである.この考えを推し進めて,面を通過する流束の大きさの分布関数 $vf(v)$ を考えて,エネルギー流束の統計平均を

$$2kT = \frac{\int (1/2)mv^2 vf(v)\,\mathrm{d}v}{\int vf(v)\,\mathrm{d}v} = \frac{(1/2)mF_3}{F_1}$$
$$(1.1.58)$$

と求めることもできる(定積分値 F_1, F_3 は関連資料 1.6.1 項〔1〕参照).

〔6〕 **物理量の統計平均間の関係**

二つの物理量 A, B の和の統計平均はそれぞれの統計平均の和であるが,二つの物理量 A, B の積の統計平均は必ずしもそれぞれの統計平均の積ではない,すなわち

$$\overline{A+B} = \overline{A}+\overline{B},\ \overline{A\times B} \neq \overline{A}\times\overline{B}$$
$$(1.1.59)$$

であることに注意する必要がある.特に積に関しては,前節のエネルギー流束の結果はその典型である.同様に運動量流束と考える圧力に関しても

$$\overline{nv_x} = \varGamma = \frac{1}{4}n\bar{v}\ \Rightarrow\ \overline{v_x} = \frac{\varGamma}{n} = \frac{\bar{v}}{4}$$

$$\bar{I} = \overline{2mv_x} = 2m\overline{v_x} = \frac{1}{2}m\bar{v}$$

$$\therefore\ \bar{I}\times\overline{nv_x} = \frac{1}{2}m\bar{v}\times\frac{1}{4}n\bar{v} = \frac{1}{2}m\bar{v}\cdot\varGamma$$

$$\overline{I\times nv_x} = \frac{1}{4}n\bar{v}\cdot\frac{4kT}{\bar{v}} = \frac{\pi}{2}m\bar{v}\cdot\varGamma$$

と π のずれが生じてしまう.

1.1.9 平均自由行程

気体分子は相互に衝突を繰り返しているが,気体分子がある衝突の後,つぎの衝突までに移動する距離を自由行程といい,その平均を平均自由行程という.これは真空科学にとってきわめて重要な基本量の一つである.

気体分子間の衝突の断面積や運動量変化あるいは散乱角の分布などは,分子間力によって決定される.実在気体では,永久双極子の有無にかかわらず距離が遠い場合には r^{-6} に比例する引力ポテンシャルであるファンデルワールス(van der Waals)相互作用を,距離が近い場合には電子雲どうしの斥力ポテンシャルを r^{-12} に比例するとしてモデル化した,レナード・ジョーンズ(Lenard-Jones)型のポテンシャル

$$U_{\mathrm{LJ}}(r) = 4\epsilon\left[\left(\frac{r_0}{r}\right)^{12} - \left(\frac{r_0}{r}\right)^6\right] \quad (1.1.60)$$

がしばしば用いられる(図 1.1.10 (a) 参照).しかしながら,裸のクーロン力よりは短距離力であるが,基本的に無限遠まで作用するので計算はかなり煩雑となる.例えば,図 1.1.11 に示すように,気体分子の散乱の様子が分子速度に依存するようになり,低速すなわち低温の分子では散乱断面積が大きくなる.

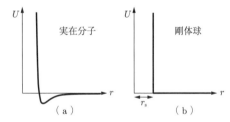

図 1.1.10 分子間力のポテンシャルモデル

気体分子運動論では,基本的には気体分子を相互作用のない質点と考えるが,それでは衝突しないことになるので,衝突を考慮しなければならない場合には遠いところでは相互作用がなく,半径 r_s に近付いた途端に無限大の斥力が働く剛体球として扱うことが多い(図 1.1.10 (b) 参照).この場合には,図 1.1.12 のように散乱が起こる条件は衝突径数と呼ばれる長さの次元を持つ物理量 b (二つの分子間に力が働かないとしたときの分子の中心間の最近接距離)によってのみ決まり,速度依存性がないために計算が簡単となる.

〔1〕 **剛体球モデルによる平均自由行程**

気体分子を剛体球と考え,注目している分子以外はすべて静止しているとする.図 1.1.13 のように,微

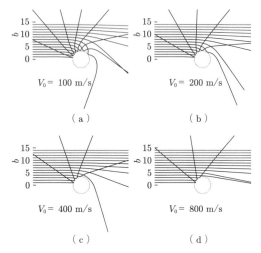

図 1.1.11 レナード・ジョーンズ型ポテンシャルによる Ar 原子どうしの散乱：速度依存性が見られる．V_0, b はそれぞれ初速と衝突径数，ポテンシャルが極小となる平衡距離は $r_s = 0.3148$ nm．衝突径数 b の単位はÅ．

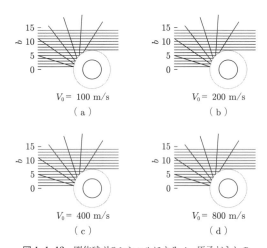

図 1.1.12 剛体球ポテンシャルによる Ar 原子どうしの散乱：レナード・ジョーンズ型ポテンシャルの平衡距離を剛体球半径とした．V_0, b はそれぞれ初速と衝突径数．衝突径数 b の単位はÅ．

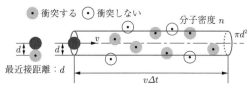

図 1.1.13 剛体球モデルによる平均自由行程の概念模式図

小時間 Δt 内に，速度 $\bar{v}$ で運動している気体分子が静止している分子に衝突する頻度 Δf は，衝突が起こる半径 d ($= 2r_s$) の円筒の体積 ΔV 内に存在する他の分子の数に等しく

$$\Delta f = n\Delta V = n\pi d^2 \bar{v} \Delta t \qquad (1.1.61)$$

である．Δt 内に着目している分子が移動する距離 ΔL は，分子の衝突前後での平均速度が変わらないとすると $\bar{v}\Delta t$ であるから，平均自由行程 λ は

$$\lambda = \frac{\Delta L}{\Delta f} = \frac{\bar{v}\Delta t}{n\pi d^2 \bar{v} \Delta t} = \frac{1}{\pi d^2 n} \qquad (1.1.62)$$

と算出される．

一般に分子種 A（半径 r_A，直径 $d_A = 2r_A$）と分子種 B（半径 r_B）の混合気体において，A に着目すると，B との衝突においては衝突可能な円筒の半径は $d = r_A + r_B$，A 自体との衝突における衝突可能な円筒の半径は $d = r_A + r_A = 2r_A = d_A$ であるから，平均自由行程はそれぞれ

$$\lambda_{AB} = \frac{1}{\pi(r_A+r_B)^2 n_B} \qquad (1.1.63)$$

$$\lambda_{AA} = \frac{1}{\pi(2r_A)^2 n_A} = \frac{1}{\pi d_A^2 n_A} \qquad (1.1.64)$$

で与えられる．

〔2〕 相対速度を考慮した平均自由行程

前項〔1〕の結果は他の分子の運動を考慮していないので正確ではなく，分子どうしの相対運動を考慮する必要がある．同種分子 1, 2 の質量中心速度 $\boldsymbol{u}$ と相対速度 $\boldsymbol{w}$ を

$$\boldsymbol{u} = \frac{\boldsymbol{v}_1 + \boldsymbol{v}_2}{2}, \quad \boldsymbol{w} = \boldsymbol{v}_1 - \boldsymbol{v}_2$$

と置くと

$$\mathrm{d}\boldsymbol{v}_1 \mathrm{d}\boldsymbol{v}_2 = \mathrm{d}\boldsymbol{u}\mathrm{d}\boldsymbol{w}$$
$$w^2 + 4u^2 = 2(v_1^2 + v_2^2)$$

であるから，相対速度の平均 $\bar{w}$ は

$$\bar{w} = \int_{\Omega_1}\int_{\Omega_2} w g(\boldsymbol{v}_1)g(\boldsymbol{v}_2)\mathrm{d}\boldsymbol{v}_1\mathrm{d}\boldsymbol{v}_2$$
$$= \left(\frac{m}{2\pi kT}\right)^3$$
$$\quad \times \iint w \exp\left(-\frac{m(w^2 + 4u^2)}{4kT}\right)\mathrm{d}\boldsymbol{w}\,\mathrm{d}\boldsymbol{u}$$
$$= \left(\frac{m}{2\pi kT}\right)^3 \int w \exp\left(-\frac{mw^2}{4kT}\right)\mathrm{d}\boldsymbol{w}$$
$$\quad \times \int \exp\left(-\frac{mu^2}{4kT}\right)\mathrm{d}\boldsymbol{u}$$

$$= \left(\frac{m}{2\pi kT}\right)^3 \int w \exp\left(-\frac{mw^2}{4kT}\right) \mathrm{d}\boldsymbol{w}$$
$$\times \left(\frac{\pi kT}{m}\right)^{\frac{3}{2}}$$
$$= \left(\frac{m}{4\pi kT}\right)^{\frac{3}{2}} \int_0^\infty 4\pi w^3 \exp\left(-\frac{mw^2}{4kT}\right) \mathrm{d}w$$
$$= \sqrt{\frac{16kT}{\pi m}} = \sqrt{2}\sqrt{\frac{8kT}{\pi m}} = \sqrt{2}\,\bar{v} \quad (1.1.65)$$

と,平均速度の $\sqrt{2}$ 倍になる.したがって衝突頻度が $\sqrt{2}$ 倍となり,平均自由行程は $1/\sqrt{2}$ 倍となる.すなわち,相対運動を考慮すると,平均自由行程は以下のように補正される.

$$\lambda_{AA} = \frac{1}{\sqrt{2}\pi d_A^2 n_A} = \frac{kT}{\sqrt{2}\pi d_A^2 p_A} \quad (1.1.66)$$

図 1.1.14 に,H_2,He,N_2,H_2O の平均自由行程の圧力依存性を示す.混合気体の場合には,温度が同じであっても分子種によって平均速度が異なるので単に $1/\sqrt{2}$ にするわけにはいかない.$\boldsymbol{u}$ を質量中心の速度として,式 (1.1.65) と同様の計算を行うことによって

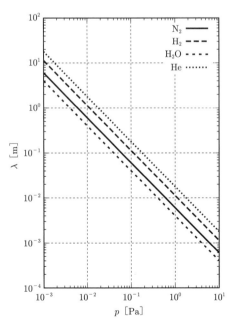

図 1.1.14　0℃ の H_2,He,N_2,H_2O の平均自由行程の圧力依存性

$$\lambda_{AB} = \frac{1}{\pi d_{AB}^2 n_B \sqrt{1 + \frac{m_A}{m_B}}} \left[d_{AB} \equiv \frac{d_A + d_B}{2}\right]$$
$$(1.1.67)$$

となる.したがって,分子種 A の平均自由行程は,同種分子との衝突についての λ_{AA} と,異種分子との衝突についての λ_{AB} より,衝突数($\propto \lambda^{-1}$)の和の逆数を考えて

$$\lambda_A^{-1} = \lambda_{AA}^{-1} + \lambda_{AB}^{-1} \quad (1.1.68)$$
$$\lambda_A = \frac{1}{\sqrt{2}\pi d_A^2 n_A + \pi d_{AB}^2 n_B \sqrt{1 + \frac{m_A}{m_B}}}$$
$$(1.1.69)$$

となる.

〔3〕 室温の空気の平均自由行程

空気は混合気体であるが,仮想的に分子直径を定めて平均自由行程を見積もることができる.20℃ では,p [Pa] の空気の平均自由行程は

$$\lambda_{\mathrm{Air}} = \frac{6.6}{p} \, [\mathrm{mm}] \quad (1.1.70)$$

となる.より簡単には「1 Pa で約 1 cm」と覚えてもよい.

〔4〕 電子の平均自由行程

気体分子に比べて電子は非常に軽く,同じ温度では速度が大きい.したがって,電子から見ると分子は静止しているように見える.また電子の半径は気体分子に比べて十分小さいので,式 (1.1.63) において,電子の半径を $r_B = 0$,気体分子の直径を $d_A = 2r_A$ と置いて,電子の平均自由行程は

$$\lambda_e = \frac{1}{\pi r_A^2 n_A} = \frac{4}{\pi d_A^2 n_A} = 4\sqrt{2}\,\lambda_{AA}$$
$$(1.1.71)$$

で与えられる.すなわち,気体分子の平均自由行程 (1.1.66) より $4\sqrt{2} \simeq 6$ 倍長いという結果を得る.

〔5〕 平均自由行程の測定方法

剛体球モデルでは分子半径を仮定して平均自由行程を導いた.実は,分子半径を直接測定することは困難であり(二原子分子では球ですらないであろうし),むしろ平均自由行程をはじめとする気体の性質の測定結果に合わせて定められた物質固有のパラメーターと考えるべきである.したがって,平均自由行程を測定する実験はきわめて重要であり,その原理を簡単に説明する.

いま，ある気体分子線がターゲット気体分子で満たされた空間に入射する場合を考える．分子はターゲット分子と衝突してビームの進行方向からそれる．衝突頻度は平均自由行程に逆比例することを考えると，ビームの進行方向を x として分子数 $N(x)$ の減少率は

$$-\frac{\mathrm{d}N(x)}{\mathrm{d}x} = \frac{1}{\lambda} N(x) \tag{1.1.72}$$

と表される．この微分方程式の解は，$N(0)$ を $x = 0$ における分子数として

$$N(x) = N(0) \exp\left(-\frac{x}{\lambda}\right) \tag{1.1.73}$$

である．したがって，分子線強度の減衰率の測定により，平均自由行程を算定することができる．

〔6〕 ファンデルワールス方程式と分子直径

実在気体に対するファンデルワールス方程式からも以下に記すようにして，分子直径を求めることができる[6]．1 atm・室温では理想気体として振る舞う気体であっても，高圧や低温においては pV 値が絶対温度と正比例しなくなる．すなわち実在気体は，分子の大きさによる空間の体積の減少と，壁近傍での分子分布の不均衡による圧力の増加を考慮して，つぎのようなファンデルワールス状態方程式で近似できると考えられる．

$$\left(p + \frac{a}{V^2}\right)(V - b) = RT \tag{1.1.74}$$

ここで，V はモル当りの気体の体積で，a/V^2 は分子どうしの引力を考慮した圧力の補正項，b は気体分子が有限の大きさを持つことによる体積の減少を表すパラメーターである．a, b により，実在気体の臨界点の温度 T_c と圧力 p_c が

$$p_c = \frac{a}{27b^2}, \quad T_c = \frac{8a}{27Rb} \tag{1.1.75}$$

と表現できるので[7]，逆に b は T_c, p_c の実測値より

$$b = \frac{RT_c}{8p_c} \tag{1.1.76}$$

と求まる．分子直径を δ とすると，体積の減少 b は 1 モル当り

$$b = 4N_A \frac{4\pi \left(\frac{\delta}{2}\right)^3}{3} = \frac{2\pi N_A}{3} \delta^3 \tag{1.1.77}$$

とすると，ファンデルワールス状態方程式による実効的分子直径 δ は

$$\delta = \left(\frac{3b}{2\pi N_A}\right)^{\frac{1}{3}} = \left(\frac{3RT_c}{16\pi p_c N_A}\right)^{\frac{1}{3}} \tag{1.1.78}$$

で与えられる．表 1.1.8 に，気体分子運動論上の分子直径 σ と，δ およびその算出の基になった臨界点における圧力と温度 p_c, T_c を示す．

表 1.1.8 分子直径の比較：分子運動論に基づく値 σ，実在気体のファンデルワールス状態方程式に基づく値 δ．δ の算出に用いた，臨界温度 T_c，臨界圧力 p_c[6]．

気体	σ [nm]	δ [nm]	T_c [K]	p_c [MPa]
H_2	0.268	0.276	33.26	1.30
N_2	0.378	0.313	126.16	3.40
O_2	0.365	0.293	154.76	5.08
Ar	0.369	0.295	150.86	4.86
H_2O	0.468	0.289	647.26	221.1

1.1.10 入射頻度

ある面（真空容器の内壁表面あるいは空間内に想定した仮想的な面）に対して一方の側から単位面積，単位時間当りに入射する分子の個数は，入射頻度と呼ばれ，真空科学においてきわめて重要な指標の一つである．すでに，1.1.8 項〔4〕において計算の応用例として，気体分子数密度 n と平均速度 $\bar{v}$ を用いて

$$\varGamma = \frac{1}{4} n \bar{v}$$

と表されることを導いた．ここでは他の表現に変形して，真空に関する重要な現象を説明する．

〔1〕 体積入射頻度

入射頻度は分子の個数の流束であるが，図 1.1.15 のように分子 1 個は $p = nkT = (1/V_m) \cdot kT$ で定まる体積 $V_m = 1/n$ を付随させて入射すると考えて，単位面積，単位時間当りの気体の体積の流束を体積入射頻度と定義し，記号 $\varGamma_V$ で表す．

$$\varGamma_V = \frac{\varGamma}{n} = \frac{1}{4} \bar{v} \tag{1.1.79}$$

入射頻度 $\varGamma$ の単位は [個・m^{-2}] なので，体積入射頻度

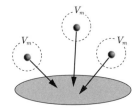

図 1.1.15 体積入射頻度の概念

Γ_V の単位は $[\text{個} \cdot \text{m}^{-2} \cdot \text{s}^{-1}]/[\text{個} \cdot \text{m}^{-3}] = [\text{m} \cdot \text{s}^{-1}]$ となる．25℃の空気については

$$\Gamma_V = 117 \text{ m} \cdot \text{s}^{-1} \quad (1.1.80)$$

となる．この数値は，分子流領域での真空ポンプの排気原理が，偶然吸気口に入射した気体分子を排気するという，いわば受動的な作用であることから，分子流領域でのポンプの排気速度の限界を定める値となっている．真空科学においてきわめて重要な数値である．

〔2〕 熱遷移現象

温度の異なる二つの真空容器が孔を介して接続されている場合，通常熱平衡下では二つの真空容器の圧力は等しくなるが，実はそれは圧力が高く気体分子が流体として互いに力を及ぼし合う場合（粘性流領域）について成立する関係である．圧力が十分低く平均自由行程が孔の直径より大きい場合（分子流領域）では，図1.1.16 のように，気体分子は二つの容器間を互いに衝突することなく行き来できる．その場合には，孔を通じて片方の容器から他方の容器へ入射する入射頻度が互いに等しくなる平衡状態が実現する．入射頻度は

$$\frac{1}{4} n \bar{v} = \frac{1}{4} \frac{p}{kT} \sqrt{\frac{8kT}{\pi m}} \propto \frac{p}{\sqrt{T}} \quad (1.1.81)$$

と表されるから，平衡状態では

$$\frac{p_1}{\sqrt{T_1}} = \frac{p_2}{\sqrt{T_2}} \quad \therefore \quad \frac{p_1}{p_2} = \sqrt{\frac{T_1}{T_2}} \quad (1.1.82)$$

となって，圧力の比が温度の平方根の比に比例することとなる．このように，気体の温度差に起因して起こる圧力の不均衡等の現象を熱遷移と呼ぶ．

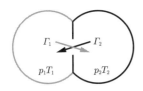

図 1.1.16 熱遷移現象の模式

〔3〕 蒸発・昇華

入射頻度を，分子密度 n に替えて圧力 p を用いて表すと，以下の式が得られる．

$$\frac{1}{4} n \bar{v} = \frac{1}{4} \frac{p}{kT} \sqrt{\frac{8kT}{\pi m}}$$
$$= \frac{p}{\sqrt{2\pi m kT}} = \frac{p N_A}{\sqrt{2\pi M RT}} \quad (1.1.83)$$

相平衡状態においては凝縮相（固体・液体）から蒸発・昇華する気体分子の流束と気相から凝縮相に入射してくる気体分子の流束が等しいと考えられるから，平衡蒸気圧を p_e と置いて，単位面積当りの凝集相からの蒸発あるいは昇華の流束はつぎの式で与えられる．

$$\Gamma = \frac{p_e}{\sqrt{2\pi m kT}} \quad (1.1.84)$$

また，真空蒸着法で薄膜を作製するといった場合には，蒸着する物質の気相の圧力（容器内圧力）は一般には平衡蒸気圧よりもかなり低く，相平衡状態とはいえない．しかしその場合であっても，蒸発・昇華流束は平衡蒸気圧で見積もられる流束から大きくはずれないと考えてよい．

〔4〕 理想排気速度

もし，真空容器壁面の開口に入射した分子が完全に容器外に排気され，逆方向から入射してくる分子が存在しないとしたときの理想排気速度 S_{ideal} はつぎのようになる．

$$\begin{aligned} S_{\text{ideal}} &= [\text{入射分子数}] \times [\text{分子 1 個が空間で占める体積}] \\ &= A \frac{\Gamma}{n} = A \Gamma_V \end{aligned} \quad (1.1.85)$$

ここに，A は開口の面積，Γ は入射頻度，Γ_V は体積入射頻度である．このポンプの開口面積と体積入射頻度の積で与えられる理想排気速度は，気体ため込み式のクライオポンプなどでは実現されている．しかし，真空容器外に気体を移送する方式のポンプでは実現できていない．実際のポンプ排気速度と理想排気速度の比をポンプ効率 ε とすれば

$$S_{\text{real}} = \varepsilon S_{\text{ideal}} = \varepsilon A \Gamma_V \quad (1.1.86)$$

となる．市販されている気体移送式の真空ポンプの場合，ε の値は 0.2～0.5 程度である．

〔5〕 単分子層形成時間

真空容器内壁に入射する気体分子は，必ずしも 1.1.8 項〔3〕で前提とした弾性散乱するわけではなく，実際はいったん内壁表面に吸着し，ある時間表面に滞在した後に熱的に励起され空間に再放出されるものもある．しかし，熱平衡時には入射する分子全体の分布と放出される気体分子の分布が同じであるという観測結果が一般的には得られているので，1.1.8 項〔3〕に記した圧力の計算を変更する必要はない．気体分子の表面への吸着にのみ着目すると，表面を分子が隙間なく平坦に覆う（単分子層の形成）のに必要な時間を考えることができる．典型的な気体分子の直径 d_s は 3×10^{-10} m

であるから，これらが正方格子状に並んだとすると，面密度 σ_m は $d_s^{-2} \sim 10^{19}$ 個·m^{-2} となる．気体の入射頻度を Γ として，面密度 σ_m に達するのに要する時間は単分子層形成時間と呼ばれ

$$t_m = \frac{\sigma_m}{\Gamma} \tag{1.1.87}$$

である．25℃における圧力 p [Pa] の N$_2$ では，つぎのような値となる．

$$t_m \sim \frac{3 \times 10^{-4}}{p} \text{ [s]} \tag{1.1.88}$$

t_m は表面が清浄でいられる時間であるともいえる．例えば，1 atm では約 3 ns で表面には気体分子が 1 層吸着してしまうという結論を得る．つまり，いくら材料表面を洗浄しても大気中に取り出せば表面は瞬時に汚染されてしまうのである．あるいは，不純物の混入を極端に嫌う半導体製造プロセスにおいて真空容器内で清浄表面を 1 時間保つには，10^{-7} Pa 以下の真空が必要であるという結論にもなる．図 1.1.17 に，25℃ の N$_2$ と H$_2$ の t_m の圧力依存性を示す．

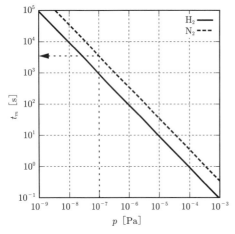

図 1.1.17　25℃ の N$_2$ と H$_2$ の単分子層形成時間 t_m の圧力依存性

引用・参考文献

1) A. Berman: *Vacuum Engineering Calculations, Formulas, and Solved Exercises* (Academic Press, 1992) p.11.
2) 日本化学会：化学便覧 基礎編（丸善出版，東京，2004）改訂 5 版，II-3.
3) B. Mayson: *Principles of Geochemistry* (John Wiley & Sons, 1966).
4) *CRC Handbook of Chemistry and Physics 96th Ed.*, W. M. Hayes, Ed. in Chief (CRC Press, 2015) 14-3.
5) 国立天文台：理科年表（丸善出版，東京，2016）気 156.
6) J. M. Lafferty, Ed.: *Foundations of Vacuum Science and Technology* (John Wiley & Sons, 1998) p.39.
7) 久保亮五：熱学・統計力学（裳華房，東京，1978）第 22 版，p.16.

文献 8)～20) に参考にすべき気体分子運動論に関する書籍，および真空全般に関する書籍の中での気体分子運動に関する章や頁を挙げる．

8) S. Chapman and T. G. Cowling: *The Mathematical Theory of Non-uniform Gases*, 3rd. ed. (Cambridge University Press, New York, 1990).
9) E. H. Kennard: *Kinetic Theory of Gases* (MacGraw-Hill, 1938).
10) J. Jeans: *An Introduction to the Kinetic Theory of Gases* (Cambridge University Press, Cambridge, 1940).
11) 上田良二：真空技術（岩波書店，東京，1955）pp.149–156.
12) S. Dushman: *Sientific Foundation of Vacuum Technique*, 2nd ed., J. M. Lafferty, Ed.（John Wiley & Sons, 1962）pp.1–39.
13) J. M. Lafferty, Ed.: *Foundations of Vacuum Science and Technology* (John Wiley & Sons, 1998) pp.1–28.
14) 富永五郎，辻泰：真空工学の基礎（日刊工業新聞社，東京，1964）pp.1–38.
15) 熊谷寛夫，富永五郎，辻泰，堀越源一：真空の物理と応用（裳華房，東京，1970）pp.1–56.
16) 林主税 編：真空技術（共立出版，東京，1985）pp.1–16.
17) J. F. O'Hanlon: *A User's Guide to Vacuum Technology*, 3rd ed. (John Wiley & Sons, 2003) pp.9–24. 初版の邦訳，野田保，斎藤弥八，奥谷剛 訳：真空技術マニュアル（産業図書，東京，1983）pp.1–38.
18) T. A. Delchar: *Vacuum Physics and Techniques* (Chapman & Hall, 1993) pp.1–7.
19) 堀越源一：真空技術（東京大学出版会，東京，1994）第 3 版，pp.1–18.
20) 戸田盛和：分子運動 30 講（朝倉書店，東京，1996）pp.1–7.

1.2 希薄気体の輸送現象

1.2.1 粘性流と分子流

真空配管のコンダクタンスや気体の輸送現象を利用した真空計の作動原理などを理解する際には，非平衡定常状態の気体分子運動を取り扱う必要がある．これは，気体分子間の衝突による運動量やエネルギーの伝

達，また気体分子そのものの移動である拡散に関わることである．さらに，真空中の気体は通常壁で大気と隔てられているので，壁と気体分子との間での運動量やエネルギーの伝達なども問題になる．これらは移動現象論の分野で取り扱われ，このような輸送量を表す指標を輸送係数という．ここで，問題とする真空容器などの空間の大きさの中で，気体分子が他の分子と衝突を繰り返すことによって逐次的に運動量やエネルギーを伝達することができるか否かが重要となる．すなわち，真空容器内の圧力が高く，容器の大きさに比べて1.1.9項で述べた平均自由行程 λ が十分短い場合には，容器の内壁に衝突して運動量やエネルギーをやりとりした気体分子は，壁から散乱した後容器内の別の場所に到達する前に他の気体分子との衝突を繰り返し，気体分子間で逐次的に運動量やエネルギーを伝達する．一方，圧力が低く，真空容器の大きさに比べて平均自由行程が十分長い場合には，いったん容器の内壁と運動量やエネルギーをやりとりした気体分子は，他の分子に邪魔されることなく容器内の別の場所に再び衝突し，容器の壁と運動量やエネルギーを授受することになり，輸送現象は圧力が高い場合と大きく異なる．

このように，気体分子による運動量やエネルギーなどの輸送や気体分子そのものの輸送である拡散を，分子集団の平均的な運動量やエネルギー，物質の流れ，すなわち連続流体として扱うことができるか，もしくは独立した個々の気体分子運動の総和として考えるかを判別する必要がある．その指標になるのが，問題とする系の空間の差し渡しの大きさ D と気体の平均自由行程 λ の比，$Kn = \lambda / D$ であり，クヌーセン数（Knudsen number）と呼ばれる無次元量である．ここで D は，円形断面を持つ長い導管では導管の直径と考えればよく，真空容器などでは容器の差し渡しの長さと考えてよい．式 (1.1.66) より λ は圧力に反比例するので，高い圧力では Kn が小さくなり，おもに分子どうしの衝突によって輸送係数が決まるが，圧力が低くなると Kn が大きくなり，分子どうしの衝突頻度が小さくなるためおもに分子の壁への衝突により輸送係数が決まることになる．

おおよそ $Kn < 0.01$ を粘性流といい，ナビエ・ストークス方程式による連続体の取扱いが可能である．一方，$Kn > 10$ を自由分子流または単に分子流，もしくはクヌーセン流といい，輸送現象は独立した個々の分子の壁への衝突によって決まる．中間の $0.1 < Kn < 10$ を中間流もしくは遷移流といい，気体分子による輸送現象は粘性流と分子流の両方の寄与があり複雑になる．また，特に流体力学分野では $0.01 < Kn < 0.1$ を滑り流ということがあり，固体壁面から λ 程度の厚さのク

ヌーセン層と呼ばれる領域が輸送現象に大きな影響を与え，壁面近傍での流れは有限の滑り速度を持ち，温度勾配にも不連続性を有する[1]．表1.2.1にクヌーセン数による気体の流れの分類を示す．真空科学では中間流と滑り流を合わせて，$0.01 < Kn < 0.5$ までの範囲を中間流として扱うことが多い[2]．本節では，粘性流，滑り流，中間流，分子流のそれぞれの圧力領域における，運動量輸送である粘性やエネルギー輸送である熱伝導を考える．また，気体分子そのものの物質輸送である拡散も本節で取り扱う．配管などの壁で囲まれた気体分子の物質輸送である気体の流れは1.3節で取り扱う．

表 1.2.1 クヌーセン数による気体の流れの分類

クヌーセン数	領　　　域
$Kn < 0.01$	粘性流 (continuum flow, viscous flow)
$0.01 < Kn < 0.1$	滑り流* (slip flow)
$0.1 < Kn < 10$	中間流 (intermediate flow) 遷移流 (transitional flow)
$Kn > 10$	（自由）分子流 ((free) molecular flow) クヌーセン流 (knudsen flow)

〔注〕 ＊おもに流体力学で用いられる用語で，真空科学では中間流に含められることが多い．

1.2.2 　圧力が高い領域での輸送現象
〔1〕 　平均自由行程理論

まず，圧力が高い粘性流領域（$Kn < 0.01$）での輸送係数を考える[3],[4]．気体分子の運動量やエネルギー，分子密度などの物理量を平均自由行程程度の空間内で平均化した量 $\varphi(\boldsymbol{r})$ を考える．ここで $\boldsymbol{r}$ は空間の位置を表すベクトルである．このような空間よりも十分大きな空間に対しては，気体分子の集団を連続流体として取り扱うことができる．$\varphi(\boldsymbol{r})$ が空間的に勾配を持てば，その場所での物理量の流れ，すなわち流束 $\boldsymbol{J}$ は，一般化したフィックの第一法則（Fick's first law）

$$\boldsymbol{J} = -\boldsymbol{L}\nabla\varphi(\boldsymbol{r}) \qquad (1.2.1)$$

で与えられる．ここで $\boldsymbol{L}$ は一般化した拡散係数で，輸送係数と呼ばれる．一般に $\boldsymbol{L}$ はテンソル量であるが，ここでは $\varphi(\boldsymbol{r})$ が空間的に一様な勾配を持つものと考え，一次元の勾配のみを取り扱う．

図1.2.1に示すように，$\varphi(\boldsymbol{r})$ の勾配の方向を z とし，$z = z_0$ で z に垂直な面 S を考え，S に平行な方

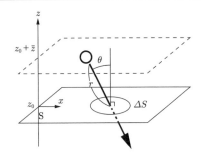

図 1.2.1 面 S を通過する気体分子

向を x とする．そして，この面 S を横切る気体分子による輸送を考える．λ 程度の大きさの空間を考えると，気体分子どうしの衝突は起こらず，輸送現象は個々の分子による独立した運動の総和と考えることができる．そこで，S 上の微小面積 ΔS の部分を通過する分子によって輸送される流束は，単位面積当りの流束 J_z を用いて，式 (1.2.1) より

$$J_z \Delta S = (\gamma_{12} - \gamma_{21}) \Delta S = -L \frac{\mathrm{d}\varphi(z)}{\mathrm{d}z} \Gamma \Delta S \tag{1.2.2}$$

とすることができる．ここで，L は単位面積当りの輸送係数である．また，J_z は単位面積当り単位時間に面 S を上から下に横切る分子によって運ばれる物理量 γ_{12} から下から上に横切る分子によって運ばれる物理量 γ_{21} を引いた正味の物理量の移動量で，流束もしくは流束密度と呼ばれる．Γ は式 (1.1.56) で与えられる気体分子の入射頻度である．$\varphi(z)$ を z 付近の分子集団の x 方向の平均速度 $v_x(z)$ とすれば，J_z は $v_x(z)$ の z による変化量を表し，運動量流束と呼ばれ気体のせん断応力に対応する（この場合，式 (1.2.2) の右辺を正にとる）．また，$\varphi(z)$ がエネルギーの場合，J_z は気体分子が持つエネルギーの流れ，すなわちエネルギー流束もしくは熱流を表すことになる．物理量 $\varphi(z)$ を気体分子密度とすれば，J_z は分子密度の変化，すなわち気体の流れや拡散流束を表すことになる．

ここで，気体分子が面 S を横切る前に，最後に他の分子と衝突した平均的な z の位置を考えてみる．図 1.2.1 に示すように，他の分子と衝突してから S を横切るまでに距離 r だけ走行し，入射角 θ で面 S 上の微小面積 ΔS に入射する分子は，z 方向には $z = r\cos\theta$ だけ離れた位置から面 S を横切ることになる．このように，分子が他の分子と衝突してから面 S を横切るまでに走行する平均的な z 方向の長さを $\bar{z}$ とすると，分子の走行距離 r について，衝突していない分子数が 1.1.9 項の平均自由行程理論から式 (1.1.73)，すなわち $\exp(-r/\lambda)$

に比例することを用い，分子が最後に衝突した位置から ΔS を見込む立体角が $\cos\theta/r^2$ に比例することを考慮して，$\bar{z}$ は $r\cos\theta$ を立体角 2π について積分して平均化すればよく

$$\bar{z} = \frac{2\pi \int_0^\infty \int_0^{\pi/2} r\cos\theta \Delta S \frac{\cos\theta}{r^2} e^{-\frac{r}{\lambda}} r^2 \sin\theta \mathrm{d}\theta \mathrm{d}r}{2\pi \int_0^\infty \int_0^{\pi/2} \Delta S \frac{\cos\theta}{r^2} e^{-\frac{r}{\lambda}} r^2 \sin\theta \mathrm{d}\theta \mathrm{d}r}$$

$$= \frac{2}{3}\lambda \tag{1.2.3}$$

が得られる．つまり，物理量 $\varphi(z)$ は，おおよそ面 S から z 方向に平均的に $\bar{z} = \frac{2}{3}\lambda$ だけ離れたところから飛来した気体分子によって運ばれてくることになる．したがって γ_{12}，γ_{21} はそれぞれ

$$\left.\begin{array}{l}\gamma_{12} = -\Gamma\varphi\left(z_0 + \dfrac{2}{3}\lambda\right) \\ \gamma_{21} = -\Gamma\varphi\left(z_0 - \dfrac{2}{3}\lambda\right)\end{array}\right\} \tag{1.2.4}$$

とすることができる．気体分子の平均速度を $\bar{v}$，分子密度を n として，式 (1.1.56) の入射頻度 Γ を用いて $\varphi(z)$ を $z = z_0$ の周りでテイラー展開して一次項のみ残すと

$$\begin{aligned}J_z &= \gamma_{12} - \gamma_{21} = -\Gamma \frac{4}{3}\lambda \frac{\mathrm{d}\varphi(z_0)}{\mathrm{d}z} \\ &= -\frac{1}{3}n\bar{v}\lambda \frac{\mathrm{d}\varphi(z_0)}{\mathrm{d}z}\end{aligned} \tag{1.2.5}$$

が得られる．式 (1.2.5) が成り立つためには $\varphi(z)$ の変化に伴って $\bar{v}$ や n が大きく変化しないことが前提であり，後述する粘性や熱伝導，拡散の場合では，気体分子の速度の変化量が小さい場合にのみ成り立つ関係である．

〔2〕 輸 送 係 数

ここでは〔1〕の平均自由行程理論を用いて，気体の粘性係数や熱伝導率，拡散係数を求める．

(a) 気体の粘性　流体中を運動する物体は，流体から物体の運動を妨げようとする力を受ける．これは，変形に対して抵抗を示す流体の性質で粘性という．流体の粘性は，流れに垂直方向に流体の速度が変化する，すなわち速度勾配を持つとき，流れに平行な面に沿ってせん断応力が生じる性質と定義される[5]．

図 1.2.2 に示すような距離 h だけ離れた二つの平行な壁の中にある流体を考える．下の壁 A は静止し，上の壁 B を一定の速度 V で壁に平行に移動させる．ただし，V は個々の気体分子の速さ v に比べて十分遅い，すなわち $|V| \ll v$ であるとする．気体分子は壁に衝突し運動量を与えるとともに，衝突した際に壁から運動量を得る過程を繰り返す．そのため，二つの壁の周囲

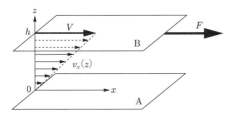

図 1.2.2 二つの壁の間の気体の流れ

の気体分子集団は，平均的に壁と平行方向にそれぞれ壁 A ではゼロ，壁 B では V の速度を持つことになる．ここで，図 1.2.2 に示すように，壁 A，B に垂直な方向を z とし，壁 B の移動方向を x とする．二つの壁の間の気体分子集団の x 方向の平均速度を z の関数として $v_x(z)$ とすると，$v_x(z)$ は壁 A から壁 B に近付くに従ってゼロから V まで線形に大きくなっていく．すなわち

$$v_x(z) = V\frac{z}{h} \tag{1.2.6}$$

の関係を持つ．ここで，z は壁 A の直上で $z=0$，壁 B の直下で $z=h$ である．式 (1.2.6) が成り立つような流体の流れを単純せん断流または単純クエット流（Couette flow）という．

ここで，図 1.2.2 に示すように，壁 B を一定の速度 V で移動させ続けるためには x 方向に力 F が必要である．これは，壁 B の移動を妨げるように壁 B に気体分子からの力が働いているからであり，このような抵抗力と壁 B を移動させる力 F が釣り合い，壁 B が一定速度を保っている．いま，壁 A，B の面積を同一とし S とすると，気体分子が壁 B に及ぼす x 方向の力 F は壁の面積 S に比例し，速度 V にも比例するので

$$F = -\eta S \frac{V}{h} \tag{1.2.7}$$

と表すことができる．ここで，比例係数 η を流体の粘性係数または粘度という．粘性率と呼ばれることもある．粘性係数の単位は，かつては CGS 単位系の [dyn·s·cm^{-2}] または [P(poise)] が用いられたが，現在では国際単位系（SI）の [Pa·s] が用いられる．1 P = 0.1 Pa·s の関係がある．

気体分子運動論に基づいて気体分子に粘性が生じる原因を考えてみる．いま，平均自由行程程度の大きさの空間を考え，図 1.2.1 のように気体の流れに平行に面 S をとり，この面を通過する分子を考える．面 S の上部の気体分子集団の x 方向の平均速度が下部の平均速度より速い場合，上から下に入射した分子は，周囲の他の分子より x 方向の平均速度が速く，他の分子と衝突を繰り返すことによって徐々に速度が遅くなる．し

たがって，このような分子は面 S の下部にいる分子に対して x 方向に正の向きに運動量を与えることになる．一方，下から上に入射した分子は周囲の他の分子より x 方向の平均速度が遅く，周りの分子と衝突を繰り返して速度が速くなり，他の分子に対して x 方向に負の運動量を与えることになる．これは面 S の上から下に対して気体分子集団が持つ運動量の x 方向成分が変化していることを意味しており，面 S を介して気体分子が行き来することによって x 方向の運動量を輸送していることと等価である．ここで，個々の分子の速さはマクスウェルの速さ分布（式 (1.1.40) 参照）に従っているが，平均自由行程より十分大きな空間に対して，分子の集団としての平均速度が面 S の上と下で異なっているために運動量が輸送されていることに注意しておく．

このように運動量の輸送を粗視的に見た場合，式 (1.2.7) は z 方向のせん断応力 τ_{zx} として表され，式 (1.2.6) を z で微分し式 (1.2.7) を用いて

$$\tau_{zx} = -\frac{F}{S} = \eta \frac{dv_x(z)}{dz} \tag{1.2.8}$$

となる．式 (1.2.8) はニュートンによって実験的に見い出された関係で，ニュートンの粘性法則という．また，式 (1.2.8) に従う流体をニュートン流体という．真空科学で取り扱う希薄気体は，ほとんどの場合ニュートン流体として取り扱ってよい．

気体分子運動論から粘性係数 η を求めることができる．気体分子の質量を m，平均自由行程 λ 程度の大きさの範囲内で，z の位置にある気体分子集団の x 方向の平均速度を $v_x(z)$ とすると，熱運動する気体分子がもともと持っていた運動量に，気体分子 1 個当り x 方向に平均的に $mv_x(z)$ の運動量が付加されることになる．そこで，式 (1.2.5) で $\varphi(z) = mv_x(z)$ と置くと，図 1.2.1 で面 S を通過する分子によって運ばれる x 方向の運動量流束 P_x は

$$P_x = -\frac{1}{3}n\bar{v}\lambda\frac{dmv_x(z)}{dz} \tag{1.2.9}$$

で与えられる．ここで，P_x は式 (1.2.5) の J_z に相当する．気体の密度 $\rho = nm$ を用いると

$$P_x = -\frac{1}{3}\rho\bar{v}\lambda\frac{dv_x(z)}{dz} \tag{1.2.10}$$

である．ここで，P_x が単位面積当りの x 方向の力積を表すことから

$$\frac{F}{S} = P_x = -\frac{1}{3}\rho\bar{v}\lambda\frac{dv_x(z)}{dz} \tag{1.2.11}$$

となり，式 (1.2.8) と比べることにより粘性係数は

$$\eta = \frac{1}{3}\rho\bar{v}\lambda \qquad (1.2.12)$$

であることがわかる．気体分子間のポテンシャルを剛体球として扱い，分子間の衝突を厳密に取り入れた計算によると，式 (1.2.12) の $1/3 = 0.33\cdots$ の代わりに

$$\eta = 0.499\rho\bar{v}\lambda \qquad (1.2.13)$$

となることが知られている[6]．式 (1.2.12)，(1.2.13) は，気体分子の温度が空間的に一様で，かつ壁に沿った気体の流れが分子の速さ v に比べて十分小さい $|v_x(z)| \ll v$ の場合に成立する関係である．おもな気体の粘性係数を**表 1.2.2** に示す．

式 (1.2.13) を用いて，粘性係数の測定から平均自由行程を求め，さらに分子直径を求めることができる．すなわち，分子直径 d は

$$d = \left(0.179\frac{\sqrt{mkT}}{\eta}\right)^{\frac{1}{2}} \qquad (1.2.14)$$

となる[6]．粘性から求めた分子直径を「粘性に基づく分子直径」，また πd^2 を「粘性の衝突断面積」と呼ぶことがある[8]．

混合気体の粘性は，式 (1.2.13) の平均自由行程 λ を混合気体の平均自由行程 λ_{AB} で置き換えた近似[9]や，混合気体の成分比の二次まで含めた分数関数で表した式[10]~[12]等が知られているが，構成気体分子間のポテンシャルを厳密に扱い，衝突積分を計算することによって精度の高い粘性係数の予測が可能である[12]．混合気体の種類と混合比によっては，粘性がそれぞれの気体の粘性係数の中間の値にならないことがある．代表例として He と Ar の混合では，Ar より He の方が粘性係数が小さいが，Ar 中に He を添加してゆくと粘性係数はいったん Ar の粘性係数よりも大きくなり，He が多くなると減少することが知られている[13],[14]．

（b）気体の熱伝導 粘性と同様に，平均自由行程より大きな空間で考えると，その中の気体分子集団はある温度のマクスウェルの速度分布則に従う速度分布を持っている．分子集団の温度，すなわち熱運動エネルギーが空間的に勾配を持てば，熱エネルギーの高い所から低い所に向かって熱エネルギーの流れ，すなわち熱流が生じる．その結果，気体分子集団に空間的な温度勾配が生じる．熱流の方向を z にとると，式 (1.2.2) の $\varphi(z)$ としては気体分子集団の温度 $T(z)$，輸送係数 L は熱伝導率 κ となる．また，流束 J_z は，エネルギー流束または熱流と呼ばれ Q_z で表す．したがって，式 (1.2.2) は

$$Q_z = -\kappa\frac{\mathrm{d}T(z)}{\mathrm{d}z} \qquad (1.2.15)$$

となり，フーリエの法則が得られる．熱伝導率 κ は熱伝導度と呼ばれることもあり，国際単位系（SI）では $[\mathrm{W\cdot K^{-1}\cdot m^{-1}}]$ である．**図 1.2.3** のように距離 h だ

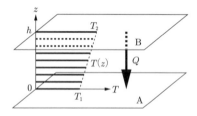

図 1.2.3 二つの壁の間の気体による熱伝導

表 1.2.2 おもな気体の分子量 M，質量当りの定圧モル比熱 C_p，比熱比 γ，粘性係数 η，熱伝導率 κ と，式 (1.2.25) の ϵ_f および (1.2.30) の ϵ_m の比較 ($p = 101$ kPa, $T = 298$ K)[7]

気体	分子量	C_p [kJ·kg^{-1}·mol^{-1}]	γ	η [μPa·s]	κ [mW·m^{-1}·K^{-1}]	ϵ_f	ϵ_m
He	4.003	5.193	1.667	19.84	155.3	2.501	2.513
Ne	20.18	1.031	1.640	31.58	49.1	2.440	2.473
Ar	39.95	0.522	1.670	22.55	17.61	2.508	2.501
Kr	83.80	0.248	1.667†	25.39	9.37	2.5	2.480
Xe	131.3	0.158	1.679[6]	23.18	5.59	2.528	2.556
H$_2$	2.016	14.29	1.406	8.92	180.3	1.914	1.988
N$_2$	28.01	1.041	1.401	17.82	25.93	1.902	1.958
O$_2$	32.00	0.920	1.396	20.45	26.50	1.891	1.967
Air	28.97	1.007	1.396	18.47	26.08	1.905	1.966
CO	28.01	1.040	1.402	17.64	26.43	1.905	2.019
NO	30.01	0.995	1.425	19.2	25.7	1.956	1.917
CO$_2$	44.01	0.851	1.294	14.92	16.64	1.662	1.696
CH$_4$	16.04	2.232	1.306	11.19	34.27	1.689	1.793
NH$_3$	17.03	2.156	1.331	10.2	24.4	1.745	1.477

〔注〕† クリプトンの比熱比は $\gamma = 5/3$ を用いた．

け離れた二つの壁 A, B の温度がそれぞれ T_1, T_2 の
とき，式 (1.2.15) より熱流 Q_z^{21} は

$$Q_z^{21} = \kappa \frac{T_2 - T_1}{h} \qquad (1.2.16)$$

と表すことができる．

　気体分子が持つエネルギーは分子の自由度 f と対応
付けられる．分子には表 1.1.7 で示したような並進運
動や回転運動の自由度に加えて，分子振動や磁気モー
メントなどによる自由度があり，分子内の自由度を内
部自由度という．これらはそれぞれ独立に，または相互
作用しながらエネルギーを輸送することができる．こ
こで，並進運動の自由度と内部自由度を合わせて分子
1 個が持つ全エネルギーを ε と置くと，温度 T の気体
分子集団の 1 分子当りの平均エネルギー $\bar{\varepsilon}(T)$ は，分
子の質量を m，質量当りの定積比熱 c_V を用いて

$$\bar{\varepsilon}(T) = \int_0^{\varepsilon(T)} \mathrm{d}\varepsilon = \int_0^T \left(\frac{\mathrm{d}\varepsilon}{\mathrm{d}T} \right)_V \mathrm{d}T$$
$$= \int_0^T m c_V \mathrm{d}T \qquad (1.2.17)$$

と表すことができる[15]．ボルツマン統計が成り立つ温
度領域で，かつ c_V の温度変化が無視できれば

$$\bar{\varepsilon}(T) = m c_V T \qquad (1.2.18)$$

と置くことができる．ここで，z の位置での気体分子
の平均エネルギーを $\bar{\varepsilon}(z)$，その場所での温度を $T(z)$
として

$$\bar{\varepsilon}(z) = m c_V T(z) \qquad (1.2.19)$$

とすると，式 (1.2.2) で $\varphi(z) = m c_V T(z)$ ととれば
よいことがわかる．$\rho = nm$ を用いると

$$Q_z^{12} = -\frac{1}{3} \rho \bar{v} \lambda c_V \frac{\mathrm{d}T(z)}{\mathrm{d}z} \qquad (1.2.20)$$

となる．ここで $Q^{21} = -Q^{12}$ より式 (1.2.16) と比
べて

$$\kappa = \frac{1}{3} \rho \bar{v} \lambda c_V \qquad (1.2.21)$$

となる．式 (1.2.12) の粘性係数 η を用いると

$$\kappa = c_V \eta \qquad (1.2.22)$$

が得られる．式 (1.2.21), (1.2.22) の適用範囲には
注意が必要で
(1)　定積比熱 c_V が温度によらない．
(2)　気体分子の速度分布が λ 程度の空間内で温度
　　$T(z)$ のマクスウェル分布に従う，すなわち

$$\frac{|\nabla T(z)| \lambda}{T(z)} \ll 1 \qquad (1.2.23)$$

が満たされていて，かつ λ の温度変化が無視で
きる.
(3)　気体分子が衝突したあとの速度分布は，「その場
　　所での温度を反映した」マクスウェル分布に従う．
(4)　気体の圧力は場所によらず一定である．
の場合にのみ成り立つと考えるべきである[16]．特に圧
力について，図 1.2.1 に示すように面 S の上部下部そ
れぞれからの入射頻度が等しいと仮定すると，面 S の
上部と下部で気体分子に温度差があった場合，1.1.10
項〔2〕の熱遷移現象と同様に圧力平衡が成り立たない
ことになる．したがって，分子間でエネルギーをやり
取りする λ 程度の空間の大きさの範囲内では，気体の
温度は一様でなければならない．

　気体分子の熱平衡からのずれを考慮すると，式
(1.2.22) を補正する必要があり

$$\kappa = \epsilon c_V \eta \qquad (1.2.24)$$

となる．ここで補正係数 ϵ は，気体分子を剛体球とし
て扱ったモデルでは $\epsilon = 5/2 = 2.5$ となり，熱平衡か
らのずれの高次項を取り込むと $\epsilon = 2.522$ になること
が知られている[17]．

　また，内部自由度を持つ多原子分子の場合，並進運
動による分子間のエネルギー輸送が内部自由度に影響
されず，分子どうしが衝突した際に内部自由度による
エネルギーも並進運動と同じように輸送される条件の
下では，質量当りの定積比熱 c_V を並進運動による比
熱 c_{Vt} と内部自由度による比熱 c_{Vi} に分け

$$c_V = c_{Vt} + c_{Vi} \qquad (1.2.25)$$

として，並進運動による熱伝導の式 (1.2.24) に内部
自由度による熱伝導を付加し

$$\kappa = (\epsilon c_{Vt} + c_{Vi}) \eta \qquad (1.2.26)$$

と置くことができる．理想気体では，並進運動による
定積比熱は，式 (1.1.20) の比熱比 γ を用いて

$$c_{Vt} = \frac{3}{2} (\gamma - 1) c_V \qquad (1.2.27)$$

と表すことができるので，式 (1.2.26) は

$$\kappa = \left\{ \frac{3}{2} (\gamma - 1)(\epsilon - 1) + 1 \right\} c_V \eta \qquad (1.2.28)$$

となる．ここで，$\epsilon = 5/2$ とすると

$$\epsilon_f = \frac{3}{2} (\gamma - 1)(\epsilon - 1) + 1$$
$$= \frac{1}{4} (9\gamma - 5) \qquad (1.2.29)$$

となる（Eucken formula）[18]．表 1.1.7 より，内部自由度を持たない単原子の理想気体では $\gamma = 5/3$ であり，式 (1.2.29) より $\epsilon_f = 2.5$ となるので，式 (1.2.24) の $\epsilon = 5/2 = 2.5$ と一致する．また，二原子分子では $\gamma = 7/5$ となり $\epsilon_f = 1.9$ である．多原子分子では内部自由度が大きくなるに従い γ は 1 に漸近するため，$1 \leq \epsilon_f \leq 2.5$ の値をとる．

式 (1.2.24) から

$$\epsilon_m = \frac{\kappa}{c_V \eta} = \frac{\gamma \kappa}{c_p \eta} \tag{1.2.30}$$

と置くと，質量当りの定圧比熱 c_p，粘性係数 η，熱伝導率 κ の測定値から ϵ_m を求めることができ，式 (1.2.29) の ϵ_f と比較することができる．代表的な気体の質量当りの定圧モル比熱 $C_p = N_A \cdot c_p$（N_A はアボガドロ定数），比熱比 γ，粘性係数 η，熱伝導率 κ の測定値と，それらから求めた ϵ_m，式 (1.2.29) の ϵ_f の比較を表 1.2.2 に示す[7]．単原子の貴ガスや等核二原子分子の気体では，表 1.1.7 に示した理想的な γ の値と実測値との一致は非常に良く，ϵ_m と ϵ_f の一致も比較的良い．これは，気体分子のエネルギー輸送に，分子の並進運動に加え内部自由度の寄与が大きいことを意味している．並進運動と内部自由度との間の熱平衡が満たされない場合，両者の間のエネルギー輸送の緩和時間を考慮したメイソン・モンティック（Mason–Monchick）理論が知られている[19]~[21]．

混合気体の熱伝導については，内部自由度を持たない単原子の混合気体については粘性係数と同様に考えることができ，3 種類の混合気体まで含めた Kestin らによる詳細な数値計算がある[14],[22]．また，多原子分子の気体では，並進運動によるエネルギー移動と内部自由度によるエネルギー移動を分けて考えることによって近似式が得られている[23]．

（c）**気体の拡散**　ここでは，壁で制限されない自由空間での気体の拡散を取り扱う．気体の分子密度が空間的に勾配を持てば，分子密度の大きいところから小さいところに気体の流れが生じる．この場合の気体の流れは拡散流束または単に流束と呼ばれる．流束の方向を z にとると，式 (1.2.2) の $\varphi(z)$ としては気体の分子密度 $n(z)$，輸送係数 L は拡散係数 D となる．したがって，式 (1.2.2) は

$$J_z = -D \frac{\mathrm{d}n(z)}{\mathrm{d}z} \tag{1.2.31}$$

で与えられる（関連資料 1.6.2 項参照）．

拡散係数 D は，国際単位系（SI）では $[\mathrm{m}^2 \cdot \mathrm{s}^{-1}]$ である．単一成分の分子どうしの衝突によって分子が輸送される拡散を自己拡散といい，D を自己拡散係数と

いう．また，混合気体中の各成分気体間の拡散を相互拡散と呼び，D を相互拡散係数という．自己拡散係数を相互拡散係数と区別する必要があるときには，気体 A の自己拡散係数を D_A，気体 A，B 間の相互拡散係数を D_{AB} 等と表記する．

平均自由行程理論を用いると，式 (1.2.5) で，z によって気体の分子密度に勾配が生じることになり，したがって入射頻度 Γ そのものが変化するので

$$J_z = -\frac{4}{3} \lambda \frac{\mathrm{d}\Gamma(z)}{\mathrm{d}z} \tag{1.2.32}$$

と置くことができ，式 (1.1.56) を代入し，(1.2.31) と比べて

$$D = \frac{1}{3} \bar{v} \lambda = \frac{\eta}{\rho} \tag{1.2.33}$$

である．最後の等式は，粘性係数 η の式 (1.2.12) を用いた．熱伝導率の場合と同様に，剛体球モデルに対して分子間の衝突を計算した場合

$$D = a \frac{\eta}{\rho} \tag{1.2.34}$$

と置いたとき，係数 $a = 6/5$ であることが知られている[24]．また，a は無次元量であり，$Sc = \eta/(\rho D) = 1/a$ をシュミット数（Schmidt number）という[12]．同位体を用いて測定されたおもな気体の自己拡散係数と a の値を**表 1.2.3** に示す．

表 1.2.3 おもな気体の自己拡散係数と a[25]

気　体	温　度 [K]	D $[\mathrm{cm}^2 \cdot \mathrm{s}^{-1}]$	a
He	296	1.555	1.32
Ne	273	0.452	1.35
Ar	273	0.157	1.33
Kr	273	0.079 5	1.29
Xe	273	0.048 0	1.33
H_2	296	1.455	1.37
N_2	273	0.178	1.34
O_2	273	0.181	1.35
CO	273	0.190	1.42
CO_2	273	0.096 5	1.38
CH_4	298	0.223	1.33

単一成分の気体に分子密度の勾配があると，圧力差が生じ気体に正味の流れが生じる．気体分子の拡散では，全圧一定の下での多成分気体間の相互拡散を取り扱うことが多い．ここでは，A，B の二つの成分の混合気体の相互拡散を考える．**図 1.2.4** に示すように，気体分子密度の勾配の方向を z にとり，分子密度をそれぞれ $n_A(z)$，$n_B(z)$ とし，z に対して線形に変化するものとする．また，$z = 0$ で $n_A(0) = n$，$n_B(0) = 0$，また $z = z_l$ で $n_A(z_l) = 0$，$n_B(z_l) = n$ となるよう

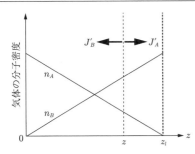

図 1.2.4 二つの気体成分の相互拡散

な仮想的な定常分子密度勾配を考える．この場合，全圧が z によらず一定なので，分子密度の和 n は z によらず

$$n = n_A(z) + n_B(z) \quad (1.2.35)$$

となり，気体に正味の流れは生じない．$0 < z < z_l$ となる任意の z で，式 (1.2.31), (1.2.33) より，気体の流束 J'_A, J'_B は気体 A, B の平均速度をそれぞれ $\bar{v}_A$, $\bar{v}_B$，また平均自由行程をそれぞれ λ_A, λ_B として

$$J'_A = -\frac{1}{3}\bar{v}_A\lambda_A \frac{dn_A(z)}{dz} \quad (1.2.36)$$

$$J'_B = -\frac{1}{3}\bar{v}_B\lambda_B \frac{dn_B(z)}{dz} \quad (1.2.37)$$

とすることができる．定常状態では拡散による物質輸送の総和はゼロでなければならないので，z での質量輸送速度を v_0 として，成分 A, B の流束と気体の流れの和は

$$J'_A + J'_B + nv_0 = 0 \quad (1.2.38)$$

でなければならない．式 (1.2.35) より，$dn_A(z)/dz = -dn_B(z)/dz$ を用いると

$$v_0 = \frac{1}{3n}(\bar{v}_A\lambda_A - \bar{v}_B\lambda_B)\frac{dn_A(z)}{dz} \quad (1.2.39)$$

となる．したがって，気体の流れを加味した正味の流束 J_A を

$$J_A = J'_A + n_A(z)v_0 \quad (1.2.40)$$

とすれば

$$J_A = -\frac{1}{3}\left(\frac{n_B(z)}{n}\bar{v}_A\lambda_A + \frac{n_A(z)}{n}\bar{v}_B\lambda_B\right)$$
$$\times \frac{dn_A(z)}{dz} \quad (1.2.41)$$

となる．式 (1.2.31) と比較すると

$$D_{AB} = \frac{1}{3}\left(\frac{n_B(z)}{n}\bar{v}_A\lambda_A + \frac{n_A(z)}{n}\bar{v}_B\lambda_B\right) \quad (1.2.42)$$

が得られる（Meyer formula）[26],[27].

A と B を入れ替えると，J_B についても式 (1.2.42) と同様の相互拡散係数 D_{BA} が得られる．式 (1.2.42) では気体の成分比によって拡散係数 D_{AB} が異なるが，実際測定された 2 成分間の拡散係数の成分比依存性は式 (1.2.42) で予測される値よりもずっと小さく，成分が異なっても D_{AB} が大きく違わないことが知られている[28],[29]．これは，式 (1.2.42) で用いた平均自由行程 λ では，同種分子が衝突しても区別できないので拡散には寄与しないことを取り入れていないためである．それぞれの気体成分の平均自由行程 λ_A, λ_B を異種分子との衝突のみを考慮し（式 (1.1.69) 参照），それぞれ

$$\left. \begin{array}{l} \lambda_A = \dfrac{1}{\pi d_{AB}^2 n_B \sqrt{1 + \dfrac{m_A}{m_B}}} \\[2mm] \lambda_B = \dfrac{1}{\pi d_{AB}^2 n_A \sqrt{1 + \dfrac{m_B}{m_A}}} \end{array} \right\} \quad (1.2.43)$$

と置くことができる．ここで d_{AB} は，気体 A と気体 B の分子直径をそれぞれ d_A, d_B としたとき，それらの平均分子直径 $d_{AB} = (d_A + d_B)/2$ である．エネルギーの等分配則より $\langle (1/2)m_A v_A^2 \rangle = \langle (1/2)m_B v_B^2 \rangle$ であることから

$$D_{AB} = \frac{4}{3n\pi d_{AB}^2}\sqrt{\frac{(m_A + m_B)kT}{2\pi m_A m_B}} \quad (1.2.44)$$

が得られる．剛体球ポテンシャルを用いた厳密な計算によると

$$D_{AB} = \frac{3}{8nd_{AB}^2}\sqrt{\frac{(m_A + m_B)kT}{2\pi m_A m_B}} \quad (1.2.45)$$

となる[30]．式 (1.2.44), (1.2.45) では，D_{AB} は各成分の気体分子密度 n_A, n_B によらない．実際の気体では，拡散係数は成分比率によって若干異なることが知られており，成分 A, B の気体の質量をそれぞれ，m_A, m_B として，$n_A/n \cong 0$, $n_A/n \cong 1$ のときの拡散定数 D_{AB} の比は

$$\frac{D_{AB}(n_A/n \cong 0)}{D_{AB}(n_A/n \cong 1)}$$
$$= \frac{1 + m_B^2/(12m_B^2 + 16m_A m_B + 30m_A^2)}{1 + m_A^2/(12m_A^2 + 16m_A m_B + 30m_B^2)} \quad (1.2.46)$$

となる[31],[32]．混合比が 1 : 1 の場合のおもな気体の

相互拡散係数を**表 1.2.4** に示す．単原子の混合気体については，前述の Kestin の文献に詳細な数値計算がある[14]．

表 1.2.4 おもな気体の相互拡散係数（混合比 1:1，$T = 293.15$ K，$P = 101$ kPa）[33]

気体	D_{AB} [cm²·s⁻¹]	気体	D_{AB} [cm²·s⁻¹]
He - Ne	1.066	Ar - Kr	0.134
He - Ar	0.726	Ar - Xe	0.108
He - Kr	0.629	Ar - H₂	0.794
He - Xe	0.538	Ar - N₂	0.190
He - H₂	1.490	Ar - O₂	0.187
He - N₂	0.698	Ar - CO₂	0.148
He - O₂	0.723	H₂ - N₂	0.772
He - CO₂	0.580	H₂ - O₂	0.782
He - CH₄	0.650	H₂ - CH₄	0.708
Ne - Ar	0.313	N₂ - O₂	0.202
Ne - Kr	0.258	N₂ - CO₂	0.160
Ne - Xe	0.219	N₂ - CH₄	0.208
Ne - H₂	1.109	O₂ - CH₄	0.220
Ne - N₂	0.317		

（d）熱 拡 散　式 (1.2.35) から式 (1.2.46) では，混合気体の温度が一定の条件の下で，各成分の気体分子密度，すなわち分圧が空間的に勾配を持つことによる拡散を取り扱った．一方，粘性流領域で混合気体の温度に勾配がある場合，気体の成分が空間的に分離する現象が知られている．質量や分子直径が大きな分子は低温側に，小さな分子は高温側に集まる性質がある．この現象を熱拡散といい，1911 年に Enskog によって予言され[28],[34]，それとは独立に Chapman らによって詳細な計算と実験が行われた[35],[36]．図 1.2.1 で考えた平均自由行程理論による式 (1.2.3) の $\bar{z}$ の計算では，気体の分子密度 $n(z)$ と平均速さ $\bar{v}(z)$ は同じ $\bar{z}$ から面 S に入射すると仮定したが，気体分子間のポテンシャルの形状に応じて $n(z)$ と $\bar{v}(z)$ の $\bar{z}$ が異なるため，質量や分子直径が異なる気体分子集団が温度勾配を持てば，拡散係数にも差が生じ混合気体の成分間で空間的に分子密度に差が生じることになる[29],[37]．

　二つの気体成分 A，B を考え，それぞれの分子集団の速度を v_A，v_B とするとき，式 (1.2.39) と同様に，分子集団の速度の差が流束を与えるので

$$v_A - v_B = -\frac{1}{f_A f_B}\left(D_{AB}\frac{\mathrm{d}f_A}{\mathrm{d}z} + D_T \frac{1}{T}\frac{\mathrm{d}T}{\mathrm{d}z}\right) \tag{1.2.47}$$

となる．ここで，f_A，f_B はそれぞれ気体分子密度の比で

$$f_A = \frac{n_A}{n} \quad f_B = \frac{n_B}{n}$$
$$f_A + f_B = 1 \tag{1.2.48}$$

である．また，式 (1.2.47) では，拡散による物質輸送の総和がゼロであること，すなわち $f_A v_A + f_B v_B = 0$ を用いた．式 (1.2.47) の括弧内の第 1 項は混合気体中のそれぞれの気体成分の分子密度勾配による分子の流れを表し，輸送係数 D_{AB} は相互拡散係数である．また，第 2 項は温度勾配による分子の流れを表し，輸送係数 D_T を熱拡散係数という．

　$D_T/D_{AB} = k_T$ を熱拡散比といい，式 (1.2.47) から

$$v_A - v_B = -\frac{D_{AB}}{f_A f_B}\left(\frac{\mathrm{d}f_A}{\mathrm{d}z} + k_T \frac{1}{T}\frac{\mathrm{d}T}{\mathrm{d}z}\right) \tag{1.2.49}$$

である．定常状態では $v_A - v_B = 0$ であることから

$$\frac{\mathrm{d}f_A}{\mathrm{d}z} = -k_T \frac{1}{T}\frac{\mathrm{d}T}{\mathrm{d}z} \tag{1.2.50}$$

である．温度 T_1，T_2 での気体 A の分子密度比をそれぞれ，$f_A(T_1)$，$f_A(T_2)$ とすると

$$f_A(T_1) - f_A(T_2) = k_T \ln T_2/T_1 \tag{1.2.51}$$

となり，場所によって気体の温度が異なると，熱拡散により気体の各成分の分子密度が異なることになる[30]．熱拡散比 k_T は $f_A f_B$ に比例し

$$k_T = \alpha_{AB} f_A f_B \tag{1.2.52}$$

と置くことができる．α_{AB} を熱拡散定数といい，気体の各成分の質量と分子間ポテンシャルの詳細に依存した，成分比の二次まで含んだ分数関数で表すことができる[37]．しかし，α_{AB} の f_A や f_B への依存性は比較的小さく温度変化も無視できるため，式 (1.2.52) から k_T はおおよそ気体成分 A，B の分子密度比の積に比例し，$f_A \approx f_B \approx 0.5$ で最大となる二次関数で近似できる[38]．

　熱拡散現象は気体の分離，特に同位体分離の可能性から研究が進められ，Clausius と Dickel によって向流型熱拡散塔が考案され分離効果を飛躍的に増大させた[39]．同位体分離技術については Jones と Furry の総説を参照されたい[40]．また，熱拡散に類似の現象として，圧力勾配がある混合気体では，圧力差によって気体成分が空間的に分離する圧力拡散が起こることが知られている．しかし，細い管や多孔質体を通過する気体で，大きな圧力勾配を有する場合を除き，圧力勾配による気体成分の分圧差は無視できる[41]．

〔3〕 輸送係数の圧力・温度依存性

粘性流領域での粘性係数や熱伝導率，拡散係数の圧力や温度依存性を考察する．まず，粘性係数の式(1.2.12)や式(1.2.13)から，それぞれ $\rho \propto p$，$\lambda \propto p^{-1}$ であるから粘性係数 η は圧力 p によらないことがわかる．このことは，図1.2.1の面Sを横切る気体分子で考えると，ρ が大きくなる，すなわち圧力が高くなり入射頻度 Γ が大きくなり面Sを横切る分子数が増加することにより運動量の輸送量が増加しても，圧力が高くなることによって平均自由行程 λ が短くなり面Sを横切る分子の到達距離が減少することにより運動量輸送の増加が相殺される，と理解することができる．**図1.2.5**に振動円板型粘度計で測定された空気の粘性係数の圧力・温度依存性を示す[42]．およそ 10^3 Pa 以上では粘性係数はほぼ一定値をとることがわかる．粘性流領域で気体の粘性係数が圧力によらないことは1860年にMaxwellが理論的に初めて明らかにしたもので[43]，彼は実験的にも振動円板型粘度計の振動の減衰の速さが気体の圧力によらないことを証明した[44]．

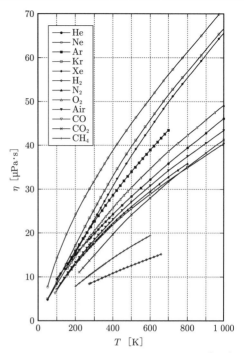

図1.2.6 おもな気体の粘性係数の温度依存性[7],[14]

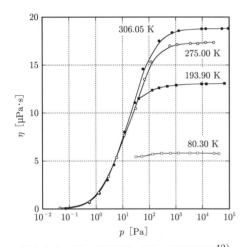

図1.2.5 空気の粘性係数の圧力・温度依存性[42]

図1.2.5で 10^3 Pa より低い圧力領域で粘性係数が減少しているのは，圧力が低くなると後述する滑り流領域になり見掛けの壁（円板）の間隔が広がったように見えるためで，さらに圧力が低くなると分子流領域となり，粘性係数が圧力に比例するようになるからである．ただし，粘性係数が減少し始める圧力や減少率は振動円板の間隔によって変わるため，測定装置ごとに異なった値をとる．

一方，式(1.2.12)，(1.2.13)より，$\bar{v} \propto T^{1/2}$ であることから温度の上昇とともに粘性係数は $\eta \propto T^{1/2}$ で増大するはずであるが，実際の気体については必ずしもそうならない．**図1.2.6**におもな気体の粘性係数の温度依存性を示す．粘性係数を $\eta \propto T^\alpha$ と置いたとき，気体の種類により $\alpha = 0.65 \sim 1.1$ であることが知られている[45]．これは，気体分子の平均自由行程を求める際に，分子間ポテンシャルを剛体と考えた近似が正しくなく，分子の並進運動エネルギーの大きさ，すなわち分子の熱速度によって，衝突の際の分子間ポテンシャルのエネルギー依存性を反映した分子間距離，つまり見掛けの分子直径が異なることが原因である（1.1.9項参照）．

粘性係数の温度依存性については，分子間ポテンシャルの引力項をレナード・ジョーンズ（Lennard–Jones）ポテンシャルで扱い，斥力項を剛体で近似したサザーランド（Sutherland）の式が比較の良い近似を与える[45],[46]．温度に依存した分子直径を d_m として

$$\eta = \frac{0.499\rho\bar{v}}{\sqrt{2}\pi n d_m^2 (1+C/T)} \quad (1.2.53)$$

と置く．ここで，C は分子間ポテンシャルの引力成分に関係した量で，分子の種類によって異なり，サザーランド定数と呼ばれる．d_m は，式(1.1.61)の分子直径 d とは

$$d_m^2 = \frac{d^2}{1+C/T} \quad (1.2.54)$$

の関係があり，気体の温度によって変化し，$T \to \infty$ で $d_m = d$ となる．平均自由行程 λ_m は

$$\lambda_m = \frac{1}{\sqrt{2}\,\pi n d_m^2} = \lambda\left(1 + \frac{C}{T}\right) \quad (1.2.55)$$

となり温度依存性を持つ．温度が T と T_0 での粘性係数をそれぞれ η_T，η_0 とすると，η_T/η_0 は

$$\frac{\eta_T}{\eta_0} = \left(\frac{T}{T_0}\right)^{\frac{1}{2}} \left(\frac{1 + C/T_0}{1 + C/T}\right) \quad (1.2.56)$$

であるので，η の温度依存性は

$$\eta_T = \frac{K T^{\frac{3}{2}}}{C + T}$$

$$K = \eta_0 (C + T_0) T_0^{-\frac{3}{2}} \quad (1.2.57)$$

となり，粘性係数 η_T が温度依存性を持つことがわかる．代表的な気体のサザーランド定数 C と K を**表 1.2.5** に示す．

表 1.2.5　サザーランド定数[45]

気体	温度範囲 [K]	サザーランド定数 C [K]	K [μPa·s·K$^{-1/2}$]
He	15～1 090	97.6	1.513
Ar	90～1 100	133	1.900
H$_2$	15～1 098	70.6	0.648
N$_2$	82～1 098	102	1.385
O$_2$	82～1 102	110	1.649
Br$_2$	286～ 867	517	2.333
CO$_2$	175～1 325	233	1.552
H$_2$O	273～ 680	659	1.831
Hg	491～ 883	996	6.300
CH$_4$	291～ 772	155	0.982
NH$_3$	196～ 714	472	1.542

サザーランドの式 (1.2.53) は H$_2$ や He などの軽い気体については近似がやや劣ることが指摘されている[45]．Lemmon らによって N$_2$，O$_2$，Ar，空気についてレナード・ジョーンズポテンシャルを用いて衝突積分を厳密に計算して粘性係数を求めた計算と実測値との詳細な比較がなされている[47]．また，Oh によって He，Ne，Ar，Kr，Xe などの貴ガスについてレナード・ジョーンズポテンシャルを用い，温度スケールを修正することによって近似を高めた計算と実測値の比較検討がなされている[48]．

粘性係数の質量依存性について考える．気体分子の温度，すなわち運動エネルギーが一定の場合 $\bar{v} \propto m^{-1/2}$ であるので，式 (1.2.12)，(1.2.13) より粘性係数 $\eta \propto \rho \bar{v}$ から $\eta \propto m^{1/2}$ である．したがって，分子の質量が大きいほど粘性が大きくなる．平均自由行程は分子直径に依存するため，別種の分子で粘性係数の質量依存性を厳密に証明するのは難しい．H$_2$ について，同位体の D$_2$ との間では，質量比 $m_{D_2}/m_{H_2} = 2.00$ であり，実測された粘性係数の比が，$\eta_{D_2}/\eta_{H_2} = 1.426$ であるので[7]，理想的な比 $\sqrt{2.00} = 1.414$ に近いことがわかる．

熱伝導率 κ については，式 (1.2.24) から c_V の圧力依存性が無視できる領域では，η と同様 κ は圧力によらず一定になるはずである．**図 1.2.7** に空気の熱伝導率の圧力依存性を示す．粘性係数と同様，熱伝導率の圧力依存性が小さいことがわかる．また，**図 1.2.8** におもな気体の熱伝導率の温度依存性を示す．式 (1.2.22) や式 (1.2.24) より，c_V の温度依存性が無視できれば，熱伝導率 κ は η と同じ温度依存性を持つはずであるが，

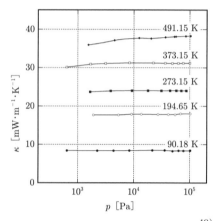

図 1.2.7　空気の熱伝導率の圧力・温度依存性[49]

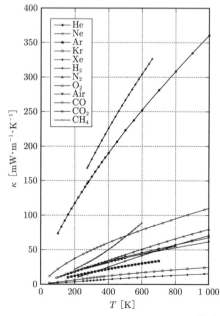

図 1.2.8　おもな気体の熱伝導率の温度依存性[7], [14]

ε や c_V が温度依存性を持つために，それらに応じて熱伝導率も変化することに注意しなければならない．さらに，式 (1.2.25) のように，多原子分子の気体では，熱伝導率に対して内部自由度の寄与があり，内部自由度のエネルギー輸送が温度依存性を持つために熱伝導率も変化する[19]．Lemmon ら[47]，Oh[48] は熱伝導率も計算と測定値を比較しているので参照されたい．

また，拡散係数 D や D_{AB} は式 (1.2.34) や式 (1.2.45) から $D \propto n^{-1}$，すなわち $D \propto p^{-1}$ であるので，平均自由行程と同様に圧力に反比例する．温度に対しては

$$D \propto T^x \qquad x = \frac{3}{2} = 1.5 \qquad (1.2.58)$$

となるはずであるが，粘性係数の温度依存性を反映して，$x \simeq 1.75$ 前後であることが知られている[50]．

1.2.3 圧力が低い領域での輸送現象（分子条件下での輸送過程）

〔1〕 自由分子輸送係数

分子流領域（$Kn > 10$）では，気体分子は他の分子と衝突することなく一方の壁から他方の壁に到達するので，輸送係数は壁の間隔に依存しない．したがって，圧力が高い 1.2.2 項の粘性流の場合と異なり，壁間の距離に依存した粘性係数や熱伝導率が定義できず，式 (1.2.7) や式 (1.2.16) が使えないことがわかる．すなわち分子流領域では，移動現象論で定義される連続体の粘性係数や熱伝導率は存在しない．

しかし，分子流領域でも図 1.2.2 で考えたような二つの壁に隔てられた気体を考え，壁の一方を移動させると粘性力が働く．分子流領域では，**図 1.2.9** で示すように，壁 A に飛来する分子（図の白丸の分子）はすべていったん壁 B に衝突し壁と運動量をやりとりしたのち散乱してきた分子であり，壁 B に飛来する分子（黒丸の分子）はすべて壁 A で衝突，散乱してきた分子である．壁 A は静止しているので，壁 A から散乱してきた分子の壁に平行な速度成分の平均 $\overline{v_x}$ はゼロであり，速度 V で右に動く壁 B から見ると，平均速

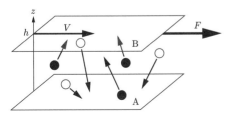

図 1.2.9 壁 A, B から対向する壁に向かう分子による粘性力

度が $-V$ であるように見える．このような気体分子が壁 B に衝突すると，運動量が壁 B に移動し力積を及ぼす．壁 B に衝突した分子が散乱するときには，平均速度が壁 B と同じ V となり，今度は壁 A に入射するとき，壁 A から見ると平均速度が V に見える．このように分子が壁に衝突，散乱を繰り返すことによって単位時間，単位面積に壁 B に与えられる運動量の x 方向成分，すなわち壁 B に与えられる単位面積当りの粘性力 F_B/S は，入射頻度の式を用いて

$$\frac{F_B}{S} = -\frac{1}{4} n \bar{v} m V = -\sqrt{\frac{m}{2\pi kT}} pV \qquad (1.2.59)$$

で与えられることになる．式 (1.2.59) は粘性の式 (1.2.7) と対応している．そこで

$$\frac{F_B}{S} = -\eta_F pV \qquad (1.2.60)$$

と置き

$$\eta_F = \sqrt{\frac{m}{2\pi kT}} \qquad (1.2.61)$$

を自由分子粘性係数といい，$[\mathrm{s \cdot m^{-1}}]$ の単位を持つ．また，式 (1.2.59)，(1.2.60) から，粘性流の場合と異なり粘性力 F_B/S は圧力 p に比例することがわかる．おもな気体の自由分子粘性係数を**表 1.2.6** に示す．

表 1.2.6 おもな気体の自由分子粘性係数と自由分子熱伝導率 （$T = 298$ K）[7]

気体	自由分子粘性係数 $\eta_F\ [10^{-3} \mathrm{s \cdot m^{-1}}]$	自由分子熱伝導率 $\Lambda\ [\mathrm{m \cdot s^{-1} \cdot K^{-1}}]$
He	0.507	2.011
Ne	1.139	0.967
Ar	1.602	0.664
Kr	2.320	0.460[†]
Xe	2.904	0.363
H_2	0.360	4.397
N_2	1.341	1.192
O_2	1.434	1.127
Air	1.364	1.170
CO	1.341	1.189
NO	1.388	1.097
CO_2	1.681	1.239
CH_4	1.015	1.982
NH_3	1.046	1.798

〔注〕 †クリプトンの比熱比は $\gamma = 5/3$ を用いた．

分子流領域での熱伝導は粘性と同じように考えることができる．**図 1.2.10** に示すように，気体分子を，温度 T_2 の壁 B から温度 T_1 の壁 A に向かう分子（図の白丸の分子）と，逆に壁 A から壁 B に向かう分子（黒丸の分子）とに分ける．いったん壁 B に衝突した分子

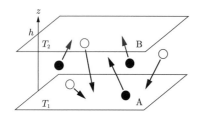

図 1.2.10 壁 A，B から対向する壁に向かう分子による熱伝導

は，壁の表面でエネルギーをやりとりし温度 T_2 となって散乱し壁 A に飛来する．また，壁 A に衝突した分子は散乱する際には温度 T_1 となって壁 B に向かう．壁 A，B から散乱する気体分子密度をそれぞれ n_1，n_2 とすると，単位時間，単位面積当たりに A から B に向かって運ばれる熱流は，入射頻度の式を使って

$$Q_{A\to B} = \frac{1}{2} n_1 \overline{v_1}\,\overline{\varepsilon_1} \quad (1.2.62)$$

また，B から A に向かって運ばれる熱流は

$$Q_{B\to A} = \frac{1}{2} n_2 \overline{v_2}\,\overline{\varepsilon_2} \quad (1.2.63)$$

で与えられる．ここで，$\overline{\varepsilon_1}$，$\overline{\varepsilon_2}$ はそれぞれ A から B，または B から A に向かう分子 1 個が持つ平均エネルギーである．図 1.2.10 で，A から B へ向かう分子はすべて上向きの速度を持ち，B から A に向かう分子はすべて下向きの速度を持つために，それぞれの面に入射する分子数は入射頻度の式 (1.1.56) の 2 倍になることに注意する必要がある．

ここで，1.1.8 項 [5] の並進運動エネルギーの流束の式 (1.1.57) から，分子 1 個が持つ並進運動エネルギーの平均は $2kT$ である．一方，気体分子の回転や振動などの内部自由度は，気体の並進運動とは関係なく，熱平衡状態ではエネルギーの等分配則から 1 自由度当り $kT/2$ のエネルギーを持つ．したがって，気体分子が持つ全体の自由度を f とすると，内部自由度によるエネルギーも並進運動と同じようにエネルギー伝達に寄与する場合，$\overline{\varepsilon_1}$，$\overline{\varepsilon_2}$ はそれぞれ

$$\overline{\varepsilon_1} = 2kT_1 + (f-3)\frac{1}{2}kT_1 \quad (1.2.64)$$

$$\overline{\varepsilon_2} = 2kT_2 + (f-3)\frac{1}{2}kT_2 \quad (1.2.65)$$

となる．定常状態では壁 A，B に入射する分子の入射頻度が等しくなるので

$$\frac{1}{2} n_1 \overline{v_1} = \frac{1}{2} n_2 \overline{v_2} \quad (1.2.66)$$

となる．したがって，$T_2 > T_1$ として壁 B から壁 A への単位面積当りの正味の熱流 $\Delta Q = Q_{B\to A} - Q_{A\to B}$ は

$$\Delta Q = \frac{1}{2} n_1 \overline{v_1} \frac{f+1}{2} k (T_2 - T_1) \quad (1.2.67)$$

となる．分子流領域では，分子どうしの衝突が無視できる，すなわち衝突によって互いのエネルギーをやりとりすることがないために，異なる温度 T_1，T_2 のマクスウェル分布則に従う独立した二つの気体が存在し，その速度分布を合成しても，全体として単一温度のマクスウェル分布則に従う気体にはならない．分圧の法則の式 (1.1.9) より，気体の全圧 p は，それぞれの壁に入射する分子による圧力の和で表されるから

$$p = n_1 k T_1 + n_2 k T_2 = n_1 k \left(T_1 + \frac{n_2}{n_1} T_2\right)$$
$$= n_1 k \left(T_1 + \frac{\overline{v_1}}{\overline{v_2}} T_2\right) \quad (1.2.68)$$

と置ける．ここで，平均速度の比 $\overline{v_1}/\overline{v_2}$ は

$$\frac{\overline{v_1}}{\overline{v_2}} = \sqrt{\frac{8kT_1}{\pi m}}\Big/\sqrt{\frac{8kT_2}{\pi m}} = \sqrt{\frac{T_1}{T_2}} \quad (1.2.69)$$

であるから，式 (1.2.68) は

$$p = n_1 \overline{v_1} \sqrt{\frac{\pi k m}{2}} \frac{\sqrt{T_1}+\sqrt{T_2}}{2} \quad (1.2.70)$$

と置ける．これを，式 (1.2.67) に代入して $n_1 \overline{v_1}$ を消去すると

$$\Delta Q = \frac{1}{2}(f+1)\sqrt{\frac{k}{2\pi m}}\frac{2}{\sqrt{T_1}+\sqrt{T_2}} p(T_2 - T_1) \quad (1.2.71)$$

となる．ここで，気体の平均温度 $\bar{T}$ を

$$\bar{T} = \frac{n_1 T_1 + n_2 T_2}{n_1 + n_2} \quad (1.2.72)$$

で定義すれば，式 (1.2.66)，(1.2.69) を用いて $\bar{T}$ は T_1，T_2 の幾何平均 $\bar{T} = \sqrt{T_1 T_2}$ である．

$|T_2 - T_1| \ll T_1, T_2$ のとき

$$\frac{2}{\sqrt{T_1}+\sqrt{T_2}} \simeq \frac{1}{\sqrt{\bar{T}}} \quad (1.2.73)$$

と表すことができ，自由度 f の代わりに 1.1.6 項の式 (1.1.20) を用い

$$\Delta Q = \frac{1}{2}\left(\frac{\gamma+1}{\gamma-1}\right)\sqrt{\frac{k}{2\pi m \bar{T}}} p(T_2 - T_1) \quad (1.2.74)$$

となる．このような近似の下では，熱流 ΔQ は壁 A と B の温度差 $(T_2 - T_1)$ と圧力 p に比例する．ここで

$$\Lambda = \frac{1}{2}\left(\frac{\gamma+1}{\gamma-1}\right)\sqrt{\frac{k}{2\pi m \bar{T}}} \qquad (1.2.75)$$

を自由分子熱伝導率と呼び，$[\mathrm{m\cdot s^{-1}\cdot K^{-1}}]$ の単位を持つ．したがって熱流は

$$\Delta Q = \Lambda p (T_2 - T_1) \qquad (1.2.76)$$

となり，粘性流領域での熱伝導とは異なり，分子条件では熱流は圧力 p に比例する．

おもな気体の自由分子熱伝導率を表 1.2.6 に示す．また，平均温度 $\bar{T}$ に比べて温度差 $(T_2 - T_1)$ が無視できないときは，式 (1.2.71) に戻って熱伝導を求めなければならない．

〔2〕 輸送係数の圧力・温度依存性

分子流領域での粘性や熱伝導の圧力，温度依存性を見てみよう．式 (1.2.60) や式 (1.2.76) からわかるように，粘性流領域の場合と異なり，分子流領域では粘性や熱伝導は圧力に比例する．これは分子流領域では気体分子が互いに衝突することがないために，粘性や熱伝導が運動量やエネルギー輸送の担い手である気体分子の入射頻度に直接比例する，すなわち気体分子密度に比例するためである．したがって，このような輸送現象を測定することにより逆に圧力を求めることができ，気体の粘性を利用したスピニングローター真空計や熱伝導を利用したサーモカップル真空計，ピラニ真空計として実用化されている．

式 (1.2.61) から自由分子粘性係数は圧力に依存せず，気体分子の質量に対して $m^{1/2}$，温度に対して $T^{-1/2}$ の依存性があることがわかる．同様に，式 (1.2.75) から自由分子熱伝導率は気体分子の質量に対して $m^{-1/2}$，平均温度に対して $T^{-1/2}$ の依存性を持つことがわかる．一方，体積一定の下では，気体の状態方程式から熱伝導は式 (1.2.74) を書き直して

$$\Lambda p = \frac{1}{2}\left(\frac{\gamma+1}{\gamma-1}\right)\sqrt{\frac{k^3 \bar{T}}{2\pi m}}\, n \qquad (1.2.77)$$

となり，熱伝導は気体分子の温度に対して $T^{1/2}$ の依存性を持つ．これは，気体分子の入射頻度の式 (1.1.56) より，入射頻度 Γ が平均速さ $\bar{v}$ に比例し，気体の温度に対して $\bar{v} \propto T^{1/2}$ の依存性を持つためである．

1.2.4 輸送現象における壁面の効果

通常，気体による運動量やエネルギーの輸送は，真空容器などの固体の壁を通じて行われるので，気体分子と固体の壁面との相互作用が重要な役割を果たす．実際，図 1.2.1 で考えたような，面 S を横切る分子が面の反対側で近隣の分子と運動量やエネルギーをやり取りする平均自由行程モデルは，分子どうしではなく相手が固体の壁の場合には成り立たなくなる．粘性流領域の中でも，クヌーセン数が比較的大きい，$0.01 < Kn < 0.1$ の滑り流領域では，壁面から λ 程度の厚さのクヌーセン層と呼ばれる領域の影響が顕著となり，壁近傍での気体の流れに滑りを生じ，温度勾配にも飛びを有するなど，輸送現象に顕著な影響が表れる．

〔1〕 壁近傍での気体の流速分布と温度分布

まず，図 1.2.2 で考えた単純せん断流の壁面近傍での流れを考える．壁付近の気体分子集団の壁面接線方向の流速分布を図 1.2.11 に示す．静止した壁近傍に気体の流れがある場合，単純せん断流では式 (1.2.6) に従って，図中の破線のように分子集団の壁面接線方向（x 方向）の速度成分 $v_x(z)$ は壁面からの距離 z に比例し，壁面の位置でゼロになるはずである．壁の直上で壁に平行な面を考えた場合，面の上から入射する分子は式 (1.2.8) に従って単位面積当り

$$\frac{1}{2}\eta \frac{\mathrm{d}v_x(z)}{\mathrm{d}z} \qquad (1.2.78)$$

のせん断力を受ける．ここで，式 (1.2.8) と異なり面を上から下へ通過する分子のみを考え，下から上に通過する分子を考えていないので，せん断力は式 (1.2.8) の半分になり係数 1/2 が付く．一方，面を下から入射する分子は，すべていったん静止した壁に衝突してから散乱してきた分子なので x 方向の平均速度はゼロであり，上から入射する分子と下から入射する分子を合わせると，粘性力が半分になったように見える．したがって，壁面近傍の流速分布は図 1.2.11 の破線で示すような直線的にゼロには漸近せず，実線で示すような壁面近傍で急速に変化する．

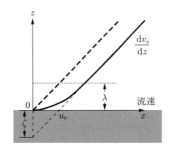

図 1.2.11 単純せん断流の壁面付近の流速分布

このような効果は壁面から平均自由行程程度の距離まで及び，クヌーセン層と呼ばれる．クヌーセン層から十分離れた場所での流速変化を直線で壁面に外挿した平均速度 u_0 を滑り速度という．このように有限の滑り速度を持つために，図 1.2.11 に示すようにクヌーセン層内では流速が大きく変化することになる．

クヌーセン層から十分離れた位置での流速分布は直線的に変化する．壁面の直上で流れに平行に速度 u_0 の仮想面を考え，この面での力の釣合いを考える．仮想面を上から下向きに通過する分子が及ぼす力は，単位面積当り式 (1.2.78) で表される．一方，壁で散乱し仮想面を下から上に通過する分子によって運ばれる運動量は，入射頻度の式を用いて単位時間，単位面積当り $(1/4)\rho\bar{v}u_0$ となる．

仮想面を通過する分子は，壁で散乱した際に速度の方向がランダムになる拡散反射や，衝突前の流れの方向（（図の x 方向）の運動量を保持する弾性反射が考えられ，この効果は運動量適応係数 β によって表される[51]．また，壁に平行な成分の運動量適応係数なので，β を接線運動量適応係数ということもある[52]．気体分子の壁での散乱の詳細は 1.4.4 項〔1〕を参照されたい．

仮想面を上から通過する分子が及ぼす力と，いったん壁に入射して散乱した後仮想面を下から通過する分子が及ぼす力の釣合いから，粘性の式 (1.2.8) は

$$\eta\frac{\mathrm{d}v_x}{\mathrm{d}z} = \beta\left(\frac{1}{2}\eta\frac{\mathrm{d}v_x}{\mathrm{d}z} + \frac{1}{4}\rho\bar{v}u_0\right) \quad (1.2.79)$$

となり，これを u_0 について解くと

$$u_0 = 2\left(\frac{2-\beta}{\beta}\right)\frac{\eta}{\rho\bar{v}}\frac{\mathrm{d}v_x}{\mathrm{d}z} \quad (1.2.80)$$

が得られる．さらに，η に式 (1.2.12) を用いると

$$u_0 = \frac{2}{3}\left(\frac{2-\beta}{\beta}\right)\lambda\frac{\mathrm{d}v_x}{\mathrm{d}z} \quad (1.2.81)$$

となる．

β については，拡散反射の場合は $\beta = 1$，また弾性反射の場合は $\beta = 0$ となる．一般的に $0 \leq \beta \leq 1$ の値をとり，壁の表面状態や気体の種類，温度に依存するが，実用的な表面では β は 1 に近いことが知られている[53]．

また，図 1.2.11 に示すように，クヌーセン層から十分離れた位置での流速変化の壁近傍への外挿値がゼロになる位置 ζ を滑り係数と呼び

$$\zeta = \frac{u_0}{\mathrm{d}v_x/\mathrm{d}z} = \frac{2}{3}\left(\frac{2-\beta}{\beta}\right)\lambda \quad (1.2.82)$$

となり，拡散反射 ($\beta=1$) では $\zeta = (2/3)\lambda$ となる．また，弾性反射 ($\beta \to 0$) では，$\zeta \to \infty$ となり，気体分子は壁と運動量をやりとりしなくなるため，滑り速度 u_0 が大きくなる．式 (1.2.82) で，粘性係数の式 (1.2.13) を用い $\beta = 1$ とすると

$$\zeta = 2 \times 0.499\lambda \quad (1.2.83)$$

となるので，$\zeta \approx \lambda$ となる．

図 1.2.2 で滑り係数を考慮すると，二つの壁で挟まれた気体の単位面積当りの粘性力 $B = -F/S$ は

$$B = \eta\frac{V}{h + 2\zeta} \quad (1.2.84)$$

となり，壁の間隔が 2ζ だけ広がったことと等価になり見掛けの粘性が減少する．$Kn \ll 0.01$ の粘性流領域で配管直径 D が λ より十分大きい場合は ζ は無視してよいが，配管直径 D に対してクヌーセン層の厚みが無視できない場合には滑り現象を考慮しなければならない．滑り流領域での配管のコンダクタンスは，壁近傍での滑り現象のために配管が実効的に 2ζ だけ増大したことと等価になり，配管直径を D として求めたコンダクタンスより大きい値をとる．

同様の効果は熱伝導についても現れる[54]．図 1.2.12 に示すような，温度が T_w に保たれた壁に気体分子が衝突して熱流入がある場合，気体の温度分布は図の破線のように壁の位置で T_w にはならず，クヌーセン層から十分離れた位置での温度勾配を壁の位置に外挿した温度 T_K となり，壁近傍で気体の温度に飛びが生じる．壁からの距離を z として，式 (1.2.82) との類推から

$$g = \frac{T_K - T_w}{\mathrm{d}T/\mathrm{d}z} \quad (1.2.85)$$

と置くことができる．ここで，g は，粘性の滑り係数に相当する量で，温度飛躍距離と呼ばれる．したがって，滑り流領域では熱流の式 (1.2.16) で，二つの壁の間隔が $2g$ だけ広がったことと等価になり，式 (1.2.84) と同様に熱伝導は

$$Q_z^{21} = \kappa\frac{T_2 - T_1}{h + 2g} \quad (1.2.86)$$

となって，温度差が一定でも壁の間隔を h として求めた熱流より小さくなる．

いま，壁の直上で温度 T_K の気体が単位面積当り壁に及ぼす熱流は，エネルギー流束の式 (1.1.57) を用いて

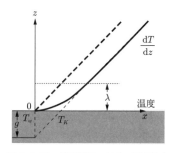

図 1.2.12 壁面付近の気体の温度分布

$$\Gamma(2kT_K + U_K) \quad (1.2.87)$$

である．ここで，$2kT_K$ は温度 T_K の気体分子の並進運動によって輸送されるエネルギー，また U_K は温度 T_K での内部自由度のエネルギーである．同様に，温度 T_w の壁から脱離する分子がもたらす熱流は

$$\Gamma(2kT_w + U_w) \quad (1.2.88)$$

と置くことができる．質量当りの定積比熱 c_V を用い，気体の内部エネルギーを U とすると，$mc_V = (3/2)k + (dU/dT)$ であるから，熱流の差は

$$\Gamma\left(mc_V + \frac{1}{2}k\right)(T_K - T_w) \quad (1.2.89)$$

と表すことができる．

気体分子は壁面からクヌーセン層程度離れたところから衝突するので，クヌーセン層から十分離れた位置での温度勾配 dT/dz を用いて，入射分子によって壁面にもたらされる熱流 Q_i と壁から脱離する分子によって運ばれる熱流 Q_w の差は，式 (1.2.78) との類推から

$$\begin{aligned}Q_i - Q_w \\ = \frac{1}{2}\kappa\frac{dT}{dz} + \Gamma\left(mc_V + \frac{1}{2}k\right)(T_K - T_w)\end{aligned} \quad (1.2.90)$$

と置くことができる．理想気体の定圧比熱 c_p，定積比熱 c_V の差，$m(c_p - c_V) = k = m(\gamma - 1)c_V$ を用いると

$$mc_V + \frac{1}{2}k = \frac{1}{2}m(\gamma + 1)c_V \quad (1.2.91)$$

なので

$$\begin{aligned}Q_i - Q_w = \frac{1}{2}\kappa\frac{dT}{dz} \\ + \frac{1}{2}\Gamma_m(\gamma + 1)c_V(T_K - T_w)\end{aligned} \quad (1.2.92)$$

となる．ここで，質量入射頻度 $\Gamma_m = \Gamma m$ を用いた．

気体分子は壁に入射して散乱した際に必ずしも壁面の温度 T_w と熱平衡になるわけではない．壁で散乱した分子によって運ばれる熱流を $Q_r(<Q_w)$ とし，壁に入射した分子が，入射前に持っていたエネルギーのうち，壁に与える割合は熱的適応係数 α で表され

$$Q_i - Q_r = \alpha(Q_i - Q_w) \quad (1.2.93)$$

と置くことができる．したがって

$$Q_i - Q_r = \kappa\frac{dT}{dz} \quad (1.2.94)$$

として，式 (1.2.92)，(1.2.93) から，式 (1.2.79) と同様に

$$\begin{aligned}\kappa\frac{dT}{dz} \\ = \alpha\left\{\frac{1}{2}\kappa\frac{dT}{dz} + \frac{1}{2}\Gamma_m c_V(\gamma + 1)(T_K - T_w)\right\}\end{aligned} \quad (1.2.95)$$

とすることができる．これより式 (1.2.85) を用いて

$$g = \left(\frac{2-\alpha}{\alpha}\right)\frac{\kappa}{\Gamma_m c_V(\gamma + 1)} \quad (1.2.96)$$

となる．粘性係数 η の式 (1.2.12) を用いると，$\Gamma_m = (1/4)\rho\bar{v}$ より

$$g = \left(\frac{2-\alpha}{\alpha}\right)\frac{4\frac{1}{3}\lambda\kappa}{\eta c_V(\gamma + 1)} \quad (1.2.97)$$

となり，$1/3$ の代わりに，式 (1.2.13) の値を用いれば

$$g = \left(\frac{2-\alpha}{\alpha}\right)\frac{4 \times 0.499\lambda\kappa}{\eta c_V(\gamma + 1)} \quad (1.2.98)$$

となる．さらに，式 (1.2.28)，(1.2.29) を用いて

$$g = \left(\frac{2-\alpha}{\alpha}\right)\frac{4 \times 0.499\lambda\epsilon_f}{\gamma + 1} \quad (1.2.99)$$

となる．$\alpha \to 1$ になれば，$g \approx \lambda$ であり，g はクヌーセン層と同程度の大きさになる．

〔**2**〕 **分子条件下での運動量適応係数・熱的適応係数**

壁面での気体の適応係数は分子条件下でも重要な意味を持つ．1.2.3 項で扱った気体の粘性力の式 (1.2.59) では，分子が壁に衝突した際の運動量のやりとりの度合いは運動量適応係数 β で表される．いま，図 1.2.13 に示すように壁 B の速度を V とすると，分子の衝突前後の壁に平行な速度成分をそれぞれ v_1，v_2 として，壁 B の運動量適応係数は

$$\beta_2 = \frac{v_2 - v_1}{V - v_1} \quad (1.2.100)$$

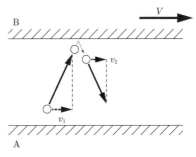

図 1.2.13 分子条件下での運動量適応係数

と定義される．同様に，静止した壁 A での運動量適応係数は

$$\beta_1 = \frac{v_1 - v_2}{0 - v_2} \quad (1.2.101)$$

である．ここで，$0 \leq \beta_1, \beta_2 \leq 1$ である．気体分子が壁 B に及ぼす運動量は，式 (1.2.60) で壁の速度 V の代わりに，衝突前後の分子の壁に平行な速度成分の変化 $(v_2 - v_1)$ を用いて

$$\frac{F_B}{S} = -\eta_F p (v_2 - v_1) \quad (1.2.102)$$

であるので，式 (1.2.100), (1.2.101) より補正係数 K_β を用いて

$$\frac{F_B}{S} = -K_\beta \eta_F p V \quad (1.2.103)$$

と置くことができる．ここで，K_β は

$$K_\beta = \frac{\beta_1 \beta_2}{\beta_1 + \beta_2 - \beta_1 \beta_2} \quad (1.2.104)$$

で与えられる．二つの壁の運動量適応係数が等しい，すなわち $\beta_1 = \beta_2 = \beta$ のときは

$$K_\beta = \frac{\beta}{2 - \beta} \quad (1.2.105)$$

となる．また，一方の壁の運動量適応係数 $\beta_2 = 1$ のときは $K_\beta = \beta_1$ である．

熱的適応係数についても同様の考え方ができる．すなわち，図 1.2.14 で壁 A と壁 B の温度をそれぞれ $T_1, T_2 (T_1 < T_2)$ とし，壁 B での分子の衝突前後の温度をそれぞれ T_1', T_2' として，壁 B の熱的適応係数は

$$\alpha_2 = \frac{T_2' - T_1'}{T_2 - T_1'} \quad (1.2.106)$$

と定義される．気体分子の並進運動による自由度と内部自由度はそれぞれ独立に熱伝導に寄与するが，ここでは熱的適応係数は等しいものとして取り扱う．壁 A についても式 (1.2.106) と同様に，1 と 2 を入れ替えた

$$\alpha_1 = \frac{T_1' - T_2'}{T_1 - T_2'} \quad (1.2.107)$$

も成り立つ．ここで，$0 \leq \alpha_1, \alpha_2 \leq 1$ である．式 (1.2.106), (1.2.107) を T_1', T_2' について解くと

$$T_2' - T_1' = \frac{\alpha_1 \alpha_2}{\alpha_1 + \alpha_2 - \alpha_1 \alpha_2}(T_2 - T_1) \quad (1.2.108)$$

となるので，式 (1.2.76) の熱流は，補正係数 K_α を用いて

$$\begin{aligned} \Delta Q &= \Lambda p (T_2' - T_1') \\ &= K_\alpha \Lambda p (T_2 - T_1) \end{aligned} \quad (1.2.109)$$

と置くことができる[†]．ここで，K_α は

$$K_\alpha = \frac{\alpha_1 \alpha_2}{\alpha_1 + \alpha_2 - \alpha_1 \alpha_2} \quad (1.2.110)$$

で与えられる．熱的適応係数が $\alpha_1 = \alpha_2 = 1$ では，$K_\alpha = 1$ となり $T_1' = T_1$, $T_2' = T_2$ となって壁で散乱した気体の温度はそれぞれの壁の温度と等しくなる．また，$\alpha_1, \alpha_2 \to 0$ の極限では，$K_\alpha \to 0$ となって熱流はゼロに近づく．

（a）**中間流での輸送係数** 粘性流領域から中間流領域までの輸送係数は，粘性流領域の粘性係数や熱伝導率にクヌーセン層の補正をすることによって得られ，クヌーセン層を考慮した粘性の式 (1.2.84) や熱伝導の式 (1.2.86) はその一例である．粘性流領域から分子流領域まで，滑り流や中間流領域を含んだ広い圧力範囲の輸送係数を取り扱う場合，分子間の散乱過程をあらわに計算する必要がある．

剛体球ポテンシャルを用いて熱伝導を数値計算した例を図 1.2.15 に示す[55]．この計算では，熱的適応係数を $\alpha_1 = \alpha_2 = 1$ とし，挿入図のように二つの壁の中間の位置 ($X = 0$) から壁 ($X = 1$) までの気体の温度分布をいくつかの Kn で示したものである．二つの壁の温度差 $2\Delta T$ は一定として粘性流領域で $\Delta T = 1$ となるように規格化してある．粘性流領域 ($Kn < 0.01$) では，気体分子の温度分布はほぼ直線で，二つの壁の中間 ($X = 0$) で $\Delta T = 0$，壁の位置 ($X = 1$) で $\Delta T = 1$ である．Kn が滑り流領域 ($0.01 < Kn < 0.1$) になると，壁近傍で ΔT に飛びが生じ，さらに中間流領域 ($0.1 < Kn < 10$) では温度の飛びが大きくなるとともに壁近傍の温度変化が直線ではなくなる．分子流領域 ($Kn > 10$) になると，気体分子は互いに衝突しないので，分子は二つの壁のどちらかの温度をとるために平均温度は X によらずほぼ一定値となる．

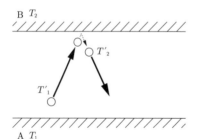

図 1.2.14 分子条件下での熱的適応係数

[†] 文献 16), 51) では，熱的適応係数 K_α を含んだ $K_\alpha \Lambda$ を自由分子熱伝導率と定義している．

1.2 希薄気体の輸送現象

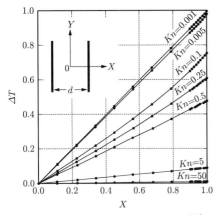

図 1.2.15 平行平板間の気体の温度分布[55]

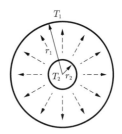

図 1.2.17 同軸円筒の間の気体の熱伝導

単位長さ当りの熱流 Q は

$$Q = 2\pi r \kappa \frac{dT}{dr} \tag{1.2.111}$$

となり，これを解いて

$$Q = \frac{2\pi\kappa(T_2 - T_1)}{\ln(r_1/r_2)} \tag{1.2.112}$$

となる．内筒表面の単位面積当りの熱流を ΔQ_V とすると

$$\Delta Q_V = \frac{\kappa(T_2 - T_1)}{r_2 \ln(r_1/r_2)} \tag{1.2.113}$$

となる．粘性流領域では，式 (1.2.24) から熱伝導率 κ は同軸円筒内の圧力に依存しないので，ΔQ_V も一定値をとる．

粘性流領域での同軸円筒の熱伝導は，壁面での温度飛躍距離を考慮することによって滑り流領域まで拡張することができる[56]．内筒に対して温度飛躍距離を考慮して，熱流は

$$\Delta Q_I = \frac{\kappa(T_1 - T_2)}{r_2 \ln(r_1/r_2) + \alpha' \lambda \left(1 + \dfrac{r_2}{r_1}\right)} \tag{1.2.114}$$

となる．ここで，温度飛躍距離の式 (1.2.99) を用いると

$$\alpha' = \frac{2-\alpha_2}{\alpha_2} \frac{4 \times 0.499}{\gamma+1}$$
$$\approx \frac{2-\alpha_2}{\alpha_2} \frac{2}{\gamma+1} \tag{1.2.115}$$

である．

一方，分子流領域では，熱伝導は気体分子の壁面への入射頻度で決まるため，面積が小さい内筒表面に飛来する分子数が律速となる．

ここで，内筒表面に飛来する分子について，内筒の熱的適応係数を α_2 として，式 (1.2.106) と同じように

$$\alpha_2 = \frac{T_2' - T_1'}{T_2 - T_1'} \tag{1.2.116}$$

図 1.2.16 に異なる二つの壁間隔 d_1, d_2 ($d_1 > d_2$) の場合について，熱伝導の圧力依存性の概略を示す．圧力が高い粘性流領域 ($Kn < 0.01$) では，熱伝導率は圧力によらず一定値をとり，式 (1.2.16) に示すように熱流は壁の間隔に反比例する．滑り流領域 ($0.01 < Kn < 0.1$) になると，熱伝導に壁面の効果が表れ熱流が減少する．中間流領域 ($0.1 < Kn < 10$) では熱流はさらに小さくなり，$Kn > 10$ の分子流領域になると壁間隔に依存しなくなり，圧力に比例し比例係数が自由分子熱伝導率に漸近する．粘性流領域から分子流領域への遷移は壁の間隔 d に依存し，壁間隔が広い d_1 の方がより低い圧力まで熱伝導が一定となる粘性流領域の特徴を示す．

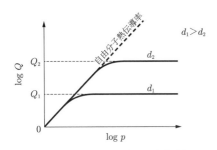

図 1.2.16 気体の熱伝導の圧力依存性

（b）同軸円筒内の気体の熱伝導 気体の熱伝導を利用したピラニ真空計などで実用上重要な，同軸円筒内の気体の熱伝導を考える．ここでは，図 1.2.17 に示すように断面の半径がそれぞれ r_1, r_2 ($r_1 \gg r_2$)，温度がそれぞれ T_1, T_2 ($T_1 < T_2$) の同軸円筒を考え，円筒の間が質量 m，圧力 p の気体で満たされているときの熱伝導を考える．

この場合，平行な壁間の熱伝導と異なり軸対称な熱伝導であるため，粘性流領域では式 (1.2.1) を円柱座標系で考える必要がある．動径方向を r とすると，単

とすることができる．一方，外筒の内表面に飛来する分子は内筒表面で散乱した分子と外筒内面で散乱した分子とがある．$r_1 \gg r_2$ の場合には，外筒内面に飛来する分子のほとんどは，外筒内面で何度も散乱を繰り返した分子である．このように散乱を繰り返すことによって，分子の温度 T_1' は外筒の温度 T_1 に近い，すなわち外筒での熱的適応係数 α_1 は 1 に近くなるはずである．そこで，外筒内面への入射分子のうち，$\delta = r_2/r_1$ の分子は内筒で散乱してきた分子であり，残りの $(1-\delta)$ は外筒で散乱してきた分子であるとして，外筒内面の熱的適応係数 α_1 は

$$\alpha_1 = \frac{T_2'\delta + T_1'(1-\delta) - T_1'}{T_2'\delta + T_1'(1-\delta) - T_1} \qquad (1.2.117)$$

とすることができる．実効的な熱的適応係数を α_1' とすると

$$\alpha_1' = \frac{\alpha_1}{\delta + \alpha_1(1-\delta)} \qquad (1.2.118)$$

となる．$r_2/r_1 \to 0$，すなわち $\delta \to 0$ の極限では，外筒内面での実効的な熱的適応係数 $\alpha_1' = 1$ となる．一方，$\delta = 1$ では，対向する二つの並行な壁の熱伝導と同等になるため $\alpha_1' = \alpha_1$ である．α_1，α_2 が既知であれば式 (1.2.109) と同様に，熱流 Q は自由分子熱伝導率 Λ を用いて単位面積当り

$$\Delta Q_M = K_\alpha' \Lambda p(T_2 - T_1) \qquad (1.2.119)$$

で表される．ここで

$$K_\alpha' = \frac{\alpha_1' \alpha_2}{\alpha_1' + \alpha_2 - \alpha_1' \alpha_2} \qquad (1.2.120)$$

であり，α_1' は式 (1.2.118) で表される．分子流領域では，熱伝導は気体の圧力に比例するので，真空計として利用することができる．分子流領域での熱伝導の式 (1.2.119) から分子間の衝突の効果を取り入れることによってクヌーセン数の逆べき Kn^{-1} で補正した同軸円筒の熱伝導の近似式が知られている[57]．

引用・参考文献

1) 日本機械学会：機械工学便覧（丸善，東京，2006）α4 流体力学，p.α4-172．

2) J. M. Lafferty ed.: *Foundations of Vacuum Science and Technology* (John Wiley & Sons, New York, 1998) p.82.

3) 粘性流領域の輸送現象の一般的な参考書として
R. Byron Bird, W. E. Stewart and E. N. Lightfoot: *Tranport Phenomena* (John Wiley & Sons, 2013) 3rd ed.

4) J. O. Hirschfelder, C. F. Curtiss and R. B. Bird: *Molecular Theory of Gases and Liquids* (John Wiley & Sons, New York, 1954) Ch. 8.

5) 杉山弘，遠藤剛，新井隆景：流体力学（森北出版，東京，1995）1.5 章．

6) S. Chapman and T. G. Cowling：*The Mathematical Theory of Non-uniform Gases* (Cambridge University Press, New York, 1990) 3rd. ed., p.169, p.226.

7) 日本熱物性学会：新編 熱物性ハンドブック（養賢堂，東京，2008）．

8) 日本機械学会：原子・分子の流れ–希薄気体力学とその応用（共立出版，東京，1996）p.29．

9) E. H. Kennard：*Kinetic Theory of Gases* (McGraw-Hill, New York, 1938) p.160.

10) S. Chapman and T. G. Cowling：*The Mathematical Theory of Non-uniform Gases* (Cambridge University Press, New York, 1990) 3rd. ed., p.238.

11) E. H. Kennard：*Kinetic Theory of Gases* (McGraw-Hill, New York, 1938) p.161.

12) J. O. Hirschfelder, C. F. Curtiss and R. B. Bird: *Molecular Theory of Gases and Liquids* (John Wiley & Sons, New York, 1954).

13) H. Iwasaki and J. Kestin: Physica, **29** (1963) 1345.

14) J. Kestin, K. Knierim, E. A. Mason, B. Najafi, S. T. Ro and M. Waldman: J. Phys. Chem. Ref. Data, **13** (1984) 229.

15) F. Reif：*Fundamentals of Statistical and Thermal Physics* (McGraw-Hill, 1965) pp.141–142.

16) 熊谷寛夫，富永五郎，辻泰，堀越源一：真空の物理と応用（裳華房，東京，1970）pp.67–68．

17) S. Chapman and T. G. Cowling: *The Mathematical Theory of Non-uniform, Gases* (Cambridge University Press, New York, 1990) 3rd. ed., p.169, p.247.

18) A. Eucken: Physik. Z., **14** (1913) 324.

19) E. A. Mason and L. Monchick: J. Chem. Phys., **36** (1962) 1622.

20) S. Chapman and T. G. Cowling: *The Mathematical Theory of Non-uniform, Gases* (Cambridge University Press, New York, 1990) 3rd. ed., pp.224–225.

21) C. S. Wang Chang, G. E. Uhlenbeck and J. De Boer: *Studies in Statistical Mechanics*, G. E. Uhlenbeck and J. De Boer eds. (North-Holland, Amsterdam, 1964) Vol.2, Part C.

22) 長坂雄次：伝熱研究，**35** (1996) 26．

23) S. Chapman and T. G. Cowling：*The Mathematical Theory of Non-uniform Gases* (Cambridge University Press, New York, 1990) 3rd. ed., pp.254–256.

24) S. Chapman and T. G. Cowling：*The Mathematical Theory of Non-uniform Gases* (Cambridge University Press, New York, 1990) 3rd.

25) S. Chapman and T. G. Cowling：*The Mathematical Theory of Non-uniform Gases* (Cambridge University Press, New York, 1990) 3rd. ed., p.267.

26) O. E. Meyer: *Kinetic Theory of Gases, Elementary Treatise with Mathematical Appendices* (Longmans, Green, and Co. London, 1899).

27) E. H. Kennard: *Kinetic Theory of Gases* (MacGraw-Hill, 1938) p.189.

28) S. G. Brush: *Kinetic Theory, (Vol. 3) The Chapman-Enskog Solution of the Transport Equation for Moderately Dense Gases*, Ch. 2 (Pergamon Press, Oxford, 1972).

29) K. E. Grew and T. L. Ibbs: *Thermal Diffusion in Gases* (Cambridge University Press, Cambridge, 1952).

30) S. Chapman and T. G. Cowling: *The Mathematical Theory of Non-uniform Gases* (Cambridge University Press, New York, 1990) 3rd. ed., p.258.

31) J. H. Jeans: *The Dynamical Theory of Gases* (Cambridge Universty Press, Cambridge, 1925) 4th. ed., p.319.

32) S. Chapman and T. G. Cowlings: *The Mathmatical Theory of Non-uniform Gases* (Cambridy University Press, New York, 1990) 3rd ed., pp.260–262.

33) *CRC Handbook of Chemistry and Physics 96th Ed.*, W. M. Hayes, Ed. in Chief (CRC Press, 2015) pp.14-3.

34) D. Enskog: Physik Zeits., **12** (1911) 533.

35) S. Chapman: Phil. Trans. A (1916); Proc. Roy. Soc. (1916).

36) S. Chapman and F. W. Dootson: Phil. Mag. (6) **33** (1917) 248.

37) S. Chapman and T. G. Cowling: *The Mathematical Theory of Non-uniform Gases* (Cambridge University Press, New York, 1990) 3rd. ed., pp.268–279.

38) L. J. Gillespie: J. Chem. Phys., **7** (1939) 530.

39) K. Clausius and G. Dickel: Naturwissenschaften, **26** (1938) 546; *ibid.* **27**, (1939) 148; Z. Physik. Chem. B**44** (1939) 397.

40) R. C. Jones and W. H. Furry: Rev. Mod. Phys., **18** (1946) 151.

41) E. A. Mason: *Kinetic Processes in Gases and Plasmas*, A. R. Hochstim, ed. (Academic Press, New York, 1969) Ch. 3.

42) H. L. Johnston, R. W. Mattox and R. W. Powers: NACA Technical Note 2546 (1951) 1.

43) J. C. Maxwell: Phil. Mag., XIX. (1860) 19.

44) J. C. Maxwell: Phil. Trans. CLVI. (1866) 249; Roy. Soc. Proc., XV (1867) 14.

45) W. Licht, Jr. and D. G. Stechert: J. Phys. Chem., **48** (1944) 23.

46) S. Chapman and T. G. Cowling：*The Mathematical Theory of Non-uniform Gases* (Cambridge University Press, New York, 1990) 3rd. ed., pp.232–234.

47) E. W. Lemmon and R. T. Jacobsen: Int. J. Thermophys., **25** (2004) 21.

48) S. -K. Oh: J. Thermodynamics, **2013**, 828620.

49) W. G. Kannuluik and E. H. Carman, Aust. J. Sci. Res. A, **4** (1951) 305.

50) J. M. Lafferty ed.：*Foundations of Vacuum Science and Technology*, (John Wiley & Sons, New York, 1998) p.65.

51) 堀越源一：真空技術（東京大学出版会，東京，1994）第3版，pp.30–31.

52) 日本機械学会：機械工学便覧（丸善，東京，2006）α4 流体力学，p.α4-178.

53) A. Agrawal and S. V. Prabhu: J. Vac. Sci. Technol. A, **26** (2008) 634.

54) P. Welander: Arkiv Fysik, **7** (1954) 507.

55) K. Frankowski, A. Alterman, and C. L. Pekeris: Fhys. Fluids, **8** (1965) 255.

56) J. M. Lafferty ed.：*Foundations of Vacuum Science and Technology*, (John Wiley & Sons, New York, 1998) pp.50–53.

57) D. G. Willis: Phys. Fluids, **8** (1965) 1908.

1.3　希薄気体の流体力学

1.3.1　希薄気体を特徴付ける量

希薄気体の流れは，真空排気という目的にとって最も重要な輸送現象であり，1.2 節で述べたように圧力と気体が流れる空間領域の関係により，その様相が大きく変化する．流れを分類する指標を以下にまとめる．

〔**1**〕　**クヌーセン数**

クヌーセン数 Kn とは，つぎのように定義されている指標である．

$$Kn \equiv \frac{\lambda}{D} \tag{1.3.1}$$

ここに，λ は気体分子の平均自由行程であり，D は真空容器の特徴的な大きさ，すなわち，一般には配管や容器の直径である．クヌーセン数が十分に大きい，すなわち平均自由行程が配管や容器の直径より十分に長い状況では，分子は容器の壁面とのみ衝突し，真空容器空間内における分子相互の衝突は無視できるようになる．このように，配管を通過する分子の運動が，壁面との衝突によってのみ決定されるような流れを分子流と呼ぶ．一方，クヌーセン数が十分に小さい，すなわち，平均自由行程が配管や容器の直径より短くなる状況では，空間での分子間衝突がきわめて頻繁になる．このように，空間内の衝突による運動量交換が流れを

決定している場合を粘性流と呼んでいる. 後述するように, 粘性流領域では配管の上下流での圧力差による力と配管内壁から受ける抗力とのバランスで流れが決定されるのに対し, 分子流領域では管壁により制約されたランダムな熱運動による拡散として流れが生じている. 配管の直径と平均自由行程とが同程度の場合は, 分子流とも粘性流ともはっきりとは特徴付けられない. このような場合は中間流と呼ばれる. 真空科学においては, 粘性流・中間流・分子流領域は K_n の値によりおおよそつぎのように分類される.

$$\left.\begin{array}{ll} \text{粘性流領域} & Kn < 0.01 \\ \text{中間流領域} & 0.01 < Kn < 0.5 \\ \text{分子流領域} & 0.5 < Kn \end{array}\right\} \quad (1.3.2)$$

なお, これらの粘性流, 中間流, 分子流を分類するクヌーセン数は理論的に定まる値ではなく, Kn によって気体分子の輸送特性が漸近的に変化する目安と考えるべきである.

■ 空気のクヌーセン数

クヌーセン数は圧力だけで定まるわけではない点に注意する必要がある. 20℃の空気の平均自由行程 λ_{Air} の式 (1.1.9 項参照)

$$\lambda_{\mathrm{Air}} = \frac{6.6 \times 10^{-3}}{p} \ [\mathrm{m}]$$

を用い, 分子流と中間流との境界の値を 0.5 とすると

$$Kn = \frac{6.6 \times 10^{-3}}{pD} > 0.5 \quad \therefore \ \frac{0.013}{p} > D$$

となり, 大気圧付近 ($p \sim 10^5 \, \mathrm{Pa}$) であっても, D が

$$D < \frac{0.013}{p} = 1.3 \times 10^{-7} \, \mathrm{m} \qquad (1.3.3)$$

を満たすような大きさ, 例えばサブミクロンサイズの直径を持つ円筒管や, ハードディスクのヘッドと記録面間のナノサイズ領域などは, 分子流領域として扱えることになる.

〔2〕 レイノルズ数

気体のマクロな流れの速さが小さい領域では流体内に一定の秩序を持った流速分布が形成され, この状態を層流と呼ぶ. 流速の増大に伴い, 層流状態で形成されていた流速分布の秩序構造は崩れ, 流体内部に秩序構造のない乱流状態に移行していく. 気体の流れが, 層流状態にあるのか乱流状態にあるのかを判断する指標はレイノルズ数 (Reynolds number) と呼ばれる. レイノルズ数 Re は, 流体の慣性力と粘性力の比としてつぎのように定義される.

$$Re = \frac{Du\rho}{\eta} = \frac{Du}{\nu} \qquad (1.3.4)$$

ここで, D, u は配管の直径と流速, ρ, η はそれぞれ密度と粘性係数である. また, 粘性係数を密度で割った値 ν は動粘性係数と呼ばれる.

$$\nu = \frac{\eta}{\rho} \qquad (1.3.5)$$

流体における粘性力の影響は, ν の大小により見積もることができる. レイノルズ数の表現を, 配管内の流れの解析に適した形にするために, 流速 u を気体の流量 Q に書き換える.

$$u = \frac{4Q}{\pi D^2 p} \qquad (1.3.6)$$

これを式 (1.3.4) に代入して

$$Re = \frac{4Q\rho}{\pi \eta D p} \qquad (1.3.7)$$

となる. 流体力学によれば, 一般にレイノルズ数と流れの状態にはつぎのような関係があるとされている.

$$\left.\begin{array}{l} Re > 2\,200 : \text{乱流} \\ Re < 1\,200 : \text{層流} \end{array}\right\} \qquad (1.3.8)$$

20℃の空気 ($\eta = 1.81 \times 10^{-5} \, \mathrm{Pa \cdot s}$) について, 流量 $Q \, [\mathrm{Pa \cdot m^3 \cdot s^{-1}}]$ と配管直径 $D \, [\mathrm{m}]$ によって, 乱流状態と層流状態の判別基準を書き直すと, つぎのような結果を得る.

$$\left.\begin{array}{l} \text{乱流条件} : Q > 2\,600D \\ \text{層流条件} : Q < 1\,400D \end{array}\right\} \qquad (1.3.9)$$

通常の真空装置の排気において流れが乱流領域にあるのは, 大気圧からの排気のごく初期段階のみである.

〔3〕 マ ッ ハ 数

流れを特徴付けるもう一つの重要な指標はマッハ数 (Mach number) である. マッハ数 Ma は音速 c に対する流速 u の比として, 以下のように定義される.

$$Ma \equiv \frac{u}{c} \qquad (1.3.10)$$

マッハ数は, 粘性流領域において流量が非常に大きい場合に問題となる. 例えば, 蒸気ジェットポンプでは $Ma > 1$, すなわち超音速の気流が生ずるので, 密度変化を考慮した計算をする必要がある. このような例外的な状況を除いて, 真空排気に伴う粘性流領域の流れにおいては, 流速は音速に比べて十分に小さく, し

1.3 希薄気体の流体力学

たがって流れに伴う密度変化は無視してよいとされる．例えば，排気速度 1 m³·min⁻¹ の粗引きポンプで内径 10 cm の配管を用いて，大気圧から排気を開始した直後においてさえ，平均流速 $\bar{u}$ は

$$Q = Sp \sim 1/60 \times 10^5 = 1\,700 \text{ Pa·m}^3\cdot\text{s}^{-1}$$

$$\bar{u} = \frac{4Q}{\pi D^2 \bar{p}} = 4.2 \text{ m·s}^{-1}$$

と見積もられ（実は層流ではないので正しい推定値ではない），音速（約 340 m·s⁻¹）より 2 桁小さい．

1.3.2 壁面における分子散乱

分子流領域では，気体分子の真空内壁面への衝突の様相により流れの性質が決定される．壁面への気体分子の衝突過程において流れに対して最も影響が大きなものは，壁面で散乱された気体分子の方向分布である．粘性流・分子流を問わず，経験的には，高々温度 10³ K の熱エネルギーに相当する運動エネルギーを持つ気体分子が真空容器の内壁面に衝突した後の散乱方向分布は，以下に説明する拡散反射になるといわれている．

〔1〕拡 散 反 射

拡散反射の散乱方向分布は，**図 1.3.1** の極座標系で示すと，以下のような特徴を持つ．すなわち，分子が極角 θ と方位角 ϕ で規定される方向にある微小立体角 $d\omega$ に散乱される確率は

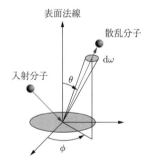

図 1.3.1 極座標系による散乱方向分布の表現

- 極角 θ の余弦（$\cos\theta$）に比例する．
- 方位角は一様である．
- 入射角と散乱方向の間には相関がない．

このような散乱方向分布は余弦則（cosine law）と呼ばれる．散乱方向分布を図示するには，**図 1.3.2** の表示方法をとることが多い．壁面に接する直径 1 の球を考えると，接点から球面上の任意の点までの弦の長さは $\cos\theta$ となる．すなわち，接点に入射した分子が極角 θ 方向に散乱される場合，散乱確率をベクトルの長さとしたとき，極座標表示された散乱の方向分布が球

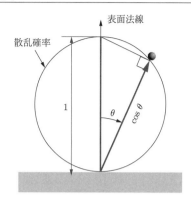

図 1.3.2 余弦則散乱の模式図

面（断面を考えた場合は円周）に一致すれば，余弦則が成り立っているといえるのである．表面での散乱方向分布の実測結果では，多くの場合に余弦則が成り立つことがわかっている．真空科学においては，壁面での分子散乱が余弦則に従うことを前提に計算がなされている．

〔2〕鏡 面 反 射

実際には，壁面への気体分子の衝突が拡散反射に従わない場合もある．壁面の法線に対する入射角と反射角が等しい場合は鏡面反射と呼ばれる（1.4.4 項〔3〕(b) 参照）．

1.3.3 流　　量

一般に，「流量」はある断面を単位時間に通過する量として定義される．水などの圧力による体積変化が無視できる流体の場合には，体積を実測できるので体積流量をそのまま用いればよいが，気体の場合，圧力によって気体の体積が大きく変化するので，気体の体積を流量とすることは困難である．そこで，気体の量の表し方に工夫がなされている．

〔1〕pV 値の流量

真空科学では，流れに関しての気体の量は，体積単独の V ではなく圧力と体積の積 pV を用い，単位時間当りの pV の流れを流量と呼び Q で表す．したがって，[Pa·m³·s⁻¹]，[Pa·L·s⁻¹]，[mbar·L·s⁻¹] などが流量の単位である．

また，真空ポンプでの排気の流量は排気量と呼ばれる．

〔2〕分 子 流 量

分子数 N は明確な量であり，理想気体については状態方程式より $N = nV = pV/kT$ と表される．すると，pV 値の流量 Q と分子流量 Q_N はつぎの関係にあることがわかる．

$$Q_N = \frac{dN}{dt} = \frac{d}{dt}\left(\frac{pV}{kT}\right) = \frac{Q}{kT} \quad (1.3.11)$$

また，モル当りの分子流量をモル流量と呼び，単位は [mol·s^{-1}] である．壁表面に吸着した気体分子については直接圧力で表すことができないが，分子数を通じて空間での相当圧力を考えることが可能になる．

〔3〕**体 積 流 量**

体積流量 Q_V は，1.1.10 項〔1〕の体積入射頻度と同様に，分子 1 個は $p = nkT = (1/V_m)\cdot kT$ で定まる体積 $V_m = 1/n$ を付随させて入射すると考え，分子流量 Q_N に $1/n$ を掛けて

$$Q_V = Q_N \frac{1}{n} = \frac{Q}{nkT} = \frac{Q}{p} \qquad (1.3.12)$$

と求めることができる．実用的には，1.3.4 項で述べる配管のコンダクタンス C やポンプの排気速度 S がこの単位で表される．単位は [m^3·s^{-1}]，[L·s^{-1}] である．

〔4〕**質 量 流 量**

真空容器の温度が不均一な場合や，分子の化学反応が付随する場合などでは，質量流量が使用されることが多い．流量 Q と質量流量 Q_M の間にはつぎの関係が成り立つ．

$$Q_M = mQ_N = \frac{mQ}{kT} = \frac{MQ}{RT} \qquad (1.3.13)$$

ここに m, M はそれぞれ気体分子 1 個の質量とモル質量である．

〔5〕**流量単位：sccm**

ガス導入系の流量計では，sccm (standard cubic centimeters per minute) という流量単位がよく用いられている．その名のとおり，標準状態（0℃，1 気圧）の気体が 1 分間に 1cc 流れる量であり，Pa·m^3·s^{-1} に単位換算すると

$$\begin{aligned}1\,\mathrm{sccm} &= \frac{1.01\times 10^5\,\mathrm{Pa} \times 1.0\times 10^{-6}\,\mathrm{m}^3}{60\,\mathrm{s}} \\ &= 1.69\times 10^{-3}\,\mathrm{Pa\cdot m^3\cdot s^{-1}}\ \mathrm{at}\ 0\text{℃}\end{aligned}$$
$$(1.3.14)$$

となる．ただし，製品によっては標準状態として 20℃ を採用している場合もあるので，注意しなければならない．

1.3.4 コンダクタンス

図 1.3.3 のように，それぞれの体積が V_1, V_2 の二つの真空容器，容器 1，容器 2 が，それぞれ圧力 p_1, p_2 の同一の気体で満たされていて，導管で接続されている場合の気体の流れを考える．また，気体の温度は等しく，流れに伴う温度変化はないものとする．まず，図左側の容器 1 だけに注目する．気体の流れを容器 1

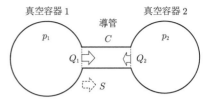

図 1.3.3 コンダクタンスの考え方

から導管によって真空排気される排気過程と考えると，容器 1 から流れ出す気体の流量（1.3.3 項〔1〕の pV 値で表した流量）Q_1 は容器の圧力に比例する．すなわち

$$Q_1 = -V_1 \frac{\mathrm{d}p_1}{\mathrm{d}t} = C_1 p_1 \qquad (1.3.15)$$

と表すことができる．ここで比例係数 C_1 は，分子流領域では導管の形状で決まる定数であるが，粘性流領域では圧力 p_1 にも依存する（1.3.6 項参照）．同様に，容器 2 から流れ出す流量 Q_2 は

$$Q_2 = C_2 p_2 \qquad (1.3.16)$$

となる．C_2 も同様の比例係数である．したがって，容器 1 から容器 2 に流れる正味の流量 Q は

$$Q = Q_1 - Q_2 = C_1 p_1 - C_2 p_2 \qquad (1.3.17)$$

である．もし容器 1 と 2 の圧力が等しい場合（$p_1 = p_2 = p$）には当然正味の流れはないので

$$Q = C_1 p - C_2 p = (C_1 - C_2)p = 0 \qquad (1.3.18)$$

である．圧力 p は任意の値をとることができるので，けっきょく $C_1 = C_2$ となり，$C = C_1 = C_2$ と置くと，式 (1.3.17) の正味の流量 Q はつぎのように表すことができる．

$$Q = C(p_1 - p_2) \qquad (1.3.19)$$

つまり，正味の流量は，接続された二つの容器の圧力差 $(p_1 - p_2)$ に比例すると考えることができる．

流量 Q と圧力差 $(p_1 - p_2)$ の比で定義される係数 C を導管のコンダクタンスと呼ぶ[2),3)]．コンダクタンスとは気体の流れやすさの指標となるもので，式 (1.3.19) からわかるように，同じ圧力差では C が大きいほど流量が大きくなる．コンダクタンスの逆数は排気抵抗と呼ばれる．$C_1 = C_2$ から，コンダクタンスは気体の流れの向きによらないことがわかる．コンダクタンスは導管等の太さ，長さ，気体の種類，温度，また圧力に依存する．また流れの領域が粘性流領域，中間流領域，

分子流領域かによっても変わる．コンダクタンスの単位は，SI 単位では $[\mathrm{m^3 \cdot s^{-1}}]$ となる．場合によっては，$[\mathrm{L \cdot s^{-1}}]$ や $[\mathrm{L \cdot min^{-1}}]$ なども用いられる．

コンダクタンスが配管要素に着目し，配管要素両端の圧力差によりどれほどの流量が流れるかを示す量であったのに対し，真空容器や配管などの特定の仮想的な断面を通過する流れに対して排気速度（pumping speed）と呼ばれる量 S を定義することができる．

$$Q = Sp \qquad (1.3.20)$$

ここで，p は仮想断面における圧力である．

図 1.3.4 は，真空システム内の流れについてコンダクタンスと排気速度の関係を示したものである．排気速度は，その断面を単位時間に通過できる気体の体積（体積流量）として定義される[9]．この定義は，直感的には，気体分子 1 個がポンプ吸気口に入射する際，分子 1 個が空間を占有する体積（分子密度の逆数 $1/n$ となる）が付随して入射すると捉えることができる．

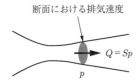

図 1.3.4 コンダクタンスと排気速度の関係

コンダクタンスの単位は排気速度の単位と同じである．これは図 1.3.3 で導入入口を真空ポンプと考えると，コンダクタンスはポンプの排気速度とみなせることから理解できる．コンダクタンスと排気速度の単位換算表を**表 1.3.1** に挙げた[4]．

コンダクタンスを説明する際によく引用される例えとして，圧力差を電圧 V，流量を電流 I，コンダクタンスを抵抗の逆数 $1/R$ とした電気回路がある．この場合，式 (1.3.19) はよく知られたオームの法則となる．

$$I = \frac{V}{R} \qquad (1.3.21)$$

式 (1.3.19) では流量 Q が圧力差 $(p_1 - p_2)$ に比例するとしてコンダクタンス C を定義したが，1.3.6 項でも述べるように，粘性流領域では必ずしも圧力差だけ

に比例するわけではない．流量が圧力勾配以外の要素にも影響されるためである．粘性流領域のコンダクタンスはその環境により，圧力，圧力比，あるいは流量の関数で，導管の幾何学形状だけでは決まらない．ただし，「コンダクタンス」の概念は，流量の計算や圧力損失（流体が導管などを通過するときのエネルギー損失）を評価する際の手段として有用である．

粘性流領域の場合など，コンダクタンスが流れに複雑に絡んでいるとき，接続された要素の上流，下流の圧力比，K_p，を使った考え方が向いている[2]．いま，**図 1.3.5** のように，容器 2 が排気速度 S の真空ポンプで排気されているとする．定常状態では，正味の流量 Q が導管の上流，下流で同じであることから

$$Q = C(p_1 - p_2) = Sp_2 \qquad (1.3.22)$$

両辺を p_2 で割って

$$C\left(\frac{p_1}{p_2} - 1\right) = S \qquad (1.3.23)$$

圧力比 K_p を

$$K_p \equiv \frac{p_1}{p_2} \qquad (1.3.24)$$

で定義すると

$$C(K_p - 1) = S \qquad (1.3.25)$$

$$\therefore \quad K_p = 1 + \frac{S}{C} \qquad (1.3.26)$$

つまり上流，下流の圧力比 K_p と排気速度 S がわかれば，導管のコンダクタンス C を評価することができる．

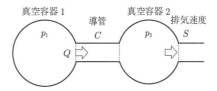

図 1.3.5 圧力比の考え方

1.3.5 コンダクタンスの合成

実際の真空システムでは，単一の導管を通して排気

表 1.3.1 コンダクタンスと排気速度の単位換算表

	$\mathrm{m^3 \cdot s^{-1}}$	$\mathrm{L \cdot s^{-1}}$	$\mathrm{L \cdot min^{-1}}$	$\mathrm{cm^3 \cdot s^{-1}}$	$\mathrm{ft^3 \cdot s^{-1}}$
$\mathrm{m^3 \cdot s^{-1}}$	1	1×10^3	6×10^4	1×10^6	35.31
$\mathrm{L \cdot s^{-1}}$	1×10^{-3}	1	60	1×10^3	3.531×10^3
$\mathrm{L \cdot min^{-1}}$	1.667×10^{-5}	1.667×10^{-2}	1	16.67	5.885×10^4
$\mathrm{cm^3 \cdot s^{-1}}$	1×10^{-6}	1×10^{-3}	0.06	1	1×10^{-5}
$\mathrm{ft^3 \cdot s^{-1}}$	2.832×10^{-2}	28.32	1.699×10^3	2.832×10^4	1

する場合は少なく，いくつかの導管などの要素が組み合わさっている場合がほとんどである．その場合，各要素のコンダクタンスを合成して全体のコンダクタンスを求めることができる．この考え方は粘性流から分子流まで流れの領域によらず原理的に成り立つ．例えば，導管の端部の効果を考慮しなければならない短い導管のコンダクタンスの評価にも応用できる．導管の基本的な組合せは，直列接続と並列接続である．

〔1〕 導管の直列接続

まず，図 1.3.6 に示すように，n 個の真空容器間が導管で直列に接続されている場合を考える．真空容器 1，2 等の圧力をそれぞれ p_1，p_2 等，容器 1 と 2 の間の導管のコンダクタンスを C_1，容器 2 と 3 の間の導管のコンダクタンスを C_2 等とすると，定常状態ではすべての導管で流量が同一であることから，流量 Q は

$$
\begin{aligned}
Q &= C_1(p_1 - p_2) \\
  &= C_2(p_2 - p_3) \\
  &= C_3(p_3 - p_4) \\
  &\vdots \\
  &= C_n(p_n - p_{n+1})
\end{aligned}
\tag{1.3.27}
$$

よって

$$
\begin{aligned}
\frac{Q}{C_1} &= p_1 - p_2 \\
\frac{Q}{C_2} &= p_2 - p_3 \\
\frac{Q}{C_3} &= p_3 - p_4 \\
&\vdots \\
\frac{Q}{C_n} &= p_n - p_{n+1}
\end{aligned}
\tag{1.3.28}
$$

である．ゆえに，辺々を加えて

$$
Q\left(\frac{1}{C_1} + \frac{1}{C_2} + \frac{1}{C_3} + \frac{1}{C_4} + \cdots + \frac{1}{C_n}\right) = p_1 - p_{n+1}
\tag{1.3.29}
$$

を得る．よって，最初と最後の圧力，p_1 と p_{n+1} を使って $Q = C(p_1 - p_{n+1})$ と書くと，合成コンダクタンス C は

$$
\frac{1}{C} = \frac{1}{C_1} + \frac{1}{C_2} + \frac{1}{C_3} + \frac{1}{C_4} + \cdots + \frac{1}{C_n}
\tag{1.3.30}
$$

となる．これは，前述した電気回路の例では，抵抗 R_1，R_1，$\cdots$，R_n の直列接続に相当する．

$$
R = R_1 + R_2 + R_3 + R_4 + \cdots + R_n
\tag{1.3.31}
$$

〔2〕 導管の並列接続

つぎに，図 1.3.7 に示すように，真空容器 1 と 2 との間がコンダクタンス C_1，C_2，$\cdots$，C_n の導管で並列に接続されているとすると，全体の流量は各導管を流れる流量の和となるから

$$
\begin{aligned}
Q &= Q_1 + Q_2 + Q_3 + \cdots + Q_n \\
  &= C_1(p_1 - p_2) + C_2(p_1 - p_2) \\
  &\quad + C_3(p_1 - p_2) + \cdots + C_n(p_1 - p_2)
\end{aligned}
\tag{1.3.32}
$$

よって，$Q = C(p_1 - p_2)$ と書くと合成コンダクタンス C は

$$
C = C_1 + C_2 + C_3 + \cdots + C_n \tag{1.3.33}
$$

と単純な和となる．これは，先に述べた電気回路の例では，抵抗 R_1，R_2，$\cdots$，R_n の並列接続に相当する．

$$
\frac{1}{R} = \frac{1}{R_1} + \frac{1}{R_2} + \frac{1}{R_3} + \cdots + \frac{1}{R_n}
\tag{1.3.34}
$$

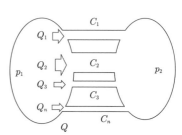

図 1.3.7 導管の並列接続

以上のコンダクタンスの合成の議論は，分子流領域ではコンダクタンスが圧力に依存しないので問題ないが，中間流領域および粘性流領域を扱う場合には，コンダクタンスそのものが圧力に依存しているので注意する必要がある．その場合には，計算機を利用した数値計算あるいはモンテカルロ法等による合成コンダクタンスのシミュレーションが必要となる．また，1.3.4 項で述べたように，上流，下流の圧力比（K_p）を用いるのも有効である．

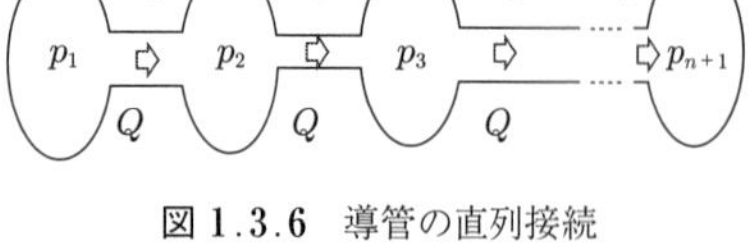

図 1.3.6 導管の直列接続

1.3.6 粘性流領域でのコンダクタンス

分子流の場合，コンダクタンスは導管の寸法や幾何形状で決まる固有の量である．一方，粘性流領域では，層流と乱流の二つの流れが起こり得るためコンダクタンスは複雑になる．ただし，以下に述べるように，気体の流れが層流で非圧縮性とみなせる場合には流れの式は単純になり，比較的容易にコンダクタンスを導出できる．一方，それ以外の粘性流の場合には，コンダクタンスの考え方よりも圧力損失や圧力比の考え方が向いており，おもにそれらの式を挙げている．流量を圧力差で割れば，一応コンダクタンスを導出できるが，それを定数とは置けない．乱流では摩擦係数，損失係数が導管に固有な量と捉える見方が一般的である[7]．コンダクタンスを評価する式も半経験的な式が多い．中間流領域では，コンダクタンスは，圧力が高い場合には粘性流領域の，低い場合には分子流領域の値に漸近するような近似式が有効である．

〔1〕 **円形断面を持つ導管のコンダクタンス**

まず，非圧縮性の層流を仮定し，出入り口での流れの乱れを考えなくてもよい，図1.3.8のような「十分長い」円形断面の導管を考える．

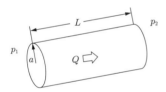

図1.3.8 円形断面の導管

（a） **力の釣合いによる導出** 　導管内の流れは，管の軸方向の圧力勾配による力と粘性により壁面から伝わる抗力（せん断力）の釣合いにより決まる．

図1.3.9に示すように，半径 a の円形断面の導管内を気体が流れる状態を考える．流れは十分発達していて，かつ，速度分布は一定とする．また，壁での流速はゼロとする（粘着条件）．導管の軸方向を x，動径方向を r，軸周りの角度方向を θ として，導管の中心で $r=0$ とする．流れの中に，幅 dx，厚さ dr のリング状の体積要素をとる．軸方向の圧力勾配を $dp/dx = \alpha$，導管内の軸方向の流速を $u(r)$，その動径方向の勾配を $du(r)/dr$ とすると，両端の圧力差により体積要素に働く力 F_p は

$$F_p = 2\pi r dr \times \alpha dx \tag{1.3.35}$$

である．一方，内周，外周面に働くせん断力の差 F_s は，粘性係数 η を一定として

$$F_s = -2\pi(r+dr)dx \times \eta\left(\frac{du}{dr} + \frac{d}{dr}\left(\frac{du}{dr}\right)dr\right)$$
$$+ 2\pi r dx \times \eta \frac{du}{dr} \tag{1.3.36}$$

を得る．力の釣合いにより $F_p + F_s = 0$ であるから

$$2\pi r dr dx \left(\alpha - \eta\left(\frac{1}{r}\frac{du}{dr} + \frac{d}{dr}\left(\frac{du}{dr}\right)\right)\right)$$
$$= 0 \tag{1.3.37}$$

けっきょく，流速 u に関してつぎの微分方程式が得られる．

$$\alpha = \frac{dp}{dx} = \eta \frac{1}{r}\frac{d}{dr}\left(r\frac{du}{dr}\right) \tag{1.3.38}$$

壁面（$r=a$）での流速をゼロ，軸対称の流れなので，導管の中心 $r=0$ において $du/dr = 0$（径方向の速度勾配がない）という境界条件の下で式 (1.3.38) を解くと，つぎの流速分布が得られる．

$$u(r) = \frac{r^2 - a^2}{4\eta}\alpha = \frac{r^2 - a^2}{4\eta}\frac{dp}{dx} \tag{1.3.39}$$

つまり，流速分布は中心で最も流速が速い放物線状となる．このような管径が一定の円形導管を流れる層流の流れをハーゲン・ポアズイユ（Hagen–Poiseuille）流れと呼ぶ．この流速に圧力 p を乗じて断面内で積分すると流量 Q が得られる．

$$Q = p\int_0^{2\pi} d\theta \int_0^a u(r) r dr$$
$$= -\frac{\pi a^4}{8\eta}\frac{1}{2}\frac{dp^2}{dx} \tag{1.3.40}$$

長さ L の区間の両側の圧力を p_1, p_2 として積分すると

$$\int_0^L Q dx = -\int_{p_1^2}^{p_2^2} \frac{\pi a^4}{16\eta} dp^2 \tag{1.3.41}$$

$$\therefore \quad Q = \frac{\pi a^4}{16\eta}\frac{(p_1^2 - p_2^2)}{L} \tag{1.3.42}$$

と表すことができる．ここで，平均圧力

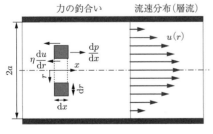

図1.3.9 円形導管内の粘性流領域の流れ

$$\bar{p} = \frac{p_1 + p_2}{2} \quad (1.3.43)$$

を用いて書き換えると

$$Q = \frac{\pi a^4 \bar{p}}{8\eta L}(p_1 - p_2) \quad (1.3.44)$$

を得る．コンダクタンスの定義式 (1.3.19) と式 (1.3.44) から，長い円形導管の粘性流領域の気体のコンダクタンス C はつぎのように表すことができる．

$$C = \frac{\pi a^4 \bar{p}}{8\eta L} \equiv C_{vl} \quad (1.3.45)$$

代表的な気体の粘性係数については 1.2 節の表 1.2.2 を参照されたい．

（b）ナビエ・ストークス方程式による導出　上記では，コンダクタンスを流れの中の力の釣合いから導出したが，非圧縮性のナビエ・ストークス（Navier-Stokes）方程式からも導出することができる．非圧縮性のナビエ・ストークス方程式は

$$\rho\frac{\partial \boldsymbol{u}}{\partial t} + \rho(\boldsymbol{u}\cdot\nabla)\boldsymbol{u} = \boldsymbol{F} - \nabla p + \eta\nabla^2\boldsymbol{u} \quad (1.3.46)$$

である．ここで，ρ は流体の密度，$\boldsymbol{F}$ は外力，p は圧力，そして η は粘性係数である．いま，外力 $\boldsymbol{F}$ はないとして定常状態 ($\partial \boldsymbol{u}/\partial t = 0$) を考える．円柱の軸方向を x，動径方向を r，軸周りの角度方向を θ とした円柱座標 (r,θ,x) を用いると（図 1.3.9 参照），r 方向，x 方向について，それぞれ

$$u_r\frac{\partial u_r}{\partial r} + \frac{u_\theta}{r}\frac{\partial u_r}{\partial \theta} + u\frac{\partial u_r}{\partial x} - \frac{u_\theta^2}{r}$$
$$= -\frac{1}{\rho}\frac{\partial p}{\partial r} + \frac{\eta}{\rho}\left(\nabla^2 u_r - \frac{u_r}{r^2} - \frac{2}{r^2}\frac{\partial u_\theta}{\partial \theta}\right)$$
$$(1.3.47)$$

$$u_r\frac{\partial u}{\partial r} + \frac{u_\theta}{r}\frac{\partial u}{\partial \theta} + u\frac{\partial u}{\partial x}$$
$$= -\frac{1}{\rho}\frac{\partial p}{\partial x}$$
$$+ \frac{\eta}{\rho}\left(\frac{\partial^2 u}{\partial r^2} + \frac{1}{r}\frac{\partial u}{\partial r} + \frac{1}{r^2}\frac{\partial u}{\partial \theta} + \frac{\partial^2 u}{\partial x^2}\right)$$
$$(1.3.48)$$

である．ただし，(r,θ,x) 方向の速度成分をそれぞれ u_r, u_θ, u とした．円筒内の流れを軸対称の非圧縮性定常流とし ($u_\theta = 0, u_r = 0$)，十分発達した流れ ($\partial u/\partial t = 0, \partial u/\partial x = 0$) とすると，式 (1.3.47) と式 (1.3.48) は簡単になり

$$0 = -\frac{\partial p}{\partial r} \quad (1.3.49)$$

$$0 = -\frac{\partial p}{\partial x} + \eta\left(\frac{\partial^2 u}{\partial r^2} + \frac{1}{r}\frac{\partial u}{\partial r}\right) \quad (1.3.50)$$

となる．式 (1.3.49) から，p は x のみの関数であることがわかる．また，式 (1.3.50) を変形すると

$$\eta\left(\frac{\partial^2 u}{\partial r^2} + \frac{1}{r}\frac{\partial u}{\partial r}\right) = \eta\left(\frac{1}{r}\frac{\partial}{\partial r}\left(r\frac{\partial u}{\partial r}\right)\right)$$
$$= \frac{\partial p}{\partial x} \quad (1.3.51)$$

と，先に得られた式 (1.3.38) を得る．

粘性流領域で層流の場合の長い円形導管のコンダクタンスの式 (1.3.45) には以下のような特徴がある．

- 導管の平均圧力に比例する．
- 管径の 4 乗に比例する．
- 管長に反比例する．

コンダクタンスが圧力に比例するとは，例えば，2 Pa と 3 Pa の圧力差と，12 Pa と 13 Pa の圧力差がある場合では，圧力差は同じであるが，後者の方が 5 倍流量は多いということである．これは，粘性流領域の場合には 1.2.2 項〔3〕より粘性係数が圧力に依存しないので流速 $u(r)$ は圧力差だけで決まり，式 (1.3.40) のように，けっきょく圧力の高い方が通過する分子数が多くなる，すなわち気体分子密度が高くなって流量が大きくなることから理解できる．また，コンダクタンスが管径の 4 乗に比例することは，流量が，管断面積と，断面積の増大とともに増大する流速の積に比例することから納得がいく．

〔2〕円形断面を持つ導管の乱流でのコンダクタンス

乱流では，流速分布は著しい運動量の拡散のため，層流のような放物線状ではなく，図 1.3.10 に示すように管の中心ではほぼ一様で，管壁付近に大きな速度勾配を持つ分布となる．乱流では，その流れの複雑な振舞いのため，一般的なコンダクタンスの解析解は得られていない．定常的な流れの式も全体的な振舞いを記述する半経験的なものとなる[2]．

$Ma < 0.3$ の非圧縮性領域では，長さ L の導管内

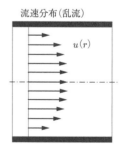

図 1.3.10　乱流での流速分布

の圧力損失 Δp はダルシー・ワイスバッハ（Darcy–Weisbach）方程式

$$\Delta p = f_D \frac{L}{D_h} \frac{\rho u^2}{2} \qquad (1.3.52)$$

で表される．ここで，D_h は水力直径である．f_D はダルシーの摩擦係数である．f_D は定数ではなく，レイノルズ数 Re や導管の断面形状に依存する量である．導管内面の粗さが直径の 1% 以下なら滑らかとみなせ，このような円形断面導管では，f_D はつぎのブラジウス（Blasius）の式が有名である[2),8)]．

$$f_D = 0.316 Re^{-\frac{1}{4}} \qquad (1.3.53)$$

しかし，実際には管は滑らかではない場合が多い．そのような場合，ハーランド（Haaland）が導いた式

$$\frac{1}{\sqrt{f_D}} = -1.8 \log \left(\frac{6.9 S_F}{Re} + \left(\frac{1}{3.7} \frac{\varepsilon}{D_h} \right)^{1.11} \right) \qquad (1.3.54)$$

を使うことができる．ここで，ε は導管内面の粗さである．また，S_F は形状係数で

$$S_F = \frac{1}{2} \frac{A^3}{H^2 G} \qquad (1.3.55)$$

で与えられる．ここで，A は導管の断面積，H は導管断面の周長である（1.3.8 項参照）．また，G は層流でのコンダクタンスの式に出てくる導管断面の幾何学的形状で決まる定数である．円形断面導管では式 (1.3.45) にある

$$G = \frac{\pi (2a)^4}{128} = \frac{\pi a^4}{8} \qquad (1.3.56)$$

であり，式 (1.3.55) から

$$S_F = 1 \qquad (1.3.57)$$

となる．ちなみに，層流の場合，摩擦係数 f_D は Re の単純な関数で

$$f_D = \frac{64}{Re} S_F \qquad (1.3.58)$$

である．よって，円形断面導管では

$$f_D = \frac{64}{Re} \qquad (1.3.59)$$

となる．これを式 (1.3.52) に代入すると，式 (1.3.44) を得る．

長い導管内の乱流では[2)]，式 (1.3.52) より，流量 Q は

$$Q = uA\bar{p} = uA\frac{p_1 + p_2}{2} \qquad (1.3.60)$$

$$\rho = \frac{\bar{p}M}{RT} \qquad (1.3.61)$$

等を用いて

$$Q = A\sqrt{\frac{RT}{M}} \sqrt{\frac{D_h}{f_D L} (p_1^2 - p_2^2)} \qquad (1.3.62)$$

$$= C_z p_2 \sqrt{\frac{D_h}{f_D L} (K_p^2 - 1)} \qquad (1.3.63)$$

あるいは

$$Q = C_z p_1 \sqrt{\frac{D_h}{f_D L} \left(1 - \frac{1}{K_p^2} \right)} \qquad (1.3.64)$$

を得る．ここで

$$C_z \equiv A\sqrt{\frac{RT}{M}} = A\sqrt{\frac{\pi}{8}} \bar{v} = \sqrt{2\pi} C_{mo} \qquad (1.3.65)$$

$$C_{mo} \equiv \frac{1}{4} A\bar{v} = \frac{1}{4} A\sqrt{\frac{8RT}{\pi M}} \qquad (1.3.66)$$

と置いた．C_{mo} は分子流領域の開口コンダクタンス（1.3.7 項〔4〕参照），$\bar{v}$ は気体分子の平均速さである．
コンダクタンス C は

$$C = \frac{C_z}{K_p - 1} \sqrt{\frac{D_h}{f_D L} (K_p^2 - 1)} \qquad (1.3.67)$$

である．
また，導管内の乱流が十分発達するまでの助走距離は

$$\frac{L_{entry}}{D_h} \approx 4.4 Re^{\frac{1}{6}} \qquad (1.3.68)$$

である．

〔3〕 チョーク流れ

流れが速くなり，音速近くになると（$Ma \sim 1$），流体の圧縮性，すなわち分子密度変化を考える必要がある．また，導管が短い場合も分子密度変化を無視できなくなる．流体の分子密度は圧力と温度に関係するため，流れの解析には熱力学が必要である．気体が導管に入ると，流れは加速され圧力の低下に伴って温度が低下する．下流に行くにつれ，圧力と温度は下り続け，流速は出口で最大となる．一般的に上流側の圧力を一定にして，下流側の圧力を下げていくと流量は増える．しかし，さらに下流側圧力を下げ，ある臨界圧力以下になると圧力に関係なく流量は一定になる．この流れをチョーク流れ，あるいは断熱流れという．これは，導管内の流

れの速度が音速に達するからである（$Ma = 1$）. この現象は，小さい開口の場合に特に顕著となる. 流量をさらに増やすには，上流側の圧力を上げる必要がある. チョーク流れに達すると下流に置かれたポンプの排気速度をいくら大きくしても，ある排気速度以上では流量は変わらなくなる. どんな導管でも流れがチョーク流れになる圧力比があり，臨界圧力比と呼ばれる. オリフィスや短い導管では，臨界圧力比は圧力や流れが層流か乱流かには無関係である. 長い導管では導管の摩擦係数に依存するため，臨界圧力比は圧力や流れの形態に依存する. また，オリフィスや短い導管，および $Ma \sim 1$ の場合では流れは断熱的とみなせる. 一方，長い導管では壁面で熱交換が起きるため，遅い流れは等温的とみなせるが，チョーク流れになるともはや等温的とはみなせない.

さて，流体の圧縮性を考慮したベルヌーイ（Bernoulli）の定理

$$\frac{u^2}{2} + \int \frac{\mathrm{d}p}{\mathrm{d}\rho} = \text{const.} \tag{1.3.69}$$

から，上流，下流の速度をそれぞれ u_1，u_2 として

$$\frac{u_1^2}{2} - \frac{u_2^2}{2} = \int_1^2 \frac{\mathrm{d}p}{\rho} \tag{1.3.70}$$

を得る. 流れが断熱的であるとして

$$\frac{p_2}{p_1} = \left(\frac{V_2}{V_1}\right)^{-\gamma} = \left(\frac{T_2}{T_1}\right)^{\frac{\gamma}{\gamma-1}} = \left(\frac{\rho_2}{\rho_1}\right)^{\gamma} \tag{1.3.71}$$

の関係を使って式 (1.3.70) を積分すると

$$u_2^2 - u_1^2 = \overline{v_2}^2 \frac{\pi}{4} \left(\frac{\gamma}{\gamma-1}\right) \left\{ \left(\frac{p_2}{p_1}\right)^{\frac{1-\gamma}{\gamma}} - 1 \right\} \tag{1.3.72}$$

$$\overline{v_2} \equiv \sqrt{\frac{8RT_2}{\pi M}} \quad \text{（分子の平均速さ）} \tag{1.3.73}$$

となる. ここで γ は 1.1.6 項で与えられた比熱比（定圧比熱と定積比熱の比）である. 上流側の流速 $u_1 \approx 0$ として

$$u_2 = \overline{v_2} \sqrt{\frac{\pi}{4} \left(\frac{\gamma}{\gamma-1}\right) \left\{ \left(\frac{p_2}{p_1}\right)^{\frac{1-\gamma}{\gamma}} - 1 \right\}} \tag{1.3.74}$$

を得る. 音速 u_s は

$$u_s = \overline{v_2} \sqrt{\frac{\pi\gamma}{8}} \tag{1.3.75}$$

であるから，下流側の Ma は

$$Ma = \frac{u_2}{u_s} = \sqrt{\left(\frac{2}{\gamma-1}\right) \left\{ \left(\frac{p_2}{p_1}\right)^{\frac{1-\gamma}{\gamma}} - 1 \right\}} \tag{1.3.76}$$

と表すことができる.

$Ma < 1$ のとき，導管の流量 Q は，上流側の圧力 p_1 を使うと[7]

$$Q = A\sqrt{\frac{\pi}{4}} p_1 \overline{v_1} \psi\left(\frac{p_2}{p_1}\right) \tag{1.3.77}$$

ここで

$$\psi\left(\frac{p_2}{p_1}\right) \equiv \sqrt{\frac{\gamma}{\gamma-1} \left\{ \left(\frac{p_2}{p_1}\right)^{\frac{2}{\gamma}} - \left(\frac{p_2}{p_1}\right)^{\frac{1+\gamma}{\gamma}} \right\}} \tag{1.3.78}$$

である. 式 (1.3.24) の K_p と式 (1.3.65) の C_z から流量 Q を表すと

$$Q = C_z p_1 K_p^{-\frac{1}{\gamma}} \left\{ \frac{2\gamma}{\gamma-1} \left(1 - K_p^{-\frac{\gamma-1}{\gamma}}\right) \right\}^{\frac{1}{2}} \tag{1.3.79}$$

また，下流側の圧力 p_2 を用いれば

$$Q = C_z p_2 K_p^{\frac{\gamma-1}{\gamma}} \left\{ \frac{2\gamma}{\gamma-1} \left(1 - K_p^{-\frac{\gamma-1}{\gamma}}\right) \right\}^{\frac{1}{2}} \tag{1.3.80}$$

である. 両辺を $(p_1 - p_2)$ で割ると，コンダクタンス C は

$$C = C_z \frac{K_p^{\frac{\gamma-1}{\gamma}}}{K_p - 1} \left\{ \frac{2\gamma}{\gamma-1} \left(1 - K_p^{-\frac{\gamma-1}{\gamma}}\right) \right\}^{\frac{1}{2}} \tag{1.3.81}$$

となる[10]. 式 (1.3.76) から，Ma を使って書き直すと

$$Q = C_z p_2 \gamma^{\frac{1}{2}} Ma \left(1 + \frac{\gamma-1}{2} Ma^2\right)^{\frac{1}{2}} \tag{1.3.82}$$

$$= S_2 p_2 \tag{1.3.83}$$

で与えられる．なお C_z は上流側の温度 T_1 を用いた値である．S_2 は下流側での排気速度である．流れが $Ma=1$，すなわちチョーク流れとなるのは，S_2 が次式のときである．

$$S_2 \geq \left(\frac{\gamma(\gamma+1)}{2}\right)^{\frac{1}{2}} C_z \quad (1.3.84)$$

また，流量を上流側の圧力 p_1 と Ma で表すと，式 (1.3.79) から

$$Q = C_z p_1 \gamma^{\frac{1}{2}} Ma \left(1 + \frac{\gamma-1}{2} Ma^2\right)^{-\frac{\gamma+1}{2(\gamma-1)}} \quad (1.3.85)$$

である．
チョーク流れでの最大流量 Q_c は式 (1.3.85) から，$Ma=1$ として

$$Q_c = C_z p_1 \gamma^{\frac{1}{2}} \left(\frac{2}{\gamma+1}\right)^{\frac{\gamma+1}{2(\gamma-1)}} \quad (1.3.86)$$

である．これは，臨界流量と呼ばれる．右辺を (p_1-p_2) で割ると，このときのコンダクタンス C_c は

$$C_c = C_z \frac{K_p}{K_p-1} \gamma^{\frac{1}{2}} \left(\frac{2}{\gamma+1}\right)^{\frac{\gamma+1}{2(\gamma-1)}} \quad (1.3.87)$$

である．$p_1 \gg p_2$（すなわち $K_p \gg 1$）の場合，コンダクタンスは圧力によらなくなる．上流側から見ると，チョークの流れの場合，つねに

$$S_{1c} = C_z \gamma^{\frac{1}{2}} \left(\frac{2}{\gamma+1}\right)^{\frac{\gamma+1}{2(\gamma-1)}} \quad (1.3.88)$$

の排気速度を持つようにみえる．チョーク流れとなる下流側の圧力，すなわち臨界圧力 p_c は，下流側の流速が音速になるときなので

$$p_c = \frac{Q_c}{A u_s} \quad (1.3.89)$$

である．

〔4〕 導管の端部の効果

これまで，導管は十分長く，導管の端部の効果を無視できる一定の流れを仮定した．一般に，気体が導管の入口に入るときには流れは動径方向にほぼ一定の速度を持つ．導管に入った後，流れは粘性によるせん断力を受けて速度分布が生じ，ある助走距離の後速度分布が一定となり，流れは完全に発達したものとなる．図 1.3.11 にその様子を定性的に示した．円形断面導管内

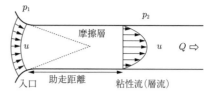
図 1.3.11 流れの発達の様子

の層流の場合，流れが完全に発達すると速度分布は放物線状になる．通常助走区間での圧力損は，流れが十分発達した後の圧力損よりも大きい．これは，気体の流れが導管の内壁に接することによって摩擦抵抗を受けるためせん断力が増し，流れを加速するための運動エネルギーが必要だからである．Shah と London は層流となる助走距離 L_{entry} について次式を導いている[2]．

$$\frac{L_{entry}}{D_h} = \frac{0.6}{1+0.035 Re} + 0.056 Re$$
$$\approx 0.056 Re \quad (1.3.90)$$

ここで，Re はレイノルズ数である．例えば円形導管で，$Re=2000$ のとき，助走距離は導管の直径の約 112 倍である．上で述べた層流の長い導管のコンダクタンスの式 (1.3.45) は，L_{entry} の 10 倍以上の長さで成り立つといえる．実際の多くの場合，厳密にはコンダクタンスの計算には端面の効果を取り入れる必要がある．

そのために，オリフィス，あるいは非常に短い導管のコンダクタンスをまずは考える．層流の場合，実際には開口部では流れが発達しておらず，厳密には層流にはならない．近似的に，式 (1.3.52) で $L \sim a$ とし，式 (1.3.59) の f_D を用いると

$$p_1 - p_2 \approx \frac{64}{Re} \frac{a}{2a} \frac{\rho u^2}{2} = \frac{16}{Re} \rho u^2 \quad (1.3.91)$$

となり，式 (1.3.60) や式 (1.3.61) 等を用いると

$$Q \approx \frac{\pi a^3}{8\eta} \bar{p} (p_1-p_2) \quad (1.3.92)$$

$$\therefore C = \frac{\pi a^3}{8\eta} \bar{p} \quad (1.3.93)$$

を得る．回転双曲面ノズルを仮定した計算では，流れが非常に遅い場合[11]

$$C = \frac{a^3}{3\eta} \bar{p} \equiv C_{vo} \quad (1.3.94)$$

である．グリセリンを使った実験ではほぼ同じ値が得られている[11]．以下では，層流での開口のコンダクタンスとしてこの式を用いる．

乱流の場合，気体が非圧縮性とみなせ，かつ圧力比が臨界圧力比よりも小さくてチョーク流れではない場合，オリフィスの流量 Q は式 (1.3.92)，コンダクタンス C は式 (1.3.93) である．単純な近似では，ベルヌーイの定理から[2]

$$p_1 - p_2 = \frac{1}{2}\rho u^2 \qquad (1.3.95)$$

であるので，下流側の圧力 p_2 で表すと流量 Q は

$$Q = C_z p_2 \sqrt{2\left(K_p - 1\right)} \qquad (1.3.96)$$

$$C_z \equiv A\sqrt{\frac{RT}{M}} \qquad (1.3.97)$$

である．両辺を $(p_1 - p_2)$ で割ると，コンダクタンス C は

$$C = C_z \sqrt{\frac{2}{K_p - 1}} \qquad (1.3.98)$$

となる．

圧縮性を考慮した場合，Q は式 (1.3.79)，コンダクタンス C は式 (1.3.81) である．チョーク流れの場合，上流，下流とも $Ma = 1$ となる．チョーク流れになる臨界圧力比 K_{pc} は，式 (1.3.76) から

$$K_{pc} = \left(\frac{p_1}{p_2}\right)_{Ma=1} = \left(\frac{\gamma + 1}{2}\right)^{\frac{\gamma}{\gamma-1}} \qquad (1.3.99)$$

である．

オリフィスのチョーク流れでの最大流量 Q_c とコンダクタンス C_c は，それぞれ式 (1.3.86)，(1.3.87) と同じである．

さて，ここから導管の端部の影響を考える．導管を端部の開口と，その後ろの長い導管の直列接続と考える．全圧力損失は，端部開口での圧力損 Δp_o と導管の粘性による圧力損 Δp_l の和と考えることができるから

$$p_1 - p_2 = \Delta p_o + \Delta p_l \qquad (1.3.100)$$

である．層流の場合，これはコンダクタンスの直列接続とみなせる．すなわち，短い導管のコンダクタンス C_{vs} は

$$\begin{aligned}\frac{1}{C_{vs}} &= \frac{1}{C_{vo}} + \frac{1}{C_{vl}} \\ &= \left(\frac{a^3}{3\eta}\bar{p}\right)^{-1} + \left(\frac{\pi a^4}{8\eta L}\bar{p}\right)^{-1}\end{aligned}$$
$$(1.3.101)$$

$$\therefore \quad C_{vs} = C_{vl}\frac{1}{1 + \dfrac{3\pi a}{8L}} \qquad (1.3.102)$$

となる．ただし，層流のコンダクタンスとして，式 (1.3.94) を用いた．

一般に粘性流では，導管端部の開口での圧力損は，気体を平均速度まで加速するのに必要な運動エネルギーを考慮に入れることに等しい．すなわち

$$\begin{aligned}p_1 - p_2 &= \frac{f_D L}{D_h}\frac{\bar{\rho}\bar{u}^2}{2} + \frac{\bar{\rho}\bar{u}^2}{2} \\ &= \frac{\bar{\rho}\bar{u}^2}{2}\left(\frac{f_D L}{D_h} + 1\right)\end{aligned} \qquad (1.3.103)$$

導管の中にエネルギー損失をもたらすエッジやエルボー，オリフィスなどがある場合，それらの損失係数を n_c とすると，上式 (1.3.103) は一般化され

$$p_1 - p_2 = \frac{\bar{\rho}\bar{u}^2}{2}\left(\frac{f_D L}{D_h} + n_c + 1\right)$$
$$(1.3.104)$$

とすることができる．この式は，圧力損を評価する実際的な多くの場合に成り立つ．厳密にいえば，チョーク流れや非常に短い導管には使えない．それでも誤差は最大50%程度なので圧力損の粗い評価には使える．**表 1.3.2** に代表的ないくつかの構造での損失係数 n_c を挙げた[2]．

表 1.3.2 損失係数の例[2]

構　造	n_c
面取りのない入口	0.5
屈曲部に R のない 90° エルボー	1
屈曲部に R のある標準的な 90° エルボー	0.8
ティー（エルボーとして用いる場合）	1
ティー（直線的に流す場合）	0.25
全開の L 型バルブ	3

導管端部の開口部分で層流に近い場合は，式 (1.3.104) の括弧内の第 1 項を層流の圧力損とみなせば

$$p_1 - p_2 \approx \frac{Q}{C_{vl}} + (n_c + 1)\frac{\bar{\rho}\bar{u}^2}{2} \qquad (1.3.105)$$

となる[7]．

チョーク流れの場合には，流量が臨界流量に固定されるので，コンダクタンスは導管の長さによらない．

〔5〕 **長い導管とみなせる条件**

最後に，「長い導管」とみなせる条件を述べる[2]．長い導管の条件は，せん断力によるエネルギー損失が運

動エネルギーより大きい場合である．すなわち，長い導管であるためには

$$\frac{f_D L}{D_h} \gg \frac{K_p + 1}{2} \quad (1.3.106)$$

である．チョーク流れで K_p は最大となるから，臨界圧力比を考慮すると

$$\frac{f_D L}{D_h} \gg 1 + \frac{\gamma(\gamma+1)}{4} \quad (1.3.107)$$

と表すことができる．流れが遅い場合には，$K_p \sim 1$ であるから

$$\frac{f_D L}{D_h} \gg 1 \quad (1.3.108)$$

が条件となる．式 (1.3.59) から，円形導管の層流では

$$\frac{L}{D_h} \gg \frac{2Re}{64} \quad (1.3.109)$$

が「長い導管」の条件となる．

1.3.7 分子流領域でのコンダクタンス (1)
——円形断面の導管の場合——

分子流領域や中間流領域でのコンダクタンスの精密な解析にはボルツマン（Boltzmann）方程式を出発点とした方法が必要であるが，ここではまず近似的に拡散過程と管内平均自由行程の概念を用いて，**図 1.3.12** のような半径 a の一様な円形断面導管のコンダクタンスを導く．

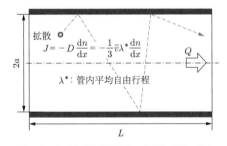

図 1.3.12 円形断面導管内の分子流領域の流れ

分子流領域では，気体分子は壁面と衝突を繰り返しながら導管内をランダムに運動する．壁面における分子の散乱方向分布として 1.3.2 項で取り扱った余弦則が成り立つものとすれば，散乱前後の分子の運動方向には相関がなく，気体分子は導管内で典型的な酔歩運動を行うことになる．このため，分子流領域での流れは導管の管壁に制約された「拡散過程」とみなすことができる．この考え方では散乱後の分子の運動が「余弦則に従う」ということが非常に重要であるが，実際でもおおよそ成り立つことがわかっている[3]．

〔1〕 管内平均自由行程を用いたコンダクタンスの導出

さて，境界がない場合の気体分子の拡散過程は，1.2節の式 (1.2.32)，(1.2.33) から拡散係数 D はつぎのように表すことができる．

$$J = -D\frac{dn}{dx} = -\frac{1}{3}\bar{v}\lambda\frac{dn}{dx} \quad (1.3.110)$$

図 1.3.12 のような長さ L の円形断面導管で，区間の両側の圧力をそれぞれ p_1，p_2 として，式 (1.3.110) を断面について積分し，気体の状態方程式 $p = nkT$ を使って分子密度 n を圧力 p に書き改めると，つぎの流量の式が得られる．

$$Q = \pi a^2 \frac{1}{3}\bar{v}\lambda\frac{p_1 - p_2}{L} \quad (1.3.111)$$

つぎに，この平均自由行程 λ を管内平均自由行程 λ^* で置き換えることにより，管壁との衝突による制約の影響を取り入れることを考える．1.1.8 項〔4〕から，分子流領域のとき，入射頻度 Γ が

$$\Gamma = \frac{1}{4}n\bar{v} \quad (1.3.112)$$

で与えられることを考えると，単位時間に分子が導管の軸方向の長さ L ($L \gg a$) の管壁に衝突する全衝突回数 Z は

$$Z = 2\pi a L \Gamma = \frac{1}{2}\pi a L n \bar{v} \quad (1.3.113)$$

である．また，この区間に存在する全分子の単位時間当りの飛行距離の総和を Σ とすれば

$$\Sigma = \pi a^2 L n \cdot \bar{v} \quad (1.3.114)$$

である．したがって，1 回の衝突当りの平均飛行距離，すなわち管内平均自由行程 λ^* は

$$\lambda^* = \frac{\Sigma}{Z} = 2a \quad (1.3.115)$$

で与えられる．式 (1.3.111) の λ を上式の λ^*，つまり $2a$ で置き換えると，長さ L，半径 a の円形導管に対するつぎの流量の式が得られる．

$$Q = \frac{2\pi a^3 \bar{v}}{3L}(p_1 - p_2) \quad (1.3.116)$$

したがって，長い円形導管の分子流領域でのコンダクタンス C_{ml} は，定義式 (1.3.19) により

$$C = \frac{2\pi a^3 \bar{v}}{3L} = \pi a^2 \frac{\bar{v}}{4}\frac{8a}{3L} \equiv C_{ml} \quad (1.3.117)$$

となる．ただし，$L \gg a$ として導管端部の影響は無視している．

上記では，長い円形導管のコンダクタンスを近似的な手法で求めたが，より直接的に下記の方法でも求めることができる．

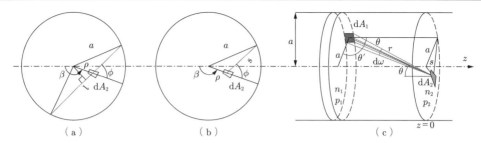

図 1.3.13 円形導管のコンダクタンス計算モデル 1

[2] 導管の断面を通過する分子数を用いたコンダクタンスの導出[5]

図 1.3.13 のような，半径 a の無限に長い円形断面導管を考え，軸方向を z とし，$z=0$ の断面を通過する分子の数を求める．気体の分子密度 n は z 方向に一定の勾配があり，$dn/dz < 0$ とする．いま，$z=z_1 < 0$ にある導管の内壁上の微小面積 dA_1 から，$z=0$ の面上にある微小面積 dA_2 に向かう分子数 $dN_{1\to 2}$ は

$$dN_{1\to 2} = n(z)\bar{v}\cos\theta dA_2 \frac{d\omega}{4\pi} \quad (1.3.118)$$

となる．$d\omega$ は，dA_2 の中心から dA_1 を見込む立体角で，dA_2 の中心を原点とする円柱座標系では

$$d\omega = \sin\theta d\theta d\phi \quad (1.3.119)$$

である．したがって

$$dN_{1\to 2} = \frac{n(z)\bar{v}\cos\theta\sin\theta dA_2 d\theta d\phi}{4\pi} \quad (1.3.120)$$

である．$z<0$ の壁から放出されて $z=0$ の面 dA_2 を通る分子数 dN_+ は，上式を θ と ϕ で積分して得られ

$$dN_+ = \frac{\bar{v}dA_2}{4\pi}\int_0^{2\pi}d\phi\int_0^{\pi/2}n(z)\cos\theta\sin\theta d\theta \quad (1.3.121)$$

となる．同様に，$z=z_2>0$ の壁から $z=0$ の面 dA_2 を通る分子数 dN_- は

$$dN_- = \frac{\bar{v}dA_2}{4\pi}\int_0^{2\pi}d\phi\int_{\pi/2}^\pi n(z)(-\cos\theta)\sin\theta d\theta \quad (1.3.122)$$

よって面積 dA_2 を通る正味の気体の流れ dN は

$$dN = dN_+ - dN_-$$
$$= \frac{\bar{v}dA_2}{4\pi}\int_0^{2\pi}d\phi\int_0^{\pi/2}n(z_1)\cos\theta\sin\theta d\theta$$
$$+ \int_{\pi/2}^\pi n(z_2)\cos\theta\sin\theta d\theta \quad (1.3.123)$$

である．$z=0$ 近傍での分子密度 $n(z)$ は

$$n(z) = n(0) + z\left(\frac{dn}{dz}\right)_{z=0} \quad (1.3.124)$$

と近似できる．また，図 1.3.13(c) より

$$z = -r\cos\theta = \frac{s}{\tan\theta} \quad (1.3.125)$$

である．ここで，r は微小面積 dA_1 と dA_2 との距離である．また，$z=z_1<0$ の領域では $0<\theta<\pi/2$，$z=z_2>0$ の領域では $\pi/2<\theta<\pi$ である．s は図 1.3.13(a) より

$$s = \sqrt{a^2 - \rho^2\sin^2\phi} - \rho\cos\phi \quad (1.3.126)$$

である．ρ は，$z=0$ の面上の軸中心から微小面積 dA_2 までの距離である．したがって

$$N = -\frac{\bar{v}dA_2}{4\pi}\int_0^{2\pi}d\phi\int_0^\pi n(0)\cos\theta\sin\theta d\theta$$
$$- \frac{\bar{v}dA_2}{4\pi}\int_0^{2\pi}d\phi$$
$$\cdot \int_0^\pi s\left(\frac{dn}{dz}\right)_0 \frac{\cos\theta\sin\theta}{\tan\theta}d\theta$$
$$= -\frac{\bar{v}}{8}\left(\frac{dn}{dz}\right)_0 dA_2 \int_0^{2\pi} s\,d\phi \quad (1.3.127)$$

を得る．

あるいは，式 (1.3.127) 右辺にある

$$dA_2 \int_0^{2\pi} s\,d\phi \quad (1.3.128)$$

は dA_2 の中心を通る弦の長さを積分したものに等しい．そこで，図 1.3.13(a) のように，s の代わりに弦 l を用いると

$$l = 2\sqrt{a^2 - \rho^2\sin^2\phi} \quad (1.3.129)$$

と表せる．すると，式 (1.3.128) の積分は

$$dA_2 \int_0^{2\pi} s\, d\phi = dA_2 \int_0^{\pi} l\, d\phi$$
$$= 4dA_2 \int_0^{\pi/2} \sqrt{a^2 - \rho^2 \sin^2 \phi}\, d\phi \qquad (1.3.130)$$

となる．さて，$z = 0$ の面上で，ある基準線から微小面積 dA_2 までの角度を β として（図 1.3.13(b) 参照）

$$dA_2 = \rho\, d\rho\, d\beta \qquad (1.3.131)$$

を用いると，$z = 0$ の全断面を通過する分子の流れは

$$N = -\frac{1}{2}\bar{v}\left(\frac{dn}{dz}\right)_0 \int_0^{2\pi} d\beta \int_0^a \rho\, d\rho$$
$$\times \int_0^{\pi/2} \sqrt{a^2 - \rho^2 \sin^2 \phi}\, d\phi$$
$$= -\pi a^3 \bar{v}\left(\frac{dn}{dz}\right)_0 \int_0^1 k\, dk$$
$$\times \int_0^{\pi/2} \sqrt{1 - k^2 \sin^2 \phi}\, d\phi \qquad (1.3.132)$$

ここで，$k \equiv \rho/a$ と置いた．k について積分すると

$$N = -\frac{\pi a^3 \bar{v}}{3}\left(\frac{dn}{dz}\right)_0$$
$$\times \int_0^{\pi/2}\left(\frac{\cos\phi - \cos\phi \sin^2\phi - 1}{\sin^2\phi}\right)d\phi \qquad (1.3.133)$$

続いて ϕ について積分すると

$$N = -\frac{2\pi}{3}a^3 \bar{v}\left(\frac{dn}{dz}\right)_0 \qquad (1.3.134)$$

を得る．長さ L について分子密度勾配を z について積分することによって

$$\left(\frac{dn}{dz}\right)_0 = \frac{n_2 - n_1}{L} \qquad (1.3.135)$$

と表すことができ，この分子密度 n を圧力 p に書き直すと式 (1.3.134) は式 (1.3.116) となる．

〔3〕 導管内面での拡散反射を用いたコンダクタンスの導出[1),3)]

図 1.3.14 のような，半径 a の無限に長い円形導管を考え，軸方向を z とし，$z = 0$ の断面を通過する分子の数を求める．気体の分子密度 n は z 方向に一定の勾配があり，$dn/dz < 0$ とする．断面 $z = 0$ を通る分子は，必ず $z < 0$ または $z > 0$ の管壁より発して，それぞれ反対側の $z > 0$ または $z < 0$ の管壁に達するものであるから，このような分子のすべてを考え，それぞれ $z < 0$ の管壁の全領域，および $z > 0$ の管壁の全領域について積算すればよい．そこで，図のように $z < 0$，$z > 0$ にそれぞれ管壁の一部 dS_1，dS_2 を置き，その座標を円柱座標でそれぞれ $\theta = \theta_1$，θ_2，$z = z_1$，z_2 と表すことにすると，dS_1，dS_2 は

$$\left.\begin{array}{l}dS_1 = a\, d\theta_1\, dz_1 \\ dS_2 = a\, d\theta_2\, dz_2\end{array}\right\} \qquad (1.3.136)$$

である．管壁上の微小面積 dS_1 から微小面積 dS_2 に向かう分子数 $dN_{1\to 2}$ は

$$dN_{1\to 2} = n(z_1)\bar{v}\cos\varphi_1 dS_1 \frac{d\omega_1}{4\pi} \qquad (1.3.137)$$

と表すことができる．ただし，φ_1 は dS_1 に立てた法線と dS_1，dS_2 を結ぶ直線とのなす角，$d\omega_1$ は dS_1 より dS_2 を見込む立体角である．dS_1，dS_2 の距離を r，dS_2 に立てた法線と dS_1 と dS_2 を結ぶ直線とのなす角を φ_2 とすれば

$$d\omega_1 = \frac{dS_2 \cos\varphi_2}{r^2} \qquad (1.3.138)$$

であるから，式 (1.3.138) は

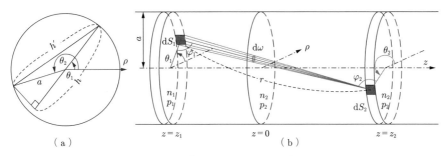

図 1.3.14 円形導管のコンダクタンス計算モデル 2

$$dN_{1\to2} = \frac{1}{4\pi}n(z_1)\bar{v}\frac{\cos\varphi_1\cos\varphi_2}{r^2}dS_1dS_2 \tag{1.3.139}$$

同様に，dS_2 から dS_1 に向かう分子数 $dN_{2\to1}$ は

$$dN_{2\to1} = \frac{1}{4\pi}n(z_2)\bar{v}\frac{\cos\varphi_1\cos\varphi_2}{r^2}dS_1dS_2 \tag{1.3.140}$$

であるから，dS_1 から dS_2 へ向かう正味の分子数 dN は，式 (1.3.124) を用いて

$$dN = \frac{1}{4\pi}\left(n(z_1) - n(z_2)\right)\bar{v}\frac{\cos\varphi_1\cos\varphi_2}{r^2}dS_1dS_2$$
$$= -\frac{1}{4\pi}\frac{dn}{dz}(z_2 - z_1)\bar{v}\frac{\cos\varphi_1\cos\varphi_2}{r^2}dS_1dS_2 \tag{1.3.141}$$

となる.

式 (1.3.141) を dS_1 について $z < 0$ の全領域，dS_2 については $z > 0$ の全領域について積分を行えば，$z = 0$ における断面を通過する分子数を求めることができる．r, φ_1, φ_2 は図 1.3.14 (a) に示された h, h' 等を用いれば

$$r^2 = (z_2 - z_1)^2 + h'^2$$
$$= (z_2 - z_1)^2 + \left(2a\sin\frac{\theta_2 - \theta_1}{2}\right)^2 \tag{1.3.142}$$

$$\cos\varphi_1 = \cos\varphi_2 = \frac{h}{r}$$
$$= \frac{a\left(1 - \cos(\theta_2 - \theta_1)\right)}{\sqrt{(z_2 - z_1)^2 + \left(2a\sin\frac{\theta_2 - \theta_1}{2}\right)^2}} \tag{1.3.143}$$

となるから，式 (1.3.141) を積分すると，断面を通る分子数 N は

$$N = -\frac{a^4}{4\pi}\frac{dn}{dz}\bar{v}\int_{-\infty}^{0}dz_1\int_{0}^{\infty}dz_2$$
$$\times\int_{0}^{2\pi}d\theta_1\int_{0}^{2\pi}d\theta_2\,(z_2 - z_1)$$
$$\times\frac{\{1 - \cos(\theta_2 - \theta_1)\}^2}{\left\{(z_2 - z_1)^2 + \left(2a\sin\frac{\theta_2 - \theta_1}{2}\right)^2\right\}^2} \tag{1.3.144}$$

となる．上式をまず z_2 について積分すると

$$N = -\frac{a^4}{4\pi}\frac{dn}{dz}\bar{v}\int_{-\infty}^{0}dz_1\int_{0}^{2\pi}d\theta_1\int_{0}^{2\pi}d\theta_2$$

$$\times 2\frac{\left(\sin^2\frac{\theta_2 - \theta_1}{2}\right)^2}{z_1^2 + \left(2a\sin\frac{\theta_2 - \theta_1}{2}\right)^2} \tag{1.3.145}$$

続いて z_1 について積分する.

$$N = -\frac{a^4}{4\pi}\frac{dn}{dz}\bar{v}\int_{0}^{2\pi}d\theta_1\int_{0}^{2\pi}d\theta_2$$
$$\times 2\left[\sin^4\frac{\theta_2 - \theta_1}{2}\left|\frac{1}{2a\sin\frac{\theta_2 - \theta_1}{2}}\right.\right.$$
$$\left.\left.\times\arctan\frac{z_1}{2a\sin\frac{\theta_2 - \theta_1}{2}}\right]_{-\infty}^{0}\right.$$
$$= -\frac{a^4}{4\pi}\frac{dn}{dz}\bar{v}\int_{0}^{2\pi}d\theta_1\int_{0}^{2\pi}d\theta_2$$
$$\times 2\frac{\pi}{4a}\left|\sin^3\frac{\theta_2 - \theta_1}{2}\right| \tag{1.3.146}$$

引き続き θ_1 について積分すると

$$N = -\frac{a^4}{4\pi}\frac{dn}{dz}\bar{v}\int_{0}^{2\pi}d\theta_2$$
$$\times\frac{\pi}{2a}\int_{\theta_2}^{2\pi-\theta_2}d\theta_1\left|\sin^3\frac{\theta_2 - \theta_1}{2}\right|$$
$$= -\frac{a^4}{4\pi}\frac{dn}{dz}\bar{v}\int_{0}^{2\pi}d\theta_2\times\frac{4\pi}{3a} \tag{1.3.147}$$

最後に θ_2 で積分を行うと

$$N = -\frac{2\pi}{3}a^3\bar{v}\frac{dn}{dz} \tag{1.3.148}$$

という結果を得る．長さ L について分子密度勾配は

$$\frac{dn}{dz} = \frac{n_2 - n_1}{L} \tag{1.3.149}$$

と表すことができ，この分子密度 n を圧力 p に書き直すと式 (1.3.148) は式 (1.3.116) となる.

分子流領域での長い円形断面導管のコンダクタンスには以下のような特徴がある.

- 導管内の圧力に無関係である
- 管径の 3 乗に比例する
- 管長に反比例する

導管内の圧力に無関係である，ということは，分子の移動量が壁との衝突だけで決まることを意味する．分子が管内にどれだけ存在しようと互いの衝突がないので関係ないのである．例えば，分子の数が倍になっても，その移動しやすさは他の分子と衝突しないので変

わらない．コンダクタンスが半径の3乗に比例するということは，流量が導管の断面積に比例し，流れが管内平均自由行程 $2a$ で決まる拡散によるものであることに起因する．

〔4〕 端部の影響

ここまでは，端部の影響が無視できる長い導管についてのコンダクタンスであった．式の上では，L をゼロに近付けるとコンダクタンスは発散する．実際には端面の開口部の直径に比べてそれほど長くはない短い導管もある．そこで，図 1.3.15 のように，導管のコンダクタンスを，入口開口と同じ開口を持つオリフィスと，後ろに続く導管とが直列に接続されたものとして端部の効果を補正する．

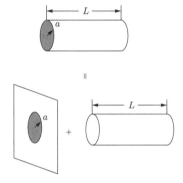

図 1.3.15 短い円形導管の考え方

まず，開口面積 A のオリフィスを考える．そのコンダクタンス C_{mo} は，1.1.10 項〔1〕の断面積 A の体積入射頻度に等しく

$$C = \Gamma_V A = \frac{1}{4}\bar{v}A \equiv C_{mo} \tag{1.3.150}$$

である．これは開口面積 A のオリフィスの理想排気速度と同じで，一般のコンダクタンスを考える上で重要な量である．半径 a の円形開口では

$$C_{mo} = \frac{\pi a^2}{4}\bar{v} = \frac{\pi a^2}{4}\sqrt{\frac{8RT}{\pi M}} \tag{1.3.151}$$

である．

さて，短い導管のコンダクタンス C_{ms} は，開口のコンダクタンスとそれに続く導管のコンダクタンスの直列接続と考えれば

$$\frac{1}{C} = \frac{1}{C_{mo}} + \frac{1}{C_{ml}} \equiv \frac{1}{C_{ms}} \tag{1.3.152}$$

となる．ここで，C_l は長い一様導管のコンダクタンスである．したがって

$$\frac{1}{C_{ms}} = \frac{4}{\pi a^2 \bar{v}} + \frac{3L}{2\pi a^3 \bar{v}} \tag{1.3.153}$$

$$\therefore \quad C_{ms} = \frac{2\pi}{3}\bar{v}\,\frac{a^3}{L + \dfrac{8a}{3}} \tag{1.3.154}$$

となる．すなわち，有限の長さ L の一様断面の導管のコンダクタンス C は，式 (1.3.117) で長さ L を

$$L' = L + \frac{8a}{3} \tag{1.3.155}$$

と置き換えることによって得られる．この式は厳密には正確ではないが，L が極短に短くない場合には良い近似を与える．$L/2a > 10$ では，Cole による厳密な計算結果との差は 10% 未満であり，L が長くなるほど誤差は小さくなる[2]．より正確には後述する通過確率を用いた方がよい．

1.3.8 分子流領域でのコンダクタンス (2)
——任意の断面形状を持つ導管の場合——

ここでは，真空排気でおもに取り扱う分子流領域におけるコンダクタンスについて，円形導管だけではなく一般的な形状の場合の考え方，および，補正係数や通過確率を用いたコンダクタンスの導出の考え方について述べる．

〔1〕 任意断面の一様な導管のコンダクタンス

前の 1.3.7 項では，円形断面導管についてコンダクタンスを求めた．ここでは，図 1.3.16 に示すような，面積 A を持つ任意断面の導管のコンダクタンスについて述べる．ただし，導管は長さ方向に一様で，途中で断面形状は変わらないものとする．断面が途中で変わる場合は，〔4〕で取り扱うように，コンダクタンスの合成等の手法を応用する．

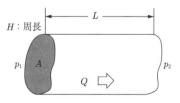

図 1.3.16 任意断面の一様な導管

分子流領域における導管内の流れは，1.3.7 項〔1〕でも述べたように，導管形状で規定される実効的な平均自由行程（管内平均自由行程 λ^*）による「拡散過程」とみなせる．すなわち，円形断面での式 (1.3.111) にならって

$$Q = A\frac{1}{3}\bar{v}\lambda^*\frac{p_1 - p_2}{L} \tag{1.3.156}$$

と表すことができる．したがって，コンダクタンス C は，定義式 (1.3.19) から

$$C = \frac{A\lambda^*}{3L}\bar{v} \quad (1.3.157)$$

である．

つぎに，図 1.3.16 の長い導管の場合に管内平均自由行程 λ^* がどうなるかを調べてみる．なお，端部の効果は無視し，1.3.7 項の円形断面導管の場合にならい，統計的な手法で求める．図 1.3.16 に示した導管内部の体積 V，表面積 S，および，その中の総分子数 N は，それぞれ以下のように記述できる．

$$V = AL \quad (1.3.158)$$
$$S = HL \quad (1.3.159)$$
$$N = nV = nAL \quad (1.3.160)$$

ここで，H は断面の周長である．一方，導管は十分長いとして端部への分子の衝突を無視すると，単位時間当りの管内の気体分子の管壁へ衝突分子の総数 ω は導管内表面に衝突する分子数となるので

$$\omega = \frac{1}{4}n\bar{v}S \quad (1.3.161)$$

である．管内平均自由行程は，導管内の総分子 N について平均速度，すなわち単位時間の走行距離の総和を ω で割ればよい．すなわち

$$\lambda^* = \frac{N\bar{v}}{\omega} \quad (1.3.162)$$

と求められる．けっきょく

$$\lambda^* = \frac{4N\bar{v}}{n\bar{v}S} = \frac{4A}{H} \quad (1.3.163)$$

を得る．よって，式 (1.3.156) から

$$Q = \frac{4}{3}\frac{A^2}{H}\bar{v}\frac{p_1 - p_2}{L} \quad (1.3.164)$$
$$\therefore \quad C = \frac{4}{3}\frac{A^2}{HL}\bar{v} \equiv C_{ml} \quad (1.3.165)$$

となる．これは長さ方向に一定の任意断面を持つ長い導管のコンダクタンスの比較的良い近似値を与える．円形導管の場合には，式 (1.3.117) に一致することがわかる．ただし，端部の効果を無視していることに注意が必要である．

管内平均自由行程の式 (1.3.163) は，円形断面の場合には正確であるが，平均自由行程 λ と管内平均自由行程 λ^* の間には性質上の違いがあるため，任意断面の場合に厳密に適用できるかどうかには若干の問題がある[3]．第一に，自由行程の分布は

$$f(l)dl = B\exp\left(-\frac{l}{\lambda}\right)dl \quad (1.3.166)$$

となる分布関数で与えられる．ただし，$f(l)dl$ は，自由行程が l と $l+dl$ の間となる確率である．$B = N/\lambda$ は規格化定数である．それに対し，管内自由行程の分布関数は導管の形状によって異なり，一般に式 (1.3.166) には一致しない．第二に，自由空間での自由行程の大きさは，気体分子の運動方向とはまったく無関係で等方的であるのに対して，管内自由行程は導管の軸とのなす角によって大きく異なる．つまり，軸と平行に近い場合には自由行程は非常に長いが，軸と直角な方向にはたかだか導管の直径程度である．このようなことから，一般には λ と λ^* とは一致せず，式 (1.3.163) は厳密に正しいとはいえない．しかしほとんどの場合，式 (1.3.163) は近似式としては十分使える有用な式である．例えば，矩形導管の場合，断面の幅と高さの比が大きくなると誤差は大きくなるが，比が 1/3 未満であれば誤差は 20% 未満である（詳細は 3.4 節参照）．

一般的な断面形状の導管のコンダクタンスは厳密には計算できない．しかし，まっすぐで十分に長い一様な断面形状を持つ導管については，1.3.7 項〔2〕の方法で求められることが，Smoluchowski によって示されている[6]．図 1.3.17 のような，任意断面の長い導管を考えると，単位時間に $z = 0$ の面を通る分子の数 N は，式 (1.3.127) より

(a)

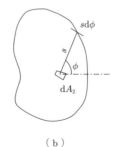
(b)

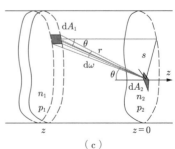
(c)

図 1.3.17　任意断面の一様な導管の計算モデル

$$N = -\frac{\bar{v}}{8}\left(\frac{dn}{dz}\right)dA_2 \int_0^{2\pi} s\,d\phi \quad (1.3.167)$$

を得る．右辺の ϕ の積分は式 (1.3.128) と同じで断面内の弦の長さの総和である．Smoluchowski は，図 1.3.17 (a) のように，s と ϕ とを，断面の要素 dl から張った弦 ρ と dl の法線とのなす角 α とに変換した．すなわち

$$\left.\begin{array}{l} s\,d\phi = dl\cos\alpha \\ dA_2 = \dfrac{1}{2}\rho^2 d\alpha \end{array}\right\} \quad (1.3.168)$$

この変換により式 (1.3.167) は

$$N = -\frac{\bar{v}}{8}\left(\frac{dn}{dz}\right)\int_H dl \int_{-\pi/2}^{\pi/2} \frac{1}{2}\rho^2 \cos\alpha\,d\alpha \quad (1.3.169)$$

の形に表すことができる．したがって，コンダクタンス C は，式 (1.3.135) を用い，分子密度 n を圧力 p に変換して

$$C = \frac{1}{8}\frac{\bar{v}}{L}\int_H dl \int_{-\pi/2}^{\pi/2} \frac{1}{2}\rho^2 \cos\alpha\,d\alpha \quad (1.3.170)$$

である[2]．これは

$$C = \frac{1}{8}\frac{\bar{v}H}{L}\langle\rho^2\rangle \quad (1.3.171)$$

とも表すことができる[1]．ここで，$\langle\rho^2\rangle$ は断面のすべての弦の長さ ρ の 2 乗平均

$$\langle\rho^2\rangle = \int_{-\pi/2}^{\pi/2} \frac{1}{2}\rho^2 \cos\alpha\,d\alpha \quad (1.3.172)$$

である．

式 (1.3.170) のコンダクタンスの式は厳密解であり，解析的にも求めることができる．しかし，比較的単純な断面形状においても非常に煩雑な計算が必要である．例えば半径 a の円形断面の場合

$$H = 2\pi a \quad (1.3.173)$$
$$\rho = 2a\cos\alpha \quad (1.3.174)$$

であるから

$$I = \int_H dl \int_{-\pi/2}^{\pi/2} \frac{1}{2}\rho^2 \cos\alpha\,d\alpha$$
$$= 2\pi a \int_{-\pi/2}^{\pi/2} 2a^2 \cos^3\alpha\,d\alpha = \frac{16\pi}{3}a^3 \quad (1.3.175)$$

と比較的簡単に式 (1.3.117) を得る．しかし，例えば図 1.3.18 のような 1 辺 a の単純な正三角形の断面を持つ導管の場合には

$$I = 3\int_0^a dl \int_{-\pi/2}^{\alpha_0} \frac{l^2\cos\alpha}{\sin^2\left(\dfrac{\pi}{6}-\alpha\right)}d\alpha$$

$$\alpha_0 = \tan^{-1}\left(\frac{\dfrac{a}{2}-l}{\dfrac{\sqrt{3}a}{2}}\right) \quad (1.3.176)$$

を計算することになる[6]．これは解析的に積分できて，けっきょく

$$I = \frac{3}{4}a^3 \ln 3 \quad (1.3.177)$$
$$\therefore\quad C = \frac{3\ln 3}{32}\frac{a^3 \bar{v}}{L} \quad (1.3.178)$$

を得るが，かなり面倒な計算が必要である．そのほかいくつかの具体例は 3.4 節に挙げた．

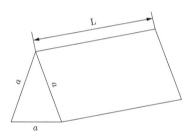

図 1.3.18 正三角断面の導管

式 (1.3.170) は，厳密解ではあるものの，多くの場合数値計算せざるを得ない．これに比べ，式 (1.3.165) は円形断面以外では式 (1.3.170) には一致しないが，計算は容易であり近似解を得る上では役に立つ．したがって，実用上，式 (1.3.165) に補正係数 α を掛けて

$$C = C_l = \alpha\frac{4A^2}{3LH}\bar{v} \quad (1.3.179)$$

と表す．α は数値計算や式 (1.3.170) で求めたコンダクタンスと，式 (1.3.165) で計算したコンダクタンスとの違いである．いくつかの具体的な例は 3.4 節で述べる．

ここで示した分子流領域のコンダクタンスは十分に長い導管に対するもので，導管端部の影響が無視できる場合に適応できる．端部の影響が無視できない場合については，コンダクタンスの合成等の手法で近似解を求める．

〔2〕 オリフィスのコンダクタンス

分子流領域において，オリフィス（厚みのない孔）のコンダクタンスは最も基本となる量である．いま，図1.3.19のように，二つの真空容器が断面積 A の厚みのない開口で仕切られている場合を考える．

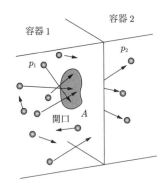

図1.3.19 厚みのない任意形状断面の開口

容器1側から開口に入射した分子はすべて容器2に入るので，単位時間，単位面積当りに分子が壁に衝突する頻度，いわゆる入射頻度 Γ が式 (1.3.112) であることから，断面積 A の開口を通って容器1から容器2への流量 $Q_{1\to 2}$ は

$$Q_{1\to 2} = \frac{1}{4}\bar{v}Ap_1 \quad (1.3.180)$$

と表せる．同様に，容器2から容器1の流量 $Q_{2\to 1}$ は

$$Q_{2\to 1} = \frac{1}{4}\bar{v}Ap_2 \quad (1.3.181)$$

である．よって，差し引きして正味の流量 Q は

$$Q = Q_{1\to 2} - Q_{2\to 1} = \frac{1}{4}\bar{v}A(p_1 - p_2) \quad (1.3.182)$$

となる．したがって，コンダクタンスの定義式 (1.3.19) から厚みのない開口のコンダクタンス C_o は

$$Q = \frac{1}{4}\bar{v}A \equiv C_o \quad (1.3.183)$$

となる．

〔3〕 短い導管（端部の補正）

短い導管のコンダクタンスを1.3.5項で述べたコンダクタンスの合成（直列接続）として考えてみる．導管を通る気体の流れは，気体分子が導管入口の開口に入る過程と，それに続く導管を移動する過程とに分けて表すことができる．つまり，図1.3.20のように，一つの導管を，導管と同じ断面を持つオリフィスと長い導管とが直列に接続されたものと考えることができる．

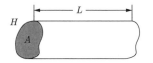

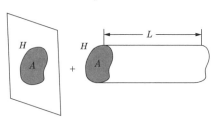

図1.3.20 任意断面の短い導管の考え方

入口の開口コンダクタンス C_o は式 (1.3.183) であり，長い導管のコンダクタンス C_l は，式 (1.3.179) となるから

$$\frac{1}{C} = \frac{1}{C_o} + \frac{1}{C_l} = \frac{4}{\bar{v}A} + \frac{3LH}{4\alpha\bar{v}A^2}$$
$$= \frac{3H}{4\alpha\bar{v}A^2}\left(L + \frac{16\alpha A}{3H}\right) \quad (1.3.184)$$

よって

$$C = \frac{4}{3}\alpha\bar{v}\frac{A^2}{H\left(L + \dfrac{16\alpha A}{3H}\right)} \equiv C_s \quad (1.3.185)$$

となる．すなわち，有限の長さ L の一様断面の導管のコンダクタンス C は，式 (1.3.179) で長さ L を

$$L' = L + \frac{16\alpha A}{3H} \quad (1.3.186)$$

と置き換えることによって得られる．つまり導管の長さが

$$\Delta L = \frac{16\alpha A}{3H} \quad (1.3.187)$$

だけ長くなったと考えることができる．これは厳密には正確ではないが，L が極短に短くない場合には良い近似を与える（1.3.7項参照）．また，この長さの延長を考えることで，式 (1.3.179) で長さゼロ（$L=0$）の導管のコンダクタンスが無限大になるという問題は一応回避することができる．

なお，ここでは，開口のコンダクタンスとして式 (1.3.183) を用いたが，開口入口の面積がその開口のある面の面積に比べて無視できない場合（比較的大きいオリフィスの場合）は，つぎの〔4〕で述べる式 (1.3.195) を用いる必要がある．

〔4〕 任意形状の導管

これまでは，導管の断面が長さ方向に一様な場合のコンダクタンスを求めたが，ここでは途中で断面形状が変化する場合を考える．

途中で断面が緩やかに変化する場合には，Knudesen が示したつぎの式が良い近似式となる[2),6]．

$$C = \frac{4\bar{v}}{3} / \int_0^L \frac{H}{A^2} dz \quad (1.3.188)$$

この式は，式 (1.3.164) を

$$Q = \frac{4\bar{v}}{3} \frac{A^2}{H} \frac{dp}{dz} \quad (1.3.189)$$

と書き直し，A^2/H も z の関数であるとして得られる．しかし，この式もやはり，円形断面の導管以外では厳密には正しくない．

より一般的に，任意の形状を持つ導管のコンダクタンスは，1.3.7 項〔3〕の方法で考えることができる．図 1.3.21 のような任意形状の導管を考える．式 (1.3.141) から，dS_1 から dS_2 へ向かう正味の分子数 dN は

$$dN = \frac{1}{4\pi}(n(z_1) - n(z_2))\bar{v} \\ \times \frac{\cos\varphi_1 \cos\varphi_2}{r^2} dS_1 dS_2 \quad (1.3.190)$$

であるから，$z=0$ を通る分子数 N は

$$N = \frac{1}{4\pi} \int_{z<0} dS_1 \int_{z>0} dS_2 \, (n(z_1) - n(z_2))\bar{v} \\ \times \frac{\cos\varphi_1 \cos\varphi_2}{r^2} \quad (1.3.191)$$

である．この分子数，すなわち流量がわかれば，コンダクタンスを原理的には計算することができる．しかし，この計算は分子密度分布の自己無撞着な解を得る必要があり，容易ではない．通常は，つぎの〔5〕で述べる通過確率を用いた数値計算で求められる．

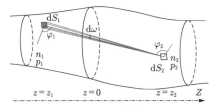

図 1.3.21 任意形状の導管の計算モデル

断面が急激に変化する場合は，コンダクタンスの合成の方法を使うことができる．

例として，図 1.3.22 (a) のように，左端に面積 A_1 （コンダクタンス C_{A1}），右端に面積 A_2 （コンダクタ

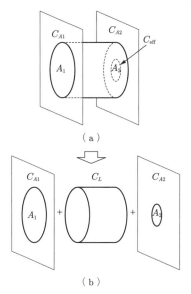

図 1.3.22 大きい開口の考え方

ンス C_{A2}）の開口があり，それらの開口が，コンダクタンス C_L を持つ断面積 A_1 の導管でつながれているとき，導管側から見た開口面積 A_2 のコンダクタンス C_{eff} をコンダクタンスの合成として求めてみる．まず，A_1 側から A_2 側を見たコンダクタンスを C_{12} とすると，合成コンダクタンスは図 1.3.22 (b) のようなコンダクタンスの直列接続と考えられるから

$$\frac{1}{C_{12}} = \frac{1}{C_{A1}} + \frac{1}{C_L} + \frac{1}{C_{\text{eff}}} \quad (1.3.192)$$

である．一方，A_2 側から A_1 側を見たコンダクタンス C_{21} は

$$\frac{1}{C_{21}} = \frac{1}{C_{A2}} + \frac{1}{C_L} \quad (1.3.193)$$

である．コンダクタンスはどちらから見ても同じだから，$C_{12} = C_{21}$ と置いて

$$\frac{1}{C_{\text{eff}}} = \frac{1}{C_{A2}} - \frac{1}{C_{A1}} = \frac{1}{C_{A1}}\left(\frac{A_1}{A_2} - 1\right) \quad (1.3.194)$$

$$\therefore \quad C_{\text{eff}} = \frac{C_{A1}}{\dfrac{A_1}{A_2} - 1} = \frac{C_{A2}}{1 - \dfrac{A_2}{A_1}} \quad (1.3.195)$$

となる．A_1 が十分大きい場合には，C_{eff} は通常の厚みのない断面積 A_2 のオリフィスとなる．一方，$A_1 = A_2$ の場合には，$C_{\text{eff}} \to \infty$ となり，すなわち，流れに対してこの開口は何ら邪魔をしないので，コンダクタンスとしては無視してよいという当然の結果を得る．

この問題をさらに厳密に扱うと，式 (1.3.195) はつぎのように修正される[3]．

$$C_{\text{eff}} = c \frac{C_{A2}}{1 - \dfrac{A_2}{A_1}} \quad (1.3.196)$$

この係数 c は A_2 が小さいとき 1 で，A_2 が A_1 に近付くにつれて 4/3 に近付く．

この結果を応用して，図 1.3.23 のように途中で直径が異なる導管が直列に接続されている場合の合成コンダクタンス C は

$$\frac{1}{C} = \frac{1}{C_1} + \frac{1}{C_{\text{eff}}} + \frac{1}{C_2} \quad (1.3.197)$$

と求めることができる．

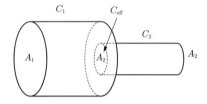

図 1.3.23 直径が異なる導管の接続

〔5〕 通過確率（クラウジング（Clausing）係数）

一般に，断面積 A の開口を持つ導管の分子流のコンダクタンスは，気体分子の平均速度を $\bar{v}$ として

$$C = \frac{1}{4}\bar{v}A \times K = C_o \times K \quad (1.3.198)$$

と表すことができる．ここで，K は開口に入射した分子が導管の反対側の出口へ通過する確率を示し，K は「通過確率」（クラウジング係数）と呼ばれる．C_o は，断面積 A の開口コンダクタンスの式 (1.3.183) である．すなわち，気体が導管を流れるという現象は

(1) 気体分子が導管の開口面へ入射する
(2) 導管に入った気体分子が導管内を拡散する

という二つの過程に分けて考えられることを意味する．この考えは論理的な考察に適しており，一般的なコンダクタンスの理論を展開する際の基礎となる場合が多い．

そこで，図 1.3.24 に示すように，二つの真空容器が任意の形をした導管で接続されている場合を考える．

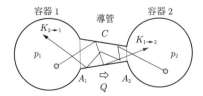

図 1.3.24 任意形状の導管の考え方

温度は一定とする．導管の形は複雑なものでかまわない．導管の両端の開口の断面積をそれぞれ A_1，A_2 とする．容器 1，容器 2 内の分子密度をそれぞれ n_1，n_2 とすれば，容器 1 側から導管に入射した分子は導管の壁と衝突を繰り返しながら，一部の分子は首尾よく容器 2 に達するであろうし，残りは再び容器 1 に戻ってくるであろう．同様なことは，容器 2 から入った分子にもいえる．分子条件が成り立っていれば，これらの分子どうしはまったく衝突しないと考えてよいから，分子が容器 1 から容器 2 に通過できる確率，および容器 2 から容器 1 へ通過できる確率は，それぞれの容器の分子密度には関係なく，導管の幾何学的形状だけで決まるはずである．容器 1 の側から導管に入射した分子が容器 2 に達する確率を $K_{1\to 2}$，容器 2 の側から入射した分子が容器 1 に達する確率を $K_{2\to 1}$ とすれば，単位時間に容器 1 から容器 2 へ移動する分子数 $N_{1\to 2}$ は

$$N_{1\to 2} = \frac{1}{4}n_1 \bar{v} A_1 K_{1\to 2} \quad (1.3.199)$$

同様に，容器 2 から容器 1 へ移動する分子数を $N_{2\to 1}$ とすれば

$$N_{2\to 1} = \frac{1}{4}n_2 \bar{v} A_2 K_{2\to 1} \quad (1.3.200)$$

である．移動する分子の正味の数 N は

$$N = \frac{1}{4}n_1 \bar{v} A_1 K_{1\to 2} - \frac{1}{4}n_2 \bar{v} A_2 K_{2\to 1} \quad (1.3.201)$$

であるが，$n_1 = n_2$ のときは $N = 0$ であるから，けっきょく

$$A_1 K_{1\to 2} = A_2 K_{2\to 1} \quad (1.3.202)$$

よって

$$N = \frac{1}{4}\bar{v} A_1 K_{1\to 2} (n_1 - n_2) \quad (1.3.203)$$

分子密度を圧力で表すと，流量 Q は

$$Q = \frac{1}{4}\bar{v} A_1 K_{1\to 2} (p_1 - p_2) \quad (1.3.204)$$

すなわち，コンダクタンス C は

$$C = \frac{1}{4}\bar{v} A_1 K_{1\to 2} = \frac{1}{4}\bar{v} A_2 K_{2\to 1} \quad (1.3.205)$$

である．このときの $K_{1\to 2}$，$K_{2\to 1}$ が通過確率である．式 (1.3.205) からわかるように，コンダクタンスはどちらから見ても同じであるが，入口の面積が違えば通過確率 $K_{1\to 2}$，$K_{2\to 1}$ は異なっていても不思議ではない．

任意断面を持つ導管では，入口での開口コンダクタンスと，導管の通過確率がわかれば，その導管のコン

ダクタンスがわかる．例えば，円形導管のコンダクタンスは，式 (1.3.117) より

$$C = \frac{2\pi a^3}{3L}\bar{v} = \frac{1}{4}\pi a^2 \bar{v} \times \frac{8a}{3L} = C_o \times K \tag{1.3.206}$$

であるから

$$K = \frac{8a}{3L} \tag{1.3.207}$$

である．

長さ方向に一様な導管については，Smoluchowski によるコンダクタンスの解，式 (1.3.170) があるが，単純な形状以外は計算は困難である．より一般的な形状については，通過確率を解析的に求めることは困難であり，一様な太さの導管の場合でも自己無撞着な積分方程式を解いて得られることが多い．以下，マーカス（Marcus）の方法を簡単に述べる[3]．断面が一様で長さが L の導管を考えると，通過確率 K は

$$K = K_0 + \int_0^L N(x)K(x)\mathrm{d}x \tag{1.3.208}$$

と表すことができる．ここで

K_0：導管の入口から入射した分子が 1 回も壁と衝突することなく導管を通過する確率である．

$N(x)\mathrm{d}x$：導管に入射した分子が，導管を抜け出る前に x と $x+\mathrm{d}x$ の間の壁をたたく確率（ただし，それ以前に導管の壁と何回衝突してもよい）である．

$K(x)$：壁の x の位置を発した分子が，そのまま衝突なしに導管を抜け出る確率である．

これらの諸量の内，K_0，$K(x)$ は導管の幾何学的形状がわかれば算出できるが，$N(x)$ は面倒である．すなわち，$N(x)$ はつぎの積分方程式を解いて得られる．

$$N(x) = N_1(x) + \int_0^L K(x;y)N(y)\mathrm{d}y \tag{1.3.209}$$

ただし

$N_1(x)$：導管に入射した分子が最初の壁との衝突を x と $x+\mathrm{d}x$ の間で行う確率である．

$K(x;y)\mathrm{d}x$：y の位置で壁を発した分子がつぎの衝突を x と $x+\mathrm{d}x$ の間で行う確率である．

$N(y)$：導管に入射した分子が，導管を抜け出る前に y と $y+\mathrm{d}y$ の間の壁をたたく確率（ただし，それ以前に導管の壁と何回衝突してもよい）である．

式 (1.3.209) の積分核 $K(x;y)$ は導管の幾何学的形状によって定まるものであるが，その具体的な関数形は複雑で，解析的に積分を計算することはほとんど不可能であり，多くの近似法が工夫されている．

一方，複雑な構造を持つ導管の通過確率は，計算機を用いたモンテカルロ法等で計算することができるので，それらを使ってコンダクタンスを得ることができる．いくつかの具体的な例は 3.4 節で挙げている．

〔6〕 **導管の直接接続**

分子流コンダクタンスの直列接続に関して，〔5〕で述べた通過確率を用いて考察する．導管のコンダクタンス C は開口コンダクタンス C_o と通過確率 K の積で求めることができる．さて，**図 1.3.25** のように，断面形状が等しい 2 本の導管を直列連結した場合のコンダクタンスを考える．導管のコンダクタンスをそれぞれ C_1，C_2，通過確率を K_1，K_2 とすると

$$\left.\begin{array}{l}C_1 = C_o K_1 \\ C_2 = C_o K_2\end{array}\right\} \tag{1.3.210}$$

であるから，1.3.5 項〔1〕の「導管の直列接続」によれば，合成コンダクタンス C は

$$\frac{1}{C} = \frac{1}{C_1} + \frac{1}{C_2} = \frac{1}{C_o}\left(\frac{1}{K_1} + \frac{1}{K_2}\right) \tag{1.3.211}$$

となると考えられる．これは図 1.3.25 (a) の場合には確かに正しい．この場合，導管 1 と 2 は独立と考えることができる．

しかし，図 1.3.25 (b) の「直接接続」の場合には正しくない．図 1.3.25 (b) では，容器 1 と 3 の間には長い 1 本の導管があるのみで，これを 2 本（導管 1 と導管 2）に分けて考えるのは人為的なことである．導管 1 と 2 は独立には考えられない．以下，このような場合にコンダクタンスがどのように求められるか考える．

一般に，ある容器とある容器を接続した導管のコンダクタンスを考える際には，半無限の空間と半無限の空間を導管で接続すると考えている．したがって，そ

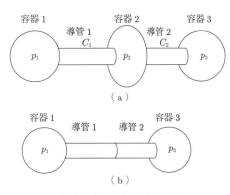

図 1.3.25 導管の直接接続

の近似が成立している図 1.3.25 (a) の場合には，容器 1 と 2，2 と 3 が，それぞれ導管 1 および 2 で相互に関係せずに接続されており，直列接続の式 (1.3.30) が成立する．しかし，図 1.3.25 (b) においては，導管 1 の部分と導管 2 の部分を分けて独立に議論することができず，仮に容器 1 から容器 2 に気体が流れているとすると，上流の導管 1 が下流の導管 2 に影響を及ぼす．この場合には，連結された導管 1 と導管 2 を通しての通過確率をそれぞれ求めなければならない．通過確率が求まれば，これに開口コンダクタンスを乗じることにより合成コンダクタンスが得られる．

図 1.3.25 (b) に示したように，同じ断面の導管 1，2 が直接接続されている場合，ある分子が導管 1，導管 2 を通過する確率を，それぞれ K_1，K_2 とすると，導管 1 を通過し，引き続き導管 2 を通過する確率は $K_1 K_2$ となる．しかし，分子の経路はこれだけではない．導管 1 を通過して導管 2 に入った分子が，いったん導管 1 に戻って再び導管 2 に入る … 等の通過経路もある（**図 1.3.26** 参照）．導管を直接連結したときには，このような「多重効果」が生ずる．この効果を考慮すると，導管 1，2 を直接連結した際の通過確率 K は

$$K = K_1 K_2 + K_1 K_2 (1-K_1)(1-K_2)$$
$$+ K_1 K_2 (1-K_1)^2 (1-K_2)^2 + \cdots$$
$$= \frac{K_1 K_2}{1 - (1-K_1)(1-K_2)} \quad (1.3.212)$$

よって

$$\therefore \quad \frac{1}{K} = \frac{1}{K_1} + \frac{1}{K_2} - 1 \quad (1.3.213)$$

となる．合成コンダクタンス C は

$$\frac{1}{C} = \frac{1}{C_o K} = \frac{1}{C_o} \left(\frac{1}{K_1} + \frac{1}{K_2} - 1 \right)$$
$$= \frac{1}{C_1} + \frac{1}{C_2} - \frac{1}{C_o} \quad (1.3.214)$$

となる．つまり，式 (1.3.211) と比べると，式 (1.3.214) は開口のコンダクタンス C_o 分だけ大きい．けっきょく，二つの導管を連結した際に，その合成コンダクタンスは，図 1.3.25 (a) の場合は式 (1.3.211)，図 1.3.25 (b) の場合は式 (1.3.214) で表されることがわかる．

例えば，**図 1.3.27** のように，真空容器がコンダクタンス C_1 の導管を通して，同じ入口開口を持つ排気速度 S の真空ポンプで排気されているとする．ポンプの排気速度 S は，その開口のコンダクタンスに気体分子がポンプで排気される確率を乗じたものとみなせるから，図 1.3.25 (b) の導管 2 と同等に考えることができる．全体のコンダクタンス C，すなわち真空容器出口での真空ポンプの実効排気速度 S_{eff} は，導管入口の開口のコンダクタンスを C_o として，式 (1.3.214) から

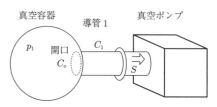

図 1.3.27　直接接続の考え方

$$\frac{1}{C} = \frac{1}{S_{\mathrm{eff}}} = \frac{1}{C_1} + \frac{1}{S} - \frac{1}{C_o} \quad (1.3.215)$$

と表すことができる．このようにすれば，導管と真空ポンプが同じ開口で直接接続されている場合に，真空ポンプの開口によるコンダクタンスを補正することができる．

一般的に，**図 1.3.28** のように，二つの導管 1，2 が，ある「境界」を通して直列につながっていて，分子が導管 1 から境界を通って導管 2 に入る確率を a，また導管 1 に戻る確率を b，逆に，導管 2 から境界を通っ

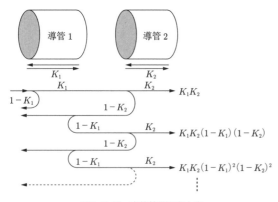

図 1.3.26　直接接続の考え方

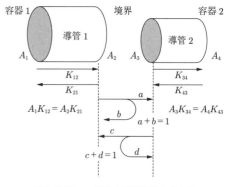

図 1.3.28　一般的な直接接続の考え方

て導管 1 に入る確率を c, 逆に導管 2 に戻る確率を d とした場合の通過確率を考える[7].

まず, 導管 1 を通って境界に入り, 導管 2 を通って容器 2 に至る確率 S を求める. ただし, いったん導管 2 に入ってから導管 1 に戻り, 再度境界に戻ってくる分子は考えない. 導管 1 の A_1 断面から A_2 断面への通過確率を K_{12}, 導管 2 の A_3 断面から A_4 断面への通過確率を K_{34}, とする. S は導管 2 内から境界に戻る分を含めて考えると

$$S = K_{12} a K_{34}$$
$$+ K_{12} a (1 - K_{34}) d K_{34}$$
$$+ K_{12} a (1 - K_{34})^2 d^2 K_{34} + \cdots$$
$$= \frac{a K_{12} K_{34}}{1 - d (1 - K_{34})} \quad (1.3.216)$$

S を $K_{12}\sigma$ と書くと, σ は境界に入った分子が, 導管 1 に 1 回も戻らず, 導管 2 を通って容器 2 に出て行く確率である. つぎに, 導管 1 を通って境界に入った後, 導管 1 あるいは 2 に入ってまた境界に戻るものの内, 導管 1 に 1 回だけ入ったものの割合 R_1 は

$$R_1 = K_{12} b (K_{21} - 1)$$
$$+ K_{12} a (1 - K_{34}) c (1 - K_{21})$$
$$+ K_{12} a (1 - K_{34})^2 dc (1 - K_{21})$$
$$+ K_{12} a (1 - K_{34})^3 d^2 c (1 - K_{21})$$
$$+ \cdots$$
$$= K_{12} (1 - K_{21}) \left(b + \frac{ac(1 - K_{34})}{1 - d(1 - K_{34})} \right) \quad (1.3.217)$$

ここで, R_1 を $K_{12}\omega$ と書けば, ω は境界に入った分子が 1 回だけ導管 1 に戻り, 再度境界に入る確率を表す. すなわち, 導管 1 を通っていったん境界に入った分子が 1 回だけ導管 1 に戻り, 再度境界に入って導管 2 を通って容器 2 に行く確率は $K_{12}\omega\sigma$ である. したがって, 導管 1 に 2 回戻って境界に入り, 導管 2 を通って容器 2 に行く確率は, $K_{12}\omega^2\sigma$ である. 以下同様にして, 導管 1 を通って境界に入った分子が導管 2 を通って容器 2 に届く確率 K は

$$K = K_{12}\sigma + K_{12}\omega\sigma + K_{12}\omega^2\sigma + K_{12}\omega^3\sigma$$
$$+ \cdots$$
$$= S + S\omega + S\omega^2 + S\omega^3 + \cdots$$
$$= \frac{S}{1 - \omega} \quad (1.3.218)$$
$$= \frac{a K_{12} K_{34}}{c K_{21} + a K_{34} - (1 - b - d) K_{21} K_{34}}$$
$$\quad (1.3.219)$$

K は分子が導管 1 から入って導管 2 から外に出る通過確率 $K_{1\to 4}$ そのものであるから

$$\frac{1}{K} = \frac{c K_{21} + a K_{34} - (1 - b - d) K_{21} K_{34}}{a K_{12} K_{34}}$$
$$= \frac{1}{K_{12}} + \frac{c}{a} \frac{K_{21}}{K_{12}} \left(\frac{1}{K_{34}} - 1 \right) + \frac{b}{a} \frac{K_{21}}{K_{12}}$$
$$\quad (1.3.220)$$

という一般形が求まる. 例えば, 図 1.3.25 (a) の場合は

$$a = d = \frac{A_3}{A_2 + A_3}, \quad b = c = \frac{A_2}{A_2 + A_3},$$
$$K_{12} = K_{21}, \quad A_1 = A_2 = A_3 = A_4$$
$$\quad (1.3.221)$$

とすれば式 (1.3.211) が得られる. また

$$a = c = 1, \quad b = d = 0,$$
$$K_{12} = K_{21}, \quad A_1 = A_2 = A_3 = A_4$$
$$\quad (1.3.222)$$

とすれば, 図 1.3.25 (b) の場合の式 (1.3.214) を得る.

さらに一般的に, **図 1.3.29** のように, 断面積が異なる導管が連続的につながっている場合, n 個の導管全体の通過確率 K_{1n} は, それぞれの導管の通過確率 K_i と入口開口断面積 A_i を使ってつぎのように書くことができる[2].

$$\frac{1}{A_1}\left(\frac{1}{K_{1n}} - 1\right) = \sum_{i=1}^{n} \frac{1}{A_i}\left(\frac{1}{K_i} - 1\right)$$
$$+ \sum_{i=1}^{n-1}\left(\frac{1}{A_{i+1}} - \frac{1}{A_i}\right)\delta_{i,i+1} \quad (1.3.223)$$

ここで

$$\delta_{i,i+1} = 1 : A_{i+1} < A_i \text{ のとき (断面積縮小)}$$
$$\quad (1.3.224)$$
$$\delta_{i,i+1} = 0 : A_{i+1} \geq A_i \text{ のとき (断面積拡大)}$$
$$\quad (1.3.225)$$

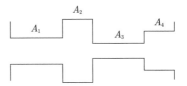

図 1.3.29 より一般的な直列接続の考え方

である．この式 (1.3.223) は，コンダクタンスを用いると

$$\frac{1}{C_{1n}} = \frac{1}{C_{o1}} + \sum_{i=1}^{n} \left(\frac{1}{C_{mi}} - \frac{1}{C_{oi}} \right)$$
$$+ \sum_{i=1}^{n-1} \left(\frac{1}{C_{o(i+1)}} - \frac{1}{C_{oi}} \right) \delta_{i,i+1}$$

(1.3.226)

である．ここで，C_{oi} は，i 番目の容器の入口開口のコンダクタンス，C_{mi} は i 番目の容器のコンダクタンスである．もし，あらかじめおのおのの導管のコンダクタンスがわかっていれば，式 (1.3.226) を用いて合成コンダクタンスを簡単に求めることができる．ちなみに，式 (1.3.226) の右辺の第 2 項は，それぞれの導管単独でのコンダクタンスである．

1.3.9 中間流領域でのコンダクタンス

中間流領域は，分子流領域と粘性流領域の中間にあり，多少気体分子どうしの衝突がある．オリフィスや非常に短い導管では，分子流とチョーク流れの中間にあり，長い導管では分子流と層流の中間にある．以下に示すように，流れが乱流になることはない[2]．

1.3.6 項〔3〕のチョーク流れの項から，一般に流れの最大速度は音速なので，そのときのレイノルズ数 Re は，半径 a の導管では式 (1.3.4) より

$$Re_{\max} = \rho u_s \frac{2a}{\eta} = \frac{2ap}{\eta} \sqrt{\frac{\gamma M}{RT}} \quad (1.3.227)$$

である．粘性係数 η は平均自由行程 λ を使って式 (1.2.13) より

$$\eta = 0.499 \rho \bar{v} \lambda \approx \frac{1}{2} \rho \bar{v} \lambda$$
$$= \frac{1}{2} \frac{pM}{RT} \sqrt{\frac{8RT}{\pi M}} \lambda \quad (1.3.228)$$

と表すことができるから，式 (1.3.227) を式 (1.3.1) のクヌーセン数 Kn を用いて書き直すと

$$Re_{\max} = \frac{2a}{\lambda} \sqrt{\frac{\pi \gamma}{2}} = \frac{1}{Kn} \sqrt{\frac{\pi \gamma}{2}} \quad (1.3.229)$$

である．粘性流となる最大の Kn は 0.01 であるから，そのときの Re は約 160 である．乱流となる閾値 2 200 より十分小さく，流れは層流といえる．

これまで中間流領域の流れについては多くの研究がなされてきたが，分子流領域は個々の分子の自由な運動と壁との間の衝突を取り扱うもので，一方，粘性流領域は流体力学，熱力学といった気体分子集団のマクロな運動を取り扱うものであり，その両方を同時に取り扱わなければならない中間流領域での流れを統一的には扱うことは難しい．したがって，中間流領域でのコンダクタンスを厳密に評価するにはボルツマン方程式をベースとした数値計算が必要であるが，非常に精密な計算が必要である[3]．滑り流に基づく理論的考察もあるが，実験結果と一致するとはいい難い[2]．現段階では，多くの場合経験式を用いるのが実用的である．以下，いくつか中間流領域で適応できるコンダクタンスの経験式を挙げる．

〔1〕 円形断面の導管のコンダクタンス

長い一様な円形導管の場合，中間流領域のコンダクタンス C_{tl} として，つぎのクヌーセンの式がよく用いられる[7]．

$$C_{tl} = \frac{\pi}{128} \frac{(2a)^4}{\eta L} \bar{p}$$
$$+ \frac{1}{6} \sqrt{\frac{2\pi RT}{M}} \frac{(2a)^3}{L} \frac{1 + \sqrt{\frac{M}{RT}} \frac{2a\bar{p}}{\eta}}{1 + 1.24 \sqrt{\frac{M}{RT}} \frac{2a\bar{p}}{\eta}}$$
$$= C_{vl} + C_{ml} \frac{1 + \sqrt{\frac{M}{RT}} \frac{2a\bar{p}}{\eta}}{1 + 1.24 \sqrt{\frac{M}{RT}} \frac{2a\bar{p}}{\eta}}$$

(1.3.230)

式 (1.3.230) の右辺第 1 項の C_{vl} は粘性流におけるコンダクタンスの式 (1.3.45)，また第 2 項の C_{ml} は分子流におけるコンダクタンスの式 (1.3.117) である．Kn を用いると，式 (1.3.230) は

$$C_{tl} = C_{vl} + C_{ml} \frac{1 + \frac{1}{Kn} \sqrt{\frac{\pi}{2}}}{1 + 1.24 \frac{1}{Kn} \sqrt{\frac{\pi}{2}}}$$

(1.3.231)

である．あるいは，補正関数 $J_{tl}(2a\bar{p})$ を用いて

$$C_{tl} = \pi a^2 \frac{\bar{v}}{4} \frac{8a}{3L} \times J_{tl}(2a\bar{p}) \quad (1.3.232)$$
$$= C_{ml} \times J_{tl}(2a\bar{p}) \quad (1.3.233)$$
$$J_{tl}(2a\bar{p}) = \frac{3}{32} \frac{2a\bar{p}}{\eta} \sqrt{\frac{\pi M}{8RT}}$$
$$+ \frac{1 + \sqrt{\frac{M}{RT}} \frac{2a\bar{p}}{\eta}}{1 + 1.24 \sqrt{\frac{M}{RT}} \frac{2a\bar{p}}{\eta}}$$

(1.3.234)

あるいは

$$J_{tl}(2a\bar{p}) \equiv \frac{3\pi}{128}\frac{1}{Kn} + \frac{1+\frac{1}{Kn}\sqrt{\frac{\pi}{2}}}{1+1.24\frac{1}{Kn}\sqrt{\frac{\pi}{2}}} \quad (1.3.235)$$

とも表すことができる．式 (1.3.233) は，分子流領域のコンダクタンス C_{ml} に $J_{tl}(2a\bar{p})$ という補正関数を乗じたものである．式 (1.3.235) の第1項は，粘性流領域のコンダクタンス C_{vl} と分子流領域のコンダクタンス C_{ml} との比である．$a\bar{p}$ が大きくなる，したがって Kn が小さくなる粘性流領域では，式 (1.3.235) は先の粘性流領域のコンダクタンスの式 (1.3.45)，また，$a\bar{p}$ が小さくなる，したがって Kn が大きくなる分子流領域では，式 (1.3.235) は分子流領域のコンダクタンス C_{ml} の式 (1.3.117) に漸近する．

式 (1.3.231) は，一般的につぎのように書くことができる[2]．

$$C_t = C_v + ZC_m \quad (1.3.236)$$

ここで，C_t, C_v, C_m は，それぞれ，中間流領域，粘性流領域，分子流領域のコンダクタンスである．式 (1.3.231) では，Z は 1 と 0.81 の範囲にある．そこで単純な近似として，$Z=1$ と置く．すなわち

$$C_t \approx C_v + C_m \quad (1.3.237)$$

クヌーセンの式 (1.3.230) を単純化したこの近似式 (1.3.237) は，長い円形導管だけではなく，開口や短い導管にも当てはめることができる[2]．

〔2〕 円形断面導管の各領域でのコンダクタンス

長い一様円形断面の導管の単位長さ当りのコンダクタンスの変化を，圧力差が同じだとして入口の圧力の関数として表すと，図 1.3.30 のようになる[1]．ここで，横軸は平均自由行程が管の直径に等しくなるときの圧力 p_0 で規格化した圧力，縦軸は分子流のコンダクタンス C_0 で規格化したコンダクタンスである．分子流領域ではコンダクタンスは圧力によらないので水平な直線となり，粘性流領域では平均圧力に比例するので傾き 1 の直線となる．半径 a の円形断面導管の場合，粘性流領域，分子流領域の直線が交わる圧力 p_c は

$$ap_c = \frac{16}{3}\eta\bar{v} \quad (1.3.238)$$

となるので，ap_c は気体の種類に依存する．

分子流領域で中間流領域に近い圧力においてコンダクタンスは極小値をとり，分子流のコンダクタンスに比べて数%低い値となる．これは Knudsen Minimum

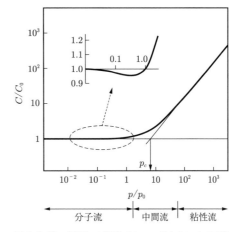

図 1.3.30 各流れの領域でのコンダクタンスの変化

と呼ばれ，分子流領域のコンダクタンスが，平均自由行程が無限大であるとの仮定で解析されているのに対して，圧力の上昇とともに平均自由行程が次第に短くなるためにおきる現象である．

〔3〕 端部の効果

つぎに，中間流領域でのオリフィスのコンダクタンスを考える．まず，マッハ数，Ma，が $Ma \ll Kn$ の非圧縮性の層流の場合，粘性流領域，分子流領域のオリフィスのコンダクタンスをそれぞれ，C_{vo}, C_{mo} として，コンダクタンス C_{to} は，式 (1.3.237) を用いると

$$\begin{aligned}C_{to} &= C_{vo} + C_{mo} \\ &= \frac{a^3}{3\eta}\bar{p} + \frac{1}{4}\pi a^2\sqrt{\frac{8RT}{\pi M}} \quad (1.3.239) \\ &= \frac{1}{4}\pi a^2\sqrt{\frac{8RT}{\pi M}}\left(\frac{4a\bar{p}}{3\pi\eta}\sqrt{\frac{\pi M}{8RT}} + 1\right) \\ &= C_{mo} \times J_{to}(2a\bar{p}) \quad (1.3.240)\end{aligned}$$

$$J_{to}(2a\bar{p}) = \frac{4a\bar{p}}{3\pi\eta}\sqrt{\frac{\pi M}{8RT}} + 1 \quad (1.3.241)$$

あるいは

$$J_{to}(2a\bar{p}) = \frac{1}{6}\frac{1}{Kn} + 1 \quad (1.3.242)$$

となる[7]．ただし，C_{vo} として式 (1.3.94)，C_{mo} として，式 (1.3.183) を用いた．

チョーク流れではないが，$p_1 \gg p_2$ の場合，粘性流領域のコンダクタンスとして式 (1.3.98) の近似式を用いると

$$C_{to} = \theta C_{mo} + (1-\theta)\sqrt{\frac{4\pi}{K_p - 1}}C_{mo} \quad (1.3.243)$$

を得る. θ は重み関数である.

DemMuth と Watson は開口の流量 Q_{to} として次式を挙げている[2].

$$Q_{to} = Q_{mo} + (Q_{vo} - Q_{mo})\left(1 - 1.05^{-\frac{1}{2Kn}}\right)$$
$$(1.3.244)$$

ここで, Q_{vo} は式 (1.3.77) である. Kn は平均圧力での値である.

Ma が 1 程度, すなわち圧縮性の場合, $p_1 \gg p_2$ のときの流量 Q_{to} について, Santeler はつぎの実験式を示している[2].

$$Q_{to} = \theta Q_{mo} + (1 - \theta) Q_c \qquad (1.3.245)$$
$$= \theta C_{mo}(p_1 - p_2)$$
$$+ (1 - \theta) C_z p_1 \gamma^{\frac{1}{2}} \left(\frac{2}{\gamma + 1}\right)^{\frac{\gamma+1}{2(\gamma-1)}}$$
$$(1.3.246)$$

ここで, θ は重み関数であり, 平均圧力での Kn を用いて

$$\theta \equiv \frac{k_s Kn}{k_s Kn + 1} \qquad (1.3.247)$$

である. ここで, 係数 k_s は 12~14 である[2]. 式 (1.3.245) の右辺第 1 項は, 分子流領域での流量, 第 2 項は粘性流領域での臨界流量の式 (1.3.86) である. 流量 Q_{to} を

$$Q_{to} = C_{to}(p_1 - p_2) \qquad (1.3.248)$$

と書き表すと, C_{to} は

$$C_{to} = \theta C_{mo} + (1 - \theta)$$
$$\times \frac{K_p}{K_p - 1} C_z \gamma^{\frac{1}{2}} \left(\frac{2}{\gamma + 1}\right)^{\frac{\gamma+1}{2(\gamma-1)}}$$
$$(1.3.249)$$

を得る.

〔4〕 短い導管の場合

短い導管については, コンダクタンスの合成の考え方を用いて, 入口開口と長い導管との直列接続とみなすことができる[2]. ただし, この考え方は $K_p \gg 1$ の場合にのみ適用できる. このとき, 全体の圧力損は, 導管の粘性による圧力損と出口の断熱的流れによる圧力損の和となる.

短い円形導管で, 流速が $Ma \ll Kn$ の非圧縮性流れの場合, 式 (1.3.237) を応用して, 分子流領域のコンダクタンス C_{ms} と粘性流領域のコンダクタンス C_{vs}

から, 中間流領域のコンダクタンス C_{ts} を得ることができる.

$$C_{ts} \approx C_{vs} + C_{ms} \qquad (1.3.250)$$

あるいは, 式 (1.3.245) と同様にして, 中間流領域の流量 Q_{ts} について

$$Q_{ts} = \theta Q_{ms} + (1 - \theta) Q_{vs} \qquad (1.3.251)$$

と表すこともできる. ここで, Q_{ms}, Q_{vs} は, それぞれ分子流領域, 粘性流領域の流量である. θ は重み関数の式 (1.3.247) である. ちなみに, 長い円形導管では

$$\frac{C_{ml}}{C_{vl}} = \frac{128}{3\pi} Kn = 13.6 Kn \qquad (1.3.252)$$

であり, これを式 (1.3.245) と式 (1.3.251) に代入すると

$$C_{tl} = \frac{C_{vl}^2 + C_{ml}^2}{C_{vl} + C_{ml}} \qquad (1.3.253)$$

を得る. これは式 (1.3.237) の代わりの式として用いられることがある. この式では〔2〕で述べた Knudsen Minimum がより顕著になる. 狭いスリットにはこちらの方が向いている[2].

〔5〕 滑り流領域のコンダクタンス補正

粘性流領域に近い中間流領域, すなわち $0.01 < Kn < 0.1$ の領域を「滑り流領域」と分類する場合がある[12]. 滑り流領域では壁面へ入射する分子と放出される分子が持つ速度や温度に差がある. 粘性流領域では, 壁面に接する気体の速度や温度は壁面の速度, 温度に等しいとして解析される. しかし, 希薄化の度合いが大きくなると, 壁面に接する流体の速度や温度は壁面の速度, 温度と異なる. これらは速度滑り, 温度飛躍と呼ばれる. 滑り流領域の流れは, 近似的に, 粘性流の方程式に滑りの境界条件を入れて解くことができる. ただし, 一部の参考書には, 流れに関するこの滑り流の概念は疑わしい, と記述されているものもある[2].

図 1.3.31 に z 方向滑り流領域での壁面近くでの接線方向速度 $u_x(z)$ の分布の模式図を示す. ここでは, 壁面は静止しているものとする. 壁面表面での流れの接線方向の速度 (滑り速度) u_s は, 接線方向の速度がゼロとなると予測される深さ (滑り係数もしくは滑り距離ともいう) を h とすると

$$u_s = h \left. \frac{du_x(z)}{dz} \right|_{z=0} \qquad (1.3.254)$$

と表される. 壁面に入射する分子の平均接線速度を $\bar{v}_i$, 壁面から出て行く分子の平均接線速度を $\bar{v}_r$ とすると, u_s は

1.3 希薄気体の流体力学

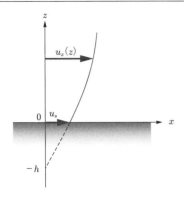

図 1.3.31 速度滑りの模式図

$$u_s = \frac{\bar{v}_i + \bar{v}_r}{2} \quad (1.3.255)$$

である．粘性係数を η，分子の質量を m，単位時間，単位面積に壁面に入射する分子数を Γ_i とすれば

$$\eta \frac{du_x}{dz} = \Gamma_i m (\bar{v}_i - \bar{v}_r) = \frac{1}{4}\rho(\bar{v}_i - \bar{v}_r) \quad (1.3.256)$$

$$\Gamma_i = \frac{1}{4} n \bar{v}_i, \quad \rho = nm \quad (1.3.257)$$

となる．式 (1.3.254)〜(1.3.257) より

$$\frac{\bar{v}_i + \bar{v}_r}{2} = \frac{h\rho \bar{v}_i (\bar{v}_i + \bar{v}_r)}{4\eta}$$

$$\therefore \quad h = \frac{2\eta(\bar{v}_i + \bar{v}_r)}{\rho \bar{v}_i (\bar{v}_i - \bar{v}_r)} \quad (1.3.258)$$

粘性係数 η は平均自由行程 λ_i を用いると

$$\eta = 0.499 \rho \lambda_i \bar{v}_i \quad (1.3.259)$$

であるから，けっきょく

$$h \approx \lambda_i \frac{\bar{v}_i + \bar{v}_r}{\bar{v}_i - \bar{v}_r} \quad (1.3.260)$$

を得る．いま，壁面が静止していることを考慮して，壁面の接線方向運動量適応係数 β_t を

$$\beta_t \equiv \frac{\bar{v}_i - \bar{v}_r}{\bar{v}_i} \quad (1.3.261)$$

で定義すると，式 (1.3.260) は

$$h \approx \lambda_i \frac{2 - \beta_t}{\beta_t} \quad (1.3.262)$$

と表すことができる．$\beta_t \sim 1$ の場合，すなわち，$\bar{v}_r \sim 0$ の場合，$h \sim \lambda_i$ となる．けっきょく，運動量適応係数が 1 に近い滑り流領域の流れは，平均自由行程に相当する深さに仮想的な壁面があると考えて，粘性流領域の流れとして取り扱うことができる．

滑り流領域でのコンダクタンスの補正を，1.3.6 項で述べた管径が一定の円形導管を流れるハーゲン・ポアズイユ流れについて考えてみる．滑りを考慮すると，壁面での速度が u_s であるから，式 (1.3.39) は

$$u(r) = \frac{r^2 - a^2}{4\eta} \frac{dp}{dx} + u_s$$

$$= \frac{r^2 - a^2}{4\eta} \frac{dp}{dx} + h \left. \frac{du_x}{dz} \right|_{z=0} \quad (1.3.263)$$

と書くことができる．この式を r について微分すると，$r = a$ では

$$\left. \frac{u(r)}{dr} \right|_{r=a} = - \left. \frac{du_x(z)}{dz} \right|_{z=0}$$

$$= \frac{a}{2\eta} \frac{dp}{dx} \quad (1.3.264)$$

となるから，式 (1.3.263) は

$$u(r) = \frac{r^2 - a^2 - 2ha}{4\eta} \frac{dp}{dx} \quad (1.3.265)$$

となる．この流速に圧力 p を乗じて断面内で積分すると流量 Q は

$$Q = p \int_0^{2\pi} d\theta \int_0^a u(r) r \, dr$$

$$= -\frac{\pi a^4}{8\eta} \left(1 + \frac{4h}{a}\right) \frac{1}{2} \frac{dp^2}{dx} \quad (1.3.266)$$

長さ L の区間の両側の圧力を p_1, p_2 として積分すると

$$Q = \frac{\pi a^4}{16\eta} \left(1 + \frac{4h}{a}\right) \frac{p_1^2 - p_2^2}{L} \quad (1.3.267)$$

を得る．したがって，コンダクタンスの定義式 (1.3.19) と式 (1.3.267) から，滑り流領域でのコンダクタンス C は，

$$C = \frac{\pi a^4 \bar{p}}{8\eta L} \left(1 + \frac{4h}{a}\right), \quad \bar{p} \equiv \frac{p_1 + p_2}{2} \quad (1.3.268)$$

となる．粘性流領域でのコンダクタンスの式 (1.3.45) と比べると $(1 + 4h/a)$ 倍大きくなる．

引用・参考文献

1) 堀越源一：真空技術（東京大学出版会，東京，1994）第 3 版．
2) J. M. Lafferty, Ed.: *Foundations of Vacuum Science and Technology* (John Wiley & Sons, 1998).
3) 熊谷寛夫，富永五郎，辻泰，堀越源一：真空の物理と応用（裳華房，東京，1970）．

4) 株式会社アルバック：新版真空ハンドブック（オーム社，東京，2002）．
5) R. D. Present: *Kinetic theory of gases* (McGraw-Hill, 1958).
6) 辻泰，齊藤芳男：真空技術 発展の途を探る（アグネ技術センター，東京，2008）．
7) 荻原徳男，大林哲郎：第47回真空夏季大テキスト，希薄気体の流れ（日本真空学会，東京，2007）．
8) *Handbook of Vacuum Technology*, K. Jousten, Ed. (WILEY-VCH Verlag GmbH & CO. KGaA, 2008).
9) H. G. Tompkins: *Vacuum Technology: A Beginning*, AVS Education Committee Book Series (AVS, NewYork, 2002).
10) A. Roth: *Vacuum Technology*, (Elsevier Science B.V., North Holland, 1990).
11) J. Happel and H. Brenner: *Low Reynolds number hydrodynamics with special applications to particulate media* (Martinus Nijhoff Publishers, 1986).
12) 日本機械学会：原子・分子の流れ―希薄気体力学とその応用（共立出版，東京，2009）．

1.4 気体と固体表面

1.4.1 真空科学の中の表面科学

真空容器に真空ポンプを取り付けて排気すると，容器の圧力は徐々に低下する．圧力は，初めは排気方程式[1),4),31)]に従い指数関数的に低下するが，やがて排気方程式から予想される曲線からはずれ，ゆっくりとしか下がらなくなる．これは，真空容器内壁に吸着していた分子が徐々に放出されるからである．大気にさらした真空容器の内壁には水や炭化水素などの分子が吸着している．試みに，内壁には一分子層程度の分子が吸着していると仮定し，この分子がすべて容器内に放出されるとどの程度の圧力になるか計算してみよう．真空容器の内容積 $V = 0.1$ m^3，内表面積を $A = 1$ m^2，温度を $T = 300$ K とする．1.1.9項にあるように，分子の直径は0.3 nm程度であるから，表面に分子が密に吸着したときの分子密度は，1×10^{19} 個・m^{-2} 程度である．1.1.4項の式(1.1.16)の気体の状態方程式 $p = nkT$ に代入すると，圧力 p は，$p = 0.41$ Pa となることがわかる．これは，例えばこの吸着分子の1/1000が脱離しただけで，真空容器の圧力が $p = 4.1 \times 10^{-4}$ Pa になることを意味している．実際に，真空容器内壁に吸着した水分子は室温で徐々に脱離し，$10^{-3} \sim 10^{-6}$ Pa 程度の領域では，通常圧力は内壁からの分子の脱離で支配されている．

真空を考える上で，残留する気体分子の種類は何か，さらにその速度（速さと向き）と内部運動（振動と回転）

のエネルギーはいくらか，というのは重要な要素である．では，気体分子の速度や内部エネルギーは何で決まるのだろうか．分子は衝突を繰り返すうちに熱平衡に達し，温度 T で熱平衡にある気体分子の速度分布は，1.1.7項のマクスウェル・ボルツマン（Maxwell-Boltzmann: MB）分布となる．真空容器の中では気体分子どうしの衝突は起きているだろうか．圧力 10^{-4} Pa での空気の平均自由行程 λ は，1.1.9項[3]から $\lambda \simeq 66$ m となる．これは普通に用いる真空容器の長さに比べれば圧倒的に長い．このとき気体分子は，空間での分子どうしの衝突はほとんど起こさず，壁との衝突を繰り返しながら真空容器の中を運動している．このような環境では，気体分子の速度や振動・回転の状態を決めるのは壁との衝突過程である．

このように，われわれが使う真空装置の高真空以下の圧力領域（1.2.1項で述べた分子流条件が成り立つ領域）では，真空容器内の気体分子の数や状態を決めているのは，真空容器内の表面である．これが，真空技術を考える上で気体と固体表面の相互作用を理解しなければならない理由である．

1.4.2 気体分子と表面の相互作用：吸着・散乱・拡散・脱離

気体分子と表面の相互作用を考える．1.4.3項に述べるように，分子が表面に近付くと，初めは引力が働き，近付きすぎると斥力が働く．このため，分子と表面の相互作用のエネルギーが極小となるちょうどよい距離が存在する．ある運動エネルギーを持った分子が表面に入射すると，ある場合にはエネルギーが極小の位置に捕らえられ表面に吸着し，またある場合には散乱される．この様子を模式的に示したのが図1.4.1である．散乱により分子のエネルギーや速度分布は変化する．一方，吸着した分子は，表面を拡散したりある時間の後表面から脱離したり，場合によっては表面から固体内部へ拡散したりする．拡散しているうちに表面の別の分子と反応して分子の種類が変化することもある．気体分子にとって真空容器の表面は，単に分子を反射する壁ではなく，分子の速さやその方向，さらに分子

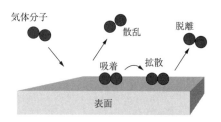

図1.4.1 気体分子と表面の相互作用

の種類をも決める重要な要素である．それゆえ，分子と表面との相互作用に関する知識が求められる（表面科学の教科書として，文献1),2)).

多くの固体は理想的には，ある決まった結晶構造をとり，その表面は原子が規則正しく配列した構造をしている．このような表面はよく定まった均質な表面といえる．しかし実際にわれわれが用いる材料は，さまざまな方位の結晶から成り，さらに組成も均一ではない．その表面にはmm〜μmスケールの凹凸があり，構造的にも組成的にも不均質な表面である．原子が規則正しく並んだ均質表面であっても，原子スケールで見れば原子の凹凸が存在し，気体分子が表面のどの場所に衝突するかで相互作用は異なる．不均質表面はさらに複雑であり，分子と表面との相互作用は画一的には表すことができない．われわれが実際に目にするのは，さまざまな不均質さが複雑に組み合わさった結果である．このため，分子のエネルギーや速度の方向を，平均値や分布として表現する．

表面科学の進歩により，理想的な均質表面上での分子の性質に関する知見が蓄積されてきた．表面に原子スケールのステップや欠陥がある場合の影響も調べられつつある．このような理想表面は，真空工学における実用表面を必ずしも忠実に表しているわけではないが，理解は進んでいるといえる．

真空科学・技術に密接に関連する気体は，真空容器の中に一般的に見られる残留ガス，すなわち，H_2, N_2, O_2, H_2O, CO, CO_2, 貴ガス，炭化水素などである．一方，気体が相互作用する表面は，真空容器などの構成材料であるガラス，金属，セラミックスなどである．ただし，実際の金属表面は酸化されていることが多く，このときは金属酸化物と考えるべきである．固体表面と気体分子の衝突が強く関わってくる真空技術を具体的に挙げると，熱伝導真空計，粘性真空計，真空断熱，分子トラップ，クライオポンプ，ゲッターポンプ，分子流コンダクタンスなどである．これらで注目すべき素過程は，気体分子と表面の間のエネルギーや運動量の交換，散乱後の分子の速さや方向の分布，および，分子の表面への吸着，拡散と脱離である．以下では，分子と表面の相互作用を，吸着，散乱，拡散，脱離の観点から述べる．

1.4.3 気体の吸着

気体分子が表面に束縛された状態を「吸着」という．吸着する表面を吸着媒，吸着する分子を吸着質（吸着子）と呼ぶ場合もある．表面に気体分子が1層吸着した状態を単分子層（monolayer, ML）と呼び，そのときの吸着量を基準に，表面に吸着した分子の吸着量を被覆率と呼ぶ．

〔1〕 吸着の起源と分類

分子間の相互作用は，基本的に電気的なクーロン力に起因すると考えてよい．クーロン力により表面原子と吸着分子は結合を作るが，結合力の起源として，(1) 双極子相互作用（より一般に多極子相互作用），(2) 誘起双極子相互作用，(3) 分散力，(4) 化学結合，がある．(1)〜(3)が関与する吸着が物理吸着であり，吸着エネルギーは通常10 kJ/mol程度以下である．(4)による吸着を化学吸着と呼び，吸着エネルギーは100 kJ/mol程度以上である．化学結合によるエネルギーに比べると，(1)〜(3)のエネルギーは通常小さい．

吸着は広い意味で「付着」"sticking"と呼ばれる．ただし，物理吸着状態になることを「凝縮」"condensation"，化学吸着状態になることを（狭い意味の）「付着」"sticking"と呼ぶこともある．

〔2〕 分子間相互作用

分子では，正電荷を持つ原子核の周りを電子が広がって運動している．上記のうち，(1)〜(3)では，元の分子の形（電子分布）はあまり変化しない．これに対して(4)では電子分布が大きく変化する．簡単のため二原子分子を考える．等核の二原子分子では，二つの原子が等しい電荷を持つため，電子は双方に等しく分布する．これに対して異核二原子分子では，二つの原子の電気陰性度の違いにより電子の分布に偏りができるため，電荷に偏りが生じることになる．このような電荷の偏りを電気双極子といい，電気双極子モーメントμは

$$\mu = \int r\rho(r)\,dr \tag{1.4.1}$$

で表される．rと$\rho(r)$は，位置ベクトルとその位置での電荷密度を表す．図1.4.2(a)に電気双極子を模式的に示す．＋と－はそれぞれの原子の総電荷を示したものである．電気双極子に由来する相互作用が，分子間相互作用，さらには分子と表面の相互作用を考える上での基本要素の一つである．

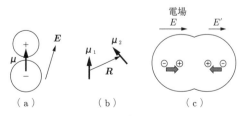

図1.4.2 分子の電荷分布と多極子相互作用．(a) 分子の双極子と電場との相互作用，(b) 双極子相互作用，(c) 四極子と電場勾配との相互作用．

（**a**） **双極子相互作用** 電気双極子モーメント $\boldsymbol{\mu}$ を持つ分子が電場 $\boldsymbol{E}$ のもとに置かれると，$-\boldsymbol{E}\cdot\boldsymbol{\mu}$ で表される静電エネルギーが生じる．図 1.4.2 (b) に示すように，二つの電気双極子モーメント $\boldsymbol{\mu}_1$ と $\boldsymbol{\mu}_2$ が存在すると，双極子間の相互作用エネルギー V は，分子の重心間ベクトル $\boldsymbol{R}$ に対して

$$V = \frac{1}{4\pi\epsilon_0} \frac{\boldsymbol{\mu}_1\cdot\boldsymbol{\mu}_2 - 3(\boldsymbol{\mu}_1\cdot\boldsymbol{R}/R)(\boldsymbol{\mu}_2\cdot\boldsymbol{R}/R)}{R^3}$$

$$(1.4.2)$$

と表され，分子間距離 R に対し R^{-3} に比例する．例えば，同一面内にある $\boldsymbol{R}$ に垂直な二つの双極子の場合，互いの双極子が逆向きのときにはエネルギーが低くなり，逆に同じ向きの場合はエネルギーが高くなる．

分子が双極子モーメントを持たない場合でも，分子は四極子や八極子など高次の分極を持つ場合がある．電気四極子モーメントは 2 階のテンソル量である．二原子分子のように分子軸周りの任意の回転角に対して回転対称性を持つ分子では，電気四極子モーメントは 1 成分で表され，分子軸方向を z 軸として

$$Q_{zz} = \int (3z^2 - r^2)\rho(\boldsymbol{r})\,\mathrm{d}\boldsymbol{r} \qquad (1.4.3)$$

と表される．直感的には，分子軸に射影した正電荷と負電荷の空間的広がり（分散）の違いを表したものと考えればよい．等核二原子分子の四極子モーメントの一例を模式的に図 1.4.2 (c) に示す．それぞれの原子の正電荷と負電荷の z 方向の平均位置が示されている．等核二原子分子でも正・負電荷の空間的広がりは一致せず負電荷が広がっている場合に相当し，ちょうど向きの異なる双極子モーメントを二つ並べたものが形成されることに対応する．このとき分子全体としては双極子モーメントは相殺してゼロになっている．ここに一様な電場が存在しても，それぞれの電場と双極子モーメントの静電エネルギーは打ち消し合ってゼロになるが，大きさの異なる電場，すなわち電場勾配が存在すると，図に示すように二つの双極子モーメントのエネルギーが異なるため静電エネルギーが生じる．これが四極子相互作用であり，イオン結合性物質（例えば金属酸化物）の表面で重要となる．

分子内の分極に起因する相互作用の特別な場合として水素結合がある．水素結合とは，水素より電気陰性度の大きな原子（窒素，酸素，ハロゲンなど）が水素を介して結び付く結合のことである．例えば水素が酸素と化学結合を形成すると，電気陰性度の違いから H は正に，O は負に帯電する．隣接する O も同様に負に帯電するため H と O の間に引力が働くことになる．水やアルコールなどの分子で重要である．

（**b**） **誘起双極子相互作用** 一方の分子が双極子モーメントを持たない場合にも，他方の分子が双極子モーメントを持つと，その双極子が作る電場により，もともと双極子モーメントを持っていなかった分子が分極し双極子が誘起される．これが，誘起双極子相互作用であり，誘起双極子モーメントと元の双極子モーメントとの間に双極子相互作用が働く．双極子による電場強度は分子間距離 R に対し R^{-3} に比例するため，誘起双極子モーメントの大きさも R^{-3} に比例する．式 (1.4.2) に示すように，双極子相互作用は R^{-3} に比例するため，この相互作用のエネルギーは R^{-6} に比例することになる．

（**c**） **分 散 力** 分子の電気双極子モーメントの有無にかかわらず，分子内の電荷分布のゆらぎのために働く相互作用が分散力である．分子内の電子は正電荷の周りに広がって存在するが，量子力学的なゆらぎにより，ある瞬間には分子内の電子分布に偏りが生じる．これは一時的に双極子モーメントが発生することに対応し，上記の双極子–誘起双極子相互作用が働くことになる．相互作用のエネルギーは距離に対して，同様に R^{-6} に比例し，分子の分極率が大きいほど分散力は大きい[3],[4]．これは古典的には現れない純粋に量子力学的な相互作用（分子の電子どうしのクーロン相互作用を摂動としたときの二次摂動に起因する）であり，どのような分子にも普遍的に存在し，ファンデルワールス（van der Waals）力とも呼ばれている．

（**d**） **化 学 結 合** 二つの分子が近付き，互いの電子雲どうしが重なるようになると，一つの分子の電子と相手分子の正電荷との間にもクーロン力による引力が働くようになる．量子力学に基づき，二つの水素原子が水素分子を形成する場合を例に考える．一つの分子の中で正電荷の周りを運動する電子の全エネルギー（クーロン力のポテンシャルエネルギーと運動エネルギー）は，ある特定の固有エネルギー（E_0）を持つ．別の分子が近付くと，この分子の正電荷の影響を受け，電子の固有エネルギーは E_0 より低い状態（E_+）と高い状態（E_-）に変化する．これを示すのが**図 1.4.3** である．また，このときの電子の波動関数を示す．エネルギーの低い状態を結合性軌道，高い状態を反結合性軌道と呼ぶ．

電子はスピン角運動量 $1/2$ を持つため，パウリの排他原理に従い，一つの軌道にはスピン角運動量の向きの異なる二つの電子を収容できる．このためもともと分子が一つずつ電子を持っていた場合は，その二つの電子が E_+ の状態を占め，二つの原子が近付いたときに分子の全エネルギーは低くなる．これが化学結合の源である．それぞれの分子がもともと二つずつ電子を

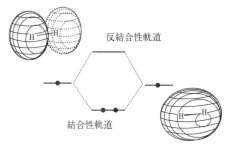

図1.4.3 水素分子が化学結合を形成する際の軌道エネルギーと波動関数[8]

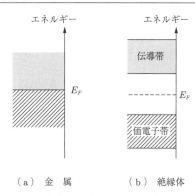

（a）金属　　　（b）絶縁体

図1.4.4 金属と絶縁体のバンド構造

持っていた場合，合計四つの電子は結合性軌道と反結合性軌道を二つずつ占有することになり，エネルギーは元と比較して低くならない．このため，化学結合を形成するには軌道に電子を一つ持っている（不対電子という）ことが重要である．結合に関与する二つの電子の軌道の重なりが大きく，元の軌道の固有エネルギーが近いほど E_+ のエネルギー低下が大きく，強い化学結合が形成される．

〔3〕 表面の電子状態と気体分子の吸着

固体の表面も原子から構成されるため，表面と気体分子との相互作用を考えるには表面原子の電子状態を考える必要がある．〔2〕に述べたように，分子内の電子はある特定の固有エネルギー準位をとる．水素は一つしか電子を持たないが，炭素であれば6個，酸素であれば8個の電子を持つため，それに応じて複数の固有エネルギーが存在するが，いずれの場合も離散的なエネルギー状態を取るのが特徴である．これに対して，多数の原子が凝集した固体表面では，電子のエネルギー準位は連続的なバンド構造で表される．固体は大きく金属と絶縁体に分類される．タングステンや白金，アルミニウムは金属であるが，酸化アルミや酸化クロム，あるいはガラスなどの酸化物はいずれも絶縁体である．図1.4.4に金属と絶縁体のバンド構造の模式図を示す．絶縁体のバンド構造は，電子が占有した価電子帯と非占有の伝導帯で特徴付けられる．これに対して，金属は一つのバンドの途中まで電子が占有している．エネルギーの最も高い電子のエネルギー準位をフェルミ準位と呼び，図1.4.4の E_F で表す．定性的には，絶縁体では金属に比較して電子が占有した価電子帯のエネルギー準位が低く，電子が占有していない伝導体のエネルギー準位が高いのが特徴である．また酸化物は，金属が正に，酸素が負に帯電しているため表面に電場を形成する傾向がある．

分子が表面に近付くと，〔2〕の(a)～(c)の相互作用が働き分子は物理吸着する．分子の電子軌道が表面原子の電子軌道と重なるまで近付くと，(d)の相互作用が働き化学吸着する．不対電子を持つ分子が金属表面と相互作用する様子を模式的に示したのが図1.4.5(a)である．表面電子のエネルギーはエネルギー的に広がったバンド構造をとるが，便宜的に一つのエネルギー準位で代表させて考えることにする．バンドの中でフェルミ準位の電子は，ちょうど軌道を一つの電子が占めていると考えることができる．〔2〕の(d)で述べた化学結合と同様に，分子の電子軌道が表面の電子軌道と重なると，エネルギーの低い結合性軌道が形成される．同時にできる反結合性軌道は，フェルミ準位より高くなるため電子は占有しない．このため電子のエネルギーが低下し系は安定化する．不対電子を持たない分子の場合，分子の表面への化学吸着に関与するのは，おもに分子の最高被占軌道（highest occupied molecular orbital, HOMO）と最低空軌道（lowest unoccupied molecular orbital, LUMO）である．図1.4.5(b)に示すように，HOMOはおもに表面の非占有状態と，LUMOは表面の占有状態と相互作用する．HOMOのエネルギー準位が高いほど，またLUMOのエネルギー準位が低いほど，結合軌道形成によるエネルギー低下

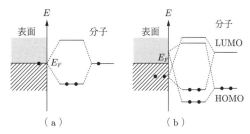

図1.4.5 分子が金属表面に化学吸着するときの軌道エネルギーの様子[8]．便宜的に表面のバンドを一つの電子で代表させて考える．(a) 不対電子を持つ分子，(b) HOMOが表面の非占有状態と，LUMOが表面の占有状態と相互作用する場合を表す．

が大きいため,化学吸着しやすい.吸着分子の軌道と表面原子の軌道を比較し,分子の軌道エネルギーが低い場合は相対的に分子に電子が移動し分子は負に帯電する.この場合は結合がイオン性を持つことになる.

〔4〕 吸着ポテンシャルと吸着エネルギー

分子と表面原子の間には,〔2〕に示したような(a)～(d)の引力が働く.しかし分子が表面に近付きすぎると,電子雲間の反発や正電荷どうしの反発が働くため,全エネルギーはあるところで極小を持ち,それより短い距離ではエネルギーは増大する.この様子を,横軸に分子と表面の間の距離 r,縦軸に系のエネルギーをとって模式的に示したのが図 1.4.6 である.エネルギーが分子の位置座標の関数として描かれており,断熱ポテンシャルと呼ばれる[†].エネルギーが極小となる位置 r_c が分子の吸着位置に相当し,分子が無限遠にあるときを基準としたエネルギーの利得 E_a が吸着エネルギーである.分子と表面の間の引力の起源によりポテンシャルの詳細な形は異なるが,表面近傍に極小が存在するという点は同じである.化学吸着では E_a が大きく r_c が小さいのに対して,物理吸着では E_a が小さく r_c が大きい.また,物理吸着が表面原子の種類や構造にあまり依存しないのに対して,化学吸着はこれらに大きく依存する傾向がある.さらに物理吸着では多層吸着が起こるのに対して化学吸着は 1 層で飽和するという特徴がある.

吸着エネルギーは吸着を特徴付ける基本的な物理量であり,1.4.6 項以降で述べる吸着平衡(equilibrium adsorption isotherm, EAI),熱脱離分光(thermal desorption spectroscopy, TDS または temperature programmed desorption, TPD),吸着熱測定(adsorption calorimetry, AC)によって実験的に測定することができる[5].吸着平衡の方法では,吸着平衡となる温度と圧力の関係を求め,クラウジウス・クラペイロンの式を用いて吸着エネルギーを解析する.熱脱離分光の方法では,脱離スペクトルのピーク温度からレッドヘッドの式を用いて算出する方法や,スペクトルの立上り部分をアレニウスプロットすることで見積もる方法などがある.また分子が表面に吸着すると,吸着エネルギー分が熱として放出されるため試料温度が上昇する.この温度上昇を測定するのが吸着熱測定の方法である.近年,AC の感度が向上し,単結晶表面で吸着エネルギーが精度よく求められるようになってきている[5],[6].ただし,熱脱離分光法で測定されるのは脱離の活性化エネルギーであり,吸着に活性化障壁がある場合は吸着エネルギーより活性化障壁分大きな値となるため注意を要する.図 1.4.7(a) には解離吸着を例に吸着の活性化障壁が示されている.AB 分子の結合解離エネルギーを E_d とすると,表面へ吸着した分子の解離吸着エネルギーは $E_A+E_B-E_d$ であるのに対して,脱離の活性化エネルギーは $(E_A+E_B-E_d)+E_{act}$ である(詳細は後述).

物理吸着,化学吸着にかかわらず,吸着エネルギーには一般に吸着量依存性が見られる.この原因は,表面の不均質性と吸着分子間の相互作用である.不均質表面には,文字どおり吸着エネルギーの異なる場所が存在する.完全に均質な表面を作製することは難しく,固体表面には原子ステップなどの構造欠陥や不純物が存在し,これらの位置では吸着エネルギーが大きくなる傾向がある.このような不均質性の効果は吸着量が少ないところで顕著に現れる.さらに,均質な表面を原子レベルで見れば周期的な凹凸が存在し,原子の真上に吸着するのか,二つの原子の間に吸着するのか,位置によって吸着エネルギーが異なることになる.一方で,吸着量が増えると,吸着分子間の相互作用が顕著になり,吸着エネルギーに影響を与える.吸着分子間に斥力が働く場合は,吸着量の増加とともに吸着エネルギーは減少する.

図 1.4.6 では,物理吸着と化学吸着に対応するポテンシャルを,それぞれ実線と破線で模式的に示した.この図で化学吸着に至るには,物理吸着のポテンシャル極小を経由する.一度物理吸着ポテンシャルに束縛され,その後熱的に励起されて化学吸着ポテンシャルに移行する場合があり,このような吸着は前駆状態(束縛

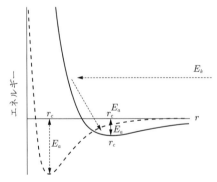

図 1.4.6 横軸に表面-分子間距離 r,縦軸にエネルギーをとって表した物理吸着(実線)と化学吸着(破線)のポテンシャルの模式図

[†] 二つの電荷の間のクーロンポテンシャルは距離を決めると一通りに決まる.しかし分子の場合は,分子内の電子状態が基底状態か励起状態か,によって相互作用は異なり,ポテンシャルは分子の位置を決めただけでは一通りには決まらない.このため分子間のポテンシャルは,ある特定の電子状態に対して定義され,それは断熱ポテンシャルと呼ばれる.

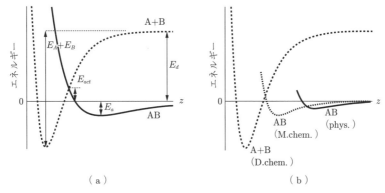

図1.4.7 分子の吸着を表すポテンシャル. (a) 実線は AB 分子の物理吸着,点線は AB を解離させて表面に近付けたときの化学吸着を表す. (b) AB 分子の物理吸着 (phys.),分子状化学吸着 (M. chem.),解離吸着 (D. chem.) を表すポテンシャル.

状態)を介した吸着 (precursor (trapping)-mediated adsorption) と呼ばれる.

〔2〕の(c)で述べたように,分子間の分散力は分子間距離 R に対して R^{-6} に比例する.斥力項として R^{-12} に比例する項を加え

$$E_{\mathrm{LJ}}(R) = 4\epsilon \left[\left(\frac{R_0}{R} \right)^{12} - \left(\frac{R_0}{R} \right)^6 \right] \quad (1.4.4)$$

としたものは,レナード・ジョーンズ (Lennard-Jones) ポテンシャルと呼ばれ,図1.4.6のポテンシャルを定性的に再現し,$r_c = 2^{1/6} R_0$, $E_a = \epsilon$ となる.表面への吸着を考えるときは,表面が面内および表面に垂直な方向に無限に広がった系であることを考慮する必要がある.表面の体積素片と分子との間に式 (1.4.4) の相互作用を仮定し表面全体にわたって積分すると,物理吸着の表式として

$$E_{phy}(R) = 4\pi\epsilon N R_0^3 \left[\frac{1}{45} \left(\frac{R_0}{R} \right)^9 - \frac{1}{6} \left(\frac{R_0}{R} \right)^3 \right] \quad (1.4.5)$$

が得られる[1),2)].引力項が R^{-3} に比例する点が特徴である.これは鏡像の効果を考えることでも導かれる.

一方,化学吸着は指数関数的に減衰する波動関数の重なりに起因するため,化学吸着を表すモデルポテンシャルとして以下のモース (Morse) ポテンシャルが知られている[7)].

$$\begin{aligned} E_M(R) &= \epsilon \{ \exp(-2\alpha(R-R_0)) \\ &\quad -2\exp(-\alpha(R-R_0)) \} \end{aligned} \quad (1.4.6)$$

ここで α はポテンシャルの形状を表す定数で,モースポテンシャルの概型は図1.4.6と類似した形状を示し,$r_c = R_0$, $E_a = \epsilon$ となる.化学吸着はおもに隣接原子のみの短距離の相互作用であるため,2体間のポテンシャルでよく表される.モースポテンシャル中の分子に対して,束縛・非束縛状態のエネルギー固有値および波動関数の解析解が知られており,束縛状態のエネルギー固有値は,分子の質量を m,振動の量子数を n として

$$E(n) = \hbar\omega \left(n + \frac{1}{2} \right) - \frac{(\hbar\omega)^2}{4\epsilon} \left(n + \frac{1}{2} \right)^2 - \epsilon \quad (1.4.7)$$

$$\omega = \sqrt{\frac{2\epsilon\alpha^2}{m}} \quad (1.4.8)$$

と表される[7)].式 (1.4.7) の第1項は調和ポテンシャル中の量子化された振動準位を表し,第2項はポテンシャルが調和ポテンシャルからずれていることに起因する非調和項である.

多原子分子が表面に入射する場合には,分子が解離して化学吸着することがあり,これは解離吸着と呼ばれる.分子の解離吸着のしやすさは,分子を解離するのに必要な結合解離エネルギー E_d と解離した原子の表面への吸着エネルギーの大小で決まる.AB 分子が A と B に解離して吸着する様子を,表面と分子の間の距離 z に対する一次元ポテンシャルで表したのが図1.4.7(a) である.実線は AB 分子の物理吸着ポテンシャルである.表面から離れた位置で,AB 分子を解離すると E_d だけエネルギーが高くなる.A と B は結合切断に伴い不対電子を持っている場合が多いため,表面に近付くと化学吸着して安定化する.その様子が破線に相当する.AB 分子が表面から離れたところにいる場合よりエネルギーが低くなっているため,AB は解離吸着した方が安定である.ここで,AB 分子が表

面に近付き解離するには，実線の物理吸着ポテンシャルから破線の解離吸着ポテンシャルに乗り移る必要がある．そのためには E_{act} のエネルギーの山を乗り越える必要があり，これは解離吸着の活性化障壁と呼ばれる．

図1.4.7(a)は，表面と分子の間の距離の関数としてポテンシャルが描かれており，解離吸着を定性的に理解することができる．しかし現実には，ポテンシャルは表面-分子間距離だけでなく，分子内結合距離にも依存する．図1.4.7(a)において，実線と破線の交点を考えよう．この交点で二つのポテンシャルは交差しているように見える．しかし，A-B間距離を考えると，実線のポテンシャル上では短いのに対して，AとBが解離している破線のポテンシャル上では長い．すなわち，二つのポテンシャルは厳密には交わっておらず，一次元ポテンシャルで考えた活性化障壁も厳密には正しくない．解離吸着を正しく理解するには，ポテンシャルを二つの座標の関数として多次元空間で表現する必要がある．それを表したのが**図1.4.8**である．

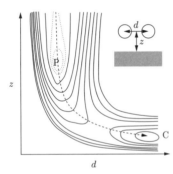

図 1.4.8 分子の解離吸着を表すポテンシャル．横軸に分子内結合距離 d，縦軸に表面-分子間距離 z をとり，エネルギーが等高線で表されている．

図1.4.8では，二原子分子の核間距離 d を横軸に，分子-表面間の距離 z を縦軸にとり，系のエネルギーを等高線で表している．表面から十分離れているときには d の小さなところにポテンシャルの極小があり，ABが分子を形成している状態に対応する．分子が表面に近付いたところに浅いポテンシャルの極小Pがあり，これは物理吸着に相当する．分子内結合距離をこの d で固定したときのポテンシャルの断面図が図1.4.6の実線である．分子がさらに表面に近付いた z の小さなところでは，d の大きなところにポテンシャルの極小Cがあり，解離して表面に化学吸着している状態に相当する．d をCのときの値に固定したときのポテンシャル断面図が図1.4.6の破線であり，実線とは異なる場所の断面図になっていることがわかる．図1.4.8の破線の経路がポテンシャルの谷になっており，解離はこの経路に沿って進むことになる．PからCに至るにはポテンシャルの山があり，これが解離の活性化障壁 E_{act} である．分子や表面の種類によって，活性化障壁がなく自発的に解離する場合もあり，これは表面の電子状態や分子の配向などに依存する．

活性化障壁の有無は，実験的には入射分子のエネルギーを変化させ吸着確率を測定することで求められる．分子のエネルギーが活性化障壁以下のときは吸着しないが，活性化障壁より大きい場合は吸着する．ただし，分子のエネルギーには並進の運動エネルギーと振動や回転の内部エネルギーがあり，それらの自由度がどのように吸着過程に寄与するかは図1.4.8のポテンシャル形状に依存するため，活性化障壁の評価には慎重を要する．

〔5〕 吸 着 確 率

分子が表面に吸着する過程を考える．図1.4.6に示すように，入射分子はある運動エネルギー E_k を持って表面に入射する．分子が吸着に至るには，入射のときに持っていた運動エネルギーと吸着エネルギーを表面に散逸させる必要がある．エネルギーを散逸させることができなければ，分子は再び気相に戻ることになる．分子が表面に吸着する確率を吸着確率と呼ぶ．吸着確率は分子の被覆率に依存するため，清浄な表面に吸着する確率を初期吸着確率（係数）と呼ぶ．物理吸着の確率を凝縮係数，化学吸着の確率を付着係数と呼んで区別する場合がある．吸着確率は，エネルギーを表面に散逸する効率で決まる．エネルギーの散逸先は表面であり，おもに表面の格子振動が担うが，金属表面では電子も寄与する．余剰エネルギーで格子振動や電子が励起されることになる．被覆率の小さなときの初期吸着エネルギーと初期吸着確率の測定例を**表1.4.1**に示す．1.4.4項で述べる熱的適応係数の考察と同様に吸着確率は分子の質量に依存し，水素と一酸化炭素を比べると軽元素である水素の吸着確率は小さい．また炭化水素などで汚染された表面では，最外層に軽元素が存在するため，実効的な吸着確率は大きくなる．気体が凝縮し，すでに凝縮層がある表面上での同種気体の凝縮では，凝縮係数は1に近いことが報告されている[210, p.60]．特殊な場合として，表面垂直方向の運動エネルギーを表面水平方向の運動エネルギーに転換することで，表面に束縛される場合があり，選択吸着共鳴（selective adsorption resonance）と呼ばれる[3]．

（a）選択吸着　図1.4.9に選択吸着の研究例を示す[3]．水素原子をNaF(001)表面に入射させ，そのときに鏡面反射する分子の強度を入射方位角を変化させながらプロットしたものである．ある角度で反射

表 1.4.1 金属表面での初期吸着エネルギー E_{ad} [kJ/mol] と初期吸着確率 S_0 の測定例[8]. Mol. と Diss. はそれぞれ分子状吸着と解離吸着を表す. a)9)~14) b)15) c)16)~21) d)22),23) e)24),25) f)26) g)27) h)28)~30) i)25),31)~42) j)15),43),44) k)45)~47) l)48) m)49) n)50) o)51). 複数のデータがある場合, ばらつきが大きいときは範囲を示し, 小さいときは平均的な値を~を付して示した.

表面		気体 H₂ Mol.	Diss.	O₂ Mol.	Diss.	N₂ Mol.	Diss.	CO Mol.	Diss.
Pt(111)	E_{ad}		~70[a]	11.6 37	~200~300[e]	15.2[n]		~135[i]	
	S_0		0.1		0.1~0.3			0.6~0.8	
Ni(111)	E_{ad}		95[b]		440[f]	20		110~130[j]	
	S_0		0.1		0.23			0.72	
W(110)	E_{ad}		~140[c]		385[g]	25~43	330[o]		276~420[k]
	S_0		~0.06		~0.2		0.005		0.46
Ag(111)	E_{ad}	2.6[d]		11, 38[h]	170~259[h]	10[m]		14[l]	
	S_0	~0.1							

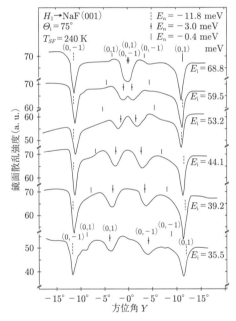

図 1.4.9 NaF 表面に水素原子を入射させたときの鏡面反射強度の入射方位角依存性. ある特定の角度で反射強度の減少が見られ, 選択吸着が起こったことに対応する[3].

率の減少が見られ, これは選択吸着により表面に水素原子が束縛されたことに相当する. このような選択吸着が起こる条件は

$$\frac{|\bm{p}|^2}{2m} + E_v = \frac{(\bm{p}_{\parallel} + \hbar\bm{G})^2}{2m} \tag{1.4.9}$$

である. ここで, m, $\bm{p}$, $\bm{p}_{\parallel}$ はそれぞれ入射分子の質量, 運動量, 運動量の表面平行成分であり, $\bm{G}$, E_v はそれぞれ表面の逆格子ベクトルと吸着エネルギーである. 表面に周期性がある場合, 表面平行方向の運動量は $\hbar\bm{G}$ の任意性がある. 入射分子の運動エネルギーと吸着エネルギーの和が運動エネルギーの表面平行成分に一致するとき, 入射分子は共鳴的に吸着状態に遷移することができる. この実験から吸着エネルギーも求めることができる. 水素分子では, 回転エネルギーが大きいため, 余剰エネルギーを表面平行運動エネルギーのほかに回転エネルギーに受け渡して吸着する場合があり, 回転を媒介とした選択吸着 (rotationally mediated selective adsorption) と呼ばれる[52),53)].

(b) キスリュック (Kisliuk) モデル 吸着確率は通常被覆率に依存する. 化学吸着では吸着サイトが決まっているため, すでに分子が吸着しているサイトに飛来した分子は吸着することができない. しかし, 化学吸着に至る前に物理吸着状態に一度捕獲され, 空きサイトを探しながら化学吸着に至る場合がある. このような吸着過程を表すモデルはキスリュックモデルと呼ばれる. キスリュックモデルでは, 図 1.4.10 に示すように表面に飛来した分子はまず物理吸着状態に入り, その後化学吸着, 再び物理吸着, もしくは脱離すると考える. 化学吸着する確率を $P_c(1-\theta)$ で表す. ここで θ は被覆率であり, $(1-\theta)$ は空きサイトの割合を, P_c は空きサイトを見つけたときの吸着確率に対応する. 一方, 表面から脱離する確率は $P_p(1-\theta) + P'_p\theta$ と表す. 空きサイトに物理吸着した分子が脱離する確率が P_p, すでに化学吸着したサイトに物理吸着した分子が脱離する確率が P'_p である. 残りの確率 P_c で再び物理吸着する. このとき, 物理吸着した分子は再び同じ確率で化学吸着, 脱離するため, 最終的に化学吸着する確率 $S(\theta)$ は, これを無限回繰り返すことで求められ, 以下のように表される.

$$S(\theta) = \sum_{n=0}^{\infty} P_c(1-\theta)P_c^n$$

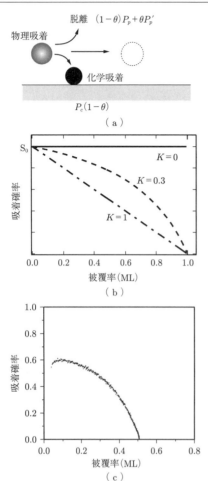

図 1.4.10 吸着のキスリュックモデル. (a) 初めに分子が物理吸着し, その後化学吸着, 脱離, または物理吸着する様子を示す. (b) K を変化させたときの吸着確率の被覆率依存性. (c) Pt(111) 表面での CO の吸着確率の被覆率依存性の測定値[39].

$$= S_0(1 + \frac{\theta}{1-\theta}K)^{-1}$$

$$S_0 = \frac{P_c}{P_c + P_p}, K = \frac{P_p'}{P_c + P_p} \quad (1.4.10)$$

$K = 0, 0.5, 1$ の場合の S の被覆率依存性を図 1.4.10 (b) に示す. 実際の実験結果は, K をパラメーターとして解析されている. 例として, Pt(111) 表面に CO が吸着するときの吸着確率の被覆率依存性の実験結果を図 1.4.10 (c) に示す[39]. $K = 0.26$ で実験結果をよく再現している.

〔6〕 種々の分子の性質と吸着特性

〔2〕に述べたように, 物理吸着は分子の双極子モーメント, 四極子モーメントと分極率に依存する. 表 1.4.2 に, 種々の分子の双極子モーメント, 四極子モーメント, 分極率体積をまとめた. 一方, 化学吸着は分子と表面の電子のエネルギー準位と軌道の形によって決まり, 解離吸着では分子の結合解離エネルギーも重要となる. 表 1.4.3 に, 種々の分子の結合解離エネルギーとイオン化ポテンシャル, 電子親和力をまとめた. イオン化ポテンシャルは HOMO の, 電子親和力は LUMO のエネルギー準位の目安となる. 電子線回折や電子分光, 振動分光の手法により, 単結晶表面における分子の吸着特性が調べられ, 分子吸着の詳細が明らかになってきた. 以下では, 真空工学で重要となる分子として, 貴ガ

表 1.4.3 分子の結合解離エネルギー D_0, イオン化ポテンシャル IP, 電子親和力 A. 二原子分子については文献 57), H_2 の電子親和力は文献 58), H_2O については文献 59), 60).

気体	D_0 [kJ/mol]	IP [eV]	A [eV]
H_2	432	15.43	−2.3
O_2	494	12.07	0.44
N_2	942	15.58	−1.9
CO	1 070	14.01	−1.5
H_2O	498	12.6, 14.7	

表 1.4.2 分子の双極子モーメント, 四極子モーメントと分極率体積. 分極率体積に $4\pi\epsilon_0$ を乗じると分子の分極率が得られる.

気体	双極子モーメント[4] (10^{-30} C·m)	四極子モーメント[55] (10^{-40} C·m^2)	分極率体積[4],[56] (Å^3 = 10^{-30} m^3)
H	0		0.666 793
He	0		0.204 956
Ne	0		0.395 6
Ar	0		1.641 1
Kr	0		2.484 4
Xe	0		4.044
H_2	0	2.208	0.804
O_2	0	−1.3	1.598
N_2	0	−5.07	1.74
CO	0.37		1.95
H_2O	6.19		1.45

表 1.4.4 金属酸化物表面での分子の初期吸着エネルギー [kJ/mol] の測定例（文献5）より抜粋[8]）. (d) は解離吸着を示す（TiO_2 の (d)* は欠陥のある表面の場合）. 複数のデータがある場合, 平均的な値を～を付して示した.

表 面	気 体			
	O_2	CO	H_2O	CH_3OH
Cr_2O_3(001)	93.5	28, 45	53.2, 60.9, ～90 121 (d)	
TiO_2(110)	18 162 (d)	42	～51, ～90 176 (d)*	～52, ～107 165 (d)*
Fe_3O_4(111)		30.4, 57.4, 88.1	59.3 93.8 (d)	
MgO(100)		～15	63	72.3, 90.5

ス, H_2, O_2, N_2, CO, H_2O について, それぞれの分子の電子的性質と単結晶表面での吸着特性について述べる. また, おもな金属として Pt, Ni, W, Ag の低指数面, 金属酸化物として Cr_2O_3(001), TiO_2(110), Fe_3O_4(111), MgO(100) 表面での分子吸着特性をそれぞれ表 1.4.1 と**表 1.4.4** にまとめた. ただし文献が複数にわたる場合, 平均的な値を示した. 単結晶金属表面の研究例は豊富なのに対して, 金属酸化物単結晶表面は欠陥ができやすく再現性のあるよく定義された表面の作製が難しいこともあり, 金属表面に比べると研究例は少ないが, 最近の総説にまとめて報告されている[5]. 吸着エネルギーと分子が脱離する温度との関係は, 1.4.6項[1]の熱脱離頻度を考えると, 目安として 100 kJ/mol が 300 K に対応すると考えてよい. 吸着エネルギーについては, 1979年に多結晶表面および単結晶表面に関するそれまでのデータがまとめられている[54].

（a）**貴 ガ ス**　貴ガスは He, Ne, Ar, Kr, Xe の単原子分子である. 最外殻の主量子数を n とする電子軌道を, $(ns)^2(np)^6$ のように占有し, 電子的に閉殻構造をとる. このため化学吸着することはない. 双極子も四極子も持たないため, おもに分散力により物理吸着する. 分散力は分極率に比例し[4], 表 1.4.2 に示すように原子番号が大きいほど電子軌道の広がりも大きいため, 分極率も大きい. ただし, 吸着エネルギーは引力と反発力との兼ね合いで決まるため, 分極率に比例するわけではない. MgO 表面を例にとると, Ar, Kr, Xe の吸着エネルギーは, それぞれ 8.4, 11.7, 15.5 kJ/mol である[61]. Vidali らにより他の表面での吸着エネルギーが表としてまとめられているが[4], 表面による大きな違いはなく類似した傾向を示す. 6.5 K の Ru(001) 表面では, 初期吸着確率が測定されており, Ne で 0.004, Ar で 0.13, Kr で 0.25, Xe で 0.71 である[62]. 〔5〕で述べたように, 分子の質量が大きいほど吸着確率は大きくなる傾向がある. 貴ガスは, 化学的に不活性であることを利用して, イオン衝撃による表面処理などに利用される.

貴ガスに類似した分子として飽和炭化水素（C_nH_{2n+2}）がある. 不対電子を持たず, おもに分散力により表面に物理吸着する. 炭素数 n が多くなるにつれ, 分子サイズも大きくなり吸着エネルギーも大きくなる. 図 1.4.11 に炭素数に対する吸着エネルギーの関係を示す. いくつかの表面で, 線形の関係にあることが知られている. 炭素数が 10 程度で吸着エネルギーが 100 kJ/mol 程度になる[5].

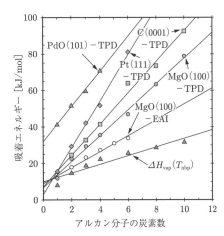

図 1.4.11 MgO(100)（○：EAI による測定）, MgO(100)（●：TPD による測定）, C(0001), Pt(111), PdO(101) 表面におけるアルカン分子の吸着エネルギーを炭素数に対してプロットした図. ΔH_{vap} は分子の蒸発エンタルピー. 文献5）より許可を得て転載.

（b）**水　素**　水素は原子状で存在することはまれで, 通常 H_2 として存在する. 図 1.4.3 に示すように, 分子軌道として結合性軌道 $1\sigma_g$ と反結合性軌道 $1\sigma_u$ が形成される. 基底状態では二つの電子が $1\sigma_g$ を占有し, 電子項は $^1\Sigma_g^+$ と表される. 光学的に許容な電子励起状態は ～10 eV 離れているため, 可視光に

対して透明である．電子的に閉殻構造とみなすことができ，Heと類似した分子と考えることができる．このため，分子としてはおもに分散力により物理吸着する．物理吸着の吸着エネルギーは3 kJ/mol程度であり，10 K程度以下の極低温でのみ吸着が起こる[4]．特殊な場合として原子ステップなど凹凸のあるところでは，10 kJ/mol程度の吸着エネルギーで分子状で弱く化学結合することもある[63),64]．

水素原子は1s軌道に不対電子を持ち，多くの表面と化学結合を作る．[3]で述べたように，水素分子が解離吸着するかどうかは，水素原子の吸着エネルギーと水素分子の結合解離エネルギーとの大小で決まる．水素原子の金属表面での結合エネルギー（図1.4.7(a)での$E_A (= E_B)$）は，250〜300 kJ/mol程度である[65]．表1.4.3に示すように水素分子の結合解離エネルギーは432 kJ/molであり，水素原子二つで70〜170 kJ/molのエネルギーの利得があるため，水素原子は多くの物質の表面に化学吸着する．水素の表面への吸着については総説にまとめられている[66),67]．水素分子の解離吸着に活性化障壁があるかどうかは，表面の電子状態で決まる．周期表で遷移金属表面に対して，自発的に解離する境界を図1.4.12に示す．WやNiなど一点鎖線より左側の遷移金属表面では活性化障壁はほとんどゼロであり，表面に入射する水素分子は自発的に解離吸着する．これに対して，右側のAgやCuでは，水素分子の解離吸着に活性化障壁がある．遷移金属以外の単純金属（Alやアルカリ金属）表面でもやはり解離吸着に活性化障壁がある．このような表面では，水素分子が解離吸着する確率は非常に小さい．水素分子を解離させ水素原子にする方法として高温のWを用いる方法がある．高温に加熱したW表面では，解離吸着した水素原子が原子として脱離するため，対向する表面に水素原子を供給することができる．

Pt(111)，Ni(111)，W(110)表面における吸着エネルギーは，一分子当りそれぞれ〜70, 95, 〜140 kJ/molである．Ptについては多くの研究があり文献によってばらつきがある．初期のTPDおよびEAIによる研究では，吸着エネルギーは40 kJ/molと見積もられたが[11),12]，その後の研究ではおよそ65〜80 kJ/molの間の値が報告されている[9),10),13),14]．初期吸着確率は0.1程度であるが，原子ステップのある表面では吸着確率は大きくなることが知られている[11),12),14),69]．Ni表面では，分子線の実験から面方位によって活性化障壁が異なることが示されている[15),70]．(111)表面では2 kJ/mol程度の小さな活性化障壁があるのに対して，(110)面や(100)面では活性化障壁はない．分子の温度が300 Kのときの初期吸着確率は，(111)面，(110)面，(100)面でそれぞれ0.1, 0.4, 0.05である．W表面については，初期には蒸着膜での測定が多く報告され[71)〜73]，その後単結晶表面で実験が行われている．(110)面での吸着確率は0.06である[16)〜21]．前述のように，軽元素である水素の吸着確率は1よりかなり小さいことがわかる．Ag(111)表面では，前述のように解離吸着に活性化障壁があるため水素分子は物理吸着し，その吸着エネルギーは2.6 kJ/molである．ただし，水素分子をあらかじめ解離し水素原子として表面に曝露すると化学吸着し，そのときの脱離の活性化エネルギーは26.8 kJ/molである[74),75]．

PdやNb，Tiなどの金属は，水素吸蔵性があることが知られている．ただし，通常は，表面への吸着エネルギーに比べて金属内部での束縛エネルギーは小さい．例えばPdでは，表面吸着エネルギーが〜50 kJ/molに対して内部への束縛エネルギーが10 kJ/mol，Tiでは表面吸着エネルギーが〜100 kJ/molに対して内部への束縛エネルギーが49 kJ/molである[76]．このため金属表面が水素で覆われた後内部への吸収が起こる[76),77]．

水素分子が一部の金属表面で活性化障壁なしに解離吸着するのに対して，金属酸化物表面では通常解離吸着に活性化障壁がある．このため水素分子は物理吸着するにとどまる．LiFやMgO表面での吸着エネルギーは3 kJ/mol程度である[4]．しかし，水素分子をあらかじめ解離し水素原子として表面に供給すると，陰イオンであるOに化学吸着しOH基を形成する場合が多い．TiO_2(110)表面では詳細に調べられており，OH基は600 K程度まで表面に安定に存在するがそれ以上の温度では表面から内部へ拡散する[78),79]．そのほか，陽イオンに配位したり酸素欠損サイトを占有したりし，H^-イオンとして存在する可能性も指摘されている[80),81]．

（c）酸　　素　酸素は気体状態では通常O_2

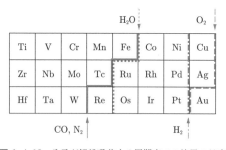

図1.4.12　分子が解離吸着する周期表での境界の目安を表す図[8]．文献59),68)を基に著者が追記したもの．境界線より左側の金属表面では分子は自発的に解離吸着する．ただし，試料の面方位や平坦性，温度などの条件に依存するため，注意が必要である．

として存在する．O_2 の分子軌道の模式図を図 1.4.13 に示す．三つの 2p 軌道から 1 組（結合，反結合）の σ 軌道（σ_g, σ_u）と 2 組の π 軌道（π_u, π_g）が形成される．基底状態では，最外殻として二つの縮退した反結合性 π_g 軌道をそれぞれ一つの電子が占有し，スピン三重項となる．電子項は $^3\Sigma_g^-$ と表される[82),83)]．電子的な第一励起状態は基底状態と同様に二つの π_g 軌道をそれぞれ一つの電子が占有したスピン一重項（$^1\Delta_g$）で，励起エネルギーは〜1 eV である．光学的に許容な励起状態は，$\pi_u \to \pi_g$ 間の遷移に相当し，励起エネルギーは 8.4 eV である[84)]．このため O_2 は可視光に対して透明で，真空紫外光は吸収する．ただし，液体状態では分子間に相互作用が働くため，高次の過程として分子が同時に $^1\Delta_g$ へ励起されるとともに一光子を吸収する過程が起こる．この吸収が赤色帯にあるため，液体酸素は青く見える[85)]．基底状態の酸素分子は二つの不対電子を持ち，この不対電子を介して表面に分子状に化学吸着する場合がある．酸素分子は電気陰性度が大きいため，化学吸着すると表面から電子が移動し O_2^-（superoxide ion）または O_2^{2-}（peroxide ion）となる場合が多い．

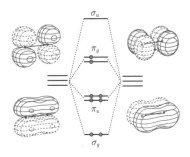

図 1.4.13 酸素分子の分子軌道と基底状態の電子配置[8)]

酸素原子は最外殻として三重に縮退した 2p 軌道に 4 個の電子を持ち，二つの不対電子を持つ．酸素原子を金属表面に吸着させたときの吸着エネルギーは，500〜1000 kJ/mol である[54),86)]．表 1.4.3 に示すように酸素分子の結合解離エネルギーは 494 kJ/mol であるため，酸素分子が解離吸着すると酸素原子二つ当り 500〜1500 kJ/mol のエネルギー利得が期待される．このため図 1.4.12 に示すように，酸素分子はほとんどの金属で活性化障壁なしに解離し強く化学吸着する．さらに解離した酸素原子は内部へ侵入して酸化膜を形成する．酸素は電気陰性度が大きいため，表面の金属原子から電子が移行し O^{2-} となりイオン性の結合を形成する場合が多い．

以上のことから，酸素分子の表面への吸着は，分子状物理吸着，分子状化学吸着，解離吸着，の 3 種類があり，定性的には図 1.4.7(b) で表される．解離吸着には物理吸着や分子状化学吸着による前駆状態を介した過程と直接過程があり，表面の種類や分子のエネルギーによって異なる．表面に炭素原子が付着している場合，酸素との反応により二酸化炭素として除去できる場合があり，表面の清浄化に用いられる．

Pt, Ni, W, Ag いずれの表面においても，解離吸着状態の吸着エネルギーは 200〜400 kJ/mol であり，吸着した酸素は室温程度では脱離しない．分子状の物理吸着と化学吸着および解離吸着が詳しく調べられた例として，Pt と Ag の表面がある．Pt(111) 表面では，25 K では O_2 は分子状に物理吸着する．物理吸着の吸着エネルギーは 11.6 kJ/mol である[87)]．90 K では O_2^- の化学吸着に移行し，さらに 130 K では O_2^{2-} として化学吸着する[87)〜90)]．さらに高温になると二つの酸素原子に解離吸着する．解離吸着状態の初期吸着エネルギーは，当初は TPD の解析により 214 kJ/mol と報告されたが[25)]，最近の AC の研究では吸着量が 0.1 原子層以下ではこれらより大きく，300 kJ/mol と報告されている[24)]．表面に入射する分子のエネルギーが低い場合は分子状の化学吸着状態を介した解離吸着が起こり，そのときの吸着確率は表面の温度に依存し，200〜350 K で 0.1〜0.3 である[24),91)]．一方，分子のエネルギーが 10 kJ/mol 以上では直接解離吸着するようになるが，その確率は 0.25 程度にしかならないことが知られている．吸着確率が表面の温度にも依存することから，準直接過程（quasi-direct）と呼ばれている[91),92)]．Ag(110) や Ag(111) 表面でも 40 K 以下では物理吸着，140 K では分子状化学吸着，180 K 以上で解離吸着する[28),86),93),94)]．分子状化学吸着状態から解離吸着への活性化障壁が高く，解離吸着の確率は小さい[29),95)]．W(110) 表面では入射分子のエネルギーが低いときには前駆状態を介した解離吸着，エネルギーが高くなると直接過程による解離吸着が起こり，エネルギーが 40 kJ/mol で吸着確率は 1 になる[96),97)]．このときの吸着エネルギーは 385 kJ/mol と見積もられているが[27)]，後の研究で複数の酸化状態が重畳していることが指摘されている[98),99)]．

金属酸化物表面で酸素がどのように吸着するか，詳しく調べられた例はあまり多くない．欠陥のないルチル型 $TiO_2(110)$ 表面では，吸着確率 0.75，吸着エネルギー 18 kJ/mol で物理吸着する[100)]．これに対して真空加熱し表面に酸素欠損ができた $TiO_2(110)$ 表面では，低温で O_2^- として吸着するが，150 K 以上で解離する．400 K に加熱すると，二つの酸素原子が会合して分子として脱離する[101)]．この吸着種の吸着エネルギーは 162 kJ/mol と解析されている[5)]．Cr(110) 表

面を直接酸化すると Cr_2O_3(001) 薄膜が形成されることが知られており，この表面への酸素分子の吸着が振動分光と TPD で調べられている[102]．90 K では分子状に化学吸着し，試料温度を上昇させると 150 K で一部解離するが，残りの O_2 は 300 K 程度で脱離する．この分子状化学吸着の吸着エネルギーは 93.5 kJ/mol である[5]．解離吸着した O 原子は 600 K 程度まで表面に安定に存在することが確かめられている[102]．

（d）窒　素　N_2 分子は O_2 と類似した分子軌道を持つ．O_2 よりも電子数が二つ少ないため，結合性軌道である σ_g と π_u をすべて占有し，反結合軌道は占有されない．基底状態の電子項は $^1\Sigma_g^+$ となる．三重の化学結合を持つため，表 1.4.3 に示すように分子の結合解離エネルギーが 942 kJ/mol とほかの分子に比べて大きい．窒素分子の HOMO は非結合性 σ_g 軌道であり[†]，おもにこの軌道を介して分子状に化学吸着する．σ_g 軌道が N 原子の分子軸方向外側に局在するため，分子は分子軸を表面に垂直にして化学吸着する場合が多い．例外として，Fe や Cr 表面では分子軸を平行にして吸着する場合もあり，解離吸着の前駆状態と考えられている[103]．

N 原子は 2p 軌道に 3 個の電子を持つため，三つの不対電子を持ち表面には化学吸着する．しかし窒素分子が自発的に解離して N 原子として吸着するかどうかは，解離の活性化障壁に左右される．図 1.4.12 に示すように[68]，遷移金属の中で Ni や Pt など d 軌道の電子数が多い金属表面では解離に活性化障壁があり，窒素分子の解離吸着は起こりにくい．これに対して d 軌道の電子数が少ない Ti や W 表面では自発的に解離吸着する．したがって，N_2 分子の吸着様式は O_2 と同様，分子状物理吸着，分子状化学吸着，解離吸着の 3 種類がある．窒素の吸着については総説にまとめられている[104]．

Ag 表面では物理吸着，Pt 表面では弱い分子状化学吸着，Ni 表面では分子状化学吸着，W 表面では分子状化学吸着と解離吸着することが知られている．Ag(111) 表面には，分子状化学吸着はせず物理吸着し，そのときの吸着エネルギーは 10 kJ/mol である[49]．しかし N_2 分子をあらかじめ解離して N 原子として表面に曝露すると原子状に化学吸着し，そのときの脱離の活性化エネルギーは 106 kJ/mol と 130 kJ/mol である[105]．Pt(111) 表面では，吸着エネルギー 15.2 kJ/mol で分子状に吸着し[50]，この吸着状態は，理論的に物理吸着と弱い化学吸着が混在した状態と解析されている[106]．これに対して，Ni 表面では化学吸着し，吸着エネルギーは，Ni(100) 面では 44 kJ/mol[107]，Ni(110) 面では ～40 kJ/mol と ～20 kJ/mol[108]，Ni(111) 面では 20 kJ/mol である[109]．一方，W 表面では，はじめに多結晶表面を用いた実験から，吸着エネルギーの異なる 2 種類の分子状化学吸着（吸着エネルギー：37 kJ/mol と 83 kJ/mol）と解離吸着（吸着エネルギー～310 kJ/mol）が見い出され[110],[111]，その後単結晶表面を用いた実験が行われている．W(110) 面では，低温では分子状化学吸着し，吸着エネルギーは 25 kJ/mol（吸着確率 S_0=0.22）という報告と[112],[113]，43 kJ/mol（$S_0 = 0.7$）という報告がある[114]．この吸着種は加熱の過程で一部解離吸着する．一方，300 K では小さな確率（～0.005）で解離吸着する．解離吸着状態の吸着エネルギーは 330 kJ/mol である[51]．入射分子のエネルギーを変えた測定から，解離吸着に活性化障壁があると考えられている．W(100) 面でも，同様に低温で分子状化学吸着し，300 K 以上では解離吸着する．入射分子のエネルギーが 48 kJ/mol 以下では，解離吸着確率が温度に依存し，またエネルギーが低いほど吸着確率が高くなることから，前駆状態を介した解離吸着が起こっていることが示されている．一方，分子のエネルギーが 48 kJ/mol 以上では，エネルギーが高くなるにつれて吸着確率が大きくなることから，直接過程で解離吸着することがわかる[115]．

ルチル型 TiO_2(110) 表面には，O_2 と同様に吸着確率 0.75 で物理吸着し，そのときの吸着エネルギーは 28 kJ/mol である[100]．N_2 の吸着エネルギーが O_2 の吸着エネルギー（18 kJ/mol）に比べて大きいのは，四極子の影響と議論されている[100]．

（e）一酸化炭素　総電子数は N_2 分子と同じであり，分子軌道も N_2 と類似している．図 1.4.14 に

[†] N_2 では，2p 軌道から形成される結合性 σ_g 軌道が 2s から形成される σ_g 軌道とエネルギー的に近いため，これら二つの σ 軌道の再混成が起こり，結果的に σ_g は π_u 軌道と同程度のエネルギーを持つ非結合性軌道となる．

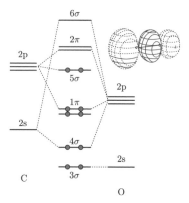

図 1.4.14　一酸化炭素分子の分子軌道と基底状態の電子配置[8]

分子軌道模式図を示す．CとOの原子軌道エネルギーが異なるため，HOMOはおもにCの2p軌道から成る非結合性の5σ軌道，LUMOは2p軌道が混成してできた反結合性の2π軌道となる．HOMOである5σ軌道がCに局在するため，多くの場合Cを表面に向けて分子状に化学吸着する．N_2に比べると一般に吸着エネルギーが大きい．〔3〕のように，HOMOは基板表面の非占有状態と，LUMOは占有状態と化学結合を作る．前者では分子から表面に一部電子が移動し，逆に後者では表面から分子に電子が移動する．このため，これらは電子の供与（donation）と逆供与（back-donation）と呼ばれる．Blyholderによって提唱されたため，この二つの軌道を介した化学吸着はBlyholderモデルとも呼ばれる[116]．COの結合解離エネルギーは1070 kJ/molとN_2分子同様大きいため解離はしにくい．図1.4.12に示すように[68]，遷移金属の中でd軌道の電子数が多い金属表面では解離に活性化障壁があるのに対して，d軌道の電子数が少ないTiやW表面では自発的に解離吸着する．

Ag表面では物理吸着，NiとPtの表面では分子状化学吸着，W表面では分子状化学吸着と解離吸着する．Pt(111)表面へのCOの化学吸着は，典型的な分子状化学吸着系として触媒研究とも関連し多くの研究がある[25),31)~42)]．EAIとTPDの結果をまとめると，吸着エネルギーは~135 kJ/mol，初期吸着確率は0.6~0.8である（ACの結果のみ吸着エネルギーを大きく評価している[40]）．面方位によらず吸着エネルギーは110~130 kJ/molだが，高指数面ではこれより大きくなる．吸着量による吸着確率の変化から，前駆状態を介して吸着すると考えられている．W表面では，低被覆率では，90 Kで分子状に吸着するが250 Kに加熱するとCとOに解離する[117),118)]．その後さらに加熱すると，解離していたCとO原子は，1000~1500 K程度で2段階で会合脱離する[119)~121)]．脱離の活性化エネルギーは，276 kJ/molという報告と[45]，320 kJ/molと420 kJ/molという報告がある[46),47)]．一方，被覆率が大きくなると，吸着エネルギーが100 kJ/molで分子状に吸着し，300 K程度で脱離する[47]．初期吸着確率は多結晶のリボンや種々の単結晶表面で測定された結果がまとめられているが，0.2~1の間でばらついている[122]．その後の研究では0.46と報告されている[123]．

ルチル型TiO_2(110)表面では，COは分子状に化学吸着し，初期吸着確率0.8，吸着エネルギーは~42 kJ/molである[100),124),125)]．同様にCr_2O_3(001)表面でも分子状に化学吸着し吸着エネルギーは45 kJ/molである．この場合，COは分子軸を表面に平行にして吸着すると議論されている．また，より低温では物理吸着状態も存在し，その吸着エネルギーは28 kJ/molである[126]．

（f）水　水分子の吸着について二つの総説がある[59),127)]．H_2Oは酸素に局在した2種類の非結合電子対$1b_1$と$3a_1$を持ち，また双極子モーメントも大きい[59),127)]．図1.4.15はこれらの電子軌道を表したものであり，OH間に対して$1b_1$は非結合性，$3a_1$は結合性を持つ．水分子が表面で分子状に吸着する場合，双極子相互作用と分散力により物理吸着する場合と，非結合電子対を介して化学吸着する場合がある．$1b_1$軌道が酸素に局在するため，図1.4.16(a)に示すように酸素原子を表面側，水素原子を真空側に向けて吸着する場合が多い．このとき酸素から表面に電荷が移動する．双極子の向きも表面から真空に向かう向きとなるため，通常水の吸着に伴い仕事関数は低下する[59),127)]．水分子の分子間には水素結合が働くため，被覆率が増加すると分子は表面だけでなく隣接水分子とも結合し凝集する傾向がある．水の凝集エネルギーは~48 kJ/molである[59]．吸着確率は，100 K程度では1に近い．この温度では水分子が表面を拡散し，分子が凝集するためと考えられている．種々の金属表面に分子状に吸着した水の脱離温度を図1.4.17に示す[59]．分子状に吸着した水分子は160~220 Kで脱離する．これは，水

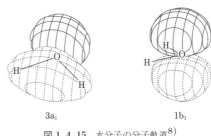

図1.4.15　水分子の分子軌道[8]

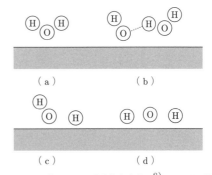

図1.4.16　水分子の吸着状態を表す図[8]．(a) 分子状吸着，(b) 表面のOHと水分子が水素結合する場合，(c) 部分解離吸着，(d) 完全解離吸着

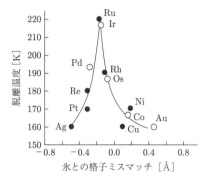

図 1.4.17 種々の金属表面に水が分子状に吸着したときの脱離温度[59]

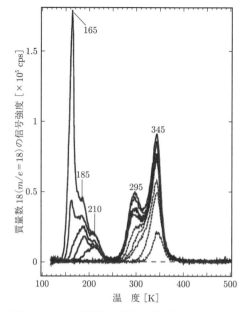

図 1.4.18 水の曝露量を変化させたときの $Cr_2O_3(001)$ からの水の TPD スペクトル[129]

分子の吸着エネルギーとして 40～65 kJ/mol に相当する．一方，金属酸化物の表面では陽イオンサイトに酸素の非結合電子対を介して化学吸着する場合が多い．

遷移金属や酸化物表面では，図 1.4.16 (c)，(d) に模式的に示すように，H と OH に，あるいは二つの H と一つの O に解離して化学吸着することがある．前者を部分解離，後者を完全解離と呼んで区別することがある．H_2O と OH では，分子軌道のエネルギー準位や O-H 伸縮振動の振動数が異なるため，振動分光法や光電子分光法により水分子が解離しているかどうか判別できる．解離吸着が起こるかどうかは，二原子分子と同様，解離種の表面への吸着エネルギーと分子の結合解離エネルギーの大小で決まる．H_2O を H と OH に解離するエネルギーは 498 kJ/mol であるが[59]，完全解離吸着の安定性を考えるには図 1.4.7 (a) において A を H_2 に，B を $1/2 O_2$ と考える方がわかりやすい．このとき，$E_d = 239$ kJ/mol である[128]．水素の項で示したように，水素の吸着エネルギーは 20～80 kJ/mol であるのに対して酸素の吸着エネルギーは 10～550 kJ/mol である．このため解離吸着によるエネルギーの利得はおもに酸素の吸着エネルギーに依存し，酸素吸着によるエネルギー利得の大きい表面で解離吸着が安定になる．室温で自発的に解離吸着する境界の目安を図 1.4.12 に示す[59]．CO や N_2 と類似した傾向を持ち，9～11 族では解離せず，周期表の左側の金属表面では解離する．ただし，同じ金属であっても原子ステップや欠陥では解離しやすい傾向があり，不純物の影響も受けやすい．例えば Ag や Pt などでは，清浄な表面では解離しないが，表面に酸素原子が吸着しているとこれを介して解離することが知られている．

金属酸化物表面における H_2O の吸着は，いくつかの吸着状態が混在することが多く複雑である．α-$Al_2O_3(001)$ 上に成長させた $Cr_2O_3(001)$ 表面への水吸着が調べられている[129]．図 1.4.18 に TPD スペクトルを示す．TPD には，185，210，295，345 K の 4 種類の脱離ピークが観測される．345 K の脱離ピークは，Cr 陽イオンサイトに部分解離吸着した水分子の会合脱離に帰属されており，吸着エネルギーは 121 kJ/mol[5]，吸着構造は模式的に図 1.4.16 (c) で表される．そのほかの三つの脱離ピークはいずれも分子状に吸着した状態に帰属される．295 K の脱離種は Cr 陽イオンに分子状化学吸着した水分子（吸着エネルギーは 92.2 kJ/mol），185 K と 210 K の脱離種は酸素サイトに物理吸着または水素結合で吸着した水分子に帰属されている[129]．分子状化学吸着では，図 1.4.16 (b) に模式的に示すように隣接水分子との水素結合も重要となる[130]．このような吸着エネルギーの値は，最近のステンレス製真空容器における排気曲線の解析結果とも良く一致する[131],[132]．ルチル型 $TiO_2(110)$ 表面では，分子線を用いた研究から，吸着確率は 600 K 以下では 1 である[133]．TPD にはおもに 270～300 K と 175 K に脱離ピークが見られる[134]～[136]．それぞれ Ti 陽イオンおよび O 陰イオンに吸着した水分子に帰属され，吸着エネルギーは表 1.4.4 に示すように解析されている[5]．270～300 K で脱離する分子種は，STM の観察や同位体置換の実験から分子状化学吸着と考えられてきたが，最近の研究では一部部分解離している可能性が指摘されている[137],[138]．一方，酸素欠損サイトでは水分子は解離吸着し二つの OH を形成し，500 K で会合脱離する[134]～[136],[139]．

Pt(111) 表面上には，酸化鉄の単結晶薄膜を作製することができる．これを利用して，$Fe_3O_4(111)$ 表面での水吸着が調べられている[140),141]．TPD には 280 K と 200 K に脱離ピークが観測され，光電子分光を用いた解析から 280 K の脱離種は Fe 陽イオンサイトに部分解離吸着した水分子に帰属されている．また 200 K の脱離種は酸素陰イオンサイトに分子状吸着した分子と帰属されている[5),140),141]．EAI の実験から吸着エネルギーは 65 kJ/mol と見積もられたが[141]，その後の TPD の解析により 93.8 kJ/mol と報告されている[5]．

1.4.4 気体分子の散乱

気体分子が表面に入射すると，分子と表面には 1.4.3 項〔4〕で述べたようなポテンシャルで表される相互作用が働く．すなわち，分子が表面に近付くにつれて引力が，近付きすぎると斥力が働く．分子が表面に入射するとともに，入射時の運動エネルギーを散逸してポテンシャルの井戸に束縛されれば，分子は表面に吸着することになる．しかし，エネルギーの散逸が不十分な場合には分子は表面で散乱され，再び気相に戻ることになる．特に質量の軽い分子が入射するときは，エネルギー損失のない弾性散乱が起こる場合がある．このように分子が表面で散乱されると，分子が入射時に持っていた速度が変化する．1.4.2 項でも述べたように，分子の散乱のされ方は表面原子との相対的な位置や運動量によって個々に異なるので，多くの散乱現象の統計平均として表現される．エネルギーと速度の変化は，適応係数で，速度の方向分布は余弦則で表される．

〔1〕 適 応 係 数

気体分子と固体表面の間のエネルギーや運動量輸送の程度を表すのが適応係数（accommodation coefficient）である．エネルギーの適応度合いを表す熱的適応係数（thermal accommodation coefficient, TAC）と運動量の適応度合いを表す接線運動量適応係数（tangential momentum accommodation coefficient, TMAC）がある．単に適応係数という場合，熱的適応係数を指す場合が多い．また，以下に述べるように，熱的適応係数は気体分子と固体表面の間のエネルギーの適応度合いを表すので，エネルギー適応係数（energy accommodation coefficient, EAC）と呼ばれることもある．温度 T_i，速度の表面接線成分 V_i を持つ気体分子が，温度 T_s，速度 V_s の固体表面で散乱された後，温度 T_f，速度の表面接線成分 V_f になったとする．その気体と表面との間の熱的適応係数 α と接線運動量適応係数 β は

$$\alpha = \frac{T_f - T_i}{T_s - T_i} \tag{1.4.11}$$

$$\beta = \frac{V_f - V_i}{V_s - V_i} \tag{1.4.12}$$

で定義される．散乱後の気体の温度が入射前の温度のままであれば $\alpha = 0$，固体表面の温度と等しければ $\alpha = 1$ である．すなわち，入射分子の表面への適応度を 0 から 1 の間の割合で表現したのが熱的適応係数である．一方，速度の接線成分が変化しない鏡面反射は $\beta = 0$，速度が表面の速度と等しくなる拡散反射は $\beta = 1$ である．表面に入射する温度 T の気体分子の平均運動エネルギー $\langle E \rangle$ は，式 (1.1.57) より $\langle E \rangle = 2kT$ と表されるため

$$\alpha = \frac{\langle E_f \rangle - \langle E_i \rangle}{\langle E_s \rangle - \langle E_i \rangle} = \frac{\langle E_f - E_i \rangle}{\langle E_s - E_i \rangle} \tag{1.4.13}$$

と表される．ここで $\langle E_s \rangle$ は固体表面の温度に等しい気体が，ある表面に入射すると考えたときの平均運動エネルギーである．式 (1.4.13) からわかるように，個々の散乱において入射分子のエネルギーがどの程度変化するか，その割合を多数の散乱について平均したものが熱的適応係数である．

熱的適応係数の研究は，1930 年代から 1.2.4 項〔2〕に述べられているような同軸円筒間の熱伝導を測定する方法により行われてきた．そのほか，試料を振動させて気体と表面の間に相対速度を発生させる方法や[142),143]，音速と音波吸収を測定する方法[144)~147]，レーザーの共鳴周波数のずれを利用して温度変化を測定する方法[148]，などが報告されている．1989 年に熱的適応係数のデータブックが出版されており[149]，その一部の文献リストを表 1.6.2 に載せた．文献の実験データにはばらつきがある．その要因は，測定される表面の状態が必ずしもよくわからないことにある．試料表面の状態を左右する条件として，試料表面の処理，測定環境としての真空容器の圧力，使用する気体の純度などが挙げられる．使用気体の純度については文献に記述されている場合が多く，高純度ガスの利用や吸着剤などによる不純物除去の工夫がなされている．これに対して試料表面については記述がない場合や未処理で実験している場合も多い．金属の表面は，使用前に洗浄などにより不純物を取り除いたとしても，1.4.3 項で述べたように大気中の酸素・窒素・水などが吸着する．現在では，これらの分子の脱離温度はわかっているため，その温度以上で加熱処理すれば吸着分子は除去できる．しかし実際の測定では，測定する気体中の不純物や測定気体自体の吸着は避けられない上，真空容器の残留ガスも無視できない．これらのことを考え

ると，清浄な金属表面と気体との熱的適応係数の測定は非常に難しいことがわかる．ただし高温かつ低い圧力であれば，表面に滞在する分子は減少し，純粋な金属表面に近い条件が実現していると考えられる．例えばPtであれば，室温程度で吸着が懸念される気体として水素，酸素，一酸化炭素があるが，1 000 K 程度に加熱すればこれらの気体は脱離すると期待される．文献に報告されている熱的適応係数の中から，実験条件を考慮してその一部をまとめた結果を表1.4.5に示す．

また運動量適応係数は，スピニングローター真空計や音速測定を利用した方法で見積もられている．これまでの測定結果をクヌーセン数に対してまとめたグラフを図1.4.19に示す[150]．運動量適応係数は1に近い値になり，分子は表面で拡散反射をすることを意味する．完全に平坦な面であれば，エネルギーの適応を表す熱的適応係数と運動量の適応を表す接線運動量適応係数は一致すべきであるが，実在表面はさまざまな方向を向いた表面から構成されるため，散乱の運動量分布はランダムになり運動量適応係数が1になると議論されている[145]．

表1.4.5 熱的適応係数の測定例（過去の文献，およびテキスト[212]を参考に著者がまとめたもの）．上段は清浄な表面，下段は清浄化していない，または気体が吸着した表面．

表　面	気　体					
	He	Ne	Ar	Xe	H_2	O_2
Be	0.15	0.32				
Al	0.07	0.16				
W	0.02	0.06	0.30	0.65	0.16	
Pt	0.03	0.2	0.55		0.11	0.42
W	0.34	0.62	0.93	0.99	0.36	0.91
Pt	0.4	0.7	0.9	0.86	0.3	0.8

〔2〕　熱的適応係数の理論的考察

熱的適応係数は，衝突する分子と表面原子とのエネルギー授受の度合いを表す量である．エネルギーの授受には，おもに表面原子の振動運動が寄与する．このため，分子と表面原子の質量比を考えることでその傾向を理解することができる．以下では，二つの剛体球の弾性散乱を基に熱的適応係数を議論する．

気体分子と表面を構成する原子の質量をそれぞれ m，M とする．静止した表面原子に，気体分子が速度 v で正面から衝突し弾性散乱すると，衝突後の速度 v' は

$$v' = -\frac{1-\mu}{1+\mu}v \qquad (1.4.14)$$

となる．ここで μ は質量比 $\mu = m/M$ である．入射エネルギー E で規格化したエネルギー変化量 ΔE を計算すると

$$\frac{\Delta E}{E} = \frac{4\mu}{(1+\mu)^2} \qquad (1.4.15)$$

となる．

表面構成原子の質量が気体分子の質量に比べて十分大きい（$\mu \ll 1$）場合

$$v' \approx -v \qquad (1.4.16)$$

となり，衝突した気体分子は，1回の衝突で速度の大きさを変えずに逆方向に跳ね返る．気体分子のエネルギーの変化 $\Delta E \sim 0$ であり，適応係数はゼロとなることが期待される．一方，$\mu < 1$ のとき

$$|v'| < |v| \qquad (1.4.17)$$

であり，気体分子はエネルギーを失う．さらに，$\mu \geq 1$ の場合には，1回の衝突では気体分子の速度の符号は変わらず，気体分子は再度表面原子に衝突する．これは表面と相互作用を行う時間が長いことに対応し，分子と表面の温度が等しくなり，熱的適応係数も1に近くなることが期待される．

表1.4.5の傾向は，上記の考察から理解することができる．すなわち清浄な表面では，気体分子の質量が大きい方が熱的適応係数が大きくなる傾向が見られ，逆に気体分子の質量が同じであれば基板原子が重くなると熱的適応係数は小さくなる．これに対して汚れた表面では，表面上に水，酸素，炭化水素系の気体などが吸着しており，気体分子が最初に衝突する表面原子の質量が小さいため，一般に熱的適応係数は大きくなる．

■　**熱的適応係数の詳細な解析**　個々の気体分子の衝突に着目すると，その散乱過程は，気体分子と表面原子の微視的な位置と運動量に依存し，画一的に表すことはできない．衝突の際の分子と表面原子の相対的な位置を表す衝突径数や表面原子の速度がさまざまなため，個々の分子に着目するとその適応の度合いは一定ではない．微視的な散乱過程に基づき適応係数を求めるには，すべての可能な位置と運動量の配置について衝突によるエネルギー変化の割合を求め，統計的な平均をとらなければならない．入射分子が角度を持って散乱され，さらに表面原子が格子を組んでいることを考慮すると，式(1.4.15)は

$$\frac{\Delta E}{E} = \frac{2.4\mu}{(1+\mu)^2} \qquad (1.4.18)$$

となることが示されている[151),152]．表面原子の熱振動と入射分子–表面相互作用を考慮すると，熱的適応係数は入射分子の温度（T_i）が上昇するにつれて一度減少し極小点をむかえたあと増大することになる．この

1.4 気体と固体表面

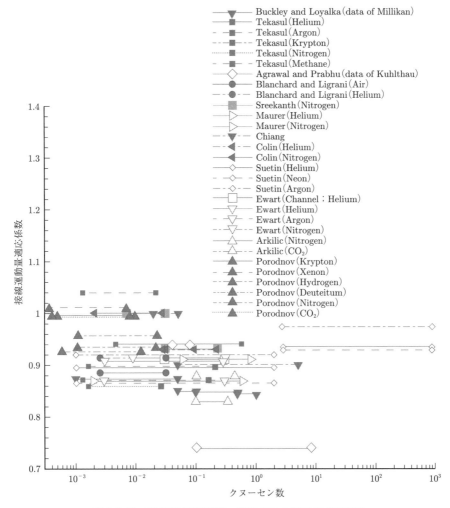

図 1.4.19 接線運動量適応係数．文献 150) より許可を得て転載

様子を示したのが**図 1.4.20** である．この様子を表す経験式として

$$\alpha(T_i) = 1 - \exp\left(-\frac{T_c}{T_i}\right)$$
$$+ \alpha_\infty \tanh\left(\sqrt{\frac{kT_i}{m}}\frac{ca}{\omega_0}\right)\exp\left(-\frac{T_c}{T_i}\right) \quad (1.4.19)$$

$$\alpha_\infty = \frac{2.4\mu}{(1+\mu)^2} \quad (1.4.20)$$

が知られている[151),152)]．ここで，T_c は入射分子と表面の相互作用を反映するパラメーター，c は 1 に近い定数，a は 1.3 Å^{-1} 程度の値，ω_0 は表面の振動を表す特徴的な角振動数でデバイ振動数にとる．T_i が大きくなると α は α_∞ に近付き，逆に小さくなると 1 に近付くことがわかる．

分子は並進運動に加えて振動や回転などの内部自由度を持つため，厳密には自由度ごとの適応係数が定義される．内部状態に関する適応係数は，発光分光により内

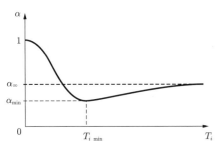

図 1.4.20 熱的適応係数の温度依存性

部状態分布を測定したり内部状態が励起された分子を用いることで見積もられた例が報告されている[153]〜[155].

〔3〕散乱の角度分布

(a) 余弦則　固体表面で散乱されて空間へ出て行く分子数の方向依存性は,「表面が特別な相互作用を持たない」ときには, 1.3.2項で述べた余弦 (cosine)則で表される. 図1.4.21に研磨した鋼とアルミニウム表面での窒素分子の散乱角度分布の測定結果を示す[156]. いくつか異なる条件での結果が示されているが, いずれの場合も測定点は円上にのっており, 余弦則に一致していることがわかる. 真空技術に関わるさまざまな実用表面で散乱された気体分子の角度分布は, ほとんどこの余弦則に従っているとして取り扱ってよい.

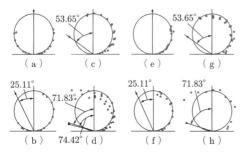

図1.4.21　(a)〜(d) 鋼と (e)〜(h) アルミニウム表面で散乱された窒素分子の角度分布[156]

(b) 余弦則の理解　表面での気体分子の散乱でなぜ余弦則が成り立つのか, その理由は必ずしも単純ではない. 気体分子と表面の間には1.4.3項〔4〕で述べたようなポテンシャルで表される相互作用が働き, このポテンシャルによって気体分子は散乱される. 余弦則の起源を考えるために, まず原子的に平坦な単結晶表面での散乱の実験結果の例を見る. 真空技術の進歩により, 清浄な単結晶表面を準備し, その表面で特定の速度を持った分子の散乱を調べることが可能になった. 図1.4.22は, Pd(111) 表面に入射したHe, O_2, CO分子線の散乱の方向分布である[157]. Heは入射角度と出射角度が等しい鏡面反射を起こすのに対して, COはほぼ余弦則に従う角度分布を示している. これはつぎのように理解される. 1.4.3項〔6〕で述べたように, 貴ガスの一種であるHeは表面への吸着エネルギーが小さい. さらにその質量の小ささゆえに熱的適応係数も小さいため, エネルギーを失うことなく鏡面反射する. 一方, COは金属表面に化学吸着するため, Pdとの引力相互作用も強い. 入射したCOは一時的に表面に捕獲されて表面と熱平衡になる. その後, 熱的に励起されて表面から脱離する. 平坦な表面に吸着した分子が熱脱離する場合, その角度分布は余弦則に従うことが知られており, このためCOの散乱分布は余弦則に近い分布を示している. O_2も1.4.3項〔6〕に述べたように表面に化学吸着するため, 相互作用は比較的強く, 結果的にCOとHeの中間的な様相を示している. 質量の小さなHeの場合, 量子力学的なド・ブロイ波長が結晶の格子間隔と同程度になり, 鏡面反射だけでなく表面の周期性を反映した回折が起こることも知られている. 図1.4.23は, Pd(111) 表面で散乱されたHeの角度分布を詳細に測定した結果である[158]. 清浄なPd表面でも15°程度ずれた方向にわずかに散乱強度が見られるが, Pd表面に水素を吸着させると図中の指数で表される回折ピークが明瞭に観測されている. これは水素が吸着することで相互作用ポテンシャルの凹凸が大きくなったためである.

Heのように鏡面反射する分子とCOのように表面

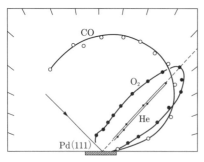

図1.4.22　Pd(111) 面で散乱されたHe, O_2, CO分子の方向分布[157]

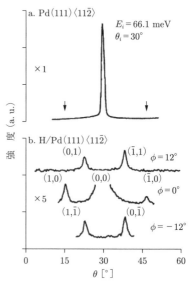

図1.4.23　(a) Pd(111) 表面と (b) 水素吸着Pd(111)表面で散乱されたHeの角度分布[158]

と強く相互作用し表面に一時的に捕獲される分子では、熱的適応係数が異なると予想される．このような散乱角度と熱的適応係数の相関は、散乱分子の速度を測定することで確かめられている．図1.4.24は、Pt(111)表面におけるXe散乱の実験結果を飛行時間スペクトルで示したものである[159]．飛行時間スペクトルとは、パルス状に分子線源から出た気体分子が検出器に到達するまでの時間を測定したものである．飛行距離がわかっているため、飛行時間の逆数は分子の速度に対応する．図1.4.24(a)は入射分子の飛行時間スペクトルを示し、単一のそろった速度を持っていることがわかる．表面温度185 K, Xe分子線の入射角75°のときに、0°, 45°, 75°（鏡面反射）の方向に散乱された分子の飛行時間スペクトルをそれぞれ図1.4.24(b), (c), (d)に示す．(b)の表面垂直方向（0°）では、表面温度で決まるマクスウェル・ボルツマン分布となっているのに対して、(d)の鏡面反射方向では元の速度分布をほぼ保存している．すなわち二つの散乱チャネルが共存しており、その割合が散乱方向によって異なっていることを示している．

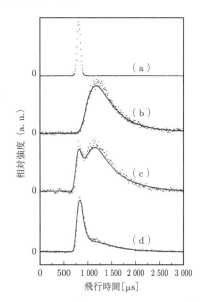

図 1.4.24 (a) 入射Xe分子と、Pt(111)表面で、(b) 0°, (c) 45°, (d) 75°で散乱されたXe分子の飛行時間スペクトル[159]．

以上のように、原子的に平坦な表面で分子が散乱される場合、散乱角度分布は必ずしも余弦則に従わないことがわかる．しかし真空技術に関わるさまざまな実用表面では、運動量適応係数は図1.4.19に示すようにほぼ1になり拡散反射をし、散乱の角度分布も図1.4.21に示すように余弦則に従うことが知られている．実用表面で散乱角度分布が余弦則を示すことは、直感的に「一時捕獲」モデルと「速度分布保存」モデルで解釈されることがある．どちらも微視的に見れば正確ではないが、なぜ散乱強度が$\cos\theta$に比例するのかを理解する意味では有用なので以下に記す．

「一時捕獲」モデルでは、入射する分子はすべていったん表面に吸着し、表面と熱平衡になったのち、熱的に励起されて表面から脱離すると考える．この場合、入射するときの記憶は失われ、余弦則に従って表面から放出されることになる．しかし、表1.4.5に示すように一般に熱的適応係数が1より小さな値をとる事実を考えると、入射した分子が表面と完全に熱平衡になっているわけではないことがわかる．「速度分布保存」モデルでは、実用表面は入射分子の速度分布を変化させないと考える．空間を運動する分子は等方的な速度分布を持つ．表面の微小面積から分子が等方的に放出される場合、面の法線からの角度θの方向から微小面積を見ると$\cos\theta$で立体角が小さくなるため方向分布も$\cos\theta$に比例することになる（熱脱離が余弦則を示すのも同じ理由である）．実用表面は、原子レベルで見ると幾何学的に平坦ではなく、不均質でさまざまな方向を向いた表面から構成されていると考えられる．これらの表面の方向に規則性がなければ、表面全体としては乱雑な散乱が起こり、定性的には速度分布は表面での散乱前後で変化しないと期待できる．しかし、このモデルは等方的な速度分布が余弦則を示すことを表すだけで、分子が表面で拡散反射をすることを説明しているわけではない．

1.4.5 気体の拡散

空間的に分子密度の高いところと低いところが存在すると、時間が経つにつれて分子は密度の高いところから低いところに移動する．このような分子の移動は拡散と呼ばれ、その挙動は拡散方程式で表される（関連資料1.6.2項参照）．分子はしばしば固体表面上を拡散する．これは空間座標の自由度が二次元となった拡散であり、表面拡散と呼ばれる．一方、表面に一様な密度で吸着した分子が固体内部へ拡散する場合があり、これは擬似的に空間座標の自由度が一次元の拡散と考えることができる．吸着分子の拡散は、気体の脱離における二次の会合脱離やバルク中からの気体の拡散、さらに薄膜成長や表面反応において、重要な過程である．

〔1〕 跳躍拡散の拡散係数

固体および固体表面では、通常構成原子が規則正しく配列している．このような場合、表面に吸着した分子の拡散は一つの安定なサイトから隣接するサイトへ

の跳躍の繰返しで生じると考え，拡散係数は跳躍頻度と関係付けられる．図 1.4.25 において，分子はランダムに頻度 ν で隣接領域に跳躍するとする．$x = x_n$ の領域から，$x = x_{n+1}$ と $x = x_{n-1}$ の領域に等確率 $(\nu/2)$ で跳躍するとすれば，単位時間当りに $x = x_n$ の領域に流入する分子数 J_n は $x = x_n$ からの流れと $x = x_{n-1}$ からの流れの差で表され

$$J_n = \frac{\nu}{2}(c(x_{n-1},t)\Delta x - c(x_n,t)\Delta x)$$
$$J_n = -\frac{\nu \Delta x^2}{2}\frac{\partial c(x,t)}{\partial x} \qquad (1.4.21)$$

となる．このときの密度勾配の比例係数が拡散係数である．空間が二次元あるいは三次元の場合，隣接領域の数が増える．空間次元が d_s のときは，隣接領域への跳躍確率が $\nu/2d_s$ となり

$$D = \frac{\nu \Delta x^2}{2d_s} \qquad (1.4.22)$$

となる．

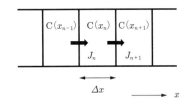

図 1.4.25 粒子の流れと密度変化，跳躍距離の関係を表す図（詳細は本文参照）

1.4.3 項で述べたように，表面への分子の吸着は吸着ポテンシャルによって理解される．吸着の起源を思い出すと，原子レベルで気体分子の吸着しやすいサイトとしにくいサイトが存在する．例えば，Pd や Ni などの金属表面上での水素は，表面原子の間（ホローサイトと呼ぶ）に吸着しやすく，金属原子の直上（オントップサイトと呼ぶ）には吸着しにくい．分子を仮想的に表面平行方向（ホローサイトからオントップサイトを通ってとなりのホローサイトへ）に動かすことを考える．吸着しやすいホローサイトでは吸着エネルギーは大きく，吸着しにくいオントップサイトでは吸着エネルギーが小さいため，エネルギーは図 1.4.26 に示すように吸着の位置に対して周期的に変化することになる．分子の表面拡散とは，一つの安定な吸着サイトから隣の安定吸着サイトへの移動と捉えることができる．このとき吸着分子の跳躍頻度 ν は，絶対反応速度論から

$$\nu = \nu_0 \exp\left(-\frac{E_{diff}}{kT}\right) \qquad (1.4.23)$$

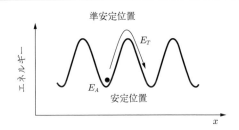

図 1.4.26 拡散のポテンシャル

と表される．これより拡散係数 D は

$$D = D_0 \exp\left(-\frac{E_{diff}}{kT}\right) \qquad (1.4.24)$$
$$D_0 = \frac{\nu_0 \Delta x^2}{2d_s} \qquad (1.4.25)$$

と表される．ここで，$E_{diff} = E_T - E_A$ は図のポテンシャルで拡散に要するエネルギー，D_0 は前指数因子である．ν_0 が格子振動の振動数程度（$10^{12} \sim 10^{13}\ \mathrm{s}^{-1}$），$\Delta x$ が原子間隔程度（$\sim 3 \times 10^{-10}\ \mathrm{m}$）となるため，$D_0$ は通常 $\sim 10^{-8}\ \mathrm{m}^2 \cdot \mathrm{s}^{-1}$ の値となる．吸着分子間には相互作用が働くため，拡散係数は通常被覆率に依存する．被覆率が小さく吸着分子間の相互作用を無視できる場合の個々の原子の拡散係数をトレーサー拡散係数という．一方，吸着分子間の相互作用が有意で，化学ポテンシャルに勾配があるときの拡散係数を化学拡散（または集団拡散）係数と呼ぶ．時間 t の間に分子が二次元的に拡散する平均的な距離は $\sqrt{2Dt}$ で与えられる（1.6.2 項参照）．

〔2〕 表面拡散の測定法

表面拡散の拡散係数を測定するために，さまざまな実験方法が開発されてきた．大きく分けると，表面上に分子密度の濃淡を作り，密度の時間変化を測定する方法と，単一分子の移動速度を直接測定する手法がある．前者の手法として，レーザー脱離法（laser-induced thermal desorption, LITD），レーザー脱離光回折法（laser optical diffraction, LOD），光電子顕微鏡（photoemission electron microscopy, PEEM）などが，後者の手法として電界電子放射（field emission microscopy, FEM），電界イオン顕微鏡（field ion microscopy, FIM），走査トンネル顕微鏡（scanning tunneling microscopy, STM），He 原子線散乱（helium atom scattering, HAS）などがある．図 1.4.27 は，Ni(111) 表面上の水素原子について，LOD で測定した拡散係数の温度依存性である[160]．拡散係数が $1/T$ に対して片対数表示されており，このようなプロットをアレニウスプロットという．式 (1.4.24) からわかるように，このプロットの傾きは拡散の活性化エネルギーを，切片は前指数因子を与える．いくつかの系に

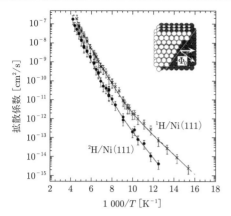

図 1.4.27 Ni(111) 表面上の水素の拡散係数のアレニウスプロット[160]

対して測定された拡散係数を**表 1.4.6** に示す.

表 1.4.6 拡散係数の測定例 (文献 161 より抜粋)
E_{diff}: 拡散の活性化エネルギー, D_0: 前指数因子

気体	表面	E_{diff} [kJ/mol]	D_0 [m²/s]	Method
H	Pt(111)	17	1.7×10^{-11}	FEM
O	W(110)	92	1×10^{-8}	FEM
CO	Pt(111)	25	5.0×10^{-11}	HAS
Xe	Pt(111)	4.8	3.4×10^{-8}	LITD

1.4.6 気体の熱脱離

固体表面からの気体の脱離は,真空容器内の圧力はもちろんのこと,真空の質を左右する重要な現象である.真空技術に関連が深い脱離現象として,本項では熱的脱離,次項で電子的な励起によって引き起こされる脱離について述べる.

〔1〕 熱脱離頻度

気体分子が表面から熱的に脱離する過程は純粋に確率的なものと考えられるので,分子が表面に吸着している時間の平均,平均滞在時間 τ, を時定数としてその脱離頻度を表現できる.すなわち単位時間に単位面積から脱離する気体分子の数 q_N は,吸着分子の分子密度 σ に比例して

$$q_N = \frac{\sigma}{\tau} \quad (1.4.26)$$

と表せる.平均滞在時間 τ は脱離の活性化エネルギー E_d と温度 T の関数で

$$\tau = \tau_0 \exp\left(\frac{E_d}{kT}\right) \quad (1.4.27)$$

である.ここで τ_0 は分子の吸着状態により決まる時定数で,1.4.8 項で詳しく述べる.式 (1.4.27) で表される吸着分子の平均滞在時間と温度の関係を,脱離の活性化エネルギー E_d をパラメーターとして図としたのが**図 1.4.28** である.ここでは $\tau_0 = 10^{-13}$ s としている.

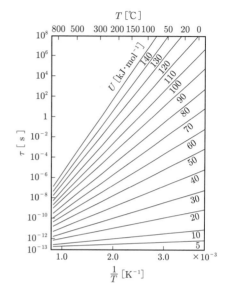

図 1.4.28 平均滞在時間 τ の温度依存性.パラメーターは脱離の活性化エネルギー E_d, $\tau_0 = 10^{-13}$ s.

脱離頻度が吸着密度に比例するのは,吸着分子間の相互作用がなく,吸着分子がそのままの形で脱離する吸着系である.吸着状態では原子状に解離しており,会合して分子となって脱離するような系,例えば,金属表面上に吸着した水素原子 H が 2 原子分子 H_2 となって脱離するときには,脱離頻度は水素原子の吸着密度の 2 乗に比例する.一般的に脱離頻度は

$$q_N = \sigma^n \nu_n \exp\left(-\frac{E_d}{kT}\right) \quad (1.4.28)$$

と書かれる.n は脱離の次数,ν_n は速度定数と呼ばれる.式 (1.4.26), (1.4.27) で表される一次の脱離 ($n = 1$) では,速度定数は $\nu_1 = 1/\tau_0$ である.二次の脱離 ($n = 2$) では,会合するまでの原子または分子の表面拡散過程が脱離現象に関わるので ν_2, E_d は単純には決まらない.表面拡散が脱離の律速過程であるような系では,ν_2, E_d は吸着サイト間の移動頻度,拡散の活性化エネルギーなどで決まる.

〔2〕 昇温脱離法

試料表面の温度上昇による気体の放出とそれに伴う真空容器中の圧力変化を,脱離頻度の式を基にして解析的にあるいは数値計算により導くことができる.また,その結果を逆に用いれば,吸着密度,吸着エネ

ギーなどを知る手段となる．この方法は昇温脱離法あるいは熱脱離法（thermal desorption spectroscopy, TDS）と呼ばれ，真空・表面科学の分野で広く利用されている．

固体試料を加熱すると吸着していた気体，あるいは表面近傍に吸蔵されていた気体が放出される．時刻 t に試料から単位時間に放出される気体分子数を $Q_N(t)$ とする．試料の表面積を A とすれば，$Q_N(t)$ は，q_N より，その時間変化を考慮して

$$Q_N(t) = Aq_N(t)$$
$$= A\sigma(t)^n \nu_n \exp\left(-\frac{E_d}{kT(t)}\right) \tag{1.4.29}$$

である．また吸着量の時間変化は，再吸着が無視できる条件では

$$A\frac{d\sigma(t)}{dt} = -Q_N(t) \tag{1.4.30}$$

である．試料の温度を上げると，式 (1.4.29)，(1.4.30) に従って $Q_N(t)$ は変化する．試料温度を制御しながら観測される $Q_N(t)$，あるいは気体放出に伴う真空容器内の圧力変化を昇温脱離スペクトルと呼び，その形と脱離の次数 n の関係，気体放出速度が極大になる温度と脱離の活性化エネルギーの関係などは解析的あるいは数値的に導くことができる．

例えば，脱離の次数 n が 1 で，脱離の活性化エネルギー E_d が σ によらず一定であるような吸着系を考える．この試料の温度を時間 t に対して一定の速さで，すなわち T_0，a を定数として $T(t) = T_0 + at$ となるように昇温すると，はじめ気体放出速度は増加し，やがて表面上の吸着量が減ってくると気体放出速度は減少に転じ，最終的に吸着している気体がなくなればゼロとなる．したがって気体放出速度はその間のある温度 T_p でピークを持つ．式 (1.4.29)，(1.4.30) から $Q_N(t)$ が極大値をとる条件を導くと，T_p は

$$\frac{E_d}{kT_p^2} = \frac{\nu_1}{a} \exp\left(-\frac{E_d}{kT_p}\right) \tag{1.4.31}$$

の関係で与えられる．

現実的には放出される気体分子数を直接測定するのは困難なので，通常は真空容器内の圧力変化から気体放出速度を求める．巨視的に測定可能な気体の体積と圧力の積で表した気体の量を pV 値と呼ぶ（1.3.3 項〔1〕参照）．pV 値で表した気体放出速度 $Q(t)$ の単位は $[\mathrm{Pa \cdot m^3 \cdot s^{-1}}]$ で，気体の温度を T_g とすると，分子数で表した気体放出速度 $Q_N(t)$ とは，$Q(t) = Q_N(t)kT_g$ の関係にある．試料が内容積 V の真空容器に収めら

れ，そこに接続された真空ポンプの排気速度を S とする．容器内の圧力 $p(t)$ の時間変化はつぎの微分方程式で決まる．

$$V\frac{dp(t)}{dt} = Q(t) - Sp(t) \tag{1.4.32}$$

この微分方程式からは，排気速度の大小によって二つの近似解が得られる．排気速度が十分大きいとき，厳密にいうと，排気の時定数 V/S が圧力の相対変化率の逆数より十分小さいとき，すなわち

$$\frac{V}{S} \ll \left(\frac{1}{p}\frac{dp}{dt}\right)^{-1} \tag{1.4.33}$$

あるいは別の表現をすると，ポンプで排気している気体の量が，真空容器内の気体の増加量より十分大きいとき，すなわち

$$Sp \gg V\frac{dp}{dt} \tag{1.4.34}$$

では，式 (1.4.32) の解は

$$Q(t) = Sp(t) \tag{1.4.35}$$

となり，圧力の変化はそのまま気体放出速度の変化に対応する．放出された気体の総量は，圧力の時間積分から得られる．上記の逆の条件では

$$Q(t) = V\frac{dp}{dt} \tag{1.4.36}$$

であり，気体放出が始まってからの圧力の変化分が放出気体の総量に対応する．

実際の真空系では，このような極端な条件にあることはまれであり，また，脱離気体の真空容器の内壁面等への再吸着なども問題になる．脱離現象の正体がある程度わかっていれば，式 (1.4.29) と式 (1.4.30) から数値計算により脱離スペクトルを再現し，実測したものとの比較から脱離の次数，吸着量，脱離の活性化エネルギーなどを求め，詳細な解析を進めることができる．

〔3〕 真空排気過程

真空容器を大気圧から排気する過程は，おおむね 100 Pa 以上の圧力領域では，大気の主成分である N_2 と O_2 を排気していることになるが，1 Pa 程度以下の圧力領域に入ると，容器の内壁から放出される H_2O などの気体を気相を経由して排気していると考えるべきであり，気体の吸着・脱離過程が，排気による真空容器内の圧力降下の律速過程となる．この気体放出は，おおむね吸着気体の熱的脱離によるものである．脱離の活性化エネルギーが吸着密度に依存せず一定の値をとるならば，式 (1.4.27) で表される気体の脱離頻度と真空ポンプの排気速度で容器内の圧力は決まり，吸

着密度の減少に伴う圧力降下曲線を導くことができる. しかし実際の真空系の排気過程での圧力変化は, 脱離の活性化エネルギーの吸着密度依存性, 脱離気体の壁への再吸着, 気相と吸着相の間に平衡が保たれていないことなどの要因のため複雑である.

脱離頻度の吸着量依存性は吸着等温線 (1.4.8 項参照) から導くことができるので, 実測された, あるいはモデルとする, 吸着等温線を基に排気過程のシミュレーションが試みられている. 実際の真空系の排気曲線 $p(t)$ は, 10^{-2} Pa 以下の圧力領域では, おおむね $t^{-1 \sim -1.3}$ に比例して減少していくのが観測され, これは Freundlich あるいは Temkin などの単純な吸着等温線によっても, その定性的傾向はほぼ再現できる. 大気にさらした後のアルミニウム合金製の真空容器の排気曲線では, $10^{-3} \sim 10^{-5}$ Pa の範囲が, Freundlich 吸着等温式を仮定したときの排気曲線に良く一致すると報告されている[162]. しかし, 広い圧力範囲での定量的な比較は難しい. 特に吸着量が小さくなって到達圧力に近付くところではうまく再現できない. この原因の一つは, 吸着等温線が現実を反映していないことにあると考えられる. また, 表面からの気体の脱離・再吸着過程に排気が加わって, 時間的に変動していく系では, 静的な平衡状態からは本質的にずれていると考えられる. これらの複雑さは杉本, 武安らにより解明されつつある[131],[132],[163].

1.4.7 電子遷移誘起脱離

電子遷移誘起脱離 (desorption induced by electronic transitions, DIET) とは, 固体表面に荷電粒子, 光などが入射したとき, 固体内部あるいは固体表面に生成された電子的な励起状態をきっかけとして, 表面に吸着している原子・分子, あるいは表面を構成している原子・分子が脱離する現象を指す. 電子によって起こる電子励起脱離 (electron stimulated desorption, ESD)[†1], 光による光励起脱離 (photon stimulated desorption, PSD)[†2] など昔から知られている現象がこの中に含まれるほか, イオン照射やエネルギー密度の高いレーザーによって起こる脱離にもこの機構が主役を演ずる現象がある. あくまでも電子的な励起状態を経由して起こる脱離現象を DIET と呼び, 照射に伴う温度上昇による熱脱離, スパッタリングと呼ばれる入射粒子との直接の運動量授受による脱離とは区別して扱う. 放出される粒子は, 原子, 分子, フラグメント, クラスター

[†1] 電子誘起脱離 (electron induced desorption, EID) あるいは電子衝撃脱離 (electron impact desorption, EID) とも呼ぶ.

[†2] 光脱離 (photodesorption) とも呼ぶ.

等, さまざまであり, それぞれに対して, 電荷が中性のもの, あるいは正・負のイオン, さらにその電子状態が基底状態, 励起状態のもの, さまざまの振動・回転状態にあるものなどが観測される.

真空技術に密接に関連する DIET の現象の一つは, この研究の発端ともなった電離真空計などのイオン化室の陽極で起こる気体の脱離である[164]. 真空計や質量分析計の指示値の誤りや気体放出による圧力上昇の原因となる大きな問題である. もう一つは, 荷電粒子や高エネルギーの放射の飛び交う真空 (いわゆる hot vacuum) 装置における, 内壁表面, クライオポンプ面などからの気体放出である. 電子分光を応用した表面分析などでは, 測定対象となっている表面状態の破壊と真空装置内での気体放出という点で測定を妨害することが多い. DIET を表面分析の手段として応用する試みも行われてきたが, 測定対象, 測定手法も研究者によりさまざまであり, まだ標準的な手法は確立されていない.

〔1〕 電子遷移誘起脱離の機構

表面に電子的励起状態が生成されてから, 粒子の脱離が起こるまでの機構に対して, いままでに多くのモデルが提唱されてきた. それらの先駆的な研究は石川と太田によるものである. 石川は Pt 表面に吸着した H[165],[166], H_2O[167],[168] の電子励起脱離の研究を行い, 分子の電子励起が脱離に至るモデルを提示している. 太田は Ni 表面に吸着した H_2O, O から電子照射により脱離するイオンの運動エネルギーを測定し, 解離性イオン化が脱離の出発点であると提唱している[169]〜[171]. これらの研究では, 後の MGR モデルに始まる DIET の機構に対する基本的概念がすでに示されている. 石川・太田の業績とその評価は間瀬と南部によりまとめられている[172].

超高真空技術の発展に伴って表面科学の実験的研究が活発に行われるようになり, 電子線や光の照射によって起こる表面からの脱離現象に注目が集まり, この分野の研究が盛んになった. 以下に MGR モデル以降, 現在一般に受け入れられている代表的な脱離機構のモデルを挙げる.

- Menzel-Gomer-Redhead(MGR) 機構
- Antoniewicz(A) 機構
- Knotek-Feibelman(KF) 機構
- 空洞放出：cavity ejection(CE) 機構
- 励起子分子解離：excimer dissociation(ED) 機構
- イオン対反発：ion pair repulsion(IR) 機構
- 振動エネルギー転換：vibrational energy transfer(VT) 機構

前三者は，金属表面の化学吸着層からの脱離，後の四者は，おもに凝縮層（分子性固体）表面からの脱離に関連している．このほか半導体表面[173]，アルカリハライド表面[174],[175] などで，その構成原子自体が脱離する機構を説明するモデルもあるが，真空技術との関わりは希薄なので本書では触れない．

電子遷移誘起脱離が起こる過程では，少なくとも二つの段階，すなわち電子的励起状態が形成される過程とそこから原子・分子・イオンなどが脱離していく過程を考える必要がある．状況によっては，さらにつぎのようないくつかの細かな段階に分けて考えた方がよい場合もある．

1. 最初の励起状態の形成
2. 励起の移動
3. 脱離に直接結び付く励起状態への転換，遷移，緩和
4. 電子的励起エネルギーから脱離粒子の運動エネルギーへの転換
5. 表面からの離脱過程で起こる緩和

電子，光，イオンなどの入射粒子種による違いは，1.の段階において，入射エネルギー依存性，励起断面積の違い，励起の生成位置の違いとなって現れる．2.以降の過程は，入射粒子によらずほぼ共通に理解できると考えてよい．これまでに提唱されているモデル機構は，それぞれが上記のすべての段階に言及しているわけではない．種々の脱離現象での特徴的な一面を捉えているというべきであろう．

〔2〕 化学吸着系・結合系の電子遷移誘起脱離機構
（a） MGR機構　　Menzel and Gomer[176]，およびRedhead[164] から，電子励起脱離のモデルが1964年にほぼ同時に提唱された．その基本的機構はほぼ同一で，以後まとめてMGR機構と呼ばれている．このモデルは，孤立した分子の電子励起による解離機構を，表面原子と吸着原子の間に適用したもので，図1.4.29のようなポテンシャルダイヤグラムを用いて説明される[164]．図はMo表面に化学吸着したOを例としている．横軸のzは表面のMo原子とO原子間の距離である．基底状態にある吸着O原子は，Mo + O の曲線の底z_{eq}の近傍にある．電子衝撃によりエネルギーV_Tを得て，フランク・コンドン（Franck-Condon）遷移によりMo + O$^+$ + e の曲線に移ると，この図のような状態では運動エネルギーE_kを持った O$^+$ の脱離が起こることになる．この過程が起こるための入射電子線のエネルギーの閾値V_{T0}は，酸素原子のイオン化エネルギーV_iと吸着エネルギー$E_d(O)$の和となることが図からわかる．Mo表面に吸着したOの系ではV_{T0}の計算値は 17.5 eV 程度となり，実測値と良い

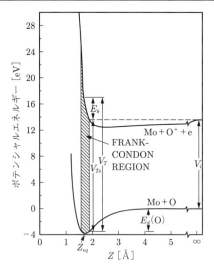

図1.4.29　Mo表面のO化学吸着系の脱離機構
（MGR モデル）[164]

一致を示すことが報告されている[164]．脱離イオンの運動エネルギー分布は，Z_{eq}近傍に存在する吸着O原子の確率密度分布が Mo + O$^+$ + e のポテンシャル曲線の斥力部分へ射影されたものと解釈できる（図の斜線部分）．イオンの脱離が起こるための衝突断面積は，孤立した分子のイオン化解離断面積の値 10^{-20} m^2 程度に比較して数桁小さいことが知られている．これは，表面でイオン化された O$^+$ が表面から離れつつあるときに，基板金属から電子を受け取ってほとんどが再中性化されてしまうためである．再中性化された O 原子は，そのまま中性原子として脱離するか，あるいは吸着状態に戻る．その分かれ目は再中性化されるまでにMo + O$^+$ + e ポテンシャルの中で O$^+$ が得た運動エネルギーの大きさと，再中性化された結果遷移した Mo + O ポテンシャルの深さの大小による．すなわち再中性化が起こる位置によって決まる．

MGRモデルは，非常に単純かつ模式的なポテンシャルダイヤグラムを用いているにもかかわらず，金属表面に化学吸着した O, CO などの系からのイオンと中性原子の ESD 現象に見られる下記の特徴をうまく説明することに成功した．

a) 脱離を起こす入射エネルギーの閾値
b) 脱離イオンの運動エネルギー分布
c) 再中性化過程のためにイオン脱離断面積が小さくなること
d) イオン脱離断面積に対する同位体効果

しかし現実の系で起こる脱離現象が，MGRモデルで用いられているような単純なポテンシャルダイヤグラムの上で起きているとは考えにくい．また〔1〕で述べ

た段階的な過程が明らかに確認されているわけではない．脱離につながる励起状態が形成される過程，多数存在する電子的励起状態のいずれが脱離に寄与するのか，その電子的励起エネルギーが脱離粒子の運動エネルギーに転換されていく過程，すなわちいくつかのポテンシャル曲線を遷移していく過程等の詳細は，MGRモデルでは考慮されていない．また，多種多様な吸着媒・吸着質系に一様に適用できるわけでもないことはその後の実験データの蓄積で明らかになった．

（b）**Antoniewicz 機構**　MGR モデル以後，より現実に近い条件を考慮した脱離機構がいくつか提唱されている．Antoniewicz[177] は，より現実的なポテンシャル曲線と，多数の励起状態に対応するポテンシャル曲線をつぎつぎに移っていく遷移のカスケードを取り入れたモデル（A 機構）を提唱した．

金属表面の化学吸着分子がイオン化された場合を考えると，図 1.4.30 に模式的に示すように，金属表面とイオンの間のポテンシャル（M^-+A^+ 曲線）が極小をとる位置は，鏡像力が加わる分だけイオン化される前の状態での平衡位置よりも金属表面に近くなると考えられる．したがって，このようなポテンシャル曲線の組合せでは MGR モデルで考えるような脱離は起こらない．A モデルの図 1.4.30 のポテンシャルダイヤグラムでは，イオンが金属表面に近付きながら運動エネルギー E_k を獲得し，位置 z_n で再中性化されて，例えば元の基底状態のポテンシャル曲線の反発領域に戻ると，それが中性粒子として脱離する．イオンが脱離するためには，図 1.4.30 には示されていない，より高いイオン–表面ポテンシャル曲線から低いイオン–表面ポテンシャル曲線上の反発領域に遷移する過程が必要である．A モデルは，金属表面に物理吸着した貴ガスからの中性原子の脱離にも適用できると考えられるが，まだ実験による詳細な検証はされていない．

（c）**KF 機構**　Knotek と Feibelman[178],[179] により 1978 年に提唱されたモデル（KF 機構）は，MGR 機構ではうまく解釈できなかったつぎの観測結果を説明することに成功した．一つは，脱離が起こる入射電子エネルギーの閾値が MGR モデルで予測される値と大きく異なるものがあること．もう一つは，酸化物の ESD において結合状態で O^{2-} の状態にあるものが O または O^+ となって脱離する際に，電子 2 個ないし 3 個分の大きな電荷移動が起きていることである．KF モデルの要点は，原子内殻の正孔生成とそれに続くオージェ（Auger）遷移過程が脱離への引金になっているという点である．KF モデルが実験的に明確に示された例は，TiO_2，WO_3（W_2O_5）など，金属原子が最大原子価の状態になっている酸化物表面からの酸素の脱離である．価電子がすべて酸素に捕らえられているため，金属原子の内殻に正孔が作られると酸素原子側にある価電子が正孔を埋め，そのエネルギーで酸素の価電子帯からさらに 1 個ないし 2 個の電子が放出される．このような原子間オージェ過程により，酸素の中性原子あるいは正イオンが作られる．そうするとイオン結晶格子の中で本来負イオンが収まって安定な場所に正イオンが出現するために，電荷の釣合いが破れ正イオンは放出される．脱離を起こすエネルギー閾値は金属の内殻のイオン化エネルギーに対応する．また最大原子価をとらない化合物（TiO，WO_2）では，原子間オージェ過程よりも原子内オージェ過程の方が起こりやすいために，O^+ の脱離が起こらないことなどの実験事実もこのモデルの証左となっている．図 1.4.31 は TiO_2 表面上に吸着した OH および F からの，それぞれの ESD イオンの収率の入射電子エネルギー依存性である[178]．収率が急に立ち上がるエネルギー，すなわち閾値が結合に関与している原子の内殻の正孔生成エネルギーに対応していることから，これらの吸着系でも KF モデルで示されたオージェ遷移過程が脱離のきっかけとなっていると判断できる．

〔3〕**物理吸着系・凝縮系の電子遷移誘起脱離**

前項に挙げた DIET のモデルは，化学吸着系，酸化物表面，イオン結晶表面など，化学結合が切断されて脱離が起こる過程に対するものである．クライオポンプやクライオトラップなどの低温面に凝縮した N_2，O_2，CO，CO_2，H_2O，炭化水素，貴ガスなどの真空中の残留気体の脱離は，真空技術的観点から重要な問題である．分子の解離生成物の脱離は，〔2〕の化学吸着系・結合系の脱離に同じである．化学結合手を持たず，ファンデルワールス力，永久・誘起双極子による静電的引力によって結合している物理吸着分子，あるいは分子

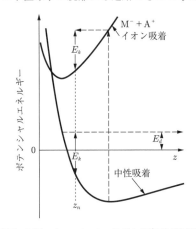

図 1.4.30　Antoniewicz モデルの表面–原子間ポテンシャルの模式図[177]

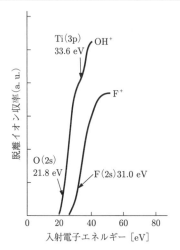

図 1.4.31 OH あるいは F が化学吸着した TiO_2 表面から電子励起脱離する OH^+ および F^+ の収率の入射電子エネルギー依存性[178]. それぞれの原子の内殻に正孔を生成するエネルギーを矢印で示してある.

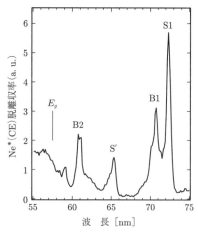

図 1.4.32 固体 Ne 表面からの準安定原子の光脱離収率の入射光波長依存性[180]

性固体からの分子そのものの脱離は，化学結合系とは別の機構による．ファンデルワールス固体の代表である貴ガス固体を対象として DIET の研究が進められ，励起子 (exciton，エキシトン) の生成とその緩和過程を経由して起こる中性粒子の脱離，固体内でのイオン生成から始まって起こるイオンおよび中性粒子の脱離などの機構が実験で確認されている．

(a) **励起子の関わる脱離** 真空紫外領域の単色光を用いて固体 Ne を励起したときに観測される準安定原子の脱離収率の励起光波長依存性を **図 1.4.32** に示す[180]. 図 1.4.32 に見られる波長依存性は，光吸収の実験[181]によって明らかにされている貴ガス固体での表面・バルク励起子生成に伴う光吸収スペクトルと一致しており，励起子の生成が準安定原子の脱離に密接に関連していることを示している†. S は表面励起子，B はバルク励起子，数字は励起準位，E_g は固体内のイオン化に対応する．励起子に起因する脱離では，これまでに二つの主要な脱離機構が確認されている[182].

1) **cavity ejection 機構** Ne や Ar では，固体でも電子親和力が負であるため，励起子の膨らんだ電子軌道と周囲の基底状態の原子との間に反発相互作用が

---

† ファンデルワールス固体では，化学結合による電子配置の再構成がないため，個々の分子の電子状態は孤立した分子のそれから質的な変化がない．励起子も，孤立した原子・分子の中性励起状態がそのまま固体中に埋め込まれたものと捉えることができる．励起子のエネルギー準位の基本的構造は，エネルギー値のシフト，表面とバルク中での差，縮退が解けて現れる微細構造などの特異性を示すものの，孤立原子のそれに対応できる．

生じ，表面にある励起子は中性励起状態の原子または分子の形で脱離する．この脱離機構は cavity ejection (CE) 機構と呼ばれる．この名称は，バルク中の励起子が，同じ起源の反発相互作用によりその周りに空洞 (cavity) を形成することに由来している．このとき脱離した励起状態の原子・分子が緩和して生成した，数秒から数十秒の寿命と 10 eV 程度の励起エネルギーを持つ準安定励起状態 ($^3P_0$ と $^3P_2$) の原子は二次電子増倍管などを用いて直接検出できる．その運動エネルギーは，Ne では 0.2 eV 程度[183),184)], Ar では 0.04 eV 程度[185)]である．

2) **excimer dissociation 機構** 励起子が関わるもう一つの脱離機構は，excimer dissociation (ED) 機構と呼ばれる．固体中の励起子が隣接する基底状態の原子と結合すると核間距離は縮まって分子状励起子 (excimer) を形成する．この分子状励起子の電子励起状態が緩和して非結合状態に戻ると，2 原子間の距離は基底状態での平衡原子間距離よりも短くなっているので，反発し解離する．このときに放出される運動エネルギーは，Ne では 1.2 eV 程度[184)], Ar では 0.5 eV 程度[185)]である．貴ガス結晶の内部では同様の機構により結晶格子が壊れ，欠陥が形成されることが報告されている[186)]．この分子状励起子の解離は必ずしも表面あるいは固体内部で起こるとは限らない．分子状励起子自体がその形を保ったまま CE 機構によって脱離し，真空中で解離して準安定原子を放出していると考えられる実験結果も報告されている[187),188)]．

ファンデルワールス固体では，分子の凝集エネルギーは 0.1〜0.01 eV 程度であるので，固体表面より数層下に励起子が形成されて，CE 機構あるいは ED 機構によって 0.1 から 1 eV を超える運動エネルギーを

持つ原子が生成されると，その原子は上層にある基底状態の中性原子を突き飛ばして脱離させることができる[189]．凝集エネルギーの小さな固体 Ne では，このような内部からのスパッタリングによって多量に脱離する基底状態の中性粒子のため，光励起による全脱離の絶対収率，すなわち入射 1 光子当りの脱離原子数は 1 atom/photon を超える[190]．凝集エネルギーの大きな固体 Kr でも光励起で 0.03 atom/photon，電子励起で 0.1 atom/electron に達する[191]．

上に述べた脱離機構を示す測定結果を図 1.4.33 に示す[180]．ここでは，固体 Ne 表面に単色化かつパルス化されたシンクロトロン光を照射し，図 1.4.32 に見られる 4 種の異なる励起子を選択的に励起したときに脱離する準安定原子の飛行時間（time of flight, TOF）スペクトルの相違を示してある．第一励起状態の表面励起子（S1）を励起すると CE 機構による脱離粒子の鋭いピークのみが得られる．ピークでの運動エネルギーは 0.18 eV である．第一励起状態のバルク励起子（B1）では，B1 が S1 に転換してから脱離する上記と同様のピークのほかに，2 層目以下から衝突によって運動エネルギーを失って出てくる準安定原子により飛行時間の長い側に裾が現れる．高い励起状態の表面励起子（S'）では，S' から S1 に遷移してから脱離する 0.18 eV のピークのほかに，運動エネルギー 0.23 eV に相当するピークが現れる（図中の矢印）．これは S' では電子軌道が S1 よりさらに広がっているため CE 機構での反発エネルギーが大きくなるためである．また，ED 機構により脱離した準安定原子が現れる．そのエネルギーはおよそ 1.2 eV である．S1，B1 を励起した場合にも ED 機構による脱離は起こるが，解離して緩和する先が基底状態の原子であるため，この測定では検出にかからない．第二励起状態のバルク励起子（B2）を生成すると，緩和により S'，B1，S1 が生ずるので，それぞれの励起子に起因する脱離スペクトルが重なって現れる．

（b）**イオン対反発機構** 気体凝縮層からのイオンの放出の機構も気体の種類により多様である．多原子分子の凝縮層では，分子自体の解離性イオン化が脱離するイオンの運動エネルギーの源となるが，貴ガス固体ではそのような機構は存在しない．隣接するイオンの対の形成とその間のクーロン反発がイオンに運動エネルギーを与える機構となる．すなわち，1 価のイオンを生成するようなエネルギーの電子・光子を照射しても，固体中に 1 価のイオンが生まれるだけで，その脱離は起こらない．2 価のイオンを生成し，それが隣接する基底状態の中性原子と何らかの電荷交換，例えば単純な電荷の移動を経て隣接する二つの 1 価イオンの対ができ，その間のクーロン反発により初めて 1 価のイオンが脱離する．同様に 2 価のイオンの脱離が起こるためには，3 価のイオンの励起が必要である．あるいは内殻のイオン化からオージェ過程を経る多価のイオンの生成もイオンの脱離の引き金になる．この関係は，イオンの脱離収率の入射エネルギー依存性を測定したときの脱離の閾値から明らかになっている[192], [193]．

（c）**振動エネルギー遷移機構** 多原子分子の凝縮層からの脱離では，貴ガス固体では見られない別の脱離機構が報告されている．電子的励起を経由して分子内振動が誘起され，その振動エネルギーが分子と基板表面との間のファンデルワールス引力を振り切って脱離が起こる．この脱離機構によると考えられる例は N_2 で観測されており，脱離分子の運動エネルギーは 70 meV 程度になる[194]．この過程は，表面に照射された光や電子のエネルギーが熱となって表面の温度上昇をもたらして起こる熱脱離の初期段階と捉えることもできるであろう．

（d）**クラスターの脱離** 凝縮系では分子集合体（クラスター）の脱離も起こる．貴ガス固体表面上に吸着した水はその例の一つで，イオン化した水分子クラスターの脱離が観測される．図 1.4.34 は，固体 Xe の表面上の H_2O 吸着系に，Xe の内殻を励起するエネルギーの真空紫外光を照射したときに脱離するイオンの飛行時間法による質量スペクトルである．ここには H^+ すなわちプロトンの付加した水クラスターイオン，$n = 1 \sim 10$ の $(H_2O)_n H^+$ が現れている[195]．このときの脱離機構は，基板の貴ガスの内殻励起から始まる分子間オージェ遷移により，吸着した水クラスターは

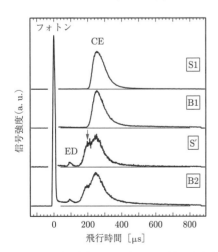

図 1.4.33 真空紫外光により固体 Ne に励起子を生成したときに脱離する Ne 準安定原子の飛行時間スペクトル．励起子の種類によって脱離原子の運動エネルギーの分布に違いが現れる[180]．

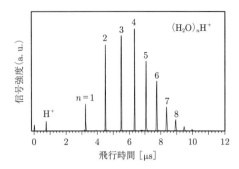

図 1.4.34 温度 25 K の Xe 凝縮層（約 100 原子層）の表面に吸着した約 0.3 分子層の H_2O からの光励起脱離イオンの飛行時間質量スペクトル．励起光の波長は 13.3 nm（光子エネルギー 93.5 eV）[195]．

イオン化され水分子の解離性イオン化の結果 H^+ がクラスターに残り，基板に残った貴ガスイオンとのクーロン反発により脱離すると考えられる．

〔4〕 混合系からの脱離

　これまでに説明した脱離機構は純粋な系，表面状態のよくわかった系を研究対象として明らかにされてきた．真空技術に関わる実用表面では，多種類の気体が凝縮・吸着した混合系が問題になる[196)～198)]．混合系を対象とした脱離現象の研究はまだ少ないが，2 成分系においても複雑な脱離現象が観測されている．複雑さが現れる原因は，(1) 分子間の力学的相互作用の変化，(2) 電子励起の寿命・移動のしやすさの変化，(3) 分子種による励起・イオン化の選択性，(4) 異分子種間での励起・電荷の移動，などが関わるためである．例えば (1) に相当する例は，固体 Kr への H_2 の吸着の場合に見られる．Kr は分子自体の分極率が大きいため，固体の実効的な電子親和力は正の値を持つ．したがって，純粋な固体 Kr では，固体 Ne あるいは固体 Ar の場合とは異なり，表面励起子からの CE 機構による準安定粒子の脱離は観測されない．ところが，H_2 が物理吸着すると，H_2 分子の電子親和力は負であるため，凝縮層表面の実効的電子親和力は負となり，CE 機構による Kr の準安定励起原子の脱離が起こる[199),200)]．また，貴ガス固体表面に物理吸着した水素からの準安定水素（H_2^*，H^* など）の脱離では，基板の貴ガス固体が，Ne, Ar, Kr, Xe と変わるにつれて，それぞれで桁違いの脱離収率の増加が観測されている[200)]．この原因はまだ明らかでない．

〔5〕 電子遷移誘起脱離の諸量とその測定

　ここでは，電子遷移誘起脱離で観察される諸量の測定法と測定例，およびそれらの解釈について述べる．

　（a） 脱離粒子の検出　　脱離粒子の検出には，その状態と収率の大小に応じてさまざまな方法が用いられる．イオンとして脱離するものは，二次電子増倍管あるいはマイクロチャネルプレート（MCP）により直接検出できる．多くの場合，信号は微弱であるのでパルス検出法を用いる．二次電子増倍管は，励起エネルギー 5～10 eV 程度以上の励起中性原子・分子の検出にも用いられる．励起状態にない中性分子の場合は，脱離直後に電子あるいはレーザーを照射してポストイオン化し検出する．また，全脱離収率の測定のために真空容器内全体の分圧上昇を測定する方法も用いられる．

　脱離粒子種の同定にはさまざまな質量分析手法が応用されている．電磁場偏向型，四極子形，飛行時間測定型などである．

　（b） 脱離収率と脱離断面積　　一般に電子遷移誘起脱離に対する脱離断面積は，電子・光子等による励起過程の衝突断面積だけでなく，脱離に至るまでのすべての過程の確率が含まれている．すなわち，「最初の励起を生成する衝突断面積」に〔1〕で述べた励起状態の緩和経路の中で最終的に「脱離に達する確率」を乗じたものが脱離断面積（ESD 断面積あるいは PSD 断面積）となる．入射粒子により発生する二次電子の寄与も考慮すると，その解釈はさらに複雑になる．実用的には入射電子あるいは光子 1 個当りの脱離粒子数（絶対脱離収率）で表す方がわかりやすい．脱離につながる最初の励起を生成する衝突断面積は，脱離収率を決める大きな要因である．この衝突断面積は，当然入射粒子種（例えば電子であるか光子であるか）とそのエネルギーに強く依存する．一般的に同じ吸着系で同じ入射エネルギーであれば，脱離断面積は電子の方が光子より大きい．特に，数 eV～数百 eV のエネルギーの電子はイオン化の衝突断面積が大きく，したがって脱離収率も大きい．電子以外の荷電粒子や高エネルギー粒子を固体表面に照射したときに観察される脱離現象においても，上記の範囲のエネルギーを持つ二次電子が脱離の直接のきっかけとなることが多い．

　表面近傍でイオン化された原子・分子は周辺原子からの電子の移動により，高い確率で再中性化されるので，イオンの脱離断面積は，その脱離に関与する分子の気相でのイオン化断面積と比べると数桁から 10 桁程度小さいのが普通である．再中性化された原子・分子のほとんどは吸着状態に戻るが，一部は脱離する．それら中性の原子・分子の脱離断面積は，イオンの脱離に比べて 1 桁ないし数桁大きい．一般に脱離断面積の絶対値の正確な決定は，信号が微弱なこと，表面状態などの不確定要素の影響が非常に強く現れることなどのために困難であることが多い．見方を変えると，脱離断面積のオーダーあるいは有効数字 1 桁がわかれば，吸着状態，脱離機構などについてかなりの情報が得ら

れるともいえる.

比較的正確な脱離断面積の測定法は,脱離粒子の信号強度の減衰率から求める方法である.脱離に関わる原子・分子の表面密度を σ,全脱離断面積を Q_T,入射電子電流密度を J とすると,σ の時間変化は次式から求められる.

$$\frac{\mathrm{d}\sigma}{\mathrm{d}t} = -\frac{\sigma Q_T J}{e} \qquad (1.4.37)$$

検出している脱離粒子が中性原子・分子,あるいはイオンであるかにかかわらず,その信号強度は σ に比例すると考えられるので,脱離による σ の減少に伴って信号強度は指数関数的に減少する.その減少の時定数 $\tau = e/Q_T J$ の測定から Q_T を求めることができる.したがって,この方法では,脱離中性原子・分子,準安定原子または脱離イオンのどの信号変化を測定している場合でも,求められるのは全脱離断面積 Q_T,すなわち脱離するすべての状態の脱離断面積の合計の値である.

中性原子・分子,準安定原子,イオンなど個々の脱離粒子種の脱離断面積を知るためには,それぞれの信号強度と入射電子電流の絶対値を比較しなければならない.この場合,測定装置の幾何学的配置も考慮した総合的な検出効率の評価が測定値の正確さを決定する.

いくつかの化学吸着系の電子励起イオン脱離の断面積 Q_+ と全脱離断面積 Q_T の例を**表 1.4.7** に挙げた[201],[202].それぞれ,最大となる入射電子エネルギーでの値である.

（c）**入射エネルギー依存性**　電子励起脱離（ESD）と光励起脱離（PSD）では脱離収率の入射エネルギー依存性は大きく異なる.光は共鳴的であり,脱離につながる初期励起のエネルギーで,鋭いピークを示す.一方,電子では初期励起に相当するエネルギーが閾値となって,それよりエネルギーの大きい側で急激に増加する.その立上りの様子は,ちょうど気体分子のイオン化断面積の電子エネルギー依存性と類似の

曲線を示すが,極大値をとることはなく,単調に増加することが普通である.これは,基板などからの二次電子の脱離への寄与が大きいためである.

しかし,多くの場合,ESD の閾値を正確に測定することには困難が伴う.それは,低エネルギー（10～30 eV 程度）で十分な電流と狭いエネルギー幅を持つ入射電子線を用意することが難しいこと,表面の仕事関数,接触電位差等に関わる補正の不確かさなどが原因である.これらの問題を避けられることから,最近では脱離の閾値は単色化したシンクロトロン放射（SR）を利用した PSD の実験によって測定されることが多い.

（d）**脱離方向分布**　イオンの脱離方向は,表面に結合しているときの結合方向,結合位置の対称性などを強く反映している.脱離イオンの放出角度分布（electron stimulated desorption ion angular distribution, ESDIAD）の測定により,上に述べた吸着状態の幾何学的な情報が得られている.

検出器の位置を走査して脱離強度の角度分布を得る方法は,多くの場合,信号強度が小さいために測定時間が長くなり実用的でない.マイクロチャネルプレートの後ろに蛍光スクリーンをおいて像を得る方法,あるいはスクリーンの代わりに二次元位置敏感検出器を置き,ディジタル信号処理により信号強度の二次元分布を得る方法[203],[204] などが開発されている.**図 1.4.35** は,CO が吸着した Pt(111) 表面から電子励起脱離した CO^+ の脱離方向分布の吸着量依存量である[205].CO の被覆率 θ の増加に従って,CO 分子間の相互作用により分子の軸が表面垂直方向から傾くこと,またそれが Pt(111) 基板表面の対称性を反映していることなどが明瞭に現れている.

分子性固体表面あるいは物理吸着系では,脱離粒子の方向分布は化学吸着系と比べて顕著な特徴は現れないが,脱離の機構を反映した分布が観測されている.固体 Ne に表面励起子を生成したときに脱離する準安定 Ne 原子の角度分布を**図 1.4.36** に示す[206].表面垂直

表 1.4.7　電子励起脱離断面積（文献 201, pp.169-170）より抜粋）

吸着分子	基板金属	イオン脱離断面積 Q_+ [m^2]	全脱離断面積 Q_T [m^2]	備　考
O_2	W	$\sim 10^{-25}$	$\sim 4 \times 10^{-23}$	
CO	W	$1-2 \times 10^{-24}$	3×10^{-23}	
CO	W	$1-2 \times 10^{-24}$	3×10^{-22}	上と異なる吸着状態
NO	W	$\sim 3 \times 10^{-25}$	$\sim 4 \times 10^{-23}$	
Cl_2	Mo	$\sim 10^{-24}$	$\sim 10^{-22}$	
O_2	Mo	2.6×10^{-24}	1.3×10^{-22}	
CO	Mo	1.5×10^{-24}	1×10^{-20}	
CO	Ni	3×10^{-25}	2.3×10^{-22}	
CO	Ni	1×10^{-22}	2.6×10^{-21}	上と異なる吸着状態

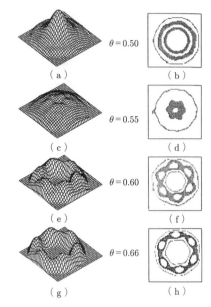

図 1.4.35 CO/Pt(111) から電子励起脱離する CO$^+$ の脱離方向分布の吸着量依存性[205]. θ は被覆率.

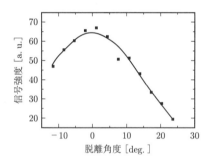

図 1.4.36 表面励起子の生成によって脱離した Ne 準安定原子の脱離方向分布[206]

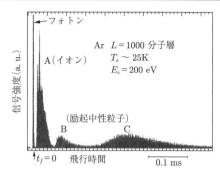

図 1.4.37 固体 Ar 表面から電子励起脱離する粒子の飛行時間スペクトル[208]

方向からの角度(極角)を θ として角度分布を $\cos^n \theta$ で表現すると, $n = 14$, あるいは半値幅にして 36° となり, 脱離方向は表面垂直方向に鋭い分布を持つ. これらの特徴は, 励起原子と周囲の原子間の相互作用を考えた計算機シミュレーションでも確認されている[207].

(e) **脱離粒子の運動エネルギー** 脱離粒子の運動エネルギー分布からも, 脱離機構と表面での結合状態の情報が得られる. 測定方法は, 中性粒子の場合には飛行時間 (TOF) 法, 荷電粒子の場合には, TOF 法とともに電磁場を利用した種々のエネルギー分析法 (阻止電位法, 偏向法など) が応用されている.

固体 Ar 表面に 200 eV のパルス電子線を照射したときの脱離粒子の飛行時間スペクトルを図 1.4.37 に示す[208]. 図の左端の制動放射と寿命の短い蛍光による光子のピークを飛行時間の原点 ($t_f = 0$) として, それぞれの脱離粒子の速度を決めることができる. 阻止電位法も併用してスペクトルの変化を観察すると, ピーク A は, Ar のほか, 吸着した H$_2$O などの不純物に起因する運動エネルギー数 eV のイオンであることがわかる. また, ピーク B と C は Ar の準安定原子で, それぞれ 0.5 eV と 0.04 eV 付近に運動エネルギー分布のピークを持つ. 前述の固体 Ne 表面からの脱離と同様, ピーク B は ED 機構, ピーク C は CE 機構によるものである.

脱離イオンの運動エネルギーの起源が化学吸着系あるいは分子自体の解離イオン化である場合には, その化学結合を反映した特徴的な値になる. 一方, イオン対間のクーロン反発で脱離が起こる凝縮系からの脱離イオンの運動エネルギーは, もともとのクーロンポテンシャルで決まる. 例えば 1 価のイオン対の距離が 0.4 nm であれば, そのポテンシャルエネルギーは 3.6 eV であり, これが脱離するイオンと中性の原子・分子に分配される. 脱離した粒子の運動エネルギーの正確な測定は, 凝縮層表面の帯電, 試料と検出系の間の接触電位差などの不確定要素があるために困難である.

1.4.8 気体の吸着と脱離

真空容器の内壁, あるいはポンプ表面への気体の吸着と, その表面からの気体の脱離は, 真空装置内の気体の種類とその圧力を決める要因である. 実際の真空系では, それぞれの気体種の吸着・脱離が厳密な平衡状態にあることはほとんどない. しかし, 吸着平衡状態を把握することは, 気体の脱離現象を知ることに直結している. また, 過渡状態にあるときでも準平衡状態を保ちつつ変化していくと考えてよいことが多い. これらの点で吸着平衡の物理的背景を理解することは重要である[†].

[†] 気体の吸着に関する教科書としては, 真空技術・科学の観点から述べているもの[201],[202],[209],[210], 物理化学的基礎を述べているもの[211]~[219], データ集[220] などがある.

1.4 気体と固体表面

〔1〕 平均滞在時間

吸着している分子の脱離過程が純粋に熱的・確率的であれば，その脱離頻度は，気体分子の平均滞在時間 τ と吸着密度 σ により，σ/τ と表せる．一方，気相から表面への入射頻度 Γ は，1.1.8 項〔4〕の式 (1.1.56) より，気体分子密度 n と平均速度 $\bar{v}$ を使って，さらに圧力と温度を使って表すと

$$\Gamma = \frac{1}{4}n\bar{v} = \frac{p}{\sqrt{2\pi mkT}} \qquad (1.4.38)$$

であるので，気相と吸着相が平衡にあるとき，入射した気体分子の付着確率を 1 とすれば $\Gamma = \sigma/\tau$ より

$$\sigma = \Gamma\tau = \frac{p}{\sqrt{2\pi mkT}}\tau \qquad (1.4.39)$$

となる．

平均滞在時間 τ はつぎのような統計力学的考察から導かれる．体積 V，内表面積 A の閉じた空間の中に気体が閉じ込められていて，気相の分子数を N_g，吸着相の分子数を N_a とする．温度を T，吸着エネルギーは脱離の活性化エネルギーと等しく E_d とすると，気相と吸着相が平衡状態にあるときは

$$\frac{N_g}{N_a} = \frac{\zeta_g}{\zeta_a}\exp\left(-\frac{E_d}{kT}\right) \qquad (1.4.40)$$

となる．ここで，ζ_g と ζ_a はそれぞれ気相と吸着相の分子の一粒子分配関数であり，並進 (tr)，回転 (rot)，振動 (vib) の運動のそれぞれの分配関数 f の積で表せる．

$$\zeta_g = f_{g \cdot tr} \cdot f_{g \cdot rot} \cdot f_{g \cdot vib} \qquad (1.4.41)$$

$$\zeta_a = f_{a \cdot tr} \cdot f_{a \cdot rot} \cdot f_{a \cdot vib} \qquad (1.4.42)$$

気相の分子を三次元の理想気体と考えると，並進の分配関数は

$$f_{g \cdot tr} = \left(\frac{\sqrt{2\pi mkT}}{h}\right)^3 V \qquad (1.4.43)$$

であり，吸着相の分子が二次元の完全に自由な気体であれば，その分配関数 $f_{a \cdot free \cdot tr}$ は

$$f_{a \cdot free \cdot tr} = \left(\frac{\sqrt{2\pi mkT}}{h}\right)^2 A \qquad (1.4.44)$$

である．これらを式 (1.4.40) に代入して，左辺に気相，右辺に吸着相をまとめて整理すると

$$\left(\frac{\sqrt{2\pi mkT}}{h}\right)^3 \frac{V}{N_g} f_{g \cdot rot} \cdot f_{g \cdot vib}$$

$$= \left(\frac{\sqrt{2\pi mkT}}{h}\right)^2 \frac{A}{N_a} \frac{f_{a \cdot tr}}{f_{a \cdot free \cdot tr}}$$

$$\cdot f_{a \cdot rot} \cdot f_{a \cdot vib}\exp\left(\frac{E_d}{kT}\right) \qquad (1.4.45)$$

となる．右辺では，吸着相の分子の並進運動が完全に自由な二次元気体に比べてどの程度制限されているかを比 $f_{a \cdot tr}/f_{a \cdot free \cdot tr}$ で表している．振動に関しては，物理吸着のように吸着によって分子の構造が変わらず，分子内振動も孤立分子と同じとすれば，分子と固体表面の間の結合に付随する振動モード f_z が新たに加わるだけなので

$$f_{a \cdot vib} = f_{g \cdot vib} \cdot f_z \qquad (1.4.46)$$

である．吸着密度は $\sigma = N_a/A$ であり，気相を理想気体とすれば，$pV = N_g kT$ であるので，これらを使って整理すると，吸着密度 σ は気相の圧力 p の関数として

$$\sigma = \frac{p}{\sqrt{2\pi mkT}}\frac{h}{kT}\frac{f_{a \cdot tr}}{f_{a \cdot free \cdot tr}}\frac{f_{a \cdot rot}}{f_{g \cdot rot}}$$

$$\cdot f_z \exp\left(\frac{E_d}{kT}\right) \qquad (1.4.47)$$

と書ける．式 (1.4.39) と式 (1.4.47) を比較すれば

$$\tau = \frac{h}{kT}\frac{f_{a \cdot tr}}{f_{a \cdot free \cdot tr}}\frac{f_{a \cdot rot}}{f_{g \cdot rot}}f_z\exp\left(\frac{E_d}{kT}\right) \qquad (1.4.48)$$

を得る．さらに式 (1.4.27) と比較すれば

$$\tau_0 = \frac{h}{kT}\frac{f_{a \cdot tr}}{f_{a \cdot free \cdot tr}}\frac{f_{a \cdot rot}}{f_{g \cdot rot}}f_z \qquad (1.4.49)$$

となり，τ_0 は分子の気相での自由な状態と吸着状態での並進，回転，振動の分配関数の比で決まる時定数であることがわかる．

例えば，吸着した気体が完全に自由な二次元気体 ($f_{a \cdot tr} = f_{a \cdot free \cdot tr}$) で，回転運動は気相と同じ ($f_{a \cdot rot} = f_{g \cdot rot}$) で，かつ表面と吸着分子間の結合に振動が伴う系を考える．この系の振動を振動数 ν_z の調和振動子とすると

$$f_z = \sum_n \exp\left(-\frac{(n+\frac{1}{2})h\nu_z}{kT}\right) \qquad (1.4.50)$$

である．$kT \gg h\nu_z$，すなわち，多数の振動モードが励起されるほどに温度が高ければ

$$f_z \approx \frac{kT}{h\nu_z} \qquad (1.4.51)$$

となり，式 (1.4.49) は，けっきょく

$$\tau_0 = \frac{1}{f_z} \tag{1.4.52}$$

となる．すなわち，τ_0 は吸着分子の振動周期に相当し，おおむね 10^{-14} s から 10^{-12} s の範囲である．

一方，表面と吸着分子間の振動が励起されないときには，$f_{a \cdot vib} = f_{g \cdot vib}$ なので

$$\tau_0 = \frac{h}{kT} \tag{1.4.53}$$

となり，$T = 300$ K であれば，$\tau_0 = 1.6 \times 10^{-13}$ s となる．現実の系で τ_0 の正確な値を求めるのは困難である．また τ の値は，式 (1.4.27) の指数項に強く依存するので，τ_0 にはとりあえず 10^{-13} s 程度の値を置いて解析を進めることが多い．

〔2〕 吸 着 平 衡

気体の吸着平衡は，平衡状態での温度 T，吸着密度 σ，気相の圧力 p の関係で表される．通常はそれら三つの変数の内の一つを一定の値のパラメーターとして，それぞれ吸着等温線（adsorption isotherm），吸着等量線（adsorption isostere），吸着等圧線（adsorption isobar）の形で表現される．気相と吸着相の間の気体分子の出入りは，これらの吸着平衡曲線に基づいて考えることができる．非平衡な状態に対しても，通常はこの関係を出発点として正味の気体の流れを考える．

以下では気相と吸着相の温度は等しいとして議論を進めるが，現実の吸着系では，一般的に気相の温度 T_g と基板表面の温度 T_s は等しくはない．そのため，$T_g \neq T_s$ のときに平衡状態にある気相の圧力 $p(T_g)$ は，気相温度も T_s のときに入射頻度が等しくなる気相の圧力

$$p(T_s) = \sqrt{\frac{T_s}{T_g}} p(T_g) \tag{1.4.54}$$

に置き換える必要がある．

実測された関係を，吸着状態の適当なモデルから理論的に導いた解析的な式で表現しようという試みは多数行われてきたが，普遍的に適用できる理論吸着平衡式はなく，吸着媒と吸着質の組合せや吸着量，あるいはそれを決める圧力と温度の領域に応じて使い分けられている．ここでは，吸着平衡の理論的な取扱いを考える上で基本となるヘンリー（Henry）則とラングミュア（Langmuir）吸着式を説明する．真空技術の対象となる実用的な材料表面，すなわち不均質吸着媒表面上での経験的な吸着平衡式とその解釈については〔3〕で述べる．

（a）ヘンリー（Henry）則 平衡状態での気相の圧力 p と吸着密度 σ が比例するというのがヘンリー則

$$\sigma = ap \tag{1.4.55}$$

である．ヘンリー則は，吸着分子間の相互作用がなく，しかも吸着分子と吸着媒表面間の相互作用が吸着密度に依存しなければ成立する．ここでの比例係数 a は，吸着媒表面からの吸着質の脱離頻度 q_N と，気相からの気体の入射頻度 Γ と付着確率 s との積が釣り合うという考え方で導かれる．脱離頻度は，脱離が純粋に確率的な過程とすると，気体分子の平均滞在時間 τ を使って，式 (1.4.26) で表せる．一方，単位時間当りに圧力 p の気相から単位面積に入射する分子数 Γ は，式 (1.4.38) である．脱離と吸着が平衡にある状態では吸着量の変化はないので

$$\frac{\mathrm{d}\sigma}{\mathrm{d}t} = s\Gamma - q_N = 0 \tag{1.4.56}$$

である．式 (1.4.26)，(1.4.27)，(1.4.38) を上式に代入すれば

$$\frac{sp}{\sqrt{2\pi mkT}} - \frac{\sigma}{\tau_0} \exp\left(-\frac{E_d}{kT}\right) = 0 \tag{1.4.57}$$

となり

$$\sigma = \frac{s\tau_0}{\sqrt{2\pi mkT}} p \exp\left(-\frac{E_d}{kT}\right) \tag{1.4.58}$$

が得られる．すなわち比例係数は

$$a = \frac{s\tau_0}{\sqrt{2\pi mkT}} \exp\left(-\frac{E_d}{kT}\right) \tag{1.4.59}$$

となる．

初めに述べた吸着分子間の相互作用が無視できるという条件は，現実の吸着系では吸着密度の小さい状態で実現すると考えられる．したがって，どのような系でも被覆率の小さい領域ではヘンリー則が現れると期待できる．しかしながら，いくつかの系では $\theta \approx 10^{-5}$ 程度の被覆率まで測定されているものの，この領域でも明確なヘンリー則は確認できていない．この原因の一つは，低被覆率では，結晶欠陥や不純物などの表面の不均一性により吸着エネルギーが被覆率に強く依存するためと考えられる．

（b）ラングミュア（Langmuir）吸着式 化学吸着のように，吸着サイトが決まっていて，かつ吸着サイトが 1 分子で占有されるとそこには別の分子は吸着できないという吸着モデルに対する理論式がラングミュア吸着式である．ここでも隣接する吸着分子間の相互作用は考えない．すでに占有されている吸着サイトに入射した分子は吸着しないとし，空席に入射した分子の付着確率を s とすると，吸着平衡の条件は吸着密度に依存して

$$\frac{\sigma_m - \sigma}{\sigma_m} \frac{sp}{\sqrt{2\pi mkT}} = \frac{\sigma}{\tau_0} \exp\left(-\frac{E_d}{kT}\right) \tag{1.4.60}$$

となる．ここで σ_m は単分子層を形成する吸着密度である．整理すると，ラングミュアの吸着等温式

$$\theta = \frac{\sigma}{\sigma_m} = \frac{ap}{\sigma_m + ap} \tag{1.4.61}$$

が得られる．ここで，θ は被覆率，定数 a は式 (1.4.59) と同じである．図 1.4.38 に示すように，ラングミュアの吸着式に従う吸着等温線は，$p \to \infty$ で $\theta = 1$ となって吸着が飽和し，p の小さいところ，すなわち θ の小さいところでヘンリー則に一致する．

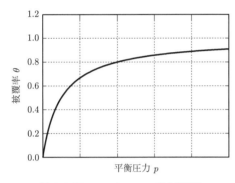

図 1.4.38 ラングミュアの吸着等温線

〔3〕 不均質表面上の吸着

種々の吸着質と吸着媒の組合せについて，吸着相と気相が平衡にある状態での温度 T，吸着密度 σ，気相の圧力 p の関係が測定され，データが集積されている[220]．しかし，真空技術で問題となる低圧領域のデータは必ずしも十分ではない．真空技術に関連する吸着現象で現在までに研究成果が蓄積されているのは，不均質な表面上の吸着を対象としたものである．ここでいう不均質とは，エネルギー的な不均一性，すなわち吸着エネルギーの異なるさまざまな表面あるいは吸着サイトが共存することを意味する．金属，ガラスなど真空装置に用いる一般的な構造材料の表面，ソープションポンプで用いられる活性炭やモレキュラーシーブなどの多孔質吸着剤の表面への物理吸着，ゲッター材表面への化学吸着がこれに相当する．このような表面での気体の吸着平衡は，前述のヘンリー則やラングミュア式では表せない．吸着媒表面の不均一性と吸着質分子間の相互作用が加わって複雑になる．特に吸着位置や結合手が特定されない物理吸着ではこれらの影響が大きく現れる．

不均質表面上の物理吸着の吸着等温線はおおむね図 1.4.39 のような形になる[221]．ここで σ_m は単分子層の形成に相当する吸着量，p_0 は温度 T_s における気体の飽和蒸気圧である．T_s より低い温度 T_s' および高い温度 T_s'' での吸着等温線は，図のような位置関係にある．

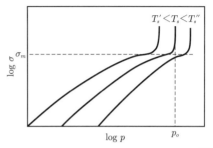

図 1.4.39 不均質表面の物理吸着の等温線の概形[221]

不均質表面上の吸着平衡式を理論的に導く方法の一つは，吸着エネルギー E_d を持つ吸着サイトの数の分布関数 $f(E_d)$ とそれぞれの吸着エネルギーでの局所的な吸着平衡式 $\sigma'(E_d, p, T)$ の重ね合わせ（畳込み）

$$\sigma(p, T) = \int_0^\infty \sigma'(E_d, p, T) f(E_d) dE_d \tag{1.4.62}$$

である[201]．吸着エネルギーの吸着量依存性は，吸着媒自体の不均一性に加えて，吸着質分子間の相互作用の吸着量依存性も反映するので複雑である．実測される p, σ, T の関係を表現できる理論的な吸着平衡式 $\sigma = \sigma(p, T)$ を，適当な吸着エネルギー分布を仮定して導く試みが行われてきた．また，実測される吸着等温線を再現できる吸着エネルギー分布を導くことも行われてきた．

不均質表面上の物理吸着の吸着平衡式として，Freundlich, Temkin, Brunauer-Emmett-Teller (BET), Dubinin-Radushkevich (DR) などが知られている．中でも BET 式と DR 式は，種々の系の実測値を比較的広い圧力領域，すなわち BET 式は $10^{-2} < p/p_0 < 1$，DR 式は $10^{-13} < p/p_0 < 10^{-3}$ で，うまく整理できることが経験的に知られている．また，吸着媒となる試料の真表面積の測定に応用されるなど，利用価値は高い．しかし，これらの吸着式が適用される現実の系は，理論式が本来想定していたモデルとは，エネルギーの不均一性，表面の幾何学形状，吸着密度などの点で本質的に異なっており，これらの式はむしろ経験式として再解釈されている．

（a） フロイントリッヒ（Freundlich）とテムキン（Temkin）の吸着等温式　吸着エネルギーの吸着量依存性が適当な関数で表現できるならば，そのような不均質吸着媒に対する理論的な吸着平衡式を導くことができる．フロイントリッヒ式は，σ の増加に対し吸着エネルギーが指数関数的に減少するとしたときのもので

$$\sigma(p) = ap^{1/n} \qquad (1.4.63)$$

という圧力依存性を示す．a は定数で，指数 n は通常 1 より大きい値をとる．一方，テムキン式は，σ の増加に対して吸着エネルギーが直線的に減少するときで

$$\sigma(p) = a \ln bp \qquad (1.4.64)$$

となる．ここで，a, b は定数である．

（b） ブルナウアー・エメット・テラー（Brunauer–Emmett–Teller）の吸着等温式　化学吸着では，化学結合の存在に起因する吸着サイトの占有，すなわち他の分子の吸着の排除が起こり，必然的にラングミュア吸着式に表現されるように単分子層の形成で吸着は飽和する．一方，物理吸着では吸着質層の上への吸着，すなわち多層の吸着が起こることが大きな違いであり，最終的には吸着質の飽和蒸気圧に達すると無限層の厚さの吸着層，すなわちバルク凝縮相が形成される．BET の吸着等温式は，均質表面上の多層吸着を考慮して導かれた理論式である．対象とするモデルでは，吸着質第 1 層の吸着エネルギーが吸着媒 - 吸着質分子間の相互作用に起因するのに対し，第 2 層以上では吸着質分子どうしの間の相互作用によるという違いを考慮している．また吸着媒表面自体は平坦かつ均質で，それぞれの吸着エネルギーには吸着量依存性もないと仮定している．BET 吸着式は

$$\theta = \frac{\sigma}{\sigma_m} = \frac{cx}{(1-x)(1-x+cx)} \qquad (1.4.65)$$

と表せる．ここで，x はその温度での吸着質の飽和蒸気圧 p_0 に対する相対的平衡圧力，$x = p/p_0$，c は第 1 層での吸着エネルギー E_1 と第 2 層以上での吸着エネルギー E_0 との差で決まる定数で

$$c = \exp\left(\frac{E_1 - E_0}{kT}\right) \qquad (1.4.66)$$

である．BET 式による吸着等温線を図 1.4.40 に示す．図は，$c = 1, 3, 10, 30, 100, 300$ に対する理論曲線である．

BET 式は，$x \to 1$，すなわち気相の圧力がその温度での吸着質の飽和蒸気圧になれば $\theta \to \infty$ となって，吸着媒表面上にバルクの凝縮が起こることを示してい

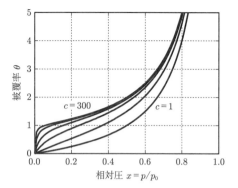

図 1.4.40　BET 式による吸着等温線

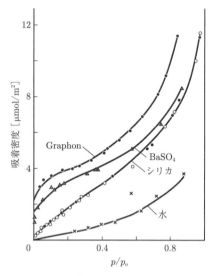

図 1.4.41　4 種の吸着媒上の n-ペンタンの吸着等温線[215, p.229]

る．また，p が小さいところではヘンリー則に一致する．図 1.4.41 は，4 種類の吸着媒上の n-ペンタンの吸着等温線である[215, p.229]．それぞれ，図 1.4.40 の理論曲線のパラメーター c に適当な値を選べばその形状がよく再現されることがわかる．前述のように，BET 式は均質表面上の多層の物理吸着をモデルとして導かれた理論式であるが，実際には，不均一表面と見られる実用表面や多孔質吸着媒上での物理吸着を，相対圧が $10^{-2} < p/p_0 < 1$ の範囲でうまく再現できることが経験的に知られている．後で述べるように，BET 式は吸着現象を利用して吸着媒の実表面積を測定する手法に応用されている．

（c） デュビニン・ラデュスケヴィッチ（Dubinin–Radushkevich）の特性曲線　デュビニン・ラデュスケヴィッチ（DR）式では p, σ, T の関係は次式で表

される．

$$\ln \sigma = \ln \sigma_m - B \left[kT \ln\left(\frac{p}{p_0}\right)\right]^2 \quad (1.4.67)$$

ここで，B は実験的に得られる定数であり，系の吸着エネルギー分布を反映していると考えられている．DR 式は，元来は多孔質吸着媒への凝縮を伴う物理吸着をモデルとして導かれた理論式である．しかし，実際にはガラスや金属蒸着膜などの不均質表面上の物理吸着系の吸着等温線が，式 (1.4.67) でうまく整理できることが実験で確認された[222]．DR 式は，変数として温度を含んだ形で表現されており，$[kT \ln(p/p_0)]^2$ に対して $\ln \sigma$ をプロット（DR プロットと呼ぶ）すれば，測定点は温度によらず傾き $-B$ の一つの直線に乗る．DR 式が有効な範囲内では，この直線から，任意の温度での σ と p の関係を得ることができる．この性質ゆえに特性曲線と呼ばれる．図 1.4.42 は，パイレックスガラス表面上の Ar と N_2 の吸着等温線をそれぞれ DR プロットしたものである[201, p.47]．温度範囲 63.3 K から 90.2 K で，相対圧が，$10^{-13} < p/p_0 < 10^{-3}$ という，たいへん広い範囲で 1 本の直線に乗っている．この下限は超高真空領域に達しているが，ここに至っても先に述べたヘンリー則は見られず，DR 式が良い一致を示している．

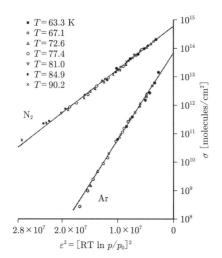

図 1.4.42 パイレックスガラス表面上の Ar と N_2 の DR プロット[201, p.47]

[4] 均質表面上の物理吸着

固体の単結晶表面のような均質な表面上の物理吸着相は擬二次元的な分子系の特徴を示す．吸着した分子の集団の結晶構造，相転移，基板の周期性の影響，多層成長の形態，濡れなどが研究対象となる．

(a) 二次元分子系としての物理吸着層　吸着した分子の運動が表面上に束縛されているということから二次元系という表現が使われる．しかし，この系は二次元の中の閉じた系ではない．吸着相は吸着・脱離によって，三次元の気相と分子の交換を行っている．三次元の気相は二次元相の化学ポテンシャルを決める粒子源・熱浴と見ることができる．

二次元に束縛された分子の集団は，分子間の相互作用が無視できれば，二次元の理想気体のように振る舞うであろう．しかし，われわれが観測する物理吸着系は，多くの場合，「温度が低いこと」と「分子密度が高いこと」の二つの理由から，理想気体としては扱えない状態にある．実際に多くの物理吸着系で二次元の気体から液体あるいは固体への凝縮現象が観測されており，気液の凝縮の臨界点も実験的に明らかにされている．

物理吸着系における二次元凝縮は，三次元相における気相–液相間の凝縮現象を表現するファンデルワールスモデルを適用して同じように記述できる[211]．三次元系のファンデルワールス状態方程式は

$$\left(p + \frac{a}{v^2}\right)(v - b) = kT \quad (1.4.68)$$

で，p は気体の圧力，v は気体 1 分子が占有する体積，すなわち分子密度 n の逆数である．b は分子の大きさによって排除される体積である．直径 d の気体分子が衝突するとき，それらが入り込めない領域の分だけ，分子が運動できる空間の体積は減少する．それを二つの分子で共有するので

$$b = \frac{4}{3}\pi d^3 \times \frac{1}{2} = \frac{2}{3}\pi d^3 \quad (1.4.69)$$

となる．a はファンデルワールス引力が周囲の分子を引き付けることによる圧力の補正項で，二分子間のファンデルワールス力のポテンシャルを βr^{-6}（β は定数，r は分子の中心からの距離）とすると，これを分子の周囲の全空間，最隣接距離 d から無限遠にわたって積分することにより

$$a = \int_d^\infty \frac{\beta}{r^6} 4\pi r^2 dr \times \frac{1}{2} = \frac{2}{3}\pi \frac{\beta}{d^3} \quad (1.4.70)$$

となる．式 (1.4.68) を，横軸に v，縦軸に p をとり，T をパラメーターとしてグラフにすると，温度の低い領域では極大点・極小点を持ち，気液の共存・相転移が起こることが示される．温度を高くしていくと極大・極小点が合わさって傾きゼロの変曲点が現れる．その点が気液凝縮の臨界点で，その温度が臨界温度

$$T_c = \frac{8a}{27kb} = \frac{8}{27}\frac{\beta}{kd^6} \quad (1.4.71)$$

である．二次元系のファンデルワールス状態方程式も，三次元系の式と同じ形に書ける．

$$\left(f + \frac{a_2}{s^2}\right)(s - b_2) = kT \qquad (1.4.72)$$

ただしここでは，f は二次元の圧力，s は気体 1 分子が表面上で占有する面積，すなわち表面吸着分子密度 σ の逆数である．b_2 と a_2 は三次元系と同様，それぞれ分子の大きさ（断面積）と分子間の二次元面内の引力相互作用により決まる定数で

$$b_2 = \pi d^2 \times \frac{1}{2} = \frac{\pi}{2} d^2 \qquad (1.4.73)$$

$$a_2 = \int_d^\infty \frac{\beta}{r^6} 2\pi r dr \times \frac{1}{2} = \frac{1}{4}\pi \frac{\beta}{d^4} \qquad (1.4.74)$$

となる．二次元凝縮の臨界温度 T_{c2} も，式 (1.4.72) と式 (1.4.68) の形が同じなので，三次元と同様に

$$T_{c2} = \frac{8a_2}{27kb_2} \qquad (1.4.75)$$

と表せる．これらの関係から三次元と二次元の臨界温度の比が得られ，その結果は

$$\frac{T_{c2}}{T_c} = \frac{a_2 b}{b_2 a} = \frac{1}{2} \qquad (1.4.76)$$

という簡単な関係となる．グラファイト，層状ハロゲン化物表面上に吸着した希ガス系の T_{c2}/T_c の実測値は 0.3〜0.5 程度の範囲にある[216]．

グラファイト表面上の Kr の吸着等温線[223),224)] を模式的に表したのが**図 1.4.43** である[221)]．前述のファンデルワールス的な二次元凝縮では記述できない複雑な相の存在がこれらの等温線の測定から明らかにされた．すなわち，三次元の気相-液相-固相に対応するような 3 相（G-L-S）が存在し，また吸着固相が二次元の結晶配列を示すため基板結晶の周期性との関わりから，整合相（commensurate phase, C）と不整合相（incommensurate phase, IC）が現れることなどである．

(b) **多層吸着と濡れ** 物理吸着系では，気相の圧力が増加すれば多層の吸着が起こり，その温度での吸着質気体の飽和蒸気圧に達するとバルクの液体，固体となって凝縮する．前述の二次元凝縮は，複数層目の吸着でも，吸着分子間の引力相互作用により，その層内での凝縮現象，すなわち二次元的な気相から，液相あるいは固相への相転移が起こり得る．そのような系では，各層での凝縮を示す階段状の吸着等温線が現れる[225)]．

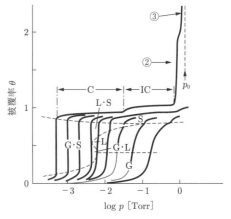

図 1.4.43 グラファイト表面上に吸着した Kr の吸着等温線の模式図[221),223),224)]．横軸は平衡圧力の対数，縦軸は被覆率である．第 1 層が完成するまでの吸着等温線は 77.3 K から 102.6 K までの 9 点の表面温度の等温線を示している．77.3 K の吸着等温線は第 2 層の凝縮（図中の②），第 3 層の凝縮（③）が始まるところも示している．

吸着層が厚くなってバルクの固体に移る過程は，層状成長を繰り返してバルクの状態に至る過程だけではない．グラファイト上のエチレンの吸着等温線を**図 1.4.44** に示す[226)]．温度 106 K の吸着等温線では，吸着量の増加に従って各層での凝縮を繰り返しながら，平衡圧力は漸近的にバルクの飽和蒸気圧に近付いているが，91 K と 77 K の等温線は，それぞれ 3 層目と 2 層目が完成する前に飽和蒸気圧に達している．これは，吸着層の中にバルクの性質を示す微結晶などが現れたことを示唆している．光の反射率の測定[227)] もこの転移に伴う表面の非平坦化を示している．層状の吸着質で吸着媒が均一に覆われている状態を「濡れている」，"wetting"，濡れていない状態を "non-wetting" と称する．濡れるか否かは，吸着媒と吸着質の組合せと温度による．

図 1.4.44 に示したエチレンの系で特徴的な現象は，

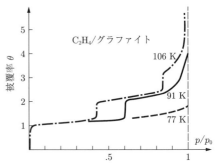

図 1.4.44 グラファイト表面上に吸着したエチレンの吸着等温線の模式図[226)]

温度によって層の成長形態が異なることである．この現象は wetting 転移と呼ばれている．エチレンのバルクの三重点（$T_{tr} = 104$ K）を境にして，高温側では無限の厚さ，すなわちバルクの形成まで wetting 状態が続く complete wetting，低温側では有限の厚さで wetting 状態から外れる incomplete wetting の二つの形態が見られる．最も単純な解釈は，エチレンが液体の状態では基板のグラファイトを濡らし，固体では濡らさないというものである．しかし，91 K の吸着等温線は三重点以下の温度であるものの2層までは層状成長を示している．これは，薄い層では三重点より低い温度でも液体の状態を保つため，wetting の状態が維持されるためと解釈されている．

すべての吸着質についてその三重点温度以上で wetting が起きるというわけではない．三重点よりはるかに低い温度，すなわち吸着質が二次元の液体とは捉えにくい状態でも，例えばすでに述べたグラファイト表面上に形成される貴ガスの二次元結晶のような，濡れの状態にある系もある．いままでに観察されている吸着系はほとんどが，グラファイト，層状ハロゲン化合物などを吸着媒とし，貴ガス，炭化水素を吸着質とする系である．吸着質–吸着質と吸着質–吸着媒の引力相互作用の比，それぞれの結晶の格子定数の比などで，濡れるか否かの整理が試みられ，理論的な解釈が進められている[228]．

〔5〕 吸着平衡を利用する技術：表面積測定

気体の吸着を利用すると，気体分子が入り込める程度の微視的な粗さまで考慮した固体の表面積（以下では「実表面積」と呼ぶ）が測定できる．吸着平衡曲線の形から単分子吸着層の形成に相当する気体の吸着量を推定し，気体1分子の吸着占有面積を乗じて実表面積を計算するのが基本的原理である．実用表面，すなわち不均一な物質の実表面積を測定するときには，BET あるいは DR の吸着式を利用して求める方法が一般的に行われている．

（a） BET 法　　不均一表面上で，吸着質の飽和蒸気圧に近い圧力領域での吸着等温線は，BET の式で表現することができる．前述の式（1.4.65）は以下のように変形できる．

$$\frac{x}{\sigma(1-x)} = \frac{1}{\sigma_m c} + \frac{c-1}{\sigma_m c} x \qquad (1.4.77)$$

ここで $x = p/p_0$ である．この式が示すように，x に対して $x/\sigma(1-x)$ をプロットすれば，BET 式は直線となる．実際の測定値の多くは，$0.05 < x < 0.35$ の範囲でうまく直線に乗ることが知られている．この直線の傾きと切片から単分子吸着量 σ_m が求められ，使

用した吸着質気体の吸着占有面積から，実表面積が計算できる．

（b） DR 法　　DR の吸着式を使えば，吸着質の飽和蒸気圧に比べて非常に低い圧力領域での吸着平衡曲線から実表面積が得られる．前述の DR プロット（式（1.4.67），図 1.4.42 参照）の切片は $\ln \sigma_m$ を示しており，ここから単分子吸着量が得られる．

DR 法と BET 法を比較すると，測定する吸着密度，したがって圧力領域に大きな違いがある．DR 法では，0.01〜0.001 分子層の吸着に対して，高真空領域での測定が行われる．BET 法では 0.1 分子層前後で低真空領域での測定になる．触媒などをはじめとする種々の試料の実表面積測定には，圧力測定の容易さから BET 法が用いられることが多い．多孔質吸着媒のような細管凝縮が起こりやすい材料では，吸着量の小さい領域で測定する DR 法が有利である．また，超高真空下での固体表面の吸着・脱離を考える際にも DR 法で求めた表面積が有効であろう．

どちらの測定法でも，圧力・温度測定や，試料以外への吸着の影響などを考慮すると，実表面積の測定には数十％の誤差を見込んでおくのが安全である．また理論式が想定している吸着モデルと現実の吸着系との相異も明確ではない．同一の試料を用いても異なる吸着質気体を使ったときに得られる実表面積の値が 10％以上の差を持つことは普通である．より高い精度を求めようとすれば，その系の吸着平衡と実表面積の「真」の値の定義にまでさかのぼって議論する必要がある．ともかく測定値の表示には，その測定方法と測定に用いた吸着質気体，温度，圧力範囲を明示する必要がある．

引用・参考文献

1 ） A. Zangwill: *Physics at Surfaces* (Cambridge Univ. Press, UK, 1988).

2 ） H. Lüth: *Solid Surfaces, Interfaces and Thin Films* (Springer, Berlin, 2001).

3 ） H. Hoinkes: Rev. Mod. Phys., **52** (1980) 933.

4 ） G. Vidali, G. Ihm, H.-Y. Kim and M. W. Cole: Surf. Sci. Rep., **12** (1991) 135.

5 ） C. T. Campbell and J. R. V. Sellers: Chemical Reviews, **113** (2013) 4106.

6 ） Q. Ge, R. Kose and D. A. King: *Adsorption energetics and bonding from femtomole calorimetry and from first principles theory*, in *Andvances in Catalysis, Vol. 45, Impact of Surface Science on Catalysis* (Academic Press, 2000) pp.207–259.

7 ） P. M. Morse: Phys. Rev., **34** (1929) 57.

8 ） K. Fukutani, S. Ogura and S. Ohno: J. Vac. Soc. Jpn., **59** (2016) 145.

9) P. Norton, J. Davies and T. Jackman: Surf. Sci., **121** (1982) 103.

10) J. R. Engstrom, W. Tsai and W. H. Weinberg: J. Chem. Phys., **87** (1987) 3104.

11) K. Christmann, G. Ertl and T. Pignet: Surf. Sci., **54** (1976) 365.

12) K. Christmann and G. Ertl: Surf. Sci., **60** (1976) 365.

13) M. Salmerona, R. J. Gale and G. A. Somorjai: J. Chem. Phys., **70** (1979) 2807.

14) B. Poelsema, G. Mechtersheimer and G. Comsa: Surf. Sci., **111** (1981) 519.

15) K. Christmann, O. Schober, G. Ertl and M. Neumann: J. Chem. Phys., **60** (1974) 4528.

16) P. W. Tamm and L. D. Schmidt: J. Chem. Phys., **54** (1971) 4775.

17) P. W. Tamm and L. D. Schmidt: J. Chem. Phys., **55** (1971) 4253.

18) T.-U. Nahm and R. Gomer: Surf. Sci., **375** (1997) 281.

19) C. Rettner, L. DeLouise, J. Cowin and D. Auerbach: Chem. Phys. Lett., **118** (1985) 355.

20) B. Chuikov, V. Dvurechenskikh, V. Osovskii, Y. Ptushinskii and V. Sukretnyi: Surf. Sci., **285** (1993) 75.

21) T.-U. Nahm and R. Gomer: Surf. Sci., **380** (1997) 434.

22) K. B. Whaley, C. Yu, C. S. Hogg, J. C. Light and S. J. Sibener: J. Chem. Phys., **83** (1985) 4235.

23) T. Sugimoto and K. Fukutani: Phys. Rev. Lett., **112** (2014) 146101.

24) V. Fiorin, D. Borthwick and D. A. King, Surf. Sci., **603** (2009) 1360.

25) C. Campbell, G. Ertl, H. Kuipers and J. Segner: Surf. Sci., **107** (1981) 220.

26) J. T. Stuckless, C. E. Wartnaby, N. Al-Sarraf, S. J. B. Dixon-Warren, M. Kovar and D. A. King: J. Chem. Phys., **106** (1997) 2012.

27) C. Kohrt and R. Gomer: J. Chem. Phys., **52** (1970) 3283.

28) C. T. Campbell: Surf. Sci., **157** (1985) 43.

29) A. Raukema, D. A. Butler, F. M. Box and A. W. Kleyn: Surf. Sci., **347** (1996) 151.

30) Y. Kazama, M. Matsumoto, T. Sugimoto, T. Okano and K. Fukutani: Phys. Rev. B, **84** (2011) 064128.

31) R. McCabe and L. Schmidt: Surf. Sci., **65** (1977) 189.

32) G. Ertl, M. Neumann and K. Streit: Surf. Sci., **64** (1977) 393.

33) D. Collins and W. Spicer: Surf. Sci., **69** (1977) 85.

34) S. Kelemen, T. Fischer and J. Schwarz: Surf. Sci., **81** (1979) 440.

35) P. Norton, J. Goodale and E. Selkirk: Surf. Sci., **83** (1979) 189.

36) T. Lin and G. Somorjai: Surf. Sci., **107** (1981) 573.

37) H. Steininger, S. Lehwald and H. Ibach: Surf. Sci., **123** (1982) 264.

38) B. Poelsema, R. L. Palmer and G. Comsa: Surf. Sci., **136** (1984) 1.

39) J. Liu, M. Xu, T. Nordmeyer and F. Zaera: J. Phys. Chem., **99** (1995) 6167.

40) Y. Y. Yeo, L. Vattuone and D. A. King: J. Chem. Phys., **106** (1997) 392.

41) M. Kinne, T. Fuhrmann, C. M. Whelan, J. F. Zhu, J. Pantforder, M. Probst, G. Held, R. Denecke and H. -P. Steinruck: J. Chem. Phys., **117** (2002) 10852.

42) A. Schieser, P. Hortz and R. Schafer: Surf. Sci., **604** (2010) 2098.

43) H. Ibach, W. Erley and H. Wagner: Surf. Sci., **92** (1980) 29.

44) J. T. Stuckless, N. Al-Sarraf, C. Wartnaby and D. A. King: J. Chem. Phys., **99** (1993) 2202.

45) C. Kohrt and R. Gomer: Surf. Sci., **24** (1971) 77.

46) G. Ehrlich: J. Chem. Phys., **34** (1961) 39.

47) C. G. Goymour and D. A. King: J. Chem. Soc., Faraday Trans. 1, **69** (1973) 736.

48) W. Hansen, M. Bertolo and K. Jacobi: Surf. Sci., **253** (1991) 1.

49) G. S. Leatherman and R. D. Diehl: Langmuir, **13** (1997) 7063.

50) P. Zeppenfeld, R. David, C. Ramseyer, P. Hoang and C. Girardet: Surf. Sci., **444** (2000) 163.

51) P. Tamm and L. Schmidt: Surf. Sci., **26** (1971) 286.

52) R. Schinke: Surf. Sci., **127** (1983) 283.

53) C. F. Yu, K. B. Whaley, C. S. Hogg and S. J. Sibener: Phys. Rev. Lett., **51** (1983) 2210.

54) I. Toyoshima and G. A. Somorjai: Catal. Rev.-Sci. Eng., **19** (1979) 105.

55) Landolt–Börnstein: *Zahlewverte and Funktioneraus Naturwisseuschaften and Technik*, Neue Seires "Molecular constants" (Springer 1967, 1974, 1982).

56) J. K. Nagle: J. Am. Chem. Soc., **112** (1990) 4741.

57) K. P. Huber and G. Herzberg: *Molecular spectra and molecular structure, IV. Constants of Diatomic Molecules* (Van Nostrand Reinhold, New York, 1979).

58) G. J. Schulz: Rev. Mod. Phys., **45** (1973) 423.

59) P. A. Thiel and T. E. Madey: Surf. Sci. Rep., **7** (1987) 211.

60) T. H. Dunning, R. M. Pitzer and S. Aung: J. Chem. Phys., **57** (1972) 5044.

61) J.-P. Coulomb, T. S. Sullivan and O. E. Vilches: Phys. Rev. B, **30** (1984) 4753.

62) H. Schlichting, D. Menzel, T. Brunner and W. Brenig: J. Chem. Phys., **97** (1992) 4453.

63) A. S. Mårtensson, C. Nyberg and S. Andersson: Phys. Rev. Lett., **57** (1986) 2045.

64) P. K. Schmidt, K. Christmann, G. Kresse, J. Hafner, M. Lischka and A. Groß: Phys. Rev. Lett., **87** (2001) 096103.

65) P. Ferrin, S. Kandoi, A. U. Nilekar and M. Mavrikakis: Surf. Sci., **606** (2012) 679.

66) K. Christmann: Surf. Sci. Rep., **9** (1988) 1.

67) M. Wilde and K. Fukutani: Surf. Sci. Rep., **69** (2014) 196.

68) G. Broden, T. Rhodin, C. Brucker, R. Benbow and Z. Hurych: Surf. Sci., **59** (1976) 593.

69) A. C. Luntz, J. K. Brown and M. D. Williams: J. Chem. Phys., **93** (1990) 5240.

70) K. Rendulic, G. Anger and A. Winkler: Surf. Sci., **208** (1989) 404 .

71) D. Brennan and F. H. Hayes: Trans. Faraday Soc., **60** (1964) 589.

72) F. Ricca, R. Medana and G. Saini: Trans. Faraday Soc., **61** (1965) 1492.

73) P. A. Redhead: Trans. Faraday Soc., **57** (1961) 641.

74) X.-L. Zhou, J. White and B. Koel: Surf. Sci., **218** (1989) 201.

75) F. Healey, R. Carter and A. Hodgson: Surf. Sci., **328** (1995) 67.

76) M. Wilde and K. Fukutani: Phys. Rev. B, **78** (2008) 115411.

77) S. Ohno, M. Wilde and K. Fukutani: J. Chem. Phys, **140** (2014) 134705.

78) X. -L. Yin, M. Calatayud, H. Qiu, Y. Wang, A. Birkner, C. Minot and C. Wöll: ChemPhysChem, **9** (2008) 253.

79) K. Fukada, M. Matsumoto, K. Takeyasu, S. Ogura and K. Fukutani: J. Phy. Soc. Jpn., **84** (2015) 064716.

80) K. Takeyasu, K. Fukada, S. Ogura, M. Matsumoto and K. Fukutani: J. Chem. Phys., **140** (2014) 084703.

81) Z. Wu, W. Zhang, F. Xiong, Q. Yuan, Y. Jin, J. Yang and W. Huang: Phys. Chem. Chem. Phys., **16** (2014) 7051.

82) K. Yamakawa and K. Fukutani: Mol. Sci., **5** (2011) AC0014.

83) K. Yamakawa and K. Fukutani: Eur. Phys. J. D, **69** (2015) 175.

84) D. J. Leahy, D. L. Osborn, D. R. Cyr and D. M. Neumark: J. Chem. Phys., **103** (1995) 2495.

85) S. C. Tsai and G. W. Robinson: J. Chem. Phys., **51** (1969) 3559.

86) F. Besenbacher and J. K. Norskov: Prog. Surf. Sci., **44** (1993) 5.

87) A. C. Luntz, J. Grimblot and D. E. Fowler: Phys. Rev. B, **39** (1989) 12903.

88) J. L. Gland, B. A. Sexton and G. B. Fisher: Surf. Sci., **95** (1980) 587.

89) C. Puglia, A. Nilsson, B. Hernnas, O. Karis, P. Bennich and N. Martensson: Surf. Sci., **342** (1995) 119.

90) W. Wurth, J. Stöhr, P. Feulner, X. Pan, K. R. Bauchspiess, Y. Baba, E. Hudel, G. Rocker and D. Menzel: Phys. Rev. Lett., **65** (1990) 2426.

91) A. C. Luntz, M. D. Williams and D. S. Bethune: J. Chem. Phys., **89** (1988) 4381.

92) C. T. Rettner and C. B. Mullins: J. Chem. Phys., **94** (1991) 1626.

93) C. T. Campbell: Surf. Sci., **173** (1986) L641.

94) P. van Den Hoek and E. Baerends: Surf. Sci., **221** (1989) L791.

95) F. de Mongeot, U. Valbusa and M. Rocca: Surf. Sci., **339** (1995) 291.

96) C. T. Rettner, L. A. DeLouise and D. J. Auerbach: J. Chem. Phys., **85** (1986) 1131.

97) C. Wang and R. Gomer: Surf. Sci., **84** (1979) 329.

98) D. A. King, T. E. Madey and J. T. Yates: J. Chem. Phys., **55** (1971) 3247.

99) D. A. King, T. E. Madey and J. T. Yates: J. Chem. Phys., **55** (1971) 3236.

100) Z. Dohnalek, J. Kim, O. Bondarchuk, J. M. White and B. D. Kay: J. Phys. Chem. B, **110** (2006) 6229.

101) M. A. Henderson, W. S. Epling, C. L. Perkins, C. H. F. Peden and U. Diebold: J. Phys. Chem. B, **103** (1999) 5328.

102) B. Dillmann, F. Rohr, O. Seiferth, G. Klivenyi, M. Bender, K. Homann, I. N. Yakovkin, D. Ehrlich, M. Baumer, H. Kuhlenbeck and H. -J. Freund: Faraday Discuss., **105** (1996) 295.

103) P. Dowben, H. -J. Ruppender and M. Grunze: Surf. Sci., **254** (1991) L482.

104) C. Rao and G. R. Rao: Surf. Sci. Reports, **13** (1991) 223.

105) R. Carter, M. Murphy and A. Hodgson: Surf. Sci., **387** (1997) 102.

106) L. W. Bruch, R. P. Nabar and M. Mavrikakis: J. Phys.: Condensed Matter, **21** (2009) 264009.

107) M. Grunze, P. Dowben and R. G. Jones: Surf. Sci., **141** (1984) 455.

108) M. Grunze, R. Driscoll, G. Burland, J. Cornish and J. Pritchard: Surf. Sci., **89** (1979) 381.

109) M. Breitschafter, E. Umbach and D. Menzel: Surf. Sci., **178** (1986) 725.

110) J. T. Yates and T. E. Madey: J. Chem. Phys., **43** (1965) 1055.

111) T. E. Madey and J. T. Yates: J. Chem. Phys., **44** (1966) 1675.

112) J. T. Yates, R. Klein and T. E. Madey, Surf. Sci., **58** (1976) 469.

113) M. Bowker and D. A. King: J. Chem. Soc., Faraday Trans. 1, **75** (1979) 2100.

114) J. Lin, N. Shamir, Y. Zhao and R. Gomer: Surf. Sci., **231** (1990) 333.

115) C. T. Rettner, E. K. Schweizer and H. Stein: J. Chem. Phys., **93** (1990) 1442.

116) G. Blyholder: J. Phys. Chem., **68** (1964) 2772.

117) J. T. Yates and D. A. King: Surf. Sci., **30** (1972) 601.

118) J. Houston: Surf. Sci., **255** (1991) 303.

119) T. E. Madey, J. T. Yates and R. C. Stern: J. Chem. Phys., **42** (1965) 1372.

120) J. W. May and L. H. Germer: J. Chem. Phys., **44** (1966) 2895.

121) L. W. Anders and R. S. Hansen: J. Chem. Phys., **62** (1975) 4652.

122) C. Kohrt and R. Gomer: Surf. Sci., **40** (1973) 71.

123) M. Bowker and D. A. King: J. Chem. Soc., Faraday Trans. 1, **76** (1980) 758.

124) M. Kunat and U. Burghaus: Surf. Sci., **544** (2003) 170.

125) A. Linsebigler, G. Lu and J. T. Yates: J. Chem. Phys., **103** (1995) 9438.

126) M. Pykavy, V. Staemmler, O. Seiferth and H.-J. Freund: Surf. Sci., **479** (2001) 11.

127) M. A. Henderson: Surf. Sci. Rep., **46** (2002) 1.

128) J. Phys. Chem. Ref. Data 11 Suppl. 2 (1982) p.38.

129) M. A. Henderson and S. A. Chambers: Surf. Sci., **449** (2000) 135.

130) D. Costa, K. Sharkas, M. M. Islam and P. Marcus: Surf. Sci., **603** (2009) 2484.

131) T. Sugimoto, K. Takeyasu and K. Fukutani: J. Vac. Soc. Jpn., **56** (2013) 322.

132) K. Takeyasu, T. Sugimoto and K. Fukutani: J. Vac. Soc. Jpn., **56** (2013) 457.

133) D. Brinkley, M. Dietrich, T. Engel, P. Farrall, G. Gantner, A. Schafer and A. Szuchmacher: Surf. Sci., **395** (1998) 292.

134) M. B. Hugenschmidt, L. Gamble and C. T. Campbell: Surf. Sci., **302** (1994) 329.

135) M. A. Henderson: Langmuir, **12** (1996) 5093.

136) M. A. Henderson: Surf. Sci., **355** (1996) 151.

137) D. A. Duncan, F. Allegretti and D. P. Woodruff: Phys. Rev. B, **86** (2012) 045411.

138) L. Walle, D. Ragazzon, A. Borg, P. Uvdal and A. Sandell: Surf. Sci., **621** (2014) 77.

139) Z. Zhang, O. Bondarchuk, B. D. Kay, J. M. White and Z. Dohnalek: J. Phys. Chem. B, **110** (2006) 21840.

140) Y. Joseph, C. Kuhrs, W. Ranke, M. Ritter and W. Weiss: Chem. Phys. Lett., **314** (1999) 195.

141) Y. Joseph, W. Ranke and W. Weiss: J. Phys. Chem. B, **104** (20000) 3224.

142) R. S. Lemons and G. M. Rosenblatt: Surf. Sci., **48** (1975) 432.

143) G. M. Rosenblatt, R. S. Lemons and C. W. Draper: J. Chem. Phys., **67** (1977) 1099.

144) F. D. Shields: J. Chem. Phys., **62** (1975) 1248.

145) F. D. Shields: J. Chem. Phys., **72** (1980) 3767.

146) F. D. Shields, J. Chem. Phys., **76** (1982) 3814.

147) F. D. Shields, J. Chem. Phys., **78** (1983) 3329.

148) D. Ganta, E. B. Dale, J. P. Rezac and A. T. Rosenberger: J. Chem. Phys., **135** (2011) 084313.

149) S. C. Saxena and R. K. Joshi: *Thermal accomodation and adsorption coefficients of gases*, (Hemisphere publishing, New York, 1989).

150) A. Agrawal and S. V. Prabhu: J. Vac. Sci. Technol. A, **26** (2008) 634.

151) F. Goodman: Prog. Surf. Sci., **5**, Part 3, (1974) 261.

152) F. O. Goodman: J. Phys. Chem., **84** (1980) 1431.

153) V. Ramesh and D. Marsden: Vacuum, **23** (1973) 365.

154) V. Ramesh and D. Marsden: Vacuum, **24** (1974) 291.

155) D. R. Anderson, E. Lee, R. H. Pildes and S. L. Bernasek: J. Chem. Phys., **75** (1981) 4621.

156) F. C. Hurlbut: J. Appl. Phys., **28** (1957) 844.

157) T. Engel: J. Chem. Phys., **69** (1978) 373.

158) C.-H. Hsu, B. E. Larson, M. El-Batanouny, C. R. Willis and K. M. Martini: Phys. Rev. Lett., **66** (1991) 3164.

159) J. E. Hurst, C. A. Becker, J. P. Cowin, K. C. Janda, L. Wharton and D. J. Auerbach: Phys. Rev. Lett., **43** (1979) 1175.

160) G. X. Cao, E. Nabighian and X. D. Zhu: Phys. Rev. Lett., **79** (1997) 3696.

161) J. Barth: Surf. Sci. Rep., **40** (2000) 75.

162) H. Mizuno, K. Narushima, G. Horikoshi and O. Konno: Shinku, **22** (1979) 389.

163) K. Takeyasu, T. Sugimoto and K. Fukutani: J. Phys. Soc. Jpn., **82** (2013) 114602.

164) P. A. Redhead: Can. J. Phys., **42** (1964) 886.

165) Y. Ishikawa: Rev. Phys. Chem. Jpn., **16** (1942) 83 (in Japanese).

166) Y. Ishikawa: Rev. Phys. Chem. Jpn., **16** (1942) 117 (in Japanese).

167) Y. Ishikawa: Rev. Phys. Chem. Jpn., **17**

(1943) 176 (in Japanese).

168) Y. Ishikawa: Rev. Phys. Chem. Jpn., **17** (1943) 190 (in Japanese).

169) Y. Ohta: J. Chem. Soc. Jpn., **64** (1943) 849 (in Japanese).

170) Y. Ohta: J. Chem. Soc. Jpn., **64** (1943) 986 (in Japanese).

171) Y. Ohta: J. Chem. Soc. Jpn., **64** (1943) 1045 (in Japanese).

172) K. Mase and A. Nambu: J. Vac. Soc. Jpn., **49** (2006) 610 (in Japanese).

173) J. Kanasaki and K. Tanimura: Surf. Sci., **528** (2003) 127.

174) D. Pooley: Proc. Phys. Soc., **87** (1966) 245; *ibid.* 257.

175) H. N. Hersh: Phys. Rev., **148** (1966) 928.

176) D. Menzel and R. Gomer: J. Chem. Phys., **41** (1964) 3329.

177) P. R. Antoniewicz: Phys. Rev. B, **21** (1980) 3811.

178) M. L. Knotek and P. J. Feibelman: Phys. Rev. Lett., **40** (1978) 964.

179) P. J. Feibelman and M. L. Knotek: Phys. Rev. B, **18** (1978) 6531.

180) T. Hirayama, A. Hayama, T. Koike, T. Kuninobu, I. Arakawa, K. Mitsuke, M. Sakurai and E. V. Savchenko: Surf. Sci., **390** (1997) 266.

181) V. Saile and E. E. Koch: Phys. Rev. B, **20** (1979) 784.

182) T. Kloiber and G. Zimmerer: Radiat. Eff. Def. Sol., **109** (1989) 219.

183) D. E. Weibel, T. Hirayama and I. Arakawa: Surf. Sci., **283** (1993) 204.

184) I. Arakawa: Mol. Cryst. Liq. Cryst., **314** (1998) 47.

185) I. Arakawa and M. Sakurai: *Desorption Induced by Electronic Transitions, DIET IV* (Springer, Berlin, 1990) 246.

186) E. V. Savchenko, Y. I. Rybalko and I. Y. Fugol: Low Temp. Phys., **14** (1988) 220.

187) E. V. Savchenko, T. Hirayama, A. Hayama, T. Koike, T. Kuninobu, I. Arakawa, K. Mitsuke and M. Sakurai: Surf. Sci., **390** (1997) 261.

188) T. Hirayama, A. Hayama, T. Adachi, I. Arakawa and M. Sakurai: Phys. Rev. B, **63** (2001) 075407.

189) I. Arakawa, T. Adachi, T. Hirayama and M. Sakurai: Fizika Nizkikh Temperatur, **29** (2003) 342.

190) I. Arakawa, T. Adachi, T. Hirayama and M. Sakurai: Surf. Sci., **451** (2000) 136.

191) T. Adachi, T. Hirayama, T. Miura, I. Arakawa and M. Sakurai: Surf. Sci., **528** (2003) 60.

192) A. Hoshino, T. Hirayama and I. Arakawa: J. Vac. Soc. Jpn., **35** (1992) 168.

193) A. Hoshino, T. Hirayama and I. Arakawa: Appl. Surf. Sci., **70/71** (1993) 308.

194) H. Shi, P. Cloutier and L. Sanche: Phys. Rev. B, **52** (1995) 5385.

195) T. Tachibana, Y. Yamauchi, H. Nagasaki, T. Tazawa, T. Miura, T. Hirayama, M. Sakurai and I. Arakawa: J. Vac. Soc. Jpn., **46** (2003) 257.

196) G. Moulard, B. Jenninger and Y. Saito: Vacuum, **60** (2001) 43.

197) H. Tratnik, N. Hilleret and H. Störi: Vacuum, **81** (2007) 731.

198) J. Schou, H. Tratnik, B. Thestrup and N. Hilleret: Surf. Sci., **602** (2008) 3172.

199) T. Kuninobu, A. Hayama, T. Hirayama and I. Arakawa: Surf. Sci., **390** (1997) 272.

200) A. Hayama, T. Kuninobu, T. Hirayama and I. Arakawa: J. Vac. Sci. Technol. A, **16** (1998) 979.

201) P. A. Redhead, J. P. Hobson and E. V. Kornelsen: *The Physical Basis of Ultrahigh Vacuum* (Chapman and Hall, London, 1968).

202) P. A. Redhead, J. P. Hobson and E. V. Kornelsen: 超高真空の物理（富永五郎，辻泰訳）（岩波書店，東京，1977）.

203) M. J. Dresser, M. D. Alvey and J. T. Yates: Surf. Sci., **169** (1986) 91.

204) D. E. Weibel, T. Nagai, T. Hirayama, I. Arakawa and M. Sakurai: Langmuir, **12** (1996) 193.

205) M. Kiskinova, A. Szabo and J. T. Yates: Surf. Sci., **205** (1988) 215.

206) I. Arakawa, D. E. Weibel, T. Nagai, M. Abo, T. Hirayama, M. Kanno, K. Mitsuke and M. Sakurai: Nucl. Instrum. Meth. Phys. Res. B, **101** (1995) 199.

207) M. Sakurai, T. Nagai, M. Abo, T. Hirayama and I. Arakawa: J. Vac. Soc. Jpn., **38** (1995) 414.

208) I. Arakawa, M. Takahashi and K. Takeuchi: J. Vac. Sci. Technol. A, **7** (1989) 2090.

209) 熊谷寛夫，富永五郎，辻泰，堀越源一：真空の物理と応用（裳華房，東京，1970）.

210) R. A. Haefer: *Kryo-Vakuumtechnik* (Springer, Berlin, 1981).

211) J. H. de Boer: *The Dynamic Character of Adsorption* (Clarendon, Oxford, 1953).

212) D. M. Young and A. D. Crowell: *Physical Adsorption of Gases* (Butterworths, London, 1962).

213) S. Ross and J. P. Olivier: *On Physical Adsorption* (John Wiley & Sons, New York, 1964).

214) B. M. W. Trapnell and D. O. Hayward: *Chemisorption* (Butterworths, London, 1966).

215) W. A. Steel: *The Interaction of Gases with Solid Surfaces* (Pergamon, Oxford, 1974).

216) J. G. Dash: *Films on Solid Surfaces* (Academic Press, New York, 1975).
217) H. J. Kreuzer and Z. W. Gortel: *Physisorption Kinetics* (Springer Verlag, Berlin, 1986).
218) R. I. Masel: *Principles of adsorption and reaction on solid surfaces* (John Wiley & Sons, New York, 1996).
219) L. W. Bruch, M. W. Cole and E. Zaremba: *Physical Adsorption: Forces and Phenomena* (Clarendon, Oxford, 1997).
220) D. P. Valenzuela and A. L. Myers: *Adsorption equilibrium data handbook* (Prentice-Hall, New Jersey, 1989).
221) 荒川一郎: フィジクス・物理吸着, **7** (1986) 497.
222) J. P. Hobson and R. A. Armstrong: J. Phys. Chem., **67** (1963) 2000.
223) A. Thomy and X. Duval: J. Chim. Phys., **67** (1970) 1101.
224) A. Thomy, X. Duval and J. Regnier: Surf. Sci. Rep., **1** (1981) 1.
225) 佐藤博, 荒川一郎: Shinku, **32** (1989) 176.
226) J. Menaucourt, A. Thomy, and X. Duval: J. Physique, **38** (1977) C4-195.
227) M. Drir, H. S. Nham and G. B. Hess: Phys. Rev. B, **33** (1986) 5145.
228) R. J. Muirhead and J. G. Dash and J. Krim: Phys. Rev. B, **29** (1984) 5074.

1.5 固体表面・内部からの気体放出

リークがない場合の真空システムの到達圧力 P_u は，ポンプの排気速度 S と真空システムに用いた材料からの気体放出量 Q により式 (1.5.1) で与えられる．

$$P_u = \frac{Q}{S} \tag{1.5.1}$$

真空排気を行う際に負荷となる真空システムの構成材料の固体の表面や内部からの気体放出に関しては，1.4 節で述べた固体表面に吸着した気体の脱離放出に加えて，固体が内部に吸収・溶解している気体の拡散放出および真空容器の壁を通しての外部からの気体透過が問題になる．本節では，固体内部からの気体放出の原因となる固体内部への気体の溶解，そして固体内部からの気体の拡散放出と外部から壁を通しての気体の透過について述べる．

なお，固体表面からの気体の脱離放出および固体内部からの拡散放出や外部からの気体の透過については古くから理論解析が行われているが，実際の真空システムの気体放出挙動を予測することはいまだ困難である．そこで，通常は真空システムを構成する材料・部品からのガス放出速度測定が行われる．排気時間 t [h] に対して単位面積当りの材料のガス放出速度 q を両対数

プロットすると，多くの場合ガス放出速度 q は図 1.5.1 に示すように直線近似でき

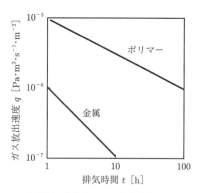

図 1.5.1 各材料の代表的なガス放出速度 q の時間依存性

$$q = at^{-n} \tag{1.5.2}$$

と表すことができる．ここで a は $t = 1$ h でのガス放出速度，n はべき数である．ガス放出速度の測定では，例えば $t = 1$ h, 4 h, 10 h, 20 h での q を測定することになる[1]．ここでべき数 n は，金属，ガラス，セラミックスでは $n = 1$ に近く，また，ゴム，プラスチックスなどのポリマーでは $n = 0.4 \sim 0.8$ になることが多い．一般には，金属などの場合には材料表面に吸着した気体の脱離による放出が主体となるため $n = 1$ であり，また，ポリマーなどの場合には固体が内部に吸収した水分や揮発性の有機物質の拡散放出が主になるため $n = 0.5$ に近くなる．金属でも到達圧力が下がり，超高真空から極高真空の領域になりガス放出速度が非常に低くなると，固体内部からの水素の拡散放出が問題になる．

1.5.1 気体の固体内部への溶解

気体分子 X_2 は，固体表面に存在するだけでなく固体内部に吸収されることがある．これを気体の固体中への溶解と呼ぶ．気相で二原子分子として存在する X_2 が固体表面に吸着すると，あるものは解離して原子状態で固体中に溶解することがあり，その状態を式 (1.5.3) で表す．

$$X_{2(gas)} \rightleftharpoons 2X_{(bulk)} \tag{1.5.3}$$

ここで $X_{2(gas)}$, $X_{(bulk)}$ はそれぞれ気相の分子，固体内部に溶解した原子を表す．また，固体内で解離しない場合は分子 X_2 として固体中に溶解する．

表面への吸着の場合と同様に，溶解した気体 X の濃度 C は，標準状態の圧力 $p^0 = 10^5$ Pa[†]を基準とした

[†] 標準状態圧力として標準大気圧 $p^0 = 1.013\,25 \times 10^5$ Pa をとる場合もある．

気体の圧力 p，および温度 T に依存する．式 (1.5.3) の反応が平衡に達したとき

$$G_{X2} = 2G_{X(bulk)} \qquad (1.5.4)$$

である．ここで G_{X2}，$G_{X(bulk)}$ はそれぞれ気体 X_2 と固体中の気体 X のモルギブスエネルギーである．気体 X_2 のモルギブスエネルギーは

$$G_{X2} = G_{X2}^0 + RT \ln \left(p/p^0 \right) \qquad (1.5.5)$$

ここで，G_{X2}^0 は標準生成ギブスエネルギーである．また固体中の気体 X のモルギブスエネルギーは

$$G_{X(bulk)} = G_{X(bulk)}^0 + RT \ln a_{X(bulk)} \qquad (1.5.6)$$

で与えられる．ここで $a_{X(bulk)}$ は固体中に溶解している気体原子 X の活量である．式 (1.5.5)，(1.5.6) から，式 (1.5.3) の反応における標準ギブスエネルギーの変化量 ΔG^0 は，気体 X_2 と固体中の気体 $X_{(bulk)}$ の標準生成ギブスエネルギーから

$$\begin{aligned} \Delta G^0 &= G_{X(bulk)}^0 - \frac{1}{2}G_{X2}^0 \\ &= -2RT \ln \frac{a_{X(bulk)}}{(p/p^0)^{\frac{1}{2}}} \end{aligned} \qquad (1.5.7)$$

である．固体中の気体 X の濃度 C は活量 $a_{X(bulk)}$ に比例するから

$$\begin{aligned} C &= C_1 \left(\frac{p}{p^0} \right)^{\frac{1}{2}} \exp \left(-\frac{\Delta G^0}{2RT} \right) \\ &= C_0 \left(\frac{p}{p^0} \right)^{\frac{1}{2}} \exp \left(-\frac{\Delta H_s}{2RT} \right) \\ &= s \left(\frac{p}{p^0} \right)^{\frac{1}{2}} \end{aligned} \qquad (1.5.8)$$

である．ここで C_1，C_0 は定数，ΔH_s は気体分子 X_2 の溶解熱，そして s を溶解度定数と呼ぶ．金属中の気体の濃度 C が気体の圧力 p に関係するという式 (1.5.8) はシーベルト（Sieverts）の法則[2]と呼ばれ，金属中への水素の希釈溶解やゲッターポンプの特性を記述するのに用いられる．固体中に溶解するおもな気体は金属では水素，ポリマーでは水分子であり，水素溶解度[3]ならびに水分吸収率[4]データが利用できる．

1.5.2 気体の固体内部での拡散と透過
〔1〕 拡 散 過 程
固体中に溶解した気体は固体内部をランダムに動き

回る．この移動に伴う固体中での気体の流れを簡単のために一次元で考える．x 方向の気体濃度 $C(x)$ の勾配が $dC(x)/dx$ であるとき，x 方向に垂直な単位面積を通して単位時間に流れる気体の量 J はフィック（Fick）の第一法則

$$J = -D\frac{dC(x)}{dx} \qquad (1.5.9)$$

で表される（関連資料 1.6.2 項参照）[5],[6]．ここで D は拡散係数で

$$D = D_0 \exp \left(-\frac{E_D}{RT} \right) \qquad (1.5.10)$$

で表され，E_D は拡散の活性化エネルギーである．フィックの第一法則は定常状態での気体の拡散による流量を定義するには十分であるが，気体濃度が時間とともに変化する系では J と $C(x)$ の間で気体の量を保存させることを表すフィックの第二法則を用いる必要があり，D の濃度依存性を無視すると，関連資料 1.6.2 項の式 (1.6.19)

$$\frac{\partial C(x)}{\partial t} = D\frac{\partial^2 C(x)}{\partial x^2} \qquad (1.5.11)$$

となる．真空容器や部品から拡散により真空中に放出される気体としては，固体内部に溶解している気体の拡散放出と外部空間から真空容器の壁を通しての透過による気体の拡散放出がある．

〔2〕 透 過
厚さ d の真空容器の壁を通しての大気中からの気体分子 X_2 の透過過程を図 1.5.2 に模式的に示す．図 1.5.2 (a) は固体壁内で溶解している原子 X の濃度勾配を表す．固体壁の大気側表面における気体分子 X_2 の圧力を p_2 とし，真空側表面での圧力を p_1 とする．ここで $p_2 > p_1$ とする．また大気側表面での原子 X の濃度を C_2，真空側表面での濃度を C_1 とする．ここで $C_2 > C_1$ である．

図 1.5.2 (b) に示すように気体分子 X_2 は大気側表面に吸着し，固体表面で X 原子として解離する．そして $X_{(bulk)}$ として固体内に溶解し，拡散して移動する．最後に真空側表面で X_2 分子として再結合し，脱離放出する．これが気体の透過である．なお解離しない気体分子の場合は，分子のまま吸着，溶解，拡散し，最終的に脱離放出することになる．固体表面での吸着・脱離が拡散に比べて十分早ければ，気体の透過速度は気体の固体中での拡散速度で決まる．

透過気体分子の圧力が一定で，固体内の気体濃度が一定となる定常状態での透過はフィックの第一法則（式

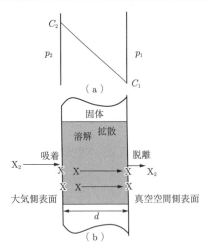

図 1.5.2 気体分子の真空容器の壁透過の過程. (a) 壁中の X 原子の濃度勾配. (b) X_2 分子の壁透過過程の模式図

(1.5.9))で記述できる．すなわち気体分子 X_2 の固体内での流れ J は

$$J = -D\frac{dC(x)}{dx} = D\frac{C_2 - C_1}{d} \quad (1.5.12)$$

で与えられる．気体分子が解離しない場合は

$$J = DC_0 \exp\left(-\frac{\Delta H_s}{RT}\right)\frac{p_2 - p_1}{d} \quad (1.5.13)$$

拡散の温度効果を考慮して

$$J = \frac{1}{4}D_0 C_0 \exp\left(-\frac{E_D + \Delta H_s}{RT}\right)\frac{p_2 - p_1}{d}$$
$$(1.5.14)$$

となる．

実際にこのような透過が真空システムで問題になるのは，ガラス壁を通してのヘリウムの透過，そしてガスケット材料を通しての大気中の水分の透過である．いずれも解離しないで固体内に吸収され透過する例であり，式 (1.5.14) はつぎのように書き換えられる．

$$\begin{aligned}J &= \frac{1}{4}D_0 s \exp\left(-\frac{\Delta E_p}{RT}\right)\frac{p_2}{d} \\ &= K\frac{p_2}{d} \quad (1.5.15)\end{aligned}$$

ここで ΔE_p は透過の活性化エネルギーに相当する量で，ΔH_s と E_D の和で与えられる．したがって透過には拡散係数，溶解度，および材料の厚さが重要である．K は透過率である．透過率は大気から器壁やガスケットを通して真空中に入ってくる気体の流れを記述する量である．SI では，圧力差 1 Pa の場合，1 秒間に面積 1 m² で厚さ 1 m の壁を透過する気体の流量として [Pa·m³·s⁻¹] × [Pa⁻¹] × [m⁻²] × [m] = [m²·s⁻¹] の単位で表示する．ただし旧来の単位として，1 atm の圧力差がある場合に 1 秒間に厚さ 1 cm または 1 mm の壁の面積 1 cm² を透過する気体の標準状態での体積 (STP†·s⁻¹·cm⁻²·cm または STP·s⁻¹·cm⁻²·mm) で表されているデータが多い．ガラスおよびセラミックス中のヘリウム透過率[7),8)]，ガスケット材料として使われるエラストマー中の大気中気体の透過率データ[9)] がまとめられている．

一方，気体分子が X に解離する場合には，圧力依存項が線形から平方根となる．解離して透過する例として，超高真空用金属材料中の水素透過率データ[10)] がまとめられている．

〔3〕 固体中溶存気体の拡散放出

金属中に溶解している気体量（おもに水素）を減少させるための真空中 450～1 000℃ の高温での加熱脱ガス処理やポリマー中に吸収されている水分を減少させるための 100℃ 以下の乾燥脱ガス処理が実用的に行われている．いずれも加熱して内部に溶解または吸収されている気体量を減少させる手法であり，普通は材料・部品の形で真空炉，恒温槽などで処理される．ベーキングも加熱脱ガス手法の一つであるが，真空装置として組み上げて，真空排気しながら装置として問題にならない程度の温度で加熱する．例えばベーキングの加熱温度はステンレス鋼真空容器では 150～250℃，アルミニウム合金真空容器では 100～150℃ 程度である．

このような溶存気体の拡散放出過程を取り扱うには，フィックの第二法則の式 (1.5.11) をそれぞれの境界条件下で解く必要がある．

まず図 1.5.3 に示す初期溶存気体濃度 C_0 で厚さ d の板からの加熱脱ガス処理を検討する．この場合の境界条件は $t = 0$, $0 < x < d$ で $C = C_0$; $t > 0$, $x = 0$ および $x = d$ で $C = 0$ とする．板の両表面が真空側に露出している場合である．加熱脱ガス時間の経過とともに濃度勾配が低下し，最終的には溶存気体はほとんどゼロとなる．この場合フィックの第二法則の解は

$$C(x,t) = C_0 \frac{\pi}{4}\sum_{n=1}^{\infty}\exp\left[-\left(\frac{\pi(2n+1)}{d}\right)^2 Dt\right]$$
$$(1.5.16)$$

また，ガス放出速度 q は

---

† STP = standard tempreture and pressure, IUPAC では 0℃ (= 273.15 K) で 10^5 Pa の気体を指すが，0℃ 1 気圧 (=1.013 25 × 10^5 Pa) で表されている場合が多い．

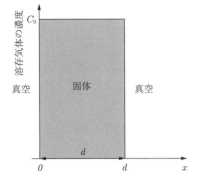

図1.5.3 加熱脱ガス時の溶存気体拡散の境界条件 ($t = 0$)

$$q = 2D \left(\frac{dC}{dx}\right)_{x=0}$$
$$= \frac{8C_0 D}{d} \sum_{n=1}^{\infty} \exp\left[-\left(\frac{\pi(2n+1)}{d}\right)^2 Dt\right] \quad (1.5.17)$$

で与えられる[11].

そして，一定時間に加熱脱ガスした単位面積当りの気体の量 Q は，$\sqrt{Dt} < d$ の場合

$$Q = 2\int_0^t C_0 \left(\frac{D}{\pi t}\right)^{\frac{1}{2}} dt = 4C_0 \left(\frac{Dt}{\pi}\right)^{\frac{1}{2}} \quad (1.5.18)$$

となる.

式 (1.5.10) より，固体中での気体の拡散係数は高温ほど大きくなるので，式 (1.5.18) は加熱脱ガス処理温度が高いほど Q が大となり，高速に溶存気体を放出することを示している．その結果として溶存気体濃度 C が急速に減少し，その後室温で排気する際の q は低下する．

ステンレス鋼内部からの水素の拡散放出を促進し，低ガス放出速度を得るための高温での加熱脱ガス処理の効果は 1960 年代初期にすでに確認，実施されている[12]．また Calder と Lewin[13] は拡散方程式の解から加熱脱ガス処理の効果を理論的に説明するとともに，ガス放出速度の測定によりその効果を実証している．

その後 30 年近くステンレス鋼からの気体放出量低減の手段として 450℃での長時間，また 800～1000℃での短時間の加熱脱ガス処理が実施されてきた．しかし単純な水素の拡散放出のみで考えるならば，こうした加熱脱ガス処理によりステンレス鋼中に溶解していた水素はすべて放出され，水素濃度 C はきわめて低い値となる．その結果として室温での q 値は実際測定されている値よりもはるかに低い値になるはずである．実測値が大きい理由として，ベーキング中に大気側からの水素透過が起こり q 値を増加させるためと説明されていた[13].

拡散理論による加熱脱ガス処理の際のガス放出を取り扱う上で，式 (1.5.17) の指数項に着目したフーリエ数 F_0 の導入が有効である．すなわち，拡散係数 D の温度依存性を $D(T)$ で表し，真空容器の温度 T の時間履歴を $T(\tau)$ とすると，フーリエ数 F_0 は

$$F_0 = \frac{1}{d^2} \int_0^t D(T(\tau)) d\tau \quad (1.5.19)$$

となる.

真空側に露出している表面での水素濃度をゼロと考えると，拡散過程は比較的早く進行する．図 1.5.4 に示すように，真空容器壁内の平均水素濃度は F_0 が増加するにつれて急速に減少する．加熱脱ガスによる抽出水素量は $F_0 = 0.5$ では初期濃度の 76.4%，$F_0 = 1$ では 93.1%，$F_0 = 2$ では 99.42% になるはずである．ここでガス放出速度は単純に拡散係数と濃度勾配の積で与えられる．すなわち図 1.5.4 で考えると，$F_0 > 2$ ではステンレス鋼内の水素濃度はほとんどゼロに近くなっている．例えば，1000℃で圧力 1×10^{-4} Pa の真空炉で加熱脱ガス処理をすれば，当初ステンレス鋼中に $C_0 = 2 \times 10^{25}$ 個·m^{-3}（約 3 ppm）存在した水素原子は，加熱脱ガス処理後には $C = 2 \times 10^{20}$ 個·m^{-3} にまで低下し得る．したがってステンレス鋼中には最早水素の濃度勾配は存在し得ず，よく実際の真空システムで観察される圧力に無関係な一定値の q を説明できなくなる．

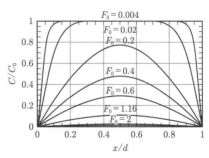

図1.5.4 拡散によるガス放出過程におけるステンレス鋼中の水素濃度分布変化．F_0 はフーリエ数で，加熱脱ガス処理の強度（温度・時間）を表す．

図 1.5.5 に F_0 とその後の室温での q との関係の実測値を示す[14]．拡散理論から考えると，$F_0 > 3$ では q は 10^{-10} Pa·m^3·s^{-1}·m^{-2} よりはるかに低くなるは

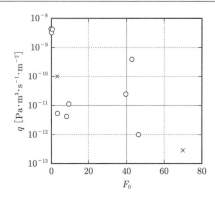

図 1.5.5 ステンレス鋼真空容器の加熱脱ガス処理後の
ガス放出速度 q と脱ガス強度（フーリエ数 F_0）の関
係[14]

ずであるが，実際には薄肉容器（×印のデータ）でない限りそれほど小さくなっていない．

また実際に加熱脱ガス処理の際に放出された水素量，さらには加熱脱ガス処理後のステンレス鋼中の水素濃度を測定したデータはほとんど存在しない．薄肉容器を用いた $F_0 \geqq 3$ に相当する加熱脱ガス処理中に放出された水素量はほとんど無視できる値であったという報告[15),16)]とステンレス鋼中の水素濃度は拡散理論計算で推定されるよりはるかに高く，$F_0 = 7$ で 10^{25} 個 $\cdot m^{-3}$，$F_0 = 40$ で 10^{24} 個 $\cdot m^{-3}$ という報告があるのみである[17)]．したがって，$F_0 \geqq 3$ での加熱脱ガス処理後に得られる q の値は，D と表面における濃度勾配の積では説明できないことになる．これは内部から表面に近付く水素原子の表面での再結合速度を導入することにより，初めて説明できることになる．

1995 年に Moore[18)] は Calder と Lewin[13)] による大気中からの水素透過量の大きさの推定に疑問を呈した．そして拡散理論は $q \approx 10^{-9}$ Pa$\cdot m^3 \cdot s^{-1} \cdot m^{-2}$ 付近までは成立するものの，固溶水素濃度が減少し，材料内部の濃度勾配が小さくなると表面での水素原子の再結合過程が気体放出を支配することを指摘した．したがって，10^{-10} Pa$\cdot m^3 \cdot s^{-1} \cdot m^{-2}$ 以下の低い q 値を得るのに必要な加熱脱ガス処理の温度と時間は，拡散律速から予測されるよりもはるかに大きくなると指摘した．また，大気側からの水素透過については過大評価であるとした[19)]．これは水素透過実験が純水素を用いて，しかも高温で行われており，その結果を温度の低いベーキング条件および水素分圧の低い大気中からの透過に外挿している点，さらにステンレス鋼の表面に形成した酸化物が透過のバリアとして作用し，大気側からの水素透過速度を著しく減少させるためである．実際には，表面での水素原子の再結合過程が水素

ガス放出速度を支配するようになるため，大気側からの水素透過はほとんど無視できるとした．事実ベーキング温度程度の加熱では，肉厚の薄いステンレス鋼箔（0.15 mm）容器でも水素透過が起こることは観察されていない[20)]．

そして，Hseuh と Cui[21)] の 950℃で 2 時間の加熱脱ガス処理した 304LN ステンレス鋼でのデータをベースに，再結合過程を考慮した加熱脱ガス処理中の水素濃度分布を計算し，表面水素濃度は拡散理論で仮定するゼロにはならず有限の値をとること，また水素濃度分布も拡散理論で仮定する図 1.5.4 のようなサイン波形状にならず，均一になるとした．水素ガス放出速度 q はこの表面水素原子の再結合に支配され，表面水素濃度 C_s の 2 乗に比例し

$$q = K_R[C_s]^2 \qquad (1.5.20)$$

で与えられる．ここで K_R は表面再結合速度定数である．

その後，水素原子の再結合過程を考慮したこの取組みを支持する研究データが発表される[22)～25)] とともに，Moore は[26)] 非常に低い q 値を得るためには Nemanic ら[25)] が示したように必要なベーキングの温度と時間から考えて，ステンレス鋼薄肉容器（$d = 0.15$ mm）が実用性が大であると指摘した．Nemanic らは大気側からの水素透過は無視でき，真空側でのステンレス鋼表面での水素濃度はゼロに，そして大気側表面では最大となる分布をとり，ベーキング時にはステンレス鋼中の水素濃度分布は均一になるものの，水素濃度の値を効率的に低くし，小さな q 値を得ることが可能であると説明している．Akaishi ら[27)] も水素の再結合過程を取り込んだ拡散モデルを用いてステンレス鋼からの水素ガス放出のシミュレーションを行い，加熱脱ガス処理，表面酸化層および薄肉容器の効果をよく説明できるとしている．

しかし，この再結合過程モデルの欠点は，表面反応過程の理論的説明が不完全であるだけでなく，再結合速度定数や表面水素濃度の決定が困難である点である．特に清浄なステンレス鋼表面で測定された K_R でさえも 3～4 桁ばらついており[28)]，実用的な真空システムを設計するのにはほとんど役立たないのが現状である．

定性的には，真空容器を 450～1 000℃で加熱脱ガス処理してステンレス鋼中の水素濃度を減少させると，水素ガス放出速度が低減すること．さらにその後の 150～250℃でのベーキング条件もガス放出速度 q に影響するなど水素原子の拡散と表面での再結合，そして水素分子の脱離で説明できる研究結果は数多い．しかし，水素ガス放出過程における種々のパラメーター，例えば

ベーキング後の水素濃度および表面での水素濃度，水素原子の再結合速度に及ぼす酸化層の影響などはいまだ実験的に定量化されていない．

　ステンレス鋼と同様な低い水素ガス放出速度が超高真空用のアルミニウム合金[29]，チタン[30]，銅[31]および銅合金[32]で報告されている．いずれの材料も酸化物が表面に存在していることから推測すると，いずれの超高真空材料においてもステンレス鋼と同様な律速過程で水素ガス放出が起きているものと考えられる．

引用・参考文献

1) P. A. Redhead: J. Vac. Sci. Technol. A, **20** (2002) 1967.
2) A. Sieverts: Z. Metallkd., **21** (1929) 37.
3) 堀越源一，小林正典，堀洋一郎，坂本雄一：真空排気とガス放出（日刊工業新聞社，東京，1965）p.70.
4) 金持徹 編：真空技術ハンドブック（日刊工業新聞社，東京，1988）p.106.
5) J. Crank: *Mathematics of Diffusion* (Oxford University Press, 1975) 2nd. Ed.,
6) W. Jost: *Diffusion in Solids, Liquids, Gases* (Academic Press, 1960) p.9.
7) F. J. Norton: J. Am. Ceram. Soc., **36** (1953) 90.
8) W. G. Perkins: J. Vac. Sci. Technol., **10** (1973) 543.
9) R. N. Peacock: J. Vac. Sci. Technol., **17** (1980) 330.
10) Y. Ishikawa and T. Yoshimura: Shinku, **40** (1997) 148.
11) J. B. Hudson: *Gas Surface Interactions and Diffusion, in Foundations of Vacuum Science and Technology*, J. M. Lafferty, Ed. (John Wiley & Sons, Inc., 1998) p.598.
12) D. J. Santeler: J. Vac. Sci. Technol. A, **10** (1992) 1879.
13) R. Calder and G. Lewin: Brit. J. Appl. Phys., **18** (1967) 1459.
14) Y. Ishikawa: Shinku, **49** (2006) 335.
15) V. Nemanic and J. Setina: J. Vac. Sci. Technol. A, **18** (2000) 1789.
16) V. Nemanic, J. Setina and B. Zajec: J. Vac. Sci. Technol. A, **19** (2001) 215.
17) L. Westerberg, B. Hjorvarsson, E. Wallen and A. G. Mathewson: Vacuum, **48** (1997) 771.
18) B. C. Moore: J. Vac. Sci. Technol. A, **13** (1995) 545.
19) B. C. Moore: J. Vac. Sci. Technol. A, **16** (1998) 3114.
20) V. Nemanic and T. Bogataj: Vacuum, **50** (1998) 431.
21) H. C. Hseuh and X. Cui: J. Vac. Sci. Technol. A, **7** (1989) 2418.

22) V. Nemanic and J. Setina: J. Vac. Sci. Technol. A, **17** (1999) 1040.
23) K. Jousten: Vacuum, **49** (1998) 359.
24) J. F. Fremerey: Vacuum, **53** (1999) 197.
25) V. Nemanic and J. Setina: Vacuum, **53** (1999) 277.
26) B. C. Moore: J. Vac. Sci. Technol. A, **19** (2001) 228.
27) K. Akaishi, M. Nakasuga and Y. Funato: J. Vac. Sci. Technol. A, **20** (2002) 848.
28) Y. Ishikawa and V. Nemanic: Vacuum, **69** (2003) 501.
29) S. Inayoshi et al: Shinku, **41** (1998) 574.
30) H. Kurisu et al: J. Vac. Sci. Technol. A, **21** (1995) 110.
31) F. Watanabe, Y. Koyatsu and H. Miki: J. Vac. Sci. Technol. A, **13** (1995) 2587.
32) F. Watanabe: J. Vac. Sci. Technol. A, **22** (2004) 739.

1.6　関　連　資　料

1.6.1　マクスウェル速度分布に関する計算

〔1〕 F_1–F_3, G_1–G_3 の計算

$$\int_0^\infty x^{2n} e^{-\alpha x^2}\,dx$$
$$= \left(n-\frac{1}{2}\right)\left(n-\frac{3}{2}\right)\cdots\frac{1}{2}\cdot\frac{1}{2}\sqrt{\frac{\pi}{\alpha^{2n+1}}} \tag{1.6.1}$$

$$\int_0^\infty x^{2n+1} e^{-\alpha x^2}\,dx = \frac{n!}{2\alpha^{n+1}} \tag{1.6.2}$$

よって，$\alpha = m/2kT$ と置いて

$$F_1 = \int_0^\infty v f(v)\,dv$$
$$= 4\pi\left(\frac{\alpha}{\pi}\right)^{\frac{3}{2}}\int_0^\infty v^3 e^{-\alpha v^2}\,dv = \frac{4\alpha^{\frac{3}{2}}}{\sqrt{\pi}}\frac{1}{2\alpha^2}$$
$$= \frac{2}{\sqrt{\pi\alpha}} = \frac{2}{\sqrt{\pi}}\sqrt{\frac{2kT}{m}} = \sqrt{\frac{8kT}{\pi m}} \tag{1.6.3}$$

$$F_2 = \int_0^\infty v^2 f(v)\,dv$$
$$= 4\pi\left(\frac{\alpha}{\pi}\right)^{\frac{3}{2}}\int_0^\infty v^4 e^{-\alpha v^2}\,dv$$
$$= \frac{4\alpha^{\frac{3}{2}}}{\sqrt{\pi}}\frac{3}{2}\cdot\frac{1}{2}\cdot\frac{1}{2}\sqrt{\frac{\pi}{\alpha^5}} = \frac{3kT}{m} \tag{1.6.4}$$

$$F_3 = \int_0^\infty v^3 f(v)\,dv$$

$$= 4\pi \left(\frac{\alpha}{\pi}\right)^{\frac{3}{2}} \int_0^\infty v^5 e^{-\alpha v^2} \mathrm{d}v = F_1 \cdot \frac{2}{\alpha}$$

$$= \sqrt{\frac{8kT}{\pi m}} \cdot \frac{4kT}{m} = \frac{4}{\sqrt{\pi}} \left(\frac{2kT}{m}\right)^{\frac{3}{2}}$$

$$(1.6.5)$$

$$G_1 = \int_0^\infty v_x h(v_x) \mathrm{d}v_x$$

$$= \sqrt{\frac{\alpha}{\pi}} \int_0^\infty v_x e^{-\alpha v_x^2} \mathrm{d}v_x$$

$$= \sqrt{\frac{\alpha}{\pi}} \cdot \frac{1}{2\alpha} = \frac{1}{2\sqrt{\pi\alpha}} = \sqrt{\frac{kT}{2\pi m}}$$

$$(1.6.6)$$

$$G_2 = \int_0^\infty v_x^2 h(v_x) \mathrm{d}v_x$$

$$= \sqrt{\frac{\alpha}{\pi}} \int_0^\infty v_x^2 e^{-\alpha v_x^2} \mathrm{d}v_x$$

$$= \sqrt{\frac{\alpha}{\pi}} \cdot \frac{1}{2} \cdot \frac{1}{2} \sqrt{\frac{\pi}{\alpha^3}} = \frac{kT}{2m} \quad (1.6.7)$$

$$G_3 = \int_0^\infty v_x^3 h(v_x) \mathrm{d}v_x$$

$$= \sqrt{\frac{\alpha}{\pi}} \int_0^\infty v_x^3 e^{-\alpha v_x^2} \mathrm{d}v_x$$

$$= \sqrt{\frac{\alpha}{\pi}} \cdot \frac{1}{2\alpha^2} = \frac{1}{2\sqrt{\pi}} \left(\frac{2kT}{m}\right)^{\frac{3}{2}} \quad (1.6.8)$$

〔2〕 マクスウェル速度分布の導出

あまり数学的厳密さにこだわる必要はないと思うが，マクスウェル速度分布がガウス関数（e^{-ax^2}）である必要性は以下のように示すことができる．速度分布関数 g と成分ごとの関数 h との間の関係式

$$g(v^2) = h(v_x)h(v_y)h(v_z) \quad (1.6.9)$$

を，v_x で偏微分すると

$$g'(v^2)2v_x = h'(v_x)h(v_y)h(v_z) \quad (1.6.10)$$

であるから，これを式 (1.6.9) で辺々除して整理すると

$$\frac{g'(v^2)}{g(v^2)} = \frac{1}{2v_x} \frac{h'(v_x)}{h(v_x)} \quad (1.6.11)$$

v_y, v_z についても同様であるから

$$\frac{g'(v^2)}{g(v^2)} = \frac{1}{2v_x} \frac{h'(v_x)}{h(v_x)}$$

$$= \frac{1}{2v_y} \frac{h'(v_y)}{h(v_y)} = \frac{1}{2v_z} \frac{h'(v_z)}{h(v_z)}$$

$$(1.6.12)$$

これがすべての v_x, v_y, v_z で成立するためには，式 (1.6.12) の各辺が定数であることが必要であり，これを C と置くと

$$\frac{h'}{h} = \frac{\mathrm{d}}{\mathrm{d}v_x}(\ln g) = 2v_x C \quad (1.6.13)$$

$$\ln h = C \int 2v_x \mathrm{d}v_x = Cv_x^2 + C'$$

$$\therefore \quad h(v_x) = A e^{Cv_x^2} \quad (1.6.14)$$

を得る．$h(v_x)$ が $|v_x| \to \infty$ で発散しないためには $C < 0$ である必要があるから，改めて $C = -\alpha$ と置いて

$$h(v_x) = A e^{-\alpha v_x^2} \quad (1.6.15)$$

となる．

1.6.2 拡散方程式[1]

分子密度が空間的に異なれば，個々の分子のランダムな運動により分子密度の高いところから低いところに向かって分子の流れが生じる．単位面積当り，単位時間当りの分子の流れは拡散流束または単に流束と呼ばれ，ベクトル量として $\boldsymbol{J}$ で表す．空間の位置 $\boldsymbol{r}$ での分子密度を $n(\boldsymbol{r})$ として，定常的な拡散流束 $\boldsymbol{J}$ は

$$\boldsymbol{J} = -D\nabla n(\boldsymbol{r}) \quad (1.6.16)$$

で表される．右辺の負符号は流れが密度勾配を減らす向きに生ずることを表している．D は拡散係数で一般的には長さの 2 乗/時間の次元を持つ 2 階のテンソル量である．また，非定常状態での流れは，分子密度を $n(\boldsymbol{r}, t)$ として物質連続の式

$$\frac{\partial n(\boldsymbol{r}, t)}{\partial t} = -\nabla \cdot \boldsymbol{J} \quad (1.6.17)$$

から，式 (1.6.16) を代入して

$$\frac{\partial n(\boldsymbol{r}, t)}{\partial t} = \nabla \cdot D\left(\nabla n(\boldsymbol{r}, t)\right) \quad (1.6.18)$$

の拡散方程式で表される．拡散係数 D が密度に依存しない場合，式 (1.6.18) は

$$\frac{\partial n(\boldsymbol{r}, t)}{\partial t} = D\nabla^2 n(\boldsymbol{r}, t) = D\triangle n(\boldsymbol{r}, t)$$

$$(1.6.19)$$

となる．これらの法則は 1855 年にフィック（Adolf Eugen Fick）によって明らかにされたので，式 (1.6.16) はフィックの第一法則，式 (1.6.18)〜(1.6.19) は第二法則と呼ばれている．

熱伝導に対しても式 (1.6.16)，式 (1.6.18)〜(1.6.19) と類似の法則が成り立ち，それぞれ，フーリエの法則，熱伝導方程式（1807 年）である．

一次元の拡散の場合，拡散流束の方向を x とすると式 (1.6.16) は

$$J_x = -D\frac{\mathrm{d}n(x)}{\mathrm{d}x} \tag{1.6.20}$$

となる．この場合，拡散係数 D はスカラー量である．また，式 (1.6.19) は

$$\frac{\partial n(x,t)}{\partial t} = D\frac{\partial^2 n(x,t)}{\partial x^2} \tag{1.6.21}$$

となる．

空間の 1 点に多数の分子を置き，その分子が式 (1.6.21) の拡散方程式に従って一次元的に拡散する場合を考える．これは，例えば表面上に線状に一様な密度で分子を吸着させ，時間とともに吸着分子が表面上を拡散し広がっていく場合に相当する．分子が拡散する方向を x，時刻 $t=0$ での初期吸着位置を $x=0$ とする．$n(x,0) = N_0\delta(x)$ として，拡散方程式に従って密度が変化すると，時刻 t での密度分布は

$$n(x,t) = \frac{N_0}{2\sqrt{\pi Dt}}\exp\left(-\frac{x^2}{4Dt}\right) \tag{1.6.22}$$

となる．これは，分散が $\sqrt{2Dt}$ のガウス関数であり，時刻 t での平均 2 乗変位は $\sqrt{2Dt}$ となる．平均 2 乗変位は，時間 t の間に分子が拡散する距離の目安を与え，拡散長や拡散距離と呼ばれる場合もある．$D = 10^{-9} \text{ cm}^2\cdot\text{s}^{-1}$ のときの，$n(x,t)$ の時間変化を示したのが図 1.6.1 である．時間がたつにつれて分子密度が空間的に広がる様子がわかる．

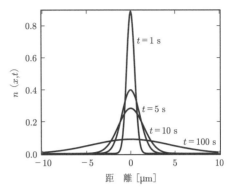

図 1.6.1 $t=0$ で原点に置かれた分子が，拡散方程式に従って拡散するときの時刻 t での分子密度の分布．$D = 10^{-9} \text{ cm}^2\cdot\text{s}^{-1}$

ここでは表面での一次元的な拡散を考えたが，表面に一様に吸着した分子が固体内部へ拡散する場合や，逆に固体内のある深さに一様に存在する分子が表面へ拡散する場合も一次元拡散と考えることができ，式 (1.6.22) が適用できる．ただし，これらの場合は異なる境界条件で拡散方程式 (1.6.21) を解く必要がある．

1.6.3 おもな気体の基本的な性質一覧（表 1.6.1 参照）

表 1.6.1 種々の気体のモル質量 M，密度 ρ，分子直径 σ[2),3)]，平均速度 $\bar{v}$，平均自由行程 λ，入射頻度 Γ，体積入射頻度 Γ_v

気体	M [g·mol^{-1}]	$\rho^\dagger$ [mg·m^{-3}]	$\sigma^\ddagger$ [nm]	$\bar{v}^\ddagger$ [m·s^{-1}]	$\lambda^\dagger$ [mm]	$\Gamma/10^{22\,\dagger}$ [s^{-1}·m^{-2}]	$\Gamma_v^\dagger$ [m^3·s^{-1}·m^{-2}]
H$_2$	2.016	0.888	0.274	1694	11.31	11.23	423.4
He	4.003	1.763	0.218	1202	17.86	7.97	300.5
CH$_4$	16.04	7.063	0.414	600	4.95	3.98	150.1
NH$_3$	17.03	7.499	0.443	583	4.33	3.86	145.7
H$_2$O	18.02	7.934	0.460	567	4.01	3.76	141.6
Ne	20.18	8.886	0.259	535	12.65	3.55	133.8
N$_2$	28.01	12.33	0.375	454	6.04	3.01	113.6
CO	28.01	12.33	0.312	454	8.72	3.01	113.6
C$_2$H$_4$	28.05	12.35	0.495	454	3.46	3.01	113.5
空気	28.97	12.76	0.372	447	6.13	2.96	111.7
C$_2$H$_6$	30.07	13.24	0.530	439	3.02	2.91	109.6
O$_2$	32.00	14.09	0.361	425	6.51	2.82	106.3
HCl	36.46	16.05	0.446	398	4.27	2.64	99.6
Ar	39.95	17.59	0.364	380	6.41	2.52	95.1
CO$_2$	44.01	19.38	0.459	363	4.03	2.40	90.6
C$_3$H$_8$	44.10	19.42	0.632	362	2.13	2.40	90.5
C$_6$H$_6$	78.11	34.39	0.765	272	1.45	1.80	68.0
Kr	83.8	36.9	0.416	263	4.90	1.74	65.7
Xe	131.3	57.81	0.485	210	3.61	1.39	52.5
Hg	200.6	88.33	0.626	170	2.17	1.13	42.4

$\dagger$ 0℃, 1 Pa での値，$\ddagger$ 0℃での値

1.6.4 熱的適応係数の測定値（表1.6.2参照）

熱的適応係数の測定値については，文献4) にまとめられている．文献4) の入手が困難なため，原著論文を表にまとめたものを下記に示す．

表1.6.2 熱的適応係数の測定値．文献4) から抜粋

表 面	気 体	文 献	表 面	気 体	文 献
Al	Ar	5), 6)	Au	N_2O	27)
	He	5)		O_2	27)
	Kr	5)		Xe	27)
	Ne	5)	Graphite	Ar	28)
	Ne	5)		CO_2	29)
	Air	8)		He	28), 30)
	Xe	91)		H_2	28), 29)
Be	He	7)		Kr	28), 30)
	Ne	7)		CH_4	28), 29)
Bronze	air	8)		Ne	28)
Cr	Air	92)		O_2	29)
	Ar	92)		Xe	28)
	He	92)	Mica	Ar	12)
	H_2	92)		Zn	25)
Cu	air	9), 10)	Mo	Ar	31)
	Ar	11), 12)		He	31)
	Ethane	9), 13)		Kr	31)
	N_2	9)		Ne	31)
	CO_2	10)		Xe	31)
	He	9), 10)	Ni	Ar	32), 33)
	CH_3Cl	10)		CO_2	34)
	O_2	10)		D_2	32)
Glass	Ar	12), 14)		He	5), 32), 35)
	Benzene	15)		H_2	32)
	Bromine	15)		Kr	5), 32)
	CO_2	16), 17)		Ne	32)
	Ethyl Acetate	15)		N_2	32)
	He	14), 18)~21)			34), 90)
	Hexane	15)		N_2O	36)
	H_2	17), 18)		O_2	32)
	I	15)		SF_6	34), 36)
	Hg	22), 23)		C_2H_6	36)
	Naphthalene	15)		Xe	32)
	Ne	14), 18)~20)	Pd	Ne	93)
	N_2	14), 18), 19)	Pt	Air	37)~41)
	NO	16), 24)		NH_3	38)
	O_2	14), 17)		Ar	5), 12), 32), 38), 41)~49)
	Zn	25)		CO_2	38), 39), 46), 47), 49)~52)
Au	Air	26)		CO	38), 39), 42), 43), 47)
	Ar	12), 27)		COS	53)
	CO_2	27)		D_2	32), 42), 47), 54)
	Freon	27)		C_2H_6	13)
	N_2	27), 89)		C_2H_4	46)

1.6 関　連　資　料

表 1.6.2 (つづき)

表　面	気　体	文　献	表　面	気　体	文　献
Pt	$CClF_3$	46)	Ag	T_2	98)
	He	5), 32), 38), 39), 41)〜43)'		N_2	58), 59), 90)
		45), 47), 48), 50), 51), 54)'	Steel	Air	61)
		55)		Ar	61)
	H_2	32), 38), 39), 41)〜43)'		He	61), 62)
		45), 47)〜49), 54)		H_2	61)
	Kr	32), 41)〜43), 48), 49), 56)	Stainless steel	N_2	90)
	Hg	45), 48)		C_3H_8	63)
	CH_4	39), 46)		Xe	62)
	Ne	5), 32), 41)〜43), 47)〜51)'	W	Air	64)
		56), 57)		Ar	31), 32), 65)〜74)
	N_2	32), 38), 41)〜43), 46), 48)'		CO_2	75)
		49), 58), 59)		D_2	32)
	NO	39)		He	31), 32), 65), 66), 69), 70)'
	N_2O	38), 39), 46)			72)〜74), 76)〜80)
	O_2	32), 38), 39), 41)〜43)'		H_2	32), 65), 66), 80), 81)
		45), 47), 48), 52)		Kr	31), 32), 70)〜72)
	SO_2	38), 52)		Ne	31), 32), 65), 66), 69)〜73)'
	Xe	32), 42), 43), 46)			77), 82)〜86)
Pyrex	CO_2	60)		N_2	32), 71), 75), 87)
Quartz	C_2H_6	36)		O_2	32), 65), 66)
Fused silica	CO_2	16)		Xe	31), 32), 70), 72)
	N_2O	16)	Water (Ice)	Ar	88)
Ag	Ar	12), 94)〜96)		He	88)
	He	97)		Ne	88)
	H_2	98)			
	D_2	98)			

引用・参考文献

1) 深井有：拡散現象の物理（朝倉書店，東京，1988）．

2) S. Dushman: *Sientific Foundation of Vacuum Technique*, J. M. Lafferty, Ed. (John Wiley & Sons, 1962) 2nd ed., pp.1–39.

3) J. F. O'Hanlon: *A User's Guiide to Vacuum Technology*, 3rd ed. (John Wiley & Sons, 2003) pp.9–24. 初版の邦訳，野田保，齊藤弥八，奥谷剛訳：眞空技術マニュアル（産業図書，東京，1983）pp.1–38.

4) S. C. Saxena and R. K. Johsi: *Thermal accomodation and adsorption coefficients of gases* (Hemisphere publishing, New York, 1989).

5) J. J. W. Faust: *The Accommodation Coefficient of the Inert Gases on Aluminum, Tungsten, Platinum and Nickel and their dependence on surface conditions of Astrophysical Interest*, PhD thesis, University of Missouri (1954).

6) W. P. Teagan and G. S. Springer: Rev. Sci. Instrum., **38** (1967) 335.

7) R. E. Brown: *The Thermal Accommodation of Helium and Neon on Beryllium*, PhD thesis, University of Missouri (1957).

8) M. L. Wiedmann and P. R. Trumpler: Trans. Amer. Soc. Mech. Eng., **68** (1946) 57.

9) D. E. Klett and R. K. Irey: Adv. Cryog. Eng., **16** (1968) 217.

10) M. Gilli: Comptes Rendus Hebdomadaires des Seances de l'Academie des Sciences, **251** (1960) 1712.

11) R. F. Brown, H. M. Powell, and D. M. Trayer: *Advances in Applied Mechanics* (Academic Press, New York, 1969).

12) U. Graf and A. Nikuradse: Entropie, **18** (1967) 115.

13) K. Schafer: Zeitschrift fur Elektrochemie, **56** (1952) 398.

14) K. Schafer and H. Gerstacker: Zeitschrift fur Elektrochemie, **59** (1955) 1023.

15) J. A. Morrison and Y. Tuzi: J. Vac. Sci. Tech-

nol., **2** (1965) 109.

16) L. Doyennette, M. Margottin-Maclou, H. Gueguen, A. Carion and L. Henry: J. Chem. Phys., **60** (1974) 697.

17) M. Knudsen: Ann. d Phys., **339** (1911) 593.

18) W. Keesom and G. Schmidt: Physica, **3** (1936) 590.

19) W. Keesom and G. Schmidt: Proc. Acad. Sci. Amsterdam, **39** (1936) 1048.

20) W. Keesom and G. Schmidt: Physica, **4** (1937) 828 .

21) L. S. Ornstein and W. R. Wyk: Z. Physik, **78** (1932) 734.

22) A. A. Kinawi and J. B. Hudson: J. Vac. Sci. Technol., **6** (1969) 68.

23) A. A. Kinawit: *A mass spectrometric study of vapor-solid interaction*, PhD thesis, Rensselaer Polytechnic Institute (1969).

24) H. Gueguen, L. Doyennet, I. Arditi and M. Margotti: Comptes Rendus Hebdomadaires des Seances de l'Academie des Sciences Serie B, **270** (1970) 1668.

25) R. Gretz: Surf. Sci., **5** (1966) 261 .

26) S. P. Perov: Tr. Tsent. Aerol. Observ., **61** (1965) 68.

27) K. Schafer and K. H. Riggert: Zeitschrift fur Elektrochemie, **57** (1953) 751.

28) C. Midolmon and X. Duval: Comptes Rendus Hebdomadaires des Seances de l'Academie des Sciences Serie C, **270** (1970) 1492.

29) K. L. Day: *Thermal Accommodation Coefficient of Graphite for Several Gases of Astrophysical Interest*, PhD thesis, Ohio State University (1972).

30) C. Midolmon and X. Duval: J. Chim. Phys. Physicochim. Bio., **67** (1970) 1351.

31) J. Kouptsidis and D. Menzel: Berichte der Bunsengesellschaft fur physikalische Chemie, **71** (1967) 720.

32) I. Amdur and L. A. Guildner: J. Am. Chem. Soc., **79** (1957) 311.

33) K. Umemura and M. Hakura: 日本化学会誌, **3** (1974) pp.439–444.

34) A. Eucken and A. Bertram: Zeitschrift Physikalische Chemie-B, **31** (1936) 361.

35) B. Raines: Phys. Rev., **56** (1936) 691.

36) W. Hunsmann: Zeitschrift Elektrochemie und Angewandte Physikalische Chemie, **44** (1938) 606.

37) K. Govindar and E. S. R. Gopal: J. Indian Institute of Science, **53** (1971) 21.

38) B. G. Dickins: Proc. Roy. Soc. London A, **143** (1934) 517.

39) E. R. Grilly, W. J. Taylor and H. L. Johnston: J. Chem. Phys., **14** (1946) 435.

40) A. Nasr, I. Sherif and A. Ammar: Phys. Lett.,

10 (1964) 283.

41) B. W. Purslow: *A Critical Analysis of the Heat Conduction Through Partially Rarefied Gases*, PhD thesis, University of London, England (1952).

42) I. Amdur, M. M. Jones and H. Pearlman: J. Chem. Phys., **12** (1944) 159.

43) I. Amdur: J. Chem. Phys., **14** (1946) 339.

44) R. K. Hanson: Phys. Fluids, **16** (1973) 369.

45) W. B. Mann: Proc. Roy. Soc. London A, **146** (1934) 776.

46) K. Schafer and M. Klingenberg: Zeitschrift fur Elektrochemie, **58** (1954) 828.

47) L. B. Thomas and F. Olmer: J. Am. Chem. Soc., **65** (1943) 1036.

48) L. B. Thomas and R. E. Brown: J. Chem. Phys., **18** (1950) 1367.

49) A. Eucken and H. Krome: Zeitschrift Physikalische Chemie-B, **45** (1940) 175.

50) L. B. Thomas and R. C. Golike: J. Chem. Phys., **22** (1954) 300.

51) H. Y. Wachman: J. Chem. Phys., **42** (1965) 1850.

52) N. K. Zimina: Russ. J. Phys. Chem., **46** (1972) 929.

53) K. Schafer: Fortschritte der Chemischen Forschung, **1** (1949) 61.

54) W. B. Mann and W. C. Newell: Proc. Roy. Soc. London A, **158** (1937) 397.

55) G. E. Moore, S. Datz and E. H. Taylor: J. Catal., **5** (1966) 218.

56) B. Jody, P. Jain and S. Saxena: Chem. Phys. Lett., **48** (1977) 545.

57) R. A. Niesler and I. N. Stranski: Z. Phys. Chem. (Leipzig), **27** (1961) 357.

58) N. K. Zimina: Russ. J. Phys. Chem., **46** (1972) 931.

59) N. K. Zimina: Russ. J. Phys. Chem., **47** (1973) 1573.

60) M. Margottin-Maclou, L. Doyennette and L. Henry: Appl. Opt., **10** (1971) 1768.

61) C. J. Marek: *Rarefied Gas Dynamics Between Parallel Plates and Pipes*, PhD thesis, Illinois Institute of Technology (1967).

62) A. Ullman, R. Acharya and D. Olander: J. Nucl. Mater., **51** (1974) 277.

63) H. Ehrhardt, R. Einhaus and H. Engelke, Z. Phys., **191** (1966) 469.

64) N. V. Zagoruyko and G. A. Kokin: Tr. Tsent. Aerol. Observ., **42** (1962) 194.

65) J. G. M. Bremner, Proc. Roy. Soc. London A, **201** (1950) 305.

66) J. G. M. Bremner: Proc. Roy. Soc. London A, **201** (1950) 321.

67) L. G. Carpenter, D. E. Humphries and W. N. Mair: Nature, **199** (1963) 164.

68) S. Chen and S. C. Saxena: High Temp. Sci., **8** (1976) 1.

69) A. Dybbs and G. S. Springer: Phys. Fluids, **8** (1965) 1946.

70) J. Kouptsidis and D. Menzel: Berichte der Bunsengesellschaft fur physikalische Chemie, **74** (1970) 512.

71) M. J. Lim: *Exchange of Energy Between Tungsten at High Temperatures and Gases at Room Temperature*, PhD thesis, University of California-Berkeley (1967).

72) D. Menzel and J. Kouptsidis: *Fundamentals of Gas-Surface Interactions*, (Academic Press, New York, 1967).

73) W. L. Silvernail: *The Accommodation of Helium, Neon and Argon on clean Tungsten from 77 to 303 K*, PhD thesis, University of Missouri (1954).

74) W. Watt, R. Moreton and L. Carpenter: Surf. Sci., **45** (1974) 238.

75) S. H. P. Chen, P. C. Jain and S. C. Saxena, J. Phys. B: Atomic and Molecular Physics, **8** (1975) 1962.

76) J. Kouptsidis and D. Menzel: Zeitschrift fur Naturforschung A, **24** (1969) 479.

77) D. V. Roach and L. B. Thomas: J. Chem. Phys., **59** (1973) 3395.

78) J. K. Roberts: Proc. Roy. Soc. London A, **135** (1932) 192.

79) L. B. Thomas and E. B. Schofield: J. Chem. Phys., **23** (1955) 861.

80) H. Y. Wachman: J. Chem. Phys., **45** (1966) 1532.

81) K. B. Blodgett and I. Langmuir: Phys. Rev., **40** (1932) 78.

82) A. E. J. Eggleton, F. C. Tompkins and D. W. B. Wanford: Proc. Roy. Soc. London A, **213** (1952) 266.

83) J. Lepage and D. Paulmier, Cmptes Rendus Hebdomadaires des Seances de l'Academie des Sciences Serie C, **276** (1973) 117.

84) J. K. Roberts: Proc. Roy. Soc. London A, **142** (1933) 518.

85) J. K. Roberts: Proc. Roy. Soc. London A, **152** (1935) 445.

86) H. Y. Wachman: The Thermal Accommodation Coefficient and Adsorption on Tungsten, PhD thesis, University of Missouri (1957).

87) S. Chen and S. Saxena, Inter. J. Heat and Mass Transfer, **17** (1974) 185.

88) G. L. Zweerink and D. Roach: Surf. Sci., **19** (1970) 249.

89) V. Ramesh and D. Marsden: Vacuum, **23** (1973) 365.

90) V. Ramesh and D. Marsedn: Vacuum, **24** (1974) 291.

91) C. Mustacchi: An Real Soc. Espan. Fis. Quim., **60B** (1966) 267.

92) R. E. Peck and J. D. Lokay: Illinois Institute of Technology, Dep. Chem. Eng., Tech. Rept., **1** (1955) 80.

93) M. J. Faron and S. J. Teichner: Rev. Int. Hautes Temp. Refract., **1** (1964) 201.

94) F. M. Devienne: Comptes Rendus Hebdomadaires des Seances de 1 Academie des Sciences, **259** (1964) 4575.

95) F. M. Devienne: Proc. Int. Symp. Rarefied Gas Dyn., **2** (1965) 595.

96) S. S. Fisher and M. N. Bishara: Entropie, **30** (1969) 113.

97) N. K. Zimina: Russ. J. Phys. Chem., **46** (1972) 113.

98) F. M. Devienne and J. C. Roustan: Comptes Rendus Hebdomadaires des Seances de 1 Academie des Sciences Series B, **263** (1966) 1389.

2. 真空用材料と構成部品

2.1 真空容器材料

　真空空間は，その環境の圧力が大気圧よりも大幅に低くなるために大気圧環境から何らかの方法で隔離しなければならず，外界である大気から閉じた空間を提供できる密閉容器（チャンバー）が必要となる．大気圧は約 1 013 hPa（～1×10^5 Pa）の圧力を有し，これは 1 cm^2 当り約 1.03 kgf（～10 N）の力がかかっており，容器内空間から大気ガス分子を排出して真空を創製するには，まずこの力に耐え得る強度が容器の構造や材料に必要で，さらに，真空を安定して保持するためには真空容器内壁からのガスの放出を極力減らすことが重要となる．したがって，容器材料には外界からの気体分子の透過侵入が起こらない緻密性が要求され，さらに，容器壁面に吸着している気体分子やその脱離放出も抑制しなければならない．

　本節では，真空環境をすみやかに発生でき，かつ，長期にわたって真空を安定に維持できる真空容器壁に必要とされる材料について金属材料工学関係の参考書等[1)～5)]を基に簡潔に解説する．

　図 2.1.1 に実際に研究施設で用いられている真空装置であるスパッタコーティング装置[6)]に用いられている真空容器や部品類の材料の種類を示す．高品質な真空を提供するための材料は，容器材料にはおもにステンレス鋼が用いられており，そのほか，アルミニウム合金やチタン合金が採用され，また，真空内構成部品には銅やセラミックスが用いられ，さらに真空容器を含むシステム全体を固定する架台材料として炭素鋼が使われている．

　基本的に各部品の機能や用途に応じて，機械的・物理的・化学的等諸特性，真空排気効率，真空雰囲気の品質や信頼性等のほかにコストパフォーマンスや入手容易性等も考慮して選定されている．ここでは，真空装置の主要な材料選定対象となる材料について，その真空材料として必要となるポイントを述べる．

2.1.1 ステンレス鋼

　ステンレス鋼は，鉄を基本成分とする鉄鋼材料で，錆びないという意味でステンレスと一般的に呼ばれている．主要組成の鉄（Fe）は，クラーク数（地表の存在する元素含有量）が 4 番目と，原料豊富で非常に入手しやすい金属で，鉄酸化物である鉱石から高炉プロセスにより大量かつ高効率に生産されている．鉄鋼材料は，産業用構造材料として非常に多く使用され，日本におけるその年間生産量が約 1 億トンと最大で，アルミニウム系合金の年間生産量の 100 倍ほどとなっている．

　炭素（C）を微量添加（0.008～2.0%）した鉄合金，いわゆる炭素鋼は，その添加量と熱処理や機械加工処理によって組織を制御して，引張強度，靭性，耐衝撃性など機械的強度を大幅に改善することができる．なお，炭素量が 2% 以上の鉄合金は鋳鉄に分類される．炭素鋼は，比較的安価でその優れた機械的強度から容器用材料にそのまま利用できそうであるが，鋼の表面には酸化鉄膜（Fe_2O_3）の錆（腐食）が形成されやすく，また，この酸化膜には，酸化の進行に伴って孔や空隙が多数存在しており，そこに水蒸気が吸収されたり気体分子が吸着されやすいために炭素鋼を真空容器材料として用いることは適切ではない．真空装置には，真空容器を支え固定する構造材料として用いられる．

　真空容器材料には，機械強度に加え水蒸気吸収や気体吸着が起こりにくい緻密で酸化が進行しにくい表面膜が必要となる．そこで，酸化層が緻密で耐酸化性に優れた炭素鋼であるステンレス鋼が真空容器材料の主流となっている．ステンレス鋼は，合金元素としてク

図 2.1.1　真空装置に用いられる各種材料

ロム (Cr) を 12% 以上含有しており，優れた耐食性を有するが，これは，表面に数 nm 程度の厚さの Cr 酸化膜層の非常に緻密な不動態保護膜が形成され，腐食の進行が妨げられるためである．

Fe に Cr だけを添加して作られたステンレス鋼 (SUS400 番台系) は，海水や硝酸などの酸化性酸に対して優れた耐食性を示す．また，金属組織的にはフェライト系 (体心立方結晶系) であるが，焼入れ，焼戻し熱処理によってマルテンサイト組織に改質でき，例えば，C 量が 1% を超える SUS440C は，ステンレス鋼中最も高い硬度を持ち，優れた耐摩耗性，耐酸化性，耐熱性を発揮して真空用のボールベアリング等機械構造用材料として用いられる．

Cr に加え，さらにニッケル (Ni) を追加することによって硫酸や塩酸のような非酸化性の酸に対しても腐食されにくくなる．これは，合金組織がフェライト相よりも原子密度の高いオーステナイト相 (面心立方結晶系) となり耐食性が優れるためである．

このオーステナイト系ステンレス鋼で，最小 Ni 添加で作成された最も経済的なステンレス鋼が，いわゆる 18-8 系ステンレス鋼 (SUS300 番台系) で，Cr17～18%，Ni8～10%，残りは Fe 他が含まれている．組織的には均一なオーステナイトとなっているために耐食性や低温脆性に優れる．また，フェライト系ステンレス鋼に比べて柔らかく加工性が良くフェライト系鋼と異なり非磁性である．

なお，ステンレス鋼は鋼材料の中で最も耐食性に優れているが，ハロゲンイオン (F^-, Cl^-, Br^-, I^- など) 雰囲気下での孔食，不適切な熱処理による炭化物の粒界析出に起因する粒界腐食等を留意する必要がある．

図 2.1.2 にこの 18-8 系ステンレス鋼 (SUS300 番台系) からさらに派生して開発された各種ステンレス鋼種をまとめる[3]．

オーステナイト系ステンレス鋼の基になる SUS302 には C が 0.1% ほど含有されるが，500℃ 以上の熱処理中に結晶粒界に Cr 系炭化物 (例えば $(Cr, Fe)_{23}C_6$) が析出しやすく，結晶粒界近傍に Cr の欠乏が生成され，粒界に沿って腐食が進行する粒界腐食の欠点 (鋭敏化と呼ばれる) がある．そこで，真空容器用材料としては，この C の含有量を減らした SUS304 ステンレス鋼が一般的に多く用いられており，入手しやすさや価格の面で優れている．なお，この鋭敏化は，塑性変形を受けたり，長時間の熱処理や溶接など軽度の熱処理でも生じる場合があるため留意が必要である．また，SUS304 は，TIG (タングステンイナートガス) 溶接を用いることで溶接面仕上げが滑らかでリークのない高気密性の高品質な接合 (板厚 3, 4 mm 程度まで) が可能で，さらに，電解研磨処理によりガス放出速度が，大気解放の後，真空排気 10 時間後には 10^{-6} $Pa \cdot m^3 \cdot s^{-1} \cdot m^{-2}$ 以下に，さらに，ベーキング後には 10^{-8} $Pa \cdot m^3 \cdot s^{-1} \cdot m^{-2}$ 以下となり，超高真空容器用材料に最も多く使用されている．

このような Cr 欠乏層に起因する粒界腐食をいっそう抑えるべく，真空二重溶解法により SUS304 に含まれる C を減らした SUS304L，C 減少による強度低下を防ぐために Ti や Nb を添加して C を炭化物として安定化した SUS321 や SUS347 がある．Mo を添加して耐食性や高温および低温域での機械強度を向上させた SUS316 や，Cr と Ni 量をさらに増やして耐食性と高温耐酸化性を向上した SUS310 は，オーステナイトの安定性が高くマルテンサイト変態しにくく冷間加工による透磁率が変化しにくいので非磁性が要求される静電アナライザー部品材に用いられている．

なお，真空用材料を用いて部品，特に，円形の封止フランジを作製する際，展延板材を用い丸棒を使うことは不適切である．これは，棒材は一般的に引抜き等塑性加工して作製されるが，棒の引抜き方向に沿って介在物や空隙等欠陥組織も延ばされるために，棒材を軸方向に対して垂直に切断してフランジを作製するとフランジを突き抜ける方向に欠陥組織が形成されてリーク原因となる可能性があるためである．

表 2.1.1 に真空装置に用いられるおもなステンレス鋼の組成をまとめて示す．

2.1.2 アルミニウム合金

アルミニウム (Al)，および，アルミニウム合金は，軽量，耐食性で，機械加工しやすく，残留放射能が早く減衰しやすく，完全非磁性，高い電気伝導性や熱伝

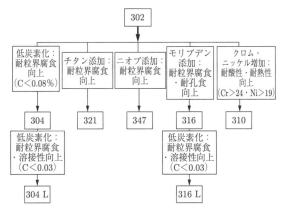

図 2.1.2 オーステナイト系ステンレス鋼種 (SUS300 番台系) の系統図

2. 真空用材料と構成部品

表 2.1.1 真空装置に用いられるおもなステンレス鋼の組成 (mass%)

	C	Cr	Ni	Si	Mn	P	S	Fe	その他
SUS440C	0.95～1.20	16.00～18.00	0.60 以下	1.00 以下	1.00 以下	0.040 以下	0.030 以下	bulk	
SUS304	0.08 以下	18.00～20.00	8.00～10.50	1.00 以下	2.00 以下	0.040 以下	0.030 以下	bulk	
SUS304L	0.030 以下	18.0～20.00	9.00～13.00	1.00 以下	2.00 以下	0.040 以下	0.030 以下	bulk	
SUS321	0.8 以下	17.0～19.00	9.00～13.00	1.00 以下	2.00 以下	0.040 以下	0.030 以下	bulk	Ti5×C%以上
SUS347	0.8 以下	17.0～19.00	9.00～13.00	1.00 以下	2.00 以下	0.040 以下	0.030 以下	bulk	Nb+Ta10×C%以上
SUS316	0.8 以下	16.0～18.00	10.00～14.00	1.00 以下	2.00 以下	0.040 以下	0.030 以下	bulk	Mo2.00～3.00
SUS310	0.8 以下	24.0～26.00	19.00～22.00	1.50 以下	2.00 以下	0.040 以下	0.030 以下	bulk	

表 2.1.2 真空装置に用いられるおもなアルミニウム合金の組成 (mass%)

	Si	Fe	Cu	Mn	Mg	Zn	その他
1100	1.0 以下	1.0 以下	0.1	0.05 以下	—	0.10 以下	Al 99.00 以上
2014	0.8	0.7 以下	4.5	0.8	0.5	0.25 以下	Zr+Ti 0.2 以下
2219	0.20 以下	0.30 以下	6.3	0.3	0.02 以下	0.10 以下	Zr 0.18 V 0.10 Ti 0.06
5052	0.25 以下	0.40 以下	0.10 以下	0.10 以下	2.5	0.10 以下	Cr 0.25
6063	0.4	0.35 以下	0.10 以下	0.10 以下	0.6	0.10 以下	

導性等の性能を有し，年間消費量は鉄鋼材料についで多く，非鉄金属材料では最大となっている．真空分野では，ガスケットやポンプケーシング（拡散ポンプ，イオンポンプ，ターボ分子ポンプ等）をはじめ，大型構造材料として粒子加速器，ストレージリング等大型真空容器に使われている．

アルミニウムに，銅，マグネシウム，ケイ素，マンガン，亜鉛等合金元素を添加すると時効硬化により，機械強度，展延性，耐食性などが大幅に改善される．真空用材料としてのアルミニウム合金には，まず，純アルミニウム（1000番台系），銅を添加して強度を高めた Al-Cu 系合金（2000番台系），マグネシウムを添加して耐食性を高めた Al-Mg 合金（5000番台系），さらに，マグネシウムとケイ素を同時添加して耐食性，加工性や熱処理硬化性を高めた Al-Mg-Si 合金（6000番台系）がある．真空容器用には 6063 合金，さらに，フランジ用には 2219 合金（硬質窒化クロムコーティングが必要）が使用される．**表 2.1.2** におもなアルミニウム合金の組成表を示す．

ガス放出速度は，真空排気開始 10 時間後ステンレス鋼と同程度の 10^{-7} Pa·m·s^{-1} 台の値が得られている．なお，アルミニウム合金は，200℃以上では強度が著しく低下するのでベーキング温度は最高で 150℃に限られ，さらに，160℃では，合金元素の Mg の蒸気圧は 2×10^{-7} Pa，Zn の蒸気圧は 4×10^{-5} Pa と高いので，これらの元素を含有するアルミニウム合金では特にベーキング操作時の温度制御には注意が必要である．

なお，高湿度の大気中放置や加工後水洗により表面に形成されやすい多孔性の水酸化物層は水を吸着しやすくガス放出速度が増大するので，特殊押出しや特殊切削を用いて表面に安定した緻密な酸化層の形成が必要である．

2.1.3 チタンおよびチタン合金

チタン（Ti）は，価格がステンレス鋼の数倍から数十倍と非常に高価で加工性に難があるが，アルミニウム系合金よりも比強度（重量比強度：密度当りの引張強度）が高く，生体適合性や親和性を有し，耐食性があり，また，高温での材料性能も優れている．純チタンは，組成や強度物性で 4 種類に分類されており，その中で JIS2 種は加工性と強度のバランスが良く，最も多く使われている．また，真空容器に用いた場合，低合金 Ti 材（低価格代替元素添加合金，例えば KS100 等）は，不動態被膜形成により低ガス放出速度や軽量性に優れた超高真空システムが構築できる．

2.1.4 銅

銅（Cu）は，変形しやすく加工硬化性が低く，熱伝導・電気伝導性に優れているために，ガスケット，バッフル，冷却配管，電子管陽極，電子線加速管などに用いられ，おもに無酸素銅 OFHC（oxygen free high conductivity）の C1020（純度 99.96%以上，酸素 0.02%以下）が用いられている．特に，銅中に溶存した酸素は融点以下では除去しにくく，ろう付け時の水素脆化の原因となるため排除する必要がある．また，銅合金のベリリウム銅は高強度と耐疲労性を利用し，電気接点，ベローズ，ばねとして用いられてきたが，毒性を有する Be は

環境意識が高まった昨今，使用が控えられる傾向にあり代替銅合金の開発が推し進められている．

引用・参考文献

1）田村今男，泉久司，伊佐重輝：鉄鋼材料学（朝倉書店，東京，1981）.
2）村上陽太郎，亀井清：非鉄金属材料学（朝倉書店，東京，1978）.
3）大平五郎：実用金属材料学（日刊工業新聞社，東京，1979）.
4）日本金属学会編：金属データブック改訂4版（丸善，東京，2004）.
5）日本金属学会編：金属便覧（丸善，東京，2000）改訂6版.
6）後藤真宏，笠原章，土佐正弘：真空，**54** (2011) 565.

2.2 真空用部品材料と表面処理

2.2.1 耐熱材料（ニッケル基合金）

ニッケル（Ni）は，機械加工しやすく高融点で蒸気圧も低いので，カソード，グリッド，アノード，熱遮蔽板などに使われており，また，ニッケル基合金は，高温で高強度に優れ，ガスケットやヒーター，高温部材として使われる．モネルメタルは，約67%のNiを含むNi-Cu天然合金で，耐食性や機械的性能に優れ，Siを2.8%添加した合金は時効硬化性を示し高強度で鋳物用としてSモネルと呼ばれている．ハステロイは，Ni-Fe-Mo合金で，耐食性や高温での耐酸化性に優れている．インコネルは，約80%のNiと14%のCrを含むNi-Cr-Fe合金で，高温下で強度・高耐酸化性・耐クリープ性を発揮する優れた耐熱合金である．

2.2.2 高温および低温用材料

タングステン（W）は，融点が約3400℃ときわめて高く，高温域で高強度を有し，また，蒸気圧も低くガス放出も少ないので，フィラメント，ヒーター，加熱ボートなど高温部品に使用される．さらに，電離真空計のフィラメントなどには，従来，蒸気圧の低いトリア（ThO_2）を加えて再結晶化を抑制し電子放射率を上げたWワイヤ材が用いられてきたが，放射性物質であることから，使用が控えられている．なお，高温雰囲気では，蒸気圧が高い酸化物WO_3を形成し，水蒸気と反応し，タングステンフィラメントがやせ細る原因となるので，酸素や水分にさらさない措置が必要である．

イリジウム（Ir）は，融点が2443℃と高く，耐熱性，耐食性に優れ，最近イットリア（Y_2O_5）を被覆されて，

Wと同様にフィラメントに用いられている．

モリブテン（Mo）は，タングステンより柔軟で加工しやすく，熱遮蔽板，反射板，高温部の支持材，グリッドなどに用いられる．なお，600℃以上では酸化されやすいので注意が必要である．また，タンタル（Ta）は高価であるため，他の材料では不適のときゲッター電極材，溶融ボート，るつぼとして用いられる．MoとTaは，1000℃以上で酸化膜と固溶炭素が反応して多量の一酸化炭素ガスを放出するため，クヌーセンセルで作製した蒸着膜が汚染されたり欠陥生成の原因となりやすく，注意が必要となる．

ニオブ（Nb）は，金属元素の中で最も高い超伝導遷移温度（～9.25 K）と臨界磁場を持ち，しかも，低温脆性に優れた材料で，電力損失が少なく高い加速電界が得られるために高いエネルギー利得の粒子加速を行う高周波超伝導加速空洞用材料として用いられている．

2.2.3 ガラス，セラミックス，グラファイト

ガラス材は，低真空用小型真空容器や真空容器取付けのぞき窓として用いられており，のぞき窓にはパイレックス[†]として知られているホウケイ酸ガラス（コーニング7740）やバイコールで知られる石英ガラス（紫外光用）が用いられる．また，ガラス中の石英含有量が少なくなるにつれHeの透過率は低減する．これは，ガラスの骨格構造を構成するSiO_2ネットワークの隙間を埋めるNa_2O，CaO等成分が少ないとHeが透過しやすくなるからである．

黒鉛（C）は，融点が高く蒸気圧も低く，また，熱伝導性や電導性を有するので，ボート，るつぼ，熱遮蔽コーティング，アーク，抵抗溶接の電極，さらには，プラズマに対する安定性から核融合炉第一壁候補材料とされている．真空用にはおもに熱分解により析出被覆させた黒鉛（pyrolytic graphite）が用いられる．

アルミナ（Al_2O_3）は，ガラス材に比べ，1桁以上Heの透過率が低く，耐熱衝撃に優れ，電気絶縁性が高く，電流導入端子の絶縁材や加熱ヒーターの支持材として使われる．また，高純度化することでいっそうの絶縁性や機械的特性が向上でき，Heの透過率も低減できる．一方，焼結体としての気孔率を上げることで，機械強度は低下するが，軽量化のほか誘電率や熱伝達率が低減される．

アルミナの単結晶であるサファイアは，アルミナの高温溶融液中からサファイア種結晶を引き上げて結晶成長させることで製造する．気孔がなくガス放出が小さ

[†] 本書で使用している会社名，製品名は，一般に各社の商標または登録商標です．本書では®と™は明記していません．

く，熱伝導性や高温での絶縁性が優れるとともに，光透過波長領域が広く，紫外光レーザー用の窓材としても用いられる．

ジルコニア（ZrO_2）は，可視光帯域で優れた透過率を有する光学材料で，また，低熱伝導率で，強靱性で耐熱性も有しており，さらに，熱膨張率も金属に近い．

マグネシア（MgO）は，耐熱性や透光性に優れ，熱伝導性が高く，また，電気絶縁性にも優れている．

炭化ケイ素（SiC）は，耐食性，耐熱衝撃に優れ，また，非常に高硬度で耐摩耗性に優れるために摺動部品材として，さらに，熱膨張係数が低いため高精度部品に使用される．

マコールに代表されるマシナブルセラミックスは，ホウアルミノケイ酸ガラス中の雲母 OH 基をフッ素で置換した微結晶を再結晶化したもので，切削しやすい性能を有する．一般にセラミックスは，硬くてもろいために焼結後は研磨以外機械加工はほとんどできないが，焼結後に切削加工を可能としたものが，マシナブルセラミックスで，絶縁性も高く，化学的に安定で，また，He の透過率も低い長所を有する．

一般にセラミックスのガス放出特性は，焼結体の気孔率や表面の研磨状態に依存する．室温では水の放出が最も多く，高温になるとアルミナでは CO，またマコールではフッ素，PBN では窒素がそれぞれ放出される．

また，軽量で高強度の CFRP（炭素繊維強化プラスチック），GFRP（ガラス繊維強化プラスチック），C/C コンポジット（炭素繊維強化炭素複合素材）も真空装置内の搬送系に使われている．

表 2.2.1 におもな真空用無機系材料の主要特性をまとめる．

2.2.4 プラスチック，エラストマー

ポリマー材は，高弾性，低摩擦，絶縁性，加工性に富

んでいるために，O リングガスケット，配管，摺動部品，絶縁材などに用いられている．なお，金属材料に比べて使用可能温度が低く，気体の透過率も高く，ガス放出が桁違いに大きいので，使用条件を十分確認する必要がある．低真空では，フェノール，エポキシなどが，高～超高真空では，フッ素樹脂やカプトン，ベスペルで知られるポリイミドが用いられる．

テフロンの商品名で知られる四フッ化エチレン樹脂（polytetrafluoroethylene, PTFE）は，熱安定性に優れ，$-80℃$〜$200℃$とその使用温度範囲は広く，ベーキングなしでも 10^{-6} $Pa·m·s^{-1}$ と低いガス放出速度を示す．さらに，真空中での摩擦が低いので，軸受や摺動部における駆動部材に使用される．

ポリイミドは，最高の耐熱性を有するプラスチックで，短時間では最高使用温度は $482℃$，また，連続使用では $260℃$ が可能で，ベーカブルバルブのシールとしても用いられる．なお，吸水率が高いので，保管時には湿度管理に十分注意が必要である．スーパーエンジニアリングプラスチックでは，ポリイミドのほか，ポリイミドよりも耐熱温度は低い PEEK（poly ether ether ketone, 芳香族ポリエーテルケトン）も使われている．

エラストマーは，ガスケットや O リングとして使用され，低～高真空ではブナ-N で知られるニトリルゴム，ネオプレンゴム，高～超高真空では，バイトン，ケル-F で知られるフッ素ゴム，また，カルレッツで知られるパーフロロエラストマーが用いられる．使用温度は，ニトリルゴム，ネオプレンゴムは $120℃$ 以下，バイトンでは $150℃$（バイトン A）〜$200℃$（バイトン E60C），カルレッツは 200〜$250℃$ 程度である．KEK ではオゾンに強い EPDM（エチレンプロピレンジエンゴム）が使われている．バイトンは，真空脱ガス処理（$200℃$）によりガス放出速度を 10^{-7} $Pa·m·s^{-1}$ 台に低下できるが，吸湿性があるので，脱ガス後は乾燥雰

表 2.2.1　おもな真空用無機系材料の主要特性

材　料	密　度 [g/cm^3]	引張強度 [MPa]	弾性強度 [GPa]	硬　度 [GPa]	融　点 [℃]	線膨張係数 [$\times 10^{-6}$ K]	熱伝導度 [kJ/s·K·m]	固有抵抗 [μΩ·cm]
SUS304	7.9	578	193	1.9	1 440〜1 427	17.3	0.016	70
SUS440C	7.8	758	200	2.7	1 371〜1 508	11	0.024	60
A6063	2.7	241	69	0.8	605〜660	23	0.2	3.1
チタン	4.5	510〜720	115	1.1	1 663〜1 673	8.5	23〜25	50
銅	8.9	200〜250	123	1.1	1083	16.5	0.39	1.7
ニッケル	8.9	290〜780	176〜222	0.9	1453	13.3	0.082 8	8.7〜9.5
タングステン	19.3	1 080	90〜390	4.2	3 380	4.6	0.167	5.49
モリブデン	10.2	690〜960	170	2.6	2 620〜2 640	4.9	0.15	5.78
ニオブ	8.57	275	54.4	0.8	2 510〜2 530	8.16	0.059	16.2
パイレックス	2.2	44〜69	65	6	軟化点 820	3.6	0.001 1	〜10^{22}
石英	2.2	69〜88	61〜71	11	転移点 1 050	0.55	0.001 5	10^{23}〜10^{24}
アルミナ	3.9	曲げ強度 510	380	15	1 700	7〜8	2.5×10^{-5}	10^{17}〜10^{20}

2.2 真空用部品材料と表面処理

表 2.2.2 おもな真空用有機系材料の主要特性

特　性	エポキシ	塩化ビニル	ポリエチレン	三フッ化エチレン（ケル–F）	PTFE（テフロン）	ポリイミド	フロロエラストマー（バイトン）	パーフロロエラストマー（カルレッツ）
比重 $[g/cm^3]$	1.11〜1.23	1.34〜1.35	0.91〜0.93	2.1	2.13〜2.22	1.36〜1.43	1.80〜1.92	1.9〜2.0
体積抵抗率 $[\Omega\cdot cm]$	$10^{12}\sim10^{17}$	$>10^{16}$	$>10^{16}$	1.2×10^{15}	$>10^{18}$	$10^{14}\sim10^{15}$	10^{12}	—
引張強度 $[MPa]$	33〜40	34〜62	6.9〜14	40	13〜34	73〜87	6.9〜19	13
伸び $[\%]$	3〜6	2〜40	200〜580	100〜200	200〜400	5〜7	100〜500	140
熱伝導率 $[kJ/s\cdot Km]$	0.000 19	0.000 20	0.000 33	0.000 29	0.000 25	—	—	—
熱膨張係数 $[10^{-5}/{}^\circ C]$	4.5〜6.5	5〜6	16〜18	4.5〜7.5	10	5〜5.4	—	23
耐熱温度 $[{}^\circ C]$	120	54	100	200（推奨使用温度）	280（推奨使用温度）	275（推奨使用温度）	150（推奨使用温度）	275（推奨使用温度）
吸水率 $[\%]$	0.08〜0.13	0.1〜0.4	<0.015	0	0	0.24	—	—

囲気で保存する必要がある．エラストマー材料の封止性能等詳細が「2.4 真空封止 2.4.1 エラストマーシールフランジ」に記述されているので参照されたい．

表 2.2.2 におもな真空用有機系材料の主要特性をまとめる．

2.2.5　表面処理技術

　表面から放出されるガスを低減するためには，材料表面の組織や構造等を制御することが重要である[1]．ステンレス鋼表面には緻密なクロム系酸化物薄膜が形成されるためにガス分子の吸着や透過等が抑制される．**表 2.2.3** にガスの各種放出源に対応する低ガス放出化手法をまとめる．最近の低ガス化の手法として，最近では酸化物よりもガス分子を吸着，透過しにくい化合物層を表面に被覆する方法が試みられている．窒化チタン（TiN）や六方晶系窒化ホウ素（BN）のコーティングである．

　TiN コーティングは，水素透過率を 3 桁以上低下[1]でき，コーティング技術としては，ホロカソード法[2]やイオンプレーティング[3),4)] が挙げられる．

　BN コーティングは，高周波マグネトロンスパッタ蒸着法を用いて SUS304 鋼と BN の混合膜をステンレス鋼上に同時蒸着により形成し，その後焼なまして BN 膜を表面析出する手法[5]である．BN は酸素や水分子に対して不活性で吸着が起こりにくく，また，水素透過率を 1 桁下げることが報告されている[4]．したがって，BN 膜を鋼表面に均一かつ一様に析出させることができれば大気にさらしても水分子などの吸着が起こらないのでベーキングなしで超高真空を実現する

表 2.2.3　ガスの各種放出源に対応する低ガス放出化手法

ガス放出源	ガス放出低減方法	
1. 大気暴露によって吸着した吸着ガス	（1）吸着ガスを励起して脱離	（a）熱的に励起して脱離　・ベイキング　（b）エネルギー粒子線により励起して脱離　・イオン照射（放電清浄）　・電子線　・紫外線
	（2）吸着ガスサイトの低減	（c）表面改質　・表面析出　・表面偏析　・コーティング　（d）表面洗浄　・放電洗浄　・化学反応
2. 材料中に固溶した吸着ガス種の表面への拡散によるガス放出	（1）材料中に固溶した吸着ガス種や不純物の低減	（e）真空溶解　（f）高温プリベイキング
3. 材料表面近傍の不純物の表面への拡散によるガス放出	（1）不純物の低減	（g）表面洗浄　・放電洗浄
	（2）拡散障壁	（h）表面改質　・表面反応　・コーティング

ことが期待されている.

アルミニウム合金については，表面酸化処理がガス放出低減に最も効果がある[6]．大気中でアルミニウム合金表面に生成する水和酸化膜は，多孔性で多量のガスを吸蔵するため放出ガス的には好ましくなく，したがって，緻密な非水和性の酸化物の形成が望まれる．このような緻密酸化膜作製手法としては，押出し塑性加工工程時の雰囲気を $Ar+O_2$ の混合ガスとして非水和酸化緻密薄膜（約 3 nm）を押出し時に形成させる EX 押出し法や，露点 −60℃ 以下の $Ar+O_2$（7%）の混合ガス雰囲気で切削加工を行う EX 加工法，また，エタノールを切削液として用い大気遮断，水分除去，酸化を同時に行う EL 加工等が挙げられる．

引用・参考文献

1) 石川雄一，尾高憲二，上田新次郎，蒲原秀明：真空，**32** (1989) 444.
2) 塚原園子：真空，**32** (1993) 775.
3) S. Komiya, N. Umezu and C. Hayashi: Thin Solid Films, **63** (1979) 341.
4) 藤田大介，本間禎一：真空，**30** (1987) 458.
5) 土佐正弘，板倉明子，吉原一紘：日本金属学会報，**32** (1993) 775.
6) 石丸肇：日本金属学会報，**23** (1984) 614.

2.3 接合技術・材料

真空装置を仕上げる上で，排気しようとする真空容器と真空ポンプだけでは装置を組み上げることはできない．真空容器を形作るためには容器材の接合が必要で，また，真空容器内での作業や測定のほとんどには，電流・電圧の導入が必要なため電気信号を読み取る機構も必要である．真空容器内で光の実験を行おうとすれば，その光を透過するガラスの窓を用意し，容器内に光を入れなければならない．

前者は容器材である金属と金属の接合だが，後者は真空容器を構成する金属と，電極の絶縁部分や窓材など，金属以外のものをつなぐ部品が必要になる．これらの部品の設計，材質の選択，そして部品間の連結等も，真空を作る上での重要な過程の一つとなる．これらの連結や，電流導入，回転導入，光導入に関わる真空部品の部分を解説する．

真空部品の基本技術はいかに大気の侵入を防ぐかという真空シール技術である．目的とする到達圧力によって，採用するシール手法や真空部品，それを構成する材料が異なる（**表 2.3.1** 参照）．

まず，真空シールは固定シールと軸シールに分けられ，さらに固定シールは永久固定シールと取外し可能なシールに分類される．また，ベーキングの有無によって使用できる材料が異なり，機構そのものも異なるた

表 2.3.1 真空シール

シールの種類			真空部品の名称および機能		
		名 称	使用できる真空領域		
			大気圧〜10^{-5} Pa；HV 領域	大気圧〜10^{-9} Pa；UHV 領域	
真空シール	固定シール	永久固定シール	アルゴンアーク溶接	SUS・合金・鋼の接続	SUS・アルミ合金の接続
			真空ろう付け		SUS・鋼の接続（異種も可）
			電子ビーム溶接		SUS・アルミ合金の接続
			摩擦攪拌接合		アルミ合金・鋼の接続（同種のみ）
			ガラス封着		のぞき窓・ガラスアダプター
			セラミック封着		電流導入端子
		取外し可能なシール	O リングシール	フランジ・バルブ弁（ブナ・ニトリル・ネオプレン）	バルブ弁（フッ素ゴム）
			メタルシール		フランジ・バルブ弁
			耐熱シール		フランジ・バルブ弁（ポリイミド・パーフルオロエラストマー）
	軸シール	接触シール	ウィルソンシール	回転導入器	
			O リングシール	運動導入器（直線・回転・傾き）	
			リップシール	回転導入器	
		非接触シール	ベローズシール		運動導入器（直線・回転・傾き）
			磁気カップリング		運動導入器（直線・回転）
			磁性流体シール	回転導入器	

〔注〕 ▓▓▓ 部分は，一般的には用いない．

め,ベーキングを行わない(低温のベーキングで済む) HV(高真空)領域と,ベーキングを行うUHV(超高真空)領域に分けられる.UHV領域に使用できる材料と機構はそのままHVに使用できるが,UHV領域用はコストが高いので,UHVが必要でない場合には,HV領域用の材料・技術を使用するのが経済的に望ましい.

なお,フランジなどの開閉可能なシールに対し,開閉しない部分は永久固定シールといい,固定シールの代表的なものは溶接である.しかし,目的に合った真空容器をくみ上げるためには,溶接以外の接合も必須であるため,本節ではこれらの固定シールを,金属と金属,金属と金属以外について解説し,つぎに,真空で用いられる接着剤について解説する.

2.3.1 金属と金属の接合
〔1〕 アルゴンアーク溶接

同種の金属どうしの接合技術で最も多用されている技術は,アルゴンアーク溶接である.鋼,ステンレス鋼,アルミニウム合金に使用されている電気溶接技術でTIG(tungsten inert gas,タングステン不活性ガス)溶接とも呼ばれている[1].タングステンの電極を用い,シールドガスはおもに,不活性ガスであるアルゴンを用いる(図2.3.1参照).

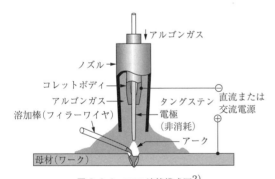

図2.3.1 TIG溶接模式図[2]

シールドガスを用いるのは,真空機器の溶接においては表面酸化を防止する必要があるためである.酸化膜は表面の凹凸(roughness factor)が大きくガス放出源となり,真空容器材料の表面として適さないからである.このためアルゴンガスを多量に溶接部に吹き付け,また,溶接面(溶接トーチの面)の背面からも吹き付ける.アルゴンガスを満たした箱の中で溶接することも行われている.

溶接電源は鋼やステンレス鋼に対しては直流電源が使用されるが,アルミニウム合金は熱伝導率が大きいため難しく,また表面酸化膜が強固なため交流電流を使用する場合がある.

母材と同じ金属を電極とし,アークで溶かし込んで溶接するMIG(metal inert gas,メタル不活性ガス)溶接も行われている.TIG溶接との違いは消耗式の電極を用いる点であり,また電極を変えることで,アルミニウム,ステンレス,銅合金,チタン等,あらゆる金属に対応する点である[3].

溶接時に注意することは,リークの原因となるブローホール(小さな空隙)を作らないようにすることである.「リーク」は厳密には大気と真空との間の通路を意味するので,貫通した通路を作ってしまうか否かは,どちら側から溶接しても確率的に同じである.しかし,貫通はしていないが,気体をためる隙間・袋小路のようなものができ,そこからのガス放出か見掛けのリークにならないよう,真空側を溶接する方が望ましい.

なお,やむを得ず大気側から溶接する場合は,溶接ビート(母材(ワーク)が溶けた部分)が真空側までつながるようにする必要がある.その場合は,アルゴンガスのバックコート(背面の酸化防止のために,背面側にも不活性ガスを吹き付けること)を必ず実施しなければならない.ことに細い配管(内部が真空になる)の場合は,大気側から溶接せざるを得ないが,配管にアルゴンガスを流すことでバックコートが実現できる.これはTIG溶接においてもMIG溶接においても同様である.

〔2〕 真空ろう付け

ろう付けは金属どうしの接合技術として広く用いられている.ろう付けの基本は,接合する部材(母材)よりも融点の低い合金(ろう)を溶かして一種の接着剤として用いることにより,母材自体を溶融させずに複数の部材を接合させることである.溶接の場合と異なり異種の金属でも接合することがたやすい.

実際のろう付けはワークの間にろう材を挟み,全体を加熱することで,ろう材を溶かして接合する.大気圧中のろう付けと異なり,この加熱するための炉を真空炉とするのが,真空ろう付けである.

真空炉を用いるのは母材やワークの酸化を防ぐためであり,同じ理由で水素炉を用いてもよい.しかし,水素炉は最近ではあまり使われていない.真空炉では高真空中で加熱するため,ワークの表面を清浄にすることも期待できる.接合に失敗したときに,再び加熱して離せるのもろう付けの便利な点である.また,温度によってはワークの脱ガスもできるので,真空機器用のろう付けはほとんどが真空炉を使用するようになっている.前項の溶接とろう付けとの比較をしたものが,表2.3.2である.

表 2.3.2 溶接とろう付けの比較

	組上り精度	ワークの精度
溶接	局部的に加熱されるためひずみが出る場合がある.	組合せ精度が悪くてもよい. 隙間は添加棒 (ワイヤ) で補充できる.
ろう付け	全体が加熱されるためひずみは発生しない.	精度が必要. ワークの間隔は 0.1 mm. 隙間が大きいとリークが発生しやすく, 隙間が狭いとろう材が入っていかない.

一般のろう材には蒸気圧の高い素材（Zn, Pb, P, Cd 等）が含まれており，ベーキングなどで高温になったとき，亜鉛などが蒸発して，周囲に付着（蒸着）するため，真空部品のろう付けには向かない. 真空ろう付けでは，ろう材は Au–Cu 合金系と Ag–Cu 合金系を用いる. 真空ろう付けに特別に作られた（BV-Ag シリーズ/アメリカ溶接協会分類）がある[4]. また，ろう材が溶解する温度はろう材によって異なり，780〜1 000℃の間である. 異なる温度のろう材を使い分けると，ろう付け（高温）→ 加工 → ろう付け（低温），の工程が組めるので便利である.

特別な例として，アルミニウム合金をろう付けするためには表面の酸化被膜を破壊・除去する必要があるので，その方法を紹介する. アルミニウム合金のろう付けには，フラックスろう付け法と，フラックスレスろう付け法がある. 前者はフラックスでろう付け部分を覆って，酸化を抑える方法. 後者は真空容器の中でろう付けを行う真空ろう付けである. アルミニウム合金製の真空部品の溶接には，後者を用いる. 真空排気によってろう付け中の母材とろうの酸化を低減する点は，他のろう付けと同様だが，アルミニウム合金表面に元から存在する，酸化被膜の破壊，除去作用が必要である.

酸化膜除去の原理は以下のとおりである. 真空中での熱昇温に伴い, 母材アルミニウムと酸化被膜の熱膨張差により酸化被膜にクラックが発生する. 同時に, クラックに入り込んだろう材に含まれている Mg が (クラックから) 蒸発し, 酸化被膜の破壊が進む. 酸化被膜が破壊・除去されることにより, 融解したろう材が, 母材, 隙間部などに濡れ広がり, 充填されることになる. 特にろう材が溶融する 580℃付近からその挙動は活発になる. また, Mg の蒸発により炉内の残留酸素および水分を除去する効果もある. 炉内は Mg のゲッター作用で清浄になり, 酸化が防止されるため, 破壊された被膜の再生も起こらない[5].

〔3〕 電子ビーム溶接

電子ビーム溶接は, 母材の溶解のために, 高速の電子ビームを照射し, その運動エネルギーが変換されて生まれた熱エネルギーにより溶接する方法である. ステンレス鋼, アルミニウム合金, 銅などの薄い板や小型のワークの接合に使用する.

真空室の中で溶接されるため, 溶接部の酸化は発生しない. また, 電子ビーム溶接は, TIG 溶接に比べ 100 倍のパワーが集中されるので, 溶接ビートが小さく, かつ短時間に接合できるほか, 薄板から厚板まで, 熱容量の異なる母材を溶接することが容易である. 電子ビームのスポット径は 5 μm 程度まで絞り込めるので, 溶解部分を狭めることができ, また, 溶接部に加えられる入熱量が小さいので, 溶接後のひずみか少ないのが利点である. 図 2.3.2 は電子ビーム溶接時の温度上昇範囲と溶融部分を模式的に描いたもので, 通常の溶接に比べて, 電子ビーム溶接では非常に深い溶込みが得られる.

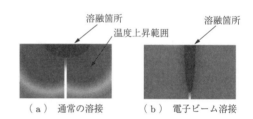

（a） 通常の溶接　　（b） 電子ビーム溶接

図 2.3.2 電子ビーム溶接の温度上昇の模式図

溶接の安定性に関しても電子ビーム溶接は TIG 溶接よりパワーの制御が容易なため, 組立て精度の優れた溶接が可能である. しかしながら, 真空容器内にすべてをセットしたのちに真空排気を行い, 電子ビームで溶接を始めるため, 手元で作業を行う TIG 溶接等よりも手間と技術が必要である. 真空装置である電子ビーム溶接機本体の費用も高価である. その結果, 電子ビーム溶接の欠点はコストが高いことで, 他の方法では難しいときにのみ使用さている.

〔4〕 摩擦攪拌溶接

摩擦攪拌溶接[6] は friction stir welding（FSW）と呼ばれる比較的新しい金属の接合技術である. 1991 年に英国の TWI（The Welding Institute）が発明し, 国際特許を取得している. おもに, 溶接の困難なアルミニウム合金の接合に使用され, 真空機器以外では, 新幹線などの車両, 航空機, ロケット, 船舶に幅広く応用されている.

FSW の原理は図 2.3.3 に示すように, ワークに stir rod（工具またはツールと呼ぶ場合もある）を押し付け, それを回転させながら接合線に沿って動かすことで, stir rod とワーク間に摩擦熱を発生させ（400〜500℃）, その結果として固相接合を起こすものである.

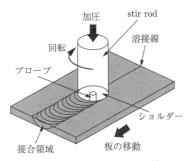

図 2.3.3 FSW 法の模式図[7]

溶接とは異なりワークを溶解しないので，溶接で発生しやすいブローポールや割れなどの欠陥がない，というのが利点である．接合部を電子顕微鏡で観察すると，結晶粒が小さくなっていて，固相接合であることがわかる．また，作業が汎用の縦型マシニングセンターで行えることも利点の一つである．(**図 2.3.4** 参照[7])

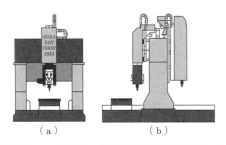

図 2.3.4 大阪東部エリア産学官連携事業開発の FS

真空機器では，純 Al，5000 番台，6000 番台の Al 合金，OFHC（無酸素銅）の接合が行われている．stir rod には SUS440C，または SK 材が使用されている．薄膜製造装置の基板ホルダー等に応用されている．

2.3.2 金属とガラスの接合

金属とガラスとの接続技術は，電子管の製造技術として古くから開発されてきた．基本的な技術は 1960 年代までに確立されている．真空機器ではビューポートなどの光導入器や真空計球にこの技術が応用されている．

金属とガラスの接合で一番問題になるのは，両者の熱膨張係数が違うことである．一般に，単一金属の場合，熱膨張係数は温度に対し一定だが，ガラスは高温になると，転移温度から急に熱膨張係数が大きくなる．このため，膨張係数を見ると転移温度で金属とガラスの膨張係数の大小が逆転する．熱膨張係数の差はガラス封着後の冷却時に接合部破壊につながり，大きな問題となる．この様子を示したのが，**図 2.3.5** である．

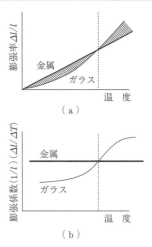

図 2.3.5 ガラスと金属の熱膨張率，および膨張係数[8]．膨張率を線膨張係数に書き直すと転移温度（一般に 400〜500℃）での変化がわかる．

[1] コバール封着

金属とガラスと膨張率の違いからくる問題を解決するため，特殊な合金を用いる方法がとられている．この中でよく知られているのが，鉄，ニッケル，コバルト系の合金を用いる方法である．**図 2.3.6** に各種ガラスおよび金属の膨張率を示す[8]．直線的に膨張する銅や鉄に対し，鉄，ニッケル，コバルト系の合金は高温で膨張率が大きくなり，ガラスの膨張率に寄り添うような膨張率を示す．

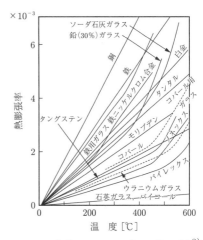

図 2.3.6 各種ガラスおよび金属の熱膨張率[8]

この Co（17〜18%），Ni（28〜29%），残りが Fe の合金は 1930〜1941 年に開発され，今日まで広く使用されている[9),10]．"Kovar" や "Fernico" と商品名で呼ばれているのがこれにあたる．よく耳にするコバール封着という言葉は，ここで説明した合金とホウケイ

酸ガラスとの接合技術を意味する．

ガラスアダプターを例にとって，ガラス封着の方法を説明する．まず，金属（鉄，ニッケル，コバルト系合金）を水素雰囲気でアニールした後，大気中で加熱し表面に酸化膜を生成する．この酸化膜は1 cm^2 当り0.3〜0.7 mgの増量に相当する厚さが目安である．ガラス封着のポイントはこの酸化膜生成にあり，その上にかぶせたガラスを通して見た色が青灰色が良いとされている．つぎに酸化膜の上にガラスを溶かしながらかぶせていく．最後にガラス管をガラス細工の要領で接続し完了する．

パイレックスガラスのパイプ等を使用するときは，中間ガラス（熱膨張係数が両者の中間的なもの）を用いて接続する．この技術を応用した製品には，ビューイングポートやガラスアダプターなどがあり，接合済みの商品として販売されている．

〔2〕 ハウスキーパーシール

特殊な例として鉄，ニッケル，コバルト系合金を使わない方法を紹介する．鉄，ニッケル，コバルト系合金が磁性体であるため，低速電子を扱う実験環境として問題がある場合に使用される．ハウスキーパーシール（houskeeper seal）と呼ばれている方式がそれで，接合部に生じる熱ひずみを，薄い金属のたわみで吸収する構造をとっている[11]．金属が，銅などの柔らかい金属であることが必要である．

図を見れば一目瞭然なので，**図2.3.7**にハウスキーパーシール（無酸素銅と硬質ガラス（Corning 7295））の接続図を示しておく．

〔3〕 コンプレッションシール

コンプレッションシール（compression seal）[12] は，電子管の電極組立てに開発されたもので，真空機器では電流導入端子（高電流用）に使用されている．基本原理はガラスが圧縮応力に強いことを利用するものである．例えば，金属円筒でガラス板を包み込み，そのガラス板に電極を打ち込む構造の場合は α_1，α_2，α_3 をそれぞれ金属円筒，ガラス板，電極棒の線膨張係数とすると，$\alpha_1 = \alpha_2 < \alpha_3$ か，$\alpha_1 < \alpha_2 = \alpha_3$ になるように素材を選べばよいことになる．内側にあるものほど膨張しやすければ，温度上昇により，それぞれの接触面が強く押し付けられる構造である．

銅チューブ
先端厚み
0.07 〜 0.1 mm
硬質ガラス
片面 3 〜 4 mm
硬質ガラス
チューブを接続

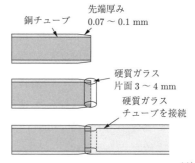

図 2.3.7　ハウスキーパーシールの接続図[11]

ガラスと金属の封着部の形状，膨張率の組合せと形状により，シール面を強固にする方法は，利用箇所や利用目的に合わせて多くの種類が開発されている．**図2.3.8**に一覧を示す．個々の詳細は専門書などを参考にするとよい[8]．

2.3.3　金属とセラミックスの接合

金属とセラミックスの接合を大まかに図示すると，**図2.3.9**のようになる．考えの基本となるのはそれぞれの界面で溶融や相互拡散などによって，接合材間の密着性を高くすること，また，接合時の熱応力や，接合

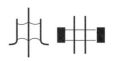

（a） 電球，蛍光灯，受信管
（b） 大型管球
（c） SMT管
（d） 頭部引出し線
（e） コンプレッションシール，トランジスター，水銀整流器
（f） ボタンステム，MT管，送信管，ブラウン管
（g） コバールの大型輪型封着
（h） ハウスキーパーシール
（i） 送信管，シールドビーム
（j） 石英ガラス水銀灯
（k） 灯台管
（l） ブラウン管アノード

白い部分がガラス，黒い部分が金属で，用いられている部品についても併記した．

図 2.3.8　封着部の形状模式図[8]

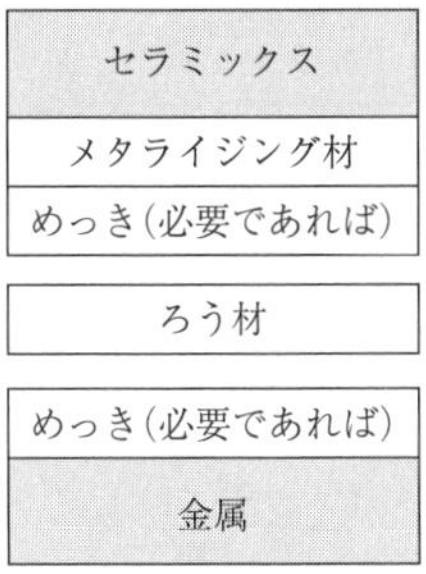

図 2.3.9 金属とセラミックスの接合イメージ[13]

後の温度変化で，材料に損傷が入ったり，剥がれたりしないものを選ぶことである．組合せパターンが多様であるため，残留応力のシミュレーションや試作を繰り返し，接合を行うメーカーごとにノウハウを持っていることが多い．

[1] アルミナセラミックスと一般的な金属の接合

セラミックスには，酸化系のアルミナセラミックス，ステアタイト，フォルステアライト，ジルコニア，ジルコン，マグネシア等があり，非酸化系では窒化ケイ素，窒化アルミニウム，窒化ホウ素，炭化ケイ素等がある．真空機器によく使われるアルミナセラミックスについて解説する．

セラミックス封着の基本的なプロセスは，まずセラミックスの表面に金属面を作ることである．このプロセスをメタライジングと呼ぶ．メタライジングの方法のうち，真空機器で使用されるのは，高融点金属粉法（テレフンケン法）と活性金属法である[12),13)]．

高融点金属粉法は，Mo と Mn の粉をセラミックスの表面に付着させる方式である．Mo と Mn の粉体（数 μm 径）を有機媒体とバインダーに混ぜ合わせ，それをスプレーやブラシでセラミックスの表面に塗る．塗布する厚さは数十 μm である．つぎに水素雰囲気中で，1300～1400℃で15分間過熱し，バインダー等を除去することでメタライジングが完成する．

活性金属法は，Ti や Zr のような活性な金属と Cu，Ni，Ag との合金を用いる方法である．セラミックスと金属の間にこの合金を挟み，真空中や不活性ガスの中で加熱して接合する．活性金属法の一つとして TiH_2 を用いる方法がある．Cu：75%，TiH_2：25% の混合ペーストをセラミックスに塗布し 925℃ に加熱するとメタライジング面ができる．電気銅や無酸素銅とセラミックスとの接合には，Mo-Mn-Fe かまたは Mo-Mn に TiH_2 を混合したペーストを用い，水素雰囲気中で 1500℃ の温度で焼き出すことでメタライジング面を作る．

高融点金属粉法の一つに，接合する金属に合わせて Ti 粉体と他の粉体の混合比を変え，セラミックス表面に塗布し，真空下・高温で融解させ，Ti をセラミックス中に拡散，あるいはセラミックスと反応させてメタライジングする手法もある（融解チタンメタライジング法：後述）[14)]．

メタライジング面が完成したら，その面上に Cu または Ni などでめっきを施す．めっきの厚さは 15～20 μm である．セラミックスの表面に金属めっきが完成すれば，あとは金属と金属の接合である．めっき面と金属との間をろう付け等で接続することで，接合が完成する．

[2] アルミニウムとアルミナの接合

接合が難しいアルミナセラミックスと，アルミニウムの機密接合について紹介する．

アルミニウムは熱膨張係数が金属の中でも特に大きく，膨張率係数の類似からガラス封着等に使われるコバール（Fe, Ni, Co 系の合金）に比べると数倍であり，セラミックスとの気密接合は困難だとされている．しかし最近，Ti ベースの金属ペーストでメタライズ後，真空中でろう付けすることにより，セラミックスとアルミニウムの気密接合が可能になっている[14),15)]．

溶融メタライジング法について説明する．メタライジングペーストの成分である Ti は，塗布された表面で融解すると金属層を生成しやすく，接合性の高い界面を形成する．図 2.3.10 は，アルミナとメタライジング材との界面で，アルミニウムとチタンが双方に混在している部分のある状態，界面で酸化チタン（$TiOx$）が形成されている様子を示している．

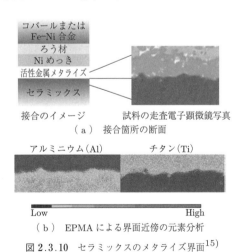

(a) 接合箇所の断面

(b) EPMA による界面近傍の元素分析

図 2.3.10 セラミックスのメタライズ界面[15)]

Al_2O_3 やサファイアとの界面であれば，$TiOx$ 層を形成し，Si_3N_4 や AlN であれば TiN，また，SiC，黒鉛，ダイヤモンド界面においては TiC を形成する．

表 2.3.3 溶融チタンメタライジング接合例[14)]

接合組合せ		用　途
セラミックス，非金属材料	機能金属材料	
Al$_2$O$_3$（絶縁材）	コバール（低熱膨張合金）	水冷用セラミック管
	コバール（低熱膨張合金）	電流導入端子，
	SUS304，Ti（非磁性材）	絶縁端子，絶縁管，
	Al，Cu（通電材）	絶縁継手
単結晶サファイア（紫外線・赤外線透過材）	SUS304，SUS316（真空材），コバール（低熱膨張合金）	超高真空用ビューイングポート，紫外線・赤外線透過窓
AlN・Si$_3$N$_4$（絶縁・熱伝導材）	Cu（伝熱材）	絶縁継手
単結晶 Si・Ge（赤外線透過材）SiO$_2$（X 線透過材ほか）SiN 膜，ダイヤモンド	コバール（低熱膨張合金）Mo（低熱膨張金属）W（低熱膨張金属）	紫外線，赤外線，X 線等の透過窓

ろう材についても，メタライジング材と金属材との冶金的親和性に富むろう材を選定し，セラミックスとアルミニウム両者にめっきを施すことで，ろう付け特性を向上させることが可能である．また，アルミニウムろう材の組成を調整し，ろう付け時のヒートカーブを見直すことで，セラミックス側にかかるダメージを低減することも必要である．その結果，クラックのない気密接合が可能となる．

セラミックスをアルミナ系 Al$_2$O$_3$（99%），アルミニウムを純アルミニウム系の A1050，A3003 とした場合については，メタライジングやろう付けの手法が確立しており，非磁性，かつ軽量であることから車両用や航空宇宙分野での利用が期待されている．

〔3〕 炭素系材料と銅の接合

膨張率の大きく違う組合せの接合としては，炭素系材料と金属の気密接合も行われている．「融解チタンメタライジング法」で炭素系材料をメタライズすると，炭素系材料との界面に TiC の反応相を生成したメタライズ層が形成される．これは，酸化物セラミックスに対し，Ti$_x$O$_y$ 反応相を生成する原理と同様である．

溶融チタンメタライジング法で接合可能な組合せと，接合例，用途について，**表 2.3.3** にまとめる．

2.3.4 接　着　剤

電流導入端子や窓の金属とセラミックスあるいはガラスとの接合部の漏れはよく起こる．その場合には，交換するのが望ましい．また金属どうしの溶接部分の漏れは，可能ならば再溶接を試みて修復することができる．交換することも溶接することもできない場合には，リークシーラーとして接着剤を用いる．

ただし，真空容器関連部品に使用できる接着剤は限られている．理由は，真空環境には接着剤から放出さ

れるガスが問題であること，真空材料のほとんどが熱膨張率の大きい金属であり，膨張率の違いから接着剤側に破損が入りやすいこと，また，超高真空容器の場合は，真空環境の確保のためにベーキングの作業が入るため，その温度に耐える接着剤でなければならないこと，などである．このような理由から，真空システムの中で接着剤が利用される場所は限られており，真空容器の溶接箇所の補修や，ベローズ等の損傷の補修，あるいは，特殊材料の熱電対のワイヤを真空容器外から真空中に導入する際のシールなどに限定される．

エポキシ樹脂系のシーラーが市販されている．商品名はトールシールとバックシールである[16),17)]．前者は二液混合型で比較的大きい割れなどに充填する．後者は液体で，目に見えないような小さなクラックなどに染み込ませるように使う．

また，真空容器内で試料を固定する場合や，導線の被覆材として，接着剤を用いる場合もある．

〔1〕 トールシール

真空システム用の接着剤として用いられることが多いのは，エポキシ樹脂系接着剤である．エポキシ樹脂とは，高分子内に残存させたエポキシ基で架橋ネットワーク化し，硬化させる熱硬化性樹脂である．

架橋ネットワーク化前のプレポリマーと硬化剤を混合して熱硬化処理を行うが，1 分子中に 2 個以上のエポキシ基を持つ樹脂状物質をエポキシ樹脂と総称するので，プレポリマーも混合後の樹脂も双方ともエポキシ樹脂である．プレポリマーの代表的なものはビスフェノール A とエピクロロヒドリンの共重合体で，また硬化剤としては種々のポリアミンや酸無水物が使用される（**図 2.3.11** 参照）．

トールシール（torr seal）は，バリアン社の商品名で，簡単な操作で真空機器システムの漏れを修理する

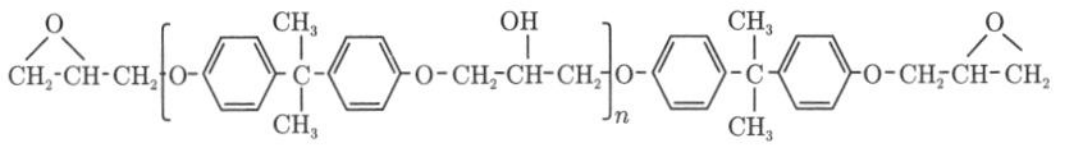

図 2.3.11 ビスフェノール A 型エポキシ樹脂[18]

ための接着剤として開発された．金属，セラミックス，ガラスなどに使用可能である．また，大気圧から，10^{-9} Torr（1.3×10^{-7} Pa）の真空環境で使用できる．使用温度範囲は -45℃ から 120℃ であることから，高真空容器の修復材として，広く使われている．おもな仕様は表 2.3.4 のとおりである．

表 2.3.4 トールシールのおもな仕様[16]

圧縮強度	10 000 PSI ± 20%（25℃）
ひずみ強度	11 000 PSI ± 20%
引張強度	5 000 PSI ± 30%
硬化時間	1～2 時間（25℃），30 分（60℃）
完全乾燥時間	24 時間（25℃），2 時間（60℃）
硬 度	75～80 Shore D
燃焼ガス	異常温度による放出ガス：NO_x，CO_2，H_2O，CO
非粘着物	テフロン，Kel-F，ナイロン，ポリプロピレン
吸湿性	0.3%（24 時間水中没時）
耐酸化性（耐食性）	25℃ で SF_6 も耐酸化性を有する
絶縁定数	6.1（25℃，1 kHz）
絶縁強度	350 V/mil（mil；1 000 分の 1 インチ）
誘電正接	0.09（25℃，1 kHz）
膨張率	30.3×10^{-6} 1/℃（30～60℃）
適用温度	-45～120℃
フラッシュポイント（引火温度）	175℃

〔注〕単位は引用文献のまま．1 000 PSI = 6.89 MPa

表 2.3.5 に成分を示す．白色液状（チューブ入りで販売されているのでサラサラの溶液ではなく，粘性が高い）の主剤と，灰色液状の固化剤を 2 対 1 の割合で混合し，適用箇所に塗るのが基本的な使い方である．

表 2.3.5 トールシールの成分表[16]

項目	規格	
	主剤	硬化剤
外観	白色液状	灰色液状
主成分	エポキシレジン タルク 二酸化チタン	シリカ タルク ジエチレントリアミン エポキシレジン ビスフェノール

2 液を皿やホイルの上でよく混合し，ヘラや楊枝など先端のとがったもので，少量，適用箇所（リーク部分等）に塗る．なお，2 液を混合した後，80℃ 程度に熱すると粘度が下がりサラサラの状態になるため，クラック状のリーク箇所へ塗布することで，毛管凝縮による入り込みが期待できる．このとき，適用箇所に付着しているオイル，水分，その他の汚れ等は，有機溶剤などであらかじめ除去し，乾燥させておく必要がある．トールシールが硬化するのに要する時間は，室温 25℃ での硬化に 1～2 時間，完全硬化に 24 時間．60℃ に保った場合，それぞれ，30 分と 2 時間に短縮できる．また，トールシールは，溶媒を使っていないため，リークディテクター等でリーク量を測定しながら，損傷箇所に塗布するなどの使い方ができる，とされている．

トールシール関連の製品として，ミキシングシステムが販売されている（図 2.3.12 参照）[19]．正確な比率でトールシールの二つのエポキシ樹脂を射出するガンタイプの混合システムで，専用のトールシールカートリッジを装着して用いる．先端のノズルや，キャップは消耗品である．

図 2.3.12 トールシールミキシングシステム

なお，トールシールの使用温度は 120℃ までだが，これをある程度の体積を持つ接着剤として用いたとき，装置のベーキングを行うのは危険である．例えば，特殊金属の熱電対を，絶縁管を介して金属製のフランジに通したとき，金属と絶縁管，絶縁管と熱電対のワイヤの間は，トールシールで埋めることで，真空シールをすることができるが，ベーキング時には，シール部分が高温になり過ぎないようにするなどの配慮が必要である．

〔2〕バックシール

バックシールは，真空容器の漏れを防止する目的で開発された，シリコーン系（ケイ素を構造に含む，人工の高分子化合物）の液状樹脂である（図 2.3.13[20] 参照）．10^{-12} Torr（1.3×10^{-10} Pa）超高真空装置への適用が可能である．比較的手に入れやすいトールシールに比較し，バックシールは代理店が変わるなどの理由で，日本国内からは購入しにくかったが，国際販売を代行しているサイトから直接購入が可能である[17]．

図 2.3.13　バックシール（市販品）[20]

成分の詳細は非公開になっているが，溶剤とシリコーン樹脂の重量比率は 20% 程度である．

使用方法は，適用箇所に直接塗布し，溶剤を乾燥させることである．他の接着剤と同様，適用箇所に付着しているオイル，水分，その他の汚れ等は，有機溶剤などであらかじめ除去し，乾燥させておく必要がある．粘性が低いため，内部を排気している真空容器のクラック状の損傷部に塗布した場合，毛管凝縮現象でクラック内部まで吸い込まれていくため，完成度の高いシールが期待できる．

バックシールからの脱ガス量については，真空容器内での昇華速度から，他のエポキシ系材料に比較して，半桁～1桁低いことが推測される（表 2.3.6 参照）．しかしながら直接的な測定は行われていない．

表 2.3.6　真空中での昇華速度[21]

各種接着剤の単位時間・単位面積当りの質量減少	
バックシール（シリコーン樹脂）	1.6×10^{-8} (g/cm^2)/h
エポキシ成型材料	2.6×10^{-7} (g/cm^2)/h
ナイロン・デルリン（ポリオキシメチレン）	4.0×10^{-7} (g/cm^2)/h
エポキシ樹脂（室温硬化）	6.4×10^{-7} (g/cm^2)/h
ワイヤ被覆材	1.0×10^{-5} (g/cm^2)/h
シリコーンゴム（RTV）	1.0×10^{-4} (g/cm^2)/h

〔注〕 10^{-5} Pa 台の真空環境，恒温槽（100℃）中での昇華による質量減少．

バックシールは，他のエポキシ系樹脂よりも耐熱温度の高いシリコーンが主成分であるため，使用可能温度は −200～450℃である．これは，超高真空装置のベーキング温度よりも高いため，ここからも超高真空装置での使用が可能であることを意味している．ただし，酸素の存在しない真空環境では 450℃まで使用可能だが，大気中では約 400℃で酸化することも報告されており，よって，リーク封じとしてバックシールを使用した場合は，使用温度の限界を 400℃程度と見積もっておく必要がある．なおこの耐熱性は，繰返し温度サイクルにも耐えることがわかっている[21]．

また，バックシールを水素ガスの導入系に用いることに関しては，高分子材料が水素環境下では劣化が促進されることから注意が必要であるが，使用可能との報告がある．また，耐放射線特性が高いことも特徴である．

なお，他のシール剤とは異なり，バックシールは有機溶剤で除去することができる．未硬化な状態であれば，払拭のみで，また硬化したあとであっても，メチルエチルケトン（MEK）や，トルエン，あるいはシールが強固な場合にも，塩化メチレンで除去することができる．

〔3〕 試料固定用接着剤

電子顕微鏡の試料や，真空装置中の配線の固定，絶縁被覆など，真空容器内で接着剤を用いる場合がある．

絶縁被覆に関しては，到達圧力に応じて，前述のトールシールやバックシールが使用可能である．また，絶縁ワニス（GE7031 等）も，希釈使用することで真空中のワイヤの被覆材として使用できる[22]．ワニスの乾燥には，100～150℃の環境で，約 1～4 時間必要である．加熱せずに，数日間かけて自然乾燥することも可能である．乾燥してからの耐熱温度は 150℃である．

ドータイト（藤倉化成株式会社）は導電性接着剤として開発されたもので，高温に弱い素材の導通接着や，はんだ付け・溶接の難点解決に幅広く活用できる．固化してからのガス放出が少なく，素材への対応性が高いため，真空容器内の試料の固定などに，幅広く使われている．基本特性である導電性，接着強度，耐熱性を保った上で，溶剤／無溶剤，硬化条件，粘度など，用途や作業に合わせての利用が可能である．電子顕微鏡試料固定に最も使われているのは，速乾性，かつ乾燥に熱を要さない D-550 タイプで，成分はトルエン（8.2%），銀（60%）メチルエチルケトン（20～30%）のものである（表 2.3.7 参照）[23]．また，ドータイト希釈用のシンナーも販売されている．

同じく導電性ペーストであるカーボンペースト（イーエムジャパン株式会社，東日電器株式会社等）は，水またはイソプロパノールの溶媒に，コロイダルグラファイトを分散させたものである．後者は速乾性となり，また，粘度は希釈溶液を加えることでコントロールできる[24]．このペーストは特に，金属の EDX（X 線元素分析）ピークに干渉しないという利点があり，また耐熱温度も 400℃である．特に，真空環境での耐熱温度はより高くなるため，SEM（走査電子顕微鏡），XPS（X 線光電子分光装置），SIMS（二次イオン質量分析装置），AES（オージェ電子分光装置）など X 線や電子線を用いる多くの実験に対応する．また，より高い温度の測定に対しては，無機ケイ酸塩水溶液にカーボン

2.3 接合技術・材料

表 2.3.7 速乾性ドータイト一覧[23]

品 名	フィラー	樹 脂	導電性 $[\Omega \cdot cm]$	硬化条件	比 重	引火点 [℃]	保管条件	希釈剤	特 長
D-362	Ag	アクリル	7×10^{-4}	25℃×3 h または 100℃×10 min	1.5	4	温室	S シンナーまたはトルエン	速乾性・密着性良・ねじ・かしめ補強
D-500	Ag	アクリル	8×10^{-5}	25℃×3 h または 100℃×10 min	2.5	4	温室	S・SP-2 シンナー	高信頼性，良導電性
D-550	Ag	アクリル	8×10^{-5}	25℃×1 h または 100℃×5 min	2.5	-7	温室	S シンナーまたはトルエン	SEM 試料保持用

表 2.3.8 超高温および低温接着剤[24]

	G7716	G7717	G3535
最高使用温度	極低温～2 000℃	極低温～538℃	-200～65℃
硬化温度	室温（2 h）+ 93℃（2 h）		室 温
媒 体	カーボン：50～60%	ニッケル：>70%	ゴールド：75%
結合剤	無機ケイ酸塩		ラッカー
機械的強度	Medium		
シート抵抗 $[\Omega/sq]$	4.6 $\Omega/25$ μm	2.0 $\Omega/25$ μm	0.02～0.05 $\Omega/25$ μm

粉が分散された超高温耐熱カーボンペースト（イーエムジャパン株式会社 G7716 等）がある．最高2 000℃に耐えられる導電性接着剤である．高温における銀のマイグレーションや反応が問題になる試料についても，利用できるため，高温実験では，カーボンペーストを使うことが望ましい．

超高温および低温での実験に適した接着剤について，表2.3.8にリストした．

引用・参考文献

1) 最新接合技術総覧編集委員会編集：最新接合技術総覧（株式会社産業技術サービスセンター，1979）．
2) 参考図は株式会社ダイヘンテクノス https://www.daihen-technos.co.jp/tech/tech_tig.html（Last accessed：2015-06-02）
3) 酒井芳也，渡辺俊彦：マグ・ミグ溶接入門―溶接の入門シリーズ―（産報出版，東京，1992）．
4) アメリカ溶接協会編（AWS：American Welding Society）：ろう付マニュアル，日本溶接協会訳（工業図書，東京，1980）．
5) 施工法委員会：軽金属溶接，**46** (2008) Q&A 18 アルミのフラックスろう付け．
6) H.Scott：J. Franklin Inst., **220** (1935) 733.
7) 次世代接合技術開発普及事業（大阪東部エリア産学連携推進事業）http://www.m-osaka.com/fswproject/fsw/（Last accessed：2015-06-18）
8) 作花済夫，境野照雄，高橋克明：ガラスハンドブック（朝倉書店，東京，1975）．
9) A.W. Hull, F.E. Burger and L. Navais: J. Appl. Phys., **12** (1941) 698.
10) Walter, H. Kohl: *Materials and Techniques for Electron Tubes*, Reinhold Publishing corpora-

tion (Kinokuniya Bookstore Co. LTD, 1961).
11) TWI Ltd http://www.twi-global.com/technical-knowledge/faqs/process-faqs/faq-what-is-glass-metal-sealing/（Last accessed：2015-06-10）
12) A. Roth: *Vacuum Technology* (Elsievier Science Publisher B.V., 1990).
13) 技術ノート（超高真空材料）応用物理，**38** (1969).
14) カワソーテクセル株式会社 HP http://www.kawaso-texcel.co.jp/technology/new_joining.html（Last accessed：2015-06-18）
15) カワソーテクセル株式会社，J. Vac. Soc. Jpn., **51** (2008) 678–681.
16) 株式会社パスカル http://www.pascal-co-ltd.co.jp/product/vacseal_tsms_detail.html（Last accessed：2015-06-18）
17) PSI Supplies, Testbourne Ltd 等：http://www.2spi.com/catalog/vac/vacleak.shtml（Last accessed：2015-06-19）http://www.testbourne.com/instruments/fluids-greases-sealants-products/2526/Vacseal-High-Vaccum-Leak-Sealant/（Last accessed：2015-06-19）
18) 三菱化学スペシャリティケミカルズ事業部カタログ
19) Ideal Vacuum Products, http://www.idealvac.com/files/brochures/Torr_Seal2.pdf（Last accessed：2015-06-18）
20) PSI Supplies, http://www.2spi.com/catalog/vac/vacleak.shtml（Last accessed：2017-12-07）
21) Space Environment Labs - Vacseal Inc.：Material Safety Data Sheets (2010) http://www.vacseal.net/Documents/Vacseal%20Data%20Sheet.pdf（Last accessed：2015-06-18）
22) GE7031 は現在入手可能だが，医薬用外劇物が含まれているため，今後入手困難になる可能性が高い．絶縁ワニスでガス放出の小さいものを探す必要が

23) FUJIKURA KASEI Co., LTD: http://www.fkkasei.co.jp/business/product/dotite/D-550-SJ01.pdf（Last accessed：2015-06-18）
24) ENJapan CO., LTD: http://em-japan.com/stub-second2.html（Last accessed：2015-06-18）

2.4 真空封止

真空封止について考えるにあたり，永久に固定しても差し支えがない箇所については，溶接してしまうことが確実な真空封止方法であろう（2.3節参照）．一方で，真空容器に取り付けられた機器の保守や，真空容器に取り付けることができる機器の自由度を確保するためには，真空容器から機器を脱着できなければならない．そのためには，簡便に機器の脱着ができると同時に，確実に真空を封止できる仕組みが必要になる．ほかにも，真空ポンプや真空バルブのように，大気側から真空容器内に動力を伝達する場合には稼動部が生じるため，その境界で真空をいかにして封止するか，という問題が生じる．ここでは特に，スムーズな動力の伝達を損なうことなく，真空を封止する仕組みが必要になる．このような真空封止を"シール"と呼ぶ．真空装置におけるシールは，図2.4.1に示すとおり，大きく分けると固定用と運動用に分類することができる．先に述べた例に対しては，前者には固定用，後者には運動用のシールがそれぞれ必要となる．本章ではまず，固定用のシールについて解説する．運動用のシールについては，一部を本章の後半で紹介するにとどめ，節を改めて2.6節で解説する．

指す．フランジのみで構成される部品は一般にブランクフランジと呼ばれ，真空装置に蓋をする際に使用する．そのほか，真空ポンプや真空計などにおいては，装置のどこかに帽子の"つば"のような形状の部分が取り付けられており，この部分がフランジに該当する．フランジ継手を利用する真空封止では，2枚のフランジ間に弾力性を持つシール材を挟み込み，両端からボルト等で締め込むことによって，シール材を圧縮しながら固定する．圧縮によってシールに生じる反発力や，シールの塑性変形などを利用してフランジとの密着性を高め，大気側から真空容器内への気体の流入を遮断する．

フランジ継手は大別すると，金属製のシールを用いるフランジと，非金属製のシールを使用するフランジに分類することができる．また，真空装置で使用されるフランジには，機器の互換性を確保するために，いくつかの規格が定められている（図2.4.2参照）．ここではフランジをシールの素材や形状で分類するとともに，一般に広く普及している3種類の真空フランジ規格を中心に，各フランジにおける真空封止の原理や，使用されている材質の特性，取扱いの注意点などについて解説する．そのほかにも，国際規格では定められていないが，真空装置で利用頻度が高い真空封止システムについても紹介する．

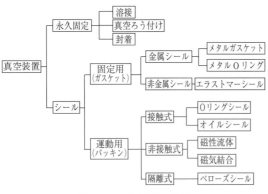

図2.4.1　真空封止の分類

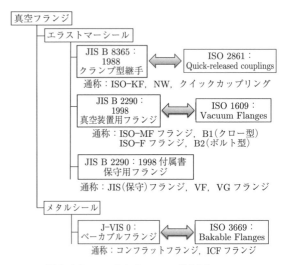

図2.4.2　ISOならびにJISで規定されている真空フランジの規格

一般に，真空装置における固定用のシールは，「フランジ継手」と呼ばれる仕組みによって実現されている．真空装置においてフランジとは，円盤形状の部材，あるいはパイプや真空機器に溶接された円盤状の部分を

本章の最後では，真空バルブについても解説する．真空機器においては，バルブはフランジを脱着することなく真空を封止したり，気体の流量を調整したりする目的で使用される．取り扱う条件によっていくつかの種類が存在するので，ここでは形状ごとにバルブを分

類し，各バルブの特徴や用途などについて解説を行う．

2.4.1 エラストマーシールフランジ

エラストマーとは，"elastic polymer"（弾性高分子）を意味する造語であり，ゴム材料に代表される弾性変形の大きな高分子材料である．エラストマーをシール材として利用するフランジを，エラストマーシールフランジと呼ぶ．エラストマーシールの形状には，O リングと呼ばれる断面が円形状（すなわち O 形）のシールを中心に，角形，甲丸形などの形状があり，シールが接するフランジ面の形状や締付け機構と併せて選定される．一般に市販されている規格品では，O リングが採用されている場合が多い．エラストマーシールの長所として，再利用可能な点を挙げることができる．金属製のシールは一般に再利用ができないため，高い頻度での脱着が必要なフランジには，エラストマーシールを採用すると経済的になる．また，弾性が高いエラストマーを用いるフランジ規格には，金属シールのような厳密なトルク管理を必要とせず，簡便に締付けができるよう工夫されているものもある．

シールとして使用されているエラストマーの主役は，弾力性が高いゴム材料である．近年では高性能な合成ゴムが多種開発され，真空装置においても広く利用されている．ゴム材料の物性は，組成や構造に応じてさまざまであるため，使用する真空環境や条件に合わせて適切な材料の選択が必要になる．ここではまず，真空シールとして利用される材料に必要な特性について，整理しておく．

（a）**弾性があること**　エラストマーを使用する継手では，その特徴である弾性を真空封止に利用している．エラストマーを圧縮すると，その弾性によって圧縮を元に戻そうとする反発力が生じる．この反発力を利用してシールをフランジに密着させ，隙間を埋めることで真空シールを行う．表 2.4.1 に，真空シールで使用される代表的な材料の機械的特性をまとめた．素材の弾性を表す指標に弾性率がある．圧力をかけたときの変形のしにくさを表す指標であり，弾性変形における応力とひずみの間の比例定数に相当する．弾性率の代表的な物性値にヤング率（縦弾性係数）があり，この値が小さな材料ほど，小さな力でよく伸びて，大きく変形する．例えば，真空シールでよく利用されている金属のヤング率は 100 GPa 程度である[1]．一方，エラストマーのヤング率は同じ素材であっても加硫の条件によって異なるものの，おおむね 0.001〜0.05 GPa 程度の範囲である[2]．その反面，エラストマーの伸び率は金属材料と比較すると約 1 桁大きく，小さな圧力で大きな変形が得られることがわかる．

（b）**永久圧縮ひずみが小さいこと**　エラストマーを圧縮すると反発力が生じる一方で，材料には圧縮によるひずみも生じている．通常，エラストマーは力を加えて変形させたとしても，加えた力が取り除かれると元の形状に復元する性質を持っている．しかしながら，長時間にわたって変形させた状態で固定したり，加熱をしたりすると，ひずみが固定化して元の形状に戻らなくなる．圧縮したまま復元しない現象を，圧縮永久ひずみと呼び，その程度は材料の組成や使用条件に依存する．一般の O リングでは，フランジを締めたときに，15〜20％程度のひずみが生じるように圧力が

表 2.4.1　真空シールで利用されている代表的な材料の機械的特性[1],[40]

材料名	引張強さ	ヤング率 （縦弾性係数）	耐　力	伸び率	硬　さ*
	[MPa]	[GPa（K）]		[%]	
金	130	88.3（300）	—	45	25 *HB*
銀	125	100.5（300）	54	48	26 *HV*
銅	213	136（298）	67	50	40 *HRB*
アルミニウム	47	75.7（303）	167	60	17 *HB*
インジウム	2.6	10.4（293）	—	22	0.9 *HB*
フッ素ゴム	7〜20	—	—	100〜500	50〜90**
パーフルオロエラストマー	16.9	—	—	—	75**
ニトリルゴム	5〜25	—	—	100〜800	20〜100**
クロロプレンゴム	5〜25	—	—	100〜1 000	10〜90**
シリコーンゴム	3〜15	—	—	50〜500	30〜90**
ポリイミド（熱可塑性）	73〜120	—	—	8〜10	E52〜99***
フッ素樹脂	14〜34	—	—	200〜400	R18〜20***

〔注〕　* 金属材料の硬さ中，*HB* はブリネル，*HRB* はロックウェル B スケール，*HV* はビッカース硬さを示す．
　　　** ゴム材料の硬さは，JIS A 規格による．
　　 *** 樹脂材料の硬さは，ロックウェル硬さによる．

加えられている[3]．しかしながら，永久圧縮ひずみが大きくなり，ひずみが固定化してしまうと，弾力に起因する反発力も減少するため，シール材としての機能が低下する．したがって，シール材として使用する材料には，永久圧縮ひずみの値が小さいことが望まれる．

実際に，長期間フランジにより圧力が加えられた状態のエラストマーは，ひずみの固定化により弾性が失われ，ひび割れなどが生じてリークの要因となることがある．劣化が激しい場合には，指先でOリングを少し押さえてみると，ひび割れを肉眼で確認することができる．繰り返し利用可能なエラストマーではあるが，長年使用している部品については劣化にも注意が必要である．

（c）**気体透過量が小さいこと**　材料中を気体が透過する性質を気体透過性と呼ぶ．金属材料と比較すると，一般にエラストマーには気体透過性が大きい材料が多く，真空装置で利用するとリークレートが高くなる．そのため，エラストマーをシール材として使用したフランジは，低真空～高真空環境で使用される場合が多い．

エラストマーの気体透過量は，組成や構造に強く依存することが知られている[4]~[6]．分子構造の視点から見ると，エラストマーの気体透過量は主鎖の骨格セグメントが剛直なもの（例えば，アミド基，エステル基，フェニレン基，エーテル基など），あるいは，側鎖基の極性が高く大きな凝集力を持つもの（例えば，メチル基や水酸基，シアノ基，クロロ基など）は，気体の透過率が小さくなるため気体透過量が小さくなる[4]．材料では，高ニトリルブタジエンゴム，フッ素ゴムなど，分子運動性が小さく極性基を有するポリマーは，比較

的気体透過量が少ない．それに対して，主鎖の骨格セグメントが柔軟のもの，例えば，ブチルゴム，シリコーンゴムなどは気体透過量が多い．また，そのほかにも，充填剤の形状および添加量なども，エラストマーの気体透過性に影響を及ぼすといわれている[4]．

エラストマー中の気体の透過は，分子鎖中の気体分子の移動である．したがって，気体透過量は気体分子とエラストマー分子の親和力にも影響されるため，結果的に，気体の種類にも強く依存することになる[5]．例えば，CO_2，NH_3 などの液化しやすい気体は透過率が大きく，一般には，$N_2 < O_2 < CO_2 < H_2O$ の順に気体透過量が大きくなる傾向があるといわれている[7]．**表2.4.2**に，代表的なエラストマーのガス種別気体透過率をまとめた[8],[9]．例えば，Yoshimura らは，大気を構成する主要な成分のうち，バイトンに対する水蒸気の透過率が選択的に大きいことを示している[10]．さらに，気体透過性は，透過する気体の種類だけでなく，温度にも依存する．バイトンに対する各種気体の気体透過率を**図2.4.3**に示した．この図から，温度が高くなるにつれて，気体の透過率が増加していることがわかる．気体透過量の変化は，ベーキングなどの人為的な加熱だけでなく，気温の変化などの影響も受けている．バイトンに対する水蒸気の透過量は，気温が上昇する夏期に大きく増加するとの報告もある[10]．

図2.4.3ではまた，軽いヘリウムの透過率が高いことにも注意が必要である．液化しにくい気体，例えば H_2，He，N_2，O_2 などは，気体分子の大きさが気体の透過率に影響を及ぼす．そのため，原子半径が小さく軽いヘリウムの気体透過性は，高くなる．超高真空装置であっても，高真空ポンプと粗排気ポンプの接続部な

表2.4.2　代表的なエラストマーシールのガス種別気体透過率[8],[9]

化学名	代表的な材料名	透過気体				
		He	N_2	O_2	CO_2	H_2O
パーフルオロエラストマー	カルレッツ	85.1	2.28	7.6	19.2	—
フッ素ゴム	バイトン	9～16	0.05～0.3	1.0～1.1	5.8～6.0	40
アクリロニトリルブタジエンゴム	Buna-N	5.2～6	0.2～2.0	0.7～6.0	5.7～48	760
スチレンブタジエンゴム	Buna-S	18	4.8～5	13	94	1 800
クロロプレンゴム	ネオプレン	10～11	0.8～1.2	3～4	19～20	1 400
ブチルゴム	—	5.2～8	0.24～0.35	1.0～1.3	4～5.2	30～150
ポリウレタン	アディプレン	—	0.4～1.1	1.1～3.6	10～30	260～9 500
プロピル	ノルデル	—	0.4～1.1	1.1～3.6	10～30	—
シリコーンゴム	シラスティック	—	28	76～460	460～2 300	8 000
四フッ化エチレン	テフロン	—	0.14	0.04	0.12	27
フッ素樹脂	ケルーF	—	0.004～0.3	0.02～0.7	0.04～1	—
ポリイミド	ベスベル	1.9	0.03	0.1	0.2	—

〔注〕　単位は 10^{-8} cm^3·cm·cm^{-2}·s^{-1}·atm^{-1}

2.4 真空封止

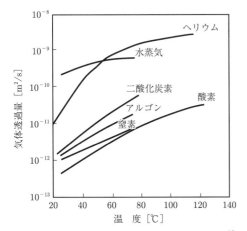

図 2.4.3 バイトンに対する各種気体の気体透過率[8]

どでは，エラストマーシールが使用されていることが多い．このような真空装置のリークを，ヘリウムリークテスト法を用いて行うと，エラストマーシールを使用した部分からヘリウムが侵入し，リークと間違えることがある．エラストマーシールから真空容器内にヘリウムが浸透すると，ゆっくりとしたベースラインの上昇として観測されることが多い．エラストマーで真空封止している場所の周囲を袋で覆うなどの対策をとることで，その影響は低減することができる．

（d）**気体放出量が小さいこと** エラストマーは，一般に吸水性など気体の吸蔵性が高い．したがって，真空中で使用した場合には吸蔵した気体を放出し，それ自体が気体放出源となる．**図 2.4.4** に，代表的なエラ

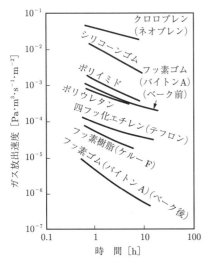

図 2.4.4 代表的な種エラストマー材料のガス放出速度曲線[8]

ストマー材料のガス放出速度曲線を示した[8]．クロロプレンやシリコーンゴムのガス放出速度は高く，排気開始から 10 時間を経過しても〜10^{-2} Pa·m^3·s^{-1}·m^{-2} のガス放出速度を持っている．それに対して，四フッ化エチレンやフッ素樹脂では，〜10^{-4} Pa·m^3·s^{-1}·m^{-2} 程度である．それでも，ステンレス鋼やアルミニウム合金のガス放出速度が 10^{-6}〜10^{-7} Pa·m^3·s^{-1}·m^{-2} であることと比較すると，エラストマーの気体放出量が多いことがわかる．

図 2.4.4 において，脱気処理を行っていないバイトンの気体放出速度は〜10^{-4} Pa·m^3·s^{-1}·m^{-2} 程度であるのに対して，ベーキング処理を施すことで〜10^{-7} Pa·m^3·s^{-1}·m^{-2} まで改善していることがわかる．これは，バイトンには水が多く吸蔵されており，加熱乾燥することで気体の放出を促し，放出速度を大幅に低減できることを示している．最近では，超高真空装置用として，あらかじめ脱気された O リングも市販されている．ただし，大気中で保管すると再び吸水してしまうため，脱気した O リングの管理には注意が必要である．また，先に述べたように，バイトンは水蒸気の透過性が高い．したがって，ベーキングなどによって一時的に水蒸気分圧を下げることができても，大気と接する箇所で使用されているバイトンの O リングには大気中の水分が透過するため，真空容器内の水蒸気分圧は，次第に増加するとの指摘もある[11]．

（e）**耐熱温度が高いこと** エラストマーには耐熱温度が 100℃ 程度である材料が多く，高真空・超高真空の達成に不可欠な高温でのベーキングが制約される．真空用シールとして使用される代表的なエラストマーでは，ニトリルゴム，ネオプレンゴムの最高使用温度は 120〜130℃ 程度である．フッ素ゴムの耐熱性は高く，常用の利用で 150℃（バイトン A），200℃（バイトン E60C）程度とされている．フッ素ゴムの耐熱性を改善した材料にカルレッツがあり，この場合は 280℃ 程度まで利用可能であるとされている．また，耐熱性が高いエラストマーにシリコーンゴムがあるが，こちらは気体透過性が高いため，使用する際には使用環境との整合性を考えることが必要であろう（**表 2.4.3** 参照）．

（f）**耐油性・耐薬品性が高いこと** 大気と真空の境界に位置することが多い真空シールではあるが，使用環境によっては化学的な安定性が要求される．例えば，エラストマー製の O リングは真空ポンプの駆動部など，運動用シールとしても利用され，このような環境ではつねにオイルにさらされることになる．ほかにも，ポンプ油と接するような状況で使用されるシールには，耐油性が要求される．一般に，合成ゴムは耐油性が改善された材料が多く，真空機器で使用される

表 2.4.3 真空機器で利用されるおもなエラストマーの耐熱温度[41), 42)]

化学名	記 号	最高使用温度 [℃]	推奨使用温度範囲 [℃]
パーフルオロエラストマー	FFKM	315	～280
フッ素ゴム	FKM	300	−20～260
シリコーンゴム	VMQ	280	−100～230
ブチルゴム	IIR	150	−30～120
ニトリルゴム	NBR	130	−25～100
クロロプレンゴム	CR	130	−30～110
スチレンブタジエンゴム	SBR	120	−50～90

エラストマーは合成ゴムである．アクリロニトリルブタジエンゴム，クロロプレン，フッ素ゴムなどは耐油性が高い材料として知られている．

また，真空装置の洗浄にはアセトンやアルコールが使用されるため，このような溶剤に対しても耐性が要求される．一般に，材料ごとに苦手な薬品は異なっているため，そのつど，各材料の耐薬品性を確認することが必要である．エラストマーをはじめとする有機材料では，素材カタログなどの巻末には必ず耐薬品試験の結果が掲載されているので，材料を選定する際には確認をする習慣を付けたい．真空用途で特に注意が必要なのは，アセトンに代表されるケトン類に対する耐性であろう．例えば，イソプレンはアセトンに対する膨潤が 10% 以下であるが，耐油性が高いアクリロニトリルブタジエンゴムは膨潤が 100%，比較的化学的安定性が高いフッ素ゴムでは，2000% 以上になる[12)]．したがって，バイトンに代表されるフッ素ゴムをアセトンで洗浄すると膨潤して，真空シールとして機能しなくなる．

エラストマーをシールとして使用する際に考慮すべき要点を整理してきたが，上述した条件を完全に満足する材料はなく，用途や経済性に応じていろいろな材質が選定されているのが現状である．一般的には，低真空から高真空の領域では，クロロプレンゴム（CR：以下，代表的な商品名ネオプレン），シリコーンゴム（VMQ：シラスティック），アクリロニトリルブタジエンゴム（NBR：ブナ N）などが，高真空から超高真空の領域では，フッ素ゴム（バイトン）やパーフルオロエラストマー（カルレッツ），などの利用頻度が高い[13)]．

クロロプレンゴムは 1931 年にデュポン社によって，クロロプレンの重合により開発されたものである．また，ブタジエンとアクリロニトリルの共重合で得られるアクリロニトリルブタジエンゴムが，1934 年にドイツの IG 社により開発された．いずれも，強度や耐油性に優れた合成ゴムの草分けであり，真空装置のシー

ルとしても古くから使用されている．これらのゴムは，エラストマーの中では比較的気体透過量が低いという特徴を持つが，その一方で，耐熱温度は 120～130℃ 程度と低い．シリコーンゴムは 200℃ を超える耐熱性を持つために高温条件での使用には適するが，気体透過率が大きく，また，耐薬品性も低いため使用時には使用環境との整合性を考えることが必要である．

高真空～超高真空領域になると，バイトンと呼ばれるフッ素ゴムの利用頻度が高くなる．バイトンは，デュポン社によって開発されたフッ素ゴムの商品名称であり，真空装置用のエラストマーシールとして使用されているのは，おもにバイトン A とバイトン E-60C である．バイトンの最高使用温度は，常用の使用で 200℃ 程度，突発的な温度上昇に対しては 300℃ 程度までの耐性があるとされており，比較的低温でのベーキングを行う装置での利用が可能である[12)]．また，バイトンは耐薬品性も高く，真空ポンプで使用される機械油や，アルコールなどの薬品に対する耐性を持っている．ただし，低級エステル，エーテル，ケトン，一部のアミン，リン酸アルキルエステル，高温の無水フッ化水素酸，クロロスルフォン酸，高温の濃アルカリなどに対する耐性が低い．この種の溶媒中ではゴム中の加硫物が膨潤し，架橋点が分解されることで弾性が失われてしまう．真空用シールとして利用する場合には，洗浄用の溶媒の取扱いに注意が必要である．アセトンで超音波洗浄してしまうと，上述の理由により，膨潤して使用できなくなる．バイトン製のシールに汚れなどが付いたときには，アルコールを使用して洗浄する．

バイトンの耐薬品製と耐熱性をさらに向上させた材料に，カルレッツ（パーフルオロエラストマー）がある．カルレッツもまた，デュポン社によって開発された材料の商品名称であるが，類似のパーフルオロエラストマーが，いくつかのメーカーから販売されている．分子構造を比較すると（**図 2.4.5** 参照），カルレッツはバイトンとテフロンを併せ持ったような構造をしており，特に，バイトンでは耐性が低いアセトンなどのケ

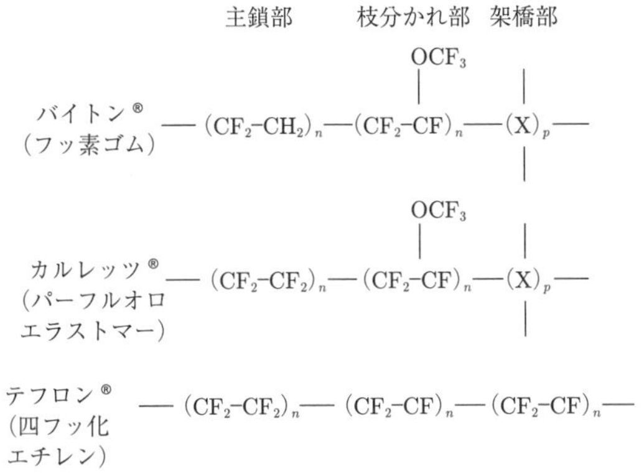

2.4 真 空 封 止

	主鎖部	枝分かれ部	架橋部
バイトン®(フッ素ゴム)	$-(CF_2-CH_2)_n-$	$-(CF_2-CF)_n-$ $\quad\mid$ $\quad OCF_3$	$-(X)_p-$
カルレッツ®(パーフルオロエラストマー)	$-(CF_2-CF_2)_n-$	$-(CF_2-CF)_n-$ $\quad\mid$ $\quad OCF_3$	$-(X)_p-$
テフロン®(四フッ化エチレン)	$-(CF_2-CF_2)_n-$	$-(CF_2-CF)_n-$	$-(CF_2-CF)_n-$

図 2.4.5 バイトン，カルレッツ，テフロンの化学構造の比較

トン類に対しても高い耐性を持っている[9]．また，カルレッツの耐熱性は高く～280℃程度まで使用できる．カルレッツは，他のエラストマーと比較して多くの性能で勝っているものの，表 2.4.2 に示すとおり，気体透過率は他の素材と比較して比較的高い．特に，カルレッツのヘリウム透過率はバイトンの約 5 倍程度であるため，カルレッツを使用している場合はヘリウムリークテストなどの際には注意が必要であろう．

これまではシール材の選択や取扱いの注意点について述べてきたが，シール部からのリーク量は，シールが接触するフランジ面の加工精度にも強く依存している．フランジ表面の加工が粗くて荒れていると，傷などの隙間から気体がリークすることになる．フランジ表面の加工精度の指標として，JIS B 2401-2 には，O リングのシール部との接触面の表面粗さとして，算術平均高さ（Ra）：0.8 μm，最大高さ（Rz）：6.3 μm（いずれも固定用・脈動ありの条件）という数値が示されている[14]．また，加工精度を向上させたとしても，フランジとの接触面を透過するリークを完全に封止することはできないので，その場合はシール材に真空グリースを塗布することもある．ただし，真空グリースはそれ自体が気体放出源にもなり，内部で拡散すると真空装置内の汚染につながる．真空グリースを使用する場合にはグリースは薄く塗り，使用量を最小限にとどめることが必要である．

以下では，エラストマーシールを使用する代表的なフランジ規格として，JIS B 8365：1988 と JIS B 2290：1998 を紹介する．両者はそれぞれ異なる締結方式を採用しており，おもに使用するフランジサイズによって棲み分けが行われている．フランジに適合する配管の内径を "呼び径" といい，呼び径で 63 mm 以下の小型のフランジは JIS B 8365：1988 が，63 mm 以上の大型のフランジでは，JIS B 2290：1998 準拠品が使用されている．

〔1〕 JIS B 8365：1988 "クランプ型継手"[15]

この規格は，JIS B 8365：1988 "クランプ型継手：dimensions of clamped-type Vacuum coupling" に定められた規格であり，ISO 規格では，ISO 2861："quick-released couplings" に対応している[16]．一般に，クランプ型継手あるいは，ISO-NW・ISO-KF などの呼び名で使用されているフランジ規格である．この方式では，エラストマー製のOリングがはめ込まれた "センターリング" と呼ばれる金属製の輪を 2 枚のフランジで挟み込み，"クランプ" と呼ばれる道具を用いて全体を締め込むことによってシールを行う（図 2.4.6 参照）．なお，ISO 2861 は part 1 と part 2 の二部構成となっており，JIS B 8365：1988 が整合しているのは国際的に普及している part 1 である．part 2 はほとんど普及していないため，ここでは part 1 で規定された規格について解説する．

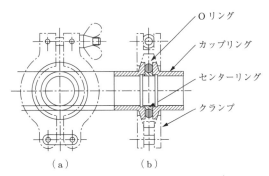

図 2.4.6 クランプ型継手の部品の名称[15]

図 2.4.6 に，クランプ型継手により締結されたフランジの断面を示した．クランプ型継手で使用するフランジでは，Oリングと接するフランジシール面は平面である一方で，反対の大気側はテーパー状になっている．フランジを締結する際には，クランプはこのテーパー部を挟み込んで締め付ける．その結果，フランジの中心に向かって圧力が生じ，圧縮された O リングには反発力が生じる．クランプ型継手方式では，この反発力を利用してシールとフランジ面を密着させることで真空封止を行う．センターリングは，フランジと O リングを適切な位置関係に配置するためのガイドの役割を果たすとともに，フランジのテーパー形状と併せて，Oリングのつぶし量を管理している．その結果，クランプ継手では特に締付けトルクの管理を必要とせず，クランプをフランジにはめ込んで，ねじを回して締め込むだけで，全周を均等な締付け力でフランジの締結を行うことができる．真空フランジの結合方法と

表 2.4.4 クランプ型継手のカップリングの形状およびフランジ寸法[15]

呼び径	d_1 最大	d_2 基準寸法	d_2 寸法許容差	d_3 基準寸法	d_3 寸法許容差
10	14	12.2	+0.2 / 0	30	0 / −0.13
16	20	17.2		30	0 / −0.13
25	28	26.2		40	0 / −0.16
40	44.5	41.2		55	0 / −0.19

〔注〕単位：mm
各記号は，図 2.4.7 を参照．

しては最も簡単であり，短時間で結合することができる接合方法である．

図 2.4.7 に JIS B 8365 : 1988 規格のフランジ形状を示すとともに，表 2.4.4 にフランジサイズの規格をまとめた．先に述べたとおり，この規格で規定されているフランジサイズは呼び系で 63 mm 以下であり，フランジの中では比較的小型の部類に入る．おもに低真空領域で使用する真空ポンプの吸気口や，ターボ分子ポンプなどの高真空用ポンプの排気口など，使用圧力が 1 Pa 程度までの環境下において使用されることが多い．フランジの材質には，一般的にはステンレス鋼（SUS304, SUS316L）が利用されている．図 2.4.8 および図 2.4.9 には，クランプ型継手で使用される O リングならびにセンターリングの形状を，また，表 2.4.5 ならびに表 2.4.6 には，それぞれの規格寸法をまとめた．センターリングにも耐食性を考慮してステンレス鋼が使用されることが多いが，アルミニウム合金が使用されていることもある．O リングには，耐油性・耐薬品性が高いニトリルゴム，バイトン，カルレッツなどが使用されることが多く，いずれも市販品を入手することができる．

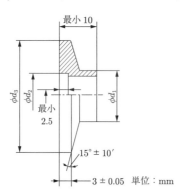

図 2.4.7 クランプ型継手で使用されるカップリングの形状[15]

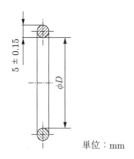

図 2.4.8 クランプ型継手で使用される O リングの形状[15]

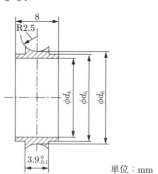

図 2.4.9 クランプ型継手で使用されるセンターリングの形状[15]

表 2.4.5 O リングの形状および規格寸法[15]

呼び径	D 基準寸法	D 寸法許容差
10	15	±0.2
16	18	±0.2
25	28	±0.3
40	42	±0.4

〔注〕単位：mm
記号は，図 2.4.8 を参照．

JIS B 8365 : 1988 規格に適合するシールとして，アルミエッジシールと呼ばれるシールが市販されている．このシールは，JIS B 8365 : 1988 規格で規定されたフランジと互換性を持つアルミニウム合金製のメタルシールであり，150℃程度までのベーキングにも耐えることができ，10^{-9} Pa 台の超高真空まで利用できると

2.4 真空封止

表 2.4.6 センターリングの形状および規格寸法[15]

呼び径	D_4 最大	D_5 基準寸法	寸法許容差	D_6 基準寸法	寸法許容差
10	10	12		15.3	
16	16	17	0	18.5	0
25	25	26	−0.1	28.5	−0.1
40	40	41		43	

〔注〕 単位：mm
各記号は，図 2.4.9 を参照．

されている．ただし，メタルシールのエッジを利用して真空封止を行うため，シールは使い捨てになる．また，エラストマーとは異なり締付けトルクの管理が必要であり，チェーンクランプと呼ばれる特殊な締付け部品と併せて使用する．

〔2〕 JIS B 2290 : 1998 "真空装置用フランジ"[17]

このフランジ規格は，JIS B 2290 : 1998 "真空装置用フランジ：Vacuum technology-Flanges Dimensions" として規定された規格であり，ISO 規格では ISO 1609 : 1986 "Vacuum Flanges" に対応する[18]．

図 2.4.10〜図 2.4.12 に，JIS B 2290 : 1998 で規定

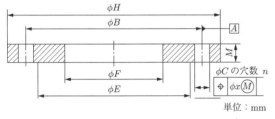

図 2.4.10 ボルト締めフランジの形状と寸法[17]

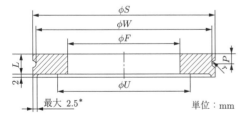

図 2.4.11 クランプ締めフランジまたは回転フランジの形状とカラー寸法[17]

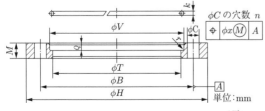

図 2.4.12 リテーナー付き回転フランジの寸法[17]

されたフランジの形状を示すとともに，表 2.4.7〜表 2.4.9 に各フランジの規格寸法をまとめた．この規格に規定されているフランジサイズは，呼び系で 63 mm 以上であり，先に紹介した JIS B 8365 : 1988 規格とは相補的になっている．JIS B 2290 : 1998 規格には，2枚のフランジの固定方法により，ボルト締めフランジとクランプ締めフランジが規定されている（図 2.4.13 参照）．いずれのフランジにおいても，JIS B 8365 : 1988 規格と同様に，エラストマーをシールとして使用し，その弾性を利用した反発力によって真空封止を行う．ボルト締めフランジの場合は，フランジ外周部にボルト穴が空いているので，ボルト穴を利用してボルト・ナットで固定する．一方で，JIS B 2290 : 1998 規格で使用されるクランプは鍵型の形状をしており，一般に "クロー" と呼ばれている．クランプ締めで使用するフランジには，フランジ外周部にクローの爪をかけるための溝があり，2枚のフランジにクローの爪をかけておき，ボルトを締めることで 2 枚のフランジでシールを圧縮して固定する（図 2.4.13 参照）．JIS B 2290 : 1998 規格は，国内では ISO フランジと呼ばれることが多く，ボルト締め用フランジを ISO-BT，クロー締め用フランジは ISO-MF と呼び分けている．

JIS B 2290 : 1998 規格では，使用するフランジの組合せは同種（ボルト締めどうし，クランプ締めどうし），

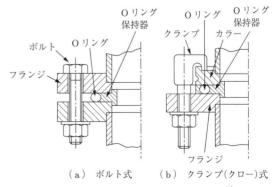

図 2.4.13 真空装置用フランジの接続方法[7]

2. 真空用材料と構成部品

表 2.4.7 真空装置用フランジ—ボルト締めフランジ寸法—[19]

呼び径	B	C H13	x	ボルト D	ボルト n	E	F	H	M
10	40	6.6	0.6	6	4	30	12.2	55	8
16	45	6.6	0.6	6	4	35	17.2	60	8
20	50	6.6	0.6	6	4	40	22.2	65	8
25	55	6.6	0.6	6	4	45	26.2	70	8
32	70	9	1	8	4	55	34.2	90	8
40	80	9	1	8	4	65	41.2	100	12
50	90	9	1	8	4	75	52.2	110	12
63	110	9	1	8	4	95	70	130	12
80	124	9	1	8	8	110	83	145	12
100	145	9	1	8	8	130	102	165	12
125	175	11	1	10	8	155	127	200	16
160	200	11	1	10	8	180	153	225	16
200	260	11	1	10	12	240	213	285	16
250	310	11	1	10	12	290	261	335	16
320	395	14	2	20	12	370	318	425	20
400	480	14	2	20	16	450	400	510	20
500	580	14	2	20	16	550	501	610	20
630	720	14	2	20	20	690	651	750	24
800	890	14	2	20	24	860	800	920	24
1 000	1 090	14	2	20	24	1 060	1 000	1 120	24

〔注〕 1000 を超える呼び径の推奨値は，1 250，1 600，2 000 および 2 500 とする．
各記号は，図 2.4.10 を参照．

表 2.4.8 真空装置用フランジ—クランプ締めまたは回転フランジのカラー寸法—[19]

呼び径	F*	L js16	P H14	r B10	S** H11	U***	W H11
10	12.2	6	3	1	30	15	28
16	17.2	6	3	1	35	20	33
20	22.2	6	3	1	40	25	38
25	26.2	6	3	1	45	30	43
32	34.2	6	3	1	55	40	53
40	41.2	10	5	1.5	65	50	62
50	52.2	10	5	1.5	75	60	72
63	70	10	5	1.5	95	80	92
80	83	10	5	1.5	110	95	107
100	102	10	5	1.5	130	115	127
125	127	10	5	2.5	155	140	150
160	153	10	5	2.5	180	165	175
200	213	10	5	2.5	240	225	235
250	261	10	5	2.5	290	275	285
320	318	15	7.5	2.5	370	355	365
400	400	15	7.5	4	450	435	442
500	501	15	7.5	4	550	535	542
630	651	20	10	5	690	660	680

〔注〕 630 を超える呼び径の推奨値は，800，1 000，1 250，1 600，2 000 および 2 500 とする．
各記号は，図 2.4.11 を参照．

または異種（例えば，ボルト締めフランジがボルトまたはクランプを用いて，クランプ締めフランジと組み立てられている場合）のいずれでもよいとされている．

クローには，ダブルクローと呼ばれる両側に爪が付いたタイプと，片側がボルトになっているシングルクローがある．ダブルクローは ISO-MF フランジどうしを締

表 2.4.9 真空装置用フランジ—リテーナー付き回転フランジ寸法[19]

呼び径	B	C $H13$	x	ボルト D	n	H	K^{**}	M js16	Q^{***}	T $H11$	V $H14$	r $B10$
10	40	6.6	0.6	6	4	55	2	8	3	30.1	32.1	1
16	45	6.6	0.6	6	4	60	2	8	3	35.1	37.1	1
20	50	6.6	0.6	6	4	65	2	8	3	40.1	42.1	1
25	55	6.6	0.6	6	4	70	2	8	3	45.1	47.1	1
32	70	9	1	8	4	90	2	8	3	55.5	57.5	1
40	80	9	1	8	4	100	3	12	5.5	65.5	68.5	1.5
50	90	9	1	8	4	110	3	12	5.5	75.5	78.5	1.5
63	110	9	1	8	4	130	3	12	5.5	95.5	98.5	1.5
80	124	9	1	8	8	145	3	12	5.5	110.5	113.5	1.5
100	145	9	1	8	8	165	3	12	5.5	130.5	133.5	1.5
125	175	11	1	10	8	200	5	16	6.5	155.7	160.7	2.5
160	200	11	1	10	8	225	5	16	6.5	180.7	185.7	2.5
200	260	11	1	10	12	285	5	16	6.5	240.7	245.7	2.5
250	310	11	1	10	12	335	5	16	6.5	290.7	295.7	2.5
320	395	14	2	20	12	425	5	20	8.5	370.8	375.8	2.5
400	480	14	2	20	16	510	8	20	10	450.8	458.8	4
500	580	14	2	20	16	610	8	20	10	550.8	558.8	4
630	720	14	2	20	20	750	10	24	12	691	701	5

〔注〕 630 を超える呼び径の推奨値は，800，1 000，1 250，1 600，2 000 および 2 500 とする．
各記号は，図 2.4.12 を参照．

め付ける際に使用し，シングルクローは ISO-BT フランジと ISO-MF 等を組み合わせる際に使用する．

表 2.4.10 には，JIS B 2290：1998 規格フランジを締結する際の，線シール荷重をまとめた．この表の値は，n 本のボルトの応力が 200 N/mm^2 になるまで一様に締めた場合，エラストマー O リングに及ぼす線荷重を示したものである．JIS B 2290：1998 規格のフランジも，基本的にはエラストマーシールを使用することになっているが，規格ではこのシールの線荷重に適合するものであれば，メタルリングシールを使用してもよいとされている．

〔3〕 JIS B 2290：1998 "付属書：保守用フランジ"[19]

JIS B 2290：1998 規格には，一般に保守用フランジまたは JIS フランジと呼ばれるフランジ規格が付属書として規定されている．この規格は，1968 年に制定された JIS B 2290 の初版では規定されていたが，1998 年に JIS B 2290 が大幅改定された際に規定から外れたものである．しかしながら，同フランジが産業用装置に深く浸透し，現在でも多数使用されていることから，保守用として，フランジの寸法が付属書として記述されたという経緯がある．JIS フランジもまた O リングでシールする機構であるが，O リング溝があるもの（溝型：一般に VG と呼ばれる）とないもの（平面座型：同様に，VF）との 2 種類があり，相手フランジによって使い分けて使用する．参考に，**図 2.4.14** には保守用フランジのフランジ断面形状と寸法を示し，**表**

表 2.4.10 真空装置用フランジのシール線荷重[17]

呼び径 [mm]	σ の代表値 [N/mm]
10	185
16	154
20	132
25	116
32	177
40	146
50	124
63	96
80	164
100	138
125	184
160	157
200	174
250	143
320	162
400	179
500	146
630	150
800	144
1 000	156

2.4.11 に保守用フランジの規格サイズをまとめた．

表 2.4.12 には，JIS フランジで使用されるガスケットの種類・形状，ならびに寸法をまとめた．JIS フランジで O リングを使用する場合は V シリーズと呼ばれる規格の O リングを使用する．JIS 規格には，O リン

表 2.4.11 保守用フランジの規格サイズ[19]

呼び径	適用する鋼管の直径 d	フランジの径 D	フランジの各部寸法					ボルト穴				ガスケットの溝		
			フランジの厚さ T					中心円の径 C	数	径 h	ボルトの呼び	内径 G_1	外径 G_2	深さ S
			鋳造フランジ	その他のフランジ	f	g							
10	17.3	70	10	8	1	38	50	4	10	M8	24	34	3
20	27.2	89	10	8	1	48	60	4	10	M8	34	44	3
25	34.0	90	10	8	1	58	70	4	10	M8	40	50	3
40	48.6	105	12	10	1	72	85	4	10	M8	55	65	3
50	60.5	120	12	10	1	83	100	4	10	M8	70	80	3
65	76.3	145	12	10	1	105	120	4	12	M10	85	95	3
80	89.1	160	14	12	2	120	135	4	12	M10	100	110	3
100	114.3	185	14	12	2	145	160	8	12	M10	120	130	3
125	139.8	210	14	12	2	170	185	8	12	M10	150	160	3
150	165.2	235	14	12	2	195	210	8	12	M10	175	185	3
200	216.3	300	18	16	2	252	270	8	15	M12	225	241	4.5
250	267.4	350	18	16	2	302	320	12	15	M12	275	291	4.5
300	318.5	400	18	16	2	352	370	12	15	M12	325	341	4.5
350	355.6	450	—	20	2	402	420	12	15	M12	380	396	4.5
400	406.4	520	—	20	2	458	480	12	18.5	M16	430	446	4.5
450	457.2	575	—	20	2	511	535	16	18.5	M16	480	504	7
500	508.8	625	—	22	2	561	585	16	18.5	M16	530	554	7
550	558.8	680	—	24	2	616	640	16	18.5	M16	585	609	7
600	609.6	750	—	24	2	672	700	16	23	M20	640	664	7
650	660.4	800	—	24	2	722	750	20	23	M20	690	714	7
700	711.2	850	—	26	2	772	800	20	23	M20	740	764	7
750	762.0	900	—	26	2	822	850	20	23	M20	790	814	7
800	812.8	955	—	26	2	877	905	24	23	M20	845	869	7
900	914.4	1 065	—	28	2	983	1 015	24	25	M22	950	974	7
1 000	1 016.0	1 170	—	28	2	1 088	1 120	24	25	M22	1 055	1 079	7

〔注〕 各記号は,図 2.4.12 を参照.

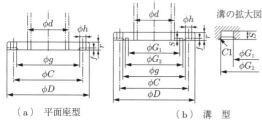

(a) 平面座型 (b) 溝 型

図 2.4.14 保守用フランジの断面形状と寸法[19]

グの規格として JIS B 2401:1999 "O-rings; O リング" という規格が定められており[20],その中で真空用フランジ用として規定されている O リングの規格に V 記号が用いられていることに由来する.なお,類似の名称で "V パッキン" と呼ばれるシールが存在するが,こちらは V 字形状を持つシリンダー用のシールであるため,使用時には混在しないよう注意が必要である.

2.4.2 メタルシールフランジ

エラストマーは耐熱性が低く気体透過量も多いため,エラストマーをシールとして用いたフランジの利用は高真空装置までとなる.超高真空装置では,メタルシールフランジと呼ばれる金属製のシールを用いたフランジが使用される.金属シールに使用される材質においても,要求される性能は先に紹介したエラストマーシールと基本的には同じである.エラストマーと比較すると,金属は気体透過量が小さく,耐熱温度も高い.**表 2.4.13** に,真空封止のシール材として使用頻度が高い金属材料の特性をまとめた.シール材では圧力による変形が必要となるため,使用されるものは柔らかい金属が多い.中でも圧倒的に使用頻度が高いのは銅であり,そのほかではアルミニウムや金などが利用されている.低温環境ではインジウムなども,シールとして使用されている.

一般に,エラストマーと比較して金属材料は,素材の弾性では劣っている.そのため,エラストマーフランジのように圧縮による反発力を利用することが難しく,エラストマーフランジとは異なる真空封止機構が利用されている.真空装置で使用されているメタルシールは,その機構によっておもに 2 種類に分類されてい

表 2.4.12　JIS フランジガスケットの種類・形状および寸法[19]

内径 G'_1		ガスケット									フランジ			
		角形				甲丸型				Oリング				
		形式 1		形式 2		形式 1		形式 2						
呼び	寸法	a	b	a	b	a	b	a	b	a	呼び径	適用する鋼管の外径	溝幅 e	溝深さ S
24	23.5±0.24										10	17.3		
34	33.5±0.33										20	27.2		
40	39.5±0.37										25	34.0		
55	54.5±0.49										40	48.6		
70	69.0±0.61										50	60.5		
85	84.0±0.72	4±0.1	4±0.1	5±0.1	5±0.1	4±0.1	4±0.1	5±0.1	5±0.1	4±0.1	65	76.3	5	3
100	99.0±0.83										80	89.1		
120	119.0±0.97										100	114.3		
150	148.5±1.18										125	139.8		
175	173.0±1.36										150	165.2		
225	222.5±1.70										200	216.3		
275	272.0±2.02										250	267.4		
325	321.5±2.34										300	318.5		
380	376.0±2.68	6±0.1	6±0.1	8±0.1	8±0.1	6±0.1	6±0.1	8±0.1	8±0.1	6±0.1	350	355.6	8	4.5
430	425.5±2.99										400	406.4		
480	475.0±3.30										450	457.2		
530	524.5±3.60										500	508.8		
585	579.0±3.92										550	558.8		
640	633.5±4.24										600	609.6		
690	683.0±4.54										650	660.4		
740	732.5±4.83	8±0.1	10±0.1	12±0.1	12±0.1	8±0.1	10±0.1	12±0.1	12±0.1	10±0.1	700	711.2	12	7
790	782.0±5.12										750	762.0		
845	836.5±5.44										800	812.8		
950	940.5±6.06										900	914.4		
1055	1044.0±6.67										1000	1016.0		

表 2.4.13　メタルシールに用いられる主要な金属元素の諸性質[1] Ⅰ章, p.4, p.10, p.13, p.17.

	原子量	融点 [K]	密度 [g·cm^{-3}] (20℃)	熱伝導率 [W·m^{-1}·K^{-1}] (0〜100℃)	電気抵抗 [μΩ·cm] (20℃)	膨張係数 [10^{-6} K^{-1}] (0〜100℃)	蒸気圧* [℃] (133.3 Pa)
アルミニウム	26.98	933.25	2.7	238	2.67	23.5	1 284
金	196.97	1 336.15	19.26	315.5	2.2	14.1	1 869
銀	107.87	1 233.95	10.49	425	1.63	19.1	1 357
銅	63.55	1 356.45	8.93	397	1.694	17.0	1 628
インジウム	192.22	2 716.15	22.4	80	5.1	6.8	—

〔注〕　* 一定の蒸気圧を示す温度.

る[21].
(1) ガスケットの塑性変形を利用する方式
(2) ガスケットの構造を工夫し，ガスケット自体に弾性を持たせる方式

前者の代表は，JVIS 003:1982 規格で規定された，ベーカブルフランジと呼ばれるフランジ規格である．ほかにも，金線フランジ，アルフォイルフランジ，インジウムシートなどがこの分類に含まれる．後者にはメタルCリング，メタル中空Oリングなどが含まれる．これらのシール材では，シールの内部を中空状にしたり，コイルスプリングなどを活用したりすることで，シール材に弾性を生じさせている．ここでは上述の分類に沿って，メタルシールフランジの解説を行う．最初に，現在では超高真空装置の標準仕様となっている，JVIS 003:1982 "Bakable Flanges: Dimensions;" 規格について，詳しく解説を行った後，その他のシール機構について紹介する．

〔1〕　**JVIS 003:1982 "ベーカブルフランジ"**[22]

本規格はベーカブルフランジと呼ばれ，超高真空装置で使用されるフランジ規格の代名詞となっている．ISO規格では，ISO 3669:1986 "Bakable Flanges" 規格に対応する[23]．この規格は一般に，CFフランジ（コンフラットフランジ）や，ICFフランジと呼ばれている．ベーカブルフランジは，元来は米国・バリアン社（2010年にアジレント社に合併）により提案されたフランジ規格であるが，その後日本真空協会（現 日本真空学会）においてその内容が検討され，協会規格として一般に定められたものである．基本的にはバリアン社の規格がほぼそのまま踏襲されており，外国製の真空装置であっても，ベーカブルフランジが使われていれば，基本的には国産の真空装置と互換して使用することができる．

図 2.4.15 にベーカブルフランジ規格で使用されるフランジの形状を示した．また，表 2.4.14 に JVIS 003:1982 に定められたベーカブルフランジの形状・寸

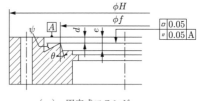

(a) 固定式フランジ

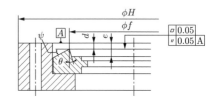

(b) 回転式フランジ

図 2.4.15　ベーカブルフランジ（ナイフエッジ型シールフランジ）の形状[22]

表 2.4.14　ベーカブルフランジの形状・寸法規格[22]

呼び径	外径 H	f	d	e	φ	θ	厚さ	ボルト PCD	ボルト数	孔径	ボルト
16	34	18.3	0.66	1.15	20	2〜30	8	27	6	4.4	M4
40	70	42.0	0.66	1.15	20	2〜30	13	58.7	6	6.6	M6
63	114	77.2	0.66	1.15	20	2〜30	18	92.1	8	8.4	M8
100	152	115.3	0.66	1.15	20	2〜30	21	130.2	16	8.4	M8
160	202	166.1	0.66	1.15	20	2〜30	22	181	20	8.4	M8
200	253	216.9	0.66	1.15	20	2〜30	25	231.8	24	8.4	M8
250	305	268.0	0.66	1.15	20	2〜30	28	284	32	8.4	M8

〔注〕　単位：mm

法規格をまとめた．エラストマーシールフランジは，平面状のフランジでシールを挟み込む構造であるのに対して，ベーカブルフランジでは，シールとの接触部には内向きに先のとがったエッジが付いている．そのため，この規格はナイフエッジ型メタルシールフランジとも呼ばれている．2枚のフランジの間に金属製の"ガスケット"を挟んで外力を加え，塑性変形を起こすことで真空封止を行う．フランジには SUS304 や SUS316L などの材質が使用され，一般に -196°C から 450°C の範囲で使用可能とされている．また，アジレント社からは，SUS304 ESR と呼ばれる材質のフランジが供給されている[24]．ESR は Electro Slag Re-melting（エレクトロスラグ再溶解）の略語で，このプロセスによって精錬されたステンレス鋼には，純度の向上・粒塊の均一化などの効果による性能の向上や，非金属の不純物や，酸素・硫黄などの減少が期待でき，通常のステンレス鋼よりも高温となる，500°C までの使用が可能であるとされている．

ベーカブルフランジを分類するとフランジ形状は固定式と回転式に（図 2.4.15 参照），また，ボルト穴の形状できり穴型とタップ型に分類される．固定型のフランジでは，パイプとフランジがすべて一体に溶接加工されている．一方，回転型ではパイプにはガスケットを挟み込むエッジ部分が接続され，ボルトで固定する外周部は独立している．回転型フランジは，二つの真空機器を接続する際に対面するフランジのボルト穴の位置のずれを修正したり，装置の配向を調整したりする必要がある箇所で使用する．ボルト穴の形状は，きり穴型のフランジには，ボルトをナットで固定するための単なるボルト通過用穴があいており，タップ型はフランジに雌ねじが切ってあるためナットが不要である．したがって，タップ型とタップ型のフランジを対にして使うことはできないためフランジ構成を検討する際には注意する．

図 2.4.16 に，締結されたベーカブルフランジの接続方法を示した．ベーカブルフランジで使用されるガスケットは，断面が長方形のリング形状になっている．このガスケットをエッジの付いた特定形状の真空フランジで挟み込んで塑性変形させると，ガスケット内部にコールドフローと呼ばれる連続的なひずみが生じて，ガスケットは外に広がろうとする．この外向きの力によりガスケットの外周部はフランジ面に押し付けられるとともに，ガスケットはフランジからの反発力も同時に受けるため，内側に戻ろうとする．この内向きの力を受け止めるフランジのエッジ外面に加わる圧力によって，真空封止が行われる[25]．この機構をキャプチャリングといい，この原理を利用した真空封止機構を，キャプチャリングシール機構と呼ぶ．この真空封止機構は，長時間の締付けやベーキングの繰返しによる塑性変形により，リークを起こしにくいという特徴がある．また，ベーカブルフランジは，シール部分を含む材質がすべて金属であるため，外部から気体を透過しにくく，また熱に強い等の特性を持つため，高真空・超高真空領域での使用に適している．

一方で，ガスケットは締付け時に塑性変形しているため，基本的には1回きりの使い捨てである．そのため，エラストマーシールと比較すると，経済性には劣る．また，適切なトルクでバランスよく締付けを行わなければリークの要因となるため，フランジの締結においてはトルクを管理し，対角に均等にボルトの締結を行うことが重要である．また，フランジのエッジやガスケットに傷が入ると，リークの原因になる．特に，シール面を横切って，真空側と大気側を結ぶ方向に傷が入ると，大きなリークの要因となるため，フランジのエッジ部分の取扱いには細心の注意が必要である．未使用のフランジには中古のガスケットをはめ，フランジキャップをかぶせておくなどの養生を施しておくことが必要である．

表 2.4.15 に，JVIS 003:1982 に定められたベーカブルフランジのガスケットの規格を示した．メタルシールフランジのシールとして最も普及した材料は，銅を使用したガスケットである．中でも，高真空容器で銅

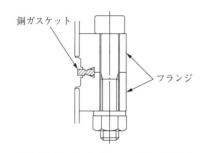

図 2.4.16 ベーカブルフランジの接続方法

表 2.4.15　ベーカブルフランジのガスケットの規格[22]

呼び径	内径	外径	厚さ
16	16.3	21.3	2
25	26.0	34.9	2
40	37.0	48.2	2
63	64.0	82.4	2
100	102.0	120.5	2
160	153.0	171.3	2
200	204.0	222.1	2
250	256.0	273.3	2

〔注〕　単位：mm

のガスケットを使用する場合は，無酸素銅と呼ばれる，酸化物を含まない純度 99.95 以上の高純度の銅を使用する．無酸素銅は，通常の銅と比較して軟化温度が高いという特徴を持っているが，200℃ を超えたあたりから急激な軟化が始まるため，ベーキング温度は 200℃ 程度までに抑える方がよい．200℃ を超える温度でベーキングが必要な際は，ベーキング終了後にボルトが緩んでいないかどうか確認し，必要に応じて増締めをする必要がある．また，無酸素銅も高温でベーキングを行うと，表面が焼けて酸化膜を形成する．そのため，ガスケットを取り外す際に，酸化被膜が剥離してチャンバー内に飛散して内部を汚染することがある．ベーキング中の酸化膜形成を抑えることと，フランジのエッジ面への密着性を向上させることを目的として，表面を金や銀でコーティングされたガスケットも市販されている．ただし，アセチレンを使用する装置では，銅のガスケットを使用することができないので注意を要する．アセチレンは金・銀・銅などの金属と高い反応性を示し，爆発性のアセチリドを生成する．高圧ガス保安法により，純度 62％ 以上の銅を含んだ材料はアセチレンを消費する装置では使用することが禁じられている[26]．装置の使用環境に応じて，ガスケットの材質にも注意を払うことが必要である．

　実際にベーカブルフランジを使用する場合，国内外を問わず，異なるメーカー製のガスケットとフランジを組み合わせて使用した場合，ガスケットのサイズが大きくうまくフランジにはまらないことがある．特に，呼び径が 305 mm よりも大きなフランジについては，JVIS 003：1982 の制定が，ISO 3669：1986 の制定に 4 年ほど先行したため，両規格の間で規定寸法が異なってしまったという背景がある[27]．一方で，筆者の経験では，呼び径が小さなフランジにおいても異なるメーカー製のフランジやガスケットを組み合わせて使用した場合，うまく両者がはまらなかった経験がある．メーカーによってフランジ側のガスケット溝の径がわずかに違っていたり，ガスケットの外径が違っていたりすることが原因であるが，フランジにガスケットを載せてみて適度な隙間ができない場合には取合せに注意した方がよい．

　最近では，ISO 3669：1986 規格のフランジに適合可能なガスケットに，面シール型あるいはテーパーシール型と呼ばれるガスケットが市販されている．このガスケットは，バックスメタル社（現在は，株式会社バックス・エスイーブイ）によって IPD ガスケットの製品名で販売が開始され，現在では IPD ガスケットの名称が，一般的な型式名として定着しつつある[28]．図 2.4.17 にコールドフローを利用した通常のガスケット

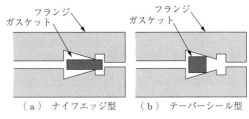

図 2.4.17　キャプチャリングシールとテーパーシールの比較

と，テーパーシール型フランジの断面形状の比較を示した．テーパーシール型のガスケットは，フランジのエッジを使用せず，エッジの外側にあるテーパー部でガスケットを挟み込むことでシールする．したがって，多少の傷や倒れ（エッジの先端が丸くなること）が生じたエッジを持つフランジに対しても，真空を封止することができる．コールドフローを利用する板状のガスケットと比較して断面が細く，フランジを締結した際にガスケットがエッジの外側に位置するため，フランジに溶接されたパイプの内径をすべて使用することができる．また，人力で比較的容易に変形させることができるため，形状をひずませることにより，垂直に位置したフランジにも簡単にはめ込んで固定することができる．板状ガスケットとは異なり，使用後にガスケットにエッジの歯跡が残らないため，繰り返し利用が可能であることも，テーパーシール型ガスケットの利点である．

　一般にベーカブルフランジはステンレス鋼製であるが，同等の規格を持ったアルミニウム合金製のフランジも市販されている．アルミニウム合金はステンレス鋼と比較して水素吸蔵量が少ないため，比較的低いベーキング温度で極高真空が得られるなどの利点がある．また，鉄鋼材料と比較してアルミニウム合金は放射化しにくいという特徴を持つため，加速器などの高エネルギー装置で利用されることも多い．アルミニウム合金製のフランジを使用する際には，アルミニウム合金製（A1050）のガスケットが利用される．アルミニウム合金は 150℃ を超えたあたりから軟化が始まるため，アルミニウム合金製で真空装置を製作した場合は，ベーキング温度は 150℃ 程度までに抑えなければならない．

〔2〕　金線ガスケット

　金線ガスケットは，薄い金線をシールとした真空封止の方式である．この方式のシールには，平面状の金製ガスケットをフランジの平面で挟み込んで締結する方式と，コーナーシールと呼ばれる，精密加工された角の部分で，ガスケットを押し潰してシールを得る方式がある．金線ガスケットは平滑面で押し潰すだけで

2.4 真空封止

は十分なシールは得られず，コーナーシールを利用することで，ガスケットの断面をL形に塑性変形することができ，より確実なシールを行うことができるとされている[29),30)]．市販の真空機器では，高真空用バルブのボンネットシールなどに使用されている．

図2.4.18にコーナーシール型のフランジの接続方法を示した．このタイプのフランジでは，ガスケット材を極端に変形させるような強い力で締め付けるとき，材料自体の内部摩擦およびフランジ面との表面摩擦によってガスケット外周部がガスケット内部を捕捉し，大きな内部応力を得ることで真空封止を行っているとされている．このようにして生じた面圧はベーカブルフランジのようにキャプチャリングされていないことから，フランジとガスケットの密着性を良くすることが必須であり，半径方向の間隙および表面粗さの値を適確に選定しなければならないなど，高い工作精度が要求されることになる[31)]．

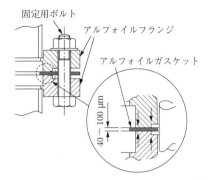

図2.4.19 アルフォイルフランジの接続方法[32)]

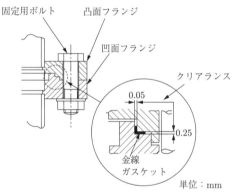

図2.4.18 コーナーシール型フランジの接続方法[30)]

〔3〕 アルフォイルフランジ

アルフォイルフランジは，強い締付け力によりフランジの外周をたわませることで，傾斜を持ったシール面間に薄いアルミニウム箔を閉じ込めることで真空封止を行う[32)]．図2.4.19にアルフォイルフランジのフランジの接続方法を示した．この構造では，フランジに垂直段部がないので，ガスケットとフランジ面の間で生じる摩擦力に起因するガスケットの自己捕捉を利用しているとされている．金線フランジと同様，ガスケットはキャプチャリングされていないことから，この場合にも，フランジ接合面の面精度やフランジ面やガスケット面のきずに敏感であるとされている．

2.4.3 メタルOリング

つぎに，形状を工夫することにより，メタルガスケットに弾性を持たせることで真空封止を行うタイプのシールについて解説する．このグループには，内部にコイルスプリングを用いたヘリコフレックスや中空構造になっている中空メタルOリングを使用したシール，などが存在する．前述のキャプチャリングシールに比べると形状の自由度が高く，またフランジ面などの加工精度に対する許容度も高い．そのため，大型の真空装置や，角形の形状を持つフランジなどの真空封止に利用されることが多い．また，メタルOリングは，高温高圧や低温などの特殊な環境下でも高いシール性を発揮するため，用途に応じて，さまざまな材質のメタルOリングフランジが使用されている．

〔1〕 ばね入りメタルCリング

この方式のガスケットは，内部にコイルスプリングを持つガスケットであり，一般にヘリコフレックス（TECHNETICS GROUP LLC社の登録商標）の名称で知られている．ほかにも，トライパック（日本バルカー工業株式会社製），U-Tightseal（臼井国際産業株式会社）の製品名で，同様の構造を持つシールが市販されている．図2.4.20にばね入りメタルCリングの外観ならびに断面構造を示した．このタイプのガスケットは円形断面を持ち，コイルスプリングと呼ばれるばね材を中心に，その周りを1層もしくは2層の金属被覆で覆った構造をしている．コイルスプリングには，ピアノ線・ステンレス鋼などが使用されている．内側の被覆には，ニッケル，ステンレス鋼，インコネルなど硬い金属が使用され，コイルスプリングの弾性を均

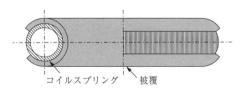

図2.4.20 ばね入りメタルCリングの外観ならびに断面構造

一に伝える役割を持っている．また，外側の被覆は使用環境に応じて金，ステンレス鋼，ニッケル，インコネルなどによってめっきが施される．メタルCリングは，コイルスプリングが各コイルに近接していることから，圧縮したときにコイルが個々に独立して復元作用を発揮し，大きな弾性を生むことで真空封止を行っている．

メタルCリングの最大のメリットは，フランジの形状がベーカブルフランジなどのような汎用的な円形形状に限らず，角形や長方形などの変形フランジにも対応できることである．使用可能な温度範囲も−270〜700℃と広く，大型のフランジや，角形のフランジが必要な超高真空仕様の装置などで利用されている．

〔2〕 中空メタルOリング

メタルOリングは，薄い金属の細管をリング状や額縁状などの平面形状に加工し，端面を突き合わせて溶接した，中空の金属製Oリングである．メタルOリングあるいはメタル中空Oリングなどと呼ばれている．素材としては，SUS304，SUS316などのステンレス鋼や，500℃を超える高温環境で使用する場合には，インコロイ800やインコネル600などの材料が使用される．加工後のOリングは，表面を研磨した後，用途に応じてテフロンなどのコーティングや，金・銀・ニッケルなどのめっきなどが施される．圧縮された中空金属管の反発力を利用して真空封止が行われ，高い弾性を有することから多少のフランジの片締めやたわみに対しても安定して真空封止できるとされている．また，低いトルクで締結できるなどの特徴がある．

このタイプのOリングには，断面がO型のものと，途中に切欠きが入ったC型のものがある．C型の切欠きが内側に入ったタイプのOリングでは，中空になったOリング内にも流体が流れ込むことにより，Oリング内部にかかる圧力にも真空封止の効果が期待できることから，高圧環境での利用頻度が高い．一方で，真空フランジで使用されるC型リングの場合，切欠きが外側を向いたCリングが使用されている．断面をC型とすることで弾性が高くなり，低い締付け力で，高い弾性が得られるとされている．図2.4.21に，銅ガスケットを使用したICFフランジ，メタルOリング，ならびにCリングのシール圧縮量−締付け力の特性を調べた評価例を示した[33]．各シールを用いてフランジ締付けを行い，ヘリウムの気密が得られる圧力から締付け力を評価したところ，銅ガスケット＞メタルOリング＞メタルCリングの順で大きな締付け力が必要となり，メタルCリングの締付け力は，銅ガスケットの約1/3であったと報告されている．また，ヘリウム気密を保持できる限界圧力から有効復元量を評価した

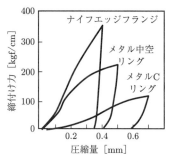

図2.4.21 ナイフエッジ型フランジ（銅ガスケット），メタル中空リング，メタルCリングの圧縮量−締付け力の特性の比較[33]

ところ，こちらはメタルCリング＞メタルOリング＞銅ガスケットの順になっており，メタルCリングでは，銅ガスケットの約2.3倍の有効復元量が得られたと報告されている．

〔3〕 面シール式継手

1インチ程度までの細い管径の接続に使用されている継手に，「面シール式継手」と呼ばれる方式がある．この方式は，エッジを持つ2本の継手の間に金属製のガスケットを挟み込み，両者を雄・雌型状のナットで挟んで締め付けることにより，それぞれの突起部で金属を変形させて真空を封止する（図2.4.22参照）．減圧環境だけでなく，配管内が加圧された高圧環境にも耐えるので，真空装置へのガス供給配管の継手などに使用されることが多い．信頼性が高い継手の一つであるが，この方式では，接続するパイプの両端に，グランドもしくはスリーブと呼ばれる特殊な端末部品の溶接加工が必要であり，簡便性という点では，つぎに紹介する食込み式継手には劣っている．

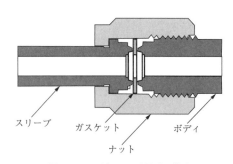

図2.4.22 面シール式継手の構造

面シール式継手には，一般に「VCR式継手」ならびに「UJR式継手」の名称で販売されている継手が該当する．VCRの名称はSwegelock社の商標であり，UJRはフジキン社の商標である．いずれのメーカーからも，ストレートタイプ・T型・L型など，多様な形

状を持つ継手が販売されており，用途に応じて自在に配管を組み立てることができる．両社の製品は，形状・寸法には互換性があるとされているが，基本的には混在して使用しない方が無難であろう．

VCR 継手とよく似た形状を持つ継手に，「VCO 継手」と呼ばれる継手がスウェージロック社より販売されている．外観は似ているが，VCR はメタルガスケットを用いているのに対して，VCO はエラストマーのO リングを使用しているため，気密性では VCR 継手には劣っている．

〔4〕 食込み式継手

「食込み式継手」もまた，上述の面シール継手と同様に，1 インチ以下の細い管径の継手として使用されている．この方式の継手では，フェルールと呼ばれる円筒状の部品をパイプ側面に食い込ませることでシールを行う．そのため，面シール継手のような配管の端末の処理を必要とせず，手軽に配管どうしを連結することができる．ステンレス鋼と樹脂製パイプのように，異種材料パイプを連結することもでき，真空用途に限らず，ガス導入ラインや水配管など，多様な用途で使用されている．ただし，取扱いは容易であるが，シール性能は面シール継手と比較して劣るため，真空配管としての利用は，高真空程度までであろう．

食込み式継手では，フロントフェルールとバックフェルールと呼ばれる二つのフェルールを使用する（図 2.4.23 参照）．フロントフェルールならびにバックフェルールを図 2.4.23 のように配管に挿入し，雄雌形状を持つボディとナットを用いて前後から締め込むことで，締結を行う．締込みを行うと，フロントフェルールがバックフェルールによって前方に押し出される．その結果，ボディとチューブの間にできた隙間に，フロントフェルールがくさび状に押し込まれ，パイプに食い込むことでシールを行う．また，フロントフェルールがそれ以上前方へ進むことができなくなると，つぎにバックフェルールがフロントフェルールの後部とパイプの間にくさび状に押し込まれ，パイプに食い込むこ

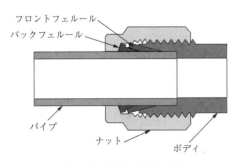

図 2.4.23 食込み式継手の構造

とでさらにシールを行う．面シール継手で使用するガスケットは使い捨てであるのに対して，食込み式継手は，繰り返し使用することができる．例えば，1/4 インチの継手の場合，初回は 1+1/4 回転の締込みで規定の締込み量となり，2 回目以降は，締め付けるごとに 1/4 回転ずつ増締めを行う．

食込み式継手は，「Swegelock（スウェージロック）」ならびに「Fine pure 継手」の名称で販売されている継手が該当する．Swegelock の名称は Swegelock 社の商標であり，Fine pure はフジキン社の商標である．面シール継手と同様に，形状・寸法には互換性があるとされているが，こちらも面シール継手と同様に，異なるメーカーの製品は混在して使用しない方がよいであろう．

食込み式ならびに面シール継手には，どちらもインチサイズとミリサイズが用意されている．1/4 インチと 6 mm など，寸法が違う規格を使用する際には，部品が混在しないよう，管理に注意が必要である．なお，インチサイズとミリサイズは，ナットの形状で見分けることができる．ナットの端面が面取り処理されているものがミリサイズで，面取り処理が行われていないものがインチサイズであるので，覚えておくと便利である．

〔5〕 材料の改質

これまでは素材が持つ特性に応じた，真空封止機構としての利用を紹介してきた．一方で，フランジを構成する材質の特性を改質することで，真空封止能力を向上させる試みも行われているので，代表的な方法をいくつか紹介しておく．

フランジのエッジ面を強化する方法に，イオンプレーティングと呼ばれる方法がある．例えば，アルミニウム合金製のフランジには，一般に高硬度・耐熱合金である A2219 が使用される．それでも，ステンレス鋼と比較すると機械的強度が低く，フランジのエッジやガスケット面のきずに弱いという欠点がある．フランジのシール面の強度を向上させるために，アルミニウム合金フランジのエッジ部には，イオンプレーティングあるいはイオンめっきと呼ばれる表面処理を施し，高硬度の TiC や CrN の皮膜（10～50 μm 程度）を形成させることで，きずなどを予防することができる[34),35)]．

真空フランジの改質方法の一つに，電子ビーム部分改質加工（electron beam partial modification, EBPM）と呼ばれる方法がある．EBPM では，高密度エネルギーを持つ電子ビームをフランジ面の O リング溝やシール面に照射し，母材金属材料と添加金属材料を部分的に合金化したり，あるいは金属の再溶融を引き起こしたりすることにより，銅やアルミニウムなどの軟質金属

の表面を強化する．シール面を部分改質することによって，シールとのあたり部分の耐久性が向上する．例えば，アルミニウム合金の一種であるA5052製のフランジに対して，シール部を形成するアルミニウムに銅を添加して電子ビームを照射することにより合金化を行ったところ，耐スクラッチ性や耐食性においてA2219製のアルミニウム合金フランジに，TiCまたはCrNコーティングを行ったフランジと，同等以上の性能が得られたとの報告がある[36]．

2.4.4 バルブ

JIS B 0100 : 2013 バルブ用語によると，バルブとは，流体を通したり，止めたり，制御したりするため，流路を開閉することができる可動機構を持つ機器の総称として定義されている[37]．真空装置においては，気体の流れを止めたり，流量を調整したりすることを目的として使用される．真空バルブには，それぞれの使用環境に応じて，漏れを起こすことなく確実に真空封止を行う，あるいは流量調整ができることが求められる．そのため，用途に応じてさまざまな構造のバルブが存在するとともに，フランジ継手と同様に多彩な材料が使用されている．

2.4.5 真空バルブの構造

図2.4.24に，"バルブの動作機構による"分類を示した[38]．ここに図示したとおり，バルブは流量の制限方式によって，(1) 押付け型，(2) 回転型，(3) スライド型の三つの種類に分類できる．一般に使用されている真空バルブにおいても，流体の流量の制限はこのいずれかの方法で構成されている．

ここでは真空装置で使用頻度が高いアングルバルブを例にとり，まずはバルブの内部構造を解説する（図2.4.25参照）．一般に，バルブの内部では3箇所でシールが使用されている．バルブ内で直接的に真空封止を担っている部分のうち，固定部を弁座，可動部を弁体と呼ぶ．弁体の先端で弁座と接触する部分を弁板と呼び，両者の間のシール部が"弁シール"である．上記の分類に従うと，アングルバルブは押付け型のバルブに分類され，弁シールが弁座に押し付けられた際に生じる反発力などを利用して真空封止を行う．つぎに，バルブを開閉させるためには弁体を駆動させる必要がある．この駆動部分を軸と呼び，軸を動かした際にバルブ内部にリークが生じないようにシールが必要になる．このシールを"軸シール"と呼び，本章の最初に分類した運動用シールに該当する．バルブ本体にこれらの開閉動作機構ならびに流体調整部を固定して密封する．バルブの本体には一般にステンレス鋼（SUS304）やアルミニウム合金が使用され，低真空用のバルブではニッケルめっきされた軟鋼（SS400）などが使用されることもある．このバルブ本体の密封にもシールが必要であり，このシールを"ボンネットシールと呼ぶ"．これらのバルブの基本構造を踏まえて，以下にバルブを使用する際の注意点について解説を行う．

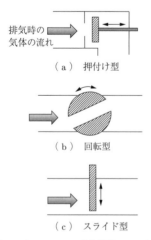

図2.4.24 バルブの動作機構による分類

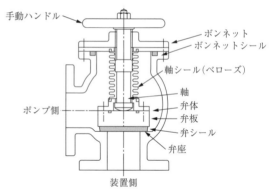

図2.4.25 一般的なアングルバルブの内部構造

[1] 気 密 性

バルブの機密性は，各シールを介したリーク量に依存する．したがって，フランジ継手と同様に，使用する真空領域に応じたシールを選択することが必要である．弁シールには，フランジ継手と同様にエラストマーやメタルシールが用いられており，基本的な真空封止の原理はフランジ継手を参考にしてもらえばよい．一方で，運動シールである軸シールには，バルブの開閉時に外部と気密を保った状態での運動操作を伴う．軸シールには，Oリング式，ベローズシール式，ウィルソンシール式などがあり，図2.4.25で示したバルブは

ベローズシール方式である．過去には，軸シールにもエラストマー性のOリングを使用しているバルブが多かった．この方式では，Oリングと軸の間に真空グリースを塗布し，軸が安定して動作するようになっている．しかしながら，Oリング式は機械的なトラブルやリークの問題がつきまとうため，フランジと同様に低真空高真空領域で使用されるバルブにおいて採用されていることが多い．また，超高真空環境ではバルブもベーキングの対象となることから，この真空領域で使用するバルブでは，軸シールに金属製のベローズシール式を採用しているバルブが多い．ボンネットシールには，低真空用のバルブではエラストマーが使用されることが多く，高真空超高真空用のバルブではAu線シールなどのメタルシールや溶接により封止が行われる．

〔2〕 圧 力 条 件

バルブには弁体への圧力の掛かり方によって三つの使用形態がある．

① 正圧：弁体が大気側から真空側（高圧 ⇒ 低圧）に向かって弁体をシールさせる．

② 同圧：弁体が遮蔽する二つの空間がほぼ同じ圧力

③ 逆圧：弁体は，真空側から大気側（低圧 ⇒ 高圧）に向かってシール

① の正圧タイプのバルブは，大気と真空内を遮断するバルブを想像すればよい．大気圧はバルブを真空側に向かって押し付ける方向に働くため，真空封止を補助する方向に力が作用する．② の同圧タイプのバルブは，一時的に真空領域を分割する場合に使用されるが，このタイプのバルブには，構造的に開閉時の圧力差に弱いバルブも存在するため，弁体の両側の圧力差の管理には注意が必要になる．③ の逆圧タイプでは，バルブに作用する圧力（大気圧）はバルブを開ける方向に働くため，この環境で使用されるバルブでは，真空を封止する際に機械的な構造や締付け力を向上させる工夫が必要になる．

例えば，図 2.4.25 の L 型のバルブは，通常は弁座を圧力変動の大きい方向に向けて取り付け，① の正圧タイプの配置で使用する．この向きにバルブを取り付けておくと，ポンプを停止してポンプ側の圧力が高くなった際にも，弁体が弁座に押し付けられる方向に圧力が加わるため，装置側へのリークが発生しにくくなる．

〔3〕 バルブの口径と形状

真空ラインの途中にバルブを配置すると，バルブの存在によって流路のコンダクタンスは悪化する．バルブには入口と出口のフランジが一直線上に並んだ形状のものから，上述のアングルバルブのように，入口と出口が直線状に配置されていないものなど，さまざまな形状のものが存在する．真空ラインを設計する際に

は，バルブの形状や口径によるコンダクタンスへの影響も考慮しなければならない．バルブの口径が大きくなるとコストも高くなるが，使用する真空排気ラインに要求される排気速度を考慮してバルブの口径や形状を選定しなければ，必要な排気速度が得られないことになる．例えば，粘性流領域ではアングルバルブを選択しても十分な排気速度を得ることができるが，分子流領域で配管の口径よりも小さな口径を持つバルブを選択したり，あるいはアングルバルブを選択するとバルブのコンダクタンスによって排気速度が大きく制限されることになる．

〔4〕 作 動 方 式

バルブの駆動方式には，手動で開閉を行うタイプとソレノイド（電磁弁）や圧縮空気を動作源として開閉を行う自動タイプがある．手動タイプは一般的な真空ラインで使用される．自動タイプは，ソレノイドはリーク弁などの比較的小型のバルブで使用され，圧縮空気を動作源とする自動タイプは比較的大型のバルブで使用される．自動タイプのバルブはおもに，自動・遠隔操作を行う必要がある箇所や，停電時の緊急遮断といったインターロック対策が必要なバルブで使用されている．

〔5〕 耐食性・不純物環境

真空フランジは，一度固定すると真空容器を解放するまでは固定されたままであり，基本的に使用中に異物がフランジとシールの間に入り込むことはない．一方で，真空バルブは真空装置内で開閉操作が行われる．すなわち，使用条件によっては腐食性のガスや，塵や微粒子が発生する環境下で使用されることもあり，このようなバルブでは弁シールや弁座は腐食性ガスや塵などにさらされながら開閉動作や真空封止を行わなければならないため，使用環境に応じて耐食性や耐薬品性を持つ材質を使用しなければならない．例えば，高濃度の腐食性ガスが流れるバルブには，シール部にハステロイなどの耐食性材料が使用されたものを用いる．また，バルブの設置位置によっては，微粒子などがバルブの弁シール部に堆積することもあり，シール面に異物が混入した状態で開閉を行うと，シール面に傷などが入ることでリークの原因になることもある．

2.4.6 各種真空バルブ

バルブには用途に応じていくつかのタイプがあるので，以下では構造によって分類し，各バルブの特徴について説明を行う．

〔1〕 アングルバルブ

弁箱の入口の中心線と出口の中心線が直角で，流体の流れ方向が直角に変わるバルブを総称してアングルバルブや L 字型バルブと呼んでいる．外観的にはバル

ブの入口と出口のフランジが 90 度直交した位置に配置されている（図 2.4.25 参照）．このタイプのバルブは，止め弁と呼ばれるバルブの一種であり，おもに，流体の流れを止める際に使用される．先に述べたように押付け型のバルブであり，軸の先端に取り付けられた弁体が，弁座に押し付けられることで真空封止を行う．アングルバルブにはさまざまな材質が使用されたバルブが市販されており，使用する圧力領域に応じて使い分けられている．

　超高真空装置では，オールメタルバルブと呼ばれる総金属製のバルブが使用されている．このタイプのバルブでは，軸シールにはベローズが使用され，弁シールにもメタルガスケットが使用されている．また，ボンネットシールにも中空メタル O リングや Au 線シールを使用することで，高温でのベーキングにも耐える構造になっている．高真空から超高真空域で使用できるバルブには，ポリイミドバルブと呼ばれるタイプがある．このバルブでは，弁シール部分にポリイミド樹脂の一つであるベスペルが利用されている[39]．ベスペルは，樹脂材料の中では最も耐熱温度が高い素材であり，400℃以上の耐熱製を持っていることから，ベーキングにも耐えることができ，中真空から高真空程度の領域で使用されている．低真空から大気圧の領域では，バイトンなどの O リングを弁シールに使用したバルブが利用される．

　アングルバルブには，粗引きバルブと呼ばれる高真空装置の粗排気時に使用されるバルブや，低真空ポンプと高真空ポンプの間に使用されるアイソレイトバルブなど，大気圧低真空環境と高真空環境を封止する用途で利用頻度が高い．特に，油回転真空ポンプの吸気口に取り付けて使用するバルブにアイソレイトバルブと呼ばれるバルブがある．基本構造は L 型のアングルバルブであり，ポンプ停止時には被高真空側は真空封止を維持した状態で，ポンプ側を自動的に大気ベントさせる機能を持っている．すなわち，ベントバルブを内蔵した構造になっており，ポンプ油の逆流を自動的に防止することができる．このタイプのバルブは，ポンプで発生する圧力差を利用してリーク弁の操作を行っており，圧縮空気を必要としないという利点を持っている．

　アングルバルブと類似のバルブに，Y 型バルブ（**図 2.4.26** 参照）がある．アングルバルブと同様に弁体が弁棒によって垂直に弁座に作用するバルブである．アングルバルブとは異なり，Y 型バルブでは入口と出口が直線上に配置されるため，バルブが全開の状態では流体が直線的に移動するため，同じ止め弁でもコンダクタンスを損なわないという利点がある．

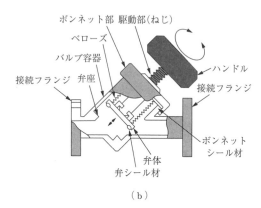

図 2.4.26　Y 型バルブ（図 (a) は VAT 株式会社：カタログ，VACUUM VALVES 2016, p.180, 図 (b) は文献 43) より）

〔2〕　ゲートバルブ

　バルブの入口と出口が直線状に配置され，直線上を流れる流体の流路に対して，垂直に弁体を導入することで流路を遮断する形状のバルブを仕切り弁と呼ぶ．仕切り弁の代表的なバルブがゲートバルブであり，図 2.4.24 の分類ではスライド型のバルブに分類される．このタイプのバルブは，バルブを全開にした状態では直管構造となるため，流体の抵抗が小さくなるという長所がある．したがって，真空容器とターボ分子ポンプの間や，真空配管の途中など，コンダクタンスを損ないたくない場所での使用頻度が高い．

　ゲートバルブは一般に全開もしくは全閉の状態で使用する．中間程度の開口で使用すると，使用する圧力環境によっては弁体の背後に渦が発生して圧力損失が生じたり，弁体に振動が起きたりすることで，弁体や弁座が損傷することがある．また，バルブの開閉操作を行うことができる許容差圧がバルブごとに定められている．これを超える圧力差の下で開閉操作を行うと，開閉時にバルブの軸が破損するため，圧力差がある条

件下での操作には注意が必要である．

〔3〕 **ボールバルブ**

ボールバルブは，弁棒を軸として，弁箱内で球状の弁体が回転するバルブの総称である．図 2.4.24 の分類では回転型のバルブに分類される．弁体には全面球のタイプと半面球のタイプがある．ボールバルブの弁体は中心に穴があいた球状の構造を持ち，バルブが開状態のときはこの穴を通って流体が流れる．ボールバルブも，全開時には流路が一直線となるため，流体抵抗が小さいという特徴を持つ．ゲートバルブとは異なり，中間開口で使用することができるため，開口量を調整することで，流量調整に用いることもできる．

ボールバルブには三方ボールバルブと呼ばれる，流体の出入口を三つ持つバルブも存在する．このバルブは，流体の流れを変えたり，分流もしくは合流させたりする際に使用される．例えば，真空装置の排気ラインにおいて，粗排気ポンプと高真空ポンプの途中を三方バルブにより分岐して，一つの排気系に粗排気ラインを併設する際などに使用されている．

〔4〕 **バタフライバルブ**

このタイプのバルブでは，円筒形状の弁箱の外周に弁座面を持ち，円板状の弁体が弁棒を軸に回転して流路を開閉する構造を持つ（**図 2.4.27** 参照）．バルブの動作による分類では，回転型に分類される．ゲートバルブと同様に，流体に対する抵抗が小さいという長所を持っている．また，90° の回転操作で弁の開閉操作を行うことができるため，全体としてコンパクトなバルブであり，大口径フランジなどでも使用されている．

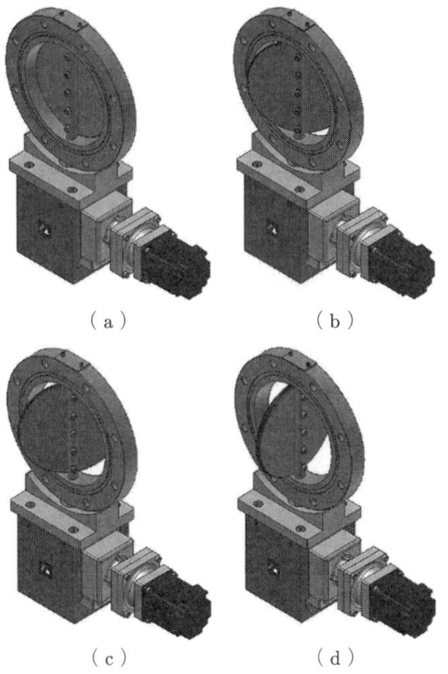
（a）
（b）
（c）
（d）

図 2.4.27　バタフライバルブ（株式会社フジ・テクノロジー：カタログ，MBV–L DII series より）

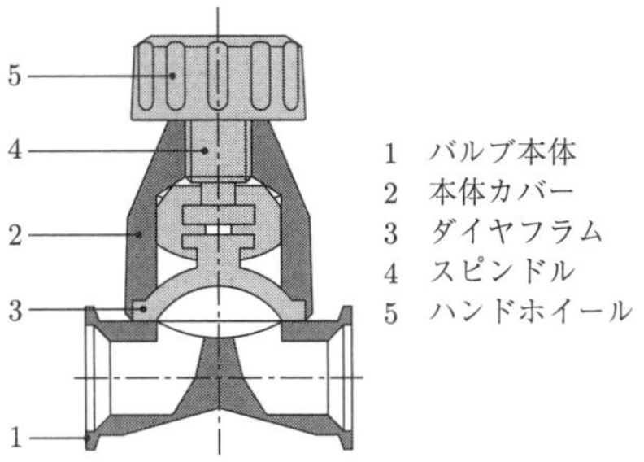
5
4
2
3
1
1　バルブ本体
2　本体カバー
3　ダイヤフラム
4　スピンドル
5　ハンドホイール

図 2.4.28　ダイヤフラムバルブ（VAT 株式会社：カタログ，VACUUM VALVES 2016, p.179 より）

〔5〕 **ダイヤフラムバルブ**

ダイヤフラムとは，作用する圧力に応じて変位を生じる膜を指す．ダイヤフラムの伸縮可撓性を利用し，弁座に押し付けたり緩めたりすることで流量を制御するバルブを，ダイヤフラムバルブと呼ぶ（**図 2.4.28** 参照）．このバルブも，押付け型のバルブに分類される．ダイヤフラムバルブでは，上下駆動機構を備えた駆動部により，ダイヤフラムを弁座に押し付けたり，引っ張ったりすることで流量を調整する．ダイヤフラムには，テフロン，バイトン，ネオプレンなどのエラストマーが使用される．

〔6〕 **ガスリークバルブ**

真空装置内に気体を流入させることを目的としたバルブをガスリークバルブと呼ぶ．例えば，高真空あるいは超高真空装置をリークさせる際に，インレットバルブやリークバルブと呼ばれるバルブを使用してパージガスが導入される．これらのバルブは，一般にエラストマーをシールとした止め弁であり，軸シールにはベローズを，真空シールはバイトンを使用しているバルブが多い（**図 2.4.29** 参照）．構造的にはアングルバルブと類似であり，微小な流量の制御はできず，基本的にはリーク用である．

一方で，ガスリークバルブの中には，バリアブルリークバルブと呼ばれる，流量可変のバルブがある（**図 2.4.30** 参照）．このバルブは，プロセス装置など精密な流量制御が必要な真空装置において，超高真空下に微小流量の気体を導入する際に使用する．基本的な構造は，流路中でコンダクタンスを任意に制御し，真空容器に導入される流量を調整している．目的とする用途に応じて，10^{-11} Pa·m^3/s から 10^3 Pa·m^3/s 台まで，幅広い流量域で使用可能なバルブが製作されている．

バリアブルリークバルブには，ダイヤフラム式が採用されていることが多い．ダイヤフラム式のバリアブ

図 2.4.29 ガスリークバルブ（株式会社フジキン：カタログ，CAT：No.710-01-O, p.15 ベローズバルブより）

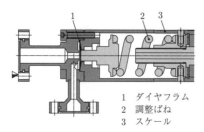

1 ダイヤフラム
2 調整ばね
3 スケール

（a） 内部構造(VAT)
（VAT 株式会社：カタログ，VACUUM VALVES 2016, p.216 より）

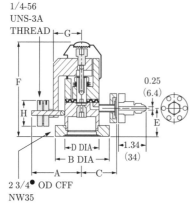

（b） 内部構造
（アジレント・テクノロジー株式会社：真空製品カタログより）

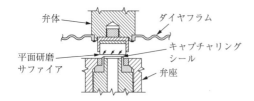

（c） シール部詳細
（アジレント・テクノロジー株式会社：真空製品カタログより）

図 2.4.30 バリアブルリークバルブ

ルリークバルブでは，ステンレスやニッケルあるいは金めっきされたアルミニウム合金など，メタル製のダイヤフラムが使用されている．バルブの開閉操作を通してシール部の開口量を調整し，流量を制御する．ほかにも，弁体に平面研磨されたサファイアを配置し，対面の弁座側に銅合金のキャプチャリングシールを使用することで，摩耗や固着などに対する耐性を向上させたバルブもよく使用されている．さらにシール部の熱的特性や機械的特性を向上させるため，WC 系超硬合金と銅合金をシール部に使用しているバルブもある．また，プロセスガスなどの腐食性を持つ特殊材料ガスの導入用として，耐食性が高いハステロイを使用したバルブも市販されている．ほかにも，弁体が針状になったニードルタイプのバルブも，流量調整用のバルブとして使用されている．いずれの場合にも，安定して精密に流量を制御するためには，バルブの開閉に伴う駆動系のバックラッシュが小さいことや，バルブ本体を含めて熱や力による変形が小さいことが必要となる．

引用・参考文献

1) 日本金属学会編：金属データブック（丸善，東京，2004）改訂 4 版，p.31, p.175.
2) 国立天文台編：理科年表（丸善，東京，2011）第 85 冊，p.391.
3) J. F. O'Hanlon: *A User's guide to Vacuum Technology* (Wiley-Interscience, 2003) Third Edition.
4) M. Tanifuji: Shinku, **2** (1959) 362.
5) 葛良忠彦：成形加工，**21** (2009) 234.
6) 春末哲史，隠塚裕之，大武義人：日本ゴム協会誌，**83** (2010) 22.
7) 真空技術基礎講習会運営委員会編：わかりやすい真空技術（日刊工業新聞社，東京，2010）第三版．
8) R. N. Peacock: J. Vac. Sci. Tech., **17** (1980) 330.
9) DuPont 社：Kalrez, Technical information, Rev. 5, Feb. 2003.
10) N. Yoshimura: J. Vac. Sci. Tech., **7** (1989) 110.
11) 岡野達雄，吉村長光：マイクロ・ナノ電子ビーム装置における真空技術，（エヌ・ティー・エス，東京，2003）．
12) デュポンエラストマー株式会社：バイトン R フッ素ゴム：一般カタログ．
13) ネオプレン，バイトン，は Dupond 社の，また，シラスティックは，Dow Corning 社の登録商標である．
14) JIS B2401-2：2012 O リング−第 2 部：ハウジングの形状・寸法（日本規格協会）．
15) JIS B 8365：1988 真空装置用クランプ形継手の形状及び寸法（日本規格協会）．
16) ISO 2861: "Quick-released couplings".
17) JIS B 2290: 1998 真空装置用フランジ "Dimen-

sions"（日本規格協会）．

18) ISO 1609: 1986 "Vacuum Flanges".

19) JIS B 2290: 1998 付属書（参考）「保守用フラン
ジ」（日本規格協会）．

20) JIS B 2401-1: 2012 Oリング–第1部：Oリング
（日本規格協会）．

21) I. Sakai, H. ishimaru, G. Horikoshi and K.
Tamai: Shinku, **24** (1981) 409.

22) 日本真空協会：JVIS 003: 1982 真空装置用ベーカ
ブルフランジの形状・寸法．

23) ISO 3669: 1986 "Bakable Flanges".

24) Varian Inc.: Vacuum Technologies, 2011.

25) 例えば，M. Uchiyama and T. Hanabusa: J. Vac.
Soc. Jpn., **13** (1970) 112.

26) 高圧ガス保安法：第五十六条の三および，高圧ガス
保安法 一般則関係例示基準：「9ガス設備等に使用
する材質」．

27) S. Kurokouchi, T. Kikuchi, H. Akimichi and M.
Hirata: Shinku, **48** (2005) 142.

28) 株式会社バックス・エスイーブイ Web サイト，
http://www.sev-vacuum.com/sub02_page02.
html（Last accessed：2014-12-10）．

29) H. Nakagawa, K. J. Chin and Y. Ishibe:
Shinku, **11** (1967) 23.

30) F. Kimijima: Shinku, **13** (1970) 121.

31) 山崎猛：応用物理，**38** (1969) 949.

32) F. Kimijima: Shinku, **13** (1970) 118.

33) Y. Mizukami, K. Sayama and T. Kugo: Shinku,
25 (1982) 176.

34) 石丸肇：日本金属学会会報，**18** (1979) 837.

35) H. Ishimaru, G. Horikoshi, K. Minoda and T.
Irisawa: Shinku, **22** (1979) 373.

36) M. Oishi, M. Shoji, Y. Okayasu, Y. Taniuchi,
H. Yonehara, and H. Okuma: J. Vac. Soc. Jpn.,
54 (2011) 158.

37) JIS B 0100: 2013 バルブ用語（日本規格協会）．

38) 野間空：精密工学会誌，**57** (1991) 1561.

39) デュポン社: 技術資料「ベスペル® SP ポリイミド
パーツ」．

40) 日本化学会編：化学便覧基礎編（丸善，東京，2004）
改訂5版，I巻，p.721.

41) 株式会社アルバック編：新版真空ハンドブック（オー
ム社，東京，2004）改訂4版，第三章，p.116.

42) 華陽物産株式会社：ゴム物性一覧表．

43) 実用真空技術総覧編集委員会編：実用真空技術総覧
（産業技術サービスセンター，東京，1990）．

2.5 真空用潤滑材料

　真空チャンバー内のステージ位置制御や試料搬送直
線運動など真空空間で装置要素機構を円滑に駆動させ
るためには，駆動面で生じる摩擦を低減するための潤
滑機構が重要である．一般に大気中で用いるオイルや
グリース等液体系潤滑剤は真空中では蒸発しやすく真
空雰囲気の圧力の上昇を引き起こし，さらに，基板な
どの清浄表面を汚染する原因となり，低真空領域を除
いて使用することは適切ではない．真空中で用いる潤
滑剤としては，低～中真空域では，蒸気圧が低い液体
系の潤滑油が，また，高～超高真空域ではガス放出が
起こりにくい固体系の潤滑剤が用いられている．

　大気圧雰囲気では，材料の表面の酸化皮膜や汚染層
が潤滑剤として作用するとともに焼付きを防ぐ役割も
ある．しかしながら，真空中で部材を駆動させると部
材どうしが滑る接触面では，摩耗現象により大気中で
は材料表面に強固に存在する酸化物層や表面汚染層が
消失され，しかも，再生されずに出現した清浄表面が
安定するために，部材接触面で焼付きが起こりやすく
なる．

　したがって，真空環境下でガス放出による雰囲気圧
力の上昇を抑え，摩擦が低くて無駄なエネルギー消費
を抑え，焼付きや摩耗が生じず，安定して駆動操作を行
うためには，真空対応の潤滑剤の使用が不可欠となる．

　ここでは，真空中における潤滑現象や真空潤滑に用
いる材料，液体系潤滑剤としてオイルやグリース，ま
た，固体系潤滑剤として，二硫化モリブデン，さらに，
その部材応用について，それぞれ解説したい．

2.5.1 真空中での摩擦

　摩擦は，2物体どうしが接触しながら相対的に滑る
系において滑りを妨げる方向に接触面に発生する力で，
この滑りやすさを示す無次元比例定数として摩擦係数
が用いられる．摩擦係数（μ）は，摩擦力 F [N]，また，
摩擦面に作用する力（垂直荷重）W [N] とすると

$$\mu = \frac{F}{W}$$

で示され，荷重や見掛けの接触面積によらず一定とな
り，アモントン・クーロン（Amontons-Coulomb）則と
呼ばれている．

　また，オイルやグリースなど潤滑油を潤滑剤として
用いる場合には，高面圧，低い滑り速度，低粘度オイ
ル使用の領域（境界潤滑域）では上則が当てはまるが，
低面圧で速度やオイルの粘度が高くなる領域（混合潤
滑域から流体潤滑域）では，滑り速度や粘度の増加に
伴って，摩擦係数が増大していく．この現象はストラ
イベック（Stribeck）曲線として活用されている．

　大気中では，材料の表面に汚染層や水や気体などが
吸着しているために，真空容器用材料であるステンレ
ス鋼（SUS304）では，**図2.5.1** に示すように表面粗
さ（R_{max}）の違いがあってもだいたい 0.1～0.2 の間
に摩擦係数は収まるが，雰囲気の真空圧力が低下する

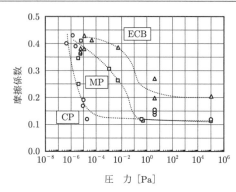

図 2.5.1 SUS304 ステンレス鋼の摩擦係数（μ）の雰囲気圧力による変動

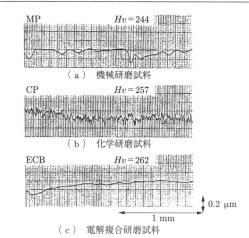

図 2.5.2 SUS304 ステンレス鋼の表面粗さの表面研磨法による違い

につれ摩擦係数は増大し，10^{-5} Pa 以下の超高真空領域では，いずれの試料も摩擦係数が 0.4 以上の高い値となる[1]．

大気圧雰囲気～10^5 Pa では表面汚染層や水吸着層，ならびに，酸化膜層の存在により摩擦係数は低いが，真空排気により徐々に圧力が低下していくと摩擦測定に伴う摩耗のため清浄表面が出ても表面吸着する残留気体分子が少なくなるために汚染や酸化が起こりにくくなる．1 Pa 以下まで圧力が低下すると清浄表面の保持時間がさらに長くなり，空間からの水の吸着も少なくなるために摩擦係数が増大していくとされている．

また，各試料の表面粗さ（R_{max} [μm]）については，電解複合研磨試料（electrochemical buffing, ECB）：0.03 μm，機械研磨試料（mechanical polishing, MP）：0.15 μm，化学研磨試料（chemical polishing, CP）：0.14 μm である．CP 材は，雰囲気圧力の低下に伴う摩擦係数の増大が比較的抑制されている．図 2.5.2 に示すように，表面が最も平滑となる ECB 材，ついで平滑な MP 材に比べて，CP 材は，複雑な表面形状のために，表面積が大きくて水の吸着量が多く，さらに，真空中でも水吸着層が脱離しにくく，10^{-5} Pa 台の高真空領域まで最も潤滑性能が維持できるとされている．

2.5.2 液体潤滑剤

一般にオイルと呼ばれる液体系潤滑剤の潤滑機構は，固体どうしの面と面の間にオイルなど液体潤滑剤を入れることで液体の粘性抵抗力により直接接触を防ぎ，粘性に起因する反発力（もしくは浮力）により摩擦を大幅に減らすというものである．

しかしながら，液体系潤滑剤は，ガス放出の点で超高真空雰囲気には向いておらず，十分蒸気圧が小さい場合にのみ，低摩耗性やその使い勝手の良さから，雰囲気圧力が高い真空域で採用されている．ハードディスク表面の潤滑に用いられるフッ素系潤滑剤の PFPE（pefluoropolyether）や炭化水素系油 MAC（multiply alkylated cyclopentane）が挙げられ，また，PTFE（polytetrafluoroethylene）を増長剤とするグリースも広く用いられている．代表的な液体系真空潤滑剤を表 2.5.1 に示す[2]．

表 2.5.1 代表的な液体系真空潤滑剤（PFPE および MAC）のおもな特性

潤滑剤	PFPE (fomblin Z-25)	MAC (NYE 2001A)
分子式	$CF_3[(CF_2CF_2O)_x(CF_2O)_y]CF_3O$ $x/y = 0.6$ to 0.7	$C_{65}H_{130}$
平均分子量	9 500	910
蒸気圧	3.9×10^{-10} Pa (20℃) 1.3×10^{-6} Pa (100℃)	1.33×10^{-10} Pa (20℃) 5.3×10^{-5} Pa (125℃)
流動点	-66℃	-58.3℃
密度（20℃）	1 841 kg/m^3	847 kg/m^3
粘度（20℃）	0.54 Pa·s	0.27 Pa·s

2.5.3 固体潤滑剤

超高真空雰囲気を要求される環境では蒸気圧の小さい固体系の潤滑剤が求められる．

固体潤滑剤の種類としては，層状化合物セラミックスの二硫化モリブデン（MoS_2）や硫化タングステン（WS_2），軟質金属である金，銀，インジウム等，また，有機材料のPTFEやポリイミドが挙げられ，その適用先を**表2.5.2**にまとめる[2]．

金属や有機材料では摩擦現象は凝着説が主体とされているが，層状化合物セラミックスの固体潤滑機構としては，層状結晶構造の層間の結合力が層内の結合力に比べ非常に小さいために層間で滑りやすくなり，これが低摩擦を示すメカニズムとされている．また，PTFEは，フッ素を側鎖に持つ鎖状構造を有し，弱い鎖間結合のために鎖間で滑りやすくなる．

真空中高温での使用は，酸化が起こらない雰囲気なのでMoS_2とWS_2では特に摩擦係数に違いはなく相手材との組合せにもよるが，800℃以上の高温まで低い値を示す．酸化が避けられない大気中ではMoS_2よりもWS_2での方が高温での耐酸化性に優れている．

なお，昨今新規潤滑剤として，ダイヤモンドライクカーボン（DLC）が注目されており，同じ炭素系材料のグラファイトでは一般に真空中では摩擦係数が増大する傾向があるのに対して，DLCでは，水素含有量の多いアモルファス系DLC膜の摩擦係数が0.01ほどとなることを見い出している[3]．このように低摩擦性能以外に高い硬度による耐摩耗性が魅力的ではあるが，信頼性の問題点や真空用の潤滑材料としては応用先を含め今後の課題となっている．また，耐熱性の酸化物系潤滑剤としてコンビナトリアル技術をスパッタコーティングシステムに応用して精密に結晶構造制御することによって真空中でも摩擦係数が約0.1以下と低い値を有する酸化銅[4]や酸化亜鉛[5]の潤滑性コーティングも開発されている．

固体潤滑剤の利点として低ガス放出性が挙げられるが，一方，軟質でもろいという特性から，密着性や発塵の問題がある．埃（ほこり）を嫌うクリーン半導体プロセスでは，発塵が起こりにくい潤滑剤としてPTFEや機械的強度に優れたポリフッ化ビニリデン（PVDF）が採用されている．また，液体潤滑剤に比べ短い寿命という短所があり，運転中に何らかの方法で供給する必要がある．

2.5.4 ガス放出

液体潤滑剤は，耐久性や低発塵性に優れているために雰囲気真空圧力よりもクリーンな環境が重視される半導体プロセスに採用されているが，そのガス放出量は小さくはなく，また，固体潤滑剤といえども実際の稼働中は摩擦によりガス放出はゼロとなることはなく，特に，ガス放出現象について十分に把握しておく必要がある．

液体潤滑剤としてフッ素系潤滑剤のフォンブリンをベアリングに用いたステッピングモーターの試験[6]で**図2.5.3**のように回転数とともにガス放出速度は上昇し，ほぼ回転数に比例していることが示されている．増大するガス成分種は，**図2.5.4**に示すように$M/e = 28$，44，19，18，69であり，また，発塵は銀ボールベアリングの場合に比べ非常に小さくなることが示されている．

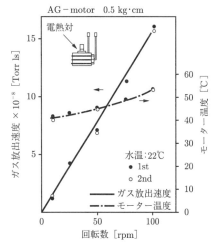

図2.5.3　モーター回転後のガス放出速度と温度変化

表2.5.2　固体系真空潤滑剤のおもな適用

固体潤滑剤	適用法	適用先	おもな用途
MoS_2	スパッタリング	転がり軸受の内外輪・玉	真空機器，宇宙機器
	焼成膜	歯車，ボールねじ，各種摺動部	真空機器，宇宙機器
	複合材	各種摺動部，転がり軸受の保持器，歯車	真空機器，宇宙機器
Ag, Au, Pb	イオンプレーティング	転がり軸受の内外輪・玉	真空機器，X線回転陽極
PTFE	焼成膜	転がり軸受の内外輪・玉	半導体装置
	複合材	すべり軸受，転がり軸受の保持器，各種摺動部	真空機器，宇宙機器
ポリイミド	複合材	転がり軸受の保持器，歯車	真空機器，宇宙機器

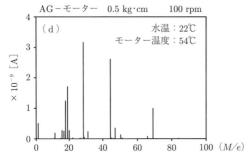

図 2.5.4 モーター回転後のガス放出質量スペクトル

一方，二硫化モリブデンをコーティングした基板からのガス放出では，コーティングにスパッタリング法を用いているために，膜に取り込まれたアルゴンガス成分が回転時に放出されやすい現象[7]が図 2.5.5 に示される．

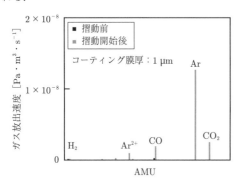

図 2.5.5 MoS$_2$ コーティングのガス放出質量スペクトル

引用・参考文献

1) 笠原章，金龍成，土佐正弘，吉原一紘：真空，**43** (2000) 986．
2) 鈴木峰男：真空，**51** (2008) 472．
3) S. Mitake, et al.: ASLE Trans., **30** (1987) 21.
4) M. Goto, et al.: Applied Surf. Sci., **252** (2006) 2482.
5) M. Goto, et al.: Tribol. Lett., **43** (2011) 155.
6) 武松忠，浅石隆，小池土志夫，山川洋幸：真空，**33** (1990) 217．
7) 丸山敏征，中川潤，遠藤克己，笠原章，後藤真宏，土佐正弘：材料科学会学術講演大会予稿集 (2012)．

2.6 運動操作導入

物体の運動操作は大別すると，並進運動と回転運動に分類することができ，これは真空装置における運動操作においても同様である．並進運動は，重心の移動を伴う並行移動であり，回転運動は固定された重心を中心とした回転動作である．いずれの場合にも，真空中でこれらの運動を実現するためには，「大気側から真空容器内に，どのようにしてリークを起こすことなく運動を伝達するか」という技術が鍵となる．ここではまず，真空中に運動を伝達するための基本的な技術要素について解説する．その後，それらを並進運動の基本である直線導入と，回転運動を伝達するための回転導入に適用している事例を紹介する．ここで紹介する方法を組み合わせると，さらに多次元の複雑な運動操作も実現することができる．また，真空中に伝達される運動の動力は，人力による手動操作，もしくはモーターを利用した自動操作によって行われている．ここでは，真空装置でよく利用されている，ステッピングモーターを利用した自動操作についても解説を行う．

2.6.1 真空中への運動の伝達

並進・回転のいずれの運動操作においても，真空中への運動の伝達は
(1) O リングを軸シールとした運動軸の真空封止
(2) ベローズを介した力学的な運動の伝達
(3) 磁性体による磁力を介した運動の伝達
のいずれかの方法を利用して実現されている．(1) の O リングを軸シールとして用いる方式では，大気と真空が完全に分離されないため，多少のリークが生じることから低真空から高真空までの機器で利用されている．一方で，(2) ならびに (3) の方式では，大気側と真空側が完全に遮断されるため，高真空から超高真空の領域ではベローズや磁性体を利用する方式が採用されている．ここではまず，これら 3 種類の方法の原理や特徴について解説を行う．

〔1〕O リングシール

エラストマー製の O リングは，フランジ継手のような固定用のシールのみならず，運動部のシールとしても広く利用されている．類似した用語にパッキンとガスケットがあるが，固定用に使用されるシールをガスケットと呼び，運動用に使用されるシールをパッキンと呼ぶ．したがって，ここで使用される運動用の O リングシールはパッキンである．

O リングを使用した運動用シールでは，O リングは大気側と真空側の境界に位置し，運動を伝達する軸の動作を妨げることなく，真空をシールしなければならない．固定用のフランジでは O リングをフランジの平面部で固定することも多いが，運動用のシールにおいては，O リングが軸の運動によって滑らないよう，O リングは溝部に装着する．また，軸シールで使用される O リングは運動軸と接しているため，軸の運動によるねじれや引っぱりなどの力を受ける．そのため，パッ

キンとして使用する場合は，溝部でのOリングのねじれや転がりを防ぐために，固定用と比較して線径の太いものを用いる．例えば，Oリングの規格を定めたJIS B 2401においては，固定用（Gシリーズ）や真空フランジ用（Vシリーズ）とは別に，運動用（Pシリーズ）のOリング規格も定められている[1]．また，エラストマー製のOリング以外にも，摩擦係数が小さな材料であるテフロンなども，シールとして利用される場合がある．

Oリング方式の長所は，構造が簡単であり，シール部の容積を小さく設計できることである．また，他の方式と比較して製造コストも低い．一方で，シールを介して大気側と真空側が通じているために，気体の流入を完全に防ぐことができないという欠点がある．また，パッキンと駆動軸の接触圧力によりシールを行うため，駆動時の抵抗が大きくなるとともに，摩擦によってOリングが摩耗する．そのため，他の方式と比較して寿命が短くなるとともに，機械的なトラブルも発生しやすい．Oリング方式は低真空用のバルブなどで採用されているが，高真空や超高真空領域で使用される真空機器の軸シールには，ほとんど使われない．

〔2〕ベローズシール

ベローズとはいわゆる「伸縮管」であり，その外見から，日本語では「蛇腹（じゃばら）」とも呼ばれている．Oリングシールでは，大気側と真空側がシールを介して通じているため，シール部からのリークに起因する気体の流入を避けることができないという問題があった．一方で，ベローズ式では大気側と真空側は構造的に遮断されるため，基本的に駆動部からの気体の流入はない．また，駆動部にエラストマー材料や潤滑油などを使用していないため，高温でベーキングを行うことも可能である．そのため，高真空から超高真空中に配置された物体の運動操作においては，多くの場所でベローズシールが採用されている[2]．

真空装置で利用頻度が高いベローズには，(1) 成形ベローズ，ならびに (2) 溶接ベローズがある．成形ベローズは，おもに機械的に成形するロール成形法，もしくは，内側から水圧をかけて膨張させて成形する液圧成形法により製作される．一般に真空で使用される成形ベローズにはSUS304, SUS416などが使用されているが，いずれの製造法でもパイプに圧力を加えて成形加工するため，使用できる材料が展延性に優れた材料に限られる．成形ベローズは構造上ヒステリシスが大きく，一度大きく曲げるとベローズにくせがついてしまう．また，面間寸法を大きくすることも比較的容易であるが，伸縮量が小さいため，運動の導入機に成形ベローズが利用される機会は少ない．

ベローズ式の運動導入機では，一般に溶接ベローズが使用されている．溶接ベローズは，精密にプレス成形されたドーナッツ状の薄肉金属板の内径と外径を，それぞれ交互に溶接してベローズとして加工したものである．素材の伸びを利用する成形ベローズとは異なり，ばね構造を持つ溶接ベローズは伸縮量が大きいという長所があり，直線・回転導入機でも広く利用されている．溶接ベローズにおいても，真空用途で一般に使用されている素材はSUS304, SUS416などであり，耐食性が必要とされる場合にはハステロイなどが使用されることもある．

ベローズを真空装置の運動導入機として使用する場合，ベローズの一方のフランジは真空と接しており，他方は大気と接している．したがって，運動導入機でベローズを使用する際には，ベローズは大気による圧力を受けるという点に注意が必要である．例えば，直径10 cmのベローズには約80 kgwの力が大気圧により加わることになる．ベローズが大気圧によって押し縮められないように，ベローズをつねに支える仕組みが必要である．また，高真空領域では真空容器内面からの気体放出量を低くするために，容器の表面積をできるだけ小さくすることが望ましい．しかしながら，金属板が積層して溶接されたベローズの内部は，単純なパイプと比較すると表面積が必然的に大きくなる．したがって，高真空あるいは超高真空装置で使用する場合には，ベーキング等により十分な排気を行わなければ，ベローズの内面が気体放出源となる．

ベローズの基本動作は，軸方向に対する伸縮動作（軸方向変位）であるが，そのほかにも，円周上の一部が伸縮した曲げ変位や，曲げ変位の合成による軸直角方向の変位を持っている（図2.6.1参照）．そこで，伸縮動作に加えて，軸直角方向の変位を制御できるステージなどと組み合わせることで，伸縮方向と直交する面内でも運動を行うことができる．また，可動部の構造を工夫することで，曲げ変位や軸直角変位を回転運動に利用することも可能である．このような多軸の変位操作を可能とした機器は一般にマニピュレーターと呼ばれ，ベローズは多軸の運動導入機のシールとして広

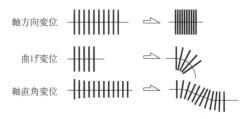

図2.6.1　ベローズが持つ三つの変位[2]

く利用されている.

〔3〕磁気導入

真空内に運動を伝達する方法の一つに，磁気結合方式，もしくは，マグネットカップリング方式と呼ばれる磁力を利用する方式がある．この方式では，真空中に配置されたシャフトに磁性体を取り付け，大気側には磁石を配置する．この磁石の磁力により，真空側の磁性体に対して隔壁越しに動力を伝達する．大気側で磁石を動かすことで，それに追随して真空装置内でシャフトを駆動させることができる．ベローズ方式と同様に大気側と真空側に貫通部を持たないため，磁気結合式もまた，高真空・超高真空環境で広く利用されている.

磁気結合方式では，ベローズのように大気による圧力を受けないため，小さな力でシャフトを駆動させることができるという長所がある．一方，シャフトの駆動力が磁石であるため，ベローズ方式ほど荷重が大きな物体を移動させることはできない．近年では，ネオジム磁石など，希土類を使用した強力な磁石が開発されており，磁力が強くなることで大きな伝達トルクが得られるようになってきている．ただし，高温になると磁石の保磁力は低下するため，超高真空装置で利用する場合には温度管理が必要になる．一般的な磁気結合方式の導入機では，磁石を付けた状態でのベーキング温度は100℃程度までである．高温でベーキングを行うために，磁石部を取り外せる構造の導入機も市販されている.

2.6.2 直線導入

大気側から真空側へ運動を伝達するための真空機器を，真空導入機と呼ぶ．直線方向の運動を伝達する機器が直線導入機であり，回転運動を伝達する機器が回転導入機である．これらはいずれも，先に述べた三つの運動伝達方式のどれかを利用している．ここからは，実際の運動の導入機について解説する．最も単純な並進操作は，一次元の直線導入である．直線導入機は，並進操作の基本となる重要な真空機器であり，試料の出し入れやゲートバルブの開閉操作など，いろいろな場面で利用されている.

〔1〕O リング

上述したとおり，Oリングは大気側と真空側を完全に隔離することができないため，シールから多少のリークが発生する．したがって，真空装置の直線導入におけるOリングの利用は低真空から中真空の領域が中心である．真空装置で利用頻度が高いのは，粗引きや低真空〜中真空領域で使用されるバルブの軸シールであろう．Oリングを使用することで小さく設計することができ，構造も簡単になるためメンテナンスが容易になるという利点がある.

〔2〕ベローズ

直線導入機の軸シールの中心は，金属製のベローズである．バルブの軸シールから直線導入機まで，幅広い真空機器でベローズ式が採用されている．ベローズを用いた最も簡単な直線導入機は，ベローズの両端に配置されたフランジ間にシャフトを取り付け，一方のフランジは固定しておき，反対側のフランジをシャフトによって操作することで伸縮させる方式である（図2.6.2参照）．中空構造を持つ直線導入方式であり，シャフト部の剛性を高くすることで大きな荷重にも耐えることができる．この方式の直線導入機は，フランジの口径や内径の大きな導入機を製作することも容易であり，試料の搬送から分析装置の出し入れなど，さまざまな用途で広く使用されている.

図2.6.2 ベローズを用いた中空型の直線導入機

この方式では，駆動範囲はベローズの伸縮量で決まり，大きなストロークが必要なときは，ベローズを多段に連結して伸縮量を増大させる．ただし，先に述べたようにベローズを用いた直線導入機では，稼動するフランジには大気による圧力が加わるため，設計においてはこの荷重を考慮しなければならない．口径が小さなフランジを持つ直線導入機では，単一のシャフトを手動のハンドルやパルスモーターで駆動する．一方で，大きな口径のフランジでは，フランジの周囲に3〜4本のシャフトを配置し，チェーン駆動によってすべてのシャフトを同期して回転させ，ベローズを伸張させる方式が採用されている.

ほかにも，シャフトと移動ねじが一体となったタイプの直線導入機も多くのメーカーから市販されている（図2.6.3参照）．中空型の導入機とは異なり，シャフトと移動ねじが同軸上に一体で配置されているため，フランジからのはみ出しがなく，コンパクトな構造に

2.6 運動操作導入

図 2.6.3 ベローズを用いた同軸型の直線導入機[11]

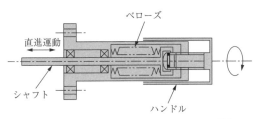

図 2.6.4 図 2.6.3 の直線導入機の内部構造[11]

なる（**図 2.6.4** 参照）．このタイプは比較的小型の導入機に採用されており，回転部にマイクロメーターを備えることで精密な位置決めも可能である．後に紹介する磁気結合方式では運動の伝達に磁石を使用するため，装置が磁場の影響を受ける．一方で，ベローズ式は非磁性材料で構成することが可能であるため，磁場を嫌う真空装置や高温でのベーキングが必要な装置ではベローズ式が採用される．

〔3〕磁 気 導 入

磁力を利用した直線導入機では，真空中に配置されたシャフトに磁性体を取り付けておき，大気側に置かれた磁石を軸方向に動作させることによって，隔壁越しに真空側の磁性体に動力を伝達してシャフトを直線運動させる．この方式では，真空中のシャフトが自由に回転できるようにしておくことで，並進運動とシャフト周りの回転運動を同時に利用できる．そのため，一般には直線・回転動作が可能な，二軸の導入機として利用されることが多い．市販されている機器では，回転直線導入機あるいは R/L（rotary/linear）導入機などの名称で呼ばれている機器が該当する（**図 2.6.5** 参

照）．磁気結合方式では，シャフトが駆動する動力が磁力であるため，シャフト長を長くすることで容易に長い距離を持つ直線導入機を製作することができる．真空中で試料を搬送するトランスファーロッドなど，500 mm を超える長い移動距離を必要とする導入機で見かけることが多い．

2.6.3 回 転 導 入

並進運動と同様に，回転導入においてもベローズや磁力を利用して運動の伝達が行われている．ここでもシールの中心はベローズ式と磁気結合式である．これらの方式を利用した回転導入機を中心に，一般に普及している回転導入機の特徴や原理などを紹介する．

〔1〕O リ ン グ

回転動作用の軸シールにおいても O リングは利用されている．ただし，軸が回転する際に，軸とシールの接触場所が一定していることから，回転による摩擦熱が蓄積され，これがゴムの摩耗や劣化を引き起こす原因になることがある[3]．したがって，潤滑が十分な環境で使用し，設計的にはつぶししろを 5% ぐらいまでにするなど，使用できる場所は摩擦が穏やかな条件下に限定される．

真空用の回転導入機でエラストマーシールを使用する方式として，リークを常時排気する方式の回転導入機が普及している（**図 2.6.6** 参照）．この方式の回転導入機は一般に，差動排気型回転導入機（differentially pumped rotary feedthrough, DPRF）と呼ばれている．DPRF 方式では，軸シールには，O リングやオムニシール[4]と呼ばれるスプリングコイルをテフロンで被覆したシールなどが使用されている．DPRF ではシールが 2 段に配置されており，大気側に配置された初段のシール部から真空装置内に漏れ込んだ気体を，初段と 2 段目のシールの間で差動排気することで常時排気している（**図 2.6.7** 参照）．それにより，漏洩気体が高真空領域へと流れ込むことを防ぎ，高真空から超高真空領域での使用を可能としている．一般的なベローズ式や磁気導入方式の回転導入機とは異なり，DPRF

図 2.6.5 磁気結合方式を用いた回転直線（R/L）運動機[11]

図 2.6.6 差動排気型回転導入機[12]

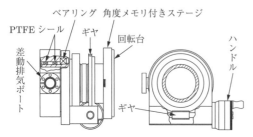

図 2.6.7　図 2.6.6 に示した差動排気型回転導入機の内部構造[12]

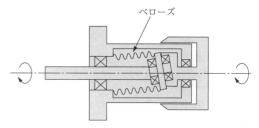

図 2.6.9　揺動式のベローズ式回転導入機の内部構造[11]

方式は中空構造を持つ回転導入機である．そのため，ベローズ式や磁気結合方式では支えることが難しいクライオスタッドなどの大型の機器や，重量が大きな機器を真空中で回転させる必要がある装置などで使用されている．

〔2〕ベローズ

ベローズは伸張方向への運動には強いが，ねじれる動作には弱い．この点を構造的に工夫し，ベローズを回転運動に使用したシステムが考案されている．この方式では，ベローズの角度変位または軸直角変位を利用して，装置内部に回転運動を伝えている．構造によっていくつかの方式があるので，ここでは代表的な二つの回転機構について紹介する．

図 2.6.8 は，ベローズの軸直角変位を利用した，クランク式と呼ばれる回転導入機の内部構造である[2]．この方式では，ベローズ中にクランク形状のシャフトを貫通させ，大気側での回転運動に同期してベローズが直角に変位した状態で首振り運動を行うことで，真空中に回転運動を伝達する．ベローズにねじれを起こさせないために，大気側・真空側ともにシール部に金属製のベアリングが必要となる．また，回転軸がクランク形状になっているため，大きな荷重を加えることは難しい．

最も普及しているベローズ式の回転導入機は，揺動式と呼ばれるタイプの回転導入機の内部構造である（図 2.6.9 参照）．揺動式は，ベローズの角度変位，すなわち首振り運動を利用した方式である[2]．この方式では，大気側のシャフトを回転させることでベローズが首振り運動を起こし，さらに中心のシャフトに回転運動が伝達される．構造的には，ベローズの大気側と接するシャフトがコマ状の形状をしており，コマのテーパー面状をベローズが移動することで首振り運動を行う．図 2.6.10 には，揺動式のベローズ式回転導入機の内部構造を示した．回転機構内部で，ベローズが傾斜していることがわかる．揺動式においてもベローズがねじれないようにするため，接触面にはベアリングが使用される．また，ベローズ自体が振れないように随所にベアリングが配置され，運動のガイドの役割も果たしている．

図 2.6.10　揺動式のベローズ式回転導入機の内部構造[12]

ベローズ式の回転導入機は，比較的高速での回転にも耐えることができ，市販されている高速回転用ではモーター仕様で 500 rpm 程度の速度まで回転できるタイプもある．ただし，高速回転可能な導入機は駆動トルクが小さくなり〜5 kgf・cm 程度である．一方で，高トルクタイプでは 40 kg・m を超えるタイプも市販されている．いずれの方式においても，ベローズとその溶接部は繰返し伸縮やねじり力を受けることになるため，疲労破壊による寿命が問題となる．また，ベローズにねじれが生じないように，真空側には必ず軸受が使用されているため，機械的な摩耗や繰返しのベーキングによる経年変化の影響が大きいことも欠点である．

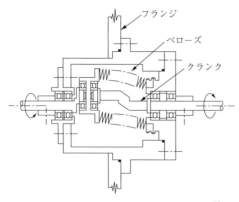

図 2.6.8　クランク式の回転導入機の内部構造[2]

2.6 運動操作導入

〔3〕 ねじれ吸収ベローズ

軸方向に対するねじれを吸収する能力を向上させたベローズとして，外径の中心に対して内径の中心を偏芯させたコア（ベローズの一山分をコアと呼ぶ）を組み合わせた方式が提案されている[5),6)]．この方式は"偏芯ベローズ"あるいは"ねじれ吸収ベローズ"と呼ばれ，最大で10°の範囲でねじり変形への対応が可能である[7)]．

図2.6.11にねじれ吸収ベローズがねじれを吸収する原理を示した[7)]．通常のベローズでは，すべてのコアの外径円と内径円は同一の中心線上に配置されているのに対して，ねじれ吸収ベローズのコアは，外径円に対して，内径円の中心を相対的に偏芯させた構造を持っている．さらに，このコアの偏芯方向を一定の角度ずつずらしながら配置して溶接することで，偏芯したベローズを製作する．ねじれ吸収ベローズでは，このコアにおける周方向の各位置にかかる伸縮変位を連続的に変化させることで，ベローズ全体のねじれを吸収することを可能としている．

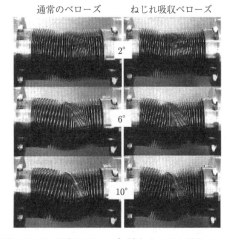

図2.6.12 通常のベローズ（左）とねじれ吸収ベローズ（右）における，ねじり動作に対するベローズの形状変化の様子[7)]

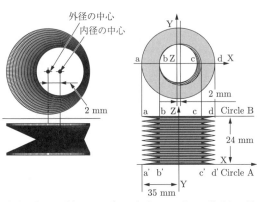

(a) ねじれ吸収ベローズで使用される単一のコア　(b) コアを10段重ねて製作されたねじれ吸収ベローズの構造

図2.6.11 ねじれ吸収ベローズがねじれを吸収する原理[7)]

図2.6.12には，一般的な同芯状のベローズとねじれ吸収ベローズに，実際にねじりを加えた様子を示した[7)]．いずれのベローズにおいても，ねじれが大きくなるにつれて各山間の開きが大きくなっていくことがわかる．しかしながら，通常の同芯タイプのベローズでは，ねじれによって山間隔が広くなっている部分と山どうしが密着している部分が明確に分かれているのに対して，ねじれ吸収ベローズでは，ねじれが生じた際にも山間隔がほぼ一定に保たれている．この結果は，ねじれ吸収ベローズでは各コアが均等にねじりを吸収しており，ねじれによるベローズへの負荷が小さくなっ

ていることを示している．ここで紹介しているベローズでは，一山ごとに10°ずつ偏芯方向をずらし，36山で元の位置に戻る設計となっている．外径70 mm，内径40 mmのベローズの場合，偏芯量が2 mmのベローズを製作することにより，100万回を超えるねじり操作にも耐えるベローズが実現されている．

〔4〕 磁 気 結 合

磁気結合方式による運動の伝達では，直線導入機の磁石を回転させることにより，容易に回転運動を真空容器内に伝達できることはすでに述べた．また外観上はベローズ式と類似して見分けが付きにくいが，磁気結合方式を利用した回転運動専用の導入機も，いろいろなメーカーから販売されている（図2.6.13参照）．磁気結合方式は磁石の磁力により動力を伝達しているため，以前は，同程度の大きさのベローズ式回転導入機と比較して，回転トルク・回転速度ともに小さな導入機が多かった．最近では，強力な希土類磁石を容易に利用できるようになったことや，あるいは磁性体のサイズを大きくするなどの構造的な工夫がなされること

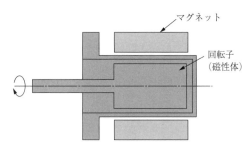

図2.6.13 磁気結合方式を用いた回転導入機の構造[11)]

によって，高トルクを発生することが可能になってきた．市販されている回転導入機でも，100 kgw·cm 程度の回転トルクを有する高トルク仕様の回転導入機を入手することができる．また，高速回転させて使用することが可能な磁気結合方式の回転導入機も多数存在し，市販されている回転導入機で比較すると，ベローズ式の回転数は 500 rpm 程度までであるが，磁気結合方式の回転導入機では，1 000 rpm 程度の高速回転可能な導入機も市販されている．ベローズ方式の場合，過剰な負荷や繰返し利用による疲労破壊の心配があるが，磁気結合方式の場合は，過剰な負荷が回転子にかかると空転するため，機器の破損が起きにくいという利点もある．

〔5〕 磁性流体シール

磁気結合とは別に磁力を運動の伝達ではなく，真空シールに利用する磁性流体シールがある[8],[9]．磁性流体とは，10 nm 程度の粒子径を持つ，酸化鉄などの磁性超微粒子が加えられた液体である．粒子表面に界面活性剤を吸着させることで，液体中においても粒子は凝集することなく，安定したコロイド溶液状態が維持される．ベースとなる溶液には水，炭化水素系油，エステル系油，フッ素系油などが使用される．磁性流体は，磁界がゼロのときは磁性のない単なる液体であるが，強力な磁石などを用いて外部から磁界を作用させることで磁化する．しかし，磁石を遠ざけることで外部磁界が取り除かれると，磁性流体の磁化は再び消滅する．このような特性を超常磁性と呼ぶ．

磁性流体を液体や気体の漏れを防止するために使用したシールを，磁性流体シールと呼ぶ．磁性流体シールは，磁性流体・マグネット・ポールピースから構成される．ポールピースはマグネットに接し，磁束をシャフトへ導くための棒状の鉄芯である．これらを図 2.6.14 のように配置すると，回転軸とポールピースの隙間には，マグネットによって形成される磁束線に沿って磁性流体が保持される[9]．先に述べたように超常磁性を有する磁性流体は，マグネットの磁力によって磁化している．そのため，磁力によって隙間に保持された磁性流体は，圧力差があっても流れ出すことなく，液状のOリングのような働きをする．磁性流体が保持される強さは磁力によって決まり，磁力が強いほど磁性流体のリングの耐圧は大きくなる．一般には希土類磁石を使用し，さらに回転軸と固定側の磁極片との空間をきわめて狭くすることによって磁場を強くすることで，強力に磁性流体を保持させている．しかしながら，一般に一段の磁性流体シールの耐圧は 0.2 気圧程度であるとされており，真空シールとして利用する場合には，磁気シールを多段に連ねて使用する（図 2.6.15 参照）．磁性流体シールでは，液体により真空がシールされているため，固体どうしの接触がない．そのため摩擦が発生しないという利点があり，制振条件が必要な箇所などで利用されている．一般的には，上述した磁気シールを用いる回転導入機は，磁気シールユニットとして，パッケージ化されて市販されている．真空装置に取り付けられるようフランジに固定されており，用途に応じて中空タイプや，ベーキング可能なタイプなどが販売されている．

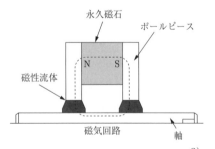

図 2.6.14 磁性流体を用いたシールの構造[3]

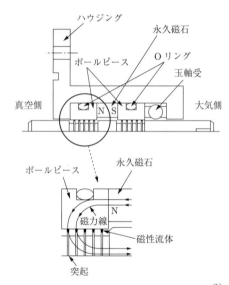

図 2.6.15 磁性流体を用いた回転導入機の構造[3]

磁性流体を用いる回転導入機では，ベローズや磁気結合方式と比較して，高トルク・高回転数の導入機が利用できる．一般的なタイプでも定格で 1 000 rpm 以上の回転数を得ることができ，特殊仕様では 10 000 rpm を超える高回転タイプも存在する．また高トルクタイプでは 100 kgf·cm を超える．

2.6.4 モーター駆動

直線運動・回転運動のいずれにおいても，真空中に

運動操作を伝えるためには，大気側で動力を発生させなければならない．最も簡単な方法は手動で機器を操作することであり，手動でハンドルを回したり，磁石を人力でスライドさせたりすればよい．一方で，繰返しの手作業による操作は作業者への負荷が高く，また，装置の使用条件によっては遠隔地から操作を行わなければならない場合もある．ほかにも，利用形態によっては微少量の移動を正確に制御したり，再現性が必要な場合もある．このような場合には，移動量を正確に管理できるとともに，遠隔地から自動で装置を駆動してくれるシステムが必要となる．

真空装置で自動操作が必要な場合，一般的に利用されているのは，ステッピングモーターと呼ばれるモーターを利用した自動操作システムである．回転動作においては，モーターの回転は回転導入機の回転運動として直接伝達される．また，直線導入機の場合には，モーターにより直線導入機のシャフトを回転させることで，モーターの回転運動を直線運動に変換して利用している．

ステッピングモーターは，与えられたパルス電力に同期して動作することから，パルスモーターともいわれる．駆動システムはコントローラー・ドライバー・モーターから構成され，コントローラーから発せられた信号に同期して，ドライバーからモーターにパルス電力が供給される．パルス電力を受けると，ステッピングモーターは時計の秒針のように，パルスごとに一定角度ずつ回転する．この角度を基本ステップ角度と呼び，一般的に使用されている五相のステッピングモーターでは，1 回転が 500 分割されている．したがって，五相モーターの基本ステップ角度は 0.72° となる．また，ステッピングモーターでは，モーターのコイルに流れる電流配分を細かく制御することで，モーターの持つ基本ステップ角度よりも細かい角度ステップで駆動させることもできる．この方式はマイクロステップ駆動と呼ばれ，例えば，基本ステップを最大 250 分割した微少ステップで制御可能なドライバーなどがよく利用されている．

ステッピングモーターの回転量は，次式のようにコントローラーから送られたパルス数に比例する．

回転量 [°] ＝ ステップパルス [°] × パルス数

例えば，上述の五相モーターに 125 パルスが供給されると回転角度は 90° になる．また，回転速度はパルスが伝達される速度，すなわちパルスの周波数に比例する．

回転速度 [rpm] ＝ ステップ角度/360

　　　　　　　× パルス周波数 [Hz] × 60

ここで，モーターの回転速度は一般に 1 分間の回転数（rotation per minute）で表し，英語表記の頭文字をとって rpm と表記される．例えば，五相モーターが 1 000 Hz でパルスが伝達された場合，そのモーターの回転速度は 120 rpm となる．したがって，高い周波数でモーターを制御するほど，モーターは高速で回転することになる．ドライバーからのパルスの出力方式にもいくつか種類があるが，利用頻度が高いのは正方向用（clock wise, CW）と負方向用（counter clock wise, CCW）に対して独立した二つのパルス信号を出力して制御する方式である．この方式は，二相パルス方式あるいは独立パルス方式と呼ばれ，CW は時計回り（右回転），CCW は反時計回り（左回転）の回転を表している．

ステッピングモーターが定格電流で励磁されたとき，停止した状態で持っている最大のトルクを励磁最大静止トルクと呼び，モーターが静止状態を維持するための保持力と関係している．静止トルクが不足していると，装置を静止させたつもりでも，ドリフトして位置がずれてしまう．また，ステッピングモーターの回転トルクは，一般に低速回転時にトルクが大きく，高速回転時はトルクが小さくなる．各回転速度で得られる最大トルクをプルアウトトルクと呼び，実際に機器を回転させるために必要なトルクはこの最大値よりも小さくなければならず，モーターとドライバーの性能によって決まっている．

ステッピングモーターのローターには，駆動時に慣性モーメントが働く．そのため，ステッピングモーターに対して，加減速による急激な速度変化を与えたり，過負荷がかかったりすると，パルスに同期してモーターが回転できず，停止や位置ずれが発生することがある．このような原因によってパルス数と実際の位置が整合しなくなる現象を脱調と呼び，脱調する寸前のパルス速度を自起動周波数という．このように，物体を動かす場合には慣性力が働くため，ステッピングモーターを急激に高速で回転させることはできない．そこで，ステッピングモーターを加速させる場合には，最初は低速で起動し，少しずつ速度を上昇させることで定常回転速度まで加速する．減速時も同様に，急停止させることなく少しずつ減速させる．このような速度制御は，一般に台形駆動もしくは S 字駆動と呼ばれるいずれかの方式を利用する．台形駆動は，一定の比率で直線的な加速ならびに減速を行う方式である．また S 字駆動では加速ならびに減速を二次関数的に行うことで，より滑らかにモーターを加速・減速させることができる．いずれの場合も，加速と減速の比を一定にして制御する場合と，加速と減速を異なる比率で制御する場

合があり，後者の制御を非対称台形駆動・非対称S字駆動と呼ぶ．市販されているパルスモーターコントローラーでは，通常，これらの制御方式は標準で搭載されている．

脱調が発生するとパルス数にずれが生じるため，モーター駆動を利用する多くの装置では，基準となる原点位置を設定し，原点センサーと呼ばれる機器を付属させることで，基準位置に復帰できるようにしてある．また，遠隔地から操作する場合には，機器が正常に動作していることを直接的に監視できないこともある．そのため，何らかのトラブルにより想定外の範囲に機器が移動しないよう，機械的なリミットスイッチを取り付けることによって可動範囲を制限する．万一，この範囲を超えて駆動した場合には，自動的に装置の移動を停止し，機器の破損を防ぐ仕掛けを取り付けておくことも重要である．市販されているステッピングモーターやコントローラーには，これらの機能も標準的に装備されていることが多い．目的や用途に応じたモーターの選定，あるいは，モーターごとの回転数-トルク曲線などの技術資料は，メーカーのWebサイトなどに詳細な情報が掲載されているため，モーター駆動を実際に利用される場合は，そちらも参照していただきたい[10]．

一般的にモーターは大気側に配置されることが多いが，真空容器内に直接設置可能なステッピングモーターも市販されている．モーターを真空内に配置することにより，大気中からの運動の伝達が不要になり，装置をコンパクトに設計することができる．ただし，真空装置内は断熱されているため，モーターから十分な放熱ができない．その結果，励磁されたモーター自体の発熱が問題となり，真空度の悪化，真空装置内の温度上昇による機器の不安定化，モーター自体の不安定化などの問題が生じることがある．また，ベーキング温度も100℃程度に制限されるため，大気側から運動を伝達する場合とどちらにメリットがあるかは，装置の使用条件によって異なってくるであろう．

引用・参考文献

1) JIS B 2401-1: 2012 O リング-第1部：O リング（日本規格協会）．
2) T. Mishiba: Shinku, **26** (1983) 757.
3) T. Kano and Y. Kawahara: Shinku, **42** (1999) 821.
4) オムニシール（OMNISEAL）は，Saint-Goban 社の登録商標である．
5) Y. Suetsugu, M. Shiraishi, T. Mishiba and Y. Ohno: Shinku, **41** (1988) 870.

6) 津金洋之，清水広幸，深沢裕史，香月克洋，三芝隆，若松英士，吉岡正人：精密工学会誌，**70** (2004) 241.
7) H. Tsugane, H. Shimizu, T. Mishiba and M. Yoshioka: Shinku, **48** (2005) 43.
8) S. Miyake: Shinku, **28** (1985) 483.
9) T. Kanno and Y. Kawahara: Shinku, **42** (1999) 821.
10) 例えば，オリエンタルモーター社，http://www.orientalmotor.co.jp/products/stepping/（Last accessed: 2015-01-29）．
11) キヤノンアネルバ株式会社：真空機器総合カタログ 2014，Vol.9.1, p.284, p.286.
12) VACGEN LTD 社：The ultimate vacuum guide, p.211, p.233.

2.7 電気信号導入

大気側から真空側への電力や信号の導入部は，必然的に金属（真空フランジ等）-絶縁体-金属（導入用導体）の気密接合構造を持つ．代表的な絶縁体には，プラスチック・ゴムなどの樹脂や，ガラスやセラミックスがある．ベーキングが不要な低～中真空領域では，扱いが容易であるネオプレン，バイトン，テフロンや，任意のフランジ，コネクター，導体の形状に対応できるエポキシ樹脂などを気密および絶縁材として利用した多種多様な導入端子が製造，販売されている（ネオプレン，バイトン，テフロンは米国デュポン社の登録商標）．

一方で絶縁性能，接合強度などに加え耐熱性および低気体放出性を兼ね備えることが求められる高真空～超高真空領域まで使用可能な導入端子は，現在市販されているほとんどがアルミナを代表とするセラミックスを絶縁体として利用したものとなっている．セラミックスと金属との間の気密接合について，そのほとんどは金属とセラミックスの隙間にガラスを溶着させる手法や，セラミックスの接合部分をメタライズ法により金属化させニッケルなどでめっきを施した後にろう付け接合することによって実現されている．接合箇所の大きさや形状によっては，セラミックスと接合したいフランジなどの金属の間にセラミックスと線膨張係数が近い金属を入れて接合する方法がよく用いられている．アルミナセラミックスの場合はコバール（Fe-Ni 系合金）がよく用いられる（Kovar は Carpenter Technology Corporation の登録商標）．単位長さに対する膨張量と温度の関係を**図 2.7.1** に示す．例えばアルミニウムは 400℃で1%以上膨張する．

こうした金属とセラミックス間の気密接合部に対して急激な温度変化を加えると各材料の熱伝導および熱膨張の差に起因する応力が接合部に加わり，ガラス溶

2.7 電気信号導入

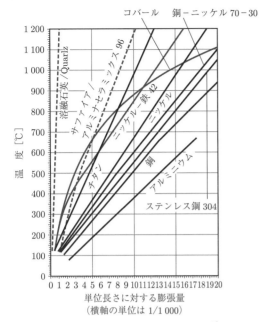

図 2.7.1 各種材料の熱膨張温度特性[8]

- 絶縁接続用
- 多ピンタイプ（おもに電気信号用）
  - 丸型：C-sub, MIL-C-26482, -5015（MS）
  - 角型：MIL-C-24308（D-sub）
- 液体，気体導入タイプ（高周波加熱など）
- 同軸タイプ
  （高周波，高電圧電気信号や耐ノイズなど）
  - BNC（500 V 以下，4 GHz 以下）
  - MHV（5 kV 以下）
  - SHV（5 kV, 10 kV, 20 kV 以下）
  - N（500 V 以下，10 GHz 以下）
  - HN（7 kV 以下）
  - SMA（700 V 以下，12 GHz 以下）
  - LEMO（仕様多種あり）

ただし，（ ）中の耐電圧，周波数範囲は代表的な値であり，実際はコネクターの材質・構造や使用するケーブルおよびコネクターに依存する点に注意が必要である．熱電対・光ファイバー導入，高電圧導入，高周波導入については後で述べる．

電流導入部の導体の材質には，無酸素銅，コバール，ニッケル，モリブデン，SUS やこれらにニッケルや金めっきをしたものがよく用いられている．大電流を供給できる太い導体や冷却水などを送る管などで構成される導入端子や，機器を絶縁した状態で接続するセラミックス管はセラミックスと導体の間にコバールなどのスリーブを入れてろう付けされているものが多い．一方，導体が細いが多数の電気信号を扱える多ピン導入端子はピン（金属）とセラミックスの間をガラス溶着により気密接合されているものが主要となっている（図 2.7.2 参照）．耐熱温度は端子の材質や構造，接合技術により異なるが，以上の気密構造のものの多くは 250℃ 程度かそれ以上の温度まで耐えられるものが多い．

着部やセラミックス本体にクラックが生じ，リークが発生するおそれがある．特に超高真空装置で不可欠となるベーキングでは気密接合箇所の温度管理には十分な注意が必要である．また，接合部によく利用されるコバールなどの金属は錆が発生しやすいため，特に長期間にわたって使用する場合は湿度などの環境に注意が必要である．

大気側から真空側へ電流導入する目的には，例えばイオンや電子などの微小電流のモニターや，それらを発生させ制御するための電極に対して電圧を加える目的，真空中の試料に対して加熱するためのヒーターへの電力供給や温度のモニターなどさまざま存在する．また，光ファイバーを利用した試料への光照射や真空中の試料からの光のサンプリングなども使用されており，電気信号に準じて光信号の導入出についてもここで扱う．

これらのさまざまな目的に対して使用する電流や電圧，周波数，真空度などの条件から適した構造，材質の電流導入端子を選択する．ここではおもに高真空〜超高真空領域で用いられる導入端子に関して解説する．

2.7.1 電流導入

電流導入端子にはその目的に合わせて多種の導入端子が製造・販売されている．代表的な導入端子の種類について以下に挙げる．

- 電力供給用

図 2.7.2 丸型（C-sub）9 ピン電流導入端子，大気側（左）および真空側（右）コネクター[8]

これに付随して電流導入端子から真空中の試料や電極などへ配線するときのコネクターおよび配線部の絶縁の選択も重要である．コネクターに使用される絶縁材

表 2.7.1 真空中で用いられる代表的な絶縁材料の種類とその特性. 値は参考値

真空絶縁材料	絶縁破壊の強さ [kV/mm]	最高使用温度 [℃]	密 度 [g/cm^3]	熱伝導率 [W/(m·K)]	線膨張係数 [× 10^{-6}/K]
アルミナ（99％相当）	15	1 500	3.8	29	7.2～8.0
ステアタイト	15	1 000	2.7	2.5	7.7～8.5
コーディエライト	19	1 200	2.6	4	0.1～0.26
マコール	40	800	2.5	1.7	9.3～12.6
ホトベール	18	1 000	2.59	1.5	8.5～9.0
PEEK	105*	250	1.32	0.25	40～50
カプトン（500 H/V）	230*	400	1.42	0.16	24～27
テフロン（PTFE）	19	260	2.2	0.23	100
VESPEL (SP-1)	22	280	1.4	0.3	45～54
AURUM	16	240	1.33	0.17	55

〔注〕 *絶縁破壊の強さについては測定条件により大きく異なり，表中の PEEK，カプトンについては薄板またはフィルム形状で比較的低電圧条件の場合の値となっている（カプトンは東レ・デュポン株式会社，PEEK は Victrex，AURUM は三井化学株式会社の値を参照）．

料には，高温まで使用できるマコールなどのマシナブルセラミックスのほか，気体放出が少なく 250℃ 程度までの比較的高温環境まで利用できる樹脂材料の PEEK 材などが用いられる（表 2.7.1 参照）．線材の絶縁被覆材料には，周囲が高温になる場合ではアルミナやステアタイトなどのセラミックスの管やビーズを利用する．特に高温にならなければ樹脂材料として低アウトガス性および耐熱性に優れたカプトンや高真空環境までであればテフロンなどが利用されている．一般的によく利用されている多ピンの D-sub コネクター（図 2.7.3 参照）や同軸の BNC や SMA コネクターなど多種のコネクターおよびそれらのケーブルなどについて，超高真空中で利用できる低ガス放出仕様のものが販売されている．

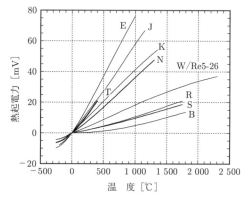

図 2.7.4 各種熱電対の温度と熱起電力（electromotive force，EMF）の関係[10]

図 2.7.3 超高真空対応 PEEK 製 D-sub コネクターおよびカプトン被覆リボン状ケーブル[8]

プラズマやイオン・電子線など高エネルギーの荷電粒子，X 線，ガンマ線などの放射線にさらされる部分に樹脂素材の絶縁体を使用する場合，耐放射性に注意が必要である．特にテフロンは放射線に弱く，分解時に発生するフッ化合物による周囲の腐食など，放射線が発生する環境での使用には注意が必要である．

2.7.2 熱電対，光ファイバー導入

〔1〕 熱電対導入

サンプルやヒーターなどの温度を計測するための熱電対は多種存在するが，特に真空中で利用される代表的な種類と使用温度範囲について表 2.7.2 に，各種熱電対の温度と熱起電力について図 2.7.4 にまとめる．

1 文字の記号で表されるものは，JIS 規格で定められているが，それ以外に高温領域で使用できるタングステン–レニウム合金熱電対や極低温領域で使用できるクロメル–金鉄合金熱電対がある．K 型熱電対は 1 200℃ 程度まで使用できるが，還元性雰囲気中において約 800℃ 以上で使用すると寿命が短くなる．E 型熱電対は起電力が大きく，T 型熱電対は低温領域で精度が良い特長がある．K，E，J，T，N，R およびタングステン–レニウムに対応した熱電対導入端子が製造・販売されている．これらに対応しない熱電対では，細い管の導入端子対に熱電対線を通した後に管の隙間をろう付けなどによって気密する方法で直接熱電対を導入するか，もしくは数％の誤差が発生するが，金めっきされたニッケル鉄合金の導入端子を利用することで計測することができる．

2.7 電気信号導入

表 2.7.2 代表的な熱電対の種類と使用温度範囲（代表値）

記号	＋極	－極	使用温度範囲
K	クロメル	アルメル	$-200 \sim 1\,200\,\text{℃}$
E	クロメル	コンスタンタン	$-200 \sim 800\,\text{℃}$
J	鉄	コンスタンタン	$-40 \sim 750\,\text{℃}$
T	銅	コンスタンタン	$-200 \sim 350\,\text{℃}$
N	ナイクロシル	ナイシル	$-200 \sim 1\,200\,\text{℃}$
B	白金ロジウム合金（Rh: 30%）	白金ロジウム合金（Rh: 6%）	$600 \sim 1\,700\,\text{℃}$
R	白金ロジウム合金（Rh: 13%）	白金	$0 \sim 1\,600\,\text{℃}$
S	白金ロジウム合金（Rh: 10%）	白金	$0 \sim 1\,600\,\text{℃}$
W/Re5-26	タングステンレニウム合金（Re: 5%）	タングステンレニウム合金（Re: 26%）	$0 \sim 2\,400\,\text{℃}$
CR-AuFe	クロメル	金鉄合金（Fe: 0.07%）	$1 \sim 300\,\text{K}$

一対から多対の熱電子導入端子が販売されており，端末形状もさまざまある．熱電対は種類によっては＋極，－極の見分けが困難なため，結線間違いに注意が必要である．例えば**図 2.7.5**に示す四対熱電対導入端子は，大気側に直接熱電対用のコネクターを差し込むことができる形状であり，真空側も端子の長短や先端に溶接された端子板の刻印で＋と－極の区別が容易にできる構造となっている．

導入端子の大気側の配線として一般的に補償導線が用いられる．代表的な補償導線について**表 2.7.3**にまとめた．熱電対と補償導線の接点（補償接点）に使用温度の範囲があり，その範囲内で使用する限り補償接点を用いることで発生する誤差は表 2.7.3 に示された範囲内となる．

図 2.7.5　四対熱電対導入端子[9]

〔2〕光ファイバー導入

光ファイバー導入端子はガラス-金属の気密接合によって構成されている（**図 2.7.6**参照）．高真空～超

図 2.7.6　光ファイバー導入端子（SMA 端子）[8]

高真空用の光ファイバーのコアおよびクラッド材は溶融石英が使用されている．光がコア内を全反射する最大の入射角度を $\theta_{\max}$ とすると，光ファイバーの開口数（numerical aperture, NA）は，$\text{NA} = \sin\theta_{\max}$ で与えられる量であり，光ファイバーへ効率良く光を導入するために使用するレンズの NA は一般的にこれよりも小さくする必要がある．また，コア材に含まれる OH 基は 1.4 µm 付近の波長の光を吸収するため，紫外（UV）～可視波長（VIS）の伝送に適した High-OH 材，可視～近赤外（NIR）および近赤外～赤外（IR）波長に適した Low-OH 材，Ultra Low-OH 材などの種類がある．コアサイズは $\phi 60$ µm 程度から $\phi 1\,000$ µm までのものが製造・販売されている．接合部の耐熱温度はおおむね $-200\,\text{℃} \sim 250\,\text{℃}$ であるが，セラミックス-金属接合と同様に急激な温度変化を避ける必要がある（$\sim 20\,\text{℃/min}$ 以下）．代表的なコネクターの種類には

表 2.7.3　補償導線の種類と使用範囲および誤差

熱電対の種類	補償導線の種類	補償接点温度	誤差	色 (1995)	色 (2012)
K	KX	$-25 \sim 200\,\text{℃}$	$\pm 1.5\,\text{℃}$	青	緑
	KCB（WX）	$0 \sim 150\,\text{℃}$	$\pm 2.5\,\text{℃}$		
	KCC（VX）	$0 \sim 100\,\text{℃}$	$\pm 2.5\,\text{℃}$		
E	EX	$-25 \sim 200\,\text{℃}$	$\pm 1.5\,\text{℃}$	紫	青紫
J	JX	$-25 \sim 200\,\text{℃}$	$\pm 1.5\,\text{℃}$	黄	黒
T	TX	$-25 \sim 100\,\text{℃}$	$\pm 0.5\,\text{℃}$	茶	茶
R	RCA（RX）	$0 \sim 100\,\text{℃}$	$\pm 2.5\,\text{℃}$	黒	橙
W/Re5-26	CX	$0 \sim 150\,\text{℃}$		—	—

〔注〕補償導線の表面被覆色は JIS C 1610-1995 の色区分と -2012 の色区分の 2 通りを表記．

SMA, FC などがある.

真空中で使用する光ファイバーはクラッド材を覆う被覆にポリイミドやアルミニウムが用いられ，超高真空中で使用できる（図 2.7.7 参照）．表 2.7.4 に超高真空対応光ファイバー導入端子のおもな仕様を示す．さらに必要があれば PEEK 材や SUS，銀めっきした銅を編み込んだ光ファイバージャケットも供給されている（ポリイミド被覆：−65℃〜250℃，アルミ被覆：−260℃〜400℃）．

真空中で光ファイバーを接続する場合には，接合部に閉じた空間ができないよう，排気穴がある真空専用の中継コネクターを用いる．

各段には研磨されたリング状の電極が設置され，電界分布を一定に保持するための抵抗体が接続されている．

図 2.7.8　多分割セラミックス管

図 2.7.7　超高真空対応ポリイミド樹脂被覆光ファイバー（SMA 端子付き）[8]

表 2.7.4　超高真空対応光ファイバー導入端子のおもな仕様[8]

コネクター種類	コア径 [μm]	波長範囲	クラッド	NA
SMA FC ST	62.5 100 200 400 600 1 000	NIR UV/VIS VIS/NIR NIR/IR	graded step	0.27 0.22

2.7.3　高電圧導入

一般的に高電圧導入部の絶縁で広く利用されている高純度のアルミナセラミックスでは絶縁破壊の強さは 15〜20 kV/mm 程度である．しかし，現実の絶縁破壊（放電）は絶縁部のギャップ長に強く依存し，高電圧になるほど必要となる沿面距離は長くとる必要がある．さらに実際の使用環境では湿潤な状況や絶縁部表面に埃や汚れが付着した状態で使用される場合があることから，高電圧導入部のがいしは，素材の絶縁破壊の強さから計算されるギャップよりも十分長い沿面距離を確保したデザインとなっているものが多い．

さらに 100 kV を超えるような超高電圧を絶縁するセラミックス管は，沿面放電の抑制および放電発生時の損傷を抑える目的でセラミックス管を多段に分割する手法がよく用いられる（図 2.7.8 参照）．それぞれの段には電極が取り付けられ，大気側（または絶縁ガス側）の各段は隣接する段との間を高抵抗の抵抗体で接続することで，暗電流や微小な沿面放電が発生している場合でも安定な電界分布を保ち，高電圧を安定に保持する．また，真空側についてはセラミックスと金属（陰極）の接合部と真空から成る三重点（トリプルジャンクション）は沿面放電の起点となりやすいため，トリプルジャンクションの電界強度を下げる目的でその近傍に接合部と同電位となるリング状の電極を設置する．真空側で使用する電極には一般的に電解研磨などで表面を平滑化した SUS304L，SUS316L などが用いられる場合が多いが，チタン電極はガス放出の抑制および電極表面より発生する電界放出暗電流をより低く抑えることにおいて有効である．

高電圧部で発生するコロナの抑制や装置サイズを小型化するなどの目的でセラミックス管の大気側には，加圧した六フッ化硫黄（SF_6）などの絶縁ガスや絶縁油，フロリナート等を満たした状態で使用する場合がある．SF_6 ガスは数気圧の加圧状態で絶縁油に匹敵する絶縁性能が得られ，絶縁油と比べ機器のメンテナンスも容易となる利点はあるものの，地球温暖化係数が二酸化炭素と比べおよそ 2 万 4 千倍と非常に大きいため，SF_6 ガスを使用する場合は回収装置の利用も考慮する必要がある．

2.7.4　高周波導入

真空中に高周波を導入する場合には，高周波伝送の観点からも整合をとる必要がある．真空中に高周波を投入する例としては，荷電粒子の加速[1),2)]，プラズマや物質を加熱する[3)]といった用途がある．高周波の伝送には，その伝送ロスを抑えるために，導波管と呼ばれる立体回路が用いられることが多い．

ここでは，主として方形導波管を利用した伝送を行う 300 MHz～20 GHz 帯域の高周波の真空への投入についてまとめる．

〔1〕導波管

高周波を伝送させる導波管には，周波数ごとに規格がある．表 2.7.5 におもな導波管の規格をまとめる．WR-○○というのは，米国電子機械工業会（Electronic Industries Alliance, EIA）が定めた規格であり，WRI-○○というのは，一般社団法人電子情報技術産業協会（JEITA）が定めた名称である．導波管内は，電磁波が閉じ込められて伝送される．方形導波管では，遮断波長以下の高周波は伝送されない．遮断波長（λ_c）および遮断周波数（f_c）は図 2.7.9 のように導波管の横方向を a，縦方向を b（$a > b$）とするときに，以下で与えられる．

$$\lambda_c = \frac{1}{\sqrt{(m/2a)^2 + (n/2b)^2}}$$
$$f_c = c\sqrt{(m/2a)^2 + (n/2b)^2}$$

伝送可能なモードのうち，導波管では TE_{10}（H_{10}）モードと呼ばれるモードが使用される（$m = 1, n = 0$）．これは，上の式からわかるように，導波管のサイズが決まっているときに最も低い遮断周波数を持つ．高周波を導波管で伝送する場合，他のモードは遮断周波数以下となり伝送できず，この TE_{10} モードのみの伝送を考慮すればよい．

表 2.7.5 おもな導波管の規格

EIA 規格	JEITA 規格	周波数帯域 [GHz]	内径寸法 [mm]
WR-2300	WRI-3	0.32～0.49	584.2 × 292.1
WR-1500	WRI-6	0.49～0.75	381.0 × 190.5
WR-975	WRI-9	0.76～1.15	247.65 × 123.82
WR-650	WRI-14	0.96～1.46	195.58 × 97.79
WR-284	WRI-32	2.60～3.95	72.14 × 34.04
WR-187	WRI-48	3.94～5.99	47.55 × 22.149
WR-90	WRI-100	8.20～12.5	22.86 × 10.16

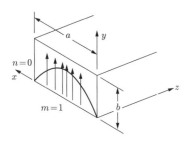

図 2.7.9 導波管のサイズと電場分布（TE_{10}）

〔2〕高周波窓，入力カプラー

高周波帯域の大電力源としては，真空管を利用することが一般的である．電子レンジなどで使用されているマグネトロン（magnetron），レーダーなどで使用されている進行波管（traveling wave tube, TWT）や，大電力加速器で一般的なクライストロン（klystron），などはいずれも真空管であり，高周波の出力は低電力の場合はアンテナを，大電力の場合は導波管用の高周波窓を使用する．

高周波窓は，真空は遮断し，高周波を通過させる機能を持つ．構造としては，円形の導波管に低損失の高純度アルミナセラミックを入れたピルボックス型と呼ばれる高周波窓がよく使われている[4]．図 2.7.10 に高周波窓の模式図を示す．角型導波管の TE_{10} モードが，円形導波管に変換される際に TE_{11} モードと，TM_{11} モードに分割される（図 2.7.11 参照）．円形導波管への変換時，また，アルミナセラミックへの変換時，さらに円形導波管から方形導波管への変換時に高周波の反射が生じるが，これらの反射がすべて打ち消されるように高周波設計を行っている．このピルボックス型高周波窓の高周波通過特性の例を図 2.7.12 に示す．縦軸は高周波の電圧定在波比（voltage standing wave ratio, VSWR）であり，高周波反射に対応するものである．一般に大電力高周波源では VSWR の値が 1.2 程度までを許容しており，それ以下となる周波数帯域はこの

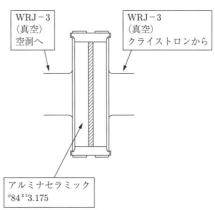

方形導波管から円形に変換され，内部にセラミック円板が入っている．

図 2.7.10 高周波窓の模式図

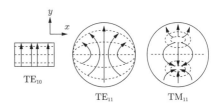

図 2.7.11 角型 TE_{10} モードおよび円形 TE_{11} モード，TM_{11} モード

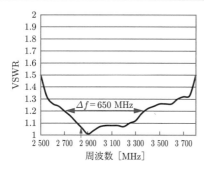

図 2.7.12 高周波窓の高周波通過特性の例

窓の場合 650 MHz 程度である．

このような高周波窓は，真空管であるクライストロンの出力口と，ビームを加速するための加速空洞の入り口に使用されている．

加速空洞には同軸アンテナ形状で高周波を投入する場合もある．これを入力カプラーと呼ぶ．カプラーの例を図 2.7.13 に示す[5]．

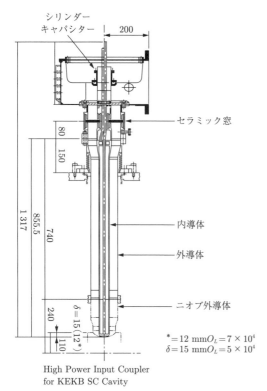

図 2.7.13 超伝導空洞への入力カプラーの例[5]

[3] マルチパクターおよび沿面放電

高周波窓（および入力カプラー）は，内部に絶縁体（アルミナセラミック）を使用した構造であるため，通過電力によってはマルチパクター[6]や沿面放電[7]が生じることがある．マルチパクターとは，アルミナセラミックの端部（真空，金属，絶縁体が接するトリプルジャンクションと呼ばれる場所）等で発生した一次電子が，高周波電界のために加速され，セラミックに再入射し，セラミックの高い二次電子放出係数のために二次電子が雪崩状に増殖する現象である．これを抑えるためには，アルミナセラミックに TiN のような二次電子放出係数の低い薄膜をコーティングすることが有効である．図 2.7.14 に二次電子放出係数の測定結果を示す．TiN は導電性であるため，厚いコーティングを施すと薄膜での高周波損失による過熱が生じる．このため，二次電子放出は抑え高周波損失が十分小さい膜厚を選定する必要がある．図 2.7.14 からわかるように，TiN 薄膜は数 nm 程度の膜厚で十分な二次電子放出低減効果がある．この程度の膜厚であれば高周波損失は十分小さい[6]．

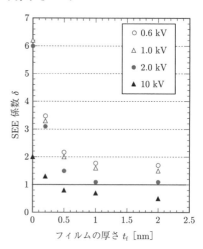

図 2.7.14 セラミック上にコーティングした TiN の膜厚と二次電子放出係数の関係．1 nm 以上でほぼ定常値になっている．

通過電力が大きくなると，沿面放電と呼ばれるアルミナセラミック上での放電が生じることがある（2 856 MHz の高周波窓の場合，8 MV/m 程度のアルミナ表面の電界が閾値である）．放電が生じると高周波電力の反射が生じ，高周波源を破壊するおそれがある．この沿面放電については簡便な対策方法はなく，アルミナセラミック表面の電界を下げる（数 MV/m 以下）ような高周波設計を行う必要がある[4]．

引用・参考文献

1) M. Akemoto, D. Arakawa, A. Enomoto, S. Fukuda, Y. Funakoshi, K. Furukawa, T. Higo, T. Honda, H. Honma, N. Iida, M. Ikeda, K.

Kakihara, T. Kamitani, T. Kasuga, H. Katagiri, S. Kazakov, M. Kikuchi, Y. Kobayashi, H. Koiso, N. Kudou, M. Kurashina, H. Matsushita, T. Matsumoto, S. Matsumoto, S. Michizono, T. Mimashi, T. Mitsuhashi, T. Miura, T. Miyajima, S. Nagahashi, H. Nakajima, K. Nakao, T. Obina, Y. Ogawa, Y. Ohnishi, S. Ohsawa, K. Oide, T. Oogoe, M. Satoh, T. Shidara, A. Shirakawa, M. Suetake, T. Sugimura, T. Suwada, M. Tadano, T. Takenaka, M. Tawada, A. Ueda, Y. Yano, K. Yokoyama and M. Yoshida: The KEKB injector linac, Prog. Theor. Exp. Phys. 2013, 03A002.

2) 齋藤健治, 古田史生, 佐伯学行：国際リニアーコライダー/エネルギー回収型線形加速器に向けた高電界超伝導高周波加速空洞の開発, JVSJ, **52** (2009) 257.

3) 武藤敬, 下妻隆：高周波加熱技術ことはじめ, J. Plasma Fusion Res., **82** (2006) 376.

4) 道園真一郎, 松本利広, 中尾克己, 竹中たてる, 柿原和久, 吉田清彦, 福田茂樹：C バンド大電力高周波窓の開発, 真空, **47** (2004) 258.

5) 来島裕子, 齊藤芳男, 古屋貴章, 道園真一郎, 光延信二, Richard. J. NOER：超伝導空洞カプラ用材料表面の二次電子放出係数, 真空, **45** (2002) 599.

6) S. Michizono: Secondary Electron Emission from Alumina RF Windows, IEEE Trans. Diel. Elect. Insul., **14** (2007) 583.

7) 山本修：真空中の沿面放電と帯電について, JVSJ, **56** (2013) 485.

8) Accu-Glass 社 Web サイト https://accuglassproducts.com/home.php（Last accessed：2017-12-12）

9) Kurt J. Lesker 社 Web サイト http://www.lesker.com（Last sccessed：2017-12-12）

10) 株式会社竹田特殊電線製造所カタログ.

2.8 洗 浄

真空装置内部はいつも清浄であることが要求される. さまざまな工程を経て製作される材料, 部材, 部品を真空容器内の構成部材として使用するためには, 清浄化が必要である. 真空装置の構成部材を清浄化するおもな理由は以下のとおりである.

1) 真空の質を悪化させない.
2) 気体放出速度を増加させない.
3) 微粒子, 粉塵を増加させない.

ここでいう「真空の質の悪化」とは, 残留ガスに多量のハイドロカーボンが含まれていたり, アンモニアや硫黄, フッ素など, 特異な成分を含んだガスが含まれることである. 清浄な真空装置ではベーキング前の残留ガスは, H_2O, CO_2, CO, H_2, N_2, O_2 などである. それ以外のガス種が多量に検出されるような状態は作らない注意が必要である. 油脂が残留する場合は膜の剥離, 化学反応を用いるプロセスの真空装置ならば, 化学反応の異常など不具合が生じる.

「気体放出速度の増加」があると到達圧力が高くなったり, 排気時間の長時間化, 成膜装置ならば膜中不純物の増加などを引き起こす.

「微粒子, 粉塵の増加」は特に半導体, 電子機器, ディスプレイなどの製造装置で問題になることが多い. 新しい部材が微粒子, 粉塵を持ち込まないようにするだけでなく, しばらく使用した部材から発生する微粒子, 粉塵にも注意する. 成膜装置などを長時間使用すると製品に微粒子, 粉塵の付着等が見られる. これは成膜プロセスで真空装置内の各部材表面に膜や残渣が蓄積され, それらの量が多くなると内部応力の増大により剥がれ落ち, 微粒子, 粉塵として真空装置内に残留することが原因である. したがって真空装置に付着する微粒子, 粉塵を除去するための再洗浄も重要となる.

2.8.1 汚れの種類と洗浄法

真空装置用の部材で考えられるおもな汚染の形態は以下の四つ[1] である.

1) 表面への付着
2) 表面の酸化などの変質
3) 微小物の巻き込まれ
4) 部材内部の不純物, 部材内部に浸透する汚れ

「表面への付着」は, 人の皮脂, 機械加工時の潤滑剤, 大気中に放置した際に付着する有機物や微粒子, 粉塵, 製造工程で付着した離型剤などの粉, また, 成膜プロセスで使用した部材に付着した膜, 残渣などが挙げられる. 表面の酸化などの変質は, ステンレス鋼や, アルミニウム合金などの溶接ビード部の酸化による変色部, 大気中に放置した際に発生した錆, 塩素, 臭素, フッ素などを用いた反応性プロセスにおける部材表面との反応でできた生成物などである.「微粒子の巻き込まれ」では, 研磨やブラスト処理による研磨材の表面への混入, 食込みなどがある.「部材内部の不純物, 部材内部に浸透する汚れ」は, O リングなどのエラストマーに可塑剤が残留する場合や, セラミックスなどの空孔の多い焼結体材料に汚れが染み込むことなどが考えられる.

これらの汚れを除去するための方法には機械的な除去, 溶剤を使用する湿式洗浄, 各種物理的操作による乾式洗浄などがある. **図 2.8.1** に洗浄の種類をまとめた.

機械的な除去では, 溶接やけを切削したり, ブラスト処理で取り除いたりする. 機械的な除去の処理の後には, 清浄度を上げるため湿式洗浄または乾式洗浄を引き続き行う必要がある.

湿式洗浄には, 界面活性剤, 有機溶剤, 水, オゾン

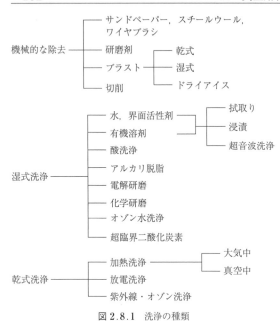

図 2.8.1 洗浄の種類

水を用い，浸漬や拭取り，超音波洗浄などを行うことで部材は傷付けずに，汚れだけを取り除く方法と，酸，アルカリ脱脂の一部や，化学研磨，電解研磨のように部材表面を溶解して部材表面ごと汚れを除去するものがある．湿式洗浄は洗浄工程のうち最終的な洗浄の方法として使われることが多い．

乾式洗浄の実例には，加熱洗浄，放電洗浄[2]，紫外線（UV）/オゾン洗浄などがある．加熱洗浄は乾燥および脱ガスに，放電洗浄は，加速器など加熱が容易にできないような大型装置で実績がある[3]．UV/オゾン洗浄は有機物除去に効果がある．

なお，洗浄するものの材質，目的により洗浄の方法は異なるので，適宜選択し組み合わせて作業する．

2.8.2 機械的な除去

ステンレス鋼やアルミニウム合金などの金属の表面に錆が生じた場合や，溶接ビード部に形成された厚い酸化層，成膜装置などの防着板に成膜された厚い膜などはまず機械的に汚れを簡便に除去する方法が用いられる．ワイヤブラシや，ナイロンブラシ，サンドペーパーなどで表層部を削る方法が有効である．

また，ブラスト処理は大面積を短時間で処理することが可能なことから広く用いられている．ブラスト処理はガラスなどの研磨材の粒子（大きさ，数十 µm〜数百 µm）を圧縮空気や水と一緒に被処理物に吹き付け，除去したい付着物を削り取る方法である．研磨材を圧縮空気のみで吹き付ける方法を乾式ブラスト，圧縮空気と水で吹き付ける方法を湿式ブラストという．バリ取りやスケール除去などに一般的に用いられている処理である．

研磨材には，ガラス，アルミナ，SiC，ステンレス鋼，SiO_2 が主成分のケイ砂などが使われる．研磨材が高速で吹き付けられるため，被処理物の表面には凹凸ができ，被処理物の部材が割れたり，研磨材が突き刺さったりする．一般的に乾式ブラストでは被処理物に吹き付ける研磨材を循環させており，再利用されるから研磨材の表面は清浄とはいえず，被処理物の部材表面を清浄に保つことは難しい．したがって，ブラスト処理を行った部材はブラスト処理後には水洗いだけでなく，脱脂などの洗浄を行ってから真空装置に入れるようにする必要がある．さらに真空部品の清浄度が要求される場合には，脱脂洗浄だけでは不十分である．この場合，真空部品の表層部ごと汚れを除去する洗浄法が用いられる．ブラスト処理後，さらに電解研磨，化学研磨，酸洗，アルカリ洗浄などの化学的な処理を行う．研磨材が突き刺さっている深さは数 µm〜20 µm といわれている．この深さは部材材質と研磨材の組合せや吹付け圧力，角度，時間などに依存する．図 2.8.2 に 304 ステンレス鋼材に水とケイ砂を吹き付ける湿式ブラスト処理を行った表面と，その試料を化学研磨によってエッチング（溶解侵食による表面加工）したときの走査電子顕微鏡の反射電子像を示す．この試料では研磨材を除去するために約 15 µm のエッチングが必要であった．

 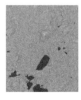 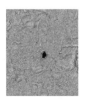

100 µm

（a）ブラスト後　（b）ブラスト後約 5 µm ウェットエッチング　（c）ブラスト後約 14 µm ウェットエッチング

色の濃い部分はブラストの研磨材（SiO_2），その他はステンレス鋼

図 2.8.2　304 ステンレス鋼のブラスト後の反射電子像

以前にはステンレス鋼製超高真空装置の表面処理としてグラスビーズブラスト（GBB）処理がよいとする報告[46),49)] があった．ステンレス鋼内部に含まれる水素をあらかじめ脱ガスするプレベーク（真空中 400℃ 程度の温度で数十時間加熱する処理）の前処理として，GBB 処理の方が，電解研磨よりも良いということを示唆する内容の報告であり，室温で大気圧から排気し

たときのガス放出速度には言及していない．著者らの行った測定によると，確かに，表面に吸着している水をベーキングで脱ガスした後の室温でのガス放出速度は電解研磨や化学研磨をしたステンレス鋼と同等であり超高真空で使うことができると判断できる．しかし，大気圧から排気したときの排気曲線においては，電解研磨や化学研磨したステンレス鋼に比べると数倍から数十倍ガス放出率が大きかった[4]．これはブラスト処理表面は入り組んだ構造になっており，洗浄しても汚れが部材中に埋め込まれて清浄化されにくいということと，表面が荒れているので水が吸着する面積が大きいことが原因である．GBB処理を行った部材を真空装置に使用すると，到達圧力は超高真空が得られても，電解研磨や化学研磨に比べると排気にかかる時間が長くなる．

なお，乾式ブラスト装置の設置には局所排気が必要である．粉塵作業になるため，作業の際には防塵マスクと保護メガネを着用する．また，作業場は，つねに清掃をして床などにブラストの研磨材が散乱していない状態を保つよう心掛ける必要がある．

2.8.3 湿式洗浄

〔1〕脱脂，および水溶性の汚れの除去

界面活性剤や有機溶剤，水などによる洗浄は，機械加工時の切削剤や素手で触ったことによる人の皮脂，大気中に浮遊している油やパーティルの付着，水溶性の汚れなど，表面に付着している汚れの除去に有効である．界面活性剤や，有機溶剤は部材を溶解することなく，おもに汚れのみを取り除く．界面活性剤を洗い流すための水は，洗浄の最終段階では純水を用いる．水道水にはNa，K，Ca，Cl，Fe，Cuなどのイオンが溶解しており，水道水を用いると乾燥後に部材表面にこれらの元素が残留するからである．

最終段階での純水洗浄では，被洗浄物を取り出した後，速やかに乾燥させることが必要である．速やかな乾燥により，大気中に浮遊する不純物の再付着を抑止することができる．被洗浄物の表面に付いた洗浄水が蒸発しやすいように最終洗浄では温水を使うことが一つの方策であるが，反応性の高い金属では温水と反応して表面に酸化物，水酸化物が生成してしまうことがあるので注意が必要である．早く乾燥させるために乾燥窒素や清浄な圧縮空気で吹き飛ばすことも一つの手法である．また，界面活性剤や水の洗浄は一度始めたら，最終工程の乾燥まで，途中で乾燥させることなく連続して行うことが重要である．

湿式洗浄を行うと材料内部に液体が浸透する可能性があるプラスチック，エラストマー，多孔質のセラミクスなどは，界面活性剤の使用は避けた方が良い．化学物質が染み込み，その後水洗を行っても部材中に残留する可能性がある．水には油脂は溶解しにくいので，油脂の除去には有機溶剤での拭取りを行う．この際，部材が溶解しない有機溶剤を選択する．浸漬を行うと，材料内部に浸透するので，拭き取るだけにとどめた方がよい．

特定フロンが1996年までに全廃される以前には，小規模な実験施設においてもフロンを用いた蒸気洗浄機[5]が用いられていた．しかし，フロンの規制により蒸気洗浄機は以前よりも手軽な洗浄法ではなくなっている．一方，機械加工油の洗浄には脱脂力の高いトリクロロエチレン（トリクレン）などの溶剤が使われていたが，発がん性が指摘されたため実験室レベルでは使用を控えるようになっている．このため，小さな部品については実験室レベルで洗浄することも可能であるが，大物や大量の場合には洗浄業者に洗浄を依頼することが多くなった．図2.8.3に洗浄を専門に行う施設での代表的な精密洗浄の工程図[1]を示す．最終的にはクリーンルームで梱包作業が行われるなど，洗浄後の再汚染の防止にも配慮した工程となっている．

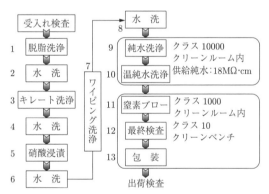

図2.8.3 典型的な精密洗浄工程[1]

フロンに対する規制や，労働安全衛生の点から有機溶剤中毒予防規則（以下，有機則）により，実験室レベルで簡単に使える有機溶剤は多くない．実験室でなじみのある有機溶剤のうち，メタノール，イソプロピルアルコール，アセトンは有機則の第二種有機溶剤に分類されており，使用の際には原則として局所排気が必要となる．エタノールは有機則には規定されていない溶剤なので比較的使いやすい．また，一般の超音波洗浄機は有機溶剤による洗浄はできない仕様であることが多い．

オゾンを水に溶解させたオゾン水による洗浄は酸化性の高い湿式洗浄として広く医療機器や野菜の洗浄な

どにも用いられている[6]．真空装置でも例外ではなく，電解法による大流量の超純水オゾン添加システムが開発され KEK B ファクトリーの超伝導空洞，大電力入力結合器，ビームチャンバーに対する洗浄効果の研究が行われた例[7]がある．2008 年にも真空容器の洗浄として用いられ，ガス放出速度低減にも効果があったと報告[8]されている．

オゾンを水に溶解させるとオゾンよりも数桁反応性が高いヒドロキシラジカルが生成される．ヒドロキシルラジカルは有機物を酸化し小さな分子に分解する．小さくなった分子有機分子は，水で容易に除去できる[6]．このようにオゾン水洗浄は有機物の除去に効果がある．また，部材表面は酸化性の高いオゾン水にさらされるので酸化が進み，表面に形成される酸化層が緻密になるという報告もある．酸化が促進され表面が絶縁体になり電気特性が変化すると，放電を伴うプロセスを行う真空装置の場合には放電特性が変わることがある．また，反応性プロセスの場合には表面反応性が変化する可能性がある．

超臨界二酸化炭素を用いた洗浄[9]は，油脂の除去に効果が高い．二酸化炭素の臨界点は，臨界温度 31.0℃，臨界圧力 7.38 MPa である．臨界点以上の温度，圧力では非凝縮性高密度の気体状態で存在する．超臨界流体を作るには，高圧容器が必要である．環境負荷が小さく，複雑形状でも洗浄が可能という特徴があるが真空装置への応用は少ない．真空装置に関してトリグリセリドを除去して効果を確認している報告[10]～[12]がある．

〔2〕 酸洗浄，アルカリ洗浄

酸性の水溶液を用いた酸洗浄やアルカリ水溶液を用いたアルカリ洗浄は，金属，セラミックスなどに有効である．酸やアルカリは，有機物を分解・除去する作用が強く，切削痕やブラストによる傷に深く侵入した不純物を除去できる．また，真空部品の表層をエッチングすることも可能であり，より清浄な表面を得ることもできる．ただし，使用する洗浄液の組成などの条件は洗浄する材質によって調合する必要がある．

アルミニウム合金に対する酸洗は，15％程度の硝酸と 1％フッ化水素を加えたフッ硝酸や，10％程度のリン酸が用いられる．また，耐食処理として真空装置にも用いられているアルミニウム合金のアノード酸化処理の前処理として，脱脂を目的として 5～15％の水酸化ナトリウムによるエッチング洗浄が行われている[13]．アルミニウム合金の場合，酸洗浄でも，アルカリ洗浄でも部材が溶解する．

オーステナイト系ステンレス鋼においても酸洗はフッ硝酸が用いられることが多い．ステンレス鋼の場合に

はステンレス鋼自体はほとんど浸食されない．

フッ硝酸で酸洗浄した部材は，その後の水洗いを十分に行うようにする．水洗が不十分で表面にフッ化水素が残留していると，部材を真空容器に入れ排気したときにフッ化水素が放出される．フッ化水素は腐食性が高いので残留ガスとして検出される状態になると電離真空計をはじめ真空装置全体に悪影響を及ぼす．ブラスト処理などで表面を荒らしたときには凹凸に洗浄液が入り込み，特にその洗浄が困難なのでフッ硝酸を使ったときにはその後十分に水洗する．

〔3〕 電解研磨，化学研磨

真空装置の構造材料として一般的に用いられているオーステナイト系ステンレス鋼，アルミニウム合金，チタンなどは製作工程の最終的な清浄化処理として，電解研磨や化学研磨[14]，電解複合研磨[15]が検討されてきた．電解複合研磨は室温の中性電解液を用いており，大型の真空容器にもサブミクロンの表面粗さで仕上げ可能である．電解研磨，化学研磨，電解複合研磨いずれも清浄化とともにガス放出が少ないという特性が得られることが多い．表面が平滑になるため表面積が減ることと，緻密で薄い表面酸化層が形成されることに起因する．

オーステナイト系ステンレス鋼に対する電解研磨処理[52]は真空用材料としては最も一般的な清浄化表面処理の一つである．リン酸–硫酸系電解液が最も実績がある．エッチング量は，数 μm～20 μm 程度である．真空用途では電解研磨を行った後の洗浄が十分に行われることが重要である．特に形状が複雑な部分に電解液が残りやすい．研磨面は表面粗さ数 μm のうねりのような凹凸があるが，原子間力顕微鏡で 500 nm × 500 nm の領域で観察を行うと，数 nm で平坦な面であることが確認できる[16]．

純アルミニウム，Al-Mg 系アルミニウム合金 A5052，Al-Mg-Si 系アルミニウム合金 A6061 に対しても電解研磨は行われている．リン酸系の電解液で数 μm～20 μm エッチングする．アルミニウム合金の電解研磨は，目視では光沢面と認識される表面となるが，走査電子顕微鏡で高倍率の観察を行うと図 2.8.4 に示したように，数十 nm の大きさの穴が無数に空いた厚さ 100 nm 程度のポーラスな酸化層[17]で表面が覆われている．電解研磨は酸性電解液の中で，被研磨物を陽極にして電解をかけるため，ポーラス型アノード酸化皮膜の成長[48]と同様に，酸化層の形成と酸化層の部分的な溶解が同時に起こることが原因である．電解研磨の表面酸化層はポーラス構造であることは一般的に知られており[18]，このポーラスな表面酸化層を除去する方法が表面処理の学会でも検討されてきた．電解研磨後にクロム酸や

2.8 洗　　浄

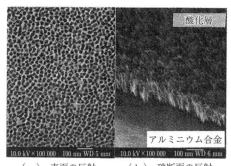

（a）表面の反射電子像　　（b）破断面の反射電子像

図 2.8.4　電解研磨したアルミニウム合金[17]

リン酸溶液，スルファミン酸[19]で溶解して除去できることがわかっている．一方，真空用材料としての検討も行われていて，電解研磨直後の洗浄水温度を高温にすることで，ポーラスな酸化皮膜は消失することが確認[17]されている．アルミニウム合金の電解研磨はステンレス鋼に比べるとピットが生じやすい．純アルミニウムの金属ガスケット用に電解液の流れを制御してピットフリーを実現した例[20],[21]もある．

図 2.8.5 に化学研磨および電解研磨の模式図を示す．電解研磨は被処理物を陽極にして，別に設置した陰極との間に電圧を印加して被処理物を溶解する．陰極の配置を調整しないと電界分布が不均一になるため，被研磨物表面の電解によるエッチングにムラができる．真空用の部材では，部材全表面で清浄化，低ガス放出化されていることが要求され，エッチングのムラは望ましくない．また，アルミニウム合金の場合には，電解研磨で成長するポーラスな表面酸化層ができないエッチング処理が必要とされたため，化学研磨が検討され最適な結果が得られている[14],[22]．

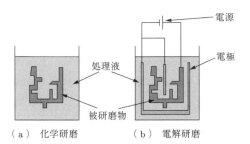

（a）化学研磨　　（b）電解研磨

図 2.8.5　化学研磨と電解研磨の模式図

ステンレス鋼においても，電解研磨よりも容易に均一な表面が得られることを期待して化学研磨[52]が検討された[4]．化学研磨後はアルミニウム合金もステンレス鋼も表面に緻密な薄い酸化層が形成されいずれも光沢面が得られる．

真空用として開発されたこれらの化学研磨では，エッチング後の洗浄方法が十分に検討されている．洗浄には水を用いるが，特にアルミニウム合金の場合，注意が必要である．化学研磨液を被研磨物から除去する目的においては，洗浄水温度は高い方が望ましいが，表面ベーマイトが形成されやすくなる．ベーマイトが形成された表面は茶色に変色し，表面が荒れた状態になる．このような表面は，図 2.8.6 に示したようにガス放出が多くなる[22]．また，化学研磨に限らず，薬剤を用いたら薬剤が乾燥する前に洗浄工程に速やかに移行することが肝要である．

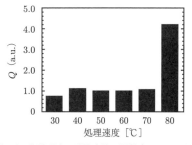

表面処理：化学研磨，洗浄方法：温純水に 1 min 間浸漬[22]

図 2.8.6　洗浄純水温度を変化させたときのガス放出量の変化

1990 年代から低ガス放出材料として使われているチタンは，酸洗[24],[25]，メカノケミカル研磨[26]，硝酸系溶液による化学研磨[27]などの洗浄が行われている．使用されるチタンは JIS 2 種純チタンが多い．酸洗は 30％硝酸 + 5％フッ酸[24]の例がある．メカノケミカル研磨の処理例は #15000 のダイヤモンドスラリーと SiO_2 入りエッチング液を用いている．また，電解研磨の条件として文献 28) にエタノール 180 mL，ブチルアルコール 20 mL，塩化亜鉛 54 g，塩化アルミニウム 18 g で，30 ℃，電流密度 0.13 A/cm^2 で 10 分間と記述されている．しかし，電解研磨は，アルコール系，過塩素酸系，過酸化水素-硫酸系電解液を用いて行ったが電解液の安定性が確保できず処理ムラが生じやすいという問題点があり，実用処理には不向きという報告がある[1]．チタンは，表面に形成される酸化層の性質によってガス放出特性が顕著に変化することが知られている．酸化処理の前処理としてこれらの湿式処理が使用されている．

Fe, Mg, Cu などの金属をエッチングすると，表面にスマットと呼ばれる残渣が残る．ステンレス鋼，アルミニウム合金では濃度 30％以上の硝酸に浸漬すると速

やかにスマットを除去することが可能である．ただし，シリコン含有量の多いアルミニウムの鋳物や，4 000番台の Al-Si 合金の場合，残渣は合金中のシリコンが付着したものであり，硝酸に浸漬しても除去することは困難である．この場合，容積比で硝酸：フッ化水素酸 = 1：3 の溶液中に室温で 3 s から 60 s 浸漬する方法が良いとされる．

酸洗，アルカリ洗浄，電解研磨，化学研磨により部材をエッチングして清浄化する洗浄を行ったとしても，表面には汚染物に起因する炭素が必ず存在し，例えば，X 線光電子分光法やオージェ電子分光法などの表面分析で最表面には C が検出される．大気中に放置することで汚染されると考えられている．図 2.8.7 に 304 ステンレス鋼を真空中で加熱し冷却した後の最表面のオージェスペクトルを示した．図 2.8.7 に示されるように真空中 800℃ 程度まで加熱すると，最表面の C も除去することができる[23]．

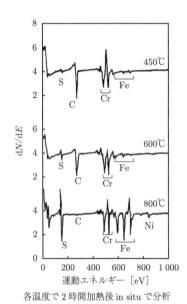

各温度で 2 時間加熱後 in situ で分析

図 2.8.7　304 ステンレス鋼で真空加熱温度を変化させたときの最表面のオージェスペクトル[23]

脱脂や，各種のエッチング処理により表面が清浄化されると，真空中での摺動性がより悪化する．例えば，タップ穴でボルトがかじりやすくなる．潤滑剤となっていた空気の層や，汚れが少なくなることが原因である．

金属のエッチングの方法については文献 29) が参考になる．金属と酸アルカリの反応は爆発的に起こる組合せもあるため，目的に合わせて調合された市販薬剤を用いた方が安全である．有機溶剤や化学薬品を使用する際には，少量であっても必ず安全性データシート（safety data sheet, SDS）を確認し，薬品の危険性や作業の危険性を認識した上で作業を行うことが肝要である．

2.8.4　乾式洗浄
〔1〕加熱洗浄

加熱洗浄は湿式洗浄後の乾燥工程や，材料の脱ガス処理に使われる．また，酸化物系セラミックスの部品の清浄化にも効果がある．一般に加熱の温度は高い方が，清浄化，脱ガスに効果が大きいが，実際には加熱温度は被加熱物の耐熱温度，ガラス転移温度，蒸気圧などによって決める必要がある．

大気圧下での加熱洗浄は，プラスチック，セラミックス，ゴム，金属などさまざまな部品に利用されている．隙間に入り込んだ水，有機溶剤の除去，内部に染み込んだ可塑剤や蒸気圧の高い有機物の排除に有効である．一般に加熱処理には電気マッフル炉を使うことが多い．マッフル炉には大気だけでなく，窒素などのガスを導入できるものもある．大気中の加熱洗浄が最も有効なのは耐熱性セラミックス，特に酸化物系セラミックス（SiO_2，Al_2O_3 など）である．アルミナなどの酸化物を大気雰囲気中，700℃ 程度で加熱すると，表面に付着した有機物は燃えてなくなり，清浄化される．また，絶縁がいしなどに成膜された金属膜も除去，あるいは酸化物化でき，絶縁性を回復することができる．アルミナなどの酸化物を真空中で加熱すると，酸素が抜け，表面がまだらに変色することが多い．

高真空で使用されるフッ素ゴム O リングの清浄化と水の脱ガスのため，純水洗浄後に真空中で加熱脱ガスを行うことがある．純水洗浄で O リングに含まれる可塑剤などの有機物，不純物を取り除くことができる．その後真空中（低真空から中真空）100℃〜150℃ で加熱することにより，純水洗浄時に吸収された水を脱ガスする．真空中で加熱洗浄した O リングの取扱いには注意が必要である．加熱後大気中にフッ素ゴムを放置すると再び大気を吸い込み脱ガスの効果が低下する．図 2.8.8 に真空加熱後，大気中に放置した時間とともにフッ素ゴムシートの重量がどのように変化するかを示した．真空中加熱によって重量が 99.6〜99.7% に減少したが，その後大気成分を再び吸収し 10 000 h 後には，99.8〜99.9% 程度にまで重量が戻った．

アルミニウム合金のポーラス型アノード酸化処理はガス放出量が多いことで知られている．化学研磨したアルミニウム合金に比べると，1 000〜10 000 倍ガス放出速度が大きい[50],[51]．このガス放出量低減のために真空炉中で 400℃ で 48 時間加熱した例があり，水と，CO_2 などのカーボン系ガスの放出量が 1/5 から 1/8

2.8 洗　　浄

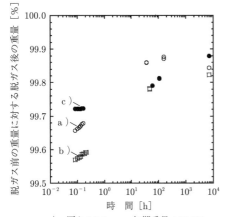

a) 厚さ：0.5 mm, 初期重量：10.601 g
b) 厚さ：1.0 mm, 初期重量：21.945 g
c) 厚さ：4.0 mm, 初期重量：81.427 g

真空脱ガスする前の重量を100%とした

図2.8.8　フッ素ゴムシートを真空中脱ガス後大気放置した時間に対する重量の変化

にまで低減できることが報告されている[34]．

加熱洗浄の一つとして，真空装置全体を高温の状態を持続しながら排気する操作がある．この操作は「ベーキング」と呼ばれる．ベーキングは，部材表面に吸着している水を脱ガスし，超高真空を得ることを目的として行われる．加熱温度は100℃～250℃くらい，持続時間は数時間～100時間で行う．加熱中の圧力は10^{-4} Pa以下がよい．

〔2〕放　電　洗　浄

放電洗浄[30]は，核融合装置や，高エネルギー加速器などのベーキングが容易にできない大型の装置で用いられる．放電はAr, O_2, Ar + 10% O_2, He, Ne, H_2, CH_4 などのガスを使い，減圧下で行われる．部材表面を高エネルギーの粒子でたたき，吸着エネルギーの高いガスを脱離させる．特に，真空容器内壁や材料表面に吸着した水を脱離させ取り除くことができるので，排気時間を短縮できる．

また，スパッタ装置でもグローモードプラズマ源を用いて均一なAr放電を発生させ放電洗浄を行った報告がある[31]．通常の室温排気では，圧力 1.5×10^{-6} Torr (2.0×10^{-4} Pa) まで到達するのに17時間必要であったものが，3.5時間のAr放電洗浄を行うことで，排気時間を6時間にまで短縮できている．ベーキングを行うときには均一に加熱することが重要であるのと同様で，均一な放電を起こすことが重要である．

Ar放電でたたかれた壁の表層にはArが埋め込まれている．埋め込まれたArは加熱などで容易に脱離することがわかっている．また，Heを用いた放電洗浄は効率が良い[32]ものの，Oリングのようなエラストマーに He が多量に吸収される．そのため洗浄後のHeの再放出が問題となる場合がある[33]．

放電洗浄は，有機物などを取り除くという意味での洗浄としてはあまり用いられていない．

〔3〕UV／オゾン洗浄

オゾンだけで処理を行うよりも効果を高めるために紫外線照射を同時に行うUV／オゾン洗浄は，有機物の汚れの除去や表面の酸化処理などに利用されている[6]．これは半導体表面の清浄化で実績があり，さらには真空装置の有機物除去へ展開された[35),36)]．UV／オゾン装置の紫外線源はおもに波長184.9 nmと253.7 nmの紫外線を発生させる低圧水銀ランプを用いるものが多い．184.9 nmの光は大気中の酸素に吸収されオゾンを発生する．発生したオゾンは，253.7 nmの光を吸収して活性酸素と酸素を発生させ，その活性酸素が有機物を酸化分解して，水，CO_2, NO_x などの気体に変える．こうして有機物は分解除去されるが，同時に部材の表面酸化も進行する[37]．

この洗浄方法はガラス，石英，マイカ，サファイア，アルミナセラミックス，各種金属，半導体など，いろいろな対象物の洗浄に実績がある．金の上にチオールとして付着した硫黄を，水に溶解するスルホン酸に変えて洗浄することができたという報告[38]もある．UV／オゾンの有機物分解能力は高く，固体表面そのものも変質させることができる．例えば，テフロンテープを波長184.9 nmと253.7 nmの紫外線中に10日間暴露すると2.5%の重量損失があった．また，フッ素ゴムは24 hの暴露で3.7%重量が減少し，さらに，ゴム表面は粘着性を帯びる[39]．

オゾンはフッ素に次いで酸化性が高い．自然界にも微量存在しているが，高濃度では人体に悪影響を及ぼす．労働衛生的な許容濃度は，0.1 ppm である．低濃度でも，オゾンを発生させる場合には活性炭入りのマスクを着用することが望ましい．

2.8.5　洗浄の評価方法

洗浄がうまく行えたか，あるいは期待する清浄度が得られているかを評価することは重要である[40]．真空用部材の洗浄後に行われている評価方法の一覧を**表2.8.1**に示す．

例えば，ウェスに有機溶剤や純水などをつけて拭き取って清浄化する場合，拭取りに用いたウェスに汚れが付かないことが判断材料となる．有機溶剤や，界面活性剤，水に浸漬する場合には，浸漬した溶媒に汚れがないことを確認する．拭取りのウェスが汚れたり，溶媒が汚れたりした場合にはウェスや溶媒を交換し再度

表 2.8.1 真空用部材の洗浄後に行われている評価方法

方　法	説　明	大きさ
目視法	目視，拡大鏡を使って観察し，汚れ，パーティクルなどの残存の有無を確認する．	制限なし
拭取り法	洗浄物を清浄なウェスを用いて拭き取り，ウェスに汚れが付着しないことを確認する．	制限なし
ブラックライト法	紫外線を照射して蛍光を発するものの残存を確認する．	制限なし
イオン残渣測定法	イオンクロマトグラフを用い，表面に残存するイオンを定量分析する方法．洗浄物を純水に浸漬しイオンを抽出する方法と，清浄なウェスで洗浄物を拭き取り，そのウェスを純水に浸漬して抽出する方法がある．	大きさにより抽出方法を変える
分光光度法	有機溶媒に残留油分を抽出して赤外線分光光度計で定量評価する方法．小さいものは溶媒に浸漬して油分抽出．大きいものは清浄なウェスで拭き取り，ウェスから油分抽出．	大きさにより抽出方法を変える
光学顕微鏡観察	光学顕微鏡で汚れ，パーティクルなどの残存の有無を観察評価する．	制限あり
電子顕微鏡観察	光学顕微鏡よりもより高倍率での汚れ，パーティクルなどの残存の有無を観察評価する．特に低加速電圧での観察で表面汚染状態が明瞭に観察可能．	制限あり
オージェ電子分光分析	表面の元素分析を行い，定性，定量的な評価を行う．	数 cm 程度
X 線光電子分光分析	表面の元素分析を行い，定性，定量的な評価を行う．状態分析も可能．	数 cm 程度
蛍光 X 線分析	元素の定量的な分析．	数十 cm 程度

洗浄を行う．何度洗浄を行っても，ウェスの汚れや，溶媒の汚れが改善されない場合，溶剤を違う種類のものに変えることや，部材の表面を溶解するような洗浄方法に変えるなど，洗浄方法を再度検討することが必要となる．

被洗浄物を目視で観察して，粉塵や洗浄ムラがないことを確認することも重要である．その際，ブラックライトを当て，異物から発せられる蛍光で汚染が際立つようにすることも有用である．また，必要であれば光学顕微鏡，走査電子顕微鏡などで表面を詳細に観察する．走査電子顕微鏡では 1 kV 程度の低加速電圧で観察することで表面の汚れや表面酸化物などの有無を鮮明に捉えることができる[47]．

機械加工を行った材料等を洗浄した後，その表面に残留している油分を定量的に測定するときには分光光度計を用いるとよい．残留油分を測定したい試料が小さい場合には，決まった量の溶媒の中に試料を入れ油分を抽出したのちに測定を行う．赤外線分光光度計を用いた評価では，炭素–水素伸縮振動に帰属される 3.4～3.5 μm の赤外線吸収によるピーク強度の減衰を測定して油分を測定するものがある．抽出する溶媒は測定波長付近の赤外線吸収がないものを用いる．試料のサイズが大きい場合には，ウェスに溶媒をつけて試料表面の決まった大きさを拭き取り，そのウェスに付着した油分を抽出して測定を行う．

電解研磨，化学研磨，酸洗浄，アルカリ脱脂などを行った場合，該当するイオンの残留をイオンクロマトグラフで測定することができる．この場合，抽出は残留油分と同様な方法であるが有機溶媒ではなく純水で抽出する．

また，オージェ電子分光法（AES）や光電子分光法（XPS），蛍光 X 線による最表面の分析によっても残留した汚染を検出できる．

2.8.6　洗浄後の保管

洗浄後の取扱いが適切でないと清浄化された表面は再び汚染される．素手で触ることは絶対に避けるべきである．手袋は必要とされる清浄度によって使い分ける．超高真空の装置にはゴム手袋を使わず，添加物のできるだけ少ないポリエチレン製の手袋の方がよい．また，ピンセットや工具なども洗浄したものを用いる．保存用の袋は清浄と思っていても微量な化学物質が放出されている場合があるので注意が必要である．

クリーンルーム内も注意すべき点は多い．クリーンルーム内の空気中の有機物がクリーンルームに採り入れる空気に比べて多いという報告がある[41]．クリーンルーム構成材料に含まれる難燃剤（リン酸エステル），可塑剤（スルホン酸アミド，フタル酸ジオクチル（DOP）），シリコン系シール剤中の不純物（シロキサン類）などが多く浮遊していることが分析により明らかになった．これらの化学物質はクリーンルーム中に放置したシリコンウェーハに吸着している．その吸着量は物質によって違いがあることが示されている．

汚染物質となる化学物質の含有量の少ない建材を用

い，ケミカルフィルターを使うことで，汚染物質を低減することに成功しているが，建材からの化学物質で汚染される場合があることは留意しておいた方がよい．

2.8.7　総合的な洗浄方法の検討例

シンクロトロン放射光施設におけるビームライン等の超高真空装置では，高速に加速された荷電粒子ビームの質を維持するため，残留ガスの少ない真空容器が必要とされる．そのため，Advanced Photon Source（APS）から，真空材料の洗浄方法を検討した結果が報告されている[42)~45)]．

対象となる材料は，アルミニウム合金，ステンレス鋼，無酸素銅，モリブデン合金，タングステンなど多岐にわたる．**表 2.8.2** にはそれぞれの詳しい成分をまとめた．**表 2.8.3** には APS で検討された洗浄用薬剤（市販品）についてその特徴をまとめた．洗浄用薬剤は，界面活性剤，アルカリ脱脂用薬剤，有機酸，無機酸から選ばれている．また，比較のためアセトン，メタノール等の有機溶剤についても検討されている．

報告では，洗浄評価として材料表面に残留しているカーボンと酸化層の量に着目し，オージェ電子分光法と X 線光電子分光法を用い，それらの残留量を測定している．**表 2.8.4**(a)~(e) に各洗浄剤で洗浄した試料の表面組成を示した．これを基に各材料に対する洗浄剤の効果を**表 2.8.5** にまとめた．

アルミニウム合金 A6063 と A2219 に対しては，Almeco18（粉末アルカリ洗剤），Amklene（液体アル

表 2.8.2　洗浄した材質とその成分

材　質	成　分
A6063	Al–Si–Mg 系アルミニウム合金 Si：0.2~0.6%，Mg：0.45~0.9%
A2219	Al–Cu 系アルミニウム合金 Cu：5.8~6.8%，V：0.05~0.15%，Zr：0.1~0.25%，Ti：0.02~0.1%
Cu	無酸素銅 （OFHC：CDA-101 Cu99.99%）
304 ステンレス鋼	18%~20%Cr，8%~10%Ni，2%Mn，残り Fe
TZM モリブデン	99%Mo，0.5%Ti，0.1%Zr，0.02%W
切削性タングステン	95%W，残り Ni，Cu，Fe

表 2.8.3　Advanced Photon Source で検討された洗浄用薬剤

洗浄用薬剤名	Almeco 18	Detergent-8	Citranox	有機溶剤
分類	粉末アルカリ洗剤	液体アルカリ洗剤	液体酸性洗剤	有機溶剤
わかっている含有物	ピロリン酸四ナトリウム，四ホウ化ナトリウム，界面活性剤	アルカノールアミン，ジプロピレングリコールメチルエーテル	クエン酸，ヒドロキシ酢酸	アセトン，メタノール
用途	オイル，アルミニウム酸化物除去	オイル，樹脂，ロジン除去，電子部品，回路ボードの洗浄	スケール，乳石，金属酸化物，オイル，油脂，グリース除去	グリース，油脂の除去
濃度	2~4 wt%	2~4 vol.%	2~4 vol%	100%
pH	9.0~9.4	10.8~11.1	2.7~3.1	—
温度	室温~65℃	60℃	43℃~65℃	室温
方法	超音波洗浄 10~15 min			
洗浄物材質*	Al，SUS304，Mo，W	SUS304，Mo，W	Al，Cu，SUS304，Mo，W	Al，Cu，SUS304，Mo，W
製造者	Henkel	Alconox, Inc.,	Alconox, Inc.,	

〔注〕　Almeco 18 および Citranox で Al，Cu を洗浄するときにはビーカーに洗浄液を入れマグネティックスターラーで撹拌しながら 10 min 間浸漬

洗浄用薬剤名	Amklne	Jalsac	Micro	JC acid	Oakite 33	AC500
分類		陰イオン性界面活性剤				
わかっている含有物	KOH	ホウ酸ナトリウム，ケイ酸ナトリウム，硫酸エステルナトリウム	ベンゼンスルホン酸	スルホン酸，クエン酸	リン酸	リン酸
濃度	2%	20%	4%	25%	10%	10%
温度	65℃	65℃	65℃	室温	65℃	65℃
方法	ビーカーに洗浄液を入れマグネティックスターラーで撹拌しながら 10 min 間浸漬					
洗浄物材質*	Al	Al	Cu，Al	Cu	Cu	Cu
製造者	Amstutz A. S.	Polychem	International Prod.,	Polychem	Oakite Prod. Inc.,	Rochester Midland

〔注〕　*Al···A2219，A6063，304···304 ステンレス鋼，Mo···TZM モリブデン，W··· マシナブルタングステン
　　　Amklne 洗浄は，Almeco 18 で洗浄後処理

表 2.8.4

(a) 洗浄後 A 6063 アルミニウム合金の表面組成[43]

	Al	C	O	[at.%]
Almeco 18	20	28	52	
Amklene	20	28	52	
Citranox	18	40	42	
Jalsac	6	32	62	
有機溶剤	8	41	51	

(b) 洗浄後無酸素銅の表面 C の割合[*43]

	C	[at.%]
AC500	58	
JC acid	46	
Oakite33	69	
Micro	28	
Citranox	22	
有機溶剤	21	

〔注〕 *Cu に対する C の XPS
スペクトル面積の割合

(c) 洗浄後 304 ステンレス鋼の表面組成[44]

	C	Cr	Fe	Ni	[at.%]
有機溶剤	50	2	3	—	
Detargent-8	32	5.5	9	—	
Almeco 18	28	8.5	9	< 1	
Citranox	36	13	2	< 1	
Citranox+Almeco 18	28.5	14	6	< 1	

(d) 洗浄後切削性タングステンの表面組成[44]

	C	W	[at.%]
有機溶剤	38.5	4.5	
Detargent-8	37	13.5	
Almeco 18	36	17.5	
Citranox	31.5	28.5	
Citranox+Almeco 18	30.5	16.5	

(e) 洗浄後 TZM モリブデンの表面組成[44]

	C	Mo	[at.%]
有機溶剤	55.5	3.5	
Detargent-8	39.5	18.5	
Almeco 18	33.5	18	
Citranox	32.5	25	

カリ洗剤）がカーボンと酸化層の除去に有効である．ただ，Almeco18 を 65℃で使用すると Cu の表面への拡散が見られた．また，Jaslac を使うと，Si が残留した．Citranox（有機酸）は酸化層除去に有効であるが，カーボン除去能力は低いようである．

無酸素銅に関しては，有機溶剤，Micro，Citranox がカーボン除去に有効である．さらに Micro，Citranox を使うと酸化物も除去できる．ただし，Micro では洗浄後の表面荒れが，Citranox では洗浄後の表面酸化が急速に進む現象が観察されている．AC500，Oakite33，JC acid を使った洗浄ではカーボン残留物が検出されており，洗浄力は十分ではない．

304 ステンレス鋼に対しては，Citranox による 60℃，10 min 間の洗浄ののち，Almeco18 を用いた 60℃，10 min 間の洗浄でカーボンと酸化層の除去に成功している．また，Almeco18 は有機溶剤では不可能であった Si，S，Ca 等の除去にも有効であった．

切削性タングステンでは，前処理でのバフ研磨の際に使用する SiC 研磨材が残留していることが問題となる．Almeco18 は SiC 除去に有効で，洗浄後に Si は検出されない．Detargent-8 と Citranox では，Si が検出されており洗浄力不足のようである．ただし，Citranox

はタングステン酸化物を除去する効果がある．

TMZ モリブデンでは，Almeco18 と Citranox が有機溶剤に比べカーボン除去能力が高いようである．また切削性タングステン同様，Citranox はモリブデン酸化物の除去に有効である．

上記の報告は 1990 年代に発表されたものであるが，それ以降まとまった報告はないようである．この頃までにある程度検討が終了したものと考える．これらの報告とは別に，1991 年に American Vacuum Society の subcommittee において調査した洗浄方法についての報告[46]も参考になる．ステンレス鋼，その他の材料（アルミニウム，銅，セラミックス，ガラス，モリブデン），洗浄後の取扱いと梱包について，研究所や企業等，各機関がそれぞれ実際にどのように行っているかをまとめてある．

本章で，いろいろな洗浄例を示したが，個々の真空装置によって，材料も必要とされる清浄度も異なるので適宜最適な洗浄方法を検討し，選択しなければならない．最後に，必ずしも真空装置用途ではないが，2.8.8 項「関連資料」に各種処理名と洗浄に用いる薬剤および処理内容の例をまとめた．

2.8 洗　　　　浄

表 2.8.5　各種材料に対する洗浄剤の効果

	有機溶剤	Almeco18	Detergent-8	Citranox	Amklene	Jalsac	Micro	JC acid	Oakite33	AC500
A6063 合金	C 除去△	C 除去○ 酸化層除去△		C 除去△ 酸化層除去○	C 除去○ 酸化層除去○	Si 残留				
A2219 合金	C 除去△	C 除去○（50℃以下）								
無酸素銅	C 除去○ 酸化層除去×			C 除去○ 酸化層除去○ 処理後表面酸化進行			C 除去○ 酸化層除去○ 仕上がりマット	C 除去×	C 除去×	C 除去×
304 ステンレス鋼	C 除去△	C 除去○ Si, S, Ca 除去可能		酸化層除去○						
TMZ モリブデン	C 除去△	C 除去○	C 除去△	C 除去△ モリブデン酸化物除去可能						
切削性タングステン	C 除去△	Si，無機物除去可能	Si 除去不可	Si 除去不可 タングステン酸化物除去可能						

2.8.8　関　連　資　料

処理名	洗浄に用いる薬剤および処理内容	引用	真空装置適用実績	処理の区分
ステンレス鋼				
電解研磨	リン酸 + 硫酸系		○	委・自・購
化学研磨	硝酸 + フッ化水素酸系（例　サスピカ）		○	委・自・購
複合研磨	例　ECB		○	委
酸洗浄	a) 10 vol%硫酸，10 vol%塩酸，80 vol%水，温度 40〜50℃ b) 10 vol%硝酸，10 vol%フッ化水素酸 80 vol%水，温度常温 a) → b) の順番で行う	b		委・自・購
酸洗浄	15〜25 vol%硫酸　（軽いスケール除去）	c		自
酸洗浄	スルファミン酸 75/L，硫酸第二鉄 2 g/L に 70℃で浸漬（軽いスケール除去）	c		自
酸洗浄	Citranox（Alconox 製）クエン酸，ヒドロキシ酢酸含有	g	○	購
酸洗浄	10〜20 vol/%硫酸，70〜90℃で浸漬	c		自
アルカリ脱脂	カセイソーダ 30 g/L，ソーダ灰，メタケイ酸ソーダ，第三リン酸ソーダ等 10〜30 g/L，界面活性剤適量，50〜80℃，5〜10 min 浸漬	c		自
アルカリ脱脂	Almeco 18（Henkel 製）粉末アルカリ洗剤ピロリン酸四ナトリウム，四ホウ化ナトリウム，界面活性剤含有	g	○	購
アルカリ脱脂	Detergent-8（Alconox 製）液体アルカリ洗剤	g	○	購
	・硫酸には不溶 ・塩酸には腐食される ・リン酸に対して常温，70%以下の濃度では耐食性	i		
アルミニウム合金				
電解研磨	リン酸系		○	委・自・購
化学研磨	リン酸系（例　アルピカ）		○	委・自・購
複合研磨	例　ECB，OMCP		○	委
酸洗浄	15%硝酸 +1%フッ化水素酸		○	委・自

処理名	洗浄に用いる薬剤および処理内容	引用	真空装置適用実績	処理の区分
酸洗浄	10%リン酸			自
酸洗浄	純アルミニウムと高 Cu 含有率の合金：50%硝酸，または 1～3%フッ化水素酸 +10～30%硝酸 +89～63%水に，10～20 s 浸漬	b		自
酸洗浄	Mg 多い合金：a) 15%硫酸 80℃～90℃ 2～3 min 浸漬 b) 50%硫酸に 5～10 s 浸漬 a) → b) の順番で行う	b		自
酸洗浄	Si と Mg が多い合金：硝酸：フッ化水素酸 =1：3 混液中に常温で 15～60 s 浸漬	b		自
液体酸性洗剤	Citranox（Alconox 製）クエン酸，ヒドロキシ酢酸含有	g	○	購
酸洗浄	Micro（International Prod. 製）ベンゼンスルホン酸含有	h	○	購
アルカリ洗浄	5～15%カセイソーダ			自
アルカリ洗浄	Amklene（Amstutz）2%KOH 含有	h		購
アルカリ洗浄	重曹 45 g/L，界面活性剤 1～3 g/L	b		自
アルカリ洗浄	炭酸ナトリウム 50 g/L，重曹 20 g/L，界面活性剤 1～3 g/L	b		自
アルカリ洗浄	リン酸ナトリウム 1～5 g/L，重曹 15 g/L，界面活性剤 1～3 g/L 重曹	b		自
アルカリ洗浄	ケイ酸ナトリウム 10 g/L，リン酸ナトリウム 10 g/L，界面活性剤 5 g/L	b		自
アルカリ脱脂	炭酸ナトリウム 5 g/L，メタケイ酸ナトリウム 15 g/L，第三リン酸ナトリウム 15 g/L，界面活性剤少量，50～70℃，1～5 min 浸漬	c		自
アルカリ脱脂	Almeco 18（Henkel 製）粉末アルカリ洗剤，ピロリン酸四ナトリウム，四ホウ化ナトリウム，界面活性剤含有	g	○	購
界面活性剤	Jasac（Polychem 製）陰イオン性界面活性剤，ホウ酸ナトリウム，ケイ酸ナトリウム，硫酸エステルナトリウム含有	h	○	購
エッチング	ダイキャスト，高 Si 含有材：三リン酸ナトリウム，炭酸ナトリウム各 20～25 g/L，70～80℃，1～30 min 浸漬	c		自
エッチング	ダイキャスト，高 Si 含有材：水酸化ナトリウム，50 g/L，50～60℃，0.5～1 min 浸漬	c		自
スマット除去	純 Al，Al-Mn 系，Al-Cu 系：50 vol%硝酸，室温で 10～60 s 浸漬	c	○	自
スマット除去	Al-Mg 系，Al-Mg-Si 系：15～25 vol%硝酸，80℃1～5 min 浸漬または，この後，50 vol%硝酸，室温で 10～60 s 浸漬	c		自
スマット除去	Al-Si 系，Si 含有ダイキャスト　硝酸：フッ化水素酸 = 3：1（容積比）室温で 3～60 s 浸漬	c		自
	・硫酸：10%以上で溶解，80%以上でほぼ不溶解 ・フッ化水素酸には多少腐食される	i		
チタン				
化学研磨	例，サンチタン		○	委・自・購
電解研磨	無水酢酸 795 mL，過塩素酸（S.G.1.59）185 mL，水 48 mL，電圧 40～60 V，電流密度 30～40 A/dm^2	a		委・自・購
アルカリ脱脂	カセイソーダ 30 g/L，ソーダ灰，メタケイ酸ソーダ，第三リン酸ソーダ等 10～30 g/L，界面活性剤適量，50～80℃，5～10 min 浸漬	c		自
酸洗浄	硝酸：フッ化水素酸 = 3：1（容積比）室温，表面から赤いヒューム出るまで.	c		自
銅				
アルカリ脱脂	炭酸ナトリウム 120 g/L，界面活性剤少量	b		自
アルカリ脱脂	水酸化ナトリウム 15 g/L，ケイ酸ナトリウム 10 g/L，（リン酸ナトリウム 30 g/L），炭酸ナトリウム 40 g/L，界面活性剤少量	b		自
アルカリ脱脂	ケイ酸ナトリウム 25 g/L，リン酸ナトリウム 25g/L，界面活性剤少量	b		自
酸洗浄	10 vol%硫酸または塩酸中に浸漬，常温	b		自
酸洗浄	5～10%硝酸に浸漬，常温（酸化物付着が強力な場合）	b		自
液体酸性洗剤	Citranox（Alconox 製）クエン酸，ヒドロキシ酢酸含有	g	○	購
酸洗浄	Micro（International Prod. 製）ベンゼンスルホン酸含有	h	○	購
酸洗浄	Jcacid（Polychem 製）スルホン酸，クエン酸含有	h	○	購
酸洗浄	Oakite33（Oakite Prod. Inc. 製）リン酸含有	h	○	購
酸洗浄	AC500（Rochester Midland 製）リン酸含有	h	○	購
アルカリ脱脂	水酸化ナトリウム 10 g/L，炭酸ナトリウム 40 g/L，ケイ酸ナトリウム 10 g/L，界面活性剤少量，50～80℃浸漬	c		自

処理名	洗浄に用いる薬剤および処理内容	引用	真空装置適用実績	処理の区分
アルカリ脱脂	低炭素鋼と類似した脱脂剤を使うが pH，処理温度低めで処理	c		自
	・硫酸には不溶であるが，酸化剤として硝酸を添加すると可溶 ・塩酸には腐食される ・リン酸に対し低温ではあらゆる濃度で耐食性だが，酸素の共存により腐食する． ・フッ化水素酸には多少腐食される	i		
マグネシウム				
酸洗浄	硝酸：硫酸 = 10：3（容積比），常温で 10〜30 s 浸漬	b		自
アルカリ脱脂	リン酸 180 g/L，酸性フッ化カリウムまたは酸性フッ化ナトリウム 120 g/L，30〜40℃で，15〜30 s 浸漬	b		自
	・硫酸，リン酸に容易に溶解 ・フッ化水素酸には 5%以上の濃度でフッ化マグネシウム皮膜を形成し耐食性になる	i		
亜鉛				
酸洗浄	硫酸，リン酸に容易に溶解	i		
ニッケル				
酸洗浄	10〜20%硫酸または塩酸で，常温から 50℃に浸漬，または，塩酸 100 mL/L ＋ 硫酸鉄 100 g/L 水溶液に浸漬	b		自
酸洗浄	インコネル：硫酸 100 g/L ＋ ロッセル塩 100 g/L 中 70℃〜80℃で 1〜5 min 浸漬	b		自
酸洗浄	モネル：水 2，塩酸 1，塩化銅 1 中で 70℃〜80℃で 15〜30 s 浸漬	b		自
	・硫酸：常温では 80%以下では不溶 ・リン酸に対し低温では耐食性 ・フッ化水素酸に対し，60%以上の濃度でフッ化物皮膜を形成し耐食性になる	i		
クロム				
	・硫酸により腐食するが，酸化皮膜生成していると耐食性あり ・フッ化水素酸には腐食を受ける	i		
鉄鋼				
アルカリ脱脂	水酸化ナトリウム 100〜150 g/L，界面活性剤少量	b		自
アルカリ脱脂	水酸化ナトリウム 15 g/L，リン酸ナトリウム 80 g/L，炭酸ナトリウム 80 g/L，界面活性剤少量	b		自
アルカリ脱脂	水酸化ナトリウム 50 g/L，ケイ酸ナトリウム 5〜10 g/L，炭酸ナトリウム 50 g/L，界面活性剤少量	b		自
アルカリ脱脂	低炭素鋼：カセイソーダ 30 g/L，ソーダ灰，メタケイ酸ソーダ，第三リン酸ソーダ等 10〜30 g/L，界面活性剤適量，50〜80℃，5〜10 min 浸漬	c		自
酸洗浄	硫酸 5〜20 vol%，50〜75℃浸漬	b		自
酸洗浄	塩酸 10〜30 vol%室温〜50℃，浸漬	b		自
	・フッ化水素酸は低濃度では腐食されるが，70%以上の高濃度で中温以下では，防食性のフッ化鉄を形成	i		
モリブデン				
アルカリ脱脂	カセイソーダ 30 g/L，ソーダ灰，メタケイ酸ソーダ，第三リン酸ソーダ等 10〜30 g/L，界面活性剤適量，50〜80℃，5〜10 min 浸漬	c		自
アルカリ脱脂	Almeco 18 (Henkel 製) 粉末アルカリ洗剤，ピロリン酸四ナトリウム，四ホウ化ナトリウム，界面活性剤含有	g	○	購
アルカリ脱脂	Detergent-8（Alconox 製）液体アルカリ洗剤	g	○	購
液体酸性洗剤	Citranox（Alconox 製）クエン酸，ヒドロキシ酢酸含有	g	○	購
タングステン				
アルカリ脱脂	オルソ，メタケイ酸ナトリウムなどの弱アルカリ系で洗浄			自
酸洗浄	30〜50%のフッ化水素酸に 15〜60 s 浸漬	c		自
陽極電解	10%硫酸 室温で陽極電解（電流密度：5 A/dm^2）スケール除去	c		自
アルカリ脱脂	Almeco 18 (Henkel 製) 粉末アルカリ洗剤，ピロリン酸四ナトリウム，四ホウ化ナトリウム，界面活性剤含有	g	○	購
アルカリ脱脂	Detergent-8（Alconox 製）液体アルカリ洗剤	g	○	購
液体酸性洗剤	Citranox（Alconox 製）クエン酸，ヒドロキシ酢酸含有	g	○	購

処理名	洗浄に用いる薬剤および処理内容	引　用	真空装置適用実績	処理の区分
インジウム				
アルカリ脱脂	96%炭酸ナトリウム，4%硝酸ナトリウム 500℃溶融塩 5～10 min 浸漬	c		自
タンタル				
酸洗浄	30～50%のフッ化水素酸に 15～30 s 浸漬	c		自
酸洗浄	硝酸：硫酸：フッ化水素酸 ＝ 2：2：1 混酸（重量比）に浸漬			自
金				
酸洗浄	12～15%硫酸中　50～70℃，15～30 s 浸漬	b		
銀				
酸洗浄	10～30%硫酸中，常温で浸漬	b		自
プラスチック				
アルカリ脱脂	非シリケートアルカリクリーナー（成形時の油汚れ除去）ホウ酸ナトリウム 20 g/L，リン酸ナトリウム 20 g/L，非イオン界面活性剤 1 g/L	c		自
セラミックス				
洗剤	1）ナイロンブラシを使って磨き粉でこすり洗い．2）1～2%の洗浄剤で 10 分間超音波洗浄．3）水で 10 分間超音波洗浄．4）1 L の水に硝酸（$d = 1.42$）500 mL を徐々に混ぜ，最大で 5 分間超音波洗浄．5）市水洗浄．6）脱塩水洗浄．7）清浄な温風で乾燥．8）オーブンで 1000℃ × 8 時間乾燥．ただし，昇温速度，冷却速度は 50℃/min 以下にすること	d	○	自
ガラス				
洗剤	以前はホウケイ酸ガラス（パイレックス）には，クロム酸に浸漬する方法が行われていたが，安全性の問題から規制され，洗浄剤による洗浄に置き換わっている．洗浄剤による洗浄の後，市水，脱塩水で洗い，清浄な温風による乾燥を行う．	d	○	自
シリコーン油（ジメチルシリコーン）				
有機溶剤	極性で溶解度パラメーターが小さい芳香族系溶剤（トルエン，キシレン，ヘキサンなど）に溶解．無極性で溶解度パラメーター 10 以上の溶剤（メタノール，エタノール，水など）にはほとんど不溶．	e		自
洗剤	濃い中性洗剤をブラシ，ウェスにつけこすり洗い	e		
フッ素系油				
溶剤	パーフルオロポリエーテル（例　ガルデン SV）	f	○	購

〔注〕　a　飯高一郎，長谷川正義：金属チタン，日刊工業新聞社（1955）第 3 章.
　　　　b　間宮富士雄：表面清浄技術（槇書店，東京，1993）7 一般的な清浄方法.
　　　　c　間宮富士雄：表面清浄技術（槇書店，東京，1993）8 めっきの前処理清浄.
　　　　d　B. S. Halliday：Vacuum，**37**（1987）587.
　　　　　　信越シリコーン Web サイト https://www.silicone.jp/contact/qa/qa101.shtml（Last accessed：2016-02-07）
　　　　f　SOLVAY ガルデン SV 流体カタログ
　　　　g　R.A. Rosenberg, et al.：J. Vac. Sci. Technol. A，**12**（1994）1755. 本文 2.8.7 参照.
　　　　h　Y. Li, et al.：J. Vac. Sci. Technol. A，**13**（1995）576. 本文 2.8.6 参照.
　　　　i　竹内節三：金属の工業洗浄（地人書館，東京，1993）.
処理の区分　委 ･･･ 処理委託，自 ･･･ 自分で実施，購 ･･･ 洗浄剤購入，自分で実施

引用・参考文献

1）石澤克修，野村健，村重信之：真空，**50**（2007）47.
2）R. P. Govier and G. M. McCracken：J. Vac. Sci. Technol.，**7**（1970）552.
3）H.C. Hseuh, T.S. Chou and C.A. Christianson：J. Vac. Sci. Technol. A，**3**（1985）518.
4）稲吉さかえ，斎藤一也，佐藤幸恵，塚原園子，原泰博，天野繁，石澤克修，野村健，嶋田晃久，金澤実：真空，**41**（1998）96.
5）竹内節三：金属の工業洗浄（地人書館，東京，1993），初版，6. 洗浄方法各論，p.103.
6）黒河明：J. Vac. Soc. Jpn.，**56**（2013）307.
7）浅野清光：真空，**43**（2000）660.
8）C. K. Chan, G. Y. Hsiung, C. C. Chang, R. Chen, C. Y. Yang, C. L. Chen, H. P. Hsueh, S. N. Hsu, I. Liu and J. R. Chen：J. Phys., Conf. Ser.，**100**（2008）092025.
9）斎藤功夫：真空，**43**（2000）654.
10）T. Momose, H. Yoshida, Z. Sherverni, T. Ebina, K. Tatenume and Y. Ikushima：J. Vac. Sci. Technol. A，**17**（1999）1391.
11）三品輝，百瀬丘，高原三広，生島豊，蓼沼克嘉：真空，**43**（2000）341.
12）百瀬丘，壱岐秀人：真空，**45**（2002）372.
13）間宮富士雄：表面清浄技術（槇書店，東京，1993）初版 p.157.

14) 稲吉さかえ，斎藤一也，塚原園子，石澤克修，野村健，金澤実：真空，**41** (1998) 574.

15) 馬場吉康，佐藤憲二，東伸一：真空，**41** (1998) 458.

16) 稲吉さかえ，斎藤一也，池田佳直，楊一新，塚原園子：真空，**36** (1993) 238.

17) 塚原園子，稲吉さかえ，大塚芳郎，三沢俊司，田中彰博：真空，**43** (2000) 209.

18) 赤堀宏：金属表面技術，**12** (1961) 135.

19) 赤堀宏：金属表面技術，**12** (1961) 358.

20) 田尻桂介，壁谷善三郎：真空，**40** (1997) 535.

21) K. Tajiri, Y. Saito, Y. Yamanaka and Z. Kabeya: J. Vac. Sci. Technol. A, **16** (1998) 1196.

22) 石澤克修，野村健，嶋田晃久，金澤実，稲吉さかえ，斎藤一也，塚原園子：真空，**41** (1998) 91.

23) 石川雄一，尾高憲二，小口優子，蒲原秀明：真空，**31** (1988) 466.

24) 湊道夫，伊藤好男：真空，**37** (1994) 113.

25) 森本佳秀，武村厚，室尾洋二，魚田雅彦，佐藤吉博，齋藤芳男：真空，**47** (2004) 375.

26) T. Homma, M. Minato, Y. Itoh, S. Akiya and T. Suzuki : Appl. Surf. Sci., **100/101** (1996) 189.

27) 栗巣普輝，木本剛，藤井寛朗，田中和彦，山本節夫，松浦満，石澤克修，野村健，村重信之：真空，**49** (2006) 254.

28) 本間禎一，穐谷修二，鈴木朋浩，湊道夫：真空，**40** (1997) 513.

29) ギュンター・ペツォー著，松村源太郎訳，金属エッチング技術（アグネ，東京，1997）初版．

30) 本間禎一，村田好正，高松肇，峰田昌建，伊藤明子，石川雄一，伊藤裕：真空，**30** (1987) 729.

31) A. Kagatsume, S. Ueda, M. Akiba and T. Kawabe: J. Vac. Sci. Technol. A, **9** (1991) 2364.

32) M. Li and H.F. Dylla: J. Vac. Sci. Technol. A, **13** (1995) 571.

33) 赤石憲也，江崎和弘，久保田雄輔，本島修：真空，**41** (1998) 713.

34) 佐藤洋志，中村弘幸，塚原園子，石川裕一，三沢俊司，高橋善和，稲吉さかえ：真空，**45** (2002) 438.

35) 寺田啓子，辻泰，岡野達雄：真空，**29** (1986) 271.

36) 廣木茂治，阿部哲也，村上義夫，木下昭一，長沼孝夫，安達伸雄：真空，**31** (1988) 850.

37) M. P. Seah and S. J. Spencer: J. Vac. Sci. Technol. A, **21** (2003) 345.

38) C. G. Worley and R. W. Linton: J. Vac. Sci. Technol. A, **13** (1995) 2281.

39) J. R. Vig: J. Vac. Sci. Technol. A, **3** (1985) 1027.

40) 日本産業洗浄協議会編：現場で役立つ洗浄評価法（工業調査会，東京，2008）初版．

41) 若山恵英，石井貴和，小林貞雄：真空，**41** (1998) 1001.

42) N. Kaufherr, A. Krauss, D. M. Gruen and R. Nielsen: J. Vac. Sci. Technol. A, **8** (1990) 2849.

43) R. A. Rosenberg, M. W. McDowell and J. R.

Noonan: J. Vac. Sci. Technol. A, **12** (1994) 1755.

44) Y. Li, D. Ryding, C. Liu, T. M. Kuzay, M. W. McDowell and R. A. Rosenberg: J. Vac. Sci. Technol. A, **13** (1995) 576.

45) C. L. Foerster, C. Lanni, R. Lee, G. Mitchell and W. Quade: J. Vac. Sci. Technol. A, **15** (1997) 731.

46) Y. T. Sasaki: J. Vac. Sci. Technol. A, **9** (1991) 2025.

47) 河野崇史，名越正泰，佐藤馨：JFE 技報 No.13 (2006) 5.

48) 小野幸子：J. Vac. Soc. Jpn., **52** (2009) 637.

49) J. R. Young: J. Vac. Sci. Technol., **6** (1969) 398.

50) 稲吉さかえ，石樽文昭：J. Vac. Soc. Jpn., **50** (2007) 205.

51) 株式会社アルバック編：新版真空ハンドブック（オーム社，東京，2002）初版，p.52.

52) 金子智，佐藤義和：表面技術，**41** (1990) 203.

2.9　ガス放出データ

2.9.1　熱脱離によるガス放出

真空容器やその中に入れる部材のガス放出特性は，その真空容器の排気特性や到達圧力などを決める重要な特性である．最も一般的なガス放出は，容器などの表面に吸着した水や有機物の熱脱離によるもので，真空容器の排気特性を決める主要な要因となる．熱脱離のほかには，イオン励起脱離，電子励起脱離，光励起脱離などの現象があるが[1),2)]，ここではおもに熱脱離に関するデータをまとめた．

ガス放出特性は，単位時間・単位面積当りに放出されるガスの量，すなわちガス放出速度を測定することで評価される．ガス放出速度の測定法には，スループット法[3)]，コンダクタンス変調法[4)]，流路切替え法[5)]，ビルドアップ法，分子線法[24)] などが用いられる．

測定されたガス放出速度値は，測定手法や測定装置の違いによって異なることが散見され，スループット法とビルドアップ法の測定値の違い[6),8)]，スループット法における排気速度，コンダクタンスのガス放出速度への影響などについて議論されている[7),10),25)]．

図 2.9.1 に真空容器を大気圧から排気したときのガス放出速度 $q\,[\mathrm{Pa \cdot m^3 \cdot s^{-1} \cdot m^{-2}}]$ の変化の例を示す．図 2.9.1 の「① 大気圧からの排気」部分のガス放出速度 q は，

$$q = \alpha \cdot t^{(-\beta)} \tag{2.9.1}$$

で表すことができるといわれている．ここで，t は排気時間，α，β はフィッティングのパラメーターである．金属表面に吸着した水の脱離に対しては，β は "1" に

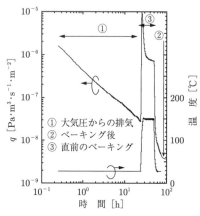

図 2.9.1 大気圧から排気したときのガス放出速度 q の変化

近い値をとることが知られている．このパラメーター α と β でデータガス放出特性を整理してまとめることが提唱されており[9]，本章でも α, β とその線形相関係数を求めた．

図 2.9.1 では，ある時間排気を継続した後，「③ 直前のベーキング」と表記したベーキングを行い，室温まで冷却している．ベーキングは水の脱離を促進し，より低い圧力により短時間で到達するために行われる．ベーキングした後に室温まで冷却するとガス放出速度が一定値になる．このときのガス放出速度を「ベーキング後のガス放出速度」と呼ぶことにする．図 2.9.1 では ② に相当する．

本節では，ガス放出速度データを「大気圧からの排気」と「ベーキング後のガス放出速度」に分けてまとめた．データは材料ごとに分類した．しかし，同一文献では測定の条件がそろえられており，比較は同じ論文で行うことが最も確からしいので，異なった材料のデータでも引用した文献に記述がある場合には，それらも並べて載せることとした．

また，大気圧から排気したときのガス放出速度測定においては，測定装置による測定値の違いがあることを考慮し，測定室の容積（V [m^3]），コンダクタンス（C [m$^3 \cdot$s^{-1}]），試料表面積（A [m^2]）とそれらから求められる排気の時定数 τ [s] $= V$ [m^3]$/C$ [m$^3 \cdot$s^{-1}] と，定数 g [m$\cdot$s^{-1}] $=$ 実効排気速度（またはコンダクタンス）[m$^3 \cdot$s^{-1}]/面積 [m^2][6] などもできる限り記載した．文献のグラフからパラメーター α, β を求めた場合には，表中の数値とフィッティング式の間に「⇒」印を，また文献中のフィッティング式から各時間のガス放出速度を算出した場合には，「←」印をそれぞれ記入した．

ベーキング後のガス放出速度については，測定の直前のベーキングの温度と時間，およびガス放出速度測定値を記載した．実効排気速度や，試料の表面積，容積等は特に記載しなかった．

測定方法はそれぞれスループット法：TH，コンダクタンス変調法：CMM，流路切替え法：SPP，ビルドアップ法：BU と略した．また，真空容器の中に試料を入れて測定した場合には，表中「方法」の欄に「TP」と表記した．

〔1〕 ステンレス鋼

（a） 大気圧からの排気　表 2.9.1 にステンレス鋼容器および部材の室温で大気圧から排気したときのガス放出速度の時間変化を示した．

表 2.9.1「A-1」は各種洗浄や，表面処理を行った SUS304 ステンレス鋼真空容器のガス放出速度を測定したもの[11]で，測定は，排気を止めてから数十秒間の圧力上昇を用いたビルドアップ法で行われた．

表 2.9.1「A-2」は SUS304 ステンレス鋼とその大気加熱酸化処理および軟鉄，軟鉄の上にクロムめっきをした真空容器の測定データ[12]である．また，ベント時にアルゴン（Ar）を入れることによる水の吸着の軽減が試みられた．

表 2.9.1「A-3」は，排気，ベーキングと大気暴露を繰り返した測定データ[13]である．一般的に真空容器の排気と大気暴露を繰り返すと，同じ圧力に到達するまでの排気時間が短縮されることが知られている．これは真空容器が「枯れた」状態になるという現象である．SUS316L ステンレス鋼の真空二重溶解材を用いて「枯れた」状態になる様子が示されている．同じ著者によって，SUS304 ステンレス鋼を大気中で 200℃ ×3 時間加熱することで表面に酸化層を形成した容器のガス放出速度が調べられた（A-8）[15]．ステンレス鋼の酸化処理はガス放出低減の効果が期待できる．

表 2.9.1「A-4」では，実効排気速度のガス放出速度への影響を調べている[14]．この測定では，$g =$（実効排気速度）÷（表面積）の値が $1.6 \times 10^{-1} \sim 1.9 \times 10^{-3}$ m/s の間で，ガス放出速度は大きく変化しなかった．

表 2.9.1「A-5」は電解複合研磨した真空容器のガス放出速度を測定した結果である[16]．電解複合研磨は電解液槽に入らない大きな被処理物も鏡面研磨が可能で，大型の真空容器などに応用されている．

表 2.9.1「A-7」では，特にグロー放電洗浄を行った後のガス放出速度が評価された[20]．アルミニウム合金製の真空容器についても評価しているが，それらについては，p.202〔2〕アルミニウム合金を参照されたい．

表 2.9.1「A-9」では，電解研磨，化学研磨，ガラスビーズブラスト（GBB）処理した真空容器のガス放出速度を比較評価している[18]．化学研磨は，被処理物の

2.9 ガス放出データ

表 2.9.1 大気圧から排気したときのガス放出速度（ステンレス鋼）

［表1］

材質	記号	表面処理，測定前の条件等	方法	面積 A[m²]	ガス放出速度 q [Pa·m³·s⁻¹·m⁻²] 10 h	20 h	40 h	50 h	80 h	100 h	$q=\alpha t^{-\beta}$ α	β	相関係数	測定時間	記号	文献
SUS304	a	ブラスト処理→450℃真空中加熱→大気暴露	TH+BU	0.375	9.6×10^{-6}	5.2×10^{-6}	2.9×10^{-6}	2.4×10^{-6}			7.12×10^{-5}	0.872	1.000 0	100 h		11)
SUS304	b	a の測定後⇒大気暴露⇒蒸気洗浄（脱脂）	TH+BU	0.375	8.3×10^{-6}	4.5×10^{-6}	2.5×10^{-6}	2.1×10^{-6}			5.77×10^{-5}	0.848	0.999 8	100 h		
SUS304	c	b の測定後⇒機械加工油で汚染⇒蒸気洗浄（脱脂）	TH+BU	0.375	7.2×10^{-6}	3.9×10^{-6}	2.2×10^{-6}	1.8×10^{-6}			5.12×10^{-5}	0.854	0.999 9	100 h		
SUS304	d	ブラスト処理⇒脱脂	TH+BU	0.375	1.8×10^{-7}	1.1×10^{-7}	6.3×10^{-8}	5.3×10^{-8}			1.06×10^{-6}	0.763	0.999 9	100 h		
SUS304	e	機械加工⇒脱脂	TH+BU	0.375	1.4×10^{-7}	8.3×10^{-8}	5.2×10^{-8}	4.3×10^{-8}			7.06×10^{-7}	0.712	1.000 0	100 h		
SUS304	f	電解研磨	TH+BU	0.375	1.8×10^{-7}	9.0×10^{-8}	4.4×10^{-8}	3.4×10^{-8}			1.92×10^{-6}	1.027	0.999 9	100 h	A-1	
SUS304	g	f の後⇒蒸気洗浄（脱脂）	TH+BU	0.375	1.2×10^{-7}	6.3×10^{-8}	3.5×10^{-8}	2.8×10^{-8}	1.8×10^{-8}	1.6×10^{-8}	8.63×10^{-7}	0.873	1.000 0	100 h		
SUS304	h	g の後⇒窒素ミネラル水洗浄清浄	TH+BU	0.375	1.5×10^{-7}	7.8×10^{-8}	3.9×10^{-8}	3.1×10^{-8}	2.0×10^{-8}	1.6×10^{-8}	1.52×10^{-6}	0.903	0.999 8	100 h		
SUS304	i	h の後⇒500℃真空中加熱⇒大気暴露	TH+BU	0.375	6.7×10^{-8}	3.6×10^{-8}	1.8×10^{-8}	1.5×10^{-8}	9.4×10^{-9}	7.8×10^{-9}	5.91×10^{-7}	0.943	0.999 8	100 h		
SUS304	j	新品を Diversey 工程による洗浄	TH+BU	0.375	3.5×10^{-8}	1.9×10^{-8}	9.7×10^{-9}	7.8×10^{-9}	4.9×10^{-9}	4.1×10^{-9}	3.06×10^{-7}	0.938	1.000 0	100 h		
SUS304	k	新品を機械加工油を脱脂後⇒ド油汚	TH+BU	0.375	6.7×10^{-7}	3.1×10^{-7}	1.4×10^{-7}	1.1×10^{-7}	6.1×10^{-8}	4.8×10^{-8}	9.43×10^{-6}	1.148	1.000 0	100 h		
SUS304	l		TH+BU	0.375		6.8×10^{-8}								100 h		
SUS304	m	新品をタード油で汚染	TH+BU	0.375	1.6×10^{-7}	8.1×10^{-8}	3.8×10^{-8}	3.0×10^{-8}	1.8×10^{-8}	1.5×10^{-8}	1.88×10^{-6}	1.056	0.999 8	100 h		
SUS304	n	新品を機械加工し脱脂	TH+BU	0.375	2.8×10^{-7}	1.2×10^{-7}	5.4×10^{-8}	4.3×10^{-8}	2.9×10^{-8}	2.7×10^{-8}	2.68×10^{-6}	1.030	0.999 2	100 h		
SUS304	o	新品⇒一旦大気ブラスト⇒脱脂	TH+BU	0.375	1.2×10^{-7}	6.3×10^{-8}	3.1×10^{-8}	2.4×10^{-8}	1.5×10^{-8}	1.2×10^{-8}	1.32×10^{-6}	1.021	0.999 9	100 h		
SUS304	p	新品を脱脂	TH+BU	0.375	9.1×10^{-8}	4.6×10^{-8}	2.3×10^{-8}	1.8×10^{-8}	1.1×10^{-8}	8.9×10^{-9}	9.52×10^{-7}	1.017	0.999 9	100 h		
SUS304	q	p の後⇒汚で汚染	TH+BU	0.375	1.1×10^{-7}	5.3×10^{-8}	2.6×10^{-8}	2.1×10^{-8}	1.3×10^{-8}	1.0×10^{-8}	1.12×10^{-6}	1.018	1.000 0	100 h		

（注）ビルドアップ法とスパッタ法の両方，ビルドアップ法は内側方，スパッタ法は排気遮断後10sのデータをとることで，50%程度マスクアウト法の測定値とした

［表2］

材質	表面処理，測定前の条件等	方法	面積 A[m²]	容積 V[m³]	コンダクタンス C[m³/s]	τ=V/C [s]	g=C/A [m/s]	ガス放出速度 q [Pa·m³·s⁻¹·m⁻²] 2 h	3 h	4 h	5 h	6 h	8 h	α	β	相関係数	測定時間	記号	文献
SUS27(304)	四塩化炭素による試験乾燥後⇒樹脂50℃ブロアー乾燥	TH	0.223		8.3×10^{-3}		3.7×10^{-2}		3.4×10^{-5}				1.3×10^{-6}	1.03×10^{-3}	3.329	0.988 8	8 h		12)
SUS27(304)	100℃ 3 h ベーク後 1~63 h 大気暴露	TH	0.223		8.3×10^{-3}		3.7×10^{-2}	6.7×10^{-5}	4.4×10^{-5}	3.2×10^{-5}	2.4×10^{-5}	1.8×10^{-5}	1.2×10^{-5}	1.65×10^{-3}	1.230	0.997 7	8 h		
SUS27(304)	100℃ 3 h ベーク後 1~63 h 大気暴露	TH	0.223		8.3×10^{-3}		3.7×10^{-2}	1.9×10^{-5}	1.1×10^{-5}	7.5×10^{-6}	6.3×10^{-6}	5.2×10^{-6}	4.2×10^{-6}	3.71×10^{-3}	1.087	0.992 5	8 h		
SUS27(304)	300℃ 3 h ベーク後⇒Ar 1 h 暴露（表面粗さ ∇∇∇～6 s，文献中には SUS2T と記載）	TH	0.223		8.3×10^{-3}		3.7×10^{-2}	1.1×10^{-4}	6.0×10^{-5}	4.2×10^{-5}	3.3×10^{-5}	2.7×10^{-5}	2.2×10^{-5}	2.31×10^{-3}	1.178	0.993 9	8 h		
SUS27(304)	300℃ 3 h ベーク後⇒Ar 10 min 暴露⇒大気	TH	0.223		8.3×10^{-3}		3.7×10^{-2}	4.9×10^{-5}	2.7×10^{-5}	1.8×10^{-5}	1.3×10^{-5}	1.1×10^{-5}	8.3×10^{-6}	1.15×10^{-3}	1.298	0.998 2	8 h		
SUS27(304)	100℃ 3 h ベーク後⇒Ar 10 min 暴露⇒大気	TH	0.223		8.3×10^{-3}		3.7×10^{-2}	3.2×10^{-5}	1.6×10^{-5}	1.0×10^{-5}	8.1×10^{-6}	7.0×10^{-6}	5.6×10^{-6}	6.66×10^{-5}	1.256	0.990 3	8 h	A-2	
SUS27(304)	100℃ 3 h ベーク後⇒200℃大気中 1 h 加熱	TH	0.223		8.3×10^{-3}		3.7×10^{-2}	1.4×10^{-5}	9.3×10^{-6}	6.7×10^{-6}	5.6×10^{-6}	4.9×10^{-6}	3.9×10^{-6}	2.54×10^{-4}	0.921	0.988 0	8 h		
SUS27(304)	四塩化炭素による試験乾燥後⇒樹脂50℃ブロアー乾燥	TH	0.223		8.3×10^{-3}		3.7×10^{-2}	3.5×10^{-5}	2.5×10^{-6}	2.1×10^{-6}	2.1×10^{-6}	1.7×10^{-6}	1.5×10^{-6}	1.49×10^{-4}	0.602	0.990 7	8 h		
軟鋼(S15C)	100℃ 3 h ベーク後 1~63 h 大気暴露後	TH	0.113		8.3×10^{-3}		7.3×10^{-2}	7.0×10^{-5}	4.9×10^{-5}	3.2×10^{-5}	2.3×10^{-5}	1.6×10^{-5}	1.1×10^{-5}	1.99×10^{-4}	1.368	0.989 6	8 h		
軟鋼(S15C)	300℃ 3 h ベーク後 1~38 h 大気暴露後（表面粗さ ∇∇∇～6 s）	TH	0.113		8.3×10^{-3}		7.3×10^{-2}	2.5×10^{-5}	1.5×10^{-5}	1.0×10^{-5}	8.4×10^{-6}	7.0×10^{-6}	5.7×10^{-6}	4.88×10^{-5}	1.073	0.995 6	8 h		
軟鋼(S15C)	100℃ 3 h ベーク後⇒Ar 1 h 暴露	TH	0.113		8.3×10^{-3}		7.3×10^{-2}	1.1×10^{-4}	7.8×10^{-5}	5.9×10^{-5}	4.6×10^{-5}	3.7×10^{-5}	2.9×10^{-5}	2.32×10^{-4}	1.002	0.999 6	8 h		
軟鋼(S15C)	200℃ 3 h ベーク後⇒Ar 1 h 暴露	TH	0.113		8.3×10^{-3}		7.3×10^{-2}		4.7×10^{-6}	3.4×10^{-6}	2.6×10^{-6}	2.2×10^{-6}	1.7×10^{-6}	1.49×10^{-4}	1.065	0.998 5	8 h		
軟鋼(S15C)	100℃~300℃ 3 h ベーク後⇒Ar 10 min 暴露⇒大気 1 h 暴露	TH	0.113		8.3×10^{-3}		7.3×10^{-2}	2.4×10^{-6}	1.7×10^{-6}	1.3×10^{-6}	1.0×10^{-6}	8.5×10^{-7}	5.6×10^{-7}	5.07×10^{-5}	1.020	0.995 1	8 h		
20μm クロムめっき	四塩化炭素による試験乾燥後⇒樹脂50℃ブロアー乾燥（表面粗さ ∇∇∇～6 s，下地：軟鋼(S15C)）	TH	0.113		8.3×10^{-3}		7.3×10^{-2}	8.7×10^{-6}	5.5×10^{-6}	4.0×10^{-6}	3.0×10^{-6}	2.5×10^{-6}	1.9×10^{-6}	1.84×10^{-5}	1.102	0.999 8	8 h		
20μm クロムめっき	100℃ 3 h ベーク後 1~63 h 大気暴露後	TH	0.113		8.3×10^{-3}		7.3×10^{-2}	5.8×10^{-5}	3.5×10^{-5}	2.5×10^{-5}	1.8×10^{-5}	1.5×10^{-5}	1.1×10^{-5}	1.05×10^{-4}	0.973	0.991 6	8 h		
20μm クロムめっき	100℃ 3 h ベーク後⇒Ar 1 h 暴露	TH	0.113		8.3×10^{-3}		7.3×10^{-2}		3.2×10^{-5}	2.0×10^{-5}	1.4×10^{-5}	1.1×10^{-5}	8.1×10^{-6}	1.48×10^{-4}	1.427	0.999 2	8 h		
20μm クロムめっき	300℃ 3 h ベーク後⇒Ar 1 h 暴露	TH	0.113		8.3×10^{-3}		7.3×10^{-2}	2.1×10^{-5}	1.3×10^{-5}			7.8×10^{-6}	4.6×10^{-6}	1.17×10^{-4}	1.543	0.997 7	8 h		
20μm クロムめっき	100℃ 3 h ベーク後⇒Ar 10 min 暴露⇒大気 1 h 暴露	TH	0.113		8.3×10^{-3}		7.3×10^{-2}	1.0×10^{-5}		4.6×10^{-6}	3.7×10^{-6}	3.7×10^{-6}	2.7×10^{-6}	4.54×10^{-5}	1.384	0.998 4	8 h		
20μm クロムめっき	200℃ 3 h ベーク後⇒Ar 10 min 暴露⇒大気	TH	0.113		8.3×10^{-3}		7.3×10^{-2}		6.5×10^{-6}	4.3×10^{-6}	3.2×10^{-6}	2.6×10^{-6}	2.1×10^{-6}	2.68×10^{-4}	1.276	0.994 4	8 h		
20μm クロムめっき	100℃~300℃ 3 h ベーク後⇒Ar 10 min 暴露⇒大気	TH	0.113		8.3×10^{-3}		7.3×10^{-2}		1.4×10^{-5}	9.0×10^{-6}	6.5×10^{-6}	4.9×10^{-6}	3.5×10^{-6}	7.49×10^{-5}	1.502	0.997 5	8 h		

表 2.9.1 （つづき）

材質	表面処理、測定前の条件等	方法	面積 A [m²]	容積 V [m³]	コンダクタンス C [m³/s]	τ=V/C [s]	g=C/A [m/s]	ガス放出速度 q [Pa·m³·s⁻¹·m⁻²] 1 h	2 h	4 h	5 h	8 h	10 h	カーブフィッティング q=αt⁻ᵝ α	β	相関係数	測定時間	記号	文献
SUS316L 真空二重溶解材	② 封止排気⇒大気暴露 1 h	TH	0.5	0.024 5	2.90×10⁻³	8.46	5.8×10⁻³	4.2×10⁻⁶	2.0×10⁻⁶	9.6×10⁻⁷	7.6×10⁻⁷	4.6×10⁻⁷	3.6×10⁻⁷	4.18×10⁻⁶	1.06		5×10⁵ s		13)
	② ①の後 150℃ベーク、合計時間 44 h⇒大気暴露 199 h	TH	0.5	0.024 5	2.90×10⁻³	8.46	5.8×10⁻³	2.0×10⁻⁶	8.3×10⁻⁷	3.3×10⁻⁷	2.5×10⁻⁷	1.3×10⁻⁷	1.0×10⁻⁷	2.05×10⁻⁶	1.31		10⁵ s		
	表面処理：電解研磨 ④ ③の後 150℃×14 h ベーク⇒ケ⇒大気暴露	TH	0.5	0.024 5	2.90×10⁻³	8.46	5.8×10⁻³	8.0×10⁻⁷	3.5×10⁻⁷	1.6×10⁻⁷	1.2×10⁻⁷	6.9×10⁻⁸	5.3×10⁻⁸	8.02×10⁻⁷	1.18		10⁵ s		
	⑤ ③の後 150℃×17 h ベーク⇒ケ⇒大気暴露 1 h	TH	0.5	0.024 5	2.90×10⁻³	8.46	5.8×10⁻³								1.18		10⁵ s		
	① 封止排気	TH	0.5	0.024 5	2.90×10⁻³	8.46	5.8×10⁻³	3.0×10⁻⁶	1.4×10⁻⁶	7.0×10⁻⁷	5.6×10⁻⁷	3.4×10⁻⁷	2.7×10⁻⁷	2.96×10⁻⁶	1.04		10⁵ s	A-3	
	② ①の後 250℃ 24 h ベーク⇒ケ⇒大気暴露 1 h	TH	0.5	0.024 5	2.90×10⁻³	8.46	5.8×10⁻³								1.30		10⁵ s		
	表面処理：電解研磨 ③ ②の後 150℃ 15 h ベーク⇒ケ⇒大気暴露	TH	0.5	0.024 5	2.90×10⁻³	8.46	5.8×10⁻³	1.3×10⁻⁶	5.3×10⁻⁷	2.2×10⁻⁷	1.6×10⁻⁷	8.8×10⁻⁸	6.6×10⁻⁸	1.31×10⁻⁶	1.30		10⁵ s		
	④ ③の後 150℃×6 h ベーク⇒大気暴露	TH	0.5	0.024 5	2.90×10⁻³	8.46	5.8×10⁻³								1.30		10⁵ s		
	⑤ ③の後 250℃ 20 h ベーク⇒大気暴露	TH	0.5	0.024 5	2.90×10⁻³	8.46	5.8×10⁻³								1.30		10⁵ s		
SUS316L 真空二重溶解材	① 450℃×30 h 10⁻⁵ Pa で真空中加熱後 封止室温排気 1 h	TH	0.5	0.024 5	2.90×10⁻³	8.46	5.8×10⁻³	1.7×10⁻⁶	8.9×10⁻⁷	4.6×10⁻⁷	3.7×10⁻⁷	2.3×10⁻⁷	1.9×10⁻⁷	1.72×10⁻⁶	0.96		5×10⁵ s		
	表面処理：電解研磨 ② ①の後 250℃ 24 h ベーク⇒大気暴露	TH	0.5	0.024 5	2.90×10⁻³	8.46	5.8×10⁻³								1.30		5×10⁵ s		
	③ ②～③の繰返し構造し 1 h	TH	0.5	0.024 5	2.90×10⁻³	8.46	5.8×10⁻³	1.3×10⁻⁶	5.3×10⁻⁷	2.2×10⁻⁷	1.6×10⁻⁷	8.8×10⁻⁸	6.6×10⁻⁸	1.31×10⁻⁶	1.30		5×10⁵ s		

①～⑤は大気圧からの排気回数

材質	表面処理、測定前の条件等	方法	A [m²]	V [m³]	C [m³/s]	τ=V/C [s]	g=C/A [m/s]	q 0.5 h	1 h	2 h	4 h	5 h	8 h	10 h	α	β	相関係数	測定時間	記号	文献
SUS316L 真空二重溶解材	① 排気 150℃ベークと大気暴露を繰り返	TH	0.5	0.024 5	9.40×10⁻⁴	26.11	1.9×10⁻³	1.9×10⁻⁶	1.9×10⁻⁶	3.0×10⁻⁷					7.32×10⁻⁷	1.275	0.9994	10⁵ s		14)
	② し、枯れた状態の真空容器	TH	0.5	0.024 5	2.90×10⁻³	8.46	5.8×10⁻³	1.9×10⁻⁶	1.9×10⁻⁶	3.5×10⁻⁷					8.41×10⁻⁷	1.201	0.9999	10⁵ s		
	表面処理：電解研磨 ③ ①～③の簡単で構造し	TH	0.5	0.024 5	9.20×10⁻³	2.67	1.8×10⁻³	1.4×10⁻⁶	5.9×10⁻⁷	2.6×10⁻⁷					5.96×10⁻⁷	1.162	0.9950	10⁵ s		
SUS304	① 排気 150℃ベークと大気暴露を繰り返	TH	0.172	0.002 4	2.90×10⁻³	0.81	1.7×10⁻²	1.0×10⁻⁶	3.7×10⁻⁷	1.5×10⁻⁷					6.25×10⁻⁸	1.186	0.9990	10⁵ s		
	表面処理：ガラスビーズ ② し、枯れた状態の真空容器	TH	0.172	0.002 4	9.10×10⁻³	0.26	5.3×10⁻²		3.2×10⁻⁷	1.7×10⁻⁷					6.43×10⁻⁷	1.200	0.9951	10⁵ s	A-4	
	ブラスト ③ ①～③の簡単で構造し	TH	0.172	0.002 4	2.79×10⁻²	0.08	1.6×10⁻¹		3.7×10⁻⁷	1.5×10⁻⁷	6.2×10⁻⁸				8.60×10⁻⁸	1.261	0.9993	10⁵ s		
SUS316L 電解複合研磨ブランジは SUS304 材	1 次圧室素 1 h 暴露	TH	0.27		2.90×10⁻³		1.1×10⁻²	3.2×10⁻⁷	1.5×10⁻⁷	8.1×10⁻⁸	7.3×10⁻⁸	4.7×10⁻⁸	3.6×10⁻⁸	3.02×10⁻⁷	0.914	0.9954	24 h	A-5	16)
BN/SUS316L	B、N を添加、830℃×3 h 真空中加熱で BN を表面析出	TH	0.48	0.018 4	1.00×10⁻³	18.4	2.1×10⁻³	6.9×10⁻⁷	3.1×10⁻⁷	1.3×10⁻⁷	9.0×10⁻⁸	5.2×10⁻⁸	4.1×10⁻⁸	6.32×10⁻⁷	1.145	0.9997	40 h		21)
SUS316	表面処理：電解研磨	TH	0.48	0.018 4	1.00×10⁻³	18.4	2.1×10⁻³	1.7×10⁻⁷	1.7×10⁻⁷	4.1×10⁻⁸	2.6×10⁻⁸	1.7×10⁻⁸	1.3×10⁻⁸	1.78×10⁻⁷	1.110	0.9983	40 h	A-6	
SUS316	電解研磨、450℃×48 h 真空中加熱	TH	0.48	0.018 4	1.00×10⁻³	18.4	2.1×10⁻³	9.5×10⁻⁷	4.0×10⁻⁷	2.1×10⁻⁷	1.6×10⁻⁷	9.5×10⁻⁸	7.7×10⁻⁸	9.06×10⁻⁷	1.081	0.9981	40 h		
SUS316L	電解研磨、830℃×3 h BN を析出させたチャンバーと同時に真空中加熱	TH	0.48	0.018 4	1.00×10⁻³	18.4	2.1×10⁻³	9.5×10⁻⁷	4.2×10⁻⁷	2.1×10⁻⁷	1.8×10⁻⁷	1.0×10⁻⁷	8.3×10⁻⁸	9.24×10⁻⁷	1.042	0.9983	40 h		

表 2.9.1 （つづき）

材質	表面処理，測定前の条件等	方法	面積 A [m²]	容積 V [m³]	コンダクタンス C [m³/s]	t=V/C [s]	g=C/A [m/s]	ガス放出速度 q [Pa·m³·s⁻¹·m⁻²]							カーブフィッティング q=α·t[h]^β, q [Pa·m³·s⁻¹·m⁻²]			測定時間	記号	文献
								1 h	2 h	4 h	5 h	8 h	10 h	20 h	α	β	相関係数			
SUS304L	電解研磨	TH	0.43	0.017	4.8×10⁻³	3.5	1.1×10⁻³	1.1×10⁻⁵	5.1×10⁻⁶	2.4×10⁻⁶	1.9×10⁻⁶	1.1×10⁻⁶	8.6×10⁻⁷	4.0×10⁻⁷	1.11×10⁻⁵	1.11	0.999			
SUS304L	0.08C He GDC(l. s.)	TH	0.43	0.017	4.8×10⁻³	3.5	1.1×10⁻³	7.0×10⁻⁶	3.7×10⁻⁶		1.6×10⁻⁶	1.0×10⁻⁶	8.4×10⁻⁷	4.4×10⁻⁷	6.97×10⁻⁶	0.92	0.973			
SUS304L	0.16C He GDC(l. s.)	TH	0.43	0.017	4.8×10⁻³	3.5	1.1×10⁻³	1.8×10⁻⁵	7.7×10⁻⁶	3.3×10⁻⁶	2.6×10⁻⁶	1.5×10⁻⁶	1.1×10⁻⁶	4.8×10⁻⁷	1.76×10⁻⁵	1.20	0.987			
SUS304L	0.02C H₂ GDC(l. s.)	TH	0.43	0.017	4.8×10⁻³	3.5	1.1×10⁻³	2.7×10⁻⁵	1.2×10⁻⁵	5.1×10⁻⁶	3.9×10⁻⁶	2.2×10⁻⁶	1.7×10⁻⁶	7.1×10⁻⁷	2.74×10⁻⁵	1.22	0.983			
SUS304L	複合電解研磨，東北大，粗さ<0.02μm	TH	0.43	0.017	4.8×10⁻³	3.5	1.1×10⁻³	4.3×10⁻⁶	1.9×10⁻⁶	8.6×10⁻⁷	6.7×10⁻⁷	3.9×10⁻⁷	3.0×10⁻⁷	1.3×10⁻⁷	4.30×10⁻⁶	1.16	0.994			
SUS304L	真空二重溶解/洗浄剤(Alconox)洗浄，C 濃度低減	TH	0.43	0.017	4.8×10⁻³	3.5	1.1×10⁻³	6.1×10⁻⁶	2.7×10⁻⁶	1.2×10⁻⁶	9.3×10⁻⁷	5.3×10⁻⁷	4.1×10⁻⁷	1.8×10⁻⁷	6.08×10⁻⁶	1.17	0.995		A-7	20)
SUS304L	0.5C He GDC	TH	0.43	0.017	4.8×10⁻³	3.5	1.1×10⁻³	5.8×10⁻⁶	2.7×10⁻⁶	1.2×10⁻⁶	9.6×10⁻⁷	5.7×10⁻⁷	4.4×10⁻⁷	2.0×10⁻⁷	5.82×10⁻⁶	1.12	0.992			
SUS304L	プレベーク/電解研磨，Quantum Mechanics 社の仕様	TH	0.43	0.017	4.8×10⁻³	3.5	1.1×10⁻³	5.8×10⁻⁶	2.4×10⁻⁶	1.0×10⁻⁶	7.5×10⁻⁷	4.1×10⁻⁷	3.1×10⁻⁷	1.3×10⁻⁷	5.80×10⁻⁶	1.27	0.999			
SUS304L	ミル仕上げ/洗浄剤(Alconox)洗浄	TH	0.43	0.017	4.8×10⁻³	3.5	1.1×10⁻³	6.6×10⁻⁶	3.0×10⁻⁶	1.4×10⁻⁶	1.1×10⁻⁶	6.2×10⁻⁷	4.8×10⁻⁷	2.2×10⁻⁷	6.60×10⁻⁶	1.14	0.999			
SUS304L	1C Ar/O₂ GDC(l. s.)	TH	0.43	0.017	4.8×10⁻³	3.5	1.1×10⁻³	4.9×10⁻⁶	2.3×10⁻⁶	1.1×10⁻⁶	8.5×10⁻⁷	5.1×10⁻⁷	4.0×10⁻⁷	1.9×10⁻⁷	4.92×10⁻⁶	1.09	0.988			
SUS304L	2C Ar/O₂ GDC(p. l.)	TH	0.43	0.017	4.8×10⁻³	3.5	1.1×10⁻³	4.1×10⁻⁶	1.9×10⁻⁶	8.8×10⁻⁷	6.8×10⁻⁷	4.1×10⁻⁷	3.2×10⁻⁷	1.5×10⁻⁷	4.08×10⁻⁶	1.11	0.997			
SUS304L	0.5C He GDC(l. s.)	TH	0.43	0.017	4.8×10⁻³	3.5	1.1×10⁻³	2.2×10⁻⁶	1.2×10⁻⁶	6.0×10⁻⁷	4.9×10⁻⁷	3.1×10⁻⁷	2.5×10⁻⁷	1.3×10⁻⁷	2.22×10⁻⁶	0.94	0.986			
SUS304L	0.5C Ar/O₂ GDC(p. l.)	TH	0.43	0.017	4.8×10⁻³	3.5	1.1×10⁻³	7.5×10⁻⁶	3.2×10⁻⁶	1.3×10⁻⁶	1.0×10⁻⁶	5.7×10⁻⁷	4.3×10⁻⁷	1.8×10⁻⁷	7.46×10⁻⁶	1.24	0.955			
SUS304L	0.5C H₂ GDC(p. l.)	TH	0.43	0.017	4.8×10⁻³	3.5	1.1×10⁻³	1.0×10⁻⁵	4.3×10⁻⁶	1.8×10⁻⁶	1.4×10⁻⁶	8.2×10⁻⁷	6.3×10⁻⁷	2.7×10⁻⁷	9.99×10⁻⁶	1.20	0.976			

GDC なしの手順：真空中 150℃ × 30 h 焼き出しと 3 つの手順：真空中 150℃ × 48 h ベーキング⇒室温(22℃)まで冷却⇒R.H.60%大気に 1 h 暴露⇒排気開始⇒1 Torr になったら測定開始
in-situ GDC を含むものの手順：真空中 150℃ × 48 h ベーキング × 48 h ベーキング⇒室温(22℃)まで冷却⇒排気⇒1 h 暴露⇒排気⇒1 Torr になってからグロー放電洗浄を 1×10⁻³ Torr になったら測定開始⇒1 Torr になったらグロー放電ガスを 10～100 mTorr 導入し既定の放電電流を開始
GDC：グロー放電洗浄　C：Coulombs/cm²
p. l.：1 気圧イベントからの排気後 in-situ で GDC
l. s.：1 気圧イベントと排気の前から GDC は排気の繰返し回数
Ar/O₂：Ar+0.5% O₂

材質	表面処理，測定前の条件等		方法	面積 A [m²]	コンダクタンス C [m³/s]	g=C/A [m/s]	ガス放出速度 q [Pa·m³·s⁻¹·m⁻²]							カーブフィッティング α	β	相関係数	測定時間	記号	文献
							600 s	1000 s	2000 s	3000 s	5000 s	10000 s	14400 s						
SUS304	EX-1	バフ研磨→電解研磨(リン酸系) 4回目研磨	TH	1.5	2.86×10⁻²	1.9×10⁻²	5.73×10⁻⁵	2.80×10⁻⁵	1.1×10⁻⁵	6.7×10⁻⁶	3.5×10⁻⁶	1.6×10⁻⁶	1.1×10⁻⁶	5.60×10⁻⁴	1.249	0.999 0	10⁴ s		
SUS304	EX-2	⇒450℃×30 h プレベーク(10⁻³ Pa台) 貼り付き状態	TH	1.5	2.86×10⁻²	1.9×10⁻²												A-8	15)
SUS304	EX-3	⇒450℃×30 h プレベーク(10⁻³ Pa台) ⇒200℃×3 h 大気中加熱による酸化 初期排ガス	TH	1.5	2.86×10⁻²	1.9×10⁻²	4.55×10⁻⁵	2.27×10⁻⁵	9.8×10⁻⁶	6.0×10⁻⁶	2.8×10⁻⁶	1.3×10⁻⁶	8.8×10⁻⁷	4.67×10⁻⁴	1.250	0.999 6	10⁴ s		
SUS304	EX-4	⇒200℃までの真空中ベーク ⇒大気暴露の構造し，EX の後の数字は排気の繰返し回数 大気酸化	TH	1.5	2.86×10⁻²	1.9×10⁻²													
SUS304	EX-4	大気酸化	TH	1.5	2.86×10⁻²	1.9×10⁻²													

材質	表面処理，測定前の条件等		方法	面積 A [m²]	容積 V [m³]	コンダクタンス C [m³/s]	t=V/C [s]	g=C/A [m/s]	ガス放出速度 q [Pa·m³·s⁻¹·m⁻²]							α	β	相関係数	測定時間	記号	文献
									1 h	2 h	4 h	5 h	8 h	10 h	20 h						
SUS304L	電解研磨→精密洗浄	真空排気⇒150℃ 24 h ベーク⇒R.H.50%大気 1 h 暴露	TH	0.4	0.02	6.0×10⁻³	3.33	1.5×10⁻³	6.3×10⁻⁷	2.8×10⁻⁷	1.4×10⁻⁷	1.1×10⁻⁷	6.7×10⁻⁸	5.3×10⁻⁸	2.8×10⁻⁸	6.26×10⁻⁷	1.161	0.999 9	24 h		
SUS304L	ガラスビーズブラスト処理→水洗浄	真空排気⇒150℃ 24 h ベーク⇒R.H.50%大気 1 h 暴露	TH	0.4	0.02	6.0×10⁻³	3.33	1.5×10⁻³	6.4×10⁻⁷	3.0×10⁻⁷	1.4×10⁻⁷	1.0×10⁻⁷	5.8×10⁻⁸	4.4×10⁻⁸	2.5×10⁻⁸	6.54×10⁻⁷	0.935	0.999 5	24 h	A-9	18)
SUS304L	化学研磨→精密洗浄	真空排気⇒150℃ 24 h ベーク⇒R.H.50%大気 1 h 暴露	TH	0.4	0.02	6.0×10⁻³	3.33	1.5×10⁻³	5.2×10⁻⁷	2.6×10⁻⁷	1.4×10⁻⁷	1.1×10⁻⁷	7.2×10⁻⁸	6.2×10⁻⁸	3.3×10⁻⁸	5.15×10⁻⁷	1.067	0.999 2	24 h		

表 2.9.1 （つづき）

材質	表面処理、測定前の条件等	方法	面積 A [m²]	容積 V [m³]	コンダクタンス C [m³/s]	$\tau=V/C$ [s]	$g=C/A$ [m/s]	1 h	2 h	4 h	5 h	8 h	10 h	20 h	α	β	相関係数	測定時間	記号	文献
TiN/SUS316L	ホロカソード放電による TiN(1 μm)成膜	TH	0.4	0.02	6.0×10^{-3}	3.3	1.5×10^{-2}	2.9×10^{-7}	1.3×10^{-7}		5.0×10^{-8}		2.4×10^{-8}	1.2×10^{-8}	2.79×10^{-7}	1.057	0.999 6	24 h		22)
SUS304L	電解研磨 100 mm×100 mm×0.5 mm×20 枚 150℃×20 h ベーキング後 R.H.50%大気 1 h 暴露	TH, TP	0.4/0.4	0.02	6.0×10^{-3}	3.3	7.5×10^{-2}	2.6×10^{-7}	1.4×10^{-7}	7.8×10^{-8}	6.2×10^{-8}	4.4×10^{-8}	3.4×10^{-8}	2.0×10^{-8}	2.53×10^{-7}	0.858	0.999 7	24 h	A-10	23)
Si 膜/SUS304L	電解研磨 100 mm×100 mm×0.5 mm×20 枚	TH, TP	0.4/0.4	0.02	6.0×10^{-3}	3.3	7.5×10^{-2}	4.5×10^{-7}	2.2×10^{-7}	1.3×10^{-7}	1.0×10^{-7}	6.2×10^{-8}	4.5×10^{-8}	1.4×10^{-8}	5.15×10^{-7}	1.099	0.997 0	24 h		23)

[注] コンダクタンスは、25℃、窒素の値

材質	表面処理、測定前の条件等	方法	面積 A [m²]	容積 V [m³]	コンダクタンス C [m³/s]	$\tau=V/C$ [s]	$g=C/A$ [m/s]	1 h	2 h	4 h	5 h	8 h	10 h	20 h	α	β	相関係数	測定時間	記号	文献
SUS304	バフ研磨($R_{max}<0.1$ μm) 初回排気	TH	0.69	0.025	7.78×10^{-3}	3.21	1.11×10^{-2}	2.3×10^{-7}	1.0×10^{-7}	4.6×10^{-8}	3.6×10^{-8}	2.1×10^{-8}	1.6×10^{-8}	7.3×10^{-9}	2.28×10^{-7}	1.150		10^{5} s		17)
SUS304	電解複合研磨 初回排気	TH	0.69	0.025	7.78×10^{-3}	3.21	1.11×10^{-2}	9.9×10^{-8}	4.7×10^{-8}	2.2×10^{-8}	1.8×10^{-8}	1.1×10^{-8}	8.4×10^{-9}	4.0×10^{-9}	9.86×10^{-8}	1.070		–	A-11	
TiN/SUS304	電解複合研磨+TiN コーティング	TH	0.184	0.006 7	7.78×10^{-3}	0.86	4.2×10^{-2}	1.7×10^{-7}	8.2×10^{-8}	4.0×10^{-8}	3.1×10^{-8}	1.9×10^{-8}	1.5×10^{-8}	7.3×10^{-9}	1.70×10^{-7}	1.050		10^{5} s		17)

材質	表面処理、測定前の条件等	方法	面積 A [m²]	容積 V [m³]	コンダクタンス C [m³/s]	1 h	2 h	4 h	5 h	8 h	10 h	20 h	α	β	相関係数	測定時間	記号	文献
SUS304L	電解研磨 リン酸系電解液→硝酸液(濃→温)洗浄後	CMM	0.478	0.018	0.04/0.20	9.3×10^{-7}	4.0×10^{-7}	2.2×10^{-7}	1.6×10^{-7}	1.1×10^{-7}	8.8×10^{-8}	4.4×10^{-8}	8.53×10^{-7}	0.905	0.997 0	50 h		
SUS304L	電解研磨+大気中酸化 723 K 24 h 大気中加熱による酸化	CMM	0.478	0.018	0.04/0.20	3.8×10^{-7}	1.8×10^{-7}	9.3×10^{-8}	7.6×10^{-8}	4.8×10^{-8}	3.8×10^{-8}	1.9×10^{-8}	3.65×10^{-7}	0.991	0.999 1	50 h		
SUS304L	電解複合研磨	CMM	0.478	0.018	0.04/0.20	5.8×10^{-7}	2.8×10^{-7}	1.5×10^{-7}	1.2×10^{-7}	7.2×10^{-8}	5.7×10^{-8}	3.7×10^{-8}	5.50×10^{-7}	0.944	0.998 9	50 h		
SUS304L	電解複合研磨+大気中酸化 723 K 24 h 大気中加熱による酸化	CMM	0.478	0.018	0.04/0.20	1.5×10^{-7}	7.4×10^{-8}	4.0×10^{-8}	3.2×10^{-8}	2.0×10^{-8}	1.6×10^{-8}	8.4×10^{-9}	1.49×10^{-7}	0.964	0.999 6	50 h	A-12	19)
YUS130S	電解研磨 リン酸系電解液→硝酸液(濃→温)洗浄後	CMM	0.478	0.018	0.04/0.20	6.3×10^{-7}	3.1×10^{-7}	1.6×10^{-7}	1.2×10^{-7}	7.5×10^{-8}	6.2×10^{-8}	2.5×10^{-8}	6.72×10^{-7}	1.069	0.998 6	50 h		
YUS130S	電解研磨+大気中酸化 723 K 24 h 大気中加熱による酸化	CMM	0.478	0.018	0.04/0.20	5.6×10^{-7}	2.6×10^{-7}	1.4×10^{-7}	1.0×10^{-7}	6.5×10^{-8}	4.8×10^{-8}	2.3×10^{-8}	5.58×10^{-7}	1.059	0.999 6	50 h		
YUS130S	電解複合研磨	CMM	0.478	0.018	0.04/0.20	4.6×10^{-7}	2.1×10^{-7}	1.1×10^{-7}	8.2×10^{-8}	4.8×10^{-8}	3.4×10^{-8}	1.7×10^{-8}	4.66×10^{-7}	1.105	0.999 6	50 h		
YUS130S	電解複合研磨+大気中酸化 723 K 24 h 大気中加熱による酸化	CMM	0.478	0.018	0.04/0.20	2.0×10^{-7}	1.0×10^{-7}	5.3×10^{-8}	4.0×10^{-8}	2.6×10^{-8}	2.1×10^{-8}	1.2×10^{-8}	1.93×10^{-7}	0.946	0.999 3	50 h		

材質	表面処理、測定前の条件等	方法	面積 A [m²]	容積 V [m³]	コンダクタンス C [m³/s]	$\tau=V/C$ [s]	$g=C/A$ [m/s]	1000 s	1 h	2 h	4 h	8 h	10 h	17 h	α	β	相関係数	測定時間	記号	文献
SUS304	相対湿度 40%、22℃の大気暴露後	TH	0.540 2	7.66×10^{-3}	2.30×10^{-3}	3.33	4.26×10^{-3}	5.20×10^{-7}	1.71×10^{-7}	8.61×10^{-8}	4.34×10^{-8}	2.59×10^{-8}	2.19×10^{-8}	1.36×10^{-8}	1.68×10^{-7}	0.906	0.998 7	17 h		
SUS304	相対湿度 40%、22℃の大気暴露後 排気開始 1000 s 後— 1 h 水銀ランプ (波長 181.9 nm) 無照射、照射中の周りの温度 30℃以下	TH						5.2×10^{-7} *	8.0×10^{-8}	2.6×10^{-8}	1.5×10^{-8}	8.9×10^{-9}	7.5×10^{-9}	5.5×10^{-9}	3.85×10^{-7} **	0.698	0.998 9	17 h	A-18	131)

表面処理不明 カーブフィットは排気 4 h 以降のデータで行った。

* 1h のデータは排気 4 h 以降のデータで実施
** カーブフィッティングは 4 h 以降のデータで実施

形状によらず均一な表面処理層を形成できる．化学研磨は電解研磨とほぼ同等のガス放出速度で，GBB処理した容器はガス放出速度が高かった．

表2.9.1「A-12」では極低温環境で使用可能な高強度非磁性ステンレス鋼である高Mnステンレス鋼 YUS130S のガス放出速度を SUS304L ステンレス鋼と比較評価している[19]．YUS130S のガス放出速度は SUS304L ステンレス鋼とほぼ同等であった．また，大気中酸化した試料のガス放出速度が小さい．

表2.9.1「A-6」[21]，「A-10」[22]，「A-11」[17] では，ステンレス鋼製真空容器あるいは基板の表面に皮膜がある場合のガス放出速度を評価している．皮膜は析出させた BN 層[21]，コーティングした TiN 層[17],[22]，Si 層[23] である．BN 層と TiN 層についてはステンレス鋼内部に含有されている水素の拡散障壁効果を期待し，Si 層は表面に吸着する水の低減を目的としている．

表2.9.1「A-18」[131] では，排気中に 184.9 nm の光を含む水銀ランプをチャンバー内で 1 時間点灯し，ランプを消灯した後のガス放出速度が水銀ランプを照射しなかったときに比べて小さくなることが示された．光照射でベーキングと同様な水の脱離促進の効果を確認した．

（b）　ベーキング後のガス放出速度　　表2.9.2にベーキング後のガス放出速度をまとめた．ベーキング後のステンレス鋼のおもな放出ガスは水素である．金属材料を真空で使うと材料中に固溶している水素が表面へ拡散し真空中に放出される．ステンレス鋼はその放出速度が大きいために，超高真空，極高真空領域で使用するときには水素の拡散放出を抑制する必要がある．抑制方法は，① 真空中であらかじめ 400℃ 程度以上の温度でステンレス鋼容器等を数時間～数十時間加熱し，ステンレス鋼中の水素を放出させてしまうプレベーク，② 真空二重溶解材を使う，③ 材料表面に水素の放出を阻止する膜（酸化皮膜，BN 層，TiN 膜など）を形成する，などがある．

オーステナイト系ステンレス鋼 SUS304, 304L, 316, 316L などの真空容器を 100℃～200℃ 程度で数十時間ベーキングしたときのガス放出速度は，電解研磨，化学研磨，GBB 処理などの表面処理にはよらず，おおよそ $1\sim3\times10^{-9}$ Pa·m^3·s^{-1}·m^{-2} のデータが多い（A-3, A-6, A-9, A-13, A-14, A-17）．ただし，「A-11」のように例外もある．

真空二重溶解材を使った例では，150℃ の繰返しベークによって約 3×10^{-10} Pa·m^3·s^{-1}·m^{-2} が得られている（A-3, A-4）．真空二重溶解材ではない普通溶解材でも，400℃ 程度以上の温度でのプレベーク処理では，$10^{-12}\sim10^{-10}$ Pa·m^3·s^{-1}·m^{-2} の低ガス放出速度を

得ることができる（A-8, A-6, A-13, A-16）．

「A-8」では 450℃ × 30 時間のプレベークの後に大気中で 200℃ × 3 時間加熱することにより表面に酸化皮膜を成長させると 450℃ でプレベークしただけの真空容器よりもガス放出速度が低下することが示されている．一方，「A-13」[28] では，大気中 450℃ 加熱による酸化皮膜形成処理の効果を検討しており，大気中 450℃ 加熱で形成した酸化皮膜を機械的に除去した前後でガス放出速度が変化しないという結果が示されている．この場合のガス放出速度低減の効果は，酸化皮膜形成のための加熱によりステンレス鋼中の水素が脱ガスされたことが原因と解釈された．

プレベーク，すなわち真空中での高温加熱によってステンレス鋼中の水素を極限まで除去してしまえばガス放出速度はさらに低減できるのだろうか．実際には，ステンレス鋼中の固溶水素量が減少し水素の濃度勾配が小さくなると，水素の拡散ではなく，表面での水素の再結合過程がガス放出速度を律速する[86]．このため，ある程度以上のガス放出速度の低減は困難となる．「A-16」[31] は，960℃ で 25 時間真空中プレベークを行ったステンレス鋼のガス放出速度をビルドアップ法で測定した結果であり，0.2×10^{-3} Pa で圧力が飽和する様子が示された．これは，再結合過程が支配的になったために水素分子の吸着平衡を観測しているのではないかと解釈されている．表中に示されたガス放出速度は圧力が飽和する前の圧力上昇率から求められた値である．

「A-15」，「A-17」に示された TiN 膜[26],[27]，h BN–Cu 複合膜[29] は水素の拡散放出を抑制するためのコーティングとして使われ，$10^{-13}\sim10^{-12}$ Pa·m^3·s^{-1}·m^{-2} の低いガス放出速度が得られた．

グロー放電は，水の脱離の促進を目的としても使用される．排気開始 2 時間後に，Ar 圧力 0.27 Pa, 60～300 V（110～160 mA）で 5 時間グロー放電洗浄すると，排気開始から 10 時間で，7.5×10^{-9} Pa·m^3·s^{-1}·m^{-2}，20 時間で 2.9×10^{-9} Pa·m^3·s^{-1}·m^{-2} に到達した報告[129] がある．

〔2〕　アルミニウム合金
アルミニウム合金は残留放射能の減衰速度が速いため，加速器の真空容器などの材料として注目された．また，半導体では重金属汚染を嫌うために鉄系材料よりも，アルミニウム合金が多く使われる．そのため，ガス放出速度に関しても多くの報告がある．

（a）　大気圧からの排気　　表2.9.3は，アルミニウム合金の大気圧から排気したときのガス放出速度の変化をまとめたものである．

一般的にアルミニウム合金は大気中に放置されると

表 2.9.2　ベーキング後のガス放出速度（ステンレス鋼）

材質	表面処理，測定前の条件等	方法	測定直前のベーキング条件	ガス放出速度 $[\mathrm{Pa\cdot m^3\cdot s^{-1}\cdot m^{-2}}]$	記号	文献
SUS304	A：ガラスビーズブラスト	TH	250℃×30 h ベーキング後	2.67×10^{-9}		
SUS304	B：電解研磨（研磨量 4～6µm）	TH	250℃×30 h ベーキング後	4.00×10^{-10}		
SUS304	C：電解研磨（研磨量 20～25µm）	TH	250℃×30 h ベーキング後	2.67×10^{-9}		
SUS304	D：B を 250℃×16 h 大気酸化	TH	250℃×15 h ベーキング後	6.67×10^{-10}	A-13	28)
SUS304	E：ガラスビーズブラスト⇒450℃×61 h 大気中ベーク	TH	250℃×15 h ベーキング後	4.00×10^{-10}		
SUS304	F：E の酸化層をガラスビーズブラストで除去	TH	250℃×15 h ベーキング後	4.00×10^{-10}		
SUS304	F：C に 250℃⇒450℃×17 h ベーキング	TH	450℃×17 h ベーキング後	5.33×10^{-10}		
A1100	アセトンによる洗浄	TH	250℃×15 h ベーキング後	5.33×10^{-9}		
SUS27(304)	四塩化炭素による拭取り脱脂 50℃ブロアー乾燥　表面粗さ▽▽▽-6 s　文献中には SUS27 と記載	TH	100℃×3 h ベーキング後	1.72×10^{-7}		
SUS27(304)		TH	300℃×3 h ベーキング後	2.29×10^{-9}		
SUS27(304)		TH	450℃×5 h ベーキング後	1.53×10^{-10}		
軟鋼(S15C)	四塩化炭素による拭取り脱脂 50℃ブロアー乾燥　表面粗さ▽▽▽-6 s	TH	100℃×3 h ベーキング後	1.68×10^{-6}	A-2	12)
軟鋼(S15C)		TH	300℃×3 h ベーキング後	2.79×10^{-9}		
20µm クロムめっき	四塩化炭素による拭取り脱脂 50℃ブロアー乾燥　表面粗さ▽▽▽-6 s　下地：軟鋼(S15C)	TH	100℃, 200℃×3 h ベーキング後	5.37×10^{-7}		
20µm クロムめっき		TH	300℃×3 h ベーキング後	7.43×10^{-10}		
SUS316L 真空二重溶解材	A：室温排気⇒大気暴露 1 h⇒真空排気（表面処理：電解研磨）	TH	150℃×24 h ベーキング後	1.55×10^{-9}		
	B：A の後大気暴露せず	TH	150℃×10 h ベーキング後	1.15×10^{-9}		
	C：B の後大気暴露せず	TH	150℃×8 h ベーキング後	1.01×10^{-9}		
	D：C の後大気暴露 1 h⇒真空排気	TH	150℃×14 h ベーキング後	4.02×10^{-10}		
	E：D の後大気暴露 1 h⇒真空排気	TH	150℃×17 h ベーキング後	3.44×10^{-10}		
	F：E の後大気暴露 1 h⇒真空排気	TH	150℃×9 h ベーキング後	3.50×10^{-10}		
SUS316L 真空二重溶解材	A：初回排気（表面処理：電解研磨）	TH	250℃×24 h ベーキング後	5.35×10^{-10}	A-3	13)
	B：A の後大気暴露 1 h⇒真空排気	TH	150℃×15 h ベーキング後	3.35×10^{-10}		
	C：B の後大気暴露 1 h⇒真空排気	TH	150℃×6 h ベーキング後	2.52×10^{-10}		
	D：E を 250℃×20 h ベーク⇒1 h 大気暴露⇒真空排気	TH	150℃×6 h ベーキング後	2.52×10^{-10}		
SUS316L 真空二重溶解材	A：初回排気（表面処理：電解研磨 450℃×30 h 10^{-4} Pa で真空中加熱）	TH	250℃×24 h ベーキング後	2.09×10^{-10}		
	B：A の後大気暴露 1 h⇒真空排気	TH	150℃×15 h ベーキング後	1.15×10^{-10}		
	C：B の後大気暴露 1 h⇒真空排気	TH	150℃×8 h ベーキング後	1.24×10^{-10}		
SUS316L	排気 150℃ベークと大気暴露を繰り返し，枯れた状態の真空容器　コンダクタンス：9.4×10^{-4} $\mathrm{m^3\cdot s^{-1}}$	TH	150℃×10 h ベーキング後	3.0×10^{-10}	A-4	14)
真空二重溶解材	コンダクタンス：9.2×10^{-3} $\mathrm{m^3\cdot s^{-1}}$	TH		3.0×10^{-10}		
BN/SUS316L	B, N を添加，830℃×3 h 真空中加熱で BN を表面析出（BN 析出前の表面処理：電解研磨）	TH	80℃×24 h ベーキング後	4.15×10^{-10}		
		TH	100℃×24 h ベーキング後	3.33×10^{-10}		
		TH	150℃×24 h ベーキング後	2.80×10^{-10}		
SUS316	（表面処理：電解研磨）	TH	80℃×24 h ベーキング後	1.93×10^{-9}		
		TH	100℃×24 h ベーキング後	2.17×10^{-9}		
		TH	150℃×24 h ベーキング後	2.55×10^{-9}		
SUS316	450℃×48 h 真空中加熱（表面処理：電解研磨）	TH	50℃×24 h ベーキング後	1.57×10^{-9}	A-6	21)
		TH	80℃×24 h ベーキング後	1.00×10^{-9}		
		TH	100℃×24 h ベーキング後	9.61×10^{-10}		
		TH	150℃×24 h ベーキング後	3.05×10^{-10}		
SUS316L	BN を析出させたチャンバーと同時に 830℃×3 h, 真空中加熱（電解研磨）		50℃×24 h ベーキング後	1.80×10^{-9}		
			100℃×24 h ベーキング後	6.59×10^{-10}		
SUS316L	電解複合研磨（表面粗さ 0.1µm）	内径Φ100 mm×1000 mm, コンダクタンス：9×10^{-3} $\mathrm{m^3/s}$	250℃×80 h ベーキング後	8.0×10^{-10}		
	電解複合研磨（表面粗さ 0.6µm）		250℃×80 h ベーキング後	4.0×10^{-10}	A-14	30)
	電解複合研磨（表面粗さ 0.5µm）		250℃×80 h ベーキング後	8.0×10^{-10}		
	電解研磨＋精密洗浄		250℃×80 h ベーキング後	1.33×10^{-9}		
SUS304	バフ研磨⇒電解研磨（リン酸系）⇒450℃×30 h プレベーク（10^{-4} Pa 台）枯れた状態	TH	200℃×18 h ベーキング後 1 回目から 4 回目まで	6.1×10^{-11}		
大気酸化 SUS304	電解研磨⇒450℃×30 h プレベーク（10^{-4} Pa 台）⇒200℃×3 h 大気中加熱による酸化　A：初回排気	TH	100℃×18 h ベーキング後	2.9×10^{-11}		
	B：A の後大気暴露せず	TH	150℃×18 h ベーキング後	1.6×10^{-11}	A-8	15)
	C：B の後大気暴露せず	TH	200℃×18 h ベーキング後	1.9×10^{-11}		
	D：C の後大気暴露⇒真空排気	TH	200℃×18 h ベーキング後	2.6×10^{-11}		
	E：D の後大気暴露と排気を 3 回繰返し	TH	200℃×18 h ベーキング後	2.9×10^{-11}		
SUS304L	電解研磨⇒精密洗浄	真空排気⇒150℃ 24 h ベーク⇒R.H.50%大気 1 h 暴露	TH	150℃×20 h ベーキング後	1.0×10^{-9}	
SUS304L	ガラスビーズブラスト処理⇒水洗浄	真空排気⇒150℃ 24 h ベーク⇒R.H.50%大気 1 h 暴露	TH	150℃×20 h ベーキング後	1.0×10^{-9}	A-9	18)
SUS304L	化学研磨⇒精密洗浄	真空排気⇒150℃ 24 h ベーク⇒R.H.50%大気 1 h 暴露	TH	150℃×20 h ベーキング後	1.0×10^{-9}	
TiN/SUS316L	ホロカソード放電による TiN(1µm)成膜	150℃×24 h ベーキング後 R.H.50%大気 1 h 暴露	SPP	150℃×20 h ベーキング後	$<1.0\times10^{-13}$	A-15	26), 27)
SUS	960℃×25 h 真空中プレベーク	容積：0.000 9 m³, 表面積 0.3 m²（180℃ ベーキング後）	BU(330 日間) 0.2 mPa で飽和	1.0×10^{-12}		
SUS	960℃×25 h 真空中プレベーク		BU(460 日間) 0.2 mPa で飽和	3.5×10^{-12}	A-16	31)
SUS	600℃×5 h 真空中プレベーク		BU (2197 日間)	1.1×10^{-10}		
SUS304	バフ研磨（R_{max} 0.1µm）	第 1 回目の排気	TH	180℃×24 h ベーキング後	2.4×10^{-10}		
SUS304	電解複合研磨（$R_{max}<$0.1µm）	第 1 回目の排気	TH	180℃×24 h ベーキング後	2.3×10^{-10}	A-11	17)
TiN/SUS304	電解複合研磨＋TiN コーティング	第 1 回目の排気	TH	180℃×24 h ベーキング後	4.6×10^{-10}		
hBN-Cu 複合膜/SUS304	母材：SUS304 ステンレス鋼	内径Φ150 mm×380 mm	BU	197℃×24 h ベーキング後	5.0×10^{-12}	A-17	29)
SUS304			BU	197℃×24 h ベーキング後	1.0×10^{-9}		

表 2.9.3 大気圧から排気したときのガス放出速度（アルミニウム合金）

材質	表面処理、測定前の条件等	方法	面積 A [m²]	容積 V [m³]	コンダクタンス C [m³/s]	$t=V/C$ [s]	$g=C/A$ [m/s]	\multicolumn{8}{c}{ガス放出速度 q [Pa·m³·s⁻¹·m⁻²]}	\multicolumn{3}{c}{カーブフィッティング $q=\alpha t^{-\beta}$ [Pa·m³·s⁻¹·m⁻²]}	測定時間	記号	文献
								0.5h / 1h	1h / 2h	2h / 4h	4h / 5h	5h / 8h	8h / 10h	10h / 20h		α	β	最形相関係数			
A6063-T6	① 有機溶剤脱脂処理＋ベーク H_2 放電洗浄→大気 1 箇月暴露 22℃	TH	1.5	2.0×10^{-3}	9.11×10^{-3}	2.20	6.1×10^{-3}	2.5×10^{-5}	1.1×10^{-5}	4.1×10^{-6}	1.7×10^{-6}	1.3×10^{-6}	7.8×10^{-7}	6.1×10^{-7}		1.01×10^{-5}	1.259	0.999 9	15 h	B-1	32),33)
A6063-T6	② ①のあと150℃ 20 h ベーク後 3.8×10^{-3} Torr·L·s⁻¹·cm⁻²≒酸素 1気圧 1 h 暴露	TH	1.5	2.0×10^{-3}	9.11×10^{-3}	2.20	6.1×10^{-3}	2.2×10^{-5}	1.1×10^{-5}	5.5×10^{-6}	2.8×10^{-6}	2.1×10^{-6}	1.4×10^{-6}	1.1×10^{-6}		1.28×10^{-5}	0.997	1.000 0	50 h		
A6063-T6	Ar＋O_2 雰囲気中で押し出し 測定時室温 23℃	TH	1.1	1.8×10^{-3}	9.11×10^{-3}	1.98	8.3×10^{-3}	8.6×10^{-6}	3.8×10^{-6}	1.6×10^{-6}	7.1×10^{-7}	5.2×10^{-7}	3.1×10^{-7}	2.2×10^{-7}		2.57×10^{-6}	1.213	1.000 0	15 h		
A6063	EX.押出し、1.5 年大気暴露	TH	0.9	2.1×10^{-3}	9.10×10^{-3}	2.34	1.0×10^{-2}	9.7×10^{-6}	4.2×10^{-6}	1.8×10^{-6}	1.3×10^{-6}	7.5×10^{-7}	5.7×10^{-7}	2.4×10^{-7}		9.74×10^{-6}	1.230		25 h	B-2	34)
A6063	EX.押出し、1 日水に真空容器の容積の半分の量に接触	TH	0.9	2.1×10^{-3}	9.10×10^{-3}	2.34	1.0×10^{-2}	1.7×10^{-5}	7.6×10^{-6}	3.4×10^{-6}	2.6×10^{-6}	1.5×10^{-6}	1.2×10^{-6}	5.1×10^{-7}		1.70×10^{-5}	1.170		25 h		
A6063	EX.押出し、1 週間水に真空容器の容積の半分の量に接触	TH	0.9	2.1×10^{-3}	9.10×10^{-3}	2.34	1.0×10^{-2}	1.2×10^{-5}	5.3×10^{-6}	2.3×10^{-6}	1.8×10^{-6}	1.0×10^{-6}	7.7×10^{-7}	3.3×10^{-7}		1.22×10^{-5}	1.200		25 h		
1050/6063 クラッド材	初回排気	TH	0.9	2.1×10^{-3}	9.10×10^{-3}	2.34	1.0×10^{-2}	2.9×10^{-6}	1.3×10^{-6}	6.0×10^{-7}	4.6×10^{-7}	2.7×10^{-7}	2.1×10^{-7}	9.4×10^{-8}		2.94×10^{-6}	1.150		25 h		
1050/6063 クラッド材	1 日大気暴露	TH	0.9	2.1×10^{-3}	9.10×10^{-3}	2.34	1.0×10^{-2}	2.0×10^{-6}	9.3×10^{-7}	4.3×10^{-7}	3.4×10^{-7}	2.0×10^{-7}	1.6×10^{-7}	7.4×10^{-8}		1.99×10^{-6}	1.100		25 h		
A6063-T5	EL.加工ニ140℃ ×45h ベーク後大気暴露 切削剤にエタノールを用いた	TH	1	6.5×10^{-3}	1.5×10^{-2}	43.3	1.5×10^{-2}	4.5×10^{-6}	1.9×10^{-6}	9.2×10^{-7}	7.3×10^{-7}	4.4×10^{-7}	3.2×10^{-7}	1.4×10^{-7}		4.43×10^{-6}	1.13		20 h	B-3	35),36)
A6063	A EX.押出し、装置に組み込み付け測定≒室温 24h	TH	0.9	0.021	3.28×10^{-3}	6.4	3.6×10^{-3}		9.4×10^{-6}	3.9×10^{-6}	1.7×10^{-6}	1.3×10^{-6}	6.8×10^{-7}	5.2×10^{-7}		9.47×10^{-6}	1.255	1.000 0	24 h	B-4	37)
A6063	B A の後 150℃ ×24 h ベーク→水に 1日浸漬→水を抜き排気	TH	0.9	0.021	3.28×10^{-3}	6.4	3.6×10^{-3}	3.6×10^{-5}	1.7×10^{-5}	7.4×10^{-6}	3.4×10^{-6}	2.6×10^{-6}	1.5×10^{-6}	1.1×10^{-6}		1.72×10^{-5}	1.183	0.999 9	24 h		
SUS304	C 初回排気 4 h	TH	0.471	0.011 8	3.28×10^{-3}	3.6	7.0×10^{-3}	1.9×10^{-6}	8.9×10^{-7}	4.1×10^{-7}	1.9×10^{-7}	2.1×10^{-7}				8.93×10^{-7}	1.120	0.999 9	4 h		
SUS304	D C の後、180℃ ×8 h ベーク→水に 1日浸漬→水を抜き排気	TH	0.471	0.011 8	3.28×10^{-3}	3.6	7.0×10^{-3}	2.4×10^{-6}	1.1×10^{-6}	4.8×10^{-7}	2.1×10^{-7}					1.08×10^{-6}	1.159	1.000 0	4 h		
A6063	A アルカリ洗浄 5% NaOH、50℃、3 分間≒30%研磨アスマット処理→乾燥機	TH	1.178	0.044 2	3.30×10^{-3}	13.39	2.8×10^{-3}	1.9×10^{-5}	7.2×10^{-6}	2.9×10^{-6}	2.0×10^{-6}	1.0×10^{-6}	8.1×10^{-7}	3.0×10^{-7}		1.91×10^{-5}	1.387	0.999 9	20 h	B-5	38)
A6063	B A の後真空中乾燥 10^{-3} Pa 台 70℃ ×5 h	TH	1.178	0.044 2	3.30×10^{-3}	13.39	2.8×10^{-3}	2.7×10^{-5}	1.3×10^{-5}	6.3×10^{-6}	4.9×10^{-6}	3.0×10^{-6}	2.5×10^{-6}	1.2×10^{-6}		2.63×10^{-5}	1.039	0.999 9			
A6063	C B の後、Ar＋O_2 ガス中加熱、760 Torr 180℃ ×6 h	TH	1.178	0.044 2	3.30×10^{-3}	13.39	2.8×10^{-3}	5.4×10^{-6}	2.3×10^{-6}	1.1×10^{-6}	8.6×10^{-7}	5.0×10^{-7}	4.1×10^{-7}	1.8×10^{-7}		5.31×10^{-6}	1.131	0.999 6			
A6063	D A6063EX.特殊押出し	TH	1.178	0.044 2	3.30×10^{-3}	13.39	2.8×10^{-3}	7.3×10^{-6}	3.3×10^{-6}	1.6×10^{-6}	1.2×10^{-6}	6.7×10^{-7}	5.5×10^{-7}	2.5×10^{-7}		7.32×10^{-6}	1.128	0.999 9			

[注] A6063-T5、A3003-H14、A2219-T87 で作った MBE 装置

表 2.9.3 （つづき）

材質	表面処理、測定前の条件等	方法	面積 A [m²]	容積 V [m³]	コンダクタンス C [m³/s]	t=V/C [s]	g=C/A [m/s]	ガス放出速度 q [Pa·m³·s⁻¹·m⁻²] 1 h	2 h	4 h	5 h	8 h	10 h	20 h	カーブフィッティング $q=\alpha t^{-\beta}$ ⇦ α	β	最形相関係数	測定時間	記号	文献
A6063	EL 加工 〈A：真空排気 140℃×24 h⇒室温で1 h 大気暴露後測定（30℃×48 h）⇒140℃×24 h ベーク冷却〉	TH	0.112 4	0.001 44	1.5×10⁻³	0.96	1.3×10⁻²	3.3×10⁻⁶	1.6×10⁻⁶	8.0×10⁻⁷	6.4×10⁻⁷	3.9×10⁻⁷	3.1×10⁻⁷	1.5×10⁻⁷	⇦ 3.35×10⁻⁶	1.029		48 h		
A6063	EX 特殊押出し	TH	0.112 4	0.001 44	1.5×10⁻³	0.96	1.3×10⁻²	3.1×10⁻⁶	1.5×10⁻⁶	7.6×10⁻⁷	6.1×10⁻⁷	3.8×10⁻⁷	3.0×10⁻⁷	1.5×10⁻⁷	⇦ 3.11×10⁻⁶	1.015		48 h		
A6063	アルミナー過酸電解析出膜（組成 O：72.61 at%、Al：26.88 at%、P：0.42 at%、Mo：0.1 at.%）	TH	0.112 4	0.001 44	1.5×10⁻³	0.96	1.3×10⁻²	1.4×10⁻⁶	6.8×10⁻⁷	3.3×10⁻⁷	2.6×10⁻⁷	1.6×10⁻⁷	1.2×10⁻⁷	6.0×10⁻⁸	⇦ 1.41×10⁻⁶	1.055		48 h		
A6063	EL 加工 〈B：A の後、再度 140℃×24 h 真空ベーク⇒室空ベージ⇒SiH2CO2-100%、1.4 atm·10days RT⇒N2 パージで測定/30℃ N2 パージ測定（30℃/48 h）⇒140℃×24 h ベーキング冷却〉	TH	0.112 4	0.001 44	1.5×10⁻³	0.96	1.3×10⁻²	1.3×10⁻⁵	7.2×10⁻⁶	3.9×10⁻⁶	3.2×10⁻⁶	2.1×10⁻⁶	1.7×10⁻⁶	9.3×10⁻⁷	⇦ 1.33×10⁻⁵	0.887		48 h		
A6063	EX 特殊押出し	TH	0.112 4	0.001 44	1.5×10⁻³	0.96	1.3×10⁻²	1.1×10⁻⁵	6.1×10⁻⁶	3.4×10⁻⁶	2.9×10⁻⁶	2.0×10⁻⁶	1.6×10⁻⁶	9.2×10⁻⁷	⇦ 1.07×10⁻⁵	0.817		48 h		
A6063	アルミナー過酸電解析出膜（組成 O：72.61 at%、Al：26.88 at%、P：0.42 at%、Mo：0.1 at.%）	TH	0.112 4	0.001 44	1.5×10⁻³	0.96	1.3×10⁻²	2.8×10⁻⁵	1.6×10⁻⁵	8.7×10⁻⁶	7.2×10⁻⁶	4.9×10⁻⁶	4.0×10⁻⁶	2.2×10⁻⁶	⇦ 2.79×10⁻⁵	0.840		48 h	B-6	42
A6063	EL 加工 〈C：B の後再度 B を繰り返す〉	TH	0.112 4	0.001 44	1.5×10⁻³	0.96	1.3×10⁻²	5.0×10⁻⁵	2.4×10⁻⁵	1.2×10⁻⁵	9.2×10⁻⁶	5.6×10⁻⁶	4.4×10⁻⁶	2.1×10⁻⁶	⇦ 4.96×10⁻⁵	1.049		48 h		
A6063	EX 特殊押出し	TH	0.112 4	0.001 44	1.5×10⁻³	0.96	1.3×10⁻²	9.4×10⁻⁵	4.4×10⁻⁵	2.1×10⁻⁵	1.6×10⁻⁵	9.8×10⁻⁶	7.7×10⁻⁶	3.6×10⁻⁶	⇦ 9.41×10⁻⁵	1.088		48 h		
A6063	アルミナー過酸電解析出膜（組成 O：72.61 at%、Al：26.88 at%、P：0.42 at%、Mo：0.1 at.%）	TH	0.112 4	0.001 44	1.5×10⁻³	0.96	1.3×10⁻²	3.0×10⁻⁵	1.5×10⁻⁵	7.0×10⁻⁶	5.5×10⁻⁶	3.4×10⁻⁶	2.7×10⁻⁶	1.3×10⁻⁶	⇦ 3.01×10⁻⁵	1.053		48 h		
A6063	エタノールをかけながら切削、高速度鋼バイト使用 〈真空排気後 100℃ 24 h ベーク冷却⇒1 h 大気暴露後測定〉	TH	0.204 3	3.22×10⁻³	1.1×10⁻³	2.93	5.4×10⁻³	1.2×10⁻⁵	6.5×10⁻⁶	2.9×10⁻⁶	2.3×10⁻⁶	1.1×10⁻⁶	9.1×10⁻⁷	4.5×10⁻⁷	⇨ 1.30×10⁻⁵	1.132	0.993 8	48 h		
A6063	インプロビルアルコールをかけながら切削 高速度鋼バイト使用	TH	0.204 3	3.22×10⁻³	1.1×10⁻³	2.93	5.4×10⁻³	1.5×10⁻⁵	8.7×10⁻⁶	3.7×10⁻⁶	3.1×10⁻⁶	1.7×10⁻⁶	1.3×10⁻⁶	5.4×10⁻⁷	⇨ 1.68×10⁻⁵	1.092	0.995 0	48 h	B-7	39
A6063	インプロビルアルコールをかけながら加工、ダイヤモンドバイト使用	TH	0.204 3	3.22×10⁻³	1.1×10⁻³	2.93	5.4×10⁻³	9.2×10⁻⁶	4.9×10⁻⁶	2.0×10⁻⁶	1.6×10⁻⁶	8.5×10⁻⁷	6.8×10⁻⁷	3.2×10⁻⁷	⇨ 9.97×10⁻⁶	1.158	0.996 4	48 h		
A6063	有機機械化学研磨（OMCP） 〈真空排気後 100℃ 24 h ベーク冷却⇒1 h 大気暴露後測定〉	TH	0.204 3	3.22×10⁻³	1.1×10⁻³	2.93	5.4×10⁻³	5.3×10⁻⁷	2.7×10⁻⁷	1.1×10⁻⁷	7.8×10⁻⁸	5.1×10⁻⁸	3.8×10⁻⁸	2.0×10⁻⁸	⇨ 5.27×10⁻⁷	1.120	0.998 1	48 h	B-8	40
A6063	エタノールをかけながら切削、ダイヤモンドバイト使用	TH	0.204 3	3.22×10⁻³	1.1×10⁻³	2.93	5.4×10⁻³	1.1×10⁻⁷	5.6×10⁻⁸	2.4×10⁻⁸	1.8×10⁻⁸	1.1×10⁻⁸	8.7×10⁻⁹	4.2×10⁻⁹	⇨ 1.13×10⁻⁷	1.109	0.998 8	48 h		

表 2.9.3 （つづき）

2.9 ガス放出データ

材質	表面処理，測定前の条件等	方法	面積 A [m²]	容積 V [m³]	コンダクタンス C [m³/s]	τ=V/C [s]	g=C/A [m/s]	ガス放出速度 q [Pa·m³·s⁻¹·m⁻²] 1 h	2 h	4 h	5 h	8 h	10 h	20 h	カーブフィッティング $q=\alpha\cdot t^{-\beta}$ α	β	相関係数	測定時間	記号	文献
A6063	EX押出し	TH	0.235 6	0.008 8	3.3×10⁻³	2.67	1.4×10⁻²	1.7×10⁻⁶	8.8×10⁻⁷	3.1×10⁻⁷	2.5×10⁻⁷	1.6×10⁻⁷	1.3×10⁻⁷	6.6×10⁻⁸	1.67×10⁻⁶	1.114	0.997 5	24 h		
A6063	EX ダイヤモンドバイト鏡面加工	TH	0.235 6	0.008 8	3.3×10⁻³	2.67	1.4×10⁻²		5.1×10⁻⁷	2.5×10⁻⁷	1.9×10⁻⁷	1.2×10⁻⁷	9.1×10⁻⁸	4.5×10⁻⁸	1.98×10⁻⁶	1.066	0.999 9	24 h		
A6063	電解複合研磨	TH	0.235 6	0.008 8	3.3×10⁻³	2.67	1.4×10⁻²	3.4×10⁻⁷			1.7×10⁻⁷		3.4×10⁻⁸		3.45×10⁻⁷	0.985	0.999 8	24 h		
アルミナ/A6063	アルミナコーティング(8μm)/電解研出	TH	0.235 6	0.008 8	3.3×10⁻³	2.67	1.4×10⁻²	6.0×10⁻⁷	2.9×10⁻⁷	1.5×10⁻⁷	1.1×10⁻⁷	7.3×10⁻⁸	5.2×10⁻⁸	2.4×10⁻⁸	6.22×10⁻⁷	1.068	0.999 6	24 h		
シリカ/A6063	シリカコーティング(15μm)/電解研出	TH	0.235 6	0.008 8	3.3×10⁻³	2.67	1.4×10⁻²			1.0×10⁻⁷	7.7×10⁻⁸	4.8×10⁻⁸	3.3×10⁻⁸	1.5×10⁻⁸	5.18×10⁻⁷	1.176	0.998 7	24 h		
バリア型アノード酸化/A6063	バリア型アノード酸化処理(0.7μm)/ホウ酸塩	TH	0.235 6	0.008 8	3.3×10⁻³	2.67	1.4×10⁻²	2.1×10⁻⁷	9.4×10⁻⁸	4.2×10⁻⁸	3.2×10⁻⁸	2.0×10⁻⁸	1.5×10⁻⁸	6.6×10⁻⁹	2.07×10⁻⁷	1.147	1.000 0	24 h		
硫酸アノード酸化/A6063	硫酸アノード酸化処理(8μm)15%硫酸	TH	0.235 6	0.008 8	3.3×10⁻³	2.67	1.4×10⁻²					8.3×10⁻⁵	5.2×10⁻⁵	2.4×10⁻⁵	1.16×10⁻⁴	1.306	0.983 9	24 h		
無電解ニッケルめっき/A6063	無電解ニッケルめっきを 250℃でアニール化	TH	0.235 6	0.008 8	3.3×10⁻³	2.67	1.4×10⁻²	8.8×10⁻⁷	4.5×10⁻⁷	2.2×10⁻⁷	1.8×10⁻⁷	1.1×10⁻⁷	7.7×10⁻⁸	3.5×10⁻⁸	9.48×10⁻⁷	1.076	0.998 8	24 h		
A6063	EX押出し	TH	0.235 6	0.008 8	3.3×10⁻³	2.67	1.4×10⁻²	2.5×10⁻⁷	1.3×10⁻⁷	6.2×10⁻⁸	4.8×10⁻⁸	2.8×10⁻⁸	2.3×10⁻⁸	1.1×10⁻⁸	2.58×10⁻⁷	1.058	0.998 8	24 h		
A6063	EX ダイヤモンドバイト鏡面加工	TH	0.235 6	0.008 8	3.3×10⁻³	2.67	1.4×10⁻²	2.5×10⁻⁷	3.6×10⁻⁸	1.6×10⁻⁸	1.3×10⁻⁸	2.9×10⁻⁸	2.3×10⁻⁸	1.1×10⁻⁸	2.51×10⁻⁷	1.031	0.999 8	24 h		
アルミナ/A6063	アルミナコーティング(8μm)/電解研出	TH	0.235 6	0.008 8	3.3×10⁻³	2.67	1.4×10⁻²	7.7×10⁻⁷	3.8×10⁻⁸	1.9×10⁻⁸	1.7×10⁻⁸	1.1×10⁻⁸	8.0×10⁻⁹	3.9×10⁻⁹	7.76×10⁻⁷	0.982	0.999 8	24 h		
シリカ/A6063	シリカコーティング(15μm)/電解研出	TH	0.235 6	0.008 8	3.3×10⁻³	2.67	1.4×10⁻²	4.6×10⁻⁸		9.7×10⁻⁸	7.3×10⁻⁸	4.3×10⁻⁸	3.3×10⁻⁸	1.5×10⁻⁸	4.66×10⁻⁷	1.146	0.999 5	24 h		
バリア型アノード酸化/A6063	バリア型アノード酸化処理(0.7μm)/ホウ酸塩	TH	0.235 6	0.008 8	3.3×10⁻³	2.67	1.4×10⁻²	7.0×10⁻⁷	3.1×10⁻⁷	1.5×10⁻⁷	1.1×10⁻⁷	6.8×10⁻⁸	4.9×10⁻⁸	2.5×10⁻⁸	6.83×10⁻⁷	1.121	0.999 7	24 h	B-9	41)
無電解ニッケルめっき/A6063	無電解ニッケルめっきを 250℃でアニール化	TH	0.235 6	0.008 8	3.3×10⁻³	2.67	1.4×10⁻²						1.0×10⁻⁷	4.3×10⁻⁸	1.59×10⁻⁶	1.202	1.000 0	24 h		
A6063	EX押出し	TH	0.235 6	0.008 8	3.3×10⁻³	2.67	1.4×10⁻²	2.0×10⁻⁶	9.4×10⁻⁷	4.0×10⁻⁷	3.2×10⁻⁷	1.9×10⁻⁷	1.4×10⁻⁷	6.8×10⁻⁸	2.00×10⁻⁶	1.139	0.999 8	24 h		
A6063	EX ダイヤモンドバイト鏡面加工	TH	0.235 6	0.008 8	3.3×10⁻³	2.67	1.4×10⁻²	1.3×10⁻⁶	6.4×10⁻⁷	7.7×10⁻⁷	2.5×10⁻⁷	1.5×10⁻⁷	1.0×10⁻⁷	5.4×10⁻⁸	1.34×10⁻⁶	1.076	0.999 1	24 h		
A6063	電解複合研磨	TH	0.235 6	0.008 8	3.3×10⁻³	2.67	1.4×10⁻²	3.3×10⁻⁷	1.7×10⁻⁷	7.7×10⁻⁸	6.0×10⁻⁸	3.7×10⁻⁸	2.5×10⁻⁸	1.3×10⁻⁸	3.40×10⁻⁷	1.087	0.999 1	24 h		
アルミナ/A6063	アルミナコーティング(8μm)/電解研出	TH	0.235 6	0.008 8	3.3×10⁻³	2.67	1.4×10⁻²	1.1×10⁻⁶	4.8×10⁻⁷	2.2×10⁻⁷	1.9×10⁻⁷	1.3×10⁻⁷	8.8×10⁻⁸	4.4×10⁻⁸	1.03×10⁻⁶	1.054	0.999 2	24 h		
シリカ/A6063	シリカコーティング(15μm)/電解研出	TH	0.235 6	0.008 8	3.3×10⁻³	2.67	1.4×10⁻²	6.4×10⁻⁷	3.2×10⁻⁷	1.8×10⁻⁷	1.4×10⁻⁷	7.7×10⁻⁸	5.5×10⁻⁸	2.9×10⁻⁸	6.76×10⁻⁷	1.047	0.998 7	24 h		
バリア型アノード酸化/A6063	バリア型アノード酸化処理(0.7μm)/ホウ酸塩	TH	0.235 6	0.008 8	3.3×10⁻³	2.67	1.4×10⁻²			8.3×10⁻⁷	6.0×10⁻⁷	3.7×10⁻⁷	2.4×10⁻⁷	1.2×10⁻⁷	4.21×10⁻⁷	1.197	0.997 2	24 h		
硫酸アノード酸化/A6063	硫酸アノード酸化処理(8μm)15%硫酸	TH	0.235 6	0.008 8	3.3×10⁻³	2.67	1.4×10⁻²	2.7×10⁻⁷	1.2×10⁻⁷	5.8×10⁻⁸	4.2×10⁻⁸	2.7×10⁻⁸	1.9×10⁻⁸	8.8×10⁻⁹	2.68×10⁻⁷	1.137	0.999 7	24 h		
無電解ニッケルめっき/A6063	無電解ニッケルめっきを 250℃でアニール化	TH	0.235 6	0.008 8	3.3×10⁻³	2.67	1.4×10⁻²	1.1×10⁻³	5.1×10⁻⁴	2.2×10⁻⁴	1.8×10⁻⁴	8.8×10⁻⁵	6.4×10⁻⁵	2.8×10⁻⁵	1.14×10⁻³	1.241	0.998 7	24 h		
		TH	0.235 6	0.008 8	3.3×10⁻³	2.67	1.4×10⁻²	1.1×10⁻⁶		2.2×10⁻⁷	1.8×10⁻⁷	1.1×10⁻⁷	8.0×10⁻⁸	3.7×10⁻⁸	1.08×10⁻⁶	1.122	0.999 7	24 h		

A： 真空排気後 R.H.50%の大気に 2 h 暴露後測定(20℃×24 h)⇒150℃×24 h ベーキング

B： A の後，塩害テスト：99.5%塩霧＋0.5wt.%水，2.1 kg/cm²，20℃×330 h⇒イソプロピルアルコールで洗浄後の測定(20℃×24 h)⇒150℃×24 h ベーキング

C： B の後 R.H.50%の大気に 2 h 暴露後測定(20℃×24 h)⇒150℃×24 h ベーキング

材質	表面処理，測定前の条件等	方法	A [m²]	V [m³]	C [m³/s]	τ [s]	g [m/s]	1 h	2 h	4 h	5 h	8 h	10 h	20 h	α	β	相関係数	測定時間	記号	文献
A6061/A6063	EX押出しLタッチステンレス不活性ガス溶接	TH	0.430	0.017	4.8×10⁻³	3.54	1.1×10⁻²	1.1×10⁻⁵	4.8×10⁻⁶	2.2×10⁻⁶	1.7×10⁻⁶	1.0×10⁻⁶	8.0×10⁻⁷	3.7×10⁻⁷	1.05×10⁻⁵	1.120	0.998	20 h	B-10	20)
A6061/A6063	EX押出しL電子ビーム溶接	TH	0.430	0.017	4.8×10⁻³	3.54	1.1×10⁻²	1.2×10⁻⁵	5.7×10⁻⁶	2.8×10⁻⁶	2.2×10⁻⁶	1.3×10⁻⁶	1.1×10⁻⁶	5.2×10⁻⁷	1.17×10⁻⁵	1.040	0.997	20 h		
A6061/A6063	M 鏡面仕上げ	TH	0.430	0.017	4.8×10⁻³	3.54	1.1×10⁻²	8.7×10⁻⁶	4.0×10⁻⁶	1.8×10⁻⁶	1.4×10⁻⁶	8.4×10⁻⁷	6.6×10⁻⁷	3.0×10⁻⁷	8.67×10⁻⁶	1.120	0.989			
A6061/A6063	M に 1C He GDC(i.s.)	TH	0.430	0.017	4.8×10⁻³	3.54	1.1×10⁻²	7.9×10⁻⁶	3.4×10⁻⁶	1.4×10⁻⁶	1.1×10⁻⁶	6.1×10⁻⁷	4.7×10⁻⁷	2.0×10⁻⁷	7.92×10⁻⁶	1.230	0.944			
A6061/A6063	MI ミルオ仕上げ/洗浄剤(Alconox)洗浄	TH	0.430	0.017	4.8×10⁻³	3.54	1.1×10⁻²	8.8×10⁻⁷	4.6×10⁻⁷	2.0×10⁻⁷	1.5×10⁻⁷	6.5×10⁻⁸	5.2×10⁻⁸	2.9×10⁻⁸	8.8×10⁻⁷	1.190	0.996			
A6061/A6063	MI に 0.5C He GDC(i.s.)	TH	0.430	0.017	4.8×10⁻³	3.54	1.1×10⁻²	5.2×10⁻⁷	2.6×10⁻⁷	1.3×10⁻⁷	1.0×10⁻⁷	6.5×10⁻⁸	5.2×10⁻⁸	2.6×10⁻⁸	5.18×10⁻⁷	1.000	0.980			
A6061/A6063	MI に 1C He GDC(i.s.)	TH	0.430	0.017	4.8×10⁻³	3.54	1.1×10⁻²	7.4×10⁻⁷	3.5×10⁻⁷	1.7×10⁻⁷	1.4×10⁻⁷		5.2×10⁻⁸	2.6×10⁻⁸	7.44×10⁻⁷	1.070	0.975			

GDC としの手順：真空中 150℃×48 h ベーキング室温(22℃)まで冷却⇒R.H.65%大気に 1 h 暴露⇒R.H.65%大気に 1 h 暴露→排気開始⇒17 Torr になったら冷却(22℃)まで冷却⇒R.H.65%大気に 1 h 暴露測定開始

in-situGDC としの手順：真空中 150℃×48 h ベーキング室温(22℃)まで冷却⇒R.H.65%大気に 1 h 暴露→排気開始⇒17 Torr になるまで暴露→排気測定開始＝1×10⁻⁵ Torr になったらグロー放電洗浄を開始

GDC：グロー放電洗浄

i.s.：1 気圧ベントからの排気後 in-situ で GDC

C：Coulombs/cm²

表 2.9.3 （つづき）

材 質	表面処理，測定前の条件等	方法	面積 A [m²]	容積 V [m³]	コンダクタンス C [m³/s]	τ=V/C [s]	g=C/A [m/s]	q 1h	q 2h	q 4h	q 5h	q 8h	q 10h	q 20h	α	β	相関係数	測定時間	記号	文献
Ni-Pめっき	母材 A5056-H34，ブランジ A2219-T87 N-P厚さ5～20μm ／ 15℃×24h ベーク⇒ R.H.40% 1h 大気暴露	TH	0.250	4.71×10⁻³	8.4×10⁻⁴	5.61	3.4×10⁻³	3.0×10⁻⁶	1.4×10⁻⁶	5.3×10⁻⁷	4.4×10⁻⁷	2.7×10⁻⁷	2.1×10⁻⁷	1.1×10⁻⁷	2.85×10⁻⁶	1.132	0.999 1	20 h	B-11	47
SUS304	電解研磨	TH	0.250	4.71×10⁻³	8.4×10⁻⁴	5.61	3.4×10⁻³	4.6×10⁻⁶	2.0×10⁻⁶	8.8×10⁻⁷	7.7×10⁻⁷	5.0×10⁻⁷	3.9×10⁻⁷	2.3×10⁻⁷	4.07×10⁻⁶	1.006	0.996 1	20 h		
A5056-H34	EL加工	TH	0.250	4.71×10⁻³	8.4×10⁻⁴	5.61	3.4×10⁻³	3.9×10⁻⁶	1.7×10⁻⁶	7.7×10⁻⁷	7.2×10⁻⁷	5.0×10⁻⁷	3.9×10⁻⁷	2.3×10⁻⁷	3.38×10⁻⁶	0.945	0.995 9	20 h		
A6061	機械加工 ／ 初回排気	TH	0.4	1.93×10⁻³	6.1×10⁻³	3.16	1.5×10⁻³	2.3×10⁻⁶	1.3×10⁻⁶	8.4×10⁻⁷	7.2×10⁻⁷	5.1×10⁻⁷	4.5×10⁻⁷	3.0×10⁻⁷	1.97×10⁻⁶	0.685	0.997 7	24 h	B-12	43
A6061	機械加工＋化学研磨＋精密洗浄	TH	0.4	1.93×10⁻³	6.1×10⁻³	3.16	1.5×10⁻³	3.0×10⁻⁶	1.7×10⁻⁶	9.1×10⁻⁷	7.4×10⁻⁷	4.7×10⁻⁷	3.8×10⁻⁷	2.0×10⁻⁷	3.47×10⁻⁶	0.911	0.999 8	24 h		
A5052	化学研磨＋精密洗浄 ／ 真空排気，150℃×24h ベーク→R.H.50% 1h 暴露後測定	TH	容器0.4／板0.5	1.93×10⁻³	6.1×10⁻³	3.16	6.8×10⁻³	8.8×10⁻⁷	4.3×10⁻⁷	2.1×10⁻⁷	1.6×10⁻⁷	1.1×10⁻⁷	8.3×10⁻⁸	4.4×10⁻⁸	8.58×10⁻⁷	1.007	0.999 8	24 h	B-13	44
A5052	電解研磨 ／ 真空排気，150℃×24h 大気暴露後測定	TH	容器0.4／板0.5	1.93×10⁻³	6.1×10⁻³	3.16	6.8×10⁻³	3.0×10⁻⁶	1.4×10⁻⁶	7.0×10⁻⁷	5.5×10⁻⁷	3.5×10⁻⁷	2.6×10⁻⁷	1.3×10⁻⁷	2.94×10⁻⁶	1.038	0.999 9	24 h		
A5052	電解アノード酸化処理(20μm) ／ 初回排気	TH, TP	0.003 6	3.30×10⁻⁵	9.6×10⁻⁵	0.34		3.4×10⁻⁶	1.6×10⁻⁶	8.0×10⁻⁷	6.4×10⁻⁷	4.1×10⁻⁷	3.1×10⁻⁷		3.34×10⁻⁷	1.028	0.999 9	16 h	B-14	45
A5052	マイクロアノード酸化処理(18μm) ／ 初回排気	TH, TP	0.003 6	3.30×10⁻⁵	9.6×10⁻⁵	0.34		1.7×10⁻⁶	8.0×10⁻⁷	3.0×10⁻⁷	2.3×10⁻⁷	1.4×10⁻⁷	1.1×10⁻⁷	4.8×10⁻⁸	1.68×10⁻⁷	1.198	0.998 8	20 h		
A6063	潤滑油切削→化学洗浄 ／ NaOH(45g/L)45℃で浸漬2分，脱イオン水バブル洗浄10分→酸(50% HNO3＋3% HF)洗浄2分→脱イオン水バブル洗浄10分→脱イオン水(＜5μS・cm⁻¹)超音波洗浄2分→乾燥窒素(99.999 9%)による乾燥	TH, TP	板0.696		8.0×10⁻⁴								1.3×10⁻⁷					20 h	B-15	46
A6063	EL加工→オゾン水洗浄 ／ 6.7 ppm オゾン水浸漬30分(24℃)	TH, TP	板0.696		8.0×10⁻⁴								7.1×10⁻⁷							
A6063	EL加工 ／ エタノールをかけながら切削	TH, TP	板0.696		8.0×10⁻⁴								4.6×10⁻⁷							
A6063	EL加工→オゾン水洗浄 ／ 2 ppm オゾン水浸漬30分(24℃)	TH	0.587 9		8.0×10⁻⁴								5.7×10⁻⁷							

安定なアルミニウム酸化層で表面が覆われるために耐食性が高いといわれている．しかし，この「酸化層」は水を多く含んだ水酸化物であり，水の放出量が多く真空用材料としては好ましくない．そこで，安定した低ガス放出特性を得るために，薄くて緻密な表面酸化層を形成する各種の方法が研究された．その初期にアルミニウム合金 A6063 材をアルゴンと酸素の混合ガス雰囲気中で押し出す特殊押出し（EX 押出し）が開発された．

表 2.9.3「B-1」は通常押出しと，EX 押出しで作った真空容器のガス放出速度を比較した[32), 33)] ものである．EX 押出し材で作製した真空容器は通常押出しの真空容器のガス放出速度の約 3 分の 1 であった．EX 押出し材で作製された真空容器は，大気中の放置時間を変える[34)]（B-2）水に接触させる[37)]（B-2, B-4）などのデータもとられている．

押出しでは複雑な形状のものを作ることができないので，緻密な表面酸化層をより複雑な形状の部材にも形成できるような加工方法が検討された（B-3[35), 36)]，B-5[38)]，B-8[40)]，B-9[41)]）．

表 2.9.3「B-3」は，エタノールを吹きかけながら切削する EL 加工のデータである[35), 36)]．EL 加工ではアルコールは大気とアルミニウム合金の接触を完全に遮断するだけでなく，アルコールの酸化作用によってアルミニウム表面に数 nm のごく薄い酸化皮膜を形成する．EL 加工で作られた真空容器のガス放出速度は EX 押出しアルミニウム合金真空容器と同程度であった．「B-7」は，アルコールの種類を変えた[39)]例である．

また，「B-8」は有機酸を用いた複合化学研磨（OMCP）処理したアルミニウム合金のガス放出速度のデータである[40)]．有機酸はアルコール同様に酸化作用がある．有機酸を複合化学研磨に用いることで，アルミニウム合金表面を鏡面仕上げすると同時に極薄酸化層を形成することができる．ダイヤモンドバイトを使用した EL 加工の試料と比較すると，同等かそれよりも低いガス放出速度が得られている．また，アルゴン（Ar）と酸素（O_2）を吹き付けながら加工する「EX ダイヤモンドバイト鏡面加工」も考案されて[87)]，「B-9」にガス放出率のデータが示されている．

半導体製造装置では，腐食性ガスが多く使われる．表 2.9.3「B-6」ではジクロロシラン[42)]，「B-9」では塩素[41)]を接触させている．耐食処理といわれるさまざまな表面処理を施したアルミニウム合金についても調べられた．

表 2.9.3「B-10」はステンレス鋼「A-7」と同じ文献 20) から引用したもので，グロー放電洗浄を行った後のガス放出速度が示されている．

表 2.9.3「B-11」はアルミニウム合金に無電解ニッケル–リンめっきをしたチャンバーのガス放出速度である[47)]．無電解ニッケル–リンめっき皮膜は硬質皮膜であり，メタルシールフランジのエッジを保護するコーティングとして使用される．

表 2.9.3「B-12」，「B-13」は，機械加工，化学研磨，電解研磨の各処理のガス放出速度を比較評価したものである[43), 44)]．

表 2.9.3「B-14」は，アルミニウム合金の一般的な耐食処理であるポーラス型アノード酸化処理（アルマイト処理）やマイクロアークアノード酸化処理のガス放出データを調べたものである[45)]．アルマイト処理は，耐食性は良好であるが，ガス放出速度は，いわゆる真空用の低ガス放出表面の EX 押出し等に比べると 1 000 倍から 10 000 倍多かった．

表 2.9.3「B-15」にオゾン水で洗浄したアルミニウム合金のガス放出速度を示した[46)]．これについては，排気開始 10 h 後の値のみである．別に，A6061–T651 でエタノールをかけながら切削した真空容器，その後，オゾン水で洗浄した真空容器，化学処理をした真空容器を大気圧から排気したときのガス放出速度を比較した報告[130)] がある．この報告では，エタノールをかけながらの切削およびその後オゾン水で洗浄した真空容器は，化学処理をした真空容器よりもガス放出速度が 5 倍程度大きかった．しかし，ベーキング後では，オゾン水で洗浄した真空容器のガス放出速度が最も小さく，6.4×10^{-12} Pa·m³·s⁻¹·m⁻² が得られた．

（b）ベーキング後のガス放出速度　表 2.9.4 にアルミニウム合金のベーキング後のガス放出速度をまとめた．

アルミニウム合金を 100°C～180°C でベーキングした後のガス放出速度は，多くが 5×10^{-10} Pa·m³·s⁻¹·m⁻² 以下である．脱脂洗浄のみや，化学洗浄をした一部の試料，電解析出によるアルミナ皮膜，シリカコーティングなどで 10^{-9} Pa·m³·s⁻¹·m⁻² 台の値である．アルミニウム合金は，水素の拡散放出を抑制する表面処理や，水素の脱ガス処理である真空中高温でのプレベークを行わずに超高真空，極高真空で用いることが可能である．

〔3〕チタン

チタン素材は，軽量で高強度，耐食性に優れていることから真空容器の構造材料として注目されてきた．チタンは反応性に富む金属で容易に酸化皮膜を形成する．そのため，ステンレス鋼やアルミニウム合金と同様，表面酸化層の制御についての研究報告が多い．

（a）大気圧からの排気　チタンおよび銅材料の大気圧から排気したときのガス放出速度を表 2.9.5 に

表 2.9.4　ベーキング後のガス放出速度（アルミニウム合金）

材質	表面処理, 測定前の条件等	方法	測定直前のベーキング条件	ガス放出速度 [Pa·m·s⁻¹·m⁻²]	記号	文献
A6061-T4	A：アセトン，メタノールリンスによる脱脂	TH	100℃×24h ベーキング後	8.00×10^{-9}	B-16	49)
	B：Aの後リン酸硝酸溶液による化学研磨（液温80℃）	TH		4.00×10^{-9}		
	C：Bの後 Ar グロー放電洗浄（20℃）	TH		6.67×10^{-10}		
	C′：Cの後 Ar グロー放電（120℃）	TH		6.67×10^{-10}		
	D：C′の後 O₂ グロー放電（20℃）	TH		5.33×10^{-10}		
	E：リン酸硝酸溶液による化学研磨（80℃）⇒340℃，4h真空炉中で加熱⇒Arグロー放電	TH		1.07×10^{-9}		
	F：Eの後，Ar グロー放電（120℃）	TH		5.33×10^{-10}		
	G：Fの後，O₂ グロー放電（120℃）	TH		5.33×10^{-10}		
	A：アセトン，メタノールリンスによる脱脂	TH	150℃×24h ベーキング後	1.33×10^{-9}		
	B：Aの後リン酸硝酸溶液による化学研磨（液温80℃）	TH		9.33×10^{-10}		
	C：Bの後 Ar グロー放電洗浄（20℃）	TH		2.67×10^{-10}		
	C′：Cの後 Ar グロー放電（120℃）	TH		8.00×10^{-11}		
	D：C′の後 O₂ グロー放電（20℃）	TH		6.67×10^{-11}		
	E：リン酸硝酸溶液による化学研磨（80℃）⇒340℃，4h真空炉中で加熱⇒Arグロー放電	TH		1.33×10^{-10}		
	F：Eの後，Ar グロー放電（120℃）	TH		9.33×10^{-11}		
	G：Fの後，O₂ グロー放電（120℃）	TH		5.33×10^{-11}		
	A：アセトン，メタノールリンスによる脱脂	TH	200℃×24h ベーキング後	8.00×10^{-10}		
	B：Aの後リン酸硝酸溶液による化学研磨（液温80℃）	TH		2.67×10^{-10}		
	C：Bの後 Ar グロー放電洗浄（20℃）	TH		8.00×10^{-10}		
	C′：Cの後 Ar グロー放電（120℃）	TH		1.33×10^{-10}		
	D：C′の後 O₂ グロー放電（20℃）	TH		6.67×10^{-11}		
	E：リン酸硝酸溶液による化学研磨（80℃）⇒340℃，4h真空炉中で加熱⇒Arグロー放電	TH		6.67×10^{-11}		
	F：Eの後，Ar グロー放電（120℃）	TH		2.67×10^{-11}		
	G：Fの後，O₂ グロー放電（120℃）	TH		$<1 \times 10^{-11}$		
A6063-T6	有機溶剤脱脂処理＋ベーク⇒H2 放電洗浄⇒大気1箇月暴露，22℃	TH	150℃×20h ベーキング後	6.00×10^{-9}	B-1	32), 33)
A6063-T6	EX 押出し材，Ar＋O₂ 雰囲気中で押出し	TH	150℃×24h ベーキング後	$<3 \times 10^{-10}$		
A6063	EX 押出し，1週水（真空容器の容積の半分の量）に接触	TH	130℃～150℃×24h 10h後	2.00×10^{-10}	B-2	34)
A6063	EX 押出し，1週間水（真空容器の容積の半分の量）に接触	TH	130℃～150℃×24h 10h後	$<6 \times 10^{-10}$		
1050/6063 クラッド材	初回排気	TH	130℃～150℃×24h 10h後	1.33×10^{-10}		
1050/6063 クラッド材	1日大気暴露	TH	130℃～150℃×24h 10h後	1.33×10^{-10}		
A6061-T6	A6063-T5, A3003-H14, A2219-T87 で作ったMBE装置，切削剤にエタノールを用いた	TH	140℃×45h ベーキング後	2.00×10^{-10}	B-3	35), 36)
A6063	A：EX 押出し，装置に組付け測定（室温，24h）	TH	150℃×24h ベーキング後	1.33×10^{-9}	B-4	37)
A6063	Aの後150℃×24hベーク⇒水に1日浸漬⇒水を抜き排気	TH		2.00×10^{-10}		
SUS304	B：初回排気 4h	TH	180℃×8h ベーキング後	4.00×10^{-10}		
SUS304	Bの後，180℃×8hベーク⇒水に1日浸漬⇒水を抜き排気	TH		9.33×10^{-10}		
A6063	アルカリ洗浄：5% NaOH，50℃，3分間⇒30%硝酸デスマット処理⇒乾燥	TH	100℃×24h ベーキング後	1.33×10^{-9}	B-5	38)
A6063	Aの後真空中乾燥 10^{-5} Pa台70℃×5h	TH		1.25×10^{-9}		
A6063	Bの後，Ar＋O₂ ガス中加熱：760 Torr180℃ ×6h	TH		5.87×10^{-10}		
A6063	A6063EX 特殊押出し	TH	100℃×24h ベーキング後	$\times 10^{-9}$台	B-8	40)
A6063	有機機械化学研磨（OMCP），カプリル酸を含むメカノケミカル研磨	TH		$\times 10^{-9}$台		
A6063	EL 加工，エタノールをかけながら切削，ダイヤモンドバイト使用	TH				
A1100	電解研磨：85%リン酸-800 mL，98%硫酸-200 mL，クロム酸 50 g/L，ピットフリー	CMM	150℃×25h ベーキング後	1.00×10^{-10}	B-17	48)
A6063	EX 押出し	TH	A：真空排気後 R.H.50%の大気に 2h 暴露後排気（20℃×24h）	6.93×10^{-11}	B-9	41)
A6063	EX ダイヤモンドバイト鏡面加工	TH		5.73×10^{-11}		
A6063	電解複合研磨	TH		6.93×10^{-11}		
アルミナ/A6063	アルミナコーティング（8μm）電解析出	TH		2.13×10^{-10}		
シリカ/A6063	シリカコーティング（15μm）電解析出	TH		1.47×10^{-9}		
バリア型アノード酸化/A6063	バリア型アノード酸化処理（0.7μm）ホウ酸塩	TH		3.60×10^{-10}		
硫酸アノード酸化/A6063	硫酸アノード酸化処理（8μm）15%硫酸	TH		6.00×10^{-11}		
無電解ニッケルめっき/A6063	無電解ニッケルめっきを250℃でフッ化	TH		1.01×10^{-10}		
A6063	EX 押出し	TH	B：Aの後，腐食テスト：99.5%塩素＋0.5 wt.%水，2.2 kg/cm²，20℃×330h⇒イソプロピルアルコールで洗浄後排気（20℃×24h）	3.33×10^{-11}		
A6063	EX ダイヤモンドバイト鏡面加工	TH		2.67×10^{-11}		
A6063	電解複合研磨	TH		2.93×10^{-11}		
アルミナ/A6063	アルミナコーティング（8μm）電解析出	TH		1.28×10^{-10}		
シリカ/A6063	シリカコーティング（15μm）電解析出	TH		3.60×10^{-10}		
バリア型アノード酸化/A6063	バリア型アノード酸化処理（0.7μm）ホウ酸塩	TH		1.47×10^{-10}		
硫酸アノード酸化/A6063	硫酸アノード酸化処理（8μm）15%硫酸	TH		9.87×10^{-11}		
無電解ニッケルめっき/A6063	無電解ニッケルめっきを250℃でフッ化	TH		5.87×10^{-11}		
A6063	EX 押出し	TH	C：Bの後 R.H.50%の大気に2h暴露後排気（20℃×24h）（20℃×24h）	3.07×10^{-11}		
A6063	EX ダイヤモンドバイト鏡面加工	TH		2.53×10^{-11}		
A6063	電解複合研磨	TH		3.60×10^{-11}		
アルミナ/A6063	アルミナコーティング（8μm）電解析出	TH		1.09×10^{-10}		
シリカ/A6063	シリカコーティング（15μm）電解析出	TH		2.00×10^{-10}		
バリア型アノード酸化/A6063	バリア型アノード酸化処理（0.7μm）ホウ酸塩	TH		1.21×10^{-10}		
硫酸アノード酸化/A6063	硫酸アノード酸化処理（8μm）15%硫酸	TH		6.40×10^{-11}		
無電解ニッケルめっき/A6063	無電解ニッケルめっきを250℃でフッ化	TH		4.00×10^{-11}		
Ni-P めっき	母材 A5056-H34，フランジ A2219-T87 Ni-P 厚さ5～20μm	TH	150℃×24hベーク⇒R.H.40%1h 大気暴露 / 150℃×24h ベーキング後	1.80×10^{-10}	B-11	47)
SUS304	電解研磨	TH		9.50×10^{-10}		
A5056-H34	EL 加工	TH		3.70×10^{-11}		
A6061	機械加工	TH	初回排気 / 150℃×20h ベーキング後	$\times 10^{-11} \sim \times 10^{-12}$	B-12	43)
A6061	機械加工⇒化学研磨＋精密洗浄	TH		$\times 10^{-11} \sim \times 10^{-12}$		
A5052	化学研磨＋精密洗浄	TH	真空排気，150℃×24hベーク⇒R.H.50%大気1h暴露後測定 / 150℃×20h ベーキング後	$4 \sim 8 \times 10^{-12}$	B-13	44)
A5052	電解研磨	TH		$4 \sim 8 \times 10^{-12}$		
A6063	潤滑油切削⇒化学洗浄	TH, TP	NaOH(45 g/L)/45℃で浸漬2分，脱イオン水バブルバス洗浄10分⇒酸（50% HNO₃＋3% HF）洗浄2分⇒脱イオン水バブルバス洗浄10分⇒脱イオン水（<5μS・cm⁻¹）超音波洗浄2分⇒乾燥窒素（99.999 9%）による乾燥 / 120℃×24h ベーク後	1.2×10^{-10}	B-15	46)
A6063	EL 加工⇒オゾン水洗浄	TH, TP	6.7 ppm オゾン水浸漬 0.5h（24℃）	6.4×10^{-12}		
A6063	EL 加工	TH, TP	エタノールをかけながら切削	1.8×10^{-11}		
A6063	EL 加工⇒オゾン水洗浄	TH	2 ppm オゾン水浸漬 0.5h（24℃） / 150℃×24h ベーキング後	4.4×10^{-11}		

※ A6061-T4：化学研磨液：805 mL オルソリン酸，35 mL 硝酸，160 mL 水。Ar グロー放電：2.6～4 Pa，$5 \sim 10 \times 10^{-5}$ A・cm⁻²，30分。O₂ グロー放電：3分。試料表面積：0.588 m²。試料容積：0.010 6 m³。コンダクタンス：2.7×10^{-1} m³/s

表 2.9.5 大気圧から排気したときのガス放出速度（チタン）

ガス放出速度 q の単位：$[\mathrm{Pa\cdot m^{3}\cdot s^{-1}\cdot m^{-2}}]$、カーブフィッティング：$q=\alpha\cdot t^{-\beta}$（$t$ の単位 [h]）

材質	表面処理・測定前の条件等	方法	面積 A [m²]	容積 V [m³]	コンダクタンス C [m³/s]	$\tau=V/C$ [s]	$g=C/A$ [m/s]	q 1h	2h	3h	4h	5h	8h	10h	20h	50h	α	β	相関係数	測定時間	記号	文献
99.99% Ti	化学研磨：硝酸：HF=1：5、室温。下地：圧延。1×10^{-4} Pa 以下まで TMP で排気 ⇒295±2K（R.H.60%）大気 1 h 暴露 ⇒TMP 排気（測定）	TH	0.471	0.0177	8.20×10^{-3}	21.6	1.7×10^{-3}	3.9×10^{-6}	2.1×10^{-6}		1.2×10^{-6}	8.5×10^{-7}	5.8×10^{-7}	4.7×10^{-7}	2.4×10^{-7}		4.04×10^{-6}	0.935	0.999 3	113 h	C-1	50)
純チタン 99.7%	化学研磨。表面処理後 R.H.50%大気中に 100 h 程度放置した後 1 回目の排気	CMM	0.471	0.0177	0.02/0.4			9.9×10^{-8}	5.7×10^{-8}		2.8×10^{-8}	2.1×10^{-8}	1.3×10^{-8}	9.2×10^{-9}	5.8×10^{-9}		1.04×10^{-7}	0.995	0.996 7	~100 h	C-2	51)
純チタン 99.7%	20 nm 酸化皮膜形成	CMM	0.471	0.0177	0.02/0.4			3.2×10^{-8}	1.8×10^{-8}		8.4×10^{-9}	4.6×10^{-9}	2.1×10^{-9}	1.3×10^{-9}	5.9×10^{-10}		5.16×10^{-8}	1.406	0.976 8	~100 h		
純チタン 99.7%	電解複合研磨	CMM	0.471	0.0177	0.02/0.4			2.2×10^{-8}	1.4×10^{-8}		7.7×10^{-9}	6.7×10^{-9}	4.8×10^{-9}	3.9×10^{-9}	2.2×10^{-9}		2.27×10^{-8}	0.755	0.998 7	~100 h		
JIS2種Ti	メカニカル研磨(MCP)、鏡面研磨	CMM	0.471	0.0177	0.02/0.4			4.2×10^{-8}	2.2×10^{-8}		1.1×10^{-8}	9.2×10^{-9}	6.4×10^{-9}	5.2×10^{-9}	2.3×10^{-9}	8.6×10^{-10}	4.42×10^{-8}	0.983	0.999 7	50 h	C-3	52), 53)
JIS2種Ti	MCP⇒450℃酸化処理	CMM	0.471	0.0177	0.02/0.4			1.1×10^{-8}	5.8×10^{-9}		3.1×10^{-9}	2.4×10^{-9}	1.6×10^{-9}	1.3×10^{-9}	6.1×10^{-10}	2.6×10^{-10}	1.14×10^{-8}	0.966	0.999 7	50 h		
JIS2種Ti	MCP⇒200℃酸化処理	CMM	0.471	0.0177	0.02/0.4			2.0×10^{-8}	1.1×10^{-8}		5.7×10^{-9}	4.8×10^{-9}	2.8×10^{-9}	2.1×10^{-9}	1.2×10^{-9}	5.1×10^{-10}	2.08×10^{-8}	0.956	0.999 4	50 h		
JIS2種Ti	酸洗仕上げ(AP)	CMM	0.471	0.0177	0.02/0.4			4.3×10^{-8}	2.6×10^{-8}		1.5×10^{-8}	1.2×10^{-8}	7.6×10^{-9}	5.4×10^{-9}	2.5×10^{-9}	1.0×10^{-9}	5.15×10^{-8}	0.982	0.992 6	50 h		
JIS2種Ti	AP⇒450℃酸化処理	CMM	0.471	0.0177	0.02/0.4			1.2×10^{-8}	6.8×10^{-9}		3.2×10^{-9}	2.4×10^{-9}	1.4×10^{-9}	1.1×10^{-9}	5.7×10^{-10}	2.1×10^{-10}	1.31×10^{-8}	1.056	0.996 8	50 h		
KS100	AP⇒200℃酸化処理⇒215℃×23 h ベーク→4 日間大気暴露	CMM	0.471	0.0177	0.02/0.4			4.2×10^{-8}	2.6×10^{-8}		1.5×10^{-8}	1.3×10^{-8}	7.9×10^{-9}	6.4×10^{-9}	3.5×10^{-9}	1.8×10^{-9}	4.70×10^{-8}	0.864	0.996 6	40 h		
KS100	MCP	CMM	0.471	0.0177	0.02/0.4			3.7×10^{-8}	1.9×10^{-8}		1.1×10^{-8}	8.4×10^{-9}	5.3×10^{-9}	3.7×10^{-9}	1.8×10^{-9}	8.2×10^{-10}	3.92×10^{-8}	0.991	0.999 0	50 h		
KS100	MCP⇒450℃酸化処理	CMM	0.471	0.0177	0.02/0.4			9.5×10^{-9}	5.7×10^{-9}		2.8×10^{-9}	2.4×10^{-9}	1.5×10^{-9}	1.0×10^{-9}	5.6×10^{-10}	2.8×10^{-10}	1.02×10^{-8}	0.929	0.997 7	40 h		
Ti合金 15-3-3-3	AP、Ti-15V-3Sn-3Cr-3Al	CMM	0.471	0.0177	0.02/0.4			3.7×10^{-8}	2.1×10^{-8}		1.2×10^{-8}	9.7×10^{-9}	6.9×10^{-9}	5.8×10^{-9}	3.4×10^{-9}	1.8×10^{-9}	3.69×10^{-8}	0.812	0.999 9	40 h		
Ti合金 15-3-3-3	AP⇒200℃酸化処理⇒215℃×23 h ベーク→4 日間大気暴露 Ti-15V-3Sn-3Cr-3Al	CMM	0.471	0.0177	0.02/0.4			2.8×10^{-8}	1.4×10^{-8}		7.0×10^{-9}	5.6×10^{-9}	3.4×10^{-9}	2.5×10^{-9}	1.2×10^{-9}	3.7×10^{-10}	3.63×10^{-8}	1.092	0.999 1	50 h		
Ti合金 3-2.5	AP、Ti-3Al-2.5V	CMM	0.471	0.0177	0.02/0.4			4.7×10^{-8}	2.7×10^{-8}		1.4×10^{-8}	1.2×10^{-8}	8.0×10^{-9}	6.2×10^{-9}	3.1×10^{-9}	2.2×10^{-9}	4.52×10^{-8}	0.826	0.999 5	50 h		
SUS316L	電解複合研磨(ECB)	CMM	0.471	0.0177	0.02/0.4			5.5×10^{-8}	3.1×10^{-8}		1.9×10^{-8}	1.6×10^{-8}	1.2×10^{-8}	1.0×10^{-8}	6.4×10^{-9}	3.3×10^{-9}	5.21×10^{-8}	0.71	0.998 7	50 h		
SUS316L	ECB⇒200℃酸化処理⇒215℃×23 h ベーク→4 日間大気暴露	CMM	0.471	0.0177	0.02/0.4			3.2×10^{-8}	1.6×10^{-8}		8.5×10^{-9}	7.1×10^{-9}	4.5×10^{-9}	3.6×10^{-9}	1.8×10^{-9}	6.9×10^{-10}	3.27×10^{-8}	0.971	0.999 8	50 h		
SUS304	化学研磨＋精密洗浄。内径100 mm 高さ255 mm KS100製チャンバ チャンバ表面積=0.088 m²。試料60 mm×60 mm×1 mm×120 枚	TH, TP	0.893	2.0×10^{-3}	6.10×10^{-3}	0.328	6.8×10^{-3}			4.8×10^{-8}		3.0×10^{-8}		2.5×10^{-8}	1.1×10^{-8}	3.0×10^{-9}	3.70×10^{-8}	1.212 3	0.995 08	50 h	C-4	54)
JIS2種Ti	メカニカル研磨、150℃ベーキング 30 min ⇒大気暴露	TH, TP	0.893	2.0×10^{-3}	6.10×10^{-3}	0.328	6.8×10^{-3}			1.8×10^{-9}		9.6×10^{-10}		4.2×10^{-10}	2.0×10^{-10}	4.3×10^{-10}	7.91×10^{-9}	1.295 1	0.999 44	50 h		
JIS2種Ti	化学研磨	TH, TP	0.893	2.0×10^{-3}	6.10×10^{-3}	0.328	6.8×10^{-3}			1.3×10^{-9}		7.3×10^{-10}		3.2×10^{-10}	1.5×10^{-10}	5.1×10^{-10}	4.66×10^{-9}	1.152 9	0.999 96	50 h		

2. 真空用材料と構成部品

表 2.9.6 ベーキング後のガス放出速度（チタン）

材　質	表面処理, 測定前の条件等		方　法	測定直前のベーキング条件	ガス放出速度 $[\text{Pa}\cdot\text{m}^3\cdot\text{s}^{-1}\cdot\text{m}^{-2}]$	記　号	文　献
SUS304 電解研磨			CMM	200℃ × 72 h ベーク後	1.96×10^{-10}		
A6063 電解研磨	フランジ Al-Si 合金		CMM	150℃ × 72 h ベーク後	3.55×10^{-10}	C-5	58)
純 Ti 酸洗			CMM	200℃ × 72 h ベーク k 後	2.20×10^{-10}		
SUS304	S1：800 バフ研磨		CMM TP	200℃ × 24 h ベーク後	6.72×10^{-9}		
SUS304	S2：S1 後有機洗浄して TiN 被覆		CMM TP	200℃ × 24 h ベーク後	2.06×10^{-10}		
SUS304	S3：電解研磨		CMM TP	200℃ × 24 h ベーク後	1.82×10^{-9}	C-6	59)
99.7%Ti	T1：酸洗（30%硝酸, 5%フッ酸）		CMM TP	200℃ × 24 h ベーク後	4.00×10^{-10}		
99.7%Ti	T2：T1 後 TiN 被覆		CMM.T.P.	200℃ × 24 h ベーク後	7.50×10^{-11}		
Ti 合金 15-3-3-3	AP ⇒ 200℃ 酸化処理 ⇒ 215℃ × 23 h ベーク ⇒ 4 日間大気暴露	Ti-15V-3Sn-3Cr-3Al	CMM	215℃, 23 h ベーク後	1.97×10^{-10}	C-3	52), 53)
SUS316L	ECB ⇒ 200℃ 酸化処理 ⇒ 215℃ × 23 h ベーク ⇒ 4 日間大気暴露		CMM	215℃, 23 h ベーク後	5.27×10^{-10}		
Ti	バフ研磨		SPP	180℃ × 24 h ベーク後	$<6 \times 10^{-13}$	C-7	60), 61)
ステンレス鋼	化学研磨		SPP	180℃ × 24 h ベーク後	2×10^{-10}		
SUS304	化学研磨 + 精密洗浄	内径 100 mm, 高さ 255 mm, KS100 製チャンバー, チャンバー表面積：0.088 m² 試料 60 mm×60 mm× 1 mm×120 枚	TH, TP	150℃ × 20 h ベーク後	1×10^{-10}		
JIS2 種 Ti	メカノケミカル研磨 150℃ ベーキング ⇒ 大気暴露 30 min		TH, TP	150℃ × 20 h ベーク後	7×10^{-13}	C-4	54)
JIS2 種 Ti	化学研磨		TH, TP	150℃ × 20 h ベーク後	7×10^{-13}		

まとめた.

表 2.9.5「C-1」,「C-2」は化学研磨, 熱酸化層形成, 電解複合研磨の表面処理を比較したものである[50), 51)].

表 2.9.5「C-3」は, 純 Ti（JIS 2 種）と 3 種類のチタン合金真空容器に各種表面処理を施したときのガス放出速度を調べたものである[52), 53)]. 比較のために SUS316L ステンレス鋼製真空容器のガス放出速度の実験結果も示してある. 10～20 nm の酸化層が形成された表面処理からのガス放出速度が最も小さい. 20 時間の真空排気で, 3.5×10^{-9} Pa·m³·s⁻¹·m⁻² が得られている. この値は真空容器形状の試料では最も低いガス放出速度である. 一方, 450℃での熱酸化処理を行った場合には, ガス放出速度は 3 倍程度大きくなる. 200℃で形成される酸化皮膜は非晶質であり, 450℃で形成される酸化皮膜は正方晶系のルチル型構造の TiO_2 であることがわかっている.

表 2.9.5「C-4」では JIS 2 種 Ti の化学研磨の影響

を調べている[54)]. 化学研磨という汎用的な処理で低ガス放出を実現した. 20 時間の排気で $1.5～2 \times 10^{-9}$ Pa·m³·s⁻¹·m⁻² に達した.

（b）　ベーキング後のガス放出速度　チタン材料のベーキング後のガス放出速度を表 2.9.6 に示す. チタン材料のベーキング後のガス放出速度は 5×10^{-10} Pa·m³·s⁻¹·m⁻² 以下であり, 多くは, 10^{-12} Pa·m³·s⁻¹·m⁻² から 10^{-13} Pa·m³·s⁻¹·m⁻² である.

〔4〕　銅

銅はメタルシールのガスケットや, 極高真空用の真空計材料に使われている. 銅中に溶存した酸素は融点以下では除去することが難しく, 真空用途として使われる銅は無酸素銅が多い.

（a）　大気圧からの排気　表 2.9.7「D-1」は電解銅と, 無酸素銅（OFHC）のガス放出速度の比較であ

2.9 ガス放出データ

表 2.9.7 大気圧から排気したときのガス放出速度 (銅)

材質	表面処理，測定前の条件等	方法	面積 A [m²]	容積 V [m³]	コンダクタンス C [m³/s]	$t=V/C$ [s]	$q=C/A$ [m/s]	ガス放出速度 q [Pa·m³·s⁻¹·m⁻²] 1 h	2 h	4 h	5 h	8 h	10 h	20 h	25 h	50 h	$q=\alpha t^{-\beta}$ α	β	最形相関係数	測定時間	記号	文献
電解銅	素材							5.4×10^{-5}					5.6×10^{-6}		2.4×10^{-6}	7.5×10^{-7}	5.80×10^{-5}	1.057	0.999 9	50 h		
電解銅	機械研磨							4.7×10^{-5}					4.8×10^{-6}		1.9×10^{-7}	9.5×10^{-8}	4.74×10^{-5}	0.995	1.000 0	50 h	D-1	75)
OFHC	素材							2.5×10^{-5}					1.7×10^{-6}		5.6×10^{-7}		2.54×10^{-5}	1.182	1.000 0	25 h		
OFHC	機械研磨							2.6×10^{-5}					2.2×10^{-6}		8.3×10^{-8}	5.0×10^{-8}	2.47×10^{-5}	1.026	1.000 0	50 h		
無酸素銅	150℃×24 h ベーク⇒ R.H.40% 1 h 大気暴露 ブランジング材は NiP めっき(10μm)した BeCu 0.25 m³のうち 0.022 m³ は Ni-P	TH	0.250	4.71×10^{-3}	8.4×10^{-4}	5.6	3.4×10^{-3}	4.8×10^{-5}	2.2×10^{-5}	9.8×10^{-6}	7.6×10^{-6}	4.6×10^{-6}	3.5×10^{-6}	2.0×10^{-6}			4.59×10^{-5}	1.087	0.999 8	20 h	D-2	55)
		TH	0.250	4.71×10^{-3}	1.3×10^{-4}	36.2	5.2×10^{-3}	4.8×10^{-5}	1.3×10^{-5}	6.2×10^{-6}	4.6×10^{-6}	3.3×10^{-6}	2.8×10^{-6}	1.6×10^{-6}			3.35×10^{-5}	1.094	0.978 1	20 h		
Copper OFC	ブローチング 1箇月以上大気暴露	TH			2.0×10^{-3}			5.4×10^{-5}	2.3×10^{-5}	1.2×10^{-5}	1.0×10^{-5}	5.9×10^{-6}	4.6×10^{-6}	2.2×10^{-6}			5.28×10^{-5}	1.569	0.998 5	~40 h		
Copper OFC	ブローチング 3 h 空素 (含有水分 16 ppm)暴露	TH			2.0×10^{-3}			1.4×10^{-5}	7.3×10^{-6}	4.1×10^{-6}	3.4×10^{-6}	2.1×10^{-6}	1.5×10^{-6}	9.0×10^{-7}			1.42×10^{-5}	0.929	0.999 5	~40 h		
Copper OFC	脱脂(アセトン) 1箇月以上大気暴露	TH			2.0×10^{-3}			7.9×10^{-6}	3.7×10^{-6}	2.2×10^{-6}	1.7×10^{-6}	1.2×10^{-6}	9.9×10^{-7}	5.2×10^{-7}			7.48×10^{-6}	0.887	0.997 5	~20 h	D-3	56)
SUS304	電解複合研磨 1箇月以上大気暴露	TH			2.0×10^{-3}			1.6×10^{-6}	1.0×10^{-6}	6.1×10^{-7}	5.0×10^{-7}	3.7×10^{-7}	3.2×10^{-7}	1.8×10^{-7}			1.66×10^{-6}	0.728	0.999 2	~80 h		
SUS316	電解研磨⇒150℃プレベーク 1箇月以上大気暴露	TH			2.0×10^{-3}			8.5×10^{-7}	4.5×10^{-7}	2.2×10^{-7}	1.8×10^{-7}	1.1×10^{-7}	8.4×10^{-8}	3.9×10^{-8}			9.03×10^{-7}	1.028	0.999 2	~20 h		
Al6063-EX	Ar と O₂ 雰囲気で押出し 1箇月以上大気暴露	TH			2.0×10^{-3}			2.1×10^{-5}	1.6×10^{-5}	1.2×10^{-5}	1.1×10^{-5}	8.7×10^{-6}		6.3×10^{-6}			2.05×10^{-5}	0.401	0.999 7	~80 h		
0.5%-Cr-99.5%Cu	150℃×24 h ベーク⇒R.H.40% 1 h 大気暴露	TH	0.25		8.4×10^{-4}		3.4×10^{-3}	1.2×10^{-6}	5.7×10^{-7}	2.7×10^{-7}	2.2×10^{-7}	1.4×10^{-7}	1.0×10^{-7}	5.4×10^{-8}			1.14×10^{-6}	1.027	1.000 0	20 h	D-4	57)
無酸素銅		TH	0.25		8.4×10^{-4}		3.4×10^{-3}	5.5×10^{-6}	2.2×10^{-6}	1.0×10^{-6}	8.4×10^{-7}	5.3×10^{-7}	4.0×10^{-7}	2.0×10^{-7}			5.07×10^{-6}	1.101	0.998 2	20 h		

2. 真空用材料と構成部品

表 2.9.8 ベーキング後のガス放出速度（銅）

材　質	表面処理，測定前の条件等		方　法	測定直前のベーキング条件	ガス放出速度 [Pa·m^3·s^{-1}·m^{-2}]	記　号	文　献
無酸素銅	フランジ材はNiP めっき（10 μm）した BeCu	150℃ × 24 h ベーク ⇒ R.H.40%1h 大気暴露	TH	250℃ × 24 h ベーク後	1.7×10^{-12}	D-2	55)
			TH	300℃ × 72 h ベーク後	6.2×10^{-13}		
0.5%Cr–99.5%Cu	150℃ × 24 h ベーク ⇒ R.H.40%1h 大気暴露		TH	100℃ × 24 h ベーク後	3.75×10^{-12}	D-4	57)
0.5%Cr–99.5%Cu			TH	250℃ × 24 h ベーク後	3.57×10^{-12}		
無酸素銅			TH	100℃ × 24 h ベーク後	2.9×10^{-11}		
無酸素銅			TH	250℃ × 24 h ベーク後	1.81×10^{-12}		
無酸素銅	プレベーク 400℃ × 24 h		BU 水素	100℃ × 24 h ベーク後	8.8×10^{-12}	D-5	62)
0.5%CrCu	プレベーク 400℃ × 24 h		BU 水素	100℃ × 24 h ベーク後	9.9×10^{-12}		
0.2%BeCu	プレベーク 400℃ × 72 h	9.2×10^{-5} m^3, 0.466 8 m^2	BU 水素	160℃ × 1 h ベーク後	2.6×10^{-13}	D-6	63)
0.2%BeCu	プレベーク 400℃ × 72 h	9.2×10^{-5} m^3, 0.466 8 m^2	BU 水素	200℃ ベーク後	5.6×10^{-14}		

る[75]．表 2.9.5「D-2」では，無酸素銅で真空容器胴体を作り，フランジ材は硬度の高い Cu–Be 合金（C1700, 1.85%–Be，0.25%–Co）に Ni–P めっきを行った全銅製の真空容器を作り，ガス放出速度が測定された[55]．

表 2.9.7「D-3」ではストレージリングへの応用を前提に，無酸素銅真空容器のガス放出速度を測定している[56]．この評価では，3 時間窒素に暴露したものを除き，試料を 1 箇月以上大気に暴露している．1 箇月以上大気に暴露した試料は全体的にガス放出速度は大きい．

表 2.9.7「D-4」に 0.5% の Cr が含有された Cu 合金の真空容器のガス放出速度を示した[57]．通常，無酸素銅は 200℃ 以上でベーキングを行うとガス放出速度が増加する．無酸素銅に Cr を 0.5% 入れることで，ガス放出率増加を抑制することを目的としている．

（b）　ベーキング後のガス放出速度　銅材料のベーキング後のガス放出速度を**表 2.9.8** に示す．銅材料のベーキング後のガス放出速度は，5×10^{-10} Pa·m^3·s^{-1}·m^{-2} 以下であり，多くは，10^{-12} Pa·m^3·s^{-1}·m^{-2} から 10^{-13} Pa·m^3·s^{-1}·m^{-2} である．

〔5〕　その他の材料

真空容器内には，高分子樹脂，エラストマー，セラミックスなどの部品も数多く組み込まれている．これら材料のガス放出速度データを以下に示す．

（a）　大気圧からの排気　**表 2.9.9** にその他の材料の大気圧からの排気時のガス放出速度をまとめた．

表 2.9.9「E-1」[64]，「E-4」[68]，「E-5」[67]，「E-6」[67]，「E-7」[69]，「E-11」[74] には，高分子材料やエラストマー，プラスチックス，フェライト，接着剤などいろいろな材料のガス放出速度データがまとめられている．パリレンコーティングは，ガス放出量を低減する目的で行われたコーティングである[64]．

表 2.9.9「E-5」は各種ケーブル電線のガス放出速度の測定結果である[67]．試料が線状のため単位面積ではなく単位長さ当りでガス放出速度を計算している．全体的に，ケーブルや電線は，時間がたってもなお大量のガスを放出する傾向がある．シリコンゴムの高圧ケーブルはガス放出速度が特に大きい．一方，フッ化エチレンの同軸ケーブルはケーブル類の中で一番小さい．

表 2.9.9「E-7」は，O リングの材料であるエラストマーのデータである[69]．加速器で使用することを想定してエラストマーの劣化を促進するため γ 線を照射し，ガス放出率の変化を調べている．ピュアラバー（PURE-RUBBER）とエチレンプロピレンジエンゴム（EPDM）は γ 線照射後のガス放出速度の増加が少なく耐久性が高い．表中の H0970（EPDM）は製造工程，添加物を最適化し高純度化したもので，その結果フッ素ゴムと同等なガス放出速度を示している．

表 2.9.9「E-2」では核融合実験炉 JT-60 用の第一壁材料として開発された TiC コーティング試料のガス放出速度である[65]．インコネルに TiC をコーティン

表 2.9.9　大気圧から排気したときのガス放出率（その他の材料）

材質	表面処理、測定前の条件等	方法	面積 A [m²]	容積 V [m³]	コンダクタンス C [m³/s]	τ=V/C [s]	g=C/A [m/s]	q 1h	q 2h	q 4h	q 5h	q 8h	q 10h	q 20h	α	β	相関係数	測定時間	記号	文献
SUS304	150℃×24 h ベーク後 Ar でベント ⇒R.H.30～35%大気1 h 暴露	TH	0.390	1.12×10^{-2}	2.0×10^{-5}	560	5.1×10^{-5}	1.9×10^{-6}	1.0×10^{-6}	5.6×10^{-7}	4.5×10^{-7}	3.0×10^{-7}	2.4×10^{-7}	1.4×10^{-7}	1.85×10^{-6}	0.869	1.000 0	100 h		64
バリレンコート/SUS304	基板 SUS304、コーティング後 R.H.40～45%で1週間放置	TH	0.274	1.12×10^{-2}	2.0×10^{-5}	560	7.3×10^{-5}	2.9×10^{-6}	8.3×10^{-7}	2.1×10^{-7}	1.2×10^{-7}	5.0×10^{-8}	3.3×10^{-8}	1.3×10^{-8}	2.73×10^{-5}	1.860	0.999 8	100 h		
CPVC(塩素化ポリ塩化ビニル)	プレオン洗浄⇒R.H.30%に16 h放置後	TH, TP	0.270	1.12×10^{-2}	2.0×10^{-5}	560	7.4×10^{-5}	2.4×10^{-7}	1.8×10^{-7}	1.2×10^{-7}	1.1×10^{-7}	8.9×10^{-8}	7.6×10^{-8}	5.5×10^{-8}	2.44×10^{-7}	0.496	0.998 3	100 h		
バリレンコート/CPVC	基板 CPVC、コーティング後 R.H.30～35%大気中に16 h放置	TH, TP	0.337	1.12×10^{-2}	2.0×10^{-5}	560	5.9×10^{-5}	2.4×10^{-7}	1.8×10^{-7}	1.2×10^{-7}	1.1×10^{-7}	8.9×10^{-8}	7.6×10^{-8}	5.5×10^{-8}	2.44×10^{-7}	0.496	0.998 3	100 h		
ポリエチレン	厚さ1.6 mm、高密度0.96 g/cc　プレオン洗浄⇒R.H.30～40%大気中に2週間放置	TH, TP	0.131	1.12×10^{-2}	2.0×10^{-5}	560	1.5×10^{-4}	6.0×10^{-4}	2.6×10^{-4}	1.1×10^{-4}	8.3×10^{-5}	4.5×10^{-5}	3.4×10^{-5}	1.4×10^{-5}	6.20×10^{-4}	0.126	0.999 8	100 h		
ポリエチレン	バリレン厚密度0.02～0.03 mm　コーティング後 R.H.35～45%大気中に3週間放置	TH, TP	0.131	1.12×10^{-2}	2.0×10^{-5}	560	1.5×10^{-4}	2.9×10^{-4}	1.1×10^{-4}	5.0×10^{-5}	3.4×10^{-5}	1.7×10^{-5}	1.3×10^{-5}	4.3×10^{-6}	3.08×10^{-4}	1.391	0.999 6	100 h		
ポリエチレン	厚さ6.4 mm、高密度　プレオン洗浄⇒R.H.35～45%大気中に3週間放置	TH, TP	0.139	1.12×10^{-2}	2.0×10^{-5}	560	1.4×10^{-4}	7.3×10^{-4}	4.4×10^{-4}	2.6×10^{-4}	2.2×10^{-4}	1.5×10^{-4}	1.3×10^{-4}	7.8×10^{-5}	7.31×10^{-4}	0.753	0.999 9	100 h		
ポリエチレン	厚さ12.7 mm、高密度　プレオン洗浄⇒R.H.35～45%大気中に2週間放置	TH, TP	0.150	1.12×10^{-2}	2.0×10^{-5}	560	1.3×10^{-3}											100 h	E-1	
ポリエチレンパイプ	内径9.4cm 厚さ10.4mm 上内径13.8cm 厚さ15.3mm 長さ28cm パイプ　プレオン試験水⇒R.H.30～35%大気中に2週間放置	TH, TP	0.453	1.12×10^{-2}	2.0×10^{-5}	560	4.4×10^{-4}	4.0×10^{-4}	2.7×10^{-4}	1.9×10^{-4}	1.7×10^{-4}	1.4×10^{-4}	1.2×10^{-4}	8.9×10^{-5}	3.86×10^{-4}	0.499	0.999 1	100 h		
アルミニウム	A6061-T6 厚さ3 mm シート　屋外棚に3～4箇月放置	TH, TP	0.268	1.12×10^{-2}	2.0×10^{-5}	560	7.5×10^{-5}	5.6×10^{-6}	2.9×10^{-6}	1.4×10^{-6}	1.1×10^{-6}	7.1×10^{-7}	5.9×10^{-7}	2.9×10^{-7}	5.64×10^{-6}	0.989	1.000 0	100 h		
ポリエチレン塗装	A1100(厚さ3.2mm)化学溶液＝ポリエチレン静電塗装(厚さ0.4～0.5mm)　コーティング後 R.H.35～40%大気中に4週間放置	TH, TP	0.412	1.12×10^{-2}	2.0×10^{-5}	560	4.9×10^{-4}	4.3×10^{-4}	1.9×10^{-4}	8.5×10^{-5}	6.3×10^{-5}	4.3×10^{-5}	3.5×10^{-5}	1.8×10^{-5}	3.90×10^{-4}	1.052	0.998 5	100 h		
低密度カーボン材	0.032 g/cc、7.5×15.2×22.9cm　受取り後 R.H.40～45%大気中に48 h放置	TH, TP	0.128	1.12×10^{-2}	2.0×10^{-5}	560	1.6×10^{-4}		1.3×10^{-3}	5.5×10^{-4}	4.1×10^{-4}	2.2×10^{-4}	1.7×10^{-4}	7.6×10^{-5}	3.09×10^{-4}	1.252	0.999 9	100 h		
モネルメッシュ	モネル太さφ0.10 mm　脱脂(パークロロエチレン、フレオン蒸気洗浄)⇒大気中90℃×3 h脱ガス⇒R.H.35～55%に1週間暴露	TH, TP	0.465	1.12×10^{-2}	2.0×10^{-5}	560	4.3×10^{-4}	4.9×10^{-4}	2.4×10^{-4}	1.3×10^{-4}	9.9×10^{-5}	6.2×10^{-5}	4.6×10^{-5}	2.5×10^{-5}	4.94×10^{-4}	1.005	0.999 8	100 h		

材質	表面処理、測定前の条件等	方法	面積 A [m²]	コンダクタンス C [m³/s]	g=C/A [m/s]	q 1h	q 2h	q 4h	q 5h	q 8h	q 10h	q 20h	α	β	相関係数	測定時間	記号	文献
TiC/Mo	TP-CVD法、膜厚20μm、3.00×10^{-3} m²	TH, TP	1.00×10^{-2}	6.6×10^{-5}	6.6×10^{-3}	1.1×10^{-6}	4.9×10^{-7}	2.1×10^{-7}	1.8×10^{-7}	1.0×10^{-7}	7.9×10^{-8}	3.5×10^{-8}	1.60×10^{-6}	1.135	0.999 9	20 h		65
TiC/Mo	HCD-ARE法、膜厚20μm	TH, TP	1.00×10^{-2}	6.6×10^{-5}	6.6×10^{-3}	5.6×10^{-6}	2.7×10^{-6}	1.3×10^{-6}	1.1×10^{-6}	6.2×10^{-7}	5.0×10^{-7}	2.5×10^{-7}	5.49×10^{-6}	1.039	0.999 9	20 h		
TiC/Inconel	HCE-ARE法、膜厚20μm	TH, TP	1.00×10^{-2}	6.6×10^{-5}	6.6×10^{-3}	3.1×10^{-6}	2.4×10^{-6}	1.8×10^{-6}	1.6×10^{-6}	1.4×10^{-6}	1.3×10^{-6}	8.8×10^{-7}	3.14×10^{-6}	0.404	0.988 1	20 h		
Mo	膜厚20μm	TH, TP	1.00×10^{-2}	6.6×10^{-5}	6.6×10^{-3}	1.6×10^{-6}	7.2×10^{-7}	3.2×10^{-7}	2.6×10^{-7}	1.9×10^{-7}	1.7×10^{-7}	5.6×10^{-8}	3.09×10^{-6}	1.112	0.999 9	20 h		
Inconel		TH, TP	1.00×10^{-2}	6.6×10^{-5}	6.6×10^{-3}	1.5×10^{-7}	7.7×10^{-8}	3.8×10^{-8}	3.1×10^{-8}	1.9×10^{-8}	1.5×10^{-8}		1.56×10^{-7}	1.018	1.000 0	10 h	E-2	

表 2.9.9 （つづき）

SUS304（測定時間 100 h）

材質	表面処理，測定前の条件等	母材	方法	面積 A [m²]	容積 V [m³]	コンダクタンス C [m³/s]	t=V/C [s]	q=C/A [m/s]	ガス放出速度 q [Pa·m·s⁻¹·m⁻²] 1 h	2 h	4 h	5 h	8 h	10 h	20 h	$q=\alpha t^{-\beta}$ α	β	最終相関係数	記号	文献
テストチャンバー			TH	0.39	1.12×10⁻²	2.0×10⁻⁵	560		1.7×10⁻⁵	1.0×10⁻⁵	5.4×10⁻⁶	4.5×10⁻⁶	3.1×10⁻⁶	2.6×10⁻⁶	1.4×10⁻⁶	1.76×10⁻⁵	0.837	0.999 1		
硫酸浴アノード酸化＋有機黒色染料後清ニッケル＋ガゼーター封孔		A6061-T6	TH, TP						5.6×10⁻⁵	3.4×10⁻⁵	1.8×10⁻⁵	1.6×10⁻⁵	1.0×10⁻⁵	8.8×10⁻⁶	5.1×10⁻⁶	5.67×10⁻⁵	0.810	0.999 3	E-3	66
無電解ニッケル＋基板アルミニューム30％硝酸溶液によるエッチング黒色処理		A6061-T6	TH, TP						2.5×10⁻⁵	1.2×10⁻⁵	5.4×10⁻⁶	4.4×10⁻⁶	2.7×10⁻⁶	2.2×10⁻⁶	1.0×10⁻⁶	2.44×10⁻⁴	1.106	1.000 0		
亜鉛，鋼の黒色処理後黒色クロムめっき		A6061-T6	TH, TP						6.6×10⁻⁵	2.2×10⁻⁵	6.4×10⁻⁶	4.8×10⁻⁶	2.2×10⁻⁶	1.7×10⁻⁶	5.3×10⁻⁷	6.44×10⁻³	1.608	0.999 5		
黒色クロムめっき/SUS304 膜厚 220 nm		SUS304	TH, TP						1.2×10⁻⁵	5.3×10⁻⁶	2.2×10⁻⁶	1.7×10⁻⁶	9.7×10⁻⁷	7.7×10⁻⁷	3.4×10⁻⁷	1.17×10⁻³	1.188	0.999 6		

MACOR, GFRP, CFRP（測定時間 72 h）

材質	表面処理，測定前の条件等	密度・形状	方法	面積 A [m²]	ガス放出速度 q [Pa·m·s⁻¹·m⁻²] 1 h	2 h	5 h	10 h	20 h	50 h	72 h	$q=\alpha t^{-\beta}$ α	β	最終相関係数	記号	文献
MACOR 切削性ガラスセラミックス		2.50 g/cm³, 形状不確定	TH	0.214	1.1×10⁻⁴	5.7×10⁻⁵	2.9×10⁻⁵	1.6×10⁻⁵	6.9×10⁻⁶	2.3×10⁻⁶	1.6×10⁻⁶	1.25×10⁻⁴	0.992	0.997 8		
GFRP ガラス繊維強化プラスチック 日東モールディング工業 EP-R		1.99 g/cm³, 1cm×10cmまたは20cm×10cm	TH, TP	5.36×10⁻²	5.6×10⁻⁴	4.0×10⁻⁴	2.9×10⁻⁴	2.0×10⁻⁴	1.1×10⁻⁴	6.0×10⁻⁵	4.3×10⁻⁵	6.47×10⁻³	0.600	0.987 5		
GFRP ガラス繊維強化プラスチック シンコーテクノ SL-ER11		2.88 g/cm³, 1cm×10cmまたは20cm×10cm	TH, TP	4.60×10⁻²	1.7×10⁻⁴	1.2×10⁻⁴	6.1×10⁻⁵	3.2×10⁻⁵	2.5×10⁻⁵	1.5×10⁻⁵	1.3×10⁻⁵	1.66×10⁻³	0.620	0.996 6		
GFRP ガラス繊維強化プラスチック シンコーテクノ SL-EB01		2.27 g/cm³, 1cm×10cmまたは20cm×10cm	TH, TP	4.60×10⁻²	9.7×10⁻⁴	6.7×10⁻⁴	4.0×10⁻⁴	3.3×10⁻⁴	2.4×10⁻⁴	1.5×10⁻⁴	1.3×10⁻⁴	9.29×10⁻³	0.462	0.997 3	E-4	68
GFRP ガラス繊維強化プラスチック 東レ・ミカ TCR-107		2.1 g/cm³, 1cm×10cmまたは20cm×10cm	TH, TP	4.80×10⁻²	2.4×10⁻⁴	1.6×10⁻⁴	9.6×10⁻⁵	7.0×10⁻⁵	4.9×10⁻⁵	2.8×10⁻⁵	2.4×10⁻⁵	2.36×10⁻³	0.536	0.999 5		
CFRP 炭素繊維強化プラスチック 日東モールディング工業 EP-CH		1.53 g/cm³, 1cm×10cmまたは20cm×10cm	TH, TP	7.29×10⁻²	3.7×10⁻⁴	2.5×10⁻⁴	1.2×10⁻⁴	6.7×10⁻⁵	4.0×10⁻⁵	2.3×10⁻⁵	1.9×10⁻⁵	3.77×10⁻³	0.717	0.997 6		

（注）ガス放出量は正圧力と死効排気速度の積で求めた。

SUS304 Chamber, ケーブル, 電極, ガラス繊維（測定時間 200 h）

材質	Chamber (ref.)	表面処理等	方法	面積 A [m²]	容積 V [m³]	コンダクタンス C [m³/s]	t=V/C [s]	ガス放出速度 q [Pa·m²·s⁻¹·m⁻¹] 10 h	20 h	40 h	50 h	80 h	100 h	200 h	$q=\alpha t^{-\beta}$ α	β	最終相関係数	記号	文献
SUS304	Chamber (ref.)		TH	0.33 (30.0)	1.42×10⁻²	9.24×10⁻³	1.54	1.2×10⁻⁹	3.0×10⁻⁹	5.9×10⁻¹⁰	1.5×10⁻⁹	1.0×10⁻⁹	8.8×10⁻¹⁰	5.3×10⁻¹⁰	2.49×10⁻⁸	1.015	1.000 0		
ケーブル	同軸ケーブル, 1.5D QEV	架橋ポリエチレン	TH, TP	(30.0)	1.42×10⁻²	9.24×10⁻³	1.54		3.0×10⁻⁷	1.9×10⁻⁷	1.5×10⁻⁷	1.0×10⁻⁷	8.5×10⁻⁸	5.3×10⁻⁸ (140 h)	3.21×10⁻⁶	0.780	0.997 8		
ケーブル	同軸ケーブル, 1.5D QEV, 脱ガス後	架橋ポリエチレン	TH, TP	(30.0)	1.42×10⁻²	9.24×10⁻³	1.54				6.9×10⁻⁸ (140 h)				2.21×10⁻⁶	0.702	1.000 0		
ケーブル	同軸ケーブル, DFS031	フッ化エチレン	TH, TP	(10.0)	1.42×10⁻²	9.24×10⁻³	1.54			2.5×10⁻⁸	1.8×10⁻⁸	1.3×10⁻⁸	1.0×10⁻⁸		1.92×10⁻⁶	0.613	0.996 7		
ケーブル	高圧ケーブル, TV-30	シリコンゴム	TH, TP	(1.00)	1.42×10⁻²	9.24×10⁻³	1.54		3.4×10⁻⁶	4.4×10⁻⁶	3.6×10⁻⁶	2.5×10⁻⁶	2.2×10⁻⁶	1.3×10⁻⁶	6.82×10⁻⁴	0.749	0.999 3		
電極	セラミックコート電極, CS-S2ES-05	シリカガラスファイバー	TH, TP	(20.0)	1.42×10⁻²	9.24×10⁻³	1.54		6.9×10⁻⁶		6.1×10⁻⁶	4.3×10⁻⁶	3.9×10⁻⁶		7.09×10⁻⁴	0.632	0.997 6		
電極	セラミックコート電極, CS-S2ES-05	二ス付きシリカガラスファイバー	TH, TP	(25.9)	1.42×10⁻²	9.24×10⁻³	1.54		1.7×10⁻⁶ (24.5 h)	1.1×10⁻⁶	9.4×10⁻⁷	6.5×10⁻⁷	5.7×10⁻⁷	4.0×10⁻⁷	1.35×10⁻⁴	0.678	0.995 3		
電極	セラミックコート電極, CS-S2ES-05	シリカガラスファイバー	TH, TP	(11.6)	1.42×10⁻²	9.24×10⁻³	1.54	7.0×10⁻⁷	3.6×10⁻⁷	1.8×10⁻⁷	1.5×10⁻⁷	1.0×10⁻⁷	8.5×10⁻⁸		5.62×10⁻⁷	0.920	0.999 2		
電極	セラミックコート電極, AL-SI-08	シリカガラスファイバー	TH, TP	(15.0)	1.42×10⁻²	9.24×10⁻³	1.54	1.9×10⁻⁷	7.7×10⁻⁸	3.7×10⁻⁸	3.2×10⁻⁸	2.4×10⁻⁸	2.1×10⁻⁸		7.97×10⁻⁷	0.941	0.999 4		
電極	セラミックコート電極, AL-SI-08	シリカ	TH, TP	(50.0)	1.42×10⁻²	9.24×10⁻³	1.54		2.5×10⁻⁷	2.0×10⁻⁷	1.7×10⁻⁷	1.3×10⁻⁷	1.0×10⁻⁷		4.25×10⁻⁷	0.849	0.999 3		
電極	セラミックコート電極, AL-AA-08	アルミナ	TH, TP	(50.0)	1.42×10⁻²	9.24×10⁻³	1.54	6.2×10⁻⁷	3.4×10⁻⁷	1.7×10⁻⁷	1.5×10⁻⁷	1.1×10⁻⁷	8.9×10⁻⁸		4.12×10⁻⁷	1.954	0.995 0		
電極	セラミックコート電極, HV-05	シリカ	TH, TP	(45.0)	1.42×10⁻²	9.24×10⁻³	1.54			2.9×10⁻⁷	2.1×10⁻⁷	7.7×10⁻⁸							
電極	セラミックコート電極, HC-05	シリカ	TH, TP	(20.0)	1.42×10⁻²	9.24×10⁻³	1.54	6.1×10⁻⁷	2.4×10⁻⁷	1.1×10⁻⁷	8.7×10⁻⁸	6.5×10⁻⁸	6.03×10⁻¹⁰						
電極	セラミックコート電極, HC-05	二スなし	TH, TP	(28.9)	1.42×10⁻²	9.24×10⁻³	1.54		1.1×10⁻⁷	7.5×10⁻⁸	6.7×10⁻⁸	5.0×10⁻⁸	4.42×10⁻¹⁰		6.68×10⁻⁷	0.591	0.999 9		67
ガラス繊維	ガラスファイバースリーブ, HG-4H	シリコーン付	TH, TP	(43.8)	1.42×10⁻²	9.24×10⁻³	1.54	8.0×10⁻⁷	3.7×10⁻⁷	1.6×10⁻⁷	1.2×10⁻⁷	1.5×10⁻⁷						E-5	
ガラス繊維	ガラスファイバースリーブ, HG-4H	シアノアクリレート接着剤	TH, TP	(0.50)	1.42×10⁻²	9.24×10⁻³	1.54	7.4×10⁻⁴	5.8×10⁻⁴	4.7×10⁻⁴	4.4×10⁻⁴	3.8×10⁻⁴		(118 h)	3.81×10⁻⁴	0.326	0.999 7		

（注）（ ）内は長さ引 [m]。Chamber (ref.) 以外は単位長さ当りのガス放出量 [Pa·m³·s⁻¹·m⁻¹]。

2.9 ガス放出データ

表 2.9.9 (つづき)

材 質	表面処理、測定前の条件等	方法	面積 A [m²]	容積 V [m³]	コンダクタンス C [m³/s]	t=V/C [s]	q=C/A [m/s]	ガス放出速度 q [Pa·m³·s⁻¹·m⁻²] 10h	20h	40h	50h	80h	100h	200h	α ($q=\alpha t^{-\beta}$, t[h])	β	最終相関値	測定時間	文献記号
フッ素系ゴム	Oリング V-120	TH, TP	0.004 9	1.42×10^{-3}	9.24×10^{-3}	1.54				2.6×10^{-4}	2.2×10^{-4}	1.5×10^{-4}	1.3×10^{-4}	7.4×10^{-5}	4.50×10^{-3}	0.774	0.999 4		
ポリクロロプレンゴム	Oリング V-120	TH, TP	0.004 9	1.42×10^{-3}	9.24×10^{-3}	1.54				5.2×10^{-3}	4.7×10^{-3}	3.7×10^{-3}	3.5×10^{-3}	2.6×10^{-3}	2.43×10^{-3}	0.422	0.996 9		
エチレンプロピレンゴム		TH, TP	0.004 9	1.42×10^{-3}	9.24×10^{-3}	1.54				3.2×10^{-3}	2.8×10^{-3}	2.2×10^{-3}	2.0×10^{-3}	1.4×10^{-3}	2.18×10^{-3}	0.522	0.999 1		
ポリメチルメタクリレート		TH, TP	0.239	1.42×10^{-3}	9.24×10^{-3}	1.54				1.2×10^{-3}	1.1×10^{-3}	8.2×10^{-4}	7.8×10^{-4}	5.3×10^{-4}	8.40×10^{-3}	0.522	0.997 1		
エポキシ樹脂	ガラスラミネート品	TH, TP	0.024	1.42×10^{-3}	9.24×10^{-3}	1.54				3.9×10^{-4}	3.4×10^{-4}	2.6×10^{-4}	2.3×10^{-4}	1.6×10^{-4}	3.07×10^{-3}	0.563	0.999 4		
ポリエチレン		TH, TP	0.023 9	1.42×10^{-3}	9.24×10^{-3}	1.54				2.7×10^{-4}	2.4×10^{-4}	1.6×10^{-4}	1.6×10^{-4}	9.3×10^{-5}	2.35×10^{-3}	0.588	0.999 6	200 h	E-6 67)
ポリイミド	KAPTON 500H	TH, TP	0.101 8	1.42×10^{-3}	9.24×10^{-3}	1.54				2.4×10^{-4}		2.8×10^{-4}	1.5×10^{-4}	9.3×10^{-5}					
フェノール樹脂	BURNDEY Trim Thio Bantam 22P	TH, TP	1piece	1.42×10^{-3}	9.24×10^{-3}	1.54				4.0×10^{-6}	3.8×10^{-6}	3.4×10^{-6}	3.3×10^{-6}	5.0×10^{-6}					
MACOR	マシナブルグラスセラミックス φ30mm	TH, TP	0.071 6	1.42×10^{-3}	9.24×10^{-3}	1.54					1.3×10^{-3}	9.4×10^{-4}	7.9×10^{-4}	5.0×10^{-4}	1.89×10^{-3}	0.686	0.999 8		
アルミナ接着剤	Arox Ceramic W. 未加熱 toroidal	TH, TP	0.001 6	1.42×10^{-3}	9.24×10^{-3}	1.54					9.1×10^{-3}	4.1×10^{-3}	3.0×10^{-3}	1.0×10^{-3}	5.66^{-6}	1.643	0.999 9		
フェライト	Toshiba, M4A9	TH, TP	0.013	1.42×10^{-3}	9.24×10^{-3}	1.54				1.9×10^{-3}		9.2×10^{-4}	7.2×10^{-4}	4.4×10^{-4}	7.64×10^{-4}	1.012	0.998 4		
フェライト	TDK, L6H	TH, TP	0.037 7	1.42×10^{-3}	9.24×10^{-3}	1.54					7.2×10^{-4}	5.2×10^{-4}	4.4×10^{-4}		1.36×10^{-4}	0.751	0.998 3		
ダグライト		TH, TP	0.046	1.42×10^{-3}	9.24×10^{-3}	1.54						1.4×10^{-4}	1.2×10^{-4}		5.12×10^{-5}	0.817	0.999 9		
軟鉄	未加熱, Electrodag [8]	TH, TP	0.038 7	1.42×10^{-3}	9.24×10^{-3}	1.54				2.3×10^{-7}	2.3×10^{-7}	2.1×10^{-7}	1.6×10^{-7}	1.4×10^{-7}	6.8×10^{-8}				
軟鉄	SS41, クロムめっき	TH, TP	0.307 5	1.42×10^{-3}	9.24×10^{-3}	1.54				5.2×10^{-7}	5.2×10^{-7}	5.0×10^{-7}							
軟鉄	SS41, さびあり	TH, TP	0.303	1.42×10^{-3}	9.24×10^{-3}	1.54		1.1×10^{-8}	4.8×10^{-8}	9.6×10^{-8}	2.2×10^{-7}	1.7×10^{-7}	9.1×10^{-8}			1.77×10^{-7}	1.194	0.999 6		

材 質	表面処理、測定前の条件等	方法	容積 V [m³]	コンダクタンス C [m³/s]	t=V/C [s]	1h	2h	4h	5h	8h	10h	20h	α ($q=\alpha t^{-\beta}$, t[h])	β	最終相関値	測定時間	文献記号
ゴム	PURE-RUBBER. T/#2670-TPEF	TH, TP	1.42×10^{-3}	9.24×10^{-3}	1.54	9.2×10^{-3}	5.9×10^{-3}	3.8×10^{-3}	3.4×10^{-3}	2.1×10^{-3}	1.7×10^{-3}	6.8×10^{-4}	1.80×10^{-3}	0.835	0.990 7	20 h	
ゴム	PURE-RUBBER. T/#2670-TPEF 空気中γ線照射(1MGy)後 フッ素系ゴム	TH, TP	1.42×10^{-3}	9.24×10^{-3}	1.54	3.1×10^{-3}	1.9×10^{-3}	1.1×10^{-3}	1.0×10^{-3}		5.7×10^{-4}		3.11×10^{-3}	0.729	0.999 8	20 h	
ゴム	PURE-RUBBER. T/#2670-TPEF Ar中γ線照射(1MGy)後 フッ素系ゴム	TH, TP	1.42×10^{-3}	9.24×10^{-3}	1.54	1.3×10^{-2}	8.9×10^{-3}	5.9×10^{-3}	5.3×10^{-3}	3.8×10^{-3}	3.4×10^{-3}	1.7×10^{-3}	1.42×10^{-2}	0.661	0.996 3	20 h	
ゴム	IX6270 エチレンプロピレン系ゴム	TH, TP	1.42×10^{-3}	9.24×10^{-3}	1.54	1.9×10^{-3}	1.3×10^{-3}	9.4×10^{-4}	8.5×10^{-4}	6.4×10^{-4}	5.8×10^{-4}	3.5×10^{-4}	1.95×10^{-3}	0.544	0.998 0	20 h	
ゴム	IX6270 空気中γ線照射(1MGy)後 フッ素系ゴム	TH, TP	1.42×10^{-3}	9.24×10^{-3}	1.54	3.2×10^{-3}	2.3×10^{-3}	1.7×10^{-3}	1.5×10^{-3}	1.2×10^{-3}	1.1×10^{-3}	8.2×10^{-4}	3.19×10^{-3}	0.458	0.999 9	20 h	
ゴム	IX6270 Ar中γ線照射(1MGy)後 フッ素系ゴム	TH, TP	1.42×10^{-3}	9.24×10^{-3}	1.54	2.8×10^{-3}	2.0×10^{-3}	1.4×10^{-3}	1.3×10^{-3}	1.0×10^{-3}	8.9×10^{-4}	6.1×10^{-4}	2.86×10^{-3}	0.504	0.999 2	20 h	
ゴム	FLUOROELASTOMER-FB フッ素系ゴム	TH, TP	1.42×10^{-3}	9.24×10^{-3}	1.54	1.5×10^{-3}	1.1×10^{-3}	7.4×10^{-4}	6.5×10^{-4}	5.2×10^{-4}	4.6×10^{-4}	2.9×10^{-4}	1.58×10^{-3}	0.551	0.999 1	20 h	E-7 69)
ゴム	FLUOROELASTOMER-FB Ar中γ線照射(1MGy)後 フッ素系ゴム	TH, TP	1.42×10^{-3}	9.24×10^{-3}	1.54	1.9×10^{-3}	1.3×10^{-3}	9.7×10^{-4}	8.6×10^{-4}	6.4×10^{-4}	5.9×10^{-4}	4.0×10^{-4}	1.94×10^{-3}	0.522	0.999 2	20 h	
ゴム	H0970(EPDM) エチレンプロピレン系ゴム	TH, TP	1.42×10^{-3}	9.24×10^{-3}	1.54	4.0×10^{-3}	2.7×10^{-3}	1.7×10^{-3}	1.5×10^{-3}	1.3×10^{-3}	1.2×10^{-3}	7.1×10^{-4}	3.90×10^{-3}	0.557	0.998 3	20 h	
ゴム	H0970(EPDM) 大気中γ線照射(1MGy)後 フッ素系ゴム	TH, TP	1.42×10^{-3}	9.24×10^{-3}	1.54	3.3×10^{-3}	2.4×10^{-3}	1.6×10^{-3}	1.5×10^{-3}	2.3×10^{-3}	1.0×10^{-3}	6.6×10^{-4}	3.42×10^{-3}	0.534	0.998 9	20 h	
ゴム	Kalrez8002 フッ素系ゴム	TH, TP	1.42×10^{-3}	9.24×10^{-3}	1.54	9.8×10^{-4}	6.6×10^{-4}	4.0×10^{-4}	3.4×10^{-4}	2.3×10^{-4}	1.9×10^{-4}	8.0×10^{-5}	1.14×10^{-3}	0.816	0.991 3	20 h	
ゴム	Kalrez8002 大気中γ線照射(1MGy)後 フッ素系ゴム	TH, TP	1.42×10^{-3}	9.24×10^{-3}	1.54	6.2×10^{-3}	4.6×10^{-3}	3.3×10^{-3}	3.1×10^{-3}	2.5×10^{-3}	2.3×10^{-3}	1.4×10^{-3}	6.44×10^{-3}	0.482	0.997 3	20 h	
ゴム	Kalrez4001 フッ素系ゴム	TH, TP	1.42×10^{-3}	9.24×10^{-3}	1.54	1.2×10^{-3}	7.7×10^{-4}	4.9×10^{-4}	4.1×10^{-4}	2.8×10^{-4}	2.3×10^{-4}	1.1×10^{-4}	1.30×10^{-3}	0.766	0.994 0	20 h	
ゴム	Fluoritz フッ素系ゴム	TH, TP	1.42×10^{-3}	9.24×10^{-3}	1.54	1.1×10^{-3}	7.4×10^{-4}	4.8×10^{-4}	4.4×10^{-4}	3.1×10^{-4}	2.6×10^{-4}	1.3×10^{-4}	1.19×10^{-3}	0.680	0.995 1	20 h	

Oリングサイズ (G50)φ3.1×ID49.1)

表 2.9.9（つづき）

材質	表面処理，測定前の条件等	方法	面積 A [m²]	容積 V [m³]	C [m³/s]	τ=V/C [s]	g=C/A [m/s]	q 1h	2h	4h	5h	8h	10h	20h	50h	100h	α [Pa·m³·s⁻¹·m⁻²]	β	直線回帰率	測定時間	文献記号
アルミナ	レーストラック L3.2 m / 10～15 nmTIN コート（ホロカソード放電）	CMM	2.51					$8.2×10^{-7}$	$4.3×10^{-7}$	$2.5×10^{-7}$	$2.1×10^{-7}$	$1.4×10^{-7}$	$1.2×10^{-7}$	$5.5×10^{-8}$			$8.33×10^{-6}$	0.877	0.999 3	50 h	70), 71)
アルミナ	内径φ0.299 m×1 m ダクト / 10～15 nmTIN コート（ホロカソード放電）	CMM	0.94					$1.3×10^{-7}$	$4.7×10^{-8}$	$2.0×10^{-8}$	$1.5×10^{-8}$	$8.6×10^{-9}$	$6.0×10^{-9}$	$2.8×10^{-9}$			$1.18×10^{-6}$	1.272	0.999 3	50 h	
DLC	下地：電解複合研磨（ECB）したステンレス鋼 成膜方法：DC プラズマ CVD 法	CMM	0.471	$1.77×10^{-2}$				$2.4×10^{-7}$	$1.1×10^{-7}$	$6.2×10^{-8}$	$4.4×10^{-8}$	$2.7×10^{-8}$	$2.0×10^{-8}$	$8.3×10^{-9}$			$2.56×10^{-7}$	1.107	0.999 0	50 h	E-8
Ti	厚さ10 nm 熱処理（制御雰囲気中で 200℃加熱）	CMM	0.471	$1.77×10^{-2}$				$2.4×10^{-7}$	$1.1×10^{-7}$	$6.2×10^{-8}$	$4.4×10^{-8}$	$2.7×10^{-8}$	$2.0×10^{-8}$	$1.1×10^{-8}$			$2.41×10^{-7}$	1.047	0.999 5	50 h	
SUS316L	複合電解研磨	CMM	0.471	$1.77×10^{-2}$				$2.6×10^{-6}$	$1.4×10^{-6}$	$6.3×10^{-7}$	$4.8×10^{-7}$	$3.0×10^{-7}$	$2.1×10^{-7}$	$1.1×10^{-7}$			$2.76×10^{-7}$	1.085	0.998 5	50 h	
SUS316L	複合電解研磨→ベーキング	CMM	0.471	$1.77×10^{-2}$				$4.2×10^{-7}$	$2.1×10^{-7}$	$1.1×10^{-7}$	$9.0×10^{-8}$	$5.7×10^{-8}$	$4.5×10^{-8}$	$2.4×10^{-8}$			$4.19×10^{-7}$	0.957	1.000 0	50 h	
Cu	電鋳銅照射励起反転高 [PR] 銅電鋳	CMM	0.471	$1.77×10^{-2}$				$4.7×10^{-7}$	$2.6×10^{-7}$	$1.4×10^{-7}$	$1.0×10^{-7}$	$6.3×10^{-8}$	$5.3×10^{-8}$	$3.3×10^{-8}$			$4.70×10^{-7}$	0.921	0.999 4	50 h	
アルミナ	純度99%	CMM	0.471	$1.77×10^{-2}$				$4.2×10^{-7}$	$1.8×10^{-7}$	$9.0×10^{-8}$	$7.4×10^{-8}$	$5.3×10^{-8}$	$3.9×10^{-8}$	$1.7×10^{-8}$			$3.96×10^{-7}$	1.026	0.997 6	50 h	
Ti	不動態化処理済（厚さ10 nm 酸化処理）／ID164 mm, L478 mm	CMM						$2.2×10^{-7}$	$1.4×10^{-7}$	$7.6×10^{-8}$	$6.2×10^{-8}$	$3.8×10^{-8}$	$3.2×10^{-8}$	$1.6×10^{-8}$	$5.9×10^{-9}$		$2.49×10^{-7}$	0.899	0.994 5	～50 h	72)
SUS316	複合電解研磨／ID600 mm, L9990 mm	CMM						$1.2×10^{-7}$	$7.4×10^{-8}$	$4.6×10^{-8}$	$3.6×10^{-8}$	$2.4×10^{-8}$	$1.6×10^{-8}$	$1.1×10^{-8}$	$5.3×10^{-9}$		$1.28×10^{-7}$	0.800	0.988 6	～50 h	
SUS316L	電解研磨→ブレーク／ID131-104 mm, L6309 mm	CMM					50 h			$1.3×10^{-7}$	$9.9×10^{-8}$	$5.8×10^{-8}$	$4.7×10^{-8}$	$2.4×10^{-8}$	$1.1×10^{-8}$		$5.04×10^{-8}$	1.019	0.999 4	100 h	E-9
Cu	PR-EF lining／ID570 mm, L9900 mm	CMM									$4.98×10^{-8}$（100 h）										
アルミナ	TiN コーティング／ID246-188 mm, 3540 mm	CMM						$2.4×10^{-8}$	$8.9×10^{-9}$	$3.4×10^{-9}$	$2.7×10^{-9}$	$1.6×10^{-9}$	$1.2×10^{-9}$	$5.7×10^{-10}$	$2.4×10^{-10}$		$2.12×10^{-8}$	1.243	0.998 7	～50 h	
Ti	不動態化処理済（厚さ10 nm 酸化処理）／ID164 mm, L478 mm	CMM					100 h	$2.2×10^{-7}$	$9.9×10^{-8}$	$7.7×10^{-8}$	$7.0×10^{-8}$	$3.5×10^{-8}$	$1.6×10^{-8}$	$5.8×10^{-9}$	$2.7×10^{-9}$		$4.74×10^{-7}$	1.125	0.999 1	100 h	73)
SUS316	複合電解研磨／ID600 mm, L9990 mm	CMM						$5.8×10^{-7}$	$1.0×10^{-7}$	$7.3×10^{-8}$	$4.0×10^{-8}$	$2.8×10^{-8}$	$1.4×10^{-8}$	$5.7×10^{-9}$	$3.4×10^{-9}$		$3.76×10^{-7}$	1.055	0.992 3	100 h	E-10
アルミナ	15 nmTIN コーティング／ID2246-188 mm, L3540 mm	CMM					50 h	$9.2×10^{-8}$	$5.1×10^{-8}$	$2.7×10^{-8}$	$2.1×10^{-8}$	$1.4×10^{-8}$	$1.2×10^{-8}$	$5.9×10^{-9}$	$2.4×10^{-9}$		$9.62×10^{-8}$	0.932	0.999 9	50 h	
PI	① 吸着飽和状態	CMM						$6.4×10^{-5}$	$4.7×10^{-5}$	$3.5×10^{-5}$	$3.2×10^{-5}$	$2.3×10^{-5}$	$2.1×10^{-5}$	$1.5×10^{-5}$			$6.62×10^{-5}$	0.490	0.997 6	50 h	74)
PI	② 200℃×10 h 真空加熱×2 回→大気暴露 1 h	CMM						$1.6×10^{-3}$	$6.7×10^{-4}$	$3.2×10^{-4}$	$2.3×10^{-4}$	$1.4×10^{-4}$	$1.1×10^{-4}$	$6.7×10^{-5}$			$1.43×10^{-3}$	1.076	0.988 7	50 h	
PI	③ ②の測定の後 200℃×8 h 真空中加熱×5 回→大気暴露 1 h／外径0.032 m×長さ0.105 m ロッド	CMM	0.012					$1.6×10^{-3}$	$6.7×10^{-4}$	$3.2×10^{-4}$	$2.0×10^{-4}$	$1.2×10^{-4}$	$8.2×10^{-5}$	$3.9×10^{-5}$			$1.60×10^{-3}$	1.257	0.999 6	150 h	
PEEK	① 吸着飽和状態	CMM						$1.6×10^{-3}$	$1.2×10^{-3}$	$7.8×10^{-4}$	$7.4×10^{-4}$	$5.8×10^{-4}$	$5.0×10^{-4}$	$3.5×10^{-4}$			$1.61×10^{-3}$	0.504	0.996 8	50 h	
PEEK	② 200℃×10 h 真空加熱×2 回→大気暴露 1 h	CMM	0.004 4					$4.1×10^{-3}$	$2.0×10^{-3}$	$8.2×10^{-4}$	$6.7×10^{-4}$	$3.9×10^{-4}$	$2.3×10^{-4}$	$1.3×10^{-4}$			$3.75×10^{-3}$	1.073	0.999 0	150 h	
PEEK	③ ②の測定の後 200℃×8 h 真空中加熱×5 回→大気暴露 1 h／外径0.03 m×長さ0.03 m のロッド	CMM						$4.1×10^{-4}$	$2.0×10^{-4}$	$8.2×10^{-5}$	$6.7×10^{-5}$	$3.9×10^{-5}$	$2.3×10^{-5}$	$1.1×10^{-5}$			$4.29×10^{-4}$	1.197	0.998 0	150 h	
GFRP	① 吸着飽和状態	CMM	0.005 2					$2.6×10^{-4}$	$1.7×10^{-4}$	$1.1×10^{-4}$	$9.1×10^{-5}$	$6.7×10^{-5}$	$5.5×10^{-5}$	$3.3×10^{-5}$			$2.69×10^{-4}$	0.683	0.998 9	50 h	E-11
GFRP	② 80℃×8 h 真空中加熱→大気暴露 1 h／外径0.012 m×内径0.009 m×長さ0.03 m パイプ	CMM						$5.8×10^{-4}$	$2.6×10^{-4}$	$1.4×10^{-4}$	$1.2×10^{-4}$	$8.2×10^{-5}$	$7.4×10^{-5}$	$6.4×10^{-5}$			$4.59×10^{-4}$	0.760	0.985 2	100 h	
CFRP	① 吸着飽和状態	CMM	0.001 2					$1.4×10^{-4}$	$8.6×10^{-5}$	$6.1×10^{-5}$	$5.2×10^{-5}$	$3.7×10^{-5}$	$3.2×10^{-5}$	$2.0×10^{-5}$			$1.38×10^{-4}$	0.633	0.998 7	50 h	
CFRP	② 80℃×8 h 真空中加熱→大気暴露 1 h／内径0.06 m×長さ0.06 m のロッド	CMM						$3.5×10^{-5}$	$1.6×10^{-5}$	$9.5×10^{-6}$	$6.6×10^{-6}$	$2.5×10^{-6}$	$1.7×10^{-6}$	$5.5×10^{-7}$	$4.7×10^{-7}$		$2.80×10^{-5}$	0.678	0.980 9	100 h	
PET	0.3 m×0.1 m 厚さ5.9 μmシート	CMM	0.06					$1.5×10^{-5}$	$6.6×10^{-6}$	$2.5×10^{-6}$	$1.7×10^{-6}$	$7.3×10^{-7}$	$3.3×10^{-7}$	$5.1×10^{-8}$			$2.38×10^{-5}$	1.872	0.985 8	～300 h	
Polyester	4.4 m×0.026 m 面ファスナー	TH	0.46					$1.8×10^{-5}$	$7.6×10^{-6}$	$3.0×10^{-6}$	$1.2×10^{-6}$	$8.6×10^{-7}$	$4.6×10^{-7}$	$1.3×10^{-7}$			$2.39×10^{-5}$	1.667	0.994 3	～300 h	
SUS316	電解複合研磨	CMM	0.06									$6.84×10^{-7}$					$6.84×10^{-7}$	1.365	0.991 7		
PI	0.3 m×0.1 m 厚さ50 μmシート	CMM						$8.9×10^{-7}$	$1.5×10^{-7}$	$7.4×10^{-8}$	$2.2×10^{-8}$	$1.1×10^{-8}$	$1.0×10^{-8}$				$7.93×10^{-7}$	2.912	0.999 3	～250 h	
PI	0.3 m×0.1 m 厚さ125 μmシート	CMM	0.02					$1.1×10^{-6}$	$5.8×10^{-7}$	$5.8×10^{-7}$	$4.1×10^{-7}$		$1.0×10^{-7}$				$2.57×10^{-7}$	2.226	0.956 8	～250 h	

PI：polyimide　PEEK：polyetheretherketone　GFRP：Glass Fiber Reinforced Plastics.　PET：polyethylene terephthalate

グした試料のガス放出率は大きく，時間の経過に対し
減衰が緩やかである.

表2.9.9「E-3」は，各種高輻射率表面処理を行った
試料である[66].

2000年以降に大強度陽子加速器「J-PARC」や重力
波検出装置に使う容器材料のガス放出速度測定データが
数多く発表された．表2.9.9「E-8」[70),71)]，「E-9」[72)]，
「E-10」[73)]では，$\phi 150$ mm $\times 1\,000$ mm のテスト真
空容器を使った測定結果とビームチャンバーでの測定
結果が比較されている.

（b）ベーキング後のガス放出速度　ベーキング
後のガス放出率は，最近ではデータがほとんどとられ
ていない．表2.9.9の測定データのうちベーキング後
のガス放出率まで測定したものは「E-2」の核融合炉の
TiC コーティング関連のみである．**表2.9.10**に「ベー
キング後のガス放出速度」を載せた.

2.9.2　ガス放出速度データの参考文献

ガス放出速度データを収録した論文は，1960年から
1980年代に発表されたものが多い．それらを以下に紹
介する.

- 'A mass spectrometric study of the outgassing of some elastomers and plastics'[94)]
- 'ガス放出に関する研究のレビュー'[95)]
- 'Outgassing rates of refractory and electrical insulating materials used in high vacuum furnaces'[96)]
- '真空装置のガス放出と到達できる真空の限界（I），（II）'[97),98)]
- 'Permeation and outgassing of vacuum materials'[99)]
- 'Outgassing of vacuum materials - I[100)], -II'[101)]
- 'Materials for ultrahigh vacuum'[102)]
- 'Practical selection of elastomer materials for vacuum seals'[103)]
- 'Vacuum outgassing rate of plastics and composites for electrical insulators'[104)]
- 'An introduction to materials for use in vacuum'[105)]

2.9.3　透　過　と　拡　散

真空装置の排気で材料中を気体が透過して真空装置
内に侵入することを考慮しなければならないケースは
主として，プラスチック，ゴム材料の気体の透過，ガ
ラスのヘリウムの透過，金属の水素透過である.

気体の透過によるガス放出速度 Q_T [Pa·m³·s⁻¹·
m⁻²] は

$$Q_T = Dk\frac{(p_1{}^n - p_2{}^n)}{d} \tag{2.9.2}$$

で表される．また，透過率 $K = Dk$ を用いて以下で表
記される.

$$Q_T = K\frac{(p_1{}^n - p_2{}^n)}{d} \tag{2.9.3}$$

ここで，D [m²·s⁻¹]：拡散係数，k：溶解度，P_1 [Pa]：
高圧側圧力，P_2 [Pa]：低圧側圧力，d [m]：材料の厚
さである．n は定数で，気体が貴ガスの場合や，プラ
スチックやゴム中を気体が分子のままで透過する場合，
$n=1$ である．金属中を水素が透過する場合など，二原
子分子が解離して溶解し透過する場合，$n=1/2$ であ
る．溶解度 k の単位は，$n=1$ のとき無次元，$n=1/2$
のとき [Pa$^{1/2}$] である.

また，拡散係数，溶解度ともに温度により変化し，下
記のように表される.

$$D = D_0 \exp\left(-\frac{E_D}{RT}\right) \tag{2.9.4}$$

$$k = k_0 \exp\left(-\frac{E_k}{RT}\right) \tag{2.9.5}$$

ここで，E_D [J·mol⁻¹]：拡散の活性化エネルギー，D_0
[m²·s⁻¹]：拡散の速度定数，E_k [J·mol⁻¹]：溶解熱，
k_0（$n=1$ のとき無次元．$n=1/2$ のとき [Pa$^{1/2}$]）：溶
解の速度定数，R [J·mol⁻¹·K⁻¹]：気体定数，T [K]：
温度である.

拡散係数 D [m²·s⁻¹] と溶解度 k（$n=1$ のとき無次
元，$n=1/2$ のとき [Pa$^{1/2}$]）の積の透過率 K（$n=1$
のとき [m²·s⁻¹]．$n=1/2$ のとき [m²·s⁻¹·Pa$^{1/2}$]）
は式 (2.9.6) で表記される.

$$K = K_0 \exp\left(-\frac{E_K}{RT}\right) \tag{2.9.6}$$

$$\text{ただし，} K_0 = D_0 k_0, E_K = E_D + E_k$$

表2.9.11 に室温でのプラスチックの気体透過率，
表2.9.12 に室温でのエラストマーの気体透過率を示
す．ガラスのヘリウム透過率は，温度依存性を**図2.9.2**
に示した．図2.9.2 から求めた K_0 [m²·s⁻¹] と E_k
[J·mol⁻¹] を**表2.9.13**にまとめた．表2.9.13の値か
ら式 (2.9.6) で K を求めるときには，測定した温度
範囲内で行うようにする[114)].

透過率の最も大きい気体種であるヘリウムについて
は，アルミナセラミックスの透過率が測定されている．
透過率は，ガラスに比べて小さく，実用上問題になら
ない[102),103)].

218　　2．真空用材料と構成部品

表 2.9.10 ベーキング後のガス放出速度（その他の材料）

材　質	表面処理，測定前の条件等	方　法	測定直前のベーキング条件	ガス放出速度 $[\mathrm{Pa\cdot m^3\cdot s^{-1}\cdot m^{-2}}]$	記号	文献
TiC/Mo	TP-CVD法，膜厚20μm	TH TP	250℃×18h ベーク後	2.6×10^{-9}	E-2	65)
TiC/Mo	HCD-ARE法，膜厚20μm	TH TP		1.1×10^{-9}		
TiC/Inconel	HCD-ARE法，膜厚20μm	TH TP		8.8×10^{-10}		
Mo		TH TP		$<8\times10^{-10}$		
Inconel		TH TP		$<8\times10^{-10}$		
Nylon 31	$-[\mathrm{N(H)-CH_2-N(H)-C(=O)-CH_2-C(=O)}]_n-$		120℃×24h ベーク後	8.0×10^{-7}	E-12	94)
Nylon 51	$-[\mathrm{N(H)-CH_2-N(H)-C(=O)-(CH_2)_3-C(=O)}]_n-$		120℃×24h ベーク後	1.3×10^{-7}		
Perspex	$-[\mathrm{CH_2-C(CH_3)(COOCH_3)}]_n-$	n～5 000-10 000	85℃×24h ベーク後	8.0×10^{-6}		
低密度ポリエチレン	$[\mathrm{CH_2}-]_n$		80℃×24h ベーク後	6.7×10^{-6}		
Silastomer 80			200℃×24h ベーク後	1.5×10^{-6}		
Viton A			200℃×24h ベーク後	2.7×10^{-6}		94),99)
Viton A	事前にベークし，大気に0.5h放置後測定を行った		200℃×12h ベーク後	1.3×10^{-7}	E-13	99)
ポリイミド			300℃×12h ベーク後	4.0×10^{-8}		
天然黒鉛			250℃×24h ベーク後	8.0×10^{-9}	E-14	106)
TiC被覆黒鉛			250℃×24h ベーク後	3.7×10^{-9}		
AlN ガラスカーボン複合材	AlN-15%ガラスカーボン複合材 かさ密度2.96 g/cm³		150℃×24h ベーク後	$<5.2\times10^{-9}$	E-15	107)
	〃　大気中830℃×2h加熱		150℃×24h ベーク後	$<5.2\times10^{-9}$		
	AlN-15%ガラスカーボン複合材 かさ密度2.91 g/cm³		150℃×24h ベーク後	5.7×10^{-8}		
	〃　大気中830℃×2h加熱		150℃×24h ベーク後	1.7×10^{-7}		
高密度ポリエチレン＊	高周波窓，密度：0.949 g/cm³ 34 cm²×3.2 mm厚さ	TH TP	70℃×16h ベーク後	6.70×10^{-7}	E-16	108)
四重極質量分析計	UTI製100 C エミッション電流0.2 mA	CMM	真空容器180℃，クライオポンプ 150℃×27h ベーク後	5.6×10^{-10} $(\mathrm{Pa\cdot m^3\cdot s^{-1}})$	E-18	81)
エキストラクター真空計	ライボルト社製		150℃×48h ベーク後	$1.6\sim4.0\times10^{-12}$ $(\mathrm{Pa\cdot m^3\cdot s^{-1}})$	E-17	196)

〔注〕＊ 295Kにおける高密度ポリエチレン高周波窓を透過するガス流量：$6.3\times10^{-6}\ \mathrm{Pa\cdot m^3\cdot s^{-1}\cdot m^{-2}}$ [108]
　　108) V. Nguyen-Tuong：J. Vac. Sci. Technol. A, **11**(1993)1584.

2.9 ガス放出データ

表 2.9.11 室温でのプラスチックの気体透過率

[m²/s]

	温度[℃]	H_2	He	N_2	O_2	Ar	CO_2	H_2O	その他	文献
ポリエチレン	30	9.1×10^{-12}	5.8×10^{-12}	9.0×10^{-13}		3.3×10^{-12}	1.52×10^{-11}		$Ne:2.3\times10^{-12}$	99)
ポリエチレン	23	8.2×10^{-12}	5.7×10^{-12}	9.9×10^{-13}	3.0×10^{-12}	2.7×10^{-12}				102)
ポリエチレン	23	$6.0\times10^{-12}\sim$ 1.2×10^{-11}	$4.0\times10^{-12}\sim$ 5.7×10^{-12}	$6.0\times10^{-13}\sim$ 1.1×10^{-12}	$2.5\times10^{-12}\sim$ 3.4×10^{-12}					102)
ポリエチレン	室温	7.5×10^{-12}	9.7×10^{-13}			1.37×10^{-12}			$D_2:6.69\times10^{-12}$ $T_2:3.11\times10^{-12}$ $CH_4:3.5\times10^{-12}$ $Ne:4.9\times10^{-13}$ $Kr:2.18\times10^{-12}$ $Xe:4.06\times10^{-12}$	109)
ポリイミド（カプトン）	23	1.1×10^{-12}	1.9×10^{-12}	3.0×10^{-14}	1.0×10^{-13}		2.0×10^{-13}			99)
ポリイミド（カプトン）	23	1.2×10^{-12}	2.1×10^{-12}	3.2×10^{-14}	1.1×10^{-13}					102)
ポリイミド	20～30		1.9×10^{-12}	3.0×10^{-14}	1.0×10^{-13}		2.0×10^{-13}			103)
ポリイミド(東レ)	室温	8.3×10^{-13}	1.5×10^{-12}						$D_2:1.0\times10^{-12}$ $D_2:7.0\times10^{-13}$	110)
ポリイミド(東レ) 200Mrad ^{60}Coγ 線照射後	室温	1.2×10^{-12}	1.7×10^{-12}						$D_2:1.1\times10^{-11}$	110)
Perspex（アクリル樹脂）	23	2.7×10^{-12}	5.7×10^{-12}							102)
ナイロン（ナイロン31）	23	1.3×10^{-13}	3.0×10^{-13}							102)
フッ素樹脂（ケル-F）	24			3.0×10^{-13}	7.0×10^{-14}					99)
フッ素樹脂（ケル-F）	20～30			$4.0\times10^{-15}\sim$ 3.0×10^{-13}	$2.0\times10^{-14}\sim$ 7.0×10^{-13}		$4.0\times10^{-14}\sim$ 1.0×10^{-12}			103)
フッ素樹脂（PTFE）	25	1.0×10^{-13}		1.0×10^{-14}	4.0×10^{-14}		1.2×10^{-13}			99)
フッ素樹脂（PTFE）	23	2.0×10^{-11}	5.7×10^{-10}	2.5×10^{-12}	8.2×10^{-12}	4.8×10^{-12}				102)
フッ素樹脂（TEFLON）	20～30			1.4×10^{-13}	4.0×10^{-14}		1.2×10^{-13}	2.7×10^{-11}		103)
フッ素樹脂（TEFLON）	室温	7.34×10^{-12}	9.11×10^{-12}			1.52×10^{-12}			$D_2:7.58\times10^{-12}$ $T_2:6.27\times10^{-12}$ $CH_4:5.7\times10^{-13}$ $Ne:2.72\times10^{-12}$ $Kr:7.4\times10^{-13}$ $Xe:3.0\times10^{-13}$	109)
ポリスチレン	23	1.3×10^{-11}	1.3×10^{-11}		5.1×10^{-13}					102)
ポリスチレン	23	7.4×10^{-11}		6.4×10^{-12}	2.0×10^{-11}					102)
強化ポリエステル マイラー（25-V-200）	23	4.8×10^{-13}	8.0×10^{-13}							102)
強化ポリエステル マイラー* 厚さ0.0018インチ	22 21～23		1.9×10^{-12} 1.7×10^{-12}	1.4×10^{-14} 1.8×10^{-14}	7.9×10^{-14} 8.5×10^{-14}	3.1×10^{-14} 2.8×10^{-14}	4.9×10^{-13} 3.7×10^{-13}			111)
強化ポリエステル マイラー* 厚さ0.0042インチ	22 21～23		1.9×10^{-12} 1.2×10^{-12}				2.7×10^{-13} 3.0×10^{-13}			111)
SiC/SiC 複合材 ポリマー含浸・ 焼成法(RIP)**	室温		5.2×10^{-5}							112)
SiC/SiC 複合材 RIP法と反応焼結(RS) 法複合プロセス	室温		9.1×10^{-7}							112)
SiC/SiC 複合材 高温加圧焼成(HP)法 SiC 繊維のみ TyrannoHex™	室温		4.4×10^{-6}							112)

〔注〕　*上段：計算値，下段：実験値
　　　**SiC 繊維に有機金属ポリマーを含浸.

表 2.9.12 室温でのエラストマーの気体透過率

[m²/s]

	温 度[℃]	H_2	He	N_2	O_2	Ar	CO_2	H_2O	その他	文 献
バイトン	24		8.9×10^{-12}	5.0×10^{-14}	1.1×10^{-12} (30℃)		5.9×10^{-12} (30℃)		空気： 1.0×10^{-13}	99)
バイトン	23	2.2×10^{-12}	8.2×10^{-12}							102)
フッ素ゴム	20〜30		9×10^{-12}〜 1.6×10^{-11}	5.0×10^{-14}〜 3.0×10^{-13}	1.0×10^{-12}〜 1.1×10^{-12}		5.8×10^{-12}〜 6.0×10^{-12}	4.0×10^{-11}		103)
フッ素ゴム	25 25 25 室温 26	3.54×10^{-12} 2.02×10^{-12}	1.52×10^{-11} 7.6×10^{-12} 1.6×10^{-11} 1.27×10^{-11}	4.56×10^{-13} 7.6×10^{-14} 3.27×10^{-13}	1.67×10^{-12}	1.67×10^{-12} 7.6×10^{-14}	2.43×10^{-12} 3.88×10^{-12}			113)
フッ素ゴム FMK	23		1.46×10^{-11}	1.1×10^{-12}	4.7×10^{-12}					195)
ネオプレン	23	8.2×10^{-12}	7.9×10^{-12}	2.1×10^{-13}	1.5×10^{-12}	1.3×10^{-12}				102)
ネオプレン	20〜30		1×10^{-11}〜 1.1×10^{-11}	8.0×10^{-13}〜 1.2×10^{-12}	3.0×10^{-12}〜 4.0×10^{-12}		1.9×10^{-11}〜 2.0×10^{-11}	1.4×10^{-9}		103)
ニトリルゴム Buna-N	20〜30		5.2×10^{-12}〜 6.0×10^{-12}	2.0×10^{-13}〜 2.0×10^{-12}	7.0×10^{-13}〜 6.0×10^{-12}		5.7×10^{-12}〜 4.8×10^{-11}	7.6×10^{-10}		103)
ニトリルゴム Buna-S	20〜30		1.8×10^{-11}	4.8×10^{-12}〜 5.0×10^{-12}	1.3×10^{-11}		9.4×10^{-11}	1.8×10^{-9}		103)
ブチルゴム	20〜30		5.2×10^{-12}〜 8.0×10^{-12}	2.4×10^{-13}〜 3.5×10^{-13}	1.3×10^{-12}〜 1.3×10^{-11}		4.0×10^{-12}〜 5.2×10^{-12}	3.0×10^{-11}〜 1.5×10^{-11}		103)
プロピルゴム	20〜30			7.0×10^{-12}	2.0×10^{-11}		9.0×10^{-11}			103)
シリコンゴム	20〜30				7.6×10^{-11}〜 4.6×10^{-10}		4.6×10^{-10}〜 2.3×10^{-9}	8.0×10^{-9}		103)
シリコンゴム VMQ	23		8.57×10^{-11}	2.35×10^{-10}	6.58×10^{-10}					195)
ポリウレタン	20〜30			4.0×10^{-13}〜 1.1×10^{-12}	1.1×10^{-12}〜 3.6×10^{-12}		1.0×10^{-11}〜 3.0×10^{-11}	2.6×10^{-10}〜 9.5×10^{-9}		103)
エチレンプロピレンゴム（日本バルカー EPDM-H0070）	室温	3.5×10^{-11}	1.7×10^{-11}						D_2： 2.6×10^{-11}	110)
エチレンプロピレンゴム（日本バルカー EPDM-H0070）200Mrad 60Coγ 線照射後	室温	4.0×10^{-11}	2.1×10^{-11}						D_2： 2.9×10^{-11}	110)
エチレンプロピレンゴム（三井ゴム EPT）	室温	4.1×10^{-11}	1.8×10^{-11}						D_2： 2.4×10^{-11}	110)
エチレンプロピレンゴム（三井ゴム EPT）200Mrad 60Coγ 線照射後	室温	3.1×10^{-11}	1.4×10^{-11}						D_2： 1.8×10^{-11}	110)

透過率のデータは取得された時期が 1960 年代から 1990 年代と古いものが多い．材料名が製造会社の商品名や品番であり，その製品がすでにないもの，新しく別の商品名になっているものも多い．また，元の製造会社がすでになかったり，別の会社に代わっていたりすることを断っておく．

金属の水素の透過・拡散に関しては，1990 年代に極高真空の研究が盛んに行われた頃に実用的なデータが取得された．超高真空，極高真空のおもな残留気体は水素である．その放出源は真空容器を構成するステンレス鋼，アルミニウム合金の内部に存在する材料製造時に含有された水素である．より低い圧力を得るためには水素の放出を抑制する必要がある．この目的のためにステンレス鋼の表面酸化処理，BN 析出や成膜，TiN 成膜が研究され，それらの水素透過率や拡散係数が求められた．金属中を水素が透過する場合には，$n = 1/2$

で，透過率 K の単位は，$[m^2 \cdot s^{-1} \cdot Pa^{1/2}]$ である．

図 2.9.3 は，ステンレス鋼，酸化処理したステンレス鋼，TiN コーティングしたステンレス鋼，銅（Cu），アルミニウム（Al）の水素の透過率である[76]．また，図 2.9.4 は BN を表面に析出させたステンレス鋼の水素透過率である[77]．図 2.9.5 にはステンレス鋼，酸化処理したステンレス鋼の拡散係数を示した[76]．アルミニウムは，透過率がステンレス鋼よりも小さいためにベーキング後のガス放出率が小さい．そのほか，いくつかの金属に関しての水素の透過率，拡散係数，溶解度を表 2.9.14 に示した．

2.9.4 蒸 気 圧

真空装置内では，密閉性向上，潤滑性向上を目的としてグリースやオイルを用いる．また，油拡散ポンプや油回転ポンプでもオイルを使用する．これらの材料から

2.9 ガス放出データ

表 2.9.13 ガラスの気体透過率

材料	気体	測定温度範囲 [℃]	K_0 [m^2·s^{-1}]	E_K [kJ/mol]	文献
溶融石英[a]	He	25〜485	3.25×10^{-10}	20.8	
0010[b]	He	218〜408	5.03×10^{-10}	44.2	
0080[b]	He	291〜421	6.81×10^{-10}	49.2	
0120[b]	He	214〜382	3.55×10^{-10}	43.8	
1715[b]	He	298〜421	4.43×10^{-10}	50.6	
1720[b]	He	315〜490	1.49×10^{-10}	51.6	
1723[b]	He	339〜517	1.50×10^{-10}	54.0	
7040[b]	He	122〜394	3.33×10^{-10}	29.9	
7050[b]	He	125〜399	2.74×10^{-10}	29.5	118)
7052[b]	He	131〜388	7.66×10^{-10}	33.7	
7056[b]	He	115〜453	3.98×10^{-10}	33.7	
7070[b]	He	135〜450	2.81×10^{-10}	21.5	
7720[b]	He	109〜464	3.04×10^{-10}	27.3	
7740[b]	He	101〜492	3.93×10^{-10}	26.9	
7900[b]	He	−78〜481	3.19×10^{-10}	19.7	
8160[b]	He	236〜369	7.20×10^{-10}	46.9	
9010[b]	He	207〜404	6.48×10^{-10}	44.8	
シリカガラスフィルム	He	25〜550	2.70×10^{-10}	21.8	
シリカガラスキャピラリー	He	24〜300	2.25×10^{-10}	20.5	
合成溶融石英	D_2	250〜950	1.90×10^{-10}	39.2	
薄膜シリカ	D_2	25〜550	1.06×10^{-10}	34.8	99)
溶融石英	Ne	440〜985	4.65×10^{-11}	39.4	
薄膜シリカ	Ne	50〜550	3.70×10^{-11}	38.2	
薄膜シリカ	Ar	670〜890	6.00×10^{-12}	105.5	
シリカ箔	Ar	750〜1100	1.00×10^{-10}	138	

〔注〕 a) General Etectric 社製
b) コーニング社製

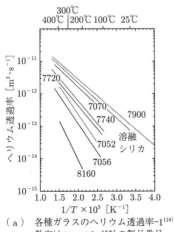
(a) 各種ガラスのヘリウム透過率-1[118]
数字はコーニング社の製品番号

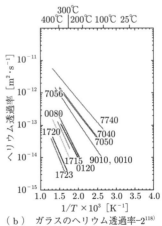
(b) ガラスのヘリウム透過率-2[118]
数字はコーニング社の製品番号

図 2.9.2

表 2.9.14 金属中の水素の透過率，拡散係数，溶解度

材 料	測定温度範囲	透過の速度定数 K_0 [molH$_2$·m^{-1}·s^{-1}·Pa$^{-0.5}$]	透過の活性化エネルギー E_K [kJ/mol]	拡散の速度定数 D_0 [m^2·s^{-1}]	拡散の活性化エネルギー E_D [kJ/mol]	溶解度の速度定数 k_0 [molH$_2$·m^{-3}·Pa$^{-0.5}$]	溶解度の活性化エネルギー E_s [kJ/mol]	文献
SUS304				$8.25×10^{-7}$	49.7			88)
SUS316				$6.32×10^{-7}$	47.8			88)
SUS304L				$1.158×10^{-7}$	40.533			89)
Al				$(6.1±0.5)×10^{-5}$	54.8±0.4			90)
Ni				$(6.44±0.35)×10^{-7}$	9.61±0.06			91)
Ta				$5.5×10^{-7}$	15			91)
αZr				$4.15×10^{-7}$	39.6			91)
αZr				$7.73×10^{-7}$	45.3			91)
αFe				$7.8×10^{-8}$	82.8			91)
αTi				$8.75×10^{-8}$	10.3			92)
βTi				$1.95×10^{-7}$	6.644±0.500			93)
βTi				$1.8×10^{-6}$	12.380±0.680			93)
85% Ti-15% Mo				$5.2×10^{-8}$	10.9			93)
Fe	423~823 K	$3.11×10^{-8}$	35.1					119)
Fe-5% Cr合金		$4.34×10^{-8}$	39.1					
Fe-10% Cr合金		$3.46×10^{-8}$	39.7					
ハステロイ XR	843~1093 K	$(4.5±0.9)×10^{-7}$ D$_2$	67.2±1.2 D$_2$					120)
ハステロイ XR		$(1.1±0.13)×10^{-6}$ D$_2$	76.6±0.5 D$_2$					
フェライトステンレス鋼 HR-1	597~1022 K	$1.47×10^{-10}$	59.5	$1.52×10^{-6}$	54.1	$9.7×10^{-5}$	5.4	121)
Mo	500~1100 K	$1.4×10^{-7}$	60.3	$4.0×10^{-8}$	22.3	3.3	37.4	122)
SUS316		$(8.1±0.7)×10^{-7}$	68.1±0.66	$(7.3±0.9)×10^{-7}$	52.4±0.91			123)
SUS304		$(4.8±0.2)×10^{-7}$	66.3±3.3	$(1.22±0.006)×10^{-6}$	54.8±0.42			124)
SUS316	423~723 K	$1.52×10^{-7}$	60.7	$4.7×10^{-7}$	46.2			125)
ferritic steel		$8.48×10^{-9}$	34.7	$4.2×10^{-8}$	87.7			126)
Y	960~1160 K			$3×10^{-2}$	160			
SUS321	497~993 K	$8.532e×10^{-7}$	59.405					127)
SUS316	416~1018 K	$2.356e×10^{-7}$	63.496					
Inconel-625	423~1007 K	$2.566e×10^{-7}$	60.128					
Inconel-718	346~1051 K	$9.594e×10^{-8}$	56.350					

材 料	温 度	透過率 K [molH$_2$·m^{-1}·s^{-1}·Pa$^{-0.5}$]	拡散係数 D [m^2·s^{-1}]	溶解度 k [molH$_2$·m^{-3}·Pa$^{-0.5}$]	文 献
タングステン	400℃	$27.1×10^{-15}$	$28×10^{-14}$	0.098	197)
		$1.2×10^{-15}$	$0.21×10^{-14}$	0.55	
		$4.9×10^{-15}$	$10×10^{-14}$	0.047	
Eurofer *		$4.6×10^{-15}$	$4.1×10^{-14}$	0.11	
		$1.9×10^{-11}$			
V-7.5% Cr-15% Ti合金	380℃	$1.5×10^{-8}$			128)
	475℃	$6.5×10^{-8}$			
V-4% Cr-4% Ti合金	380℃	$2.0×10^{-8}$			
	475℃	$5.0×10^{-8}$			

（注）　＊：0.11% C－8.7% Cr－1.0% W－0.10% Ti－0.19% V－0.44% Mn－0.004% S 残り Fe 合金

表 2.9.15 真空中で使用されるグリースの蒸気圧[117]

製品名	基 油	増ちょう剤	蒸気圧 [Pa]		測定方法
			20℃	100℃	
VAC2	PFPE	PTFE	6.4×10^{-11}	5.6×10^{-6}	
VAC3	PFPE	PTFE	6.4×10^{-11}	5.6×10^{-6}	
ZNF	PFPE	PTFE	3.9×10^{-10}	1.5×10^{-6}	
BARRIERTA JFE 552HV	フッ素油	PTFE	5.0×10^{-14}		a)
BARRIERTA SUPER IS/V	フッ素油	PTFE	5.0×10^{-14}		a)
Z-300			3.9×10^{-10}	1.3×10^{-6}	a)
			2.8×10^{-7}	4.3×10^{-5}	b)
スーパー Z-300			—	—	a)
			6.4×10^{-10}	1.8×10^{-6}	b)

〔注〕 a) クヌーセン・エフュージョン法
b) アドバンス理工 VPE-9000 にて評価

表 2.9.16 真空ポンプに使用される油の蒸気圧[117]

製品名	合成油の種類	蒸気圧 [Pa]			用 途
		20℃	40℃	100℃	
D-11	炭化水素系	7.3×10^{-5}	1.70×10^{-3}	1.5×10^{-1}	油拡散ポンプ
D-31	シリコン系	2.1×10^{-8}	2.10×10^{-6}	1.1×10^{-3}	油拡散ポンプ
B-6	炭化水素系	1.2×10^{-5}	1.40×10^{-4}	3.3×10^{-1}	油拡散エゼクターポンプ
Y-LVAC25/6		$\leqq 2.7 \times 10^{-4}$		$\leqq 2.7 \times 10^{-1}$	ドライポンプ, メカニカルブースターポンプ
Y-LVAC14/6		$\leqq 2.7 \times 10^{-4}$		$\leqq 2.7 \times 10^{-1}$	油回転ポンプ, メカニカルブースターポンプ
Y-LVAC06/6		$\leqq 5.3 \times 10^{-4}$		$\leqq 9.3 \times 10^{-1}$	油回転ポンプ, メカニカルブースターポンプ
BARRIERTA J25F	フッ素油	2.0×10^{-3}			
BARRIERTA J60F	フッ素油	1.0×10^{-4}			
BARRIERTA J100F	フッ素油	6.0×10^{-6}			
BARRIERTA J100FE	フッ素油	9.0×10^{-5}			

は蒸気圧に相当する量のグリース, オイル等の有機物が放出されていると考えなければならない. **表 2.9.15** に市販されている真空グリースの飽和蒸気圧を示した. 室温での飽和蒸気圧が 10^{-10} Pa 台であっても, 100℃では 4 桁大きい 10^{-6} Pa に達する. **表 2.9.16** に市販ポンプ油の蒸気圧を示した. 温度に対する蒸気圧の変化は文献 115) にグラフが提示されている.

また, 金属についても温度が上昇すると飽和蒸気圧も増加する. 金属の蒸気圧は, 文献 116) などを参照されるとよい.

2.9.5 ポンプからのガス放出

真空容器内の排気を行うポンプからもガスは放出されている. ここでは, ターボ分子ポンプ, チタンゲッターポンプ, クライオポンプのガス放出量を測定したデータを示す.

文献 78)〜80) ではコンダクタンス変調法を用いてチタンゲッターポンプのガス放出量を測定している. チタンゲッターポンプのチタンゲッター膜を付着させる容器は, 内径 197 mm × 180 mm のステンレス鋼製管で, 電解研磨後 450℃ × 48 時間の真空中プレベークが行われた. **図 2.9.6** はチタンゲッター膜のガス吸収量 (チタンゲッター膜に吸収された総ガス量) と容器の壁やチタンゲッター膜からのガス放出量の関係である. 初期のチタンゲッター膜からのガス放出量は, 壁からのガス放出量と同様小さい. その後, チタンゲッター膜のガス吸収量が増加するとともに, 急激にチタンゲッター膜からのガスの再放出量が増加することがわかる.

到達圧力付近でのクライオポンプからのガス放出量はコンダクタンス変調法で求められている[81]. 100℃ × 24 時間の加熱脱ガスの後, 真空容器壁から

のガス放出量は 4.1×10^{-10} Pa·m³·s⁻¹, ポンプからのガス放出量は 4.5×10^{-10} Pa·m³·s⁻¹ でポンプからと壁からがほぼ同じガス放出量であった.

ターボ分子ポンプからのガス放出量の測定は, 文献82)～85) で測定された. 図 2.9.7 は大気圧から排気したときのポンプからのガス放出量と, 壁からのガス放出量の変化である. ターボ分子ポンプからのガス放出量は

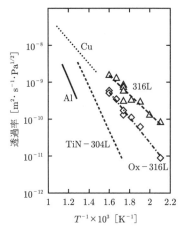

316L…ステンレス鋼 SUS316L
Ox-316L…大気中加熱酸化層を形成したステンレス鋼 SUS316L
TiN-304L…TiN 膜を形成したステンレス鋼 SUS304L
Cu…銅, Al…アルミニウム

図 2.9.3　各種材料の水素透過率[76]

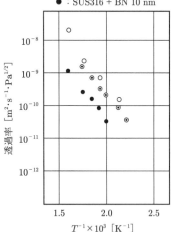

○…SUS316
⊙…1 nmBN 層を形成したステンレス鋼
●…10 nmBN 層を形成したステンレス鋼

図 2.9.4　ステンレス鋼および BN 層を形成したステンレス鋼箔の水素透過率[77]

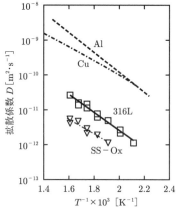

316L…ステンレス鋼 SUS316L
SS-Ox…大気中加熱酸化層を形成したステンレス鋼 SUS316L
Cu…銅, Al…アルミニウム

図 2.9.5　極高真空材料の拡散係数[76]

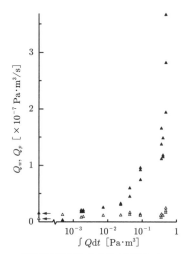

△…真空容器内壁からのガス放出量 Q_w
▲…チタンゲッター膜からのガス放出量 Q_p
矢印は Ti ゲッター膜をつけた直後の Q_w, Q_p

図 2.9.6　チタンゲッター膜のガス吸収量 ($\int Q dt$) に対する真空容器内壁, およびチタンゲッター膜からのガス放出量[79]

装置容器の壁からのガス放出よりも大きな値であった. また, 200℃ × 18 時間のベーキングを行った後のポンプからのガス放出量は約 1.2×10^{-9} Pa·m³·s⁻¹, 装置容器の壁からのガス放出量は約 3×10^{-9} Pa·m³·s⁻¹ と報告された.

表 2.9.17 にポンプからのガス放出量をまとめた. ポンプからのガス放出量はその使用状況により変化し, その値は, 真空容器の圧力に影響を及ぼす程度の値である.

2.9 ガス放出データ   225

表 2.9.17 各種ポンプのガス放出量 Q

被測定機器	Q [Pa·m³·s⁻¹]	方法	状態など	文献
Ti ゲッターポンプ	7.50×10^{-9}	CMM	Ti 蒸発直後到達圧力付近 (6×10^{-9} Pa)	79)
ベーカブルクライオポンプ	4.50×10^{-10}	CMM	到達圧力付近 (10^{-10} Pa)	81)
ターボ分子ポンプ	1.20×10^{-9}	—	3.5×10^{-9} Pa	83)

表 2.9.18 電子励起脱離のデータ例

		文献
電離真空計	気相気体のイオン化と ESD によるイオンのエネルギー分離により測定下限を下げる	132)
		133)
		134)
質量分析計		135)
		136)
熱陰極真空計からの O⁺		137)
ESD イオン脱離で真空の質を調べる		138)
極高真空計のレビュー		139)

電子エネルギー	材料, 表面状態	文献
2, 3 keV	Al, Cu, Fe	140)
300 eV	Al-Mg-Si 合金, Al_2O_3	175)
300 eV	ステンレス鋼, アルミニウム, 銅	141)
300 eV	非蒸発ゲッター材 Zr-V-Fe 合金	176)
10 eV〜6.5 keV	316 ステンレス鋼, Ti-Zr-V 膜/316 ステンレス鋼	142)
500 eV, 40〜5 keV	Al, A6082 合金	177)
500 eV	SUS316LN ステンレス鋼, -15〜70℃	178)
500 eV, 10 eV〜6.5 keV	ゲッター材 Ti-Zr-Hf-V, 活性化温度:150℃, 180℃, 250℃	179)
50, 500, 5000 eV	316L ステンレス鋼	143)
500 eV	316LN ステンレス鋼, 表面研磨, 真空加熱 (950℃ × 2 h) の効果	144)
500 eV	316LN ステンレス鋼, Ti-Zr-Hf-V 膜/316LN ステンレス鋼	145)

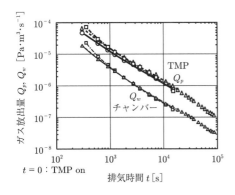

〇…2 回目の排気, △…3 回目の排気, □…4 回目の排気

図 2.9.7 大気圧から排気したときの真空容器からのガス放出量 Q_W とターボ分子ポンプからのガス放出量 Q_p の変化[83]

2.9.6 熱脱離以外のガス放出

熱脱離以外のガス放出として,電子励起脱離,光励起脱離によるガス放出データについて述べる.現象の説明は,1.4.6 項「気体の熱脱離」,特に,粒子加速器での光刺激脱離は,5.2.2 項「粒子加速器」を参照されたい.

電子励起脱離は,1980 年から 1990 年代に極高真空技術の研究が盛んに行われた頃に電離真空計のバックグランドの一つとして注目された.電離真空計のイオン電流には,気相の気体分子から生成されたイオンのほかに加速された電子がグリッド電極に当たった際に電極表面の気体分子をイオン化することで生成されたイオンが含まれる.極高真空領域の電離真空計による圧力計測では,グリッド表面の電子励起脱離イオン電流が気相の気体分子のイオン化によるイオン電流に比べて無視できない大きさになる.真空計の圧力下限を下げるためには電子励起脱離によるイオンを除去する必要があり,エネルギーで両者を分離することが行われた(4.1.7 項「電離真空計」,4.2.1 項「RGA の実際と問題点」,4.4「節真空計の誤差の要因と対策」参照).

電子励起脱離が真空容器内の圧力上昇を引き起こす状況は成膜装置などでは観測されることはないが,粒子加速器において観測されている.粒子加速器のチャンバー材料であるオーステナイト系ステンレス鋼,そ

2. 真空用材料と構成部品

表 2.9.19 光励起脱離のデータ例

実験場所等		臨界エネルギー [eV]	測定試料等	ガス種	文献
NSLS		500	A6063-T5 洗浄，Ar＋10％ O_2 グロー放電，加熱など	H_2，CH_4，CO，CO_2	146)
CERN NSLS	VUV ring	486	304LN，316L ステンレス鋼 化学洗浄，NO クリーニング，Ar＋10％ O_2 グロー放電洗浄，950℃真空中加熱	H_2，CO，CO_2	147)
BNL NSLS	U10B	500	ステンレス鋼 Ar＋O_2 グロー放電，銅めっきのベーキング ありなし	H_2，CH_4，CO，CO_2，(CF_3)	148)
BNL NSLS	U10B	500	Cu，Be，TiN/無酸素銅，Au めっき/無酸素銅，C/無酸素銅 入射角度変化，ベーク，Ar 放電	H_2，CH_4，CO，CO_2	149)
BNL NSLS	U10B	486	銅（日立 C10100），銅めっきしたステンレス鋼	H_2，CH_4，H_2O，CO，CO_2	150)
CERN	EPA	12.4～280	316L＋N ステンレス鋼，無酸素銅，銅めっきベークありなし	H_2，CH_4，H_2O，CO，CO_2	151)
BNL NSLS	U10B	487	304L，316L ステンレス鋼，銅，6061 アルミニウム合金	H_2，CH_4，H_2O，CO，CO_2	152)
BNL NSLS	VUV U9a	595	ステンレス鋼，銅 大気中加熱酸化	H_2，CH_4，CO，CO_2	153)
CERN	EPA	194	NEG 表面（St707）	H_2，CH_4，CO，CO_2	154)
CERN	EPA	12.4～280	Al，Cu めっき ベークありなし，臨界エネルギー変化	H_2，CH_4，H_2O，CO，CO_2	155)
KEK	TRISTAN	1 600	3μmAl 蒸着膜/Si ウェーハ，A6063EX 押出し	H_2	156)
KEK	PF 放射光施設	4 000	通常押出しアルミニウム トルエン洗浄	H_2，CO，CO_2	157)
KEK	PF 放射光施設	4 000	A6063S-T5，A6263-T5，A1070-H112	全圧，H_2，CO，CO_2	158)
KEK Photon Factoy	BL21-VAC	？	A6063 普通押出し＋アセトン洗浄， 入射角度：90°，2°	全圧	159)
KEK	放射光施設 SR	4 000	高純度無酸素銅（OFHC-Cu1 種）	全圧，H_2，CH_4，H_2O，CO，CO_2	160)
KEK	放射光施設 SR	4 000	316 ステンレス鋼，A6063，高純度無酸素銅（OFC C-1） GBB，ECB，EP，機械加工，特殊押出し	全圧，H_2	161)
KEK	放射光施設 SR	4 000	316 ステンレス鋼，電解研磨，プレベーク温度：900℃，450℃	全圧	162)
	X28A	5 000	溶接した無酸素銅，押出し材，無酸素銅，Be フィルターありなし	H_2，CH_4，CO，CO_2	163)
NSLS	X28A	5 000	A6063，Al，Be，Cu，	H_2，CH_4，H_2O，CO，CO_2	164)
DCI		3 751	ステンレス鋼	H_2，CH_4，H_2O，CO，CO_2	165)
TPS		7 126	A6061-T651 EL 加工＋30 ppm オゾン水，オイル＋ケミカル洗浄，EL 加工	全圧	166)
KEK	TRISTAN 入射リング	25 300	99.99％ Al をクラッドした A6063 液体 He 冷却，磁場ありなし	全圧	167)
KEK	TRISTAN accumulation ring	26 000	99.99％ Al EX 押出し，O_2 ペニング放電クリーニング	全圧，H_2，CH_4，CO，CO_2	168)
KEK	TRISTAN accumulation ring NE9	26 300	A6063 EX 押出し，Ar イオンエッチング	全圧，H_2，CH_4，CO，CO_2	169)
KEK	high-energy ring（HER）	10 900	Cu，OFC（ASM C10100）	全圧	170)
株式会社ノルテック施設			304，316 ステンレス鋼	CO	171)
NSLS	U10B		304 ステンレス鋼，A6063	H_2，CH_4，CO，CO_2，C_2H_6，Ar，O_2	172)
			光刺激による脱離の解説論文		173)
			グロー放電洗浄の解説論文		174)

〔注〕 略語
EPA：electron positron accumulator，BNL：Brookhaven National Laboratory，NSLS：national synchrotron light source，VUV：vacuum ultraviolet，TPS：Taiwan PhotonSource，HER：high energy ring，NEG：非蒸発ゲッター材，GBB：ガラスビーズブラスト処理，ECB：電解複合研磨，EP：電解研磨，OFC：無酸素銅

2.9 ガス放出データ

表 2.9.20 試料・測定の条件（図 2.9.8 のグラフの a～f（アルミニウム合金容器）a～g（銅容器）の説明）

Legend	材質	洗浄方法	ベーキング	入射角度 [mrad]	ε_c[1] [keV]	ガス種	文献
(a) アルミニウム合金容器							
a	A6061	CP[2]	No	12	0.487	H_2	152)
b	A6063	CP	150℃ 24 h	8.7	0.5	H_2	146)
c	A6063	CP	150℃ 2d	10	0.5	H_2	180)
d	Al-alloy	CP	150℃ 24 h	11	2.95	H_2	181)
e	Al-alloy	CP	No	11	3	H_2	182)
f	Al-alloy	CP	150℃	11	3	H_2	182)
g	Al-alloy	CP	120℃ 120 h	grazing	4	Total	183)
h	A6063	CP	150℃	21	5	H_2	164)
i	Pure Al	Degrease	150℃ 24 h	32	26	Total	168)
j[3]	GLIDCOP[4]	CP	No	50	4.8	Total	184)～187)
k	A6063	CP	No	2～50	1.9	Total	194)
(b) 銅容器							
a	SUS+Cu[5]	CP	No	12	0.49	H_2	188)
b	SUS+Cu[5]	CP	350℃ 24 h	12	0.49	H_2	188)
c	Cu	CP	No	12	0.49	H_2	152)
d	OFC[6]	CP	175℃ 48 h	100	0.5	H_2	189)
e	OFC	CP	200℃	100	0.5	H_2	149)
f	OFC	CP	125℃ 3 d	100	0.595	H_2	153)
g	OFC	CP	150℃ 24 h	11	2.95	H_2	181)
h	OFC	CP	150℃ 24 h	11	3.75	H_2	190)
i	OFC	CP	150℃ 24 h	25	5	H_2	163)
j	OFC	CP	180℃ 60 h	grazing	20	Total	183), 191)
k	OFC	CP	130℃ 48 h	14.8	26	H_2	192)
L	OFC	CP	No(GD[7])	5～30	9.8	Total	184)～187)
m	OFC	CP	No	2～50	5.8	Total	193)
n	OFC	CP	No	3～50	10.9	Total	193)

80th IUVSTA Workshop　　　　　　　10/26/2016

［注］
1) SR 臨界エネルギー
2) 化学研磨
3) 放射光（SR）が直接照射されるのは局所的に配置された GLIDCOP 製光子遮断部表面であるが，真空容器全体はアルミ合金製である．
4) アルミナ分散強化銅の一種．GLIDCOP は Höganäs AB の登録商標（https://www.hoganas.com/ja/business-areas/glidcop/, Last accessed:2017-12-17）．
5) 銅電気めっき/ステンレス鋼基板
6) 無酸素銅
7) 設置前にグロー放電洗浄

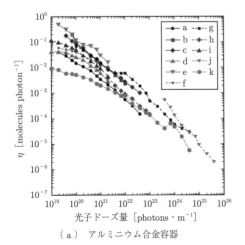

（a）アルミニウム合金容器

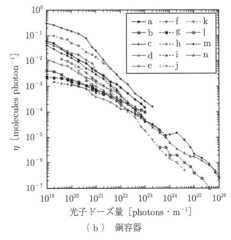

（b）銅容器

図 2.9.8　光子ドーズ量に対する光子 1 個当りに放出される気体分子の数 η

の上に非蒸発ゲッター（NEG）材料がコーティングされた場合等の電子励起脱離の測定が行われている．

電子励起脱離のデータが示された文献の概要を**表2.9.18**にまとめた．

光励起脱離も，一般的な成膜装置，エッチング装置等で観測されることはほとんどない．しかし，放射光蓄積リング等でビーム運転中に放射光がチャンバー内壁にあたり，ガスが放出されチャンバー内の圧力が上昇することが観測されており，現象の把握と対策のためにデータが蓄積された．**表2.9.19**にどのようなデータが取得されているかの概要を示した．測定結果は入射した光子の量に対して，光子1個当りに放出される気体分子の数 η で整理されていることが多い．**図2.9.8**にアルミニウム合金と銅について各種研究機関で取得された光子ドーズ量に対する η のデータを示す．また，**表2.9.20**に試料・測定の条件をもとめた．

引用・参考文献

1) T. E. Madey and J. T. Yates Jr.: J. Vac. Sci. Technol., **8** (1971) 525.

2) D.Lichtman: J. Nucl. Mater., **53** (1974) 285.

3) 堀越源一，小林正典，堀洋一郎，坂本雄一：真空排気とガス放出（共立出版，東京，1995）初版，第3章，p.76.

4) K. Terada, T. Okano and Y. Tuzi: J. Vac. Sci. Technol. A, **7** (1989) 2397.

5) 斎藤一也，佐藤幸恵，稲吉さかえ，楊一新，塚原園子：真空，**38** (1995) 449.

6) 赤石憲也：真空，**44** (2001) 598.

7) 辻泰，黒川裕次郎，竹内協子：真空，**35** (1992) 845.

8) 石川雄一：真空，**43** (2000) 214.

9) P. A. Redhead: J. Vac. Sci. Technol. A, **20** (2002) 1667.

10) 赤石憲也，江崎和弘，久保田雄輔，本島修：真空，**42** (1999) 204.

11) R. S. Barton and R. P. Govier: Vacuum, **20** (1970) 1.

12) 石森能夫，吉村長光，長谷川周三，及川永：真空，**14** (1971) 295.

13) K. Odaka, Y. Ishikawa and M. Furuse: J. Vac. Sci. Technol. A, **5** (1987) 2902.

14) 尾高憲二：真空，**33** (1990) 503.

15) K. Odaka and S. Ueda: J. Vac. Sci. Technol. A, **13** (1995) 520.

16) 加藤茂樹，青野正和，佐藤憲二，馬場吉康：真空，**34** (1991) 56.

17) 藤田大介：真空，**45** (2002) 402.

18) 稲吉さかえ，斎藤一也，佐藤幸恵，塚原園子，原泰博，天野繁，石澤克修，野村健，嶋田晃久，金澤実：真空，**41** (1998) 96.

19) 深谷益啓，寺岡愼一，佐藤吉博，魚田雅彦，齊藤芳男：真空，**49** (2006) 357.

20) H. F. Dylla, D. M. Manos and P. H. LaMarche: J. Vac. Sci. Technol. A, **11** (1993) 2623.

21) 小針利明，上田新次郎，佐藤修，石田康彦，鈴木宗伸，江畑明，福井俊彦：真空，**34** (1991) 166.

22) 株式会社アルバック編：真空ハンドブック（オーム社，東京，2002）新版，1章，p.52.

23) S. S. Inayoshi, S. Tsukahara and A. Kinbara: Vacuum, **53** (1999) 281.

24) S. Komiya, Y. Sugimoto, M. Kobayashi and Y. Tuzi: J. Vac. Sci. Technol., **16** (1979) 689.

25) G. Horikoshi and M. Kobayashi: J. Vac. Sci. Technol., **18** (1981) 1009.

26) S. Ichimura, K. Kokubun, M. Hirata, S. Tsukahara, K. Saito and Y. Ikeda: Vacuum, **53** (1999) 291.

27) 池田佳直，斎藤一也，塚原園子，一村信吾，国分清秀，平田正紘：真空，**41** (1998) 507.

28) J. R. Young: J. Vac. Sci. Technol., **6** (1969) 398.

29) 大石哲雄，小西陽子，後藤真宏，笠原章，土佐正弘，吉原一紘：真空，**46** (2003) 253.

30) S. Okamura, E. Miyauchi and T. Hisatsugu: J. Vac. Sci. Technol. A, **9** (1991) 2405.

31) J. K. Fremerey: Vacuum, **53** (1999) 197.

32) 成島勝也，石丸肇：真空，**25** (1982) 172.

33) 成島勝也，石丸肇：真空，**26** (1983) 353.

34) J. R. Chen, K. Narushima and H. Ishimaru: J. Vac. Sci. Technol. A, **3** (1985) 2188.

35) 末光眞希，宮本信雄：真空，**29** (1986) 375.

36) M. Suemitsu, T. Kaneko and N. Miyamoto: J. Vac. Sci. Technol. A, **5** (1987) 37.

37) June-Rong Chen and Yuen-Chung Liu: J. Vac. Sci. Technol. A, **5** (1987) 262.

38) 加藤豊，礒山永三，長谷川実：軽金属，**38** (1988) 462.

39) M. Suemitsu, H. Shimoyamada, N. Matsuzaki, N. Miyamoto and J. Ishibe: J. Vac. Sci. Technol. A, **10** (1992) 188.

40) M. Suemitsu, H. Shimoyamada, N. Miyamoto, T. Tokai, Y. Moriya, H. Ikeda and H. Yokoyama: J. Vac. Sci. Technol. A, **10** (1992) 570.

41) H. Iguchi, T. Momose and H. Ishimaru: J. Vac. Sci. Technol. A, **11** (1993) 1708.

42) M. Suemitsu, T. Kaneko and N. Miyamoto: J. Vac. Sci. Technol. A, **7** (1989) 2658.

43) 稲吉さかえ，斎藤一也，塚原園子，石澤克修，野村健，金沢実：真空，**38** (1995) 199.

44) S. Inayoshi, K. Saito, S. Tsukahara, K. Ishizawa, T. Nomura and M. Kanazawa: 真空，**41** (1998) 574.

45) 稲吉さかえ，石榑文昭：真空，**50** (2007) 205.

46) C. K. Chan, G. Y. Hsiung, C. C. Chang, R. Chen, C. Y. Yang, C. L. Chen, H. P. Hsueh,

S. N. Hsu, I. Liu and J. R. Chen: J. Phys.: Conf. Seri., **100** (2008) 092025.

47) F. Watanabe, Y. Koyatsu, K. Fujimori, H. Miki, A. Kasai, T. Sato and K. Miyamoto: J. Vac. Sci. Technol. A, **13** (1995) 140.

48) K. Tajiri, Y. Saito, Y. Yamanaka and Z. Kabeya: J. Vac. Sci. Technol. A, **16** (1998) 1196.

49) H. J. Halama and J. C. Herrera: J. Vac. Sci. Technol., **13** (1976) 463.

50) T. Homma, M. Minato, Y. Itoh, S. Akiya and T. Suzuki: Appl. Surf. Sci., **100/101** (1996) 189.

51) 湊道夫, 伊藤好男：真空, **41** (1998) 335.

52) 森本佳秀, 武村厚, 室尾洋二, 魚田雅彦, 佐藤吉博, 齊藤芳男：真空, **45** (2002) 665.

53) 森本佳秀, 武村厚, 室尾洋二, 魚田雅彦, 佐藤吉博, 齊藤芳男：真空, **47** (2004) 375.

54) 栗巣普揮, 木本剛, 藤井寛朗, 田中和彦, 山本節夫, 松浦満, 石澤克修, 野村健, 村重信之：真空, **49** (2006) 254.

55) F. Watanabe, Y. Koyatsu and H. Miki: J. Vac. Sci. Technol. A, **13** (1995) 2587.

56) T. Kobari, O. Satoh, N. Hirano, M. Matsumoto, M. Katane, M. Matsuzaki, H. Sakurabata, K. Kanazawa and Y. Suetsugu: Vacuum, **47** (1996) 605.

57) Y. Koyatsu, H. Miki and F. Watanabe: Vacuum, **47** (1996) 709.

58) 湊道夫, 伊藤好男：真空, **36** (1993) 175.

59) 湊道夫, 伊藤好男：真空, **37** (1994) 113.

60) H. Kurisu, T. Muranaka, N. Wada, S. Yamamoto, M. Matsuura and M. Hesaka: J. Vac. Sci. Technol. A, **21** (2003) L10.

61) 村中武, 栗巣普揮, 和田直之, 山本節夫, 松浦満, 部坂正樹：真空, **47** (2003) 116.

62) F. Watanabe: J. Vac. Sci. Technol. A, **19** (2001) 640.

63) F. Watanabe: J. Vac. Sci. Technol. A, **22** (2004) 181.

64) E. D. Erikson, T. G. Beat, D. D. Berger and B. A. Frazier: J. Vac. Sci. Technol. A, **2** (1984) 206.

65) 中村和幸, 阿部哲也, 村上義夫：真空, **27** (1984) 410.

66) E. D. Erikson, D. D. Berger and B. A. Frazier: J. Vac. Sci. Technol. A, **3** (1985) 1711.

67) 久保富夫, 佐藤吉博, 斉藤芳男：真空, **41** (1998) 217.

68) 赤石憲昭, 江崎和弘, 久保田雄輔, 本島修：真空, **37** (1994) 839.

69) 伊野浩史, 齊藤芳男, 久保富夫, 金正倫計, 壁谷善三郎：真空, **46** (2003) 397.

70) M. Kinsho, Y. Saito, Z. Kabeya and N. Ogiwara：真空, **49** (2006) 728.

71) 齊藤芳男：真空, **49** (2006) 453.

72) 齊藤芳男, 高橋竜太郎：J. Vac. Soc. Jpn., **54** (2011) 621.

73) Y. Saito, F. Naito, C. Kubota, S. Meigo, H. Fujimori, N. Ogiwara, J. Kamiya, M. Kinsho, Z. Kabeya, T. Kubo, M. Shimamoto, Y. Sato, Y. Takeda, M. Uota and Y. Hori: Vacuum, **86** (2012) 817.

74) 佐藤吉博, 高田聡, 大森隆夫, 木村誠宏, 鈴木敏一, 齊藤芳男：J. Vac. Soc. Jpn., **56** (2013) 422.

75) A. Schram: Le Vide, **103** (1963) 55.

76) 石川雄一, 吉村敏彦：真空, **40** (1997) 148.

77) 板倉明子, 土佐正弘, 吉原一紘：真空, **37** (1994) 240.

78) 寺田啓子, 岡野達雄, 辻泰：真空, **31** (1988) 473.

79) K. Terada, T. Okano and Y. Tuzi: J. Vac. Sci. Technol. A, **7** (1989) 2397.

80) 荒井孝夫, 竹内協子, 辻泰：真空, **38** (1995) 262.

81) 荒井孝夫, 竹内協子, 辻泰, 松井豊, 山川洋幸, 岡野達雄：真空, **36** (1993) 245.

82) 尾高憲二：真空, **39** (1996) 488.

83) 尾高憲二：真空, **40** (1997) 28.

84) 尾高憲二：真空, **40** (1997) 761.

85) 尾高憲二, 佐藤修：真空, **41** (1998) 698.

86) B. C. Moore: J. Vac. Sci. Technol. A, **13** (1995) 545.

87) H. Ishimaru: J. Vac. Sci. Technol. A, **7** (1989) 2439.

88) T. Tanabe, Y. Yamanishi, K. Sawada and S. Imoto: J. Nucle. Mater., **123** (1984) 1568.

89) M. Bernardini, S. Braccini, R. De Salvo, A. Di Virgilio, A. Gaddi, A. Gennai, G. Genuini, A. Giazotto, G. Losurdo, H. B. Pan, A. Pasqualetti, D. Passuello, P. Popolizio, F. Raffaelli, G. Torelli, Z. Zhang, C. Bradaschia, R. Del Fabbro, I. Ferrante, F. Fidecaro, P. La Penna, S. Mancini, R. Poggiani, P. Narducci, A. Solina and R. Valentini: J. Vac. Sci. Technol. A, **16** (1998) 188.

90) H. Saitoh, Y. Iijima and H. Tanaka: Acta. Metall. Matter., **42** (1994) 2493.

91) 飯島嘉明, 平野賢一：日本金属学会会報, **14** (1975) 599.

92) R. W. Lawson and J. W. Woodward: Vacuum, **17** (1967) 205.

93) Y. Z. Hu: J. Vac. Sci. Technol. A, **5** (1987) 2497.

94) R. S. Barton and R. P. Govier: J. Vac. Sci. Technol., **2** (1965) 113.

95) Y. Strausser, 山本進一郎訳：真空, **12** (1969) 389.

96) B. H. Cowell: Vacuum, **20** (1970) 481.

97) 村上義夫：真空, **15** (1972) 118.

98) 村上義夫：真空, **15** (1972) 174.

99) W. G. Perkins: J. Vac. Sci. Technol., **10** (1973) 543.

100) R. J. Elsey: Vacuum, **25** (1975) 299.

101) R. J. Elsey: Vacuum, **25** (1975) 347.

102) G. F. Weston: Vacuum, **25** (1975) 469.

103) R. N. Peacock: J. Vac. Sci. Technol., **17** (1980) 330.

104) S. S. Rosenblum: J. Vac. Sci. Technol. A, **4** (1986) 107.

105) B. S. Halliday: Vacuum, **37** (1987) 583.

106) 祐延悟, 五明由夫：真空, **25** (1982) 331.

107) V. Nguyen-Tuong: J. Vac. Sci. Technol. A, **12** (1994) 1719.

108) V. Nguyen-Tuong: J. Vac. Sci. Technol. A, **11** (1993) 1584.

109) H. Miyake, M. Matsuyama, K. Ashida and K. Watanabe: J. Vac. Sci. Technol. A, **1** (1983) 1447.

110) 瓜谷章, 赤石憲也, 小川雄一, 日野利彦, 勝村廣：真空, **28** (1985) 321.

111) M. Mapes, H. C. Hseuh and W. S. Jiang: J. Vac. Sci. Technol. A, **12** (1994) 1699.

112) 橋場正男, 地主孝広, 山内有二, 広畑優子, 日野友明, 加藤雄大, 香山晃：真空, **45** (2002) 145.

113) L. Laurenson and N. T. M. Dennis: J. Vac. Sci. Technol. A, **3** (1985) 1707.

114) 今川宏：真空, **43** (2000) 946.

115) ジョン F. オハンロン著, 野田保, 斉藤弥八, 奥谷剛訳：真空技術マニュアル（産業図書, 東京, 1983）, 初版, 付録 F, p.379.

116) 株式会社アルバック編：真空ハンドブック（オーム社, 東京, 2002）, 第 4 章, p.161.

117) アルバッ販売株式会社, http://www.ulvac-es.co.jp/categories/accessory/vacuum-oil/（Last accessed：2016-03-02）.

118) V. O. Altemose: J. Appl. Phys., **32** (1961) 1309.

119) I. Peñalva, G. Alberro, J. Aranburu, F. Legarda, J. Sancho, R. Vila and C. J. Ortiz: J. Nucle. Mater., **442** (2013) s719.

120) T. Takeda, J. Iwatsuki and Y. Inagaki: J. Nucle. Mater., **326** (2004) 47.

121) B. Q. Deng, Q. R. Huang, L. L. Peng, O. Mao, J. J. Du, Z. Lu and X. Zh Liu: J. Nucle. Mater., **191–194** (1992) 653.

122) T. Tanabe, Y. Yamanashi and S. Imoto: J. Nucle. Mater., **191–194** (1992) 439.

123) D. M. Grant, D. L. Cummings and D. A. Blackburn: J. Nucle. Mater., **152** (1988) 139.

124) D. M. Grant, D. L. Cummings and D. A. Blackburn: J. Nucle. Mater., **149** (1987) 180.

125) E. Hashimoto and T. Kino: J. Nucle. Mater., **133–134** (1985) 289.

126) P. W. Fisher and M. Tanase: J. Nucle. Mater., **123** (1984) 1536.

127) E. H. Van Deventer and V. A. Maroni: J. Nucle. Mater., **92** (1980) 103.

128) R. E. Buxbaum, R. Subramanian, J. H. Park and D. L. Smith: J. Nucle. Mater., **233–237** (1996) 510.

129) A. Ito, Y. Ishikawa and T. Kawabe: J. Vac. Sci. Technol. A, **6** (1988) 2421.

130) J. R. Chen, G. Y. Hsiung, C. C. Chang, C. L. Chen, C. K. Chan, C. M. Cheng, C. Y. Yang, L. H. Wu and H. P. Hsueh: J. Vac. Sci. Technol. A, **28** (2010) 942.

131) 後藤信朗, 豊田一郎：真空, **41** (1998) 135.

132) F. Watanabe, S. Hiramatsu and H. Ishimaru: J. Vac. Sci. Technol. A, **2** (1984) 54.

133) F. Watanabe and H. Ishimaru: J. Vac. Sci. Technol. A, **5** (1987) 2924.

134) 秋道斉, 荒井孝夫, 田中智成, 高橋直樹, 黒川裕次郎, 竹内協子, 辻泰, 荒川一郎：真空, **40** (1997) 780.

135) 高橋直樹, 秋道斉, 林俊雄, 辻泰：真空, **43** (2000) 231.

136) F. Watanabe: J. Vac. Sci. Technol. A, **20** (2002) 1222.

137) P. A. Redhead: J. Vac. Sci. Technol. A, **10** (1992) 2665.

138) 上田一之：真空, **34** (1991) 834.

139) 渡辺文夫：真空, **48** (2005) 604.

140) 鈴木憲司, 小林信一：表面科学, **7** (1986) 343.

141) J. Gomez-Goni and A. G. Mathewson: J. Vac. Sci. Technol. A, **15** (1997) 3093.

142) O. B. Malyshev, A. P. Smith, R. Valizadeh and A. Hannah: J. Vac. Sci. Technol. A, **28** (2010) 1215.

143) O. B. Malyshev, R. M. A. Jones, B. T. Hogan and A. Hannah: J. Vac. Sci. Technol. A, **31** (2013) 031601.

144) O. B. Malyshev, B. T. Hogan and M. Pendleton: J. Vac. Sci. Technol. A, **32** (2014) 051601.

145) O. B. Malyshev, R. Valizadeh, B. T. Hogan and A. N. Hannah: J. Vac. Sci. Technol. A, **32** (2014) 061601.

146) T. Kobari and H. J. Halama: J. Vac. Sci. Technol. A, **5** (1987) 2355.

147) H. C. Hseuh and X. Cui: J. Vac. Sci. Technol. A, **7** (1989) 2418.

148) C. L. Foerster, H. Halama and C. Lanni: J. Vac. Sci. Technol. A, **8** (1990) 2856.

149) C. L. Foerster, H. Halama and G. Kom: J. Vac. Sci. Technol. A, **10** (1992) 2077.

150) C. L. Foerster, C. Lanni, I. Maslennikov and W. Turner: J. Vac. Sci. Technol. A, **12** (1994) 1673.

151) J. Gomez-Goni, O. Grobner and A. G. Mathewson: J. Vac. Sci. Technol. A, **12** (1994) 1714.

152) C. L. Foerster, C. Lanni, R. Lee, G. Mitchell and W. Quade: J. Vac. Sci. Technol. A, **15** (1997) 731.

153) C. L. Foerster, C. Lanni and K. Kanazawa: J. Vac. Sci. Technol. A, **19** (2001) 1652.

154) F. Le Pimpec, O. Grobner and J. M. Laurent:

J. Vac. Sci. Technol. A, **21** (2003) 779.

155) J. Gomez-Goni: J. Vac. Sci. Technol. A, **25** (2007) 1251.

156) T. Iwata, K. Kanazawa and H. Ishimaru: J. Vac. Sci. Technol. A, **6** (1988) 1297.

157) 百瀬丘, O. Grobner, 堀越源一, 石丸肇, 金沢健一, 小林正典, 水野元, 成島勝也, 渡部広美：真空, **27** (1984) 452.

158) 金沢健一, 百瀬丘, 小林正典, 石丸肇：真空, **29** (1986) 276.

159) M. Kobayashi, M. Matsumoto and S. Ueda: J. Vac. Sci. Technol. A, **5** (1987) 2417.

160) 松本学, 小林正典, 上田新次郎, 池口隆, 小針利明：真空, **31** (1988) 485.

161) 松本学, 小林正典, 堀洋一郎, 小針利明, 池口隆, 上田新次郎：真空, **33** (1990) 286.

162) 松本学, 小針利明, 上田新次郎, 堀洋一郎, 小林正典：真空, **36** (1993) 242.

163) C. L. Foerster, C. Lanni, C. Perkins, M. Calderon and W. Barletta: J. Vac. Sci. Technol. A, **13** (1995) 581.

164) C. L. Foerster, C. Lanni, J. R. Noonan and R. A. Rosenberg: J. Vac. Sci. Technol. A, **14** (1996) 1273.

165) C. Herbeaux, P. Marin, V. Baglin and O. Grobner: J. Vac. Sci. Technol. A, **17** (1999) 635.

166) J. R. Chen, G. Y. Hsiung, C. C. Chang, C. L. Chen, C. K. Chan, C. M. Cheng, C. Y. Yang, L. H. Wu and H. P. Hsueh: J. Vac. Sci. Technol. A, **28** (2010) 942.

167) 金澤健一, 石丸肇：真空, **31** (1988) 482.

168) N. Ota, M. Saitoh, K. Kanazawa, T. Momose and H. Ishimaru: J. Vac. Sci. Technol. A, **12** (1994) 826.

169) N. Ota, K. Kanazawa, M. Kobayashi and H. Ishimaru: J. Vac. Sci. Technol. A, **14** (1996) 2641.

170) Y. Suetsugu, K. Kanazawa, S. Kato, H. Hisamatsu, M, Shimamoto and M. Shirai: J. Vac. Sci. Technol. A, **21** (2003) 1436.

171) 長戸路雄厚, 宇佐見浩：真空, **34** (1991) 170.

172) T. S. Chou: J. Vac. Sci. Technol. A, **9** (1991) 2014.

173) 小林正典：真空, **27** (1984) 255.

174) H. F. Dylla: J. Vac. Sci. Technol. A, **6** (1988) 1276.

175) M. Andritschky, O. Grobner, A. G. Mathewson, F. Schumann, P. Strubin and R. Souchet: Vacuum, **38** (1988) 933.

176) F. L. Primpec, O. Grobner and J. M. Laurent: Nucl. Instrum. Methods Phy. Res. B, **194** (2002) 434.

177) O. B. Malyshev, A. P. Smith, R. Valizadeh and A. Hannah: Vacuum, **85** (2011) 1063.

178) O. B. Malyshev and C. Naran: Vacuum, **86** (2012) 1363.

179) O. B. Malyshev, R. Valizadeh, R. M. A. Jones and A. Hannah: Vacuum, **86** (2012) 2035.

180) H. J. Halama: AIP Conference Proceedings, **236** (1991) 39; doi: 10.1063/1.41103.

181) A. G. Mathewson, O. Gröbner, P. Strubin, P. Marin and R. Souchee: AIP Conference Proceedings, **236** (1991) 313; doi: 10.1063/1.41124.

182) O. Gröbner, A. G. Mathewson, H. Störi and P. Strubin: Vacuum, **33** (1983) 397.

183) Y. Hori, M. Kobayashi and Y. Takiyama: *in Proceedings of the 9th Meeting on Ultra High Vacuum Techniques for Accelerators and Storage Rings, Marth 3-4, KEK, Japan* (KEK Proceedings 94-3) (1994) pp.145–153. (Only available in printing).

184) U. Wienands: *Presented in the ICFA Mini-Workshop on Commissioning of SuperKEKB and e^+e^- Colliders, November 11-13*, Tsukuba, Japan, https://kds.kek.jp/indico/event/12760/ (2013) (Last accessed 16-10-01)

185) A. S. Fisher, et al.: *in Proceedings of EPAC1996. June 10-14, Sitges, Spain* (1996) pp.1734–1736.

186) D. Cheng, et al.: *in Proceedings of PAC1997, May 12-16, Vancouver, Canada* (1997) pp.3619–3621.

187) U. Wienands, et al.: *in Proceedings of EPAC1996, June 10-14, Sitges, Spain* (1996) pp.466–468.

188) I. Maslennikov, et al.: *in Proceedings of PAC1993, May 17-20, Washington, D. C.* (1993) pp.3876–3878.

189) C. L. Foerster and G. Korn: AIP Conference Proceedings, **236** (1991) 325; doi: 10.1063/1.41125.

190) O. Gröbner, A. G. Mathewon and P. C. Marin: J. Vac. Sci. Technol. A, **12** (1994) 846.

191) Y. Hori, M. Kobayashi and Y. Takiyama: J. Vac. Sci. Technol. A, **12** (1994) 1644.

192) Y. Suetsugu and K. Kanazawa: *in Proceedings of PAC1993, May 17–20, Washington, D. C.* (1993) pp.3860–3862.

193) K. Kanazawa, et al.: Prog. Theor. Exp. Phys. (2013) 03A005.

194) Y. Suetsugu, et al.: *in Proceedings of IPAC 2016, May 8–13, Busan, Korea* (2016) pp. 1086–1088.

195) 山田康貴, 十河信一：J. Vac. Soc. Jpn., **60** (2017) 502.

196) 楊一新, 斎藤一也, 稲吉さかえ, 池田佳直, 塚原園子：真空, **36** (1993) 234.

197) V. Nemanic, J. Kovcac, C. Lungu, C. Porosnicu and B. Zajec: J. Vac. Sci. Technol. A, **32** (2014) 061511-1.

3. 真空の作成

3.1 真空の作成手順

真空を作成する目的は多岐にわたり，使用される圧力範囲は大気圧付近から極高真空領域まで広がっている．真空システムを設計する場合は，どの程度の圧力が必要かという観点で真空装置の構成を決定し，真空ポンプなどの機器の選定を行う必要がある．本章では，真空ポンプ，排気プロセス，排気速度とコンダクタンス，リーク検出の各項目について詳述し，真空作成に必要な項目を示す．

3.1.1 到達圧力と常用圧力

理想的な真空ポンプで真空容器を排気してみよう．理想的な真空ポンプとは，大気圧から圧力がゼロになるまで排気速度が一定であるポンプのことである．このときの排気曲線を**図 3.1.1**に示す[1]．

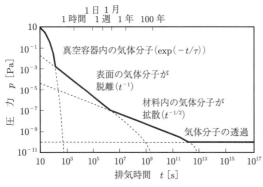

図 3.1.1 理想的な排気曲線

大気圧から真空排気を開始すると，最初は真空容器内の気体を排気する．つぎに真空容器の壁面に吸着していた気体分子を排気する．さらに圧力が下がると，真空容器の材料内部に含まれていた気体分子を排気する．最後は，真空容器を透過してくる気体分子の排気になる．透過によるガス放出量は一定であるため，これが理想的な真空ポンプによる到達圧力になる．

以上の排気過程は，排気時間 t による圧力 p の変化としてほぼ次式のように表せる．

$$p(t) = p_0 \exp\left(-\frac{t}{\tau}\right) + \frac{Q_\mathrm{O}(t)}{S} + \frac{Q_\mathrm{D}(t)}{S}$$

$$+ \frac{Q_\mathrm{P}}{S} + p_\mathrm{u} + \frac{Q_\mathrm{L}}{S} \qquad (3.1.1)$$

ここで，p_0 は初期圧力（通常は大気圧），τ は排気の時定数（$\tau = V/S$；V は真空容器の容積，S は真空ポンプの排気速度），Q_O は真空容器の壁面からのガス放出量，Q_D は材料内部から拡散して放出されるガス放出量，Q_P は大気中の気体分子が真空容器を透過してくるガス流量である．理想的真空ポンプは圧力がゼロとなるまで排気できるとしたが，実際には限界がある．p_u は真空ポンプの到達圧力である．Q_L はリークによるガス流量である．

図 3.1.1 を見ると，ある時間に主として排気しているのは特定のガス放出現象による気体である．すなわち，排気時間の経過とともに式 (3.1.1) の第 1 項から第 4 項まで気体の出所の支配的な項が変わりながら排気が進行し圧力が低下していく．

〔1〕 粗排気過程

大気圧付近での真空排気では，真空容器内に存在する気体を排気すればよいので，式 (3.1.1) の第 1 項だけで圧力を表すことができる．この圧力範囲では，大気圧から排気できる粗排気ポンプにより真空排気される．

〔2〕 吸着気体分子の排気

粗排気ポンプによる真空排気が終了し，主ポンプによる真空排気に移行する圧力付近から 10^{-6} Pa 付近までは，壁面に吸着していた気体の排気が主となる．ガス放出量 Q_O がそれであり，圧力は式 (3.1.1) の第 2 項で表すことができる．Q_O は材料自体の物性値ではなく表面状態等の影響を強く受ける．各種材料のガス放出量やガス放出速度は 2.9 節を参照されたい．Q_O は時間の逆数に比例して減少するという特徴があり，この傾向は材料によらない．

$$Q_\mathrm{O}(t) \propto \frac{1}{t} \qquad (3.1.2)$$

放出される気体はおもに水分子である．真空容器の壁面に吸着していた水分子は，いったん脱離した後も別の場所に再吸着し，しばらくして再脱離する．これを何回か繰り返した後に真空ポンプの吸気口に入射して排気される．吸着してから脱離するまでの平均時間は平均滞在時間と呼ばれ，水分子のそれは数分〜数十時間の範囲である．水分子の真空排気が長時間に及ぶのは，平均滞在時間が長いためといえる．

水分子が排気されるまでの過程[2]を，一つの水分子に着目して見てみよう．壁面に吸着していた水分子が脱離してから真空ポンプの吸気口に飛び込んで排気されるまでを図 3.1.2 に示した．

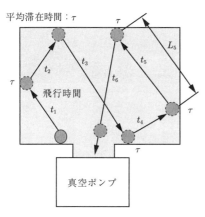

図 3.1.2 気体分子の排気モデル

水分子が排気されるまでの時間 t は，脱離してから再吸着するまでの飛行時間 t_i と，再脱離するまで吸着している平均滞在時間 τ と，この過程を何回繰り返して真空ポンプ吸気口に入射するかの繰返し数 n により次式で表される．図 3.1.2 は $n = 6$ の例である．

$$t = \sum_{i=1}^{n}(t_i + s_i\tau) = \sum\left(\frac{L_i}{\bar{v}} + s_i\tau\right) \tag{3.1.3}$$

ここで s_i は付着確率，L_i は真空容器内を水分子が飛行する距離，$\bar{v}$ は水分子の平均速度であり室温で $594~\mathrm{m \cdot s^{-1}}$ である．$L_i = 1~\mathrm{m}$ とすると，$t_i = L_i/\bar{v} = 1.7 \times 10^{-3}~\mathrm{s}$ となり，飛行時間は非常に短い．平均滞在時間 τ は，脱離の活性化エネルギー E_d として，次式で表される．

$$\left.\begin{array}{l}\tau = \tau_0 \exp\left(\dfrac{E_\mathrm{d}}{kT}\right)\\[4pt]\tau_0 \approx 10^{-13}~\mathrm{s}\end{array}\right\} \tag{3.1.4}$$

水分子は多様な E_d が報告されているが，典型的な値は $1.53\sim1.66 \times 10^{-19}$ J（$92\sim100~\mathrm{kJ \cdot mol^{-1}}$）の範囲[3]にある．室温 $T = 300$ K における平均滞在時間 τ を計算すると 19 min～43 h である．付着確率 $s_i = 1$ と仮定すると，式 (3.1.3) の排気時間は水分子の平均滞在時間で決まる．さらに，数十分ごとに脱離を繰り返すので少しずつしか排気されず，排気に長時間を要する要因となっている．E_d が小さい気体分子は，すぐに脱離するので排気されやすい．逆に E_d が大きい気体分子は，脱離しないので存在しないのと同じである．水分子の E_d はちょうど中間的な値であるため，排気しにくいのである．

水分子の付着確率は，$0.1\sim0.001$ 程度と報告[4]～[6]されている．したがって，水分子の平均的な滞在時間は 1 s～4 h ほどになるが，いずれにしても飛行時間に比較して長い．

超高真空を作成するには，脱離で放出される気体分子を短時間で排気しなければならない．ベーキングなどを実施して水分子を強制的に脱離させて排気する必要がある．ベーキングの本質的な役目は，壁面の温度を上昇させることで水分子の平均滞在時間を短縮させることにある．壁面を 150 ℃（$T = 423$ K）にすると，平均滞在時間は $0.02\sim0.2$ s に短縮され，比較的短時間で排気が完了する．

〔3〕 拡散気体分子の排気

$10^{-5}\sim10^{-6}$ Pa 付近になると，壁面に吸着していた水分子も少なくなる．代わって水素や一酸化炭素などが主たる成分となる．この領域の圧力は，式 (3.1.1) の第 3 項で表される．真空容器や槽内部品の材料内部には水素や酸素，炭素原子が含まれている．これらの原子が表面まで拡散してきて脱離する現象は，材料内部から表面に拡散して出てくるまでの時間（拡散時間）に依存する．拡散によるガス放出量 Q_D は次式で表される．

$$Q_\mathrm{D}(t) \propto \frac{1}{\sqrt{t}} \tag{3.1.5}$$

超高真空から極高真空までの通常の手段で作成できる圧力範囲は，この領域までである．

〔4〕 壁面を透過する気体の排気

材料内部の気体原子が十分少なくなると，真空排気の対象となるのは，真空容器の壁面を通して大気中から透過してくる水素などの気体と考えられる．ただし，室温において，そのような状況をこれまで達成して確認したという報告は見当たらない．真空容器の周りを液体ヘリウムで囲み，ガス放出を抑えた状態で 10^{-10} Pa から 10^{-12} Pa 以下の極高真空を得たという報告があるが，これなどは透過によるガス放出の例[65]～[67]といえよう．

ここでは，透過による気体放出が支配的になったとして考察する．気体原子や分子の透過については 1.5.2 項「気体の固体内部での拡散と透過」に記述されている．一例として，大気中の水素（分圧 0.05 Pa）が壁面を透過してくるガス放出量を見積もってみよう．真空容器は厚さ 2 mm のステンレス鋼とする．透過によるガス放出速度は，室温で $1 \times 10^{-17}~\mathrm{Torr \cdot L \cdot s^{-1} \cdot cm^{-2}}$ （$= 1 \times 10^{-14}~\mathrm{Pa \cdot m^3 \cdot s^{-1} \cdot m^{-2}}$）という報告[7]がある．

真空容器の表面積を $1\,\mathrm{m^2}$（直径 $0.56\,\mathrm{m}$ の球形に相当）とし，真空ポンプの排気速度を $1\,\mathrm{m^3 \cdot s^{-1}}$ とすると，透過水素による圧力上昇は $1 \times 10^{-14}\,\mathrm{Pa}$ となる．実用的に到達できる圧力 $10^{-10}\,\mathrm{Pa}$ と比較しても十分小さいレベルである．一方，真空容器の温度が高いときは注意しなければならない．300℃におけるステンレス鋼（厚さ $2\,\mathrm{mm}$）の水素透過量が計算されており，2.3×10^{-11} $\mathrm{Torr \cdot L \cdot s^{-1} \cdot cm^{-2}}$（$= 3.1 \times 10^{-8}\,\mathrm{Pa \cdot m^3 \cdot s^{-1} \cdot m^{-2}}$）である．先ほどと同じ条件で真空排気したとすると，水素透過による圧力上昇は，$3.1 \times 10^{-7}\,\mathrm{Pa}$ である．

〔5〕　その他の気体分子の排気

そのほかに考慮すべきは，真空ポンプの到達圧力とリークによる気体流入である．目標とする到達圧力を考慮して真空ポンプを選定し，リーク検査でリーク量を許容量以下にする．

図 3.1.1 によれば，理想的な到達圧力は，大気から真空容器を透過してくる気体分子（水素）の流量で決まる．しかし，理想的な真空ポンプは存在しないので，もっと高い圧力で到達圧力に達する．

到達圧力は，日本工業規格 JIS Z 8126-2:1999「真空技術–用語–第 2 部：真空ポンプ及び関連用語」によると「気体を導入せずにテストドームの圧力が漸近的に近づく値」と定義されている．十分長い時間真空排気したときの圧力であり，その真空装置が作成できる最も低い圧力である．一方，常用圧力とは真空中で種々の操作を行う場合の圧力である．

常用圧力はつねに使用する圧力なので，容易に達成できることが望ましい．そのため，常用圧力よりも十分低い到達圧力の真空ポンプが選定される．しかし，必要以上に到達圧力を低く設定すると，例えば，高真空領域で十分な用途に対し超高真空装置を設計したとすると，多くの部品は真空ベーキングに対応する必要があるし，真空シールは金属ガスケット仕様となる．その結果，部品が高価となる．大気圧から真空を頻繁に排気する必要がある場合は，その操作性も問題となる．また，超高真空仕様の真空装置を低真空で使用することは可能であるが，いざ超高真空が必要となった場合に，真空容器内が汚染されていて超高真空を容易には達成できないことが多々ある．それぞれの用途に見合った真空装置を設計することが望ましい．

〔6〕　真空の用途による分類

真空作成の目的や用途別に到達圧力と常用圧力を見てみよう．

（a）真空環境そのものが必要な場合　大気圧（$1.013 \times 10^5\,\mathrm{Pa}$）の力を利用する場合は，$1\,\mathrm{kPa}$ が達成できれば十分であろう．表面の吸着脱離現象を対象とする場合は，$10^{-9}\,\mathrm{Pa}$ 台の超高真空が必要になるか

もしれない．また，分子ビーム，電子ビームを使用する真空蒸着装置や電子顕微鏡などの装置では，目的とする操作を実施するのに残留気体と粒子（ビーム）が衝突して粒子が散乱するのを抑制する必要がある．そのため，高真空から超高真空の環境を必要としている．さらに，高分解能電子顕微鏡では，針状の電極から成る電界放射電子銃が用いられている．電子ビームの電流値を高輝度に安定化するには，針状電極の表面をつねに清浄にしておく必要がある．そのため，電子銃室は $10^{-9}\,\mathrm{Pa}$ に維持されている．

真空環境と表面の清浄度の例として，残留気体による表面の汚染を見積もってみよう．

圧力 $p\,[\mathrm{Pa}]$ の真空下で，単位表面積に単位時間当り入射する気体分子の入射頻度（個数）$\varGamma\,[\mathrm{個 \cdot m^{-2} \cdot s^{-1}}]$ は

$$\varGamma = \frac{1}{4}n\bar{v} = \frac{1}{4} \cdot \frac{p}{kT} \cdot 145.5\sqrt{\frac{T}{M_\mathrm{r}}} \quad (3.1.6)$$

ここで，n は気体分子密度，$\bar{v}$ は平均速度，k はボルツマン定数（$k = 1.38 \times 10^{-23}\,\mathrm{J \cdot K^{-1}}$），$T$ は温度，M_r は気体分子の分子量である．材料表面の原子の個数は，各原子間の距離が $0.3\,\mathrm{nm}$ 程度とすると，$1\,\mathrm{m^2}$ 当り約 10^{19} 個である．この表面に残留気体分子が入射して付着する．付着確率を s として，表面原子の $R\,[\%]$ が残留気体分子で汚染されるまでの時間 t は，次式で表される．

$$s\varGamma \cdot t = 10^{19} \cdot \frac{R}{100}$$

$$t = \frac{10^{19} \cdot \dfrac{R}{100}}{\dfrac{1}{4} \cdot \dfrac{p}{kT} \cdot 145.5\sqrt{\dfrac{T}{M_\mathrm{r}}} \cdot s}$$

気体分子を水分子 $M_\mathrm{r} = 18$，付着確率 $s = 1$，汚染割合 $R = 1\,\%$，温度 $T = 300\,\mathrm{K}$ とすると

$$t = \frac{2.8 \times 10^{-6}}{p} \quad (3.1.7)$$

圧力が $2.8 \times 10^{-6}\,\mathrm{Pa}$ なら 1 秒で汚染される．清浄な状態を 30 分間保つには $1.6 \times 10^{-9}\,\mathrm{Pa}$ 以下にしなければならない．どの程度の清浄度を必要とするかで常用圧力が大きく異なる．

気体分子密度が低い環境としての真空を必要とする場合は，常用圧力が真空ポンプの到達圧力と同じであることが多い．したがって，到達圧力まで達したところで所定の作業が開始される．

大気圧の力を活用する場合は，大気との圧力差を作成するまでの時間短縮が必要であったりする．また，必要な圧力よりも真空ポンプの到達圧力が十分低かったりする．

（b）**真空排気時間を短縮したい場合** 真空装置で試料を頻繁に出し入れするような場合は，大気圧から目標とする圧力までの排気時間を秒単位で短縮する必要がある．このときの目標圧力（常用圧力）が低真空領域である場合は，粗排気ポンプを使用するが，真空ポンプの排気速度は到達圧力付近で急激に低下するので，到達圧力は目標圧力より1桁以上低いことが望ましい．

常用圧力が高真空から超高真空の場合は，真空排気系の工夫が必要である．例えば，高真空領域の気体成分は水分子が主なので，水分子に対する排気速度が大きいクライオポンプを採用すると排気時間が短縮される．真空ポンプの排気速度の低下を考慮すると，到達圧力は常用圧力より1桁以上低いことが望ましい．

（c）**漏れの生じないことが重要な場合** 魔法瓶などの真空断熱容器では，気体分子による熱エネルギーの輸送（運動エネルギーの輸送）が十分低くなる10^{-2} Pa程度の圧力であればよいが，半永久的に漏れ（リーク）があってはならない．

真空排気後に真空容器を封じ切ると，その直後に，気相と容器壁面間で吸着量と脱離量が平衡になるまで圧力が上昇する．この圧力上昇分を見越して封じ切り装置の常用圧力を定める．

真空容器内にゲッターポンプを一緒に入れて封じ切る方法[8]も行われている．

（d）**真空の質が重要な場合** 半導体素子の製造には多くの真空装置が使用されている．製造プロセス中の不純物混入を極限まで低減しなければ素子の性能が維持されない．そのため，常用と到達の圧力差ばかりでなく，不純物混入防止の観点から真空容器や部品材料の成分や純度が問題とされる．

半導体製造装置の常用圧力と到達圧力[9]を**図3.1.3**に示す．プラズマ処理装置の常用圧力は，プラズマが発生できる$10^{-1}\sim 10^{2}$ Paの範囲である．これに対し，到達圧力は，使用部品の耐熱性やコストを考慮して，ベーキングは実施しない，プラズマ処理における残留ガスの影響を極力小さくする，などの理由から，$10^{-4}\sim 10^{-5}$ Paとしている場合が多い．プラズマ処理装置は到達圧力に達した後にプラズマ処理用のガスを導入して常用圧力に設定する．したがって，到達圧力に対する常用圧力の比は10^{3}から10^{7}である．また，高品質アルミニウム膜のスパッタ装置では，残留水分子が膜品質に影響するため，到達圧力は10^{-6} Pa以下である．さらに，プラズマ処理装置ではプラズマによる真空容器材料の消耗が生じ，真空容器材料成分や不純物成分が被処理膜に混入するおそれがある．そのため鉄などの不純元素の混入を5×10^{9} atoms・cm^{-2}以下[10]にしなければならない．これらを考慮した真空材料の選定が必要である．

一方，真空蒸着装置やイオン・電子・分子などのビーム応用装置では，残留ガス分子とビームの衝突による散乱を考慮して常用圧力と到達圧力が決められる．

薄膜成長が原子層レベルで制御できる分子線エピタキシー装置は10^{-9} Pa台の到達圧力を必要としているが，常用圧力は10^{-4} Pa台である．到達圧力が低いのは薄膜成長の時間が長いので残留気体分子による汚染を避けるためである．

真空を作成する目的や用途が多岐にわたるということは，真空作成手順がそれだけ多いということになる．真空装置の到達圧力と常用圧力は，目的や用途に加えて，真空作成のためのコストや時間，維持管理の容易さなどを考慮して決定される．

3.1.2 真空装置の構成

真空装置は，真空容器，真空排気系，真空計測系，真空処理系から構成される．さらに，真空下で試料を導入・処理・搬出するための搬送系や，真空処理のためのガス導入系など，真空を作成した目的に従って，個々の真空装置に固有の機器が搭載される．

真空装置の構成を見てみよう．**図3.1.4**は最も基本的な1室構成の真空装置で，一つの真空処理室に1台の真空ポンプが接続されている．真空内で種々の操作

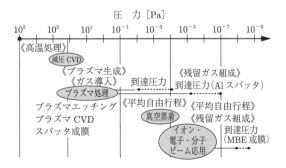

図3.1.3 半導体製造装置の常用圧力と到達圧力

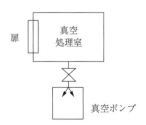

図3.1.4 1室構成の真空装置

を実施するための試料導入は，真空処理室をそのつど大気開放し，扉を開けて試料を入れる．

構造が簡単で操作も容易という特徴があるが，真空排気に時間を要する．

真空排気の時間短縮と真空処理室をつねに真空に維持しておきたい場合には，真空装置を2室構成とする．**図3.1.5**にその例を示す．

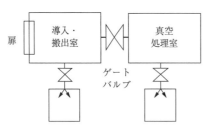

図3.1.5 2室構成の真空装置

真空処理室と導入・搬出室の2室から構成され，2室間はゲートバルブで接続されている．各室にそれぞれ真空排気系を有し，真空処理室はつねに真空に保たれている．試料は導入・搬出室の扉を開けて出し入れする．導入・搬出室と真空処理室の間で試料を受け渡すために，試料の搬送機構が必要である．搬送機構の取付けは，導入・搬出室側に搬送機構を設置した場合の**図3.1.6**と，真空処理室側に設置した**図3.1.7**がある．

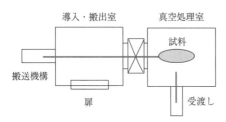

図3.1.6 試料搬送系（その1）

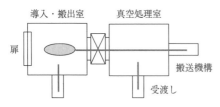

図3.1.7 試料搬送系（その2）

前者の試料導入手順は，初めに導入・搬出室のみを大気開放して扉を開け，搬送機構に直接試料を置く．つぎに，扉を閉めて真空排気し，ゲートバルブを開けて搬送機構により真空処理室に試料を送り込む．真空処理室に設置されている受渡し機構により，搬送機構から真空処理室内のステージ（図示せず）に試料が受け渡される．搬送機構を戻してゲートバルブを閉じれば導入操作が完了する．搬出は，この逆の操作を行う．

つぎに図3.1.7の場合を見てみよう．試料の導入は，ゲートバルブを閉めた状態で扉を開け，導入・搬出室内に設置した受渡し機構に試料を置く．真空排気してゲートバルブを開け，真空処理室から導入・搬出室に搬送機構を送り込み，試料の受渡しを行う．つぎに，試料を真空処理室に搬送し，ゲートバルブを閉じる．搬送機構からステージ（図示せず）への試料の受渡しを実施して導入操作が完了する．

真空処理室内での試料の受渡し機構が少ない分図3.1.6の方が構造的にシンプルである．また，受渡しの回数も少ないので導入時間も短い．したがって，一般的には図3.1.6の搬送系が採用されている．圧力の高い方に2室間の搬送機構を設置するのが基本である．

真空処理室の圧力が高真空領域であれば，2室構成の真空装置で十分である．しかし，真空処理室内を超高真空にする場合は，特に10^{-8} Pa以下である場合は，試料の導入・搬出でゲートバルブを開閉するときの導入・搬出室の圧力管理が欠かせない．導入・搬出室は大気圧から真空排気を開始しているのでおもな気体成分は水である．導入・搬出室の圧力が高い状態でゲートバルブを開くと，真空処理室に水分子が流入する．ゲートバルブを閉じても水分子が残留するので，以後の真空排気に時間を要する．そのため，導入・搬出室の圧力が十分下がるまで排気してから搬送を行う．

このような場合は3室構成にするとよい．**図3.1.8**にその例を示す．

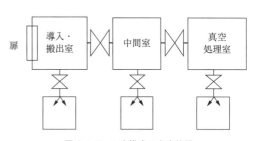

図3.1.8 3室構成の真空装置

各室の圧力は，導入・搬出室（10^{-5} Pa），中間室（$10^{-6} \sim 10^{-7}$ Pa），真空処理室（10^{-8} Pa）の順に低くなる．各室間のゲートバルブは隣どうしでのみ開閉し，3室間のゲートバルブを同時には開けない．導入・搬出室から中間室に試料を搬送し，中間室の圧力が下がるのを待って真空処理室へ送る．

試料の搬送系を見てみよう．圧力の高い方に搬送機構を設置するという原則を踏まえると，**図3.1.9**の搬

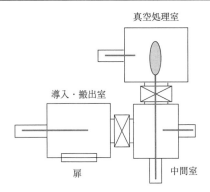

図 3.1.9 3室構成の試料搬送系（その1）

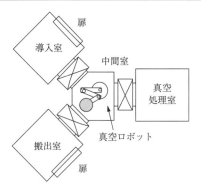

図 3.1.11 導入室と搬出室の分離

送系になる．真空処理室の配置を変えることで磁気式直線導入機構などが使用できる．一方，各室を直線状に配置した場合は**図 3.1.10**の搬送系となり，直線導入機構は真空処理室に設置する．

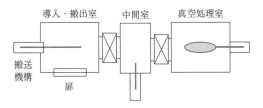

図 3.1.10 3室構成の試料搬送系（その2）

あるいは，ラックピニオン式のような搬送系を用いると中間室に搬送系を置くこともできる．このように，3室構成とする場合は，搬送機構の選定や各室の配置を十分検討する必要がある．

つぎに同じ3室構成であるが，各室の用途が異なる場合の例を見てみる．真空処理室でプラズマ処理を行ったとすると，反応生成物や処理ガスなどが試料に付着する．導入・搬出室も汚染され，新たに導入する試料が汚染される．このような場合は，導入室と搬出室を別にすることで，導入試料への汚染を抑制できる．この場合は，少なくとも3室が必要である．例えば，図3.1.10において，中間室を真空処理室に，導入・搬出室を導入室に，真空処理室を搬出室にしたような構成である．

中間室を設ける必要がある場合は，4室構造となる．その例を**図 3.1.11**に示す．

図では中間室に真空ロボットを配置し，各室間の試料搬送を可能としている．それぞれの部屋に個別の搬送機構を設置してもよいが，搬送機構の操作が複雑になる．頻繁に試料搬送が必要な場合は，真空ロボットを用いる．

つぎに，真空処理室を複数設置する場合の例を示す．半導体製造装置では，時間当りの処理枚数を増やすため，真空処理室を複数備えたマルチチャンバーシステム[11]が採用されている．また，スパッタ装置では，試料の前処理（試料の脱ガス処理），成膜（スパッタ処理；膜種により複数の処理室），後処理（試料を室温まで冷却）のように複数の異なる処理を一つの真空システムにまとめている．各処理間に試料を大気にさらすことがないので品質低下が防止される．その例を**図 3.1.12**に示す．

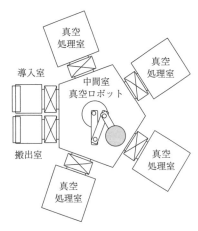

図 3.1.12 マルチチャンバーシステム

中間室（あるいは搬送室）に真空ロボットを配置し，その周囲に複数の真空室を設置している．各室間の試料搬送は1台の真空ロボットで行う．このような配置では試料を水平搬送するが，試料が比較的小さい場合に限定される．シリコンウェーハの直径は現在 300 mm（450 mm も予定されている）であるが，液晶ディスプレイのガラス基板のサイズは，第10世代で 2 850 × 3 050 mm（板厚 0.7 mm）である．大きなサイズの試料を方向を変えて搬送するのは，クリーンルーム内で

広い床面積を要するため実用的ではない．したがって，ガラス基板を立てた状態で処理し，そのまま一直線状に搬送しながら複数の処理を施していく方式[12]がとられている．

3.1.3 真空ポンプの選択
〔1〕 真空ポンプの種類

真空排気系をどのように選択するかは，到達圧力と常用圧力および真空作成の目的・用途に依存する．真空ポンプは，使用圧力範囲，排気様式，作動油の使用有無，などによって分類することができる．日本工業規格 JIS Z 8126-2:1999「真空技術-用語-第2部：真空ポンプ及び関連用語」に真空ポンプの分類[13]が示されている（3.2節参照）．

真空ポンプを選択する場合の条件は，(1) 排気速度の大小，(2) 排気流量（導入ガスの流量），(3) 排気する気体の種類，(4) 排気する気体の物性（引火性，爆発性，有毒性など），(5) 連続排気とため込み式の区別，(6) ベーキングが必要か否か，(7) 油蒸気の逆拡散への対応可否，(8) 機械的振動の許容レベル，(9) 停電などの緊急時への対応，(10) 初期コストとランニングコスト，(11) 必要な付帯設備（電力や冷却水など）といったものがあろう．真空作成の目的と用途に加えて，使用環境や費用への配慮も必要である．

真空ポンプの選択に際し，排気速度の決定は，目標圧力までの排気時間や真空ポンプの機種，価格などとも密接に関係するので，十分な検討が必要である．

つぎに，真空ポンプの排気速度と目標圧力までの排気時間について示す．

〔2〕 真空ポンプの排気時間

（a）排気の方程式　排気の方程式の詳細については，3.3節にて述べるが，ここでは粗排気過程の排気の式の使い方について述べる．

大気からの真空排気時間（粗排気の時間）は，真空ポンプの排気速度 S や真空容器の容積 V，配管の直径 D と長さ L に依存する．そのほか，排気する気体の種類や温度の影響もあるが，ここでは室温の空気を考える．

排気の時間は，**図3.1.13**に示す排気系（排気モデル1）について排気の方程式を解くことで与えられる．初期圧力を p_0 として，時間 t における圧力は，次式で与えられる．

$$p = p_0 \exp\left(-\frac{t}{\tau}\right) \qquad (3.1.8)$$

あるいは，上式を変形して

$$\frac{t}{\tau} = \ln\left(\frac{p_0}{p}\right) \qquad (3.1.9)$$

図3.1.13　排気モデル1

ここで，$\tau = V/S$ は排気の時定数と呼ばれ，初期圧力 p_0 が $1/e = 0.37$ まで下がる時間に相当する．式 (3.1.9) において，p_0 から p までの排気時間 t を与えると τ が求まり，V と S を決めることができる．

粗排気過程では式 (3.1.9) で排気時間を計算することが多いが，実際の真空ポンプは，**図3.1.14**に示すように真空容器に配管を介して取り付けられている．したがって，配管も含めた排気の方程式を用いる必要がある．

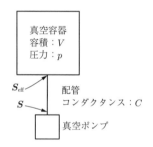

図3.1.14　排気モデル2

真空容器の圧力を p_1，真空容器の排気口における実効排気速度を S_eff，配管のコンダクタンスを C，真空ポンプ吸気口での排気速度を S，圧力を p_2 とする．

排気モデル1と2を比較すると，モデル1で求めた S は，モデル2の S_eff に対応している．S_eff は S とつぎの関係にある．

$$\frac{1}{S_\mathrm{eff}} = \frac{1}{S} + \frac{1}{C} \qquad (3.1.10)$$

上式を変形して

$$S_\mathrm{eff} = \frac{1}{1 + (S/C)} \cdot S \qquad (3.1.11)$$

S/C が十分小さければ，すなわち，コンダクタンスが十分大きければ，S_eff と S はほぼ等しくなる．S_eff/S を S/C の関数として図示すると，**図3.1.15**が得られる．

10%程度の誤差を許容するなら，$S/C \leqq 0.1$ の範囲で S が S_eff に等しいとして排気モデル1の式 (3.1.9) を用いることができる．

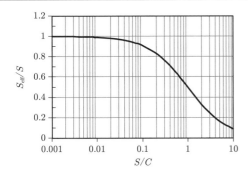

図 3.1.15 排気速度と実効排気速度

排気モデル 2 に対する排気の式[14),15)] を考える．大気圧付近の配管内は粘性流領域であり，円形導管のコンダクタンス C は圧力に依存する次式となる．

$$C = \frac{\pi D^4}{128\eta L} \cdot \bar{p} = E\bar{p} \quad (3.1.12)$$

ここで，D, L は配管の直径と長さ，η は気体の粘性係数，$\bar{p} = (p_1 + p_2)/2$, $E = \pi D^4/128\eta L$ である．p_1, p_2 は配管の入口と出口の圧力である．

配管内を流れる気体の流量 Q は，配管内のどの位置においても一定であり

$$Q = C(p_1 - p_2) = \frac{E}{2}(p_1^2 - p_2^2)$$
$$= S_{\text{eff}} p_1 = S p_2$$
$$Q = -V\frac{dp_1}{dt} = \frac{E}{2}(p_1^2 - p_2^2)$$
$$= \frac{E}{2}\left\{p_1^2 - \left(-\frac{V}{S}\frac{dp_1}{dt}\right)^2\right\}$$

$dp_1/dt < 0$ を考慮し，上式の p_1 を p と書き直して整理すると，次式が得られる．

$$\frac{dp}{dt} = \left(\frac{S}{V}\right)\left\{\left(\frac{S}{E}\right) - \sqrt{p^2 + \left(\frac{S}{E}\right)^2}\right\}$$

圧力 p を次式で変換して整理すると

$$p(t) = \left(\frac{S}{E}\right) x(t)$$
$$\frac{dx}{dt} = \left(\frac{S}{V}\right)\left(1 - \sqrt{x^2 + 1}\right)$$
$$= \frac{1}{\tau}\left(1 - \sqrt{x^2 + 1}\right)$$

両辺を $t = 0$ から $t = t$ まで積分すると

$$\int_0^{x(t)} \frac{dx}{1 - \sqrt{x^2 + 1}} = \int_0^t \left(\frac{1}{\tau}\right) dt$$

左辺の積分は，分子分母に $(1 + \sqrt{x^2 + 1})$ を掛けて整理し，積分の公式を用いて解ける．

$$\int_0^{x(t)} \frac{1 + \sqrt{x^2 + 1}}{-x^2} dx$$
$$= \left[\frac{1}{x}\right]_0^{x(t)} - \int_0^{x(t)} \frac{\sqrt{x^2 + 1}}{x^2} dx$$
$$= \left[\frac{1}{x}\right]_0^{x(t)}$$
$$- \left[-\frac{\sqrt{x^2 + 1}}{x} + \ln\left|x + \sqrt{x^2 + 1}\right|\right]_0^{x(t)}$$

$t = 0$ で $p = p_0$, $t = t$ で $p = p$ とし，t についてまとめると

$$\frac{t}{\tau} = \left(\frac{S}{Ep_0}\right)\left(\frac{p_0}{p} - 1\right)$$
$$+ \left(\sqrt{1 + \left(\frac{S}{Ep}\right)^2} - \sqrt{1 + \left(\frac{S}{Ep_0}\right)^2}\right)$$
$$+ \ln\left|\frac{p_0}{p} \cdot \frac{1 + \sqrt{1 + \left(\frac{S}{Ep_0}\right)^2}}{1 + \sqrt{1 + \left(\frac{S}{Ep}\right)^2}}\right|$$
$$(3.1.13)$$

排気速度に比較して配管のコンダクタンスが十分大きい大気圧付近では，$S \ll Ep_0$ かつ $S \ll Ep$ なので第 1 項と第 2 項が省略できて

$$\frac{t}{\tau} \cong \ln\left(\frac{p_0}{p}\right) \quad (3.1.14)$$

この式は式 (3.1.9) と同じである．大気圧付近の粘性流領域ではコンダクタンスが大きいので，排気モデル 2 であっても排気モデル 1 の排気の式が使用できそうである．どの程度なら排気モデル 1 が使用できるかを，実際の真空排気系で検討[63)] してみよう．

大気圧から排気できる市販の真空ポンプの排気速度と吸気口内径（真空配管の内径と仮定）の関係を**図 3.1.16** に示す．なお，前述の式を適用する場合は SI 単位を用いるべきであるが，市販の真空ポンプでは排気速度や吸気口内径が S [L/min], d [mm] で表されているので，単位系を修正して図示した．図によれば，排気速度が大きいほど吸気口は大きい．しかし，一義的に定められているわけではなく，広く分布している．真空ポンプの種類によって同じ排気速度でも吸気口内径が

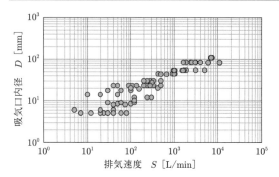

図 3.1.16 市販の真空ポンプの排気速度と吸気口内径

異なっている．到達圧力が高いダイヤフラムポンプでは同じ排気速度でも吸気口内径が細めで，到達圧力が低い油回転ポンプでは太めになっている．

図 3.1.16 の真空ポンプに対し，吸気口内径と同じ径で長さ $L = 1 \, \mathrm{m}$ の配管を接続した場合を想定し S/E の分布を調べた．25℃の空気を排気するとして粘性係数 $\eta = 1.82 \times 10^{-5} \, \mathrm{Pa \cdot s}$ [16)] とした．その結果を**図 3.1.17** に示す．S/E は 0.3〜2 000 Pa 程度まで広い範囲に分布している．右上がりにデータが連なっているデータ群は，排気速度の異なる真空ポンプに同じ配管径を用いた場合である．また，S/E は太い配管のときに小さくなるので，左上から右下になるほど太い配管に対応している．

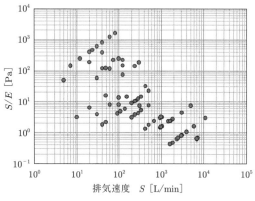

図 3.1.17 真空ポンプの排気速度と S/E

図 3.1.18 に真空ポンプの吸気口内径（＝配管径）に対する S/E を示す．配管径 5 mm で排気速度が数十 $\mathrm{L \cdot min^{-1}}$ の場合に S/E が 1 000 Pa 程度になる．また，S/E が 1 Pa 以下となるのは，配管径が 80〜100 mm で排気速度が 1 000〜10 000 $\mathrm{L \cdot min^{-1}}$ のときである．

S/E を指定し p を与えると，式 (3.1.13) から t/τ

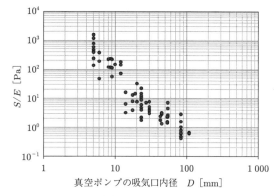

図 3.1.18 真空ポンプの吸気口内径と S/E

（無次元排気時間）を求めることができる．その結果を，グラフにすれば排気曲線が得られる．

$S/E = 0.1, 1, 10, 100, 1\,000 \, \mathrm{Pa}$ における $p{-}t/\tau$ 曲線を**図 3.1.19** に示す．配管なし（排気モデル 1）の場合も併記した．また，S/E による排気時間の変化が直感的にわかる $p{-}t$ 曲線を，$L = 1 \, \mathrm{m}$，$V = 1 \, \mathrm{m}^3$ として**図 3.1.20** に示す．図 3.1.20 では，図 3.1.18 を参照して，$S/E = 0.1, 1, 10, 100, 1\,000 \, \mathrm{Pa}$ に対し直径 D を $D = 200, 83, 23, 10, 5 \, \mathrm{mm}$ とした．さらに $S = 12\,950, 3\,840, 226, 81, 51 \, \mathrm{L/min}$ としている．

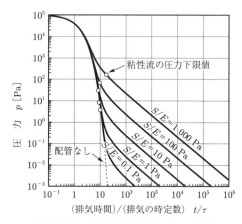

図 3.1.19 排気曲線に及ぼす S/E の影響

大気圧に近い領域では排気曲線は S/E によらずに同じ軌跡を描く．しかも配管なしの場合とも一致している．圧力が低くなると，S/E に応じて配管なしの排気曲線から離れ，より排気時間が長くなってくる．この傾向は，S/E が大きいほど早い時間に，かつ圧力が高いところから始まっている．

ここまで排気モデル 2 の排気を考察してきたが，式 (3.1.13) は粘性流領域であることを前提としている．

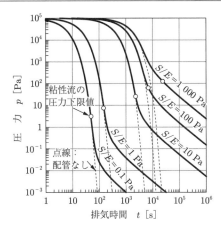

図 3.1.20　排気曲線

したがって，図 3.1.19 と図 3.1.20 は粘性流領域の範囲内でのみ有効である．粘性流領域，中間流領域，分子流領域のいずれにあるかは，以下に示したクヌーセン数 $Kn = \lambda/D$ の値により判定[17]される．なお，分子流領域のクヌーセン数は 0.3 以上とする場合[18]もある．λ は平均自由行程である．

粘性流領域：　$Kn < 0.01$

中間流領域：　$0.5 < Kn < 0.01$

分子流領域：　$0.5 < Kn$

平均自由行程 λ は次式で表されるが，室温 25℃ の空気が 1 Pa のときに $\lambda = 6.6$ mm である．したがって，$\lambda = 6.6/p$ [mm] と表されるので，およその λ 値を知ることができる．なお，20℃ の空気が 1 Pa のときに $\lambda = 6.6$ mm としている場合もあるが，20℃ の場合は $\lambda = 6.4$ mm である．

$$\lambda = \frac{1}{\sqrt{2}\pi\sigma^2 n} = \frac{kT}{\sqrt{2}\pi\sigma^2 p} \quad (3.1.15)$$

ここで，σ は気体分子の直径（空気は $\sigma = 0.376$ nm），n は気体分子密度，k はボルツマン定数である．

図 3.1.18 により，$S/E = 0.1, 1, 10, 100, 1\,000$ Pa のときの代表的な配管径を調べると，それぞれ $D = 200, 83, 23, 10, 5$ mm（$D = 200$ mm は外挿値）である．このときの粘性流領域・中間流領域・分子流領域の境界圧力（前者を p_v，後者を p_m とする）を求めると，各配管径に対し，それぞれ $p_v = 3.3, 8.0, 28.7, 66.0, 132.0$ Pa，$p_m = 0.066, 0.16, 0.57, 1.3, 2.6$ Pa である．p_v の値を図 3.1.19 および図 3.1.20 に粘性流の圧力下限値として○記号で示した．したがって，p_v 値の上方（図中の○記号より高圧力側）の領域で排気曲線が有効である．$S/E = 1\,000$ Pa を除けば，すなわち，配管が細い場合を除けば，粘性流領域の排気曲線は配管なしの場合と同じであるとみなせる．したがって，S/E が 1 000 Pa 以上のときの排気時間は，式 (3.1.13) を用い，S/E が 100 Pa 以下では式 (3.1.14) を用いてよい．配管長が 1 m でない場合は，$S/E \propto L$ で変化することを考慮すればよい．

（b）**目標圧力までの排気時間**　目標圧力 p まで排気するのに要する時間 t をできるだけ短くしたい場合に，真空ポンプの排気速度 S や配管の径 D と長さ L を設計することを想定する．前述の方法に従うとすると，D と L を仮定して $E = \pi D^4/128\eta L$ を計算し，S を仮定して S/E を求める．つぎに S/E が 1 000 Pa 以上か否かで，式 (3.1.14) が使えるかどうかを判断する．式 (3.1.14) が使える場合は t, p を与えて τ を求め，最終的に S を決めるという手順になる．かなり煩雑である．

目標圧力 p が定まっている場合は，もっと簡便な方法がある．式 (3.1.13) を変形して t/V に対する S の式として式 (3.1.16) を作成し，t/V に対する S のグラフを作成しておく．目標圧力が 100 Pa の場合を **図 3.1.21**[19] に示す．図には配管なしの場合も併記した．

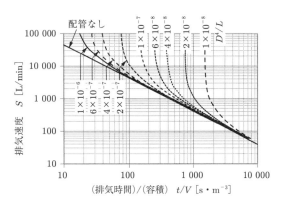

図 3.1.21　100 Pa までの排気時間を達成するための排気速度

$$\frac{t}{V} = \left(\frac{1}{Ep_0}\right)\left(\frac{p_0}{p} - 1\right)$$
$$+ \frac{1}{S}\left(\sqrt{1 + \left(\frac{S}{Ep}\right)^2} - \sqrt{1 + \left(\frac{S}{Ep_0}\right)^2}\right)$$
$$+ \frac{1}{S} \cdot \ln\left|\frac{p_0}{p} \cdot \frac{1 + \sqrt{1 + \left(\frac{S}{Ep_0}\right)^2}}{1 + \sqrt{1 + \left(\frac{S}{Ep}\right)^2}}\right|$$

$$(3.1.16)$$

最初に真空容器の容積 V と目標排気時間 t を仮定し t/V を計算する．つぎに，想定している真空ポンプの排気速度 S と t/V の値に対応する D^4/L を見い出す．D^4/L の値になるように配管直径 D と長さ L を決める．真空容器の容積 V が大きく目標排気時間 t が短いと t/V が小さくなる．あまりに t/V が小さい場合は，真空ポンプの排気速度 S をいくら大きくしても交差する D^4/L 曲線が見い出せない状況になる．このような場合は，真空容器の容積 V を小さくして検討し直すことになる．

図 3.1.21 は目標圧力ごとに作成しなければならないが，一度作成しておけば汎用性は高い．

3.1.4 真空容器の設計

真空システムの設計では，真空装置の用途に応じた真空環境の作成と，真空容器の大きさや真空容器材料の選定が必要となる．

真空容器は外圧を受ける圧力容器の一種である．圧力容器に関しては，日本工業規格 JIS B 8265:2010「圧力容器の構造-一般事項」[20] および JIS B 8267:2008「圧力容器の設計」[21] において，設計手法や圧力容器用材料の許容応力，製作方法などが規定されている．JIS における圧力容器とは，設計圧力 30 MPa 未満の圧力容器である．真空容器は外圧 0.1 MPa を受ける容器なので，圧力容器に含まれる．

真空容器の材料選定では，真空装置の用途を十分に考慮することが重要である．真空容器材料[22] として通常使用されるのはステンレス鋼やアルミニウム合金である．低ガス放出特性を示すチタン合金[23] や銅合金の真空容器[24] も開発されている．

特殊な用途では，石英ガラス製の真空容器が赤外線加熱装置で使用されている．空気中の水分や酸素を遮断する真空デシケーターではガラスやアクリル樹脂が用いられている．また，外部磁場のシールドが必要とされる高分解電子分光装置ではパーマロイ（鉄・ニッケル合金）製真空容器が使用されている．一方，比較的大型の容器を必要とする真空加熱炉では，炭素鋼の真空容器が使用されている．

真空装置の到達圧力が，超高真空か高真空であるかによって，真空ベーキングの必要性や材料の選択範囲が異なる．さらに，10^{-9} Pa 以下の極高真空を目指す場合は，真空容器材料に要求されるガス放出量の値がより厳しくなり，材料の前処理[25]~[27] などが必要となる．

このように，真空装置が必要としている真空環境（圧力範囲や温度範囲，電磁気的環境など）や真空容器サイズなどの物理的制約によって多様な容器材料が選択

されている．

個々の材料の性質や特徴は，2 章「真空用材料と構成部品」に詳しい．

本項では，圧力容器としての真空容器の設計について，円形導管（JIS では胴と呼ばれている）の板厚，フランジの板厚について述べる．真空容器のフランジは規格で決まっており，わざわざ自分で設計する必要はないが，その規格が定められた意味を知っておくことは大事であろう．

真空容器壁の板厚は，2~3 mm 程度で設計されることが多いが，これで十分であろうか．詳細に設計（あるいは限界まで薄くしたい場合）するのであれば，真空容器に大気圧が作用する場合について応力解析を実施し，許容応力以下あるいは許容変形以下に収まるようにしなければならない．許容応力は，一度使用するだけなら降伏応力でもよいであろうが，真空排気と大気開放を繰り返す場合は，材料の疲労強度を考慮する必要がある．JIS B 8267 では詳細な計算を実施しなくても，安全に設計ができるように許容圧力や板厚などが定められている．

JIS B 8267 を参考に，真空容器の板厚が 2~3 mm 程度で十分かを検討してみよう．

〔1〕 円形導管に発生する応力[20],[21],[28],[29]

缶ジュースの内側を真空排気すると，アルミニウム缶は突然つぶれ，スチール缶はつぶれない．160 mL 缶は直径 53 mm，高さ 91.6 mm，板厚はアルミニウム缶が 0.1 mm，スチール缶は 0.2 mm である．外圧を受けた缶がつぶれた現象は座屈と呼ばれる．缶の形状がわずかでも真円からずれると少し変形する．その変形により同じ荷重であっても変形しやすくなる．このようにして変形が進行し，最終的につぶれる現象が座屈である．また，長い棒に長手方向から荷重を加えた場合も座屈現象が発生する．長い配管に長手方向から荷重が作用する場合には，配管の半径方向と長手方向の座屈を考慮する必要がある．ベーキングで真空容器が伸びようとしたときに，架台に拘束されて伸びることができない場合に圧縮荷重が発生し，長手方向の座屈に関係してくる．

真空容器も外圧を受ける容器として座屈を考慮する必要がある．座屈は変形が容易に生じるかに依存するので，材料の縦弾性係数（ヤング率）E に依存する．真空容器材料として多用されるステンレス鋼（SUS304）は $E = 195$ GPa，アルミニウム合金（A5052）は $E = 70$ GPa である．缶ジュースのアルミニウム缶がつぶれたのは，縦弾性係数がスチール缶より小さいためであり，引張強さが小さいためではない．

円形導管を図 3.1.22 に示す．外径 D，板厚 t であ

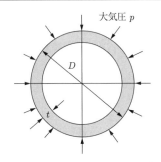

図 3.1.22 大気圧が作用する円形導管

る．内部の圧力はゼロとみなせるほど十分低く，外部から大気圧 p が作用している．導管が座屈するときの限界座屈圧力 p_{cr} は，Mises（ミーゼス）によるとつぎのように表される[29]．

$$p_{cr} = \frac{Et}{r\left[1+\frac{1}{2}\left(\frac{\pi r}{nL}\right)^2\right]}\left\{\frac{1}{n^2\left[1+\left(\frac{nL}{\pi r}\right)^2\right]} + \frac{n^2 t^2}{12r^2(1+\nu^2)}\left[1+\left(\frac{\pi r}{nL}\right)^2\right]^2\right\}$$
(3.1.17)

ここで，r は半径（$r=D/2$），L は導管の長さ，n は導管が座屈したときの突出部の数，ν はポアソン比である．導管が長いときは $n=2$ となる．円形断面に半径方向から荷重を加えると，突出部が 2 箇所の眼鏡状断面になってつぶれる．これが $n=2$ の座屈状態である．導管が短くなるにつれ n は増加する傾向がある．ところで，式 (3.1.17) は複雑で使用しにくいので JIS B 8267 では，包括的に $\pi r/nL = 1/2$ として，次式を設計式[29]としている．

$$p_{cr} = \frac{2.42E}{(1-\nu^2)^{\frac{3}{4}}} \cdot \frac{\left(\frac{t}{D}\right)^{\frac{5}{2}}}{\left[\frac{L}{D}-0.45\left(\frac{t}{D}\right)^{\frac{1}{2}}\right]}$$
(3.1.18)

ここで，ポアソン比 $\nu = 0.3$（金属材料の平均的値）とすると

$$p_{cr} = \frac{2.60E\left(\frac{t}{D}\right)^{\frac{5}{2}}}{\left[\frac{L}{D}-0.45\left(\frac{t}{D}\right)^{\frac{1}{2}}\right]}$$
(3.1.19)

周方向の限界座屈応力 σ_{cr} には $\sigma_{cr}=p_{cr}D/(2t)$ の関係がある．一方，限界座屈ひずみ $\varepsilon_{cr}=A$ と限界座屈応力 σ_{cr} の関係から，$\varepsilon_{cr}=A=\sigma_{cr}/E=p_{cr}D/(2tE)$ となる．したがって，限界座屈圧力は $p_{cr}=2EA/(t/D)$ となる．さらに，安全率を 3.0 として許容圧力 $p_a = p_{cr}/3$ を求めている．

$$A = \frac{p_{cr}}{2E\left(\frac{t}{D}\right)} = \frac{1.30\left(\frac{t}{D}\right)^{\frac{3}{2}}}{\frac{L}{D}-0.45\left(\frac{t}{D}\right)^{\frac{1}{2}}}$$
(3.1.20)

$$p_a = \frac{p_{cr}}{3} = \frac{4}{3}\left(\frac{EA}{2}\right)\left(\frac{t}{D}\right) = \frac{4}{3}B\left(\frac{t}{D}\right)$$
(3.1.21)

ここで $B = EA/2$ である．JIS B 8267 では，$D/t \geq 10$ の場合に L/D と t/D を与えると A が求まり，A と使用温度から B が求まるように図表が用意されている．p_a が使用圧力より低くなるまでこの操作を繰り返して板厚を決める．なお，$D/t < 10$ の場合は座屈しにくくなるので，下記の式で p_{a1} と p_{a2} の低い方の圧力を p_a としている．

$$\left.\begin{array}{l}p_{a1} = \left(\frac{2.167t}{D}-0.0833\right)B \\ p_{a2} = \frac{2\sigma_{ac}t}{D}\left(1-\frac{t}{D}\right)\end{array}\right\}$$
(3.1.22)

ここで σ_{ac} は外圧に対する許容応力で，使用温度での許容引張応力の 2 倍か，$1.8B$ のいずれか小さい方としている．

JIS B 2290:1998「真空装置用フランジ」[30] に記載の円形導管の外径と板厚を，表 3.1.1 に示す．これらの真空用配管において，長さが直径の 5 倍と 10 倍の場合における許容圧力を求め，表に併記した．計算に際しては，ベーキングを考慮して材料を SUS304，温度は 300 ℃ とした．300 ℃ で $E=176\times10^3$ N·mm^{-2}（176 GPa），$\sigma_{ac} = 86$ N·mm^{-2}（86 MPa）[20] である．

円形導管の座屈は，配管の長さが長いほど（L/D が大きいほど）発生しやすい．L/D が大きくなるのは，一般には粗排気やガス導入の配管であり，外径が 100 mm 以下のものが多い．表 3.1.1 によると，$L=10D$ で P_a が大気圧以下になるのは，$D=406.4$ mm 以上である．大口径の長い円形導管では，座屈を考慮する必要が生じる．

ちなみに，スチール缶とアルミニウム缶の許容圧力を計算すると，それぞれ 0.094 MPa，0.0055 MPa となる．安全率 3 の計算であることを考慮すると，缶の

表 3.1.1 真空フランジの配管

呼び径	外径 [mm]	板厚 [mm]	許容圧力 P_a [MPa]	
			$L = 5D$	$L = 10D$
10	14	2	35.2	35.2
16	20	2	99.3	48.9
20	25	2	56.7	28.0
25	28	2	42.6	21.1
32	38	2	19.8	9.8
40	44.5	2	13.3	6.6
50	57	3.2	23.3	11.5
63	76.1	3.2	11.3	5.6
80	88.9	3.2	7.6	3.8
100	108	3.2	4.7	2.3
125	133	3.2	2.8	1.4
160	159	3.2	1.8	0.88
200	219.1	3.2	0.80	0.40
250	267	3.2	0.48	0.24
320	323.9	3.2	0.30	0.15
400	406.4	3.2	0.17	0.08
500	508	3.6	0.13	0.06
630	660.4	5	0.15	0.08
800	812.8	6.3	0.15	0.08
1 000	1 016	8	0.17	0.08

中を真空にしたときアルミニウム缶はつぶれ，スチール缶はつぶれなかったことがうなずける．

呼び径が小さい配管は，p_a から考えると，もっと薄くてもよさそうである．しかし，表の p_a は大気圧が外圧として作用する場合の値であり，圧力以外の外力が作用する場合を想定していない．また，溶接構造を考えると，あまり薄いと溶接が難しくなるので，2～3 mm 程度が施工上からも望ましい．

以上は半径方向の座屈であるが，L/D が長くなると，長手方向の外力による座屈が発生しやすくなる．

参考までに，片側固定で他端が自由な場合の長手方向荷重による座屈の式[31]を示す．座屈限界荷重 p_{BC} は

$$
\left.\begin{array}{l}
p_{BC} = \dfrac{\pi^2 EI}{4L^2} \\[2mm]
I = \dfrac{\pi}{32} \left[D^4 - (D - 2t)^4 \right]
\end{array}\right\}
\quad (3.1.23)
$$

ここで，I は導管の断面二次モーメントである．

最も I が小さい呼び径 10 の SUS304 製導管で $L = 10D = 140$ mm とすると，$p_{BC} = 61.8 \times 10^3$ N（300℃），68.5×10^3 N（20℃）である．これが $L = 100D = 1400$ mm になると，$p_{BC} = 618$ N（300℃），685 N（20℃）である．長手方向から荷重を受けると，比較的小さな力でも長い導管は曲がってしまう．排気系を組み上げるときに余分な荷重が作用しないように注意する必要がある

円形導管に外圧が作用する場合の許容圧力について

示した．真空容器には大気圧以上の圧力が作用しないので，JIS B 2290 に示されている配管を使用すれば，極端に長くしない限り座屈の心配はない．規格外の寸法で設計する場合は，詳細な応力計算と座屈を考慮した設計が必要である．

〔2〕 円形フランジに発生する応力

通常の真空容器のフランジは，大気圧に耐えるという観点では十分厚い．しかし，ガスケットに所定の線荷重を与えて真空シールを完成させるための強度の問題が根底にある．エラストマーシールのフランジの板厚とボルト本数が，金属シールのフランジのそれらに比較して薄くて少ないのは，エラストマーシールの線荷重が小さいことによる．

フランジの役割は，シールのために必要な面圧をガスケットに与えることである．ガスケットにシール面圧を与えるためにボルトでフランジを締め付けると，フランジには大きな曲げモーメントが発生する．それに耐えるようにフランジの厚さが決められている．したがって，必要以上にボルト本数を多くして過大に締め付けると，フランジが変形することになる．

エラストマーシールでは，シール線荷重 σ [N·mm^{-1}] の代表値が JIS B 2290 に記載されていて次式で表され，約 150 N·mm^{-1} 程度である．

$$
\sigma = \frac{200\,ns}{\pi\,(d_1 + d_2)}
\quad (3.1.24)
$$

ここで，n はボルト本数，s はボルトの有効断面積，d_1 はシールの内径（O リング内径），d_2 は締付け前のシール直径（O リング太さ）である．シール時のボルト軸方向応力は 200 N·mm^{-2} としている．

エラストマーシール用のフランジは JIS B 2290 で規定されている．また，銅ガスケットを用いたナイフエッジ型シール用フランジは，日本真空学会規格 JVIS 003「真空装置用ベーカブルフランジの形状・寸法」[32]，あるいは ISO 3669「真空技術–ベーカブルフランジの形状・寸法」[33] を参照されたい．

フランジを新たに設計する場合は，JIS B 8267:2008「圧力容器の設計」において，圧力容器のボルト締めフランジ「付属書 G（規定）」として記載されているので参照されたい．

大気圧によってフランジに発生する応力を見積もってみよう．円板の外周部が単純支持と固定支持では，発生する応力が異なる．単純支持はボルトを締めていない場合に相当する．固定支持は，円板外周部が剛な部材（EI が大きく変形しにくい部材）に溶接されているような場合に相当する．実際のフランジは両者の中間にある．それぞれの支持条件に対し，最大応力 σ_{max} と最大たわみ y_{max} は次式[34]で表される．なお，大気

圧はガスケットの内側に相当するフランジ面にのみ作用するが，ここではフランジ全面に作用するとした．

〔単純支持〕

$$\left.\begin{array}{l}\sigma_{\max} = \dfrac{3(3+\nu)}{32}\left(\dfrac{D}{t}\right)^2 p \\ y_{\max} = \dfrac{3(5+\nu)(1-\nu)D^4}{256Et^3}p\end{array}\right\} \quad (3.1.25)$$

〔固定支持〕

$$\left.\begin{array}{l}\sigma_{\max} = \dfrac{3}{16}\left(\dfrac{D}{t}\right)^2 p \\ y_{\max} = \dfrac{3(1-\nu^2)D^4}{256Et^3}p\end{array}\right\} \quad (3.1.26)$$

ここで，E は縦弾性係数であり，ν はポアソン比，D はフランジ径，t はフランジの板厚，p は大気圧である．JIS B 2290 に記載の真空用フランジ（エラストマーシール用）の各フランジにおける最大応力と最大たわみを図 3.1.23 に示す．

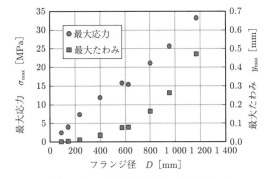

図 3.1.23　フランジの最大応力と最大たわみ

大気圧によってフランジに発生する応力は，SUS304 の許容引張応力 137 N·mm^{-2}（137 MPa）（20℃）[21] と比較すると十分に小さく，強度的には問題ないレベルである．ところが，フランジ径が 1 200 mm の場合はフランジ中心のたわみが 0.5 mm 程度に達する．フランジ面に精密な測定機器などを設置する場合は，変形を考慮した設計が必要である．

〔3〕矩形のフランジや容器に発生する応力

矩形のフランジや容器には円形導管以上の応力が発生する場合がある．したがって，応力解析を実施して応力や変形を許容値以内に収める必要がある．

図 3.1.24 の矩形フランジの寸法を $2a \times 2b \times t$ とし，矩形フランジの外周を単純支持としたとき，最大応力と最大たわみは次式[34]で表される．

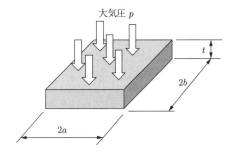

図 3.1.24　矩形フランジの寸法記号

$$\left.\begin{array}{l}\sigma_{\max} = \eta_1 \left(\dfrac{a}{t}\right)^2 p \\ y_{\max} = \eta_2 \dfrac{12(1-\nu^2)a^4}{Et^3}p\end{array}\right\} \quad (3.1.27)$$

ここで η_i は，表 3.1.2 に示した b/a で決まる補正係数である．最大応力と最大たわみは矩形フランジの中央に発生する．

表 3.1.2　矩形フランジの補正係数

b/a	1	2	3	∞
η_1	1.15	2.44	2.85	3.00
η_2	0.065	0.164	0.196	0.208

円形フランジの最大応力と比較してみる．直径 $2a$ の円形フランジの最大応力は，$\nu = 0.3$ とすると，単純支持では式 (3.1.25) から $1.24(a/t)^2 p$ であり，固定支持では式 (3.1.26) から $0.75(a/t)^2 p$ である．これは，矩形フランジで，それぞれ $\eta_1 = 1.24$，0.75 としたことに相当する．表 3.1.2 より $b/a = 1$ のときの η 値は最小の $\eta_1 = 1.15$ を示し，円形フランジの単純支持と固定支持の中間の値を示す．しかし，b/a が増すにつれて η_1 値が大きくなり矩形フランジの応力は増加する．したがって，同じ許容応力で設計すると，形状にもよるが，矩形フランジの板厚は円形フランジより厚くしなければならない．

真空容器に矩形フランジが使用されると，厚い板の溶接が必要になるなど製作上の問題も考慮しなければならない．

図 3.1.12 に示したマルチチャンバーシステムでは，複数の真空容器を一つの真空容器（搬送室）に接続するため，搬送室が多角形になっている．厚い板を溶接して複雑な形状に製作するのは技術的にも難しい．そのため，アルミニウム合金の厚い板材（鍛造材）を機械加工でくり抜いて真空容器[35]を製作している例もある．

〔4〕ボルトの締付け力

真空用フランジを締め付けるため使用されるボルト

は，メートル並目ねじの M6, M8, M10, M12 である．フランジ径に応じてボルト径とボルト本数が定められ，ボルトの材質はフランジと同じステンレス鋼が使用される．特に材質を指定しない限り，SUS304（18Cr-8Ni 鋼）のボルトである．JIS B 1054:2013「耐食ステンレス鋼製締結用部品の機械的性質」[36] の A2-70 に対応する．A2-70 は冷間加工されたオーステナイト系ステンレス鋼で，引張強さが 700 MPa 以上であることを意味し，SUS304 のボルトが該当する．

ボルトの締付け力は，ガスケットをリークがない状態まで変形させるのに必要な力である．したがって，エラストマーシールとメタルガスケットではシール線荷重が異なる．JIS B 2290 によれば，シール線荷重 σ とは，エラストマーシールに対してボルトの引張応力が 200 MPa になるまで n 本のボルトを締め付けたとき式 (3.1.24) で表される値である．

シール線荷重は，基本的にはある特定の一定値であるべきものであるが，JIS B 2290 によれば，各フランジに対するボルト径と本数やエラストマーシール（O リング）の径の関係で 96〜185 N·mm^{-1} の間に分布している．

銅ガスケットに対するシール線荷重の規定はないが，ボルトの締付けトルクで管理している場合が多い．M6 ボルトの締付けトルクは 10〜12 N·m, M8 ボルトのそれは 13〜20 N·m である[37]．ちなみに，A2-70 ボルトに保障されている最小破壊トルクは，M6, M8, M10, M12 に対して，それぞれ 13, 32, 65, 110 N·m である[36]．M6 ボルトの締付けトルクは最小破壊トルクに近い．過大な締付けトルクは，ボルトの破断につながることに留意しなければならない．

JIS B 2290 ではボルト締付け時の応力で管理し，他方ではボルト締付けトルクで管理している．両者の関係はどのようになっているのであろうか．

両者の関係を示す前に，ボルト（ねじ）各部の寸法と名称[38]を図 3.1.25 に示す．それぞれの寸法[39]を表 3.1.3 に示す．

締付けトルク T と軸力 F の関係[40] は次式で近似できる．

$$T \cong \frac{F}{2}\left(\frac{\mu_s}{\cos\alpha}d_2 + \frac{P}{\pi} + d_w\mu_w\right) \quad (3.1.28)$$

ここで μ_s, μ_w はそれぞれねじ面とボルト座面（頭）の摩擦係数，α はねじ山半角で並目ねじでは 30°, d_w は座面の等価摩擦直径である．d_w は M6, M8, M10, M12 の六角ボルトに対して，それぞれ 8.73, 11.52, 14.15, 16.41 mm である．式 (3.1.28) は，ねじ山および座面の摩擦係数 μ に依存している．摩擦係数は，

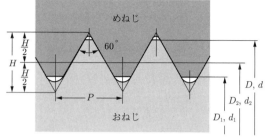

図 3.1.25 ボルト（ねじ）各部の寸法と名称

D_1：めねじ内径の基準寸法　　d_1：おねじ谷径の基準寸法
D_2：めねじ有効径の基準寸法　d_2：おねじ有効径の基準寸法
D：めねじ谷径の基準寸法　　　d：おねじ外径の基準寸法
　　　　　　　　　　　　　　　　（＝呼び径）
H：とがり山の高さ　　　　　　P：ピッチ

表 3.1.3 ねじの各部の寸法

	M6	M8	M10	M12
P	1	1.25	1.5	1.75
H	0.866	1.082	1.299	1.516
D_1, d_1	4.917	6.647	8.376	10.106
D_2, d_2	5.350	7.188	9.026	10.863
D, d	6.000	8.000	10.000	12.000
有効断面積	20.1	36.6	58	84.3

〔注〕単位：mm, mm^2

潤滑ありで 0.1 程度，潤滑なしでは 0.4 程度とされている．

式 (3.1.28) をまとめて次式[41]で表す場合もある．

$$T = KFd \quad (3.1.29)$$

ここで，K はトルク係数と呼ばれる値で，摩擦係数等に依存する係数である．トルク係数は，潤滑ありで 0.1〜0.2，潤滑なしでは 0.4〜0.5 である．

ボルトを締め付け過ぎるとボルトは塑性変形し，ついには破断に至る．弾性変形していた材料が塑性変形し始める応力を降伏応力と称する．塑性変形の開始が不明瞭な場合は，荷重を除去した際の永久変形が 0.2％であるときの応力を 0.2％耐力と称する．A2-70（SUS304）材の降伏応力 σ_y は，室温で 450 MPa 以上である．高温では降伏応力が低下するが，100℃，200℃，300℃，400℃における降伏応力は，それぞれ，室温の 85％（382 MPa），80％（360 MPa），75％（337 MPa），70％（315 MPa）である[36]．

降伏応力 σ_y と締付けトルク T，軸力 F の関係[42]は，次式にて表される．

$$\sigma_y = \frac{4}{\pi d_s^3}\left[(d_s^2 + 12d_w^2\mu^2)F^2 - 48d_w\mu TF + 48T^2\right]^{1/2} \quad (3.1.30)$$

ここで，d_s は有効断面積 A_s に対応する直径で，M6, M8, M10, M12 に対し，それぞれ，d_s = 5.062, 6.827, 8.593, 10.358 mm である．また，$\mu = \mu_s = \mu_w$ と仮定している．

締付けトルク T と軸力 F の関係を摩擦係数の関数として図 3.1.26 に示す．なお，ねじ山と座面の摩擦係数は同じとみなした．また，図には室温から 400℃ までの降伏応力に対応する締付けトルク T と軸力 F の値を式 (3.1.30) に基づいて示した．M6 と M8 については，締付けトルクの管理値を帯状の範囲で図示している．

摩擦係数が小さいほど締付けトルクがボルトの軸力に効率良く変換されていることがわかる．ガスケットに荷重を与えることができるのは，ボルトの軸力である．摩擦係数が大きい場合は，締付けトルクが大きくても軸力が小さく，ガスケットへの荷重も小さくなる．指定のトルクでボルトを締め付けても必要な荷重が得られず，リークする可能性が高い．したがって，真空ベーキングの有無にかかわらず，フランジ締結用のボルトには潤滑油（耐熱グリースなど）を使用し，摩擦係数を小さくする必要がある．また，M6 のボルトでは，指定のトルクで締め付けた状態でもボルトが降伏している場合があるので，締め付け過ぎないよう注意すべきである．なお，ボルトが降伏していても最大引張強さを越えない限り軸力が低下することはない．

潤滑なしで同じ材料のボルトとナットを使用すると，かじってしまう（焼き付いて動かなくなる）ことがある．フランジの締付けなら潤滑すれば問題ない．しかし，真空中で使用するボルトとナットでは油潤滑することができないので，異種材料を使用するとよい．例えば，高温で使用するボルトとナットの材質をタンタルとモリブデンの組合せとするなどである．それでも真空中で使用するボルトとナットはかじりやすいので，組立ての際に無理な力をかけないよう細心の注意が必要である．

ここで，ベーキング中のボルトの軸力の変化について述べる．

エラストマーシールの場合は，フランジ面が接触するまでボルトで締め付ける．したがって，フランジ面に圧縮荷重が作用し，ボルトには引張荷重が作用して両者が釣り合っている．通常はステンレスボルトとステンレスフランジなので，熱膨張差はない．ベーキングで温度上昇してもボルトもフランジも同じように伸びるので問題はない．なお，エラストマーシールが熱膨張するので，フランジを押し開けようとする力がボルトに作用するが通常は無視できる．アルミフランジ

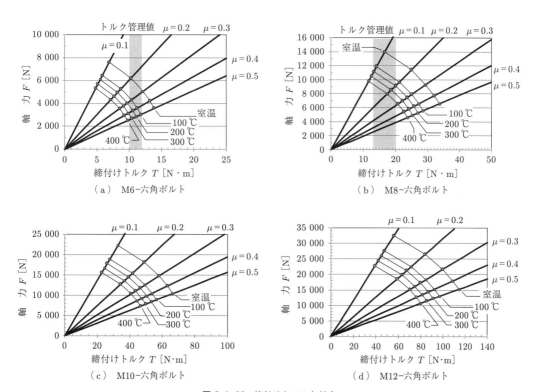

図 3.1.26 締付けトルクと軸力

にステンレスボルトを使用すると，線膨張率 α はアルミニウム合金（23×10^{-6} K^{-1}）よりステンレス鋼（16×10^{-6} K^{-1}）が小さい[43]ので，温度上昇とともに軸力が上昇する．軸力が上昇するのでリークの心配はないが，アルミニウムフランジのボルト座面には過大な荷重が作用することになる．座面が塑性変形すると，室温に戻った際に軸力低下を起こす．また，ステンレスフランジに炭素鋼ボルト（$\alpha = 11 \times 10^{-6}$ K^{-1}）を使用した場合も同様である．ただし，炭素鋼ボルトの場合は，大気中で加熱されると酸化するので，さびが発生することの方が問題であろう．

メタルガスケット（銅ガスケット）の場合はフランジ面どうしが接触しておらず，ボルトの軸力は銅ガスケットの圧縮力と釣り合っている．銅の熱膨張率は 17×10^{-6} K^{-1} とステンレス鋼よりわずかに大きい．また，銅ガスケットはナイフエッジ部で塑性変形している．ベーキングで温度が上昇すると，ステンレスボルトの熱膨張より銅ガスケットのそれが大きいため，銅ガスケットへの圧縮荷重が増加する．また，銅の耐力は温度上昇により低下するので，ナイフエッジ部で銅ガスケットの塑性変形が進行する．その結果，室温に戻るとボルトの軸力が減少し，場合によってはリークが発生する．

3.1.5 真空排気システム

真空排気系は真空ポンプによって特徴付けられる．図 3.1.27〜図 3.1.31 に代表的な真空ポンプの排気系を示す．真空ポンプ等の記号は JIS Z 8207:1999「真空装置用図記号」[44]による．

図 3.1.27 は真空排気系の基本形である．真空容器にバルブを介して真空ポンプが接続され，真空容器には真空計とリークバルブが設けられている．

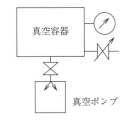

図 3.1.27　真空排気系の基本形

真空排気は以下の手順による．リークバルブを閉じて真空ポンプのバルブを開ける．この状態で真空ポンプを起動する．真空計で圧力を測定し，真空が作成されたことを確認する．この手順は種々の真空ポンプの排気系でも基本である．

〔1〕 ターボ分子ポンプの真空排気系

図 3.1.28 はターボ分子ポンプ（turbo molecular pump, TMP）の真空排気系である．大気圧から起動する場合は，TMP の起動と油回転真空ポンプ（補助ポンプ）の起動を同時に行う．TMP は動翼の回転が定格回転数に達して所定の排気速度を示すが，数分程度の起動時間が必要である．また，大気圧付近では空気抵抗が大きく回転数が上がらない．補助ポンプによる排気と TMP の回転数上昇が同期しながら定格運転状態に達する．

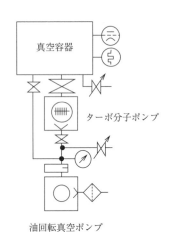

図 3.1.28　ターボ分子ポンプの真空排気系

真空容器が大きく粗排気に時間を要する場合は，TMP が動作可能な圧力になるまで補助ポンプで粗排気し，その後に TMP 排気に切り替える必要がある．この場合，TMP と補助ポンプのみの排気系で定格運転状態に排気した後，TMP と補助ポンプ間のバルブを閉じて TMP を隔離する．つぎに真空容器を補助ポンプ（この場合は粗排気ポンプと呼ぶべきである）で TMP が動作可能な圧力まで排気した後，TMP と補助ポンプの排気系に切り替える．粗排気中は TMP が隔離された状態で運転されるが，短時間であれば特に問題はない．

TMP の動作可能圧力は数 Pa 以下であるが，TMP の動翼の下段側に粗排気部を設けた複合型ターボ分子ポンプがある．この場合は数百 Pa 程度から運転できるので，使用する TMP の仕様に従う．

真空容器を真空から大気圧に戻すことを大気開放するという．大気開放はドライ窒素などの水分を含まないガスを使用する．大気開放は真空容器側から，すなわち圧力の低い方からリーク用ガスを導入する．補助ポンプ側からガスを導入すると，真空容器内に油回転

真空ポンプの油成分が流入し，真空容器を汚染してしまうおそれがある．

TMP は高速回転する動翼によって真空排気している．そのため，停電や真空容器の事故等で急激に圧力が上昇（大気突入）した場合は，動翼に大きな流体力が作用して破損する．そのような危機を回避するには，TMP の排気口上部に緊急遮断弁（ゲートバルブ）を設ける．なお，動翼が破損すると大きな回転エネルギーによって TMP 架台が動いたりする場合がある．大型の TMP ほど回転エネルギーが大きいので十分な設置強度を確保する．

真空ベーキングは，超高真空を作成する上で必要な加熱排気である．TMP も真空ベーキングの対象になる．ただし，TMP は高速回転体なので，アルミニウム合金製動翼に大きな遠心応力が発生している．アルミニウム合金は 150℃ 以上では破壊強度が低下[20]するので，真空ベーキングの温度管理が必要である．TMP 付属のヒーターを使用するのが望ましい．

図 3.1.28 では TMP 排気系の補助ポンプとして油回転ポンプを採用したが，油回転ポンプの油蒸気が真空容器に逆流するのを防止するフォアライントラップと，オイルミストが室内に飛散するのを防止するオイルミストフィルターを設置している．

複合型のターボ分子ポンプは背圧が高くても運転できるので，ガス負荷がそれほど大きくない場合は，補助ポンプとして到達圧力が高めのダイヤフラムポンプなども使用できる．

プラズマ処理装置では，多量の処理用ガスを流しながら TMP で排気する．その真空排気系を**図 3.1.29**に示す．処理用ガスは流量計（mass flow controller, MFC）で制御されて真空容器に導入される．隔膜真空計で真空容器の圧力を測定し，圧力制御系によりあらかじめ設定された圧力になるようにコンダクタンス可

変バルブを調整する．ターボ分子ポンプは定格回転数で運転しているが，コンダクタンス可変バルブによって実効排気速度が調整されるので，$p = Q/S_{\text{eff}}$ で表される圧力になる．補助ポンプの排気速度は，多量の処理用ガスを排気した際にも TMP の背圧を定常運転できる圧力にしなければならないので，導入ガス流量を考慮して決定する必要がある．

〔2〕 **スパッタイオンポンプの真空排気系**

図 3.1.30 はスパッタイオンポンプ（sputter ion pump, IP）の真空排気系である．IP は可動部分がないので振動を嫌う電子顕微鏡[45]などの分析機器に使用される．また，補助ポンプで排気し続ける必要がないので，停電などの非常時でも真空容器が大気と遮断されたままで維持される．したがって，停電時に大気が流入して機器を損傷するおそれがある場合に適した真空ポンプである．

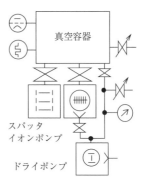

図 3.1.30 スパッタイオンポンプの真空排気系

図には TMP も設置されているが，IP の動作開始圧力（起動圧力）がドライポンプ単独では排気しにくい 10^{-3} Pa 以下の圧力であることによる．IP の起動圧力を低くすると起動時の過負荷が抑制されるので，IP の排気性能が長期にわたって維持される．

真空排気系の起動は，最初 TMP の真空排気系のみを起動して 10^{-3} Pa 以下に排気し，その後に IP を起動する．IP と TMP を同時に運転するか IP 単独運転かは，真空装置の用途によって決められる．

一度真空排気した後は，真空装置が停止している場合も IP のバルブを閉じて真空に維持しておく．再排気する場合は，TMP 単独で所定の圧力以下にした後に IP のバルブを開いて IP 排気に移行する．ただし，バルブで封じ切っている IP 内が真空か大気圧なのかを把握しておく必要がある．というのは，IP の電流値で圧力をモニターできるが，必ずしも電流値だけでは圧力が判定できないためである．IP 内の圧力が十分低ければ IP の電流値は低く圧力も低い値が表示される．

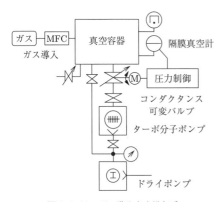

図 3.1.29 ガス導入真空排気系

大気圧ではイオンポンプが動作しないので電流値はゼロであり圧力表示値も低い．したがって，IP内の圧力を測定する手段を別に備えておくのが望ましい．

真空ベーキングは，TMPとIPも真空容器と同じように実施する．標準の加熱温度は250℃である．IPには永久磁石が使用されているので，永久磁石が高温にならないようにしなければならない（約150℃以下）．そのため，さらに高温に加熱する場合は永久磁石を外す必要がある．また，IPと非蒸発型のゲッターポンプを組み込んでいる場合もあるが，その場合はポンプの仕様に従った真空ベーキングを実施する．

〔3〕 クライオポンプの真空排気系

図3.1.31はクライオポンプ（cryo pump, CP）の真空排気系である．CPはIPと同じくため込み式の真空ポンプである．水分子に対する排気速度が他の真空ポンプに比較して大きいという特徴があり，スパッタ成膜装置や大型のスペースチャンバーなどに使用されている．

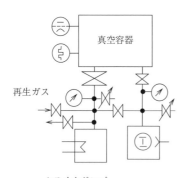

図3.1.31 クライオポンプの真空排気系

真空排気手順を示す．真空容器とCPおよび粗排気ポンプとのバルブは閉じておく．CPと粗排気ポンプ間のバルブを開け，粗排気ポンプのみを起動してCP内を排気する．CPを起動できる数十Paに達したら，粗排気ポンプを停止しCPを起動する．CPが定常動作するまで待つ．粗排気ポンプで真空容器内を数十Pa以下に排気し，CP排気に切り替える．

真空容器のみを大気開放する場合は，真空容器とCP間のバルブを閉じて，真空容器を大気開放する．再起動は，粗排気ポンプにより真空容器を排気してからCPによる主排気へと進む．

CPを含めて真空装置を停止する場合は，CPに多量の気体がため込まれているので，手順に従って停止する．初めに，CPの吸気口側のバルブを閉じてCPの電源を切断すると，CPの温度が徐々に室温に戻る．それにつれ，ため込まれた気体が放出されてCP内の圧力が上昇するので，CP内を粗排気ポンプで数十Paに排気する．その後，CPと粗排気ポンプとのバルブを閉じる．

CPを長時間運転すると，ため込んだ気体が限界値に近付くにつれ排気能力が低下する．このような場合は，ため込んだ気体を放出する再生処理が必要である．再生処理では，CPを停止させ，加熱や窒素ガスなどを流してため込んだ気体を放出させる．特に水分子の除去が重要である．

〔4〕 拡散ポンプの真空排気系

図3.1.32は拡散ポンプ（diffusion pump, DP）の真空排気系である．拡散ポンプには作動流体が水銀と油のものがあるが油拡散ポンプが主流であり，構造が簡単，安価，小型から大型まで製作可能，といった特徴がある．そのため，真空蒸着装置などに使用されている．

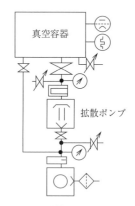

図3.1.32 拡散ポンプの真空排気系

拡散ポンプの運転は，真空容器内に油煙が逆流しないようにするため，以下に示す手順を踏む必要がある．

① 真空排気系の起動時は，図のバルブがすべて閉じているものとする．DPの冷却（水冷あるいは空冷）を開始する．

② 補助ポンプを起動し，1Pa程度まで排気する．DPと補助ポンプの間のバルブを開けてDP内を排気する．

③ DP内が1Pa程度（排気時間で管理する場合もある）になったら，DPのヒーター電源を入れる．

④ 15分から30分程度でDPの加熱が完了する．

⑤ DPと補助ポンプの間のバルブを閉め，真空容器と補助ポンプ間のバルブを開いて真空容器の圧力が10Pa以下になるまで排気する．

⑥ 真空容器と補助ポンプ間のバルブを閉め，真空容器からDPと補助ポンプ間の排気ラインのバルブを開け，所定の圧力まで排気する．

⑦ 停止時にはDPの真空容器側のバルブを閉じる．DPでは作動油をヒーターで加熱しているのでヒーター電源を切った直後はヒーターも作動油も高温のままである．この状態で補助ポンプによる排気を停止してはならない．

⑧ ヒーター電源を切断して30分程度でDPが冷えたら，DPと補助ポンプ間のバルブを閉じて，補助ポンプを停止する．

⑨ 補助ポンプを大気開放し，最後にDPの冷却を停止する．

DPで超高真空を作成する場合は，DPの上流側に冷却トラップ（液体窒素トラップ）を設置して，DPの油蒸気が真空容器側に拡散するのを防止する．

図3.1.32の補助ポンプに必要とされる到達圧力について述べる．補助ポンプの到達圧力は，DPの臨界背圧（DPが正常に動作する最大背圧＝補助ポンプの吸入圧力）より低くなるようにしなければならない．

DP起動時の動作圧力をp–Q線図（圧力–流量線図）によって説明する．なお，補助ポンプからDPに切り替える圧力を検討する場合もp–Q線図を用いるとよい．DPとRPのp–Q線図を図3.1.33に示す．

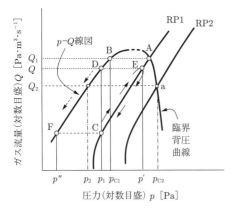

図3.1.33　p–Q線図

図において，p–Q線図はDPが正常に動作する場合の圧力と流量の関係であり，その曲線に点線で接続されている右端の曲線は臨界背圧曲線である．また，RPのp–Q線図は，到達圧力の異なるRP1とRP2について示した．

臨界背圧曲線[46]は，以下のようにして求める．DPとRPの真空排気系が正常運転する範囲で真空容器に気体を最大量導入する．その状態で，DPとRP間に強制的にガスを導入する．その結果，DPの背圧（RPの吸気口圧力）が上昇する．このときのDPの吸気口の圧力（真空容器の圧力）を読み取る．DPの吸気口圧力が変化しなければ，DPとRP間にさらに多くのガスを導入する．この操作を繰り返して，DPの吸気口圧力が10%変化するようになったときのDPの背圧を臨界圧力と呼ぶ．図3.1.33で流量Q_1の場合のA点が臨界圧力である．B点は，そのときのDPの吸気口圧力p_{C1}である．

DPとRP1間のバルブを閉じた状態でRP1による真空容器の排気を開始すると真空容器の圧力が低下し，DPの臨界背圧曲線とRP1のp–Q線図の交点Aに達する．臨界背圧曲線の測定方法で述べたように，A点に対応する流量Q_1は，DPとRP1の真空排気系における最大流量である．A点でDPとRP1間のバルブを開けると，DP1に急激に流量Q_1のガスが流入するためDPの背圧がA点より上昇して正常運転ができなくなってしまう．したがって，RP1の排気を継続しp_1（$< p_{C1}$）になった時点でDPとRP1間のバルブを開ける．バルブを開けた直後の圧力は，DPの吸気口圧力がp_1（RP1で真空容器を粗排気した圧力になる）で，DPの背圧は流量Qが流入した場合のRP1の圧力p'（E点）になる．少し時間が経過すると，DPの背圧はp_1（C点）まで復帰し，DPの排気圧力はp''（F点）に達する．

RP1の到達圧力は許容動作圧力p_{C1}より低いのでDPを正常に運転できる．しかし，到達圧力が高いRP2を使用した場合は，DPが動作可能な圧力p_2まで排気できない．

［5］　実際の真空排気系の一例

（a）　プラズマ処理装置　つぎに半導体の製造装置の真空排気系を見てみよう．図3.1.34に一例を示す．半導体のプラズマ処理装置では，時間当りの処理枚数（スループットと呼ばれる）を増やすため，真空ロボットを中心に備えた搬送室の周囲に複数の処理室を設けている．マルチチャンバー方式と呼ばれる装置である．

半導体製造装置に要求されるおもな項目は，生産性（スループットの向上），信頼性（性能の安定性と高稼働率），低コスト（装置の価格や消耗品などのランニングコスト低減）である．

真空排気系は，前述したTMPの真空排気系やCPの真空排気系などが複数搭載されたものとなっている．

試料（基板）の搬入・搬出は大気中の搬送ロボットで行われる．ここでは，搬入時に大気圧から数十Paまで排気し，搬出時には数Paから大気圧に戻す，といった工程を頻繁に繰り返している．スループット向上の観点から許される排気時間は，10秒程度と短い．したがって，高速排気にかなった真空装置の排気系を設計する必要がある．

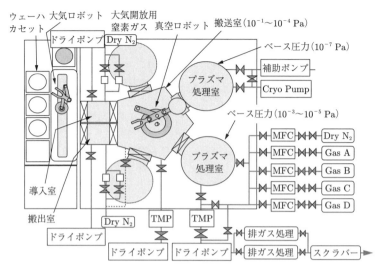

図 3.1.34　プラズマ処理装置の真空排気系

　搬入室の圧力が数十 Pa 程度に下がると，搬送室とのバルブが開き，真空ロボットが基板を搬送室に運び出す．搬入室のバルブが閉じた時点でプラズマ処理室のバルブが開く．真空ロボットでプラズマ処理室に基板を搬送して，プラズマ処理室のバルブが閉じる．基板の搬出工程はこの逆となる．搬入室・搬出室の真空排気系はドライポンプ単独である．

　搬送室には，真空ロボットによる基板搬送という役割と，搬入・搬出室とプラズマ処理室間の真空環境を遮断する機能とがある．したがって，搬入・搬出室，搬送室，プラズマ処理室の各バルブが同時に開いて真空的に接続されることがないようにバルブ開閉が操作される．また，プラズマ処理室間が搬送室を介して真空的に接続されることもない．

　プラズマ処理室ではハロゲン系ガスなど種々のプロセスガスが使用される．これらのガスが大気中に拡散すると，基板に異物や腐食などが発生する．また，装置の腐食も問題となる．したがって，プラズマ処理室のプロセスガスが十分排気された状態で，搬送室とのバルブを開き，外部への拡散防止を図っている．バルブの開口部はできるだけ狭くし，真空ロボットの出入りは短時間で完了しなければならない．

　プラズマ処理の例を示す．図 3.1.35 にプラズマエッチング処理室の模式図を示す．

　プラズマエッチング処理[47]~[49] の原理を示す．エッチング処理室にエッチングガス（プロセスガス）を導入し，エッチングガスをイオン（主としてプラスイオン），電子，ラジカル（中性粒子）から成るプラズマに分解する．基板に高周波を印加すると，基板に負のバ

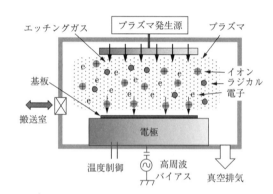

図 3.1.35　プラズマエッチング処理室

イアス電圧が発生し，正イオンを基板に引き込む．基板表面に吸着しているエッチングガスが，入射イオンのエネルギーによって被エッチング材料と反応し，揮発性の反応生成物が生成される．この反応が継続することで，エッチングが進行する．真空ポンプは，反応生成物とエッチングガスを排気しなければならない．

　プラズマ処理では，プロセスガスの流量と圧力，プラズマ処理室や基板の温度，プラズマの密度などを安定に制御する必要がある．

　プラズマ処理室の圧力は，真空ポンプ（ターボ分子ポンプ，TMP）の吸気口にコンダクタンス可変バルブを設置し，隔膜真空計による圧力測定値が一定になるように，TMP の実効排気速度を変えることで制御されている．図 3.1.29 を参照されたい．

　隔膜真空計の安定性や信頼性が重視されるが，プラズマにさらされると，真空計の隔膜が損傷したり堆積物が付着したりするので，プラズマが回り込まないよ

うな位置に隔膜真空計が取り付けられている．したがって，プラズマ空間の温度（気体の温度）と隔膜真空計の測定位置の温度は通常異なる．さらには，プラズマ処理の多くが粘性流領域であるため，処理室内に流れの分布や圧力分布が生じている．それゆえ，プラズマ空間の圧力の絶対値ではなく相対値を正確にかつ再現性良く測定することが重視される．そのために，隔膜真空計のゼロ点校正（高真空下でゼロ点のシフトを修正する）を適宜実施するなど細心の配慮がなされている．

流量計の安定性も重要な項目である．流量計の安定性を確認するため，TMPのバルブを閉じた状態でガスを一定流量導入して圧力上昇速度を計測する．プラズマ処理室の容積がわかっているので，圧力上昇速度がわかる．これらの値が日々測定してきた値と異なっている場合は，真空計あるいは流量計の経時変化が生じた可能性がある．圧力計や流量の精度と安定性はプラズマ処理の安定性に直結する．インライン式の流量校正装置も市販されている．

プロセスガスには有毒で危険なガスが使用されることも多いので，ガスボンベは一般にはクリーンルームの外に設置される．ボンベ室からプラズマ処理装置の間はステンレス配管などで接続される．図3.1.34にMFCの記号で示したように，プラズマ装置には流量計（マスフローコントローラー：MFC）が複数個設置されており，それぞれがバルブで接続されている．ガス供給を高純度に保つため，ガス供給前にガス配管内を真空排気するための排気系が組み込まれている．また，使用するガスの種類によっては，室温で液化しやすいガスもある．それらの配管はヒーターで加熱して高温に維持される．

プロセスガスや反応生成物は真空排気されて外部に排出される．排出ガス中に有毒で危険なガスが含まれる場合は，ガス種に応じた排ガス処理装置を補助ポンプ（ドライポンプ）の下流側に設ける．さらに下流でスクラバー（ガスを水に溶かす排ガス処理装置）を通して環境安全基準以下まで有害ガスを低減した後，大気に放出される．

ドライポンプは多量の反応生成物を含むプロセスガスを排気している．反応生成物によっては，室温で真空配管に付着堆積するものもある．長期間の運転によって，真空配管に反応生成物が付着すると，圧力上昇や突発的な異物の多量発生などの不具合が生じる．温度の管理は，プラズマ処理室はもちろん，真空ポンプやガス供給配管，真空配管についても必要である．

プラズマ処理室の壁面はつねにプラズマにさらされる．図3.1.35では基板上にのみプラズマが広がっているが，実際には容器の壁面までプラズマは広がる．そのため，

長期間の使用で壁面がプラズマによって損傷する．損傷した材料の微粒子が基板に入射して取り込まれると汚染源になる．汚染の許容量[10]は原子によって異なるが，鉄 Fe やカルシウム Ca は 5×10^9 atoms·cm^{-2}，ニッケル Ni やクロム Cr，銅 Cu は 1×10^{10} atoms·cm^{-2} 以下と定められている．真空材料として代表的なステンレス鋼（Fe-Ni-Cr鋼）は，金属汚染の観点から直接プラズマにさらされる部分には使用できない場合が多い．石英ガラス（酸化シリコン SiO_2），あるいはプラズマ損傷の少ないアルミナ皮膜（酸化アルミニウム Al_2O_3）やイットリア皮膜（酸化イットリウム Y_2O_3）などの保護膜[50]を被覆したアルミニウム合金などが使用されている．

（b）　分子線エピタキシー装置　　超高真空処理装置の一例として，分子線エピタキシー装置（molecular beam epitaxy, MBE）[51]~[53]を示す．MBE成長とは結晶成長方法の一種で，基板結晶の上に結晶面をそろえて薄膜結晶を成長させる方法である．その原理を図3.1.36に示す．分子線源と呼ばれる蒸着源が基板に対向して複数本配置されている．各分子線源から照射される分子線が基板に入射し，結晶成長を行う．分子線の種類や強度を変えることで，原子層レベルで制御された高品質な結晶成長ができる．

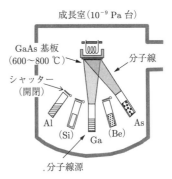

図3.1.36　分子線エピタキシー成長の原理

分子線源は，固体原料をるつぼで抵抗加熱する固体ソース型や，有機金属ガスを加熱して熱分解させるガスソース型，電子ビーム加熱型など種々のものがある．ここでは固体ソース型の例を示す．

分子線の照射は，分子線源に設けられているシャッターの開閉で制御する．図3.1.36には，化合物半導体（ガリウムヒ素 GaAs など）を成長させる場合の分子線源の例を示した．結晶用の原料がガリウム Ga，ヒ素 As，アルミニウム Al であり，シリコン Si やベリリウム Be はドーピング用の原料である．結晶成長速度は 0.3 nm·s^{-1}（約 1 μm·h^{-1}）と非常に遅いが，それ

ゆえ分子線照射を原子層オーダーで切り替えることができる．一方，結晶成長時間が長いため，成長中に残留ガス成分の一酸化炭素などが基板に入射して取り込まれやすい．炭素が結晶中に取り込まれると結晶品質が劣化する．そこで，MBE 装置の成長室を 10^{-9} Pa 台の超高真空にして残留ガス成分の影響を防いでいる．また，分子線は基板のほかに MBE 成長室の壁面にも付着する．壁面の温度が高ければ再脱離するので，壁面を低温に保って再脱離を防止している．そのための液体窒素シュラウド（液体窒素 LN_2 を充填して冷却した容器）を成長室内に設置している．実際の MBE 装置の成長室の例を図 3.1.37 に示す．

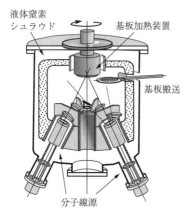

図 3.1.37 分子線エピタキシー装置の成長室

真空排気系[53]の一例を図 3.1.38 に示す．成長室，搬送室，導入室と搬出室の 4 室から構成されている．成長室の到達圧力は 6.7×10^{-9} Pa 以下で，TMP，IP，TSP の 3 種類の真空ポンプが設置されている．搬送室の到達圧力は 6.7×10^{-8} Pa 以下で TMP と TSP の真空排気系であり，導入室および搬出室の到達圧力は 6.7×10^{-6} Pa 以下で TMP の真空排気系である．

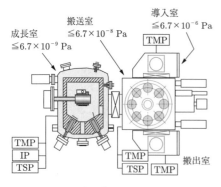

図 3.1.38 分子線エピタキシー装置の真空排気系

成長室の真空排気特性[53]の一例を図 3.1.39 に示す．MBE 装置を製作して最初に実施した真空排気試験の結果である．成長室の容器材料は SUS316 であり，450℃ × 30 h の真空ベーキング処理（真空容器そのものを真空加熱炉内で脱ガス処理）を前もって実施している．

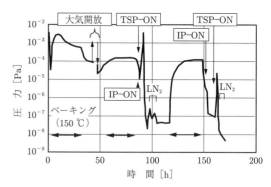

図 3.1.39 成長室の真空排気特性（その 1）

真空排気を開始して圧力が 10^{-5} Pa 台に入った時点で 150℃ のベーキングを開始した．この間は TMP 単独の真空排気である．その後ベーキングを停止して室温まで戻し一度大気開放している．ベーキング後に大気開放することで，ステンレス鋼表面にクロム酸化膜を形成することを狙っている．真空排気を再開して再度 150℃ のベーキングを実施し，室温に戻った時点で IP と TSP を起動した．TSP 起動後に圧力が急上昇したが，すぐに 10^{-8} Pa 台まで低下した．TSP の液体窒素シュラウドに液体窒素 LN_2 を注入したが，圧力が低下しなかった．ベーキング不足と判断し，再度 150℃ のベーキングを実施した．なお，ベーキング中は IP を停止して TMP 単独で排気している．ベーキング終了後に IP と TSP を起動して LN_2 を導入すると，成長室の目標到達圧力 6.7×10^{-9} Pa が得られた．この間，約 170 時間を要している．

図 3.1.39 において TSP の起動時に急激な圧力上昇が認められた．TSP はチタン膜に気体分子を吸着させて排気するため込み式の真空ポンプである．TSP の起動時には，チタン源を抵抗加熱してチタン原子を昇華させ，TSP の真空ポンプ壁面にチタン膜を形成する．このチタン膜に気体分子を吸着させて真空排気する．昇華したチタン原子は周囲の壁面に付着して再脱離しないので，圧力上昇はチタン原子によるものとは考えにくい．

TSP 起動時の圧力上昇を評価する実験を行った．図 3.1.40 に実験装置と実験結果[54),55)]を示す．実験装置は TMP の真空排気系で，残留ガス分析計（RGA：

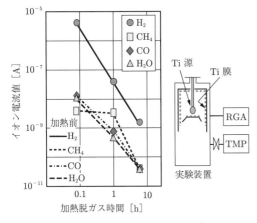

図 3.1.40 チタンサブリメーションポンプのチタン源からの気体放出特性

四重極質量分析計）が設置されている．Ti 源を 250℃で加熱し，そのときの放出ガス種を測定した．水素 H_2 が主で，メタン CH_4，一酸化炭素 CO，水 H_2O が放出された．図の縦軸は RGA のイオン電流値で圧力に比例している．したがって，H_2 分圧は加熱前に比較して約 4 桁も圧力上昇している．また，250℃の加熱でガス放出量が低下している．以上の結果から，TSP の起動時にチタン源から H_2 を含む気体が放出された結果，図 3.1.39 の圧力上昇ピークが現れたことがわかった．これの防止にはチタン源の脱ガス処理が有効と考えられる．そこで，成長室のベーキング中に TSP も起動し，チタン源の温度をチタンが昇華しない 300℃程度に抑えた脱ガス処理を実施することにした．

TSP 脱ガス処理を併用した場合の成長室の真空排気特性を図 3.1.41 に示す．先の例と同じく成長室製作後に実施した初めての真空排気試験結果である．真空容器の 150℃ベーキングと 300℃の TSP 脱ガス処理を併用することで，TSP 起動時の圧力上昇が消失している．また，LN_2 充填で 6.7×10^{-9} Pa が得られた．

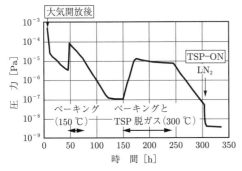

図 3.1.41 成長室の真空排気特性（その 2）

以上の例でもわかるように，超高真空を達成するには，脱ガス処理がきわめて重要である．特に加熱部品については，真空排気の事前に別途脱ガスするのが望ましい．

加熱部品の脱ガスの例として，MBE 装置の分子線源の脱ガスについて示す．図 3.1.42 は固体原料をるつぼで加熱させるタイプの分子線源[53]である．るつぼは気相成長法で製作した熱分解窒化ホウ素（pyrolytic boron nitride, PBN）であり，ヒーター材料はタングステン W やタンタル Ta である．るつぼの周囲には複数枚の Ta 製の熱シールド板を設けて熱放射を抑えている．温度は，るつぼの底に熱電対を接触させてモニターする．

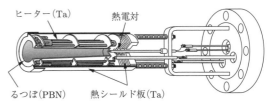

図 3.1.42 分子線源の構造

分子線源は最高 1400℃程度まで加熱できる．このような温度に加熱されると，材料内部に含まれていた気体原子が拡散・放出される．特に CO などの気体放出があると MBE 結晶成長膜の品質劣化を招くため，十分な脱ガス処理が必要となる．

図 3.1.43 に分子線源の脱ガス処理時のガス放出量を，図 3.1.44 に放出ガス成分を示す．分子線源はそれ自体のヒーターで 1400℃に加熱した．このときのヒーター温度は 1400℃付近，熱シールド板は 500℃以上になる．分子線源に吸着していた気体成分は加熱直後に脱離するので，放出気体は分子線源の材料内部から拡散によって放出されたものと思われる．

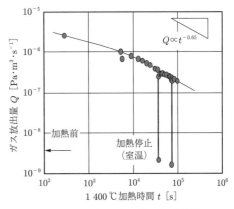

図 3.1.43 脱ガス処理時のガス放出量

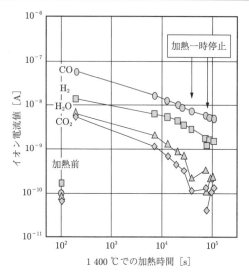

図 3.1.44 脱ガス処理時の放出ガス成分

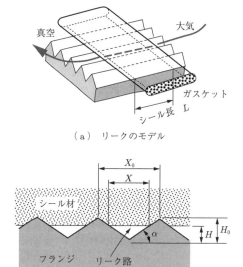

(a) リークのモデル

(b) リーク路のモデル

図 3.1.45 ガスケットとシール面のモデル

拡散の場合のガス放出量は時間 t の平方根の逆数に比例して低下するはずであるが，図 3.1.43 に併記したガス放出量 Q の低減は $Q \propto t^{-0.65}$ であり，ほぼ $t^{-0.5}$ に近い．放出気体の成分は，CO が主でつぎに H_2 が多い．Ta や Mo を単独で加熱した場合も CO が放出される．

3.1.6 リーク検査

リーク検査はいつ実施すればよいのであろうか？ 真空装置を組み上げてから実施するので途中のリーク検査は不要であろうか？ このような疑問を抱きがちであるが，真空部品の製作工程ごとにリーク検査を実施するのが望ましい．リークの可能性のある部材を溶接した場合や組み立てた場合に，その部材単独のリーク検査を実施するのが基本である．というのは，組立後にリーク箇所を見つけ出すのがたいへんであるのと，リークを見逃して作業を継続した時間が無駄になるからである．

リークディテクターを使用したリーク検査の詳細は，本章 3.5 節「リーク検査」で述べる．ここではガスケットシール面でのリーク現象とリークディテクターによらないリーク検査について示す．シール面に傷があってはならないのは理解できるが，どの程度の傷でどの程度のリーク量になるのかがわかれば，シール面の取扱いに慎重にならざるを得ないであろう．

〔1〕シールのメカニズム

ガスケットによるシールは，ガスケットがシール面に押し付けられ，変形し，シール面の微小な凹凸を埋めていく現象である．ガスケットとシール面のモデルを図 3.1.45 に示す．

シール面には機械加工痕が残っている．それを三角形断面と仮定する．ガスケットがシール面圧を受けて変形し，三角形断面のリーク路が埋まっていく現象をシール過程[56),64)]と考える．このモデルにおけるリーク量 Q_L は，真空側の圧力をゼロとみなすと，次式で表される．なお，リーク路は分子流領域であると仮定している．

$$Q_L = C(p_0 - p) \cong Cp_0$$
$$C = \frac{4}{3}\bar{v} \cdot \frac{H^3}{2\left(1 + \dfrac{1}{\cos\alpha}\right)\tan\alpha} \cdot \frac{K}{L} \propto \frac{H^3}{L}$$
(3.1.31)

ここで K はリーク路の深さ H と幅 X の比 H/X に依存する係数である．α はリーク路の傾き角である．リーク路を機械加工の加工痕とすると，$\alpha \approx 1\sim4°$ といわれている．$\alpha = 4°$ とすると $K = 1.7$ である．

リーク路の長さ（図 3.1.45 (a) のシール長 L）を $L = 10$ mm と仮定して，1 本のリーク路によるリーク量 Q_L を，リーク路の高さ（傷の深さ）H で示すと図 3.1.46 が得られる．

高真空領域（10^{-3} Pa）を目指す場合の許容リーク量[57)]を 10^{-7} Pa·m^3·s^{-1}，超高真空領域（10^{-6} Pa）のそれを 10^{-10} Pa·m^3·s^{-1} とすると，許されるきずの深さはそれぞれ 1 µm，0.1 µm となる．ここでのきずの深さはガスケットでシールした際のリーク路の高さであってきずそのものの深さや加工痕の深さではな

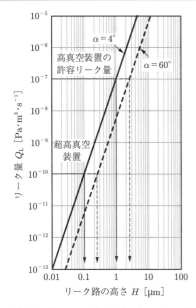

図 3.1.46 シール面のきずによるリーク量

い．したがって，目視で 1 μm のきずが観察されたからといってそのまま図に示したリーク量につながるわけではないが，わずかなきずでも致命傷になることがわかる．超高真空を目指す場合は，1 本のきずでもあってはならないといえよう．

旋盤加工で製作される O リング溝は，一筆書き状に円形の加工痕が形成される．このシール面を O リングで押し付けた場合は，どの程度のリーク量になるであろうか．加工痕の間隔 $X_0 = 0.18$ mm，傾き $\alpha = 4°$（$K = 1.7$），O リングの太さ 5 mm，O リング溝の内径 100 mm とする．このときの加工痕の総延長（シール長さ）は 8.5 m である．リーク路の高さが 1 μm になったときのリーク量 Q_L を計算すると，1.2×10^{-10} Pa·m³·s⁻¹ となる．超高真空領域の許容リーク量とほぼ同等である．実際には，O リングの面圧が増すにつれリーク路の高さが 1 μm を下回るので，さらにリーク量が小さくなる．

旋盤加工のシール面はリーク路が長くなることでリーク量が抑えられている．矩形フランジではシール面も矩形状であるため，一筆書きの加工痕で仕上げることが難しい．したがって，平滑な面仕上げが必要であるが，ガスケットを横断するような傷が残らないように格段の注意が必要である．

ナイフエッジ形の銅ガスケットシールでは，ナイフエッジの傾斜面に銅ガスケットが押し付けられ，傾斜面の表面凹凸を銅ガスケットが変形して埋め尽くす過程がシール現象[58]~[60]であるとされている．シールに必要な面圧を確実に与えることが重要である．

〔2〕 リーク路内の圧力分布

リーク路のモデルではリーク路内が分子流領域であるとみなしたが，実際はどうなっているのであろうか．リーク路が粘性流領域ならリーク量は分子流領域とした場合よりも増加する．リーク路内の圧力分布を求めてみよう．

実際のリーク路は断面が複雑に変化し曲がりくねっていると思われる．ここでは，リーク路を円形導管（直径 D，長さ L）と仮定する．図 3.1.47 にリーク路の円形導管モデルを示す．

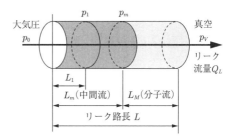

図 3.1.47 リーク路の円形導管モデル

20℃の空気がリークしているとする．空気が窒素分子 4，酸素分子 1 の割合で構成されているとして，仮想的な空気分子の平均速度 $\bar{v} = 464$ m·s⁻¹，粘性係数 $\eta = 17.9 \times 10^{-6}$ Pa·s，モル質量 $M = 28.98 \times 10^{-3}$ kg·mol⁻¹，温度 $T = 293.15$ K である．大気側から長さ L_m の領域は粘性流ないし中間流領域で，$L_M = L - L_m$ は分子流領域とする．粘性流から分子流領域にわたって使用できるコンダクタンスの式としてクヌーセンによる式[61]を用いる．

$$C = \frac{\pi}{128} \frac{D^4}{\eta L} \bar{p} + \frac{\pi}{12} \bar{v} \frac{D^3}{L} \frac{1 + \sqrt{\frac{M}{RT}} \frac{D\bar{p}}{\eta}}{1 + 1.24 \sqrt{\frac{M}{RT}} \frac{D\bar{p}}{\eta}}$$

$$\equiv A \frac{D^4}{L} \bar{p} + B \frac{D^3}{L} \frac{1 + aD\bar{p}}{1 + bD\bar{p}} \quad (3.1.32)$$

ここで，$A = \pi/(128\eta)$，$B = (\pi\bar{v})/12$，$a = \sqrt{M/RT}/\eta$，$b = 1.24a$ である．

リーク量を Q_L，大気圧を p_0，真空側の圧力 p_V（$\ll p_0$）とすると

$$Q_L = C(p_0 - p_V) \cong Cp_0 \quad (3.1.33)$$

$$\bar{p} = \frac{p_0 + p_V}{2} \cong \frac{1}{2}p_0 \quad (3.1.34)$$

式 (3.1.32)〜(3.1.34) の 3 式より

$$Q_L \cong \left(A \frac{D^4}{L} \frac{p_0}{2} + B \frac{D^3}{L} \frac{2+ap_0}{2+bp_0} \right) \cdot p_0 \tag{3.1.35}$$

$D = 1\,\mu\text{m}$, $L = 10\,\text{mm}$ と仮定すると式 (3.1.35) から $Q_L = 1.71 \times 10^{-9}\,\text{Pa}\cdot\text{m}^3\cdot\text{s}^{-1}$ が得られる.

大気圧で 20℃の空気の平均自由行程は $\lambda = 6.5 \times 10^{-8}$ m なので $Kn = \lambda/D = 0.07 > 0.01$ となる. したがって, リーク路は図 3.1.47 に示したように大気側から中間流領域である. 中間流領域の $0 \sim L_m$ 間を流れるリーク量も Q_L であることから, 次式が成り立つ.

$$\begin{aligned}Q_L &= C(p_0 - p_m) \\ &= \left(A \frac{D^4}{L_m} \bar{p}_m + B \frac{D^3}{L_m} \frac{1+aD\bar{p}_m}{1+bD\bar{p}_m} \right) \\ &\quad \cdot (p_0 - p_m)\end{aligned} \tag{3.1.36}$$

ここで, $\bar{p}_m = (p_0 + p_m)/2$ である. なお, 中間流と分子流間の分かれ目の圧力 p_m は, $Kn = \lambda/D = 0.3$ となる平均自由行程に対応する圧力として求めると, $p_m = 2.2 \times 10^4$ Pa である. 式 (3.1.35) から求めた Q_L を式 (3.1.36) に代入して L_m が求まり, $L_m = 8.5 \times 10^{-3}$ m = 8.5 mm となる.

リーク路の 85% が中間流領域であり, 分子流領域は真空容器側のわずかな領域であることが推測できた. 実際にはリーク路の断面形状は複雑なのでこのとおりとはならないが, 中間流領域が長いということはリーク路のコンダクタンスが分子流のそれより大きいことを意味し, リーク量もそれだけ多くなる.

リーク路の途中の圧力も同様にして求めることができる. リーク路の直径 D が異なる場合について, 中間流領域の圧力分布を図 3.1.48 に示す. 直径 D が太くなるほど中間流領域の占める割合が増しているので, 直径の増加による効果に加えてリーク量は増加することがわかる.

〔3〕 シール過程

シール面にガスケットが押し付けられてシールが進行していく様子を, ガスケットを金線とした場合を例にとって見てみよう.

金線シールは, 平坦なシール面にリング状の金線を置き圧縮荷重を負荷してシールする方法である. 金線の直径は 0.5〜1.5 mm で, 溶接して直径 30 mm のリングとした. 金線に直径 0.1 mm の細い金線を絡ませて平坦なフランジ面に固定する. リング状の金線だけでは垂直面のシールができないので細い金線を用いてリング状の金線を固定しているが, それを模擬した. この状態でシール面に圧縮荷重 (締付け荷重) を負荷し, リーク量を測定した. シール荷重は油圧で与え, 荷重はロードセルで測定した. そのときの線荷重 F (単位長さ当りの締付け荷重) とリーク量 Q_L の関係を図 3.1.49 に示す.

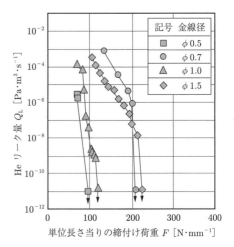

図 3.1.49 金線のシール特性

締付け荷重が増加するに従ってリーク量が減少している. ある荷重を超えると, リーク量は急激に減少して, 検出不能となる. この荷重がシールに必要な線荷重である. シール用の太い金線と固定用の細い金線が重なっている部分が主要なリーク路であるが, リーク路の全長にわたってリーク路の断面積が一様ではない. 狭いところもあれば広いところもある. 締付け荷重が増加するとリーク路は徐々に細くなり, ある時点でリーク路の最も狭い部分が完全に閉止する. リーク路の他の部分は完全には埋まっていない. しかし, 1 箇所でも閉止するとリーク量が検出不能になってしまう. 実際のシール過程では, このような現象[62]が生じているものと思われる.

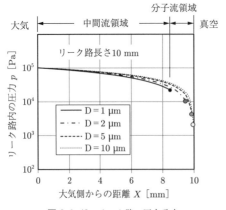

図 3.1.48 リーク路の圧力分布

〔4〕 簡易的なリーク検査

ヘリウムリークディテクターによるリーク検査を実施するまでもないが，リークの有無のみを知りたい場合がある．そのような場合には，ビルドアップ法や特殊なガスを用いた方法が適用できる．

ビルドアップ法は真空ポンプのバルブを閉じて真空容器を封じ切り，その後の圧力上昇変化を読み取るリーク検査方法である．真空容器を封じ切ったのちの圧力変化を図3.1.50に示す．

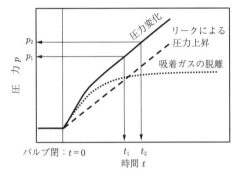

図3.1.50 ビルドアップ法による圧力変化

バルブを閉じて排気速度がゼロになると，真空容器内からの気体放出があるため，図で吸着ガスの脱離と記した点線のように圧力は少し上昇して一定の圧力になる．リークがあると，大気に比較して真空容器内の圧力が十分低いとみなせるので，一定量の空気が漏れてきて圧力上昇が生ずる．リークによる圧力上昇と付記した破線のように，時間に比例して圧力上昇する．真空容器の圧力は両者の和として実線のように表される．圧力が時間に比例して上昇する場合は，リークがあるとみなせる．

リーク量を知りたい場合は，圧力上昇がほぼ時間に比例するようになったところで，時間 t_1, t_2 のときの圧力 p_1, p_2 を測定する．このとき，リーク量 Q_L は次式で表される．

$$Q_L = \frac{p_2 - p_1}{t_2 - t_1} V \quad (3.1.37)$$

ここで，V は真空容器の容積である．V が不明の場合は，一定量の気体を流量計で制御しながら導入し，そのときの圧力上昇を測定すれば，式(3.1.37)から真空容器の容積 V を求めることができる．

つぎに特殊なガスを用いる方法について述べる．特殊なガスとは，空気以外の気体であれば基本的には何でもよい．ただし，真空計の感度が気体の種類に依存する場合に限る．リーク量が多くて圧力が下がらない

ときはピラニ真空計が使用できるし，高真空まで排気できるのであれば電離真空計などが使用できる．

圧力変化の様子を図3.1.51に示す．リークがあると，真空容器内のガス組成は，空気（窒素と酸素）とその他の放出ガス成分から成る．そこに，Heやブタンガス，あるいはアルコール液体をリーク箇所と思われる部分に吹き付ける．アルコールの場合は液体をたらす．そうすると，リーク路を通って空気とは異なる気体が真空容器内に導入される．リークガスの組成比が空気と異種気体の混合ガスに変化すると，それぞれのガスに対する真空計の感度が異なるため，圧力表示値が変化する．これによりリークが検出できる．

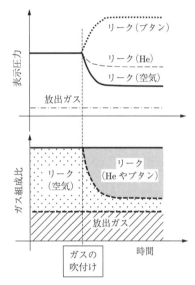

図3.1.51 異種気体による圧力変化

熱電離真空計は窒素ガスで校正されている．窒素 N_2 に対する感度 S_{N_2} とガスXの感度 S_X の比は比感度（S_X/S_{N_2}）と呼ばれ，表3.1.4のような値を示す．真空計の表示圧力と真の圧力との関係は次式で表される．

$$p_N = p_X \left(\frac{S_X}{S_{N_2}} \right) \quad (3.1.38)$$

したがって，比感度が1より大きい気体が導入されれば圧力表示値は上昇し，比感度が1より小さい気体

表3.1.4 各種気体の比感度

ガス種	熱電離真空計の比感度
窒素	1.00
空気	1.00
ヘリウム	0.17
ブタン	10
エタノール	2.88

の導入では圧力表示値は減少する. したがって, 圧力表示値は He で減少し, ブタンやエタノールで上昇する.

引用・参考文献

1） J. F. オハンロン, 野田保 (訳)：真空技術マニュアル (産業図書, 東京, 1983) 第 2 版, p.118.

2） 堀越源一, 堀洋一郎, 小林正典, 坂本雄一：真空排気とガス放出 (共立出版, 東京, 1995) 真空サイエンスシリーズ 4, pp.138–141.

3） J. F. O'Hanlon: *A User's Guide to Vacuum Technology* (John Wiley & Sons, New York, 1989) p.59.

4） Y. Shiokawa and M. Ichikawa: J. Vac. Sci. Technol. A, **16** (1998) 1131.

5） 竹内協子, 黒川裕次郎, 辻泰：真空, **35** (1992) 837.

6） 黒川裕次郎, 竹内協子, 辻泰：真空, **37** (1994) 228.

7） 熊谷寛夫, 富永五郎, 辻泰, 堀越源一：真空の物理と応用 (裳華房, 東京, 1970) p.190.

8） 前田千春：真空, **43** (2000) 951.

9） 前田和夫：はじめての半導体製造装置 (技術評論社, 東京, 1999) p.201.

10) International Technology Roadmap for Semiconductors 2013 Edition, Chap. Yield Enhancement, Table YE3.

11) 前田和夫：はじめての半導体製造装置 (技術評論社, 東京, 1999) p.90.

12) 砂賀芳雄：真空, **50** (2007) 28.

13) JIS Z 8126-2：1999 真空技術—用語—第 2 部：真空ポンプ及び関連用語 (日本規格協会)

14) 千田裕彦：SEI テクニカルレビュー, **176** (2010) p.1.

15) A. Roth: *Vacuum Technology* (North Holland Publishing, Amsterdam - New York-Oxford, 1976) pp.122–125.

16) 国立天文台編集：理科年表 (丸善, 東京, 2014) p.390.

17) J. M. Lafferty: *Foundations of Vacuum Science and Technology* (John Wiley, New York, 1998) p.82.

18) 堀越源一：真空技術 (東京大学出版会, 東京, 2009) 第 3 版, p.202.

19) A. Berman: *Vacuum Engineering Calculations, Formulas, and Solved Exercises* (Academic Press Inc., 1992) p.218 (After Delafosse and Mongodin (1961)).

20) JIS B 8265: 2010 圧力容器の構造——一般事項 (日本規格協会)

21) JIS B 8267: 2008 圧力容器の設計 (日本規格協会)

22) M. Tosa: J. Vac. Soc. Jpn., **57** (2014) 295.

23) 知々松孝, 栗巣普揮, 山本節夫, 松浦満, 部坂正樹, 白上貞三：真空, **42** (1999) 200.

24) F. Watanabe: J. Vac. Soc. Jpn., **56** (2013) 230.

25) 上田新次郎, 石川雄一：機械の研究, **43** (1998) 863.

26) 石川雄一, 尾高憲二, 上田新次郎：真空, **32** (1989)

27) 上田新次郎, 石川雄一, 蒲原秀明：真空, **31** (1988) 863.

28) 野原石松：圧力容器 (共立出版, 東京, 1970).

29) 小林英男：圧力容器の構造と設計—JIS B 8265 及び JIS B8267 (JIS 使い方シリーズ) (日本規格協会, 東京, 2011)

30) JIS B 2290：1998 真空装置用フランジ (日本規格協会)

31) 中沢一, 長屋二郎, 加藤博：材料力学 (産業図書, 東京, 1973) p.200.

32) 真空装置用ベーカブルフランジの形状・寸法. JVIS-003 (1982).

33) Vacuum technology – Bakable flanges – Dimensions, ISO 3669 (1986).

34) 中沢一, 長屋二郎, 加藤博：材料力学 (産業図書, 東京, 1973) pp.239–247.

35) 菅野裕人, 小松信夫：R&D 神戸製鋼技報, **54** (2004) 121.

36) JIS B 1054-1: 2013 耐食ステンレス鋼締結用部品の機械的性質—第 1 部：ボルト, 小ねじ及び植込みボルト (日本規格協会)

37) 株式会社アルバック編集：真空ハンドブック (オーム社, 東京, 2002) p.78.

38) JIS B 0205-1: 2001 一般用メートルねじ—第 1 部：基準山形 (日本規格協会)

39) JIS B 1082: 2009 ねじの有効断面積及び座面の負荷面積 (日本規格協会)

40) 酒井智次：ねじ締結概論 (養賢堂, 東京, 2007) 第 7 版, p.9.

41) JIS B 1084: 2007 締結用部品—締付け試験方法 (日本規格協会).

42) 酒井智次：ねじ締結概論 (養賢堂, 東京, 2007) 第 7 版, p.21.

43) 国立天文台編集：理科年表 (丸善, 東京, 2014) p.414.

44) JIS Z 8207: 1999 真空装置用図記号 (日本規格協会)

45) N. Yoshimura: *Vacuum Technology, Practice for Scientific Instruments* (Springer, Berlin Heiderberg, 2008) p.29.

46) JIS B 8317-2: 1999 蒸気噴射真空ポンプ—性能試験方法—第 2 部：臨界背圧の測定 (日本規格協会)

47) 徳山巍：半導体ドライエッチング技術 (産業図書, 東京, 1992).

48) M. S. Lieberman and A. J. Lichtenberg: *Principles of Plasma Discharges and Materials Processing*, (John Wiley & Sons, NJ, 2005) 2nd. ed.

49) 野尻一男：はじめての半導体ドライエッチング技術 (現場の即戦力) (技術評論社, 東京, 2011).

50) J. Kitamura, H. Mizuno, N. Kato and I. Aoki: Materials Trans., **47** (2006) 1677.

51) 真空技術基礎講習会運営委員会編集：わかりやすい真空技術 (日刊工業新聞社, 東京, 2010) 第 3 版, p.251.

52) 蒲原秀明, 高橋主人, 田村直行, 村松公夫, 白木

靖寛, 物集照夫, 柴田史雄：月刊 Semiconductor World, 1988.1, p.38.
53) 蒲原秀明, 高橋主人：日本機械学会誌, **92** (1989) 625.
54) 尾高憲二, 上田新次郎：真空, **34** (1991) 596.
55) 尾高憲二, 上田新次郎：真空, **34** (1991) 29.
56) A. Roth: *Vacuum Technology* (North Holland, Amsterdam, 1976) pp.384–396.
57) 堀越源一：真空技術（東京大学出版会, 東京, 2009）第 3 版, p.202.
58) 黒河内智, 岡部政之, 斎藤三良, 篠田颯男, 森田晋作：真空, **42** (1999) 910.
59) 黒河内智, 岡部政之, 森田晋作：真空, **42** (1999) 918.
60) P. Lutkiewicz and Ch. Rathjen: J. Vac. Sci. Technol. A, **26** (2008) 537.
61) 真空技術基礎講習会運営委員会編集：わかりやすい真空技術（日刊工業新聞社, 東京, 2010）第 3 版, p.25.（原典；M. Knudsen: Ann. Phys. (Leipzig), **28** (1909) 75.）
62) 堀越源一：真空技術（東京大学出版会, 東京, 2009）第 3 版, pp.237–240.
63) 高橋主人：J. Vac. Soc. Jpn., **58** (2015) 292.
64) A. Roth: J. Vac. Sci. Technol., **9** (1972) 14.
65) J. P. Hobson and P. A. Readhead: Can. J. Phys., **36** (1958) 271.
66) J. P. Hobson: J. Vac. Sci. Technol., **1** (1964) 1.
67) W. Thompson and S. Hanrachan: J. Vac. Sci. Technol., **14** (1977) 643.

3.2 真空ポンプ

真空技術は真空ポンプの開発の歴史とともに歩んできたといえる．1909 年の Gaede による回転ポンプをスタート時点とすると，その時代における真空到達圧力は，図 3.2.1 に示すように，新たな真空ポンプの開発に密接に関連している．

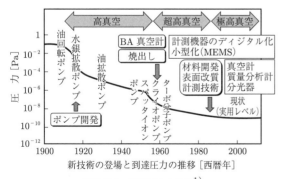

図 3.2.1 到達圧力の推移[1]

水銀拡散ポンプや油拡散ポンプの登場で高真空領域が開け，1960 年代にスパッタイオンポンプ，クライオポンプ，ターボ分子ポンプが登場し，B-A 真空計やベーキング技術の開発と相まって超高真空領域が実現された．

現在は，超高真空が比較的容易に実現できるようになっているが，真空作成の目的に応じて適切な真空ポンプを用いることが大切である．それには，個々の真空ポンプの特徴を把握することが必要であり，本節においては，これらの真空ポンプの排気原理や排気特性について述べる．

3.2.1 真空ポンプの使用圧力範囲

密閉容器を大気圧以下に減圧するためのポンプが真空ポンプである．真空ポンプは容器内の気体を容器外に排出するものから，気体を壁の表面で吸着あるいは凝縮するものや，壁の内部に拡散することで容器内の気体を減少させるものまで，その動作原理はさまざまである．

現在，真空として利用されている圧力範囲は大気圧から極高真空に至るおよそ 14 桁に及ぶ広大な領域であるが，いまのところ 1 種類の真空ポンプでこの全圧力領域で機能する真空ポンプは現れていない．

このため目的の真空を得るためには，ある特定の圧力領域において有効に働く真空ポンプを組み合わせ，大気圧より順に使用していくことになる．また真空ポンプによっては複数の種類の真空ポンプを同時に使用し，目的の真空を得る場合もある．

真空ポンプを多段に組み合わせる場合，容器内を目的の圧力まで排気する真空ポンプを主ポンプ，主ポンプが動作できる圧力まで大気圧から減圧するポンプを粗引きポンプと呼ぶ．また主ポンプの排気口に接続して主ポンプが作動可能な圧力まで減圧する真空ポンプを補助ポンプと呼び，一般的に補助ポンプが粗引きポンプを兼ねている場合が多い．

真空ポンプは JIS Z 8126-2「真空技術–用語–第 2 部：真空ポンプ及び関連用語」で，その動作原理と構造から図 3.2.2 に示すように分類されている．

大気圧から 10^{-2} Pa 台までの低真空，中真空領域で有効に動作する真空ポンプはソープションポンプに代表される気体ため込み式と容積移送式に大別される．

ソープションポンプはその原理的特長から自動化が難しく，現在大気圧から使用する真空ポンプとしては，容積移送式真空ポンプが広く一般的となっている．

容積移送式真空ポンプは一定容積の気体を機械的に捕獲し，周期的に真空ポンプの排気口から高い圧力側（大気側）に気体を移送する真空ポンプである．容積移送式真空ポンプである油回転ポンプは，大気圧から中真空まで有効に動作する汎用性の高い真空ポンプとして広く使われている．

一方，半導体・電子デバイス産業に始まったオイル

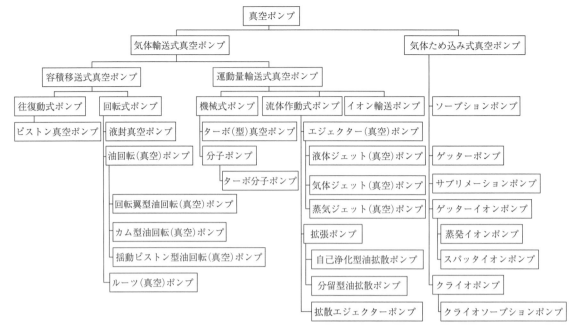

図 3.2.2　真空ポンプの分類（JIS Z 8126-2）

フリーの流れを受けて，真空ポンプの気体移送経路にポンプ油や封止液を使用しないドライポンプが急速に普及し，近年，化学，金属，食品，医療などのさまざまな分野においても大きな広がりを見せている．

運動量輸送式真空ポンプは大気圧から超高真空領域の広い圧力領域で使用される．本方式の真空ポンプは機械式ポンプと液体作動式ポンプに大別されるが，双方とも等方的な運動をしている気体分子に一定方向の運動量を与えることで，真空ポンプの吸気口から排気口へ連続的に気体分子を輸送する真空ポンプである．

機械式ポンプは低真空から超高真空領域で広く用いられているターボ分子ポンプに代表される．

一方，液体作動式ポンプは低真空領域で動作するエジェクターポンプと，高真空・超高真空領域で動作する拡散ポンプに大別される．

気体ため込み式真空ポンプはソープションポンプを除き，おもに高真空から超高真空，さらには極高真空領域で使用される．これらのポンプは大気と独立した空間（ポンプ室）で気体分子をため込むことによって空間の気体分子を排気するため，「ため込み式真空ポンプ」と呼ばれる．ため込みはポンプ室の壁に気体分子を吸着，凝縮，あるいは壁内部への拡散により排気される．

気体ため込み式真空ポンプは，ファンデルワールス力に起因する吸着現象を利用した物理吸着式と，電子の相互作用に起因する吸着現象を利用した化学吸着式とに区別できる[2]．ソープションポンプやクライオポンプは物理吸着を利用した真空ポンプである．一方，ゲッターポンプやスパッタイオンポンプは化学吸着を利用した真空ポンプといえるが，非蒸発型ゲッターポンプやスパッタイオンポンプの特定ガスに対する排気作用は物理吸着と見ることができるので，これら真空ポンプの厳密な区別は難しい．

動作圧力範囲が同じ真空ポンプであっても，その動作原理や構造の違いから，得られる真空の質，すなわち残留ガス成分に違いが生じる場合がある．真空ポンプの選定にあたっては真空ポンプの使用圧力範囲だけではなく，真空ポンプ動作原理や構造に起因する特徴にも注意を払う必要がある．

代表的な真空ポンプの分類と使用圧力範囲を，図 3.2.3 に示す．

以下に各真空ポンプの特徴を示す．代表的な真空ポンプについては，3.2.2 項以降で詳述する．

〔1〕 油回転（真空）ポンプ

揺動ピストン型，回転翼型，カム型の 3 種類の構造の油回転ポンプがある．真空排気系の代表的な補助ポンプである．

図 3.2.4 に回転翼型油回転（真空）ポンプの外観を示す．

〔2〕 液封ポンプ

作動液に水を用いたものは水封ポンプとも呼ばれる．ポンプケース内の作動液を，羽根車の回転により回転させて気体を排気する．排気特性が温度で変化し，到

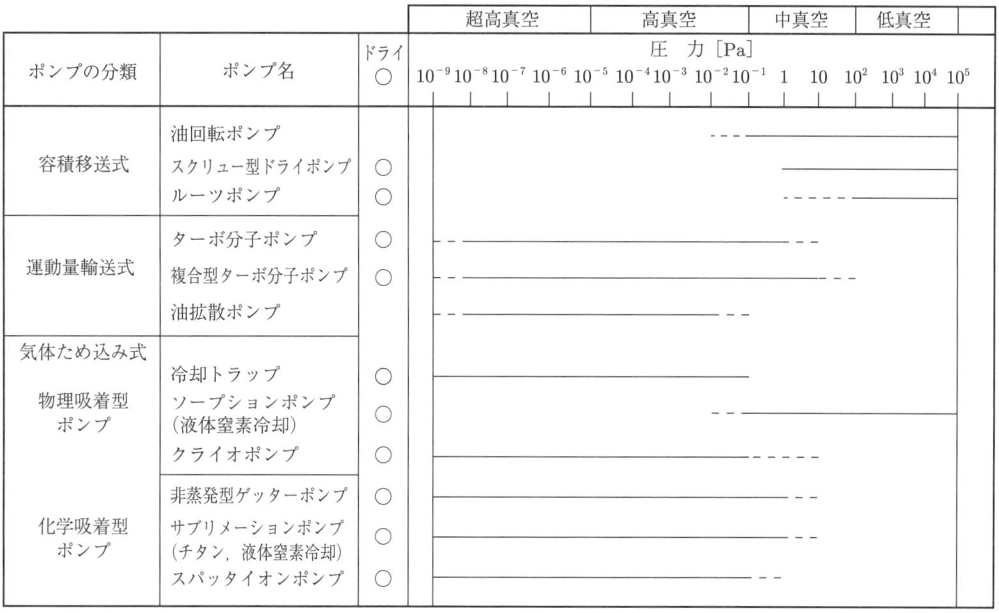

3.2 真空ポンプ

ポンプの分類	ポンプ名	ドライ
容積移送式	油回転ポンプ スクリュー型ドライポンプ ルーツポンプ	 ○ ○
運動量輸送式	ターボ分子ポンプ 複合型ターボ分子ポンプ 油拡散ポンプ	○ ○
気体ため込み式 物理吸着型 ポンプ	冷却トラップ ソープションポンプ (液体窒素冷却) クライオポンプ	○ ○ ○
化学吸着型 ポンプ	非蒸発型ゲッターポンプ サブリメーションポンプ (チタン，液体窒素冷却) スパッタイオンポンプ	○ ○ ○

図 3.2.3 代表的な真空ポンプの分類と使用圧力範囲

図 3.2.4 回転翼型油回転(真空)ポンプの外観
(キヤノンアネルバ株式会社：コンポーネント総合販売資料より)

達圧力は水の蒸気圧までである．
　水や油，薬品などを含む蒸気や，引火性や爆発性の気体でも排気できる．液封ポンプ単独ではなく，ルーツポンプなどと組み合わせて使用されることが多い．

〔3〕ドライポンプ

ドライポンプはクリーンな真空ポンプとして，多くの産業分野で使用されている．排気方式は容積移送式と運動量輸送式の両者があり，多くの種類[3]がある．
　以下，各種ドライポンプの特徴を示す．

（a）ダイヤフラムポンプ　ダイヤフラム(隔膜)の上下で排気する．高真空は得られない．小型のものが多く，到達圧力は 1 kPa 程度である．

（b）ピストンポンプ　ドライピストン型と揺動ピストン型がある．前者は，高圧での連続運転が可能であるが運転音が大きい．後者は，構造が簡単でメンテナンスが容易である．

（c）ベローズポンプ　ステンレス製の溶接ベローズを上下させて排気するポンプで，耐食性に優れる．

（d）スクロールポンプ　渦巻状のローター(回転翼)とステーター(静止翼)が旋回運動しながら吸入した気体を圧縮排気するポンプである．
　図 3.2.5 にスクロールポンプの外観を示す．

図 3.2.5 スクロールポンプの外観
(キヤノンアネルバ株式会社：コンポーネント総合販売資料より)

（e）ルーツポンプ　油回転ポンプや液封ポンプの前段に設置され，排気速度を向上させる目的で使用される．メカニカルブースターポンプとも呼ばれる．三葉または二葉のローターがわずかな隙間を維持して回転し排気が行われる．

(f) **多段ルーツポンプ** ルーツポンプを多段に組み合わせたポンプで，5段の到達圧力は1～数Paである．ローターが内部接触しないという特徴があるが，他の真空ポンプに比べて容積効率に劣る．二つのローターは左右対称で回転し，バランスが良く高速回転できるため省エネタイプである．

(g) **クローポンプ** かぎつめ（クロー）状の一対のローターから構成される．高圧域で圧縮比が高いが，低圧域では低い．また，排気流路の長さが短く堆積物がたまりにくい．

(h) **スクリューポンプ** 二つのスクリュー型のローターが回転することで，ローター間に閉じ込められた気体が連続的に移送されて排気される．凝縮性や紛体を含む気体でも排気できる．ローター間に隙間があるため，低分子量の気体では排気速度が低下する．

図 3.2.6 にスクリューポンプの外観を示す．

図 3.2.6 スクリューポンプの外観
（キヤノンアネルバ株式会社：コンポーネント総合販売資料より）

(i) **ベーンポンプ** ローター，シリンダー，ベーンから構成され，ベーン間の空間に気体を封じ込めて排気口まで移送するポンプである．容積効率が良く，小型で排気量が大きい．ベーンが摩耗し排気ガス中に摩耗粉が混じる．定期的なベーンの交換が必要である．

(j) **サイドチャネルポンプ** インペラーが回転して気体を遠心力で圧縮し排気するポンプである．非接触のため摩耗がなくメンテナンスフリーである．また，風量が大きくとれるが，高真空は得られない．

(k) **ターボ真空ポンプ** ローターとステーターから成り，気体に運動量を与えて排気するポンプである．到達圧力は 10^{-2} Pa と，ドライポンプの中では低い．

〔4〕 **油拡散ポンプ**

低蒸気圧の油を作動油とする．ヒーター加熱で発生した油蒸気をノズルから噴出させ，その油蒸気の運動エネルギーで気体を圧縮し排気するポンプである．機械的な可動部がなく構造が簡単で振動しない．小口径から大口径（排気速度が大）まで市販されている．油蒸気を使用するので，油蒸気の逆流を嫌う用途には適していないが，吸気口側にトラップやバッフルを設けて油蒸気の逆流を防止する．

〔5〕 **ターボ分子ポンプ**

ローターとステーターから成る高真空用のポンプである．補助ポンプで排気口の圧力を1～10 Pa程度に下げる必要がある．また，下流側にねじ溝部を設けて高圧力側の排気を受け持たせた複合型のターボ分子ポンプも市販されている．ローターの回転軸受を油潤滑のベアリングとしたタイプと，磁気軸受にした磁気浮上型のものがある．貴ガスや腐食性ガスの排気も可能で，大流量のガスを流しても排気できるという特徴がある．到達圧力は 10^{-9}～10^{-10} Pa 台である．

図 3.2.7 にターボ分子ポンプの外観を示す．

図 3.2.7 ターボ分子ポンプの外観
（キヤノンアネルバ株式会社：コンポーネント総合販売資料より）

〔6〕 **クライオポンプ**

真空ポンプ内に極低温面を形成して，気体を物理吸着させて排気するポンプである．極低温はヘリウム冷凍機で発生させている．他の真空ポンプに比較して，水分子の排気速度が非常に大きい．一方，ため込み式であることから，腐食性ガスを排気するのは避けるべきである．また，純酸素の排気なども爆発の可能性があるので注意が必要である．

図 3.2.8 にクライオポンプの外観を示す．

〔7〕 **チタンサブリメーションポンプ**

チタンを真空中で加熱昇華させてポンプ内面に付着させ，そのチタン膜に気体分子を化学吸着させて排気する．排気速度が低下した場合は，再度チタンを加熱昇華させる．主ポンプとしてではなく，到達圧力の向上などの目的で，他の高真空ポンプと一緒に使用される．

〔8〕 **スパッタイオンポンプ**

イオンポンプとも呼ばれる．強い磁場中で高電圧を印加してペニング放電を起こすことにより，気体分子

図 3.2.8 クライオポンプの外観
(キヤノンアネルバ株式会社：コンポーネント総合販売資料より)

図 3.2.10 NEG ポンプの外観
(SAES Getters：NEG ポンプ販売資料より)

をイオン化する．気体分子は正にイオン化して陰極に引き寄せられ，衝突して陰極に取り込まれる．一方，イオンの衝突で陰極材料（一般にチタン）がスパッタされて陽極面にチタン膜が形成される．このチタン膜が排気作用を示す．機械的な可動部分がないので，振動を嫌う電子顕微鏡の高真空用ポンプなどとして使用される．

図 3.2.9 にスパッタイオンポンプの外観を示す．

図 3.2.9 スパッタイオンポンプの外観
(キヤノンアネルバ株式会社：コンポーネント総合販売資料より)

〔9〕 非蒸発型ゲッターポンプ

非蒸発型ゲッター（non evaporable getters）の頭文字をとって NEG ポンプとも呼ばれる．ジルコニウム・アルミニウム合金とジルコニウム・バナジウム・鉄合金の 2 種類がある．NEG ポンプは，加熱すると表面が活性化してゲッター作用を回復する．酸素や窒素は表面に化学吸着され，水素は NEG 材料内部に吸蔵[4]される．ただし，アルゴンやヘリウムなどの不活性ガスは化学吸着しないので排気できない．

図 3.2.10 に NEG ポンプの外観を示す．

〔10〕 ソープションポンプ

ソープションポンプは，モレキュラーシーブ（合成ゼオライト）や活性炭を液体窒素で冷却し，気体分子を物理吸着させて排気する．大気圧から使用でき，油を使用しないクリーン排気が可能である．

3.2.2 油回転ポンプ

油回転ポンプは，作動流体として蒸気圧の低い真空ポンプ油を使用する．真空ポンプ油によって気密と潤滑を保ちながら，ポンプケースの内壁とローターや回転翼で囲まれた移送空間に気体を隔離し，効率良く輸送する．輸送行程における移送空間の容積減少を利用し，気体を圧縮して大気圧に放出する．

油回転ポンプは，大気圧から幅広い圧力範囲で使用できる．また，小型でも大きな排気速度が得られ，到達圧力も低い代表的な中・低真空ポンプである．

〔1〕 構造と排気原理

油回転ポンプは，回転翼型，カム型，揺動ピストン型の 3 種類があるが，ここでは広く使用されている回転翼型と揺動ピストン型について述べる．

回転翼型[5]は，ベーン型または Gaede により考案されたためゲーデ型とも呼ばれる．図 3.2.11[12] に回転翼型油回転ポンプの構造と排気原理を示す．

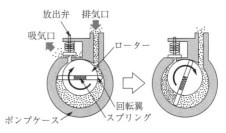

図 3.2.11 回転翼型油回転ポンプの構造と排気原理

ポンプケース内に偏芯して取り付けられた円柱型ローターには，その外周部に複数の溝が軸方向に設けられ，

溝には回転翼（ベーン）が配置される．回転翼は，ローターの回転に伴って遠心力またはスプリングによって翼端がつねにポンプケース内面と接触しながら摺動する．ローターの回転により，ローター，回転翼およびポンプケースで仕切られた移送空間の容積は変化する．最初，移送空間は吸気口と連通しており，容積増加に応じて気体を吸引する．その後，移送空間は回転翼によって吸気口から隔離され，移送空間の容積減少に応じて吸引気体は圧縮される．最終行程では，移送空間が放出弁と連通し，大気圧以上に圧縮された気体は放出弁から排気される．

回転中は，移送中の気体の気密および摺動部の潤滑のため，ポンプケース内に適量の真空ポンプ油を供給する必要があり，給油ポンプを内蔵して強制給油を行う機種も多い．

回転翼型には，1段式のほか隔壁で隔てられた二つのポンプ室を直列に一体化して到達圧力を改善した2段式の構造が多い．2段式の回転翼型油回転ポンプでは，大気圧の容器を粗引きする場合，あるいは低真空で連続運転する場合に，1段目の出口部で気体の圧力が大気圧以上になることがある．2段目での過圧縮を防止するために1段目出口部にも放出弁を配置して圧力が高い場合には気体を排気口へ直接放出する．

ケース部品およびローターは鋳鉄製またはアルミニウム合金製が多く，回転翼はグラファイト製またはエンジニアリングプラスチック等の耐摩耗性に優れた材料が使用される．

駆動は電動機直結式が多い．回転翼の材質，部品加工精度および冷却効率の改善によって回転速度1500〜1800 min^{-1}で運転することが可能であり，小型でも大きな排気速度を実現している．1段式で最大1000 $m^3 \cdot h^{-1}$，2段式で最大600 $m^3 \cdot h^{-1}$の排気速度を持つ製品がある．回転翼型では，軸とローターの回転中心が一致しており，翼の出入による重心移動も小さいので振動は少ない．また，翼数に応じて1回転で複数回作動するので脈動周期も短く，大きさも小さい．

回転翼型油回転ポンプは，高真空ポンプの補助ポンプとして多目的に使用されているほか，真空包装や真空乾燥，真空成形等の一般産業用途で使用される．

一方，揺動ピストン型は，当初の発売先の名称からキニー型（Kinney）とも呼ばれる．図3.2.12[12]に振動ピストン型油回転ポンプの構造と排気原理を示す．

ポンプケースの中心に配置された軸には，円柱型のローターが偏芯して取り付けられており，さらにローターの外側にピストンが摺動可能にはめ込まれている．軸の回転によるローターのカム運動に応じて，ピストン上部の矩形部はスライドピンに案内されながら揺動

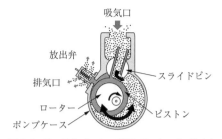

図3.2.12 揺動ピストン型油回転ポンプの構造と排気原理

（上下動および首振り運動）する．

ローターのカム運動によってピストン円筒部はポンプケース内部の空間を掃引するように運動し，ポンプケースとピストンで仕切られた移送空間の容積は変化する．1回転で1作動し，ピストンが図3.2.12の最上点から最下点を通過して最上点まで戻るまでの1回転の間，移送空間の容積増加とともに，ピストンの矩形部に内設された気体の流路を通じて吸気口と連通して気体を吸引する．その後，ピストンが最上点に戻るとピストンの気体流路はスライドピンに遮蔽されて移送空間は隔離されて圧縮行程に移る．容積減少により大気圧以上に圧縮された気体は放出弁から排気される．

回転中，ピストン円筒部の外周とポンプケース内面の間には隙間があり，真空ポンプ油によって気密される．また，吸気側と排気側を仕切るスライドピンとピストンおよびポンプケースとの摺動部も真空ポンプ油により気密，潤滑される．回転翼型と同様に，ポンプケース内に適量の真空ポンプ油を供給する必要がある．大気圧との差圧を利用した圧力給油，または給油ポンプによる強制給油が行われる．圧力給油の場合，運転中の吸気口圧力が高くなるほど大気圧との差圧が小さくなって，給油量が減少するので運転が制約される．

揺動ピストン型では，偏心ローターに作用する遠心力とピストンの揺動運動に伴う複雑な重心移動による加振力のため，回転翼型よりも振動が大きく，中空ローターによる質量低減，フライホイールやベルト車にバランスウェイトを付加して振動の低減が図られている．また，大型ポンプでは，位相を180度ずらした2連のピストン機構を同一軸上に配置して振動を低減する方式も採られている．

振動が大きいため，高速回転は難しい．駆動は，ベルト式と電動機直結式（ギヤ減速式）とがあるが，ベルト駆動が一般的であり，回転速度400〜600 min^{-1}で運転される．

揺動ピストン型油回転ポンプを構成する主要な構造部品には鋳鉄が使用され，堅牢性および耐摩耗性に優れている．回転翼がないことに加えて摺動部も良好な

潤滑状態を得やすいので磨耗や故障が少なく，大型化は可能である．最大 $1\,800\,\mathrm{m^3\cdot h^{-1}}$ の排気速度を持つ製品もある．揺動ピストン型油回転ポンプは，真空冶金や真空熱処理において工業炉の排気等で使用される．

〔2〕 排 気 性 能

真空ポンプの性能試験方法に関する規格としては，2015 年に JIS B 8329-1[8] が制定されている（対応する国際規格 ISO 21360-1[9]）．また，油回転ポンプを含む容積移送式真空ポンプの試験方法としては，同じく JIS B 8329-2[10]（対応する国際規格 ISO 21360-2[11]）が制定されているので参考にされたい．これにより従来規格であった，JIS B 8316:1994「容積移送式真空ポンプ性能試験方法」と JIS B 8316-1: 1999「容積移送式真空ポンプ—性能試験方法—第 1 部：体積流量（排気速度）の測定」および JIS B 8316-2: 1999「容積移送式真空ポンプ—性能試験方法—第 2 部：到達圧力の測定」は廃止された．

図 3.2.13 に 1 段式および 2 段式油回転ポンプの排気性能の例[13] を示す．

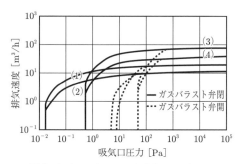

[注]　（1）　回転翼型 2 段式 (0.75 kW)
　　　（2）　回転翼型 2 段式 (0.4 kW)
　　　（3）　揺動ピストン型 1 段式 (2.2 kW)
　　　（4）　揺動ピストン型 1 段式 (0.75 kW)

図 3.2.13　1 段式および 2 段式油回転ポンプの排気性能

排気速度は，単位時間当り真空ポンプの吸気口を通過する気体の体積と定義され，真空ポンプの大きさ・性能を表す基準である．油回転ポンプの行程容積（1 圧縮サイクルで排除される吸引体積）を V_{SW}，回転速度を n とすると，排気速度 S_{th} は

$$S_{th} = V_{SW} \times n \tag{3.2.1}$$

2 枚翼の回転翼型油回転ポンプでは

$$S_{th} = 2 \times V_{SW} \times n \tag{3.2.2}$$

これを，設計排気速度と呼ぶ．

設計排気速度を大きくするには，V_{SW}，または n を大きくすればよいが，回転翼の摺動速度が速くなり機械設計上の制約を受ける．

実際の排気速度は，吸気口圧力が大気圧付近のとき設計排気速度に近いが，圧力が低下するにつれて真空ポンプの吸気口部のコンダクタンスの影響を受けて減少する．また，圧縮された気体の圧力差によって排気口側から吸気口側に逆流する気体の量に応じても減少する．さらに，到達圧力に近付くにつれて真空ポンプ油から放出される気体や油蒸気が排気量と等しくなるため，実効的に排気速度はゼロに近付く．到達圧力の状態は，油蒸気や放出気体がポンプの排気量と平衡している状態といえる．

排気速度の測定はテストドームを用いる．ここに，テストドームは，性能試験のために真空ポンプの吸気口に取り付ける真空容器である．テストドームの容積は，JIS B 8329-2[10] を参照して真空ポンプの 1 圧縮サイクル中に除去される容積に基づいて適切に決める必要がある．テストドームの容積が小さいと，測定した排気速度が真の排気速度よりも小さくなる場合がある[6]．

到達圧力は，真空ポンプによって排気されるテストドーム内の圧力が漸近的に到達する最小の圧力と定義される．

油回転ポンプでは，圧縮された気体の圧力差によりポンプケース内部の隙間から吸気口側に逆流する気体が到達圧力に影響する．特に 1 段式油回転ポンプでは大きく影響し，2 段式では影響が少ない．

さらに，真空ポンプ油も到達圧力に影響する．真空ポンプ油の蒸気圧が高いと，ポンプの到達圧力はそれ以下の圧力にはなり得ない．また，油中に溶存する空気や水分が吸気口側で気体として再放出されると到達圧力が高くなる．

図 3.2.13 より，1 段式油回転ポンプの到達圧力は約 1 Pa であるのに対し，2 段式油回転ポンプの到達圧力は 10^{-2} Pa 近くまで改善される．

〔3〕 真 空 ポ ン プ 油

真空ポンプ油は圧縮気体の気密と摺動部の潤滑に必要である．また，吸気口圧力の低下とともに圧縮気体の体積は放出弁部に連通する無効空間を満たせなくなり放出弁が開かなくなるため，真空ポンプ油で空間を満たして油とともに気体を排出する．

適量の真空ポンプ油を供給するために，油面計などで油面レベルを適正に保ちながら油を補充する必要がある．

真空ポンプ油の管理は，油回転ポンプの性能および信頼性を維持する上で重要である．真空ポンプ油は，潤滑性に加えて低い蒸気圧，適正な動粘度特性，耐熱性と酸化安定性の良さ，抗乳化性と水分離性の良さが重

要である．一般には，蒸気圧 1.3×10^{-5} Pa（@50℃），動粘度 40～100 mm^2·s^{-1}（@40℃）の真空ポンプ油を使用する．

摺動部での発熱によって高温状態の真空ポンプ油が空気中の酸素と接触するため，真空ポンプ油の熱分解や酸化劣化で重合物（スラッジ）が生成すると，油回転ポンプの性能低下，故障の原因となる．

吸引気体に多量の水分が含まれていると真空ポンプ油が乳化（エマルジョン化）して白濁が生じ，到達圧力の悪化および潤滑性の低下によるポンプ故障の原因となる．また，腐食性気体を排気する場合は，真空ポンプ油中に水分が多く含まれると，吸引された腐食性気体との反応によって腐食が生じやすくなる．したがって，日常点検を通じて真空ポンプ油の状態を管理し，清浄な真空ポンプ油を給油することを心掛ける必要がある．

通常，高度に精製された鉱物油を精密留した鉱油を真空ポンプ油として使用する．用途に応じて，オゾン等の活性酸素を吸引する場合にリン酸エステル系の真空ポンプ油を使用するなど合成油を使用する場合もある．最近の半導体製造プロセスでは，より厳しい条件で使用される真空ポンプ油が要求され，化学的にきわめて不活性なパーフルオロポリエーテル系の合成油も，優れた耐酸化性，耐熱性，耐薬品性，耐溶媒性を生かして使用される．鉱物油と比較して非常に高価であるが，使用済み真空ポンプ油をろ過再生することによって再使用することも可能である．

〔4〕動　　力

油回転ポンプは，吸引した低圧の気体を大気圧まで圧縮して放出する圧縮機である．油回転ポンプを駆動する動力は，気体を圧縮，輸送するための仕事，ローターの運動や回転翼の摺動などによって生じる機械的な摩擦損失，および放出弁を含む排気口側での抵抗損失に費やされる．

図 3.2.14 に 1 段式油回転ポンプの動力特性を示す．

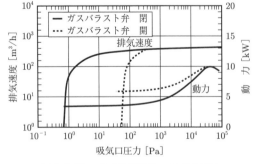

図 3.2.14　1 段式油回転ポンプの動力特性
（株式会社大阪真空機器製作所：社内資料より）

気体圧縮の仕事は，吸気口圧力によって変化するが，圧力が低い場合には圧縮仕事はほとんどなく摩擦損失が支配的となる．摩擦損失は，回転速度が一定であればほぼ一定であるが，真空ポンプ油の動粘度が大きく影響する．また，低真空から大気圧付近で油回転ポンプを運転する場合，放出弁部あるいは排気口側に設置されたオイルミストトラップのフィルターなどによる圧力損失も影響する．

真空ポンプによる圧縮仕事 W は，断熱圧縮として取り扱われるが，圧縮熱は真空ポンプ油やポンプケースを通じて外部に除去されるため，実際には等温変化と断熱変化の中間位のポリトロープ変化と考えられる．

$$W = \frac{k}{k-1} p_1 \cdot S \left(\left(\frac{p_2}{p_1} \right)^{\frac{k-1}{k}} - 1 \right) \tag{3.2.3}$$

ここに，ポリトロープ指数を k，吸気口圧力を p_1，排気口圧力を p_2，排気速度を S とする．

上式より，吸気口圧力が 26～40 kPa で圧縮仕事が最大となり，モーターにかかる負荷が最大となる（図 3.2.14 参照）．また，後述のガスバラスト弁を開いた場合は，吸気口圧力が低くても圧縮仕事が大きくなり，通常よりも大きな動力が必要となる．

〔5〕運　　用

（a）凝縮性気体の排気　　油回転ポンプの運用に関し，凝縮性気体の排気，真空ポンプ油の逆拡散，オイルミスト（油煙）の排出，起動および停止，防振について述べる．

油回転ポンプを使用する用途の多くでは，水蒸気などの凝縮性気体が吸引気体に含まれる．凝縮性気体は，飽和蒸気圧を超えない範囲では気体として取り扱えるが，ポンプ内部での圧縮行程で凝縮性気体の分圧が飽和蒸気圧を超えると液滴となって真空ポンプ油に混入し，前述のように油回転ポンプの排気性能の低下や故障の原因となる．

特に，油中に混入する水分への対策として以下のガスバラスト方式[7]，注油方式が採用されており，水蒸気以外の凝縮性気体にも適用可能である．

ガスバラスト方式は，図 3.2.15[8), 12)] に示すように，油回転ポンプのガスバラスト弁を開いた状態で運転することによって圧縮行程の途中でバラストガス（一般には空気）を導入し，吸引気体に含まれる水蒸気の分圧を下げる．それによって水蒸気は圧縮行程で分圧が上昇しても飽和蒸気圧に達せず，水蒸気の凝縮を防止して気体として放出弁から排出する方式であり，ゲーデ（Gaede）により考案された．この方式は，バラス

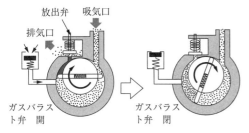

図 3.2.15 ガスバラスト方式による凝縮性気体の排気
（株式会社大阪真空機器製作所：社内資料より）

トガスの導入によって到達圧力の悪化や動力の増加を伴うものの，水蒸気処理に優れている．バラストガスの導入によりポンプ温度も上昇するので，油中に混入した水分の再蒸発を促す効果があるので広く用いられている．

ここに，排気速度を S，ガスバラストの体積流量を S_B，と大気中の空気分圧を p_B，大気中の水蒸気分圧を p_a，飽和水蒸気圧を p_s，大気圧を p_0，大気圧に対する補正係数を α として放出弁が開くときの排気圧力を $\alpha \cdot p_0$ とすると，許容水蒸気圧 p_{H_2O} は

$$p_{H_2O} = \frac{S_B \cdot p_B}{S} \frac{(p_s - p_a)}{(\alpha \cdot p_0 - p_s)} \quad (3.2.4)$$

水蒸気を用いた許容水蒸気圧あるいは水蒸気容量の測定は一般には難しく，水蒸気の代わりに乾燥空気を用いる測定方法が JIS B 8329-2[10] の付属書に紹介されているので参考にされたい．

2段ポンプ方式は，特に揺動ピストン型に適用され，2台の油回転ポンプを直列に接続して使用する．前段ポンプの排気口における水蒸気の分圧が飽和蒸気圧に達しないように後段ポンプを設計することで，前段ポンプの排気性能を低下させることなく水蒸気を含む吸引気体を効率良く排気する．一般には，後段ポンプは前段ポンプの 1/3〜1/10 の排気速度とし，水蒸気は中間コンデンサーまたは後段ポンプでガスバラスト方式を使用して処理する．後段ポンプを小型化できることで全体として圧縮仕事も低減されるが，摩擦損失等の影響で全体の動力は改善されない．

注油方式は，油回転ポンプの運転中，必要最小限の新油を供給し，一度使用して水分が混入した真空ポンプ油を循環させない方式である．この方式は，真空ポンプ油の消費量が多くなるとともに，廃油あるいは再生処理が課題となるが，油中の水分と反応して強腐食性となる成分を含む気体を吸引する場合，ポンプ故障を防止する点で特に効果がある．

そのほか，真空ポンプ油を加熱して混入水分を蒸発させる方法，比重差を利用して分離する方法もある．

（b）真空ポンプ油の逆拡散 油回転ポンプを使用する場合の注意点の一つが真空ポンプ油の逆拡散である．吸気口圧力が低下して気体の流れが中間流領域になると，油回転ポンプの吸気口から油蒸気が逆拡散し始め，圧力が低下するほどその量が多くなって到達圧力で最大となる．油回転ポンプの前段にターボ分子ポンプやルーツポンプが接続されている場合，前段ポンプの運転中は，前段ポンプを通過してさらに油蒸気が逆拡散することはない．しかし，運転を停止した後に装置や前段ポンプを真空保持する場合は，前段ポンプの排気口側のバルブを閉じる必要がある．

一般に 10 Pa 以下の圧力領域では，油蒸気の逆拡散に注意しなければならない．逆拡散による油汚染を防止するために，**図 3.2.16** に示すように油回転ポンプの吸気口側にゼオライトあるいは活性アルミナなどのモレキュラーシーブを充填したフォアライントラップや液体窒素を使用したコールドトラップを取り付けて運転するほか，微少量の気体を真空側で導入して運転中の圧力を低下させない対策が有効である．また，油回転ポンプの停止後は，そのまま真空保持せず吸気口部に設けたリーク弁で大気圧に復圧させる．

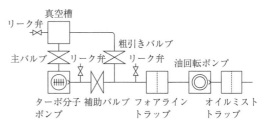

図 3.2.16 油回転ポンプによる真空排気系の例
（株式会社大阪真空機器製作所：社内資料より）

（c）オイルミストトラップ 油回転ポンプの起動時，あるいは低真空領域での運転では，1 μm 以下の多量のオイルミストを含んだ油煙が排気口から放出される．周囲環境への影響を低減するために，図 3.2.16 に示すように排気口側にフィルター式オイルミストトラップなどを取り付けて真空ポンプ油を捕集しながら運転する．排気口から放出された気体とオイルミストとは，フィルターの微少孔を通過する間に分離されると同時に，多数のオイルミストは集合して油滴に成長してフィルターの出口側で滴下する．

滴下した真空ポンプ油はドレンとして回収するか，油回転ポンプに戻されて再利用する．

フィルターは，油回転ポンプの排気速度，運転条件に加えてフィルターの圧力損失も考慮して選定する．また，長期間使用したフィルターは目詰まりによって圧力損失が大きいので定期的な交換が必要となる．日常

点検のためにオイルミストトラップの入口側に圧力計を取り付けて差圧を監視することなどが行われている.

（d） その他の留意事項　油回転ポンプを停止するとき，真空ポンプ油の給油も停止しないと真空ポンプ油がポンプケース内に充満する．充満状態で油回転ポンプを起動すると軸に過大な始動トルクが作用して過電流あるいはポンプ故障の原因となる.

給油用に自動弁が備わっている場合は，油回転ポンプの起動および停止に連動して自動弁を開閉する．リーク弁が備えられている場合は，リーク弁を開くとともに給油弁を閉じて油回転ポンプを停止させるとポンプケース内の真空ポンプ油も排出できる．また，油回転ポンプを起動する場合もリーク弁を開くとポンプケース内に残った真空ポンプ油による摩擦損失を低減できるので安全に起動できる．起動後は，大気圧付近での運転による過負荷を避けるためにリーク弁を閉じる.

真空ポンプ油の動粘度は周囲温度の影響を強く受けるため，低温状態で油回転ポンプを起動する場合は始動トルクが大きくなる．国際規格 ISO 21360-2[11] では油回転真空ポンプを含む容積移送式真空ポンプの最低起動温度の測定方法について規定しているので参考にされたい.

大型の油回転真空ポンプ，特に揺動ピストン型では，ポンプの振動が装置および配管に伝わって支障が生じる場合があるため，油回転ポンプの真空側配管および排気側配管にはベローあるいはフレキシブル短管を挿入する．また，床を伝わる振動については，装置と基礎を分けるほか，油回転ポンプを床面に水平に固定し，脚と床面の間に隙間をつくらず基礎ボルトで確実に固定することが大切である.

3.2.3　ルーツポンプ

ルーツポンプは，大気圧前後の圧力領域で圧縮機あるいは送風機として使用される回転機械であるルーツブロワーから真空ポンプに発展した代表的な容積移送式の中・低真空ポンプである．このポンプは，大気圧まで圧縮できる油回転ポンプ，液封ポンプ，あるいはドライポンプの前段に直列に組み合わせて使用する．おもに低真空～中真空の領域でルーツポンプ後段ポンプの排気速度の増大，および到達圧力の向上を目的とすることから，メカニカルブースターとも呼ばれる.

〔1〕　構造と排気原理

ルーツポンプの構造と排気原理を図 3.2.17 に示す．ルーツポンプは，ポンプケース内に一対の二葉型断面のローターを 90°位相をずらせて取り付け，ローター相互間およびポンプケースとローター間に小さな隙間を保ちながら，非接触で互いに逆方向に等速度で回転

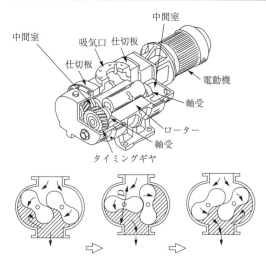

図 3.2.17　ルーツポンプの構造と排気原理
（株式会社大阪真空機器製作所：カタログより）

させて気体を移送する．ローター相互間およびポンプケースとローター間の隙間は，排気性能に影響するため小さくする必要があるが，ローターの形状精度や熱膨張なども考慮して設計される．一般には，小型のポンプで 0.1～0.3 mm，大型のポンプで 0.3～0.6 mm である.

ローターの断面形状には二葉型と三葉型が多く採用されており，ローターとポンプケースで仕切られた空間に閉じ込めた気体を吸気口側から排気口側に移送するが，油回転ポンプのように移送空間の容積を機械的に縮小する機能はない．ローターが回転して移送空間が排気口側と連通すると，圧力の高い気体が移送空間に流入して混合することによって圧力の低い移送気体が圧縮される．さらに回転すると，この混合気体は排気口から排出される．二葉型では 1 回転で 4 作動，三葉型では 6 作動する.

ルーツポンプでは，一対のローターを機械的に同期回転させるためにタイミングギヤを使用する．軸受および軸封部品と合わせて潤滑が必要となる．潤滑油は仕切板を挟んでポンプ室の両外側の中間室と呼ばれる空間に充填されている．ルーツポンプの運転中は，ポンプ室と中間室との圧力差による軸封部での潤滑油漏れを防止するために，中間室をルーツポンプの排気口部または吸気口部と連通させてポンプ室と均圧させる.

ルーツポンプは，対称形で釣合いのとれたローター形状を持ち，摺動部や放出弁がなく，またポンプ室内に作動液を使用しないので高速回転が可能である．回転速度は，ベルト式の大型ポンプでは 1000～1200 min^{-1} であるが，小型～中型では二極電動機を直結で使用し

て $3\,000 \sim 3\,600\ \mathrm{min^{-1}}$ であり，小型でも大きな排気速度を持つ．周波数変換器が広く普及した現在では，さらに高速回転，大排気速度を実現している製品もある．一方，吸気口と排気口の圧力差が大きくなる低真空領域での運用で，四極電動機を使用して回転数を下げて $1\,500 \sim 1\,800\ \mathrm{min^{-1}}$ とする場合もある．

駆動方式としては，ベルト式，電動機直結式があるが，現在では電動機直結式がほとんどを占める．電動機直結式で市販のフランジ取付け型の汎用誘導電動機を搭載する場合（メーカー間互換性のある電動機または異電圧仕様や防爆型等の特殊仕様電動機を使用する場合），真空ポンプのローター部と電動機をポンプ外で継手により接続するので，ポンプのローター部側の駆動軸はメカニカルシールやオイルシールによって軸封される．また，高い気密性を持った専用のキャン型電動機を搭載する場合，**図 3.2.18** に示すようにポンプ内で直接または継手を用いてローターと接続される．キャンには非磁性材料が使用され，電動機内部で回転子と固定子（巻線部）の間に隔壁として配置され，回転子側はポンプの内部機構と一体構造となる．キャン型電動機では，周波数変換器を用いて効率良く高速回転させるために水冷式が多いほか，DCブラシレスモーターも採用されている．

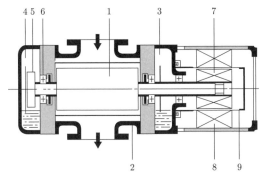

1	ローター	2	ポンプケース	3	中間室
4	中間室	5	タイミングギヤ	6	軸受
7	電動機回転子	8	電動機固定子	9	キャン

図 3.2.18 ルーツポンプの構造例
（株式会社大阪真空機器製作所：社内資料より）

ルーツポンプのローターは，鋳鋼製またはダクタイル鋳鉄製が多く，肉抜き等で軽量化が図られている．ポンプケースは鋳鉄製が多い．おもに中真空で使用するルーツポンプでは，排気量が少なく発熱も少ないので軽量化のためにアルミニウム合金を使用した製品もある．

〔2〕**排気性能**

真空ポンプの性能試験方法に関する規格としては，2015年に JIS B 8329-1[8]（対応する国際規格 ISO 21360-1[9]）が制定されているほか，ルーツポンプを含むメカニカルブースターの性能試験方法が個別に開発段階にある．

図 3.2.19 に油回転ポンプを補助ポンプとしたルーツポンプの排気性能の例を示す．

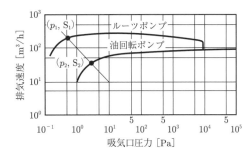

図 3.2.19 油回転ポンプを補助ポンプとした
ルーツポンプの排気性能
（株式会社大阪真空機器製作所：カタログより）

ルーツポンプの排気特性は，吸気側から排気側への気体の流れと，反対方向への流れとの関係で説明される．二葉型ローターを持つルーツポンプの行程容積を V_{SW}，回転速度 n とすると，設計排気速度 S_{th} は

$$S_{th} = 4V_{SW} \cdot n \tag{3.2.5}$$

また，ルーツポンプに流れる気体の流量 Q は，ルーツポンプの実際の排気速度を S，吸気口側圧力を p_1，排気口側から吸気口側へ逆流する流量を Q_b とすると

$$Q = p_1 \cdot S = p_1 \cdot S_{th} - Q_b \tag{3.2.6}$$

逆流量 Q_b は，ローター相互間およびポンプケースとローター間の隙間を流れる気体の流量，およびローターの回転によってローターのかみ合い部やローター表面にトラップされて逆ポンプ作用によって吸気側に運ばれる気体の放出量から成る．前者は，隙間部のコンダクタンス C と圧力差に関係し，後者は，逆ポンプ作用の排気速度 S_F と補助圧力 p_2 に関係する．したがって

$$Q = p_1 \cdot S_{th} - C(p_2 - p_1) - p_2 \cdot S_r \tag{3.2.7}$$

ここに，流量が $Q = 0$ の場合は，上式より圧縮比 K_0 は

$$\begin{aligned} K_0 = \frac{p_2}{p_1} &= \frac{(S_{th} + C)}{(S_r + C)} \\ &= \frac{S_{th}}{(S_r + C)} + \frac{C}{(S_r + C)} \end{aligned} \tag{3.2.8}$$

一般に，S_{th} と比べて C は小さいので

$$K_0 = \frac{S_{th}}{(S_r + C)} \qquad (3.2.9)$$

到達圧力は，p_2 に依存する．また，圧縮比 K_0 を大きくして到達圧力を向上させるためには，C と S_r を小さくする必要がある．例えば，油回転ポンプを補助ポンプとして使用すると p_2 を低くできるので，隙間部で分子流条件を成立させることができ，逆流に対するコンダクタンスを小さくできる．ローター相互間およびポンプケースとローター間の隙間はできる限り小さいことが好ましいが，実際にはローターの熱膨張等も考慮して設計するので限界がある．

つぎに，流量が $Q \neq 0$ の場合は，補助ポンプの排気速度を S_2 とすると，$Q = p_1 \cdot S = p_2 \cdot S_2$ より，圧縮比 K は

$$K = \frac{p_2}{p_1} = \frac{(S_{th} + C)}{(S_2 + S_r + C)} \qquad (3.2.10)$$

したがって，$S_{th} \gg C$ を考慮すると

$$\frac{1}{K} = \frac{p_1}{p_2} = \frac{S_2}{S_{th} + C} + \frac{S_r + C}{S_{th} + C}$$
$$= \frac{S_2}{S_{th}} + \frac{S_r + C}{S_{th}}$$

理論的な圧縮比 K_{th} を $K_{th} = S_{th}/S_2$ として

$$\frac{1}{K} = \frac{p_1}{p_2} = \frac{1}{K_{th}} + \frac{1}{K_0} \qquad (3.2.11)$$

したがって，圧縮比 K は，流量が $Q = 0$ の場合の圧縮比 K_0 が大きいほど，理論的な圧縮比 K_{th} に近付く．
また，排気速度 S は

$$S = \frac{Q}{p_1} = \frac{p_2}{p_1} \cdot S_2 = \frac{(S_{th} + C)}{(S_2 + S_r + C)} S_2$$
$$(3.2.12)$$

ルーツポンプの排気速度 S は，補助ポンプの排気速度 S_2 を拡大するものといえる．

以上より，理論的または実験的にルーツポンプの C と S_r を求めれば，ルーツポンプの排気速度が計算できる[14]．

ルーツポンプは容積移送式真空ポンプであり，設計排気速度は気体の種類によらず同じであるが，低分子量の気体，例えば水素やヘリウム等を排気する場合は，ローター相互間およびポンプケースとローター間の隙間部のコンダクタンスが大きくなって逆流量が増えるので排気速度が低下するとともに，到達圧力も高くなる．空気より分子量が大きい気体については，排気性能は同じとなる．

〔3〕動　　　力

ルーツポンプでは，排気原理で述べたように，ローターとポンプケースで仕切られた空間に閉じ込められた気体は排気口側の気体と混合することによって圧縮される．この過程で，ローターに作用する圧力差は，ローターを逆方向に回転させようとする．したがって，ルーツポンプを駆動する動力は，圧力差 $\Delta p = p_2 - p_1$ に対抗してローターが回転することによる仕事 W，および軸受や軸封およびタイミングギヤ等で発生する機械的な摩擦損失 W_L に費やされる．一般に，仕事 W と比べて摩擦損失 W_L は小さいので，近似的に

$$W + W_L \simeq S_{th}(p_2 - p_1) \qquad (3.2.13)$$

上式より，動力は圧力差に比例し，圧力 p_2 が高くなって圧力差 Δp が大きくなると動力 W が増える．したがって，ルーツポンプは，動力が電動機の定格値から決まる許容圧力差 $\Delta p_{\max}$ を超えないように起動や運転を行う必要がある．ルーツポンプの許容圧力差を大きくするためには，一般に，二極電動機よりも四極電動機を使用するか，容量の大きい電動機を使用する．ただし，後述の熱膨張の影響によって使用可能な電動機にも上限がある

ルーツポンプは，許容圧力差を考慮して補助ポンプで排気しながら起動する．図 3.2.20 にそれぞれの起

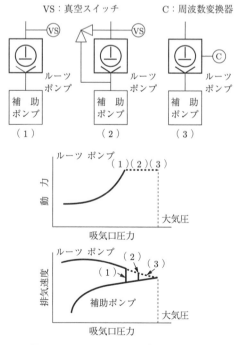

図 3.2.20　ルーツポンプの起動方法と動力
（株式会社大阪真空機器製作所：社内資料より）

動方法と動力の関係を示す．いずれの方法も，許容圧力差以下の状態ではルーツポンプは定格回転数で運転される．

真空スイッチによる起動方法（図 3.2.20(1) 参照）は，ルーツポンプの吸気口側に真空スイッチを配置し，ルーツポンプの起動時に生じる圧力差が許容値を超えないようにルーツポンプを起動する圧力を設定する．

$$\Delta p_{max} = p_2 - p_1, \quad p_1 \cdot S = p_2 \cdot S_2$$

より

$$p_1 = \Delta p_{max} \left(\frac{1}{\dfrac{S}{S_2} - 1} \right) \tag{3.2.14}$$

真空スイッチとバイパス弁による起動方法（図 3.2.20(2) 参照）は，ルーツポンプの吸気口側に真空スイッチを配置するとともに，吸気口側と排気口側を結ぶ逃がし弁を含むバイパス配管を設ける．逃がし弁は，圧力差が許容値を超える場合に作動するように設定される．真空スイッチだけで起動する方法よりも，真空スイッチの設定圧力を高くして，より低真空側でも起動できる．ルーツポンプの起動時には，バイパス配管を通じて，排気口側から吸気口側に気体が戻って圧力差が低減されるので許容圧力差の範囲内でルーツポンプを運転できる．あらかじめバイパス機構をポンプケースに内蔵して一体化した製品もある．

流体継手，磁力式継手，周波数変換器等による起動方法（図 3.2.20(3) 参照）は，ルーツポンプを補助ポンプと同時に起動できる．流体継手や磁力式継手は，許容圧力差を越える圧力範囲ではトルク状態に応じて継手部で滑りが生じて低速度でローターが回転するので，電動機の定格値を超えずに起動および運転ができる．ただし，低真空で長時間運転する場合は継手部の発熱によってトルク伝達機能が低下する場合もある．現在では，周波数変換器によって過トルク状態が生じても電動機の定格値を越えないように，ルーツポンプの回転速度を電気的に制御する方法が中心である．短い排気時間を要求される用途では，大気圧〜低真空の領域における排気速度が最も排気時間に影響する．この方法では大気圧から補助ポンプと同時にルーツポンプを起動できるので他の方法よりも低真空での排気速度が大きくなる利点がある．

〔4〕冷　　　却

ルーツポンプは，ポンプ室内に作動流体を持たないため，真空断熱されたローターの冷却は放射によるだけであり，ローターの温度上昇が大きい．ポンプケースは水冷または空冷されるため，ポンプとポンプケースの熱膨張差によってローター間の隙間が小さくなり運転が制約される．ポンプ温度は，潤滑油や軸封部品の信頼性にも影響するため，一般にルーツポンプではローター温度は 100℃ 以下で使用される．

ルーツポンプでは，気体の圧縮仕事（3.2.3 項「ルーツポンプ」〔3〕動力を参照）に伴う発熱は吸気口と排気口の圧力差にほぼ比例する．低真空において，排気口と吸気口の圧力差が大きい領域で運転するため，特に大型のルーツポンプでは，ポンプケースの排気口部に抵抗の小さい管式冷却器を内蔵して圧縮気体を冷却してローターの温度上昇を低減する製品もある．また，ルーツポンプから放出された気体を冷却した後，低温の気体をルーツポンプに還流させて移送中の気体と混合させることによって気体を冷却する方法も行われている．

一般に，ヘリウムやアルゴン等の一原子分子の気体は，二原子分子の気体と比較して比熱比が大きい．したがって，気体圧縮に伴う発熱が大きくなり，気体の温度上昇も大きいので運転に注意する必要がある．

〔5〕運　　　用

ルーツポンプでは，用途に応じて空気以外のさまざまな気体，例えば凝縮性気体や腐食性気体等を吸引する場合が多い．ルーツポンプを安全に運転するために，吸引気体の性状や特徴に応じて対策を施す必要がある．

例えば，腐食性気体を吸引する場合は，吸引気体と接触するポンプ内面に表面処理を施したり，ルーツポンプのローターやポンプケースに耐食性材料を使用する．ただし，ローターの材料にステンレス鋼を使用する場合は，ステンレス鋼の熱膨張係数が鉄よりも大きいので隙間を大きくするなどの熱膨張を配慮した設計が要求される．

同様に，ポンプ室とその両外側の中間室との間には軸封部が設けられており，また中間室に軸受やタイミングギヤおよび潤滑油が配置されているので，腐食性ガスに対する対策が必要となる．その対策として，一般に以下の方法が用いられる．

3.2.2 項〔1〕構造と排気原理で述べたように，ルーツポンプの中間室とポンプ室は均圧のために連通しているが，中間室に窒素などの不活性気体を導入して中間室の圧力をポンプ室側よりもわずかに高く設定し，腐食性気体を中間室に侵入させない方法，中間室をポンプ室と連通させずに独立した他の真空ポンプで減圧して中間室での腐食性気体の濃度を下げる方法がある．あるいは，ルーツポンプを停止する場合や運転中の圧力変動が大きく中間室に腐食性気体が侵入する危険性がある場合のために，中間室とポンプ室の連通部に逆止弁を配置して中間室を保護する方法等がある．

3.2.4 ドライポンプ

〔1〕 ドライポンプとは

一般にドライポンプとは、ポンプ内部のガス通路にいっさい油または液体を使用していないもので、排気口の圧力が大気圧で動作可能なポンプである。JIS Z 8126-2[20]では、「油又は液体を運動する部分のすきまを密閉する目的で使用しない容積移送式真空ポンプ」と規定されている。

〔2〕 ニーズと歴史

半導体および液晶製造のために、真空中でウェーハやガラス基板に対する成膜やエッチングが行われている。これに使われる真空ポンプは、1980年前半まで油回転ポンプが主流であった。油回転ポンプには、使用油が吸気側に蒸気として逆流することによる汚染、また、腐食性ガスによる作動油の短時間での劣化、それに対するメンテナンスの作業の煩雑さと安全性等に大きな課題があった。その解決策としてドライポンプが使用されるようになった。半導体基板の大口径化や微細化に伴い、ドライポンプは大容量化や耐食性向上等の進化を遂げてきた。

2000年以降、医療・食品産業でもクリーンな真空およびメンテナンス性向上への要求が高まってきており、ドライポンプの用途も拡大している。

〔3〕 各種ドライポンプの種類と排気原理[15)〜18)]

ドライポンプは気体輸送式真空ポンプに含まれ、容積移送式真空ポンプと運動量移送式真空ポンプに大別される。容積移送式真空ポンプは、一定体積の気体が吸気口から周期的に隔離されて排気口に運ばれる真空ポンプであり、往復動式と回転式の二つに分類される。また、運動量移送式真空ポンプは、気体および分子に運動量を与え、吸気口から排気口へ連続的に気体を輸送するポンプである。流体作動式と機械式との二つに大別される。

JIS Z 8126-2[20]の附属書「真空ポンプの分類」に従ったドライポンプの分類表が**表3.2.1**である。

各種ドライポンプの排気原理および特徴を以下に示す。

（a） **ピストン型真空ポンプ**　**図3.2.21**に示す

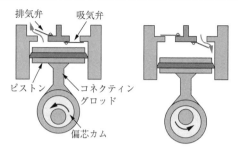

図3.2.21　ピストン式真空ポンプ
（アルバック機工株式会社：社内資料より）

ようにシリンダーに吸気弁および排気弁が設けてあり、シリンダー内のピストンの往復動によって気体を吸引／圧縮を行い排気する真空ポンプである。エキセントリックやクランクによりモーターの回転運動を直線運動に変化させ、ピストンを往復運動する構造である。容積増のときは吸気弁を開き排気弁を閉じて吸気口から吸い込み、容積減のときは吸気弁を閉じ排気弁を開いてピストン内のガスを排気口へ排気する。ピストンはシリンダー内を摺動しながら往復運動することから摺動性の高いコーティングや摺動性のあるピストンリングが使用される。このポンプは、2段、3段直列に使用されたものもある。

（b） **ダイヤフラム型ポンプ**　**図3.2.22**に示すように、ポンプ本体に吸気室と排気室、それぞれに吸気弁、排気弁を設けている。吸気・排気弁を包むよう

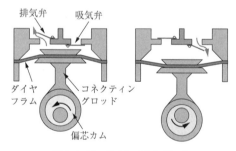

図3.2.22　ダイヤフラムポンプ
（アルバック機工株式会社：社内資料より）

表3.2.1　ドライポンプの分類

気体輸送式真空ポンプ	容積移送式真空ポンプ	往復動式	ピストン型真空ポンプ
			ダイヤフラム型ポンプ
		回転式	ルーツ型ドライポンプ
			クロー型ドライポンプ
			スクリュー型ドライポンプ
			ドライベーンポンプ
		揺動式	スクロールポンプ
	運動量移送式	機械式	ターボ型ドライポンプ
			サイドチャネル型ドライポンプ
		流体作動式	エジェクターポンプ

にゴム系のダイヤフラムを配置し，モーターの回転運動を偏芯軸により直線運動に変換してダイヤフラムを往復させると，ダイヤフラムとポンプ本体とで囲われた空間容積が増減する．空間容積増のときに吸気弁を開き排気弁を閉じて吸気口から吸い込み，空間容積減時のときに吸気弁を閉じ排気弁を開いて排気口へ排気する．小容量で簡易的な真空ポンプとして使用されることが多い．

（c）ルーツ型ドライポンプ　図3.2.23に示すように，長円形のケーシング内に一対のまゆ形のローターが配置され，それぞれのローターは互いに反対方向に同期して，ケーシング内面およびローターどうしの間に微小な隙間（小型のポンプで0.1～0.3 mm）を保ちながら非接触で回転する．ローターが回転することにより吸気口部の気体をローターの谷部とケーシング内面に閉込め排気口側へと移送する．ルーツ型ドライポンプは，高真空を得るために同軸上に複数のローターを直列に接続した多段構造としている．ローターの多段構造は，各段の圧縮比を大きくとることで省エネルギー化を実現しやすい．吸気口および排気口が各段とも同じ位置関係になることから各段の排気口からつぎの段への排気口までの連結通路が長く複雑であり，また，隙間が微小であるため，粉体を含む気体の排気には弱い傾向にある．

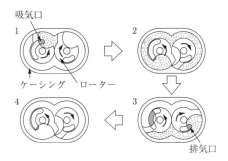

図3.2.24　クロー型ドライポンプ
（エドワーズ株式会社：社内資料より掲載）

路が短く簡素化できるため堆積物がたまりにくい．クロー型ローターは，高圧力領域での圧縮比は高いが低圧側では圧縮比が低下する．そこで，高排気速度・高真空を得るために吸気側にルーツ型ローターを直列に組み込んだものもある．

（e）スクリュー型ドライポンプ　図3.2.25に示すように，左右一対のねじ溝を有するローターが，ねじ外形にあったケーシング内に配置され，ケーシング内面およびローターどうしの間に微小な隙間を保ちながら高速で回転する．回転につれて，ケーシングとローターで仕切られた溝に気体を閉込め吸気口から排気口に順次移送される．スクリュー型ドライポンプは排気経路が単純であり，凝縮性ガスや粉体を含んだ気体を排気することができる．一般に単段で構成されているが，省エネルギー化のために，複数段スクリューや吸気から排気に向かってピッチが小さくなる不等ピッチのスクリューが使われることがある．

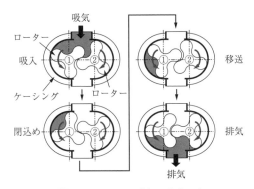

図3.2.23　ルーツ型ドライポンプ
（株式会社荏原製作所：社内資料より掲載）

（d）クロー型ドライポンプ　図3.2.24に示すように，長円形のケーシング内に一対のつめ型のローターが配置され，円形の一部が欠落したようなローターが二つかみ合うように回転する．ケーシングの片側の端面に長い半円弧状の吸気口と他端面に短い半円弧状の排気口が設けてある．ローターが回転することにより吸気口から排気口に気体が移送される．一般に，3～4段直列に接続されている．クロー型は，吸排気口が端面にあることから多段化したときに各段の連結通

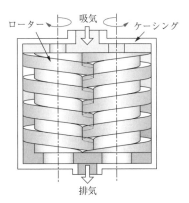

図3.2.25　スクリュー型ドライポンプ
（株式会社荏原製作所：社内資料より掲載）

（f）ドライベーンポンプ　図3.2.26に示すように，円筒のシリンダーの中にシリンダーより小さな径のローターをシリンダーの内面に接するように偏芯させて配置し，ローターに放射状に加工された溝にベー

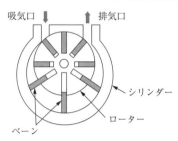

図 3.2.26 ドライベーンポンプ
（アルバック機工株式会社：社内資料より）

ンが収納されている．ローターが回転することによりベーンが遠心力でシリンダー内面に接触してローターとシリンダーで閉じ込めた空間を吸気口から排気口に移送する．構造がシンプルなため到達圧力は低くできないが，低真空領域で大きな排気速度を得ることができる．ベーンがシリンダーと摺動しながら運転されるため，ベーンの摩耗粉が発生する．この摩耗粉は，排気口から排出されて汚染源となるし，水蒸気等の凝縮性ガスを吸い込んで塊となりトラブル発生の原因となることがある．一般に，ベーンの寿命は 4 000～5 000 時間である．

(g) **スクロールポンプ** 図 3.2.27 に示すように，渦巻型のステーターおよびローターを組み合わせ，ローターを旋回運動させる．ステーターとローター間に三日月形の閉込み空間を作り，気体を吸気口（外周）から排気口（中心）に向かって圧縮する．ローター端面に摺動させるためのチップシールを配置し，ローター端面とケーシング端面とのシールをしている．チップシールは摺動することによって摩耗し，定期交換などのメンテナンスが必要である．また，摩耗粉はドライベーンポンプ同様，排気口からの汚染やトラブルの原因となる．

(h) **ターボ型ドライポンプ** JIS Z 8126-2[20] では，「高速で回転するローターによって大量の気体を輸送する回転運動量輸送式真空ポンプ．非接触で回転する密封機構がある．気体の流れは，回転軸に平行なもの（軸流型）と回転軸に直角のもの（半径流型）とがある．」と記載されている．1 軸のターボ型のローターを高速で回転させることにより，粘性流から分子流まで連続的に圧縮している．容積式真空ポンプに比べ高真空を得ることができる．また，排気時に脈動がなく，振動が小さいことが特長である．

(i) **サイドチャネル型ドライポンプ** サイドチャネル型ドライポンプは，ローターの外周に羽根車が配置されケーシング内を高速回転し，渦流を発生させ吸気口から排気口へ流体を移送する．圧力が高い領域で渦流を発生させ排気するため高真空は得られない．渦流ポンプともいわれる．

(j) **エジェクターポンプ** エジェクターポンプはノズルより高速で作動流体を噴出することにより周りにある流体に運動量を与え流体移送をする．作動流体としては，水蒸気・空気等が使用される．この中でもドライガスを使用する物が定義上ドライポンプと考えられる．エジェクターポンプは構造が簡単で可動部がなくメンテナンス性が優れている（**図 3.2.28** 参照）．

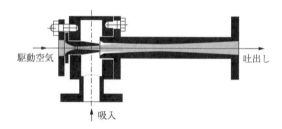

図 3.2.28 エジェクターポンプ
（日本エゼクターエンジニアリング株式会社：社内資料より）

[4] **ドライポンプ構造**

5 段ルーツ型ドライポンプを使用して，ドライポンプの構造を説明する．

(a) **ポンプ本体** ルーツ型ドライポンプの構造を**図 3.2.29** に示す．

ルーツ型ドライポンプの主要部品は，ケーシング，ローター，軸受，タイミングギヤ，軸封機構およびモーターである．それぞれの部品について以下に説明する．

1) **ケーシング** 上下二つ割りまたは軸方向に輪切りの構造（図 3.2.29 では上下二つ割構造）となっており，各段のローターを隔てるための隔壁を有し，各段間には吐出し口からつぎの段の吸気口への通路が配置されている．ポンプケーシングにはポンプの圧縮熱

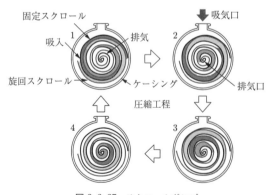

図 3.2.27 スクロールポンプ
（アネスト岩田株式会社：社内資料より）

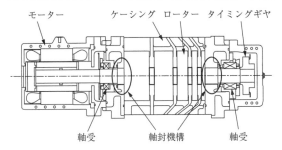

図 3.2.29 ルーツ型ドライポンプの構造図
（株式会社荏原製作所：社内資料より）

を効率良く除去できるよう，冷却機構を配置できる構造としたものもある．

2) **ローター** ローターは主軸と一体構造となっており，主軸・ローターの強度を高めている．ローターはまゆ形の断面形状を持ち，ポンプの吸気側から排気口に向かって幅（軸方向のローター厚）を小さくしている．これにより，低圧側では圧力差は小さいが排気速度が大きく，高圧側では排気速度が小さいが圧力差が大きくなっている．

3) **軸受およびタイミングギヤ** 軸受は，ローター外周とケーシング内径の間の隙間を保ちながらローターを保持するとともに，ローターをケーシング内で自由に回転させる．また，タイミングギヤは，一対の各ローター間に微小な隙間を保持しながら同期回転させるために重要な部品である．軸受・タイミングギヤはともに潤滑油によって潤滑されている．なお，グリース潤滑方式のドライポンプもある．

4) **軸封機構** 軸受・タイミングギヤに使用している潤滑油がケーシングのガス通路内に漏れ込まないように軸封が設けられている．接触式のリップシールや非接触のラビリンスシール等いろいろなものがある．また，導入ガスが軸受・タイミングギヤ室へ侵入することにより動作不良の原因となる．これを防ぐために軸封部に不活性ガスを導入することもある．これは，半導体製造用に使用されるドライポンプに多い．

5) **モーター** ドライポンプの動力源として，誘導モーターやブラシレス直流モーターが使用される．近年，ドライポンプの小型化に対する高速回転化および省エネルギー化の要求への対応のため，高効率で回転数を可変できるブラシレス直流モーターが使用されることが多い．また，可燃性・有毒な気体を排気するために，ドライ真空ポンプ内部を外部と完全に遮断する構造とするためにキャンドモーターが使用され，大気との軸封がない構造となっている．さらに，半導体製造用途のようにクリーンルームで使用する場合には，空冷ファンによるパーティクルの発生を防ぐため，水冷型モーターが使用される．

（b） **システム構造** ドライポンプは，真空から大気圧への圧縮の段階において，圧縮熱を発生する．この圧縮熱を除去するために冷却機構を設けている．また，腐食性・凝縮性の気体の排気に対して，軸受・ギヤ室との軸シール性の向上や凝縮性ガスの希釈の目的で，軸封部に不活性ガス（窒素ガス等）を導入する．さらにポンプの運転を制御するための制御機器を搭載し，これらを一つのパッケージにまとめている．ポンプシステムの概要を**図 3.2.30** に示す．

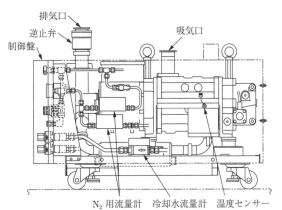

図 3.2.30 ポンプシステムの概要
（株式会社荏原製作所：社内資料より）

（c） **ポンプ保護システム** ドライポンプは，半導体製造装置の真空排気に多く使用されているが，工程途中でのポンプの突然停止は，半導体製品の不良の原因となる．工程途中でのポンプ停止を回避するために，トラブルを警報（運転継続可能な小さなトラブル）と故障（ポンプ運転継続上問題があるトラブル）に分類しポンプを保護している．警報および故障を検知するためにいろいろなセンサーを装備している．**図 3.2.31** にポンプシステムフロー図を示す．

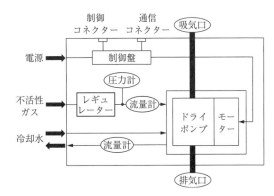

図 3.2.31 ポンプシステムフロー図
（株式会社荏原製作所：社内資料より）

モーター駆動電流やポンプ各部の温度など各種センサーによりポンプの状態を監視して異常を検知し，**表3.2.2**に示す故障・警報を表示している．

表3.2.2 ドライポンプの保護機能一覧
（株式会社荏原製作所，社内資料より）

検出器	現象	保護機能
電流検知器	モーター電流上昇	警報
ケーシング温度検知器	ケーシング温度上昇	警報／故障
冷却水流量計	冷却水量低下	警報
N_2 流量計	N_2 流量低下	警報
計装品温度検知器	ポンプユニット内温度上昇	警報
モーターコイル温度検知器	モーターコイル温度上昇	警報／故障
ブレーカー	過電流保護	故障

〔5〕 ドライポンプ最近のトレンド

近年，ドライポンプには，省エネルギー化・耐昇華性ガス・凝縮性ガス排気・高速排気等が求められている．それぞれ対応方法が違うため，用途に合ったポンプ選定が必要である．

（a） 省エネルギー化　　近年，省エネルギー化の要求が高まってきており，ドライポンプも省エネルギー化が進んできた．1980 年代にドライポンプが開発された当初，10 000 L·min^{-1} クラスのドライポンプの消費電力（到達圧力時）は，約 4.0 kW であったが，現在は，約 0.7 kW となっている．省エネルギー化の変遷を**図3.2.32**に示す．

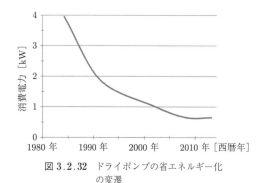

図3.2.32 ドライポンプの省エネルギー化の変遷
（株式会社荏原製作所，社内資料より）

ドライポンプの消費電力の大部分は圧縮動力である．圧縮動力は，排気量と圧力差の積に比例するため，多段化して圧力差の大きい大気圧付近の排気量を小さくすることで消費電力を小さくできる．多段化しやすいルーツ型ドライポンプが省エネルギー化に有利である．

また，半導体製造装置のロードロック室の排気等において，大気圧からの排気時間を短くするために大容量の真空ポンプが必要となる場合がある．この大容量の真空ポンプの省エネルギー化として，真空ポンプの排気口に排気容量の小さいポンプを取り付け，消費電力を 80 ％ 程度削減するアタッチメント型の省エネルギーキットも市販されている[19]．

（b） 耐凝華性対策化（高温化）　　半導体製造において発生する反応副生成物に凝華性ガスが含まれている．凝華性ガスは，ポンプの吸気側では分圧が低いため常温で気体状態であるが，ポンプで圧縮されることにより飽和蒸気圧に達すると固化する．気体状態を維持して排気するためには，ガス温度を高める，または，凝華性ガスの分圧を下げる必要がある．ガス温度上昇に対しては，ケーシング内面およびローターどうしの間の微小隙間を適切に設定してケーシング温度を高く保ちつつ，軸受・ギヤ等の回転体部の温度が高くなり過ぎないよう設計している．凝華性ガスの分圧低下については，不活性ガスの導入を行うが，ガス導入による局部的なガス温度低下に注意が必要である．

（c） 凝縮性ガス排気　　真空乾燥に使用される場合には，水蒸気や有機溶剤がドライポンプの吸気口から入ってくる．ポンプの圧縮に伴い，ポンプ内部で液化する可能性がある．ポンプの温度を高く設定することは耐凝縮対策の一つとなるが，高温化ができず部分的に冷却している軸受・ギヤの潤滑部で凝縮する可能性があるので，軸シールを強化しなければいけない．また，有機溶剤を排気するときには，エラストマーによっては有機溶剤に溶けるものもあるので，シール材として使用している O リング等の材質の選択に注意が必要である．

（d） 高速排気　　真空乾燥や蒸着装置等，大気圧からの真空排気を繰り返す用途では，大気圧から真空に排気する時間が生産性に大きく寄与する．そのため，真空ポンプに対し排気時間の短縮が求められる．排気時間短縮には，大きな最大排気速度と大気圧近傍での排気速度が落ち込まないことが必要となる．真空ポンプの選定に当たり，到達圧力や公称排気速度ばかりでなく，排気速度の圧力依存性を参照する必要がある．

大気圧からの排気時間については，3.1.3項〔2〕「真空ポンプの排気時間」を参照されたい．

〔6〕 ドライポンプの管理・運用

ドライポンプを安心して使うためには日常点検が重要である．しかし，半導体製造工場のように，ドライポンプを数百台使用している場合には，全ポンプを日常点検することは不可能に近い．ポンプの運転状態や警報・故障来歴等を遠隔で行うことが望まれる．近年のドライポンプには，RS232C 等の通信機能が搭載されており，ポンプの運転状態を通信で遠隔監視できる．

また，複数のポンプを一括で管理できる集中監視システムが提供されている．集中監視システムは，電流値／ケーシング温度等のポンプ運転状態，冷却水量／窒素ガス流量等のユーティリティの状態，および，警報／故障の来歴のデータを収集する．このデータの分析や過去のデータとを比較することで，故障予知や故障原因の特定が可能となる．

〔7〕 終わりに

ドライポンプは，市場投入されてから現在までの間，半導体製造／液晶製造／LED製造等のクリーンルームで製造される用途に対して使用され発展してきた．今後，医療機器／食品産業等のように油や水の逆拡散による汚染低減が必要な用途が増加すると考えられる．それぞれの用途に合った排気原理／排気量のドライポンプの開発が望まれる．

3.2.5 拡散ポンプ

拡散ポンプはW. Gaedeによる水銀を作動液にした水銀拡散ポンプから始まり，C. D. Burchによって作動油に高分子油を使用し始めたことで，今日の油拡散ポンプが形作られた．水銀は人体に有害であるばかりでなく，その蒸気圧が高いことで冷却トラップが必要不可欠であったことなどから，現在ではほとんど使用されなくなってきた．したがって，今日拡散ポンプといえば油拡散ポンプを示すことが多いため，以下，油拡散ポンプについて説明する．

油拡散ポンプは運動量輸送式真空ポンプの一種である．蒸気や液体，あるいは気体を作動流体として気体中に噴出させ，その作動流体の運動エネルギーによって気体を圧縮し排気するポンプが流体作動式ポンプである．その中で蒸気を作動流体とし，吸入気体が分子流領域の場合に効率良く作動する真空ポンプが拡散ポンプ (diffusion pump, 通常 DP と呼ぶ) である．

一般的には，作動液として油（オイル）を用いたものが油拡散ポンプである．構造が簡単で機械的な機構を持たないため故障も少なく，他の真空ポンプと比較して安価である．また高真空から超高真空において最も長い歴史を持つ真空ポンプであることから，今日までさまざまな用途に対応してきた．そのような経緯もあり，口径サイズの小さなポンプから大口径ポンプまで，幅広いサイズが市販されているのも特徴の一つである．

一方で，閉じられた系内で作動油を蒸発させる油拡散ポンプは，原理上真空容器側への油の逆流をゼロにすることは困難であるため，油蒸気を嫌う用途には適していない．しかしながら必要に応じて吸気口に油蒸気の逆流を防止するトラップやバッフル，コールドキャップ等を用いることで，上に述べた欠点も，用途によっては実用上無視できるまで軽減できるようになってきた[21), 22)]．

油拡散ポンプは機械的駆動機構を持たず，非常にシンプルな構造であるため信頼性も高い．また，排気速度に対するコストも機械式真空ポンプに比べて低く抑えることができる．近年では蒸着装置を始め，コーター機や各種真空熱処理装置等の主排気ポンプとして広く使用されている．一方で，「クリーンな真空」が求められる分析装置や半導体製造装置，電子デバイス製造分野においては，ターボ分子ポンプやクライオポンプ等の，オイルフリーの真空ポンプに置き換わる傾向が見られる．

図3.2.33に代表的な油拡散ポンプの外観を示す．

図3.2.33 代表的な油拡散ポンプの外観
（株式会社アルバック：油拡散ポンプ販売資料より）

〔1〕 構造と排気原理

油拡散ポンプは油蒸気を生成するボイラー部と，油蒸気ジェット噴流を形成するジェットノズル部，油蒸気ジェット噴流を液体に戻すシリンダー部から成る．ポンプ作用は油蒸気の噴流によって行われ，機械的な可動機構はない．油拡散ポンプは単独で動作できず，必ず補助ポンプと組み合わせて使用する．なお，補助ポンプの排気速度や到達圧力は油拡散ポンプが正常に動作するように選ぶ必要がある．また，真空排気系の運転や停止操作において，粗排気から油拡散ポンプによる排気に移行する際も，油拡散ポンプが正常に稼働するように注意しなければならない．これらについては，3.1.5項「真空排気システム」を参照されたい．

代表的な油拡散ポンプの構造を図3.2.34に示す．

ポンプケースを形成するシリンダーは，ステンレス鋼や鉄等の金属製で，その内部にはステンレス鋼やアルミニウム合金，鉄等で形成されたチムニーとジェットノズルが設置される．ジェットノズルは背圧を20 Pa以上にするために3段から4段の多段ジェットノズルが

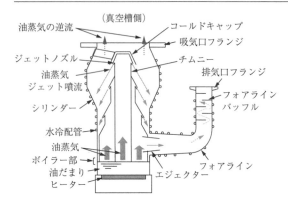

図 3.2.34 代表的な油拡散ポンプの構造
(キヤノンアネルバ株式会社:真空ポンプ技術資料より)

一般的である．ジェットノズルの形状は油蒸気ジェット噴流の形成に大きく影響するため，特にトップのジェットノズルの形状は重要である．

油拡散ポンプの背圧を高くし，補助ポンプである油回転真空ポンプからの油蒸気の逆流防止を目的として最終段にエジェクターを設けたタイプもある．図3.2.34はエジェクターを設けたタイプである．

ポンプケースはシリンダーとも呼ばれ，形状は一般的な直筒型から，消費電力を抑えるために吸気口径に対しボイラー部が細くなった型（図3.2.33参照）やシリンダー上部を太くして排気速度の向上を狙ったバルジ型（図3.2.34参照）など大きく三つに分けられ，メーカーによっても異なる．シリンダーの外側には水冷配管が巻き付けられており，シリンダー内壁面が冷却される構造となっている．なお，メーカーによっては図3.2.35に示すような空冷ファンによる強制冷却で，冷却水をいっさい使用しないタイプもあるが，小型の油拡散ポンプに限定される．

シリンダーの底部にはヒーターが取り付けられ，作

図 3.2.35 空冷ファン付き油拡散ポンプ
(大亜真空株式会社:油拡散ポンプ販売資料より)

動油を加熱するボイラー構造となっている．ボイラー構造も油蒸気発生量の増大，作動油の沸騰防止，作動油の劣化防止，ヒーター寿命の改善など，さまざまな工夫がなされてきている．ヒーターは作動油を加熱するためのもので，ボイラー部の外側にヒーターを設置した外熱式と，作動油の中にヒーターを設置した内熱式とに分けられる．

内熱式はヒーター寿命が長く，また作動油を直接加熱できるため効率が良いが，ヒーター交換が難しい．

シリンダー下部には補助ポンプへ接続するためのフォアラインが構成され，排気口フランジに接続される．フォアラインには一部の空冷ファン付き油拡散ポンプ等を除き，フォアラインバッフルが内蔵されている．フォアラインバッフルは排気口への油蒸気の拡散防止を目的としている[23])．

図 3.2.36 に油拡散ポンプの排気原理を示す．

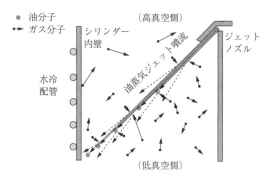

図 3.2.36 油拡散ポンプの排気原理（イメージ図）
(キヤノンアネルバ株式会社:油拡散ポンプ技術資料より)

油拡散ポンプの排気作用は，ジェットノズルによって形成された流れ方向が一様にそろった油蒸気ジェット噴流と気体分子とが衝突し，気体分子を背圧側に圧縮・輸送することで作用する．この排気作用はポンプ底部のヒーターで加熱された作動油が，油蒸気となって多段ジェットノズル内部のチムニーを上昇し，各段のジェットノズル部分から油蒸気ジェット噴流となって下方に超音速で噴出することで生じる．図 3.2.36 ならびに図 3.2.37 に示すように，油蒸気ジェット噴流は，吸気口から拡散して入ってきた気体分子に衝突すると，気体分子に対し平均的に下向きの運動量を与えた後，水冷されたシリンダー内壁に衝突して凝縮し，液化され，シリンダー内壁を伝って油だまりに戻る．また，低真空側から油蒸気ジェット噴流に飛び込んだ気体分子も，超音速の油分子との衝突により下向きの運動量が与えられ，下流の低真空側に押し戻される．このように，油拡散ポンプでは超音速の油蒸気ジェット噴流により，上流のポンプ吸気口側と下流の低真空側とに，気体分子

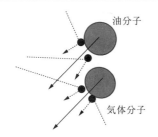

図 3.2.37 油蒸気ジェット噴流に衝突した気体分子の運動方向イメージ図
(キヤノンアネルバ株式会社:油拡散ポンプ技術資料より)

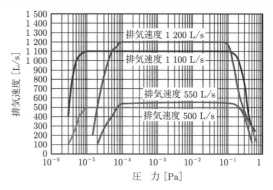

図 3.2.38 代表的な油拡散ポンプの排気速度曲線
(株式会社アルバック:油拡散ポンプ販売資料より)

の通過確率の差を生じさせることで,気体分子を排気する.

油拡散ポンプは,作動油が液体から蒸気,蒸気から液体へと循環することで気体分子を連続的に排気する.気体分子はポンプ下流に向かって徐々に圧縮され,排気口近くでは補助ポンプで排気可能な圧力まで圧縮され,排出される.なお,気体分子に混ざり排気口に流れる油蒸気は,フォアラインバッフルで凝縮,液化され,再び油だまりに戻り,循環を繰り返す.

最近の傾向として,ポンプ吸気口から排気口にかけて,気体分子の通過確率の差を大きくする,すなわち効率良く圧縮することを目的として,排気口につながるフォアライン方向に,エジェクターが設置された油拡散ポンプが一般的となってきた.

以上の説明でわかるように,油拡散ポンプでは,ジェットノズルによって形成された油蒸気ジェット噴流を安定した状態で維持することが重要である.油拡散ポンプ内がある程度低い圧力になっていないと,充満する気体に邪魔され,安定した油蒸気ジェット噴流の形成維持が困難となり,真空ポンプとして正常に作動できない.この圧力限界はトップジェットノズルで 10^{-1} Pa 程度である.ジェットノズル後段に向かうにつれてその限界圧力は高くなり,排気口に近いところの圧力では 30〜80 Pa となる.この許容できる最大背圧を臨界背圧といい,油拡散ポンプの性能を決める上での重要な値となっている.

一般的に油拡散ポンプは製造各社の設計構造や仕様に基づき,許容される吸気口の最大吸入圧や排気口の臨界背圧が厳しく制限されている.油拡散ポンプを正常動作させるためには,排気口を少なくともその臨界背圧以下に維持できる排気速度性能を持った補助ポンプを組み合わせる必要がある.

〔2〕 排気の基本特性

図 3.2.38 に代表的な油拡散ポンプの排気速度曲線の例を示す.到達圧力は真空排気系に気体を導入せず長時間真空排気し,圧力値が平衡状態に達したときに得られる圧力である.理想的には油拡散ポンプの到達圧力は油拡散ポンプの作動油の蒸気圧に等しいはずであるが,実際には排気系からの漏れや作動油分解成分の逆流,構成材料からのガス放出等により決定される.現状では作動油の特性改善や油拡散ポンプの構造改良等により,液体窒素トラップなしで 10^{-7} Pa 程度の超高真空まで作り出せるレベルにある[24].

油拡散ポンプでは吸気口圧力が高くなると油分子と気体分子の衝突回数が増加し,ついには油蒸気ジェット噴流が定常的に形成できなくなるため,10^{-2} Pa 程度より高い圧力では急速に排気速度を失う.また油蒸気の蒸気圧などで制限される到達圧力領域でも排気速度が急速に低下する.

なお,油拡散ポンプの排気速度計算値 S_0 はポンプの有効吸入面積を A とした場合

$$S_0 = A\sqrt{\frac{RT}{2\pi M}} \qquad (3.2.15)$$

と表される.ここで R は気体定数,T は気体の絶対温度,M は気体のモル質量である.

実際の排気速度 S は S_0 より小さい.この S/S_0 をホー (Ho) 係数と呼んでおり,通常の油拡散ポンプでは 0.5 程度である.ホー係数が 1 とならない理由は,入射した気体分子が 100% の確率で油蒸気ジェット噴流に衝突することがないことや,逆拡散現象があることに起因する.このホー係数は,一般的に水素やヘリウムのように分子量の小さな気体に対しては小さくなる傾向がある.

〔3〕 バッフル,コールドトラップ

油拡散ポンプの最大の問題点は,作動油の一部が油蒸気となって吸気口より高真空側の真空容器へ逆流することである.

油蒸気は直接真空容器に入射するほか,ポンプの吸入口フランジ内面より表面移動によって真空容器側へ

侵入する．また吸気口圧力が排気口圧力の許容される最大圧力を超えた場合，排気速度が急激に低下するとともに，油蒸気が真空容器側に急速に逆流する．これらの現象は程度の違いこそあれ，どちらもオイルバックと呼ばれ，場合によっては真空容器内に深刻な油汚染を引き起こす．

バッフルやコールドトラップはこれら作動油の逆流を防止するために使用する邪魔板であり，逆流してきた油蒸気を凝縮し，ポンプに戻す，あるいは冷却面にとどめる働きをする．

図3.2.39に，油拡散ポンプの吸気口部へのバッフルやコールドトラップ（別名：液体窒素トラップ）の取付け事例を示す．

バッフルやコールドトラップは，油拡散ポンプの吸気口から真空容器側に逆流する油蒸気をトラップし，真空容器側への油の拡散を低減するためのものである．

通常，バッフルは水冷により油蒸気の通過面を冷却する．コールドトラップの場合，一般的には内部に液体窒素を入れて冷却する．各トラップの冷却面に入射した油蒸気は，凝縮により冷却面にとどまることで真空容器側への逆流が抑制される．また，室温にさらされる容器の内側にも低温壁を設けた構造となっており，容器内壁面での表面拡散による油の逆流を防止している．なお，コールドトラップの冷却面の表面温度は液体窒素温度近くまで低くなっているため，真空中の水の排気も行われ，物理吸着型の気体ため込み式ポンプとしての役割も担う．

表3.2.3に油拡散ポンプにバッフル，コールドトラップ等の補助ユニットを取り付けた場合の，到達圧力性能，ならびに実効排気速度性能の比較例を示す．

バッフルやコールドトラップの欠点は，冷却面によってコンダクタンスが小さくなることである．真空容器側から見た油拡散ポンプ単体における実効排気速度に対し，水冷バッフルやコールドトラップを取付けた場合，実効排気速度は約1/2程度に減少する．この場合，油拡散ポンプの排気速度に，水冷バッフルやコールドトラップ，それぞれ固有のコンダクタンスを合成した値が，油拡散ポンプの実効排気速度となる．これがバッフルとコールドトラップとの併用となった場合，実効排気速度は約1/3程度まで低下する．

なお，コールドトラップを取り付けた場合，実効排

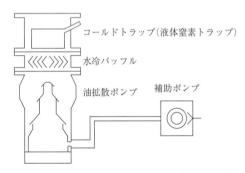

図3.2.39 バッフル，コールドトラップの取付け事例
（キヤノンアネルバ株式会社：油拡散ポンプ技術資料より）

表3.2.3 油拡散ポンプにバッフル，コールドトラップ等を取り付けた場合の性能比較
（キヤノンアネルバ株式会社：油拡散ポンプ技術資料より）

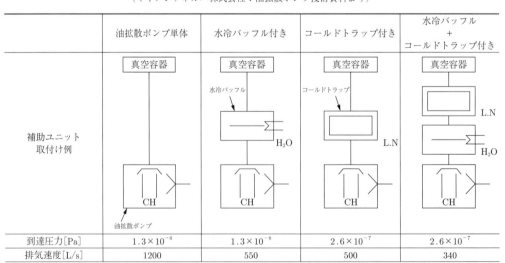

〔注〕※使用オイル：DC-705
※使用油拡散ポンプ：キヤノンアネルバ株式会社製 CDP-1200A（2017.12 現在，販売終了品）

気速度が減少しているにもかかわらず，到達圧力が改善しているのは，コールドトラップが水に対して大きな吸着性能を有することに起因する．このような事例からも，バッフルやコールドトラップを取り付けた真空排気系を検討する場合，排気速度の見積りに注意が必要である．

また，コールドトラップの液体窒素の補充タイミングにも注意を払う必要がある．液体窒素減少による冷却面の温度上昇は，オイルバックとともに吸着ガスの放出を招き，実効排気速度の低下や到達圧力の悪化を引き起こす．

〔4〕 作動油の選定と使用上の注意

表3.2.4に，現在，一般的に使用されている油拡散ポンプ作動油の特性を示す．

どのようなタイプの作動油を選定するかによって，油拡散ポンプとしての性能，特徴に大きな違いを生じることがある．油拡散ポンプにおける作動油の選定は非常に重要である．油拡散ポンプの作動油として要求される基本的性質を，下記にまとめて示す．

① 常温で蒸気圧が低い
② 耐熱性，耐酸化性に優れ，分解しにくい
③ 凝固点が低く結晶化しにくい
④ 低温でも粘度が低く，流動性が失われない
⑤ 気体を吸蔵せず，ガス放出源にならない
⑥ 非腐食性
⑦ 無毒

一般的に分子量の小さな作動油は，重い作動油より大きな排気速度が得られる．一方，重い作動油は大きな圧縮比を示し，低い到達圧力が得られる傾向にある．

なお，到達圧力については，作動油の蒸気圧によるところが大きい．油蒸気の逆流量を抑制し，低い到達圧力を得るためには，低い蒸気圧の作動油が推奨される．一方で，蒸気圧の高い作動油を選定した場合，油蒸気の逆流量が増えるため到達圧力は悪くなるが，ポンプは安定動作しやすくなる．

また，蒸気圧の低い作動油を選定した場合，蒸気圧の高い作動油に比べ，生成される油蒸気の量が少なくなるため排気速度の低下が見られる．この傾向は吸気口圧力が高い場合に顕著となる．この点については，ヒーター投入電力を高くし，生成される油蒸気の量を増やすことで改善できるが，使用に際しては，機種ごとの取扱説明書で確認するか，あるいはポンプメーカーに確認する必要がある．

また，加熱による作動油からの脱ガスや分留（ボイラー内の油路の工夫とチムニーの裾を油の中に浸すことで，最上段ノズルからは蒸気圧の低い成分が噴出し，下段になるに従い蒸気圧の高い成分が噴出する）が進むにつれて，自己浄化作用により作動油の老廃物が排出される．この結果，作動油からのガス放出量が低減され，ポンプ性能が向上し安定する．

作動油の取扱いに関して一番に注意すべき点は，高温状態の作動油を大気にさらすことである．作動油が高温に加熱されている状態で，ポンプ内に大気を導入することは絶対に避けなければならない．作動油の種

表 3.2.4 市販の油拡散ポンプの作動油とその特性

製造元	ライオン株式会社		松村石油株式会社		信越化学工業株式会社		東レ・ダウコーニング・シリコーン株式会社		ソルベイソレクシス株式会社	
名 称	ライオン A	ライオン S	ネオバック SX	ネオバック SY	HIVAC F-4	HIVAC F-5	SH704	SH705	YH-VAC 18/8	YH-VAC 25/9
化学組成	アルキルナフィタレン	アルキルナフィタレン	アルキルジフェニルエーテル	アルキルジフェニルエーテル	フェニル・メチル・ポリシロキサン	トリメチル・ペンタフェニル・トリシロキサン	テトラメチル・テトラフェニル・トリシロキサン	トリメチル・ペンタフェニル・トリシロキサン	パーフルオロポリエーテル	パーフルオロポリエーテル
系 統	炭化水素系	炭化水素系	炭化水素系	炭化水素系	シリコーン系	シリコーン系	シリコーン系	シリコーン系	フッ素油	フッ素油
到達圧力 [Pa]	5.3×10^{-5}	5.3×10^{-7}	$<1.3 \times 10^{-5}$	$<6.6 \times 10^{-6}$	2.7×10^{-6}	4.0×10^{-10}	$10^{-5} \sim 10^{-6}$	$10^{-7} \sim 10^{-8}$	$<2.7 \times 10^{-6}$ *	$<2.7 \times 10^{-6}$ *
蒸気圧 [Pa]（測定温度℃）	—	—	$<7 \times 10^{-6}$ (25)	$<1 \times 10^{-6}$ (25)	2.7×10^{-6} (25)	4.0×10^{-10} (25)	2.7×10^{-6} (25)	4.0×10^{-8} (25)	$<2.7 \times 10^{-6}$ * (20)	$<2.7 \times 10^{-7}$ * (20)
分子量	—	—	~394	~422	484	546	484	546	2 800	3 400
比重 (25℃)	0.91 (15℃)	0.904 (15℃)	0.931 (15℃)	0.928 (15℃)	1.07	1.09	1.07	1.09	1.89	1.90
引火点 [℃]	> 210	> 220	250	260	225	240	221	243	なし	なし
動粘度 [mm²/s]（測定温度℃）	29 (40)	37 (40)	22 (40)	25 (40)	37 (25)	160 (25)	39 (25)	175 (25)	190 (20)	285 (20)

（キヤノンアネルバ株式会社：油拡散ポンプ技術資料，並びにライオン株式会社，松村石油株式会社，信越化学工業株式会社，東レ・ダウコーニング株式会社，SOLVAY 各製品資料より）

類によっては短時間で作動油が重合し，硬化する．このようになった場合，油拡散ポンプ内部をクリーニングし，重合物をきれいに除去する必要がある．重合物の除去が不完全な場合，排気性能の低下を生じる場合がある．

ポンプ内部が汚れた場合には，ポンプ内部よりコールドキャップやジェットノズル等の内部部品を取り出し，クリーニングする必要がある．一般的に油拡散ポンプの場合，メーカーによる特殊メンテナンスは必要ない．構造が比較的簡単であるため，特別な場合を除き，ユーザー自身でメンテナンスを行うことが可能である．この方が費用負担も少なくて済む．

シリンダーやフォアライン等のポンプ容器を冷却する冷却水の流量，水圧についても，作動油同様，定期的なチェックが必要である．一般的には，ポンプ容器に取り付けられた温度センサーによって，冷却水の異常やヒーター異常が検出できるが，冷却水の流量，水圧等については，ポンプ動作前の確認事項として，定常的に行うべきものであろう．

なお，油拡散ポンプのメンテナンスで重視すべきは作動油である．ポンプが正常に運転していても，作動油のオイルレベルのチェックや定期的な作動油の交換は，ポンプ性能を安定的に維持する上でも重要である．

また，交換後の作動油の処理については産業廃棄物として取り扱われるため，適正な手続きをした上で廃棄処理する必要がある．また，排気したガス種によっては，さらに厳正な手続きを必要とする場合もある．廃棄方法で不明なところがあれば，必ずポンプの取扱説明書，あるいはポンプメーカーに確認することが重要である．

〔5〕 油拡散ポンプの運転・停止操作

油拡散ポンプの排気ライン構築において，注意すべき点を説明する．作動油を加熱して油蒸気にするためには，ボイラー昇温に約30分程度の時間が必要となる．また冷却の場合には約60分程度の時間が必要となる．そのため図3.2.40に示すように，油拡散ポンプの排気ラインには，油拡散ポンプの立上げ，立下げ状態に対応できるよう，粗引きラインと油拡散ポンプ排気ラインを分離するのが一般的である．油拡散ポンプの場合，立上げ，立下げ中，真空容器と油拡散ポンプとを主バルブで切り離す必要がある．この間，真空容器と油拡散ポンプとが通じた状態になると，油拡散ポンプからのオイルバックの影響で，真空容器を汚染してしまうことになる．この対策として，図3.2.40に示した，粗引きラインと主バルブの構成が必要不可欠である．

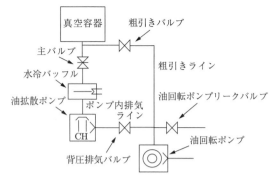

図3.2.40 油拡散ポンプの一般的な排気ライン構成

〔6〕 拡散ポンプの最新動向

油拡散ポンプの技術的進化はほぼ一段落し，完成の域に達したと考えられる．

国内メーカー，海外メーカー，ともに大型排気装置向けあるいは小型排気装置用として，さまざまな吸気口サイズに適合したタイプがラインナップされている．小型排気装置用としては従来の水冷タイプに見られる水冷設備の煩わしさから，空冷タイプも見受けられる．

また近年では油の逆流防止を目的としたバッフルやコールドトラップを，あらかじめ内蔵したものも見られるようになった．

3.2.6 ターボ分子ポンプ

ターボ分子ポンプは，運動量輸送型に区分される回転機械式の高真空ポンプであり，1956年にBeckerにより特許出願[32]された．気体分子に特定の方向の運動量を与えて排気作用を生み出すための翼列を持ち，高速回転する動翼および動翼に対向するように配置された翼列である静翼が軸方向に交互に組み合わされた多段構造を持ち，高真空から超高真空を得るための代表的な真空ポンプである．ターボ分子ポンプは，排気性能を発揮するために補助ポンプと組み合わせて使用しなければならない．

当初のターボ分子ポンプ[25]は，タービン翼列を持った動翼および静翼から構成されており，吸気口圧力1Pa以上では排気性能が低下する課題があったために理化学用途を中心に使用されていた．

1969年に理化学研究所の澤田により特許出願[33]された複合型ターボ分子ポンプは，それまでのターボ分子ポンプの下流側に分子ポンプの一つであるねじ溝式ポンプを同一軸上に配置した構造を持つ．これにより，ターボ分子ポンプの作動圧力領域が広がり，10 Pa以上の圧力でも排気性能が維持できるとともに大流量の排気にも適用可能となり，半導体製造装置をはじめと

する幅広い用途に適用されて発展してきた．現在ではターボ分子ポンプの多くが複合型[40),41)]であり，ターボ分子ポンプの基本構造となっており，広域型，大流量型，ハイスループット型とも呼ばれている．

〔1〕 構造と排気原理

複合型ターボ分子ポンプのタービン翼部およびねじ溝部の構造とそれぞれの排気原理について述べる．

図 3.2.41[44)] に一般的な複合型ターボ分子ポンプにおける動翼／静翼の組合せ配置から成るタービン翼部，およびねじ溝部の構造例を示す．タービン翼部では，一対の動翼（回転翼）と静翼（固定翼）が軸方向に数段から十数段配置されており，回転速度 15 000～90 000 rpm で高速回転する動翼先端は，熱運動する気体分子の平均速度に近い 200～400 m·s^{-1} の周速度に達する．タービン翼部は，高速度で移動するタービン翼列を気体分子と衝突させることにより気体分子に運動量を与えて下流側に輸送する．気体分子は，タービン翼列だけと衝突する必要があり，気体分子どうしが衝突して運動量を交換し合う状態では気体分子を特定の方向に輸送する確率が小さくなり排気作用が低下する．したがって，ポンプ内部を分子流またはそれに近い状態とするために，他の高真空ポンプと同様に補助ポンプを必要とする．

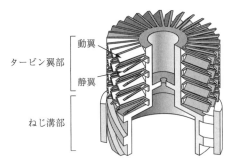

図 3.2.41 複合型ターボ分子ポンプのタービン翼部とねじ溝部の構造例

タービン翼部の下流側には，ねじ溝部が配置されている．ねじ溝部では，平滑面を移動壁，ねじ溝面を固定壁として，これら二つの面が対向するように配置され，ねじ溝面に対して平滑面が移動する（実際は平滑な円筒面が回転する）ことにより，気体の粘性（壁面摩擦）を利用して移動壁から気体分子に運動量を与え，気体分子をねじ溝に沿って排気口の方向に輸送する．平滑面とねじ溝面との相対運動による作用なので，ねじ溝面が移動壁として回転してもよい．実際の複合型ターボ分子ポンプでも，ねじ溝面が回転する方式と円筒面が回転する方式の両方が存在する．さらに，ねじ溝式

ポンプのほかに，円周流ポンプ（サイドチャネルポンプ），あるいは Siegbahn により考案されたらせん溝付き円板方式の分子ポンプ[34)] を複数段配置し，壁面摩擦と遠心力の二つの作用により気体分子を輸送する複合型ターボ分子ポンプ[35)] も製品化されている．

まず，タービン翼部の排気原理について説明する．図 3.2.42 に，タービン翼列を持った一対の動翼および静翼が配置された状態を二次元的に示す[44)]．ここで，タービン翼列の動翼は，静翼に対して速度 V で紙面の左側から右側に移動しているものとする．

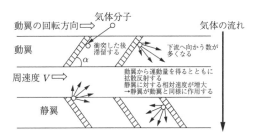

図 3.2.42 タービン翼部の作用

分子流の状態においては，上側から動翼に進入する気体分子は，動翼と衝突するか動翼と衝突せずに翼間を通過するかのいずれかである．動翼の速度が気体分子の運動速度に近いと動翼の正面（同図では動翼の右側面）に衝突する気体分子数が多くなる．動翼の正面に衝突した気体分子は，すぐに反射されずに翼面と熱的に適応するまで一時滞留する．その後，熱運動の速度で余弦則に従って翼面から脱離する（拡散反射）．このとき，翼面が下側に向いているため，下側の静翼へ向かう気体分子の数が多くなる．さらに，動翼に衝突した気体分子は，翼面に滞留している間に運動量を与えられて動翼と同じ速度成分を持つ．静翼へ向かう気体分子にとって，静翼が気体分子に向かって相対速度 $-V$ で移動するのと同じであり，動翼の下側に配置された静翼は，気体分子に対して動翼と同じ作用を持つ．

静翼と衝突した後，上側の動翼へ向かう気体分子も存在する．動翼が回転しているため，上側に向かう気体分子も動翼の正面と衝突する数が多くなる．その結果，動翼の上側から進入した気体分子と同様に，再び下側の静翼へ向かう気体分子数が多くなる．

このように，複数段の動翼と静翼とを組み合わせることにより，気体分子を下側へ輸送する作用を生じさせることができ，結果として気体分子が下側から上側へ通過する確率よりも上側から下側へ通過する確率を大きくすることができるので気体の排気が可能となる．これがタービン翼部の排気原理である．

分子流領域でのタービン翼部の性能解析は，モンテカルロ法または積分方程式に基づく数値解法が報告されている[26),27)]．

ここでは，気体分子の通過確率とターボ分子ポンプの重要な排気特性である圧縮比 K および排気速度 S との関係について述べる．

図 3.2.42 に示す動翼に対して，上側から入射する気体分子の単位時間当りの入射数を n_1，逆に下側からの気体分子の入射数を n_2，上側から下側へ通過する気体分子の通過確率を P_{12}，逆方向の通過確率を P_{21} とする．ここで，上側の気体分子が下側まで輸送される実効的な効率 H（排気速度効率）は，式 (3.2.16) で示される．

$$n_1 \cdot H = n_1 \cdot P_{12} - n_2 \cdot P_{21} \qquad (3.2.16)$$

気体分子の速度分布は，マクスウェル分布で与えられる．気体の流れが静止状態であって動翼の上側と下側とで気体温度が等しいとすると，動翼の上側の圧力を p_1，下側の圧力を p_2 として，次式が導かれる．

$$\frac{p_2}{p_1} = \frac{n_2}{n_1} \qquad (3.2.17)$$

排気速度効率 H および圧縮比 K は，式 (3.2.16) および式 (3.2.17) より，式 (3.2.18) および式 (3.2.19) で示される．

$$H = P_{12} - \frac{p_2}{p_1} P_{21} \qquad (3.2.18)$$

$$K = \frac{p_2}{p_1} = \frac{P_{12}}{P_{21}} - \frac{H}{P_{21}} \qquad (3.2.19)$$

圧縮比 K が最小（$K=1$）のときは $p_2 = p_1$ で，排気速度効率 H は最大となり，式 (3.2.20) で示される．また，気体の流量が 0 のときは $H=0$ で，圧縮比 K は最大となる．最大圧縮比は，式 (3.2.21) で示されるように，通過確率の比で与えられる．

$$H_{\max} = P_{12} - P_{21} \qquad (3.2.20)$$

$$K_{\max} = \frac{P_{12}}{P_{21}} \qquad (3.2.21)$$

ここで，気体分子の通過確率 P_{12} と P_{21} とは，積分方程式の数値解またはモンテカルロ法による計算値から与えられ，例をそれぞれ図 3.2.43 および図 3.2.44 に示す．α は動翼の傾きである．図中の c は，動翼の運動速度 V と気体分子の最大確率速度 v_p との比を示し，翼速度比と呼ばれる．

$$c = \frac{V}{v_p} \qquad (3.2.22)$$

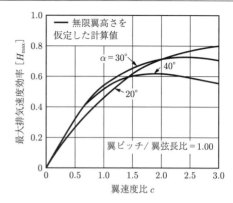

図 3.2.43 最大排気速度効率 $H_{\max}$ の計算例

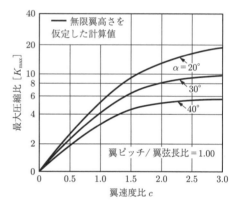

図 3.2.44 最大圧縮比 $K_{\max}$ の計算例

気体定数を R，気体の温度を T，気体のモル質量を M とすると，気体分子の最大確率速度 v_p は，次式 (3.2.23) で示され，式 (3.2.22) に式 (3.2.23) を代入して，c は式 (3.2.24) で示される．

$$v_p = \sqrt{\frac{2RT}{M}} \qquad (3.2.23)$$

$$c = V\sqrt{\frac{M}{2RT}} \qquad (3.2.24)$$

実際のポンプでは，c は 0.1 から 1 の値をとり，排気速度効率および圧縮比の最大値は，式 (3.2.25) および式 (3.2.26) によって近似できる．

$$H_{\max} \propto c \qquad (3.2.25)$$

$$K_{\max} \propto c \qquad (3.2.26)$$

$$K_{\max} \propto V \cdot \sqrt{M} \qquad (3.2.27)$$

すなわち，動翼単段の最大圧縮比は，式 (3.2.26) の近似の下では，動翼の移動速度 V および $\sqrt{M}$ に比例する．

つぎに，動翼の開口部の面積を A とすると，開口部の上流側から入射する気体分子の排気速度 S は，入射分子束を考慮すると，式 (3.2.28) で示される．

$$S = H \cdot A \sqrt{\frac{RT}{2\pi M}} \qquad (3.2.28)$$

前述のように，$p_2 = p_1$ のときに H は最大となり，動翼の排気速度も最大となり，式 (3.2.29) で示される．

$$S_{\max} = H_{\max} \cdot A \sqrt{\frac{RT}{2\pi M}} \qquad (3.2.29)$$

ここで，式 (3.2.24) および式 (3.2.25) より，動翼単段の最大排気速度は，式 (3.2.30) によって近似できる．

$$S_{\max} \propto A \cdot V \qquad (3.2.30)$$

すなわち，動翼単段の最大排気速度は，式 (3.2.25) の近似の下では，開口部の面積と動翼の速度に比例するが，分子量 M に依存しない．

また，式 (3.2.28) および式 (3.2.29) に式 (3.2.19) および式 (3.2.21) を用いるとともに，動翼を通過する気体の流量が一定のとき，動翼の圧縮比は，動翼の上流側の排気速度 S と下流側の排気速度 S_F の比となることを考慮すると，動翼単段の排気速度は，式 (3.2.31) により示される．

$$S = \frac{S_{\max}}{\left(1 - (1/K_{\max}) + \dfrac{S_{\max}}{S_F \cdot K_{\max}}\right)} \qquad (3.2.31)$$

実際のタービン翼部は，一対の動翼および静翼を複数段組み合わせて設計されている．このために，動翼の排気速度は，つねに下流側の圧力および排気速度の影響を受けており，タービン翼部の排気特性は全段の動翼および静翼の設計に基づいて計算する必要がある．

動翼を構成する回転体の材料強度の限界を考慮すると，動翼の回転速度は上限があるので，回転速度の上昇による排気性能の向上にも限界がある．したがって，必要とされる排気速度や圧縮比を実現するために，段ごとの適切な翼設計および段数設計が行われている．

つぎにねじ溝部の排気原理について説明する．図 3.2.45 に複合型ターボ分子ポンプのねじ溝部の作用を二次元的に示す[44]．図 3.2.45 (a) において上側に示す平滑面は，静止しているねじ溝面に対して平行に，紙面の左側から右側に移動しているものとする．

平滑面が高速度で移動する場合，平滑面およびねじ溝面の間に存在する気体分子には，気体の粘性に応じ

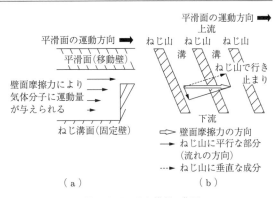

図 3.2.45 ねじ溝部の作用

て平滑面から壁面摩擦力を受けて，平滑面の移動方向に運動量が与えられる（モレキュラードラッグ効果）．ここで，図 3.2.45 (b) には，平滑面に対して直角方向から見たねじ溝面を示す．固定側のねじ溝面には平滑面の移動方向に対して斜めにねじ山が配置されており，移動方向に運動量が与えられた気体分子は，進路がねじ山に遮られる結果，ねじ溝に沿って図 (b) の下側に輸送される確率が高くなる．

ねじ溝部の性能解析は，流体力学または分子気体力学に基づくすべり流領域および分子流領域における流れ場の数値解法，またはモンテカルロ法による解析が報告されている[28)～30)]．

気体の粘性を利用して気体分子に運動量を与える作用は，分子流の圧力領域よりも高い粘性流の圧力領域で特に有効に作用するので，分子流領域で有効に作用するタービン翼部の下流側に粘性流領域で有効なねじ溝部を配置する複合型ターボ分子ポンプの構造は合理的といえる．複合型ターボ分子ポンプのねじ溝部は，タービン翼部に比べて排気速度は小さいが，背圧が高い状態でも圧縮比特性に優れており，ターボ分子ポンプとしての作動圧力領域を高圧力側に広げるとともに，排気できる気体の流量も大きくなっているほか，補助ポンプの小型化にも寄与している．

〔2〕排 気 性 能[36)]

ターボ分子ポンプの性能試験については，JIS B 8328[37)] が制定され，排気速度，最大流量，到達圧力，圧縮比および振動の各項目について測定方法が規定されている．臨界背圧の測定方法は JIS B 8328 には定められていないが，対応する国際規格 ISO 5302[38)] では規定されているので参考にされたい．なお，JIS B 8329-1[8)] には臨界背圧の測定方法が，真空ポンプ共通の測定方法として規定されている．臨界背圧の定義は「特定の真空ポンプに適用する個別の規格，取扱説明書などで定める動作条件となる最も高い排気口圧力．」と

なっている．

図 3.2.46 は，複合型ターボ分子ポンプの排気速度曲線を異なる気体の種類について示した例である．排気速度は，吸気口圧力 0.1 Pa 以下の分子流領域で最大となり，ほぼ一定である．分子量 4～50 の気体については，分子量が大きい気体ほど排気速度は低下するが大きな差は生じない．ただし，水素（分子量 2）については，ポンプの設計にもよるが，他の気体の場合と比べて最大排気速度は 80～90% となる．

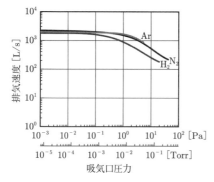

図 3.2.46 複合型ターボ分子ポンプの排気速度曲線の気体依存性
（株式会社大阪真空機器製作所：カタログより）

圧力が高くなって中間流から粘性流領域に入ると最大圧縮比の低下によって排気速度も低下する．排気速度の大きな補助ポンプを使用して圧縮比を高くすることにより，排気速度の低下を改善できる場合もある．

図 3.2.47 に複合型ターボ分子ポンプの流量特性の例を示す．ターボ分子ポンプが排気する気体の流量は，排気速度が一定の領域では吸気口圧力に比例して増加するが，排気速度が低下する領域では増加率が緩やかに低下し，最終的には補助ポンプの流量特性（図には

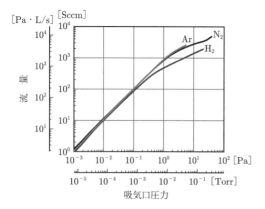

図 3.2.47 複合型ターボ分子ポンプの流量特性
（株式会社大阪真空機器製作所：カタログより）

示されていない）に漸近する．JIS B 8328 および ISO 5302 では，最大流量とは，「ポンプが破損または損傷しないで連続して運転できる最も大きい気体負荷で，$Pa \cdot m^3/s$ または $Pa \cdot L/s$ の単位を用いる．」と定義されており，ポンプの設計，気体の種類，補助ポンプの実効排気速度や冷却などの運転条件によって異なる．

JIS B 8328 および ISO 5302 では，ターボ分子ポンプの到達圧力（ultimate pressure）および試験到達圧力（minimum operational pressure または base pressure）が規定されている．試験到達圧力は，「実用的に測定可能な到達圧力のことで，加熱脱ガスを行ってから 48 時間後のテストドームの圧力」と定義され，従来，到達圧力として測定されていた値と実質的に同じである．それに対して，到達圧力は，「気体導入弁を閉じた状態で，かつ，ポンプが通常の運転状態にあるときの，テストドーム内の漸近的に到達する限界圧力」と定義され，実際の測定は難しい．また，JIS Z 8126-2[20] では，ポンプの到達圧力は「ポンプを正常に働かせ，気体を導入せずにテストドームでの圧力が漸近的に近づく値」と定義されている．

ターボ分子ポンプの試験到達圧力は，ポンプの動翼や静翼を含む内部部品の表面から放出される気体によっても制限されるため，一般的には 10^{-8} Pa のオーダーとなる．この状態で吸気口側に残留する気体分子は，分子量の小さい水素が支配的になるため，10^{-7} Pa よりも低い圧力を必要とする場合は，水素に対する圧縮比が大きいターボ分子ポンプを使用する必要がある．また，ベーキングする場合，ポンプが故障しないようにメーカーによって上限温度が定められている．一般的に高温でターボ分子ポンプをベーキングするのは難しいが，放出される気体を少なくするために動翼および静翼に特殊な表面処理を施工し，試験到達圧力が 10^{-9} ～ 10^{-10} Pa に達するターボ分子ポンプが開発されている[31]．

図 3.2.48 は，複合型ターボ分子ポンプの圧縮比を異なる気体の種類について示した例である．ポンプ内部の気体が分子流の状態にあって気体の流量が 0 の場合，ターボ分子ポンプの圧縮比は最大となる．ポンプ内部の状態が中間流から粘性流の状態になると圧縮比は急速に低下する．また，分子量の小さい気体ほど圧縮比は小さくなるものの，分子量の大きい気体分子や炭化水素などについては圧縮比が大きいので，ターボ分子ポンプの運転中は炭化水素が上流側に逆流することがなく，清浄な真空を得やすい特長がある．

ISO 5302 で規定されている，ターボ分子ポンプの臨界背圧（critical backing pressure）は，ターボ分子ポンプの圧縮比測定において，圧縮比が 2 となるター

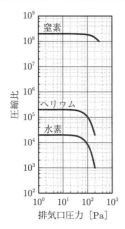

図 3.2.48 複合型ターボ分子ポンプの圧縮比の気体依存性
(株式会社大阪真空機器製作所：カタログより)

ボ分子ポンプの排気口圧力を臨界圧力と定義しており，ターボ分子ポンプが圧縮比を維持できる最大の排気口圧力を示すとされる．メーカーのカタログ等に記載されている許容排気口圧力（maximum backing pressure）は，ポンプが故障することなく連続して運転できる最大排気口圧力を示しており，臨界背圧とは異なる用語である．

[3] 動力とローター温度

分子流の領域では，気体輸送に伴ってターボ分子ポンプが行う仕事は，電磁気的または機械的に回転体を軸支持するために消費される損失と比べると無視できる．気体の流量が大きくなり圧力が高くなって中間流から粘性流領域に近付くにつれて，タービン翼の両面に作用する圧力差および翼面に沿った流れにより生じるせん断力が作用するために，気体輸送に伴う仕事が大きくなる．また，複合型ターボ分子ポンプのねじ溝部は気体の粘性を利用して気体分子を輸送するためにねじ溝面に作用するせん断力に抗する仕事が大きい．一般的に，ターボ分子ポンプの設計においては動力設計よりも排気性能の設計が重要視されるが，大流量の気体を排気する複合型ターボ分子ポンプでは，動力上昇と発熱に伴うローターの温度上昇も注意する必要がある．

高速回転体であるターボ分子ポンプのローター材料には，軽量で比強度も高いアルミニウム合金が使用されることが多い．一般的に，120℃以上の環境温度の下では，荷重が作用した状態でアルミニウム合金を長時間使用すると伸び，あるいはひずみが進行するクリープ[43]が生じる．特に，ねじ溝部では移動壁と固定壁の隙間が小さいので，ひずみの増大によって接触に至るとローター破壊などの安全上の問題が生じる．

前項の排気性能の説明における最大流量は，ターボ分子ポンプの過負荷による回転数低下やモーター故障などの動力面での限界，または材料強度の低下などの温度面での限界によって決定されており，最大流量を超える条件でターボ分子ポンプを運転してはならない．ローターの温度上昇については，気体の流量だけではなく，気体分子の熱伝導率にも依存する．アルゴン等のように熱伝導率の低い気体は窒素よりも最大流量が小さくなる．

ターボ分子ポンプの回転体は真空中にあるため，熱が逃げにくくローター温度が上昇しやすい．このため，ターボ分子ポンプの冷却には十分な注意を払わなければならない．気体の流量増加に伴う発熱や装置からの熱放射による温度上昇を抑えるなどの点にも注意が必要である．さらに，磁気軸受型は非接触状態で浮上しているので放熱が難しい．ターボ分子ポンプの過負荷による故障，およびローター温度の過昇温を防止するために，運転中に定格動力を超える状態になると定格動力を超えないように自動的に回転速度を制御する製品や，ローターを含む，気体と接するポンプ内部の部品表面の放射率を高めて熱放射による放熱を促進する技術も開発されている．

[4] 軸支持方式

ターボ分子ポンプの高速回転体を軸支持する軸受方式としては，転がり軸受方式と磁気軸受方式が採用されている．転がり軸受方式では，排気速度 50〜2 000 L・s^{-1} の幅広いターボ分子ポンプにおいてアンギュラー玉軸受が多く使用されており，玉軸受型とも呼ばれる．玉軸受型では，軸受を潤滑する必要があり，潤滑油またはグリースを使用する．一方，磁気軸受方式では，電磁石の吸引力で回転体を浮上させ，周囲の部品に対して非接触状態で軸支持するので，磁気軸受型，あるいは磁気浮上型と呼ばれる．図 3.2.49 に五軸能動制御型の磁気軸受機構の例を示す．一般的に，五軸能動制御型の磁気軸受機構は小型化に限界があり，排気速度 300〜400 L・s^{-1} 以上のターボ分子ポンプに搭載される．それ以下の小型のターボ分子ポンプでは，上部軸受に永久磁石を用いた受動型磁気軸受を採用し，下部軸受に玉軸受を使用したハイブリッド方式のターボ分子ポンプも製品化されている．それぞれの方式は，適材適所に使用されている．以下にそれぞれの軸支持方式の特長について説明する．

磁気軸受型ターボ分子ポンプの構造を図 3.2.50 に示す．磁気軸受によりターボ分子ポンプの自在な取付け姿勢が実現可能となる．また，回転体は非接触状態で運転されているために磨耗せず，潤滑を必要としな

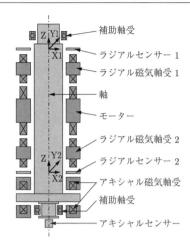

図 3.2.49 五軸能動制御型の磁気軸受の機構
（株式会社大阪真空機器製作所：社内資料より）

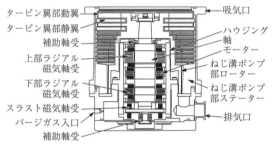

図 3.2.50 磁気軸受型ターボ分子ポンプの構造
（株式会社大阪真空機器製作所：社内資料より）

いので，玉軸受または潤滑剤の交換等のメンテナンスが不要となるが，コントローラーの電子部品には寿命があり，定期的なメンテナンスを必要とする．ポンプ内部に潤滑剤が存在しないことにより，逆拡散による真空槽の汚染が生じないので，清浄な真空を必要とする幅広い用途で使用されている．

磁気軸受方式では，ポンプ停止時や磁気軸受が動作していないとき，回転体を軸支持するために補助軸受またはタッチダウンベアリングと呼ばれる転がり軸受が装備されている．補助軸受は，磁気浮上を維持できないとき，玉軸受としてタッチダウンした軸を支持しながら，回転中のローターが静翼と接触しないようにターボ分子ポンプを安全に停止させる機能を持つ．

通常の停止動作では，回転体を磁気浮上させながら，制動をかけてローターが停止した後，補助軸受を使用して磁気軸受の動作を停止する．磁気軸受型ターボ分子ポンプでは，停電などで電磁石への電力供給が停止した場合に備えて，回転速度が高い状態でのタッチダウンを防止するために，非常用の制御電源を備えている．停電のときは，ポンプのモーターを発電機として利用し，回転体の運動エネルギーを電力（回生電力）として取り出し，この電力を電磁石に供給して磁気浮上させながら減速させた回転体を，最終的には補助軸受で受けてポンプを停止させるのが一般的である．

磁気軸受型ターボ分子ポンプの運転中に電磁石が故障したとき，定格回転速度で回転中のローターがタッチダウンしても補助軸受に支持されてポンプは安全に停止するが，磨耗による軸受部品の損傷によって補助軸受の交換が必要となることも多い．また，真空排気系内に突発的に多量の大気が侵入したとき，定格回転速度で回転中のローターがタッチダウンする場合もあるが，気体の抵抗によって短い時間で回転停止するので，補助軸受に対する影響は比較的少ない．

磁気軸受型は非接触状態で軸支持されており，電磁石を介した振動は存在するが，玉軸受型と比較すると振動レベルは非常に低いので，極低振動性を要求される電子顕微鏡や集積回路の配線パターン描画装置等の用途では磁気軸受型ターボ分子ポンプが使用される．ただし，外乱がつねに存在し，頻繁にタッチダウンが生じるような環境では，玉軸受型を使用することが望ましい．

玉軸受型ターボ分子ポンプの構造を図 3.2.51 に示す．ターボ分子ポンプは，分子量の大きい気体分子，特に油分子に対しては大きな圧縮比を持っているので，回転体は片持ち構造で軸支持される．二組の玉軸受は，ローターの補助真空側に配置される．玉軸受型は機構がシンプルであり，高価な磁気軸受型と比べて低価格である．また，玉軸受型は軸を接触支持しているので，外乱や加振を受ける環境でも磁気軸受型のようなタッチダウンの心配がない．

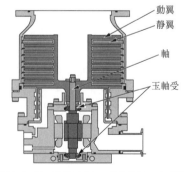

図 3.2.51 玉軸受型ターボ分子ポンプの構造
（株式会社大阪真空機器製作所，社内資料より）

反面，玉軸受は潤滑を必要とし，潤滑油を使用する玉軸受方式では姿勢が制約され，つねに吸気口を上に向けた正立姿勢でないと潤滑油が高真空側に流出して

しまう．一方，グリースを使用する玉軸受方式では潤滑油が流出しないので，一般的に，運転姿勢は制限されないが，排気速度 2000 L·s^{-1} 以上の大型の玉軸受型ターボ分子ポンプを水平姿勢で使用するときなど，軸支持する玉軸受の半径方向に荷重が作用する場合に軸受音が発生する場合がある．

玉軸受型ターボ分子ポンプを長期にわたって使用するためには，定期的なメンテナンスが必要であり，用途や運転時間に応じて潤滑油および玉軸受を点検して交換する．ローター温度が上昇する使用条件，腐食性の気体や反応生成物を伴う用途で使用するときは，潤滑油またはグリースの劣化によって交換寿命が短くなる場合があるが，一般的な産業用途では清浄な高真空排気用であれば，30 000～50 000 時間をめどに定期的にグリース交換されている．

ハイブリッド型ターボ分子ポンプの上部磁気軸受構造を図 3.2.52 に示す．他方式のターボ分子ポンプと異なり，ローターの両端で軸支持される．一般的には，補助真空側には潤滑を必要とする玉軸受が配置され，高真空側に永久磁石を使用した受動型磁気軸受が配置される．

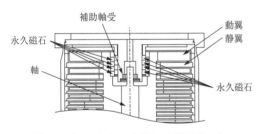

図 3.2.52 ハイブリッド型ターボ分子ポンプの上部磁気軸受構造
（株式会社大阪真空機器製作所，社内資料より）

受動型磁気軸受は，磁性体の反発力を利用して回転体を軸支持するので，電気的エネルギーを必要とせず，損失も発生させない．永久磁石材料として，放出ガスの少ないサマリウムコバルト磁石などを使用する製品もある．磁気軸受部は，軸方向に磁極が形成された環状の永久磁石を複数段積み重ねた構造を持ち，軸（回転側）とケーシング（固定側）に対向するように同軸に配置されている．また，磁気軸受部は，半径方向の衝撃や加振による永久磁石どうしの接触を防止するために，高真空側に補助軸受（タッチダウンベアリング）が装備されている．永久磁石によって軸方向に発生する磁力を制限するために，ポンプ組立て時に両側の永久磁石の磁極位置を軸方向で位置合せする必要がある．

永久磁石により発生する軸方向の力は補助真空側の玉軸受で受ける．補助真空側の玉軸受には潤滑油を使用するものが多いが，グリース潤滑の製品も開発されている．潤滑油を使用する製品では，潤滑油をフェルトなどに吸収させる場合を除くと取付け姿勢が制限されることが多い．いずれの潤滑方式でも玉軸受に対する定期的なメンテナンスが必要となる．交換が容易な構造を持った潤滑油カートリッジや玉軸受ホルダーを採用してメンテナンスに配慮している製品が多い．

高真空側の受動型磁気軸受は，磁気浮上状態にあり，周囲の部品と接触していないので，一般的に，玉軸受型と比べると振動レベルが低く，低振動性が要求される小型の電子顕微鏡などの分析装置に搭載される．

〔5〕運　用

ターボ分子ポンプの運用について，補助ポンプの選定[42]，ターボ分子ポンプの安全性，プロセスガス対応型のターボ分子ポンプ，強磁場環境がターボ分子ポンプに及ぼす影響について述べる．

ターボ分子ポンプの性能試験において使用する補助ポンプの排気速度については，JIS B 8328 に規定されているので参考にされたい．補助ポンプの推奨排気速度については，各メーカーが発表している製品データシートにも記載されているが，装置設計上の要求事項が反映されたものではない．一般的な用途では，到達圧力が 10 Pa よりも低く，ターボ分子ポンプの 1～数 % の最大排気速度を持つ油回転ポンプやドライポンプを補助ポンプとして使用するが，真空槽の粗引き時間も考慮して最大排気速度が選定される場合が多い．

ターボ分子ポンプの安全性については，急速停止トルクの試験方法が ISO 27892[39] で規定されている．ターボ分子ポンプの回転体であるローターは，アルミニウム合金を使用して軽量化されているが，回転速度が大きいために非常に大きな運動エネルギーを持っている．したがって，定格回転中のローター全体が数 ms 内で破壊して（バーストと呼ぶ）瞬時に急停止するときは，過大なトルクがターボ分子ポンプに作用し，真空装置との固定ボルトや取付け架台が破断し，ターボ分子ポンプが飛び出す危険もある．そのため，各メーカーの取扱説明書に指定された強度を持つ固定ボルトを使用し，所定の締結トルクでターボ分子ポンプを確実に締め付け固定しなければならない．また，ローター破壊により，アルミニウム合金製ケーシングが破壊されて内蔵部品が外部に飛散する危険性，あるいは破壊部材が真空装置内部へ飛散する危険性やリークの発生などの影響もある．日本真空工業会からも「ターボ分子ポンプの安全性に関するガイドライン」が発行されているので参考にされたい．

ターボ分子ポンプは高速回転しており，小さな物体との衝突でも重大な損傷を受けてタービン翼（動翼お

よび静翼）が破損する（ソフトクラッシュ）こともある．異物落下を防止するためにターボ分子ポンプの吸気口に保護金網を設置することを推奨しているが，網目を通り抜ける大きさの金属片や液滴などの場合でも予期せぬ損傷が生じる危険性もあるので，真空装置組立て直後の試運転においては，特に注意が必要である．保護金網の設置により，ターボ分子ポンプの排気速度は約10％低下する．

現在のターボ分子ポンプの主要な用途である半導体製造装置や液晶ディスプレイ製造装置の主排気系では，エッチング工程などで発生した腐食性気体とともに反応生成物なども大量にターボ分子ポンプに吸引される．腐食性気体を排気する場合，気体と直接接触するローターや静翼などの表面に耐食性の高いニッケル−リン無電解めっきを施工するとともに，モーター部や軸支持機構が内蔵されているターボ分子ポンプ内部に腐食性気体が侵入しないように乾燥した不活性気体をパージガスとして軸シール部に導入する方法が一般に行われている．玉軸受型の場合には，潤滑剤が劣化しないように，化学的に安定なパーフルオロポリエーテルなどのフッ素系の潤滑油やグリースを使用する．

凝華性の反応生成物が，比較的圧力が高くなるねじ溝部のローター表面で凝固，堆積して隙間を閉塞してしまうとポンプ故障に至る場合もある．そのような状況では，ターボ分子ポンプのケーシング外面からヒーターで加熱して内部構造体を昇温させて反応生成物を凝固させずに排気する製品もあるほか，ターボ分子ポンプの内部構造体とケーシングを断熱することにより，ヒーターを使用せずに自己の発熱を利用して内部温度を昇温させてポンプ内部での凝固を防止する製品も開発されている．いずれの方式でも，〔3〕項で述べたように，アルミニウム合金の昇温には限界があるので注意が必要である．

また，ターボ分子ポンプのローターに使用されているアルミニウム合金とガリウムが接触した場合，金属組織の結晶粒界にガリウム原子が急速に浸透し，短時間で脆性破壊に至る．ローター破壊を防止するために，腐食性気体の場合と同様に，気体と直接接触するローターや静翼などの表面にニッケル−リン無電解めっきを施工する必要がある．

強い磁場環境でターボ分子ポンプを運転する場合，一般的に，磁束密度10 mTを越える磁場が存在するとき，磁場によりターボ分子ポンプの回転体に渦電流が誘起されてローター温度が上昇する．〔3〕項で述べたように，ローター温度の昇温はクリープなどの問題を誘発するため，各メーカーが発表している製品データシートに指定されている許容磁束密度を超えないように注意する必要がある．

3.2.7 クライオポンプ
〔1〕はじめに

クライオポンプとは，飽和蒸気圧の低い気体に対しては低温の面を作り，その上に気体を凝縮させることにより排気し，また飽和蒸気圧の高い気体（ネオン Ne，水素 H_2，ヘリウム He）に対しては吸着材を低温にして Ne，H_2，He を吸着することにより真空を得るポンプである．

クライオポンプは真空に面する部分に機械的駆動部がなく，低温面があるのみなので，摩耗粉や作動油によるハイドロカーボン汚染がないことでクリーンな真空を得ることができるのが特長である．このため微細線幅の成膜を行う半導体製造装置に使われ始め，半導体産業の発展とともに使用される範囲を広げ成長してきた．近年では用途が多様化し，フラットパネルディスプレイ（液晶，有機 EL など）製造装置，タッチパネル製造装置，光学膜関係装置，水晶振動子製造装置，熱処理装置等に使用されている．

〔2〕クライオポンプの原理

（a）冷凍方式　クライオポンプは，大型実験装置等では液体 He を用いる例もあるが，工業用途では，容易性，安全性，省エネ性等から機械式小型冷凍機が用いられている．

到達温度は10 K前後である．機械式小型冷凍機の冷凍方式には，ギフォード・マクマホーン（Gifford-McMahon：G−M）サイクル，改良ソルベーサイクル，逆スターリングサイクルなどがある．逆スターリングサイクルが最も効率が高い．工業用途では，メンテナンス周期が長いことなどの高い信頼性が要求されるため，最近では G−M サイクル方式が主流となっている．

（b）クライオポンプの内部構造　図3.2.53に典型的なクライオポンプの内部構造を示す．

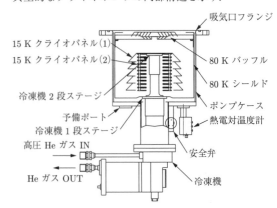

図3.2.53　クライオポンプの内部構造

ポンプケース内に 130 K 以下に保持された 1 段ステージと 20 K 以下に保持された 2 段ステージがあり，1 段ステージには 80 K シールド，80 K バッフルが熱的に接続され，2 段ステージには 15 K クライオパネルが熱的に接続されている．80 K シールドと 80 K バッフルは水分子 H_2O などの排気面ともなるが，より温度の低い 15 K クライオパネルへの放射入熱を小さくする熱シールドとしての役割を担っている．

クライオポンプの排気面である，15 K クライオパネル，80 K シールド，80 K バッフルは，冷凍機から熱伝導で冷却されるため，熱伝導率の大きい無酸素銅が使われている．さらに，それらの表面はニッケルめっきが施され室温からの放射熱を反射し入熱量を小さくしている．80 K シールドの内面は黒化処理が施されている．それは，室温からの放射が 80 K シールドの内面で反射し，より温度の低い 15 K クライオパネルへの入熱となるのを低減するため，80 K シールド内面で室温からの放射を吸収させている．

クライオポンプが正常に作動するためには，つぎの（c）で述べるように，80 K シールド，80 K バッフルの温度が 130 K 以下，15 K クライオパネルの温度が 20 K 以下である必要がある．この温度を確認するために，80 K シールドと 80 K バッフルには熱電対，測温抵抗体温度計等が，15 K クライオパネルには熱電対，シリコンダイオード，測温抵抗体温度計等が取り付けられている．

（c）クライオポンプの排気原理　**図 3.2.54** は各種気体に対する飽和蒸気圧曲線である[45),46)]．この曲線は，低温面に凝縮した気体が示す飽和蒸気圧を示す．例えば，水分子 H_2O が 130 K の低温面に凝縮したときの飽和蒸気圧は 10^{-8} Pa となる．

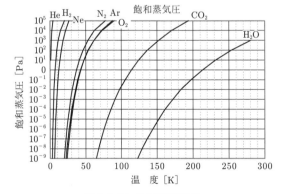

図 3.2.54　飽和蒸気圧曲線

クライオポンプは，低温面に気体分子を凝縮あるいは吸着させることで気相中の気体分子を排気する．低温面の温度での飽和蒸気圧が十分低い気体は，固体あるいは液体となって表面に凝縮する．気体の凝縮が生じない H_2 などの気体に対しては，低温面の吸着材に吸着させて排気する．

飽和蒸気圧の高い窒素 N_2，酸素 O_2，アルゴン Ar 等に対しては 20 K の低温面を準備しておけば，そこに凝縮した気体の飽和蒸気圧は 10^{-8} Pa またはそれ以下となる．

飽和蒸気圧が N_2 等よりさらに高く，到達温度 10 K 程度では凝縮で排気できない Ne，H_2，He に対しては，15 K クライオパネルの内面に取り付けてある活性炭で吸着排気する．N_2，O_2，Ar 等は 15 K クライオパネルの外面に衝突，凝縮することで排気され，内面に入り込みにくい構造となっている．活性炭が N_2 等で覆われないようにし，活性炭での吸着性能の低下を抑えている．活性炭とモレキュラーシーブの吸着等温線を**図 3.2.55**[47)〜50)] に示す．活性炭が 20 K 以下に冷却されていれば吸着能力が十分高く超高真空を得られることがわかる．モレキュラーシーブを H_2 の吸着材として考えた場合，ココナッツ（活性炭）と比較してやや劣っている．

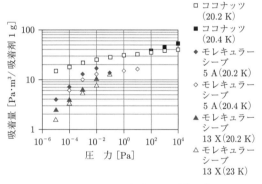

図 3.2.55　20 K 付近での吸着等温線

〔3〕クライオポンプの冷凍原理

クライオポンプに使用されている代表的な冷凍サイクルは

(1) ギフォード・マクマホン（Gifford-McMahon）サイクル：G-M サイクル
(2) 改良ソルベー（Modified-Solvay）サイクル：M-Solvay サイクル

である．

機械式小型冷凍機のモデルを**図 3.2.56** に，概略構造を**図 3.2.57** に示す．

機械式小型冷凍機の冷媒は，10 K でも液化しない He ガスが使用されている．コンプレッサーで圧縮され

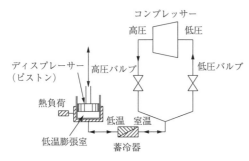

図 3.2.56 機械式小型冷凍機のモデル

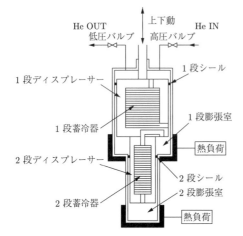

図 3.2.57 機械式小型冷凍機の概略構造

た He ガスは室温まで冷却されて蓄冷器に入り，蓄冷材と熱交換して冷却され低温膨張室に入る．

ディスプレーサーが下死点から上死点に上がるまで高圧バルブが開き，低温膨張室に蓄冷器で冷やされた高圧の He ガスが充塡される．

この後，高圧バルブを閉じて低圧バルブを開いてコンプレッサーに He ガスを回収する．このときにサイモン膨張することにより He ガスが冷却される．

この冷却された He ガスは蓄冷器を冷却して室温になりコンプレッサーに戻る．低温膨張室の He ガスを押し出すためディスプレーサーは下死点まで下降する．下死点に達したら低圧バルブを閉じる．

この過程を電源周波数 50 Hz の場合，1 秒ごとに 1 回繰り返している．クライオポンプに使用されている冷凍機は，2 段式で図 3.2.57 のような構造になっている．蓄冷器はディスプレーサー内に組み込まれている．

(a) G–M サイクル　1950 年代の終わりに Gifford と McMahon により開発された冷凍サイクルである．この G–M サイクルは，逆スターリングサイクルよりは効率が低いものの，電源周波数 50 Hz で 1 サイクル／秒と遅い冷凍サイクルであることと，内部に使用しているシールにかかる圧力差は蓄冷器での圧損分だけで負荷が軽いために，高性能で信頼性の高い冷凍サイクルである．冷凍機膨張室での圧力–容積線図を図 3.2.58 に示す．

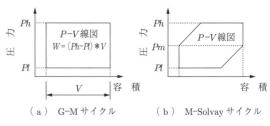

(a) G-M サイクル　　(b) M-Solvay サイクル

図 3.2.58　冷凍機膨張室の圧力–容積線図

(b) M–Solvay サイクル　この冷凍サイクルは，He ガスの圧力差でディスプレーサーを駆動しているので，ある圧力 P_m にならないとディスプレーサーが動かない．G–M サイクルの膨張室での圧力–容積線図（図 3.2.58 (a)）は矩形状であるが，M–Solvay サイクル（図 3.2.58 (b)）では角が 2 箇所欠けている．角が 2 箇所欠ける分だけ冷凍効率が低下する．この点をカバーするため，M–Solvay サイクルは G–M サイクルよりも速い速度で運転される．また He ガスの圧力差でディスプレーサーを駆動させているため，シールに圧力差がかかる．このため G–M サイクルに比べシールの寿命が短くなる欠点がある．

(c) コンプレッサー　冷凍機を作動させるためには，高圧の He ガスを供給し循環させるコンプレッサーが必要である．コンプレッサーでは He ガスを 2 MPa 程度まで圧縮するが，He ガスのみであると He の比熱が小さいため圧縮熱で数百℃まで温度が上がってしまい，コンプレッサーポンプを損傷させてしまう．そのため，潤滑油として使用している比熱の大きい油を He ガスに混入させて一緒に圧縮することで，100℃程度までの温度上昇に抑えている．He ガスと油の混合ガスは水冷または空冷で室温まで冷却される．

油が混入した He との混合ガスが冷凍機に入ると油が固化して冷凍機を損傷させるため，圧縮された He ガス中の油はグラスウールの入ったオイルセパレーターや活性炭の入ったアドソーバーで取り除かれてから冷凍機に入るようになっている．He ガス中から油蒸気を吸着排気しているアドソーバーは定期的に交換が必要である．

〔4〕クライオポンプの性能

クライオポンプに関しては，各仕様値を決定する条件が統一されていない．ここでは，より一般的と考え

られる方法や条件でクライオポンプの性能を説明する.

(a) **排気速度** 室温で非凝縮性ガスである N_2, Ar, H_2 等に対しては，日本工業規格（JIS）にクライオポンプの排気速度測定方法に関する規格がないため，真空ポンプの性能試験方法についての規格 JIS B 8329-1[8]) を参考にして測定している．所定のテストドームにおいて，流量 Q を導入した際の圧力 p を測定し，$S = Q/p$ によってクライオポンプの排気速度を求める．

1) **H_2O に対する排気速度** クライオ面の H_2O に対する排気速度は，クライオ面への H_2O の凝縮確率（物理吸着の確率）に依存する．クライオ面の温度が 130 K 以下であれば，凝縮確率はほぼ 1 とみなせる．通常クライオポンプの 80 K シールド，80 K バッフルの温度は 130 K 以下である．したがって，クライオポンプの H_2O に対する排気速度は，80 K シールドの口径に対する理想排気速度に等しいと考えることができる．すなわち，理想排気速度は，クライオ面に入射した気体分子がすべて凝縮するときのクライオ面に入射する気体分子の流量に等しい．

分子量 M_r の気体に対する分子流領域での単位面積当りの理想排気速度 s は，20℃において

$$s = \frac{1}{4}\bar{v} = 36.4\sqrt{\frac{T}{M_r}} \ \mathrm{m^3 \cdot s^{-1} \cdot m^{-2}}$$
$$= \frac{62.3}{\sqrt{M_r}} \ \mathrm{L \cdot s^{-1} \cdot cm^{-2}} \qquad (3.2.32)$$

H_2O に対しては，$M_r = 18$ であるため

$$s = 14.7 \ \mathrm{L \cdot s^{-1} \cdot cm^{-2}} \qquad (3.2.33)$$

80 K シールドの吸気口の面積が A [cm^2] である場合，クライオポンプの H_2O に対する排気速度は

$$S = s \cdot A \ [\mathrm{L \cdot s^{-1}}] \qquad (3.2.34)$$

80 K シールドや 80 K バッフルで凝縮排気される CO_2 や NH_4 の場合も同様に計算される．H_2O に対する排気速度がわかっている場合には，式 (3.2.32) よりつぎの換算で求められる．

CO_2 の場合

$$M_r(CO_2) = 44, \quad M_r(H_2O) = 18$$
$$S(CO_2) = S(H_2O) \cdot \sqrt{\frac{M_r(H_2O)}{M_r(CO_2)}}$$
$$= 0.64 \times S(H_2O) \qquad (3.2.35)$$

2) **N_2, Ar, CO, O_2 等に対する排気速度** N_2, Ar, CO, O_2 等の比較的蒸気圧の高い気体は，80 K シールドや 80 K バッフルでは凝縮せず，20 K 以下の温度で凝縮排気される．300 K の気体は凝縮面温度が

$$N_2 : 27 \ K, \quad Ar : 29 \ K$$

付近から凝縮し始め，凝縮面温度がさらに

$$N_2 : 23 \ K, \quad Ar : 27 \ K$$

付近まで下がると凝縮確率が 1 となる[51]．

このように凝縮面の温度が 20 K 以下であれば，入射した気体はすべて凝縮する．また，分子流領域では吸気口から凝縮面までのコンダクタンスが圧力に依存しないため，凝縮面への気体分子の入射頻度が変化せず，排気速度は一定となる．より低い圧力まで確認した例は文献52) を参照されたい（**図 3.2.59** 参照）．

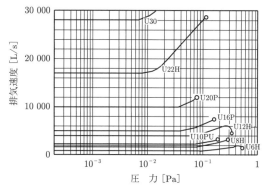

図 3.2.59 排気速度
（アルバック・クライオ株式会社製クライオポンプ特性より）

クライオポンプの排気速度の公称値は，分子流領域での窒素ガスに対する値で表される．同じ凝縮面で排気される他の気体の場合の換算はつぎのようになる．N_2 に対する排気速度 $S(N_2)$ がわかっている場合，例えば O_2 に対して次式となる．

$$M_r(O_2) = 32, \quad M_r(N_2) = 28$$
$$S(O_2) = S(N_2) \cdot \sqrt{\frac{M_r(N_2)}{M_r(O_2)}} = 0.94 \times S(N_2)$$
$$\qquad (3.2.36)$$

3) **H_2, Ne, He に対する排気速度** 凝縮作用で排気できない H_2, Ne, He については吸着材で排気する．吸着材への吸着確率や吸着材まで到達する確率等により，排気速度が左右される．排気速度に影響を及ぼすおもなものを列記すると

・吸着材に対する気体の吸着特性
・吸着材の温度，量（面積）
・気体の脱離特性
・それまでに吸着した気体の種類と量

・気体の流量と温度
・コンダクタンス

H_2 の排気速度は，冷凍機とクライオパネル部を分離してベーキング処理を可能とした冷凍機分離型ベーカブルクライオポンプについて測定された例がある．それによると，十分ベーキング処理を実施した状態では，すなわちクライオパネル部に吸着している H_2 が十分少ない状態では，10^{-9} Pa 台まで排気速度が一定で，それ以下の圧力では排気速度が低下している[53]．

He ガスは最も吸着しにくい気体であり，H_2 の 1/100〜1/1000 程度しか排気できない．

(b) **最大流量** クライオポンプに気体を導入すると放射熱以外に気体の持ち込む熱と凝縮（または吸着）熱が負荷となって加わる．クライオポンプに導入できる最大流量は，クライオポンプが安定に動作できる流量であり，実用上はクライオポンプに定常的に気体を流入させて，クライオポンプの 2 段側温度が 20 K を維持できる流量を最大流量としている場合もある．

最大流量は，ポンプの口径が同じ場合，冷凍機の冷凍能力が大きく，排気速度が大きい方が多くなる．

(c) **排気容量** クライオポンプはため込み式のポンプであるため，排気できる気体の量に限界がある．この限界量を排気容量という．排気容量に達すると，必要とする圧力まで下がらない，時間がかかる，排気速度が低下するなどにつながり，クライオポンプの再生（再生方法は後述）が必要になる．

凝縮で排気される気体の排気容量は，吸着で排気される気体の排気容量よりも 2 桁ほど大きい．したがって，装置設計時に，導入する気体（凝縮排気される気体）の排気容量から再生周期を決めていても，稼働時（例えば成膜時）に H_2 が発生していて，吸着による排気容量で再生周期を短くせざるを得ない場合がある．凝縮による排気容量と吸着による排気容量は通常異なっているので，状況に応じて，成膜時のガス分析を行うなどして再生周期を設定する必要がある．

1) **H_2O に対しての排気容量** 80 K バッフルに凝縮した H_2O は，バッフル上に氷となって成長する．その氷が厚くなるに従い 80 K バッフルから 15 K クライオパネルへのコンダクタンスが小さくなるため，15 K クライオパネルで排気される気体の排気速度の低下を招く．

排気速度が大幅に低下するまでに排気された H_2O 量が排気容量となる．H_2O に対する排気容量の目安をつぎに示す．

8 インチ口径クライオポンプ：
  約 100 g（1.3×10^7 Pa·L）
12 インチ口径クライオポンプ：
  約 250 g（3.1×10^7 Pa·L）
16 インチ口径クライオポンプ：
  約 500 g（6.2×10^7 Pa·L）

2) **N_2, Ar 等に対しての排気容量** 15 K クライオパネルに凝縮する気体の排気容量は，凝縮した気体の固体がパネルに堆積して，より高温である 80 K バッフルや 80 K シールドに接触した状態や，凝縮層が厚くなったために温度勾配ができて表面温度が高くなり，それ以上排気できない場合になるまでの排気容量である．例えば A 社では，排気すべき気体の導入を停止して 5 分経過した後の圧力が 1×10^{-4} Pa 以下にならないとき，それまでに排気した気体量を排気容量と定義している．

3) **非凝縮性気体（H_2, Ne, He）に対する排気容量** 吸着剤で吸着排気している非凝縮性気体に対しては，吸着量が増大し飽和状態に近付くに従って排気速度が低下し，吸着平衡圧力も上昇してくる．このため排気性能が低下して排気できなくなってしまう．A 社では，非凝縮性気体に対する排気容量を，排気速度が初期の排気速度の 80% まで低下したとき，それまでに吸着した気体量と定義している（図 3.2.60 参照）．

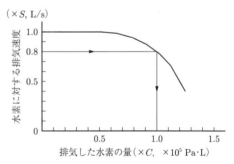

図 3.2.60　非凝縮性気体の排気容量

(d) **交差圧力（クロスオーバー）** 交差圧力とは，真空チャンバーを粗引きし，メインバルブを開けてクライオポンプに切り換えるときの真空チャンバーの圧力（粗引き圧力）と定義される．

このとき，許される最大の粗引き圧力を最大許容交差圧力という．

メインバルブを開けた瞬間に，真空チャンバーの気体はクライオポンプに流入して排気されるが，流入気体の量が限界を越えるとクライオポンプは排気能力を維持できなくなる．その結果，クライオパネルが昇温し，それまでに排気した気体を放出してしまう．最大許容交差圧力は，その限界の気体量（処理し得る最大のガス吸込み量）を真空チャンバーの容積で割ること

によって次式にて得られる．

（最大許容交差圧力 [Pa]）
＝（処理し得る最大のガス吸込み量 [Pa·L]）/
（真空チャンバー容積 [L]）

通常処理し得る最大のガス吸込み量は 15 K クライオパネル温度が 20 K を超えない吸込み量の値 Q_{20} を用い，凝縮していた気体が再放出されるのを防止するため，最大許容交差圧力の 1/2 を粗引き圧力とすることが多い．

処理し得る最大のガス吸込み量はクライオポンプへの熱負荷や，クライオポンプ内に凝縮している気体の量によっても変化する．

一例として A 社の Q_{20} を示す．

8 インチ口径：20 000 Pa·L
12 インチ口径：40 000 Pa·L
20 インチ口径：66 500 Pa·L

（e）**到達圧力** クライオポンプに気体の流入がないときの到達圧力 p_g では，クライオ面に入射する気体量とクライオ面から脱離する気体量が釣り合い，脱離気体量は入射気体が反射する量と凝縮気体（あるいは吸着気体）の脱離量の和で表される．凝縮性の気体に対してはクライオ面温度での各気体の飽和蒸気圧と凝縮係数で決まり，次式で与えられる．

$$p_g = \frac{c_s p_s}{c_g}\sqrt{\frac{T_g}{T_s}} \quad (3.2.37)$$

ここで，p_s：温度 T_s における気体の飽和蒸気圧
（水素の場合は吸着平衡圧力）
c_s：凝縮気体の蒸発の確率でほぼ 1
c_g：凝縮係数（熱的適応係数に依存するがクライオポンプ面においては 1）
T_g：気体の温度：300 K（室温）
T_s：クライオ面の温度：10～20 K

である．到達圧力を得るような状態ではクライオポンプへの熱負荷は小さく，クライオパネルは 10～12 K 程度である．そのときの，例えば凝縮性気体で最も蒸気圧の高い N_2 の場合，飽和蒸気圧は 10^{-21} Pa 台であるため，凝縮性気体による圧力は無視することができる．

非凝縮性の気体である H_2 に対する到達圧力は，吸着平衡圧力によって決定される．クライオポンプで使用されている活性炭の H_2 に対する吸着能力は非常に大きい．また超高真空で運転されている場合は，チャンバー壁の内部などから放出される H_2 の気体放出量が非常に少なくなっているため，H_2 の吸着平衡圧力は十分に低い圧力となるので，非凝縮性気体に対しても非凝縮性気体の圧力は無視できる．図 3.2.55 には，H_2 と活性炭での吸着平衡圧と吸着量の関係が記載されている．超高真空下では吸着される H_2 量が少ないので，吸着平衡圧も非常に低くなることが理解できる．

したがって，クライオポンプの到達圧力は，クライオ面からの気体放出量が無視できるほど小さいので，クライオポンプへの流入気体量と排気速度との釣合いで決定される．

通常，クライオポンプ単体での到達圧力はクライオポンプに封止フランジを取り付け，クライオポンプへの気体流入量（気体放出量）を最小限に抑えて測定される．また，到達圧力はクライオポンプの仕様（バイトン O リング仕様とメタル O リング仕様）や粗引き圧力，ベーキングの有無によっても大きく異なる．

標準的な場合，バイトン O リングシールで粗引きは 40 Pa までとし，ベーキングなしで，12 時間程度運転するとクライオポンプの到達圧力として $1\sim4\times10^{-6}$ Pa を得ることができる．

また，粗引きを 10^{-3} Pa 台まで行えばベーキングなしでも 10^{-8} Pa 台の到達圧力が得られている．

さらに良い真空を得るためには，粗引きは同じく 10^{-3} Pa 台まで行い，200℃ベーキングを 5 時間程度行う．これにより 10^{-9} Pa 台の到達圧力を得ることができる．図 3.2.61 はベーキングした場合としない場合の残留ガス組成の測定例を示した．

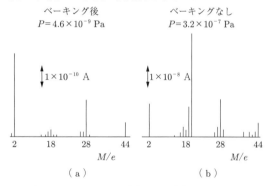

図 3.2.61 ベーキング有無による残留ガス組成比較

一例として，ベーキングが可能なタイプのクライオポンプを 10^{-3} Pa 台まで粗引き排気し，200℃×17 h のベーキングを実施することで 9×10^{-10} Pa を得ることができている[54]．

松井らは冷凍機から 15 K クライオパネルや 80 K シールド，バッフルを分離し，寒冷輸送方式でそれらを冷却するクライオポンプを製作した．ベーキング時には 15 K クライオパネルや 80 K シールド，バッフルとポンプケースを 200℃から 250℃で徹底的にベーキングすることで，真空計の測定限界である 10^{-10} Pa 以下を実現している[55]．

〔5〕 クライオポンプの再生

クライオポンプは，ため込み式のポンプであるため再生（ため込んだ気体をクライオポンプ外に再放出させてクライオポンプの性能を回復させる）操作が必要となる．再生のために装置の稼働率を低下させることになるので，いかに早く再生を終了させるかが重要である．

クライオポンプの再生とは
① クライオポンプを停止して昇温させる過程
② 40 Pa 程度までの粗引き過程
③ 冷却降下過程

の 3 過程を含めたものである．

（a）一般的な再生方法　最も多く行われている再生は，クライオポンプを停止させ，クライオポンプ内に N_2 や Ar などをパージ（導入）してポンプケースを加熱（上限 70℃ ）し，室温まで昇温させる方法である．クライオポンプ内には液化温度が低い N_2 や Ar 等のほかに氷となった H_2O をため込んでいる．そのため，すべてのため込み気体を気体としてクライオポンプ外に排出するために室温まで昇温している．クライオポンプは再生開始時に極低温まで冷えているので，室温の不活性気体（N_2 など）のパージでも再生初期の昇温効果が大きい．室温近くにおいては，加熱されたポンプケースからの入熱で昇温が進む．

H_2O のため込み量が多い場合には，このガスパージ方式は，15 K クライオパネルや 80 K シールド等を直接加熱していないので，液体となった H_2O の蒸発に時間がかかる．また，再生後の粗引き時には，再生過程での昇温時に 15 K クライオパネルの活性炭に吸着された H_2O を脱離させるのに時間を要する．液体として H_2O を排出する方法も用いられている．

（b）低温再生法　クライオポンプにため込まれる H_2O が少ない場合（例えば，半導体製造スパッタ装置等）には，室温まで昇温しない低温再生が行われている．

低温再生とは，150～200 K 程度まで昇温させ，その後粗引きして所定の圧力になったら粗引きを停止しクライオポンプを起動させる方法である．

通常の再生に要する時間は，ため込んでいるプロセスガスの量や H_2O の量，そしてクライオポンプの機種により異なるが 4～10 時間程度である．

低温再生の場合は，クライオポンプの機種（口径）にもよるが，1～4 時間で再生を完了できる．

ただし，低温再生では H_2O をクライオポンプから排出していないので，3～6 月に 1 回は室温まで昇温させて H_2O を排出する再生を行う必要がある．

（c）急速常温再生法　この方式は，（a）一般的な再生方法と同じく常温まで昇温させるが，15 K クライオパネルや 80 K シールド等を，不活性気体パージと同時にヒーターを用いて直接加熱して昇温させる，かつ昇温後の粗引き過程時にも加熱して液体 H_2O の蒸発や活性炭からの H_2O 脱離を促進させる方法である．

粗引き過程時には，80 K シールド底等に残っている液体 H_2O の蒸発潜熱，あるいは活性炭からの H_2O の脱離熱のために，80 K シールドや 15 K クライオパネル等が冷えて蒸発や脱離速度の低下につながる．そこで，粗引き時も必要な温度が得られるようにヒーターで加熱温調する．

クライオポンプの冷却は冷凍機性能に関係するので，冷却時にインバーターを用いて冷凍機の運転周波数を商用周波数より上げて運転し，冷却降下時間の短縮を図ることも行われている．

この方式を採用することで，Ar や H_2O のため込み量やクライオポンプの機種（口径）にもよるが，一般的な再生方法と比較して半分の 2～5 時間での再生ができる．

各種再生方法による再生時間の比較例を図 3.2.62 に示す．

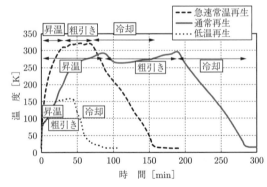

図 3.2.62　各種再生方法による再生時間比較

〔6〕 特殊なクライオポンプ

（a）差動排気型クライオポンプ　通常のクライオポンプは，ポンプへの入熱を考慮して真空チャンバーに短管とバルブを介して取り付けられる．しかし，入熱量が少なく，真空チャンバー間でのクロスコンタミネーションを少なくしたい場合には，差動排気型クライオポンプが有効となる．装置の真空チャンバー間にこのクライオポンプを設置するので，クライオポンプは装置の壁または配管となり装置の外形寸法も大きくならない．このポンプは連続するチャンバー間に設置され，一つのチャンバーで発生した気体が他のチャンバーに入るのを極力低減する構造となっている．

例としてイオン注入機用に開発された差動排気型クライオポンプ[38]の外観と配置位置を図3.2.63に示す.φ300 mmウェーハでは放出気体がφ200 mmに比較して数倍多くなるため,マグネットチャンバーとエンドステーション間にこの差動排気型クライオポンプを設置し,放出気体が他のチャンバーに拡散するのを低減する構成となっている.このポンプの設置により加速管内やマグネットチャンバー内での圧力変動が1/3から1/4に低減され,イオン注入の均一性が得られ,ウェーハ間でのシート抵抗変動も小さくできた例である.

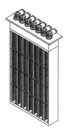

図3.2.64 クライオソープションポンプ外観図
(LHD NBIイオン源室用)

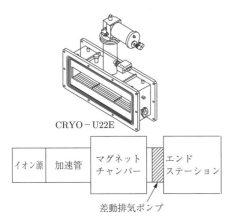

図3.2.63 差動排気型クライオポンプの外観と配置位置

(b) **科学実験用特殊大型クライオポンプ** 科学実験用に使用されるクライオポンプは大型で大きな排気速度を必要とするため,通常は液体 N_2,液体 He を用いたクライオポンプとなることが多い.この方式は,液体 He を循環させ低温パネルを冷却するため,大型の液化機が必要である.液体 He を供給するトランスファーラインの設置とそれらのメンテナンスも必要で,高圧ガス保安規則に基づく定期的な保安検査が必要である.小型機械式冷凍機を用いた大型クライオポンプにより,これらの煩わしさから解放された例を以下で紹介する.

核融合プラズマの主加熱として用いられている中性粒子入射(neutral bean injection)装置の排気系は,大流量の H_2 を流すため大きな排気速度が必須で,通常は液体 He を用いて H_2 を凝縮させて排気する方式(クライオコンデンセーションポンプ)が採用されていたが,小型機械式冷凍機で吸着材を冷却し吸着で大きな排気速度を得るポンプ(クライオソープションポンプ)[57),58)]が開発された(**図3.2.64**参照).核融合科学研究所の LHD(large helical device)のイオン源室,ビームダンプ室に設置され,クライオコンデンセーショ ンポンプに劣らない排気性能を発揮しプラズマ実験に活用されている.イオン源室に設置されたポンプの外形寸法は幅 1540 mm,奥行 520 mm,高さ 2648 mm,排気開口寸法は幅 1340 mm,高さ 2103 mm で H_2 に対する排気速度が $500 \text{ m}^3 \cdot \text{s}^{-1}$ である.

〔7〕 **クライオトラップ**

高真空から超高真空領域で排気時間を決めているのは,チャンバー壁,内在物,搬送系や基板等の表面に吸着している H_2O である.クライオポンプと比較して H_2O に対する排気速度が 1/2 から 1/3 と小さいターボ分子ポンプや,オイル逆流防止のための水冷バッフルが設置されている油拡散ポンプにおいて,それらポンプの前段に H_2O 排気速度向上のためにクライオトラップが多用されている.

クライオポンプがすべての気体を排気できるポンプであるのに対して,クライオトラップはおもに H_2O 排気専用であり,排気の原理はクライオポンプと同じである.

(a) **H_2O に対する捕獲確率** クライオ面に入射した水分子がそこで捕獲される確率 C_n は次式で与えられる.

$$C_n = c_g - c_s \frac{p_s}{p_g}\sqrt{\frac{T_g}{T_s}} \qquad (3.2.38)$$

ここで,c_g:凝縮係数
p_g:H_2O の圧力 [Pa]
c_s:蒸発確率
p_s:温度 T_s での H_2O の飽和蒸気圧 [Pa]
T_g:H_2O の温度 [K]
T_s:クライオ面の温度 [K]
である.

通常,c_s は 1 とみなしてよく,c_g は 150 K 以下では 0.99 以上と考えられる.ここでは便宜上,全温度領域で 1 とみなすと,C_n は次式で与えられる.

$$C_n = 1 - \frac{p_s}{p_g}\sqrt{\frac{T_g}{T_s}} \qquad (3.2.39)$$

この式を図3.2.65に表す．この図3.2.65から通常の場合，クライオトラップの温度は130K以下であればよいことがわかる．クライオトラップの温度は冷凍機の冷凍能力と低温面（クライオパネル）の大きさ，構造，そして熱負荷（放射熱と気体の熱伝導）によって決定される．

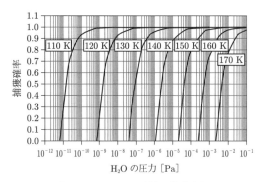

図3.2.65 H_2O に対する捕獲確率

（b）主排気ポンプとの組合せ

1）主排気ポンプとチャンバー間に設置 主排気ポンプとしては，ターボ分子ポンプ，油拡散ポンプ，クライオポンプ等である．H_2O に対する排気速度は大きくとれるが，プロセスガスであるAr，N_2，O_2 等に対しては，コンダクタンスを低下（実効排気速度の低下）させる．

H_2O を多くため込んだクライオトラップを再生するときに，H_2O の氷や液体が主排気ポンプに落下し，主排気ポンプの損傷等の問題につながるおそれがある．したがって，クライオトラップを水平に設置するか，氷や液体が主排気ポンプまで落下しない構造にするなどの工夫が必要である．

2）主排気ポンプとの並列設置 プロセスガスに対するコンダクタンスを低下させることなく，H_2O に対する排気速度を増すことができるため，1）の方式よりも効果が大きい．クライオトラップ再生時の H_2O の排出も液体として排出できるなど設計上の自由度が大きい．装置での設置スペースが許す限り推奨される方式である．

3）チャンバー内部に設置 おもにバッチ式装置での排気時間短縮用途で採用されている．クライオトラップを真空チャンバー内に配置することで配管を介して設置することによるコンダクタンス損失を小さくでき，排気速度を最大限に活用することができる．チャンバー壁の一部が H_2O 排気面となったような構造である．

プロセス終了後は，装置内を大気圧に戻す前に，クライオトラップを急速に昇温して H_2O を昇華または液化・気化させて排出する．バッチ式装置のため稼働率を上げることが大事で，急速な昇温，急速な冷却が要求される．昇温はヒーターを用い10分程度で昇温し，冷却はインバーターを用い運転周波数を商用周波数より上げるなどして10〜20分程度で完了する．

〔8〕まとめ

クライオポンプの特長は，性能面で見ると，排気速度が大きい，気体の排気処理量（最大流量）が大きい，クリーンな真空を得ることができる，すべての気体を排気できる，排気面が低温であるためポンプ内の放出気体量が少ない，などが挙げられる．

また，運用上では，操作が簡単，取付け方向が任意である，クライオポンプ運転中は補助ポンプを停止でき省エネとなる，ことなどが特長として挙げられる．

このような特長を有するため，スパッタ装置用などの工業用途で多用され，また極高真空を比較的容易に得られる[54),55)]ため科学技術用途でも採用されている．

クライオポンプは排気速度が大きいので，排気時間短縮により装置の稼働率向上で効果を発揮しているが，一方では，ため込み式ポンプであるため再生工程が必要であり，装置の稼働率を下げる要因となっている．このマイナス要因を小さくするため，再生時間を短縮する方式の提案や，冷凍機やコンプレッサーの性能をアップさせ，コンプレッサー1台でクライオポンプ複数台を運転する方式が採用されている．この方式の場合は，クライオポンプの1台は再生，他のポンプは排気運転というように，再生と排気を切り替えることで，再生による装置停止のない運用も行われている．

省エネ化の要求に対しては，コンプレッサー1台で複数台のクライオポンプ（クライオトラップも含む）を運転することによる省エネ化，さらにクライオポンプ（クライオトラップ含む）への熱負荷状況に応じてコンプレッサーの運転周波数を可変する（インバーター運転）ことでの省エネ化も進められている．

3.2.8 ゲッターポンプ

ゲッターポンプは気体ため込み式真空ポンプの一種であり，化学的に活性な金属膜による化学吸着現象を利用したポンプである．

化学吸着は物理吸着と異なり，吸着面と気体分子との化学結合による吸着であるため，吸着熱は物理吸着の場合に比べ，はるかに大きい．したがって化学吸着で吸着した気体は，多少の温度上昇では脱離しない．

化学吸着の場合，吸着能力は吸着のしやすさの指針ともいえる吸着面の活性度によって決定される．吸着面の金属の種類によって，吸着しやすい気体分子と吸着しにくい気体分子とがある．

表 3.2.5 化学吸着における金属蒸着膜の活性度[59]

群	金属蒸着膜	O_2	C_2H_2	C_2H_4	CO	H_2	N_2
A	Ca, Ti, V, Cr, Sr, Zr, Nb, Mo, Ba, La, Ta, W, Re	+	+	+	+	+	+
B	Fe, Co, Ni, Rh, Pd, Ir, Pt	+	+	+	+	+	−
C	Al, Mn, Cu, Au	+	+	+	+	−	−
D	K	+	+	−	−	−	−
E	Si, Zn, Ge, As, Ag, Cd, In, Sn, Sb, Pb, Bi	+	−	−	−	−	−
F	Se, Te	−	−	−	−	−	−

〔注〕 +：化学吸着する，−：化学吸着しない

表 3.2.5[59] は化学吸着における金属蒸着膜の活性度を比較したものである．この表から真空中の主要構成ガスである酸素，一酸化炭素，二酸化炭素，水素，窒素，ならびに炭化水素系ガスに対し，活性度の最も高い金属はA群の遷移金属であることがわかる．

超高真空における主要残留ガスは水素である．金属内部への水素の吸収・溶解については，ゲッターポンプを議論する上で，非常に重要である．水素が金属内部に溶解し，固溶体を形成する金属はアルミニウム Al, 銅 Cu, 白金 Pt, 銀 Ag 等であるが，これらの水素溶解度は温度の上昇とともに増加する．

一方，周期表の第3族，第4族，第5族の場合，水素の溶解度は水素の分圧に比例し，温度の上昇とともに減少する．これらのグループの水素溶解度は，前者のグループに比べて1000倍ほど大きく，ジルコニウム Zr, タンタル Ta, チタン Ti, トリウム Th, セリウム Ce, ニオブ Nb, 鉛 Pb 等が代表的金属である．

ゲッターポンプに使用される金属（ゲッター材）は，化学吸着のしやすさや水素の溶解度，コスト，加工性等から，TiやZrの合金がよく用いられる．

ゲッターポンプにはゲッター材を昇華させて活性な蒸着膜を生成し，蒸着膜表面でのゲッター作用をおもに利用するサブリメーションポンプと，加熱により活性化したゲッター材の表面吸着や材料内部への拡散・溶解を利用する非蒸発型ゲッターポンプ（non-evaporable getter, NEG）がある．

以下，実用的で古くから幅広く用いられているサブリメーションポンプと，SAES Getters社製のゲッター材を用いたNEGポンプについて説明する．

〔1〕 サブリメーションポンプ

サブリメーションポンプは，活性度の高い金属材料を昇華することで得られる，蒸着膜表面での気体の化学吸着作用（ゲッター作用）を利用したポンプである．

今日，サブリメーションポンプといえば，ゲッター材としてチタンを用いたチタンサブリメーションポンプ（titanium sublimation pump, TSP）が一般的である．以下，チタンサブリメーションポンプ（TSP）について解説する．

チタンサブリメーションポンプはチタンを真空中で昇華させ，容器内壁に活性なチタン蒸着膜を作り，チタン蒸着膜表面における真空容器内の気体分子との化学吸着を利用した真空ポンプである．

本ポンプの第一の特長は，その構造の単純さにある．基本的にはゲッター面と蒸発源を備えていればよい．スパッタイオンポンプやターボ分子ポンプのように，磁場や高速回転を伴う機械部分がないことで，自由度，経済性の面での優位性が，その特長の一つである．

第二の特長はオイルフリーである．チタンサブリメーションポンプは，スパッタイオンポンプとの併用でオイルフリーな高真空，超高真空装置において広く用いられる．これは，チタンサブリメーションポンプがスパッタイオンポンプに優る大きな排気速度を容易に得られることと，チタンサブリメーションポンプ単独では排気できないアルゴンやヘリウムなどの不活性ガスや炭化水素を，スパッタイオンポンプで排気できることで，両者の欠点を互いに補い合えることに起因する．

〔2〕 サブリメーションポンプの構成と排気原理

チタンサブリメーションポンプの一般的な構成例を図3.2.66に示す．

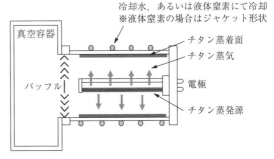

図 3.2.66 チタンサブリメーションポンプの一般的な構成

チタンサブリメーションポンプは，チタン蒸発源とチタン蒸着膜を形成するポンプ容器から構成される．ポンプ容器はポンプ容器内壁に形成されたチタン蒸着

膜の温度変動を抑えるため，ポンプ容器外側に水冷パイプまたは液体窒素ジャケットを設置している．またポンプ容器吸気口には，チタン蒸発物質が真空容器側に飛散することを防ぐ目的で，バッフルが設置される．

チタン蒸発源は，現在，いくつかの方式が市販されており，大きくは（1）通電加熱型蒸発源と（2）放射加熱型蒸発源に分けられる．

（a）通電加熱型蒸発源 通電加熱型蒸発源は，線状のゲッター材に直接電流を流すことで発生するジュール熱によって，ゲッター材を加熱蒸発（昇華）させる方式である．通常，線状の蒸発源を複数本装着している．1本が消耗した際には真空を保持したまま残りの線状ゲッター材への切換えが可能となっている．

図3.2.67(a)に，チタンサブリメーションポンプ通電加熱型の市販製品の外観を示す．本ポンプは，チタンを蒸発（昇華）させるために10 Aから50 A前後の電流を流すため，電流容量の大きな電流端子に組み込まれている．

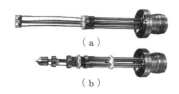

図3.2.67 チタンサブリメーションポンプ外観
（キヤノンアネルバ株式会社：真空ポンプ技術資料より）

なお，通電加熱型蒸発源で最も安価で入手しやすいのは，巻線型蒸発源である．蒸発源の構造は図3.2.68[60]に示すとおり，タングステンの芯線の周りにチタン線とモリブデン線を巻き付けた構造となっている．

図3.2.68 巻線型蒸発源構造図[60]

一般的にチタン蒸発源は，チタンの変態点（882.5℃；六方最密構造から体心立方構造に変わる）を境にして電源のオン・オフサイクルにより加熱・冷却を繰り返すことで表面が変質し，寿命が短くなる．これはチタンの結晶構造の転移によるもの，あるいはチタン中への水素の拡散と放出の繰返しで組織の破壊が進行するためと考えられている[60]．現在，この現象を抑制するために，チタンが昇華しない程度の温度でチタン蒸発源をつねに変態点温度以上に保つ加熱制御方式をとる場合も多い[60]．

上に述べた通電加熱の制御方式以外に，チタン表面の変質や寿命改善を狙った蒸発源として，Ti-Mo合金蒸発源がある．これは85% Tiと15% Moの合金で作られた線状蒸発源で，巻線型蒸発源のように電源オフ時の予熱が不要であることや，蒸発速度が比較的均一で再現性があること，機械的強度に優れる等の利点がある．一方，コスト的には巻線型蒸発源に劣る．

通電加熱型蒸発源は，チタンの消耗に伴う線形の変化や，Ti-Mo合金の場合には組成比の変化によって抵抗値の変化を生じ，チタンの蒸発速度や投入電力の変動が著しいといった欠点を有する．

（b）放射加熱型蒸発源 放射加熱型蒸発源は，中空ボール状に加工したチタンの内部にタングステン製フィラメントを配置し，これに電流を流すことで放射加熱を行う．

図3.2.67(b)に，放射加熱型蒸発源の市販製品の外観を示す．ここに示す放射加熱型は，投入電力はほぼ通電加熱型蒸発源と同等の380 W程度で，通電加熱型蒸発源の約4倍の蒸発速度（〜0.35 g・h^{-1}）と約15倍の有効チタン量（〜15 g）を有する[60]．

図3.2.69に，チタンサブリメーションポンプの排気原理を示す．チタンの蒸発（昇華）によって形成されたチタン蒸着膜に気体分子が入射すると，気体分子はチタン蒸着膜と化学的に結合し（化学結合），化合物として固定される．

形成されたチタン蒸着膜は，一度，気体分子との結

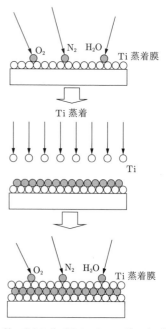

図3.2.69 チタンサブリメーションポンプの排気原理

合で飽和すると排気能力が失われる．したがって，継続的に排気を行うためには，その表面に新たなチタン蒸着膜を形成し，ゲッター作用を回復する必要がある．

チタン蒸着面に衝突する気体分子の数は圧力に比例する．付着確率を 1 とした場合，10^{-4} Pa で 4 秒，10^{-5} Pa で 40 秒，10^{-8} Pa では 40 000 秒（約 11 時間）で単分子層が形成される．なお，チタン蒸着膜に対する気体分子の付着確率は，D. J. Harra によるレビュー[61]や荒井らによる報告[62]がある．液体窒素冷却温度 77 K のチタン蒸着膜への水素の付着確率は，D. J. Harra は 0.4，荒井らは 0.16〜0.22 としている．300 K では，それぞれ 0.06 と 0.06〜0.11 である．一酸化炭素 CO に対しては，単分子層の吸着に至るまで付着確率が 1 という結果[61],[63]も報告されている．いずれにしろ，チタン蒸着膜が吸着気体で覆われてしまえば，気体分子の付着確率は低下するので，再度チタンを蒸発させなければならない．

したがって，効率良くチタンを蒸発させるためには，排気中の圧力によってチタンを蒸発させるタイミング（蒸発間隔）を考える必要がある．チタンサブリメーションポンプの制御電源には，チタンの蒸発間隔を制御する機能が内蔵されているのが一般的である．

排気のメカニズムは気体の種類によって異なる．したがって，排気速度は気体の種類に依存する．これは気体の種類によって，チタンとの相互作用が異なるためである．例えば酸素の場合，チタンとの化学結合で酸化物を形成し，固定化するのに対し，水素ではチタン蒸着膜内部への拡散による吸収がおもな排気作用である．またメタンなどの飽和炭化水素に対しては，弱い相互作用でチタン蒸着表面に吸着しているにすぎず，ヘリウム，アルゴン等の貴ガスに至っては，排気能力はほとんどない[61]．

〔3〕 サブリメーションポンプの排気基本特性

一般的に，チタンサブリメーションポンプは 10^{-1} Pa 以下の圧力でポンプ作用を示し，排気速度は図 3.2.70 に示すように，コンダクタンス制限領域と圧力依存性持つチタン昇華速度（蒸発速度）制限領域に分けることができる．

チタンサブリメーションポンプのコンダクタンス制限領域における排気速度は以下の 3 項によって決定される．

1) ゲッター面積（チタン蒸着膜の付着面積）
2) ゲッター面に衝突した気体分子が，ゲッター面に取り込まれる確率（付着確率）
3) ポンプ容器吸気口から，ポンプ作用を示すゲッター面までのコンダクタンス

コンダクタンス制限領域では，ガス放出による気体

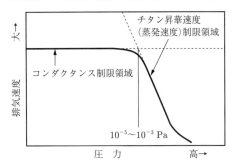

図 3.2.70 チタンサブリメーションポンプの排気特性
（キヤノンアネルバ株式会社：真空ポンプ技術資料より）

分子の量より蒸発源の昇華により供給されるチタン蒸着分子の量が多い状態であれば，排気速度は圧力やチタン昇華速度によらず，ポンプ容器吸気口からゲッター面までのコンダクタンスによって決まる．コンダクタンス制限領域での排気速度は，下記に示す方法で見積ることができる．

チタン蒸着面（ゲッター面）での排気速度 S_0 は，式 (3.2.40) で与えられる．

$$S_0 = A \times s \tag{3.2.40}$$

ここで A はチタン蒸着膜が付着しているゲッター面の面積，s は付着確率より算出されるゲッター面の単位面積当りの排気速度を表す．各種気体に対する s の値は，表 3.2.6[60]を参照のこと．

表 3.2.6 新鮮なチタンゲッター面の各種気体に対する付着確率と排気速度[60]

ガス	ゲッター面温度：300 K 付着確率	ゲッター面温度：300 K 排気速度 [L/s·cm^2]	ゲッター面温度：78 K 付着確率	ゲッター面温度：78 K 排気速度 [L/s·cm^2]
N_2	0.3	3.5	0.7	8.3
H_2	0.06	2.6	0.4	17.6
D_2	0.1	3.1	0.2	6.2
CO	0.7	8.3	0.95	11.2
CO_2	0.5	4.7	—	—
H_2O	0.5	7.3	—	—
O_2	0.8	8.8	1.0	11.0

最後に式 (3.2.41) より，ポンプ容器吸気口からポンプ作用を示すゲッター面までのコンダクタンス C で S_0 を補正し，実効排気速度 S_C を算出する．

$$\frac{1}{S_C} = \frac{1}{S_0} + \frac{1}{C} \tag{3.2.41}$$

一方，チタンサブリメーションポンプのチタン昇華速度（蒸発速度）制限領域における排気速度は，以下の 2 項によって決定される．

1) チタン昇華速度（蒸発速度）
2) ゲッター面の単位面積に，単位時間当りに入射する気体分子数（圧力）

チタン昇華速度（蒸発速度）制限領域では圧力が高いために，新鮮なゲッター面も数秒から数十秒で気体分子との反応で飽和し，排気能力を失ってしまう．このため初期の排気速度を維持するためには，この数秒間に排気された気体分子数に見合った量のチタン原子をゲッター面に供給する必要がある．したがって，排気速度はチタンの昇華速度（蒸発速度）と，ゲッター面の単位面積，単位時間当りに入射する気体分子数，すなわち圧力によって決まる．

一般的な気体に関して，表3.2.6にゲッター面温度300 K，78 K における各種ガスの付着確率と排気速度を示す．このデータより，チタンゲッター面の排気性能がガスの種類によって大きく異なることや，ゲッター面温度に強く依存することがわかる．このため，ある気体が吸着しているチタンゲッター面に別の気体が導入された場合，その気体分子の吸着性がより強いと，最初に吸着していた気体が再放出される現象を生じる．吸着性の強い気体分子がすでに吸着している分子と置き換わって吸着する現象を置換吸着と呼ぶ．これは，実際の付着確率がチタンゲッター面ではなく，その以前に最表面に吸着している気体分子に依存することによる．このような排気履歴によって残留気体成分が変化する現象をチタンサブリメーションポンプのメモリ効果と呼ぶ．

なお，チタンゲッター面における代表的な吸着気体の置換優先順位は，メタンが最も置き換わりやすく，次いで窒素，水素，一酸化炭素の順となり，酸素は他の気体と，最も置き換わりにくい．

一方，メタンはファンデルワールス力による結合であるため，他の気体によって置換され，再放出されやすい．このため，チタンサブリメーションポンプでは，メタンに対する排気性能を有したスパッタイオンポンプ等との組合せが必要である．メタンは金属内部に溶解している炭素と水素，あるいは気相中の水素が反応して生成する[64]．したがってチタン蒸発源や，熱陰極電離真空計などの熱フィラメントのように，金属材料を高温加熱した場合に発生しやすい．このため超高真空や極高真空環境を作る場合には，メタンの排気が必要不可欠となる．

なお，チタンサブリメーションポンプは，10^{-1} Pa 以上の圧力では，チタン蒸発源の表面で化合物が生成してしまい，チタンの昇華が正常に行えず，使用できない．

〔4〕 サブリメーションポンプの特徴と使用上の注意

チタンサブリメーションポンプの特徴は，簡単な構造でありながら大きな排気速度を得られ，しかも低コストで実現できることである．このため，超高真空装置や大型加速器など，超高真空から極高真空領域において，非常に大きな排気速度を必要とする用途に適しているが，一方で，気体ため込み式真空ポンプである以上，大排気量を必要とする用途には適さない．

また，チタン蒸発源自体，高温に加熱されることを想定した構造であるため，取付け真空容器のベーキングにも問題なく使用できる．さらに，高真空領域あるいは超高真空領域での使用に限定した場合，排気した気体の蓄積量が少ない状態では，ポンプ自体がガス放出源になりにくいことも特徴の一つである．

ただし，チタン蒸発源を蒸発させている間は構成部材が高温となり，ガス放出源となるので，注意が必要である．基本的に，構成部品は組立て前に十分な表面処理と加熱脱ガス処理によって，ガス放出の低減が図られているが，チタン蒸発時のガス放出を完全に抑えることは難しい．特に，新品の蒸発源でチタンを昇華させる際には，初回通電時にチタン材料に溶解している気体が多量に放出されるので，注意が必要である．

通常，超高真空や極高真空領域で使用する場合には，到達圧力に追い込む前に，チタン蒸発源をエージング加熱し，十分ガス出しを行っておくことが必要となる．エージング加熱は，一般的にチタン蒸発源に流す電流を制御し，チタンの昇華温度の少し手前の温度で加熱を行う．エージング加熱の時間はチタン蒸発源の形状や大きさにより異なるので，製品の取扱説明書などで確認するとともに，事前試験運転などで，実際に使用する蒸発源の加熱によるガス放出や，エージング効果を得るための動作条件を，あらかじめ把握しておくことが重要である．

同時に，チタンサブリメーションポンプで排気できない貴ガスやメタンガスに対する対策として，スパッタイオンポンプ等の他の真空ポンプの併用も忘れてはならない．むしろ，他の真空ポンプが主ポンプで，チタンサブリメーションポンプは補助的なポンプとして使用される場合が多い．主ポンプ単独での排気より1段低い圧力を作成したい場合などに，チタンサブリメーションポンプを使用する場合が多い．

また，圧力の高い領域で多量の気体を排気した場合，飽和したチタン蒸着膜が，高真空以下の低い圧力領域でガス放出源となる場合もあるので，注意が必要である．さらに，長時間チタンの昇華を行うとチタン蒸着膜が厚く堆積する．場合によってはチタン蒸着面の温度変化など，熱的ストレスによってチタン蒸着膜が剥

離し，真空容器内におけるパーティクルの発生源になるとともに，ガス放出源になる．

ポンプ容器内面などに付着したチタン蒸着膜は，定期的に，物理的，化学的にクリーニングし，堆積したチタン蒸着膜を除去する必要がある．

〔5〕 サブリメーションポンプの最新動向

チタンサブリメーションポンプは，スパッタイオンポンプとの併用で，貴ガスやメタンガスに対する排気能力の欠点を補うことができる．この点に着目し，チタンサブリメーションポンプとスパッタイオンポンプを，冷却機構を有する同一真空容器に組み込んだコンビネーション型ポンプが市販されている．本ポンプの排気速度当りの価格（制御電源を含む）は，スパッタイオンポンプの 1/2 から 1/3 程度となり，優れたコストパフォーマンスを実現している．図 3.2.71 にコンビネーション型ポンプの市販製品の外観を示す．

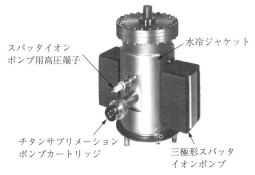

図 3.2.71　1 600 L/s コンビネーション型ポンプ
（キヤノンアネルバ株式会社：真空ポンプ技術資料より）

チタンサブリメーションポンプは液体窒素シュラウドを併用した系で，各種超高真空排気システムや分子線エピタキシー装置等で多く用いられている．近年では，チタン蒸発源とチタン蒸着膜の効率的な加熱処理と，液体窒素シュラウドによるチタン蒸着面の低温化によって，10^{-11} Pa の極高真空が得られている[65),66)]．

今日では，同じゲッターポンプの中でも，非蒸発型ゲッターポンプの一般市場への拡大や，ターボ分子ポンプ，クライオポンプの性能向上により，チタンサブリメーションポンプに頼らずとも，超高真空，極高真空が比較的容易に得られる時代となってきた．しかしながらチタンサブリメーションポンプの最大の特徴である簡単構造と，安価に得られる大排気速度は，今日においても魅力的であることにかわりない．

〔6〕 非蒸発型ゲッターポンプ

非蒸発型ゲッター（non-evaporable getter, NEG）ポンプは，ゲッター表面を生成するために，あえて活性な金属を昇華させることなく，あらかじめ用意されたゲッター面（非蒸発型）を高温にすることで新鮮なゲッター表面を生成し，そのゲッター効果でガスを排気するポンプである．

NEG 材料は，現在，おもに SAES Getters 社によって供給されている[67)]．代表的な NEG 材として，84％Zr–16％Al 合金の St101 が 1960 年代初頭より高真空排気用として長い実績を持つが，活性化温度が 500℃から 750℃と高温である．その後，加熱温度が 350℃から 500℃の比較的低い温度で活性化できる，70％Zr–24.6％V–5.4％Fe 合金の St707 が登場した．現在では，加熱温度が 450℃から 550℃で活性可能な Zr–V–Fe 合金を粉末焼結体にした St172 が一般的となっている．

これらの NEG 材料は，粉末状材料を鉄またはコンスタンタンの薄い板に圧接，あるいは真空中で焼結接着したものが市販されている．特に焼結接着タイプにおいては，その製造プロセスによる高多孔性によって，非常に大きな表面積を持つ．焼結ディスクタイプは面積当りの排気速度も大きく機械特性も向上している．

図 3.2.72 に，NEG 材をモジュール化したポンプの一例として，SAES Getters 社の製品を示す．

 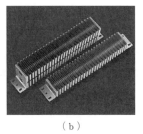

（a）　　　　　　　　　（b）

図 3.2.72　NEG 材をモジュール化したポンプの外観
（SAES Getters 社：NEG ポンプ技術資料より）

図 3.2.72 (a) はフランジマウント型のカートリッジに組み上げたタイプ（CapaciTorr MK5 シリーズ D 3500）で，NEG 材を粉末焼結体にした上で，ディスク形状にし，加熱ヒーター近傍に積層配置した構造となっている．このタイプは外部からの電力供給で，NEG 材の活性化が容易に行える．

図 3.2.72 (b) は，NEG 材がコーティングされた薄板を何層にも折り曲げた，モジュールタイプ（SORB-AC ウェハーモジュール）である．設置する用途や形状に応じて，取り付けることができる．

〔7〕 非蒸発型ゲッターポンプの排気原理

NEG ポンプは，NEG 材のゲッター作用を利用して真空容器内のガスを排気するポンプであるが，チタン

サブリメーションポンプのようにゲッター材料を昇華し，活性なゲッター表面を生成するのではなく，NEG材を高温にすることで新鮮なゲッター表面を生成し，ガスを排気するポンプである．

購入時のNEGポンプは，ゲッター表面が酸化物や炭化物で覆われているため，そのままではゲッター作用を示さない．ポンプとして機能させるためには，真空中でNEG材を加熱し，表面を覆っている酸化物や炭化物をゲッター材のバルク構造内に拡散させることで最表面を清浄化し，ゲッター作用を回復させる必要がある．

NEGポンプでゲッター作用を回復させるための活性化条件は，ゲッター材の種類によって異なる．活性化操作を行う圧力は，ヒーターワイヤの腐食現象，ヒーターと他のポンプエレメント間の放電，活性化過程における活性ガスの過剰吸着によるゲッター材の劣化等を避けるため，圧力 1×10^{-3} Pa 以下が望ましい．

なお，活性化度合いは，活性化温度と活性化時間によって決定される．図 3.2.73 に，NEGポンプの代表的なゲッター材である St101 と St707 の，活性化温度と活性化時間との関係，ならびに標準的な活性化条件を示す．

強く，ゲッター材が1000℃まで加熱されたとしても真空環境に吸着気体分子が再放出されることはない．

水素はNEG材と化学結合を形成しないが，代わりに，ゲッター材に素早く拡散し固溶体としてとどまる．NEG材内部の水素濃度はその平衡圧に一致し，温度の影響を強く受ける．したがって水素の場合，可逆的に吸蔵される．その影響度は，以下の式で示される[67]．

$$\log P = A + 2\log q - \frac{B}{T} \quad (3.2.42)$$

q = 濃度 [Torr·L/ゲッター材の重さ [g]]
P = 平衡圧 [Torr]
T = ゲッター温度 [K]

ここで，AとBは実験的に決定された定数であり，ゲッター材のタイプにより異なる．下記にSAES Getters社のNEGポンプ技術資料より引用したおもなゲッター材のA，B値を示す．

St101： $A = 4.820$　$B = 7280$
St707： $A = 4.800$　$B = 6116$
St172： $A = 4.450$　$B = 5730$

参考までに，式(3.2.42)より算出したSt707の水素濃度と平衡圧力との関係を，図 3.2.74 に示す．

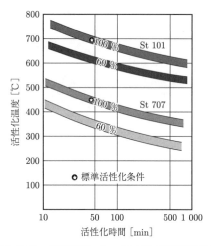

図 3.2.73　非蒸発型ゲッター（NEG）の活性化特性と標準活性化条件
（SAES Getters 社：NEG ポンプ技術資料より）

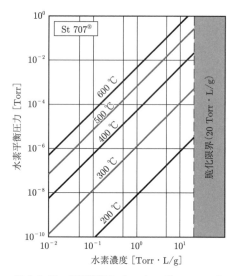

図 3.2.74　非蒸発型ゲッター（NEG）St707 の水素濃度と水素平衡圧力との関係
（SAES Getters 社：NEG ポンプ技術資料より）

NEG材の排気原理は，ガスの種類によって異なる．
一酸化炭素，二酸化炭素，窒素，酸素などの活性ガスは，ゲッター材に不可逆的に化学吸着される．気体分子の化学結合はゲッター材の表面で分解され，その構成物質が，構成酸化物，炭化物，窒化物として吸着される．ゲッター材とこれら要素の化学結合は非常に

図 3.2.75 に，NEGポンプのゲッター作用とゲッター表面における飽和，さらには加熱によるゲッター作用の回復サイクルを表す．

NEG材の活性化は，NEGモジュールに組み込まれているヒーターを用い，モジュールを加熱処理することで行える．NEG材を高温にすることで，表面を覆った

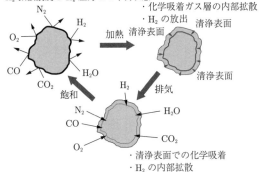

図 3.2.75 非蒸発型ゲッター (NEG) の活性化によるゲッター作用の回復と飽和サイクル
(SAES Getters 社：NEG ポンプ技術資料より)

酸化物や窒化物は NEG 材のバルク内部に拡散し，固定化され，表面に再び清浄なゲッター表面が形成されゲッター作用が回復する．この回復作用は，100 回程度繰り返すことが可能である．

ゲッター材内部に拡散していた水素は，加熱によってゲッター材の外部に放出され，ターボ分子ポンプ等の別の真空ポンプで排気される．この際のゲッター材内部の水素濃度と周囲水素分圧との平衡圧力は，式 (3.2.42) の通り，NEG 材の温度によって決定される．

一方，アルゴンやヘリウム等の貴ガスについてはチタンサブリメーションポンプ同様，排気することはできない．

〔8〕 非蒸発型ゲッターポンプの排気特性

図 3.2.76 に，St707 をゲッター材とした典型的なカートリッジ型ポンプの，水素，水蒸気，一酸化炭素に対する排気速度特性を，室温と 280℃ における排気速度と累積収着量との関係で示す．

NEG 材の温度を上げると，表面に吸着していた気体がバルク内部へ拡散するため，室温に比べ温度が高い場合において排気速度が大きい傾向を示す．特に一酸化炭素に対しては，拡散の効果が顕著である．また，ゲッター材表面での化学吸着が進行するにつれて，吸着可能な活性領域が減少するため，排気速度は吸着量の増加とともに徐々に低下する．一方，水素の場合，主たる排気原理が材料内部への拡散であるため，一酸化炭素や水蒸気よりも，吸着量の増加に伴う排気速度の低下は小さい．

なお，1 回の活性化で排気できる時間は吸蔵する分子の数によるため，設置環境の圧力により大きく異なる．

〔9〕 非蒸発型ゲッターポンプの特長と使用上の注意

NEG ポンプは，チタンサブリメーションポンプのようにゲッター材を昇華し，チタン蒸着膜を新たに形成する必要がないため，真空容器内をクリーンな状況に維持することができる．また，真空容器内に生成したチタン蒸着膜の除去といった，面倒な作業も不要である．このような特徴から，加速器を中心とした大規模な真空システムで広く利用されるようになった．最近では，小型軽量であることから，表面分析機器や，走査あるいは透過電子顕微鏡，薄膜成長装置，可搬真空搬送装置，原子冷却トラップシステムなどに幅広く使用されている[68]．

一方で，ゲッター材表面におけるガス吸着やゲッター材内部のガスの飽和で排気性能が低下した場合の再活性化操作として，少なくとも 250℃ 以上の温度で NEG 材料を加熱する必要がある．このため，真空装置を加熱可能な構造にする必要がある．

図 3.2.72 (a) に示す，フランジマウント型のカートリッジに組み上げたタイプ (CapaciTorr MK5 シリーズ D 3500) では，あらかじめ加熱用ヒーターが内蔵されているが，図 (b) に示すモジュールタイプ (SORB-AC ウェーハーモジュール) の場合，モジュールを構成する薄板に直接電流を流し，抵抗加熱によって加熱を行うか，加熱用ヒーターを別途組み込む方法が考えられる．

また，活性化中に圧力上昇 (1 Pa 以上) や空気の急激な流入があると，ゲッター材の焼成 (急激な酸化) が生じることがあるので，活性化中の圧力変化にも注意が必要である．

なお，NEG ポンプは貴ガスに対して排気能力がまったくなく，メタンに対してもほとんどない．このため，これらのガスを排気するための真空ポンプとして，スパッタイオンポンプ等の併用が必要不可欠である．

〔10〕 非蒸発型ゲッターポンプの最新動向

SAES Getters 社より，Zr 粉末と St707 ゲッター合金の混合物で作られた St172 が製品化されている．

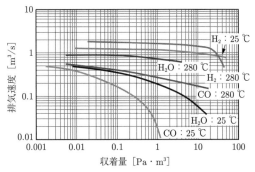

図 3.2.76 典型的な非蒸発型ゲッター (NEG) ポンプの排気速度特性
(SAES Getters 社：NEG ポンプ技術資料より)

St172 の標準活性化条件は St707 と同じ 450℃で 45 分である．St172 は NEG 材の粉末を真空中にて焼結したディスク形状材を用いたことで，従来の NEG 材に比較し，機械的特性の向上と高多孔性を実現し，その結果，高い吸着性能を得ている．

また近年，同じく SAES Getters 社より，フランジマウント型の NEG ポンプに小型スパッタイオンポンプを組み込むことで，不活性ガスやメタンに対する排気能力を付加した複合型ポンプが市販されている．複合型ポンプの場合，不活性ガスやメタンの排気用として，補助ポンプを別途用意する必要がなく，省設置スペースでありながら，超高真空，極高真空排気が可能となっている[69]．図 3.2.77 に複合型 NEG ポンプ市販製品の外観を示す．

図 3.2.77 複合型非蒸発型ゲッター（NEG）ポンプ（NEXTorr D500-5）の外観
（SAES Getters 社：NEG ポンプ技術資料より）

また同社より，Ti–Zr–V–Al をベースとした焼結合金を用いて高真空領域に対応した NEG ポンプが製品化されている．この NEG 材は St172 合金に対し吸蔵量を大幅に改良し，高真空領域においても十分な排気時間を維持することが可能である．

3.2.9 スパッタイオンポンプ

近年のドライポンプやターボ分子ポンプ，クライオポンプの目覚ましい躍進により，オイルフリーの超高真空も，以前に比べて比較的容易に得られるようになった．この節では，オイルフリーを身近なものにした各種真空ポンプの技術革新により，活躍の場が狭められつつある真空ポンプとして，スパッタイオンポンプとソープションポンプについて解説する．これらのポンプは気体ため込み式真空ポンプに分類される．

〔1〕 スパッタイオンポンプ

スパッタイオンポンプ（sputter ion pump, SIP）は，ペニング真空計のガス排気作用に着目し，構造や陰極材料を工夫することで，真空ポンプとして機能するようにしたポンプである．単にイオンポンプと呼ばれる場合もある．

スパッタイオンポンプは Gurewitsh と Westendrop[70]によって，初めて論文発表された．その後，Hall[71]や Jepsen[72]らによって，今日のスパッタイオンポンプの基礎となる，複数の円筒陽極を備えた実用的なポンプがバリアン社より発表された．

スパッタイオンポンプは，多くの気体に対して活性なチタンやタンタル等のゲッター作用によって気体を排気する，ため込み式真空ポンプである．

平行強磁場中で数 kV の高電圧を印加し，ペニング放電を起こすことにより，イオン化された気体分子が陰極をスパッタリングすることで，活性なスパッタ膜が円筒陽極上に形成される．スパッタイオンポンプでは陰極材料にチタンやタンタル等の活性金属を用いることで，スパッタ膜のゲッター作用，ならびにスパッタされた陰極材料による気体分子の埋込み作用により，連続的に排気を行うことができる真空ポンプである．

近年，ターボ分子ポンプやクライオポンプの実用化と市場拡大が急速に進んだことで，スパッタイオンポンプの用途は，電子顕微鏡などの表面分析装置や加速器，各種研究用の実験装置等に限定される傾向にある．それまではオイルフリーな超高真空を作る上で必要不可欠なポンプとして，広く用いられてきた．

〔2〕 スパッタイオンポンプの構造と排気原理

スパッタイオンポンプは，ポンプ本体とポンプを動作させるための制御電源で構成される．図 3.2.78 にスパッタイオンポンプ本体と制御電源の外観を示す．

（a） キヤノンアネルバ株式会社製，60 L/s 二極形スパッタイオンポンプ本体
（b） キヤノンアネルバ株式会社製，P-500 制御電源

図 3.2.78 代表的なスパッタイオンポンプ本体と制御電源外観
（キヤノンアネルバ株式会社：真空ポンプ技術資料より）

スパッタイオンポンプは構造上の違いから，二極形と三極形に分けられる．図 3.2.79 は構造的にシンプルな，二極形のポンプ構成を示したものである．

ポンプ本体には，一般的にステンレス鋼製のポンプ容器の内部に，チタン製陰極板と複数の円筒陽極で構成されるポンプ素子が収納されている．円筒陽極には電流導入端子を介して，DC 3 kV から DC 8 kV の正の高電圧が印加される構造となっている．なお，二極

3.2 真空ポンプ

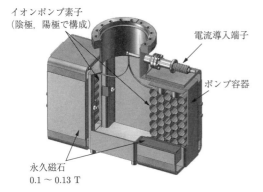

図 3.2.79 二極形スパッタイオンポンプ構成図

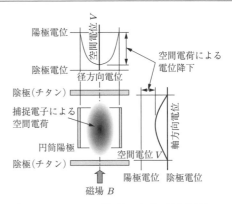

図 3.2.81 ペニング放電中における円筒陽極内の電位分布[73]

形スパッタイオンポンプの場合，陰極はポンプ容器と同じアース電位となる．また，ポンプ素子を収納するポンプ容器の大気圧側には，0.1 T 程度の平行強磁場を発生するための永久磁石が配置されている．

このように配置された高電界と強磁場とで，ポンプ素子内部にペニング放電を生じさせる．

図 3.2.80 に，二極形スパッタイオンポンプの素子構造，ならびに，高電圧，平行強磁場の印加状態を示す．

体分子との衝突とイオン化の連鎖を生じ，放電が持続される．

図 3.2.82 に，二極形スパッタイオンポンプの排気原理を示す．

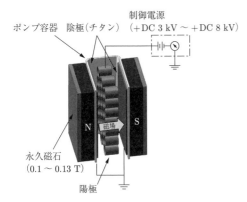

図 3.2.80 二極形スパッタイオンポンプ構造図

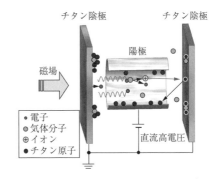

図 3.2.82 二極形スパッタイオンポンプの排気原理

ペニング放電はおよそ 10^{-2} Pa 以下で生じ，これより高い圧力で生じるグロー放電とは，放電空間内に正イオンがほとんど，あるいはまったく捉えられない点で区別される[73]．静電磁場内で発生した電子のポテンシャルエネルギーは印加電圧より低いため，電子は陰極に入れない．また強磁場中では，電子が磁場の向きに対して垂直な面内で描くサイクロイド軌道の半径は，陽極直径に比べてはるかに小さいため，電子は陽極になかなか到達しない．このため図 3.2.81[73] の模式図に示すように，円筒陽極内には負の空間電荷がたまり，電位降下が起こる．円筒陽極内における径方向の電位降下は直交電磁場を形成し，トラップされた電子は気

ペニング放電内では，陰極と陽極の間に印加された高電位により電子が陰極から放出され，陽極に引き付けられる．この電子は永久磁石により印加された磁場によって，磁力線に巻き付くようにらせん運動する．

図 3.2.81 に示すように，電子は陽極内における軸方向の空間電位分布によって形成されたポテンシャルの井戸に捉えられ，両陰極間を往復運動する．電子はらせん運動と両陰極間の往復運動によって飛行距離を延ばし，最終的には陽極で捕集される．

なお，陽極内における実際の電子の運動は，これよりもはるかに複雑と考えられる．電子は気体分子との衝突を繰り返し，つぎつぎに気体分子を電離する．また，気体分子の電離によって生成された二次電子も気体分子との衝突に加わり，いわゆる雪崩現象を引き起こすことで放電が持続され，対向する陰極に挟まれた空間にプラズマが生成される．

電子と気体分子との衝突・電離で生じた正イオンは，電子よりもはるかに質量が大きいため，陽極内におけるらせん運動の回転半径は電子に比べて非常に大きくなる．このためイオンの飛行軌道は，磁力線に巻き付くようならせん運動にはならず，短い飛行距離で陰極に到達する．また，イオンは陰極の電位に対して正の空間で生成されることもあり，陰極には容易に捕集される．

このイオン化された気体分子はチタンの陰極表面をスパッタリングし，おもに円筒陽極表面や円筒陽極の外周部に対向する陰極表面に，活性なチタンのスパッタ膜を形成する．活性なチタンスパッタ膜表面では，不活性ガスを除き化学吸着によるゲッター作用で，気体の排気が行われる．

円筒陽極の中心軸周辺に対向する陰極表面にも，チタンスパッタ膜は形成されるが，再スパッタリングによって，安定したチタンスパッタ膜の形成は行われず，気体分子の排気への寄与は小さい．チタンスパッタ膜では，チタンサブリメーションポンプと同様に，活性な気体分子が化学吸着により捕えられる．

図 3.2.83 に，代表的なスパッタイオンポンプ構造である，二極形と三極形のポンプ素子構造と排気原理を比較して示す．

図 3.2.83 (a) に示す二極形は，最も一般的なスパッタイオンポンプの構造である．イオン化された気体分子によってスパッタリングされたチタンは，円筒陽極や対向する陰極表面全面に降り注ぐ．中でもスパッタリングされたチタンの多くが，円筒陽極表面と，円筒陽極の外周に対向する陰極表面上にスパッタ膜として堆積する．活性な気体分子は新鮮なチタンスパッタ膜と反応して，化合物となって固定化される．アルゴンやヘリウムのような不活性ガスはイオン化されると加速され，陰極面でスパッタの比較的激しくない部分（円筒陽極周辺部に対向した部分）とか，陽極面に堆積したチタンスパッタ膜中にもたたき込まれる．この現象をイオン埋込み効果と呼んでいる[73]．

円筒陽極内のペニング放電は，動作圧力によって放電の広がりに差異が生じる．10^{-3} Pa 程度の比較的圧力の高い領域で動作した場合，放電が広がることで陰極表面のスパッタリング領域が広がる．圧力の低い領域で動作したときのスパッタリング領域は狭いので，そのときに埋め込まれたチタン陰極面上の気体が再スパッタリングされ，再放出されることがある．本現象は，チタンと化学結合を作らない不活性ガスにおいて顕著である．この現象は大気中のアルゴンに起因するもので，アルゴン不安定性[74]と呼ばれ，**図 3.2.84**[75]に示すような周期的圧力変動を生じる．圧力変動は 10^{-3} Pa

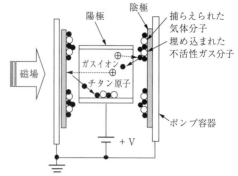

（a）二極形スパッタイオンポンプ

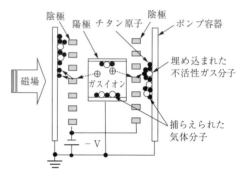

（b）三極形スパッタイオンポンプ

図 3.2.83 二極形スパッタイオンポンプと三極形スパッタイオンポンプのポンプ素子構造と排気原理の比較
（キヤノンアネルバ株式会社：真空ポンプ技術資料より）

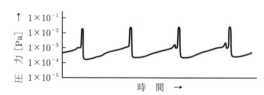

図 3.2.84 アルゴン不安定性による周期的圧力変動[75]

の空気で数百時間，10^{-4} Pa で数千時間程度の排気後に出現する．アルゴン不安定性はクリプトンやキセノン等の重い貴ガスでも生じる[73]．

アルゴン不安定性はスパッタイオンポンプにおいて大きな課題であったため，今日に至るまでさまざまな試みがなされた．代表的なものに，陰極に凹凸を付けた二極形のポンプ（スロッテッドカソード型スパッタイオンポンプ）や，陰極材料にチタンとタンタルの2種類の陰極を対向させた二極形のポンプ（ディファレンシャル型スパッタイオンポンプ），陰極から円筒陽極の中心軸に向かって柱状電極を設置した二極形のポンプ（ポスト型スパッタイオンポンプ）やマグネトロン型等がある[73]．

その中でも，最も広く普及しているのが図3.2.83(b)に示す，三極形スパッタイオンポンプである．三極形スパッタイオンポンプは，DC3 kVからDC6 kVの負の高電圧を陰極に印加し，陽極とポンプ容器はアース電位となっている．陰極は幅の狭いチタン板を複数並べ，すだれ状に設置している．イオンはすだれ状の陰極表面をスパッタリングするとともに，陰極側面を浅い角度でスパッタリングする．その結果，チタンスパッタ膜が堆積するのは円筒陽極表面と，陰極の外側にあるポンプ容器内壁となる．

ポンプ容器内壁や円筒陽極はアース電位であるため，イオンによって激しくスパッタリングされない．その結果，三極形スパッタイオンポンプでは，二極形スパッタイオンポンプのようにスパッタされたチタンで陰極表面に埋め込まれた貴ガスや，化学吸着で排気された気体分子が再スパッタされることがほとんどなくなり，貴ガスに対する排気性能を大幅に改善することができた．

なお，水素ガスも活性なチタンスパッタ膜による化学吸着や，水素イオンのままチタン陰極にたたき込まれて，TiH_2となって排気される．また，水素は分子量が小さいためチタン陰極をスパッタする量は小さく，活性なチタンスパッタ膜の生成量は少ない[73]．原子状水素はチタン内部での拡散が早く，イオンとしてチタン内部に入ったものは，温度上昇とともにチタン内部に拡散する．一方で，チタン内部に拡散した水素に対して外部の水素分圧が低くなってくると，拡散により表面に達した水素の放出を生じる．TiH_2の場合，室温付近における水素平衡圧が$1×10^{-10}$ Pa程度であったものが，400℃では100 Paにもなる[76]．またチタンは，水素を過剰に吸収すると，割れや変形を生じ，電極間の短絡を生じる場合もあるので注意が必要である．

〔3〕 **スパッタイオンポンプの排気特性**

スパッタイオンポンプの排気作用は，① スパッタリングによって生成された活性なスパッタ膜と気体との反応（活性気体），② イオン化された気体の陰極表面へのたたき込み（貴ガスを含む全気体），③ スパッタされたチタンによる埋込み（貴ガスを含む全気体），の三つの方法で行われる．このように，スパッタイオンポンプではガス種ごとに排気される機構が異なるため，排気特性もガスの種類によって異なる．

表3.2.7におもなスパッタイオンポンプの，各種気体に対する排気速度を示す．三極形スパッタイオンポンプでは，ヘリウムやアルゴン等の貴ガスに対する排気速度が，二極形に比べて大きく改善されていることがわかる．

図3.2.85[73]に，排気速度特性の一例として，二極形と三極形のスパッタイオンポンプの排気速度特性を

表3.2.7 スパッタイオンポンプの各種気体に対する排気速度比較
（キヤノンアネルバ株式会社：真空ポンプ技術資料より）

窒素に対する排気速度比 [%]

	二極形	三極形
水素（10^{-4} Pa以下）	200〜270※	200〜270※
窒素	100	100
水蒸気	100	100
一酸化炭素	100	100
二酸化炭素	100	100
各種炭化水素	90〜160	90〜160
酸素	57	100
ヘリウム	10	30
アルゴン	1	21

〔注〕 ※ 10^{-3} Pa以上の圧力では，二極形，三極形ともに，100〜110．

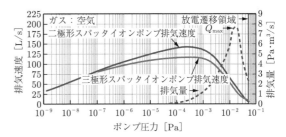

図3.2.85 140 L/s 二極形スパッタイオンポンプと110 L/s 三極形スパッタイオンポンプの排気速度特性比較

比較して示す．

スパッタイオンポンプの動作圧力範囲は，ポンプの種類や排気速度にもよるが0.1 Paから10^{-9} Pa程度である．真空ポンプ全般にいえることであるが，ポンプの動作範囲の中でも，動作範囲の下限や上限付近では排気速度の低下等，排気能力の低下が見られる．スパッタイオンポンプの場合も同様で，10^{-3} Paから10^{-6} Paの範囲では，ほぼ安定した排気特性が得られているが，圧力の減少とともに排気速度の低下が見られる．一方，高圧力側では10^{-4} Pa付近を境に排気速度が大きく低下する．これは，スパッタイオンポンプの保護を目的として，ポンプ制御電源側で高圧力側の印加電圧を自動的に低くするよう制御しているためである．スパッタイオンポンプの動作上限圧力である0.1 Pa付近で，定常動作時と同等の数kVの高電圧を印加すると，放電電力の増加によってポンプ素子が加熱され，場合によっては電極の溶解，短絡を引き起こすことがある．したがって，現在のスパッタイオンポンプでは，印加電圧を自動的に下げるようになっている．

スパッタイオンポンプの排気速度は，活性なチタンスパッタ膜の表面で，ペニング放電によって単位時間

当りに捕捉される気体分子数に依存する.

気体分子の排気量 q は放電電流 I に比例するので，式 (3.2.43) のように表される[73]．

$$q = KI \qquad (3.2.43)$$

一方，ポンプの排気速度 S は，式 (3.2.43) より下記のとおり表される[73]．

$$S = \frac{KI}{p} \qquad (3.2.44)$$

ここで K は，特定ガスに対し印加電圧と磁場が一定のときの比例定数である．p は圧力である．I/p は放電強度と呼ばれ，ガス分子 1 個当りの放電電流に比例した量である．

したがって，I/p は排気速度 S に比例する量であり，I/p の大きさは，そのポンプの排気性能を推測する目安となる．ペニング放電は圧力の低下とともに弱まるため，I/p も圧力の低下に伴い小さくなる．また I/p は印加電圧，印加磁場，陽極径に依存する．一般的には印加電圧，印加磁場が高いほど，陽極径が大きいほど，I/p も大きくなる[77],[78]．ただし，陽極径が陽極長さ以上になってくると，電子をトラップする空間が確保できず，この関係が成立しなくなるようである[78]．

〔4〕 スパッタイオンポンプの特徴と使用上の注意

スパッタイオンポンプの放電電流と圧力は，式 (3.2.44) より比例関係にあることがわかる．

したがって，簡易的にはポンプの放電電流から圧力を推定することができる．

一例として，**図 3.2.86** に二極形スパッタイオンポンプの放電電流と圧力との関係を示す．なお，ポンプの放電電流 I と圧力 p は，$I \propto p^{1.05}$ で，ほぼ比例している．

この特徴を生かして，ポンプメーカーによっては放電電流値の表示とともに，簡易的な圧力表示機能を有する制御電源も市販されている．ただし，スパッタイオンポンプによる圧力表示はあくまでも目安と考えるべきである．放電電流の中には，気体分子の電離に起因するイオン電流以外に，ポンプ素子絶縁部のリーク電流や，チタンスパッタ膜に起因する電界放出電流等の残留電流が含まれる．これらの残留電流は，ポンプ素子の劣化や動作環境によって変化するため，制御電源の圧力指示値は参考程度にとどめたい．また，超高真空や極高真空領域に入ると放電電流値がゼロ付近を示す．また，大気圧付近でも放電が生じないので放電電流値はゼロを示す．したがって，バルブで封じ切ったスパッタイオンポンプの内部が，真空なのか大気圧なのかを放電電流値で判断するのは問題がある．特に，

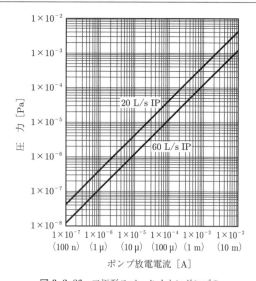

図 3.2.86 二極形スパッタイオンポンプの放電電流と圧力との関係
(キヤノンアネルバ株式会社：真空ポンプ技術資料より)

スパッタイオンポンプのバルブ開閉に際しては，圧力の判定に十分注意すべきである．

なお，冷陰極電離真空計は，この関係を利用して圧力を算出している．

スパッタイオンポンプは気体ため込み式真空ポンプであるため，ガスを積極的に流すようなプロセスでの使用には適さない．例えば，アルゴンガスを導入する半導体や電子デバイスの製造装置等に，不活性ガスに対する排気性能を改善した三極形スパッタイオンポンプを用いたとしても，アルゴンによるチタンスパッタ量の増加に伴う陰極の著しい消耗や，チタンスパッタ膜の剥離による電極間ショート，さらにはアルゴン不安定性の発生により，真空ポンプとしてのメンテナンスサイクルがきわめて短くなることが推測される．このように多量にガスが導入される排気系では，ターボ分子ポンプ等の気体輸送式真空ポンプを採用するか，もしくは気体ため込み式真空ポンプであっても，クライオポンプ等の大排気量の真空ポンプの使用を推奨する．

また，ガス導入が少ない真空排気系であっても，大気からの排気を頻繁に行うような場合は，大気中に含まれるアルゴンが積算排気されるため，アルゴン不安定性を生じやすい．このような用途には，三極形スパッタイオンポンプ等の不活性ガスに対する排気能力を改善したスパッタイオンポンプの使用を推奨する．

スパッタイオンポンプが使われる排気系は，一般的に 10^{-6} Pa 以下の超高真空領域まで排気されるため，真空容器のベーキングとともにスパッタイオンポンプ

のベーキングも必要不可欠となる．スパッタイオンポンプ本体をベーキングする場合，本体にヒーターが内蔵されていないタイプでは，本体外周をシースヒーターやジャケットヒーター等で加熱することになる．ここで注意すべき点として，加熱時の温度がある．真空装置の構成材料，構成ユニット，ならびに目標とする到達圧力や到達時間によって，スパッタイオンポンプ本体の適正なベーキング温度やベーキング時間を選定しなければならないが，一般的なステンレス鋼製真空装置であれば，200℃で8時間から24時間程度であろう．スパッタイオンポンプの構成ユニットであるマグネットは，通常フェライト系マグネットが使用されている．フェライト系マグネットの場合，250℃以上で磁力の低下（減磁）を生じることがあるため，マグネットの外周にヒーターを設置する場合，加熱温度に十分な注意が必要である．特に加熱温度の測定位置については，スパッタイオンポンプ容器よりも，むしろマグネット表面温度に注意を払う必要がある．スパッタイオンポンプ本体のベーキングに際しては，使用ヒーターや最大加熱温度について，取扱説明書やメーカーへの確認等で，正しい情報を事前に収集しておくことが重要である．

　スパッタイオンポンプは気体ため込み式真空ポンプであるため，ベーキングによって真空容器やスパッタイオンポンプ本体から脱離・放出された気体分子を，スパッタイオンポンプ自体で排気することは極力避けたい．そのためには，真空容器や排気系を含む装置全体をベーキングする際に，ターボ分子ポンプのような気体輸送式真空ポンプを粗引きポンプとして使用するのが最適である．図3.2.85でもわかるように，ベーキング中の圧力が10^{-3}Pa以上になるようであれば，スパッタイオンポンプの排気負荷としてはかなり大きくなる．このような場合，スパッタイオンポンプを停止し，ベーキングによる放出ガスを気体輸送式真空ポンプで系外に排出する．

　なお，放出ガスが少なくなるベーキングの後半で，圧力が10^{-4}Paから10^{-5}Pa程度まで下がったところで，気体輸送式真空ポンプによる排気とともに，スパッタイオンポンプを動作させることを推奨する．この際，スパッタイオンポンプの動作開始と同時に，圧力が一時的に上昇するので，ここで一度スパッタイオンポンプの動作を停止し，また圧力が下がったところで再度動作を開始する．通常この動作を数回繰り返すことで，スパッタイオンポンプの動作開始による圧力上昇は落ち着く．この間，気体輸送式真空ポンプとの併用で排気を行うが，先のとおりスパッタイオンポンプ動作による圧力上昇が少なくなったところで，スパッタイオ

ンポンプのみによる排気に切り替える．なお，ベーキング温度の降下開始とスパッタイオンポンプによる単体排気への切替え時期は，ほぼ同時期が適当である．

　この一連の動作で，超高真空領域でのスパッタイオンポンプの排気性能低下を抑制することが期待できる．ベーキング後半，比較的圧力が高い領域でスパッタイオンポンプを動作することで，ポンプ素子の円筒陽極内におけるペニング放電が広がり，ポンプ素子陰極表面を広く清浄にすることができる．また，ベーキング終了後，高真空領域に達してから，いきなりスパッタイオンポンプを動作させると，スパッタイオンポンプの陰極表面に吸着していたベーキングに起因するガスが一気に放出され，スパッタイオンポンプのみならず，真空容器全体の圧力悪化を引き起こすことがある．このような問題を回避する上でも，先に示したベーキング終了近くにおけるスパッタイオンポンプの稼動は，超高真空や極高真空を作る上で，ポイントとなる操作である．

　つぎにスパッタイオンポンプの寿命とメンテナンスについて述べる．

　スパッタイオンポンプの寿命に関係する項目は，以下の現象である．

　① 陰極消耗寿命：チタン陰極がスパッタリングされることで，チタン陰極の裏側まで穴が開いてしまうまでの時間とされる．

　② 陽極剥離寿命：円筒陽極表面におけるチタンスパッタ膜の堆積層が厚くなって剥離し，圧力の不規則変動が現れ始めるまでの時間とされる

　③ ガス飽和寿命：水素やヘリウムが陰極内に溶解・拡散して飽和するまでの時間とされる

　これらの寿命はスパッタイオンポンプの構造や，印加電圧，磁場の強さ，チタン陰極の厚さ等によって異なる．また動作圧力によっても大きく異なり，寿命は動作圧力に反比例する．

　表3.2.8に，圧力1×10^{-4}Paで連続動作した場合の，スパッタイオンポンプ寿命の一例を示す．

表3.2.8 スパッタイオンポンプの各種寿命

寿命の種類	圧力1×10^{-4}Paでの寿命（時間）
陰極摩耗寿命	二極形：約100 000 三極形：約35 000
陽極剥離寿命	二極形：25 000～40 000 三極形：20 000～35 000
ガス飽和寿命	10 000～50 000　（He，H$_2$）

（キヤノンアネルバ株式会社：真空ポンプ技術資料より）

　なお，あらかじめスパッタイオンポンプの寿命を予測することは難しいが，一般的にはポンプの排気性能の低下や圧力の変動が見られるようになった場合，ポ

ンプの寿命が疑われる．この場合，一度ポンプのベーキングを実施し，それでも改善が見込めないようであれば，一応寿命と判断できる．寿命を迎えたポンプは，オーバーホールによって排気性能を回復することが可能である．オーバーホールはポンプ容器内部の酸洗洗浄によるチタンスパッタ膜の除去や，ポンプ素子の交換が一般的である．通常，メーカーに返却しての作業となる．

〔5〕 スパッタイオンポンプの最新動向

スパッタイオンポンプはゲッターポンプやクライオポンプと同様，気体ため込み式真空ポンプを代表するポンプであるが，ポンプの大きさや価格に対し，排気速度，排気容量といった点で，他のポンプに劣る．したがって容積の大きな真空容器の排気は苦手としている．しかしながら長期において，無振動で超高真空や極高真空を維持することが求められる用途において，スパッタイオンポンプはなくてはならないポンプとなる．チタンサブリメーションポンプや非蒸発型ゲッターポンプは，大きな排気速度が得られる代わりに，不活性ガスやメタンに対してまったく排気能力を持たないといった欠点を有する．現在，振動を生じてはならない用途に使用できる真空ポンプには，スパッタイオンポンプとチタンサブリメーションポンプ，あるいは非蒸発型ゲッターポンプがあり，これらのポンプを組み合わせて使われることが多い．一般的なガスに対してはゲッターポンプによる大排気速度を有効に使い，これらのゲッターポンプで排気できない微量の不活性ガスやメタンの排気をスパッタイオンポンプが担うことで，実用的な超高真空，極高真空排気系となる．この組合せは，表面分析装置や各種研究装置，加速器等に広く用いられている．

近年では加速器のダクト形状に合わせて設計された分布型イオンポンプ（distributed ion pump, DIP）と，ゲッターポンプとの併用も報告されている．この分布型イオンポンプ[79]は，ビルトイン イオンポンプ（built-in ion pump）[76]とも呼ばれ，自らは磁石を持たず，加速器の偏向磁場を利用したスパッタイオンポンプである．

また最近では，図3.2.87に示すような極高真空排気を可能としたスパッタイオンポンプが，一部のメーカーより市販されている．このポンプは，① 超高真空から極高真空領域においても，安定したペニング放電が持続できるような工夫や，② 効率的なベーキングを行うための専用ベーキングユニットの内蔵，③ 非蒸発ゲッターポンプの内蔵，④ ポンプ自体からのガス放出低減，等を特徴としている．

超高真空や極高真空で放電を安定に持続させるた

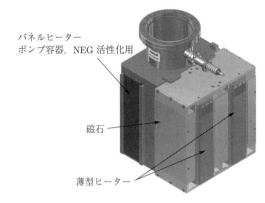

図3.2.87 極高真空対応スパッタイオンポンプ概略図（キヤノンアネルバ株式会社：真空ポンプ技術資料より）

めには，印加電圧と円筒陽極の直径，磁場の強さを最適化させることが重要であり[78]，本ポンプでは実用的な範囲で最適化がなされている．またポンプ容器やポンプ素子を効率的にベーキングするため，磁石とポンプ容器との間に薄型ヒーターを内蔵している．このヒーター設置構造であれば，磁石の温度上昇を最小限に抑えながら，ポンプ容器を効果的に加熱することが可能である．さらに，内蔵された非蒸発ゲッターポンプの活性化とポンプ容器の加熱を兼ねたパネルヒーターが取り付けられている．

なお，ポンプ容器やポンプ素子からのガス放出低減処理については，部品段階での真空脱ガス処理を実施するのが有効である．

またスパッタイオンポンプ制御電源では，小型，高機能化が進んでいるが，現状，基本的な制御方法に大きな変化は見られない．

3.2.10 ソープションポンプ

活性炭やシリカゲル，合成ゼオライト（商品名：モレキュラーシーブ）等の多孔性物質を液体窒素で冷却すると，クライオソープション効果によって多量のガスを吸着する．ソープションポンプは熱伝導性に優れたアルミニウム合金製ポンプ容器にこれら吸着剤を充填し，ポンプ容器を液体窒素で冷却することで気体を排気する，気体ため込み式真空ポンプである．

ソープションポンプは油回転ポンプのようにポンプ油を必要とせず，無振動，無騒音で10^{-1} Pa以下の真空排気が可能なポンプとして，R. L. Jepsenら[80]によってスパッタイオンポンプの粗引き真空ポンプとして開発された．その後，安価で完全オイルフリーの粗引き真空ポンプとして，おもに研究用の超高真空排気装置や分子線エピタキシー装置等に使用されてきたが，

自動化の難しさや，近年における大気からの真空排気が可能なドライ真空ポンプの目覚ましい発展に伴い，ソープションポンプが使用される機会も急激に減少している．

〔1〕 ソープションポンプの構造と排気原理

ソープションポンプは気体を吸着排気するための吸着剤と，吸着剤を収納し，効率良く加熱・冷却するためのソープションポンプ本体，さらには吸着剤を冷却するための液体窒素をためる断熱容器と，吸着剤を加熱再生するためのヒーター等で構成される．図3.2.88に，代表的なソープションポンプの外観を示す．

図3.2.88 代表的なソープションポンプの外観
（キヤノンアネルバ株式会社：真空ポンプ技術資料より）

ソープションポンプ本体は，一般的に熱伝導性に優れたアルミニウム合金で作られており，本体内部には充塡された吸着剤の底部にまで，排気時のガスが効率良く流れ込むように工夫された，アルミニウム製冷却フィンが多数納められている．またこの冷却フィンは，吸着剤を効率的に冷却，あるいは再生加熱する目的も兼ねている．

吸着剤にはシリカゲルや活性炭，合成ゼオライトが用いられている．一般的には合成ゼオライトが使用されているが，中でもユニオン・カーバイト社グループによって開発されたモレキュラーシーブ5Aは，最も代表的な吸着剤である．

モレキュラーシーブ5Aは，合成結晶アルミノシリケートの含水金属塩からできており，多孔質吸着剤の細孔直径は約0.5 nm（5Å：オングストローム）である．5Aは細孔直径の5Åを表している．なお，表面積は585 $m^2 \cdot g^{-1}$ と非常に大きい．モレキュラーシーブ5Aは低温に冷却すると気体分子を吸着し，加熱すると吸着ガスを脱離する性質を持ち，吸着剤の中でも非常に優れた吸着力を持つ．下記にモレキュラーシーブ5Aのおもな特徴を記す．

1) 細孔径が均一で，細孔を通過できる分子だけを吸着する
2) 気体分子の濃度（圧力）がきわめて低くても，吸着能力が高い
3) 他の吸着剤に比べて，比較的高温においても吸着能力が大きい

モレキュラーシーブ5Aは液体窒素温度（−196℃）まで冷却することで，空気（窒素，二酸化炭素，酸素）をはじめ，アルゴン，水蒸気等の大気を構成する気体分子を効率良く吸着する．一方で，ネオン，ヘリウム，水素などの液体窒素温度より低い沸点を持つ気体分子や，イソパラフィン，芳香族，四塩化炭素など，分子直径が5 nmより大きな気体分子についてはほとんど吸着しない．

吸着剤は，ソープションポンプ本体外側の断熱容器に注入された液体窒素によって冷却される．断熱容器は発泡スチロールで形成され，通常断熱容器ホルダーとハンガーで，ソープションポンプ本体とともに，真空装置に取り付けられている．また，ソープションポンプ本体と液体窒素用の断熱容器が一体となったものも市販されている．

なお，モレキュラーシーブ5Aは使用回数の増加とともに吸着能力が減少し，排気能力の劣化を生じる．この場合，ポンプ本体の外周に設置されているヒーターに通電し，モレキュラーシーブ5Aを再生加熱することで，吸着能力を回復することができる．この際，モレキュラーシーブ5Aに吸着していたガスが大量に放出され，真空容器内が大気圧以上に上昇する可能性がある．そのため，これらガスの開放路の確保が安全上，非常に重要である．一般的なソープションポンプには，防爆防止に備えた防爆弁やスリーブバルブが取り付けられている．

〔2〕 ソープションポンプの排気特性と操作方法

ソープションポンプの最大排気容量は吸着剤の量で制限される．したがって，目的の到達圧力に対して，ソープションポンプ1台で排気できる真空容器の大きさには限界があり，それ以上大きい容器を排気すると到達圧力が高くなる．このような場合，容器の大きさに応じて，使用するソープションポンプの台数を増やすことになる．表3.2.9に，代表的なソープションポンプの使用台数と真空容器の排気容積の関係を示す．

表3.2.9 代表的なソープションポンプの使用台数と真空容器の排気容積との関係

ソープションポンプの数	1台	2台	3台
推奨最大排気容積	40 L	100 L	200 L
最大排気容積	100 L	230 L	400 L
到達圧力	\multicolumn{3}{c}{1 Pa 以下}

（キヤノンアネルバ株式会社：真空ポンプ技術資料より）

つぎに，図3.2.89の真空排気システムを基に，ソープションポンプの操作方法について述べる．

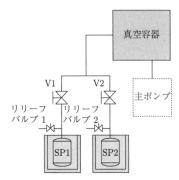

図3.2.89 ソープションポンプによる真空排気システム

1) ソープションポンプ1台(SP1)で排気する場合
  ① バルブV1を閉じておく
  ② 断熱容器に液体窒素を注入する
  ③ 10分以上冷却した後，バルブV1を開き，真空容器内の気体を排気する
2) ソープションポンプ2台(SP1 + SP2)で排気する場合

複数のソープションポンプを使用するときは，ネオン，ヘリウム，水素といった非吸着気体であっても，以下の手順により，効率的に排気することができる．
  ① バルブV1, V2を閉じておく
  ② 断熱容器に液体窒素を注入する
  ③ 10分以上冷却した後，バルブV1を全開にし，ソープションポンプSP1で排気を行う
  ④ 適当な時間排気してから，バルブV1を閉じる
  ⑤ バルブV2を全開にし，ソープションポンプSP2で排気を行う

ソープションポンプ2台で排気を行う場合，バルブV1を全開にしたときに，真空容器（大気圧）からソープションポンプSP1に向かって，強い気体の流れが生じ，この流れの中には大気中のネオンやヘリウム，水素などの分子も，他の窒素や酸素の分子に混じってソープションポンプSP1の中に流れ込む．ソープションポンプSP1の内部では，気体分子がつぎつぎと吸着排気されるが，吸着できないネオンやヘリウム，水素は，それぞれの分圧が次第に高くなり，やがて気体分子の流れに逆らって，ソープションポンプ本体容器から真空容器側に逆拡散していく．したがって，吸着できないネオンやヘリウム，水素等の気体が逆拡散を起こす前にバルブV1を閉じることで，真空容器からこれらの気体分子を排気することができる．

図3.2.90(a)にソープションポンプ1台で真空容器を排気した場合の排気特性を，図3.2.90(b)には複数のソープションポンプを多段に使用した場合の排気特性を示す．これらの図から，大容量の真空容器を排気

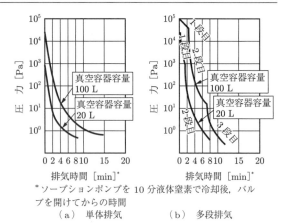

* ソープションポンプを10分液体窒素で冷却後，バルブを開けてからの時間
(a) 単体排気　　　　(b) 多段排気
図3.2.90 ソープションポンプの排気特性
（キヤノンアネルバ株式会社：真空ポンプ技術資料より）

する場合には，多段排気が，到達圧力，排気時間ともに優れていることがわかる．

大気を排気したソープションポンプは室温に戻すことで排気能力が回復するが，モレキュラーシーブ5Aの吸着性能を十分に回復させるためには，約300℃の再生加熱を1.5時間以上実施する必要がある．再生加熱は，通常，専用ヒーターにて行うが，この際に，吸着排気した気体分子が多量に脱離放出される．ソープションポンプ容器内の圧力は大気圧以上の加圧状態となるため，防爆弁やスリーブバルブからの加圧気体の放出を妨げぬよう，加熱再生操作には十分注意しなければならない．

なお，大気圧からの排気と再生加熱の繰返しで長期間使用したモレキュラーシーブ5Aは，大気中の水分排気によって生じる氷の影響で，吸着剤の割れや崩れを生じる．このような吸着剤の劣化は表面積の減少や細孔の目詰まりとともに，気体分子の流れを妨げる原因となり，排気性能の低下を招く．この場合，モレキュラーシーブ5Aを新品に交換すれば，排気性能も初期状態に回復できる．

引用・参考文献

1) 大島忠平，清水肇：真空, **32** (1989) 82.
2) 小林正典：真空, **40** (1997) 828.
3) 真空技術基礎講習会運営委員会編集：わかりやすい真空技術（日刊工業新聞社，東京，2010）第3版，p.70.
4) C. Benvenuti and P. Chiggiato: J. Vac. Sci. Technol. A, **14** (1996) 3278.
5) W. Gaede: Z. Naturforsch A, **2A** (1947) 233.
6) 柴田英夫，辻泰，熊谷寛夫：真空技術, **2** (1951) 28.
7) B. D. Power and R. A. Kenna: Vacuum, **5**

(1957) 35.

8) JIS B 8329-1：2015　真空技術—真空ポンプの性能試験方法—第 1 部：共通試験方法（日本規格協会）

9) Vacuum technology – Standard methods for measuring vacuum-pump performance – Part1: General discription, ISO 21360-1 (2012).

10) JIS B 8329-2：2015　真空技術—真空ポンプの性能試験方法—第 2 部：容積移送式真空ポンプ（日本規格協会）

11) Vacuum technology – Standard methods for measuring vacuum-pump performance – Part2: Positive displacement vacuum pumps, ISO 21360-2 (2012).

12) 日本真空工業会：真空ポケットブック（日本真空工業会，東京，2005）p.23.

13) 日本真空協会関西支部編：わかりやすい真空技術—（日刊工業新聞社，東京，1990）第 3 版，p.62.

14) C. M. Van Atta: Trans. Natl. Symp. Vac., **3** (1956) 62.

15) 日本真空工業会：真空ポケットブック (2015).

16) 日本真空工業会：第 7 回真空技術実践講座テキスト (2014).

17) エバラ時報第 167 号「ドライ真空ポンプ」(1995) 39.

18) エバラ時報第 200 号「ドライ真空ポンプ」(2003) 136.

19) 田中智成，鈴木敏生：J. Vac. Soc. Jpn., **58** (2015) 239.

20) JIS Z 8126-2：1999　真空技術—用語—第 2 部：真空ポンプおよび関連部品（日本規格協会）

21) S. Chambreau, M. L. Neuburger, T. Ho, B. Funk and D. Pullman: J. Vac. Sci. Technol. A, **18** (2000) 2581.

22) T. J. Gay, J. A. Brand, M. C. Fritts, J. E. Furst, M. A. Khakoo, E. R. Mell, M. T. Sieger and W. M. K. P. Wijayaratna: J. Vac. Sci. Technol. A, **12** (1994) 2903.

23) 渡辺紘二：真空，**20** (1977) 202.

24) 中西博，早川滋雄，蟹江敏広：真空，**32** (1989) 505.

25) W. Becker: –Vacuum-Technik, **7** (1958) 149.

26) C. H. Kruger and A. H. Shapiro: 1960 Trans. 7th Natl. Vac. Symp. (1960) (Pergamon, New York, 1961) pp.6–12.

27) 谷口修，鈴木允，澤田雅：日本機械学会論文集，**34**-260 (1968) 708.

28) T. Sawada: Scie. Papers of the Inst. of Phys. And Chem. Rese., **70**, 4 (1976) 79.

29) 神吉達夫：ターボ機械，**23** (1955) 675.

30) 渡部安雄，南部健一：日本機械学会論文集，**66**-651, B (2000) 2934.

31) M. Iguchi, M. Okamoto and T. Sawada: Shinku, **37** (1994) 742. In Jpn.

32) W. Becker: *Molecular pump*, US 2918208 A, 1956.2.2.

33) 澤田雅，谷口修：特許 681723 号，出願日 1969 年 4 月 28 日

34) M. Siegbahn: Arch. Math. Astron. Phys., **30B** (1944) 2.

35) J. G. Chu: J. Vac. Sci. Technol. A, **6** (1988) 1202.

36) 渡辺光徳，藤田孝一：J. Vac. Soc. Jpn., **58** (2015) 249.

37) JIS B 8328：2009　真空技術—ターボ分子ポンプの性能試験方法（日本規格協会）

38) Vacuum Technology – Turbomolecular pumps – Measurement of performance characteristics, ISO 5302 (2003).

39) Vacuum technology – Turbomolecular pumps – Measurement of rapid shutdown torque, ISO 27892 (2010).

40) 東尾篤史，平井悦郎，安井豊明，岡村智明：三菱重工技報，**39** (2002) 168.

41) 川崎裕之，小神野宏明：エバラ時報，**225** (2009-10) 37.

42) 廣瀬均：J. Vac. Soc. Jpn., **58** (2015) 446.

43) P. Bensussan, E. Mass, R. Pelloux and A. Pineau: Trans. of the ASME, **110** (1988) 42.

44) 日本真空協会関西支部編：わかりやすい真空技術—（日刊工業新聞社，東京，1990）第 3 版，p.92, p.93, p.96.

45) R. E. Honing and H. O. Hook: RCA Review (Sept., 1960) 363.

46) R. A. Haefer: J. Phys. E, **14** (1981) 273.

47) S. A. Sterm, J. T. Hemstreet and F. S. Dipaolo: J. Vac. Sci. Technol., **2** (1965) 165.

48) 熊谷寛夫，富永五郎：真空の物理と応用（裳華房，東京，1970）p.158.

49) W. Van Dingene and A. Van Ittarbeek: Physica, **6** (1939) 49.

50) L. Bewilogua, A. Binnerberg and M. Jackel: Cryogenics, **16** (1976) 239.

51) R. F. Brown and J. R. Heald: Adv. Cryog. Eng., **13** (1968) 243.

52) 塩川善郎，市川昌和：真空，**38** (1995) 815.

53) 荒井孝夫，竹内協子，辻泰，松井豊，山川洋幸，岡野達雄：真空，**36** (1993) 245.

54) 降矢新治，森本秀敏：真空，**34** (1991) 41.

55) 松井豊，由井和雄，沈国華，山川洋幸：真空，**34** (1991) 37.

56) M. Terashima, S. Furuya, H. Morimoto, T. Nishihashi, K. Kashimoto and Y. Sakurada: XIIth International Conference on Ion Implantation Technology ’98, p.2.

57) 奥山利久，鈴木靖生，渋井正直，伊藤進，寺島充級，森本秀敏，岡良秀，金子修，竹入康彦，津守克嘉，河本俊和，秋山龍一，浅野英治，黒田勉：プラズマ・核融合学会第 13 回年回予稿集 (1996) p.155.

58) 梶原裕之，寺島充級，降矢新治，森本秀敏：ULVAC TECHNICAL JOURNAL, **46** (1997) 65.

59) 小栗多計夫：真空，**10** (1967) 47.

60) 大迫信治，岩本明：真空，**20** (1977) 268.

61) D. J. Harra: J. Vac. Sci. Technol., **13** (1976)

471.

62) 荒井孝夫, 竹内協子, 辻泰：真空, **38** (1995) 262.

63) A. K. Gupta and J. H. Leck: Vacuum, **25** (1975) 362.

64) L. Holland, L. Lauranson and G. P. W. Allen: 1960 Trans. 8th Natl. Vac. Symp. 2nd Intern. Congr. Vac. Sci. Technol. ed. L. E. Preuss (Pergamon, 1962) p.208.

65) 尾高憲二, 上田新次郎：真空, **34** (1991) 29.

66) 尾高憲二, 上田新次郎：真空, **34** (1991) 596.

67) B. Ferrario: Vacuum, **47** (1996) 363.

68) D. Sertore, P. Michelato, L. Monaco, P. Manini and F. Siviero: J. Vac. Sci. Technol. A, **32** (2014) 031602-1.

69) C. D. Park, S. M. Chung and P. Manini: J. Vac. Sci. Technol. A, **29** (2011) 011012-1.

70) A. M. Gurewitch and W. F. Westendorp: Rev. Sci. Instrum., **25** (1954) 389.

71) L. D. Hall: Rev. Sci. Instrum., **29** (1958) 367.

72) R. L. Jepsen: Le Vide, **80** (1959) 80.

73) 織田善次郎：真空, **13** (1970) 223.

74) S. L. Rutherford, S. L. Mercer and R. L. Jepsen: Trans. 7th National Vacuum Symposium, 1960 (MacMillan Co, New York, 1961) p.380.

75) R. L. Jepsen, A. B. Francis, S. L. Rutherford and B. E. Kietzmann: Trans. 7th National Vacuum Symposium, 1960 (MacMilian Co., New York, 1961) p.45.

76) 麻蒔立男：真空, **20** (1977) 233.

77) S. L. Rutherford: Trans. 10th National Vacuum Symposium, 1963 (MacMillan Co. New York, 1964) p.185.

78) 小泉達則, 川崎洋補, 栗田行樹, 近藤実, 林義孝：真空, **34** (1993) 505.

79) 小針利明, 松本学, 鳥居恒夫, 伊藤裕, 渡邊剛, 裴碩喜：真空, **36** (1993) 192.

80) R. L. Jepsen, S. L. Mercer and M. J. Callaghan: Rev. Sci. Instrum., **30** (1959) 377.

3.3 排気プロセス

3.3.1 排気の方程式

〔1〕 方程式の導出

容積 V の容器内に圧力 p の気体が詰められているとき, その空間の気体量は pV である. 以下, この節においては特に断らない限り気体量とはこの pV 値を指す. 気体量の変化は圧力の変化となる. この容器の内壁には単位面積当り毎秒 $\Gamma = \bar{v}p/(4kT)$ 個の気体分子が衝突している. $\bar{v}$ は気体分子の平均速度, k はボルツマン定数, T は温度である. 内壁に面積 A_p の開口を設け真空ポンプを取り付けると, 開口を通過した気体分子だけが真空ポンプへ導かれ容器から排気される機会を得る. 通過した分子が戻ってこない確率を H

とすると, 単位時間に排気される気体量は

$$\Gamma kTA_pH = \frac{\bar{v}A_p}{4}Hp \equiv S_pp, \quad S_p = \frac{\bar{v}A_p}{4}H \tag{3.3.1}$$

で表される. S_p が圧力によらないポンプの排気速度で〔体積/時間〕の次元を持つ. H はホー係数と呼ばれる. これが容器内の気体量の減少率であるから, 排気過程を表す最も簡単な式

$$V\frac{dp}{dt} = -S_pp \tag{3.3.2}$$

が導出される. この式 から圧力の時間変化が

$$p(t) = p_0 \exp\left(-\frac{t}{\tau_p}\right), \quad p_0 = p(0),$$
$$\tau_p = \frac{V}{S_p} \tag{3.3.3}$$

で与えられる. p_0 は初期圧力, $\tau_p = V/S_p$ は容積と排気速度で決まる排気の時定数である. この式は無限の時間排気を続ければ圧力が限りなく 0 に近付くことを意味しているが, 実際にはポンプからの気体放出やポンプの背圧側から吸気口への逆流などによってポンプの性能としての到達圧力以下に圧力が下がることはない. このようなガス放出も含めて, 一般に容器に流入する気体流を $Q(t)$ とすると, 排気の方程式

$$V\frac{dp(t)}{dt} = Q(t) - S_pp(t) \tag{3.3.4}$$

が得られる. この解は

$$p(t) = p_0 \exp\left(-\frac{t}{\tau_p}\right)$$
$$+ \exp\left(-\frac{t}{\tau_p}\right)\int_0^t \frac{Q(x)}{V}\exp\left(\frac{x}{\tau_p}\right)dx \tag{3.3.5}$$

で与えられる. 右辺は第 1 項が指数関数で減少するので, 第 2 項の $Q(t)$ が指数関数的に減少しない限り, 時間経過とともに圧力変化が $Q(t)$ によって決まることを意味している. $Q(t)$ が時間によらない一定値 Q_c であるとすると, 式 (3.3.4) あるいは式 (3.3.5) は容易に解くことができて

$$p(t) = \left(p_0 - \frac{Q_c}{S_p}\right)\exp\left(-\frac{t}{\tau_p}\right) + \frac{Q_c}{S_p} \tag{3.3.6}$$

を得る. この式に通常の排気系の諸元を当てはめると, 容器の圧力があっという間に減少して一定の気体放出

量と排気速度で決まる系の到達圧力 Q_c/S_p に達することになる．もちろんこれはわれわれが経験してきている現実を説明してはいない．実際には τ_p よりも数桁長い時間を要して排気は進行している．その要因は $Q(t)$ が時間とともにゆっくりと減少するためである．$Q(t)$ の変化が非常に緩やかで一定とみなせる場合には，初期の圧力は $\exp(-t/\tau_p)$ で減少し，τ_p の数倍程度の時間経過の後には

$$p(t) \cong \frac{Q(t)}{S_p} \tag{3.3.7}$$

となるので，ガス放出の減少がすなわち圧力の減少と考えてよい．容器内で気体分子は自由分子として空間を飛び交っているだけでなく容器内表面にも吸着して存在している．圧力を作るのは前者である．気体分子は吸着と脱離によって空間と表面をつねに行き交っている．吸着は排気として，脱離はガス放出として作用する．これらの量は空間の圧力や表面の気体分子密度の関数であり，排気過程においては時間の関数となる．つまり，$Q(t)$ は表面からの正味のガス放出量として考えなければならない．真空容器内の気体分子の釣合いを図 3.3.1 に示す．

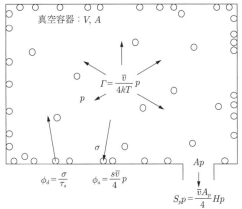

容積 V，面積 A の容器内で気体分子は空間に圧力 p，容器壁表面に密度 σ で存在しており，空間の分子フラックスは Γ である．気体分子は脱離速度 ϕ_d，吸着速度 ϕ_a で空間と表面を行き交っている．面積 A_p の開口を通過したフラックスが真空ポンプによって排気される．

図 3.3.1 真空容器内の気体分子の釣合い

このように排気過程を理解することは表面のガス放出現象を理解することにほかならない．しかし実際の真空容器表面の特性はきわめて多様かつ複雑であり，対象となる気体も種々混合している．ここでは条件を単純化して素過程を理解することを目的とし，特に断らない限りそれぞれのパラメータ等は一様，不変，平均的な値と考え，分子・原子の解離・結合などのさまざまな併存現象は想定しないで考察を進める．

容器表面に衝突して反射されなかった気体分子は表面に吸着して，ある滞在時間の後に再び気相へと脱離する．脱離のためには吸着分子が脱離の活性化エネルギー E 以上のエネルギーを得る必要があり，平均滞在時間 τ_s は

$$\tau_s(E,T) = \tau_0 \exp\left(\frac{E}{kT}\right) \tag{3.3.8}$$

で与えられる．τ_0 は 10^{-13} 秒程度の定数で，吸着分子の表面での振動周期という理解がなされている．最も簡単な物理吸着であれば，その脱離の活性化エネルギーは気化熱が目安となる．表 3.3.1 におもな気体種と拡散ポンプ油の気化熱を掲げる．図 3.3.2 に活性化エネルギーと温度に依存した τ_s の値を示す．ここで

表 3.3.1 おもな気体種と拡散ポンプ油の気化熱

物　質	気化熱 [kcal/mol]
水	9.7
水素	0.22
ヘリウム	0.02
窒素	1.3
酸素	1.6
一酸化炭素	1.4
二酸化炭素	4.2
アルゴン	1.5
メタン	2.0
エタノール	9.2
炭化水素系拡散ポンプ油	～45
シリコーン系拡散ポンプ油	～25

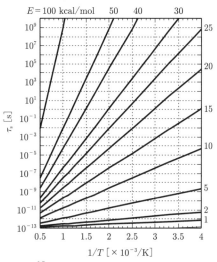

$\tau_0 = 1 \times 10^{-13}$ 秒として活性化エネルギーが 1～100 kcal/mol の各値について示してある．

図 3.3.2 平均滞在時間の温度依存

E と T が一定であれば，τ_s も一定である．これは吸着平衡のヘンリー型に相当する．

まず吸着分子の脱離速度を考える．ある時刻に表面に吸着している気体分子の表面密度を σ とすると，単位時間に脱離する分子数は σ に比例すると考えられるから，比例定数を C として脱離速度 ϕ_d が

$$\phi_d = C\sigma(t) \tag{3.3.9}$$

で与えられる．吸着はなく σ の変化が脱離のみで決まると考えると

$$-\frac{d\sigma(t)}{dt} = C\sigma \tag{3.3.10}$$

である．ここで σ や ϕ_d は圧力相当値である．数密度 n との換算は $p = nkT$ による．これを $t=0$ で $\sigma(0) = \sigma_0$ の初期条件で解くと

$$\sigma(t) = \sigma_0 \exp(-Ct) \tag{3.3.11}$$

となる．個々の気体分子の滞在時間は平均滞在時間よりも長い場合もあるし短い場合もある．平均滞在時間は脱離速度の積分を σ_0 で規格化した値で与えられるから

$$\tau_s = \frac{1}{\sigma_0} \int_0^\infty tC\sigma_0 \exp(-Ct)dt = \frac{1}{C} \tag{3.3.12}$$

となり，ある時刻の吸着密度 $\sigma(t)$ における脱離速度は

$$\phi_d = \frac{\sigma_0}{\tau_s} \exp\left(-\frac{t}{\tau_s}\right) = \frac{\sigma(t)}{\tau_s} \tag{3.3.13}$$

で表される．

一方，圧力 p のとき，容器の単位時間に単位内表面をたたく気体分子量を pV 値で表すと

$$\Gamma kT = \frac{\bar{v}}{4}p \tag{3.3.14}$$

である．これらの気体分子が表面に反射されないで吸着する確率を s とすると，吸着速度 ϕ_a は

$$\phi_a = \frac{s\bar{v}}{4}p(t) \tag{3.3.15}$$

で与えられる．s は付着確率と呼ばれる．脱離と吸着が競合する場合両者の差分が σ の時間変化となるから

$$\frac{d\sigma(t)}{dt} = \phi_a - \phi_d \tag{3.3.16}$$

と表される．いま，系のガス放出が表面からの脱離のみであると考え，容器の内表面積を A とすると

$$Q(t) = A\left(-\frac{d\sigma(t)}{dt}\right) = A\left(\frac{\sigma(t)}{\tau_s} - \frac{s\bar{v}}{4}p(t)\right) \tag{3.3.17}$$

である．これらと式 (3.3.4) からつぎの関係が導出される．

$$\left.\begin{aligned}
\frac{d\sigma(t)}{dt} &= -\frac{\sigma}{\tau_s} + \frac{s\bar{v}}{4}p(t) \\
\frac{V}{A}\frac{dp(t)}{dt} &= \frac{\sigma(t)}{\tau_s} - \left(\frac{s\bar{v}}{4} + \frac{S_p}{A}\right)p(t)
\end{aligned}\right\} \tag{3.3.18}$$

この連立方程式が吸着と脱離を考慮した排気の方程式となる．ただし S_p と τ_s は一定と考えている．

〔2〕 定常状態の解

ここでまず，脱離と吸着がほぼ定常状態にある場合を考察する．定常状態ではもちろん圧力は変化しない．実際には排気により圧力がわずかに低くなり，その差分だけわずかに脱離が促進され，わずかに低い圧力と釣合いが保たれていく．このわずかな排気が継続されて真空容器の圧力が徐々に下がっていくのであるが，排気の時間に比して脱離と吸着は非常におびただしいので準定常的に推移すると考え，定常条件

$$\left.\begin{aligned}
\frac{\sigma(t)}{\tau_s} &= \frac{s\bar{v}}{4}p(t) \\
Q(t) &= A\left(-\frac{d\sigma(t)}{dt}\right) \\
&= -\frac{As\bar{v}}{4}\tau_s\frac{dp(t)}{dt}
\end{aligned}\right\} \tag{3.3.19}$$

を式 (3.3.4) に代入すると

$$\left.\begin{aligned}
V\frac{dp(t)}{dt} &= -A\frac{s\bar{v}}{4}\tau_s\frac{dp(t)}{dt} - S_pp(t) \\
(V + \kappa A)\frac{dp(t)}{dt} &= -S_pp(t) \\
\kappa &\equiv \frac{s\bar{v}}{4}\tau_s
\end{aligned}\right\} \tag{3.3.20}$$

を得る．式 (3.3.2) と比較すると容積が V から $V+\kappa A$ に増加した形になっている．κA は表面の吸着による実効容積の増分といえる．ここで注意すべきは，このときの A は吸着に関与する面積であるので，幾何学上の面積に粗さ係数を乗じたものになることである．τ_s は活性化エネルギーに強く依存しているが，活性化エネルギー 20 kcal/mol 程度以上であれば，10^{-2} 秒を超える．したがって，実効容積は容易に実容積の数十倍以上になり得る．この方程式の解は

$$p(t) = p_0 \exp\left(-\frac{t}{\tau}\right) \Bigg\} \tag{3.3.21}$$
$$\tau \equiv \tau_p \left(1 + \frac{\kappa A}{V}\right) \Bigg\}$$

となる．このときの排気の時定数 τ は前述のとおり実効容積と実容積の比に依存して τ_p よりも長くなるが，どれだけ長くなるかには τ_s の影響が大きい．

〔3〕 一 般 解[1]

式 (3.3.18) に戻って，この連立微分方程式の一般解はつぎの形で与えられる．

$$p(t) = p_1 \exp(-at) + p_2 \exp(-bt) \Bigg\} \tag{3.3.22}$$
$$\sigma(t) = \sigma_1 \exp(-at) + \sigma_2 \exp(-bt) \Bigg\}$$

p_1, p_2, σ_1, σ_2 は初期条件から決定される積分定数である．$t = 0$ で表面と空間の気体分子が定常状態にあったとすると，排気の初期状態はつぎのように記述される．

$$\left.\begin{array}{l} p(0) = p_0 \\[4pt] \sigma_0 = \dfrac{s\bar{v}\tau_s}{4} \times p_0 \equiv \sigma_0 \\[8pt] \dfrac{\mathrm{d}p(0)}{\mathrm{d}t} = -\dfrac{p_0}{\tau_p} \\[8pt] \dfrac{\mathrm{d}\sigma(0)}{\mathrm{d}t} = 0 \end{array}\right\} \tag{3.3.23}$$

これらを用いて式 (3.3.22) は

$$\left.\begin{array}{l} p(t) = \dfrac{p_0}{b-a}\left\{\left(b - \dfrac{1}{\tau_p}\right)\exp(-at)\right. \\[8pt] \qquad\qquad \left. + \left(\dfrac{1}{\tau_p} - a\right)\exp(-bt)\right\} \\[8pt] \sigma(t) = \dfrac{p_0}{b-a}\tau_s\dfrac{s\bar{v}}{4}\{b \times \exp(-at) - a \\[8pt] \qquad\qquad \times \exp(-bt)\} \end{array}\right\} \tag{3.3.24}$$

と表される．ここで

$$\frac{As\bar{v}}{4V} = \frac{1}{\tau_t} \tag{3.3.25}$$

と置くと，τ_t は表面積と容積の比で与えられる容器の代表的長さを気体分子の速度で割った値，つまり気体分子が容器内面のある一点から飛び出して他の分子との衝突なしにつぎの一点に入射するまでの平均所要時間に相当する量となっている．また同時にこれは表面への入射頻度を表しており，吸着によるポンプ効果を

示す時定数ともいえる．a, b は式 (3.3.18) の係数行列から得られるつぎの二次方程式の根である．

$$\left.\begin{array}{l} x^2 - \left(\dfrac{1}{\tau_s} + \dfrac{1}{\tau_p} + \dfrac{1}{\tau_t}\right)x + \dfrac{1}{\tau_s}\dfrac{1}{\tau_p} = 0 \\[10pt] \text{i.e.} \quad a, b = \dfrac{1}{2}\left(\dfrac{1}{\tau_s} + \dfrac{1}{\tau_p} + \dfrac{1}{\tau_t} \pm \sqrt{D}\right) \\[10pt] D = \left(\dfrac{1}{\tau_s} + \dfrac{1}{\tau_p} + \dfrac{1}{\tau_t}\right)^2 - \dfrac{4}{\tau_s\tau_p} \\[10pt] \quad = \left(\dfrac{1}{\tau_s} - \dfrac{1}{\tau_p} + \dfrac{1}{\tau_t}\right)^2 + \dfrac{4}{\tau_p\tau_t} \\[10pt] 0 < \sqrt{D} < \left(\dfrac{1}{\tau_s} + \dfrac{1}{\tau_p} + \dfrac{1}{\tau_t}\right)^2 \end{array}\right\} \tag{3.3.26}$$

a, b はともに正でその逆数は時間の次元を持っている．$a > b$ として，$a = 1/\tau_a$, $b = 1/\tau_b$ と置くと

$$\left.\begin{array}{l} p(t) = \dfrac{p_0}{\tau_b - \tau_a}\left\{\tau_a\left(\dfrac{\tau_a}{\tau_p} - 1\right)\exp\left(-\dfrac{t}{\tau_a}\right)\right. \\[10pt] \qquad\quad \left. + \tau_b\left(1 - \dfrac{\tau_a}{\tau_p}\right)\exp\left(-\dfrac{t}{\tau_b}\right)\right\} \\[10pt] \sigma(t) = \dfrac{\sigma_0}{\tau_b - \tau_a}\left\{-\tau_a\exp\left(-\dfrac{t}{\tau_a}\right) + \tau_b\right. \\[10pt] \qquad\quad \left. \cdot \exp\left(-\dfrac{t}{\tau_b}\right)\right\} \\[10pt] \sigma_0 = \dfrac{V}{A}\dfrac{\tau_s}{\tau_t}p_0 \end{array}\right\} \tag{3.3.27}$$

ガス放出速度 $q(t) = -\mathrm{d}\sigma(t)/\mathrm{d}t$ は

$$q(t) = \frac{\sigma_0}{\tau_b - \tau_a}\left\{-\exp\left(-\frac{t}{\tau_a}\right) + \exp\left(-\frac{t}{\tau_b}\right)\right\} \tag{3.3.28}$$

で表される．ここで τ_d, τ_p, τ_t の関係は

$$\left.\begin{array}{l} \dfrac{\tau_s}{\tau_t} = \dfrac{(s\bar{v}/4)A\tau_s}{V} = \dfrac{(s\bar{v}/4)p(t)A\tau_s}{Vp(t)} \\[10pt] \dfrac{\tau_p}{\tau_t} = \dfrac{(s\bar{v}/4)A}{S_p} = \dfrac{(s\bar{v}/4)p(t)A}{S_p p(t)} \equiv \dfrac{1}{\delta} \end{array}\right\} \tag{3.3.29}$$

となっている．$(s\bar{v})p(t)A$ は容器内表面に入射する気体量であり，$(s\bar{v}/4)p(t)A\tau_s$ は定常状態で表面に滞在する気体量である．$Vp(t)$ は空間に滞在する気体量であるから，τ_s/τ_t は表面と空間に滞在する気体量の比を表している．また $S_p p(t)$ はポンプによって排気される気体量であるから，τ_p/τ_t はポンプにより空間から

除去される気体量と表面に入射して空間から除去される気体量の比を表している．このことから先に τ_t を吸着による排気の時定数と称した．ポンプによる排気は吸気口に入射してきた気体を容器から排出することで実行されるのであるから，通常 δ は吸気口の有効面積と容器の全内表面積の比を超えることはなくかなり小さい．（$\delta = (A_p/A)(H/s)$ である．s の値を決めることは難しいが，ここで議論しているような低い圧力下では1に近いと考えてよい）．つまり $\tau_t < \tau_p$ である．このように排気のプロセスは空間の排気と表面での排気と放出の各時定数によって記述されるのである．δ を用いて式 (3.3.26) を書き改めると

$$
\left.
\begin{aligned}
& x^2 - \left\{ \frac{1}{\tau_s} + (1+\delta)\frac{1}{\tau_t} \right\} x + \frac{\delta}{\tau_s \tau_t} = 0 \\
& \text{i.e.} \quad a, b = \frac{1}{2}\left\{ \frac{1}{\tau_s} + (1+\delta)\frac{1}{\tau_t} \pm \sqrt{D} \right\} \\
& D = \frac{1}{\tau_s^2} + 2(1-\sigma)\frac{1}{\tau_s \tau_t} + (1+\sigma)^2 \frac{1}{\tau_t^2}
\end{aligned}
\right\}
$$
$$(3.3.30)$$

となる．

吸着と脱離以外に一定のガス放出 Q_c があるとすると，式 (3.3.22) は

$$
\left.
\begin{aligned}
p(t) &= p_1 \exp\left(-\frac{t}{\tau_a} \right) \\
& \quad + p_2 \exp\left(-\frac{t}{\tau_b} \right) + \frac{Q_c}{S_p} \\
\sigma(t) &= \sigma_1 \exp\left(-\frac{t}{\tau_a} \right) \\
& \quad + \sigma_2 \exp\left(-\frac{t}{\tau_b} \right) + \frac{s\bar{v}}{4}\tau_s \frac{Q_c}{S_p}
\end{aligned}
\right\}
$$
$$(3.3.31)$$

となり，$t \to \infty$ の境界条件

$$
\left.
\begin{aligned}
& p(0) = p_0, \qquad p(t \to \infty) = \frac{Q_c}{S_p} \\
& \sigma(0) = \frac{s\bar{v}\tau_s}{4} \times p_0 \\
& \sigma(t \to \infty) = \frac{s\bar{v}\tau_s}{4}\frac{Q_c}{S_p}
\end{aligned}
\right\}
$$
$$(3.3.32)$$

を加味すれば

$$
\left.
\begin{aligned}
p_1 &= \frac{1}{\tau_b - \tau_a}\left\{ p_0 \frac{\tau_a}{\tau_p}(\tau_b - \tau_p) + \tau_a \frac{Q_c}{S_p} \right\} \\
p_2 &= \frac{1}{\tau_b - \tau_a}\left\{ p_0 \frac{\tau_b}{\tau_p}(\tau_p - \tau_a) - \tau_b \frac{Q_c}{S_p} \right\} \\
\sigma_1 &= \frac{-\tau_a}{\tau_b - \tau_a}\frac{V}{A}\frac{\tau_s}{\tau_t}\left(p_0 - \frac{Q_c}{S_p} \right) \\
\sigma_2 &= \frac{\tau_b}{\tau_b - \tau_a}\frac{V}{A}\frac{\tau_s}{\tau_t}\left(p_0 - \frac{Q_c}{S_p} \right)
\end{aligned}
\right\}
$$
$$(3.3.33)$$

を得る．Q_c は系の到達圧力を考えるときにようやく意味を持つが，排気過程を考える上では重要な量ではない．

つぎに表面での排気と吸着がどのように排気のプロセスに影響するか，τ_s と τ_t の極端な場合について考察する．

（i）$\tau_s \ll \tau_t (< \tau_p)$：表面での滞在時間が空間の通過時間より十分に短い場合には，表面よりも空間により多くの気体分子が存在している．式 (3.3.18) において τ_s/τ_t，τ_s/τ_p を微小項として近似すると

$$
\left.
\begin{aligned}
\sqrt{D} &= \frac{1}{\tau_s}\left\{ 1 + 2(1-\delta)\frac{\tau_s}{\tau_t} \right. \\
& \qquad \left. + (1+\delta)^2 \left(\frac{\tau_s}{\tau_t} \right)^2 \right\}^{\frac{1}{2}} \\
\therefore \quad \frac{1}{\tau_a} &\approx \frac{1}{\tau_s} + \frac{1}{\tau_t} \approx \frac{1}{\tau_s} \\
\frac{1}{\tau_b} &\approx \frac{1}{\tau_t}\left(\delta - \frac{\tau_s}{4\tau_t} \right) \\
&= \frac{1}{\tau_p}\left(1 - \frac{\tau_s}{4\delta\tau_t} \right) \approx \frac{1}{\tau_p}
\end{aligned}
\right\}
$$
$$(3.3.34)$$

となる．τ_a は τ_s よりわずかに小さく，τ_b は τ_p よりわずかに大きい．したがって，各時定数の大小関係は

$$
\tau_a < \tau_s \ll \tau_t \ll \tau_p < \tau_b \tag{3.3.35}
$$

である．図 3.3.3(a) に各時定数の大小関係を示す．$p(t)$，$\sigma(t)$，$q(t)$ はそれぞれ τ_a，τ_b を時定数とした指数関数の一次結合で表される．τ_b と τ_p の大小に着目すると，ある微小量を μ_i として $\tau_p \approx (1-\mu_i)\tau_b$ であるから，式 (3.3.27) の $p(t)$ は

$$
\begin{aligned}
\frac{p(t)}{p(0)} &\approx \frac{1}{\tau_b - \tau_a}\left\{ \frac{\tau_a}{1-\mu_i}\exp\left(-\frac{t}{\tau_a} \right) \right. \\
& \qquad \left. + \left(\tau_b - \frac{\tau_a}{1-\mu_i} \right)\exp\left(-\frac{t}{\tau_b} \right) \right\}
\end{aligned}
$$
$$(3.3.36)$$

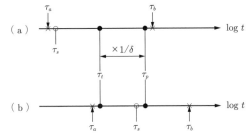

(a) $\tau_s \ll \tau_t$ の場合, (b) $\tau_s \gg \tau_t$ の場合. 同じ排気系で τ_p と τ_t は同じである. いずれの場合も時間経過後の排気が時定数 τ_b で進行するが, (a) では $\tau_b \fallingdotseq \tau_t$ となるのに対し, (b) では $\tau_b \gg \tau_t$ となる.

図 3.3.3 各時定数の大小関係

となる. $\sigma(t)$ と $q(t)$ は τ_p によらないのでそれらの表式は式 (3.3.27) と変わらない. このとき圧力, 表面密度, ガス放出が定性的に**図 3.3.4** のように示される. 脱離よりも排気が律速となるので初期に空間排気による圧力の減少が先行する. 気体分子の表面での短い滞

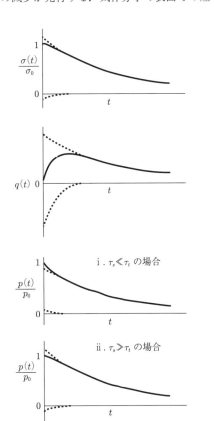

$\sigma(t)$ と $q(t)$ は τ_s, τ_t によらない. τ_s, τ_t の大小によって $p(t)$ の減衰の速い微小項 ($\exp(t/\tau_a)$) の正負が変わるので初期の排気の様子が異なる.

図 3.3.4 脱離の時定数 (τ_s) と空間通過時定数 (τ_t) の大小による排気の様子

在時間の数倍程度の時間経過後には $\exp(-t/\tau_b)$ 項が支配的となり, 圧力, 表面密度, ガス放出ともに排気の時定数よりわずかに長い時定数で減少する. $\tau_b \approx \tau_p$ であるから, これは容器内壁からのガス放出がないとしたときの結果とほぼ同等である. また

$$\tau_b \approx \tau_p \left(1 - \frac{\tau_s}{4\delta\tau_t}\right)^{-1} \approx \tau_p \left(1 + \frac{1}{4\delta}\frac{\kappa A}{V}\right) \tag{3.3.37}$$

を定常条件を仮定した式 (3.3.21) と比較すると, さらに大きな実効容積と長い時定数が想定されることを意味しているが, そもそも τ_s が十分に小さいのでやはり τ_b は τ_p よりわずかに大きいに止まる.

(ii) $\tau_s \gg \tau_t$: 表面での滞在時間が空間の通過時間より十分に長い場合, 表面に比べて空間にはより少ない気体分子しか存在していない. τ_t/τ_s, δ を微小項として近似すると

$$\left.\begin{aligned}\sqrt{D} &= \frac{1}{\tau_t}\left\{(1+\delta)^2 + 2(1-\delta)\frac{\tau_t}{\tau_s}\right.\\ &\quad \left.+ \left(\frac{\tau_t}{\tau_s}\right)^2\right\}^{\frac{1}{2}}\\ \therefore \quad \frac{1}{\tau_a} &\approx \frac{1}{\tau_s} + \frac{(1-\delta)}{\tau_t} \approx \frac{1}{\tau_t}\\ \frac{1}{\tau_b} &\approx \frac{\delta}{2\tau_s} = \frac{\tau_t}{2\tau_s\tau_p}\end{aligned}\right\} \tag{3.3.38}$$

となる. ここで, τ_a は τ_t よりわずかに小さく, τ_b は τ_s よりかなり ($\approx 2/\delta$) 大きい. 大小関係は

$$\tau_a < \tau_t \ll \tau_s < \tau_p \ll \tau_b \tag{3.3.39}$$

である. 大小関係は図 3.3.3(b) のとおりである. ここでまた τ_b と τ_p の大小に着目すると, ある微小量を μ_{ii} として $\tau_p \approx \tau_b/\mu_{ii}$ であるから

$$\begin{aligned}\frac{p(t)}{p(0)} &\approx \frac{\tau_a}{\tau_b - \tau_a}\frac{1}{\mu_{ii}}\exp\left(-\frac{t}{\tau_a}\right)\\ &\quad + \frac{\tau_b}{\tau_b - \tau_a}\exp\left(-\frac{t}{\tau_a}\right)\end{aligned} \tag{3.3.40}$$

と表される. この様子も図 3.3.4 に併せて示す. 排気より脱離が律速となるので圧力の減少は表面密度の減少に倣っている. 気体分子の短い空間通過時間の数倍程度の時間経過後には $\exp(-t/\tau_b)$ 項が支配的となり, 圧力, 表面密度, ガス放出ともに $\tau_b \approx 2\tau_s/\delta$ の時定数で減少する. これは $\tau_s \ll \tau_t$ の場合とは対照的に排気に τ_s の数倍程度以上の長い時間を要することを意味している. 十分時間が経過した後の圧力と表面密度は

$$p(t) \approx p_0 \left(1 - \frac{\tau_a}{\tau_b}\right)^{-1} \left(1 - \frac{\tau_a}{\tau_p}\right) \exp\left(-\frac{t}{\tau_b}\right)$$

$$\approx p_0 \left(1 - \frac{\tau_a}{\tau_p} + \frac{\tau_a}{\tau_b}\right) \exp\left(-\frac{t}{\tau_b}\right)$$

$$\sigma(t) \approx \sigma_0 \left(1 + \frac{\tau_a}{\tau_b}\right) \exp\left(-\frac{t}{\tau_b}\right) \quad (3.3.41)$$

となるので

$$\frac{\sigma(t)}{\tau_s} - \frac{s\bar{v}}{4}p(t) = \frac{\tau_a}{\tau_p}\frac{s\bar{v}}{4}p_0 \exp\left(-\frac{t}{\tau_b}\right) > 0 \quad (3.3.42)$$

である．つまり既述のように，表面密度は空間密度にわずかの遅れを持って減少していくことがわかる．排気を中止した場合に出現するビルドアップは，このことの証左の一つである．

3.3.2 粘性流領域の排気

前項で論じてきたように排気のプロセスは脱離と吸着によって記述されるのであって，粘性流か分子流かで直接区別されるわけではない．しかしながら排気の初期には脱離エネルギーの小さな気体種が空間に多く滞在してどんどん排気され，排気が高真空，超高真空へと進んだ時点では，脱離エネルギーの大きな気体種がまれに空間に飛び出し，じわじわと排気されていくということを考え合わせれば，大雑把には圧力の高い粘性流領域では $\tau_s \ll \tau_t$，圧力のより低い分子流領域では $\tau_s \gg \tau_t$ の脱離が排気の主要過程といえる．

粘性流と分子流の区別の目安はクヌーセン数 $K = \lambda/D$ により与えらる．$K < 0.01$ のときを粘性流領域，$K > 0.3$ のときを分子流領域，その間を中間流領域としている．ここで λ は気体分子の平均自由行程，D は管径のような真空容器の代表寸法である．λ は次式で与えられる．

$$\left. \begin{array}{l} \lambda = \dfrac{kT}{\sqrt{2}\pi d^2 p} \\ \lambda_{T=300\,\mathrm{K}} \fallingdotseq 9.3 \times 10^{-22} \dfrac{1}{d^2 p} \ [\mathrm{m}] \end{array} \right\} \quad (3.3.43)$$

ここで d [m] は分子直径，p [Pa] は圧力である．粘性流領域では容器のサイズに比して自由行程が短く，気体分子は空間に長く存在して盛んに衝突を繰り返している．表面にも十分な頻度で入射しているので脱離と吸着がほぼ平衡していると考えられる．d^2 は 10^{-19} m^2 程度であるから，室温での粘性流の圧力領域の目安は

$$K \sim \frac{10^{-2}}{Dp} < 0.01 \quad (3.3.44)$$

で与えられる．真空容器や配管の現実的な寸法を考えると D は $10^{-2} \sim 10^1$ m であろうから，おおむね大気圧から 0.1 Pa 程度までが粘性流領域となり得る．図 3.3.5 に容器寸法による目安を示す．実際の排気系でも大気圧からの初期排気に当たるこの範囲で比較的速やかな圧力減少が見られる．K が小さいということは τ_t が相対的に大きいということでもある．したがって粘性流領域では式 (3.3.20) あるいは $\tau_d \ll \tau_t$ の場合の考え方が適用できる．

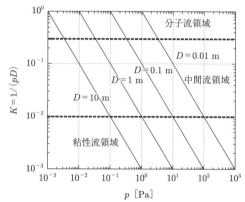

室温で分子の面積を 1×10^{-19} m^2 とみなしている．D は容器の代表的長さで，K が 0.01 以下が粘性流領域，0.3 以上が分子流領域である．容器寸法によって対応領域が変わり，大きいほどより低圧力まで粘性流領域となる．

図 3.3.5 圧力とクヌーセン数の目安

■ **コンダクタンスの影響**

粘性流領域では，コンダクタンスが平均圧力に比例する．同じ配管でも分子流に比べて大きなコンダクタンスが得られるが，圧力が減少するにつれ，分子流領域では一定となるコンダクタンスに近付く．両者を滑らかにつなぐには Knudsen が円形導管について提唱した計算式が一般に適用されている．また，この領域のポンプとしては体積排出型のポンプが活用されるが，通常その排気速度が到達圧力付近で急激に減少する．この領域の排気の特徴として，圧力によって実効排気速度が変化することに注意しなければならない．コンダクタンスの効果を考慮すると，まず実効排気速度は

$$\left. \begin{array}{l} \dfrac{1}{S_\mathrm{eff}} = \left(\dfrac{1}{C_v} + \dfrac{1}{S_p}\right)^{-1} \\ C_v = \alpha \bar{p} = \alpha \times \dfrac{p + p_1}{2} \end{array} \right\} \quad (3.3.45)$$

で与えられる．ここで C_v は粘性流の場合の配管のコンダクタンスで，α は粘性率と配管の形状で決まる比例係数，p と p_1 がコンダクタンスを介した両端の圧力

である．長い配管を排気する場合や粘性流の境界域の低圧付近で排気を続ける場合には $S_p > C_v$ となって実効的な排気速度も有意に圧力に依存し得る．このときポンプ吸気口の圧力 p_1 は容器の圧力 p に比べて十分低いと考え，$S_{\text{eff}} \sim C_v \fallingdotseq \alpha p/2$ とすると

$$V \frac{dp(t)}{dt} \fallingdotseq Q(t) - \frac{\alpha}{2} p(t)^2 \quad (3.3.46)$$

この領域で $Q(t)$ は一定とみなせるから

$$\left.\begin{aligned} p(t) &\approx \frac{2V}{\alpha}\left(t + \frac{V}{\alpha p_0}\right)^{-1} = \frac{2V}{\alpha} t'^{-1} \\ t' &\equiv t + \frac{2V}{\alpha p_0} \end{aligned}\right\} \quad (3.3.47)$$

の関係が，排気の初期から p が減少して分子流条件に近付くまで現れる．t' は $t = -2V/\alpha p_0$ を 0 とした時間である．つまり，粘性流領域であっても十分なコンダクタンスが得られない場合には，圧力が時間の -1 乗に依って減少することが観察されるのである．指数関数的減少との切替りの圧力を境界圧 p_c と呼ぶと，粘性流領域の排気では，圧力が p_c までは時間の指数関数的に減少し，p_c 付近以下では時間の -1 乗に依って減少するようになる．p_c が粘性流領域の下限以下の場合には下限圧力付近まで，表面の脱離や吸着が律速とならない限り指数関数的減少が期待できる．p_c が大気圧または初期圧力以上の場合には最初から圧力減少が -1 乗に依うことになる．境界圧力の目安をポンプの排気速度 S_p と配管のコンダクタンス C_v の大小によって実効的な排気速度が切り替わるときとするなら

$$\frac{S_p}{C_v} = \frac{2S_p}{\alpha \bar{p}} = 1, \quad p_c \sim \frac{2S_p}{\alpha} \quad (3.3.48)$$

で与えられる．Knudsen のコンダクタンスの式は，円形導管の直径を D，分子流に対するコンダクタンスを C_M としたとき

$$\left.\begin{aligned} C_v &= f(D\bar{p}) C_M \\ f(D\bar{p}) &= \frac{1 + 271 D\bar{p} + 4790 (D\bar{p})^2}{1 + 316 D\bar{p}} C_M \end{aligned}\right\} \quad (3.3.49)$$

と書き表される．先と同様に $\bar{p} \approx p$ とみなして，ポンプの排気速度と分子流コンダクタンスの比を $S_p/C_M \equiv C_p$ とおくと

$$\frac{S_{\text{eff}}}{C_M} = \frac{f(Dp) C_p}{f(Dp) + C_p} \quad (3.3.50)$$

となり，C_p の値によって S_{eff} と Dp の関係が図 3.3.6 のように示される．$Dp \gtrsim 1$ が粘性流，$Dp \lesssim 0.03$ が分

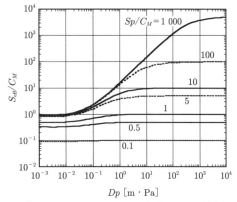

縦軸は配管の分子流コンダクタンスで規格化した実効排気速度，横軸は圧力と配管直径の積である．真空ポンプの排気速度と分子流コンダクタンスの比をパラメーターにとってある．配管のコンダクタンスがポンプの排気速度と同程度以上であれば実効排気速度は圧力に大きくは依存しない．コンダクタンスが小さくなるにつれ，より高圧力側から実効排気速度が圧力とともに低下し始める．

図 3.3.6 円管排気の実効排気速度の変化

子流領域である．高圧力側の一定値から S_{eff}/C_M が低圧力側に向けて下降に転じるあたりの圧力が p_c である．配管の（分子流）コンダクタンスが小さければ粘性流領域においても高い圧力から排気において $p(t) \sim t^{-1}$ が現れることが予想される．コンダクタンスが十分に大きければ，ガス放出が律速となるまで速やかな圧力減少が期待される．

3.3.3 分子流領域の排気

通常の排気系では，10^{-2} Pa 程度以下が分子流の領域の境界となる．このような圧力からさらに高真空，超高真空への排気で一般に観察されるのは，圧力が時間の -1 乗あるいは -1 乗に近い傾きで減少することである．この領域の排気は脱離によって支配されると考えられる．分子流領域では気体分子どうしの衝突が無視できるから，気体分子は平均的に通過時間 τ_t だけ空間を飛んで容器表面に入射し，そこで平均的に滞在時間 τ_s だけとどまってまた空間へと飛び出していく．気体分子が空間に存在する確率は $\tau_t/(\tau_t + \tau_s)$ に過ぎない．ポンプが排気できるのは空間を飛来してくる気体分子だけであるから，脱離の時定数が長くなると排気に至る機会が少なくなり，圧力の減少はどんどん緩やかなものとなる．

〔1〕吸着式の適用

低い圧力では排気に長い時間を要するようになると予想される．この影響は滞在時間と付着確率に強く依存する．低い圧力では気体分子は空間よりも表面に多く存在し排気過程において脱離が支配的となるからで

ある．前項では，吸着平衡がヘンリー則に従って滞在時間も付着確率も一定であると考えたのであるが，より低い圧力での排気過程を記述するためには脱離の活性化エネルギーが分布を持つことや吸着量によって変化することを考慮しなければならない．

一般に，吸着密度が増加すると近傍の吸着分子どうしが相互反発し合うため吸着エネルギーは減少する．吸着密度が減少するに従って活性化エネルギーが増加し脱離の時定数は長くなる．吸着エネルギーが吸着密度に依存するとき，式 (3.3.8) の脱離の時定数は，$E \to E(\sigma)$ と置き換えて

$$\tau_s(\sigma) = \tau_0 \exp \left\{ \frac{E(\sigma)}{kT} \right\} \qquad (3.3.51)$$

と表される．このとき式 (3.3.37) より，$\tau_b \approx 2\tau_s/\delta$ であったから，排気の進行とともにどんどん時定数が長くなることがわかる．

吸着平衡が成り立っているとき，吸着量は温度と圧力の関数である．温度を一定として得られる関係

$$\sigma = f(p), \quad T = \text{const.} \qquad (3.3.52)$$

は吸着等温線と呼ばれ，いろいろな吸着式が提唱されている．吸着式は吸着量の圧力依存を表しており，吸着量によって脱離のしやすさ，すなわち活性化エネルギーが変化する効果を包含することができる．吸着式を排気の方程式に適用することによって現実の排気曲線をより深く理解することが可能である．詳細は他項に委ね，本章で扱う高真空以下の低圧力領域で参照されるいくつかの吸着式について以下に簡単に紹介しておく．

(i) ヘンリー（Henry）型：吸着式は

$$\sigma = f(p) \propto p \qquad (3.3.53)$$

で表される．活性化エネルギーと付着確率は一定と考えており，前項で触れたように平均滞在時間は一定となる．圧力に従って吸着密度の上限はない．固体中の気体濃度 c は濃度が低いときヘンリー則 $c \propto p^n$ に従う．ここで n は反応の次数で，二原子分子が表面で解離して溶融する場合には $n = 2$ である．

(ii) ラングミュア（Langmuir）型：吸着式は

$$\sigma = f(p) = \frac{\sigma_s C_1 p}{1 + C_1 p} \qquad (3.3.54)$$

で表される．ここで σ_s は飽和吸着密度，C_1 は定数である．ラングミュア則では，表面の吸着サイトを考えて，すでに埋まっているサイトに入射した気体分子は吸着されない，すなわち付着率 s が表面の非被覆率

$1 - \theta = 1 - \sigma/\sigma_s$ に比例するとしている．脱離の活性化エネルギー自体は一定で C_1 の中に含まれている．圧力の上昇に伴って吸着密度は飽和値に漸近する．

(iii) テムキン（Temkin）型：吸着式は

$$\sigma = f(p) = C_1 \ln(C_2 p) \qquad (3.3.55)$$

と表される．ここで C_1 と C_2 は定数である．活性化エネルギーが表面密度に比例するとしている．圧力の上昇に伴って吸着密度も増加し続けるが増加率は圧力とともに緩やかになる．

(iv) フロイントリッヒ（Freundlich）型：吸着式は

$$\sigma = f(p) = C_1 p^{C_2} \qquad (3.3.56)$$

と表される．ここで C_1 と C_2 は定数で，C_2 は通常 1 より大きい．活性化エネルギーが表面密度の対数に比例するとしている．圧力の上昇に伴って吸着密度も増加し続けるが，テムキン則と同様に増加率は圧力とともに緩やかになる．

吸着密度による脱離速度の変化を吸着式を用いて導入する．温度は一定とし，ガス放出の機構として吸着式 $\sigma = f(p)$ を適用すると，排気の基本方程式が

$$\left. \begin{aligned} V \frac{dp(t)}{dt} &= Q(t) - S_p p(t) \\ &= -A \frac{df(p)}{dt} - S_p p(t) \\ \frac{dp(t)}{dt} + \frac{A}{V} \frac{df(p)}{dt} &= -\frac{pt}{\tau_p} \\ \frac{dp(t)}{p(t)} \left(1 + \frac{A}{V} \frac{df(p)}{dp} \right) &= -\frac{dt}{\tau_p} \end{aligned} \right\} \quad (3.3.57)$$

と書き改められる．ここから

$$\int \frac{dp(t)}{p} + \frac{A}{V} \int \frac{1}{p} \frac{df(p)}{dp} dp = -\frac{t}{\tau_p} \qquad (3.3.58)$$

を得る．左辺第 1 項が τ_p の時定数で指数関数的に減少する空間排気の部分であり，十分な時間の経過後には無視できる量となる．第 2 項が脱離によって進行する排気の部分で，これが高真空以下の圧力では支配的な過程となる．したがって分子流領域での排気は

$$\int \frac{1}{p} \frac{df(p)}{dp} dp \risingdotseq -\frac{V}{A} \frac{t}{\tau_p} = -\frac{S_p}{A} t \qquad (3.3.59)$$

に従うと考えてよい．

古来，水の排気に多くの時間を要することや排気曲線が $\log p \propto \log t$ に従うことを説明するために吸着式の適用が検討されている．ここでラングミュアの吸着式 (3.3.54) を排気の方程式 (3.3.57) に代入すると

$$\left\{V + \frac{A\sigma_s C_1}{(1+C_1 p)^2}\right\}\frac{\mathrm{d}p(t)}{\mathrm{d}t} = -S_p p(t) \tag{3.3.60}$$

を得る．ヘンリー則では脱離速度は一定であったが，ラングミュア則では付着率が表面の被覆率に依存するとしたことによって，圧力の減少につれて脱離速度も減少する効果を考慮に入れている．Venema は式 (3.3.60) を用いて活性化エネルギーによる排気曲線の違いを図 3.3.7 のように示している[2]．E の値によって排気しにくい吸着分子があり，時間に逆比例する排気曲線を描くことがわかる．定性的には，活性化エネルギーが大きな場合には脱離しないで表面にとどまっている時間が長いために圧力の上昇には寄与が少なく，活性化エネルギーが小さな場合には空間に滞在している時間が長いので排気されやすい．ちょうど中間の値の活性化エネルギーを持つ気体が表面と空間を行ったり来たりしていてなかなか排気されないため長く残留する，と解釈できる．ただし水の気化熱は 10 kcal/mol 程度であり，ラングミュア則と物理吸着だけでは実際の水の排気しにくさは説明しきれていない．

で，脱離の活性化エネルギーが吸着密度に比例して減少することを意味していた．このとき

$$\left.\begin{aligned}\int \frac{1}{p}\frac{\mathrm{d}f(p)}{\mathrm{d}p}\mathrm{d}p &= \int \frac{C_1}{p^2}\mathrm{d}p \\ &= -\frac{C_1}{p} + C_0 = -\frac{S_p}{A}t \\ p(t) &= \frac{A}{S_p}C_1\left(t + \frac{A}{S_p}C_0\right)^{-1} \propto \frac{1}{t'}\end{aligned}\right\} \tag{3.3.62}$$

となり，圧力が時間に反比例して減少していくことがわかる．C_0 は積分定数，t' は $t - C_0 A/S_p$ を起点とした時間であり特に重要な意味は持たない．また，吸着密度が圧力の -2 乗に比例するときにも時間の -1 乗則が出てくる．脱離の活性化エネルギーが吸着密度の対数に比例して減少すると仮定したフロイントリッヒ型の吸着式

$$\sigma = f(p) = C_1 p^{C_2} \tag{3.3.63}$$

より

$$\left.\begin{aligned}\int \frac{1}{p}\frac{\mathrm{d}f(p)}{\mathrm{d}p}\mathrm{d}p &= C_1 C_2 \int p^{C_2-2}\mathrm{d}p \\ &= \frac{C_1 C_2}{C_2-1}p^{C_2-1} + C_0 \\ &= -\frac{S_p}{A}t \\ p(t) &= \frac{A}{S_p}\frac{C_1 C_2}{C_2-1} \\ &\quad\times\left(t + \frac{A}{S_p}C_0\right)^{\frac{1}{C_2-1}} \propto t'^{\frac{1}{C_2-1}}\end{aligned}\right\} \tag{3.3.64}$$

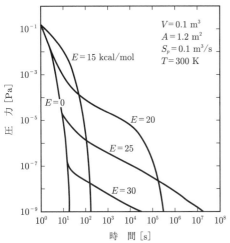

ラングミュアの吸着式を適用してある排気系について計算したもの．Venema による[2]．この例では $E = 20 \sim 25$ kcal/mol 程度の気体種が排気しづらいといえる．

図 3.3.7 脱離の活性化エネルギーによる排気曲線の違い

つぎに脱離の活性化エネルギーが吸着密度に依存して変わるとき，どのように排気に影響するであろうか．式 (3.3.59) から明らかなように，吸着密度が圧力の対数に比例して減少する場合に，$p(t) \propto -1/t$ となる．そこでテムキン型の吸着式に着目すると

$$\sigma = f(p) = C_1 \ln C_2 p \tag{3.3.61}$$

となる．ここで C_2 は典型的には 0.1〜0.3 と考えられているので，圧力は，時間の -1.1〜-1.4 乗で減少することになる．ヘンリー則では圧力と平衡吸着密度の勾配 $\mathrm{d}\sigma/\mathrm{d}p$ がつねに 1 であったが，ラングミュア則やテムキン則，フロイントリッヒ則では，圧力が低くなるにつれて勾配が大きくなっている．つまり低い圧力では相対的に吸着密度が高くなっており，これは滞在時間がより長くなっていることを意味している．

〔2〕 活性化エネルギーの分布の影響

吸着式の適用は活性化エネルギーが吸着量に依存して変化すると考えて事象の解釈を試みたものである．実際の表面は多様であり，脱離の活性化エネルギーにも分布があると考える必要がある．Horikoshi は吸着

密度を脱離の活性化エネルギーと時間の関数 $\sigma(E,t)$ と考えてつぎのような解析法を提唱している[3]. ここではやはり吸着サイトの定員は1分子（原子）のみであると考える．表面の全サイト数を N_0 とすると

$$N_0 = \int \sigma_0(E) dE \quad (3.3.65)$$

初期の付着確率を s_0 として

$$s = s_0 \frac{\sigma_0(E) - \sigma(E,t)}{N_0} \quad (3.3.66)$$

で表されるから，排気の方程式 (3.3.18) は

$$\left.\begin{aligned}\frac{\partial \sigma(E,t)}{\partial t} &= -\frac{\sigma(E,t)}{\tau_s(E)} + \frac{\bar{v}}{4} s_0 \frac{\sigma_0(E) - \sigma(E,t)}{N_0} p(t) \\ \frac{V}{A}\frac{dp(t)}{dt} &= \frac{\sigma(E,t)}{\tau_s(E)} \\ &\quad - \frac{\bar{v}}{4}\left(s_0 \frac{\sigma_0(E) - \sigma(E,t)}{N_0} + \frac{A_p}{A}\right) p(t)\end{aligned}\right\} \quad (3.3.67)$$

となる．吸着サイトの分布関数を $g(E)$ とすると，そのサイトの表面被覆率 $\theta(E,t)$ との積が活性化エネルギー E のサイトの吸着密度である．吸着密度 $\sigma(t)$ と単位面積当りの脱離密度 $\sigma(t)/\tau_s(t)$ を

$$\left.\begin{aligned}I_1 \equiv \sigma(t) &= \int \sigma(E,t) dE \\ &= \int g(E)\theta(E,t) dE \\ I_2 \equiv \frac{\sigma(t)}{\tau_s} &= \int \frac{\sigma(E,t)}{\tau_s(E)} dE \\ &= \int \frac{g(E)\theta(E,t)}{\tau_s(E)} dE\end{aligned}\right\} \quad (3.3.68)$$

と置くと，排気の方程式として

$$\left.\begin{aligned}\frac{\partial \sigma(E,t)}{\partial t} &= -I_2 + \frac{I_1}{N_0}\frac{s_0 \bar{v}}{4} p(t) \\ \frac{V}{A}\frac{dp(t)}{dt} &= I_2 - \frac{\bar{v}}{4}\left\{s_0\left(1 - \frac{I_1}{N_0}\right) + \frac{A_p}{A}\right\} p(t)\end{aligned}\right\} \quad (3.3.69)$$

を得る．

式 (3.3.69) を解析的に解くことは難しいが，条件を設定することにより，排気曲線やガス放出曲線を数値解析で求めることができる．第1式は被覆率 θ を用いて

$$\begin{aligned}\frac{d\theta(E,t)}{dt} &= -\frac{d\theta(E,t)}{\tau_s(E)} \\ &\quad + \frac{s_0}{N_0}\{1 - \theta(E,t)\}\frac{p(t)}{kT}\end{aligned} \quad (3.3.70)$$

と置き換えられる．Horikoshi はいくつかパラメーターを選択して，活性化エネルギーが一様な分布を持つ場合（$g(E) = $ const.）と指数関数的な分布を持つ場合（$g(E) \sim \exp(\alpha E)$, $\alpha = $ const.）について排気における圧力とガス放出率を図 3.3.8 および図 3.3.9 のように示している．両方の図から圧力が初期に指数関数的に減少し，十分な時間が経過した後は，活性化エネルギーが一様分布の場合にはほぼ -1 の傾きで，指数関数分布の場合には -1 よりやや緩い傾きで推移することがわかる．テムキン型とフロイントリッヒ型の吸着式から -1 あるいはそれに近い傾きが再現できた．吸着式の表す平衡は滞在時間の変化を内包している．活性化エネルギーの分布は滞在時間を通じて脱離速度に反映される．準定常状態では脱離速度によって圧力と吸着密度の平衡が決まるので，適当なエネルギー分布を与えることにより吸着式による平衡条件下での排気曲線を再現することは可能なのである．図からは十分時間が経過した後には，ガス放出はあまり排気速度に依存していないことが見てとれる．これは吸着密度が

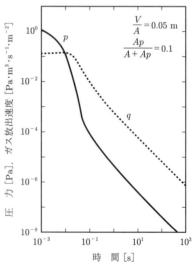

脱離の活性化エネルギー分布を $10 \sim 50$ kcal/mol の範囲で一定と仮定し，式 (3.3.69), (3.3.70) によって計算したもの．Horikoshi による[3].

図 3.3.8　数値解析による排気曲線 (p) とガス放出曲線 (q)

3.3 排気プロセス

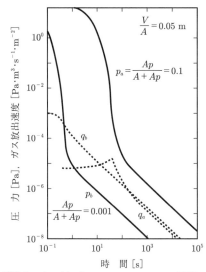

脱離の活性化エネルギーを 10〜50 kcal/mol の範囲で $g(E) \sim \exp(0.19E)$ として，式 (3.3.69), (3.3.70) によって計算したもの．p_b, q_b は p_a, q_a に比べて 100 倍の排気速度を仮定した場合の値である．排気速度によってガス放出速度がわずかに違っている．Horikoshi による[3]．

図 3.3.9 数値解析による排気曲線 (p_a, p_b) とガス放出曲線 (q_a, q_b)

圧力と準定常状態にあるために圧力に従って吸着と脱離がともに増減し，その差分で決まる正味のガス放出量は大きく変化しないと理解できる．しかしながら図 3.3.8 では排気速度が大きくなるとガス放出もわずかに増加している．わずかながら差が現れており，影響が皆無ではないことを意味している．例えば排気速度を突然零にしてビルドアップを観察するとき，同じ到達圧力を得ていても，排気速度が大きい方がビルドアップもわずかに大きくなるのである．

さらに $\theta(E, t)$ によって表面の吸着密度を調べると，排気によって**図 3.3.10** のように進行していくことが示される．気体分子は吸着と脱離を頻繁に繰り返しているので，活性化エネルギーの低いサイトに吸着した分子はすぐに脱離し，よりエネルギーの高いサイトに吸着してそこに落ち着くのである．このため圧力に対

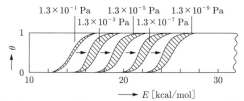

排気に従って圧力が減少するが，圧力に対応して限られた活性化エネルギーサイトの脱離が主要なガス放出源となっている．Horikoshi による[3]．

図 3.3.10 排気による表面被覆率の推移

応したある活性化エネルギー以下の吸着サイトはほとんどが空席で，それ以上のサイトはほぼ満席といった状態で排気が進行する．ある活性化エネルギーに着目すると，排気開始からほぼ満席状態で保持され，ある圧力に到達するとその活性化エネルギーに対応した時定数で吸着密度が指数関数的に減少するのである．排気曲線の有り様は活性化エネルギーの分布の様子を反映しているともいえる．

吸着等温線は圧力–表面吸着密度平面上の平衡関係を示した曲線である．平衡状態の圧力と密度は線上にあり動くことはない．吸着等温線から外れた点はある表面密度が釣合いのとれていない気相に接した状況を表しており，時間とともに面上を移動する．排気は準定常状態にある．真空ポンプによる排気によりつねに定常状態が崩されるが，気体分子は脱離と吸着を繰り返しながら平衡状態＝吸着等温線にきわめて近い位置を低い圧力側へと移動しているのである．

σ–p 平面は，① $d\sigma/dt = 0$, ② $dp/dt = 0$ を表す 2 線によって三つの領域に分けられる．$d\sigma/dt = 0$ の線が吸着等温線であり正味のガス放出はない．この線より高い圧力では，σ は増加して，p は減少する．$dp/dt = 0$ の線は排気過程においては真空ポンプの排気によって作られる非定常な状態を表している．この線より低い圧力では，σ は減少して，p は増加する．式 (3.3.69) で

$$\left. \begin{array}{l} 0 = -I_2 + \dfrac{I_1}{N_0} \dfrac{\bar{v}}{4} \langle p(t) \rangle_{d\sigma/dt=0} \\[4pt] 0 = I_2 - \dfrac{\bar{v}}{4} \dfrac{I_1}{N_0} (1+\delta) \langle p(t) \rangle_{dp/dt=0} \end{array} \right\} \qquad (3.3.71)$$

であるから，2 線の比は

$$\frac{\langle p(t) \rangle_{d\sigma/dt=0}}{\langle p(t) \rangle_{dp/dt=0}} = (1+\delta) \qquad (3.3.72)$$

しかなく，2 線に挟まれた領域がきわめて狭いことがわかる．この領域で σ と p がともに減少するのである．Kanazawa は式 (3.3.62) と同等な式から σ–p 平面上での移動の様子を詳しく解析し，排気過程を**図 3.3.11**のように説明している[4]．領域 II の外側では速度ベクトル $d\sigma/dt$, dp/dt がともに領域 II へと向かっている．領域 II の中で速度ベクトルは原点へと向かう．詳しい計算によれば，移動速度は領域 I，III で比較的速い．どのような位置から出発しても速やかに領域 II へと進入し，領域を逸脱することなく排気によって作られる非定常条件に沿って，言い換えれば準定常に，低圧力，低吸着密度側へと移動するのである．領域 II は温度の高低で σ–p 平面上を上下にシフトする．後述のベーキングのような場合には，昇温により領域 II が高圧力側

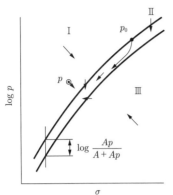

p_0 は排気開始の吸着平衡点を示している．どの地点 p から排気を始めても速やかに領域 II へと移行し，領域 II の中を低圧力側へと進行する．Kanazawa による[4]．

図 3.3.11 σ-p 平面上での排気の進行

にシフトし，そこで圧力減少が進んだ時点で降温するとその圧力から再び低圧力側にシフトして事象が進行することになる．

〔3〕 熱脱離以外の効果：光衝撃脱離の寄与

Horikoshi の解析法は，脱離のパラメーターを選択することによって熱脱離以外にも適用が効く．放射光源としての電子シンクロトロンでは，周回する電子ビームから発生する放射光がビームチェンバー内壁を照射することによりその表面から大量のガスを放出する．ベーキング等で静的に低い到達圧力を達成した後にビーム運転を開始しても，運転初期には大きなガス放出が避けられない．これは放射光照射によって放出された二次電子による電子衝撃脱離と理解されている．放射光照射による材料からのガス放出は図 3.3.12 に示され

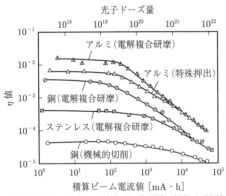

縦軸は放射光光子 1 個当りの放出ガス分子数，横軸は光源加速器の積算ビーム電流値で放射光照射量と同等である．表面処理の違いにより初期のガス放出率が大きく違うが，照射とともに同じ傾き −1 の曲線に収束していく傾向が見られる．Ueda らによる[5]．

図 3.3.12 放射光照射による材料からのガス放出率の変化

るようにビーム電流の積分値＝放射光照射量に反比例して減少することが知られている[5]．表面処理によって初期のガス放出は大きく違うが，放射光の照射とともに減少して，十分な照射を受けた後では同じ傾き −1 の曲線に収束していく傾向が見てとれる．Sukenobu は，式 (3.3.63) に光刺激脱離の過程を加えることにより放射光照射による圧力変化を模擬している[6),7)]．計算では活性化エネルギーをある範囲で一様連続な分布とし，放射光照射により二次電子が放出されるときに表面の吸着ガスが衝撃脱離すると仮定した．この計算で興味深いのは，放射光直射部，反射放射光照射部，放射光非照射部の三様の表面を扱っていることである．表面被覆率は E, t, および場所 x の関数となる．脱離と吸着の釣合いは

$$\frac{d\theta(x,E,t)}{dt} = -\frac{d\theta(x,E,t)}{\tau_s(E)} \\ + s_0\{1-\theta(x,E,t)\}\frac{\Gamma(t)}{N_0} \\ -\theta(x,E,t)\phi(x)Y\Sigma \qquad (3.3.73)$$

で与えられる．右辺第 3 項が式 (3.3.63) に付加された電子衝撃脱離の項で，$\phi(x)$ は放射光フラックスである．Y は放射光照射による量子効率，Σ は電子衝撃による脱離電面積で，ともに一定と仮定している．圧力を気相中での分子フラックス Γ に置き換えて，全放出ガスを $Q(t)$ とすると

$$\left.\begin{aligned}\frac{d\Gamma(t)}{dt} &= -\frac{\bar{v}A}{4V}(1+\delta)\Gamma(t) + \frac{\bar{v}}{4V}Q(t) \\ Q(t) &= \iint \frac{g(E)\theta(x,E,t)}{\tau_s(E,t)}dE\,dx \\ &\quad + \iint g(E)\theta(x,E,t)\frac{\Gamma(t)}{N_0}dE\,dx \\ &\quad + \iint g(E)(1-s_0) \\ &\quad \cdot \{1-\theta x,E,t\}\frac{\Gamma(t)}{N_0}dE\,dx \\ &\quad + \iint g(E)\theta(x,E,t) \\ &\quad \cdot \phi(x)Y\Sigma dE\,dx\end{aligned}\right\} \qquad (3.3.74)$$

が得られる．$Q(t)$ の右辺第 1 項は熱脱離，第 2, 3 項は反射，第 4 項は光刺激脱離によるガス放出である．つまり，放射光照射は滞在時間や活性化エネルギーに関わりなく，一様強制的に吸着分子をたたき出すと仮定

している．したがって，照射条件の異なる表面ではそれぞれ脱離の進行も異なっている．熱脱離に加えて，放射光が照射している表面では，どの活性化エネルギーの吸着サイトも脱離が一様に進行している．照射光照射面では図 3.3.10 のように活性化エネルギーの低いサイトから準平衡的に脱離が進むばかりではなく，照射中は全エネルギーサイトで脱離が一様に進行しているのである．図 3.3.13 は排気のある時点から放射光の照射を断続的に繰り返したときの排気曲線である．放射光照射中は大量のガス放出により高い圧力で排気が進行することはベーキングに類似している．しかしこの解析では，熱脱離のみの過程では圧力の違いが見られないのに対して，放射光照射以降は付着確率や排気速度の違いが排気中の圧力に影響し，図 3.3.13 には付着確率が小さいほど圧力が大きい結果が得られてい

る．これは，放射光照射以前はどの表面も圧力と準平衡状態にあったのが，放射光照射を受けた表面では活性化エネルギーにかかわらず多量の気体分子が脱離することにより非平衡な脱離が促進されるためと考えられる．このような解析を実験データに当てはめて比較したのが図 3.3.14 である．計算では照射前の平衡圧を低くすると最初のガス放出も小さく減少も緩やかであるが，どの平衡圧から始まっても照射が進むにつれて減少が -1 乗の傾きに収束しており，図 3.3.12 の実験データとも定性的に合致する．一部の表面で非平衡な脱離があったとしてもそれがそのまま排気につながるわけではなく，全体ではやはり熱脱離と同様な表面の吸着脱離過程が排気過程を支配していると考えられる．

〔4〕 拡散によるガス放出過程

超高真空の達成にベーキング（加熱脱ガス）は常套手段である．式 (3.3.8) に示されるとおり，温度を上げることによって表面における気体分子の平均滞在時間が大幅に短縮されるからである．室温 T_r に比べて十分高い温度 T_b でベーキングするとき

$$\frac{\tau_s(T_r)}{\tau_s(T_b)} = \exp\left\{\frac{E}{kT_1}\left(1 - \frac{T_r}{T_b}\right)\right\} \quad (3.3.75)$$

であるから，活性化エネルギーが大きいほど短縮効率も高く，ベーキングは滞在時間の長い吸着分子ほど効果的である．ベーキングの過程は模式的に図 3.3.15 のように説明される．温度 T_r で排気を続け，時間 t_a で圧力 p_1 に達したときに T_b に加熱すると，滞在時間の短縮比に相当して脱離が増加し圧力も p_1' に増加す

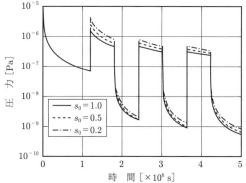

放射光照射中は脱離の促進によって高い圧力で排気が進行する．初期の付着確率により照射以降の排気曲線に違いが現れている．祐延による[6]．

図 3.3.13 数値計算による断続的に放射光照射を行った場合の排気曲線

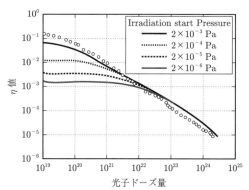

縦軸は放射光光子 1 個当りの放出ガス分子数，横軸は真空容器に導入された放射光の光子数である．○が実験データで曲線は式 (3.3.73), (3.3.74) によって計算したもの．Sukenobu らによる[6]．

図 3.3.14 放射光照射によるガス放出率の照射量依存

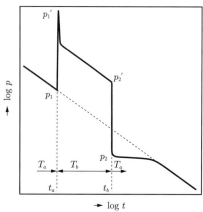

昇温中は高い圧力で排気が進行し，降温後にいったん低い圧力に下がるがしばらく減少率は緩やかとなり，本来の温度での排気曲線に漸近していく．定常的排気における曲線の傾きは，表面での脱離が支配的な場合には -1 程度，拡散が支配的な場合には -1/2 程度になると予想される．

図 3.3.15 ベーキングの模式的排気過程

る.温度上昇による圧力自体の上昇率は温度比にすぎないから,脱離が過剰となる.過剰分は空間排気で比較的速やかに排気され,その後は温度 T_b で排気が継続し準定常的に圧力は減少する.時間 t_b で圧力 p_2' に達したときに温度を T_r に戻すと,滞在時間の逆比で脱離が抑制され,圧力もそれに対応して p_2 に減少する.ここから排気は低い圧力に対応した時定数で進行するので見掛けの圧力減少はいったん緩やかなものとなり時間とともに本来の温度での排気曲線に漸近していく.温度 T_r で排気を続けた場合に p_2 に到達するのに要する時間をベーキングによって大幅に短縮することができるわけである.このように温度の違いは重要な要素の一つである平均滞在時間を通して排気過程に大きく影響を及ぼす.Kanazawa は先の数値解析をさらに進め,温度変化を排気の方程式に取り込むことによってベーキングの排気過程をよく再現している[4](ベーキングの排気過程は古来拡散の効果として説明されている[10].後述する).

ここまで表面での脱離と吸着がガス放出の主要な機構と捉えて解析を進め,実際の排気過程をある程度再現できた.気体分子は気相と表面を行き交うばかりでなく,表面と固体内部との間でのやりとり,すなわち拡散を行っている.固体内部からの拡散によって吸着分子が補填され続ければ吸着量は減少せず,したがって排気も進まない.逆に内部へと気体分子がどんどん拡散していけばそれは排気として作用するから,そのような材料は吸蔵型の排気ポンプとして利用できることになる.拡散係数 D は拡散の活性化エネルギーを E_d として

$$D(T) = D_0 \exp\left(-\frac{E_d}{kT}\right), \quad D_0 = \text{const.} > 0 \tag{3.3.76}$$

の強い温度依存性があるため,室温程度では通常拡散量は微小量として無視している.拡散は濃度勾配に依存するから単純に考えると表面密度が固体内部の溶解濃度より大きい間はガス放出への拡散の寄与はなく,むしろ溶解による排気効果があるであろう.排気が進んで表面密度が低くなると拡散の影響が現れるといえる.したがって,低圧力での排気やベーキングのような加熱・高温過程では必然的に考慮の対象となり得る.実際に加熱脱ガスにおいては図 3.3.16 のような分圧の変化が観察される[8].150℃で 24 時間のベーキングを行ったものであるが,昇温中の H_2 の分圧減少はそれほど顕著ではない.これは固体内部から拡散によって表面に水素が供給されているためと推察できる.

超高真空排気で重要なのは半無限の一様固体におけ

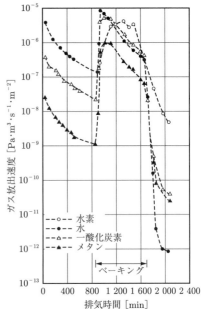

スパッタイオンポンプの排気系で排気過程の残留ガス分析を行ったもの.ベーキング前の水素は水のクラッキングが多すぎて測れていない.ベーキング中はすべての気体種の放出速度が増大し時間とともに減少するが,ベーキング後に主要な残留ガス成分となる水素だけは減少率が著しく小さい.Strausser による[8].

図 3.3.16 ベーキング過程におけるおもな残留気体種分圧の時間変化

る表面への拡散であろう.拡散係数 D,固体中に溶解している気体の濃度を C として,一次元の拡散方程式は

$$\frac{\partial C}{\partial t} = D\frac{\partial^2 C}{\partial x^2} \tag{3.3.77}$$

で与えられる.ここで拡散係数 D は一定で,固体中濃度 C は時間と表面からの深さ x の関数 $C(x,t)$ である.このような拡散方程式は,初期条件や境界条件を具体的に与えることによっていろいろな場合についての解が得られている.いま,固体内部の一様な初期濃度を C_i として

$$\left.\begin{array}{l}C(x>0, t=0) = C_i \\ C(x\to\infty, t) = C_i\end{array}\right\} \tag{3.3.78}$$

とする.排気によってこの容器壁表面の気体濃度 $C(0,t)$ が一定の値 C_s に保たれていると仮定すると表面での境界条件が

$$C(x=0, t) = C_s \tag{3.3.79}$$

で与えられる.C_s は例えば単分子層の厚さを d_m として $C_s = \sigma/d_m$ のように評価されよう.これらを用いて式 (3.3.77) の解が

$$\frac{C(x,t)-C_i}{C_s-C_i} = 1 - \mathrm{erf}\left(\frac{x}{2\sqrt{Dt}}\right) \quad (3.3.80)$$

と得られる．簡単のため，表面に達した拡散流がそのまま気相に放出されるとすると，拡散によるガス放出速度 $q_d(t)$ は

$$\begin{aligned}q_d(t) &= -D\left(\frac{\partial C}{\partial x}\right)_{x=0} \\&= D\frac{C_i-C_s}{2\sqrt{Dt}}\left[\frac{2}{\sqrt{\pi}}\exp\left(-\frac{x^2}{4Dt}\right)\right]_{x=0} \\&= (C_i-C_s)\sqrt{D/\pi}\,t^{-\frac{1}{2}} \quad (3.3.81)\end{aligned}$$

である．拡散による表面への気体放出は初期濃度と表面濃度の差に比例し，$t^{-1/2}$ で減少することがわかる．気相から表面への吸着速度 $(s\bar{v}/4kT)p$ は圧力に比例しているから，排気が進行して吸着速度よりも拡散放出速度が優勢になると，脱離が拡散で律速されて圧力も $t^{-1/2}$ で減少することになる．

Crank は表面のある平衡濃度と実際の表面濃度の差に比例して気相へのガス放出が起こるとした場合の拡散方程式の解を得ている[9]．このとき式 (3.3.68) の境界条件が

$$\left.\begin{aligned}-D\left(\frac{\partial C}{\partial x}\right)_{x=0} &= \alpha\{C(0,t)-C_s\} = q_d(t) \\\alpha &= \mathrm{const.},\quad C_s = \sigma_{eq}/d_m\end{aligned}\right\} \quad (3.3.82)$$

に置き換わる．α は比例定数である．σ_{eq} はそのときの圧力下での平衡吸着密度である．つまり，脱離と吸着が平衡したとき表面濃度を C_s と仮定している．このときの解が

$$\begin{aligned}\frac{C(x)-C_i}{C_s-C_i} &= \mathrm{erfc}\frac{x}{2\sqrt{Dt}} \\&\quad - \exp\left(\frac{\alpha}{D}x + \frac{\alpha^2}{D}\sqrt{Dt}\right) \\&\quad \times \mathrm{erfc}\left(\frac{x}{2\sqrt{Dt}} + \frac{\alpha}{D}\sqrt{Dt}\right)\end{aligned} \quad (3.3.83)$$

で与えられている．ここからガス放出速度は

$$\begin{aligned}q_d(t) = q_d(0)\exp\left(\frac{\alpha^2}{D}t\right) \\\times\left\{1 - \mathrm{erf}\left(\alpha\sqrt{t/D}\right)\right\}\end{aligned} \quad (3.3.84)$$

となる．ここから $q_d(t)/q_d(0)$ の時間依存は図 3.3.17 のようになる．明らかなように，$(\alpha^2/D)t>1$ のとき

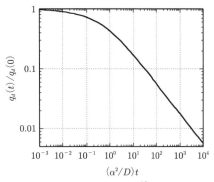

式 (3.3.84) によるガス放出の時間変化[9]．横軸の意味は本文参照．時間とともに拡散が律速となり，ガス放出速度は $t^{-1/2}$ で減少する．

図 3.3.17　拡散によるガス放出速度の変化

$q_d(t) \cong q_d(0)/\sqrt{t}$ となってガス放出速度は拡散で律速されている．$(\alpha^2/D)t<1$ では $q_d(t) \cong \alpha(C_i-C_s)$ となって，表面の平衡吸着密度に従って変化するが，固体内部の拡散とは無関係となる．

ベーキングと拡散の関係もやはり図 3.3.15 で模式的に説明できる[10]．温度 T_r と T_b における拡散係数の比は $D(T_b)/D(T_r)$，拡散流の比は $\sqrt{D(T_b)/D(T_r)}$ である．時間 t_a で T_b に急激に加熱しても，表面濃度の勾配は急には変わらないから，圧力は $D(T_b)/D(T_r)$ 倍に上昇する．その後は $t^{-1/2}$ で減少するが，温度が T_r のままであったときとのガス放出比は $\sqrt{D(T_b)/D(T_r)}$ 倍である．温度を T_r に戻したときも，上昇時の逆比 $D(T_b)/D(T_r)$ 倍の圧力に下がるが，しばらくは一定のガス放出となり，時間とともに本来の $t^{-1/2}$ の排気曲線に一致してくるのである．

室温より高いエネルギーを持つ気体分子が表面に入射するとあるものは表面で反射されるが，一部は容器壁内部へとめり込む．めり込んだ分子は分子粒子であるいは解離してより小さい粒子となって拡散によって移動するかまたはある場所に捕獲される．拡散しやすい粒子は表面へと拡散してガス放出源となり得る．水素は金属中できわめて拡散しやすい粒子であり，このような現象が高温プラズマ閉込めの実験容器で観察される．Erents は容器表面に対して一定の入射フラックス Γ_0 があり，水素粒子がすべて同じ飛程 r を持つとして，簡単な一次元モデルによりつぎのような推論をしている[11]．図 3.3.18 に示すように深さで領域を 1 と 2 に分け，それぞれの領域の水素密度を，$C_1(x,t)$, $C_2(x,t)$ とする．拡散係数 D は等しいとすると，両領域での拡散方程式は

$$\frac{\partial C_1}{\partial t} = D\frac{\partial^2 C_1}{\partial x^2}, \qquad \frac{\partial C_2}{\partial t} = D\frac{\partial^2 C_2}{\partial x^2} \quad (3.3.85)$$

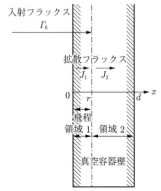

図 3.3.18 高エネルギー粒子の壁面でのリサイクリングの模式図

入射粒子のエネルギーと飛程を一定として真空容器壁内での粒子移動を示したもの．$-J_1$ がガス放出速度である．

であり，境界条件は

$$\left.\begin{array}{l} C_1(x,0) = C_2(x,0) = 0 \\ C_1(0,t) = C_2(d,t) = 0 \\ C_1(r,t) = C_2(r,t) \end{array}\right\} \quad (3.3.86)$$

また粒子バランスから

$$\frac{d\{\int_0^r C_1(x,t)\mathrm{d}x + \int_r^d C_2(x,t)\mathrm{d}x\}}{\mathrm{d}t}$$
$$= \Gamma_0 + J_1(0,t) - J_2(d,t) \quad (3.3.87)$$

である．d は壁の厚さで，$J_{1,2}(x,t)$ はそれぞれの領域での拡散フラックスである．$r \ll d$ により近似して

$$J_1(0,t) = \Gamma_0 \,\mathrm{erf}\left(\frac{r}{\sqrt{4Dt}}\right), \quad J_2(d,t) = 0$$
$$(3.3.88)$$

を得る．表面への拡散フラックスは $-J_1(0,t)$ である．式 (3.3.77) は，$t \gg r^2/(2D)$ の時間経過後に再放出フラックス $(-J_1(0,t))$ が入射フラックス Γ_0 と釣り合ってくることを意味している．室温における水素の拡散係数は大きく，数 keV 程度の飛程はそれほど長くはないので，秒程度の短時間で平衡に近付くと考えられる．

引用・参考文献

1) 堀越源一，小林正典，堀洋一郎，坂本雄一：真空排気とガス放出（共立出版，東京，1995）．
2) A. Venema: 1961 Trans. 8th Natl. Vac. Symp. 2nd Intern. Cngr. Vac. Sci. Technol. Ed. L.E. Preuss (Pargamon, 1962) 1.
3) G. Horikoshi: J. Vac. Sci. Technol. A, **5** (1987) 2501.
4) K. Kanazawa: J. Vac. Sci. Technol. A, **7** (1989) 3361.
5) S. Ueda, M. Matsumoto, T. Koberi, T. Ikeuchi, M. Kobayashi and Y. Hori: Vacuum, **41** (1990) 1928.
6) 祐延悟：真空, **37** (1994) 292.
7) S. Sukenobu and Y. Hori: Appl. Surf. Sci., **169-170** (2001) 706.
8) Y. E. Strausser: Proc. 4th Intern. Vac. Congr. 2 (Inst. Of Physics, London, 1968) 469.
9) J. Crank: The Mathematics of Diffusion (Oxford Univ., Oxford, 1959).
10) B. B. Dayton: 1962 Trans. 9th Natl. Vac. Symp. A.V.S., ed. G. H. Bancroft (Macmillan, 1962) 293.
11) S. K. Erants and G. M. MaCracken: J. Phys. D. Ser.2, **2** (1969) 1397.

3.4 排気速度とコンダクタンス

3.4.1 実効排気速度とコンダクタンス

図 3.4.1 のような，真空容器をコンダクタンス C_1, C_2 の導管，およびコンダクタンス C_V のバルブを通して，排気速度 S の真空ポンプで排気しているシステムを考える．真空容器の体積を V とし，導管を含めた実効排気速度を S_eff とすると，排気の式は

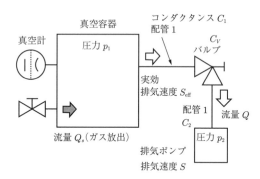

図 3.4.1 真空排気システムの例

$$V\frac{\mathrm{d}p}{\mathrm{d}t} = -Q + Q_s = -pS_\mathrm{eff} + Q_s \quad (3.4.1)$$

で与えられる．Q_s が一定とすると，解は

$$p = \left(p_0 - \frac{Q_S}{S_\mathrm{eff}}\right)e^{-\frac{t}{\tau}} + \frac{Q_S}{S_\mathrm{eff}} \quad (3.4.2)$$

$$\tau \equiv \frac{V}{S_\mathrm{eff}} \quad (3.4.3)$$

である．式 (3.4.3) の τ は，排気の時定数と呼ばれる．式 (3.4.2) からわかるように，圧力は，最初 τ を時定数として指数関数的に下がるが，時間が経つと

$$p_s \equiv \frac{Q_s}{S_{\text{eff}}} \quad (3.4.4)$$

に近付く.すなわち,真空システムを設計する上では,実効排気速度 S_{eff} をいかに大きくするか,が重要な課題である.実効速度を大きくすれば,早く排気でき(τ が小さい),到達圧力も低い(p_s が小さい).そして,その実効排気速度 S_{eff} は,コンダクタンスの直列接続の式 (1.3.30) を利用して

$$\frac{1}{S_{\text{eff}}} = \frac{1}{C_1} + \frac{1}{C_2} + \frac{1}{C_V} + \frac{1}{S} \quad (3.4.5)$$

で得られる.つまり,実効的な排気速度 S_{eff} は,導管や真空ポンプ等のコンダクタンスに大きく影響される.式 (3.4.5) を,C_1, C_2, C_V をまとめて C とし

$$\frac{1}{S_{\text{eff}}} = \frac{1}{C} + \frac{1}{S} \quad (3.4.6)$$

と書き直すと,S_{eff} と S との比は

$$\frac{S_{\text{eff}}}{S} = \frac{C/S}{C/S + 1} \quad (3.4.7)$$

となる.S_{eff}/S の C/S に対する変化を図 3.4.2 に示す.$C = S$ のとき,S_{eff} は S の半分となる.

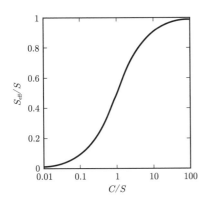

図 3.4.2 S_{eff}/S への C/S の効果

このように,真空容器の排気を考える上で,真空ポンプと真空容器をつなぐ導管等のコンダクタンスの評価は非常に重要となる.コンダクタンスは,導管等の太さ,長さ,気体の種類,温度,そして圧力に依存する.また流れの領域(粘性流領域,中間流領域,分子流領域)によって変わる.コンダクタンスの単位は,SI 単位で $[\text{m}^3 \cdot \text{s}^{-1}]$ となり,排気速度の単位と同じである.場合によっては,$[\text{L} \cdot \text{s}^{-1}]$ や $[\text{L} \cdot \text{min}^{-1}]$ も用いられる.コンダクタンスおよび排気速度の単位換算表を表 3.4.1 に示す.

表 3.4.1 コンダクタンス・排気速度の単位換算表

$\text{m}^3 \cdot \text{s}^{-1}$	$\text{L} \cdot \text{s}^{-1}$	$\text{L} \cdot \text{min}^{-1}$	$\text{cm}^3 \cdot \text{s}^{-1}$	$\text{ft}^3 \cdot \text{s}^{-1}$
1	1×10^3	6×10^4	1×10^6	35.31
1×10^{-3}	1	60	1×10^3	3.531×10^3
1.667×10^{-5}	1.667×10^2	1	16.67	5.885×10^{-4}
1×10^{-6}	1×10^{-3}	0.06	1	1×10^{-5}
2.832×10^{-2}	28.32	1.699×10^3	2.832×10^4	1

この項では,さまざまな構造のコンポーネントのコンダクタンスを,分子流領域の場合を中心に紹介する.実用性に主眼を置き,できるだけ具体的な例を示している.コンダクタンスの考え方等は 1.3.4〜1.3.7 項を参照されたい.また,以下,特に明示しない限り,すべての量は SI 単位の値である.

さて,分子流領域と粘性流領域はクヌーセン数 Kn,で区別される.詳しくは 1.3.4 項を参照されたい.20℃の空気では

分子流領域　　$pD < 2.2 \times 10^{-2}$ [Pa·m]
粘性流領域　　$pD > 6.6 \times 10^{-1}$ [Pa·m]

のときである.ここで D は系を代表する寸法で,例えば円形導管ではその直径である.高真空,超高真空を扱う場合には,粘性流領域は排気初期のみに表れ,多くは分子流領域の流れを扱うことになる.

3.4.2 粘性流領域のコンダクタンス[1]

粘性流領域はレイノルズ数 Re によって大きく二つの流れ,すなわち,乱流と層流に分けられる.詳しくは 1.3.6 項を参照されたい.直径 d の円形導管の場合,20℃の空気では,$\eta = 1.81 \times 10^{-5}$ Pa·s であるから,レイノルズ数の定義式 (1.3.7) より

$$Re = 0.84 \frac{Q [\text{Pa} \cdot \text{m}^3 \cdot \text{s}^{-1}]}{d \, [\text{m}]} \quad (3.4.8)$$

となる.したがって乱流,層流となるのは

乱流　　$Q > 2600d$ [Pa·m^3·s^{-1}]
層流　　$Q < 1400d$ [Pa·m^3·s^{-1}]

である.乱流になるのは真空容器を大気圧から排気する際の初期に起こり得る.したがって,真空工学では,多くの場合,層流の粘性流領域および分子流領域を扱うことになる.

おもに粘性流領域において,流れを特徴付けるもう一つのパラメーターはマッハ数 Ma である.マッハ数は,流速と音速との比である.20℃空気の場合,音速は 343 m·s^{-1} である.$Ma \ll 1$(実用上 $Ma < 0.3$)のとき,非圧縮性とみなせる[3].分子流領域の流れも,非圧縮性の流れとみなせる.粘性流領域の流れは,非圧縮性流,圧縮性流れでもその様子が大きく異なる.

分子流の場合は,コンダクタンスは配管の寸法,形

状で決まるシステムに固有の量である．しかし，粘性流の場合には，コンダクタンスの考え方よりも圧力損失や圧力比の考え方が向いており[3)]，以下ではおもにそれらの式を挙げている．乱流では摩擦係数がシステムに固有な量と捉える見方が一般的である．また，粘性流領域では，層流，乱流と二つの流れが起こり得るため複雑になる．評価する式も半経験的な式が多い．

表 3.4.2 空気の粘性係数 η_{air} と代表的気体の粘性係数 η_A の比（20℃）

気体の種類	η_{air}/η_A
水素（H_2）	2.07
ヘリウム（He）	0.933
アンモニア（NH_3）	1.84
水蒸気（H_2O）	1.85
ネオン（He）	0.582
窒素（N_2）	1.03
一酸化炭素（CO）	1.03
酸素（O_2）	0.896
アルゴン（Ar）	0.817
二酸化炭素（CO_2）	1.22

〔1〕 長い円形導管

層流で非圧縮性（$Ma \ll 1$）の場合における，図 3.4.3 に示すような半径 a，長さ L の長い（$L \gg a$）円形導管の流量は

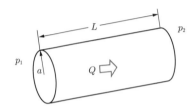

図 3.4.3 長い円形導管（粘性流領域）

$$Q = \frac{\pi a^4}{8\eta L}\bar{p}(p_1 - p_2) \quad (3.4.9)$$

$$\bar{p} \equiv \frac{p_1 + p_2}{2} \quad \text{（平均圧力）} \quad (3.4.10)$$

したがって，コンダクタンス C は

$$C = \frac{\pi a^4 \bar{p}}{8\eta L} \equiv C_{vl} \quad (3.4.11)$$

である[3),8)]．20℃の空気では

$$C_{air} = 1360\frac{(2a)^4 \bar{p}}{L} \quad [\text{m}^3 \cdot \text{s}^{-1}] \quad (3.4.12)$$

である．粘性流領域の場合，$C \propto 1/\eta$ の関係から，気体 A のコンダクタンス C_A は，C_{air} を使って

$$C_A = C_{air}\frac{\eta_{air}}{\eta_A} \quad (3.4.13)$$

と求めることができる．ここで，η_{air}，η_A は空気および気体 A の粘性係数である．いくつかの代表的な 20℃の気体の粘性係数 η_A について，空気の粘性係数 η_{air} に対する比を表 3.4.2 に示す．

乱流で非圧縮性とみなせる場合（$Ma \ll 1$），圧力損失は式 (1.3.52) で与えられる[3)]．流量 Q は式 (1.3.62) であるから，コンダクタンス C は

$$C = \frac{A}{K_p - 1}\sqrt{\frac{RT}{M}}\sqrt{\frac{D_h}{f_D L}(K_p^2 - 1)}$$

$$= \frac{\pi a^2}{K_p - 1}\sqrt{\frac{RT}{M}}\sqrt{\frac{2a}{f_D L}(K_p^2 - 1)} \quad (3.4.14)$$

である．ここで，$K_p = p_1/p_2$，D_h（水力直径）$= 4A/H$（A は導管の断面積 [m^2]，H は導管の断面の周長 [m]）である．また R は気体定数，T は温度，M はモル質量，f_D は摩擦係数である．20℃空気では

$$C_{air} = \frac{290A}{K_p - 1}\sqrt{\frac{D_h}{f_D L}(K_p^2 - 1)}$$

$$= \frac{911a^2}{K_p - 1}\sqrt{\frac{2a}{f_D L}(K_p^2 - 1)} \quad (3.4.15)$$

となる．円形導管の摩擦係数を f_D として，ブラジウス（Blasius）の経験式[3),8)]

$$f_D = 0.316Re^{-1/4} \quad (3.4.16)$$

を用いると，式 (1.3.62) と式 (1.3.7) から

$$Q = \left(\frac{1}{\sqrt{2 \times 0.316}}\right)^{\frac{8}{7}}\pi^{\frac{10}{7}}\left(\frac{1}{2}\right)^{\frac{19}{7}}$$

$$\times \eta^{-\frac{1}{7}}(\bar{v})^{\frac{6}{7}}(2a)^{\frac{19}{7}}\left(\frac{p_1^2 - p_2^2}{L}\right)^{\frac{4}{7}} \quad (3.4.17)$$

したがって

$$C = 1.015 \times \eta^{-\frac{1}{7}}(\bar{v})^{\frac{6}{7}}(2a)^{\frac{19}{7}}$$

$$\times \left(\frac{p_1 + p_2}{L}\right)^{\frac{4}{7}}(p_1 - p_2)^{-\frac{3}{7}} \quad (3.4.18)$$

$$\approx \eta^{-\frac{1}{7}}(\bar{v})^{\frac{6}{7}}(2a)^{\frac{19}{7}}$$

$$\times \left(\frac{p_1 + p_2}{L}\right)^{\frac{4}{7}}(p_1 - p_2)^{-\frac{3}{7}} \quad (3.4.19)$$

となる[8)]．

3.4 排気速度とコンダクタンス

図 3.4.4 に, 20℃ 空気の場合の, 式 (3.4.9) で与えられる層流の $Q/(2a)$ と, 式 (3.4.18) で与えられる乱流の $Q/(2a)$ を, $(2a)^3(p_1^2-p_2^2)/L$ の関数として示している[8].

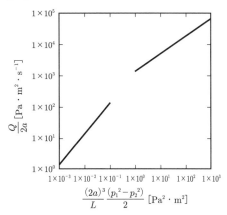

図 3.4.4 長い円形導管 における層流と乱流での $Q/2a$ の変化[8]

非圧縮性 ($Ma \ll 1$) でチョーク流れとなった場合, $p_2 \sim 0$ として, 層流での流量は式 (3.4.9) で与えられるから, 下流側の臨界圧力 p_c は

$$p_c = \frac{a^2 p_1^2}{16\eta L u_s} \tag{3.4.20}$$

である. 乱流の場合, 流量は式 (1.3.64) で与えられるから

$$p_c = \frac{p_1}{u_s}\sqrt{\frac{RT}{M}}\sqrt{\frac{D_h}{f_D L}\left(1-\frac{1}{K_p^2}\right)} \tag{3.4.21}$$

である. 20℃ 空気の場合, 式 (3.4.17) より

$$p_c = 1.92 \frac{1}{2 u_s a}\left(\frac{(\bar{v})^6}{\eta}\right)^{\frac{1}{7}}\left(\frac{4a^3 p_1^2}{L}\right)^{\frac{4}{7}} \tag{3.4.22}$$

である.

圧縮性の流れ ($Ma < 1$) のとき, 流量 Q, コンダクタンス C は式 (1.3.79), 式 (1.3.81) である. 20℃ 空気の場合

$$Q = 766 A p_1 K_p^{-0.714}\left(1-K_p^{-0.286}\right)^{\frac{1}{2}}$$
$$= 2410 a^2 p_1 K_p^{-0.714}\left(1-K_p^{-0.286}\right)^{\frac{1}{2}} \tag{3.4.23}$$

$$C_{air} = 766 A \frac{K_p^{0.286}}{K_p - 1}\left(1-K_p^{-0.286}\right)^{\frac{1}{2}}$$
$$= 2410 a^2 \frac{K_p^{0.286}}{K_p - 1}\left(1-K_p^{-0.286}\right)^{\frac{1}{2}} \tag{3.4.24}$$

である.

圧縮性流れ ($Ma < 1$) でチョーク流れとなった場合の臨界流量 Q_c は式 (1.3.86) で与えられ, 20℃ 空気の場合は

$$Q_c = 200 A p_1 = 628 a^2 p_1 \tag{3.4.25}$$

である. コンダクタンス C_c は, 式 (1.3.87) で, 20℃ 空気の場合は

$$C_{air,c} = 200 A \frac{1}{1-K_p^{-1}} = 628 a^2 \frac{1}{1-K_p^{-1}} \tag{3.4.26}$$

である. $p_1 \gg p_2$ のとき, コンダクタンスは圧力によらなくなる. 上流から見ると, チョーク流れの開口 (あるいはノズル) は, 式 (1.3.88) の一定の排気速度 S_{1C} を持つ. 20℃ 空気の場合, それは

$$S_{1C} = 200 A = 628 a^2 \tag{3.4.27}$$

である.

〔2〕 長い矩形導管

図 3.4.5 に示すような高さ a [m], 幅 b [m] ($a \leq b$), 長さ L [m] の矩形断面の長い ($L \gg a, b$) 導管を考える. この場合, 水力直径 D_h は

$$D_h = \frac{2ab}{a+b} \tag{3.4.28}$$

である[3),8)]. 層流のコンダクタンス C は

$$C = \frac{a^3 b}{12\eta L}\left[1-\frac{192 a}{\pi^5 b}\right.$$

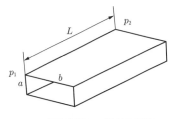

矩形導管の α (粘性流領域)						
a/b	1	0.9	0.8	0.7	0.6	
α	1.00	0.99	0.98	0.95	0.90	
a/b	0.5	0.4	0.3	0.2	0.1	
α	0.82	0.71	0.58	0.42	0.23	

図 3.4.5 矩形導管と係数 α (粘性流領域)[9]

$$\times \sum_{n=1,3,5,\ldots}^{\infty} \frac{1}{n^5} \tanh\left(\frac{\pi n}{2}\frac{b}{a}\right)\right] \bar{p} \quad (3.4.29)$$

である。最初の3項だけでも結構正しい値を与える。簡単で良い近似式としては，次式がある。

$$C = \frac{1}{12\eta L} \frac{a^3 b^3}{(a^2 + b^2 + 0.371ab)} \bar{p} \quad (3.4.30)$$

あるいは，矩形断面積を A とすると

$$C = 3.54 \times 10^{-2} \times \alpha \frac{A^2}{\eta L} \bar{p}$$

$$= 3.54 \times 10^{-2} \times \alpha \frac{a^2 b^2}{\eta L} \bar{p} \quad (3.4.31)$$

とも与えられる[9]。ここで，係数 α は a と b の比で決まる係数で，図中の表のように与えられる。この式と式 (3.4.11) の円形断面の層流のコンダクタンスを比較すると，同じ断面積の正方形導管（$\alpha = 1$）のコンダクタンスは円形導管のコンダクタンスの 0.88 倍であることがわかる。20℃空気の場合

$$C_{air} = 1950 \times \alpha \frac{a^2 b^2}{L} \bar{p} \quad [\mathrm{m^3 \cdot s^{-1}}] \quad (3.4.32)$$

である[2]。

$a \ll b$ の非常に狭い場合，層流では

$$C = \frac{1}{12} \frac{a^3 b}{\eta L} \bar{p} \quad (3.4.33)$$

である[8]。

また，式 (1.3.55) の S_F は

$$S_F = \frac{3}{2} \quad (3.4.34)$$

であり[3]，式 (1.3.58) の摩擦係数 f_D は

$$f_D = \frac{96}{Re} \quad (3.4.35)$$

である。

乱流で非圧縮性とみなせる場合（$Ma \ll 1$），式 (1.3.56) の G は矩形導管では

$$G = \frac{1}{12} \frac{a^3 b^3}{(a^2 + b^2 + 0.371ab)} \quad (3.4.36)$$

であり，式 (1.3.55) の S_F は

$$S_F = \frac{1}{8} \frac{a^3 b^3}{(a+b)^2} \frac{1}{G} \quad (3.4.37)$$

となる。

圧縮性流れでは，$A = ab$ として，式 (3.4.23)〜(3.4.26) で与えられる。

〔3〕 長い同心円筒管

図 3.4.6 のような，内円筒半径 a [m]，外円筒半径 b [m]，長さ L [m] の長い（$L \gg a, b$）同心円筒管を考える。水力直径 D_h は

$$D_h = 2(b-a) \quad (3.4.38)$$

である。層流のコンダクタンス C は

$$C = \frac{\pi}{8\eta L} \left[b^4 - a^4 - \frac{(b^2 - a^2)^2}{\ln(b/a)} \right] \bar{p} \quad (3.4.39)$$

となる[3]。同じ圧力差の場合，もし内側円筒の中心と外側円筒の中心軸がずれていると流量が大きく増大することに注意が必要である。例えば，$b - a \ll b$ の非常に狭い同心円筒で，最大限にずれているとき，流量は 2.5 倍に増大する。ほぼ閉まっているニードルバルブで流量調整が非常に難しいのはこれが理由である。

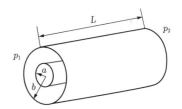

図 3.4.6 同心円形筒管（粘性流領域）

20℃空気のコンダクタンスは，層流では下記で求められる[2]。

$$C_{air} = 21\,800 \times \frac{\bar{p}}{L} \left\{ b^4 - a^4 - \frac{(b^2 - a^2)^2}{\ln(b/a)} \right\} \quad [\mathrm{m^3 \cdot s^{-1}}] \quad (3.4.40)$$

乱流で非圧縮性とみなせる場合（$Ma \ll 1$），式 (1.3.56) の G は同心円導管では

$$G = \frac{\pi}{8} \left[b^4 - a^4 - \frac{(b^2 - a^2)^2}{\ln(b/a)} \right] \quad (3.4.41)$$

であり，式 (1.3.55) の S_F は

$$S_F = \frac{\pi}{8} \frac{(b^2 - a^2)^3}{(a+b)^2} \frac{1}{G} \quad (3.4.42)$$

となる。摩擦係数 f_D は式 (1.3.54)，流量 Q は式 (1.3.64)，そしてコンダクタンス C は式 (1.3.67) で与えられる。

圧縮性流れでは，$A = \pi(b^2 - a^2)$ として，式 (3.4.23)〜(3.4.26) で与えられる。

〔4〕 長い楕円形導管

図3.4.7のような，短半径 a [m]，長半径 b [m]，長さ L [m] の長い（$L \gg a, b$）楕円形導管の層流でのコンダクタンス C はつぎの式で求められる[2]．

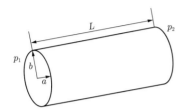

図 3.4.7 楕円形導管（粘性流領域）

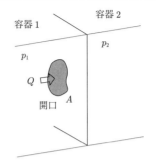

図 3.4.8 厚みのない開口（粘性流領域）

$$C = \frac{\pi}{4\eta} \frac{a^3 b^3}{(a^2+b^2)} \frac{\bar{p}}{L} \qquad (3.4.43)$$

20℃空気に対しては

$$C_{air} = 43\,600 \frac{a^3 b^3}{(a^2+b^2)} \frac{\bar{p}}{L} \quad [\text{m}^3 \cdot \text{s}^{-1}] \qquad (3.4.44)$$

となる．

乱流で非圧縮性とみなせる場合（$Ma \ll 1$），式 (1.3.56) の G は

$$G = \frac{\pi}{4} \frac{a^3 b^3}{a^2+b^2} \qquad (3.4.45)$$

であり，式 (1.3.55) の S_F は

$$S_F = \frac{2\pi^2 (a^2+b^2)}{H^2} \qquad (3.4.46)$$

となる．周長 H を

$$H = \pi\sqrt{2(a^2+b^2)} \qquad (3.4.47)$$

で近似すると

$$S_F = 1 \qquad (3.4.48)$$

である．水力直径 D_h は

$$D_h = \frac{2\sqrt{2}ab}{\sqrt{a^2+b^2}} \qquad (3.4.49)$$

である．摩擦係数 f_D は式 (1.3.54)，流量 Q は式 (1.3.64)，そしてコンダクタンス C は式 (1.3.67) で与えられる．

圧縮性流れでは，$A = \pi ab$ として，式 (3.4.23)～(3.4.26) で与えられる．

〔5〕 厚みのない開口（オリフィス）

図3.4.8のように，容器1と容器2が厚みのない開口（オリフィス）で仕切られている場合を考える．

開口では，流れが発達していないので，厳密には層流とはいえないが，流れが遅く，回転双曲面ノズルを仮定した計算では

$$C = \frac{a^3}{3\eta} \bar{p} \equiv C_{vo} \qquad (3.4.50)$$

である[7),10)]．20℃の空気でのコンダクタンスは

$$C_{air} = 18\,400 \times a^3 \bar{p} \quad [\text{m}^3 \cdot \text{s}^{-1}] \qquad (3.4.51)$$

である．

開口では断熱流れとなる．乱流でチョーク流れではない場合，開口の場合も，流量 Q は式 (1.3.64)，コンダクタンス C は式 (1.3.67) である．

チョーク流れの場合には上流下流とも $Ma = 1$ となる．チョーク流れになる臨界圧力比 K_{pc} は式 (1.3.99) である．20℃空気の場合

$$K_{pc} = \left(\frac{\gamma+1}{2}\right)^{\frac{\gamma}{\gamma-1}} = 1.89 \qquad (3.4.52)$$

である．

圧縮性流れの場合，開口の場合もコンダクタンスは式 (3.4.24)，(3.4.26) で与えられる．

〔6〕 短い円形導管

3.4.2項〔4〕で述べる分子流の場合と同様，粘性流の場合にも，短い導管のコンダクタンスを，入口と同じ開口のコンダクタンスと長い導管のコンダクタンスの直列接続（式 (3.4.99)）と考えることができる[3)]．ただし，粘性流の場合にはコンダクタンスが圧力に依存するので，分子流の場合ほど単純ではないことに注意が必要である．

ここでは，図3.4.9のような短い円形導管のコンダクタンスを，入口と同じ大きさの開口と，長い導管とが直列に接続されたものとして考える．全圧力損失は，入口開口での圧力損と導管での粘性による損失の和と考えることができるから

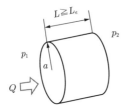

図 3.4.9 短い円形導管（粘性流領域）

$$p_1 - p_2 = (p_1 - p_i) + (p_i - p_2) \quad (3.4.53)$$

である．層流の場合，これはコンダクタンスの直列接続とみなせる．すなわち，コンダクタンス短い導管のコンダクタンス C_{vs} は

$$\frac{1}{C_{vs}} = \frac{1}{C_{vo}} + \frac{1}{C_{vl}} \quad (3.4.54)$$

式 (3.4.50) と式 (3.4.11) から

$$\frac{1}{C_{vs}} = \left(\frac{a^3}{3\eta}\bar{p}\right)^{-1} + \left(\frac{\pi a^4}{8\eta L}\bar{p}\right)^{-1} \quad (3.4.55)$$

$$\therefore \quad C_{vs} = C_{vl} \times \frac{1}{1 + \frac{3\pi a}{8L}} = \frac{\pi a^4}{8\eta L}\bar{p}\frac{1}{1 + \frac{3\pi a}{8L}} \quad (3.4.56)$$

となる．ただし，通常の真空システムで上式が成り立つ条件が満たされることはまれである[7]．

20℃空気について，以下の式が挙げられている[2]．導管の入口付近では乱流領域となるが，その代表的距離 L_e は

$$L_e = 8.43 \times 10^{-9} \frac{QM}{T\eta} \quad [\text{m}] \quad (3.4.57)$$

で与えられる．20℃空気の場合は

$$L_{e,air} = 4.61 \times 10^{-8} Q \quad [\text{m}] \quad (3.4.58)$$

である．この長さ L_e の乱流領域を無視できないような短い長さ L [m] の円形導管のコンダクタンス C は

$$C = \frac{\pi a^4 \bar{p}}{8\eta} \frac{1}{L + 1.11 \times \dfrac{M}{8\pi\eta RT}Q} \quad (3.4.59)$$

で与えられる．20℃空気の場合は

$$C_{air} = 1360 \times (2a)^4 \bar{p} \frac{1}{L + 2.9 \times 10^{-2}Q} \quad (3.4.60)$$

となる．このモデルは，粘性流において，気体を平均速度まで加速するのに必要な運動エネルギーを考慮に入れることに等しい．詳しくは 1.3.6 項を参照されたい．

3.4.3 分子流領域のコンダクタンス

分子流領域においては，気体分子は壁面との衝突を繰り返しながら導管内をランダムに運動する．壁面における分子の散乱方向分布として余弦則が成り立つものとすれば，散乱前後の分子の運動方向には相関がなく，典型的な酔歩運動を行うことになる．このため，分子流の流れは導管の管壁に制約された「拡散過程」とみなすことができる．分子流領域のコンダクタンスの考え方については，1.3.6 項および 1.3.7 項を参照されたい．

〔1〕 長い円形導管

図 3.4.10 に示すような半径 a [m]，長さ L [m] の長い ($L \gg a$) 円形導管のコンダクタンス C は，式 (1.3.117) にある

$$C = \frac{2\pi a^3 \bar{v}}{3L} = \pi a^2 \frac{1}{3}\bar{v}(2a)\frac{1}{L} \quad (3.4.61)$$

$$= \pi a^2 \frac{\bar{v}}{4}\frac{8a}{3L} \equiv C_{ml} \quad (3.4.62)$$

である．ただし，$L \gg a$ として導管端部の影響は無視している．式 (3.4.61) は，導管内の平均自由行程（管内平均自由行程：λ^*）が

$$\lambda^* = 2a \quad (3.4.63)$$

で与えられることを意味する．ここで

$$\bar{v} = \sqrt{\frac{8RT}{\pi M}} = \sqrt{\frac{8kT}{\pi m}} \quad (3.4.64)$$

は分子の平均速度である．また

 k ：ボルツマン定数（1.38×10^{-23} J·K^{-1}）
 M：気体分子のモル質量 [kg·mol^{-1}]
 m：気体分子の質量 [kg]

である．20℃空気の場合

$$\bar{v} = 462 \quad \text{m·s}^{-1} \quad (3.4.65)$$

となるので，コンダクタンス C_{air} は

$$C_{air} = 121\frac{(2a)^3}{L} = 969\frac{a^3}{L} \quad [\text{m}^3 \cdot \text{s}^{-1}] \quad (3.4.66)$$

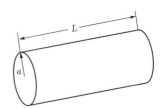

図 3.4.10 長い円形導管（分子流領域）

である．ここで，a および L を mm で，コンダクタンス C を $\mathrm{L\cdot s^{-1}}$ の単位で表すと

$$C_{air} \approx \frac{a\,[\mathrm{mm}]^3}{L\,[\mathrm{mm}]} \quad [\mathrm{L\cdot s^{-1}}] \tag{3.4.67}$$

と実用上便利な式となる[1]．

分子流領域でのコンダクタンス C の温度，分子量への依存性から，気体 A のコンダクタンス C_A は，C_{air} を使って

$$C_A = C_{air}(20\,\text{℃})\sqrt{\frac{T}{293}}\sqrt{\frac{29}{M_A}} \tag{3.4.68}$$

と求めることができる．ここで
　T：気体 A の絶対温度 [K]
　M_A：気体 A の分子量
である．

〔2〕 任意断面の長い一様な導管

図 3.4.11 に示すような，任意断面の一様な長い導管のコンダクタンスについて述べる．ただし，導管の途中で断面形状は変わらないものとする．導管の断面積を A，断面の周長を H とすると，1.3.7 項で述べたように，コンダクタンスは Smoluchowski の式 (1.3.170) で厳密な解が得られる．しかし，解析的に得られることは多くはない．そのため，実用上は，式 (1.3.179) にある

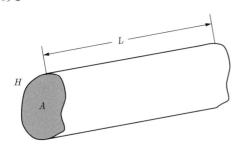

図 3.4.11　一様断面の長い導管（分子流領域）

$$C = \alpha\frac{4A^2}{3LH}\bar{v} \equiv C_{ml} \tag{3.4.69}$$

とすると有用である．α は数値計算（シミュレーション），あるいは Smoluchowski の厳密式 (1.3.170) で求めた値と，式 (1.3.165)

$$C = \frac{4A^2}{3LH}\bar{v} \tag{3.4.70}$$

の値との違いである．20 ℃空気の場合には

$$C_{air} = 617 \times \alpha\frac{A^2}{LH} \quad [\mathrm{m^3\cdot s^{-1}}] \tag{3.4.71}$$

となる．円形導管の場合には $\alpha = 1$ である．以下にいくつかの断面について例を示す．

（a）長い矩形導管　図 3.4.12 に示すような，高さ a [m]，幅 b [m]（$a \leqq b$），長さ L [m] の長い矩形導管のコンダクタンス C は

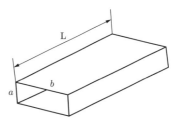

a/b	1	0.667	0.50	0.333
α	1.108	1.126	1.151	1.198

a/b	0.20	0.125	0.10	
α	1.297	1.400	1.444	

図 3.4.12　長い矩形導管とその補正係数 α[9]

$$C = \alpha\frac{2a^2b^2}{3(a+b)L}\bar{v} \tag{3.4.72}$$

である．20 ℃空気の場合には

$$C_{air} = 309 \times \alpha\frac{a^2b^2}{(a+b)L} \quad [\mathrm{m^3\cdot s^{-1}}] \tag{3.4.73}$$

である．例えば，1 辺 a [m] の正方形断面の，20 ℃空気の場合は，$\alpha = 1.108$ で（図 3.4.12 参照）

$$C_{air} = 171 \times \frac{a^3}{L} \quad [\mathrm{m^3\cdot s^{-1}}] \tag{3.4.74}$$

である．

Smoluchowski による厳密解の式 (1.3.170) では，長い矩形導管のコンダクタンス C は

$$\begin{aligned}C &= \frac{1}{8}\frac{\bar{v}}{L}\int_H dl\int_{-\pi/2}^{\pi/2}\frac{1}{2}\rho^2\cos\alpha\,d\alpha \\ &= \frac{1}{8}\frac{\bar{v}}{L}I\end{aligned} \tag{3.4.75}$$

で与えられる．矩形断面では，$\delta = a/b\,(\delta \leqq 1)$ として

$$I = 2ab^2\Bigg[\ln(\delta + \sqrt{1+\delta^2}) \\ + \delta\ln\left(\frac{1+\sqrt{1+\delta^2}}{\delta}\right) \\ + \frac{1+\delta^3 - (1+\delta^2)^{3/2}}{3\delta}\Bigg] \tag{3.4.76}$$

を得る[3),6)]．あるいは，式 (3.4.69) にある補正係数 α は

$$\alpha = \frac{3}{8}\left(1+\frac{1}{\delta}\right)\left[\ln(\delta+\sqrt{1+\delta^2})\right.$$
$$+\delta\ln\left(\frac{1+\sqrt{1+\delta^2}}{\delta}\right)$$
$$\left.+\frac{1+\delta^3-(1+\delta^2)^{3/2}}{3\delta}\right] \quad (3.4.77)$$

となる．いくつかの a/b に対する補正係数 α を図 3.4.12 の中に示している．また，a/b に対する α の変化を図 3.4.13 に示す．例えば，1辺 a の正方形では

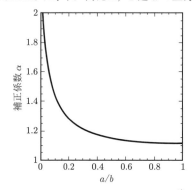

図 3.4.13 長い矩形導管の補正係数 α[4)]

$$I = 4a^3\left[\ln(1+\sqrt{2})+\frac{1-\sqrt{2}}{3}\right] \quad (3.4.78)$$

$$\alpha = \frac{3}{2}\left[\ln(1+\sqrt{2})+\frac{1-\sqrt{2}}{3}\right] \quad (3.4.79)$$

である．式 (3.4.75) の近似解としては

$$I \approx 2a^2 b\left[\frac{16}{3\pi^{3/2}}\ln\left(\frac{4}{\delta}+\frac{3\delta}{4}\right)\right] \quad (3.4.80)$$

あるいは

$$\alpha \approx \frac{3}{8}(\delta+1)\left[\frac{16}{3\pi^{3/2}}\ln\left(\frac{4}{\delta}+\frac{3\delta}{4}\right)\right] \quad (3.4.81)$$

がある[3)]．

（b）**長い同心円筒**[5)]　図 3.4.14 のような，内半径 a [m]，外半径 b [m]，長さ L [m] の長い同心円筒のコンダクタンス C は

$$C = \alpha\frac{2\pi\bar{v}}{3L}\frac{(b^2-a^2)^2}{a+b}$$

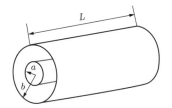

同心円筒導管の α （分子流領域）

a/b	0	0.259	0.5
α	1	1.072	1.154
a/b	0.707	0.866	0.966
α	1.254	1.430	1.675

図 3.4.14 長い同心円筒とその補正係数 α[9)]

$$= \alpha\frac{2\pi\bar{v}}{3L}(b-a)^2(a+b) \quad (3.4.82)$$

である．20℃空気の場合には

$$C_{air} = 969\times\alpha\frac{(b-a)^2(b+a)}{L} \quad [\text{m}^3\cdot\text{s}^{-1}] \quad (3.4.83)$$

となる．Smoluchowski による厳密解では，$\delta = a/b$ として，補正係数 α は

$$\alpha = \frac{1}{2(1-\delta^2)(1-\delta)}\left[2-\frac{3}{2}\delta+\frac{3}{2}\delta^3\right.$$
$$\left.-(1+\delta^2)E(\delta)+(1-\delta^2)K(\delta)\right] \quad (3.4.84)$$

で与えられる[3)]．ここで，$K(\delta)$ と $E(\delta)$ は，それぞれ，第一種，第二種の完全楕円積分である．いくつかの a/b についての補正係数 α は図中に示している．また，a/b に対する α の変化を図 3.4.15 に示す．

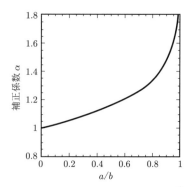

図 3.4.15 長い同心円筒の補正係数 α[4)]

（c）**長い正三角断面の導管**　図 3.4.16 のような，1辺 a [m] の正三角断面を持つ長い導管のコンダ

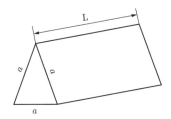

図 3.4.16 正三角形導管（分子流領域）

クタンス C は

$$C = \alpha \frac{4A^2}{3LH}\bar{v} = \alpha \frac{\bar{v}}{12}\frac{a^3}{L}$$
$$= 1.24 \times \frac{\bar{v}}{12}\frac{a^3}{L} \qquad (3.4.85)$$

である[5]．すなわち，$\alpha = 1.24$ である．20℃空気の場合には

$$C_{air} = 479 \times \frac{a^3}{L} \quad [\mathrm{m}^3 \cdot \mathrm{s}^{-1}] \qquad (3.4.86)$$

である．

Smoluchowski による厳密解の式 (1.3.170) では，1辺 a の正三角形について

$$I = \frac{3}{4}a^3 \ln 3 \qquad (3.4.87)$$

このとき，コンダクタンス C は

$$C = \frac{3\ln 3}{32}\frac{a^3\bar{v}}{L} = \frac{36\ln 3}{32}\frac{\bar{v}}{12}\frac{a^3}{L} \qquad (3.4.88)$$

と式 (3.4.85) と一致する[6]．

（d） **長い楕円形導管**　図 3.4.17 のような，短半径 a [m]，長半径 b [m]（$a \leq b$），長さ L [m] の長い楕円断面導管のコンダクタンス C の近似解は

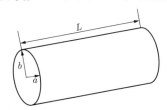

図 3.4.17 楕円形導管

$$C = \alpha \frac{4A^2}{3LH}\bar{v} \approx \frac{4\bar{v}}{3L}\frac{(\pi ab)^2}{\pi\sqrt{2(a^2+b^2)}} \qquad (3.4.89)$$

である．ここで，$\alpha \sim 1$，また，楕円の周長を $\pi\sqrt{2(a^2+b^2)}$ と近似している．20℃空気のコンダクタンスは

$$C_{air} = 1371 \times \frac{a^2 b^2}{L\sqrt{a^2+b^2}} \quad [\mathrm{m}^3 \cdot \mathrm{s}^{-1}] \qquad (3.4.90)$$

である．

Smoluchowski による厳密解の式 (1.3.170) では，楕円断面（短半径 a，長半径 b）の場合

$$I = \frac{32}{3}a^2 b \int_0^{\pi/2} \frac{d\phi}{\sqrt{1-k^2\sin^2\phi}}$$
$$= \frac{32}{3}a^2 b K(k) \qquad (3.4.91)$$
$$k^2 \equiv 1 - \frac{a^2}{b^2}$$

である[3]．ここで，$K(k)$ は第一種完全楕円積分である．近似解として

$$\left.\begin{array}{l} I \approx 2\pi a^2 b\left\{\dfrac{8}{3\ln(19/4)}\ln\left(\dfrac{4}{\delta}+\dfrac{3\delta}{4}\right)\right\} \\[6pt] \delta \equiv \dfrac{a}{b} \end{array}\right\} \qquad (3.4.92)$$

がある（Steckelmacher の近似式）[3]．あるいは，式 (3.4.89) の補正係数 α は

$$\alpha(\delta) = \frac{3HI}{32A^2} = \frac{3 \times 4bE(k)}{32 \times (\pi ab)^2} \times I$$
$$= \frac{4E(k)K(k)}{\pi^2} \qquad (3.4.93)$$

である．ここで，$E(k)$ は第二種完全楕円積分である．近似解は

$$\alpha(\delta) \approx \frac{\sqrt{2(1+\delta^2)}}{2}\left\{\frac{1}{\ln(19/4)}\ln\left(\frac{4}{\delta}+\frac{3\delta}{4}\right)\right\} \qquad (3.4.94)$$

である．

〔3〕　**開口（オリフィス）**

図 3.4.18 のように，厚みのない面積 A のオリフィス（開口）コンダクタンス C_o は

$$C_o = \frac{1}{4}\bar{v}A = \frac{1}{4}\sqrt{\frac{8RT}{\pi M}}A \qquad (3.4.95)$$
$$= 36.4 \times \sqrt{\frac{T}{M_A}} \times A \qquad (3.4.96)$$

となる．ここで，M はモル質量，M_A は分子量である．これは開口面積 A の穴の理想排気速度と同じで，一般のコンダクタンスを考える上で重要な量である．20℃空気の場合には

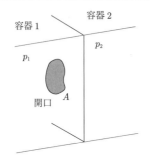

図 3.4.18 厚みのないコンダクタンス（分子流）

$$C_{o,air} = 116 \times A \quad [\text{m}^3 \cdot \text{s}^{-1}] \quad (3.4.97)$$

となる．ちなみに，面積 1 cm^2 の穴の場合

$$C_{o,air} = 11.6 \quad \text{L} \cdot \text{s}^{-1} \quad (3.4.98)$$

で，この式も有用である．真空容器に比べて比較的大きなオリフィスのコンダクタンスについては 3.4.3 項〔5〕を参照されたい．

〔4〕 短い導管（端の補正）

上記〔2〕までは，端の影響が無視できる長い導管についてのコンダクタンスであった．式の上では，L をゼロに近付けるとコンダクタンスは発散する．実際には端の開口部に比べてそれほど長くはない短いコンポーネントもある．そこで，図 3.4.19 のように，導管のコンダクタンスを〔3〕で求めた入口開口と同じ寸法の穴（オリフィス）と後ろに続く導管とが直列に接続されたものとして端の効果を補正する．この考え方でいくと，短い導管のコンダクタンス C_s は

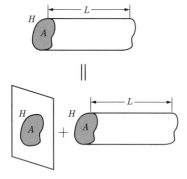

図 3.4.19 短い導管の考え方

$$\frac{1}{C_s} = \frac{1}{C_o} + \frac{1}{C_l} \quad (3.4.99)$$

となる．ここで，C_o，C_l はそれぞれ開口のコンダクタンス式 (3.4.95)，任意断面の長い一様導管のコンダクタンス式 (3.4.70) である．したがって

$$\frac{1}{C} = \frac{4}{A\bar{v}} + \frac{3LH}{4\alpha A^2 \bar{v}} \quad (3.4.100)$$

$$\therefore \quad C = \frac{4}{3} \alpha \bar{v} \frac{A^2}{H \left(L + \frac{16\alpha A}{3H} \right)} \quad (3.4.101)$$

となる．α は長い一様導管の補正係数である．すなわち，有限の長さ L の一様断面の導管のコンダクタンス C は，式 (3.4.70) で長さ L を

$$L' = L + \frac{16\alpha A}{3H} \quad (3.4.102)$$

と置き換えることによって得られる．厳密には正確ではないが，L が極端に短くない場合には良い近似を与える．以下，いくつかの例を挙げる．

なお，ここでは，開口のコンダクタンスとして式 (3.4.95) を用いたが，開口入口の面積がその開口のある面の面積に比べて無視できない場合（比較的大きいオリフィスの場合）は，3.4.3 項〔5〕で述べる式 (3.4.138) を用いる必要がある．

（a）短い円形導管　断面が半径 a の円形の場合は，$\alpha = 1$ で，かつ

$$A = \pi a^2 \quad (3.4.103)$$
$$H = 2\pi a \quad (3.4.104)$$

であるから

$$C = \frac{2}{3} \pi \bar{v} \frac{a^3}{\left(L + \frac{8a}{3} \right)} \quad (3.4.105)$$

となる．この式は結構良い近似ではあるが，より正確には 3.4.3 項〔6〕で述べる，数値計算で得られる通過確率を用いた方がよい．

（b）短い矩形導管　辺が a，b $(a \leqq b)$，の矩形導管の場合（図 3.4.12 参照）

$$A = ab \quad (3.4.106)$$
$$H = 2(a + b) \quad (3.4.107)$$

であるから，コンダクタンス C は

$$C = \frac{2}{3} \alpha \bar{v} \frac{a^2 b^2}{a + b} \frac{1}{\left(L + \frac{8\alpha ab}{3(a+b)} \right)} \quad (3.4.108)$$

である．α は長い矩形導管の補正係数で，図 3.4.12 と図 3.4.13 に示している．

図 3.4.20 のように，幅 b [m] より十分小さい高さ a [m] $(a \ll b)$ を持つ長さ L [m] の導管について，つぎのコンダクタンス C の式が挙げられている[5]．

$$C = \alpha \frac{2a^2 b}{3L} \bar{v} \quad (3.4.109)$$

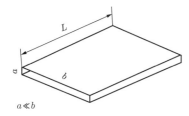

薄いスリット状導管の α（分子流領域）

L/a	0.1	0.2	0.4	0.8	1	2
α	0.036	0.068	0.13	0.22	0.26	0.40

L/a	3	4	5	10	>10
α	0.52	0.6	0.67	0.94	$\frac{3}{8}\ln\frac{L}{a}$

図 3.4.20 スリット状断面導管とその補正係数 α[5]

L/a に対する補正係数 α は図中に示している．20℃空気の場合には

$$C_{air} = 309\alpha \times \frac{a^2 b}{L} \quad [\mathrm{m}^3 \cdot \mathrm{s}^{-1}] \quad (3.4.110)$$

である．

（c）**短い同軸円筒管** 内半径 a_1，外半径 a_2，長さ L の短い同心円筒管（図 3.4.14 参照）のコンダクタンス C は

$$A = \pi a_2^2 - \pi a_1^2 \quad (3.4.111)$$
$$H = 2\pi a_2 + 2\pi a_1 \quad (3.4.112)$$

であるから

$$C = \alpha \frac{2\pi \bar{v}}{3}(b-a)^2(a+b)\frac{1}{L+(8/3)(a_2-a_1)} \quad (3.4.113)$$

である．α は長い同軸円筒管の補正係数で，図 3.4.14 に示している．

（d）**L アングル導管（L 型バルブ）** 図 3.4.21 のような，L アングル導管（L 型バルブ）のおおよそのコンダクタンスは，L アングル導管の中心線の長さ (L_c) のまっすぐな導管として求めることができる．すなわち，式 (3.4.101) から

$$C = \frac{4}{3}\alpha \bar{v} \frac{A^2}{H(L_c + (16\alpha A/3H))} \quad (3.4.114)$$

である．α は長い一様導管の補正係数である．断面が半径 a の円形であるときは

$$C = \frac{2}{3}\pi a^3 \bar{v} \frac{1}{L_c + (8a/3)} \quad (3.4.115)$$

となる．あるいは，実効的長さを中心線の長さ L_c の 1.3 倍とする場合もある[5]．正確には実測あるいはシミュレーションが必要である．ただ，図 (a) のように角のあるアングル導管では，粘性流領域で流線が滑らかにつながらないため，渦が発生したり，乱流状態になったりすることがある．したがって，図 (b) のように滑らかに曲がった導管の方が，図 (a) よりコンダクタンスが大きい．分子流領域では上記のような影響はないが，同じ大きさのものでは実際 L_c も図 (b) の方が短く，やはり図 (b) の方がコンダクタンスは大きくなる．

もう少し詳しく見ると，アングル導管を通る分子には，角部分の壁に衝突するものと，そこには衝突しないものがある[9]．角部分の壁に衝突するものは管の入口を障害と感じる．したがって，実効的な長さ L_eff は

$$L_c < L_\mathrm{eff} < L_c + \frac{8a}{3} \quad (3.4.116)$$

になることが想像できる．もし，アングルの角度 θ が 180 度，すなわち，ヘアピンカーブになっている場合 L_eff が $L_c + (8a/3)$ 近くになる．一方，もし $\theta = 0$ 度，すなわち直管の場合は L_c に近くなる．よって，角部分の壁に衝突する分子数は角度 θ に比例すると考えると，実効的な長さ L_eff は

$$L_\mathrm{eff} = L_c + \frac{\theta}{180}\frac{8a}{3} \quad (3.4.117)$$

と置くことができる．

（e）**S 型バルブ** 図 3.4.22 のような S 型バルブのコンダクタンスは，正確な値は実測値やシミュレーションによらざるを得ないが，実効的な長さをフランジ面間距離 L の 2.3 倍のまっすぐな管とみなして計算すると，だいたいの目安となる[5]．すなわち，式 (3.4.101) からコンダクタンスは

$$C = \frac{4}{3}\alpha \bar{v}\frac{A^2}{H(2.3L + (16\alpha A/3H))} \quad (3.4.118)$$

である．

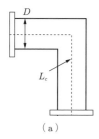
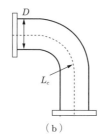

図 3.4.21 L アングル導管（L アングルバルブ）

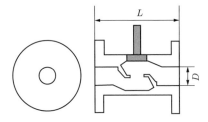

図 3.4.22 S 型バルブ

（**f**） ゲートバルブ　図 3.4.23 のようなゲートバルブのコンダクタンスは，短い導管のコンダクタンスの式 (3.4.101) にて，フランジ面間距離をそのまままっすぐな管とみなす．すなわち，円形断面の図 3.4.23 (a) の場合

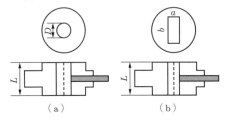

図 3.4.23　ゲートバルブ

$$C = \frac{1}{12}\pi\bar{v}D^3\frac{1}{L+(4D/3)} \tag{3.4.119}$$

矩形断面の図 3.4.23 (b) の場合

$$C = \alpha\frac{2a^2b^2}{3(a+b)}\bar{v}\frac{1}{L_c+(16\alpha ab/6(a+b))} \tag{3.4.120}$$

となる．α は長い導管の補正係数で，図 3.4.12 と図 3.4.13 に挙げられてる．

（**g**） 同心円筒トラップ　図 3.4.24 のような同心円筒トラップを考える[9]．ただし，ここでは単純化して，同心円筒部分のみを考える．また，温度は一定とする．実際には入口，出口のコンダクタンスも含める必要がある．半径 a_1 の内側の短管のコンダクタンス C_1 は

$$C_1 = \frac{2}{3}\pi\bar{v}\frac{a_1^3}{(L+(8a_1/3))} \tag{3.4.121}$$

である．半径 a_2 の外側の同心円筒管のコンダクタンス C_2 は

$$C = \alpha\frac{2\pi\bar{v}}{3}(b-a)^2(a+b)\frac{1}{L+(8/3)(a_2-a_1)} \tag{3.4.122}$$

である．よって，トラップのコンダクタンス C は

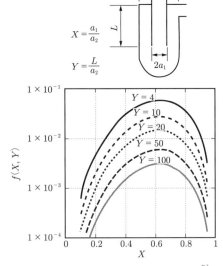

図 3.4.24　同心円筒トラップと補正係数 α[9]

$$\frac{1}{C} = \frac{1}{C_1} + \frac{1}{C_2} \tag{3.4.123}$$

で求められる．

$$X \equiv \frac{a_1}{a_2}$$
$$Y \equiv \frac{L}{a_2}$$

と置くと

$$C = \frac{\pi\bar{v}}{4}a_2^2 f(X,Y) \tag{3.4.124}$$

$$f(X,Y) \equiv \frac{X^3(1-X)(1-X^2)}{X(1-X)+(3/8)Y\left[X^3+(1=X)(1-X^2)\right]} \tag{3.4.125}$$

である．ただし，ここでは補正係数は無視している．$f(X,Y)$ を X の関数として図 3.4.24 に示す[9]．大きい Y の値に対して，$f(X,Y)$ の最大値は $X=0.62$ にある．

〔**5**〕 断面が変わる導管

ここでは，途中で断面が変わる場合を考える．まず，途中で断面が緩やかに変化する場合には，Knudsen が導いたつぎの式が結構良い近似式となる[6),9)]．

$$C = \frac{4\bar{v}}{3}\alpha \bigg/\!\!\int_0^L \frac{H}{A^2}dz \tag{3.4.126}$$

図 3.4.25 のようなリデューサー（テーパー）を考える．一端の断面の周長と面積を H_1, A_1, もう一端の

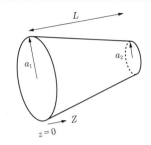

図 3.4.25 レデューサー（分子流領域）

断面の周長と面積を H_2, A_2 とすると，一端からの距離 x では $(0 \leq x \leq L)$

$$H_x = H_1 + (H_2 - H_1)\frac{x}{L}$$
$$= k_H \left[a_1 + (a_2 - a_1)\frac{x}{L}\right] \quad (3.4.127)$$

$$A_x = k_A \left[a_1 + (a_2 - a_1)\frac{x}{L}\right]^2 \quad (3.4.128)$$

ここで，a は 1 辺の長さ，あるいは半径，k_H は周長と a の比，k_A は断面積と a^2 の比である．この式から

$$\frac{H_x}{A_x^2} = \frac{k_H/k_A^2}{[a_1 + (a_2 - a_1)x/L]^3} \quad (3.4.129)$$

式 (3.4.126) の積分は

$$\int_0^L \frac{H_x}{A_x^2} dx = \left(\frac{k_H}{k_A^2}\right)\left(\frac{L}{2}\right)\frac{a_1 + a_2}{a_1^2 a_2^2} \quad (3.4.130)$$

よってコンダクタンスは

$$C = \frac{8\bar{v}}{3}\left(\frac{k_A^2}{k_H}\right)\frac{a_1^2 a_2^2}{(a_1 + a_2)}\frac{\alpha}{L} \quad (3.4.131)$$

を得る．α は長い導管の補正係数である．

（a）**円形断面レデューサー**　円形断面の場合

$$H = 2\pi a, \ A = \pi a^2,$$
$$k_H = 2\pi, \ k_A = \pi, \ \alpha = 1 \quad (3.4.132)$$

であるから

$$C = \frac{4\bar{v}}{3}\frac{\pi}{L}\frac{a_1^2 a_2^2}{(a_1 + a_2)} \quad (3.4.133)$$

を得る．20℃の空気では

$$C_{air} = 968 \times \frac{a_1^2 a_2^2}{L(a_1 + a_2)/2} \ [\text{m}^3 \cdot \text{s}^{-1}] \quad (3.4.134)$$

である．一定半径のコンダクタンスと比較すると，テーパー管の同等な半径 a_e は

$$2a_e = \left[\frac{4a_1^2 a_2^2}{a_1 + a_2}\right]^{1/3} \quad (3.4.135)$$

であることがわかる．

（b）**矩形断面レデューサー**　辺の長さ a, b の矩形断面の場合

$$\left.\begin{array}{l} H = 2(a+b), \ A = ab, \\ k_H = 2(a+b)/a, \ k_A = b/a \end{array}\right\} \quad (3.4.136)$$

であるから

$$C = \frac{4\bar{v}}{3}\frac{\alpha}{L}\frac{(b/a)^2}{1+(b/a)}\frac{a_1^2 a_2^2}{a_1 + a_2} \quad (3.4.137)$$

を得る．

三角形断面，同心円断面でも同様に計算することができる．

断面が急激に変化する場合は，1.3.5 項でも述べたコンダクタンスの合成 (直列接続) を応用する．**図 3.4.26** のように，周りの空間に対して「比較的」大きい開口を考える．左端は面積 A_1 の，右端は面積 A_2 の開口である．面積が容器より十分小さいとした開口のコンダクタンスをそれぞれ C_{A1}, C_{A2} とする．その開口が，断面積 A_1 の導管 (コンダクタンス C_L) でつながっているとする．導管側から見た面積 A_2 のコンダクタンスを C_{eff} とすると

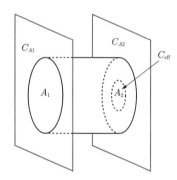

図 3.4.26 大きい開口（オリフィス）の考え方

$$\frac{1}{C_{\text{eff}}} = \frac{1}{C_{A2}} - \frac{1}{C_{A1}} = \frac{1}{C_{A1}}\left(\frac{A_1}{A_2} - 1\right) \quad (3.4.138)$$

$$\therefore \ C_{\text{eff}} = \frac{C_{A1}}{\dfrac{A_1}{A_2} - 1} = \frac{C_{A2}}{1 - \dfrac{A_2}{A_1}} \quad (3.4.139)$$

となる．A_1 が十分大きい場合には，C_{eff} は通常の（薄い）断面積 A_2 のオリフィスとなる．一方，$A_1 = A_2$ の場合には，$C_{\text{eff}} \to \infty$ となり，すなわち，この穴は流れに対して何ら邪魔をしない．

この問題をさらに厳密に扱うと，上式はつぎのように修正される[4]．

$$C_{\text{eff}} = c \frac{C_{A2}}{1 - \dfrac{A_2}{A_1}} \tag{3.4.140}$$

この係数 c は A_2 が小さいとき 1 で, $A_2 = A_1$ においては $c = 4/3$ となるが, その間は表 3.4.3 で与えられる. ただし, $A_2 = \pi a_2^2$, $A_1 = \pi a_1^2$ である.

表 3.4.3 大きい開口 (オリフィス) と係数 c [4]

a_2/a_1	0	0.1	0.2	0.3	0.4	0.5
c	1.000	1.002	1.007	0.017	1.030	1.04
a_2/a_1	0.6	0.7	0.8	0.9	1.0	
c	1.074	1.107	1.152	1.216	1.333 = 4/3	

この結果を応用して, 図 3.4.27 のように, 途中で段差 (ステップ) がある場合のコンダクタンス C は

$$\frac{1}{C} = \frac{1}{C_1} + \frac{1}{C_{\text{eff}}} + \frac{1}{C_2} \tag{3.4.141}$$

で求めることができる.

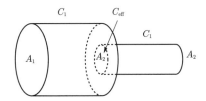

図 3.4.27 大きい開口 (オリフィス) の考え方

〔6〕 通過確率 (クラウジング (Clausing) 係数)

一般に, 任意断面の導管の気体の流れは, (1) 入口に入る, (2) 続く導管の中を気体分子が通過する, の 2 段階と考えることができる. すなわち, 入口の断面積 A を持つ導管の分子流のコンダクタンスは

$$C = \frac{1}{4}\bar{v}A \times K = C_o \times K \tag{3.4.142}$$

と書くことができる. ここで, K は入射した分子が導管を通って反対側の出口へ通過する確率を示す. K は「通過確率」(クラウジング係数) と呼ばれる. また, C_o は, 断面積 A の開口コンダクタンス式 (3.4.95) である. 20℃ 空気の場合は

$$C_{air} = 116 A \times K \quad [\text{m}^3 \cdot \text{s}^{-1}] \tag{3.4.143}$$

である.

任意断面を持つ一様で十分長い導管の場合, クラウジング係数 K は, 式 (3.4.70) の補正係数 α とつぎの関係がある.

$$K = \frac{16A}{3LH}\alpha \tag{3.4.144}$$

長い導管では, スモルコフスキー (Smoluchowski) によるコンダクタンスの厳密解の式からクラウジング係数 K を解析的に求めることもできるが, その他の場合には, 正確な値を得るには数値計算が必要である. K は式 (3.4.99) の単純な短管補正や Smoluchowski の解析解では求められない場合について使用されることが多い. K には形状に関する補正と端部の影響に関する補正の両方を含む補正係数と考えることもできる. K は入口に入射した分子が出口から出射される確率であるので, モンテカルロ法等を用いれば数値計算も比較的容易である. 多くの場合, 近似式も有用である. 以下, いくつかのクラウジング係数 K の例を挙げる.

(a) 長い円形導管　円形導管のコンダクタンスは

$$C = \frac{2\pi a^2}{3L}\bar{v} = \frac{1}{4}\pi a^2 \bar{v} \times \frac{8a}{3L} = C_o \times K \tag{3.4.145}$$

であるから, クラウジング係数は

$$K = \frac{8a}{3L} \tag{3.4.146}$$

である.

(b) 短い円形導管　半径 a, 長さ L の短い円形導管では, 式 (3.4.105) より

$$C = \frac{2}{3}\bar{v}\frac{\pi a^3}{(L + (8a/3))} = \frac{1}{4}\bar{v}\pi a^2 \frac{1}{1 + (3L/8a)}$$
$$= C_o \frac{1}{1 + (3L/8a)} \tag{3.4.147}$$

を得る. すなわち, クラウジング係数は

$$K = \frac{1}{1 + (3L/8a)} \tag{3.4.148}$$

である. これは, 長さ L の短い円断面導管のコンダクタンスの近似値を与える. この式はダッシュマン (Dushman) の近似式とも呼ばれる[7]. L が十分大きい場合には式 (3.4.146) と一致する. また

$$K = \frac{1}{\dfrac{3L}{8a}\left(1 + \dfrac{1}{3 + 3L/7a}\right) + 1}$$
$$= \frac{14 + 4\left(\dfrac{L}{2a}\right)}{14 + 18\left(\dfrac{L}{2a}\right) + 3\left(\dfrac{L}{2a}\right)^2} \tag{3.4.149}$$

と表されるサントラー (Santeler) の近似式も使われる[3),8)]. この値は式 (3.4.148) の値より数値計算結果に近い. クラウジングの理論式に対する近似式は

$$K = \frac{10 + 8\left(\frac{L}{2a}\right)}{10 + 19\left(\frac{L}{2a}\right) + 6\left(\frac{L}{2a}\right)^2} \quad (3.4.150)$$

である[11]．Berman はつぎの式を導いている[3]．$y = L/(2a)$ として

$$K = 1 + y^2 - y\sqrt{y^2 + 1}$$
$$- \frac{\left[(2-y^2)\sqrt{y^2+1} + y^3 - 2\right]^2}{4.5y\sqrt{y^2+1} - 4.5\ln(y + \sqrt{y^2+1})} \quad (3.4.151)$$

L が十分大きいときには，長い円形導管のコンダクタンスとなるが，そのとき K は式 (3.4.146) となる．
20℃空気の場合には

$$C_{air} = 364a^2 \times K \quad [\text{m}^3 \cdot \text{s}^{-1}] \quad (3.4.152)$$

となる．

詳細に計算した $L/2a$ に対するクラウジング係数 K は図 3.4.28 の表および図 3.4.29 のようになる．$L \ll 2a$ の場合には，式 (3.4.148) よりも，式 (3.4.149) から得られる

$$K = \frac{1}{1 + (L/2a)} \approx 1 - \frac{L}{2a} \quad (3.4.153)$$

の方が良い近似となる．図 3.4.29 の結果は測定値とよく一致する[4]．

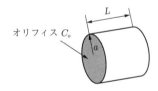

短い円断面導管の K（分子流領域）

$L/2a$	0	0.05	0.1	0.2	0.4	0.6
K	1	0.952	0.909	0.834	0.718	0.632
$L/2a$	0.8	1	2	4	6	8
K	0.566	0.514	0.359	0.232	0.172	0.137
$L/2a$	10	20	40	60	>100	
K	0.114	0.061	0.032	0.020	$8a/3L$	

図 3.4.28　短い円断面導管とクラウジング係数 K[3]

（c）**矩形導管**　図 3.4.30 のような幅 a [m]，高さ b [m]，長さ L [m] の矩形導管のコンダクタンスは

$$C = \frac{1}{4}ab\bar{v} \times K = C_o \times K \quad (3.4.154)$$

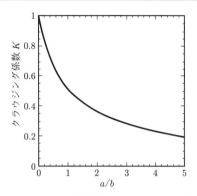

図 3.4.29　短い円断面導管のクラウジング係数 K（式 (3.4.150) の近似式）

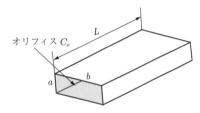

図 3.4.30　長い矩形導管

である．長い矩形導管のクラウジング係数 K は Smoluchowski によれば，$\delta = a/b (\delta \leq 1)$ として

$$K = \frac{a}{L}\left[\frac{\ln(\delta + \sqrt{1+\delta^2})}{\delta} + \ln\left(\frac{1+\sqrt{1+\delta^2}}{\delta}\right)\right.$$
$$\left. + \frac{1 + \delta^3 - (1+\delta^2)^{3/2}}{3\delta^2}\right] \quad (3.4.155)$$

である[3]（3.4.3 項〔2〕(a) 参照）．近似解としては

$$K \approx \frac{16}{3\pi^{3/2}}\frac{a}{L}\ln\left(\frac{4}{\delta} + \frac{3\delta}{4}\right) \quad (3.4.156)$$

がある．

（d）**スリット（短い矩形導管）**　図 3.4.31 のような高さ a [m]，幅 b [m]（$b \geq a$），厚み L [m] のスリットのコンダクタンス C は

$$C = C_o \times K = \frac{1}{4}\bar{v}ab \times K \quad (3.4.157)$$

となる[5]．20℃空気では

$$C_{air} = 116\,ab \times K \quad (3.4.158)$$

である．L/a に対するクラウジング係数 K も図中に示している．Berman によると，$b \gg a$ かつ $b \gg L$ で，$x = L/a$ として

$$K = \frac{1}{2}\left(1 + \sqrt{1+x^2} - x\right)$$

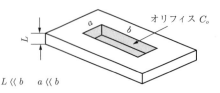

$L \ll b \quad a \ll b$

スリットの K（分子流領域）

L/a	0	0.1	0.2	0.4	0.8	1.0
K	1.000	0.953	0.910	0.836	0.727	0.685

L/a	1.5	2.0	3.0	5.0	>10	∞
K	0.102	0.542	0.457	0.358	0.246	$\frac{a}{L}\ln\frac{L}{a}$

図 3.4.31　スリット状断面導管のクラウジング係数 K[5]

$$-\frac{3}{2}\frac{\{x-\ln(x+\sqrt{1+x^2})\}^2}{x^3+3x^2+4-(x^2+4)\sqrt{1+x^2}} \quad (3.4.159)$$

で与えられる[3]．もし，$L \gg a$, $L \ll b$ かつ $b \gg a$ のとき，つぎの近似式に簡略化される．

$$K \approx \frac{a}{L}\left\{\ln\left(\frac{2L}{a}\right) - \frac{1}{2}\right\} \quad (3.4.160)$$

あるいは

$$K \approx \frac{1+\ln(0.433(L/a)+1)}{(L/a)+1} \quad (3.4.161)$$

という近似式もある[8]．

（e）**楕円形導管**　図 3.4.32 に示すような短半径 a，長半径 b ($a<b$) の長い楕円形導管のコンダクタンスは[3]

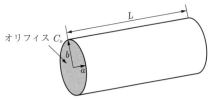

図 3.4.32　楕円形導管

$$C = \frac{1}{4}\pi ab\bar{v} \times K = C_o \times K \quad (3.4.162)$$

であり，長い楕円導管のクラウジング係数 K は Smoluchowski の式から

$$K = \frac{16a}{3\pi L}\int_0^{\pi/2}\frac{d\phi}{\sqrt{1-k^2\sin^2\phi}} = \frac{16a}{3\pi L}K(k)$$

$$k^2 \equiv 1 - \frac{a^2}{b^2}$$

$$(3.4.163)$$

である[3]（3.4.3 項〔2〕（d）参照）．ここで

$$K(k) = \int_0^{\pi/2}\frac{d\phi}{\sqrt{1-k^2\sin^2\phi}} \quad (3.4.164)$$

は第一種完全楕円積分である．Steckelmacher は近似解として

$$K \approx \frac{8}{3\ln(19/4)}\frac{a}{L}\ln\left(\frac{4b}{a}+\frac{3a}{4b}\right)$$
$$\approx 1.711\frac{a}{L}\ln\left(\frac{4b}{a}+\frac{3a}{4b}\right) \quad (3.4.165)$$

を導いている[3]．定数は，$b=a$（円形断面）のときに正確な値になるように，また，アスペクト比 10 までの誤差を最小にするように選ばれている．

一般に，矩形と楕円の中間にある断面（短半径 a_s，長半径 b_s，面積 A_s）では，そのクラウジング係数 K_s は

$$K_s = r_s \times K_r \quad (3.4.166)$$

で与えられる[3]．ここで，K_r は矩形導管のクラウジング係数で，r_s は

$$r_s \approx \sqrt{\frac{A_s}{4a_sb_s}} \quad (3.4.167)$$

である．

（f）**短い楕円形導管**　図 3.4.33 に示すような短半径 a，長半径 b ($b \geq a$) の短い楕円形導管のコンダクタンスについてデータはない．ただし，楕円導管と矩形導管との類似性から

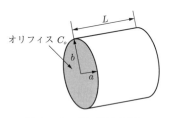

図 3.4.33　短い楕円形導管

$$K_s = r_s\left(\frac{1+L/2a}{r_s+L/2a}\right) \times K_r \quad (3.4.168)$$

が使える[3]．r_s は式 (3.4.167) である．非常に短い導管では $K_s = K_r$ となる．開口のクラウジング係数は形状によらないからである．

（g）**同心円筒**　図 3.4.34 のような，内側半径 a [m]，外側半径 b [m]，長さ L [m] の同心円筒のコ

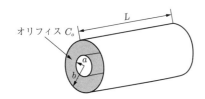

図 3.4.34 同心円筒

ンダクタンス C は

$$C = C_o \times K = \frac{1}{4}\bar{v}\pi(b^2 - a^2) \times K \tag{3.4.169}$$

である[3),4)]．長い同心円筒では，Smoluchowski の厳密解の式から

$$e \equiv \frac{a}{b}$$

として

$$K = \frac{2b}{L}X(e) \tag{3.4.170}$$

$$X(e) \equiv \frac{1}{1-e^2}\left[\frac{4}{3} - e + e^3 - \frac{2}{3}(1+e^2)E(e) + \frac{2}{3}(1-e^2)K(e)\right] \tag{3.4.171}$$

である[3]（3.4.3 項〔2〕（b）参照）．ここで，$K(e)$, $E(e)$ は，それぞれ，第一種および第二種の完全楕円積分である．

（h）**短い同心円筒** 図 3.4.35 のような，内側半径 a [m]，外側半径 b [m]，長さ L [m] の同心円筒のコンダクタンス C は

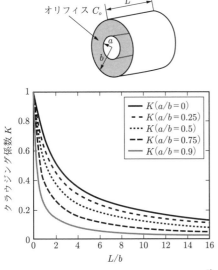

図 3.4.35 短い同心円筒のクラウジング係数 K[4]

$$C = C_o \times K = \frac{1}{4}\bar{v}\pi(b^2 - a^2) \times K \tag{3.4.172}$$

である．Berman による近似式では，クラウジング係数 K は

$$x \equiv \frac{L}{2b-2a}, \quad e \equiv \frac{a}{b}$$

として

$$K = \frac{1}{1 + x\left[1 - 2u\tan^{-1}\left(\frac{2x}{v}\right)\right]} \tag{3.4.173}$$

である．ここで

$$u \equiv \frac{0.0741 - 0.014e - 0.037e^2}{1 - 0.918e + 0.05e^2} \tag{3.4.174}$$

$$v \equiv \frac{5.825 - 2.86e - 1.45e^2}{1 + 0.56e - 1.28e^2} \tag{3.4.175}$$

である[3]．図 3.4.35 にモンテカルロ法で計算したクラウジング係数 K の L/b に対する変化を示している[4]．この計算値は実測値とよく一致する．

（i）**正三角形導管** 図 3.4.36 のような，1 辺 a，長さ L [m] の正三角形導管のコンダクタンス C は

$$C = C_o \times K = \frac{\sqrt{3}}{4}a^2 \times K \tag{3.4.176}$$

である[3]．長い正三角形導管のクラウジング係数 K は，Smoluchowski の厳密解の式から

$$K = \frac{\sqrt{3}\ln 3}{2}\frac{a}{L} \tag{3.4.177}$$

である．

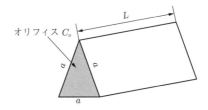

図 3.4.36 正三角形導管

短い正三角形導管のクラウジング係数 K_s は，上の長い導管のクラウジング係数を K_l として

$$K_s = \frac{K_l}{1 + K_l} \tag{3.4.178}$$

で求められる[3]．

（j）**エルボー** 図 3.4.37 のような，半径 a，長さ L_1, L_2 のエルボーのコンダクタンス C は

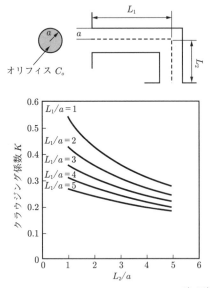

図 3.4.37　エルボーのクラウジング係数 K [3), 12)]

$$C = C_o \times K = \frac{1}{4}\pi a^2 \times K \qquad (3.4.179)$$

である[3)]．クラウジング係数 K は図中に示している．この K は中心の長さの導管で開口部を考慮したものに近い値が得られる．

(k)　**縁付円筒導管**　図 3.4.38 のような，内半径 a，外半径 b，長さ L の縁付円筒導管のコンダクタンス C は

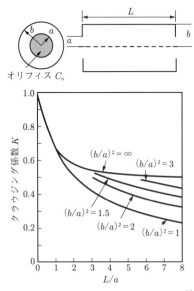

図 3.4.38　縁付き円筒導管のクラウジング係数 K [3), 12)]

$$C = C_o \times K = \frac{1}{4}\pi a^2 \times K \qquad (3.4.180)$$

である[3)]．クラウジング係数 K は図中に示している．
（1）**バッフル**　バッフルはポンプの吸気口側に取り付けて，油拡散ポンプ等で発生する凝縮性の蒸気の逆流を抑えて，これをポンプに戻してやるための邪魔板である．油の逆流はバッフルの温度を下げれば効果が上がるので，水や液体窒素で冷却される場合もあるが，室温でも使用される．ターボ分子ポンプやスパッターイオンポンプ等のドライなポンプではほとんど使用されない．

図 3.4.39 に示すようなシェブロンバッフルのコンダクタンス C は

$$C = C_o \times K = \frac{1}{4}\bar{v}AB \times K \qquad (3.4.181)$$

である[5)]．モンテカルロ法で求められたクラウジング係数は図中の表のようになる[4), 5)]．また，K の A/B に対する変化を図 3.4.40 に示す．計算結果は実測とよく合っている[4)]．

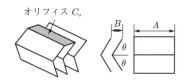

シェブロンの K（分子流領域）

A/B	0.2	0.5	1.0	2.0	4.0	6.0	∞
$\theta = 30°$	0.08	0.13	0.155	0.17	0.18	0.19	0.19
$\theta = 45°$	0.08	0.16	0.19	0.213	0.23	0.24	0.25
$\theta = 60°$	0.08	0.16	0.19	0.225	0.25	0.26	0.28

図 3.4.39　シェブロンバッフルとクラウジング係数 K [5)]

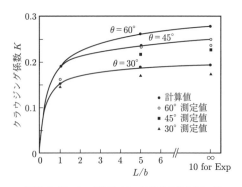

図 3.4.40　シェブロンバッフルのクラウジング係数 K [3), 13)]

また，図 3.4.41 のようなルーパーバッフルのコンダクタンス C は

3.4 排気速度とコンダクタンス

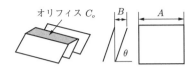

ルーバーの K(分子流領域)

A/B	0.2	0.5	1.0	2.0	4.0	6.0	∞
$\theta=30°$	0.17	0.23	0.28	0.31	0.32	0.33	0.34
$\theta=45°$	0.17	0.27	0.32	0.38	0.42	0.43	0.44
$\theta=60°$	0.17	0.27	0.33	0.38	0.42	0.44	0.56

図 3.4.41 ルーバーバッフルとクラウジング係数 K[5]

$$C = C_o \times K = \frac{1}{4}\bar{v}AB \times K \quad (3.4.182)$$

である．クラウジング係数 K は図中の表のようになる[4]．K の A/B に対する変化を**図 3.4.42** に示す．

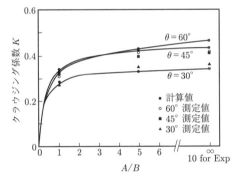

図 3.4.42 ルーバーバッフルのクラウジング係数 K[4),9),13)]

たる型エルボーバッフルと立方体型エルボーバッフルのクラウジング係数計算例を**図 3.4.43** および**図 3.4.44** に示している[9]．

（m）邪魔板 図 3.4.45 のような，同心円筒状の邪魔板のコンダクタンスは

$$C = C_o \times K = \frac{1}{4}\bar{v}\pi a^2 \times K \quad (3.4.183)$$

である[4]．クラウジング係数 K は図中の表のようになる．L/b に対する K の変化を**図 3.4.46** に示す[4]．

また，一端に縁がある制限された同心円筒状の邪魔板クラウジング係数 K の M/L に対する変化を**図 3.4.47** に示している[9]．

（n）半月形邪魔板 図 3.4.48 のような，半月形邪魔板のコンダクタンス C は

$$C = C_o \times K = \frac{1}{8}\bar{v}\pi a^2 \times K \quad (3.4.184)$$

である[5]．クラウジング係数 K も図中に示している．

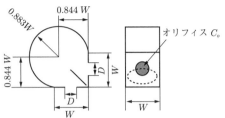

たる型エルボーバッフルの K(分子流領域)

	W/D	K
↻	2.00	0.44
	1.33	0.39
	1.00	0.32
↻	2.00	0.33
	1.33	0.30
↻	2.00	0.32
	1.33	0.27
↻	2.00	0.38
	1.66	0.35
	1.33	0.31

図 3.4.43 たる型エルボーバッフルのクラウジング係数 K[9]

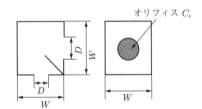

箱型エルボーバッフルの K(分子流領域)

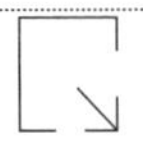

	W/D	K
	2.00	0.43
	1.50	0.38
	2.00	0.36
	1.50	0.28
	2.00	0.30
	1.50	0.37

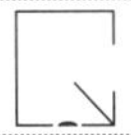

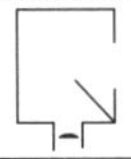

図 3.4.44 立方体型エルボーバッフルのクラウジング係数 K[9]

（o）凸凹のある導管 図 3.4.49 のような，凸凹のある導管のクラウジング係数についても計算されている[5]．

$$C = C_o \times K = \frac{1}{4}\bar{v}\pi R^2 \times K \quad (3.4.185)$$

である．クラウジング係数 K を図中の表に示している．

3.4.4 中間流領域のコンダクタンス
〔1〕長い一様な導管

中間流領域は，分子流領域と粘性流領域の中間にあ

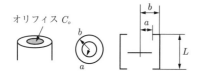

邪魔板の K(分子流領域)

L/b	0.4	1.0	2.0	4.0	8.0
$b^2/a^2 = 1.25$	0.12	0.15	0.16	0.14	0.12
$b^2/a^2 = 1.5$	0.15	0.25	0.27	0.24	0.18
$b^2/a^2 = 1.75$	0.15	0.28	0.32	0.31	0.23
$b^2/a^2 = 2.0$	0.15	0.28	0.37	0.36	0.28
$b^2/a^2 = 2.25$	0.15	0.28	0.38	0.38	0.32
$b^2/a^2 = \infty$	0.15	0.28	0.42	0.48	0.49

図 3.4.45 同心円筒の邪魔板とクラウジング係数 K[5]

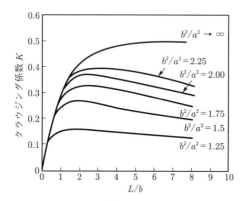

図 3.4.46 同心円筒の邪魔板のクラウジング係数 K[4]

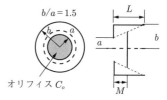

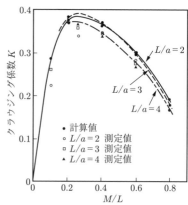

図 3.4.47 縁のある同心円筒の邪魔板のクラウジング係数 K[9],[13]

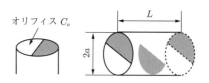

半月板邪魔板の K(分子流領域)

$2a$	L	$L/2$
K	0.065	0.075

図 3.4.48 半月板型邪魔板のクラウジング係数 K[5]

り,多少気体分子どうしの衝突がある.中間流領域のコンダクタンスにつては 1.3.6 項 [3] も参照されたい.長い円形導管の場合,経験式としては,つぎのクヌーセンの式がよく用いられる[3].補正関数 J_{tl} を用いて

$$C_{tl} = \pi a^2 \frac{1}{4}\sqrt{\frac{8RT}{\pi M}}\frac{8a}{3L} \times J_{tl}(2a\bar{p})$$
$$= \pi a^2 \frac{\bar{v}}{4}\frac{8a}{3L} \times J_{tl}(2a\bar{p})$$
$$= C_{ml} \times J_{tl}(2a\bar{p}) \quad (3.4.186)$$

$$J_{tl}(2a\bar{p}) \equiv \frac{3}{32}\frac{2a\bar{p}}{\eta}\sqrt{\frac{\pi M}{8RT}}$$
$$+ \frac{1+\sqrt{\frac{M}{RT}}\frac{2a\bar{p}}{\eta}}{1+1.24\sqrt{\frac{M}{RT}}\frac{2a\bar{p}}{\eta}} \quad (3.4.187)$$

すなわち,分子流領域のコンダクタンス C_{ml} に $J_{tl}(2a\bar{p})$ という補正を掛けたものである.粘性流領域,分子流領域では,それぞれ粘性流のコンダクタンス式 (3.4.10) と分子流領域のコンダクタンス式 (3.4.62) に漸近するようになっている.20℃ 空気 ($\eta = 1.81 \times 10^{-5}$ Pa·s) では

$$C_{t,air} = \frac{121(2a)^3}{L}J_{t,air}(2a\bar{p})$$
$$= \frac{121(2a)^3}{L}$$
$$\times \left(11.2 \times 2a\bar{p} + \frac{1+191 \times 2a\bar{p}}{1+236 \times 2a\bar{p}}\right)$$
$$[\text{m}^3 \cdot \text{s}^{-1}] \quad (3.4.188)$$

となる.単位長さ当りのコンダクタンスは

$$C_{t,1m} = 21\,700 a^4 \bar{p}$$

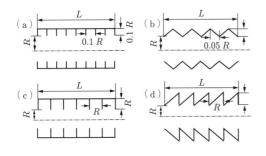

凸凹のある導管の K（分子流領域）

L/R	1.0	1.55	2.0	3.0	5.0
(a)	0.631				
(b)	0.611	0.524	0.452		
(c)	0.643		0.506		0.298
(d)				0.497	0.397

図 3.4.49 凸凹のある導管とクラウジング係数 K[5]

$$+ 969a^3 \frac{1 + 381a\bar{p}}{1 + 473a\bar{p}} \quad [\text{m}^3 \cdot \text{m} \cdot \text{s}^{-1}] \tag{3.4.189}$$

と書くことができる．**図 3.4.50** に $J_{tl}(2a\bar{p})$ を $\bar{p}$ の関数として表している．

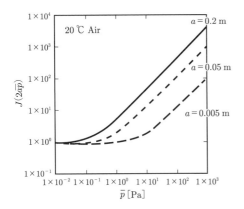

図 3.4.50 $J(2a\bar{p})$ の $\bar{p}$ に対する変化

1.3.4 項でも述べたように，一般に，粘性流領域のコンダクタンスを C_v，分子流領域のコンダクタンスを C_m とすると，中間流領域のコンダクタンス C_t は

$$C_t \approx C_v + C_m \tag{3.4.190}$$

と書いても結構良い近似を与える[3]．流量 Q は

$$Q = (C_v + C_m)(p_1 - p_2) \tag{3.4.191}$$

である．

円形ではない導管についての中間流領域のコンダクタンスについてはほとんど報告がない．クヌーセンの式 (3.4.190) を粗い近似として用いることが提唱されている．ただし，C_v, C_m は，それぞれ，その断面形状の粘性流領域，分子流領域のコンダクタンスである[3]．

〔2〕 開口（オリフィス）

マッハ数，Ma, が $Ma \ll Kn$ の場合の層流では式 (1.3.239)〜(1.3.242) である．半径 a の円形導管の場合，20℃ 空気では

$$C_{to} = 363a^2(50.7a\bar{p} + 1) \tag{3.4.192}$$

である．

$Ma \sim O(1)$ の場合（圧縮性，$p_1 \gg p_2$）やチョーク流れではないが $p_1 \gg p_2$ の場合は，式 (1.3.243)〜(1.3.249) である．

薄いスリット状の開口の，中間流領域のコンダクタンスとして，Kieser と Grundner は下記式を 20℃ 空気に対して挙げている[3]．

$$C_{KG} = C_{mo,air} \left[\frac{10 + k_1 \left(\frac{a}{\lambda}\right)^{1.5}}{10 + k_2 \left(\frac{a}{\lambda}\right)^{1.5}} \right] \tag{3.4.193}$$

ここで，C_{mo} は分子流での開口コンダクタンス，a はスリットの短い辺，λ は平均自由行程，$k_1 = 0.5$, $k_2 = 0.3421$ である．これは，$p_1 \gg p_2$ の圧力比が大きい場合に成り立つ．任意の気体については

$$k_2 = \frac{0.5}{\sqrt{2\pi}} \left(\frac{\gamma + 1}{2}\right)^{1/(\gamma-1)} \left(\frac{\gamma + 1}{2\gamma}\right)^{1/2} \tag{3.4.194}$$

となる．

〔3〕 短 い 導 管

短い導管については，コンダクタンスの合成の考え方を真似て，長い導管と出口開口の直列接続とみなすことができる[3]．ただし，この考え方は圧力比 K_p が大きい場合に適用できる．例えば，圧力差が大きい場合（$p_1 \gg p_2$）の短い矩形導管の場合には

$$\frac{1}{Q} = \left(\frac{1}{C_{tl}} + \frac{1}{C_{KG}}\right)\frac{1}{p_1} \tag{3.4.195}$$

である．ここで，C_{tl} は中間流領域の長い導管のコンダクタンスである．C_{KG} は式 (3.4.193) である．

有限の長さを持ち，非圧縮性で $Ma \ll Kn$ の場合は式 (1.3.250)〜式 (1.3.251) である．

長さ L の短い円筒導管に対しては，次式が挙げられている[11]．

$$C_{ts} = \frac{\pi a^2}{2}\bar{v}\left(\frac{\frac{L}{\lambda}}{1+\frac{L}{a}+2\frac{L}{\lambda}}\right)$$
$$\times\left[\gamma\frac{a}{\lambda}+9\gamma^2\left(\frac{\pi}{4}+\frac{128}{27\pi}\frac{L}{a}\right)-K_s\right]$$
$$+\frac{\pi a^2}{4}\bar{v}K_s \qquad (3.4.196)$$

ここで

$$\gamma \equiv \frac{L}{a}+\frac{3\pi}{8} \qquad (3.4.197)$$

また，λ は平均自由行程，K_s は式 (3.4.150) の分子流領域の短い円形導管の通過確率である．この式は，$2a/L=2\sim 0$ の範囲において実用的精度内で成り立つとされる．

引用・参考文献

1) 堀越源一：真空技術（東京大学出版会，東京，2012）物理工学実験シリーズ4，第3版．
2) 飯田徹穂，飯田俊郎：真空技術活用マニュアル（工業調査会，東京，1998）改訂新版．
3) J. M. Lafferty: *Foundations of Vacuum Science and Technology* (John Wiley & Sons, Inc., 1998).
4) 熊谷寛夫，富永五郎，辻泰，堀越源一：真空の物理と応用（裳華房，東京，1988）物理学選書 11．
5) 日本真空技術株式会社編：真空ハンドブック（オーム社，東京，1992）．
6) 辻泰，齊藤芳男：真空技術 発展の途を探る（アグネ技術センター，東京，2008）．
7) 荻原徳男，大林哲郎：第 47 回真空夏季大テキスト，希薄気体の流れ（日本真空学会，2007）．
8) K. Jousten ed.: *Handbook of Vacuum Technology* (WILEY-VCH Verlag GmbH & CO. KGaA, 2008).
9) A. Roth: *Vacuum Technology* (Elsevier Science B.V., North Holland, 1990).
10) J. Happel and H. Brenner: *Low Reynolds number hydrodynamics with special applications to particulate media* (Martinus Nijhoff Publishers, 1986).
11) 実用真空技術総覧編集委員会：実用真空技術総覧（産業技術サービスセンター，東京，1990）．
12) D. H. Davis: Monte Carlo Calculation of Molecular Flow Rates through a Cylindrical Elbow and Pipes of Other Shapes, J. Appl. Phys., **31** (1960) 1169.
13) L. L. Levenson, N. Milleron and D. H. Davis: Optimization of Molecular Flow Oonductance, 1960 7th National Symposium of Vacuum Technology Transactions, AVS, Inc. PERGAMON PRES (1960) pp.9.372–377.

3.5 リーク検査

〔1〕はじめに

ヘリウムリークディテクターは，1954（昭和 29）年に図 3.5.1 に示す国産 1 号機が発売されて以来，安全にかつ簡単に，他のさまざまなリーク検出方式と比較しても最も高感度で高精度にリーク検出できる装置として産業界に普及した．

図 3.5.1 国産 1 号機の外観

ヘリウムリークディテクターの検出レベルの限界は，リーク量の単位を用いて表すと 5×10^{-13} Pa·m^3·s^{-1} という値になる．これは 1 気圧で 1 cm^3 を占める気体が漏れるのに要する時間が約 6 000 年というほどの微少なリークが検出できるものとなっている．その漏れ試験の検出感度の高さと試験体を汚染しないヘリウムガスを検知ガス（トレーサーガス，プローブガスともいう）に使用することが，ヘリウムリークディテクターの最大の特長であり，特に真空機器には最適な漏れ試験の装置といえる．

一般的なリーク検出にはさまざまな漏れ試験方法があるが，真空機器における漏れ試験では，つぎの条件が付加される．

① 漏れ試験の対象物質は気体である．
② 試験体の内外の圧力状態は外部が大気圧で内部が真空である．

漏れ試験としての分類は，これらの条件を加味すると，下記の 3 種に大別される．

① 真空バルブで試験体を切り離して実施され，ガスの流れが静的となる方法
② 排気装置で真空排気しながら実施され，ガスの流れが動的な方法
③ 検知用特定気体を利用する方法

低真空領域で使用される真空装置であれば，上記の①や②で圧力変化を測定することで漏れの有無の確認ができる．中真空や高真領域となると，それらの圧力変化だけでは漏れの有無を特定することが次第に困難となる．さらには①や②の方法では漏れの箇所を特定することはできず，③の方法でのみ漏れの場所を特定することが可能となる．

〔2〕 用語とヘリウム漏れ試験について

本章のタイトルは"リーク検出"であるが，まずはこの用語を規格で確認してみる．参照すべき規格は，日本工業規格 JIS Z 2300:2009「非破壊試験用語」であり，その規格内の"(7) 漏れ（リーク）試験"の章になる．しかし，この中には"リーク検出"という用語は出てこない．リーク検出に該当する用語は，"漏れ（リーク）試験"が適しており，本章ではこれ以降，漏れ試験と呼ぶこととする．

つぎに上記の規格で"XXX 試験"となる用語を検索すると

圧力変化試験
アンモニア漏れ試験
発泡漏れ試験
ヘリウム漏れ試験

など，ほかにもさまざまな試験方法があることがわかる．では，これらの試験方法のどれを用い，どのように試験すべきかを決める必要がある．これらを体系的に示す規格が，JIS Z 2330:2012「非破壊試験－漏れ試験方法の種類及びその選択」である．この規格の中で，漏れ試験方法[3)]にあたるものは下記のものがある．

JIS Z 2329:2002　発泡漏れ試験方法
JIS Z 2331:2006　ヘリウム漏れ試験方法
JIS Z 2332:2012　圧力変化による漏れ試験方法（改正に合わせ放置法による漏れ試験方法から本規格名に変更になっている）
JIS Z 2333:2005　アンモニア漏れ試験方法
JIS Z 2343-1:2001　非破壊試験－浸透探傷試験－第1部：一般通則：浸透探傷試験方法及び浸透指示模様の分類

ここで注目すべき用語は"可検リーク量"である．可検リーク量の最小値は最小可検リーク量と呼ばれるが，その用語の定義では，"使用するリークディテクターによって，そのサーチガスで明らかに検出できる最小リーク量"とある．この値が最も小さいのはヘリウム漏れ試験方法における値で，その値は 1×10^{-12} Pa·m^3·s^{-1} である．発泡漏れ試験方法や圧力変化による漏れ試験方法と比較しても，その値は 7〜8 桁程度も小さい値である．真空機器での漏れ試験に最も有用に活用できるのは，ヘリウム漏れ試験方法になるといえよう．他の漏れ試験に関しては，本章では記載しないが，広義の漏れ試験として重要であり，いずれも非破壊検査の中で貫通孔のきずの検査としての分類に入る．

ヘリウムリークディテクターを用いた漏れ試験について記載する．

〔3〕 非破壊検査装置としてのヘリウムリークディテクター

近年では，真空とはまったく異なる分野でヘリウムリークディテクターの応用範囲が広がり，発泡漏れ試験やカラーチェックで行っていたリークテストをヘリウム漏れ試験に置き換える動きが多い．図 3.5.2（可搬型），図 3.5.3（真空排気系付属型），図 3.5.4（据置型）にヘリウムリークディテクターの装置例を示す．ヘリウムリークディテクターの多方面への普及は，測定精度もさることながら，定量管理が可能であり，装置の自動化が図れることが大きな理由といえる．しかし，試験体の形状・材質などが真空機器で使用される種類のものではないため，ヘリウム漏れ試験における試験体の真空シール方法の確立が容易でないこと，そ

図 3.5.2　ヘリウムリークディテクター（可搬型）

図 3.5.3　ヘリウムリークディテクター
（真空排気系付属型）

図3.5.4 ヘリウムリークディテクターの外観（据置型）

リーク量はある条件下でリーク箇所を通過する気体の流量と定義される．図3.5.5のように，リーク量 Q は圧力 p_1, p_2 とその間に存在するリーク箇所のコンダクタンス C を用いて，式 (3.5.1) で表される．

$$Q = C(p_1 - p_2) \tag{3.5.1}$$

ここで，p_1 はリーク源の気体の圧力であり，通常は大気圧である．p_2 は真空容器の圧力である．一般には，$p_1 \gg p_2$ なので，$Q \cong Cp_1$ と近似できる．

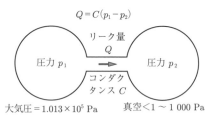

図3.5.5 リークの流量

式 (3.5.1) はリークを扱う際に最も有用かつ，重要な式である圧力や温度などの条件が変化した場合，リーク量がどう変化するのかや，あるいは漏れ箇所の孔径を試算することにも利用できる．

図3.5.6のように，真空容器にリークがあり，リーク量 Q の気体が入ってくるとしよう．真空容器排気口での実効排気速度が S_e であるとすると，そのときの圧力 p は，$p = Q/S_e$ より決して低くはならない．真空配管素材の巣漏れや欠陥，溶接不良，真空フランジの真空シール部のきずやダストかみ込みなどがリークの要因となり，気体はあらゆる貫通孔から流入する．これらのすべてを見つけ出して阻止することは容易なことではない．そのため，漏れ試験にはフード法など種々の手法が用いられているが，これらについては後述する．

の真空シール部のリークタイト（真空封止）が確保できないために高い検出感度を十分に生かしての測定精度が確保できないこと，などのトラブルが多い．

漏れ試験全般を非破壊検査の分類で見ると，いわゆるリーク検査は探傷検査の中でも貫通孔を検出するものの一つとなる．しかしながら，貫通孔の孔径が小さく，この孔より生ずる漏れ量が小さくなると，その検出は容易ではなくなる．本章の3.5.6項「リーク検出の実際」では，ヘリウムリークディテクターを用いたヘリウム漏れ試験における技術的な注意点などを併せ，述べていくこととしたい．

非破壊試験としての漏れ試験は，これまでは，きずの有無の検出が主たる目的であったが，近年はきずの定量的検出が求められている．漏れ試験とは，貫通孔のきずの検査であり，漏れの有無，漏れ位置，および漏れ量を検出する方法である．これらにおいて重要な点は，漏れを迅速にかつ正確で再現性よく，しかも人間および環境にとって安全に検知できることとなる．このように定義される漏れ試験を行うためには，技術者の技量が重要であり，一般社団法人 日本非破壊検査協会において，漏れ試験認証制度が2012年より開始されている．

3.5.1 リークのメカニズム
〔1〕リークとは

リークとは，壁の両側の圧力差または濃度差によって液体または気体が通過する現象，と定義される．なお，「リーク」と「漏れ」は置き換えて使ってもよいが，これ以降はリークとして表記する．また，真空機器でのリークに限定し，圧力差による気体のリークのみを考えることにする．ゆえに，リークとは，孔・多孔質などの透過性要素が原因となり，圧力差によって気体が通過する現象，とされる．

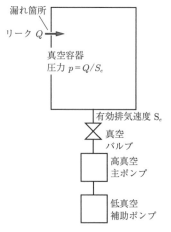

図3.5.6 真空排気系へのリークと排気

〔2〕 リークと放出ガス

具体的な真空装置でのヘリウム漏れ試験の一例を考えてみる．図 3.5.7 のように，真空容器に真空バルブを介して，主ポンプ（高真空ポンプ）と補助ポンプ（低真空ポンプ）が接続された一般的な真空装置とする．真空装置の検査仕様には到達圧力と許容リーク量が記載されているとしよう．

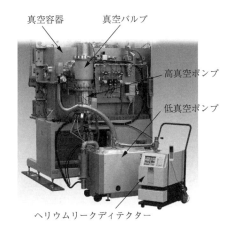

図 3.5.7 真空装置におけるリーク検査

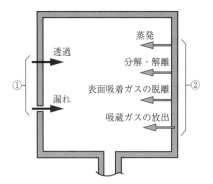

図 3.5.8 真空容器に流入する気体

真空排気を開始する前に，組み上げた真空装置の漏れの有無を確認する．ヘリウムリークディテクターを用いたヘリウム漏れ試験によってリーク量を測定し，かつ必要に応じて漏れ対策を施し，最終的に許容リーク量以下であることが確認されたとする．つぎに，高真空ポンプと低真空ポンプにて真空排気し，真空容器に接続された真空計にて圧力を測定し，到達圧力が満足されているかを確認する．この場合，漏れは許容リーク量以下であることが確認されているので，問題なく到達圧力になるはずである．

しかし，実際にはそうならない場合がある．ヘリウム漏れ試験や圧力測定方法に間違いがある場合は除き，それ以外の要因を以下に説明する．

真空排気過程において，図 3.5.8 に示すさまざまな気体の流入現象が発生する．これらの現象は大きく二つに分類される．

① 真空容器の壁やシール材を気体が通過する現象：リークは貫通孔を気体が通過する現象であり，透過は物質分子間を気体が通過する現象

② 真空容器の内壁の表面もしくは壁の内部から気体が放出される現象：蒸発・分離解離・表面吸着ガスの離脱・吸蔵ガスの放出などは，ここでは総称して放出ガスと呼ぶこととし，この放出ガスによる現象

ヘリウム漏れ試験では，上記 ① の貫通孔を気体が通過するリークを精度よく検出することが可能である．しかし，② の放出ガスによる現象はヘリウム漏れ試験では検出できない．このため，ヘリウム漏れ試験によって許容リーク量以下であることが確認された場合でも，② の放出ガスの影響で到達圧力が満足されないケースがある．

放出ガスに関しては 2 章を参照されたい．いずれにしろ，放出ガス量を十分考慮し，漏れが許容値以下であれば到達圧力を得ることができるように真空排気系を選定するなど，真空装置全体の設計を行う必要がある．

② で述べた放出ガスには，材料内部に含まれる欠陥（空洞や割れなど）から放出される成分も含まれ，内部リークと呼ばれる．微細な空洞が真空容器内部にだけ通じている場合は，ヘリウム漏れ試験では検知できない．また，複数の真空容器から成る真空装置では，真空容器を接続するバルブに漏れがある場合，ヘリウム漏れ試験では検知できない．このような場合，真空排気曲線が通常とは異なることが多い．すなわち，圧力の低下が排気時間の逆数とはならずに，徐々に低下するような現象を示す．日頃から排気曲線を記録しておけば，このような場合にその原因を予測することができる．

透過とリークとは原理上は区別できない．透過による影響は到達圧力そのものよりは，漏れ試験の測定精度への影響のほうがはるかに大きい．各種材料と気体の透過については，1.5 節，2.9.3 項を参照されたい．

〔3〕 リークの換算

同一の貫通孔であってもリーク量 Q は気体の種類，貫通孔の両端の圧力条件，気体の温度などで変わる．

（a）気体の種類に対するリーク量の換算　ヘリウムリークディテクターによる漏れ試験ではトレーサーガスにヘリウムを用いるが，試験体にとっては，実際に流入する気体が空気であったり，内部に充填された冷媒であったりする．例えば，許容リーク量をヘリウ

ムでのリーク量として規定している場合は，ヘリウムリークディテクターによる測定値をリーク量とすればよい．しかし，許容リーク量が空気や冷媒でのリーク量として規定している場合は，気体の種類に対する換算が必要となる．

分子流領域において，異なる分子量 M_1 の気体1と分子量 M_2 の気体2が同一の貫通孔を通過するときのリーク量 Q_1, Q_2 の間には次式が成り立つ．

$$\frac{Q_1}{Q_2} = \sqrt{\frac{M_2}{M_1}} \qquad \text{（分子流領域）} \qquad (3.5.2)$$

粘性領域において，異なる粘性係数 η_1 の気体1と粘性係数 η_2 の気体2が同一の貫通孔を通過するときのリーク量 Q_1, Q_2 の間には次式が成り立つ．

$$\frac{Q_1}{Q_2} = \frac{\eta_2}{\eta_1} \qquad \text{（粘性流領域）} \qquad (3.5.3)$$

これらはリーク量 $Q = C(p_1 - p_2)$ において，コンダクタンス C が分子流領域および粘性流領域で異なることから導かれる．

（b） 圧力条件に関するリーク量の換算　　漏れ試験を行う際の圧力条件と試験体の実使用圧力条件が異なる場合は，圧力条件に対する換算が必要である．以下の換算式は，圧力条件により漏れ箇所の形状が変化しない場合の換算式であり，弾性により形状が変化する場合はこのとおりにはならない．

漏れ箇所の貫通孔の高圧力側の圧力 p_H が p_{H1} から p_{H2} に，低圧力側の圧力 p_L が p_{L1} から p_{L2} に変化した場合に，圧力が変化した前後におけるリーク量 Q_1, Q_2 の間には，つぎの関係がある．

$$\frac{Q_2}{p_{H2} - p_{L2}} = \frac{Q_1}{p_{H1} - p_{L1}} \qquad \text{（分子流領域）}$$
$$(3.5.4)$$

$$\frac{Q_2}{p_{H2}^2 - p_{L2}^2} = \frac{Q_1}{p_{H1}^2 - p_{L1}^2} \qquad \text{（粘性流領域）}$$
$$(3.5.5)$$

分子流領域と粘性流領域で換算式が異なる理由を以下に説明しよう．分子流領域であれば，コンダクタンスは，リーク箇所の幾何学構造と通過気体の分子量とその温度にて決定されるので，コンダクタンスは圧力に依存しない．しかし，粘性流領域であると，コンダクタンスは，リーク箇所の幾何学構造と通過気体の粘性係数とその温度に依存し，さらに貫通孔の平均圧力にも依存する．したがって，リーク量 Q は次式で表される．

$$Q = C(p_1 - p_2) = K' \frac{(p_1 + p_2)}{2}(p_1 - p_2)$$

$$= K(p_1^2 - p_2^2) \qquad (3.5.6)$$

$$K = \frac{1}{2} \cdot \frac{\pi D^4}{128 \eta L} \qquad (3.5.7)$$

ここで D はリーク路を円形断面と仮定した場合の直径であり，L はリーク路の長さである．

粘性流領域では，圧力の2乗差で Q が変化する．特に圧力差が大きい条件下では，同じリーク箇所であっても粘性流領域と分子流領域でリーク量が大きく異なる．漏れ試験と実際の使用状態において，貫通孔内が粘性流領域か分子流領であるかが明確に異なる場合は，許容リーク量の扱いに注意が必要とされる．もっとも，通常の大気リークの場合は，微細な貫通孔の中が粘性流領域あるいは中間流領域から分子流領域に変化していると考えられる．したがって，式 (3.5.4)，(3.5.5) のように明確に区別できる事例は少ない．

（c） 温度条件に関するリーク量の換算　　漏れ試験を行う場合に，通過する気体の実使用温度が，漏れ試験を実施する常温（20℃付近）と比較して大きく異なる場合は，温度についての換算を行う必要が生じる．

異なる温度 T_1，T_2 において，同一の孔を通過するリーク量 Q_1, Q_2 の間には，各温度における粘性係数を η_1，η_2 とすると

$$\frac{Q_2}{Q_1} = \sqrt{\frac{T_2}{T_1}} \qquad \text{（分子流領域）} \qquad (3.5.8)$$

$$\frac{Q_2}{Q_1} = \frac{\eta_1}{\eta_2} \qquad \text{（粘性流領域）} \qquad (3.5.9)$$

の関係がある．表3.5.1に各種気体の分子量と粘性係数を示す．特にヘリウムと空気を比較すると，分子量は大きく異なるのに対して，粘性係数はさほど変わらない．これらが意味することは，空気のリーク量とヘリウムリークディテクターによるリーク量は，貫通孔が分子流領域では大きく異なるが，粘性流領域ではほぼ同じであるということである．

表3.5.1　各種気体の分子量と粘性係数

気体名	分子式	分子量 M	粘性係数 η [Pa·s]（20℃）
水素	H_2	2.016	0.88×10^{-5}
ヘリウム	He	4.003	1.94×10^{-5}
水蒸気	H_2O	18.02	1.28×10^{-5}（100℃）
窒素	N_2	28.01	1.74×10^{-5}
空気	（Air）	28.96	1.81×10^{-5}
酸素	O_2	32.0	2.00×10^{-5}
アルゴン	Ar	39.95	2.22×10^{-5}
二酸化炭素	CO_2	44.91	1.46×10^{-5}

〔4〕 分子流領域と粘性流領域

リークが発生している条件下において，貫通孔が分子流領域，中間流領域あるいは粘性流領域のいずれであるかによって，リーク量の計算式が異なる．また，貫通孔の高圧力側の経路は粘性流領域あるいは中間流領域であり，低圧力側に行くにつれて分子流領域へと連続的に変化していると考えられる．しかし，実際に検証しようとしても，貫通孔の孔径はわかるはずもなく測定もできない．ましてや貫通孔が幾何学的な円筒状であることもないので，真空の教科書に載っているコンダクタンスの計算式も使えない．では，実際の漏れ試験において，粘性流領域と分子流領域の境界線をどこにするのが妥当であって，どのように適用すべきかである．これはつぎのように扱うことを推奨する．

① 漏れ箇所の貫通孔の長さは，その箇所の隔壁となる板厚（あるいはシール面の幅）に等しいと考える．両端の圧力条件，板厚，測定されたリーク量を基にして，貫通孔を長い円筒直管であると仮定する．また，貫通孔内は分子流領域と仮定する．この場合の貫通孔径を，リーク量がコンダクタンスと圧力差に依存することから推定試算し，貫通孔径を試算する（分子流領域と仮定したので，貫通孔径は大きめに試算したことになる）．

② 分子流領域および粘性流領域の2通りについてリーク量を計算し，試験条件としてより厳しい方（リーク量が多い方）を採用する（①で貫通孔径を大きめに見積もり，②で粘性流領域でのリーク量を試算することにより，真空装置の使用条件が漏れ試験条件と異なったとしても，リーク量を多めに見積もっているので安全側になっている）．

③ 漏れサンプルによる検証を行う．ただし，貫通孔内を分子流領域で扱うこととなるような漏れサンプルを作製することは技術的に非常に困難である．

なお，貫通孔が円形断面の円筒直管とし，貫通孔の直径を仮定した場合の貫通孔内の圧力分布の試算結果については，3.1節を参照されたい．室温で1気圧の空気の平均自由行程は0.07 μmであり，1 μm程度の貫通孔であれば，貫通孔内はほとんどが粘性流ないし中間流領域で，真空側の直前で分子流領域に移行している．

〔5〕 校正リークについて

一定のリーク量を提供するものとして，標準リークがある．一般の機器のリーク量の校正に使用するものは校正リークと呼ばれるが，構成仕様は同じもので，標準リークにて値付けされたものが校正リークとなる．

この校正リークは，図3.5.9に示すように2種類がある．

（a） メンブレン型校正リーク

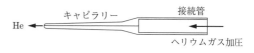

図3.5.9 校正リーク

リーク量範囲：$1 \times 10^{-11} \sim 1 \times 10^{-7}$ Pa·m^3·s^{-1}
方式：石英ガラスをヘリウムが透過（石英ガラスの表面積と厚さでリーク量が制御される）
取扱い上の注意点：測定時の温度によって値が変化するので温度の補正が必要．ヘリウムは密閉容器に充填されている．

（b） チャネル型校正リーク

リーク量範囲：$1 \times 10^{-7} \sim 1 \times 10^{-4}$ Pa·m^3·s^{-1}
方式：ヘリウムの流路が細管（キャピラリー）（熟練工による追加工にて所定のリーク量が実現されている）
取扱い上の注意点：ダストによる目詰まりに注意．ヘリウムは別途供給する必要がある

〔6〕 漏れサンプルの製作について

分子流領域でのリーク量の計算式 $Q = C(p_1 - p_2) \cong Cp_1$ を用いて，貫通孔を円筒直管とした場合のリーク量からその漏れ箇所の貫通孔径を試算することができる．以下に計算結果例を示す．ここで，貫通孔径 d，貫通孔長さ L，ヘリウムの平均速度 $\bar{v} = 1250$ m·s^{-1} とし，$C = (\pi d^3 \bar{v})/(12L)$，$p_1 = 1.013 \times 10^5$ Pa より，$d = (QL/3.3 \times 10^7)^{1/3}$ とした．

① 板厚：$L = 1$ mm，リーク量：$Q = 1 \times 10^{-4}$ Pa·m^3·s^{-1} の場合は孔径：$d = 14.5$ μm
② 板厚：$L = 1$ mm，リーク量：$Q = 1 \times 1^{-7}$ Pa·m^3·s^{-1} の場合は孔径：$d = 1.5$ μm

すなわちリーク量が 10^{-7} Pa·m^3·s^{-1} 台の漏れサンプルを製作するには，貫通孔径を1 μm程度にする必要があり，一般的な機械加工では製作が困難である．溶接部品であってもその溶接の条件を変更して故意に作れるものではないことも理解できよう．したがって，いくつかの漏れサンプルを作製し，リーク量を校正して必要なリーク量の漏れサンプルを準備することになる．

3.5.2 リーク量の単位
〔1〕 単位と換算表

リークの大きさを，リーク箇所の貫通孔の寸法・形状

表 3.5.2 リーク量の単位換算[1]

	$Pa \cdot m^3 \cdot s^{-1}$	$atm \cdot cc \cdot s^{-1}$	$Torr \cdot L \cdot s^{-1}$	$mbar \cdot L \cdot s^{-1}$	$std \cdot cc \cdot s^{-1}$	温度条件など
$1\ Pa \cdot m^3 \cdot s^{-1}$	1	9.869	7.501	10	9.198	20℃（前後） SI 単位
$1\ atm \cdot cc \cdot s^{-1}$	1.013×10^{-1}	1	7.6×10^{-1}	1.013	9.317×10^{-1}	20℃（前後） 非 SI 単位
$1\ Torr \cdot L \cdot s^{-1}$	1.333×10^{-1}	1.316	1	1.333	1.226	20℃（前後） 非 SI 単位
$1\ mbar \cdot L \cdot s^{-1}$	1×10^{-1}	9.869×10^{-1}	7.501×10^{-1}	1	9.198×10^{-1}	20℃（前後） [欧州圏]

や貫通孔のコンダクタンスなどを用いて表す方法もある．リーク量の単位は，一般的な流量を示す単位である質量流量，体積流量，モル流量ではなく，気体の圧力が条件によって異なることを踏まえ，気体の総量を示すために pV 値を用い，単位時間当りに通過する気体の流量 Q で示される．リーク量 Q の単位は $Pa \cdot m^3 \cdot s^{-1}$ である．pV 値はボイル・シャルルの法則である理想気体の状態方程式 $pV = \nu RT$ で与えられるように，右辺には温度 T があるため，リーク量の換算表の条件欄には必ずリーク量測定時の温度条件を記載する．

なお，現在，世界の漏れ試験で用いられる単位は下記となる．また，表3.5.2 にそれらリーク量の単位換算表[1] を示す．

① $Pa \cdot m^3 \cdot s^{-1}$：日本工業規格（JIS）で規定された単位であり，SI 単位である．
② $atm \cdot cc \cdot s^{-1}$：日本で古くから使用されてきた．非 SI 単位であるので現在では使用できないが，使われている単位から最もイメージしやすい単位である．
③ $Torr \cdot L \cdot s^{-1}$：韓国・米国で使用されている．
④ $mbar \cdot L \cdot s^{-1}$：欧州圏で使用されている．

〔2〕 その他の単位
上記以外でリーク量の単位として使用されたものをまとめてみたので参考としてほしい．

lusec：$1\ \mu Hg \cdot L \cdot s^{-1}$ のこと，温度は常温（通常 20℃前後）

また，ガスの流量には用いられるが，リーク量には使われてこなかったものとして，つぎのような流量単位がある．

$std \cdot cc \cdot s^{-1}$：標準状態（0℃，1 気圧）における流量 [cc/s] のこと
sccm：standard $cc \cdot min^{-1}$ のこと（0℃，1 気圧）
SLM：standard $liter \cdot min^{-1}$ のこと（0℃，1 気圧）
$Ncc \cdot s^{-1}$：常温1 気圧における流量 [cc/s] のこと．通常 20℃前後．

単位の換算については，つぎのようになる．

$1\ lusec = 1.32 \times 10^{-3}\ atm \cdot cc \cdot s^{-1}$
（ただし，同一温度にて）
$1\ std \cdot ccs^{-1} = 1.073\ atm \cdot cc \cdot s^{-1}$（20℃）

3.5.3 許容リーク量
〔1〕 漏れ試験を必要とする分野
真空機器以外にも微少漏れが重要な意味を持つ分野がある．真空における漏れのように外から中への漏れも，加圧タンクのような中から外への漏れも現象としては共通点が多く，各分野の漏れ試験は相互に関係しながら発展してきた．表3.5.3 に漏れ防止の必要な分野とその事例を示す

〔2〕 さまざまな分野における許容リーク量
横軸をリーク量として，上記の事例の許容リーク量

表 3.5.3 漏れ防止の必要な分野と事例

分 野	事 例
真空工業	全般
電気・電子工業	電子部品（水晶振動子・SAW フィルター・MEMS などのパッケージ），半導体製造装置の保守
機械工業	空圧・油圧機器．液体機器
自動車工業	ラジエーター，エバポレーター，コンプレッサー，冷暖房機器，ガソリンタンク，ショックアブソーバー，エアバック用部品，油圧・気圧等の各種センサーパッケージ
航空機工業	空圧・油圧機器，冷暖房機器
高圧ガス工業・化学工業	石油化学の各種ガス容器，配管，部品（コンプレッサー，バルブなど），ボンベ，各種プラント，マスフローコントローラー，蓄圧式消火器
原子力工業	原子炉容器，配管，核燃料容器，廃棄物容器，核融合装置
低温工業	冷凍機，低温容器，魔法瓶
食品工業	包装部品
宇宙開発	人工衛星，宇宙船用機器，スペースチャンバー
海洋開発	各種耐圧容器・海底中継機器
理化学機器	真空排気装置，各種真空装置，表面分析装置，加速器

の一例を**図3.5.10**に示す．明確な定義ではないが，水漏れ・ガス漏れ・物質の透過の領域に分けてみる．

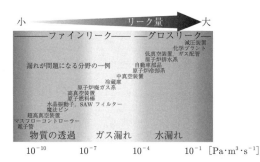

図3.5.10　各種機器の許容リーク量

① 10^{-4} Pa·m³·s⁻¹ 台が水漏れの限界：
水漏れ無きことであれば 10^{-5} Pa·m³·s⁻¹ 台を許容リーク量とする．この領域をグロスリークと呼ぶこととし，気体を粘性流として扱うことが多い．

② 10^{-7} Pa·m³·s⁻¹ 台がガス漏れの限界：
気体漏れを保証する必要がある場合は 10^{-8} Pa·m³·s⁻¹ 以下を許容リーク量とする．この領域をファインリークと呼ぶこととし，気体は分子流として扱うものとする．

③ 封止品と呼ばれるもの：
封止内雰囲気が大気圧の場合は気圧（天候の変化と標高の差異）とのわずかな差圧で呼吸する．気体が流入・流出する際に，ケース内にどの種類の気体（水素，酸素，水[湿度の変化]）がどの程度流入すると試験体の性能が保証できなくなるかによって許容リーク量が定められる．

3.5.4　ヘリウムリークディテクターの原理と校正

種々のリークディテクターのうち，真空工業ではヘリウムリークディテクターが一般的なので，以下ではヘリウムリークディテクターについて詳しく述べる．

〔1〕　ヘリウムリークディテクターの概要

ヘリウムリークディテクターは，質量分析計の原理を応用した漏れの有無，漏れ箇所，漏れ量を検出する装置で，トレーサーガス（プローブガスあるいは検知ガス）にヘリウムを用いる．**図3.5.11**にヘリウムリークディテクターで最も基本的な漏れ試験の方法の一つである真空吹付け法を示す．ヘリウムリークディテクターのテストポートに試験体を接続し，漏れを検出したいところにヘリウムを吹き付ける．このヘリウムが漏れ箇所の貫通孔から試験体内部に入り，ヘリウムリークディテクターにて検出されることになる．

しかし，ヘリウムリークディテクターはリーク量という物理量そのものを直接測定しているのではない．

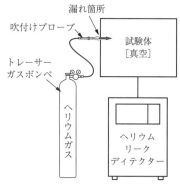

図3.5.11　真空吹付け法による漏れ試験

リーク量 Q は，排気速度 S が一定ならば，その場所でのヘリウムの分圧は $p = Q/S$ と表され，リークディテクターはヘリウムの分圧を測定している．測定した分圧をリーク量に換算するための手順を感度校正と呼ぶ．校正リークと呼ばれる既知のリーク量を与えることができる漏れの基準器を用いて，そのときに得られるヘリウム分圧とリーク試験の際のヘリウム分圧との比を求め，リーク量に換算する．

これらについて以下に順次解説する．

〔2〕　ヘリウムリークディテクターの構成要素

まずはヘリウムリークディテクターの構成要素を説明する．**図3.5.12**はヘリウムリークディテクター内部を最も簡素に示した排気系統である．その構成要素は大きく四つから成る．

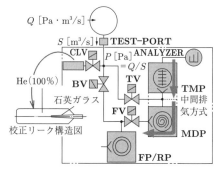

図3.5.12　ヘリウムリークディテクターの構成

① 分析管：[ANALYZER] 質量分析計の一種で高真空雰囲気下でのみ作動可能

② 真空ポンプ：[FP/RP] 低真空ポンプ（補助ポンプと粗引きポンプを兼ねる），[TMP/MDP] 高真空ポンプ（主ポンプ）

③ 真空バルブ：[BV] バイパスバルブ，[TV] テストバルブ，[FV] フォアバルブと [LV] リークバルブ

④ 校正リーク：校正リーク管と校正リーク遮断バルブ [CLV]

〔3〕 分析管の作動原理

分析管は質量分析計の一種で高真空雰囲気下でのみ作動可能となる超高感度のヘリウム分圧計である．永久磁石を用いたセクター型の質量分析計の一種ではあるが，質量分解能よりも高感度化ならびに感度安定度が優先された設計が施されている．ヘリウムのみを検出すればよいため，分解能はせいぜい 20 程度に設定され，各電極のスリット幅（ヘリウムイオンの通過口）は数 mm オーダーである．さらに，最も短時間の繰返し漏れ試験条件下ではわずか数秒で大気圧と真空を繰り返す．試験体内部はつねに水とハイドロカーボン類にさらされながらも，長時間の性能を維持するだけの耐久性が要求される．このため，一般にいわれる質量分析計とは一線を画しており，単なる質量分析計ではヘリウムリークディテクターの代用が難しいのはこのような理由による．

図 3.5.13 に磁場偏向型分析管の作動原理を示す．イオン源において，高温に熱せられたフィラメントから放射された熱電子をエミッション電流と呼ぶ．その値は通常で 0.1～5 mA 程度である．その熱電子がイオンチャンバー内のガス分子に衝突することによって電子が離脱してイオン化され，プラスの電荷を持つようになる．イオンチャンバーと加速スリットの間に印加された電圧を加速電圧と呼ぶ．この加速電圧によってプラスの電荷を持つイオンは磁場内に射出される．イオンは磁場内を移動する際にイオンの質量の違いにより異なるローレンツ力を受けて，質量に応じた円軌道（フレミングの左手の法則）を描く．ヘリウムイオンより質量の大きいもの（水や空気の成分である酸素や窒素，ハイドロカーボン類）は磁場偏向の軌道半径が大きくなり，その逆にヘリウムイオンより質量の小さいもの（水素）は磁場偏向の曲率半径が小さくなる．その軌道半径 r は，イオンの電荷数当りの分子量である質量電荷比 m/z とつぎの関係にある．

$$\frac{m}{z} = 4.82 \times 10^3 \frac{r^2 B^2}{V} \quad (3.5.10)$$

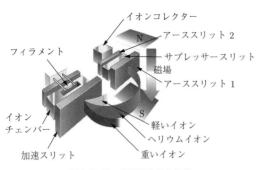

図 3.5.13　磁場偏向型分析管

ここで
 m：イオンの分子数
 z：イオンの電荷数
 B：磁束密度 [T]
 V：加速電圧 [V]
 r：イオンの軌道半径 [cm]
である．

ヘリウムイオンの軌道半径に合った位置にイオン回収用のスリットを配することにより，ヘリウムイオンのみがイオンコレクターに導かれ，最終的にはイオン電流として検出される．イオン電流 I_i は分析管部に存在するヘリウムの量，すなわちヘリウム分圧 $p(\mathrm{He})$ に比例する．ここで分析管の固有感度を K [A/Pa] とすると，ヘリウム分圧 $p(\mathrm{He})$ は

$$I_i = K \cdot p(\mathrm{He}) \quad (3.5.11)$$

で示される．分析管部のヘリウム分圧 $p(\mathrm{He})$ は，分析管部のヘリウムに対する排気速度 $S(\mathrm{He})$ とすれば，そのときの試験体の漏れ箇所から流入するリーク量 $Q(\mathrm{He})$ は

$$p(\mathrm{He}) = \frac{Q(\mathrm{He})}{S(\mathrm{He})} \quad (3.5.12)$$

という式で与えられるので

$$Q(\mathrm{He}) = \frac{I_i}{K} \cdot S(\mathrm{He}) \quad (3.5.13)$$

となり，イオン電流 I_i はリーク量 $Q(\mathrm{He})$ に比例することになる．

そのときの最小可検リーク量に相当するヘリウム分圧は約 1×10^{-9}～1×10^{-10} Pa 程度となる．ヘリウムリークディテクターを超高感度ヘリウム分圧計と呼ぶゆえんはここにある．また，最小可検リーク量に相当するイオン電流 I_i の値も装置によって多少異なるが，0.2～1.0 fA というレベルにあり，それをマイクロチャネルプレート（MCP）もしくは，帰還抵抗を 100 GΩ ～1 TΩ とした負帰還形の電流–電圧変換回路によって取り扱いやすい電圧レベルまで増幅される．このため，イオンコレクター部に装備された増幅器は厳重にシールド・密閉されたケースに収納されている．

近年ではヘリウムリークディテクターの性能向上が図られ，最小可検リーク量が 10^{-13} Pa·m³·s⁻¹ 台となってきている．しかし，漏れが存在する試験体を測定した後では，水や空気の成分である酸素や窒素が少なからずとも分析管に到達するため，それらの影響でバックグラウンドが高くなるなどの現象が生じやすい．また，測定精度を維持するために，最小可検リーク量に相当するレベルでの窒素 3 価イオンの分離によるバッ

クグラウンド低減や，迷走イオンによる二次電子発生による負電荷の信号発生の抑制が，対策すべき必須事項となってきている．これらの要因を低減させる上で，質量分析管の偏向角が大きいほど有利といわれている．その偏向角は，一般的には 90〜180° であるが，最大では偏向角を 270° とするものもある．図 3.5.14, 図 3.5.15, 図 3.5.16 にそのイメージ図を示す．

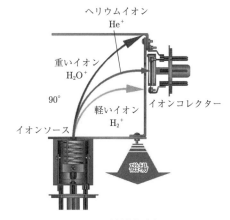

図 3.5.14　偏向角 90° の分析管

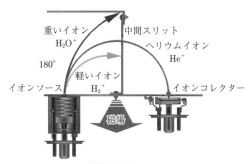

図 3.5.15　偏向角 180° の分析管

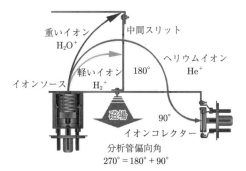

図 3.5.16　偏向角 270° の分析管

以下，測定精度を低下させる要因について述べる．
大きなリークを測定した際に，ヘリウム以外のガスも吸引してしまうことがある．一般の環境下では，そのガスの大半は窒素と酸素，そして水になる．例えば，水が大量に存在する条件下では，磁場偏向性能が良くない分析管だとヘリウムとの分解能が十分でなく，水分子のイオンを誤検知してしまうことになる．これが迷走イオンによるバックグラウンドノイズとなって表れてしまうことになる．

もう一つは，窒素の 3 価イオン N^{3+} による影響である．これはリーク量が $1 \times 10^{-13} \sim 1 \times 10^{-12}$ $Pa \cdot m^3 \cdot s^{-1}$ のオーダーにおいてのみ見られる現象ではあるが，窒素の 3 価イオン N^{3+} の質量電荷比は $14/3 = 4.666$ となり，ヘリウムイオン $He^+ = 4$ にきわめて近くなる．これらを正確に分離しなければ，バックグラウンドとなって表れてしまうことがある．

ただし，窒素の 3 価イオン N^{3+} が生成される割合はきわめて少なく通常は問題とはならないのだが，検出感度が高い分析管ではそのピークも検出してしまう場合がある．

〔4〕真空ポンプ
図 3.5.12 に示した真空排気系は低真空ポンプと高真空ポンプから構成され，低真空ポンプは試験体を大気圧から低真空に真空排気するための粗引きポンプと，高真空ポンプの補助ポンプとしての 2 通りの働きをする．

ヘリウムリークディテクター用の低真空ポンプは，油回転真空ポンプ [RP], ダイヤフラム真空ポンプ（多段型で到達圧力が 100 Pa 程度のもの），ドライ型スクロール真空ポンプが主流である．

高真空ポンプは，吸気口側がターボ分子ポンプ [TMP], 排気口側がモレキュラードラッグポンプ [MDP] から成る複合型ターボ分子ポンプが現在の主流で，テストバルブ [TV] はその中間に接続される形式となることから，中間排気方式と呼ばれる．

〔5〕真空バルブの操作プロセスと逆拡散
各真空バルブの作動は 4 段階となり，その作動プロセスを図 3.5.17 に示す．
1) 粗引き：試験体を大気圧から低真空に真空排気
2) グロステスト：リーク量が 10^{-5} $Pa \cdot m^3 \cdot s^{-1}$ 以上の大きな漏れ試験
3) ファインテスト：リーク量が $10^{-13} \sim 10^{-6}$ $Pa \cdot m^3 \cdot s^{-1}$ の微少な漏れ試験
4) ベント：試験体を大気圧に戻す

図 3.5.17 には試験体が排気される経路を太線で示したが，ファインテスト段階では試験体のリーク箇所から流入したヘリウムの流れる経路に分析管は直接接続されていない．それどころかまったくヘリウムが分

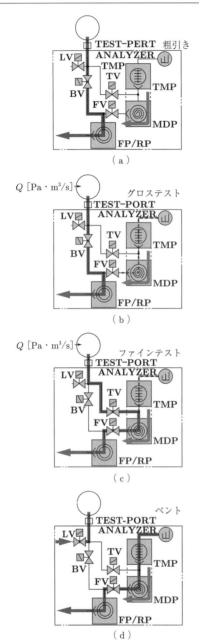

図 3.5.17 ヘリウムリークディテクターの真空排気経路の動作手順

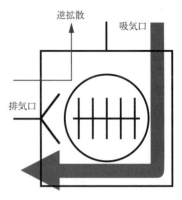

図 3.5.18 ヘリウムガスの逆拡散

口にそれまでは存在しなかったガス成分を加えると排気口にそのガス成分が表れるのは当然であるが，排気口にそれまでは存在しなかったガス成分を加えてやるとある比率で吸気口にそのガス成分が現れる．このようなある特定のガス成分の吸気口側分圧 p_{in} に対する排気口側分圧 p_{out} の比率 p_{out}/p_{in} をそのガス成分の圧縮比と呼ぶ．ターボ分子ポンプやモレキュラードラグポンプにはヘリウムを逆拡散で分析管に導入して検出するにあたり，下記の長所がある．

○ 圧縮比がきわめて安定している
○ 排気口圧力に対する圧縮比の依存性が少ない
○ 圧縮比はポンプの回転数に依存する
○ 分子量の大きな分子ほど圧縮比が大きくなる

上記の中でも，特に分子量の大きな分子ほど圧縮比が大きくなるという特性はヘリウムリークディテクターには最も好都合な特性である．検出すべきヘリウムはよく逆拡散するのに対して，漏れ試験においてノイズ源や汚染源と成り得る成分である水，窒素，ハイドロカーボン系は逆拡散しにくいため，バックグラウンドが低減され，分析管の汚染も防止できる．

とはいうものの，やはり逆拡散で分析管に導入されるヘリウムは，漏れ箇所から流入した全流量のせいぜい 1/100 程度である．これでは測定精度も 1/100 となってしまう．では，なぜこのように測定精度を犠牲にしてまでもこの方式を採用するかをつぎに説明する．

この装置は漏れ試験を行うために作られたものである．試験体に大きなリークがあり，真空ポンプで排気してもせいぜい低真空程度にしかならないとしよう．この圧力のままでは，分析管に排気経路を直結したとしても，分析管もたちまち低真空となる．分析管が測定可能な圧力に達しないために，けっきょくはヘリウムを検出できないことになる．分析管が低真空で使用できない理由は，圧力が高いとイオン化室のフィラメントが焼損することや，質量分析部でヘリウムイオンが

析管に導入される経路にはなっていない．では，なぜヘリウムが検出されるかであるが，これは逆拡散という現象を利用しているからである．

一般的にどのような真空ポンプであれ，排気には吸気口から排気口へ排出する分と排気口から吸気口に逆流する分とが含まれている．この逆流する現象をポンプの逆拡散と呼ぶ（**図 3.5.18** 参照）．すなわち，吸気

残留ガスと衝突して散乱しイオン検出器に到達できないことなどによる.

そこで,分析管をターボ分子ポンプの排気口側に接続する.流入したヘリウムの一部分がターボ分子ポンプを逆拡散して分析管に到達する.同じく流入したヘリウム以外の水や空気の成分である酸素や窒素,ハイドロカーボン類は分子量が大きいため,ターボ分子ポンプを逆拡散する量が少なくなる.また,ターボ分子ポンプは補助ポンプで排気されているので,分析管内部は高真空を維持でき,ヘリウムを検出することが可能となる.

さらには,試験体はターボ分子ポンプの排気口側に接続することになるので,低真空であっても漏れ試験が実施できるようになった.これにより,漏れ試験の上限圧力は,逆拡散方式でないヘリウムリークディテクターと比較すると100倍ほど向上し,約1000Pa程度でもヘリウムによる漏れ試験を実施できるようになった.加えて,試験体を低真空まで真空排気するだけでよいため,排気容量の小さいポンプでも粗引き時間が短縮でき,可搬型と呼ばれる小型の装置でも高速な漏れ試験が実現できるようになった.

〔6〕 感度校正と内部演算処理

感度校正と呼ばれる手順について説明する.校正リークと呼ばれる既知のリーク量を与えることができる漏れの基準器を用いて得られるヘリウムの分圧と,ヘリウム漏れ試験時のヘリウム分圧との換算率を求めるための手順となる.校正リークは石英ガラスのヘリウム透過量を基準に利用したものが多いが,このタイプの校正リークのリーク量は3〜4%/℃程度の温度依存性があるので温度補正する必要がある.図3.5.9に示すメンブレン型校正リークが一般的にこの校正リークとして使用されている.そのほか,非常に細いパイプや多孔質体を気体が透過するタイプのキャピラリー型(あるいはチャネル型とも呼ばれる)の校正リークもある.

以下に装置内部での一般的な演算処理手順と計算式を以下に説明する.

① 最小可検リーク量はヘリウムリークディテクターが検出できる最小のリーク量である.分析管の出力信号の最小値に相当する値 $D_{\min}$ はヘリウムリークディテクターごとにある定まった値を示す.

② 感度校正を実行すると校正リーク遮断バルブ[CLV]を開とし,リークテスト測定状態と同じ排気フローに切り替わる.ここで校正リークの近傍に設けられた温度センサーの温度を読み取り,その温度を T_c として装置内で記憶する.

③ 校正リークからヘリウムが供給されている状態で分析管の加速電圧をある規定された範囲で変化

させ,分析管の出力信号が最大になる加速電圧を決定する.これがヘリウムピーク合わせである.このときの加速電圧での分析管出力信号を電流値 D_{pk} として装置内でいったん記憶させる.

④ 校正リーク遮断バルブ[CLV]を閉とし,そのときの分析管出力信号をバックグラウンドレベルの電流値 D_{bg} として装置内でいったん記憶させる.校正リークによる排気フローはここで終了する.

⑤ $D_{cal} = D_{pk} - D_{bg}$ を算出し,D_{cal} を校正リークによって導入されたリーク量 Q_{CL} に対応する分析管出力信号としていったん記憶する.

⑥ 以下の計算式にて検出感度 $Q_{\min}$ を求める.

$$Q_{\min} = Q_{CL}\left\{1 + \left(\frac{K_{cal}}{100}\right)(T_c - T_{cal})\right\}$$
$$\times \frac{D_{cal}}{D_{\min}} \qquad (3.5.14)$$

ただし,K_{cal}: 校正リーク温度補正係数[20℃で約+3%/℃]

⑦ T_{cal}: 校正リーク校正温度[20℃]

⑧ 得られた検出感度 $Q_{\min}$ を記録して感度校正は終了する.

⑨ リークテストを開始する前に分析管出力信号 D_{bg} をいったん記録する.D_{bg} とは分析管側バックグラウンドと増幅器のゼロ点を意味する.ヘリウム漏れ試験における分析管出力信号 D_{out} より D_{bg} を減じて,テストポートに接続された試験体側からのリーク量に対応する信号とする.この処理はオートゼロサプレスという機能と呼ばれる.

⑩ 粗引きプロセスが開始される.

⑪ テストポートに接続された試験体側の圧力が,あらかじめ設定された切替圧力以下になったなら,ヘリウム漏れ試験に切り替わる.これ以降は下記の演算処理にてリーク量 Q_{lk} を算出する.

$$Q_{lk} = Q_{\min}(D_{out} - D_{bg}) \qquad (3.5.15)$$

⑫ 上記の演算処理にて得られた Q_{lk} をリーク量として表示する.

やや詳細に示したが,これが装置内部での演算処理の概要である.リーク量の英訳は leak rate である.これを直訳するとリーク率となるのだが,リーク量が直読値で表示される以前の装置では,アナログメーター指示値の目盛数が相対値であり,この相対値に1目盛に相当するリーク量を乗じてリーク量を算出していた時代の名残である.

3.5.5 各種リーク検出方法

ヘリウム漏れ試験[5]の種類は以下の6通りに分類さ

れる．

〔1〕 真空吹付け（スプレー）法

ヘリウムリークディテクターを使用する漏れ試験の中で，最も一般的で，高感度が期待できる方法であり，図 3.5.19 に概要を示す．試験体内部を真空に排気して，外部からスプレーガン（吹付け管）でトレーサーガスとなるヘリウムを吹き付けていく．もし，漏れ箇所があればそこからヘリウムが試験体内部に流入し，そのヘリウムを検出する．真空装置が運転状態のままでも漏れ試験が可能となる方法であり，かつ，リーク箇所の特定ができる．

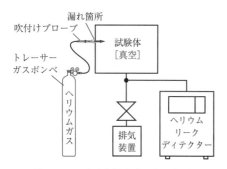

図 3.5.19　真空吹付け（スプレー）法

〔2〕 真空外覆（フード）法

試験体内部を真空に排気し，試験体外部はフードで覆い，フード内をトレーサーガスとなるヘリウムで充填する方法で，図 3.5.20 に概要を示す．もし，漏れ箇所があれば，そこからヘリウムが試験体内部に流入し，そのヘリウムを検出して測定する．この方法では，リーク箇所が複数ある場合は，リーク量がその総量として測定されるので，試験体全体での漏れの有無の判定に使用される方法である．

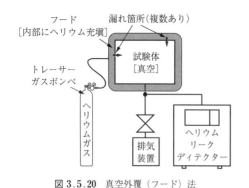

図 3.5.20　真空外覆（フード）法

〔3〕 真空容器（ベルジャー）法

真空容器（ベルジャー）法の概要を図 3.5.21 に示す．あらかじめ試験体内部にトレーサーガスとなるヘリウムを封入しておく．その試験体をベルジャー（真空容器）内に入れ，ベルジャーを真空に排気する．もし，漏れ箇所があればそこからヘリウムがベルジャー内に流出し，そのヘリウムを検出する．この方法もリーク箇所が複数ある場合は，リーク量がその総量として測定されるので，試験体全体での漏れの有無の判定に使用される方法である．

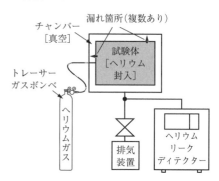

図 3.5.21　真空容器（ベルジャー）法

〔4〕 吸込み（スニッファー）法

吸込み（スニッファー）法の概要を図 3.5.22 に示す．試験体内にトレーサーガスとなるヘリウムを加圧封入する．もし，漏れ箇所があればそこからヘリウムが試験体の外に流出するので，そのヘリウムをスニッファープローブで吸込み検出する．この方法は，リーク箇所の特定が可能であるが，測定環境の大気とヘリウムを同時に吸い込むため，大気中に含まれるヘリウムがバックグラウンドとしてつねに存在するため，検出感度が低下する．

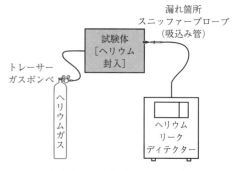

図 3.5.22　吸込み（スニッファー）法

スニッファープローブは，細い管の吸込み部と長いチューブから構成される．大気圧を直接吸い込んでいるが，スニッファープローブのコンダクタンスが小さいため，ヘリウムリークディテクターのテストポート口では測定可能な圧力まで下がっている．

〔5〕 加圧積分法

加圧積分法の概要を**図3.5.23**に示す．試験体内をトレーサーガスとなるヘリウムで加圧封入した後に内容積のわかっているフードで覆う．もし，漏れ箇所があれば，そこからヘリウムが試験体外に流出し，フードにため込まれる．設定されたため込み時間後にフード内のヘリウム濃度をスニッファープローブで吸い込み漏れ量を測定する．フード内容積，ため込み時間，ヘリウム濃度から，試験体のリーク量を算出できる．この方法もリーク箇所が複数ある場合は，リーク量がその総量として測定されるので，試験体全体での漏れの有無の判定に使用される方法である．条件を適切に選ぶことにより，〔4〕のスニッファー法と比較してより高感度での試験が可能になる．

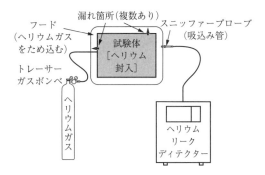

図 3.5.23 加圧積分法

〔6〕 浸せき（ボンビング）法

浸せき（ボンビング）法の概要を**図3.5.24**に示す．漏れ試験の前処理として，ボンビング装置（加圧可能な密閉容器）のボンビングタンク内に試験体を入れ，別途規定される加圧圧力と加圧時間でトレーサーガスとなるヘリウムを加圧封入する．その後，試験体をボンビングタンクより取り出し，真空容器内に入れ，真空排気する．もし，漏れ箇所があれば，ボンビング中に試験体に侵入したヘリウムが真空容器内に流出する

ので，そのヘリウムを検出する．ただし，別途規定される放置時間以内に測定する必要がある．なお，測定値は等価リーク量と呼ばれるもので，試験体の本来のリーク量とは異なる．排気手段を持たない密閉容器はこの方法でのみ試験が可能である．例とすれば内部に空間のある水晶振動子，SAWフィルターなどがおもな対象品になる．

3.5.6 リーク検出の実際

〔1〕 ヘリウム漏れ試験を使用する理由

真空装置の漏れ試験にヘリウムガスを使用するのは，つぎのような理由による．

① 装置内の残留ガス中，および大気中に含まれる量が少ない．ヘリウムは大気中に約 5.2 ppm，アルゴンは 0.934% 含まれている．
② 分子が小さいためリーク箇所から入りやすい．
③ 不活性ガスなので排気系を汚染しない．
④ 質量電荷比4のヘリウム付近に他の気体分子が存在しない．分析管は高分解能を要求としないので高感度化が容易．
⑤ 人体に無害で爆発の危険性がない．

上記五つの理由の中で，ヘリウム漏れ試験で最も有用となる理由は ① である．これは，最小可検リーク量がバックグラウンドと呼ばれるノイズ源に関係することによる．

〔2〕 ヘリウム漏れ試験の実際

実際に真空機器でヘリウム漏れ試験を行う場合は，漏れ箇所を探すことが優先となる場合が多い．このような場合に吹き付けるヘリウムの量は，減圧弁で調整できる最低限でよい．吹付けに使用するスプレーガンは，そのトリガーを引くときには必ず上に向け，空打ちしてから試験体に吹き付けるようにしたい．

また，真空機器の上部からヘリウムを吹き付けるようにし，大きなリークから探すことが重要である．もしも，ある程度大きなリークが検出されたなら，そこで作業を中断し，その箇所を修理するか，マスク材でヘリウムがかからないようにする．そうしなければ，ヘリウムの回り込みという現象で，その近傍を正確に漏れ試験できないので注意する．

〔3〕 ヘリウム漏れ試験の始業前点検

実際のヘリウム漏れ試験の始業前点検の一般的な考え方は以下のようになる．

① リークディテクター内蔵の校正リークで感度校正を行う．
② 試験体取付けジグの近傍に校正リークを接続してヘリウムリーク量を測定し，校正リークの値とヘリウム漏れ量の測定値が管理基準以内に入るか

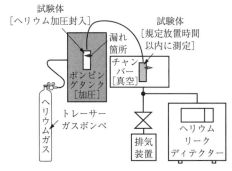

図 3.5.24 浸せき（ボンビング）法

を確認する．このとき，温度補正を忘れずに行う．
③ 試験体と同一形状となる漏れサンプルをセットしてヘリウムリーク量を測定し，確実に漏れが検出できているかを確認する．ただし，漏れサンプルは 1×10^{-4} Pa·m^3·s^{-1} 近傍の大漏れ品であることが多い．これは前述の 3.5.1 項〔6〕「漏れサンプルの製作」で説明したように，微少リーク量を持つ漏れサンプルを製作することが困難であることによる．
④ 漏れサンプルを試験体に取り換えてヘリウム漏れ試験を実施し，合否を判定する．

〔4〕 装置に起因するバックグラウンド

ヘリウムリークディテクターのテストポートに何も接続しないで測定状態とした場合を想定してみる．その測定値はゼロであることはなく，何かしらの値を示しており，時間とともに減衰していくことをよく経験する．これがヘリウムリークディテクター自体の持つバックグラウンドと呼ばれるものである．このバックグラウンドは大きくつぎの三つの成分から成る．
① ヘリウムリークディテクター内部に残留するヘリウム
② 大気中に含まれるヘリウムの影響
③ 真空シール用パッキンに吸着・透過するヘリウム
これらをつぎに説明する．

① ヘリウムリークディテクター内部に残留するヘリウム

ある試験体を測定した際に多量のヘリウムガスを吸引させた場合，試験体を外し，試験体の真空シール用パッキン類を交換してすぐさま何も接続しない測定状態にしたとしても，表示される値がきわめて高い値となってしまうことがある．図 3.5.12 のヘリウムリークディテクターの排気系統の低真空ポンプが油回転真空ポンプである場合は，作動油に存在する気泡中にヘリウムが多量に含まれる．これが吸気口部ではじけ，気泡内部に含まれるヘリウムが再放出される．ダイヤフラムポンプやスクロールポンプでは，もともと到達圧が高いことと，軽いガスに対する排気速度が小さいため，ポンプ内部に蓄積されやすい．これらのヘリウムは図 3.5.12 の高真空ポンプを逆拡散して分析管に達してしまう．一方，ヘリウムが真空配管の表面に吸着したり，高真空ポンプに蓄積したりする量はきわめて少ない．残留ヘリウムのほとんどが低真空ポンプの内部にたまってしまうことが経験上知られている．

② 大気中に含まれるヘリウムの影響

大気中には通常約 5.2 ppm のヘリウムが存在する．低真空ポンプにも逆拡散が生ずるので，排気口付近の大気中のヘリウム濃度が増えれば，当然逆拡散によって低真空ポンプの吸気口にヘリウムが現れる．さらに高真空ポンプを逆拡散したヘリウムがバックグラウンドとして検出され，10^{-12}～10^{-11} Pa·m^3·s^{-1} 台のバックグラウンドレベルを示す．

③ 真空シール用パッキンに吸着・透過するヘリウム

テストポートの真空シールにフッ素ゴム，あるいはクロロプレンゴムが使用されているとする．そこにヘリウムガスを吹き付けてしばらくすると測定値が次第に上昇し始め，その値は 10^{-8}～10^{-7} Pa·m^3·s^{-1} にもなることがある．その時間変化の一例を図 3.5.25 に示す．これらはヘリウムの透過現象によるものである．断面が四角や台形の角ガスケットであれば，透過が始まるまでには 30～60 分を要するが，断面が丸形の O リングでは 5 分程度から指示値が上昇していく．一般的に真空シールとして使用されているゴムはフッ素ゴムやクロロプレンゴムになる．いずれもヘリウムの透過係数はゴムの中で最も小さいものであるが，ヘリウムの透過がある[2]ので以下の方法で対策する．

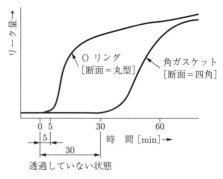

図 3.5.25 透過によるヘリウムリーク量の遅れ現象

吸着は透過と同一の現象といってよいが，複数の試験体の漏れ試験を実施する際に，試験体のシール位置の再現性が取れない場合にバックグラウンド上昇が発生する要因となる．ヘリウムを吹き付けるとシール材が見えている表面にはヘリウムが吸着する．つぎの試験体のシール位置がわずかにずれ，ヘリウムガスの吸着したシール材表面が真空排気側に入り込む．このヘリウムにより予期せぬほどにバックグラウンドが上昇することがある．

対策としては，試験体の位置決めガイドを設けるなどの処置が必要になる[3]．

〔5〕 試験体に起因するバックグラウンド

ヘリウムリークディテクターのテストポートに何も接続しないで測定状態とした場合と試験体を接続した場合とでは，リーク量は後者の方が増大する．これは，試験体内壁の表面もしくは壁の内部から気体が放出さ

れる現象があり，それらの気体を総称して放出ガスと呼ぶが，この放出ガスにヘリウムが含まれている場合にバックグラウンドとなることによる．

漏れ試験において，このバックグラウンドと許容リーク量とに十分な SN 比がなければならない．許容リーク量に比較して，バックグラウンドは少なくとも 1 桁以下とする必要がある．

〔6〕 ワークシール（試験体のシール）の問題と対策

ヘリウム漏れ試験は他の漏れ試験と比較してその測定レンジが広いため，要求されるリークタイトがきわめて厳しいものとなる．試験体の形状・材質などがさまざまなものとなるため，バックグラウンドが上昇してしまうことがあり，以下のような要因がある．

① 真空シール用パッキンに吸着・透過するヘリウム
② 試験体シール面の傷・ダストによるシール不良
③ シール面の表面粗度と平面度の問題
④ 大気中の残留ヘリウムの影響（リークテストに使用したヘリウムガスの飛散の影響）

これらの問題点の詳細とその対策も併せて以下に説明する．

① パッキンに吸着・透過するヘリウムの対策

これに対する対策としては，図 3.5.25 に示すグラフで，ヘリウムを吹き付けてから値が上昇するまでに時間を要している点に注目する．すなわち，シール用パッキンをヘリウムが透過するよりも十分に短い時間に漏れ試験を実施すればよい．また，O リングや角ガスケットは定期的に交換することでも対策となる．一度ヘリウムが透過してしまった O リングや角ガスケットは，24 時間ほど空気中に放置すると，ヘリウムがほとんど抜けてなくなるので，再使用可能である．

② 試験体シール面の傷・ダストによるシール不良

板厚 $L = 1$ mm，リーク量 $Q = 1 \times 10^{-7}$ Pa·m^3·s^{-1} の場合はリーク路の孔径 $d = 1.5$ μm となると前述したが，試験体のシール面に傷・ダストが目視で確認できるようであれば，その孔径は 1 μm 以上である．もしも，シール面を横断するように存在するならば，シール不良の要因となることは明らかである．

シール面の傷は，シール面をシール円周方向に研磨することで救済できることもある．シール面に付着したダストは溶剤を浸透させた無塵紙で拭き取ることが一般的であるが，ゴムなどのエラストマーシール材側に付着したダストは，実はこの方法ではほとんど除去できていない．また，溶剤がシール材表面を溶かしてしまうことにもなる．簡単で効果的な方法は粘着テープではぎ取る方法である．粘着材がシール材表面に残ることは否定できないが，使用する粘着テープによっては粘着剤が残りにくいものもある．

③ シール面の表面粗度と平面度の問題

シール面の表面粗度と平面度の問題もある．表面粗度は見た目でもわかりやすいのだが，平面度が問題になるケースは，実は判断が難しい．これは，平面度が悪い場合は，シール材に作用する面圧がある特定箇所に集中していまうため，シール不良の要因になりやすい．この場合のシール不良は単純なリークではなく，ヘリウムの透過量が多くなるものであり，バックグラウンド上昇の要因となる．フランジの反りや，シール面のエッジにカエリやバリがある場合も同様な状態になるため，試験体のシール面の観察が重要である．

④ 大気中の残留ヘリウムの影響（リークテストに使用したヘリウムガスの飛散の影響）

真空吹付け法などのリークテストを行えば，吹き付けたヘリウムガスが飛散して，その環境のヘリウム濃度が上昇する．100～10 000 ppm 程度になると測定精度への影響は避けられない．このような場合は，試験場所を囲って局部排気などを設置するか，圧縮空気でヘリウムを強制的に吹き飛ばすなどの対策が必須となる．

〔7〕 分流と検出感度の関係

ヘリウムリークディテクターを真空機器に接続して，真空機器を運転しながらリーク量を測定する場合は，接続方法によっては検出感度が低下してしまう場合がある（図 3.5.26 参照）．試験体（真空容器）に直接ヘリウムリークディテクターを接続した A と，主ポンプと補助ポンプの間に接続した B の場合では，以下のような違いがある．S_L，S_A，S_B を，それぞれヘリウムリークディテクター，主ポンプ，補助ポンプの実効排気速度とすると

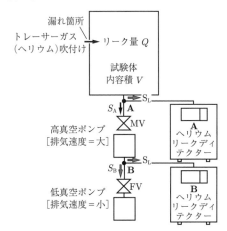

図 3.5.26 ヘリウムリークディテクターの位置

接続方法 A：
　検出感度低下大：
　分流比 $= S_L/(S_A + S_L)$

接続方法 B：
　検出感度低下小：
　分流比 $= S_L/(S_B + S_L)$

いずれにおいても各部分の実効排気速度はわからない場合がほとんどである．校正リークなどを準備して，実験的に測定することになる．また，接続方法 A では，ヘリウムリークディテクター側が低真空ポンプに接続され，かつ主ポンプ（高真空ポンプ）にも接続されるので，リーク量が小さい場合は圧力バランスが崩れる．その場合は，主ポンプのバルブ [MV] を閉じるか，あるいは接続方法 B とすべきである．

〔8〕 ヘリウム漏れ試験での応答時間

ヘリウム漏れ試験を行う場合には，必ず応答時間を考慮しなければならない．トレーサーガスを吹き付けてから試験体内のトレーサーガスの分圧が変化する時間は，時定数 τ で表される．

$$\tau = \frac{V}{S_e} \quad (3.5.16)$$

ここで
V：試験体内容積
S_e：試験体排気口での実効排気速度

である．

試験体内容積が大きいほど，排気速度が小さいポンプを使用した真空排気装置ほど応答時間が長くなる．JIS Z 2331「ヘリウム漏れ試験」によると，「応答時間をその試験条件と同じ環境で実測し，ヘリウムの吹付け時間は得られた応答時間以上とする」との記載がある．図 3.5.27 はヘリウム漏れ試験における応答時間とは何かを示すものである．トレーサーガスを吹き付けたまま，ある時間経過すると，ヘリウムリーク量の最終飽和値が得られる．その最終飽和値の 63％の値になるまでの時間が応答時間 τ である．最終飽和値となっている状態から，トレーサーガスの吹付けを止める．その最終飽和値の 37％の値になるまでの時間も同じく，時定数 τ となり，両者は理論上，同じ値になる．

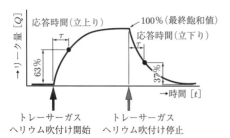

図 3.5.27　ヘリウム漏れ試験での応答時間

試験体の内容積を知るのは容易であるが，実効排気速度を求めるのは簡単ではないため，漏れ試験中にリーク量の時間変化を測定して応答時間を求める．ヘリウムの吹付け時間は，その結果で決定する．

〔9〕 応答時間の特別なケースについて

応答時間に関する説明は，図 3.5.28 (a) に示す一般的な漏れ箇所の構造を前提してきた．しかし，図 3.5.28 (b) に示すような漏れ箇所の貫通穴の途中にポケットが存在すると，測定が困難になるほどに応答時間が長く (数〜数十時間) なる場合がある[4]．

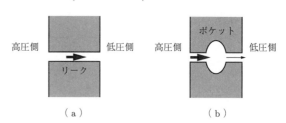

図 3.5.28　貫通孔内の空間（ポケット）

$10^{-10} \sim 10^{-12}$ Pa·m^3·s^{-1} 台の微少な漏れの場合には，吹き付けたトレーサーガスが漏れ箇所の貫通穴を通過する時間が数〜数十秒台となることがある．通常の吹付け時間よりトレーサーガスの通過時間が長いため，このような兆候が認められる場合は真空外覆法（真空フード法）を用いる．フード内にトレーサーガスを満たしてから，試験体の内容積が小さい場合でも，5 分程度の吹付け時間とすることが多い．

〔10〕 ま　と　め

ヘリウム漏れ試験はその検出感度の高さゆえに，測定精度に影響を与える要因が多く，予期できない問題が発生する場合も多い．試験体の特性や，さまざまな試験条件を正しく判断し，測定条件をどのように決定していくかが，漏れ試験の健全性を確保する重要なポイントとなる．漏れ試験が必須となる試験体においては，その設計・製造にさかのぼって漏れ試験への対応を是非ともお願いしたい．今回ここに紹介させていただいた内容が少しでもお役に立てれば幸いである．

引用・参考文献

1) 中川洋：漏洩防止の理論と実際（オーム社，東京，1978）p.17.
2) 熊谷寛夫，富永五郎：真空の物理と応用（裳華房，東京，1970）pp.175-191.
3) 中川洋：漏洩防止の理論と実際（オーム社，東京，1978）p.53.
4) 中川洋：漏洩防止の理論と実際（オーム社，東京，1978）p.175.
5) JIS Z 2331：2006．ヘリウム漏れ試験方法（日本規格協会）

4. 真空計測

4.1 全圧真空計

真空計測に使用する全圧真空計を紹介し、その特長、動作について述べる。

低～中真空領域の圧力を測定する真空計としては、大きく分けて、機械的現象に基づく真空計、気体の輸送現象に基づく真空計に分類される。機械的現象に基づく真空計には、U字管真空計、マクラウド真空計、弾性真空計（ブルドン管真空計、隔膜真空計）が含まれ、隔膜真空計はさらにピエゾ抵抗式半導体圧力センサーと静電容量式とに分類される。気体の輸送現象に基づく真空計には、熱伝導真空計（ピラニ真空計、熱電対真空計、サーミスター真空計）、粘性真空計（スピニングローター真空計、水晶摩擦真空計）が含まれる。

高～極高真空領域の圧力を測定する真空計としては、電離現象に基づく真空計があり、熱陰極電離真空計と冷陰極電離真空計とがある。

4.1.1 U字管真空計

水銀柱の高さ 760 mm の単位面積当りの重さは大気圧に相当する。U字管真空計はこの原理を応用している。

U字管真空計は図4.1.1に示す構造をしており、閉管型と開管型がある。いずれも原理的には差圧計である[2]。U字管の管部にはガラスが使用され、液体としては水銀がよく使われている。

水銀を使用する水銀柱U字管真空計の圧力の測定範囲は約 1 Pa～大気圧（10^5 Pa）である。

水銀柱の高さの差が圧力差を示し、U字管の一方の側が十分低い圧力の場合は、水銀柱の高さの差がそのまま圧力となるため、水銀柱U字管真空計は絶対圧計と呼んでよい。計量法で定められた圧力の特定標準器として産業技術総合研究所に設置されている光波干渉式標準気圧計[3]はこの水銀柱U字管真空計を基本原理としている。

水銀柱の高さは、同じ圧力で押し上げられてもガラス管の太さにより異なる場合がある。これは水銀の表面張力と、水銀とガラス管壁の接触角に依存する現象であって、ガラス管の太さ、管壁の汚れによって変わってくる。ガラス管が太いとこれらの影響は小さくなる。ガラス管の直径は 1 cm 以上が望ましいといわれている。

水銀の代わりに、蒸気圧の低い油（拡散ポンプ作動油等）を用いると、油の比重は水銀の比重の約 1/15 のため、感度を 15 倍大きくすることができる。しかし、油はガラス管壁を濡らし、粘性が高いため、正確に読み取るには十分に落ち着くまでの長い時間を要し、実用的ではない。また、油のガス出しを十分に行っていないと、溶け込んでいた気体が減圧時に油から放出され測定値のずれの要因となる。

液柱差は、圧力差が大きな場合には、長さを直接測定することが可能であるが、圧力差が小さくなるにつれて難しくなる。このため、光の干渉や音波などを利用するなどの工夫がされている。それでも、液柱差の測定限界は 10 μm 程度であり、圧力に換算すると水銀柱の場合で約 1 Pa である。

4.1.2 マクラウド真空計

気体を圧縮して参照圧力との圧力差を大きくして水銀柱U字管真空計より低圧領域を測定可能とした真空計をマクラウド真空計と呼んでいる。

図4.1.2はマクラウド真空計の構造とその測定原理を示している。容器はガラスで作られており、動作液として水銀を使用する。水銀の量は増減できるようになっている。当初、体積 V で表される容器と真空槽はつながっており、同じ圧力となっている。ここで水銀だめの水銀の量を増やし左図に至ると体積 V と真空槽は水銀によって分離される。さらに水銀を増やして右図に至ると、体積 V 内にあった気体は体積 xa に収まるため、V/xa 倍に圧縮される。体積 xa 内の圧力は

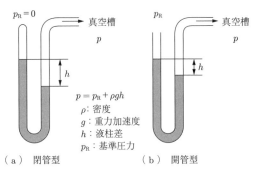

図 4.1.1 U字管真空計

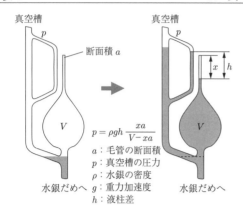

図 4.1.2 マクラウド真空計の構造とその測定原理

$p(V/xa)$ となり，差圧は水銀柱の高さ相当の単位面積当りの重さとバランスするため

$$p\left(\frac{V}{xa}\right) - p = \rho g h \quad (4.1.1)$$

と表され，真空容器の圧力は

$$p = \rho g h \left(\frac{xa}{V - xa}\right)$$

となる．

マクラウド真空計はこのように気体の圧縮を行うため，水銀柱 U 字管真空計より低い圧力を測定でき，圧力の測定範囲は $10^{-2} \sim 10$ Pa となる．

マクラウド真空計の低圧側の測定範囲は電離真空計の測定範囲と重なるため，以前は，副標準電離真空計 VS-1 を校正するための真空計として旧 電子技術総合研究所（現 産業技術総合研究所）に設置・使用されていた[3]．また，以前の JIS Z 8750：1976 真空計校正方法では圧力が 0.133 3 Pa より高い場合の参照真空計として記載されていた．現在は，これらの用途は特定標準器として産業技術総合研究所に設置されている膨張法とスピニングローター真空計に置き換わっている．

マクラウド真空計の測定対象気体は理想気体を仮定している．気体の状態方程式が理想気体と著しく異なる凝縮性気体の場合は測定できない．

マクラウド真空計は水銀を使用するため水銀蒸気が発生する．水銀蒸気が真空容器側に拡散するのを防ぐため，液体窒素トラップが使用されるが，水銀蒸気の定常的な流れにより圧力勾配が生じ，この圧力勾配が圧力測定値のずれの要因となる．水銀の体積 V と真空槽側への分岐点位置を冷却すれば，蒸気圧が下がりこれによるずれを低減できることが確認されている．

マクラウド真空計は，気体をサンプリングして圧縮して測定しているため，圧力の時間的な変化を測定する用途には向いていない．

4.1.3 ブルドン管真空計

ブルドン管真空計は図 4.1.3 に示すように楕円断面の管をとぐろ巻きにして，管の一端を閉じ，他端を固定し，他端側の開放端から圧力を導入すると閉じた側の管の一端が変位することを利用して圧力を測定する．管の一端の変位を機械式の指針に伝えて圧力表示するものがほとんどである．

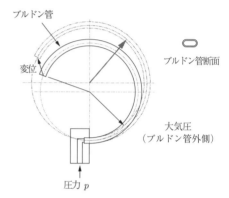

図 4.1.3 ブルドン管真空計

ブルドン管部の外側は大気圧のため，ブルドン管真空計は大気圧を基準とするゲージ圧計である．真空計としての圧力の測定範囲は 10^3 Pa 台～大気圧（10^5 Pa）であり，簡易的な真空容器や気体導入ラインの圧力表示等によく使用されている．

4.1.4 隔膜真空計

隔膜真空計は，薄い膜によって隔てられた空間の圧力差によって生じる膜の弾性変形量から圧力を測定する真空計である．圧力に応じた変形量を，隔膜面上に作ったひずみセンサーによりひずみ量の変化として測定するものと，隔膜と対向側の固定電極との間の静電容量の変化として測定するものがある．前者はひずみセンサーとしてピエゾ抵抗効果を有する半導体を使用したものがほとんどでピエゾ抵抗式半導体圧力センサーと呼ばれているが，より広くストレインゲージということもある．後者は，静電容量式隔膜真空計と呼ばれている．これらの真空計は基本的には差圧計ではあるが片側を真空で封じきるか，真空ポンプにより排気することで絶対圧計として使用することが多い．

隔膜真空計は，力学的な圧力を測定しているため気体の種類による感度の差がない．また，熱フィラメント等の電子源や高温部を有さないため，真空系への電気的・熱的影響が少ないなどのメリットがある．

〔1〕 ピエゾ抵抗式半導体圧力センサー

ひずみにより抵抗値が変化するセンサーとしては，

従来から金属ひずみセンサーがあった．しかし，金属ひずみセンサーはひずみによる抵抗体部の断面積と長さの変化による抵抗値の変化を利用するセンサーのため，感度は大きくなかった．ピエゾ抵抗センサーは，金属ひずみセンサーと比較してひずみに対する抵抗変化が2桁大きいため，ひずみセンサーにより隔膜のたわみ量を測定する真空計は，ほとんどこのピエゾ抵抗センサーを使用したピエゾ抵抗式半導体圧力センサーとなっている．

ピエゾ抵抗センサーはポリシリコン等の半導体材料で作られ，応力によりキャリア濃度が変化し，抵抗値が変化することを利用している．キャリア濃度に影響されるため温度依存性は大きい[4]．このため，温度補償を行っているものもある．

検出部自体が半導体であることから，当初からMEMS（微小電気機械システム）技術が使用されている．回路を一体にして集積化させたセンサーもある．隔膜の片側を大気圧とするゲージ圧式，真空で封じきった絶対圧式の両方があり，自動車・家電製品・医療機器・工業計測の分野で使用されている．

センサーの仕様上の最大測定圧力をフルスケール（FS）と呼んでいる．圧力の測定範囲は2〜3桁であり，真空用のセンサーとしてはフルスケール（FS）で10〜100 kPa（大気圧）のものが市販されている．

〔2〕 静電容量式隔膜真空計

静電容量式隔膜真空計は，圧力による隔膜のたわみを隔膜とそれに対向する固定電極間の静電容量変化により測定する真空計である．製品化初期の頃は，材料の熱膨張係数の違いによる影響を取り除くため，隔膜の両側に対称に固定電極を設けるタイプが考案されていた．しかし，腐食性の気体や汚れのある気体を隔膜と電極間に導入するとセンサーの寿命が著しく劣化するため，図4.1.4に示す構造が一般的となった．隔膜に対して測定気体導入部とは逆側に固定電極を設けて，

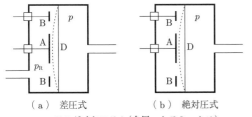

（a）差圧式　　　（b）絶対圧式
D：ダイヤフラム（金属，セラミックス）
A，B：変位検出用固定電極
　　　（Bは，ドーナツ状）
p：測定圧力
p_R：基準圧力

図4.1.4　隔膜真空計

静電容量検出を行う電極間には気体が導入されないようにしている[5]．

基本的な構造は図4.1.4と同じだが，図4.1.5に示すようなMEMS（微小電気機械システム）技術で作られた静電容量式隔膜真空計[6]も市販されてきている．センサーチップ部はおもにガラスとシリコンで構成されている．測定を行うチップ部のサイズが約11 mm角と小型なため，温度の均一性が良く温度補正しやすく，熱容量が小さいため温度調節が行いやすい可能性を有している．

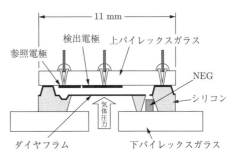

図4.1.5　MEMS技術で作られた静電容量式隔膜真空計のセンサーチップの構造

静電容量式隔膜真空計は検出原理に静電容量検出を用いている．片側の電極の隔膜が可動電極という以外は，単純に表現するならば，電子部品として使用しているコンデンサーと同じである．コンデンサーの静電容量は電極間距離に逆比例する．このことが，ピエゾ抵抗式半導体圧力センサーとの決定的な違いを生んでいる．ピエゾ抵抗式半導体圧力センサーの場合は，隔膜へ加わる差圧が小さくなるほど，隔膜に加わるひずみは小さくなるため，ピエゾ抵抗部に加わるひずみは小さくなり感度が減少する．しかし，静電容量式隔膜真空計では，隔膜と固定電極間の距離を小さくすることにより，微小な隔膜のたわみを感度良く検出することができる．このため，大気圧近くの差圧計としての用途よりも低圧側で微小な圧力を測定する絶対圧計としての用途がほとんどといってよい．

圧力の測定範囲は3桁から5桁の高精度のものまであり，フルスケール（FS）では，2.66 Paと微小な圧力から133 kPa（大気圧）のものまでが市販されている．半導体や電子部品の製造用の真空装置の圧力測定や制御に多く使用されている．

隔膜材料に関しては，初期の頃はステンレスが使用されていたが，耐熱材料や耐腐食材料の技術の発展とともに開発されてきたニッケルを多く含むインコネルに置き換わっていった．その後，アルミナ等のセラミックスを使用したものが市販されてきている．

インコネルはもともと耐食性材料として開発された材料であり，アルミナセラミックスはセラミックスの中では耐食性の良い材料として知られている．これらの材料で作られたセンサーは耐食性に優れているといってよい．ただし，耐食性といってもさまざまな環境がある．工業の発展の当初では，大気環境に対する耐食性，すなわち，湿度や塩水霧囲気が主であった．しかし，近年は半導体工業等の発展によりさまざまな材料ガスが使用され，プラズマ等の他のエネルギーも加わることを考慮すると，その環境は非常に多種多様である．それぞれの環境下でどのくらい使用できるのかの実績や試験が必要である．

静電容量式隔膜真空計は隔膜と固定電極間の間隔を狭くすることにより感度を高くしているため，温度の影響を受けやすい．このため，周囲環境温度を測定してその影響を補正する温度補正式のものや，また，センサー部の温度を一定に保つことにより，室温等の環境温度の変化の影響を受けにくくした温度調節式のものや，温度調節式でさらに熱容量を大きくして温度を安定化した高精度型のものがある．

センサー部の温度を高温にして，反応前の活性な気体の吸着や熱反応やプラズマ中での反応により生成された副生成物の隔膜への堆積を防ぎ，そのような環境での圧力測定を可能にしたものもある．

静電容量式隔膜真空計は，絶対圧式としての用途が多いが，そのためには，片側の隔膜と固定電極の間の空間を含む参照室が長時間低い圧力に維持されなくてはならない．実績としては，10年経過しても低圧が維持されているものもある．このように長期間にわたり参照室の圧力を低圧に維持するために，トランジスター以前の真空管で使用されていた蒸発型ゲッター技術から発展した非蒸発型ゲッターを使用しているものが多い．非蒸発型ゲッターは活性化温度と呼ばれる高温に加熱して排気能力を活性化して使用される．その活性化作業は，製造時に参照室を十分に低い圧力に排気してガス放出を減らした後に行われる．非蒸発型ゲッターは不活性ガスおよびメタンに関しては排気能力を持たず，また，排気できる気体の量に限界がある．このため，封じきり時に不活性ガス等を極力減らすとともに，参照圧力室へのリークがないことは無論のこと，透過の少ない材料の使用が必要である．

差圧が0（絶対圧式では0）のとき隔膜は気体からの圧力を受けない自由な状態となっている．この状態は静電容量が0という意味ではないことに注意すべきである．この状態では，隔膜がたわんでいない状態の平行平板コンデンサーとして計算される静電容量を持っている．この静電容量をゼロ点（zero point）と呼んでいる．このゼロ点の静電容量が完全な一定値ならばその一定値を差し引いた値を議論するだけで済むが，現実には完全な一定値ではない．ゼロ点では隔膜は気体からの圧力を受けていないだけであって，隔膜自体の残留応力や隔膜を支えている他の部材からの応力等が加わっている．他の部材からの応力は，材料の微妙な熱膨張係数の違いや，構造全体の温度分布の違い，気圧などの他の外力から生じている．また，初期の静電容量式隔膜真空計では，ゼロ点で金属の隔膜にしわができるという問題が生じていた．この問題は金属の隔膜に初期張力を加えることにより克服された[5]．この隔膜に初期張力を加えることは，隔膜支持部を介して隔膜に加わるひずみの影響を軽減することにも役立っている．

〔3〕 熱遷移現象

隔膜真空計は，測定範囲が $10^2 \sim 10^5$ Pa の領域で信頼性の高い真空計となっている．これ以下の圧力では，先に述べた環境温度の変化による隔膜への影響が大きくなってくるため，温度調節を行うことによってこの影響を減らしている隔膜真空計がほとんどである．しかし，10^2 Pa 以下の圧力では温度の違いによって圧力の違いが生じる熱遷移現象が顕著となるため注意が必要である．

図4.1.6に隔膜真空計を取り付けた真空排気系を示す．圧力 p_1，p_2 は内径 d [mm] の管で分離された空間の圧力で，それぞれ T_1，T_2 の温度となっている．隔膜真空計は内径 d [mm] の管以外は閉じた空間となっており，内径 d [mm] の管には定常的な気体の流れはない条件となっている．

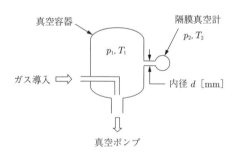

図4.1.6 真空排気系

このような真空系では熱遷移という現象を生じる．10^{-1} Pa 以下の分子流領域では，熱遷移現象は理論的に説明された式（後述の式 (4.1.3)）で示されるが，$10^{-1} \sim 10^2$ Pa の中間領域では，熱遷移の圧力依存性は複雑な振舞いを示す．この振舞いを適切に説明できる理論は発表されていないが，多くの実験結果を総合して求めた高石・泉水による経験式[7),8)]が比較的良く

一致し，補正[9]に用いられることが多い．この補正式は以下のように示される．

$$\frac{p_1}{p_2} = \frac{Y + \sqrt{T_1/T_2}}{Y+1}, \quad T_1 < T_2 \quad (4.1.2)$$

$$Y = AX^2 + BX + C\sqrt{X}, \quad X = dp_2$$
$$A = aT^{-2}, \ B = bT^{-1}, \ C = cT^{-1/2},$$
$$T = \frac{T_1 + T_2}{2}$$
$$a = 1.2 \times 10^6 \ \mathrm{K^2 \cdot Torr^{-2} \cdot mm^{-2}}$$
$$b = 1.0 \times 10^3 \ \mathrm{K \cdot Torr^{-1} \cdot mm^{-1}}$$
$$c = 14 \ \mathrm{K^{1/2} \cdot Torr^{-1/2} \cdot mm^{-1/2}}$$

ただし，圧力の単位は Torr，温度の単位は絶対温度 K，配管内径の単位は mm とする．SI 単位に従っていないところはあるが，基となる文献の式等を使用しているためであり，ご理解願いたい．パラメーター a, b, c の値は，気体が窒素分子 N_2 の場合の値であって，高石・泉水によっても与えられているが，ここでは AVS（American Vacuum Society）で推奨している値[9]を示してある．

熱遷移の補正の式には隔膜真空計という条件は含まれていないが，式の意味するところを理解しやすくするために，45℃（318.15 K）に温度調節された絶対圧式の隔膜真空計が，23℃（296.15 K）の温度になっている真空容器に内径 $d = 4.5$ mm の管で接続され，圧力を示す気体が窒素分子 N_2 である場合を考える．熱遷移を無視できる 100 Pa 以上の圧力では，$p_1 = p_2$ である．この場合，真空容器の圧力は p_1，温度は T_1 であって，隔膜真空計内の圧力は p_2，温度は T_2 である．図 4.1.7 には，真空容器の圧力 p_1 を横軸に単位 Pa で示し，縦軸に隔膜真空計内の圧力 p_2 と真空容器 p_1 の圧力の比 p_2/p_1 を示している．熱遷移の効果を無視できる 100 Pa 以上の圧力では圧力の比 p_2/p_1 は一定値となり，圧力が下がるにつれて圧力の比 p_2/p_1 は増加し，10^{-2} Pa 以下になると再び一定値となる．

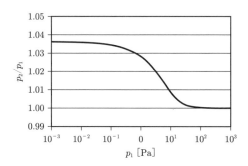

図 4.1.7 熱遷移の効果

熱遷移の補正式 (4.1.2) の Y の値は圧力が減少するにつれ減少するため，低圧力では熱遷移の補正式は

$$\frac{p_1}{p_2} = \sqrt{\frac{T_1}{T_2}} \quad (4.1.3)$$

に収束する．この式は空間での気体どうしの衝突を無視できる分子流領域で，気体の入射頻度が平衡するとして求めた熱遷移の式にほかならない．熱遷移は，隔膜真空計に限って生じるわけではないが，静電容量式隔膜真空計は熱遷移の生じる圧力領域を含め高精度な測定を実現している圧力測定器であり，その中で，温度調節式は明らかに温度差を生じているために，この熱遷移の効果を理解しておくことが重要となる．

4.1.5 熱伝導真空計

熱伝導真空計は加熱された表面から圧力に依存して熱が奪われることを利用して圧力を測る．

図 4.1.8 は一定温度に通電加熱された約 7 μm の金属細線からの熱損失を示している．

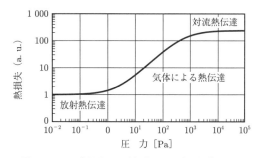

図 4.1.8 一定温度に通電加熱された金属細線からの熱損失

圧力の低い領域では，気体による熱損失は無視できるため圧力に依存せず一定となっている．この熱損失は，金属線の端部からの常温部への熱伝導と金属線の加熱部からの熱放射によって生じる．金属線の端部からの熱伝導は線の温度と壁（室温）との差に比例する．金属線からの熱放射は金属線と壁の絶対温度の 4 乗の差に比例する．熱伝導真空計では圧力の低い場合の熱損失のほとんどは熱放射によるとしてよい．これらの熱損失は気体が関与しないでも生じる熱損失であって圧力に依存しない．また，通電パワー，室温，金属線の温度，線の直径，表面の放射率が一定ならば変化することはない．

図 4.1.8 の約 1 Pa から約 1000 Pa にかけては，熱損失はほぼ圧力の変化に比例して変化している．この熱損失は真空中での熱伝導により説明され，金属線の直径より平均自由行程が大きい圧力では成り立ってい

る．例えば，金属線の直径が 7 μm の場合は，その値の平均自由行程に相当する圧力は約 1 000 Pa であり，この圧力以下では熱損失は圧力の変化に比例して変化することとなる．熱損失を Q，熱が奪われる表面積を S，圧力を p，高温部の温度を T_1，低温部の温度を T_2 とする場合

$$\frac{Q}{S} = \Lambda p(T_1 - T_2) \qquad (4.1.4)$$

により，熱伝導は表される．係数 Λ は自由分子熱伝導率と呼ばれる．平行平板間の熱伝導で，温度差 (T_1-T_2) が T_1 または T_2 に対して十分小さいときには

$$\Lambda = \frac{1}{2} \cdot \frac{\gamma+1}{\gamma-1} \cdot \sqrt{\frac{R}{2\pi MT}} \qquad (4.1.5)$$

で表される．γ は比熱比 (C_V/C_P)，R はモル気体定数，M は気体分子のモル質量である．M および γ は気体の種類により異なるため，熱伝達は気体分子の種類により異なることになる．すなわち，熱伝導真空計の感度は気体の種類によって異なることに注意する必要がある．また，ここで示した自由分子熱伝導率 Λ では，式をわかりやすくするため，固体表面と気体とのエネルギー交換の程度を表す係数である適応係数 α を 1 としている．実際は，気体と表面の種類に依存する適応係数 α の影響も受けることに注意する必要がある．

平均自由行程が金属線の直径 7 μm に相当する圧力より高くなると，熱損失の変化は緩やかになる．この領域は粘性流領域であり，気体の熱伝導が圧力に依存しないためである．しかし，この領域でも圧力が高くなると穏やかではあるが，熱損失が増加することが知られている．この効果は対流による熱伝達として説明されている．

これらの現象を利用してどの圧力の測定範囲を計るのかは，それぞれの製品の仕様に依存している．これらの熱損失を測定する方法の違いで，ピラニ真空計，サーモカップル真空計，サーミスター真空計に分類される．

〔1〕 ピラニ真空計

ピラニ真空計の測定子部の代表的な例を**図 4.1.9** に示す．細い金属線は測定子内に配置されてあり，導入端子部を介してブリッジ回路へ電気的に接続されている．

金属線には，細く加工しやすく，耐熱性のあるタングステン線がよく使用されるが，耐食性を向上させるため，タングステン線に金めっきしたもの，白金線，ニッケル線を使用したものもある．

典型的なピラニ真空計の圧力の測定範囲は $10^{-1} \sim 10^3$ Pa であり，低真空から中真空にかけての圧力測定や制御に使用されている．

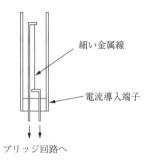

図 4.1.9 ピラニ真空計の測定子例

ピラニ真空計はピラニによりホイートストンブリッジ回路を使用して最初に実現された．この回路は微小な電気的特性の変化を直接測定できるため，現在でもよく使用されている．

ホイートストンブリッジ回路の使い方により

1) 細い金属線の両端間に定電圧を印加し，圧力に依存して変化する電流値を計測する定電圧方式
2) 細い金属線に定電流を流し，圧力に依存して変化する電圧値を計測する定電流方式
3) 細い金属線の温度（抵抗値）を一定に維持し，圧力に依存して変化する投入パワーを計測する定温度方式

の 3 通りの測定方式がある[10]．**図 4.1.10 〜 図 4.1.12** にそれぞれのブリッジ回路の例を示す．いずれの回路方式においても，少なくともブリッジ回路は測定子部と一体化されている．測定子部とブリッジ回路が同じ環境温度となっていることが望まれるからである．

図 4.1.10 と図 4.1.11 はピラニが最初に用いた定電圧方式と定電流方式の回路であり，測定子のほかに周

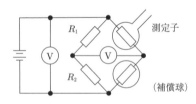

図 4.1.10 定電圧方式

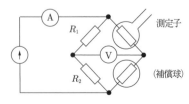

図 4.1.11 定電流方式

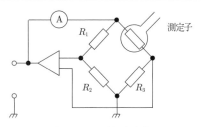

図 4.1.12 定温度方式

囲環境温度の変化を補償するための補償球をブリッジの 2 辺に挿入している.

図 4.1.10 の定電圧方式では, 測定子と補償球の抵抗値の比を R_1 と R_2 の比とほとんど同じとし, ブリッジ電圧を一定に保つ. 圧力が高くなると測定子の温度は下がり抵抗値が減少し, ブリッジバランスが崩れたことにより生じる微小電圧を測定量としている.

図 4.1.11 の定電流方式では, さらに抵抗 R_1 と R_2 の抵抗値を測定子と補償球の抵抗値と比較し十分に大きくし, 測定子と補償球を流れる電流をブリッジに加える定電流と等しくすることにより, 定電流動作をさせる. ブリッジバランスが崩れたことにより生じる微小電圧を測定量とすることは定電圧方式と同じとなっている.

定電圧方式, 定電流方式で使用された補償球は, 通常の抵抗に置き換えられ, 環境温度の変化は温度センサーで測定し, 後で温度補償を行うものが市販されてきている.

定電圧方式は最もシンプルな回路構成となっているためコスト面では有利になる. しかし, 圧力が高くなると定電圧方式は定電流方式より圧力感度は下がるため不利となる.

定電圧方式と定電流方式ともに測定子部とブリッジを除く回路部をケーブルを介して分離するタイプの真空計が多く市販されている. 定電圧方式はケーブルが長くなると電圧降下の影響を受けるが, 定電流方式では基本的にケーブル長の影響は受けない.

図 4.1.12 の定温度方式では, ブリッジバランスの崩れにより生じる微小電圧をキャンセルするようにフィードバック回路が組まれている. 微小電圧が 0 となるまでブリッジ電圧を変化させ測定子と抵抗 R_3 の抵抗値の比が, 抵抗 R_1 と R_2 の比と等しくなるようにフィードバック回路で制御される. 環境温度の変化は温度センサーで後から補償しているものが多い.

定温度方式では, 分離タイプもあるが, 測定子と回路部を一体化したトランスデューサータイプのものが多く市販されてきている. 定電圧方式と定電流方式では, 気体の圧力が高くなるにつれて熱損失が増加する

ため, 金属線自体の温度も圧力に依存して変化し, 圧力と熱損失の関係が複雑となる. このため, 精密な測定には金属線の温度が変化しない定温度方式が有利となる. 図 4.1.8 の対流による圧力に依存する熱損失の変化を測定することにより圧力の測定範囲を大気圧まで広げたタイプには, 定温度方式が多く使用されている.

気体を対流させることにより, ピラニ真空計の測定圧力領域を大気圧まで伸ばすことができる. 気体を対流させるには, 強制対流と自然対流の 2 方式がある. 当初, 測定用の金属線以外に設けたヒーターにより強制対流を行う方式のピラニ真空計が市販された. 強制対流方式は大きな対流を起こすことが可能なため大気圧レベルの感度が高い真空計であったが, 強制対流のために取付け方向依存性が高く, 対流用ヒーターのために回路要素が増え, 測定子サイズも小型化は困難であった. その後, 温度センサー等の部品, およびディジタル回路技術の進歩に伴い, 自然対流方式のピラニ真空計が市販された. 小型化を維持するとともに, 測定部の寸法形状を各メーカーで工夫することにより, 理由は明確となってはいないが, 取付け方向依存性のほとんどない真空計として市販されている.

細い金属線による従来のピラニ真空計以外に, MEMS (微小電気機械システム) 技術により作成されたピラニ真空計も開発され市販されている. 通電加熱部は微細加工されたシリコンであって, 細い金属線ではない. これらのピラニ真空計の通電加熱部と基板との間に微小なギャップがある. このギャップサイズが 50 nm の場合, 大気圧まで圧力と熱損失の関係が直線性を有するという報告がされている. この現象は, ギャップが大気圧での平均自由行程と同じレベルとなることにより, 大気圧まで自由分子条件での熱伝導による熱損失が生じるためと説明されている[11]. このようにピラニ真空計を MEMS 化することにより高機能が与えられるが, ギャップ等を小さくするということは, 環境温度の変化や材料の経時変化による微小な寸法変化に伴う感度や測定領域の変化が顕著になることを意味し, 十分な信頼性の確保が必要となる.

〔2〕 サーモカップル真空計

細い金属線の温度を熱電対で直接測定するようにした熱伝導真空計をサーモカップル真空計という.

図 4.1.13 はサーモカップル真空計を示している. 熱電対構成材料の細い金属線 2 本を交差させてスポット溶接し, 一対を熱電対として使用し, 他の一対を加熱して使用する. ケーブル長による影響をなくすため, 加熱には定電流回路を使用しているものもある. また, センサー部に MEMS 加工技術による薄膜を用いたものもある.

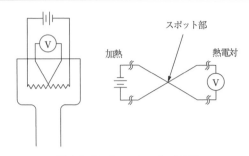

図 4.1.13 サーモカップル真空計

典型的なサーモカップル真空計の圧力の測定範囲は1～数百 Pa であり，真空容器の粗引き排気後の主真空ポンプへの切換えのための圧力の確認や接点の出力に使われていることが多い．

〔3〕 サーミスター真空計

サーミスター真空計は，ピラニ真空計の金属線の代わりに抵抗温度係数の大きな酸化物半導体を用いたサーミスターを温度の検出器として用いる真空計である．感度は大きいが，酸化物半導体は金属線のように細く線引きすることができないために測定の上限圧力が低くなる．測定可能な圧力の測定範囲は典型的なもので 10^{-2} ～ 10^2 Pa である．また，抵抗温度係数の大きな薄膜（TaAl-N など）を用い，サーミスタの表面積を拡大することにより，測定範囲を 10^{-3} ～ 10^5 Pa と広げたものもある．

4.1.6 粘性真空計

運動する物体は気体分子によって抵抗を受ける．この現象が圧力に依存することを利用しているのが粘性真空計である．粘性真空計として市販されているものに，スピニングローター真空計と水晶摩擦真空計がある．気体の粘性は気体の種類に依存するため，これらの真空計の感度は気体の種類に依存する．

〔1〕 スピニングローター真空計

スピニングローター真空計（spinning rotor gauge）は，磁気浮上させた鋼鉄球のローターを自由回転させ，その回転速度が気体との摩擦効果で減衰する割合から圧力測定をする[12]～[14]．空間での気体分子どうしの衝突が，気体分子と壁との衝突に対して無視できる条件を自由分子流条件といい，自由分子流条件では粘性力は圧力に比例する．この自由分子流条件では，感度を理論的に計算できて絶対値との対応が良いため，圧力の測定範囲 1×10^{-3} Pa から 1 Pa にかけて真空計の校正のための参照標準真空計として使われている．

スピニングローター真空計の構造を図 4.1.14 に示す．図 (a) に接続フランジを含めた全体の形状を示し，

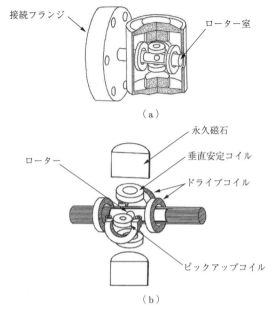

図 4.1.14 スピニングローター真空計の構造

図 (b) には，ローターとその周囲のコイルの配置を示している．真空容器に取り付けられた筒状の非磁性材料のローター室の中に，ローターと呼ばれる直径約 4.5 mm の鋼球が置かれている．このローターは，ローター室の壁を隔てて真空外部に置かれた磁石および電磁コイルにより磁気浮上させられている．

ローターはまず外部に置かれたドライブコイルによる磁界により，測定に先立って強制的に上限の回転数まで加速（自転させる）される．その後，強制回転を止め自由回転させる．自由回転中，回転数は気体との衝突（粘性）により徐々に減衰していく．ローターの回転数は磁界変化の信号としてピックアップコイルで検出される．検出された信号は，計測制御系で一定時間間隔で出力されるパルス数（回転数）に変換され，このパルス数の変化を演算処理して回転数の減衰率を求める．回転数が下限値まで減衰すると自動的にローターは上限値まで加速される．

自由分子流条件下では，ローターの回転の角周波数を ω とするとき，圧力 p はつぎの式で表される．

$$p = \frac{D\rho}{10\sigma}\sqrt{\frac{2\pi RT}{M}}\left[\left(\frac{-\dot{\omega}}{\omega}\right) - \left(\frac{-\dot{\omega}}{\omega}\right)_0\right] \quad (4.1.6)$$

ここで

p：圧力
D：ローターの直径
R：モル気体定数

M：気体のモル質量
ω：角周波数
ρ：ローターの密度
T：気体の温度
σ：アコモデーションファクター
　　（ローターと気体の運動エネルギー授受係数）

である．

ここで，係数を

$$A = \frac{D\rho}{10\sigma}\sqrt{\frac{2\pi RT}{M}} \quad (4.1.7)$$

と書くと式 (4.1.6) は

$$p = A\left(\frac{-\dot{\omega}}{\omega}\right) - A\left(\frac{-\dot{\omega}}{\omega}\right)_0 \quad (4.1.8)$$

に書き換えられる．

式 (4.1.8) の右辺の第 1 項は，スピニングローター真空計の表示圧力を示している．この項は，すべての減衰成分を含んだ項であり，ローター表面での気体との摩擦以外の渦電流等による回転の角周波数の減衰率に対応したオフセット圧力も含まれるため，実際の圧力を知るにはこの第 1 項からオフセット圧力を差し引く必要がある．第 2 項はこのオフセット圧力の差し引きを示している．オフセット圧力は，気体との摩擦が無視できる十分低い圧力の下での表示値として測定される．

実際の例として図 4.1.15 に圧力に対する回転の角周波数の減衰率のグラフを示す．ローター回転の角周波数の減衰率は，低圧力領域（10^{-3} Pa 台以下）では圧力変化に比例する直線からずれて一定値に近付く．この一定値がオフセット圧力に対応する．10^{-2} Pa 台から 1 Pa にかけてはローター回転の角周波数の減衰率は圧力変化に比例して変化する．中間領域となる 1 Pa 以上の圧力では，粘性力は圧力に依存しなくなっていくため，ローター回転の角周波数の減衰率は圧力変化に比例する直線からずれて一定値に近付いていく．

このようにローター回転の角周波数の減衰率は低圧力領域と中間領域では直線性を示さないが，圧力値としては補正を行うことにより直線性を改善することができる．低圧力領域では，式 (4.1.8) のオフセットの差し引きによる補正を行えばより低圧まで直線性を改善した圧力値を得ることができる．また，1 Pa 以上の中間領域では，粘性の補正により圧力表示値の直線性を 100 Pa まで改善したスピニングローター真空計が市販されている．ただし，測定の不確かさが 10% にまで増加すると記述されてあり，データの取扱いには十分に注意をする必要がある．

スピニングローター真空計はローターの回転が気体との摩擦により減衰するときの減衰率から圧力を求めているため，回転数の減衰を測定する測定時間を必要とする．この回転数の減衰の測定時間をサンプリングインターバル（SI）と呼び，スピニングローター真空計のコントローラーで設定できるようになっている．ただし，この SI は実際に測定を行っているサンプリング時間ではない．例えば，SI の初期設定値は 30 秒となっているが，この 30 秒の間に多数の測定が行われており，それらのデータを平均処理[15]して 30 秒ごとに結果を出力している．

スピニングローター真空計は真空計の校正のための参照標準真空計として使われるが，そのためには，さまざまな配慮と注意[16),17)]を必要とする．以下におもな内容を示す．

スピニングローター真空計は圧力 p の式から，気体の温度が 1℃ 変化すると約 0.17% 変化することが容易に計算される．このため，精度の高い測定を行うためには環境温度を一定に保つことが求められる．室温変動に対して真空容器の温度変動は経験上約 1/10 倍と見積もられるため，室温を ±1℃ に保てば，0.1% 以下の影響に抑えることができる．

個々のスピニングローター真空計のオフセットは，おおむね 10^{-4} Pa 台から 10^{-3} Pa 台の数値となる．オフセット圧力は条件（残留ガス，温度，振動，回転数）により変化する．これらの条件を制御することにより，オフセットを差し引きしたときの表示値の不確かさを下げることができる．

オフセットは残留気体の影響が無視できる圧力で測るのが原則であるが，無視できない場合は到達圧力を差し引く，到達圧力の不確かさが 10% のとき，不確かさ 1% の測定下限は到達圧力の 10 倍となる．

オフセットは起動時に大きく変動する．この変動量

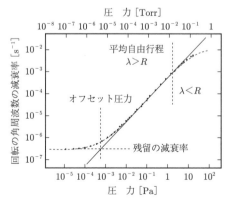

図 4.1.15　圧力に対するスピニングローター真空計の回転の角周波数の減衰率

はセンサー部の組合せにより異なり，例えば，定常値から $\pm 4 \times 10^{-5}$ Pa 異なる値になることがある．起動と停止の繰返しは変動幅を大きくするため避ける．この変動はローターとローター室の壁との間の輻射による熱交換の結果，ローターが膨張し，慣性モーメントが変化するためと説明されている．

オフセットはローターの回転速度に応じて変化することが多い．十分に低い圧力で回転速度とオフセットの関係を測定しておけば，それによりローターの回転速度の変化によるオフセットの変動を補正することができる．ただし，圧力表示値以外にローターの回転速度も測定する必要がある．スピニングローター真空計の制御電源では，通信および手動操作により回転速度の値も出力および表示できるようになっている．

室温が変化すると，制御電源の事前設定温度とのずれが生じるだけでなく，ローター室の壁との輻射による熱交換によりローター温度が変化し，それにより慣性モーメントが変化し，ローターの回転速度が変化する．ローター室の壁の温度が 1℃ 変化すれば，オフセットは約 10^{-5} Pa 変動する．ローター室の壁の温度変化は室温変化の約 1/10 倍であるため，オフセット変動を 1×10^{-6} Pa 以下にするためには，室温の変動を ± 1℃ 以下に保つ必要がある．

オフセットは人の歩行により床伝いに伝達された振動の程度でも突発的に変化する．突発的なデータを後から除く方法もあるが，原因を確認後に異常値を取り除くというのが統計処理の原則である．原因の確認方法がないならば，突発的な振動や衝撃の影響を受けない環境にして設置することが望まれる．

スピニングローター真空計は，真空系への影響がほとんどなく，理論値との一致が良く，安定性，操作性に優れているため，高真空領域で最も信頼性の高い真空計である．真空計の校正のための参照標準真空計として使われるほか，真空標準の国際比較にも用いられている．一方，微小な減衰率を測定するためサンプリングインターバル (SI) が必要となり，リアルタイムの動的な変化を測定することは難しい．また，振動に敏感で真空ポンプなどの振動の影響が無視できない．温度が急激に変化するような場合には，真空計の読み値の不確かさが大きくなるなどへの注意が必要である．

〔2〕 水晶摩擦真空計

音叉式の水晶振動子を用いた真空計として水晶摩擦真空計が市販されている．図 4.1.16 には水晶振動子の部分を示している．この真空計はヒーター，フィラメント等の熱源を持たないため真空系への影響が小さく，測定のダイナミックレンジが広く ($10^{-1} \sim 10^5$ Pa)，水晶振動子サイズが小さく，市販の水晶振動子を使用し

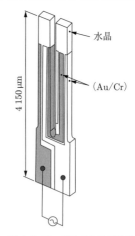

図 4.1.16 音叉式水晶振動子

ているため低価格化が図れる等の特長を有している．大気圧から中真空にかけての圧力の測定や制御に使用されている．

この水晶摩擦真空計は産業技術総合研究所の前身の電子技術総合研究所で開発された．エレクトロニクス分野で広く使用されているさまざまな水晶振動子をテストし，その共振インピーダンスが低圧力から大気圧まで圧力に依存して単調に変化することが見い出された．その中でも音叉式の水晶振動子が最も大きな共振インピーダンス変化を示した．

水晶摩擦真空計は気体との摩擦を測定原理に使用している．気体分子運動論では，気体との摩擦力は気体分子の平均自由行程 λ が物体の大きさ D より十分大きい分子流領域（$D \ll \lambda$）では圧力に比例し，気体分子の平均自由行程 λ が物体の大きさ D より非常に小さい粘性流領域（$\lambda \ll D$）では，圧力に依存しないと説明している．このため，摩擦真空計は粘性流領域では機能しないはずである．しかし，粘性流領域においても圧力に依存したインピーダンスの変化が測定されている．このことにも関連して，水晶摩擦真空計の理論が報告された[18), 19)]．

実際の水晶振動子は図 4.1.16 のような音叉式であるが，解析を容易にするため図 4.1.17 の数珠玉モデルが使用された．球と気体との摩擦はよく知られている．音叉式水晶振動子の形状のままでは検討が難しいため，連なった球（玉）が同じ固有振動と位相で振動している数珠玉モデルとして理論が検討された．

水晶摩擦真空計はインピーダンスの圧力依存性を使用して圧力を測定する．圧力の低い分子流領域では，従来の気体分子運動論から式 (4.1.9) が求められた．圧力の低い分子流領域ではインピーダンス変化は圧力に

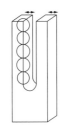

図 4.1.17 数珠玉モデル

比例している．C はインピーダンスとするための係数である．

$$\Delta Z = C\left(\frac{4}{3} + \frac{\pi}{6}\right) r^2 \sqrt{\frac{8\pi M}{RT}} \cdot p \quad (4.1.9)$$

ここで
 ΔZ：圧力に依存しない固有インピーダンス Z_0 からのインピーダンス変化
 r：数珠玉モデルの球の半径
 M：気体のモル質量
 R：気体定数
 T：絶対温度
 p：圧力
である．

圧力の高い粘性流領域では，物体のサイズ（数珠玉の半径 r）に対して，水晶振動子の振動振幅が非常に小さいという仮定を入れて，流体力学でよく知られているナビエ・ストークス（Navier-Stokes）の方程式を線形化して，インピーダンス変化の式 (4.1.10) が求められている．

$$\Delta Z = C(6\pi \eta r + 3\pi r^2 \sqrt{2\eta \rho \omega}) \quad (4.1.10)$$

ここで
 η：粘性係数
 ρ：流体の密度
 ω：振動の角周波数
である．

この式の括弧内の第 2 項には圧力に相当する流体の密度が含まれている．すなわち，微小振動という条件では粘性流領域でも，摩擦力が圧力に依存することを示している．

圧力の低い分子流領域と圧力の高い粘性流領域での理論式が得られたが，分子流領域と粘性流領域の間の中間領域の扱いが抜けている．この中間領域においては解析的な理論はないが，平均自由行程が物体の大きさより大きい低圧側での経験的なすべり理論が知られている．分子流領域の式と粘性流領域の式にすべり理論を適応して，中間領域を含めた統一式が示された．すべり理論により見掛けの粘性係数 η' は，すべり係数 ζ を使用して

$$\eta' = \eta \frac{1}{1 + \frac{\zeta}{\varepsilon r}} \quad (4.1.11)$$

$$\zeta = \frac{\eta}{p}\sqrt{\frac{\pi RT}{2M}}$$

と表される．この η' は低圧力では圧力に比例し，高圧力では η に一致する．粘性流領域でのインピーダンス変化の式の粘性係数 η を η' と置き換えて，低圧で分子流領域でのインピーダンス変化の式と一致するように ε を選ぶことにより，分子流領域と粘性流領域の式が中間領域で接続された．

すべり理論は経験的な理論であり，解析的な理論ではない．このため中間領域ではずれを生じている．図 4.1.18 には圧力に対する水晶摩擦真空計のインピーダンス変化の理論値（実線）と実測値（プロット）の比較が示されている．圧力が高い粘性流領域と圧力が低い分子流領域では両者は良い一致を示しているが，10^2 Pa 前後の中間領域では約 20% のずれを生じている．すべり理論は，平均自由行程が物体の大きさより大きい低圧側での経験的な理論であり，それを中間領域へ拡張したためのずれと説明されている．すべり理論に関して，中間領域での一致がより良い式も提案されてきている．いずれも経験的な理論のため，温度，圧力等のさまざまな条件でのテストが改良には必要となる．

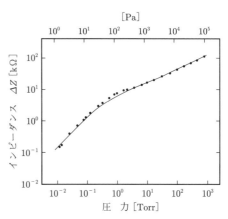

図 4.1.18 圧力に対する水晶摩擦真空計のインピーダンス変化の理論値と実測値の比較

水晶摩擦真空計で測定されるインピーダンス Z は，圧力に依存しない固有インピーダンス Z_0 と式 (4.1.10) で示されるインピーダンス変化 ΔZ を足し合わせたものとなる．固有インピーダンス Z_0 がつねに一定ならば，十分に低い圧力で測定した値を Z_0 として，測定

されるインピーダンス Z から差し引きして，インピーダンス変化 ΔZ を求め圧力に変換すればよい．しかし，実際の固有インピーダンス Z_0 は温度で変化し，この温度変化に相当する圧力が下限値を制限し，実績としては 10^{-1} Pa 台となっている．この下限値を下げるには，温度調節による方法もあるが，いまでは温度調節の応答速度の遅さの問題と回路負担のない温度補正による方法が採用されている．

水晶摩擦真空計の理論では，低圧力（分子流領域）では，共振周波数の変化は

$$\Delta\omega \cong 0$$

であり，共振周波数が圧力に依存しないことが示されている．このため，低圧力（分子流領域）では，共振周波数は温度のみに依存する．このことを利用して温度補正を行うことができる．共振周波数から温度を求め，温度に対する固有インピーダンス Z_0 の特性から測定された温度での固有インピーダンス Z_0 を求めて，インピーダンス Z から差し引くことにより，固有インピーダンス Z_0 の温度変化の影響を補正したインピーダンス変化 ΔZ を求めることができる[20]．この補正を行うことにより下限値をより低圧側の 10^{-2} Pa 台に下げた水晶摩擦真空計が市販されている．

4.1.7 電離真空計

電離真空計は，被測定空間にある気体分子をイオン化し，イオンの数を数えることで圧力（[Pa]，$p = nkT$：n 気体分子密度 [個・m^{-3}]，k：ボルツマン定数 [J・K^{-1}・mol^{-1}]，T：絶対温度 [T]）を測定するものである．気体分子をイオン化する方法として，加速された電子によるもの，放電によるもの，光によるものなどが挙げられる．商用に用いられている電離真空計では，前者二つの原理を用いたものが多数を占める．これらの真空計は，内部に高温部があることや電子衝撃による気体の電離現象を利用するため，あまり高い圧力では使用できず，およそ 1 Pa 以下の測定に使用される．

加速された電子によって気体分子をイオン化する方法を用いた電離真空計のうち，加熱された陰極からの熱電子放出現象を利用した電子源を使用するものを，熱陰極電離真空計（hot cathode ionization gauge）という．一方で，磁場と強電場が交差した空間における放電現象による放電電流を測定し，圧力換算するものを冷陰極電離真空計（cold cathode ionization gauge）という．この項では，熱陰極電離真空計および冷陰極電離真空計に関して記載する．また，それぞれの真空計の中には，現在は商用として利用される機会が少ないが，歴史的，原理的に重要であるものが数多くある．それらに関しては各項目の最後に示す．

〔1〕 **熱陰極電離真空計**

熱陰極電離真空計（hot cathode ionization gauge）は，おおよそ 1 Pa 以下の圧力を測定するために開発された．基本的な原理を図 4.1.19 に示す．熱陰極電離真空計は 1909 年に Baeyer らが三極管形のものを使用したのが最初[21]とされる．しかし，Buckly らが 1919 年に開発したものである[22]とするのが公式な見解であるとされている[23]．

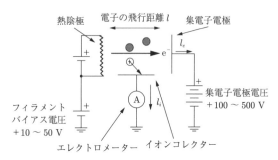

図 4.1.19 熱陰極電離真空計の基本原理図

この真空計は，熱陰極（hot cathode, filament），集電子電極（grid, anode），イオンコレクターの三つの部分で構成される．動作原理は以下のように考える．

1) 熱陰極から電子が放出される．
2) 熱陰極と集電子電極の間に形成された電場に沿って電子が加速される．
3) 電子は集電子電極に集められる．
4) 電子が熱陰極から集電子電極の間の空間を飛行する間に気体分子と衝突し，気体分子が電離してイオンとなる．
5) 気体分子イオンは，イオンが生成された空間の電位とイオンコレクターとの間の電位差により加速され，イオンコレクターに集められる．
6) イオンコレクターに集められたイオンの数はエレクトロメーターで電流値として測定される．

多くの熱陰極電離真空計の電極電圧は表 4.1.1 に示されるように設定されている場合が多い．

表 4.1.1 熱陰極電離真空計の設定例

集電子電極電圧	150〜250 V
フィラメントバイアス	10〜100 V
イオンコレクター電圧	0 V
電子電流値	10 μA〜10 mA（測定する圧力領域に応じて切り替える場合がある）

フィラメントバイアスと集電子電極電圧との電位差によって，熱陰極から放出された電子が加速され，気体と衝突することで気体イオンが生成されるのだが，図 4.1.20 に示されるように電子衝撃による気体分子のイオン化断面積の最大値がおよそ 100 eV 付近であるため，フィラメントバイアスと集電子電極電圧との電位差がおよそ 100 V 程度に設定されている場合が多い．イオンが生成された空間の電位が高く，イオンコレクターに入射するイオンの運動エネルギーが大きいと，イオンコレクターから二次電子，二次イオン，光などの圧力に依存しない擾乱要因が大きくなる可能性があるため，集電子電極電圧で決定される気体分子イオンのエネルギーの最大値が 200 eV 程度になるように設定されている．フィラメントから放出された熱電子は，微小ながら初期運動エネルギーを持っているので，フィラメントバイアスが 0 V であるとイオンコレクターに到達する成分があり，圧力測定の擾乱要因となる．この効果を避けるためにフィラメントバイアスがつねにイオンコレクター電位に対して正になるように設定されている．

の状態方程式 $p = nkT$ (k：ボルツマン定数 [J·K^{-1}]，T：絶対温度) を代入することで

$$I_i = \frac{\langle \delta_i \rangle}{kT} l I_e p \qquad (4.1.13)$$

と変形できる．式 (4.1.13) の中で定数部分を $S = \langle \delta_i \rangle l / kT$ とすることで

$$I_i = S_i I_e p \qquad (4.1.14)$$

または，電子電流 I_e も一定であると考えて

$$I_i = K_i p \qquad (4.1.15)$$

となる．定数 S_i は気体種 i に対する感度係数と定義し，[Pa^{-1}] の次元を持つ．定数 K_i は熱陰極電離真空計の感度（または感度の逆数）[†]であり，[A·Pa^{-1}] の次元を持つ．感度係数はおよそ 0.1 Pa^{-1} 程度の値を示す．感度 (K_i) は電子電流の値によって大きく変わるし，圧力領域によって電子電流の値を切り替えて使用する場合があるなどの理由で，熱陰極電離真空計の圧力による感度の善しあしの議論で K_i を用いる場合には注意が必要である．これらの理由により，通常，熱陰極電離真空計の感度の善しあしや圧力依存性などを議論する場合には感度係数 (S_i) を用いる場合が多い．

電離真空計の感度係数や感度は窒素に対して値付けしてある場合が多い．窒素以外の気体を測定した場合の表示値は，そのままでは，窒素換算した圧力値である．電子衝撃によって気体分子をイオン化するとき，電子のエネルギーが同じであったとしても気体分子の種類によって電離の衝突断面積が異なる（図 4.1.20 参照）．これは気体の種類によって感度係数 S_i が異なることを示している（表 4.1.1 参照）．窒素に対して値付けしたときの感度係数が S_N であったとき，気体 X の感度係数 S_x との比を比感度係数といい

$$r_x = \frac{S_x}{S_N} \qquad (4.1.16)$$

で表す．気体 X を導入したときにイオン電流 I_i が得られ，表示圧力が p_i であったときには

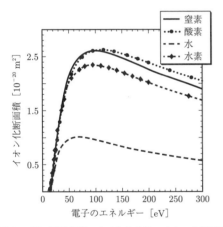

図 4.1.20 電子衝撃による気体分子のイオン化断面積の，気体の種類および電子のエネルギーによる違いの例

電子が飛行する距離（図 4.1.19 中 l [m] と気体分子の密度（n [個·m^{-3}]）および気体 i に対する電離の衝突断面積の平均値（$\langle \sigma_i \rangle$ [m^2]）を考慮すると，測定された電流値（I_i [A]）と気体の密度との関係は

$$I_i = \beta \langle \sigma_i \rangle l I_e n \qquad (4.1.12)$$

と表すことができる．β (< 1) はイオンの捕捉確率である．ここで電離の衝突断面積の平均値としたのは，熱陰極から集電子電極までの間に電位勾配があることにより，電離の衝突断面積がイオン生成空間の中で異なることを考慮したものである．式 (4.1.12) に理想気体

[†] 日本工業規格 JIS Z 8103：2000 計測用語 では
　感度　ある計測器が測定量の変化に感じる度合い．すなわち，ある測定量において，指示量の変化の測定量の変化に対する比．
　備考　感度の値を表すのに感度係数，振れ係数の用語が使われることもある．
と定義されている．したがって，厳密には式 (4.1.14) の S_i や式 (4.1.15) の K_i は感度係数の逆数，感度の逆数と考えた方がよい．つまり，p が左辺にくる方がより用語の定義に近くなる．

表 4.1.2 熱陰極電離真空計の比感度係数*1 24)

気体	平均値*2	三極管形の例		Bayard-Alpert 型（B-A 型）の例					Schulz-Phelps 型の例
He	0.19 ± 0.04	0.136	(0.134)	0.18	0.18	0.17	0.221	0.20	0.14
Ne	0.33 ± 0.10		(0.230)	0.31	0.32		0.358	0.33	0.16
A	1.37 ± 0.24	1.31	(1.00)	1.42	1.42	1.39	1.34	1.32	1.37
Kr	1.91 ± 0.06		(1.36)	1.97	1.94		1.88	1.92	
Xe	2.79 ± 0.18			2.86	2.81		2.50	2.78	
H_2	0.44 ± 0.05	0.425	(0.35)	0.42	0.41	0.38	0.491		0.53
D_2	0.40								0.50
N_2	1.00	1.00		1.00	1.00	1.00	1.00	1.00	1.00
O_2	0.87 ± 0.69	0.77		0.87	0.78		0.879	0.87	0.90
H_2O	1.25 ± 0.44						0.97		
CO	1.02 ± 0.08		(1.01)	1.1	1.01	0.99	0.950		
CO_2	1.36 ± 0.23			1.43	1.39	1.46	1.35	1.30	1.17
NO	1.17 ± 0.11						1.20		
N_2O	1.66 ± 0.27								
NH_3	1.11 ± 0.27		(0.97)				0.645	1.12	
SF_5	2.5		(2.30)		2.20				
CH_4*6	1.49 ± 0.19					1.60	1.58	1.62	
C_2H_6	2.53 ± 0.26					2.64	2.58	2.84	
C_3H_8	3.80 ± 0.40						3.44	2.92	
C_2H_2	1.66 ± 0.41						0.614		
C_2H_4	2.14 ± 0.37					2.08	1.29		
C_6H_6	5.18 ± 0.42					3.75		4.29	
文　献	a)	b)*3	c)*4	d)	e)*5	f)	g)	h)	i)

〔注〕 *1 比感度係数は，気体分子のイオン化断面積（特定の電子エネルギー，例えば 100 eV に対する値，最大値など），分極率，分子内の全電子数などに比例することが知られている[a),e),g),h]．この関係は比感度係数の推定に使われる．
*2 18 編の報告を使用して得た平均値．本表の例との間に特別な関係はない．
*3 副標準電離真空計 VS-1 の値．
*4 アルゴンに対する比感度．窒素についての値がないので参考して採用．
*5 17 編の報告を比較検討している．
*6 有機分子については文献 g) に 11 種，文献 h) に 61 種の分子に対する値が報告されている．

a) F. Nakao: Vacuum, **25**, 431 (1975).
b) 石井博，中山勝矢：Shinku, **3**, 77 (1960).
c) H. G. Bennewitz and H. D. Dohmann: Vak. Tech., **14**, 8 (1965).
d) N. G. Utterback and T. Griffith, Jr.: Rev. Sci. Instrum., **37**, 866 (1966).
e) R. Holanda: J. Vac. Sci. Technol., **10**, 1133 (1973).
f) J. R. Young: J. Vac. Sci. Technol., **10**, 212 (1973).
g) K. Nakayama and H. Hojo: Proc. 6th Int. Vacuum Congress, Kyoto, p.113 (1974).
h) J. E. Bartmess and R. M. Georgiadis: Vacuum, **33**, 149 (1983).
i) W. L. Walters and J. H. Craig, Jr.: J. Vac. Sci. Technol., **5**, 152 (1968).

$$I_i = S_N I_e p_i = S_x I_e p_x \tag{4.1.17}$$

が得られるので，気体 X の圧力 p_x は

$$p_x = \frac{S_N}{S_x} p_i = \frac{1}{r_x} p_i \tag{4.1.18}$$

となる．つまり，比感度係数が知られている気体であれば，圧力値を知ることができる．熱陰極電離真空計の比感度係数をまとめたものを**表 4.1.2** に示す[24]．

熱陰極電離真空計の比感度係数は，電極構造，印加電圧，電子電流などの値によって異なることが考えられる．しかし，表 4.1.2 や文献 25) などから，比感度係数の値は 10～20% 程度の範囲内で一致していると考えてよいであろう．

感度係数あるいは比感度係数の実測値がまったく報告されていない気体を測定しなければならない場合には，気体分子の持つ電子数，あるいは分子の大きさを参考にすることができる．各種の気体の比感度係数を分子内電子の数と分子の幾何学的断面積に対して整理すると，それぞれ**図 4.1.21** と**図 4.1.22** のようになる[104),105]．これらの間には強い相関がある．この関

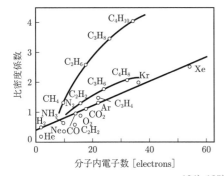

図 4.1.21 気体分子の電子数と比感度係数[104),105)]

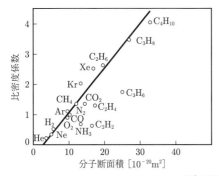

図 4.1.22 気体分子の断面積と比感度係数[104),105)]

係を参考にしておよその比感度係数を推定できる．

実際の測定では真空装置中には複数種の気体が存在する．電離真空計で測定されるイオン電流 I_i は，それぞれの気体種 X によるイオン電流 I_x の和なので，気体種 X の感度を S_x，分圧を p_x とし，電子電流 I_e とすれば

$$I_i = \sum_{x=1}^{n} I_x = \sum_{x=1}^{n} S_x p_x I_e \quad (4.1.19)$$

となり，真空計に表示される窒素換算値 p_{NE} は，窒素に対する感度を S_N として

$$p_{NE} = \frac{I_i}{S_N I_e} \sum_{x=1}^{n} \frac{S_x}{S_N} p_x \quad (4.1.20)$$

となる．真の圧力は，$\sum_{x=1}^{n} p_x$ であるから，気体種の成分比が明らかでない限り，電離真空計で真の圧力を決定することは原理的に不可能である．高真空，超高真空領域で真空装置の到達圧力を示す場合も，残留気体の主成分が窒素であることはほとんどないので，電離真空計で読み取った値をそのまま示すのであれば窒素換算値であることを明示すべきである．加熱脱ガスをしていないのであれば残留ガスの主成分はほとんど水，

10^{-9} Pa に達するような超高真空装置であれば残留ガスは水素と考えられるので，そのように仮定して到達圧力を示すこともできる．

熱陰極電離真空計を動作させる場合，集電子電極電圧，フィラメントバイアスおよび電子電流値を固定させる．電子電流値は圧力領域によって切り替える場合もある．圧力が高くなったときにはフィラメント温度を低く設定して電子電流値を低下させ，フィラメントの焼損を防ぐ，寿命を長くするなどを考慮するためである．また，圧力が低いときには電子電流値を大きくし，気体分子イオンの数を増やすことでイオン電流値を大きくする．微小電流測定における信号対雑音の比率を改善して，より確実な圧力測定を行うことができるように考慮したものである．

多くの熱陰極電離真空計で用いられる各部の材料の例を**表 4.1.3** に示す．電子管材料としてよく使用される材料である[28)]．

表 4.1.3 熱陰極電離真空計の各部材料の例

	材料	備考
フィラメント	W, Re, ThO$_2$/W, Y$_2$O$_3$/Ir （フィラメント温度を低化させるため，熱電子放出効率が高い酸化物陰極を使用する場合が多い.）	・現在は商用のものには Y$_2$O$_3$/Ir が最も使用される割合が高い． ・酸化雰囲気など過酷な雰囲気では W がよく使用される． ・かつては ThO$_2$/W がよく使用されていたが，Th が放射性物質のため，使用される機会が減った．
グリッド	W, Mo, Pt clad Mo, Ni	・高融点材料が使用される場合が多い． ・高融点材料は点付け溶接が難しいので，Pt clad Mo を使用する場合が多い． ・製作が簡単なことから，フォトエッチングなどで作成したシート状メッシュを円筒型に形成する場合もある．
イオンコレクター	W, Mo, Ta, Stainless steel, Ni	

熱陰極電離真空計にはいくつかの形式がある．商用で最もよく使われているものは三極管形電離真空計と B-A 真空計（Bayard-Alpert type）である．真空技術は極限の技術の一つであり，いかに低い圧力（気体分子密度を小さくする）を発生することができるか，発生した圧力場をいかに測定するかということが研究開

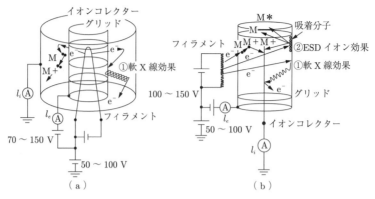

図 4.1.23 商用電離真空計として多く使われている, (a) 三極管形電離真空計, (b) B–A 真空計の概略図

発の対象であった. 三極管形電離真空計に対して B–A 真空計の圧力測定下限値が 2〜3 桁低いのは, そうした研究開発の結果である. 熱陰極電離真空計を用いていかに高い圧力から測定できるか, 広い圧力範囲を測定できるかということももう一つの研究開発の対象であった. 現在は機械式の真空計の技術が向上し, 熱陰極電離真空計を用いていかに高い圧力を測定するかが研究開発のおもな対象ではなくなった. しかし, 商用の真空計としてはできる限り広い圧力範囲を測定することが一つの特徴である. 以下では, 商用真空計としてよく用いられている三極管形電離真空計, B–A 真空計の特徴を解説することと, 真空技術の極限である極高真空計に関すること, および歴史的に重要な電離真空計に関して記載する.

(a) **三極管形電離真空計** 三極管形電離真空計は, 中心に設置された熱陰極, 熱陰極の周りに配置された集電子電極（グリッド）, さらにその外側に配置されたイオンコレクターで構成される（**図 4.1.23** 参照）. 増幅器として使用されていた三極真空管と同様の構成であることからこのように呼ばれる. 日本ではおよそ 1 Pa 以下の圧力に関する副標準真空計として当時の日本真空協会から配布されていたのもこの形式の真空計である（VS-1 および VS-1A）[26), 27)].

グリッドの中心に配置された熱フィラメントから放出された電子は, フィラメント–グリッド間の電位勾配に沿ってグリッド方向に加速される. 電子は, グリッドを通過した後, グリッド–イオンコレクター間の電位勾配によって減速されて方向を変えグリッド方向に戻る. これを数回繰り返した後グリッドに収集される. イオン, 電子軌道シミュレーションソフト SIMION を用いて三極管形電離真空計内のフィラメントから放出された電子の軌道計算を行った例を**図 4.1.24.** に示す. 電極内に形成された電位勾配に沿って電子が運動する様

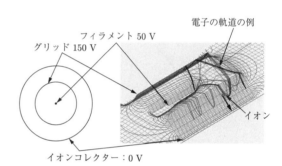

図 4.1.24 イオン, 電子軌道シミュレーションソフト SIMION を用いた三極管形電離真空計内の電子の軌道シミュレーション例

子がわかる. グリッド–イオンコレクター間を電子が飛行するときに気体分子と衝突し, イオンが生成される. 生成されたイオンはイオンコレクターで捕集され, イオンコレクター電流として検出される. 検出されたイオン電流を式 (4.1.14) および式 (4.1.15) に従って圧力に換算する.

(b) **B–A 真空計** 真空技術, 科学の目的の一つとしてできる限り低い圧力を発生し, 維持することが挙げられる. これは, 電子管の中の残留気体による擾乱要因を減らすためという実用的な要望と, 表面を直接観察することや表面状態を制御して素過程の研究を行うという科学的な要望があったからである. 真空技術が発展するにつれ, 発生できる圧力が次第に低くなった. しかし, 1950 年代くらいになると, 真空計の指示値が下がらないことが確認されていた[29)]. これは, 以下の現象が起きているためである（図 4.1.19 参照）.

1) フィラメントから放出された電子がグリッド表面を衝撃する.
2) グリッド表面から軟 X 線が放出される.
3) 軟 X 線がイオンコレクターを照射する.

4) イオンコレクターから光電子放出により電子が放出される.
5) イオンコレクターから負の電荷が放出されたということは, 正の電荷が流入したこととなる.

この効果を軟X線効果と呼ぶ. 熱陰極電離真空計は, 電子電流 (グリッドを衝撃する電子の数) が変化しないように制御されているため, 軟X線効果による電流は圧力依存性がない. 式 (4.1.14) の左辺の I_i は, 圧力依存性のあるイオン電流, I_{ip}, 圧力依存性のない残留電流 I_{ir} との和であると考え, 以下のような式で表すことができる.

$$p_i = \frac{1}{SI_e}(I_{ip} + I_{ir}) \quad (4.1.21)$$

熱陰極電離真空計の測定下限値を下げるためには $I_{ip} > I_{ir}$ の状態を作る必要がある.

Bayard と Alpert は, グリッドに対するフィラメントとイオンコレクターの配置を逆にし, イオンコレクターをグリッドの中心部に, フィラメントをグリッドの外側に配置した形状の熱陰極電離真空計を開発した (図 4.1.23 (b) 参照)[30]. フィラメントとイオンコレクターの配置が逆転していることから "Inverted Triode Type" と呼ばれることもあったが, 現在は開発者の Bayard と Alpert の頭文字をとって B–A 真空計 (B–A gauge) と呼ばれる. グリッドの中心に配置されたイオンコレクターは細い線または針の形をしている. これにより, グリッドから放出された軟X線を受光する面積が三極管形電離真空計に比べて圧倒的に小さく, 軟X線効果による電流の圧力換算値が 2～3 桁低い. 感度も三極管形電離真空計と変わらない. 三極管形電離真空計の測定下限値が 10^{-6} Pa 程度であったのに対し, 10^{-8}～10^{-9} Pa 程度に低減された. 半世紀以上経過した現在でもこの形式の真空計が産業用途, 研究用途で用いられている. 現在研究用途で多く使用されるヌード型の電離真空計 (図 4.1.25 (c) 参照) は, Bayard や Alpert のグリッド構造に加えて, グリッドの両端を同心円状の電極でふさいだ構造をしている. これは Nottingham[44] が, グリッドの両端からグリッドの軸方向へ流出するイオンを阻止して感度の向上を図ったものである. また Nottingham[44] の報告では, フィラメントの外側に同心円筒状の電極を配置し, 真空容器であるガラスの帯電による真空計の動作の不安定性を改善したことも報告されている. 小宮ら[45] ガラス管球の内側に金を蒸着し, それを接地電位にすることで帯電の影響を防ぐことを報告している.

三極管形電離真空計や B–A 真空計は, 電子管の形態を踏襲してガラス管球であることが多かった (図 4.1.25 (a), (b) 参照). 現在は, ガラスまたはセラミッ

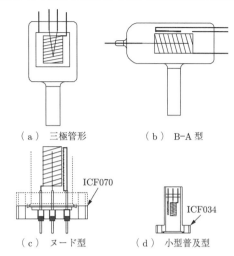

(a) 三極管形　　(b) B–A 型

(c) ヌード型　　(d) 小型普及型

図 4.1.25　ガラス管球型真空計

クスを用いた真空電流導入端子に直接電極部品が設置され, それらが金属製のパイプ, 金属製のフランジを用いた容器の中に設置される場合が多い (図 4.1.25 (c), (d) 参照). 一つにはガラス管球は割れないように取扱いに注意を要することと, 真空計の取付けポートが細いので真空容器との間に圧力差が生じること, ガラス表面への帯電の影響による不安定性などが理由である. 全金属管球で小型の真空計測定子が制作できるようになったこともガラス管球が使用される場面が少なくなった理由の一つである.

図 4.1.25 (d) に示す形状の小型真空計では, イオンを生成する領域が小さいので感度係数は比較的小さい. このようなことから, 測定下限値は 10^{-7}～10^{-8} Pa のものが多い.

(c) **さらに低い圧力測定への拡張**　さらに低い圧力 (10^{-9} Pa 以下) の圧力測定を行うには, 下記の方法が考えられる.

a) 軟X線電流の予測値を求めておき, 測定された電流から差し引く.
b) イオンの生成部とイオン検出部を分離して軟X線効果の影響を低減する.
c) 軟X線電流は, 電子電流値の関数となる[30] ので, 電子電流値を変えずに (軟X線電流を変えずに), 電子の飛行距離を格段に長くしてイオン電流を大きくする.

軟X線電流の予測値を求めて差し引く方法 (変調法) は, 実験室で実験的に行うのは非常に有効であるとされるが, 現在は使われる場面は少ないであろう. 以下に簡単な仕組みのみを記載する[31),32),54]. B–A 真空計のイオンコレクターと平行にグリッド中に細い線の電

極を挿入しておく（変調電極）．通常の動作時には変調電極はグリッド電位と同電位にする．つぎに，変調電極の電位を変えてイオンコレクターにイオンが入射しにくい電位に変更する（例えばグリッド電位 → 100 V）．この場合でも，電子はすべてグリッドに届くはずなので軟X線電流は変わらない．つまり変調電極の電位を変えたときに得られたイオンコレクター電流は軟X線電流であると規定できる．この値を求めておき，圧力が低くなったときに差し引くと，より確からしい圧力値を求めることができるというものである．そのほかにもイオンコレクターに変調電極をかぶせた例[33],[42]やグリッドの中に変調グリッドを配置した例[34]などがある．これらの工夫により 10^{-10} Pa 台の測定下限値が得られると報告されている．Watanabe は，半球状グリッドの底面に引出し電極を配置してイオンを引き出し，その後，円筒状のサプレッサー電極を通過したイオンをイオンコレクターで収集する形状の真空計について報告している[66]．円筒電極中に変調用の電極を配置して軟X線の効果を取り除く構造にしている．また，変調用電極に交流電場を印加して位相検波方式による信号検出法についても報告している[65]．

これまでは，変調電極を用いて軟X線電流を予測して差し引くという技術であった．Watanabe は，これに対して大きく分けて二つの改良を施した真空計について報告している[46]（図 4.1.26 参照）．一つ目はグリッドを円筒形から球形に変更したことである．二つ目はイオンコレクターを球形グリッドの底面に配置し，イオンコレクターの周りに筒状のサプレッション電極を配置するとともに点状にしたことである．このことによってイオンをイオンコレクターに収束させて感度の低下を防ぎ，イオンコレクターの面積を最小にすることで軟X線電流を低減化した．変調法を用いた軟X線電流の圧力換算値は 10^{-11} Pa 台であると報告されている．

イオン生成部とイオン検出部を分離する方法は現在では最も現実的で実用的な例であり，広く用いられている．

エキストラクター真空計として P. A. Redhead によって最初に報告されたものを図 4.1.27 (a) に示す[35]．この真空計はグリッド中で生成されたイオンをシールド電極で引き出し（extract），引き出したイオンをイオンコレクターで収集するというものである．ion reflector は，イオンを引き出した際に空間に広がったイオンを跳ね返してイオンコレクターに集める役割がある．この構成によってイオン生成部とイオン検出部とを分離し，イオン検出部が光源（イオン生成部）を除く立体角をできる限り小さくすることで軟X線効果を低減化している．10^{-7} Pa 以下の圧力領域では B-A 真空計に対する圧力指示値が約1桁程度低いことが確かめられている（図 4.1.27 (b) 参照）[36]．エキストラクター真空計に関しては，その構造やイオンの収集効率に関する研究が行われ[33]~[41]，半世紀の間，超高真空，極高真空測定に用いられている．10^{-10} Pa 程度の測定下限値が得られる．Watanabe は，エキストラクター真空計のリフレクター電圧を変化させて軟X線電流を測定して差し引くことを提案している．この真空計は現在も商用真空計として Oerlicon Leybold 社から販売されている（IONIVAC IM540, IE514）．

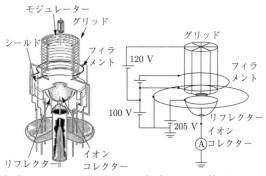

（a） P. A. Redhead によって 報告されたもの[35]　（b） Leybold 社によって 報告されたもの[36]

図 4.1.27　エキストラクターゲージの概略

このほかにも，イオンをイオン生成領域から引き出して検出する形式の真空計は多く開発されている．例えば Schümann[43] によるものでは，イオンコレクターの前にサプレッサー電極を配置し，イオンコレクターから放出された軟X線による二次電子を抑え込む（suppress する）ことで軟X線効果が低減化されたと報告されている[53]．

電子の飛行距離を長くして軟X線効果に対して感

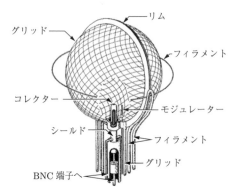

図 4.1.26　球型の閉鎖型グリッドと点型イオンコレクターを用いた変調型電離真空計[46]

度を圧倒的に高くする方法は，式 (4.1.13) および式 (4.1.18) から，電子の飛行距離を圧倒的にのばすことで軟 X 線の効果を低減するものである．Lafferty は，円筒状のアノードの中心部に配置されたフィラメントから放出された電子を磁場中で円運動させ，電子の飛行距離を長くすることで感度を格段に向上して，軟 X 線電流とイオン電流との比率を向上した（**図 4.1.28**(a) 参照）[47), 48)]．電子の飛行距離が長くなったことによる不安定性と空間電化効果による不安定性を取り除くために電影電流は μA 以下であった．

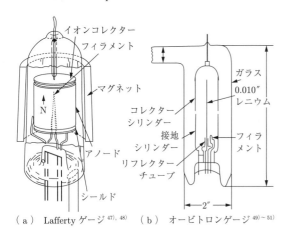

（a） Lafferty ゲージ[47), 48)]　（b）オービトロンゲージ[49)～51)]

図 4.1.28　電子の軌道を長くすることでイオン電流と軟 X 線電流の比率を大きく改善した真空計

一方で，磁場を用いずに円筒状のイオンコレクター電極の軸に沿って高電圧の線状アノード電極を配置して，電場の勾配のみで電子の軌道を長くし，イオン電流と軟 X 線電流の比率を大きく改善した真空計が報告された（図 4.1.28(b) 参照）[49)～51)]．電子は円筒電極の端に設置された小型の場所から注入された．この真空計はオービトロンゲージと呼ばれた．非常に感度が高い（約 3 桁）ことは確認されたが，電子がアノードに衝突するエネルギーが高いため二次電子放出による残留電流が大きく，$10^{-9} \sim 10^{-10}$ Pa の測定下限値であった．

（d）**イオン分光型真空計**　Helmer によって報告された真空計は，イオンをイオン生成部から引き出して検出するという構想であり，イオン引出し型のエキストラクター真空計と同様である．さらに軟 X 線電流による残留電流の影響を小さくするために，イオン生成部とイオンコレクターとを同軸上から 90°外すことでイオンコレクターがイオン源をのぞくことを防いだ[53)]．また，サプレッサー電極も配置し，イオンがイオンコレクターに衝突したときに放出される二次電子の影響を低減化した．初期の報告では Varian 社の

B–A 真空計のヌード型のイオンコレクターおよびグリッドの底を取り除き，イオンを引き出したと記載されている．この真空計の測定下限値は 10^{-12} Pa であると報告された．

これまで，熱陰極電離真空計の測定下限値は軟 X 線効果による残留電流が支配的であるとしてきた．しかし，真空技術が進むにつれて，測定下限値を決定する要因，圧力測定の擾乱要因は軟 X 線効果による電流のみではなく，グリッドに吸着した気体分子が電子衝撃によって放出された電子励起脱離（electron stimulated desorption, ESD[55)～58), 70), 71)]）イオンによる電流があることがわかってきた[57)]．電子衝撃によってグリッド表面から放出された ESD イオンの初期運動エネルギーは数 eV であることが確認されている．一方で，気体分子イオンはグリッド内の電位勾配の中で生成されるので，その運動エネルギーは数～数十 eV 小さい．この運動エネルギーの差を利用して気体分子イオンと ESD イオンとを分離することが考えられた．

図 4.1.27 に示されたエキストラクター真空計は，気体分子イオンと ESD イオンとの運動エネルギーの違いによって，リフレクターでイオンを跳ね返す効率が異なることで気体イオンを選択的に検出していることが示唆されている[36)]．エキストラクター真空計は一種のイオン分光型真空計であるといえる．一方で，ヘルマー（Helmer）ゲージ（**図 4.1.29** 参照）もイオン分光型の真空計であるが，エネルギー分解能が低く気体分子イオンと ESD イオンとを分離することができない．

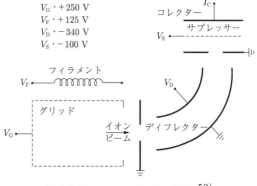

図 4.1.29　ヘルマーゲージの概略図[52)]

Blechschmidt は，中心にフィラメント，フィラメントの外側円筒同心円状にグリッドを配置，円筒グリッドの下側にイオン引出し電極，半球型のエネルギー分析器（文献中ではディフレクターと記載）を設置し二次電子増倍管（channel electron multiplier, CEM）をイオン検出器としたイオン分光型真空計を開発した

(図 4.1.30)[59]．ディフレクター電圧を変化させて気体イオンと ESD イオンを分離したことで，測定下限値は 10^{-10} Pa 以下であることが記載されている．

Oshima らは 255° 偏向型のエネルギー分析器を搭載したイオン分光型真空計を開発した[67]〜[69]（図 4.1.32 参照）．

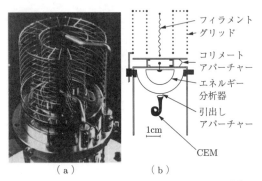

図 4.1.30　Blechschmidt によるイオン分光真空計[59]

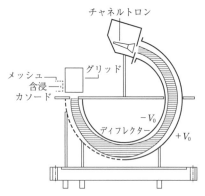

図 4.1.32　255°イオン分析器を搭載したイオン分光型真空計[67]〜[69]

Watanabe は二つのタイプのイオン分光型真空計を提案している．一つは球形閉塞型イオン源の底からイオンを引き出して同心半球状の 180°偏向型エネルギー分析器にイオンを注入して分光し，線状のイオンコレクターで検出する（図 4.1.31 (a) 参照）[60],[61]．もう一つは，B–A 真空計タイプのイオン源の側面にイオンの引出し口を設置し，平行ビーム状にイオンを引き出して 240°イオン偏向器に注入して分光し，板状のイオンコレクターで検出するものである（図 4.1.31 (b) 参照 Bent Belt-Beam Gauge, 3BG）[62]〜[64]．これらの真空計は気体イオンと ESD イオンの分離能力が比較的高く，また，イオン収集効率が良いことが特徴とされる．また，もう一つの特徴は，真空計自体からのガス放出を極限まで低減化するために，真空計を構成する真空壁に低放射率の金属（Cu，Cu-Be，Al など）を使用していることである．極高真空測定における問題点である軟 X 線，ESD イオン，放出ガスの三つの大きな課題を取り除いている．この形式の真空計は商用真空計として販売されている（Vaclab Inc.：3BG）．

この真空計は Spindt 型の冷陰極電子源（電子源を加熱せずに強電界によって電子を引き出す）である電界放出型電子源を搭載したこと，およびイオン検出器として二次電子増倍管（channel type electron multiplier, CEM）を搭載したことも特徴である．電界放出型の電子源を利用したという点で，熱陰極型電離真空計ではないがこの項に記載する．冷陰極電子源を使用することで，電子源の放出ガスが 10^{-10} Pa 台においても無視できるほどであったことが確認されている[69]．CEM は直流電流の検出法およびパルスカウント法で使用している．パルスカウントは，イオン電流が小さくなり連続電流として検出しにくくなる領域（およそ 10^{-15} A 以下：電荷の移動量としておおよそ 10 000 個程度）において二次電子増倍管を用いて使用される方法である．10^{-11} Pa までの測定が可能であると報告されている．

Akimichi らはイオン分析器として Bessel-Box 型のものを搭載した熱陰極電離真空計について報告した（軸

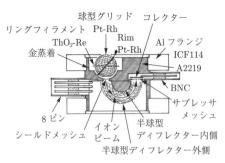

（a）180°分光型真空計[60],[61]

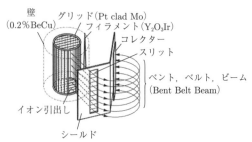

（b）3BG (bent belt-beam gauge head)[62]〜[64]

図 4.1.31　Watanabe によって開発されたイオン分光型真空計

対称透過型電離真空計, axial-symmetric transmission gauge, AT ゲージ)[72])（**図 4.1.33** 参照）.

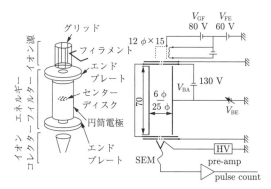

図 4.1.33　軸対称透過型電離真空計（axial-symmetric transmission gauge）概略図[72]

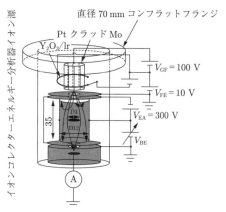

図 4.1.34　ファラデーカップ検出器型 AT ゲージの概略[77]

この真空計はイオン生成部とイオン検出器との間に Bessel-Box 型のイオン分析器を配置したことが特徴である. Bessel-Box 型のイオン分析器は, 円筒電極の中心に配置された円筒電極と同電位である円盤型電極, 円筒の両端に配置された穴付きの電極とから構成されるもので, 構成として非常に簡単である. また, 初期の文献[72]～75)ではイオン検出器として二次電子増倍管（セラトロン, 村田製作所）が使用されていた. フィラメントの温度を下げる（電子電流を小さくする, 30～140 μA）ことによって真空計自体からのガス放出の低減化に配慮したことによるイオン信号強度の低下を補うために, より高感度計測が可能なパルスカウント法を用いた. イオン検出器がイオン生成部方向を向いているが, 円筒電極に配置された円盤型の電極によってイオン生成領域（軟 X 線源）がイオン検出器を直接のぞかない形状となっていて, 軟 X 線による残留電流を低減化していることや気体イオンと ESD イオンが十分に分離できることが報告されている[72]～76). この真空計の測定下限値は 10^{-12} Pa であると報告されている. ステンレス電極を化学研磨[83]) を施すことや部品すべての真空脱ガスを行うことで真空計からの放出ガスを低減化している[76]).

より実用的な計測器とするためには, 感度の変化が大きい二次電子増倍管を検出器として使用することを避けたい. AT ゲージの電子電流値を 1 mA と大きくし, 二次電子増倍管を使用せず, 板型のイオンコレクターを用いてエレクトロメーターを使用して実用的な検出感度を得ることができている[76), 77). この形式の真空計は商用真空計として販売されている（ULVAC Inc.：``AxTRAN'', ISX2, X-11）（**図 4.1.34** 参照）. AT ゲージの感度の直線性や実用的な測定圧力上限

値がコンダクタンス変調法（conductance modulation method, CMM[84]) や比較校正法を用いて確かめられている[74)～77). また, 感度の安定性が調べられていること[78)～80)や比感度係数が調べられていること[81), 82), 感度の温度依存性が調べられていること[78), 81)など, 真空計の特性が詳細に調べられていることも一つの特徴である.

（e）**高い圧力を測定する電離真空計**　現在は約 10 Pa 以下が圧力測定領域である静電容量式隔膜真空計などが販売されるようになり, 1 Pa 以上の圧力を測定することを主たる目的とした電離真空計に関する報告は少ない. 真空技術の歴史的に重要な項目であるので, その基本的な考え方および文献を示すのみとする.

高い圧力を測定するために満たすべき電離真空計の要件は以下の 3 項目であるとされる. 気体分子, 電子, イオンとの相互作用を低減化し, 圧力とイオン電流との間の直線性を向上することを主眼に置いたものである[85).

a）電子の軌道ができるだけ単純であること（軌道の圧力依存性が少ない）.

b）感度を低く保つこと（フィラメントとグリッドの間の距離を短くするなど）.

c）イオンコレクターの面積をフィラメントに比べて大きくすること（イオンの補修効率の圧力依存性を少なくする）.

これらの項目を満たす真空計を Schulz らは報告している（**図 4.1.35** 参照）[85). 同様な考えの下, いくつかの高圧測定用の電離真空計について報告している[86). Peacock らは, B–A 真空計において, 電子電流値を下げることで高い圧力における感度の圧力に対する直線性が向上することや, グリッドの両端が閉じた形状の B–A 真空計は高い圧力における感度の圧力に対する直

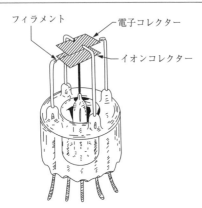

図 4.1.35 Schulz-Phelps ゲージの概略図[85]

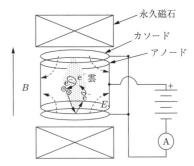

図 4.1.36 ペニング真空計の概略

線性が悪くなることなどを報告している[87]．先に述べた3項目が高い圧力領域における圧力測定においては重要であることを示している．現在，商用の電離真空計の圧力測定上限値は 10 Pa 程度に設定されているものが多く，このとき電子電流が数十 μA 程度である．

〔2〕 冷陰極電離真空計

ここでは，電子源が熱陰極ではない電離真空計に関して記載する．通常，熱陰極電離真空計に対して冷陰極電離真空計（cold cathode ionization gauge，CCG）と呼ばれるものである．しかし，現在，例えば陰極に関して，電界放射型の電子源も冷陰極型の一つであると考えられる場合もある．ここでは，磁場と電場が交差した場の中で自発的な放電が起き，その放電による電流を測定することで圧力測定する形式の電離真空計を，日本工業規格 JIS Z 8126-3：1999 に基づき冷陰極電離真空計（CCG）と呼ぶことにする．

0.1 T 程度の磁界中に 3 kV 程度の高電圧が印加された電極（アノード，カソード）を配置すると持続的な放電が発生する．放電によるイオン電流の圧力依存性を検出するものが冷陰極電離真空計である．円筒電極の両端に円形の電極を配置し，中心軸に平行な方向に磁界を配置した形状の真空計を Penning（ペニング）が報告した[88]（**図 4.1.36** 参照）．この形状は，真空計としてだけではなくイオンポンプとして現在はよく知られているものである．また，Penning は，この形状を薄膜作製のためにも利用したようである[89]．カソードから放出された電子は，電場と磁場とが交差した空間に入射する．電子はこの空間中でらせん運動をしながら気体分子をイオン化する．質量が大きい気体分子イオンは磁場の影響をあまり受けずにカソードに入射する．そこから二次電子が放出されて電場で加速され，電場-磁場空間に入射する．これが繰り返されることで空間中に比較的高い密度の電子雲が形成される．エネ

ルギーを失った電子はアノードで収集される．カソードに入射したイオンの電流を測定して圧力として換算する．

この形式の電離真空計は，構成が非常に単純であり，壊れにくいことが特徴である．しかし，使用に関しては以下のような注意が必要である．

a) 放電電流と圧力とが比例しない[91],[92]
b) 比較的低い圧力（$10^{-5} \sim 10^{-4}$ Pa 以下）においては放電が消滅する，または放電が開始せず，圧力測定が行えない場合がある[90]．
c) 比較的大きな排気速度がある[90]．

圧力に対するイオン電流の関係はおよそ以下のような式で与えられる．

$$p = Ki^n \qquad (4.1.22)$$

n はおよそ 1～1.4 程度の値をとるといわれる[91]．この圧力に対するイオン電流値の指数関係は，現在の電子計測技術を用いて補正，調整することが可能である．一方で，ペニング真空計はスパッタイオンポンプと同等であると考えると，圧力領域による放電モードの違いによって式 (4.1.22) の乗数 n が変化することがあることも示唆されている[93]．

低い圧力において放電が消滅することや放電が開始しないことに関しては，外部に電子源を配置することや α 線源を配置することで対応していた報告がある[94],[95],[97]．α 線源を配置する方法に関しては，現在は放射線源管理の上から使用されることはほとんどない．一方で，電界を小さい領域に集中させ，電子の放出効率を高めて放電開始時間を短くし，放電開始圧力領域を低くした例もある[96]．

現在，冷陰極電離真空計として用いられているものの多くはマグネトロン型や逆マグネトロン型と呼ばれるものである．マグネトロン型真空計や逆マグネトロン型真空計（**図 4.1.37** 参照）は，Redhed や Hobson によって最初に報告された[98],[99]．放電開始時間の短縮を考慮することおよび超高真空までの利用を目的と

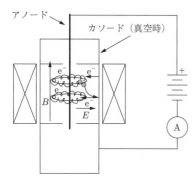

図 4.1.37 逆マグネトロン型真空計の概略

したものであった．円筒型の永久磁石がカソードを包み込む構造をしている[102]ので，漏えい磁場が大きい．これをキャンセルする構造が提案されている[100]．

ペニング真空計と同様に，圧力に対する放電電流は直線的に変化しないし，感度の圧力依存性もよくない．圧力領域によって放電電圧を変化させて広い圧力領域でマグネトロン型真空計を動作させる試みもある[103]．しかし，構造が簡単なこと，堅牢であること，取扱いが簡単なことなどから，長期間大気開放ができないような施設（電子顕微鏡の鏡筒，高エネルギー加速器[101]など）での圧力測定，監視に非常によく利用される．

引用・参考文献

1) 堀越源一：真空技術（東京大学出版会，東京，2012）．
2) H. Akimichi: J. Vac. Soc. Jpn., **56** (2013) 220.
3) M. Hirata: Shinku, **48** (2005) 599.
4) 北原時雄，石川雄一：マイクロマシン技術（シーエムシー出版，東京，2007）．
5) J. J. Sullivan: J. Vac. Sci. Technol. A, **3** (1985) 1721.
6) H. Miyashita: Shinku, **48** (2005) 631.
7) T. Takaishi: Shinku, **6** (1963) 345.
8) T. Takaishi and Y. Sensui: Trans. Faraday Soc., **59** (1963) 2503.
9) H. Yoshida, E. Komatsu, K. Arai, M. Hirata and H. Akimichi: J. Vac. Soc. Jpn., **53** (2010) 686.
10) 熊谷寛夫，富永五郎，辻泰，堀越源一：真空の物理と応用（裳華房，東京，1980）．
11) Nanosensors: *Physical, Chemical, and Biological* (CRC Press, 2011) p.316.
12) J. W. Beams, D. M. Spitzer and J. P. Wade: Rev. Sci. Instrum., **33** (1962) 151.
13) J. K. Fremerey: J. Vac. Sci. Technol., **9** (1972) 108.
14) J. K. Fremerey: Vacuum, **32**, (1982) 685.
15) J. K. Fremerey: J. Vac. Sci. Technol. A, **3** (1985) 1715.
16) M. Hirata, H. Isogai, K. Kokubun and M. Ono: Shinku, **28** (1985) 898.
17) M. Hirata: Shinku, **36** (1993) 26.
18) K. Kokubun, M. Hirata, M. Ono, H. Murakami and Y. Toda: Shinku, **29** (1986) 101.
19) K. Kokubun, M. Hirata, M. Ono, H. Murakami and Y. Toda: Shinku, **30** (1987) 706.
20) T. Kobayashi and H. Hojo: Shinku, **37** (1994) 403.
21) O. von Baeyer: Phys. Zeitschrift, **10** (1909) 168.
22) O. E. Buckly: Proc. Natl. Acad. Sci. USA, **2** (1916) 168.
23) K. Jousten Ed.: *Handbook of Vacuum Technology* (Wiley-VCH, 2008) 13.7.2, 597.
24) 応用物理学会編：応用物理ハンドブック（丸善，東京，2002）p.1046.
25) H. Yoshida, K. Arai and T. Kobata: Vacuum, **101** (2013) 433.
26) JVIS-0001：副標準電離真空計用管球（日本真空協会規格）
27) M. Hirata, M. Ono, Y. Toda and K. Nakayama: Shinku, **25** (1982) 372.
28) W. Kohl: *Handbook of materials and techniques for vacuum devices* (Springer, 1995).
29) J. H. Leck: *Total and partial pressure measurement in vacuum systems* (Blackie & Son Ltd., 1989) p.75.
30) R. T. Bayard and D. Alpert: Rev. Sci, Instrum., **21** (1950) 571.
31) P. A. Redhead: Rev. Sci. Instrum., **31** (1960) 343.
32) P. A. Redhead: J. Vac. Sci. Technol. A, **10** (1992) 2665.
33) P. J. Szwemin: J. Vac. Sci. Technol., **9** (1972) 122.
34) A. Sakamoto, H. Okamoto, T. Unrano and T. Kanaji: Shinku, **24** (1981) 600.
35) P. A. Redhead: J. Vac. Sci. Technol., **3** (1966) 173.
36) U. Beeck and G. Reich: J. Vac. Sci. Technol., **9** (1972) 126.
37) L. G. Pittaway: Vacuum, **24** (1974) 301.
38) L. G. Pittaway: Philips Res. Reps., **29** (1974) 261.
39) L. G. Pittaway: Philips Res. Reps., **29** (1974) 283.
40) L. G. Pittaway: Philips Res. Reps., **29** (1974) 363.
41) D. Blechschmidt: J. Vac. Sci. Technol., **11** (1974) 1160.
42) T. Kanaji: Shinku, **21** (1978) 413.
43) W. C. Schümann: Vac. Symp. Trans. (1962) 428.
44) W. B. Nottingham: Vac. Symp. Trans. (1955) 76.

45) S. Komiya, N. Takahashi and K. Akaishi: Shinku, **5** (1962) 402.

46) F. Watanabe: Shinku, **31** (1988) 536.

47) J. M. Lafferty: J. Appl. Phys., **32** (1961) 424.

48) J. M. Lafferty: Rev. Sci. Instrum., **34** (1963) 467.

49) W. G. Mourad, T. Pauly and R. G. Herb: Rev. Sci. Instrum., **35** (1964) 661.

50) E. A. Meyer and R. G. Herb: J. Vac. Sci. Technol., **4** (1967) 63.

51) C. M. Gosselin, G. A. Beitel and A. Smith: J. Vac. Sci. Technol., **7** (1970) 233.

52) J. C. Helmer and W. H. Hayward: Rev. Sci. Instrum., **37** (1966) 1652.

53) F. Watanabe: J. Vac. Sci. Technol. A, **9** (1991) 2744.

54) P. A. Redhead: J. Vac. Sci. Technol. A, **10** (1992) 2665.

55) R. D. Ramsier and J. T. Yates, Jr.: Surf. Sci. Reports, **12** (1991) 243.

56) D. Menzel: Surf. Science, **47** (1975) 370.

57) P. A. Redhead: J. Vac. Sci. Technol., **7** (1970) 182.

58) D. Menzel and R. Gomer: J. Chem. Phys., **41** (1964) 3329.

59) D. Blechschmidt: J. Vac. Sci. Technol., **12** (1975) 1072.

60) F. Watanabe, Shinku, **35** (1992) 422.

61) F. Watanabe: J. Vac. Sci. Technol. A, **10** (1992) 3333.

62) F. Watanabe: J. Vac. Sci. Technol. A, **28** (2010) 486.

63) F. Watanabe: J. Vac. Soc. Jpn., **56** (2013) 230.

64) VacLab Inc.: J. Vac. Soc. Jpn., **54** (2011) 131.

65) F. Watanabe: J. Vac. Soc. Jpn., **7** (1982) 506.

66) F. Watanabe: J. Vac. Soc. Jpn., **6** (1981) 353.

67) A. Otuka, C. Oshima and T. Itinokawa: J. Vac. Soc. Jpn., **34** (1991) 5.

68) A. Otuka and C. Oshima: J. Vac. Sci. Technol. A, **11** (1993) 240.

69) C. Oshima, T. Aatoh and A. Otuka: Vacuum, **44** (1993) 595.

70) D. Menzel and R. Gomer: J. Chem. Phys., **41** (1964) 3311.

71) R. D. Ramsier and J. T Yates, Jr.: Surf. Sci. Rep., **12** (1991) 247.

72) H. Akimich, T. Tanaka, K. Takeuchi, Y. Tuzi and I. Arakawa: Shinku, **37** (1994) 267.

73) H. Akimichi, N. Takahashi, T. Tanaka, K. Takeuchi, Y. Tuzi and I. Arakawa: Vacuum, **47** (1996) 561.

74) H. Akimichi, T. Arai, T. Tanaka, N. Takahashi, Y. Kurokawa, K. Takeuchi, Y. Tuzi and I. Arakawa: Shinku, **40** (1997) 781.

75) H. Akimichi, T. Arai, K. Takeuchi, Y. Tuzi and I. Arakawa: J. Vac. Soc. Technol. A, **15** (1997) 753.

76) H. Akimichi, N. Takahashi. T. Hayashi and Y. Tuzi: Shinku, **43** (2000) 177.

77) N. Takahashi, J. Yuyama, Y. Tuzi, H. Akimichi and I. Arakawa: J. Vac. Sci. Technol. A, **23** (2005) 554.

78) N. Takahashi, Y. Tuzi and I. Arakawa: J. Vac. Sci. Technol. A, **25** (2007) 1240.

79) N. Takahashi, J. Yuyama, Y. Tuzi and I. Arakawa: J. Vac. Sci. Jpn., **51** (2008) 377.

80) H. Yoshida, K. Arai, H. Akimichi and M. Hirata: Vacuum, **84** (2010) 705.

81) H. Yoshida, M. Hirata and H. Akimichi: Vacuum, **86** (2011) 226.

82) H. Yoshida, K. Arai and T. Kobata: Vacuum, **101** (2014) 433.

83) S. S. Inayoshi, Y. Sato, K. Saito, S. Tsukahara, Y. Hara, S. Amano, K. Ishizawa, T. Nomura, A. Shimada and M. Kanazawa: Vacuum, **53** (1999) 325.

84) K. Terada, T. Okano and Y. Tuzi: J. Vac. Sci. Technol. A, **7** (1989) 2397.

85) G. J. Schulz and A. V. Phelps: Rev. Sci. Instrum., **28** (1957) 1051.

86) R. N. Peacock: *Foundations of Vacuum Science and Technology*, J. M. Lafferty ed. (John Wiley & Sons Inc., 1998) Chap. 6.9.8, p.426.

87) R. N. Peacock and N. T. Peacock: J. Vac. Sci. Technol. A, **8** (1990) 3341.

88) F. M. Penning: Physica, **4** (1937) 71.

89) K. M. Welch: *Capture pumping technology* (Pergamon, 1991) Chap. 2.1, p.67.

90) S. Dushman and J. M. Lafferty: *Foundations of Vacuum Technique* (John Wiley & Sons, 1962) Second edition, Ch. 5, Sect. 5.7, p.316.

91) K. Jousten, ed.: *Handbook of vacuum technology* (Wiely – VCH, 2008) Chap. 13.7.4, p.615.

92) J. M. Lafferty: *Foundations of vacuum science and technology* (Wily & Sons, 1998) Chap. 6.9.9, p.430.

93) A. Dallos and F. Steinrisser: J. Vac. Sci. Technol., **4** (1967) 6.

94) J. R. young and F. P. Hession: Trans. Nat. Vac. Symp., **10** (1963) 234.

95) C. Hayashi and S. Komiya: *Choukousinnkuu, Shinnkuu gizyutu kouza* (Nikkannkougyou shinnbunnsya, 1964) Chap. 1.3, p.66.

96) K. Jousten, ed.: *Handbook of vacuum technology* (Wiley – VCH, 2008) Chap. 13.7.4, p.620.

97) K. M. Welch, L. A. Smart and J. Todd: J. Vac. Sci. Technol. A, **14** (1996) 1288.

98) P. A. Redhead: Can. J. Phys., **37** (1959) 1260.

99) J. P. Hobson and P. A. Redhead: Can. J. Phys., **36** (1958) 271.

100) B.R.F. Kendall and E. Drubetsky: J. Vac. Sci. Technol. A, **18** (2000) 1724.

101) Y. Tanimoto, T. Uchiyama and Y. Hori: Shinku, **46** (2003) 437.
102) R. N. Peacock, N. T. Peacock and D. S. Hauschulz: J. Vac. Sci. Technol. A, **9** (1991) 1977.
103) E. Nishikawa, T. Arai, T. Kioka and K. Yamagishi: Shinku, **48** (2005) 549.
104) H. Hojo, M. Ono and K. Nakayama: Proc. 7'th Intern. Vac. Congr. and 3rd Intern. Conf. Solid Surfaces (Vienna, 1977) 1, 373.
105) 中山勝矢,小野雅敏:真空技術(林主税)(共立出版,東京,1985) 7 章, p.351.

4.2 質量分析計,分圧真空計

真空中の状態を把握するために必要な物理量の一つが圧力(気体分子の密度)である.一方で,真空という一種の極限の状態の中で種々の実験やプロセスを行う場合,平均的な分子の密度だけでなく,残留している,または導入した気体分子の種類を確かめること,それらの変化や全体の気体分子数に対する割合を知ることが結果を理解するための重要な情報になる.真空計測の分野で,質量が異なる気体分子の存在比率を測定する機器を質量分析計と呼び,質量分析した結果を分圧に変換して表示する機器を分圧計と呼ぶ.質量分析計や分圧計に関していくつかの呼び名がある.

a) 質量分析計(mass spectrometer, MS) 気体分子をイオン化して,m/z 値[†]によって分離し,原子・分子の存在量を確かめる機器の総称である.

b) 分圧計(partial pressure gauge, partial pressure analyzer, PPA) 質量分析計の出力を分圧に換算して表示する計測機器である.

c) 残留ガス分析計(residual gas analyzer, RGA) 質量分析計のうち,残留ガスを測定する場合に使用する機器である.

d) プロセスモニター(process monitor) 半導体装置などの真空プロセス中の状態測定を行うものである.

MS は上記 b) 以下の総称である.微量成分の分析を行ったり,生体分子の同定に使用するものまで含めて質量分析計と呼ぶことができる.b) 以下は使用される分野において呼ばれ方が異なるだけで,同じものである.ただし,d) のプロセスモニターに関しては質量分離部を高真空に保ち,イオン生成部をプロセス中に配置する差動排気系を用いるものもある.

真空技術の領域で使用されている質量分析計は,質量分離部の種類によって "JIS Z 8126-3:1999,真空技術—用語—第 3 部:真空計及び関連用語[3)]" の中で,

2.5.2 電界を利用する質量分析計
2.5.3 電界及び磁界を利用する質量分析計
2.5.4 飛行時間を利用する質量分析計

と分類されている.これらのうち四極子形質量分析計 2.5.2〔2〕,磁界偏向型質量分析計 2.5.3〔1〕,飛行時間型質量分析計 2.5.4〔1〕が使用される場合が多い.現在は,残留ガス分析,分圧測定において四極子形質量分析計が使用される場合が圧倒的に多い.大きさ,コスト,質量分離能力など,実用的な能力が高いことに由来する.

質量分析計,分圧計の一般的な構成を図 4.2.1 に示す.

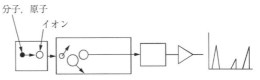

図 4.2.1 質量分析計,分圧計の構成概略図

質量分析計は,中性粒子である気体分子を荷電粒子であるイオンに変換するイオン生成部,イオンを m/z に従って弁別する質量分離部,イオンを検出するイオン検出部の大きく三つの部分から構成される.最近ではこれらの部分を制御するコンピューターによって,測定された信号を質量スペクトルや分圧値として表示される場合が多い.

真空計測に用いる分圧計のイオン生成部は,熱フィラメントから放出された熱電子を電場で加速し,中性の気体分子に衝突させイオン化を行っている.光によるイオン化,イオンによるイオン化,中性粒子にイオンや電子が付着することによるイオン化等さまざまな形式のイオン化法がある.

質量分離部は,原理によってつぎの三つの方式に分けられる.電界を利用する質量分析計,電界および磁界を利用する質量分析計,飛行時間を利用する質量分析計である.どの方式の場合も基本的な原理は,気体イオンが電磁場から受ける力(クーロン力,ローレンツ力)を利用することである.

イオン検出部ではイオンをファラデーカップなどで電流として検出するが,質量分離をしているためイオ

[†] イオンの質量 (m_i) を統一原子質量単位(静止した基底状態の質量数 12 の炭素原子 1 原子の質量の 12 分の 1 の質量)で割り,さらにイオンの電荷数 (z) で割って得られる無次元量.通常質量スペクトルの横軸として表示される.なお,横軸の量は,イオンの質量をイオンの電荷で割った商ではないので,正確には,質量電荷比ではない.

ン電流値が小さくなってしまう．それを補うため，イオン電流を二次電子増倍管などの増幅器を使用して信号を増幅させることもある．さらに小さな信号を検出する場合には，イオンが二次電子増倍管に入射したときに生じるパルス数を計数するパルスカウント法を用いる場合がある．イオン検出器を目的のイオンが検出される位置に配置するか，もしくは検出器を固定し，その位置に目的のイオンのみが導かれるように電磁界のパラメーター（強度や周波数）を調整することにより，選択的にイオンを検出する．前者の場合は検出器の位置，後者の場合は電磁界のパラメーターを連続的に変化させることにより，質量スペクトルを測定することができる．

質量分析計の性能を決める要因として，つぎのようなものが挙げられる．

a) **質量分解能** 質量スペクトルの隣り合ったピークを分離できる能力を質量分解能という．質量 m/z と質量 $m/z + \Delta(m/z)$ のピークを分離できるとき，その質量分析計の分解能は $(m/z)/\Delta(m/z)$ であるという．

b) **測定可能質量範囲** 分圧を測定できる質量数の範囲を示す．

c) **感度** 分離部の透過確率が1より小さく，質量分離された小さな信号を測定するためには，より微小電流を測定する必要があるため高い感度が要求される．

d) **測定可能圧力範囲** 測定下限圧力は信号強度と電気的なノイズにより決定される．分離部を有する質量分析計では，電離真空計よりも飛行距離が長いので，測定可能な上限圧力値が低くなる．

質量分析計を使用する場合，つぎの点に注意する必要がある．

① イオンが質量分離部を透過する確率がイオンの質量によって異なるし，二次電子増倍管を使用している場合は，その増幅率もイオン種やイオンの質量によって異なる．イオン電流値から分圧を求めるためにはイオン種ごとの感度係数を測定する必要がある．

② 1種類の気体であっても，電子衝撃を受け，複数のイオンに分離することがあるため，複数のピーク（クラッキングパターン）が検出される．

③ 1価のイオンだけでなく2価のイオンも生成される場合もあり，別のピークとして検出される．同位体の存在にも注意する必要がある．

④ 一酸化炭素（CO^+ : $m/z = 28$）と窒素（N_2^+ : $m/z = 28$）のように同じ質量電荷比で検出されるイオンを区別するのは難しい．ただし，高精度な質量分析計を使用すれば分離は可能である．

以降，イオンの質量 m_i [kg] と m/z（例えば水 18，窒素分子 28，アルゴン 40 など）との使い分けに注意したい．

4.2.1 四極子形質量分析計[60]

四極子形質量分析計（quadrupole mass spectrometer, QMS[6]）の，イオンの質量分離部に用いられている四極子形マスフィルターの原理が提案されたのは，1953 年，ドイツ，ボン大学の Paul らによってであった[7),11)]．その後，実用化，小型化されて現在の RGA の形になっている．RGA として用いられる QMS は，熱陰極型イオン源，四極子形マスフィルター，イオン検出部から構成される（**図 4.2.2** 参照）．

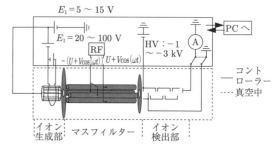

図 4.2.2 四極子形質量分析計の概略

〔1〕イ オ ン 源

通常，RGA には電子衝撃によって気体のイオン化を行う熱陰極型イオン源が使用されている．初期には，磁場偏向型質量分析計で用いられていた Nier 型またはそれに近い形状のイオン源[9),12),13)]が用いられていた（**図 4.2.3**(a), (b) 参照）．現在は，金属線で製作された円筒かご型の集電子電極（アノード，グリッド，陽極とも呼ばれる）と，線状またはリング状の熱フィラメント（カソード，陰極とも呼ばれる）から構成されたイオン源が使用される場合が多い（図 4.2.3 (c) 参照）[9),13)~16)]．イオン源の表面積を小さくすることで，イオン源自体からのガス放出の低減化が考慮された結果である．フィラメントから放出された電子がグリッドの中を通過するときにグリッドの内部で気体分子と衝突し，気体イオンが生成される．生成された気

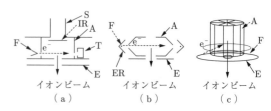

図 4.2.3 四極子形質量分析計のイオン源の例

体イオンは，イオン源内部の電位勾配に沿って移動し，一部は引出し電極（図4.2.3中のE）を通過し，四極子形マスフィルター方向に引き出される．引き出されたイオンは，場合によってはイオン集束レンズ系で収束され，四極子形マスフィルターに入射する．

円筒かご型グリッド材としては，タングステン，モリブデンなどの高融点金属，または，モリブデン線を白金で被覆した白金被覆（クラッド）モリブデン線が用いられる．白金被覆モリブデン線は，真空中の残留気体がモリブデン，タングステンよりも白金に吸着しにくい[17]ことに着目し，イオン源からのガス放出を低減化することを目的として採用されている．モリブデンやタングステンは，点溶接による溶接強度が非常に得にくい[8]．しかし，白金やタンタルなどの材料が介在すると，溶接強度を得ることができる[18]．白金被覆モリブデン線は，イオン源製作者にとって好ましい材料でもある．

熱陰極用のフィラメント材としては，線径0.1〜0.2 mm 程度のタングステン，レニウム，レニウム–タングステン合金等の高融点でかつ比較的仕事関数が小さい金属線が用いられる．仕事関数を低下させ，フィラメントをより低温で動作することのできる線材として，トリアタングステン線（タングステンに数%のトリア（酸化トリウム）を混ぜた線材）やトリア被覆タングステン線が用いられることも多かったが，トリウムから微量なβ線が放射されるために使用頻度が少なくなった．現在は，イリジウムにイットリア（酸化イットリウム）をコーティングしたフィラメント材が主流である．イリジウムが，化学的に安定であり，比較的高い圧力（1 Pa程度）で動作させたとしても熱酸化による断線が起こらないことが採用理由である．ただし，材料としては非常に高価なものである．イリジウム線へのイットリア被覆法は，タングステン線へのトリアの被覆法と同様，電気泳動を利用して，エタノール中に浮遊している粉末をフィラメント上に付着させた後，真空中でフィラメントを加熱して粉末の密着性を向上するという方法で行うことができる[19]．イットリアコーティング法の概要を**図4.2.4**に示した．

〔2〕 **四極子形マスフィルター**

四極子形マスフィルターは，ステンレスなど金属製の4本の棒状電極を平行に配置した形状をしている（図4.2.1参照）．電極断面が双曲線状であることが望ましいのだが，機械加工の難しさから円柱状の電極が用いられる場合が多い．円柱状の四極子電極の場合，四極子電極の内接円内部に良好な四極子電場を得るためのフィールド半径（r_0，棒状電極の内接円の半径）と棒状電極の断面半径（r）との比（r/r_0）は1.148が良いと

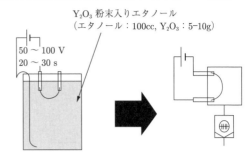

(a) Y$_2$O$_3$粉末が電気泳動によりフィラメント上へ堆積する．
(b) 真空中で加熱して，焼結する．

図4.2.4 イットリアコーティング法の概要

されている[20],[21]．棒状電極の加工精度や配置（組立て）精度は，質量分析計の感度や質量分解能を決定する一要因であり，相対的な製作，加工誤差として10^{-3}程度が必要である[22]．

対向する二対の電極には，直流成分と高周波成分が重畳した，極性が逆の電圧（$U+V\cos\omega t$および，$-(U+V\cos\omega t)$）が印加され（**図4.2.5**(a)参照），これによって，四極子電極部の内側の空間には図4.2.5(a)中の破線で示したような四極子電場が形成される．このような電場のもとでは，ほとんどのイオンは時間とともに加速され，振幅が大きくなり，この空間内にとどまることができない．しかし，U, Vの値を図4.2.5(b)で示す領域内に設定すると，四極子電極の一方から四極子電場中に入射したイオンのうち通過条件に合ったm/zを持つイオンは，電場中を運動しているうちに電極に衝突したり，電場領域外に飛び出していくことなく，四極子電極が作る電場中を通過して，他端に達することができる．図4.2.5(b)の領域を，それぞれのm/zのイオンに対するマシューの第一安定領域と呼んでいる．ほかにも安定領域（第二，第三，…）が存在し，第二安定領域を用いて質量分離を行った例もある

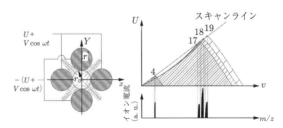

(a) 四極子電極の断面図と四極子電場
(b) いくつかのm/zのイオンに対するマシュー(Mathiew)の方程式の安定領域の例

図4.2.5 四極子形質量分析計

が[23]，通常用いられるのは第一安定領域である．安定領域の頂点付近を通るように U/V の値を一定に保ちながら図 4.2.5(b) 中に示した走査線のように V 電圧を走査することで，質量スペクトルが得られる．V の値は

$$V = 1.4 \times 10^{-7} f^2 r_0^2 m_i \qquad (4.2.1)$$

から計算される値である[24),25)]（m_i：質量 [kg]，V：高周波電圧 [V]，f：周波数 [Hz]，r_0：フィールド半径 [m]）．また，安定領域の頂点にいる U 電圧は

$$U = 2.4 \times 10^{-8} f^2 r_0^2 m_i \qquad (4.2.2)$$

で与えられる[24),25)]．

$m/z = 18$ のイオンの軌道計算結果の一例を図 4.2.6 に示す．計算の条件は，入射エネルギー 10 eV，周波数 3 MHz，電極長さ 150 mm，フィールド半径 3 mm である．安定領域の頂点付近での軌道計算の場合（図 4.2.6(a) 参照）では，イオンの軌道が四極子電場中からずれずに出口に達している．V が少し大きくなり安定領域から外れると，図 4.2.6(b) に示すように，四極子電場からイオンの軌道が発散し，出口に到達することができない．

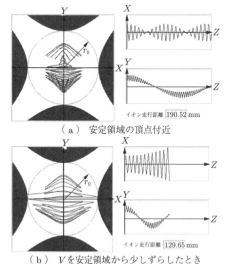

(a) 安定領域の頂点付近

(b) V を安定領域から少しずらしたとき

図 4.2.6 $m/z = 18$ のイオンの軌道計算結果の一例

質量分解能（$\Delta(m/z)$）；通常は，ピークの高さに対して 10% のところの幅）は，イオンが四極子電場の中を入口から出口まで飛行するうちに，何回高周波電場の影響を受けて振動するかで決定され，およそ次式のように表される[24)]．

$$\Delta(m/z) = \frac{4 \times 10^9 V_z}{f^2 L^2} \qquad (4.2.3)$$

V_z はイオンの z 方向のエネルギー [eV]，L は四極子電極の長さ [m] である．値が小さいと分解能が良く，大きいと分解能が悪いことになる．例えば，周波数 2 MHz，イオンのエネルギー 10 eV，四極子電極の長さ 125 mm のときには，$\Delta(m/z) = 0.64$ となる．この式は，四極子電場が理想的に形成されているときに得ることのできる最大の質量分解能であり，通常はこの式で計算されるよりも大きい値（分解能が悪い）となる．四極子電極の製作誤差，組立て誤差や，四極子電極に印加される高周波電圧の波形の乱れなどによって，四極子電場が理想値からずれることが原因である．また，イオンが四極子形質量分離部に入射するエネルギーが分解能に大きく影響することがわかる．通常は 5～10 eV 程度で入射させる．

〔3〕イオン検出器

ファラデーカップ型のイオン検出器は，元来は円筒形状のものである[26)]．イオンの捕集効率を向上し，捕集時の二次電子の影響を低減化する目的で利用される．しかし，現在，RGA ではステンレス等の金属で製作された平板型のイオンコレクターも，ファラデーカップ型イオン検出器と呼ばれる（図 4.2.7(a) 参照）．迷走イオンの検出を防ぐために，接地電位でシールドされている．この型のイオン検出器は，検出器自体の検出効率の変化が少なく，比較的安定して使用することができる．微小電流を検出する場合が多い（10^{-12} ～ 10^{-15} A）ので，特にコネクター部分の取扱いに注意を要する．手で触れること（汚れのために絶縁抵抗が小さくなる）や湿度の高い雰囲気での使用などは避け

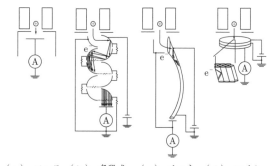

(a) ファラデーカップ型　(b) 多段式 (EM)　(c) チャネルトロン型 (CEM)　(d) マイクロチャネルプレート (MCP)

二 次 電 子 増 倍 管 型 (SEM)

図 4.2.7 イオン検出器

たい．

二次電子増倍管型（secondary electron multiplier, SEM）には，Cu-Be 合金など二次電子放出効率が高い金属でできた薄板の電極（ダイノード）を多段に配置し，各ダイノード間を抵抗で連結した多段式の EM（electron multiplier, 図 4.2.7 (b) 参照），ガラスから製作された管形のチャネルトロン型 CEM（channel type electron multiplier, 図 4.2.7 (c) 参照），鉛ガラスから製作された微小管を多数並べたマイクロチャネルプレート（micro channel plate, MCP, 図 4.2.7 (d) 参照）などの種類がある．信号強度が大きいときや SEM の感度を補正するときに使用される平板型のイオンコレクターが同時にマウントされた形状となっている[27]．Cu-Be ダイノード SEM のベリリウムは，近年の有害物質規制の対象とはなっていないものの敬遠されがちであり，酸化アルミのダイノードに変更されつつあるようである．有害物質規制の対象であるガラス中に含まれる鉛に対する対応は不明である．

SEM を動作させるときには入口電極に $-1 \sim -3$ kV の電圧を印加する．EM 管で10段の段数があるとすると，各ダイノード間には100〜300 V の電位差が生じる．イオン1個が初段のダイノードに入射すると，印加されている電圧や表面状態にもよるが，2個程度の二次電子が放出される．放出された電子が電位勾配に従って移動し，つぎの段のダイノードに衝突することで再び二次電子が放出される．一つの荷電粒子（イオン，電子）に対して2個の二次電子が放出されるとすると，10段のダイノードで $2^{10} = 1024$ つまり約3桁の利得（ゲイン）が得られることとなる．CEM では，筐体自体が高抵抗体なので，CEM の入口から出口に向かって連続的に電位勾配が生じ，EM 管と同様な効果により電流値が増幅される．

電流増幅器に入力される電流が大きくなると応答速度の速い電流増幅器を用いることができるので，質量走査速度を速くすることができる．また，測定下限値を向上することができる反面，イオン電流の上限値は，10^{-6} A 程度である．

4.2.2 RGA の実際と問題点[60]

半世紀以上の歴史がある QMS であるが，一番の改善点は，コンピューター制御が可能になったことであろう．

1980年代までは，QMS の制御（測定スタート，ストップなど）を制御系側で手動で行い，イオン電流増幅器の出力を時間に対して記録し，質量スペクトルを得る（X–t レコーダー使用）方式が主流であった．RGA（MSQ-100, 日本真空技術株式会社）の出力を，X–t レコーダーの代わりにデータロガーで取り込むことで得た質量スペクトルの例が図 4.2.8 に示されている．測定スタート，ストップや電流増幅器の利得の変更は手動で行った．

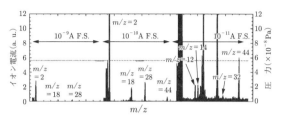

図 4.2.8 アナログコントロールの RGA の質量スペクトルの例

それに対して，現在は，QMS の操作をコンピューターで制御し，データ収得，解析を行うことができる．現在の RGA（ST-400，株式会社アルバック）を用いて，質量分析計の制御ソフトウェア（QCS2001，株式会社アルバック）で測定した質量スペクトル，および真空中の残留ガスのうち特徴的なピーク（$m/z = 2$, 12, 18, 28, 32, 44）の時間変化を測定した結果を，それぞれ図 4.2.9 (a), (b) に示す．このソフトウェアでは，質量スペクトルと，選択されたピークの時間変化とを同時に表示できる．時間をさかのぼってスペクトルを表示することもできるし，ある m/z のピーク強度が設定した閾値を超えた場合に信号を出力する機能，外部からの入力信号によって計測を開始する機能なども付加されている．質量スペクトルがデータベース化されているソフトもあり，測定した質量スペクトルとデータベースを比較することで，未知のピークを同定したり，ピークの重なりを分離したりすることができる．これらのデータ処理は，コンピューターなしでは達成されなかったであろう．

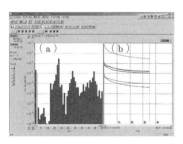

図 4.2.9 コンピューターで制御された RGA で得られた質量スペクトル，a) 質量スペクトル，b) 質量スペクトルの中から抜き出してきた特徴的なピークの変化．

以上のように，コンピューターを用いることによってシステム化され，使いやすくなった QMS ではあるが，昔から変わらない，基本的な問題点がいくつかあ

るように思われる.

〔1〕 ピークの同定

分子は，ある閾値以上のエネルギーが電子から与えられると結合開裂（フラグメンテーションとかクラッキングと呼ばれる）し，フラグメントイオンピークが観察される．例えば CH_4 なら，親イオン（CH_4^+）のほかに

$$CH_4 + e^- \longrightarrow CH_4^+ \quad (m/z = 16)$$
$$CH_3^+ \quad (m/z = 15)$$
$$CH_2^+ \quad (m/z = 14)$$
$$CH^+ \quad (m/z = 13)$$
$$C^+ \quad (m/z = 12)$$
$$H^+ \quad (m/z = 1)$$

のようにフラグメントイオンピークが観察される．フラグメントイオンの親イオンに対するピーク強度比（クラッキングパターン）は，電子のエネルギー，イオン源の形状などにより異なる[55]．電子エネルギー 70 eV のときのクラッキングパターンが，いくつかの文献に記載されている[15),28)~30)]．これらの値と測定した質量スペクトルとを比較して，ピークの同定を行う．

また，例えば図 4.2.8 では，$m/z = 14$（N^+）のピークが観察されることから窒素が真空槽内にあることが予想されるので，$m/z = 28$ のピークには，真空装置の放出ガス成分である CO^+ と N_2^+ の信号が重なって検出されているはずである．図 4.2.9 (a) のスペクトルで例えば $m/z = 16$ には，CH_4^+, O^+（H_2O, CO, CO_2 等からのフラグメントイオン）の信号が重なって検出されているだろう．異分子で同質量数の分子イオンピークの重なりや，フラグメントイオンよるピークが重なると，クラッキングパターンを比較するだけではピークの同定が難しい．このことを考慮した質量スペクトルの解析法が提案されている．測定された質量スペクトルうち，ある m/z におけるピーク強度は，以下のように表すことができる[31),32),56)]．

$$H_i = \sum_{j=0}^{n} \alpha_{ij} S_j p_j \quad (0 \leq i \leq m) \quad (4.2.4)$$

ここで，H_i：$m/z = i$ での信号強度，S_j：気体 j の感度係数，p_j：気体 j の圧力，α_{ij}：$m/z = i$ における気体 j のクラッキングパターンの係数である．これをまとめると，以下のようになる．

$$
\begin{pmatrix} H_0 \\ H_1 \\ \cdot \\ \cdot \\ H_m \end{pmatrix}
=
\begin{pmatrix}
\alpha_{00} & \alpha_{01} & \cdot & \cdot & \alpha_{0n} \\
\alpha_{10} & & & & \alpha_{1n} \\
\cdot & & \cdot & & \\
\cdot & & & \cdot & \\
\alpha_{m0} & \alpha_{m1} & \cdot & \cdot & \alpha_{mn}
\end{pmatrix}
\begin{pmatrix} S_0 p_0 \\ S_1 p_1 \\ \cdot \\ \cdot \\ S_n p_n \end{pmatrix}
$$
$$(4.2.5)$$

各気体のメインピークの感度（S_0）と，各気体のクラッキングパターンの係数（α_{ij}）を求めておけば，現在のコンピューターの能力からすれば，各気体に関する分圧を求めることができるはずである．しかし，現実には，多種多様な気体に対するクラッキングパターンを得るのは難しく，ある一部の気体（例えば N_2 と CO を分離する）に対して適応するのみにとどまっているようである．

電子衝撃により生成されたフラグメントイオンの初期運動エネルギーは，親イオンの初期運動エネルギーに比べて数 eV 程度高いことが知られている[57),58)]．このことを利用してフラグメントイオンの質量スペクトルを得る機能が付加されている QMS がある．イオン源や引出し電極の電位を四極子電場の中心電位と同電位（通常の QMS では接地電位）にすることで，電子衝撃により生成されたイオンを加速しない設定にする．初期運動エネルギーの低い（熱運動エネルギー程度）親イオンは四極子電場領域に入射しにくい．しかし，数 eV 高い初期運動エネルギーを持ったフラグメントイオンのうち，マスフィルター方向へ移動したものは四極子電場中に入射し，フラグメントイオンの信号として測定できる[59)]．また，極高真空計（AT ゲージ，AxTRAN，株式会社アルバック）[41),42)] に用いたベッセル・ボックス（Bessel–Box）型エネルギー分析器を搭載した QMS を用いてフラグメントイオンに対するエネルギースペクトルを測定した結果，初期運動エネルギー差を利用して親イオンピークとフラグメントイオンピークとを分離できる可能性が報告されている[42)]．参考までに，通常の条件で動作している QMS の質量スペクトルのうち，フラグメントイオンのピークは質量分解能が悪く観察されることが式 (4.2.3) からわかるであろう．

ある m/z で得られた気体イオンの分子組成を知るために，安定同位体の存在比を用いることもできる[56)]．N_2 と CO の場合について例示する．N の同位体とその存在比は，$^{14}N = 0.996\,34$, $^{15}N = 0.003\,66$[54)] であるので，N_2 分子の同位体存在比は，二項定理の展開式の係数を用いて以下のように計算される．

$$m/z = 28 : p_{N14}^2 = 0.992\,69$$
$$29 : 2 \times p_{N14} \times p_{N15} = 7.293 \times 10^{-3}$$
$$30 : p_{N15}^2 = 1.3 \times 10^{-5}$$

また，CO の場合（$^{12}C : 0.989$, $^{13}C : 0.011$, $^{16}O : 0.997\,62$, $^{17}O : 0.000\,38$, $^{18}O : 0.002$）[54)] は，以下のように計算される．

$$m/z = 28 : p_{C12} \times p_{O16} = 0.986\,64$$
$$29 : (p_{C12} \times p_{O17}) + (p_{C13} \times p_{O16})$$

$$= 1.1346 \times 10^{-2}$$
$$30 : (p_{C12} \times p_{O18}) + (p_{C13} \times p_{O17})$$
$$= 1.9821 \times 10^{-3}$$
$$31 : (p_{C13} \times p_{O18}) = 2.2 \times 10^{-5}$$

実際に測定した，N_2 および CO の質量スペクトルを図 4.2.10(a)，(b) に示す．ほぼ計算どおりの値が得られた．また，図 4.2.12 に観察される $m/z=28\sim 31$ のピークは，CO の同位体スペクトルであることが予想できるであろう．有機質量分析計では，同位体存在比を検討することで検出された物質を同定する場合が多いようである．

にした例がある[42]（図 4.2.11 参照）．一方，グリッドに吸着している気体がなければ ESD イオン，ESD 中性粒子による擾乱を防ぐことができることに着目し，つねに通電加熱を行うグリッドも提案されている[43]．

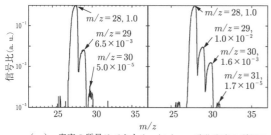

(a) 窒素の質量スペクトル　(b) 一酸化炭素の質量スペクトル

安定同位体の比率が確認できる．

図 4.2.10

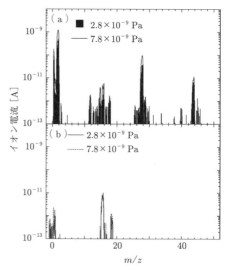

図 4.2.11 ベッセル・ボックス型エネルギーフィルター付き質量分析計で得られた質量スペクトル：(a) 気体イオンの質量スペクトル，(b) 電子励起脱離イオンの質量スペクトル．

〔2〕 ガ ス 放 出

質量分析計自体からのガス放出が大きければ，真空槽内の残留ガス分析というよりも，それ自体からのガス放出を分析していることとなる．〔1〕で示したようなイオン源の改良，低ガス放出材料の選択[33]，材料の低ガス放出化処理の検討[34],[35] 等を行うことで，質量分析計自体からのガス放出が低減化されている．

〔3〕 電子励起脱離（electron stimulated desorption，ESD）

超高真空～極高真空領域の分圧測定を行う場合に問題となる．グリッド表面に吸着した気体が電子による衝撃を受けた結果，中性粒子，励起中性粒子，正負のイオンの形態で脱離する．これらの粒子のうち，正イオンとして脱離したもの（ESD イオン）は，気相で生成された気相イオンと区別できずに検出される[36],[37]．また，中性粒子は，結果的にグリッドからのガス放出となる．ESD 粒子は正確な分圧測定を妨げる要因となる．

気相イオンと ESD イオンとを区別して測定するための方法が研究されている[38]~[40]．QMS のイオン源と質量分離部との間にベッセル・ボックス型エネルギー分析付き質量分析計を用いて，ESD イオン分離を可能

〔4〕 光によるバックグラウンド

イオン検出器の SEM の 1 段目のダイノードが直接イオン源方向をのぞいていると，質量スペクトルのバックグラウンドが上昇する[44],[45]．これは，イオン源内で生成されたイオン，励起中性粒子等の脱励起光を SEM が検出することによる電流である．この現象を防ぐために，1 段目のダイノードをマスフィルターの中心軸上から離した形状の SEM が通常用いられる（図 4.2.7(b)，(c) 参照）[44],[45]．さらに前述のベッセル・ボックス型エネルギー分析器付き QMS の幾何学的な特徴から，光によるバックグラウンド上昇がさらに低減化され，測定のダイナミックレンジとして約 9 桁が得られたことを報告している[42]（図 4.2.12 参照）．

〔5〕 SEM の感度低下

SEM の増倍率は通常経時的に変化する．図 4.2.13 は，約 5×10^{-3} Pa の大気を導入して得られた結果である．測定開始直後の 12 時間程度は，増倍率が上昇し，その後ゆっくり低下，約 1 週間後には変化が少なくなる傾向が観察された．このような利得の変化を補正するためには以下に述べるような補正方法が使われる．初めに，ある気体（窒素，アルゴン等）に対して SEM に付属しているファラデーカップを使用して，圧力 p

404   4. 真 空 計 測

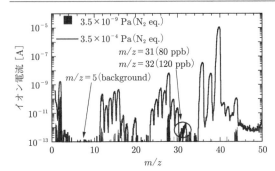

図 4.2.12 ベッセル・ボックス型エネルギーフィルター付き質量分析計の光特性．Ar 中の ppb 領域の不純物検出が可能である．

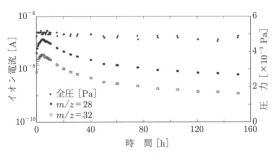

図 4.2.13 二次電子増倍管の増幅率の変化の一例．$m/z = 28, 32$ のピークを 1 週間測定した．

とイオン電流値 I_{SEM} との関係から感度 (S_{faraday}) を求めておく．つぎに，同じ気体を使って SEM を使用した感度校正を行い，圧力 p とイオン電流値 I_{faraday} との関係から感度 (S_{SEM}) を求める．これらの値を下記のように比較することで SEM の増倍率 (r) を求める．

$$\left.\begin{array}{l} r = \dfrac{S_{\mathrm{SEM}}}{S_{\mathrm{faraday}}} \\[6pt] S_{\mathrm{SEM}} = \dfrac{I_{\mathrm{SEM}}}{p}, \ S_{\mathrm{faraday}} = \dfrac{I_{\mathrm{faraday}}}{p} \end{array}\right\}$$
(4.2.6)

増倍率 r が一定値になるように定期的に SEM の印加電圧を調整する．この方法とは別に，一定の流量を真空容器中に導入できるヘリウム標準リークやアルゴン標準リークを用いて，信号強度が一定になるように SEM の電圧を調節する手段も考えられる．このような測定，調節を行うことで，RGA 全体の感度としては，かなりの安定性を得ることができる．

〔6〕 感度の質量数依存性

QMS は，高質量数側で感度が低下することが実験的に確かめられている．この理由として，四極子の端縁電場の影響が挙げられる．一定の電場で加速されたイオンの速さは，イオンの質量数が増加するにつれて遅くなるので，双曲線電場領域に入射するまでの間に端縁電場の影響を受ける時間が長くなる．したがって，図 4.2.5(b) に示されるような安定領域が形成されていない端縁電場領域で高質量数イオンが発散する割合が増加し，感度が低下する[15),20),46),47)]．イオン源－四極子電極間の距離，または，四極子電極－イオン検出器間の距離による，感度，スペクトル波形の変化が詳細に検討されている[48)]．それによると，イオンが受ける高周波電場の影響をその周期で表すと，0.7〜1 周期以内に四極子電極内にイオンが入射するときに感度が最も大きくなることが示されている．

高質量数側の感度低下のおもな原因が，四極子電極に印加された電圧の直流成分にあることに着目し，短い四極子電極を四極子電極の入口 (post filter)，または入口と出口 (post and pre filter) に配置し，高周波成分のみ印加した delayed-DC ramp (DDC) 付きのマスフィルターが提案，開発されている[49)]（図 4.2.14(a) 参照）．高質量数側の感度低下の割合を 1〜2 桁改善したという報告がある．長さ 125 mm のマスフィルターの前後に 18 mm の DDC を加え，高質量数側 (Xe ピーク) で，DDC なしの場合に比べて約 1 桁近く感度が向上することを確かめた例がある（図 4.2.14(b) 参照）．

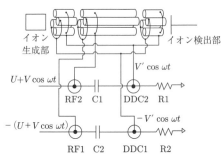

(a) delayed-DC ramp 付き質量分析計の概略

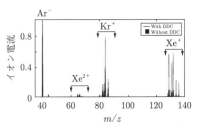

(b) 通常の QMS と delayed DC ramp 付き質量分析計で得られた希ガスの質量スペクトル

図 4.2.14 delayed-DC ramp の効果

〔7〕 小 型 RGA

通常の RGA（四極子電極の長さが 100〜150 mm 程

度のもの）の測定可能な上限圧力は 10^{-3} Pa 程度である．これ以上の圧力になると，イオン–分子間衝突の影響やイオン源内やイオン引出し孔部での空間電荷の影響により，イオン源から引き出されるイオンの割合や四極子電場中を通過するイオンの割合が減少し，感度が低下する[50]．高い圧力部分の雰囲気測定を行う方法として，微小オリフィスを通して差動排気系付き RGA 内に気体を導入する方法がある．二次側（RGA 側）の圧力を RGA の動作圧力範囲内になるようにオリフィスの直径や形状を変更できるので，一次側（圧力が高い側）の圧力を比較的自由に設定できる．スパッタプロセスなど，RGA を直接プロセス室に取り付けることができないような雰囲気の分析を行う場合に多用される方法である．しかし，質量分析計に排気系を搭載したことで価格が高くなることが問題である．

差動排気系なしで 1 Pa 程度の雰囲気の直接分析を行える，小型 RGA が開発，販売されている[51]～[53]．四極子電場内における気体とイオンとの衝突が感度低下原因のおもな原因であると考え，マスフィルターを短くして測定可能な上限圧力を引き上げたものである．マスフィルターが短くなると，質量分解能が低下する（式 (4.2.3) 参照）．質量分解能の低下を補うためには，マスフィルターを動作させる高周波周波数 (f) を上げることとなる．例えば，$r_0 = 3$ mm，周波数 2 MHz，イオンのエネルギー 10 eV，四極子電極の長さ 125 mm のときの分解能を長さ 20 mm（約 1/6）の四極子電極で得ようとすると，動作周波数は 12～13 MHz と計算される．しかし，式 (4.2.1) から，例えば $m/z = 50$ を測定するために必要な高周波電圧が約 9 000 V と計算され，実用的ではない．実用的な V 電圧まで低下させるには，r_0 を小さくする必要がある．$m/z = 50$ で 1 000 V まで許すとすれば，r_0 は約 1 mm となる．これらのことをまとめると，小型 RGA は a) 四極子電極長が短い，b) フィールド半径が小さい，c) 動作周波数が高いことが特徴となる．小型 QMS の動作条件を表 4.2.1 にまとめた．通常の RGA（$r_0 = 3$ mm 程度）のファラデーカップ検出器による感度は 10^{-7}～10^{-6} A·Pa^{-1} 程度なので，小型 RGA の感度は 2～3 桁低い．1～2 桁高い圧力を測定することを目的として

いるので，この程度の感度低下はやむを得ないであろう．Ferran らは，16 本の四極子電極を格子状に並べ，9 箇所の四極子電場領域を作成することで感度の低下を防いでいると報告している[51]．9 本の四極子電極を格子状に並べるアイデアは，Paul によっても報告されている[11]．

このように小型化された RGA であるが，実際に感度の直線性が得られる圧力上限値は 0.1 Pa 程度のようである．それ以上の圧力に関しては，感度が指数関数的に低下することに着目して補正する方法が提案されている[52]．

4.2.3 磁場偏向型質量分析計

質量分析計の研究，開発の初期に導入されたもので，原子の同位体検出，分析を目的としたものであった．magnetic sector type（扇状）mass spectrometer とも呼ばれる．J. J. Thomson[65] がネオンの同位体を分離したものが質量分析の最初とされ，その後，F. W. Aston[1] や A. J. Dempster[2] らによって質量分析計として発展した[61],[62]．

磁場偏向型質量分析計の概念図を図 4.2.15 に示す．イオン源（電位 V）で生成された質量 m_i [kg] のイオンがイオン源より引き出されて，磁場の空間へ入射する．イオンの運動エネルギー，E_i [J] は，e を素電荷（1.6×10^{-19} C），z をイオンの電荷数，イオンの速さを v_i [m·s^{-1}] として

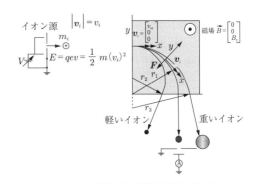

図 4.2.15 磁場偏向型質量分析計の概念図

表 4.2.1 小型の四極子形質量分析計の幾何学的な大きさおよび動作条件；r_0：四極子電極の内接円半径，L：四極子電極の長さ，f：周波数，I_e：電子電流，V_e：電子の加速電圧，V_i：イオンの四極子電極に対する入射エネルギー，S：感度．

	r_0 [mm]	L [mm]	f [MHz]	I_e [mA]	V_e [eV]	V_i [eV]	S [A/Pa]
R. J. Ferran, et al.[48]	0.5	10	11	0.3	45	5	—
R. E. Ellefson, et al.[49]	0.3	13	13	0.1	40	—	2×10^{-9}
S. Taylor, et al.[50]	0.43	20	6	2	—	13.5	4×10^{-9}

$$E_i = zeV = \frac{1}{2} m_i v_i^2 \quad [\text{J}] \quad (4.2.7)$$

で表すことができる．磁場面に入射したイオンの速度を，イオンの中心を原点にして進行方向を x 軸，x 軸に垂直方向を y 軸，xy 平面に垂直に z 軸をとって $\boldsymbol{v}_i = (v_{ix}, 0, 0)$ とする．磁場 [T] を $\boldsymbol{B} = (0, 0, B_z)$ とすると，イオンが受ける力は

$$\boldsymbol{F} = ze\boldsymbol{v}_i \times \boldsymbol{B} = ze \begin{pmatrix} 0 \\ -v_{ix}B_z \\ 0 \end{pmatrix}$$

$$(4.2.8)$$

となり，y 軸方向に $F_y = -zev_{ix}B_z$ の力をつねに受けることとなる．一方，慣性力との釣合いを考慮すると

$$\frac{m_i v_{ix}^2}{r_i} = zev_{ix}B_z \quad (4.2.9)$$

ここで r_i はイオンの円軌道の半径である．したがって

$$r_i = \frac{1}{B_z}\sqrt{\frac{2m_i V}{ze}} \quad [\text{m}] \quad (4.2.10)$$

となる．磁場とイオンの加速電圧 V が一定であればイオンの円軌道半径 r_i は，軽いイオンは小さく，重いイオンは大きい．特定のイオンが収束する位置にイオン検出器を配置することで質量スペクトルを得ることができる（図4.2.15参照）[61]〜[64]（ここで，イオンの質量 m_i は，質量数，原子量，分子量と呼ばれる量とまったく異なることに注意したい[74]）．実用上の利便性を考え，$M_i = N_A \times m_i$（M_i：モル質量 [kg·mol^{-1}]，小さな原子，分子では数値としては原子量，分子量に非常に近い値となる），N_A：アボガドロ定数）で置き換えることで，式 (4.2.10) は

$$r_i = \frac{0.144}{B_z}\sqrt{\frac{M_i V}{z}} \quad [\text{m}] \quad (4.2.11)$$

と表される．したがって，B, V が一定の条件では，1 価のイオン（$z=1$）の偏向半径 r がイオンの質量 m_i（M_i）に依存するので，異なる質量を持ったイオンは異なる点に収束する．収束点ごとにイオン検出器を配置すると，質量スペクトルを得ることができる．B 一定で V を変化させる（永久磁石を用いる），または V 一定で B を変化させる（電磁石を用いる）ことで偏向半径 r が同じという条件でイオンを偏向，一点に結像させ，イオン電流を検出することで質量分析を行う．蛍光板や感光板をイオンの収束点に配置し，質量スペクトルを画像で記録するものは，質量分析器（mass spectrograph）と呼ばれる．

質量分解能は偏向半径，イオンの引出しスリットの幅，収束スリットの幅，引き出されたイオンの発散角，

イオンのエネルギー分散でおよそ決定され，以下の式に従う．

$$\text{分解能 } R = \frac{r}{S_1 + S_2 + r\alpha^2 + r\dfrac{\Delta V}{V}}$$

$$(4.2.12)$$

ここで，S_1：イオンの引出しスリット幅，S_2：イオン収束スリット幅，α：イオンの発散角，ΔV：イオンのエネルギー分散，V：イオンのエネルギーである．しかし，イオンが平行ビームでなく立体角を持って引き出されることによる収差，引き出されたイオンのエネルギーが一定でないことによる収差等が原因で，計算値よりも分解能が悪くなるのが普通である．一様磁場を用いた質量分析計では，高質量側ではイオンの加速電圧 V が小さくなり，引き出されたイオンが発散するので，分解能，透過率（感度）が低下するのが問題となる．

小型で低価格の四極子形質量分析計が発展する以前の 1970 年代初頭までは，真空中の残留ガス分析計としてよく使用されていた[69]〜[73]．現在では，真空容器の残留ガス分析計，分圧計として使用される場合は少ない．固定磁場を使用する場合にはイオンの加速電圧 V を走査する．質量スペクトルの走査速度に限界があること，漏えい磁場が周囲に与える影響があること，小型にできないこと，質量分解能が一定でないことなどが理由である．一方で，低質量イオンに対する分解能が良く，特定のイオンを弁別することに着目すると低価格で製作でき，感度も良いことから，ヘリウムリークディテクターの検出器として用いられている[63],[66]〜[68]．磁場偏向角として 180°，90°，60° 偏向型のものがよく使われる．大型の磁場を用いた磁場偏向型，二重収束型の質量分析計は，現在も同位体分析，化学分析で使用されている．

4.2.4 飛行時間型質量分析計

飛行時間型質量分析計（time of flight mass spectrometer, TOF）の概略を図 4.2.16 に示す．加速電

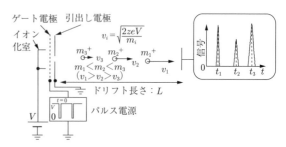

図 4.2.16 飛行時間型質量分析計の概略図

圧，V [V]，で加速されたイオン（質量 m_i）の速さは式 (4.2.1) から

$$v_i = \sqrt{\frac{2zeV}{m_i}} \quad (4.2.13)$$

で表される．

時刻 $t=0$ でゲート電極がイオンの引出し電位となることでイオンが引き出される．その後，ゲート電位がすぐにイオンの引出しが阻止される電位に戻ることでイオンビームがパルス化される．引き出されたイオンはドリフトチューブ中を飛行し，イオン検出器が配置されている位置（飛行距離 L）に到達する．イオンが検出器に到達するまでの飛行時間は

$$t_i = \frac{L}{v_i} = L\sqrt{\frac{m_i}{2zeV}} \quad (4.2.14)$$

と表されるので，質量 m_i の違いでイオン検出器に到達する時間が異なる．軽いイオンほど早くイオン検出器に到達し，重いイオンは遅くなる．この原理を用いた質量分析計が飛行時間型質量分析計である．質量分解能は

$$\frac{m/z}{\Delta(m/z)} = \frac{t}{2\Delta t} \quad (4.2.15)$$

で与えられる．

飛行時間型質量分析計は，Bendix 社の W. C. Wiley，I. H. McLaren によって発表された[10),75)]．電子衝撃型のイオン源を搭載し，イオンの飛行距離は 1 m であった．液体窒素トラップ，フレオン冷却のバッフルを搭載した水銀拡散ポンプによる排気系（モレキュラーシーブフィルター付きの機械式ポンプ）が使用されていた．測定可能な分子量の範囲は $m/z = 1 \sim 5000$ であった[10),75),76)]．残留ガス分析を行うというよりもクロマトグラフの検出器，蒸気圧測定，ラジカルの研究などへ適用させることが目的であった．

現在，飛行時間型質量分析計は，化学分析，生体物質分析（matrix assisted laser desorption ionization, MALDI/TOF）[88)]，や二次イオン質量分析（secondary ion mass spectrometer, TOF/SIMS）[89)] に使用され，測定可能な分子量の範囲が数十万にまで拡大されている．より精密な質量分析を行う際に，イオンの速さの分布やイオン生成位置の違いなどによる収差が質量分析計の性能に影響を与える．収差を打ち消すためのイオンの引出し方法[79)]や収差を打ち消すためのイオン反射電極群（現在はリフレクトロンと呼ばれる）[77),78)] が取り入れられている（**図 4.2.17** 参照）．

4.2.5 その他の質量分析計[90)]

真空技術の教科書には記載されている場合が多いが，

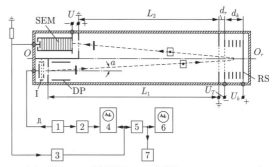

I：イオン源，DP：反射電極，RS：反射システム，SEM：二次電子増倍管，1：矩形波パルスジェネレーター，2：ディレイライン，3：広帯域アンプ，4：広帯域オシロスコープ，5：ストロボスコープ，6：低周波オシロスコープ，7：ポテンショメーター．

図 4.2.17 リフレクトロンの概略[77)]

現在ではほとんど使用される機会がないので，本書では基本的な原理と文献を紹介するにとどめる．

〔1〕 **トロコイド（サイクロイド）形質量分析計**[4),80)]

電場と磁場が交差した空間にイオンが入射するとイオンの軌道がトロコイド曲線となる．これを利用して質量分析を行うものである．イオンの出口スリットと焦点との距離 d は

$$d = \frac{2\pi E m_i}{eB^2} \quad (4.2.16)$$

で与えられる．ここで，E：電場強度 [V·m^{-1}]，B：磁場強度 [T]，m_i：イオンの質量 [kg]，e：イオンの電荷 [C] である．したがって，電場を掃引すれば質量電荷比に比例した質量スペクトルを得ることができる．

この型の質量分析計は二重収束型質量分析計の一種であり，イオン化室出口のスリットと焦点との距離 d は，イオンの速度や発散角には無関係で，同じ m/z 値を持ったイオンは同じ点に収束する．高分解能を得るために d を非常に大きくしたり (2 m)，トロコイド曲線を数回描かせるような装置も開発されている．小さな装置の例としては，$d = 2.5$ cm で分解能 100，二次電子増倍管を用いて最小可検分圧 10^{-10} Pa 台が得られているものもある．しかし，イオン源やイオンコレクターを磁場中に配置しなければならないので，イオンの出口や焦点における表面および空間電荷効果で像がぼやけ，分解能が落ちる，感度が低いなどの問題がある．また，使用する永久磁石が比較的大型のものになってしまうので，使い勝手が悪い．

〔2〕 **オメガトロン**[5),81)]

動作原理としてはサイクロトロンと同じものである．高周波電場と磁場が交差した空間で生成されたイオンのうち，共振する m/z のものは加速されて渦巻状の

イオン軌道を描く．一様磁場中で荷電粒子が円運動をする場合，その半径と角速度は

$$\left.\begin{array}{l} r = \dfrac{m_i v}{eB} \\[2mm] \omega = 2\pi f = \dfrac{eB}{m_i} \end{array}\right\} \qquad (4.2.17)$$

r：運動半径 [m]，m_i：イオンの質量 [kg]，e：電荷 [C]，B：磁場強度 [T]，ω：角速度 [rad·s^{-1}]，f：周波数 [Hz]

で与えられる．磁場を変化させずに荷電粒子のエネルギーを増すと（v が大きくなる），r は大きくなるが f（ω）は変化しない．この f をサイクロトロン周波数という．磁場に垂直に f と同期した高周波を加えると，特定の質量電荷比を持ったイオンだけが 1 周期ごとにエネルギーを得て，アルキメデスらせんを描きながら運動する．その他のイオンは十分なエネルギーを得ることができず，らせんの中心部にとどまる．らせん上にイオン検出器を配置すればある特定の質量電荷比を有するイオンのみを検出することができる．このようにイオンのサイクロトロン共振を利用した質量分析計がオメガトロン型質量分析計と呼ばれる．通常は，一様磁場（永久磁石）を用いて高周波の周波数 f を変化させることで質量スペクトルを得る．

オメガトロン型質量分析計は，永久磁石と，永久磁石の磁場と平行に置かれた 2 枚の高周波電極，高周波電場と磁場の外に置かれたフィラメントから構成される．フィラメントから放出された電子は，高周波電極間の中心部空間に磁場と平行に入射され，気体をイオン化する．

質量分解能は

$$\frac{m/z}{\Delta(m/z)} = \frac{r_0 B^2}{2E_0}\left(\frac{e}{m_i}\right) \qquad (4.2.18)$$

で表される．ここで，r_0 は中心と集イオン電極との距離 [m]，E_0 は電場の強さ [V·m^{-1}] である．ここからわかるように，オメガトロン型質量分析計は，低質量側における分解能は非常に大きくできるが，高質量側では極端に（$1/m_i$ に比例して）小さくなる．また，圧力が比較的高い領域ではイオンの軌道が変化するといった問題もあるし，電極の汚れに非常に敏感である．しかし，低質量側での分解能の良さを利用し，ヘリウムと三重水素を分離した例もある．

〔3〕 飛行時間差を利用したもの

電極間に生成された電場の谷の中を振動させて質量分離するもの（ファビトロンと呼ばれる）[82]．オメガトロンとファビトロンを比較した例[87]では，オメガトロンの分解能の良さ，ファビトロンの広い m/z の測定範囲を紹介し，相互に補完しながら使用できると結論付けられている．

平行グリッド間に高周波電圧を加えて加速し，グリッド間を通過することができるイオンのみを選択するもの（Bennet 型と呼ばれる）[83]．また，改良型も研究され[84],[85]，TOPATRON という商品名で販売もされていた[86]．

引用・参考文献

1) F. W. Aston: Philosophical Magazine, **38** (1919) 709.

2) A. J. Dempster: Phys. Rev., **11** (1918) 316.

3) JIS Z 8126-3: 1999 真空技術–用語–第三部：真空計および関連用語（日本規格協会）

4) W. Bleakney and J. A. Hipple: Phys. Rev., **57** (1938) 521.

5) H. Sommer, H. A. Thomas and J. A. Hipple: Phys. Rev., **82** (1951) 697.

6) W. H. Bennett: J. Appl. Phys., **21** (1950) 143.

7) H. Paul and H. Steinwedel: Z. Naturforsch. A, **8** (1953) 448.

8) R. W. Espe: Vacuum-Tech., **4** (1955) 51.

9) R. E. Ellefson: *Foudations of vacuum science and technology*, J. M. Lafferty, ed. (John Wiley & Sons, Inc., New York, 1998) Chap. 7, p.453.

10) W. C.Wiley and I. H. McLaren: Rev. Sci. Instrum., **26** (1955) 1150.

11) W. Paul, H. P. Reinhard and U. von Zahn: Z. Phys., **152** (1958) 143.

12) H. E. Duckworth, R. C. Barver and V. S. Venkatasubramanian: *Mass spectroscopy* (Cambridge University Press, Cambridge, 1986) 2nd ed. Chap. 3, p.45.

13) J. H. Batey: Vacuum, **37** (1987) 659.

14) W. E. Austin, A. E. Holme and J. H. Leck: *Quadrupole mass spectrometry and its applications*, P. H. Dawson, ed. (AIP press, New York, 1995) Chap. 6, p.131.

15) Fu Ming Mao and J. H. Leck: Vacuum, **37** (1987) 669.

16) J. H. Leck: *Toatal and partial pressure measurement in vacuum systems* (Blackie & Son Ltd., Glasgow, 1989) Chap. 7, p.168.

17) G. A. Somorjai: Introduction to surface chemistry and catalysis (Wiley and Sons, Inc., New York, 1994) Chap. 3, p.310.

18) J. T. Yates, Jr.: *Experimental innovations in surface science* (Spriner-Verlag New York Inc., New York, 1998) Chap. 2, p.263.

19) J. T. Yates, Jr.: *Experimental innovations in surface science* (Spriner-Verlag New York Inc., New York, 1998) Chap. 2, p.202.

20) J. H. Leck: *Toatal and partial pressure mea-*

4.2 質量分析計，分圧真空計

surement in vacuum systems (Blackie & Son Ltd., Glasgow, 1989) Chap. 7, p.169.

21) W. E. Austin, A. E. Holme and J. H. Leck: *Quadrupole mass spectrometry and its applications*, P.H. Dawson, ed. (AIP press, New York, 1995) Chap. 6, p.129.

22) W. E. Austin, A. E. Holme and J. H. Leck: *Quadrupole mass spectrometry and its applications*, P.H. Dawson, ed. (AIP press, New York, 1995) Chap. 6, p.125.

23) 廣木成治，阿部哲也，村上義夫：真空，**36** (1993) 319.

24) W. E. Austin, A. E. Holme and J. H. Leck: *Quadrupole mass spectrometry and its applications*, P. H. Dawson, ed. (AIP press, New York, 1995) Chap. 6, p.121.

25) H. E. Duckworth, R. C. Barver and V. S. Venkatasubramanian: *Mass spectroscopy* (Cambridge University Press, Cambridge, 1986) 2nd ed. Chap. 3, p.128.

26) J. T. Yates, Jr.: *Experimental innovations in surface science* (Spriner-Verlag New York Inc., New York, 1998) Chap. 3, p.300.

27) J. H. Leck: *Toatal and partial pressure measurement in vacuum systems* (Blackie& Son Ltd.,Glasgow, 1989) Chap. 7, p.181.

28) J. H. Leck: *Toatal and partial pressure measurement in vacuum systems* (Blackie& Son Ltd.,Glasgow, 1989) p.149.

29) 株式会社アルバック編：真空ハンドブック（オーム社，東京，2002）p.37.

30) J. F. O'Hanlon: *A User's guide to vacuum technology* (John Wiley & Sons, New York, 1989) 2nd ed., Appendix E. 2, p.460.

31) J. F. O'Hanlon: *A User's guide to vacuum technology* (John Wiley & Sons, New York, 1989) 2nd ed., Chap. 9, p.158.

32) M. J. Drinkwine and D. Lichtman: *Partial pressure analyzers and analysis* (AVS monograph series) p.52.

33) F. Watanabe: J. Vac. Sci. Technol. A, **13** (1995) 497.

34) S. S. Inayoshi, Y. Saito, K. Saito, S. Tsukahara, Y. Hara, S. Amano, K. Ishizawa, T. Nomura, S. Shimada and M. Kanazawa: Vacuum, **53** (1999) 325.

35) 斎藤一也，佐藤幸恵，稲吉さかえ，楊一新，塚原園子：真空，**38** (1995) 449.

36) W. K Huber, N. Muler and G. Rettinghaus, Vacuum, **41** (1990) 2103.

37) J. L. Segovia: Vacuum, **47** (1996) 333.

38) F. Watanabe and H. Ishimaru: J. Vac. Sci. Technol. A, **3** (1985) 2192.

39) S. Watanabe, M. Aono and S. Kato: Vacuum, **47** (1996) 587.

40) H. Akimichi, T. Arai, K. Takeuchi, Y. Tuzi and I. Arakawa: J. Vac. Sci. Technol. A, **15** (1997) 753.

41) N. Takahashi, J. Yuyama, H. Akimichi, Y. Tuzi and I. Arakawa: J. Vac. Sci. Technol. A, **23** (2005) 554.

42) N. Takahasi, T. Hayashi, H. Akimichi and Y. Tuzi: J. Vac. Sci. Technol. A, **19** (2001) 1688.

43) F. Watanabe: J. Vac. Sci. Technol. A, **20** (2002) 1222.

44) F. Nakao: Rev. Sci. Instrum., **46** (1975) 1489.

45) W. E. Austin, A. E. Holme and J. H. Leck: *Quadrupole mass spectrometry and its applications*, P.H. Dawson, ed. (AIP press, New York, 1995) Chap. 6, p.138.

46) W. E. Austin, A. E. Holme and J. H. Leck: *Quadrupole mass spectrometry and its applications*, P.H. Dawson, ed. (AIP press, New York, 1995) Chap. 6, p.143.

47) P. H. Dawson: *Quadrupole mass spectrometry and its applications*, *P.H.Dawson, ed.* (AIP press, New York, 1995) Chap. 6, p.96.

48) 廣木成治，金子一彦，阿部哲也，村上義夫：真空，**38** (1995) 74.

49) W. M. Brubaker: Adv. Mass Spectrom., **4** (1968) 293.

50) M. C. Cowen, W. Allison and J. H.Batey; J. Vac. Sci. Technol. A, **12**, (1994) 228.

51) R. J. Ferran and S. Boumsellek: J. Vac. Sci. Technol. A, **14** (1996) 1258.

52) D. H. Holkeboer, T. L. Karandy, F. C. Currier, L. C. Frees and R. E. Ellefson: J. Vac. Sci. Technol. A, **16** (1998) 1157.

53) S. Taylor, R. F. Tindall and R. R. A. Syms: J. Vac. Sci. Technol. B, **19** (2001) 557.

54) 国立天文台編：理科年表（丸善，東京，1991）p.552.

55) 永山宣史，荒木和彦，美馬宏司：真空，**40** (1997) 650.

56) L. V. Lieszkovsky: *Handbook of Vacuum Science and Technology*, D. M. Hoffman, B. Singh and J. H. Thomas, Ⅲ, ed. (Academic Press, San Diego, 1998) Chap. 3, pp.355–364.

57) H. D. Hagstrum: Rev. Mod. Phys., **23** (1951) 185.

58) M. D. Burrows, L. C. McIntyre, Jr. , S. R. Ryan and W. E. Lamb, Jr.: Phys. Rev. A, **21** (1980) 1841.

59) 株式会社アルバック： MSQ – 400 マニュアル.

60) N. Takahashi: Shinku, **48** (2005) 611.

61) H. E. Duckworth, R. C. Barber and V. S. Venkatasubramanian: *Mass Spectgroscopy*, second. Ed. (Cambridge University Press, 1986).

62) M. G. Inghram: *Advances in Electronics Vol. 1, Modern Mass Spectroscopy* (Academic Press inc., 1948) pp.219–268.

63) K. Jousten, ed.: *Handbook of Vacuum technique*, (Wiley-VCH, 2008).

64) J. H. Leck: *Total and Partial pressure Measurement in vacuum systems* (Blackie & Son Ltd., 1989).
65) J. J. Thomson: *Rays of Positice Electricity and Their Application to Chemical Analyses* (Longmans Green, New Yore, 1913) p.20.
66) W. G. Bley: *Foundations of Vacuum science and technology* (John Wily & Sons, 1998), J. M. Lafferty ed., 481.
67) N. Takahashi, O. Tsukakoshi and T. Hayashi: Shinku, **41** (1998) 202.
68) D. L. Swingler: International Journal of mass spectrometry and ion physics, **17** (1975) 321.
69) K. Ertl and E. Taglauer: J. Vac. Sci. Technol., **10** (1973) 204.
70) F. Nakao, H. Tanaka and I. Takeshita: National Technical Report, **15** (1969) 334.
71) D. L. Swingler, Vacuum, **22** (1972) 359.
72) G. M. M. Cracken: Vacuum, **19** (1969) 311.
73) M. P. Hill: Vacuum, **19** (1969) 455.
74) K. Yoshino ed.: Series of *Letter from the Editor – in – Chief* From J. Mass Spectrom. Soc. Jpn, **54** (2006) 33, to **55** (2007) 381.
75) W.C. Wiley: Science, **124** (1956) 817.
76) D. B. Hrrington: *Encyclopedia of spectroscopy* (1960) p.628.
77) B. A. Mamyrin and D. V. Shmikk: Sov. Phys. JETP (Engl. Tranl.), **49** (1979) 762.
78) M. Guilhaus: J. Mass Spectrom., **30** (1995) 1519.
79) K. Tanaka, T. Satoh and K. Yoshino: J. Mass Spectrom. Soc. Jpn., **57** (2009) 31.
80) C. E. Robinson and L G. Hall: Rev. Sci. Instrum., **27** (1938) 504.
81) D. Alpert and R. S. Buritz: J. Appl. Phys., **25** (1954) 202.
82) W. Tretner: Vacuum, **10** (1960) 31.
83) W. H. Bennet: J. Appl. Phys., **21** (1950) 413.
84) P. A. Redhead: Canad. J. Phys., **30** (1950) 413.
85) P. A. Redhead and C. R. Crowell: J. Appl. Phys., **24** (1953) 331.7.
86) TOPATRON®partial pressure gauge, Leyold – Heraeus, Technical Bulletin, M 145 E.
87) G. Reich and F. Flecken: Vacuum, **10** (1960) 35.
88) M. Toyoda: Shinku, **50** (2007) 247.
89) S. Aoyagi: Shinku, **50** (2007) 252.
90) 日本真空工業会編：真空用語辞典（工業調査会，東京，2001）Cap. 2.3, 57.

4.3 流量計，圧力制御

4.3.1 はじめに

真空容器内を真空ポンプで排気するだけでなく，所望の圧力に調整したい場合がある．その方法としては

・流量調整バルブや可変リークバルブを用いて，気体を導入する．
・ゲートバルブやバタフライバルブを，真空ポンプの直上に設置し，弁開度を変化させて，排気速度を調整する．
・マスフローコントローラーを用いて，気体を導入する．
・形状の決まった孔を用いて，気体を導入する．
・材料の透過現象を利用して，気体を導入する．

という五つがある．このうち，バルブを用いる上二つの方法については，ここでは取り扱わない（2.4.3項参照）．以下では，気体の定量導入が可能な以下の三つの方法について説明する．また，真空技術でしばしば使用される，膜式流量計（せっけん膜流量計）と面積流量計についても説明する．**表4.3.1**に，真空技術で使用される流量制御機器，および流量計をまとめてある．

4.3.2 マスフローコントローラー[1)～3)]

マスフローコントローラーの原型は，トーマス型流量計（1911年）であり，境界層流量計（1957年）を経て，現在の形に発展した．もともとは，半導体製造プロセスにおけるプロセスガス制御のために開発されたが，現在ではさまざまな用途に利用されている．流量を測定するだけで，流量を制御する機能を持たない，マスフローメーターもある．

図4.3.1にマスフローコントローラーの概略図を示す[2)]．マスフローコントローラーは，センサー部，バイパス部，コントロールバルブ，電気回路の四つの部分に大別できる．マスフローコントローラーに流入した気体の大部分は，バイパス部を通過するが，一部は分流されてセンサー部を流れる．このとき，流量にかかわらず，センサー部とバイパス部の流量比がつねに一定になるように設計・製作されているので，センサー部を流れる微小な流量を測定することにより，マスフローコントローラーを流れる全体の流量を求めること

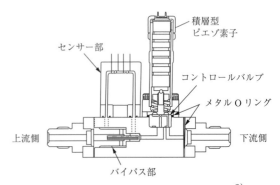

図4.3.1 マスフローコントローラーの概略図[2)]

表 4.3.1 真空技術で使用される流量制御機器,および流量計

		流量範囲* [Pa·m³·s⁻¹]	ガス種類***
マスフローコントローラー		$10^{-4} \sim 10^2$	不問
形状の決まった物理的な空間(孔)	オリフィス	—	不問
	キャピラリー	$10^{-9} \sim 10^{-2}$	不問(蒸気?)
	多孔質体(SCE)	$< 10^{-5}$ **	不問
	層流管	$10^{-4} \sim 10^4$	不問
	臨界ノズル	$10^{-3} \sim 10^2$	不問(蒸気?)
透過リーク(メンブレンリーク)		$10^{-12} \sim 10^{-2}$	おもにヘリウム(材料中を拡散する気体)
膜式流量計(せっけん膜流量計)		$10^{-4} \sim 10^1$	水に不溶の気体
面積流量計		$10^{-4} \sim 10^4$	不問

〔注〕　*窒素,室温換算.
　　　**分子流条件を満足する流量範囲.
　　　***腐食性ガスを除く,詳細は製造メーカーに問い合わせること.

ができる.こうして求めた流量とユーザーが定めた設定流量値を比較して,マスフローコントローラーを流れる流量が,設定流量値と等しくなるように,コントロールバルブの弁開度を自動制御している.

図 4.3.2 にセンサー部の原理を示す.センサー部で気体は,内径 0.25 mm から 1 mm 程度の金属細管の中を流れる.金属細管の外側には,2 本の自己発熱抵抗体(熱線)が巻かれており,60℃程度に加熱されている.気体が流れていない(流量がゼロ)とき,金属細管の温度分布は左右対称になるが,気体が流れることにより,上流側の抵抗体(R_u)は熱を奪われるので温度が下がり,下流側の抵抗体(R_d)は逆に温度が上がる.

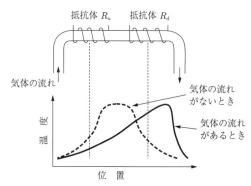

図 4.3.2 マスフローコントローラーのセンサー部の原理

センサー部の流れが層流のとき,気体のモル流量 Q_m [mol·s⁻¹] と,2 本の自己発熱抵抗体の間を流れる熱の移動量 q_h [W] の間には,一次近似として,以下の関係式が成り立つ.

$$Q_m = \frac{q_h}{c_p \Delta T_g} \quad (4.3.1)$$

ここで c_p は気体の定圧モル比熱 [J·mol⁻¹·K⁻¹],ΔT_g は 2 箇所ある抵抗体が巻かれた金属細管内の気体の温度差 [K] である.温度差 ΔT_g を一定に保つように制御し,そのために必要な加熱電力 q_h からモル流量 Q_m を求める方法と,加熱電力 q_h を一定に保つように制御し,そのときの温度差 ΔT_g からモル流量 Q_m を求める方法がある.前者の方が応答速度が速い.熱線ではなく,MEMS センサーで温度差を測定するものもある.モル流量 Q_m [mol·s⁻¹] は,質量流量 [g·s⁻¹] と等価であり,これが"マスフロー"コントローラーと呼ばれる理由である.

バイパス部には,センサー部とバイパス部とを流れる気体の流量比がつねに一定であることが求められる.センサー部を流れる気体は層流であるから,バイパス部を流れる気体も,層流条件を満足していないと,流量比が一定にならない.そのため,バイパス部には気体の流れを層流にするための素子が導入されている.代表的なものとしては,層流管と呼ばれる細管を束ねたものや,焼結金属を利用したもの,エッチングプレートを用いたものなどがある.マスフローコントローラーを流れる全流量は,センサー部を流れる流量と,バイパス流量を流れる流量の和で表される.

こうして測定した流量とユーザーが定めた流量設定値と比較し,コントロールバルブの弁開度を PID 制御することで流量を調節する.コントロールバルブには,サーマルバルブ方式,電磁バルブ方式,ピエゾバルブ方式がある.

マスフローコントローラーの表示値には気体種依存性がある.気体の種類が異なると,比熱 c_p や気体の熱伝導率 k が異なるためである.したがって,導入する気体に合わせて,流量を補正する必要がある.マスフローコントローラーは,通常,窒素で校正されており,

他のガスに対しては補正係数が与えられる．文献3)によると，メーカーから与えられる補正係数には，気体の熱伝導率 k の影響を考慮していないものもあり，その場合，20%程度の誤差が起こり得る．したがって，絶対値の信頼性を必要とする場合には，使用する気体種を用いた校正を実施することが望ましい．また，マスフローコントローラーの設置向きの影響については，流量のゼロ点の値には影響するものの，ゼロ点からの増加量には影響しないことや，一次圧力の影響は無視できるくらい小さいこと，1年間で±1%以下の長期安定性があったという報告がある[3]．

4.3.3 形状の決まった孔を用いる方法

流量の絶対値を正確に知りたい場合や，マスフローコントローラーでは困難なほど微小な流量を制御したい場合には，形状の決まった孔（物理的な空間）を介して，気体を導入したり，排気することが有効である．その理由として，開口部の形状が一定であるため流量特性が安定し，繰返し性・再現性に優れること，可動部や摺動部がないため堅牢なこと，形状から気体流量を計算で求められる場合があることが挙げられる．

具体的には，オリフィス，キャピラリー，多孔質体，層流管，臨界ノズルが，形状の決まった孔として用いられている．リークディテクターの校正のための定量気体導入素子として使用される場合は，特に，物理リーク（コンダクタンスリーク）とも呼ばれる．

形状の決まった孔を流れる流量を Q とすると，Q は以下の式で表される．

$$Q = C(p_1 - p_2) \quad (4.3.2)$$

ここで，C は孔のコンダクタンス，p_1 と p_2 は，それぞれ，孔の上流と下流の圧力である．孔の形状や，圧力，温度，気体種が変化すると，コンダクタンス C の値はもちろん，気体の流れが変化して，コンダクタンス C の特性を説明する方程式も変わる場合がある．形状の決まった孔を用いる場合には，コンダクタンス C の特性を理解することが重要である．

〔1〕 オリフィス

オリフィスとは薄い平板に開けられた円形の孔である．おもに分子流条件で使用され，このとき，オリフィスのコンダクタンス C [m^3·s^{-1}] は，以下の式で求められる．

$$C = \frac{1}{4} \cdot \bar{v} \cdot A \cdot W = \frac{A \cdot W}{4}\sqrt{\frac{8RT}{\pi M}} \quad (4.3.3)$$

ここで，$\bar{v}$ は気体分子の平均速度 [m·s^{-1}]，A はオリフィスの面積 [m^2]，W は通過確率（無次元），R は気体定数 [J·mol^{-1}·K^{-1}]，T は温度 [K]，M はモル質量 [kg·mol^{-1}] である．A はオリフィスの直径から計算される．W は，厚さ0の理想的なオリフィスの場合に1となるが，工学的に厚さ0のオリフィスを製作することは不可能なので，断面をナイフエッジ状にして，厚さ0にできるだけ近付けたオリフィスを用いることや，厚さを正確に測定して，通過確率 W を解析式やモンテカルロシミュレーションで評価することが行われる．精度良くコンダクタンスを求めるためには，オリフィス形状を正確に測定するとともに，通過確率 W の検討が必要である[4]~[7]．

また，製作の都合上，オリフィスの直径は 10 mm 前後であることが多い．10 mm は約 1 Pa の平均自由行程に相当することから，式 (4.3.3) が成り立つのは，オリフィス上流の圧力 p_1 がおよそ 0.1 Pa 以下である．したがって，オリフィスは，真空容器と高真空ポンプ（ターボ分子ポンプなど）の間に設置されて，気体の排気流量を正確に測定したり，制限したりするために使用されることが多い．平均自由行程がオリフィス直径の同程度以下になると，中間流の影響によって，コンダクタンスが大きくなり，流量が増加する．オリフィス直径を小さくすると，より高い圧力まで分子流が維持され，式 (4.3.3) を成り立たせることが可能である．

シリコンの微細加工技術を用いて，直径数百 nm のオリフィスを製作して，大気圧付近まで分子流条件を維持した例もある[8]．

〔2〕 キャピラリー

キャピラリーと呼ばれる，注射針のような細管を用いて，気体を導入する方法がある．**図 4.3.3** にキャピラリーリークの概略図を示す．キャピラリーの製作方法は，ガラスを引き延ばす方法，金属細管をペンチなどで押し潰す方法，ガスクロマトグラフなどに用いられる市販の細管を利用する方法などがある．細管の長さや形状（潰し具合）を調整することで，コンダクタンスを調整したキャピラリーが市販されている．ユーザーは，キャピラリー上流の圧力を調整することで，流量を調整する．

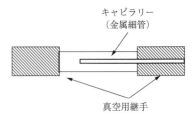

図 4.3.3 キャピラリーリークの概略図

キャピラリーを流れる流量 Q は，粘性流条件を満足するとき，以下の式で求められる．この式は，ハーゲン・ポアズイユの式と呼ばれる．

$$Q = \frac{\pi a^4 \bar{p}}{8\eta L}(p_1 - p_2) \quad (4.3.4)$$

ここで，a はキャピラリーの半径 [m]，$\bar{p}$ はキャピラリー上流圧力 p_1 と下流圧力 p_2 の平均圧力 [Pa]，η は粘性係数 [Pa·s]，L はキャピラリーの長さ [m] である．式 (4.3.4) を式 (4.3.2) に代入することで，粘性流のコンダクタンス C が得られる．

$$C = \frac{\pi a^4 \bar{p}}{8\eta L} \quad (4.3.5)$$

キャピラリーの長所は，気体を問わず，ほぼあらゆる気体を導入できる点である．また，上流圧力 p_1 を変化させることでいろいろな流量を発生できる．温度依存性も比較的小さい（$0.3 \sim 0.5 \% \mathrm{K}^{-1}$）[9]．一方で短所は，流量を変化するために上流圧力 p_1 を変化させると，粘性流から，中間流，分子流の遷移が起こる．したがって，式 (4.3.4) がどの圧力まで適用できるか明確でない．特に，ガラスを引き延ばしたものや，金属細管を押し潰したものは，形状が円筒でないため，厳密には式 (4.3.4) は成り立たないし，内径もわからないので，流量特性は測定しなければわからない．金属細管の代わりにシリコンの微細加工技術で作製したマイクロチャネルを用いる試みもされている[10]．また，微小流量用のキャピラリーは，孔径が数 µm 以下となるため，詰まりやすいといわれている．文献 9) では，使用直前に開封し，高湿度環境では大気開放しないことが推奨されている．

キャピラリーは，比較的大流量のヘリウム標準リークや，ヘリウム以外の標準リークとして，リークディテクターや真空計の校正に用いられており，その特性を調べた多くの文献がある[11]〜[15]．キャピラリーを流れる流量は，ある圧力条件（例えば，上流圧力 p_1 が 200 kPa で下流圧力 p_2 が真空（10 Pa 以下）のとき）の値として，国家標準にトレーサブルな校正が可能である．式 (4.3.4) から明らかなように，上流と下流の圧力差が同じでも，下流圧力 p_2 が真空か大気圧かによって，流量が異なるため，使用条件と同じ圧力条件で校正することが重要である．

〔3〕多 孔 質 体

比較的高い圧力においても，分子流条件を満足させて，式 (4.3.3) を成り立たせるためには，孔の直径を小さくすることが有効であり，そのために多孔質体を利用する方法がある．従来，安定性に難があったが，著者らが開発したステンレス製の多孔質焼結体（標準コンダクタンスエレメント，SCE)[16],[17]は，実用上十分な安定性を持っており，市販されるようになった．**図 4.3.4** に SCE の概略図を示す．

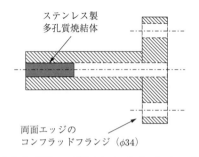

図 4.3.4 標準コンダクタンスエレメント（SCE）の概略図

SCE は，キャピラリー同様，気体導入素子として用いられる．SCE の長所は，多孔質体の孔径が 1 µm 以下であるため，数十 kPa という比較的高い圧力まで，分子流条件を維持できる．SCE の場合，気体流路の形状を測定することはできないが，ある代表的な気体（例えば窒素）に対して，分子流コンダクタンス C を求めておくことで，式 (4.3.3) より，C が分子量の 1/2 乗に逆比例し，温度の 1/2 乗に比例するという関係を利用することはできる．したがって，気体種や温度が変わっても，コンダクタンスを計算で補正できる．補正精度は不活性ガスの場合，3％程度であることが実験で確かめられている．SCE の分子流コンダクタンスと分子流条件を満たす圧力範囲は，代表的な気体について，国家標準にトレーサブルな手法で校正することができる．また，年率 3％以下の長期安定性が報告されている．

SCE は，さまざまな気体を用いて，既知の流量を真空容器に導入できる技術として，分圧真空計（質量分析計）や電離真空計の"その場"校正や，高真空ポンプの試験のために利用され始めている[18]〜[20]．

〔4〕層 流 管[21],[22]

層流管は，気体の流れを層流に保つことにより，式 (4.3.4) が成り立つことを利用して，流量を求める方法である．**図 4.3.5** に層流管の概略図を示す．層流条件を満たすために，言い換えればレイノルズ数を小さくするために，細管を束にした層流格子を用いるとともに，層流格子の上流と下流に，層流格子と同形状の整流格子が設置されている[21]．

流量 Q を定量するためには，細管の内径 a が必要であるが，ばらつきがあるため内径 a を実測して求めることは困難である．そこで，ある圧力条件における流量値をあらかじめ別の方法で測定して，実効的な形状因子（式 (4.3.5) の a^4/L）を求めておくことが行

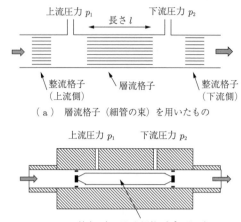

(a) 層流格子（細管の束）を用いたもの

(b) 円管に円柱（ピストン）を挿入したもの

図 4.3.5 層流管の概略図

われている．層流格子ではなく，円管の中に，精密に加工した円柱を挿入することで，隙間間隔を制御して，層流条件を満足させた流量計も市販されている[22]．層流管は，流量計やマスフローコントローラーの校正や，真空ポンプの試験などに用いられている．

〔5〕 臨界ノズル[23]〜[27]

臨界ノズルは，臨界条件（チョーク）を利用することで，高い精度で流量を測定・制御する方法である．臨界ベンチュリノズル，音速ノズルとも呼ばれる．

図 4.3.6 に ISO 9300 トロイダルスロート型の臨界ノズルの概略図を示す．臨界ノズルの上流圧力 p_1 を一定に保ち，下流の圧力 p_2 を低くすると，気体が流れる．下流圧力 p_2 をさらに低くすると，気体の流速 u [m·s^{-1}] と流量 Q は大きくなるが，流速 u が音速に達すると，下流圧力 p_2 をこれ以上低くしても流量 Q は増えることなく一定となる．これが臨界状態である．

通常，臨界状態が実現する下流圧力 p_2 の上限（臨界圧力 p_c と呼ばれる）は，以下の式で決まる．ここで γ は比熱比（定積比熱と定圧比熱の比）である．

$$\frac{p_c}{p_1} = \left(\frac{2}{\gamma-1}\right)^{\gamma/(\gamma-1)} \approx 0.5283 \quad (\text{窒素})$$
(4.3.6)

実際には臨界圧力 p_c は，レイノルズ数やノズルの形状により変化する．

臨界状態を満足したとき，臨界ノズルを流れる流量 Q [Pa·m^3·s^{-1}] は以下の式で表される．

$$Q = A \cdot p_c \cdot c^*$$

$$= A \cdot p_1 \cdot \sqrt{\gamma \left(\frac{2}{(\gamma-1)}\right)^{\frac{\gamma+1}{\gamma-1}} \frac{RT}{M}}$$
(4.3.7)

ここで，A はスロートの面積，c^* は音速，T は温度である．臨界ノズル上流では圧力分布や温度分布ができるため，臨界ノズルの上流に整流管を設置し，整流管内部のよどみ点で，上流圧力 p_1 と温度 T を測定する必要がある．整流管の形状や設置方法は国際規格 ISO や国内規格 JIS によって規定されている[25],[26]．さらに，流量を正確に求めるためには，式 (4.3.7) に，流出係数 C_d （理論値と実験値の差）を乗じる必要がある．C_d は国家標準にトレーサブルな方法で校正により求めることができる．臨界ノズルを，校正して用いることで，0.2%以下という非常に小さな不確かさで気体流量の絶対値を決めることができる[27]．

臨界ノズルはおもに，流量計やマスフローコントローラーを校正するために用いられる．また，オリフィスを流れる気体が臨界条件になることを利用した，マスフローコントローラーと同様に使用できる，流量制御器も市販されている．

4.3.4 透過リーク[9],[28]〜[30]

透過リークは，材料中の透過現象を利用するもので，メンブレンリークとも呼ばれる．図 4.3.7 にヘリウム透過リークの概略図を示す．ヘリウム透過リークは，石英，ガラス，またはプラスチック製の透過膜（メンブレン）内をヘリウム原子が透過する現象を利用している．

ヘリウム透過リークから導入されるリーク量（モル流量）Q_m [mol·s^{-1}] は，経験的に以下の式で表される．

$$Q_m = A \cdot T \cdot \exp\left(-\frac{E_{act}}{RT}\right)$$
(4.3.8)

ここで，A は膜の透過ガスに対する溶解度や拡散係数，面積，厚さに依存する定数 [mol·s^{-1}·K^{-1}]，T は温度

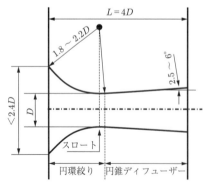

図 4.3.6 ISO 9300 トロイダルスロート型の臨界ノズルの概略図

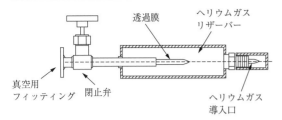

図 4.3.7 ヘリウム透過リークの概略図[28]

[K], E_{act} は透過の活性化エネルギー [J·mol^{-1}], R は気体定数 [J·mol^{-1}·K^{-1}] である．式から明らかなように，透過リークからのリーク量は温度依存性が大きい．石英製の透過型ヘリウム標準リークの場合，温度依存性は約 3%/K 程度ある．表 4.3.2 に 6 種類の透過膜の透過の活性化エネルギーを示す[9),29)]．また，透過型ヘリウム標準リークは，ヘリウムガスが充填されたリザーバーと一体となっている．リザーバーに充填されたヘリウムガスは，透過膜を透過して，つねに漏れ続けているので，リザーバーの内圧は少しずつ減少し，それに伴い，ヘリウムリーク量も減少する．この減少率は，ヘリウムリーク量とリザーバーの容積に依存する．

透過型ヘリウム標準リークを用いる際には，十分に温度慣らし（周囲温度になじむまで待つこと）をした上で，校正したときと使用するときの温度差と経過時間を考慮することが重要である．また，透過膜の下流側（真空側）に閉止弁が付いているタイプの標準リークもあるが，閉止弁はヘリウムガスを導入しないときの，ヘリウムリークディテクターのゼロ点の値を測定するために用いるものである．閉止弁を閉じても，ヘリウムガスは透過膜を透過し，閉止バルブの間に充満するだけなので，ヘリウムガスの節約にはならない．かえって，透過膜内のヘリウム濃度分布に影響し，リーク量が適正な値に戻るまで時間がかかる場合もある．数%以下の安定性が必要な場合には，ヘリウムガスがつねに流れている状態を保つことが望ましい[28)]．

ヘリウム透過リークのほとんどは，ヘリウムリークディテクターに内蔵され，ヘリウム漏れ検査のための標準リークとして用いられる．ヘリウム標準リークからのリーク量は，国家標準にトレーサブルな校正が可能である．

4.3.5 膜式流量計（せっけん膜流量計）[1)]

図 4.3.8 に膜式流量計の概略図を示す．体積管の下側の端部にせっけん膜を張った後，ガス導入口から気体を導入することにより，形成されたせっけん膜を押し上げる．このときのせっけん膜の上昇速度から，導入された体積流量 Q_V [m^3·s^{-1}] を導出する．

$$Q_V = A \cdot \frac{l}{t} \cdot \frac{p - p_T}{p} \tag{4.3.9}$$

ここで，A は体積管の内部の断面積 [m^2]，l は測定距離 [m]，t は距離 l をせっけん膜が移動した時間 [s]，p は流量計内部の圧力 [Pa] で大気圧とほぼ等しいとみなせる，p_T は測定温度 T における水の蒸気圧 [Pa] である．膜式流量計は，断面積 S，距離 l，時間 t，大気圧 p から，流量の絶対値を求めることができる．一方で，水と反応するガスや，水に大量に溶ける気体の流量は測定できない．膜式流量計は，おもにマスフローコントローラーや流量計を校正するために用いられる．

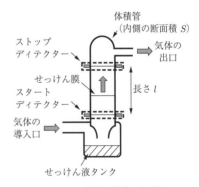

図 4.3.8 膜式流量計の概略図

4.3.6 面積流量計（フロート流量計）[1)]

図 4.3.9 に面積流量計の原理を示す．面積流量計は，テーパー管と浮子から構成されており，気体が下から

表 4.3.2 6 種類の透過膜の透過の活性化エネルギー

透過膜（メンブレン）の材質	ガス	温度係数 [K^{-1}]	透過の活性化エネルギー [J·mol^{-1}]
ホウケイ酸ガラス	ヘリウム	2〜7%	2.3×10^4
溶融石英			2.6×10^4
パイレックスガラス 7740			2.7×10^4
コーニング社製ガラス 7052			3.2×10^4
パラジウム	水素	3〜7%	—
プラスチック	水，SO$_2$，NO$_2$	10〜20%	—

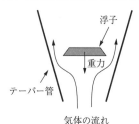

図 4.3.9 面積流量計（フロート流量計）の原理図

上向きに流れる．気体流量が一定のとき，浮子を持ち上げる力（下式の左辺）と，浮子の重力（右辺）が釣り合って，浮子はこの中で静止し，以下の式が成り立つ．

$$C_R \rho_0 A v^2 = V_f (\rho_f - \rho_0) g \quad (4.3.10)$$

ここで，C_R は抵抗係数（無次元），ρ_0 は気体（流体）の密度 [kg·m^{-3}]，A は浮子の最大面積 [m^2]，v は流速 [m·s^{-1}]，V_f は浮子の体積 [m^3]，ρ_f は浮子の密度 [kg·m^{-3}]，g は重力加速度 [m·s^{-2}] である．体積流量は，流速と流体の通過面積の積で表されるから，浮子の位置から流量を求めることができる．面積流量計は，精度がフルスケールに対して ±2〜±5% であり，流量の簡易チェックのために利用される．

引用・参考文献

1) 実用真空技術総覧編集委員会：実用真空技術総覧（産業技術サービスセンター，東京，1990）p.180.
2) UCS 半導体基盤技術研究会 編：超高純度ガスの科学（リアライズ社，東京，1994）第 2 分冊 データ編，p.71.
3) Karl Jousten ed.: *Handbook of vacuum technology* (WILEY-VCH Verlag GmbH and Co. KGaA, 2008) p.594.
4) C. R. Tilford, S. Dittmann and K. E. McCulloh: J. Vac. Sci. Technol. A, **6** (1988) 2853.
5) M. Niewinski and P. Szewemin: Vacuum, **67** (2002) 327–332.
6) H. Yoshida, M. Shiro, K. Arai, H. Akimichi and M. Hirata: Vacuum, **84** (2010) 277–279.
7) M. Bergoglio and D. Mari: Vacuum, **84** (2010) 270–273.
8) G. Firpo L. Repetto, F. Buatier de Mongeot and U. Valbusa: J. Vac. Sci. Technol. B, **27** (2009) 2347.
9) C. D. Ehrlich, J. A. Basford: J. Vac. ScI. Technol. A, **10**-1 (1992) 1.
10) B. G. Jamieson, B. A. Lynch, D. N. Harpold, H. B. Niemann, M. D. Shappirio and P. R. Mahaffy: Review of Scientific Instruments, **78** (2007) 065109.
11) W. Große Bley: Vacuum, **41**, 7-9 (1990) 1863–1865.
12) S. A. Tison: Vacuum, **44**, 11-12 (1993) 1171–1175.
13) H. T. Bach, B. A. Meyer and D. G. Tuggle: J. Vac. Sci. Technol. A, **21** (2003) 806.
14) M. Bergoglio, G. Brondino, A. Calcatelli, G. Raiteri and G. Rumiano: Flow Measurement and Instrumentation, **17** (2006) 129–138.
15) U. Becker, D. Bentouati, M. Bergoglio, F. Boineau, W. Jitschin, K. Jousten, D. Mari, D. Prazak and M. Vicar: Measurement, **61** (2015) 249–256.
16) H. Yoshida, K. Arai, M. Hirata and H. Akimichi: Vacuum, **86** (2012) 838–842.
17) H. Yoshida, K. Arai, H. Akimichi and T. Kobata: Measurement, **45** (2012) 2452–2455.
18) M. Yamamoto, H. Yoshida, H. Kurisu, T. Honda, Y. Tanimoto, T. Uchiyama, T. Nogami and M. Kobayashi: Proceedings of the 8th Annual Meeting of Particle Accelerator Society of Japan (August 1-3, 2011, Tsukuba, Japan).
19) 平下紀夫，浦野真理，吉田肇：J. Vac. Soc. Jpn., **57**-6 (2014) 214–218.
20) 稲吉さかえ：J. Vac. Soc. Jpn., **58**-2 (2015) 57–62.
21) 株式会社山田製作所　エンジニアリング本部：層流型気体流量計〔ラミナーフローメーター〕取扱説明書
22) DH Instruments, molbloc^{TM} / molblox^{TM} Gas Flow Standards
23) M. Ishibashi, M. Takamoto, Y. Nakao and T. Yokomizo: 計測自動制御学会論文集，**31**-8 (1995) 991–998.
24) 浅field裕，中尾晨一，八鍬武史：日本機械学会論文集 B 編，**77**-779 (2011-7) 1550.
25) JIS Z 8767:2006　臨界ベンチュリノズル（CFVN）による気体流量の測定方法（日本規格協会）
26) ISO 9300:2005 Measurement of gas flow by means of critical flow Venturi nozzles, International Organization for Standardization (2006).
27) 高本正樹：計測と制御，**41**-3 (2002) 225.
28) C. N. Jackson, Jr, C. N. Sherlock, P. O. Moore ed.: Nondestructive testing handbook, third edition, volume 1, Leak testing, American Society for Nondestructive Testing (1998).
29) P. J. Abbott and S. A. Tison: J. Vac. Sci. Technol. A, **14** (1996) 1242.
30) K. Arai, H. Yoshida, M. Hirata, H. Akimichi and T. Kobata: Measurement, **45** (2012) 2441–2444.

4.4 真空計測の誤差の要因と対策

真空計測は測定範囲が広いと同時に，測定精度・確度が悪くても，「そんなものだろう」と許容されている点で，種々の計測技術の中でもかなり特異なものといえるかもしれない．誤差を%で表すのが難しい状況は

しばしば起こる．一般に使われる真空計の中では，隔膜真空計とスピニングローター真空計は，それぞれの測定子の計測範囲の中で数%以下の精度・確度が期待できる．一方，市販の熱伝導真空計，放電真空計，電離真空計などを，特別な注意を払わずに使ったとすると，測定誤差は±0.5桁（真の値は読みの1/3倍から3倍の範囲にあるという意味）に達することもあると覚悟しておいた方がよいであろう．測定の精度・確度を高くするためには，まず使用する真空計固有の誤差を把握した上で，真空装置への取付け方，使用する圧力領域，使い方，また誤差の原因を特定できるならその補正を行うなどの配慮が不可欠である．ここでは，真空計測で誤差が生まれる原因を述べ，それを最小にするための装置の工夫，ならびに，精度の高い計測が要求されるスピニングローター真空計，隔膜真空計，電離真空計などを例にとって対策を考える．圧力計測の不確かさの詳細は4.6節を参照のこと．

4.4.1 気体の種類による感度の違い

種類の異なる気体が等しい圧力にあるとき，それらの圧力を何らかの真空計で測定することを考えよう．その真空計が力学的圧力を直接測定するもの（例えば，マクラウド圧力計，ブルドン管圧力計，隔膜圧力計）ならば，気体の種類はそもそも無関係で真空計の指示は同じ圧力を示す．しかし，圧力とは別の気体の諸性質を測定し，それを圧力に換算している真空計では普通一致しない．すなわち，分子質量（粘性，摩擦，熱伝導を測定する真空計），比熱（熱伝導の測定），イオン化断面積（イオン生成量の測定）などの違いが，気体の種類が異なるときの圧力に対する感度の違いの原因になる．

気体分子の種類がわかっていれば，真空計の測定原理とその気体の物性値とに基づいて読みの補正が行える．市販のほとんどの真空計の目盛は窒素を被測定気体として校正されている．したがって，窒素以外の気体xを測定したとき，表示される値は，その気体の感度ではなく窒素に対する感度S_Nを用いて換算された窒素換算値p_{NE}であり真の圧力を示してはいない．測定している気体種がただ1種でその感度S_xがわかっていれば，気体xの真の圧力p_xは

$$p_x = p_{NE} \frac{S_N}{S_x} \qquad (4.4.1)$$

である．気体xの感度の窒素に対する相対値S_x/S_Nを気体xの比感度係数と呼ぶ．市販の電離真空計測定子には窒素に対する感度係数の校正値，また何種かの代表的な気体の比感度係数の表も添付されていることが多い．測定対象の気体種がその表に含まれていれば，それらの値を用いて真空計の指示値を読み換える．混合気体の圧力測定については4.1.7項に解説されている．

気体の種類が不明，その感度が不明，あるいは混合気体でその成分比が不明の場合は，いずれも，真の圧力の正確な測定は原理的に不可能である．真空計で読み取った値は，窒素換算値であることを明示する必要がある．

4.4.2 真空系に起因する誤差
〔1〕 真空系内の気体の流れ・圧力勾配

真空系内に気体の流れがあるときには必然的に圧力勾配が生じている．圧力を知りたい場所の圧力pと測定子のある場所の圧力p_Gの差Δpは，その2点間のコンダクタンスCと気体流量Q（測定子に向かう流れを正とする）により

$$\Delta p = p - p_G = \frac{Q}{C} \qquad (4.4.2)$$

となる．太い配管で結ばれている場合には，この効果はほとんど無視できる（他の要因による誤差より小さい）が，管が細いとき，特に後で述べるように測定子が細い管によって装置に取り付けられている場合には無視できない問題になる．

気体の流れにはなはだしい異方性がある状態，例えば気体の噴出口，あるいは真空ポンプにつながる開口の周辺では，上記のような単純な考察では圧力分布とその異方性は表現できない．図4.4.1の例のように，測定子が収められている容器が特定の方向に開口を持つ場合，測定子が同じ位置にあってもその開口が，気体放出源の方向を向いている場合(c)と排気ポンプの方向を向いている場合(b)とでは，測定子容器内の圧力は異なる[1]．圧力測定の誤差というよりは真空系内に現れる気体分子運動の異方性という本質的な問題に関わっている．圧力計測において，その影響をなるべく受けないようにするためには，(a)のように気体が

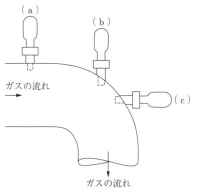

図4.4.1 測定子の取付け位置[1]

出入りする場所を直視しないような位置，方向に測定子本体，あるいは測定子用配管（ゲージポート）を配置する必要がある．

〔2〕 **熱遷移**（thermal transpiration）

真空容器の温度が均一でないときの気体の釣合いは，容器の中が分子流状態か粘性流状態かによって状況が異なる．温度の異なる容器が口径 D の開口でつながっているとき，平均自由行程 λ と D の大小関係により，$\lambda \ll D$ の粘性流領域では圧力 p が等しくなるように，$\lambda \gg D$ の分子流領域では入射頻度 Γ が等しくなるように釣り合う．$\lambda \approx D$ 前後の中間流領域での釣合いは Takaishi-Sensui の式[2]により表されることが経験的に知られている．詳細は 4.1.4 項〔3〕を参照のこと．

圧力を知りたい場所と測定子のある場所の温度に差があるとき，例えばその間が直径数 cm の配管でつながれているとすると，おおむね $p < 10^{-2}$ Pa であれば分子流，$p > 10$ Pa であれば粘性流と考えてよい．粘性流領域であれば圧力は等しいので補正は不要である．分子流領域では，測定したい場所の温度が T，測定子の温度が T_G のときに真空計の指示値が p_G とすると，測定したい場所の圧力 p は，それぞれの圧力・温度での入射頻度が等しいことから

$$p = p_\mathrm{G} \sqrt{\frac{T}{T_\mathrm{G}}} \qquad (4.4.3)$$

となる．液体窒素温度あるいは液体ヘリウム温度の容器内の圧力は，室温に置かれた測定子の指示値の，前者ではおよそ 1/2，後者ではおよそ 1/8 の値になる．

中間流領域にある場合は前述の Takaishi-Sensui の式によらざるを得ない．しかし，容器・配管の形状にも依存するので定量的に正確な補正を行うのは難しい．

4.4.3 真空計に起因する誤差

〔1〕 **測定子の形状変化による誤差**

測定子の電極の形状と配置は感度に大きな影響を持つ．同型の測定子でも，製造過程で制御できない個体ごとの形状のわずかな違いが，無視できない感度のばらつきとなって現れる．したがって，正確な測定を目指すのであれば一つひとつを校正する必要がある．また電極の形状の経年変化も無視できない．幾何学的な要因による感度のばらつきは，一般に電極構成の対称性が高い方が小さい．例えばフィラメントの位置の変化に対する感度の変化は，軸対称である三極管型の方が，そうでない BA 型より小さい．

〔2〕 **測定子の温度**

真空計の感度校正は通常は室温で行われているので，室温から外れる温度で測定を行うときには注意が必要

である．測定原理（気体のどのような性質を測定するか）に起因する温度依存性と測定子自体の出力（感度，ゼロ点）の温度依存性がある．測定子のセンサーがどのような温度依存性を持つかはそれぞれの取扱説明書を参照する必要がある．

隔膜真空計は，直接圧力を測定しているという点で，原理上の温度依存性はない．言い換えればどんな温度であってもその温度での圧力を測っている．しかしセンサーとなっている隔膜は温度変化に非常に敏感なので，通常は動作温度が指定されていたり，測定子自体が恒温容器に収められていて，校正が行われた温度で測定するようになっている．

電離真空計の場合は，温度は測定子自体の動作にはほとんど影響しない．しかし，直接測定しているのは気体分子密度 n である．温度 T_C で校正されている測定子を温度 T_G，（真の）圧力 p で動作させたときを考える．そのときの（真の）分子密度は $n = p/kT_\mathrm{G}$ である．真空計の回路はこの n を温度 T_C の下にあるとして換算するので表示される圧力は $p_\mathrm{G} = nkT_\mathrm{C}$ となる．したがって

$$p = p_\mathrm{G} \frac{T_\mathrm{G}}{T_\mathrm{C}} \qquad (4.4.4)$$

の補正が必要となる，また温度によりもたらされる相対誤差として表現すると

$$\frac{\Delta p}{p} = \frac{p_\mathrm{G} - p}{p} = \frac{T_\mathrm{C}}{T_\mathrm{G}} - 1 \qquad (4.4.5)$$

となる．

スピニングローター真空計はローターへの気体分子入射頻度を測定する（4.1 節参照）．測定子の温度を T_G とすると，入射頻度は $\sqrt{T_\mathrm{G}}$ に反比例するので，必要となる補正は，真空計の指示値 p_G に対して

$$p = p_\mathrm{G} \sqrt{\frac{T_\mathrm{G}}{T_\mathrm{C}}} \qquad (4.4.6)$$

であり，相対誤差は

$$\frac{\Delta p}{p} = \frac{p_\mathrm{G} - p}{p} = \sqrt{\frac{T_\mathrm{C}}{T_\mathrm{G}}} - 1 \qquad (4.4.7)$$

となる．ローターの熱膨張に伴う測定子自体の温度依存性も存在する．上記に比べれば影響は小さいが，特別な精度が要求される場合には考慮の必要がある．

〔3〕 **真空計測定子自体の排気効果と気体放出**

ペニング真空計や電離真空計では，気体分子はイオン化して捉えられ，また放電や熱フィラメントによる熱分解も起こすので，気体の種類によっては排気速度にして 1 L/s に達する排気作用が現れる．測定子の排

気速度を S_G, 測定子のある場所の圧力を p_G とすると，測定子に向かう

$$Q = p_G S_G \tag{4.4.8}$$

の気体の流れが生じる．したがって 4.4.2 項〔1〕で述べたように，圧力 p を知りたい点と測定子の間のコンダクタンスを C とすると，それらの間には

$$\Delta p = p - p_G = \frac{p_G S_G}{C} \tag{4.4.9}$$

の圧力差が現れる．この効果はヌード型測定子よりは，図 4.4.2 に示したようなコンダクタンス C が小さい細い管を介して真空装置に取り付ける管球型測定子の方が大きい．例えば，測定子がある気体に対して排気速度 $S_G = 10^{-3}$ m³/s を持ち，導管のコンダクタンスが $C = 10^{-2}$ m³/s とすると，10%程度の差が現れることになる．

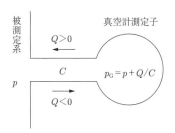

図 4.4.2 測定子の排気作用と気体放出により生まれる誤差

一方，測定子の構成部材から熱的な，あるいは電子衝撃による気体の放出がある場合には，上とは逆の向きに気体の流れが生じる．測定子からの気体放出速度を Q とすると，圧力差は

$$\Delta p = p - p_G = -\frac{Q}{C} \tag{4.4.10}$$

であり，当然ながら，前者とは現れる圧力差の符号は逆である．

排気作用と気体放出は気体の種類によって千差万別である．例えば希ガスはどちらの効果もないか，あるとしても非常に小さい．炭化水素系の気体では，排気作用と気体放出のどちらも現れるし，その大きさは，特に後者は測定子の使用履歴に強く依存する．これらの効果を定量的に正確に把握することはほぼ不可能であろう．数%に達する誤差の可能性はつねに意識しておく必要がある．また，測定条件をそろえるために可能ならば定期的に測定子の脱ガス操作を行うのがよいであろう．

〔4〕 電磁場の影響

電離真空計の測定子の電極間を飛ぶ低エネルギーの電子とイオンの運動は，電磁場の影響を強く受ける．感度を高くする目的で磁場を用いる真空計もあるが，通常は計測の安定性・信頼性を保つために，磁場の影響を受けないような注意が必要である．電場の影響も同様に大きい．周囲が壁で囲まれているか否か，壁との距離，壁の電位などは直接影響する．B–A 型はイオン化室が露出しているので，三極管形に比べて周囲の影響が大きいといわれる．ヌード型の測定子は，周りに壁があるかないかで感度が変わる．アース電位の適当な径の管の中に収めて，電子が外に逃げるのを妨げた方が感度が高くなる．測定精度を上げるためには，管径など周囲の幾何学的形状は測定子の校正のときと同じ条件とするなどの配慮が必要である．

〔5〕 軟 X 線 効 果

集電子電極に入射する電子の制動放射による軟 X 線が集イオン電極に当たって光電子を放出すると，その電流はイオン電流と区別できない．この電流の大きさは，放射電子電流と電極の形状に依存し，圧力には依存しないので，圧力が低くなって本来のイオン電流が軟 X 線による電流と同程度になるところが，熱陰極電離真空計の測定下限となる．三極管は集イオン電極の面積が大きいためこの効果が顕著で，軟 X 線光電子電流は圧力に換算して 10^{-6} Pa に達する．したがって，超高真空の測定には集イオン電極の面積が小さい B–A 型のゲージが用いられる．B–A 型でも軟 X 線効果は現れ $10^{-8} \sim 10^{-9}$ Pa 程度が測定下限になる．電極の電位をモジュレートして光電子電流の寄与を分離し，より低い圧力を測定することも可能である．エキストラクター型電離真空計は集電子電極から集イオン電極が直接見えない，すなわち軟 X 線が集イオン電極に当たらないような電極構造にして，軟 X 線効果による測定下限をさらに下げている．それでも壁で反射する軟 X 線により 10^{-11} Pa 程度相当の残留電流が観測される．

〔6〕 電子励起脱離

集電子電極に電子が入射したとき表面に吸着していた原子・分子がイオン・中性分子として脱離する現象は電子励起脱離（ESD）として知られている．イオンとして脱離するものは，直接に集イオン電極に捕らえられ，気相で生成されたイオンと区別できない．また中性分子の脱離は真空系全体の圧力上昇となる．電子励起脱離の影響は，通常超高真空領域（10^{-7} Pa 程度以下）で問題となり，前述の軟 X 線効果とともに電離真空計の測定下限を決めている要因である．軟 X 線効果と違って，この現象はグリッド表面の状態に敏感で，それまでの真空計の使用履歴によって変化する．質量

分析計でも，気相にはありそうもないイオン種（例えば F^+ など）が現れる原因は，イオン化室の電極から電子励起で脱離したイオンであることが多い．

この影響を少なくする対策は，あるいは少なくとも履歴を同じにして測定条件をそろえるためには，電子衝撃加熱などによるグリッド，イオン化室の脱ガスを十分に行うことである．

引用・参考文献

1) 堀越源一：真空技術（東京大学出版会，東京，1994）第 3 版，p.83.
2) T. Takaishi and Y. Sensui: Trans. Faraday Soc., **59** (1963) 2503.

4.5 真空計を用いた気体流量の計測システム

4.5.1 は じ め に

真空計を用いた気体流量や気体濃度（純度）の計測システムは，真空装置の基礎パラメーターの測定にとどまらず，材料やガスの分析・検査にも広く利用されている．特に，質量分析計を用いた分析システムの用途・応用は幅広く，それだけで一分野を形成しているといえる．また，漏れ検査分野では，差圧計を用いたエアリークテスターや，磁界偏向型の質量分析器を用いたヘリウムリークディテクターが広く用いられている（3.5 節参照）．これらの説明についてはそれぞれの専門書を参照してほしい．

4.5.2 項では，真空計を用いた気体流量の計測システムの基本的な考え方について説明する．つぎに，真空技術にとって特に重要と思われる，真空試験のための計測システム（4.5.3 項），昇温脱離分析法（4.5.4 項），ガス透過測定法 (4.5.5 項) について説明する．

4.5.2 基 礎

真空容器の容積を V [m³]，真空容器内の気体分子密度を n [個·m⁻³]，真空容器へ流入する単位時間当りの気体分子の個数を Q_n [個·s⁻¹]，真空ポンプの実効排気速度を S_{eff} [m³·s⁻¹] と置くと

$$\frac{\mathrm{d}}{\mathrm{d}t}(n \cdot V) = Q_n - S_{\mathrm{eff}} \cdot n \qquad (4.5.1)$$

という関係が成り立つ．すなわち，単位時間当りの真空容器内の分子数の増減（左辺）は，単位時間当りに真空容器に入ってくる分子数（右辺第 1 項）と排気される分子数（右辺第 2 項）の差に等しくなる．

この式は，真空容器の容積 V と温度が一定のとき

$$V \frac{\mathrm{d}p}{\mathrm{d}t} = Q - S_{\mathrm{eff}} \cdot p \qquad (4.5.2)$$

と書き換えられる．ここで，Q は流量 [Pa·m³·s⁻¹]，p は真空容器内の圧力 [Pa] である．さらに，圧力が時間に対して一定（平衡）のときには，左辺が 0 になるから

$$Q = S_{\mathrm{eff}} \cdot p \qquad (4.5.3)$$

となる．したがって，排気速度 S_{eff} や容積 V を，あらかじめ別の方法で求めておけば，真空計で圧力 p を計測することで，流量 Q を求めることができる．

流量の測定は，圧力が低く，分子流条件を満足する場合には比較的簡単である．なぜなら，実効排気速度 S_{eff} や配管のコンダクタンスが一定値となるし，混合ガスも，それぞれを独立に取り扱うことができるためである．一方で，気体の流れが，中間流から粘性流になると，実効排気速度 S_{eff} やコンダクタンス C が，全圧の関数となるため解析が難しくなる．

以下では温度を一定として，おもに，流量 [Pa·m³·s⁻¹] の単位を用いて説明する．温度変化がある場合には，流量 [Pa·m³·s⁻¹] を，気体分子数の移動 [個·s⁻¹] やモル流量 [mol·s⁻¹] に換算して考えると間違いが少ない．

また，材料からのガス放出速度測定では，試料からの全ガス放出速度 Q を試料の表面積 A で規格化して，評価することが多い．

$$q = \frac{Q}{A} \qquad (4.5.4)$$

ここで，q は単位面積当りのガス放出速度で，[Pa·m³·s⁻¹·m⁻²] という単位を持つ．

4.5.3 真空試験のための計測システム

真空試験とは，真空ポンプの排気速度や，真空容器や部品のガス放出速度やリーク量といった真空の基礎パラメーターを測定する試験である．以下に代表的な五つの方法を解説する．これらのうち，どの手法が優れているということはない．測定者は，それぞれの長所と短所を把握した上で，目的に合った方法を選択する必要がある．

〔1〕 スループット法[1]

スループット法は，おもにガス放出速度を測定するための方法である．図 4.5.1 のような，オリフィスを挟んだ二つの真空容器を用いる．試料は，上流側の真空容器自体を試料とする場合と上流側の真空容器内に試料を導入する方法とがある．後者の場合，試料を入れたときの測定値から，入れていないとき（ブランク）の測定値を差し引くことで，より正確な測定ができる．

試料の全ガス放出速度（流量）Q は，定常状態では，オリフィス上流側から下流側へ流れる流量と等しくな

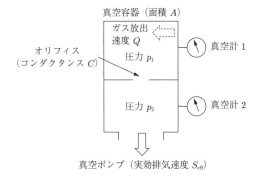

図 4.5.1 スループット法

る．オリフィスのコンダクタンスを C，オリフィスの上流と下流の圧力を p_1 と p_2 と置くと，式 (4.5.3) の右辺を $C \cdot (p_1 - p_2)$ と書き換えられるから，単位面積当りのガス放出速度 q を

$$q = \frac{Q}{A} = \frac{C \cdot (p_1 - p_2)}{A} \quad (4.5.5)$$

から求めることができる．分子流条件が成り立つ場合，コンダクタンス C を計算で求められるから，圧力 p_1 と p_2 を真空計で測定することにより，q を求めることができる．圧力 p_1 と p_2 の測定には電離真空計を用いることが多いが，電離真空計に個体差があることを考慮すると，圧力差 $(p_1 - p_2)$ が大きい方が正確な測定ができる．そのためにはオリフィスのコンダクタンスを小さくすることが有効であるが，オリフィスを小さくし過ぎると，電離真空計の排気効果の影響が無視できなくなる．文献 1) では，オリフィスのコンダクタンスは，電離真空計の持つ排気速度の少なくとも 10 倍大きい必要があるとされている．

スループット法の長所は，比較的単純なシステムで，容易にガス放出速度を測定できることである．一方で短所は，前述のように，電離真空計の個体差や排気効果の影響があること，電離真空計の測定下限付近 (10^{-6} Pa 以下) では，残留電流の影響により，誤差が大きくなることである．また，スループット法で測定したガス放出速度は，窒素換算値である場合が多い．この場合，電離真空計の測定値は窒素で校正された値 (または，読み値をそのまま) を使用し，オリフィスのコンダクタンスは，窒素のコンダクタンスを利用する．分圧真空計を用いると，どのガス種が放出しているかも測定することができる．窒素換算値ではなく，ガス種ごとのガス放出速度を測定する場合には，分圧真空計の感度のガス種依存性と，オリフィスのコンダクタンスのガス種依存性の両方を考慮する必要がある．

〔2〕 コンダクタンス変調法[1)～5)]

コンダクタンス変調法は，スループット法に，オリフィスのコンダクタンス C を変化させる機構を取り付けたものである．コンダクタンス変調法は，高真空ポンプの排気速度 S_p の測定や，真空材料からのガス放出速度 q の測定に利用される．

コンダクタンス C を変化させる方法として，(a) オリフィスの中に円板を挿入する方法[1)～4)]，(b) 円板に複数の内径の異なるオリフィスを取り付け，円板を回転させることでオリフィスを切り替える方法[1)]，(c) オリフィス付きのゲートバルブを用いる方法[5)]，(d) 市販のコンダクタンス変調バルブを用いる方法がある．図 4.5.2 にオリフィスの中に円板を導入する方法を用いたコンダクタンス変調法装置の模式図を示す．

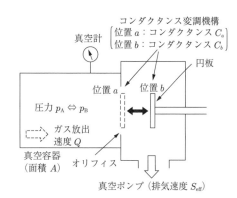

図 4.5.2 コンダクタンス変調法装置の概略図

内面積 A のオリフィス上流側の真空容器において，単位面積当りのガス放出速度 q が一定のとき，円板が位置 a にあるときのオリフィスの実効排気速度を S_a，上流チャンバーの圧力を p_a，位置 b にあるときの実効排気速度を S_b，上流チャンバーの圧力を p_b とすると，定常状態では

$$Q = q \cdot A = S_a \cdot p_a = S_b \cdot p_b \quad (4.5.6)$$

が成り立つ．また，円板が位置 a と b にあるときのオリフィスのコンダクタンスをそれぞれ C_a, C_b，高真空ポンプの実効排気速度を S_{eff} とすると，コンダクタンスの合成式より，それぞれ

$$\frac{1}{S_a} = \frac{1}{C_a} + \frac{1}{S_{\text{eff}}}, \quad \frac{1}{S_b} = \frac{1}{C_b} + \frac{1}{S_{\text{eff}}} \quad (4.5.7)$$

となる．これら連立方程式から S_p を消去することで

$$S_b = \frac{\dfrac{p_a}{p_b} - 1}{\dfrac{1}{C_a} - \dfrac{1}{C_b}} \quad (4.5.8)$$

が得られる．S_b を求めることができると，式 (4.5.6) や式 (4.5.7) を用いて，単位面積当りのガス放出速度 q や高真空ポンプの排気速度 S_p を求めることができる．

$$q = \frac{Q}{A} = \frac{p_a - p_b}{A \cdot \left(\frac{1}{C_a} - \frac{1}{C_b}\right)} \quad (4.5.9)$$

$$S_p = \frac{C_a C_b (p_a - p_b)}{C_b p_b - C_a p_a} \quad (4.5.10)$$

円板が位置 a と b にあるときで，コンダクタンスの差を大きくし，$C_b \gg C_a$ が成り立つ場合，式 (4.5.10) は以下のように簡単になる．

$$S_{\text{eff}} \approx C_a \left(\frac{p_a}{p_b} - 1\right) \quad (4.5.11)$$

コンダクタンス変調法の長所は，1台の電離真空計で測定できるため，真空計の個体差の影響を考慮する必要がないことである．また，式 (4.5.11) より，S_{eff} は圧力比 (p_a/p_b) から求められるため，電離真空計の感度の直線性が確保されていれば，感度がずれていてもキャンセルされるので，測定に影響を与えない．言い換えれば，直線性が保たれる圧力範囲では，電離真空計を校正しなくとも，さまざまなガス種を用いて，排気速度を測定できる．一方，ガス放出速度 q の測定では，式 (4.5.9) より，圧力差 ($p_1 - p_2$) が必要なため，感度のずれがそのまま，ガス放出速度測定の誤差となる．

短所は，コンダクタンスの変調機構には，大なり小なりの摺動部があるから，コンダクタンスを変調する際に，ガスが放出することである．また，厳密な測定を行う際には，真空容器内の圧力分布を考慮する必要がある．

〔3〕 二 流 路 法[6)～10)]

二流路法もスループット法の変形で，流路切替え法とも呼ばれる．非常に小さいガス放出速度を測定できるという特徴がある．図 4.5.3 に二流路法の概略図を示す．テストチャンバーからの全ガス放出速度を Q，上流チャンバーと下流チャンバーの全ガス放出速度をそれぞれ Q_a, Q_b とする．バルブ V_a を開け V_b を閉じたとき，定常状態では

$$Q + Q_a = C(p_{1a} - p_{2a}) \quad (4.5.12)$$

$$Q + Q_a + Q_b = S_{\text{eff}} \cdot p_{2a} \quad (4.5.13)$$

が成り立つ．ここで C はオリフィスのコンダクタンス，p_{1a} と p_{2a} はそれぞれ，バルブ V_a を開け V_b を閉じたときの上流チャンバーの圧力と下流チャンバーの圧力，S_{eff} は真空ポンプの実効排気速度である．一方，バルブ V_a を閉じ V_b を開けたときは

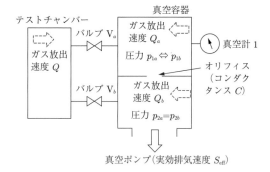

図 4.5.3 二流路法の概略図

$$Q_a = C(p_{1b} - p_{2b}) \quad (4.5.14)$$

$$Q + Q_a + Q_b = S_{\text{eff}} \cdot p_{2b} \quad (4.5.15)$$

となる．p_{1b} と p_{2b} はそれぞれ，バルブ V_a を閉じ V_b を開けたときの上流チャンバーの圧力と下流チャンバーの圧力である．式 (4.5.13) と式 (4.5.15) より $p_{2a} = p_{2b}$ である．式 (4.5.12) から式 (4.5.14) を引き算し，$p_{2a} = p_{2b}$ の関係を利用することで，テストチャンバーの単位面積当りのガス放出速度 q を式 (4.5.16) から得ることができる．

$$q = \frac{Q}{A} = \frac{C}{A}(p_{1a} - p_{1b}) \quad (4.5.16)$$

二流路法の長所は，コンダクタンス変調法と同様に，1台の電離真空計で測定できるため，真空計の個体差の影響を考慮する必要がないことである．また，チャンバー内壁からの放出ガスの影響をキャンセルできるので，非常に小さいガス放出速度を測定することができ，10^{-12} Pa·m^3·s^{-1} までのガス流量を測定した報告がある[8), 9)]．一方で短所は，装置が比較的大型になること，バルブ切替え動作に伴うガス放出が起こることである．また，厳密な測定を行う際には，コンダクタンス変調法と同様に，真空容器内の圧力分布を考慮する必要がある．

〔4〕 蓄 積 法[1), 11), 12)]

圧力上昇法，ポンプ遮断法ともいう．以前はビルドアップ法とも呼ばれていたが，海外で使用されない名称であるため，推奨しない．

図 4.5.4 に示したような真空装置において，真空排気した後に，真空ポンプ前のバルブを閉じると，真空容器内の圧力が上昇する．このとき，実効排気速度 S_{eff} はゼロだから，式 (4.5.2) より

$$Q = V\frac{dp}{dt} \quad (4.5.17)$$

という関係が成り立つ．真空容器内の圧力が上昇率 dp/dt [Pa·s^{-1}] に真空容器の内容積 V [m^3] を乗じるこ

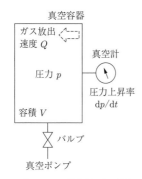

図 4.5.4 蓄積法の概略図

とにより，試料からの全ガス放出速度 Q [Pa·m^3·s^{-1}] を求めることができる．

蓄積法はおもに，流量，特にガス放出速度やリーク量を測定するために利用されるが，意図的に既知の流量 Q を導入することで，容積 V の測定や真空計の校正に利用することもできる．

蓄積法の長所は，真空ポンプの前にバルブを付けておくだけで測定できるため，専用の設備がなくても適用できることである．例えば，新しい真空装置を立ち上げるときに，ガス放出速度の大きさやリークの有無を確認するときには便利である．蓄積法で流量の絶対値を測定することも可能であるが，実際は案外難しい．文献13) では，容積 V を正確に測定するとともに，隔膜真空計の隔膜の変形による容積変化や，温度安定性に配慮することなどの工夫をすることにより，1～2% の不確かさで流量を測定している．

一方で短所は，吸着性ガスの測定は困難であることである．吸着性ガスを蓄積法で測定すると，気体の吸着・脱離率が圧力の関数となるため圧力上昇率が直線にならなくなり[11]，解析が難しくなる．結果として，スループット法に比べて過小に評価してしまうことが多い[12]．また，圧力測定に電離真空計を用いると，真空計からのガス放出や排気効果が測定に影響するため，正確な測定ができない．簡易的なチェックを除いて，蓄積法では隔膜真空計やスピニングローター真空計を用いることが望ましい．

〔5〕 秤　量　法[14)～16)]

秤量法は，試料の質量減少から，ガス放出速度を求める方法である．大気中に設置された天秤からワイヤーを垂らし，磁性流体やマグネットカップリングを利用して真空容器に導入した後，試料を吊り下げる．次いで，真空容器内を真空排気すると，試料からガスが放出されることにより質量が減少する．この質量減少量からガス放出速度を求めることができる．質量分析計を用いて，どの気体が放出されているかを同時測定す

るとさらに有効である．試料を加熱しながら，ガス放出速度を測定した例もある．

4.5.4　昇温脱離分析法[10),17)～24)]

〔1〕　は　じ　め　に

英語では，thermal desorption spectroscopy (TDS) または temperature programmable desorption (TPD) と呼ばれる．TDS は，試料を加熱して，脱離する気体分子の脱離率を測定する分析方法である．試料の真空特性や脱ガス温度を調べるといった工学的な目的から，表面科学における気体の吸脱着反応の研究まで，幅広く用いられている．

図 4.5.5 に TDS 装置の概略図を示す．TDS では，試料温度を PID 制御しながら昇温し，そのときに脱離した気体を，四極子形質量分析計で測定する．試料を加熱する方法は，試料に直接電流を流して加熱する通電加熱方式，試料近傍に設置した電熱線で試料を加熱する傍熱加熱方式，試料をセラミックス管に入れて電気炉で加熱する方式，試料を石英管に入れて赤外線炉で加熱する方式などがある．試料温度の上昇率（昇温速度）は通常，一定にする．測定結果は，横軸を試料温度または加熱時間，縦軸を質量分析計の出力信号，または気体の脱離率として示される．こうした脱離曲線を示した図を昇温脱離スペクトルまたは TDS スペクトルと呼ぶ．TDS は，スループット法などのガス放出速度測定と比べて，以下の特徴がある．

- 小さい試料で測定できる．
- 試料を数百℃～1 000℃以上まで加熱できる．
- 昇温脱離スペクトルから脱離の活性化エネルギーを求めることができる．
- イオン照射装置や表面分析装置などと組み合わせることが可能である．

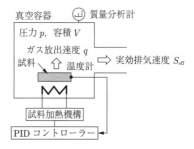

図 4.5.5　昇温脱離分析法の概略図

〔2〕　昇温脱離分析法の原理

単位時間，単位面積当りの試料表面から脱離する気体種 i の個数 q_{Ni} [個·m^{-2}·s^{-1}] は，表面に吸着している分子密度を σ_i [個·m^{-2}] とすると，以下の式で表される．

$$q_{\mathrm{N}i} = -\frac{\mathrm{d}\sigma_i}{\mathrm{d}t} = \sigma_i^n \cdot \nu_{ni} \cdot \exp\left(-\frac{E_{\mathrm{d}i}}{RT}\right)$$

$$(4.5.18)$$

ここで，n は反応の次数，ν_{ni} は前指数因子，$E_{\mathrm{d}i}$ は脱離の活性化エネルギーである．反応の次数 n は，どの物理現象が脱離率を律速しているかによって決まる．脱離現象そのものが律速している場合を一次の脱離（$n=1$）と呼ぶ．分子が解離吸着しており，吸着原子が表面拡散し衝突して再結合する現象が律速している場合を二次の脱離（$n=2$）と呼ぶ．前指数因子の物理的な意味は，反応の次数によって異なり，一次の脱離では吸着分子の振動周期（ν_1 の次元は s^{-1}），二次の脱離では表面での分子の衝突頻度（ν_2 の次元は m$^{-2}\cdot$s^{-1}）に関係する（1.4 節参照）．さらに $q_{\mathrm{N}i}$ は，$q_i = q_{\mathrm{N}i}\cdot k\cdot T_g$（$k$ はボルツマン定数 [J$\cdot$K^{-1}]，T_g は気体温度 [K]）の関係式を用いることで，面積当りの脱離率 q_i [Pa$\cdot$m$^3\cdot$s$^{-1}\cdot$m^{-2}] に換算することができる．

試料の昇温速度を一定として加熱したとき，試料温度 T [K] は以下の式で表せられる．

$$T = T_0 + \beta t \qquad (4.5.19)$$

ここで，T_0 は加熱前の試料温度 [K]，t は時間 [s]，β は昇温速度 [K$\cdot$s^{-1}] である．式 (4.5.19) を式 (4.5.18) に代入すると

$$q_i = -\frac{\mathrm{d}\sigma_i}{\mathrm{d}T} = \frac{\sigma_i^n \cdot \nu_{ni}}{\beta} \cdot \exp\left(-\frac{E_{\mathrm{d}i}}{RT}\right)$$

$$(4.5.20)$$

となる．

表面積 A [m^2] の試料から，気体種 i の気体分子が単位面積当りの脱離率 q_i [Pa$\cdot$m$^3\cdot$s$^{-1}\cdot$m^{-2}] で脱離したとき，真空容器内の気体種 i の分圧 p_i [Pa] は，式 (4.5.2) のように変化する．ここで，$S_i \cdot p_i \gg V(\mathrm{d}p_i/\mathrm{d}t)$ になるように，排気速度 S_i や昇温速度を選択すると

$$Q_i = q_i \cdot A = S_i \cdot (p_i - p_{i0}) = \frac{S_i}{K_i} \cdot (I_i - I_{i0})$$

$$(4.5.21)$$

が成り立つ．ここで Q_i は試料からの全ガス放出速度 [Pa$\cdot$m$^3\cdot$s^{-1}]，I_i は質量分析計で測定した気体種 i のイオン電流 [A]，I_{i0} は，TDS 測定直前のバックグランド圧力 p_{i0} における気体種 i のイオン電流 [A]，K_i は質量分析計の感度 [A$\cdot$Pa^{-1}] で

$$K_i = \frac{I_i - I_{i0}}{p_i - p_{i0}} \qquad (4.5.22)$$

である．

式 (4.5.18) と式 (4.5.21) とを比較することにより，試料表面から脱離する気体分子数，言い換えれば，材料表面に吸着している気体分子密度 σ_i の時間変化を，I_i を測定することで知ることができるといえる．正確な測定を行うためには，S_i と K_i が一定値となる圧力範囲で測定することが重要で，一般に，真空容器内の圧力が 10^{-3} Pa 以上になると，S_i や K_i が変化する可能性があるので注意が必要である．

q_i を定量的に求めたい場合には，S_i と K_i を求める必要があるが，どちらにも気体種依存性があることに注意する．S_i と K_i を求めるには，それぞれ個別に求める方法と，標準リーク（4.3.3，4.3.4 項参照）等を用いて，K_i/S_i 比を一つの値として一度に求める方法がある．

$$\frac{I_i - I_{i0}}{Q_i} = \frac{K_i}{S_i} = S_Q \qquad (4.5.23)$$

ここで，Q_i は標準リークを用いて導入した気体種 i の流量である．K_i/S_i 比は流量感度 S_Q とも呼ばれ，式 (4.5.21) より，$(I_i - I_{i0})$ を S_Q で割り算することで，ガスの脱離率を定量化できる．また，測定中に試料から放出された単位面積当りの全脱離量 q_{total} は，昇温脱離スペクトルを時間積分することにより求めることができる．

$$q_{\mathrm{total}} = \int q_i \mathrm{d}t = \frac{1}{S_Q} \int (I_i - I_{i0}) \mathrm{d}t$$

$$(4.5.24)$$

TDS では，試料を高温に加熱できるため，材料表面に吸着した気体分子だけでなく，材料中に保持されている気体分子も，表面まで拡散し脱離することが多い．表面吸着した気体分子の脱離より，材料内部に保持された気体分子の脱離が支配的な場合，面積 A よりも，試料質量 m を用いて規格化した方が適切となる．

四極子形質量分析計を用いずに，電離真空計で TDS 測定する場合もある．この場合，測定結果は窒素換算値として示される．また，試料の表面温度を正確に測定する方法がしばしば技術的な問題となる．イオン注入したシリコン試料を参照試料として，脱離のピーク温度 T_{p} の装置間比較を実施した結果が報告されている[24]．

〔3〕 脱離の活性化エネルギー

最も一般的な方法は，昇温速度とピーク温度の関係から，脱離の活性化エネルギーを求める方法である．図 4.5.6 は，式 (4.5.20) を用いて数値計算した昇温脱離スペクトルである．このように，一次の脱離の場合は左右非対称，二次の脱離の場合は左右対称のスペクトル形状となる．また，昇温速度を大きくすると，ピー

ク強度が大きくなるとともに，ピーク温度が高温側にシフトすることがわかる．

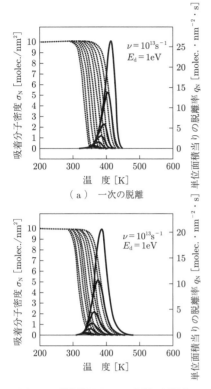

図中の ν は前指数因子，E_d は脱離の活性化エネルギーである．

図 4.5.6 昇温脱離スペクトルの昇温速度依存性

昇温脱離スペクトルのピーク温度を T_p と置くと，式 (4.5.20) を微分して得られる dq/dT は，$T = T_p$ のとき，0 になることから，一次の脱離では

$$\frac{E_d}{RT_p^2} = \frac{\nu_1}{\beta} \cdot \exp\left(\frac{-E_d}{RT_p}\right) \quad (4.5.25)$$

となり，両辺の対数をとることで

$$\ln\left(\frac{T_p^2}{\beta}\right) = \ln\left(\frac{E_d}{R\nu_1}\right) + \frac{E_d}{RT_p} \quad (4.5.26)$$

が得られる．同様に，二次の脱離では

$$\frac{E_d}{RT_p^2} = \frac{2\sigma_p \nu_2}{\beta} \cdot \exp\left(\frac{-E_d}{RT_p}\right)$$

$$\approx \frac{\sigma_0 \nu_2}{\beta} \cdot \exp\left(\frac{-E_d}{RT_p}\right) \quad (4.5.27)$$

となる．ここで，σ_p はピーク温度 T_p における吸着分子密度で，ピーク形状がおおむね左右対称であるから，初期表面 σ_0 の半分と仮定している．同様に両辺の対数をとると

$$\ln\left(\frac{T_p^2}{\beta}\right) = \ln\left(\frac{E_d}{R\nu_2 \sigma_0}\right) + \frac{E_d}{RT_p} \quad (4.5.28)$$

となる．したがって，β を変えて実験を行い，図の縦軸に $\ln(T_p^2/\beta)$，横軸に $1/T_p$ をとるとその傾きから，E_d を求めることができる．対数プロットとなるため，精度よく E_d を求めるためには，少なくとも 1 桁以上 β を変化させることが望ましい．このほかにも，ピークの半値幅や面積を用いる方法，ピークの立上りを用いる方法など，さまざまな評価・解析方法が提案されている．また，材料中に保持されていた気体も脱離する場合には，拡散を考慮した物理モデルを立てて，解析することが行われている．

4.5.5 ガス透過測定[25]~[30]
〔1〕 透過と溶解・拡散

図 4.5.7 に固体を通る気体の透過現象を模式的に示した[25]．透過とは，気相から固体表面に吸着した気体分子が，まず固体内部に溶解し，次いで拡散によって反対側の表面に達し，吸着状態を経て，反対側の気相へ脱離する現象である．こうした透過のメカニズムを溶解拡散機構と呼ぶ．単位時間当り，単位面積当りの気体の透過量を，透過流束 J (flux) と呼ぶ．透過流束 J の単位は，$[\text{Pa} \cdot \text{m}^3 \cdot \text{s}^{-1} \cdot \text{m}^{-2}]$，$[\text{mol} \cdot \text{s}^{-1} \cdot \text{m}^{-2}]$，$[\text{cm}^3 \cdot \text{min}^{-1} \cdot \text{cm}^{-2}$（標準状態）$]$，$[\text{g} \cdot \text{m}^2 \cdot \text{day}^{-1}]$ など，分野によってさまざまな単位が使用されているが，以下では，$[\text{mol} \cdot \text{s}^{-1} \cdot \text{m}^{-2}]$ を用いて説明する．

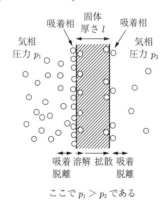

ここで $p_1 > p_2$ である

図 4.5.7 固体を通る気体の透過現象の模式図[25]

図 4.5.7 に戻って考えると，気体分子の透過は，固体への溶解と，固体内部の拡散に関係する．まず，気体分子の固体への溶解について考える．固体中の気体分子の濃度 c $[\text{mol} \cdot \text{m}^{-3}]$ は，c が小さい間は，以下の式で表される．

$$c = S \cdot p^n \tag{4.5.29}$$

ここで，S は溶解度係数（solubility），p は気相の圧力，n は反応の次数である．希ガスの溶解や二原子分子でも非金属への溶解のように，分子のまま溶解する場合は $n = 1$ であり，溶解度係数 S の単位は $[\mathrm{mol \cdot m^{-3} \cdot Pa^{-1}}]$ となる．このとき，式 (4.5.29) はヘンリー則と呼ばれる．二原子分子の金属への溶解のように，原子に解離して溶解する場合には $n = 1/2$ となり，溶解度係数 S の単位は $[\mathrm{mol \cdot m^{-3} \cdot Pa^{-1/2}}]$ となる．このとき，式 (4.5.29) はジーベルツ則と呼ばれる．

一方，固体内部での気体分子の拡散については，フィックの法則で説明されるから，透過流束 J は以下の式で表される．

$$J = -D \frac{\partial c}{\partial x} \tag{4.5.30}$$

ここで，D は拡散係数（diffusion coefficient）であり，$[\mathrm{m^2/s}]$ という単位を持つ．

定常状態においては，透過流束 J は固体内部のどの位置でも一定であるから，式 (4.5.30) を積分し，式 (4.5.29) を代入することにより，式 (4.5.31) が得られる．

$$J \int_0^l \mathrm{d}x = -D \int_{c1}^{c2} \mathrm{d}c$$
$$J = \frac{D \cdot S(p_1^n - p_2^n)}{l} = \frac{p(p_1^n - p_2^n)}{l} \tag{4.5.31}$$

ここで D と S の積を，透過係数 P（permeability）と呼ぶ．透過係数 P の単位は，$n = 1$ のときは $[\mathrm{mol \cdot m^2 \cdot m^{-3} \cdot s^{-1} \cdot Pa^{-1}}]$，$n = 1/2$ のときは $[\mathrm{mol \cdot m^2 \cdot m^{-3} \cdot s^{-1} \cdot Pa^{-1/2}}]$ となる．

高分子フィルムにコーティングするなどして，高いガスバリア性（遮蔽性）を付与するガスバリア分野において，気体の透過現象は重要な関心となっている．ここでは $n = 1$ の透過現象を取り扱う．ガスバリア性評価においては，透過流束 J を，フィルム両側の圧力差 ($p_1 - p_2$) で規格化した，ガス透過度（gas transmission rate, GTR）が用いられている．

$$GTR = \frac{J}{p_1 - p_2} = \frac{P}{l} \tag{4.5.32}$$

また，ガスバリアフィルムの水蒸気透過を測定する場合，透過流束 J を水蒸気透過度（water vapor transmission rate, WVTR）と呼んでいる．WVTR は，試料上流側の温度と相対湿度を試験条件として実験を行うため，圧力差で規格化されていない値である．

〔2〕 蓄積法とスループット法

ガス透過度測定方法は，積分型測定法である蓄積法と，微分型測定法であるスループット法に大別できる（図 4.5.8 参照）．蓄積法とスループット法で得られるガス透過度の測定結果を概念的に示したのが，図 4.5.9 である．

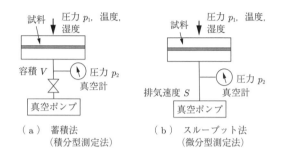

図 4.5.8 真空計を用いたガス透過度測定方法

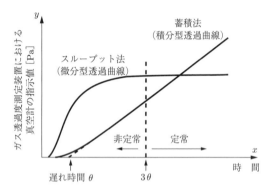

図 4.5.9 蓄積法とスループット法で得られるガス透過度測定の結果[29]

蓄積法では，試料上流に圧力 p_1 の試験ガスを導入し，試料下流を真空封止したときの圧力 p_2 の上昇率から，透過流束 J を測定する．

$$J = \frac{V}{A} \frac{\mathrm{d}p_2}{\mathrm{d}t} \tag{4.5.33}$$

ここで，V は試料下流の容積 $[\mathrm{m^3}]$，A は試料の表面積 $[\mathrm{m^2}]$，$\mathrm{d}p_2/\mathrm{d}t$ は試料下流の真空容器内の圧力上昇率 $[\mathrm{Pa \cdot s^{-1}}]$ である．式 (4.5.33) から求めた J は $[\mathrm{Pa \cdot m^3 \cdot s^{-1} \cdot m^{-2}}]$ という単位を持つが，温度 T が既知であれば，理想気体の状態方程式を用いることにより，$[\mathrm{mol \cdot s^{-1} \cdot m^{-2}}]$ に換算できる．

蓄積法で測定した場合，下流側の圧力は最初ほとんど上昇しない．これは，気体分子が試料中に溶解され，拡散し，下流側に出てくるまで時間を要するためである．その後，圧力 p_2 は指数関数的に上昇し，定常状態に達すると直線的に上昇する．こうした透過曲線を積

分型の透過曲線と呼ぶ．積分型透過曲線において，定常流に達した直線部分と x 軸との交点を，遅れ時間または遅延時間 θ [s] と呼ぶ．フィックの法則に基づいた拡散の方程式を解くことにより

$$\theta = \frac{l^2}{6D} \tag{4.5.34}$$

という関係が得られる．ここで l は試料の厚さ [m]，D [m$^2 \cdot$s^{-1}] は拡散係数である．すなわち，θ と l を測定することで，D を求めることができる．また，同様に拡散方程式を検討することにより，定常状態になるためには，少なくとも，遅れ時間 θ のおよそ 3 倍以上の時間を要することがわかっている．ガス透過測定を行うためには，定常流になるまで十分な時間の測定をすることが重要である．

一方，スループット法で測定すると，ある一定時間後，下流側の圧力 p_2 [Pa] は対数関数的に上昇し，その後，定常状態で一定値となる．こうした透過曲線を微分型の透過曲線と呼ぶ．微分型透過曲線においては，飽和値の約 0.62 倍の時点が，遅れ時間 θ に対応する．スループット法では，TDS 同様，$S \cdot p_{i2} \gg V(\mathrm{d}p/\mathrm{d}t)$ になるように，排気速度 S を選択することで，気体の透過流束 J [Pa$\cdot$m$^3 \cdot$s$^{-1} \cdot$m^{-2}] は

$$J = \frac{S \cdot p_2}{A} \tag{4.5.35}$$

から求められる．同様に，理想気体の状態方程式を用いることにより，[mol$\cdot$s$^{-1} \cdot$m^{-2}] に単位換算できる．

蓄積法やスループット法は，試料の上流と下流に圧力差が生じるから，差圧法と呼ばれる．一方，下流側にキャリアガス（窒素やアルゴン等）を導入して，試料上流と下流の圧力 p_1 と p_2 を等しくする方法があり，等圧法と呼ばれる．微量のガス不純物の測定などに用いられる大気圧イオン化質量分析法（API-MS 法）を，等圧法によるガス透過測定に応用した例もある．API-MS 法では試料下流側に，差動排気機構とコロナ放電による一次イオン化および電荷交換反応による二次イオン化とを利用することにより，低い検出下限を達成している．

また，試料ホルダーを工夫することにより，O リングやシーラント（接着剤）のガス透過を測定した例もある．

〔3〕 透過の活性化エネルギー

拡散係数 D，溶解度係数 S は，式 (4.5.36)，(4.5.37) のような温度依存性を持つ．

$$D = D_0 \exp\left(-\frac{E_D}{RT}\right) \tag{4.5.36}$$

$$S = S_0 \exp\left(-\frac{E_S}{RT}\right) \tag{4.5.37}$$

ここで，D_0，S_0 はそれぞれ，拡散，溶解の速度定数，E_D，E_S はそれぞれ，拡散の活性化エネルギー，溶解熱である．

透過係数 P は，拡散係数 D と溶解度係数 S の積で表されるから，以下の式で説明される．

$$P = P_0 \exp\left(-\frac{E_P}{RT}\right) \tag{4.5.38}$$

ここで，P_0 は透過の速度定数，E_P は透過の活性化エネルギーである．P_0 は D_0 と S_0 の積，E_P は E_D と E_S の和となる．

温度を変えて透過流束 J を測定し，式 (4.5.31) から透過係数 P を求め，アレニウスプロットすることにより，透過係数 P の $1/T$ に対する傾きから，透過の活性化エネルギー E_P を求めることができる．同様に，拡散係数 D もアレニウスプロットすることにより，拡散の活性化エネルギーを求めることができる．

溶解度係数 S は，透過係数 P を拡散係数 D で除することにより求めることができるから，同様にアレニウスプロットすることにより，溶解熱を求めることができる．

〔4〕 透過測定の実際

実際の透過測定の結果は，より複雑で，こうしたモデルでは説明しきれないことが多い．

参考文献 27) では，ステンレス鋼の水素透過測定を行っているが，測定を繰り返すにつれて表面が酸化するため透過流束 J に再現性が得られなかった．その後，表面にパラジウムコーティングをすることにより，再現性の良い透過流束 J を得ることができた．この結果は，酸化層とバルクで拡散係数 D が異なることと，透過測定の実験中に試料が変質（酸化）する可能性があることを示唆している．

また，高分子フィルム上にガスバリア層を多層コーティングした場合も，より複雑な透過挙動となる．こうした理論的な取扱いについては，参考文献 29),30) に詳しい．

実際の透過測定の結果に対して，理論的な解析を行う場合には，慎重な検討が必要である．詳しい検討が困難な場合には，例えば，"見掛けの" 拡散係数などという表現を用いて測定結果を表すことも多い．

引用・参考文献

1) P. A. Redhead: J. Vac. Sci. Technol. A, **20** (2002) 1667.

2) 寺田啓子, 岡野達雄, 辻泰：真空, **31**-4 (1988) 259–264.

3) K. Terada, T. Okano and Y. Tuzi: J. Vac. Sci. Technol. A, **7** (1989) 2397.

4) 湊道夫, 伊藤好男：真空, **36**-3 (1993) 175–177.

5) H. Yoshida, K. Arai and T. Kobata: Vacuum, **101** (2014) 433–439.

6) 斎藤一也, 佐藤幸恵, 稲吉さかえ, 楊一新, 塚原園子：真空, **38**-4 (1995) 449.

7) K. Saito, Y. Sato, S. Inayoshi and S. Tsukahara: Vacuum, **47** (1996) 749.

8) 池田佳直, 斎藤一也, 塚原園子, 一村信吾, 国分清秀, 平田正紘：真空, **41**-5 (1998).

9) 村中武, 栗巣普揮, 和田直之, 山本節夫, 松浦満, 部坂正樹：J. Vac. Soc. Jpn., **47**-3 (2004) 116.

10) 稲吉さかえ：J. Vac. Soc. Jpn., **58**-2 (2015) 57.

11) 富永五郎, 辻泰, 金文沢：真空, **5**-3 (1961) 112.

12) 赤石憲也：J. Vac. Soc. Jpn., **44**-6 (2001) 598.

13) K. Arai and H. Yoshida: Metrologia, **51** (2014) 522–527.

14) 浜崎正則, 阿部哲也, 村上義夫：真空, **36**-3 (1993) 263.

15) 山根常幸：第 56 回質量分析総合討論会 (2008) 講演要旨集, 2008 年 5 月, つくば, p.434.

16) 秦野歳久, 平塚一, 長谷川浩一, 海福雄一郎, 阿部哲也：J. Vac. Soc. Jpn., **54**-5 (2011) 313–316.

17) P. A. Redhead: Vacuum, **12** (1962) 203.

18) 広畑優子：真空, **33**-5 (1990) 489.

19) 藤田大介, 本間禎一：固体表面上の動的過程の解明とその極高真空技術開発への応用, 東京大学生産技術研究所報告, **36**-3 (1991) 59–168.

20) 稲吉さかえ：J. Vac. Soc. Jpn., **50**-4 (2007) 228.

21) 秋山英二：J. Vac. Soc. Jpn., **57**-6 (2014) 207–213.

22) 平下紀夫, 浦野真理, 吉田肇：J. Vac. Soc. Jpn., **57**-6 (2014) 214–218.

23) 小倉正平：J. Vac. Soc. Jpn., **57**-6 (2014) 219–226.

24) N. Hirashita, T. Jimbo, T. Matsunaga, M. Matsuura, M. Morita, I. Nishiyama, M.Nishizuka, H. Okumura, A. Shimazaki and N. Yabumoto: J. Vac. Sci. Technol. A, **19**-4 (2001) 1255–1260.

25) 熊谷寛夫, 富永五郎 編著：真空の物理と応用 (裳華房, 東京, 1977) 第 6 版, p.175.

26) 林主税 責任編集：真空技術 (共立出版, 東京, 1985) 実験物理学講座 4, p.119.

27) 板倉明子, 土佐正弘, 吉原一紘：真空, **35**-3 (1992) 313.

28) 池田佳直, 斎藤一也, 稲吉さかえ, 塚原園子：真空, **37**-3 (1994) 232.

29) 永井一清, 黒田俊也, 山田泰美, 狩野賢志, 宮島秀樹 編：最新バリア技術—バリアフィルム, バリア容器, 封止材・シーリング材の現状と展開— (シーエムシー出版, 東京, 2011).

30) 永井一清 編：バリア技術 (共立出版, 東京, 2014).

4.6 校 正 と 標 準

4.6.1 は じ め に

多くの真空計は圧力そのものを測定しているのではなく, 圧力によって変化する別の量を測定している. 例

えば, ピラニ真空計の場合は金属細線の温度変化に伴う抵抗の変化を, 電離真空計の場合は生成イオン電流を測定している. したがって, これら真空計が測定している量と圧力の相関関係をあらかじめ測定しておくこと, すなわち, 校正が必要である.

真空計の校正は, 多くの場合, 標準器との比較によって行われる. 例えば, ピラニ真空計では隔膜真空計を, 電離真空計ではスピニングローター真空計を標準器として用いて校正することができる. それではつぎに, これら標準器が正しいことをどのように確認するかが問題となろう. 結論からいうと, 標準器の正しさは, 最終的には, 圧力真空標準との比較によって確認される.

圧力真空標準とは, 物理法則に基づいて実現される "絶対値のわかった圧力場" である. 先進各国の国家計量標準機関 (National Metrology Institute, NMI) は, 圧力範囲に応じ, さまざまな方法で圧力真空標準を実現し, これが各国における圧力真空の国家標準となっている. 日本では, 計量法に基づき, 国立研究開発法人産業技術総合研究所計測標準総合センター (産総研 NMIJ) が圧力・真空の国家標準の開発・維持・供給を担っている.

4.6.2 項では圧力真空標準の実現方法について説明する. また, 漏れ検査の基準であるリーク標準についてもここで述べる. 4.6.3 項では, 国際単位系 (SI) と, 各国 NMI の圧力真空標準の整合性がどのように確保されているのかについて述べる. 4.6.4 項では, これら圧力真空標準で校正された標準器を基準に, 一般の真空計を比較校正する方法について説明する. 最後の 4.6.5 項では, 真空計測における不確かさとトレーサビリティの考え方について解説する.

4.6.2 圧力真空標準[1]

圧力真空標準を実現するには, 以下に示す典型的な四つの方法があり, 産総研でも, これら四つの方法を用いて圧力真空標準を実現している. また, 産総研では, 漏れ検査のための基準としてのリーク標準や, 真空中の分圧計測のための基準として分圧標準の整備をしているので, これらについても紹介する.

〔1〕 液柱差真空計

液柱差真空計の原理は, 4.1.1 項にあるとおりである. 液体を変えることで, およそ 1 Pa から大気圧までの圧力を測定することができる. 産総研では, 水銀を用いた光波干渉式標準圧力計 (U 字管内の水銀柱の高さの差を, 白色光干渉を用いてレーザー測長することで, 正確に圧力の絶対値を決めることができる装置) で 1 kPa から 113 kPa までの圧力真空標準を実現している[2].

〔2〕圧力天びん

図4.6.1に圧力天びんの概略図を示す．圧力は，力Fを面積Aで除した商（F/A）であると定義されるが，圧力天びんは，この定義をそのまま実現する方法である．力Fはピストンと重錘の質量Mと重力加速度gの積で，面積はピストンの有効断面積Aから求められる．有効断面積Aを求める方法は，形状測定から求める方法と，他の方法（液柱差真空計など）で実現した圧力真空標準との比較から求める方法とがある．圧力天びんの外側をベルジャーで覆って真空排気し，圧力天びんの周囲圧力p_0を無視できるくらい低くすることで，ピストン下部に絶対値のわかった圧力pを発生できる．産総研では，重錘形圧力天びんを用いて，5 kPaから1 GPaの圧力真空標準を実現している[3],[4]．

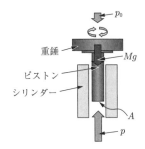

図4.6.1 圧力天びんの概略図

〔1〕や〔2〕の方法は，圧力の定義そのものであり，再現性に優れ，大気圧付近では，非常に小さな不確かさ（〜数ppm）で圧力の絶対値を定めることも可能である．しかし，圧力が低くなってくると，〔1〕では液体の蒸気圧，〔2〕では圧力天びんの製作限界のため，圧力の発生が困難になってくる．そこで，〔3〕膨張法や〔4〕オリフィス法といった方法が用いられる．

〔3〕膨 張 法[5],[6]

図4.6.2に膨張法の原理図を示す．膨張法は，ボイルの法則を利用して，〔1〕や〔2〕で実現した圧力真空標準を，より低い圧力に拡張する方法である．バルブで連結された容積V_aとV_bの二つの真空容器があり，バルブを閉じた状態で，容積V_a内に圧力p_1の気体を導入し，容積V_b内は真空排気する．つぎに，バルブを開けることで，容積V_a内の気体を膨張させる．温度を一定とすると，膨張後の圧力p_2は，膨張比（容積比）$V_a/(V_a+V_b)$と圧力p_1の積に等しくなる．圧力p_1を，〔1〕や〔2〕で実現した圧力真空標準を基準に測定することで，膨張後の圧力p_2の絶対値を定めることができる．

膨張法を用いると，およそ10^{-4} Paから数kPaまで圧力真空標準を実現できる．原理的には，より高い圧力も発生することが可能であるが，〔1〕や〔2〕に比べて有利な点が少ないことや，ビリアル係数の影響も無視できなくなるため，あまり使用されない．産総研では，膨張法を用いて10^{-4} Paから2 kPaまでの圧力真空標準を実現している[5],[6]．

〔4〕オリフィス法[7],[8]

真空容器からのガス放出の影響が大きくなるために，膨張法では10^{-4} Pa以下の正確な圧力発生が困難になる．そこで，オリフィス法（図4.6.3参照）を用いる．オリフィス法では，真空容器の流量Qの気体を導入し，コンダクタンスCのオリフィスで排気することで，真空容器内の圧力pをQ/Cから求める．流量計で流量Qを，コンダクタンスCをオリフィスの形状から正確に求めることで，圧力pの絶対値を定めることができる．

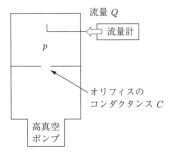

図4.6.3 オリフィス法の概略図

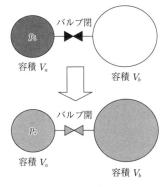

図4.6.2 膨張法の原理図

オリフィス法を用いると，およそ10^{-2} Paから10^{-9} Paの圧力真空標準を実現できる．オリフィス法による発生圧力の上限は，多くの場合，オリフィスのコンダクタンスが分子流条件を満足する圧力上限で決まる．発生圧力の下限は，流量Qの発生下限や真空容器の到達圧力によって決まる．オリフィス法の一種であるが，分子流を実現するとガス導入器内と校正容

器内の圧力比が一定になることを利用して校正する簡易的な方法もある[9]．産総研では，これらの方法を用いて，10^{-9} Pa から 10^{-4} Pa の圧力真空標準を実現している[7]〜[9]．

〔5〕リーク標準[10],[11]

おもに漏れ検査で使用される標準リークを校正する基準がリーク標準である．産総研では，透過型ヘリウム標準リークを校正するための定圧流量計（容積変化法）[10]と，よりリーク量の大きいキャピラリー等を用いた標準リークを校正するための定容流量計（圧力変化法）[11]を整備している．

定圧流量計の原理図を図4.6.4に示す．シリンダー内に圧力 p [Pa] のヘリウムガスを導入すると，キャピラリーを通って，ヘリウムガスは真空容器に流れ込む．これに伴い，シリンダー内の圧力は低下しようとするが，ピストンを押し込んでシリンダー内の容積を小さくすることで，圧力を一定に保つようにする．このとき，真空容器に流れ込むヘリウム流量 Q [Pa·m³·s⁻¹] は，以下の式で表される．

$$Q = p\frac{dV}{dt} \qquad (4.6.1)$$

ここで，dV/dt [m³/s] はピストンの押込みによる容積変化率である．こうして導入されたヘリウム流量は，透過型ヘリウムリークなどを校正する基準として用いられる．産総研では，1×10^{-8}〜1×10^{-6} Pa·m³·s⁻¹ までのリーク標準を供給している．

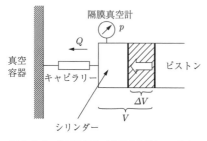

図4.6.4 定圧流量計（容積変化法）の原理図

より大きな流量を発生させるために，シリンダー内の圧力を高くすると，キャピラリーのコンダクタンスが粘性流の影響により大きくなり，結果としてピストンを素早く押し込まなくてはならないという問題が発生する．このため，信頼性の高い流量発生が難しくなる．そこで，より大きなリーク量の校正をするために，定容流量計（図4.6.5参照）も整備している．定容流量計は，容積 V [m³] の真空容器 A に気体を導入したときの圧力上昇率 [Pa·s⁻¹] から，流量 Q [Pa·m³·s⁻¹] を測定する方法である．

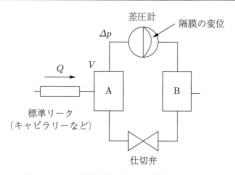

図4.6.5 定容流量計（圧力変化法）の原理図

$$Q = V\frac{dp}{dt} \qquad (4.6.2)$$

この流量計は，大気から真空への漏れ検査のための標準リークだけでなく，高圧（数気圧）から大気への漏れ検査のための標準リークも校正対象としている．後者の場合，真空容器 A の圧力を大気圧（約 10^5 Pa）とするが，流量 Q の流入による圧力上昇は，せいぜい 10^2 Pa 程度（相対値にして 0.1％程度）であるため，正確な測定が難しくなる．そこで，真空容器 A の横に真空容器 B を設置し，両者を同じ大気圧とした後に仕切弁を閉じ，次いで，真空容器 A に流量 Q を導入して，そのときの圧力上昇率を真空容器 A と B の差圧で測定することにしている．こうした工夫により，高圧から大気圧へのリーク量を正確に測定できるようになった．産総研では，窒素，ヘリウム，アルゴン，フロン（R 134a）を校正気体に用いた，大気から真空，および高圧（数気圧）から大気への漏れ検査のためのリーク標準を 5×10^{-7}〜1×10^{-4} Pa·m³·s⁻¹ で供給している．リーク標準に対する社会ニーズは大きく，校正可能なガス種，流量範囲を順次拡大する計画がある．

〔6〕分圧標準[12]〜[14]

真空容器内の全圧だけでなく，分圧を測定することは，真空の質を診断する上で重要である．また，ガス種ごとのガス放出速度測定やガス透過度測定においても，真空中の分圧を測定する必要がある．

こうした分圧計測のための標準はこれまでなかったが，産総研では世界に先駆けて，分圧標準の確立に向けて取り組んでいる．具体的には，分圧真空計の校正[12]と，標準コンダクタンスエレメント（SCE，4.3.3項参照）の分子流コンダクタンスの校正[13],[14]を行っている．分圧真空計は長期安定性に問題があるため，"その場"校正することが有効であり，SCE はそのために開発された任意のガスを用いることができる定量ガス導入器である．SCE の分子流コンダクタンスがわかると，ガス種が変わってもコンダクタンスを計算で補正

できる．したがって，SCEを用いることで，ユーザーは自分の真空装置に，自分が測定したい気体を，定量導入することできる．こうして導入した流量を基準に，ユーザーは自分で分圧真空計を校正できる．

〔7〕 **圧力真空標準の整合性**[1),11)]

圧力やリーク量に応じて，異なる方法で圧力真空標準やリーク標準を実現しているので，それぞれの整合性を確認することが重要である．産総研では，圧力真空標準，リーク標準で実現できる上限値または下限値が，他の標準の下限値または上限値に重なるように設計しており，両者が重なる圧力またはリーク量において比較実験を行うことにより，整合性を確認している．例えば，圧力天びんと膨張法による校正結果は0.04%，膨張法とオリフィス法は0.5%，定圧流量計と定容流量計は1.6%で整合した．こうした整合性の確認を実施することにより，圧力真空標準の信頼性確保に努めている．

4.6.3 国際単位系（SI）[15),16)]

先進諸国のNMIでは，4.6.2項で示したような方法で，圧力真空標準を整備している．しかし，厳密には，各NMIの状況に応じて，校正装置の形状や校正温度，手順などに若干の違いがある．これらの違いが各NMIの圧力真空標準や校正結果の違いとなるという懸念があろう．そこで圧力・真空測定の世界統一がどのように維持されているのかについて説明する．そのためにまず，国際単位系（SI）がどのように維持されているのかについて説明する．

国際単位系（SI）は，メートル条約の全加盟国の代表によって構成される国際度量衡総会（CGPM）を中心に，議論され決定される．CGPMは，質量，時間，電流，熱力学温度，物質量，光度を七つの基本単位と定義し，その他のすべての単位は，基本単位の積として定義する組立単位とした．すなわち，"圧力"は基本単位ではなく，組立単位である．

基本単位には，CGPMが決定した定義がある．例えば，質量の定義は，国際度量衡局（BIPM）が保有する"国際キログラム原器[†]"であるし，熱力学温度（ケルビン）の定義は"水の三重点の温度"による．基本単位においては，これらCGPMの定義が，絶対値を決めるための世界共通の基準となっている．一方で，組立単位である圧力に対しては，CGPMの定義はない．すなわち，圧力には，"国際キログラム原器"や"水の三重点の温度"に相当するような，わかりやすい圧力・

真空の世界基準は存在しないということになる．

それでは，圧力・真空測定の世界統一はどのように確保されるのかというと，それは国家標準どうしの比較による．BIPMには，国家の決定で指名された国家計量標準機関（NMI）が登録されている．例えば，アメリカ国立標準技術研究所（NIST），ドイツ物理工学研究所（PTB），韓国標準科学研究院（KRISS）などがあり，日本では産総研がNMIとして登録されてい

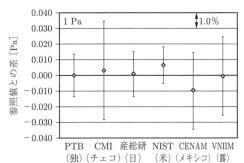

（a） 隔膜真空計を用いた国際比較
（識別番号：CCM.P-K4.2012[17)]）

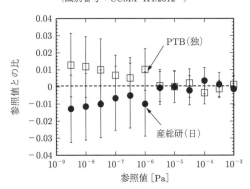

（b） 電離真空計を用いた2国間比較（pilot study）
（識別番号：CCM.P-P1. 2015[18)]）

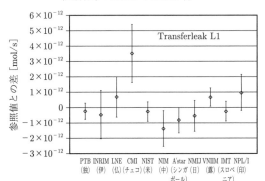

（c） ヘリウム標準リークを用いた国際比較
（識別番号：CCM.P-K13[19)]）の結果

図4.6.6 圧力，真空の国際比較の結果の例

[†] 2018年以降，アボガドロ定数の精密測定等により決定された「プランク定数」を基準とする新たな定義に移行予定．

る．NMIは，七つの基本単位を実現するとともに，基本単位を用いて他の単位の組立てを行う．さらに，開発した国家標準を，他の国家標準と比較する責任を持つ．NMI間で行われる圧力真空標準どうしの比較実験は，国際比較と呼ばれ，以下の手順で行われる．まず，幹事となるNMIが安定性の優れた真空計を準備し，その国の圧力真空標準を基準に真空計を校正する．つぎに，この真空計を他国のNMIに輸送し，その国の圧力真空標準を基準に再度校正する．最後に互いの校正結果が一致することを確認する．こうした国際比較の結果はBIPMのホームページ等で公開される．図4.6.6に圧力・真空の国際比較の結果の例を示す[17]〜[19]．各NMIの校正結果が，それぞれが主張する不確かさ（エラーバー）の範囲内で一致したとき，それぞれの圧力真空標準の同等性が確保されたことが確認できる．さらに，各NMIは，他国のNMIのピアレビューを受けることで，主張する不確かさの範囲内で，圧力真空標準を用いた校正ができる技術を有すると結論される．

4.6.4 比較校正法[20]〜[22]

一般で使用される真空計は，特別な場合を除き，圧力真空標準で直接校正されることはない．真空計メーカーは，一般の真空計を校正するために，社内標準器を保有しており，一般の真空計は社内標準器との比較により校正される．そしてこれら社内標準器は，より上位の標準器を基準に校正されており，最終的には圧力真空標準につながるようになっている．

したがって，比較校正法を誤ると，圧力真空標準によって定められた圧力の絶対値が，一般の真空計に正しく反映されないことになってしまう．そこで，正しく比較校正を実施するために，比較校正装置の形状・構成や，手順，注意点が，ISOやJISに規定されている[20],[21]．図4.6.7に比較校正装置の例を示す[22]．隔膜真空計を大気圧近傍で校正する際には，図4.6.7のような校正用チャンバーではなく，配管を用いることもある．比較校正を行う上で，特に重要な点を以下にまとめる．リーク量の比較校正方法は，2017年現在規格化されていないが，同様に考えることができる．

〔1〕 標準器の選定と管理

標準器には，適切な測定圧力範囲を持ち，ばらつきや分解能が小さく，長期安定性，温度安定性，直線性に優れる真空計を選択する．標準器として使用されることが多い真空計と，実用真空計として使用されることが多い真空計を表4.6.1にまとめた．標準器の性能は，校正の品質を大きく左右するので，どの真空計を標準器と選定するかは非常に重要である．長期間安定であったという実績が，標準器の信頼性の根拠となる

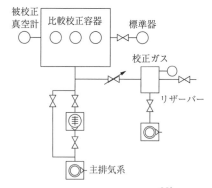

図4.6.7 比較校正装置の例[22]

表4.6.1 標準器として使用されることが多い真空計と，実用真空計として使用されることが多い真空計

標準器	実用真空計
・圧力天びん	・熱伝導真空計
・高精度デジタル圧力計（水晶ブルドン圧力計やシリコンレゾナント圧力計など）	・水晶摩擦真空計
	・隔膜真空計
	・熱陰極電離真空計
・隔膜真空計	・冷陰極電離真空計
・スピニングローター真空計	・分圧真空計
・熱陰極電離真空計	

から，標準器は頻繁に交換するものではない．いったん，標準器を選定すると長く使用することになるから，慎重に選定する．

つぎに，標準器の校正が必要である．校正は，4.6.2項で示した圧力真空標準（国家標準）にトレーサブルであることが望ましい．標準器の校正は，必ずしも圧力真空標準で直接校正する必要はなく，圧力真空標準で校正された別の真空計を上位の標準器として，比較校正する方法もある．これにより，測定の不確かさは若干大きくなるが，手間とコストを低減することが可能になる．これを校正の階層化と呼ぶ．

標準器の校正は定期的に行う必要がある．なぜなら，高安定な標準器を選定したとしても，感度がまったく変化しないことはあり得ないし，たとえ変化しなかったとしても，校正で確認しなければ，変化していないことを証明できないからである．標準器の校正周期は，真空計の種類や目的に応じて決定する．通常，数箇月から数年で，1年という場合が多い．標準器の感度が，ある日突然大きく変化し，それに気付かないまま1年間が経過してしまったのでは，校正の品質を保つことができない．そこで，標準器の近傍に，標準器の安定性を確認するための別の真空計を設置することが推奨される．これを管理用標準器と呼ぶ．被校正真空計を校正する際には，つねに，管理用標準器も同時に校正

し，標準器と管理用標準器の値の比（もしくは差）が，ある範囲内にあることを確認して，標準器の健全性を確認することが望ましい．また，校正作業者の経験も，標準器の健全性を維持・確認する上で重要である．

〔2〕 真空容器内の圧力分布

真空計は，真空計取付けポート近傍の圧力を測定しているので，比較校正容器内に圧力分布があり，標準器と被校正真空計の取付けポートの間に，圧力差があると正確な校正ができない．圧力分布は，気体の流れ，温度差，放出ガス，高さ等によって発生する．真空容器内の圧力分布を小さくするためには，比較校正容器の形状，校正用ガスの導入口の位置，標準器と被校正真空計の取付け位置に配慮することが重要である．比較校正容器の形状は円筒が多い．校正用ガスの導入口の位置は，図4.6.7のように比較校正容器と真空ポンプの間にして，比較校正容器に気体がよどむようにする．標準器と被校正真空計の取付け位置は近く，可能であれば，同じ高さにすることが望ましい．

また，電離真空計の場合，2台の真空計を対向位置に設置すると，互いに干渉して，正確な測定を妨げる場合があるので，エルボ等を用いて取り付けて，真空計が互いに直接見込まないようにすることが望ましい．

〔3〕 校正条件と手順

真空容器の温度や室温，校正容器の到達圧力，校正ガスの純度は，校正結果に影響を及ぼすため，校正開始条件として明確にするとともに，記録する必要がある．校正方法には，静的平衡法（封じ切り法）と動的平衡法（気体を流しながら校正する方法）がある．校正装置を真空封じきりとしたとき，ガス放出による圧力上昇が校正圧力に比べて十分に小さい場合には前者を，そうでない場合には，後者を選択する．電離真空計の場合は，ガス放出や排気効果が大きいため，動的平衡法を用いるべきである．校正は，圧力を上昇する向きに，圧力をステップ状に変化させて行うことが一般的である．

〔4〕 繰返し性，再現性，整合性の確認

標準器，校正装置，校正条件と手順を確定した後，同条件で特定の真空計を繰り返し校正し，一致の度合い（繰返し性）を調べる．つぎに，日や季節を変えて同様の実験を行う．こうして校正結果が，どの程度再現するかを確認する．季節が変わると，校正室の温度条件が変わり，校正結果が変化することはよくあることなので注意する．こうした実験を通して，自分の行っている校正には，どのくらいの再現性があるかを確認できる．自分の校正結果と，他の校正機関や他原理に基づく校正結果を比較し，整合性を確認することも重要である．こうした作業を継続することで，信頼性の高

い校正が実現する．

〔5〕 校正証明書の発行

校正証明書は，JIS Q 170251[23]に従って作成することが望ましい．さらに真空計の場合，環境温度，真空容器の温度，校正気体の種類，到達圧力，真空計の設定条件，真空計の設置向きなども加えて記載することが望ましい．

4.6.5 真空計測における不確かさとトレーサビリティについて[1]

従来から現在に至るまで，広く使用されている「誤差（error）」と「不確かさ（uncertainty）」の違いを図4.6.8に示した二つの文書を比較することで明らかにしたい．図(a)は誤差が記載された試験報告書，図(b)が「不確かさ」が記載された校正証明書の例である．両者の見た目は非常に似ているが，表中の用語に違いがある．図(a)試験報告書の表には「標準器の値」と「誤差」が示されているが，図(b)校正証明書には「校正圧力値」と「拡張不確かさ」が示されている．この些細に見える違いが，実は大きな違いなのである．試験報告書で示されている「誤差」は，被校正真空計と標準器の値の差であるから，簡単に算出することができる．一方，校正証明書で示されている「不確かさ」は，「被校正真空計の表示値」と「校正圧力値」からは算出できない，まったく別箇の情報である．

試験報告書		
真空計の表示値[Pa]	標準器の値[Pa]	誤差[Pa]
3.00×10^{-3}	2.80×10^{-3}	0.20×10^{-3}
9.00×10^{-3}	8.36×10^{-3}	0.64×10^{-3}
3.00×10^{-2}	2.85×10^{-2}	0.15×10^{-2}
9.00×10^{-2}	8.51×10^{-2}	0.49×10^{-2}
…	…	…

試験結果は3回の測定の平均値である
校正実施条件　室温　　00℃
　　　　　　　真空容器温度　　00℃
　　　　　　　相対湿度　　00℃
　　　　　　　…

（a）

校正証明書		
真空計の表示値[Pa]	校正圧力値[Pa]	拡張不確かさ[Pa]
3.00×10^{-3}	2.80×10^{-3}	0.24×10^{-3}
9.00×10^{-3}	8.36×10^{-3}	0.82×10^{-3}
3.00×10^{-2}	2.85×10^{-2}	0.24×10^{-2}
9.00×10^{-2}	8.51×10^{-2}	0.53×10^{-2}
…	…	…

校正結果は3回の測定の平均値である
校正実施条件　室温　　00℃
　　　　　　　真空容器温度　　00℃
　　　　　　　相対湿度　　00℃
　　　　　　　…

（b）

図4.6.8　試験報告書と校正証明書の比較

それでは「不確かさ」は，どのような物理的な意味を持つ情報かというと，これを説明することは容易でない．正確に理解するためには，統計学的なデータ解釈の考え方が必要で，「測定における不確かさの表現ガイド（略称GUM）[24]」やその他の解説[25]~[30]に説明がある．しかしまずは，「不確かさ」とは「測定結果の信頼性を数値で表したもの」と考えてほしい．真空計の感度は，程度の差はあれ，経時変化するし，気体の種類，純度，温度，設置向き，使用履歴や輸送，保管

条件によっても変化する．したがって，真空計を校正したとしても，その測定値の絶対値が，疑いもなく正しいと断定することは科学的でない．しかし，測定値の絶対値が，少なくとも（統計的な）"ある範囲内" にあると主張することは可能で，この範囲を数値で表したものが「不確かさ」といえる．こうした考え方は真空計に限らず，どの計測器の測定でも共通である．

そして，測定値の絶対値の根拠を，国家標準，さらには基本単位の定義にまで遡ることができる場合に，計測のトレーサビリティが確保されているといえる．図4.6.9 に，産総研の圧力真空標準のトレーサビリティを示す．トレーサビリティは，矢印で示した，上位の標準との比較（校正）の連鎖により確保され，最終的に基本単位の定義につながっている．これら矢印の1本1本に対して，不確かさが発生し，その集積が，それぞれの圧力真空標準の不確かさになっている．

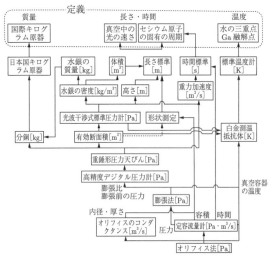

図4.6.9　産総研の圧力真空標準のトレーサビリティ

真空計ユーザーそれぞれが，独力で，こうした基本単位とのつながりを構築することは非効率であり，非現実的である．そこで，真空計ユーザー，真空計メーカーや校正事業者，NMI が協力して，効率的なトレーサビリティ体系をする構築することが望ましい．真空計メーカーや校正事業者は，それぞれが保有する標準器を，NMI の圧力真空標準を基準に校正したという一点により，基本単位とのつながりを確保できる．真空計ユーザーは，トレーサビリティが確保された真空計メーカーや校正事業者から，真空計を購入したまたは校正サービスを受けたという一点により，基本単位とのつながりを確保できる．これが，効率的なトレーサビリティ体系である．計測の信頼性が求められる分野では，「ISO/IEC 17025 試験所及び校正機関の能力に関する一般要求事項」に基づく，より確実なトレーサビリティの確保が求められるようになってきている．（独）製品評価技術基盤機構によって運営される計量法校正事業者登録制度（JCSS）は，ISO/IEC 17025 に基づく審査を経て登録された校正事業者が，特別な標章（ロゴ）の入った校正証明書を発行できる制度である．JCSS に基づく圧力計・真空計の標準供給体系を図4.6.10 に示す．平成28年度には，圧力計と真空計を併せて，3 500 件以上の JCSS 校正証明書が発行されている[31]．JCSS 校正証明書には，必ず「不確かさ」が記載される．

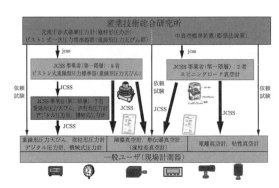

図4.6.10　計量法校正事業者登録制度（JCSS）に基づく標準供給体系（2018年現在）．図中の依頼試験とは，産総研が一般ユーザーの計測器を直接校正する方法で，特別に高精度な校正が必要な場合などに行われる．

従来，真空計測では定量測定絶対値の測定は困難であるとみなされてきた．近年になって，真空計の性能や安定性に劇的な改善があったわけではないから，定量測定が難しいという状況に変わりはない．しかし，標準やトレーサビリティの活用によって，測定値に不確かさを付けることができれば，その不確かさの範囲内では，定量的な議論が可能になる．不確かさという考え方を活用した議論の充実が，真空計測の信頼性向上につながると期待したい．

引用・参考文献

1) 吉田肇：J. Vac. Soc. Jpn., **56**-11 (2013) 449.
2) A. Ooiwa, M. Ueki and R. Kaneda: Metrologia, **30** (1994) 565.
3) T. Kobata: Kouaturyoku no Kagaku to Gijutu, **14** (2004) 184 [in Japanese].
4) K. Kobata, M. Kojima and H. Kajikawa: Synthesiology, **4m** (2011) 209 [in Japanese].
5) H. Akimichi, E. Komatsu, K. Arai and M. Hirata: Proceedings of the 44th International

Conference on Instrumentation, Control and Information Technology (SICE 2005), Okayama (2005) p.2145.

6) H. Yoshida, E. Komatsu, K. Arai, M. Kojima, H. Akimichi and T. Kobata: ACTA IMEKO June 2014, Volume 3, Number 2, 48–53.

7) K. Arai, H. Yoshida, M. Shiro, H. Akimichi and M. Hirata: Abstructs of the 4th Vacuum and Surface Sciences Conference of Asia and Australia (VASSCAA-4), Matsue (2008) p.359.

8) H. Yoshida, M. Shiro, K. Arai, H. Akimichi and M. Hirata: Vacuum, **84** (2010) 277.

9) H. Yoshida, M. Hirata and H. Akimichi: Vacuum, **86** (2011) 226.

10) K. Arai, H. Akimichi and M. Hirata: J. Vac. Soc. Jpn., **53** (2010) 614.

11) K. Arai and H. Yoshida: Metrologia, **51** (2014) 522–527.

12) 吉田肇, 新井健太, 秋道斉, 平田正紘：J. Vac. Soc. Jpn., **51**-3 (2008) 109.

13) H. Yoshida, K. Arai, M. Hirata and H. Akimichi: Vacuum, **86** (2012) 838–842.

14) H. Yoshida, K. Arai, H. Akimichi and T. Kobata: Measurement, **45** (2012) 2452–2455.

15) 産業技術総合研究所 計量標準総合センター訳編, 国際文書第 8 版 (2006) ／日本語版　国際単位系（SI）安心・安全を支える世界共通のものさし，日本規格協会 (2007).

16) 産業技術総合研究所 計量標準総合センター，製品評価技術基盤機構認定センター 訳編，"第 3 版 計量学−早わかり−（EURAMET 文書の翻訳)".

17) J. Ricker, J. Hendricks, T. Bock, P. Dominik, T. Kobata, J. Torres and I. Sadkovskaya: Metrologia, **54** (2017), *Tech. Suppl.*, 07002.

18) H. Yoshida, K. Arai, E. Komatsu, K. Fujii, T. Bock and K. Jousten: Metrologia, 52 07012.

19) K. Jousten, K. Arai, U. Becker, O. Bodnar, F. Boineau, J. A. Fedchak, V. Gorobey, W. Jian, D. Mari, P. Mohan, J. Setina, B. Toman, M. Vicar and YH. Yan: Metrologia, **50** (2013) 07001.

20) JIS Z 8750:2009　真空計校正方法（日本規格協会）

21) ISO 3567:2011 Vacuum gauges - Calibration by direct comparison with a reference gauge, International Organization for Standardization, Geneva, Switzerland (2011).

22) 秋道斉：J. Vac. Soc. Jpn., **50**-8 (2007) 512.

23) JIS Q 17025:2005　試験所及び校正機関の能力に関する一般要求事項（日本規格協会）

24) BIPM, IEC, IFCC, ISO, IUPAC, IUPAP, OIML, Guide to the Expansion of Uncertainty in Measurement (GUM), International Organization for Standardization, Geneva, Switzerland (1993).

25) TS Z0033:2012　測定における不確かさの表現のガイド（日本規格協会）

26) 例えば, 計測標準フォーラム人材育成 WG, 計量標準等トレーサビリティ導入に関する調査研究 WG2 委員会（(財) 日本規格協会）：初心者用不確かさセミナーテキスト, https://www.nmij.jp/~measure-sys/metinfo/uncertainty/text.html, http://www.jemic.go.jp/gizyutu/uncertainty.html（Last accessed：2018-01-30）など

27) 吉田肇：J. Vac. Soc. Jpn., **58**-3 (2015) 117–121.

28) 吉田肇：J. Vac. Soc. Jpn., **58**-4 (2015) 155–161.

29) 吉田肇, 新井健太, 飯泉英昭, 梶川宏明, 小島桃子：J. Vac. Soc. Jpn., **58**-6 (2015) 227–237.

30) 吉田肇：J. Vac. Soc. Jpn., **58**-7 (2015) 265–271.

31) 独立行政法人製品評価技術基盤機構 JCSS 公開文書一覧, http://www.nite.go.jp/iajapan/jcss/documents/index.html（Last accessed：2018-01-29）

5. 真空システム

5.1 実験研究用超高真空装置

5.1.1 超高真空の基礎
〔1〕 超高真空の必要性

実験研究用超高真空装置では試料表面を残存気体で汚染しないようにするために，到達圧力 1×10^{-8} Pa 程度の真空が要求されることが多い．例えば，清浄 Si(100)-2×1 表面やアルカリ原子吸着表面など反応性が高い試料表面では，圧力 1×10^{-8} Pa 程度の水が残存していると，数時間で表面が酸化されてしまう．また，真空内の光学素子の炭素汚染を防止するためには，残存炭化水素の分圧を 1×10^{-8} Pa 以下まで抑制することが求められる．フラットパネルディスプレイや半導体産業においても不良品の発生率を低減するために，水や炭化水素の分圧が低い超高真空仕様製造装置の需要が高まっている．

表面に気体分子が入射して単分子層を形成するのに要する時間を単分子層形成時間と呼ぶ．入射した分子が表面に吸着する確率を 1 とすると，単分子層形成時間（t_m）は次式で与えられる．

$$t_m = \frac{N_{\max}\sqrt{2\pi mkT}}{p} \tag{5.1.1}$$

ここで，$N_{\max}$ は単位面積当りの表面に吸着できる分子数（$N_{\max} \fallingdotseq 10^{19}$ m^{-2}），p は圧力，m は気体分子の質量，k はボルツマン定数（$k = 1.381 \times 10^{-23}$ J·K^{-1}），T は絶対温度である．試料表面を汚染しやすい水（H_2O，分子量 18）の場合について単分子層形成時間，表面の 1% が分子で覆われるのに要する時間を**表 5.1.1**に示す．

表 5.1.1 水分子による単分子層形成時間（20℃）

圧 力 [Pa]	1×10^{-6}	1×10^{-8}	1×10^{-10}
単分子層形成時間	280 秒	7.7 時間	32 日
表面の 1% が分子で覆われるのに必要な時間	2.8 秒	280 秒	7.7 時間

そこで本節では，試料表面を汚染しやすい水や油，質量の大きい有機分子の分圧が低く，到達圧力が 1×10^{-8} Pa 程度の超高真空装置をできるだけ低いコストと労力で製作する技術について文献1)～3) などに基づいて解説する．

〔2〕 超高真空の定義

JIS Z 8126-1 の定義では圧力が 1×10^{-5} Pa 以下の真空を超高真空と呼ぶ．超高真空に対応する英語は ultra-high vacuum（UHV）であるが，米国での UHV は，圧力 $1 \times 10^{-7} \sim 1 \times 10^{-10}$ Pa の真空を指す場合がある．また，日本国内では圧力 1×10^{-9} Pa 以下の真空を極高真空と呼ぶことがある．極高真空に対応する英語は extreme high vacuum（XHV）であるが，米国およびヨーロッパでの XHV は 1×10^{-10} Pa 以下の真空を指す．このように UHV，XHV の範囲は国によって異なる場合があるので注意が必要である．

〔3〕 排気と分子の平均表面滞在時間

リークのない真空容器を排気速度一定の真空ポンプで大気圧（1×10^5 Pa）から排気するとき，初期の排気過程においては，圧力 $p(t)$ は次式に従う．

$$p(t) = p(0)\exp\left(-\frac{St}{V}\right)$$
$$= p(0)\exp\left(-\frac{t}{\tau}\right) \tag{5.1.2}$$

ここで $p(0)$ は時刻 0 における圧力（大気圧，1×10^5 Pa），S は真空ポンプの排気速度，V は真空容器の内容積，$\tau = V/S$ は排気の時定数である．しかし，実際に室温で真空容器を補助ポンプとターボ分子ポンプで排気して圧力を測定すると，排気の初期での圧力は式 (5.1.2) に従うが，10^{-3} Pa あたりから数百～数千秒の時定数を持つ指数関数的排気曲線（$p(t) \propto \exp(-t/\tau)$，$\tau \fallingdotseq 10^3$ s）が観測され，次いで $p(t) \propto t^{-1}$ の排気曲線が観測される（**図 5.1.1** 参照）．

このような数百～数千秒の時定数を持つ指数関数的排気曲線は，ステンレス表面に化学吸着した水分子によって説明できる[4]．実際に，このような真空容器の残留ガスを分析すると水が主成分である．水の排気に時間がかかる理由は，真空容器表面での水分子の室温における平均滞在時間が 100 秒以上と非常に長いためである．真空容器内の水分子が，吸着脱離を繰り返して真空ポンプの吸気口に至る過程を示した模式図を**図 5.1.2**に示す．この水分子の排気に要する時間 t は

$$t = (t_{\text{TOF}1} + t_{\text{TOF}2} + \cdots + t_{\text{TOF}n} + t_{\text{residence}1}$$
$$+ t_{\text{residence}2} + \cdots + t_{\text{residence}n})$$
$$= t_{\text{TOF}} + n\tau \tag{5.1.3}$$

5.1 実験研究用超高真空装置

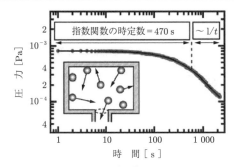

図 5.1.1 体積 1.4×10^{-1} m^3 の SUS304L 製超高真空容器を排気速度 0.4 m$^3\cdot$s^{-1} のターボ分子ポンプで排気した際に測定された排気曲線[4]. 真空ポンプの排気速度と真空容器の内容積から求まる排気の時定数は 0.35 秒であるが,$8 \times 10^{-4} \sim 4 \times 10^{-4}$ Pa では 470 秒の時定数を持つ指数関数的排気曲線が観測され,$4 \times 10^{-4} \sim 1 \times 10^{-4}$ Pa では $p(t) \propto t^{-1}$ の排気曲線が観測された.

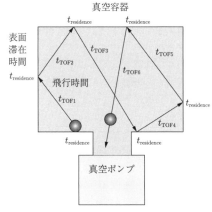

図 5.1.2 真空容器内の水分子が吸着脱離を 6 回繰り返して真空ポンプの吸気口に到達する様子を示した模式図[5]

で与えられる. ここで t_{TOF} は水分子の全飛行時間,τ は水分子の平均表面滞在時間($t_{\text{residence}}$ の平均),n は表面吸着回数である. 20℃における水分子の平均速度は 587 m$\cdot$s^{-1} であるから水分子の飛行距離が 5.87 m であっても飛行時間は 0.01 秒に過ぎない. したがって,水分子を迅速に排気するためには表面滞在時間を短縮する必要がある.

一般に,分子の平均表面滞在時間 τ は次式で与えられる.

$$\tau = \frac{1}{A_f} \exp\left(\frac{E_d}{kT}\right) \quad (5.1.4)$$

ここで,A_f は頻度因子 [s^{-1}],E_d は脱離の活性化エネルギー [J],k はボルツマン定数($k = 1.381 \times 10^{-23}$ J$\cdot$K^{-1}),T は温度 [K] である. 通常,A_f は 1×10^{13} s^{-1} 程度である. ステンレス製真空容器の表面に吸着した水分子の場合,$A_f \fallingdotseq 1 \times 10^{13}$ s^{-1} を仮定すると $E_d \fallingdotseq 890$ meV (1 eV $= 1.6022 \times 10^{-19}$ J $= 96.5$ kJ$\cdot$mol^{-1})である[4]. 頻度因子が 1×10^{13} s^{-1},脱離の活性化エネルギーが 890 meV の場合の水分子の平均表面滞在時間を表 5.1.2 に示す. 20℃では $\tau \fallingdotseq 200$ 秒,100℃では $\tau \fallingdotseq 0.1$ 秒,150℃では $\tau \fallingdotseq 0.004$ 秒である. このため,水を排気するためには装置全体を均一に 150℃程度で一定時間加熱するとよい. この工程をベーキング(baking)あるいはベーク(bake)と呼ぶ. 温度が上がっていない部分があると,脱離した水がその部分に吸着してそのままとどまり,室温に戻したときにガス放出源となる. このため,ベーキングでは装置全体を均一に加熱することが重要である. ただし,バイトン O リングを使用した超高真空バルブを使用している超高真空装置では,バイトンの熱分解を避けるためにベーキング最高温度を 150℃以下にとどめることが望ましい.

表 5.1.2 頻度因子が 1×10^{13} s^{-1},脱離の活性化エネルギーが 890 meV の場合の水分子の平均表面滞在時間

温度 [℃]	平均滞在時間 [s]	温度 [℃]	平均滞在時間 [s]	温度 [℃]	平均滞在時間 [s]
0	2 600	70	1.2	140	0.007 2
10	690	80	0.50	150	0.004 0
20	200	90	0.22	160	0.002 3
30	62	100	0.10	170	0.001 3
40	21	110	0.051	180	0.000 79
50	7.6	120	0.026	190	0.000 48
60	2.9	130	0.013	200	0.000 30

頻度因子が 1×10^{13} s^{-1} の場合の気体分子の平均表面滞在時間と温度の関係を図 5.1.3 に示す. 室温(20℃〜30℃)において脱離の活性化エネルギーが 700 meV より小さい気体分子(N_2,O_2,CO,CO_2,Xe,Ar,Kr,Ne,He など)は表面滞在時間が 0.1 秒以下になるため,ベーキングなしでも容易に排気できる. 一方,脱離の活性化エネルギーが 1 100 meV 以上の原子(真空容器表面の金属酸化物を構成する金属原子,酸素原子など)は室温における平均表面滞在時間が 100 000 秒(約 28 時間)を超えるので,ガス放出をほぼ無視できる. ベーキングしないと排気できない分子は脱離の活性化エネルギーが 800〜1 000 meV 程度の分子で,水,油,質量の大きい有機分子が該当する. 油,質量の大きい有機分子は,注意深く超高真空装置を製作,管理すれば排除できる. しかしながら,水はクリーンルーム中でも空気に含まれるため,完全に排除するこ

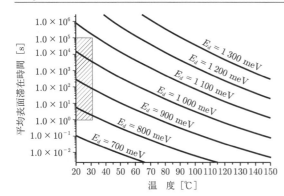

図 5.1.3 気体分子の平均表面滞在時間と温度の関係(頻度因子が $1\times 10^{13}\ \mathrm{s}^{-1}$ の場合). E_d は脱離の活性化エネルギー. $1\ \mathrm{eV} = 1.6022\times 10^{-19}\ \mathrm{J}$. 室温(20~30℃)において平均滞在時間が 1 秒~100 000 秒(≒ 28 時間)になる領域を斜線で示した.

とはできない.このため,真空工学が進歩した今日でも,室温にて 1×10^{-8} Pa 程度の超高真空を実現するためにはベーキングが不可欠となっている.

〔4〕 超高真空装置を清浄に保つための注意事項

油分子と質量の大きな有機分子もベーキングによって平均表面滞在時間を短縮できる.しかし,油分子と質量の大きな有機分子はベーキングで熱分解も起こすので,完全に排気することは難しい.したがって,超高真空装置には油やグリース,最高ベーキング温度(~150℃)で熱分解するプラスチック,粘着テープなどを持ち込まないよう細心の注意を払わなくてはならない.超高真空装置内に油や質量の大きな有機分子を持ち込まないためには以下の注意が必要である.

1) 機械加工したあとの金属材料表面には変質層が残る.変質層には多くの微細な傷があって機械油が染み込んでいる.したがって,超高真空容器内壁は脱脂洗浄したのち化学研磨,あるいは電解研磨,複合電解研磨を行って表面層を数 μm 除去するとともに,非常に平坦な表面に仕上げるとよい.真空内の金属部品についても同様の処置を行う.表面処理後は純水で洗浄し,清浄な雰囲気で乾燥させる.水道水は塩素を含むので使用してはならない.化学研磨や電解研磨,複合電解研磨処理は洗浄,梱包まで含めて商品化されているので利用するとよい.予算がない場合は純水で煮沸洗浄したのち清浄な雰囲気で乾燥させるとよい.

2) ベアリング,ベローズ,セラミック部品など研磨できない部品については脱脂洗浄しておく.脱脂洗浄には試薬瓶に入った特級アセトンを使用する.プラスチック製の容器や洗浄瓶に入ったアセトンにはプラスチック,可塑剤などが溶け込んで

いるので使用してはならない.

3) 真空装置内に 150℃ 以下で分解するプラスチック,粘着テープ,潤滑油や真空グリース等を使用してはならない.絶縁材料としては最高温度 200℃ 以下の箇所ならポリイミド,200℃ 以上の箇所ならセラミックスを用いる.潤滑剤が必要な箇所には WS_2,MoS_2 などの固体潤滑剤をコートする.

4) 真空装置を設置する作業室内には油を持ち込まない.やむを得ず汚れた環境で作業する場合は,作業台および周辺を特級エタノールを染み込ませたワイパー等で洗浄し,空調をかけて空気中の油分子を低減する.

5) 真空内部品は清浄なアルミホイルで覆ったのち清浄なチャック付きポリ袋等に入れて保管する.真空フランジ,ポートは清浄なアルミホイルで覆ったのち清浄なプラスチックカバーを設置しておく.市販のアルミ箔は微量のオイルが残存しているので注意が必要である.クリーンルーム内で使用可能な真空内用アルミホイルも市販されている.

6) 超高真空内部品,超高真空チャンバー(チェンバー)内を触るときは,手をよく洗い,清浄な使い捨てビニール手袋を着用する.また喫煙者の息には煙草の微粒子が含まれるので,マスクを着用することが望ましい.

7) 超高真空内部品を扱う工具はすべて脱脂洗浄して清浄な容器に保管しておく.ニッパー,ペンチのように潤滑油を使用している工具は別の容器に保管しておき,使用直前に部品や手が触れる箇所を特級エタノールで脱脂洗浄する.

8) 磁気浮上型ターボ分子ポンプ,スパッタイオンポンプ,非蒸発ゲッターポンプ,クライオポンプなど油をまったく使用していない真空ポンプを使用する.

9) 真空バルブ,直線導入,回転導入,トランスファーロッド等は潤滑油をまったく使用していないものを使用する.

10) プラスチック,エストラマーはテフロン,バイトンなど最高ベーキング温度(~150℃)でも熱分解しない製品を特級エタノールで脱脂洗浄したのち,清浄な環境で乾燥してから使用する.

また,最高ベーキング温度(~150℃)で蒸気圧が高くなる金属(はんだ,鉛,亜鉛,黄銅など)を超高真空内で使用してはならない.リサイクルで製造されたアルミニウム合金やリン青銅は亜鉛など蒸気圧の高い金属を含むおそれがあるので使用してはならない.家庭用品などで使用されるニッケルめっきした真鍮製ねじは SUS304 製品と見分けがつきにくいので,超高真

空部品に決して混ぜてはならない．誤って真鍮製部品を温度が上がる箇所に使用すると亜鉛が蒸発して，超高真空装置全体が亜鉛で汚染されることになる．同様の理由で，超高真空内部品を放電加工する際は真鍮製の電極を使用してはならない．

[5] 超高真空装置のベーキングとガス放出速度

気体を排気したあとの超高真空装置の圧力（p [Pa]）は次式で与えられる．

$$p = \frac{q_s \times A + Q_L}{S^*} \quad (5.1.5)$$

ここで，q_s は超高真空装置内からの単位面積当りのガス放出率 [Pa·m·s^{-1}]，A は超高真空装置内の表面積 [m^2]，Q_L は全リーク速度 [Pa·m^3·s^{-1}]，S^* は真空ポンプの実効排気速度 [m^3·s^{-1}] である．したがって，超高真空装置内の到達圧力を下げるには

1) 超高真空装置内のガス放出率（q_s）と表面積（A）を小さくする．$A = 10$ m^2 なら，q_s は 10^{-10} Pa·m·s^{-1} 台が望ましい．表面処理もベーキングもしていないステンレス材料では一般に q_s は 10^{-6} Pa·m·s^{-1} 以上であるが，適切な表面処理を施すと 10^{-8} Pa·m·s^{-1} 台，さらにベーキングを行うと 10^{-10} Pa·m·s^{-1} 台以下にすることができる．

2) ターボ分子ポンプ，スパッタイオンポンプ，非蒸発ゲッターポンプなど，超高真空領域で高い排気速度を持つ真空ポンプで排気する．真空ポンプの排気速度は 0.5 m^3·s^{-1}（500 L·s^{-1}）以上，コンダクタンスはできるだけ大きくすることが望ましい．

3) 全リーク速度 Q_L は 1×10^{-11} Pa·m^3·s^{-1} 以下に抑えることが望ましい．近年では市販のヘリウムリークディテクターの最小検出可能リークレートが 1×10^{-12} Pa·m^3·s^{-1} 以下になっているので，リークをすべてふさいで 1×10^{-11} Pa·m^3·s^{-1} 以下の全リーク速度を実現することは十分可能である．

5.1.2 超高真空用材料と超高真空装置構成部品

真空用材料と構成部品については 2 章に詳述されている．しかし，超高真空用には適さない材料，構成部品も多いので，本項では超高真空専用の材料，構成部品について解説する．また，150℃×24 時間程度のベーキングで 10^{-10} Pa·m·s^{-1} 台以下のガス放出率を実現する表面処理法についても詳しく述べる．

[1] 超高真空容器用ステンレス鋼

代表的な超高真空容器用金属材料はオーステナイト系ステンレス鋼の SUS304，SUS304L，SUS316，

表 5.1.3 代表的な超高真空容器用ステンレス鋼の特長と組成．文献 6) を基に作成

名　称	特　長	Fe 以外のおもな組成 [wt%]
SUS304	汎用	C：< 0.08, Ni：8～10.5, Cr：18～20
SUS304L	溶接特性良好	C：< 0.03, Ni：9～13, Cr：18～20
SUS316	耐食性，耐熱性良好	C：< 0.08, Ni：10～14, Cr：16～18, Mo：2～3
SUS316L	耐食性，耐熱性，溶接特性良好	C：< 0.03, Ni：12～15, Cr：16～18, Mo：2～3

SUS316L である（表 5.1.3 参照）．汎用で使われる SUS304 の物性値を表 5.1.4 に示す．SUS304L は機械的強度が高い，硬い，加工性が高い，溶接特性が良い，化学研磨あるいは電解研磨処理するとガス放出率を低減できる（真空排気後数時間で 10^{-8} Pa·m·s^{-1} 台，図 5.1.4 参照，150℃×20 時間ベーキング後で 1×10^{-10} Pa·m·s^{-1}，表 5.1.5 参照），耐食性が高い，比較的安価，入手しやすいという特長を持つため，超高真空容器用材料として広く使われている．SUS304 は SUS304L より安いが，炭素が多いので耐粒界腐食性と溶接特性がやや劣る．SUS316（Ni を増量し Mo を添加して耐粒界腐食性と耐孔食性を改善），SUS316L（SUS316 の炭素を 0.03%以下にして耐粒界腐食性と溶接特性を改善）もよく使用される．

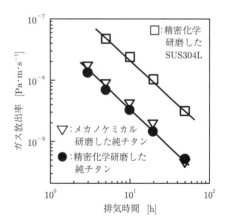

図 5.1.4 精密化学研磨処理した SUS304L およびメカノケミカル研磨処理した純チタン，精密化学研磨処理した純チタンのベーキングを施さない場合のガス放出率の時間変化[10]．

ステンレス丸棒材は鬆（す）（溶解した金属が固化するとき，最後に固化した箇所に生じる空洞，図 5.1.5 参照）が入っていることが多いので使用してはならな

表 5.1.4　代表的な超高真空容器用金属材料の物性. 文献7), 8) を基に作成. 各物性値は常温での値. これらの値は温度, 組成, 製造工程, 熱処理に依存する.

	ステンレス鋼 (SUS304)	純チタン (JIS 2種)	アルミニウム合金 (A5052)	0.2%ベリリウム銅合金
密　度 [kg·m^{-3}]	7.93×10^3	4.5×10^3	2.70×10^3	8.75×10^3
硬　度 HV	187	～150	～160	237
弾性係数 [GPa]	200	106	69	
線膨張係数 [10^{-6} K^{-1}]	17	8.4	24	17
熱伝導度 [W·m^{-1}·K^{-1}]	16	17	137	210
比　熱 [kJ·kg^{-1}·K^{-1}]	0.50	0.52	0.90	
比抵抗 [10^{-9} Ω·m]	720	480	49	

表 5.1.5　SUS304L と純チタンの 150℃ × 20 時間ベーキング後のガス放出速度[10])

試　料	ガス放出率 [Pa·m·s^{-1}]
精密化学研磨した SUS304L	1×10^{-10}
メカノケミカル研磨した純チタン	7×10^{-13}
精密化学研磨した純チタン	7×10^{-13}

表 5.1.6　ICF フランジのパイプ径例と締付けトルク例[11]). 外径 305 mm より大きいコンフラットフランジは, JVIS 003-1982 に規格がないため, メーカーによって形状が異なる.

日本国内の通称	呼び径	ボルト	適用パイプ径例 [mm]	ボルトの締付けトルク [N·m]
ICF34	16	M4	$\phi 19.1 \times \phi 16.7$	2～3
ICF70	40	M6	$\phi 41 \times \phi 38$	6.9～9.8
ICF114	63	M8	$\phi 63.5 \times \phi 60.2$	9.8～14.7
ICF152	100	M8	$\phi 101.6 \times \phi 95.6$	9.8～14.7
ICF203	160	M8	$\phi 153 \times \phi 147$	9.8～14.7
ICF253	200	M8	$\phi 203 \times \phi 197$	9.8～14.7
ICF305	250	M8	$\phi 250 \times \phi 244$	9.8～14.7

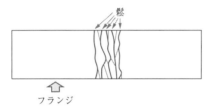

図 5.1.5　リークの原因になる真空フランジの鬆（す）（溶解した金属が固化するとき, 最後に固化した箇所に生じる空洞）の断面の模式図. 鋳物で真空容器を製作する場合も鬆が入らない製法を選ばなくてはならない.

い. ピンホールのない良質な板材または引抜きパイプ材, 鍛造材を使用するとよい.

超高真空用フランジとしては, 無酸素銅ガスケットを用いるナイフエッジ型メタルシールフランジ（規格名は真空装置用ベーカブルフランジ, 日本真空学会規格 JVIS 003-1982, ISO/TS 3669-2:2007 に準拠していること, Varian 社での商品名がコンフラット（ConFlat）フランジであったことから国内では ICF フランジと呼ばれることが多い）が最もよく使われる（表 5.1.6 参照）. 国内では外径 34 mm, 70 mm, 114 mm, 152 mm, 203 mm, 253 mm, 305 mm の ICF フランジはそれぞれ ICF70, ICF114, ICF152, ICF203, ICF253, ICF305 と呼ばれることが多い. 海外ではパイプの呼び径に基づいてそれぞれ DN 16 CF, DN 40 CF, DN 63 CF, DN 100 CF, DN 160 CF, DN 200 CF, DN 250 CF と呼ばれる. DN は呼び径（nominal diameter）を示す記号である. 外径 305 mm より大きい

コンフラットフランジは, JVIS 003-1982 に規格がないため, メーカーによって形状が異なる. ICF フランジのナイフエッジは, ガスケットを閉じ込めて潰すことで信頼性の高い真空シールを実現している（図 5.1.6 参照）. このため

1) 使用前にナイフエッジおよびガスケットにきずがないこと, ほこり等が付着していないことを確認する,

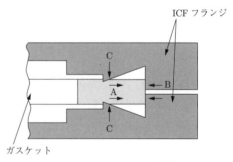

図 5.1.6　ICF フランジのシール機構[11]). ICF フランジのナイフエッジがガスケットを押し潰すと, ガスケット外径面がフランジ壁に押し付けられ（A）, 反力（B）を生じる. そのため高い面圧（C）が得られ, 信頼性の高い真空シールが実現する.

2) ボルトとナットの接触部には二硫化モリブデンを主成分とする潤滑剤を塗っておく,
3) ボルトは手締めしたのちトルク値を増やしながら均一に締めていく（表5.1.6参照),
4) ナイフエッジの損傷や変形を防ぐために規定以上のトルクで締めない,
5) ガスケットは原則として1回しか使用しない,

といった点に注意する．誤ってナイフエッジ部に傷を付けた場合は，ナイフエッジの傾斜部で挟みつける形式の内径の大きいガスケット（テーパーシール型ガスケット，商品名：IPDガスケット）あるいは傾斜部を利用するメタルOリングを使用するとよい．

ステンレス鋼の利点はアルゴンガスを吹き付けながらタングステン電極を用いて電気溶接するTIG溶接が容易である点である．ICFフランジの溶接例を図5.1.7に示す．フランジとパイプは溶接前に必ず脱脂洗浄しなくてはならない．また，可能な限り内側溶接とすることが望ましい．外側溶接すると，容器の内側に狭い隙間ができガス放出速度が増大する．ただし，内側溶接が難しい箇所では外側溶接を行う．突合せ溶接の場合は，溶接ビードが内側まで達するようにする．真空容器の設計段階で，溶接しにくい場所をできるだけ減らしておくことが望ましい．

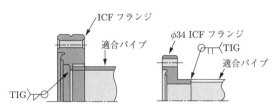

（a） 突きあてての溶接なので適合パイプは切断のみでよい

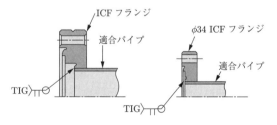

（b） 適合パイプとフランジのクリアランスは最小にする

図5.1.7 ICFフランジの溶接例[11]

〔2〕 ステンレス鋼以外の超高真空容器用金属材料

純チタンの物性値を表5.1.4に示した．純チタンは比較的軽い，機械的強度が高い，硬い，化学研磨するとガス放出速度をSUS304L以下に低減できる（真空排気後数時間で10^{-9} Pa·m·s^{-1}台，図5.1.4参照，$150℃ \times 20$時間ベーキング後で7×10^{-13} Pa·m·s^{-1}，表5.1.5参照），耐食性が高い，完全非磁性という特長を持つため超高真空容器材料として使われている[9]．また，超高真空用フランジ材料としては硬い低合金（添加合金元素の量が少ない）チタン（KS100，チタン以外の化学組成は酸素0.35wt.%，鉄0.35wt.%，硬度～250 HV）が使われる[10]．しかし，溶接が難しいので，ステンレス鋼ほどには普及していない．

代表的な超高真空容器用アルミニウム合金であるA5052の物性値を表5.1.4に示した．アルミニウム合金は軽い，熱伝導が良い，加工性が良い，精密化学研磨するとガス放出速度をSUS304L以下に低減できる（真空排気後約5時間で10^{-8} Pa·m·s^{-1}台，図5.1.8参照，$150℃ \times 20$時間ベーキング後で$4\sim 8 \times 10^{-12}$ Pa·m·s^{-1}，図5.1.9参照），完全非磁性という特長を持つので超高真空容器材料として使われている[12]．しかし，機械的強度や硬さ，溶接特性は

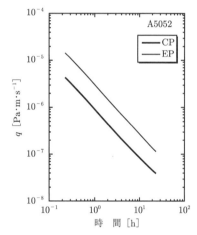

図5.1.8 精密化学研磨処理（CP）および電解研磨処理（EP）したアルミニウム合金A5052のベーキングを施さない場合のガス放出速度の時間変化[12]

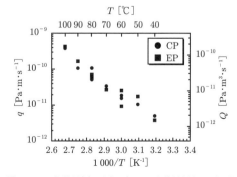

図5.1.9 化学研磨処理（CP）および電解研磨処理（EP）したアルミニウム合金A6061の150℃，20時間ベーキング後のガス放出速度の温度依存性[12]

ステンレス鋼に劣るので，超高真空容器材料としては
それほど普及していない．また，アルミニウム合金の
機械的強度は熱処理工程に大きく依存するので注意が
必要である．真空容器用には A6063 合金，A5052 合
金，A5056 合金，フランジ用にはシール面を高硬度の
CrN コーティングで保護した A2219 合金が使用され
る（**表 5.1.7** 参照）．ただし A6063 合金，A5052 合金，
A5056 合金，A2219 合金は 0.1%の亜鉛を含むので最
高加熱温度は 150℃以下にするとよい．

表 5.1.7 代表的な超高真空容器用アルミニウム合
金の特長と組成

名　称	特　長	Al 以外のおもな組成 [wt%][13]
A2219	高強度だが，耐食性，溶接性は劣る	Si：0.2, Fe：0.3, Cu：5.8〜6.8, Mn：0.2〜0.4, Mg：0.02, Zn：0.1, Ti：0.02〜0.1
A5052	溶接性，耐食性良好	Si：0.25, Fe：0.4, Cu：0.1, Mn：0.1, Mg：2.2〜2.8, Cr：0.15〜0.35, Zn：0.1
A5056		Si：0.3, Fe：0.4, Cu：0.1, Mn：0.05〜0.2, Mg：4.5〜5.6, Cr：0.05〜0.20, Zn：0.1
A6063	耐食性良好，押出し加工性に優れる	Si：0.2〜0.6, Fe：0.35, Cu：0.1, Mn：0.1, Mg：0.45〜0.90, Cr：0.1, Zn：0.1, Ti：0.1

　線熱膨張係数はステンレス鋼とアルミニウム合金，チ
タンでは大きく異なる（表 5.1.4 参照）．このため，ス
テンレス鋼製，アルミニウム合金製，チタン製の ICF
フランジを混ぜて使用しているとベーキング後にシー
ル面でリークが起きやすい．この点もアルミニウム合
金，チタン合金が超高真空容器材料として普及しない
原因の一つとなっている．

　0.2%ベリリウム銅合金は機械的強度が高い，硬い，
ガス放出速度がきわめて小さい（400℃，3 日の真
空熱処理後のガス放出速度は水素圧換算で 5.6×10^{-13} Pa·m·s^{-1}），熱伝導が良い，放射率が低い，完
全非磁性，熱膨張係数は SUS304 とほぼ同じ，という特
長を持つため極高真空容器材料として使われている[7]．
0.2%ベリリウム銅合金の物性値を表 5.1.4 に示した．
酸化と無酸素銅ガスケットとの冷間結合を防ぐために，
大気側とシール面は無電解ニッケルめっき（NiP 合金
被膜）が施される．しかし，溶接できないため大型極
高真空装置には適さない．また，ベリリウム粉末には
強い毒性があるため，加工中に粉末を吸入するときわ
めて危険である．このため，ベリリウム銅合金の代わ
りに 9%アルミニウム銅合金の利用を目指す研究も行
われている[7]．銅合金の機械的強度も熱処理工程に依
存するので注意が必要である．

〔**3**〕　**超高真空内用金属材料**

　SUS304 などのステンレス鋼，A5052 などのアルミ
ニウム合金，純チタン，チタン合金は超高真空内用金
属材料としても頻繁に使用される．広い面積を持つ部
品はガス放出量を低減するために化学研磨あるいは電
解研磨を行うことが望ましい．溶接を必要としない部
品については純チタン，チタン合金が比較的軽い，機
械的強度が高い，硬い，ガス放出速度が小さい，耐熱
性が高い，耐食性が高い，完全非磁性という特性を持
つため適している．

　フィラメント，ヒーター材料，試料周りなど高温に
なる箇所には高温でのガス放出速度が小さいタングス
テン，タンタル，モリブデンが使われる．タングステ
ンは金属中で最高の融点を持つのでフィラメントとし
て使われる．ただし硬く，加工しにくい．モリブデン
は比較的安価だがやや加工しにくい．タンタルは高価
であるが，加工性とスポット溶接性に優れている．加
工性に優れた高融点金属合金材料，モリブデン製ボル
ト，ナット，ワッシャー，タングステン製フィラメント
の規格品なども市販されている．

　冷却用部品には無酸素銅，電気部品には無酸素銅，ベ
リリウム銅，リン青銅，配線材料には銅，ニッケル，モ
リブデン，静電電子エネルギー分析器には磁性を帯び
にくい SUS310S，インコネル，機構部品には，インコ
ネル，ベリリウム銅，磁気シールドには透磁率の高い
ミューメタル，パーマロイが使われる．最近では光電
子分光装置用にパーマロイ製の超高真空容器を製作す
る国内メーカーも現れている．

　超高真空内では脱脂洗浄した SUS304 製あるいは
チタン製のボルト，ナット，小ねじ，スプリングワッ
シャー，ワッシャーが使われる．最近では止まり穴の
ガス抜き用の穴が加工された超高真空用ボルトも市販
されている．チタン製の多種類のボルト，ナット，小ね
じ，スプリングワッシャー，ワッシャーも容易に入手
できるようになった．温度が高くなる箇所には耐熱性
に優れ，ガス放出速度の小さいチタン製品を使用する
とよい．超高真空中では雄ねじと雌ねじの材料が両方
ともステンレス鋼であるとベーキング後にねじ表面が
溶着してねじが動かなくなることがある．この現象を
「かじり」と呼ぶ．片方のねじを異種の金属（例えば片
方が SUS304 ならもう片方を純チタン）にするとかじ
りを防ぐことができる．また，真空装置内では真空ポ
ンプの振動の影響などでねじが緩みやすい．スポット
溶接機でねじ部を軽くスポット溶接するとねじの緩み
を防ぐことができる．

〔**4**〕　**超高真空内用非金属材料**

　高温になる箇所の絶縁性材料としては高純度再結晶ア

ルミナ（主成分は Al_2O_3），単結晶サファイア（Al_2O_3），ジルコニア（主成分は ZrO_2），シリコンカーバイド（SiC），ムライト（$3Al_2O_3 \cdot 2SiO_2 \sim 2Al_2O_3 \cdot SiO_2$），石英ガラス（$SiO_2$）が利用される．特にアルミナは耐熱温度が高く，化学的に安定で，ガス放出が少ないため，電流導入や電極，配線の絶縁材料としてよく使われる．常用温度，最高使用温度は製品によって異なるので，メーカーのカタログで確認するとよい．最近では多種類のアルミナ製数珠玉がいし，ブッシュが容易に入手できるようになった．アルミナ製のボルト，ナット，小ねじ，ワッシャーも市販されている．ただし，割れやすいので機械的強度が求められる箇所には使わない方がよい．単結晶サファイアは融点が高く，硬く，熱伝導性と耐薬品性に優れているので超高真空用絶縁板材料としてよく使われる．ただし，サファイア板は割れやすいので 1 mm 以上の厚みを持たせることが望ましい．

超高真空内で使用できるプラスチック，エストラマーは推奨使用温度が 200℃以上のポリイミド（商品名：カプトン），パーフロロエストラマー（商品名：カルレッツ），フッ素樹脂（商品名：テフロン），フッ素ゴム（商品名：バイトン），ポリエーテルエーテルケトン樹脂（PEEK）である．推奨使用温度は製品によって異なるので，メーカーのカタログで確認するとよい．また，最高温度領域で連続使用すると熱分解や熱硬化を起こすことがあるので，最高ベーキング温度は推奨使用温度より 50℃低い温度に設定するとよい．ポリイミドチューブは超高真空内での配線絶縁によく使われる．また，ポリイミド被覆電線，ポリイミド被覆熱電対も市販されている．多くの超高真空仕様の真空バルブでは最高使用温度 200℃のバイトン製 O リングを使用しているので，最高ベーキング温度は 150℃以下に設定することが望ましい．プラスチック，エストラマーは一般に吸水性があり，ガス放出速度が大きいので使用は必要最小限にとどめた方がよい．また，ヘリウムを透過するので，ヘリウムリークディテクターでリークテストを行う際は注意が必要である．

のぞき窓（ビューポート）には通常コバールガラスが使われる．紫外線や赤外線を透過したい場合は石英ガラス，サファイアも使われる．ガラスもヘリウムを透過するので，リークテストを行う際は注意が必要である．

超高真空内では真空グリース，潤滑油を使用してはならない．超高真空内の歯車や軸受には二硫化モリブデン（MoS_2），二硫化タングステン（WS_2），銀をコートしたステンレス鋼あるいはインコネルがよく使われる[14]．また，滑り軸受や，転がり軸受の保持器には自

己潤滑性合金（MoS_2 あるいは WS_2 を含んだ合金）が使われる[15]．セラミックス製軸受材料としては窒化ケイ素（Si_3N_4）がよく使われる．

〔**5**〕　**超高真空装置構成部品**

超高真空装置構成部品としては多種多様な配管部品，バルブ，バリアブルリークバルブ，回転導入，直線導入，トランスファーロッド，電流導入端子，ビューポート，試料マニピュレーター等が市販されている．これらの機種選定を行う際は

1）　使用目的を実現できる仕様になっていること
2）　許容加熱温度が最高ベーキング温度以上であること
3）　全リーク率が 1×10^{-11} Pa·m^3·s^{-1} 以下であること
4）　潤滑油や 150℃以下で分解するプラスチックをまったく使用しないこと

といった点を確認するとよい．

超高真空装置に接続するガス導入ラインはオイルフリーで，最高温度 80℃程度でベーキングできる部品で構成する．ガス導入ラインを真空排気しながら 80℃程度で数時間ベーキングすれば，ライン中の水分を除去できるので（表 5.1.2 参照），ガス導入の際に超高真空装置への水分子の侵入を防ぐことができる．ガスボンベの減圧弁は真空排気してもリークを生じない製品を選定する．フェルールが配管に食い込んでシールするタイプの配管継手（例えば Swagelok 社の Swagelok チューブ継手）はフェルール部分に潤滑油を使用している製品もあるので注意が必要である．オイルフリーのメタルガスケット式の面シール継手（例えば Swagelok 社の VCR 継手）を使用することが望ましい．面シール継手のメタルガスケットは原則として 1 回使用したら交換する．マスフローメーターも 80℃程度でベーキングできる製品を選定する．両端に面シール継手を溶接したフレキシブルチューブを用いると配管しやすい．

バリアブルリークバルブ，超高真空バルブは，ベローズ軸シールで真空グリースを使っておらず，1×10^{-8} Pa まで使用可能で 150℃までベーキングできる製品を選ぶ．原則として体積が小さい方を超高真空装置側に設置する．

超高真空装置を大気圧に戻すときに使用するベントシステムはオールメタルアングルバルブ，ICF フランジ／メタルガスケット式面シール継手変換コネクター，メタルガスケット式面シール継手を使用したベローズバルブ，メタルガスケット式面シール継手と焼結ステンレスを使用したフィルターから構成するとよい（**図 5.1.10** 参照）．大気圧ベントの際に液体窒素トラップを通すなどして超高真空チャンバー内に水分が入らな

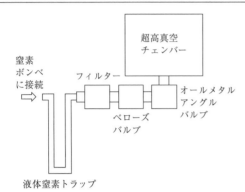

図 5.1.10 大気圧ベントシステムの構成例

いようにすると排気の時間を短縮できる．

5.1.3 実験用超高真空装置の製作
〔1〕 装置の構成例

科学実験に用いる標準的な規模の超高真空装置の例を図 5.1.11 に示す．実験に用いる種々の機器（この例の場合は試料マニピュレーター，光電子分光器など）が設置されていて，ガス放出量が大きいこと，吸着した水分子が排気されるのに時間がかかることが特徴である．しかしながら，このような超高真空装置の場合でも，150℃で均一に 3 日間程度のベーキングを行えば $1\times10^{-8}\sim4\times10^{-8}$ Pa の到達圧力を実現することができる．

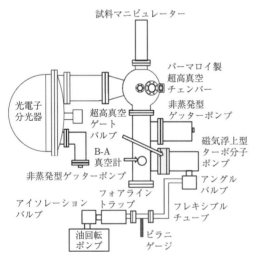

図 5.1.11 光電子分光用超高真空装置の構成例．ICF203 マウント試料マニピュレーター，軌道半径 200 mm の光電子分光器などが設置されている．

〔2〕 超高真空装置の主ポンプと補助ポンプ

図 5.1.11 に示した光電子分光用超高真空装置の主ポンプは磁気浮上型ターボ分子ポンプである．また，ターボ分子ポンプはフォアライントラップ，アイソレーションバルブを介して油回転ポンプで排気されている．図 5.1.11 では油回転ポンプを使用しているが，補助ポンプとしては多段ルーツポンプ，スクリューポンプのようなドライポンプ（油や液体を真空室内に使用しない機械式の真空ポンプ）が使用されることが多い．到達圧力が 0.5 Pa 程度以下で，長寿命で故障頻度が少なく，安全性が高く，消費電力が少なく，水蒸気排気に耐性があり，コンパクト，静音，低振動の種を選定することが望ましい．また，腐食性ガスを排気する場合は対策が行われている機種を選定する．

ドライポンプを使用できるほどの予算がない場合は真空装置や室内に油が漏れないように十分対策した上で，油漏れを起こさないマグネットカップリング方式の油回転ポンプを使用してもよい．油回転ポンプは，到達圧力が 0.3 Pa 程度以下で，長寿命，故障頻度が少なく，安全性が高く，消費電力が少なく，水蒸気を排気するためのガスバラスト弁とオイル逆流防止弁を備え，コンパクトで，静音，低振動であることが望ましい．また，腐食性ガスを排気する場合はケミカル仕様を選定する．使用にあたっての注意事項は以下のとおりである．

1) アイソレーションバルブ（油回転ポンプを停止したとき自動で真空装置側を真空封止し，ポンプ側を大気圧にベントする機能を持つバルブ）を油回転ポンプの吸気口側に設置する．

2) 油の逆拡散を防ぐためにアイソレーションバルブの上流側にフォアライントラップを設置する．フォアライン（foreline）は主ポンプと補助ポンプの間の配管を意味する．清浄な真空容器の中に乾燥した活性アルミナを充填した製品で，水蒸気や油を捕獲（trap）する機能を持つ．排気時間短縮のために真空熱処理した活性アルミナを使用することが望ましい．活性アルミナが油で汚れたら交換する．フォアライントラップを加熱すると油分子が高真空側に拡散するので加熱してはならない．

3) 油回転ポンプの到達圧力を確認するためにフォアライントラップの上流側に $10^{-1}\sim10^{-3}$ Pa の範囲の圧力を計測できる真空計を設置する．安価で故障しにくいピラニ真空計がよい．ピラニ真空計は引っ張っても抜けないような真空計アダプターに設置する．

4) 油の状態は定期的に目視で確認し，劣化してきたら交換する．

5) 過熱防止のために電源は過電流保護機能付き漏電ブレーカーに接続することが望ましい．

6) 油回転ポンプの排気口側にはオイルミストフィ

ルターを設置する．オイルミストは90%程度しか取り除けないのでオイルミストトラップの排気口はダクトに接続して室外に排気する．室内に排気すると室内に油蒸気が充満し，真空装置の油汚染の原因となる．フィルターが汚れたら交換する．

補助ポンプのおもな役割は，ターボ分子ポンプの背圧を0.5 Pa程度に保つことである．この観点からは補助ポンプの排気速度は小さくてもよい．しかし，大気圧からターボ分子ポンプ作動開始圧力（機種にもよるが10 000 Pa程度）まで排気するときの時間を考えるとある程度の排気速度を持つことが望ましい．補助ポンプで真空器を大気圧から10 000 Paまで排気する場合の排気時間tは式(5.1.2)より，次式で見積もることができる．

$$t = -\frac{V}{S} \ln \left(\frac{10\,000\ \text{Pa}}{101\,325\ \text{Pa}} \right) = 2.32 \times \frac{V}{S}$$
$$(5.1.6)$$

ここでVは真空容器の内容積，Sは補助ポンプの排気速度である．真空容器の内容積が0.1 m³の場合の排気時間を**表5.1.8**に示す．この表から真空容器の内容積が0.1 m³であれば，補助ポンプの排気速度は0.5 L·s⁻¹でも十分であることがわかる．補助ポンプとして排気速度の小さい油回転ポンプを使えばコスト削減と省エネルギーを実現することができる．

表5.1.8 補助ポンプによる真空容器の排気時間

排気速度 [L·s⁻¹]	内容積 0.1 m³の真空容器を大気圧から 10 000 Pa まで排気する場合の排気時間 [s]
100	2.32
30	6.95
10	23.2
1	232（3.9 min）
0.5	464（7.7 min）

磁気浮上型ターボ分子ポンプは排気速度500 L·s⁻¹程度以上，完全オイルフリーで，到達圧力が10^{-8} Pa台，窒素（N_2）に対する圧縮比（吸気口と排気口の圧力の比）が10^8程度，水素（H_2）に対する圧縮比が10^4程度，取付け方向が自由で，吸気口側は80℃程度までベーキング可能，ベーキング時は空冷対応，長期間メンテナンスフリー，バッテリーレス，低騒音，低振動，震度6程度の地震や大気突入に対しても耐性のある機種を選定する．使用にあたっての注意事項は以下のとおりである．

1) ターボ分子ポンプは緊急停止しても事故が起きないように超高真空装置に強固に固定する．また，振動を防ぐために2箇所以上固定することが望ましい．

2) 真空装置とターボ分子ポンプの間に圧空式超高真空仕様ゲートバルブを設置して，停電時はゲートバルブが閉まるようにする．

3) 吸気口側にねじなどの異物が侵入しないように水平方向に設置する．やむを得ず超高真空装置の下部に設置する場合は異物侵入防止用のメッシュを設置する．

4) ターボ分子ポンプは熱に弱いので，非蒸発ゲッターポンプや蒸着源など高温になる機器の放射熱が届く位置に設置してはならない．ベーキング時には吸気口側だけ許容温度以下で加熱し，排気口側は空冷あるいは水冷を行って許容温度以下に保つ．

5) 停電時の油の逆拡散を防ぐために，ターボ分子ポンプと粗引きポンプの間に電磁バルブを設置して停電時には自動で閉まるようにする．電磁バルブと粗引きポンプの上流側はフレキシブルチューブで接続する．

6) 排気口側は粗引きポンプで0.5 Pa程度まで排気する．

7) ターボ分子ポンプを完全に停止したときは，乾燥窒素を導入して大気圧に戻す．

8) 実験装置の移動や電源ケーブルの取外しはターボ分子ポンプが完全に停止したことを確認してから行う．

主ポンプとフォアライントラップの間の配管も完全にオイルフリーに保たなくてはならない．配管の接続には高真空用クランプ継手（ISO-KF，JIS B 8365，**図5.1.12，図5.1.13**参照）を使用するとよい．高真空用クランプ継手の特長は以下のとおりである．

1) ボルト，ナットが不用で着脱が容易．

2) オス，メスなしの完全対称形．

3) フランジの取付け方向は自由．

4) フランジの全周を継続的かつ均一に締めてフランジ間のOリングを潰すことで真空シールを実現．ナットとねじの接触部には固体潤滑剤を塗ることが望ましい．

5) バイトンOリングを使用した場合，150℃まで加熱可能．

6) リーク量は1.3×10^{-9} Pa·m³·s⁻¹以下．

7) 多種多様な配管部品，接続部品が市販されている．

ただし，脱脂洗浄されていない場合があるので，中性洗剤等で超音波洗浄したのち，乾燥して使用することが望ましい．

〔3〕 超高真空領域用真空ポンプ

図5.1.11に示した光電子分光用超高真空装置では

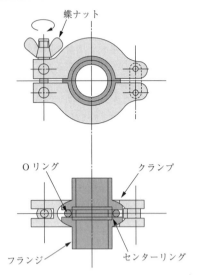

図 5.1.12 高真空用クランプ継手のシール機構[11]. 蝶ナットの代わりに六角ナットを使用したクランプ継手も市販されている.

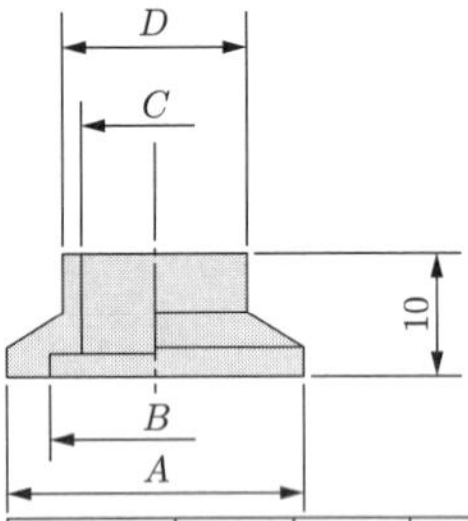

	ϕA	ϕB	ϕC	ϕD	適用パイプ径例
NW10	30	12.2	10	13.0	$\phi 13.0 \times \phi 11.0$
NW16	30	17.2	16	19.1	$\phi 19.1 \times \phi 16.7$
NW25	40	26.2	24	28.0	$\phi 28.0 \times \phi 25.0$
NW40	55	41.2	38.5	42.7	$\phi 42.7 \times \phi 39.5$
NW50	75	52.2	47	51.0	$\phi 51.0 \times \phi 47.0$

単位：mm

図 5.1.13 高真空用クランプフランジの形状[11]

10^{-8} Pa 台以下でも大きな排気速度を持つ真空ポンプとして非蒸発ゲッター (non-evaporable getter, NEG) ポンプを使用している. 非蒸発ゲッターポンプは真空中で非蒸発ゲッター材料を加熱して, 反応性の高い表面を作製して残留気体を化学吸着させて排気を行う. 代表的な非蒸発ゲッター材料は SAES getters 社が開発した St 707 合金 (Zr：70wt%, V：24.6wt%, 鉄：5.4wt%) である. St 707 合金を用いた非蒸発ゲッターポンプの場合, ベーキング中は非蒸発ゲッターポンプも 150℃に加熱して脱ガスを行い, ベーキング終了直前に 10^{-6} Pa 台以下の圧力の下で 450℃に 30 分程度加熱して活性化する. 最近, St 707 合金の特許が切れたため, 安価な錠剤型 St 707 合金を用いた国産非蒸発ゲッターポンプが販売されるようになってきた[16]. H_2 に対して 1000 L·s^{-1} 程度の排気速度を持つ ICF203 マウント非蒸発ゲッターポンプも市販されている. 金属を M とすると

$$2M + O_2 \rightarrow 2MO$$
$$2M + N_2 \rightarrow 2MN$$
$$3M + CO_2 \rightarrow 2MO + MC$$
$$2M + CO \rightarrow MC + MO$$
$$3M + H_2O \rightarrow 2MH \text{ (bulk)} + MO$$
$$2M + H_2 \rightarrow 2MH \text{ (bulk)}$$
$$(x+y)M + C_xH_y \rightarrow xMC + yMH \text{ (bulk)}$$
（高温のみ）

といった化学吸着により残留ガスを排気できる. 水素は合金内に固溶体を形成して可逆的に吸着することで排気する. 非蒸発ゲッターポンプの利点を以下に示す.

1) 10^{-8} Pa 以下の圧力領域でも排気速度が落ちない.
2) 超高真空領域において残留ガスの主成分である水素 (H_2) に対する排気速度が大きい. また, H_2O など反応性が高く試料表面を汚しやすい気体に対する排気速度が大きい.
3) オイルフリーでスパッタや蒸発を伴わないので超高真空装置内部を汚染しない.
4) 無騒音, 無振動で活性化のとき以外は電源が要らない. このため, 停電しても超高真空装置を 10^{-8} Pa 台に保つことができる.
5) 磁場を伴わないので光電子分光装置にも使用できる.
6) 小型, 軽量で構造が単純であるため, 初心者でも製作できる.
7) 市販の小型定電流電源で活性化できる.

一方, 非蒸発ゲッターポンプの欠点と使用上の注意点は以下のとおりである.

1) 吸着量が増すと排気速度が低下する. 大気圧ベントしたときは再活性化が必要である.
2) 大気圧ベントと再活性化を繰り返すと排気速度が低下する. 排気速度を低下させないために乾燥窒素で大気圧ベントする必要がある. 数十回大気圧ベントと再活性化を繰り返したら非蒸発ゲッター材料の交換が必要になる.
3) Ar, He などの不活性気体は排気できない. また, 室温では炭化水素に対する排気速度は小さい.
4) 非蒸発ゲッター材料には発火性があるので, 加熱中に大気や酸素を導入してはならない. また,

真空中あるいは乾燥窒素中で保管することが望ましい.

5) 活性化中は H_2O などの多量の気体が放出されるので,熱陰極電離真空計のフィラメントの電源は切っておく.

6) 非蒸発ゲッターポンプを活性化するとき高温になるので非蒸発ゲッターポンプから見える位置には,試料やターボ分子ポンプなど熱に弱い機器を設置してはならない.

7) 非蒸発ゲッターポンプの上に部品落下の可能性ある機器を設置してはならない.

8) 非蒸発ゲッターポンプの下には非蒸発ゲッター材料の粉末が落下する可能性があるので,粉末により故障する可能性のある機器を設置してはならない.

スパッタイオンポンプも超高真空領域で高い排気速度を持ち,オイルフリー,無騒音,無振動,省エネルギー,メンテナンスフリー,放電電流でポンプ内の圧力をモニターできる,という特長を備えているのでよく利用される.ただし,磁場が漏えいする場合があるので図 5.1.11 に示した光電子分光用超高真空装置では使用していない.また,比較的重い,専用電源が必要な機種が多い,10^{-6} Pa より高い圧力で使用すると電極が汚染され超高真空領域でのガス放出源となる,スパッタされたチタンが超高真空装置を汚染することがある,といった欠点もある.

チタンサブリメーションポンプも超高真空領域で高い排気速度を持ち,オイルフリー,無騒音,無振動,省エネルギー,メンテナンスフリーという特長を備えている.しかし,超高真空装置内部をチタンで汚染する可能性がある.

クライオポンプは産業用真空装置では多用されるが,消費電力が大きいこと,一定以上の気体を排気すると排気速度が落ち,ため込んだ気体を排出する作業が必要となること,停電時の対策が必要なことから実験研究用超高真空装置ではあまり使用されない.

〔4〕 超高真空領域用真空計

10^{-9}～10^{-3} Pa の圧力領域を計測できる真空計としては,ヌード型 B–A 真空計,エクストラクター真空計,軸対称通過型真空計,Bent Belt-Beam 真空計(商品名 3BG)[17],逆マグネトロン型真空計がある.このうち,比較的安いヌード型 B-A 真空計と逆マグネトロン型真空計がよく使用される.ヌード型 B-A 真空計は熱フィラメントを使用するので周囲を加熱し,ガス放出源となることが多い.このガス放出を避けるには0.2%ベリリウム銅合金製ニップルにヌード型 B-A 真空計を取り付けてから超高真空装置に設置するとよい.

逆マグネトロン型真空計は冷陰極電離真空計であるので,ガス放出は少なく,むしろ排気作用を持つ.このため一般に真の圧力より低い圧力を表示する.また,圧力が突然悪化した場合にフィラメントが断線するおそれがない.しかし,磁場が漏えいするので光電子分光装置には適していない.B-A 真空計,逆マグネトロン型真空計は長期間使用していると汚染等により感度が低化することがある.定期的に校正するとよい.

〔5〕 実験研究用超高真空チャンバーの設計・製作

実験研究用超高真空チャンバーを製作する際の注意点は下記のとおりである.

1) 研究の目的を考慮して,必要な機器を設置するICF フランジポートをすべて備えるとともに,ある程度の拡張性を持つように設計する.

2) 実験の目的に基づいて個々の寸法や角度の精度を決める.必要以上に精度を高めると製作費が高くなるので必要十分な精度を指示する.

3) 各ポートのパイプの内径は設置する機器が余裕をもって取り付けられるように決める.ただし,パイプ径を太くしすぎると溶接の際にフランジのナイフエッジが熱でひずんでリークの原因になるので注意する.

4) すべてのフランジを無理なく締めることができることを確認する.タップ穴付きフランジはボルトが折れたときに対処しにくいので避けた方がよい.

5) フランジのきり穴位置は設置する機器の向きを考慮して決定する.将来の拡張性を考慮してきり穴の数を増やす場合もある.例えばICF70 フランジのきり穴を 12 個,30° 分割にする場合もある.回転フランジはナイフエッジを傷付けやすいので,超高真空チャンバー本体には使用してはならない.

6) 日本は地震が多いので震度 7 の地震が起きても実験者がけがをせず,装置も損傷しないように架台を含めて頑丈に設計することが重要である.実験装置は床にアンカーで固定することが望ましい.

超高真空チャンバーのポンチ絵を描いたら,三次元CAD を使いこなし,超高真空チャンバー設計経験が豊富な業者に設計を依頼する.優秀な業者には注文が集中するので,年度末は避けて閑散期に依頼することが望ましい.超高真空チャンバーの図面例を**図 5.1.14**,**図 5.1.15** に示す.

図面ができてきたらすべての実験参加者に図面を見てもらって,図面を修正していく.さらに,すべての機器を設置して,組み立てた状態の三次元 CAD 図面を作成して機器が干渉しないこと,実験を行う上で障害がないことを確認する(**図 5.1.16** 参照).

5.1.2項で述べたとおり,超高真空チャンバーの材料

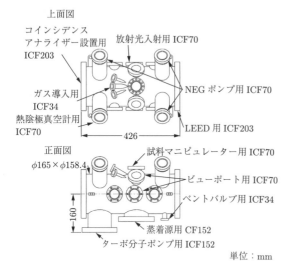

図 5.1.14 電子–電子–イオンコインシデンス分光研究用超高真空チャンバーの図面例（有限会社バロックインターナショナル提供）

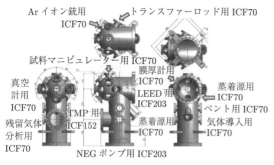

図 5.1.15 試料作製用超高真空チャンバーの図面例（有限会社バロックインターナショナル提供）

はSUS304Lとし，すべて内側溶接，内面には150℃，24時間ベーキングで10^{-10} Pa·m·s^{-1}台の気体放出率を実現できる表面処理（例えば化学研磨，あるいは電解研磨，複合電解研磨）を行って純水洗浄，清浄な環境下で乾燥するとよい．設計が終了したら，装置製作に移る．この段階では，業者と頻繁に連絡をとって実験者の意図どおりに製作が進んでいることを定期的に確認する．予想していなかったトラブルが生じた場合は関係者で知恵を絞って最良の対策を立てる．また，リークテストして全リーク率が1×10^{-11} Pa·m^3·s^{-1}以下であることを確認してから納品してもらう．超高真空チャンバーの納品時には，図面と仕様書どおりに製作されていることを確認してから受領する．

〔6〕 超高真空装置の組立て，リークテスト

超高真空チャンバーを受領したら実験に必要な機器を接続して超高真空装置を組み上げる．作業効率を上げるために，板ナット（ナットをスパナで押さえなくてもよいように，1枚の板に隣り合うボルトを受けられるように複数のタップを切ったもの）や，電動ドライバーを使用するとよい．設計，製作に問題がなければ問題なく組み立てられるはずであるが，想定外のトラブルが生じた場合は，再加工等を依頼する．このため，装置製作のスケジュールには余裕を持たせておくとよい．

超高真空装置の組立てが終了したら最小検出可能リークレートが1×10^{-12} Pa·m^3·s^{-1}以下のヘリウムリークディテクターを用いてリークテストを行う．ガラスやバイトン，テフロンなどはヘリウムを透過するので，そのような箇所は気密性の高いビニール袋やビニールテープで覆ってヘリウムが入りにくいようにしておく．

全リーク量は1×10^{-11} Pa·m^3·s^{-1}以下にする．ICFフランジのシール部でリークが見つかった場合はボルトとナットの接触部に固体潤滑剤が塗られていること，定格のトルクで締められていることを確認する．手締めだけでも10^{-7} Pa台まで排気できるので注意が必要である．ボルトを若干増し締めしてもリークが止

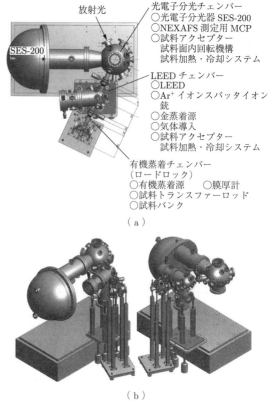

図 5.1.16 光電子分光用超高真空装置の組立て図面例（有限会社バロックインターナショナル提供）

まらない場合はコンフラットフランジのナイフエッジあるいは無酸素銅ガスケットが傷付いている可能性があるので，超高真空装置を大気圧に戻し，ICFフランジを取り外して修理する．電流導入やベローズ，ビューポート，バイトン等でリークした場合は，超高真空装置を大気圧に戻し，部品を交換して修理する．ガラスやバイトン，テフロンはある程度ヘリウムを透過するので，ヘリウムを使用しないリークチェックを行って，本当のリークかどうかを確認する．例えば，B-A真空計の出力電圧を4桁半のディジタルマルチメーターでモニターしながら，リークの疑われる箇所に95%の特級エタノールを吹き付ける．B-A真空計の場合，窒素に対するエタノールの比感度係数は約2.9であるので，エタノールを透過するようなリークがあればB-A真空計の出力電圧が上昇する．このリークチェック法はB-A真空計の表示値が10^{-8} Pa台，主排気ポンプの実効排気速度が1 $m^3 \cdot s^{-1}$ 以下であれば10^{-12} $Pa \cdot m^3 \cdot s^{-1}$台のリークを検知できる．

真空装置を停止できない状況で，一時的に真空リークを止めたい場合は，超高真空装置の真空リーク封止用の接着剤で真空を止める．例えば10^{-9} Paまでの圧力，-45℃から120℃の温度領域で使用可能なエポキシ系接着剤（商品名：Torr Seal）や-200℃から400℃の温度領域で使用可能なシリコン樹脂系リーク封止剤（商品名：Vacseal）を使用する．真空装置を停止できる時期になったら抜本的な修理を行うとよい．

〔7〕 **超高真空装置の排気，ベーキング**

ベントバルブが閉まっていることを確認したら図5.1.11に示したような排気系を使って排気を開始する．補助ポンプを作動して10^4 Pa程度に圧力が下がったら磁気浮上ターボ分子ポンプを作動する．ターボ分子ポンプが正常回転数に入ったら，B-A真空計を点灯して圧力を確認する．10^{-4} Pa台に入っていたらリークテストを行う．リークがなければ，B-A真空計のフィラメント電源を切ってベーキングと非蒸発ゲッターポンプの脱ガス（150℃での加熱）を開始する．

5.1.1項で解説したようにベーキングは超高真空装置を均一に加熱して，表面吸着分子（おもに水分子）を排気する工程である．ほとんどの実験研究用超高真空装置はバイトンを含んでいるので最高温度150℃で24時間程度ベーキングすることが望ましい．ベーキング時間は装置の形状等に依存する．図5.1.11に示した光電子分光用超高真空装置の場合，半球型電子エネルギー分析器中の水分子を排気するのに時間がかかるため，通常150℃で3日間以上ベーキングを行っている．

超高真空装置を均一に加熱するためには装置全体を断熱材で囲んでヒーターと温度調節器を用いて150℃

に加熱することが望ましい．断熱材で囲うスペースがとれないときは，個々の部品にヒーターを巻いてそれぞれに電力調整器を設置して，すべての箇所が均一の温度で加熱されるようにする．ベーキング中は個々の場所に熱電対を設置して150℃以上に温度が上がらないようにモニターしておくことが望ましい．

ベーキングの方法として，断熱材を挟んだパネルを組み合わせたオーブンをかぶせて，中にヒーターを置いて加熱する方法もある．ヒーターの代わりに熱風を送り込む場合もある．温度の均一性，電力効率，操作性で，シースヒーターやテープヒーターを巻く方法よりも優れている．ただし，装置の周りにパネルを設置するスペースが必要，導入機のマイクロメーターなどが加熱により故障しやすくなる，といった欠点もある．

超高真空チャンバーはマイクロシースヒーターを巻いて加熱するとよい．マイクロシースヒーターは，発熱部，発熱部の末端を防湿処理したスリーブ，およびリード線から構成される．発熱部は金属シースと電熱線（発熱体），シースと発熱体間を絶縁する絶縁物から構成される．発熱体が空気から完全に遮断されているため，発熱体が酸化しにくい．低コストで，寿命が長く，熱効率が高いという特長を持つ．すべての発熱部を超高真空チャンバーに密着させて均一に巻き，留め具でシースヒーターを押さえ，留め具をチャンバーにスポット溶接して固定する．シースヒーターと同じ長さのタコ糸を用意して，巻き方を確認してからシースヒーターを巻くとよい．電力調整器を使って最高温度が150℃以下になるように調整する．発熱部は高温になるのでやけどに注意する．重ね巻きをしてはならない．

電子エネルギー分析器，試料マニピュレーター，トランスファーロッド，真空バルブ，直線導入，ビューポートなど，マイクロシースヒーターを設置するのに適さない箇所は，ベローズとガラス部をアルミホイルで覆ったのち，テープヒーターを巻く．テープヒーターは

1) 最高使用温度200℃以上
2) 電力密度約0.2 W/cm^2（温度：120〜180℃）
3) 何回折り曲げても断線しにくい発熱体を使用
4) 表面がテフロンコートされている
5) 縫い目がほつれにくい
6) 使用する前に空焼きする必要がない

といった条件を満たす製品を選ぶ．重ね巻きをしないように巻いたら両端を最高使用温度200℃以上の耐熱テープで固定し全体をアルミホイルで覆う．電力調整器を使って最高許容加熱温度まで加熱する．最高許容加熱温度が150℃以上の場合は150℃に設定する．磁気浮上ターボ分子ポンプの吸気口側も専用のヒーター

を設置して，最高許容加熱温度まで加熱できるように
しておく．磁気浮上ターボ分子ポンプの排気口側は空
冷あるいは水冷で最高許容加熱温未満に保つ．

ガス導入ラインにはコードヒーターを巻く．コード
ヒーターは，発熱部およびスリーブ，リード線から構
成される．発熱部は電熱線（発熱体）とシリコンゴム
から構成される．コードヒーターは

1) 最高耐熱温度 150℃ 以上
2) 電力密度 30 W/m 程度
3) 外径 $\phi 2.5$ mm 程度
4) 長さはガスライン全体を巻ける程度
5) 何回折り曲げても断線しにくい

といった条件を満たす製品を選ぶ．重ね巻きにならな
いように巻いたら両端を耐熱テープで固定し全体をア
ルミホイルで覆う．AC100 V あるいは AC200 V のコ
ンセントにつないだ場合，最高温度が 80℃ 程度になる
ように巻き方の密度を調整するとよい．

電力調整器としては，摺動型変圧器（商品名：スラ
イダック），サイリスターを利用したエレクトロスライ
ダーがよく使われる．安全のため定格電流値の 70% 以
内で使用した方がよい．ベーキング温度モニターとし
ては，先端溶接型 K 熱電対センサーとディジタル温度
計がよく使われる．先端溶接型 K 熱電対センサーは測
定範囲 $-30 \sim 200$℃，ミニコネクター付き，テフロン
被覆付きの品を選ぶ．熱電対の球の部分を耐熱テープ
で超高真空装置に密着させる．テフロン被覆部はヒー
ターに接触させないようにする．ディジタル温度計は
K 熱電対対応，多チャネル，データ記録機能付きの製
品が望ましい．保温材料としては，アルミホイルとス
パッタシートがよく使われる．クリーンルーム内でな
ければアルミホイルは家庭用の製品で十分である．ク
リーンルーム内ではオイルフリーのアルミホイルを使
用する．スパッタシートは連続使用温度 250℃ 以上，両
面シリコンコーティングした製品が望ましい．スパッ
タシートで装置全体を包んで端をステンレス製クリッ
プで固定する．

ベーキング前にテスターでヒーターの地絡がないこ
と，ヒーターが断線していないこと，ターボ分子ポン
プが空冷あるいは水冷されていることを確認する．次
いで順々にヒーターに通電しクランプメーターで漏電
が 1 mA 以下であることを確認する．ベーキング中は
異常発熱，漏電，発煙，異臭等がないかを定期的に確
認しながら 150℃ 程度で均一に加熱する．やけどしな
いように注意しながら作業を進めること．ベーキング
中の圧力が 5×10^{-6} Pa 以下になったら，B-A 真空計
のフィラメント電源を切ってから 30 分非蒸発ゲッター
ポンプの活性化を行ってベーキングを終了する．装置

が熱いうちに B-A 真空計などの脱ガスを行う．

本項で記述した注意事項を守って製作された超高真
空装置であれば 1×10^{-8} Pa 程度の圧力に到達するは
ずである．圧力が悪い場合はベーキングによりリーク
を生じたおそれがあるのでリークテストを行う．

製作直後には 1×10^{-8} Pa 程度の圧力に到達した超
高真空装置でも長年使用しているうちに，到達圧力が
10^{-7} Pa 台まで悪化する場合がある．リークテストを
行ってもリークが見つからないときは，超高真空装置
が油や質量の大きい有機物などで汚れている可能性が
ある．この場合は以下の手順でオーバーホールすると
よい．

1) 超高真空装置に設置されているすべての機器を
取り外し，超高真空チャンバーの内面と真空内金
属部品を化学研磨あるいは電解研磨，複合電解研
磨処理する．
2) リークテストを行い，漏れがないことを確認する．
3) 洗浄し校正した B-A 真空計と洗浄した磁気浮
上型ターボ分子ポンプ，洗浄し新しい非蒸発ゲッ
ター材料に交換した非蒸発ゲッターポンプのみを設
置して，排気，150℃ での均一ベーキング，非蒸発
ゲッターポンプ活性化を行う．これで 1×10^{-8} Pa
以下の到達圧力を回復できるはずである．
4) すべての機器を洗浄したのち再設置する．蒸着
源，低速電子回折装置，試料マニピュレーターなど，
構造が複雑な機器の洗浄はメーカーに依頼する．

5.1.4 試料作製機構の具体例

実験研究用超高真空装置では研究目的に合わせて試
料作製機構を自作することが多い．本項では試料作製
機構の製作例を解説する．

〔1〕 試料マニピュレーター

超高真空内での実験では試料位置を微調整する必要
がある．このような試料位置調整を真空外から行う機
構を試料マニピュレーターと呼ぶ．市販の差動排気型
中空回転導入と簡易 xyz ステージ，自作の試料ロッド
を組み合わせれば試料マニピュレーターを製作できる
（**図 5.1.17** 参照）．この試料マニピュレーターの特長は

1) 試料ロッドの上部の ICF70 に三つの ICF34 ポー
トが設置されているので，試料の加熱，温度モニ
ター，試料電流モニター用の電流導入を設置でき
る．試料ロッドに沿って配線しているため，試料
を回転しても配線が切れることはない．
2) 試料ロッドの外径は $\phi 15$ mm，簡易 xyz ステー
ジのベローズの内径は $\phi 35$ mm であるため，xy
方向に ± 10 mm 程度の可動範囲をとれる．
3) 試料ロッドは SUS304 製で内部は中空になって

5.1 実験研究用超高真空装置

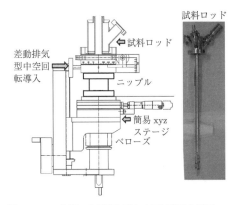

図 5.1.17 市販の差動排気型中空回転導入と簡易 xyz ステージ，自作の試料ロッドを組み合わせて製作した試料マニピュレーター

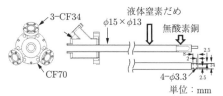

（a） 試料ロッドの図面

（b） シリコン単結晶通電加熱機構を設置した箇所の写真

図 5.1.18

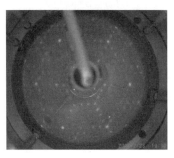

図 5.1.19 図 5.1.18 に示したシリコン単結晶ホルダーで作製した Si(111)-7×7 清浄表面の低速電子回折パターン

おり，先端部は無酸素銅ブロックを電子ビーム溶接しているため，液体窒素を注げば試料を 90 K 程度まで冷却できる．液体ヘリウムを用いるとさらに低温まで冷却できる．
である．一方，欠点は
1） 上部の ICF70 フランジだけで試料ロッドを固定しているので試料が振動しやすい．
2） 液体窒素あるいは液体ヘリウムで試料を冷却すると試料ロッドが縮む．
である．

〔2〕 シリコン単結晶通電加熱機構

この試料ロッドの先端にシリコン単結晶通電加熱機構を設置し，超高真空装置内でシリコン単結晶表面を 1200℃ 程度まで通電加熱できるようにすれば，シリコン単結晶清浄表面の実験を行える[18]（**図 5.1.18** 参照）．このような試料ホルダーを用いて作製した Si(111)-7×7 清浄表面の低速電子回折パターンを**図 5.1.19** に示す．

〔3〕 金属酸化物単結晶加熱機構

上述の Si(111) 単結晶の上に金属酸化物単結晶ウェーハを重ねて固定して，Si(111) を通電加熱すると金属酸化物単結晶ウェーハを均一に加熱できる（**図 5.1.20** 参照）．$TiO_2(110)$ 表面の場合，超高真空中での Ar^+ イオンスパッタリング，超高真空下での加熱，酸素雰囲気下での加熱により $TiO_2(110)$-2×1 清浄表面を作製することができる[19]．

〔4〕 金属単結晶電子衝撃加熱機構

試料ロッドの先端に金属試料電子衝撃加熱機構を設置すれば，金属単結晶清浄表面を作製することができる（**図 5.1.21** 参照）．例えば，Pt(100) 単結晶表面の場合，Ar^+ イオンスパッタリング，電子衝撃による加熱，酸素雰囲気下での電子衝撃加熱による加熱により Pt(100)-20×5 清浄表面を作製することができる[20]．

5.1.5 超高真空実験の安全対策

当然であるが，超高真空実験においても安全はすべてに優先する．睡眠不足，疲労等で注意力が低下しているときは実験を中断し仮眠をとるなどして休むことが望ましい．また，あらゆる誤操作を想定して事故を未然に防ぐとともに，万一の災害に備えておくことが重要である．

震度 7 程度の地震が起きても負傷者が出ないように以下の対策を行っておくとよい．
1） 超高真空装置，ラック，保管棚，気体ボンベ，有機溶媒の入った試薬瓶，油回転ポンプ等は固定しておく．
2） 保管棚等からの転落防止処置を行っておく．
3） 地震による停電対策を行っておく．
4） 装置周辺は整理整頓して避難通路を確保しておく．真空実験ではスパッタイオンポンプや電離真空計な

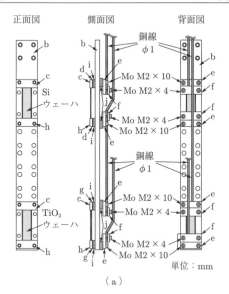

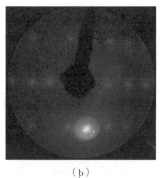

図 5.1.20 Si 単結晶ウェーハに TiO₂ 単結晶ウェーハを重ねて Si 単結晶を通電加熱することにより TiO₂ を均一に加熱する機構（図 (a)）．図 (b) はこのようにして作製した TiO₂(110)-2×1 清浄表面の低速電子回折パターン[19]．

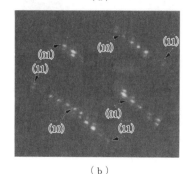

図 5.1.21 電子衝撃加熱による金属単結晶加熱機構（図 (a)）．図 (b) は Ar⁺ イオンスパッタリング，電子衝撃加熱による加熱，酸素雰囲気下での加熱により作製した Pt(100)-20×5 清浄表面の低速電子回折パターン[20]．

どの高電圧電源を使用することが多いため，感電事故を起こしやすい．10 mA の感電をすると耐えられないほどビリビリする．50 mA の感電では短時間でも命が危ない．感電に対する耐性は個人差が大きく，より小さな電流でも危険である．また，非蒸発ゲッター，ヒーター，油回転ポンプなどで大電流を扱うことが多いので，電気火災の危険性も高い．感電防止，電気火災防止のために以下の対策を行っておくことが望ましい．

1) すべての電源機器，実験装置はアースをとる．
2) 10 mA の漏電ブレーカーを使用する．
3) コネクタータイプの電流導入のみを使用する．ワニグチクリップは使用しない．
4) ベーキング前にヒーターの絶縁を確認する．
5) 電線やコネクターは許容電圧以内，原則として許容電流の 70% 程度以内で使う．
6) 摺動型変圧器やトランスは定格電圧以内，原則として定格電流の 70% 程度以内で使用する．
7) 油回転ポンプの油は定期的に交換する．また，油回転ポンプごとに過電流保護機能が付いた電源を設置することが望ましい．
8) たこ足配線はしない．
9) 分電盤の周りは整理整頓して，緊急時には迅速にブレーカーを落とせるようにしておく．
10) 電気火災用消火器を用意しておく．

脱脂洗浄で使用される有機溶媒には毒性があるものが多い．脱脂洗浄でやむを得ず有機溶媒を使用する場合は比較的毒性が低い 95% 特級エタノールを使用するとよい．メタノールは劇物なので使用してはならない．有機溶媒を使用する場所は十分換気すること，感知器を設置すること，火気厳禁とすることが重要である．洗剤を使用するときは環境負荷の小さい無リンの中性洗剤を使用することが望ましい．

超高真空装置のビューポートが破損する事故を防ぐには以下の対策をとるとよい．

1) 使用しないときはビューポートカバーを設置しておく．

2) 超高真空装置を加圧しない．油回転ポンプの排気口を誤って超高真空装置に接続したところ，油回転ポンプ作動から1分程度でICF203ビューポートが破損した事例がある．

3) ビューポートをベーキングする際はビューポートカバーを設置して均一に加熱されるようにする．

真空機器にはスパッタイオンポンプやターボ分子ポンプ，大口径ICFフランジなど重量物が多い．作業中の事故やけがを防ぐには，以下の対策をとるとよい．

1) 安全靴と働きやすい作業服を着用する．

2) クレーン，ハンドリフト，油圧ジャッキ，台車等を使って人力の負担を可能な限り低減する．

3) 扱う機器の重量を確認して，安全な姿勢で安全な時間内に作業を終えることができるように段取りを組み，必要な人員をそろえて作業を行う．また，重量物を持った際に地震や火災が起きた際の対処も考えておく．

4) 疲労がたまったら，安全に作業ができるようになるまで休む．

安全対策を重ねていけば事故の確率を減らすことができるが，事故の確率をゼロにすることはできない．意識しなくても安全を最優先する習慣を身に付けることが望ましい．また，万一の事故に備えて定期的に避難訓練等に参加するとともに，安全講習等を受講することが望ましい．

引用・参考文献

1) 堀越源一：真空技術（東京大学出版会，東京，1994）物理工学実験4〔第3版〕．

2) 岡野達雄，荒川一郎，小間篤編：表面物性測定（丸善，東京，2001）実験物理学講座10，pp.205–278.

3) 日本真空協会編：超高真空実験マニュアル（日刊工業新聞社，東京，1991）．

4) 杉本敏樹，武安光太郎，福谷克之：J. Vac. Soc. Jpn., **56** (2013) 322.

5) 高橋主人：J. Vac. Soc. Jpn., **58** (2015) 292.

6) ステンレス協会編：ステンレス鋼便覧（日刊工業新聞社，東京，1995）．

7) 渡辺文夫：真空，**49** (2006) 349.

8) 栗巣普揮，山本節夫，松浦満，森本高志，部坂正樹：真空，**50** (2007) 41.

9) 栗巣普揮，木本剛，藤井寛朗，田中和彦，山本節夫，松浦満，石澤克修，野村健，村重信之：真空，**49** (2006) 254.

10) 栗巣普揮，山本節夫，松浦満，森本高志，部坂正樹：真空，**49** (2007) 254.

11) キヤノンアネルバ株式会社編：真空機器総合カタログ Vol.9.1 (2014).

12) S. Inayoshi, K. Saito, S. Tsukahara, K. Ishizawa, T. Nomura and M. Kanazawa: 真空，**41** (1998) 574.

13) 日本金属学会編：金属データブック（丸善，東京，2004）改訂4版，pp.191–192.

14) 小原建治郎：真空，**30** (1987) 901.

15) 田中健太郎：潤滑経済 2013年5月号（No. 575）pp.10–13.

16) 渡辺文夫：J. Vac. Soc. Jpn., **56** (2013) 230.

17) 渡辺文夫：J. Vac. Soc. Jpn., **54** (2011) 131.

18) 小林英一，南部英，垣内拓大，間瀬一彦：真空，**50** (2007) 57.

19) 垣内拓大，間瀬一彦：J. Vac. Soc. Jpn., **51** (2008) 44.

20) K. Mase and Y. Murata: Surf. Sci., **242** (1991) 132.

5.2 大型真空装置

5.2.1 は じ め に

「大型真空装置」の定義は時と場合でさまざまであろうが，ここでは代表的な大きさが10mを超えるような真空装置とする．大型真空装置では，代表的大きさが数m以下の（通常の）真空装置にはないさまざまな問題が発生する．

第一は，文字どおり，真空容器の体積，表面積が大きいことである．単純に考えて，構造物は大きくなり，その加工にはやはり大きな加工機械，特殊な加工技術を要する．真空容器に加わる大気圧や重量による応力が増大するため，それらによるひずみ・変形を考えて設計・製作する必要がある．真空容器の接合，例えば溶接やろう付けでは，接合箇所や接合部の長さも増え，高い信頼性が求められる．また，使用されるフランジや配管等の数も膨大となる．

第二に，真空の立場から見ると，真空容器の表面積が大きいことから真空容器内壁からのガス放出が問題となる．また，当然真空容器は単純な容器ではなく，その内部にはさまざまな装置・機器が設置され，それらからのガス放出も大きい．場合によってはガス出しに十分な温度までベーキングできない．所定の圧力を得るためには，低ガス放出率材料の選択，真空ポンプの選択，真空ポンプの効率の良い配置，コンダクタンスに十分配慮した配管等が求められる．

第三に，制御すべき真空機器の数が多いことである．さまざまな真空ポンプ，真空計，温度や流量等測定機器を安定に制御する必要がある．その結果個々の機器には高い信頼性が求められる一方，コストパフォーマンスも重要視される．安定した遠隔制御システムも必要である．

第四に，真空容器内部には，静的な装置だけではな

く，往々にして高エネルギーの電子，イオン等の荷電粒子，高温のプラズマ，さらには強い電磁波やレーザー等が存在することである．それらは，真空装置に対して大きなガス負荷や熱負荷を与える．時には放射線を発生し真空容器や内部の物質を放射化することもある．さらには物理的な損傷をもたらす．一方で，真空装置にはそれらを生成し，安定に維持し，そして，その状態や特性を調べるためのさまざまな機器も装着しなければならない．真空容器に特殊な材質（低放射化材料，セラミックス等）や表面処理（コーティング等）が要求されることも多々ある．

この節では，現在の最先端科学を支えている代表的な大型真空装置について，それらの真空装置の課題，特徴，そして，採用された最新技術等を各分野の専門家が解説する．まず5.2.2項では，宇宙の成り立ちを調べる素粒子実験や物質の微細な構造解析に有用な放射光実験等に用いられる，高エネルギー粒子加速器について解説する（図5.2.1参照）．真空容器の内部には光速近くまで加速された高エネルギーの素粒子（陽子，電子など）がつねに存在しており，超高真空の問題以外にも高周波電磁場やシンクロトロン放射光などに起因する加速器特有の種々の技術的問題が発生する．つぎに5.2.3項では，宇宙環境を模擬するスペースチェンバーについて解説する．人工衛星打上げ前に，宇宙空間とほぼ同じ環境でその性能試験を行う装置で，太陽光照射，極低温環境，真空環境を模擬する装置である．5.2.4項では，将来のエネルギー供給を目指す核融合装置について解説する．ここでは，日本独自に開発されたヘリカル式と呼ばれる磁場構成を持つ核融合装置を例にその真空装置の構成を説明する．高温，高密度のプラズマを生成，加熱，維持する多くの装置が装着された複雑な真空装置である．最後に，5.2.5項では，宇宙の始まりを探求する重力波検出装置を取り上げる．宇宙から届く重力波を検出し，その特性を調べるための巨大な真空装置で，検出感度を上げるためのミラー振動抑制装置，極低温装置を含んでいる．

ここで挙げた真空装置は大型真空装置の数例に過ぎないが，通常の真空装置にはない，大型真空装置特有の多くの問題が網羅されている．一方で，発生する課題，問題は通常の真空装置に共通なものも多い．装置に採用された最先端技術は，当然基本的な真空技術の延長上にあるものである．本解説の内容は，大型真空装置のみならず，通常の真空機器設計，開発，製作においても参考になるであろう．

5.2.2 粒子加速器

本項では大型真空装置の例として粒子加速器に関して説明する．粒子加速器とは，荷電粒子を加速する装置の総称であり，原子核/素粒子実験，構造解析や生命科学，およびがん治療，等にも利用されている．加速器は，加速方式（静電加速，高周波加速），形状（線形，円形），および加速する粒子（電子，陽子，重イオン），等さまざまに分類される．

日本には大小多数の加速器が存在する．高エネルギー加速器研究開発機構には，おもに素粒子研究を行うことを目的とした，電子–陽電子衝突型加速器，KEK-Bをはじめ，放射光利用施設であるKEK-PF，等がある．大型放射光施設としては，SPring-8が西播磨にあり，電子シンクロトロンから放射される光を用いた，材料解析，等の研究が行われている．また，同施設内に電子線型加速器を用いたX線自由電子レーザー施設（SACLA）が供用運転を行っている．図5.2.2がSPring-8の加速器施設の構成図である．SPring-8は線形加速器，シンクロトロン，蓄積リング，およびニュースバルの4基の加速器で構成され，蓄積リングは光輝

図5.2.1 大型真空装置の代表例である粒子加速器（SuperKEKB，KEK）のビームパイプ（粒子が通る真空容器）．直径10 cm程度のビームパイプが約1000本接続され，全長約3 kmの円周状の大型真空容器を構成している．約1 Aの高エネルギー電子・陽電子を蓄積しつつ，10^{-7} Pa台の超高真空を維持している（5.2.2項参照）．

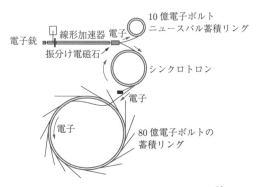

図5.2.2 SPring-8の加速器施設の構成図[1]

度硬X線の生成と利用，ニュースバルは，短バンチ（バンチとは粒子の塊をいう）軟X線の生成と利用を主目的とした放射光施設である．線形加速器は，電子銃から 180 keV のエネルギーで引き出された電子を 1 GeV（最大 1.2 GeV）のエネルギーまで加速する直線加速器である．シンクロトロンは，線形加速で 1 GeV まで加速された電子を蓄積リングで運転するエネルギーまで加速するための円形加速器である．1 GeV のエネルギーで入射された電子を 8 GeV のエネルギーまで加速し出射する．1 秒ごとに入射・加速・出射を繰り返す．蓄積リングは光源となるリングであり，周長は約 1 436 m ある．ニュースバルは，周長約 118.7 m の蓄積リングであり，挿入光源（アンジュレーター）用の直線部が 4 箇所用意されている．

放射光とは，高エネルギーの電子などの荷電粒子が磁場で曲げられたときに発生する電磁波（シンクロトロン放射光）であり，これには赤外線，可視光線，紫外線，X線がある．放射施設では，おもに偏向電磁石，および挿入光源により放射光を発生させる．それぞれの概念を**図 5.2.3** に示す．

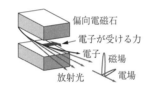

（a） 偏向電磁石と放射光

（b） アンジュレーターと放射光

図 5.2.3 放射光発生の概念構成図[1]

蓄積リング内の電子が偏向電磁石により磁場の力を受けると方向が変わり，電磁放射が起きる．電磁放射の向きは，電子が曲がるのを妨げる向きであるので，図のような方向に放射光が発生する．永久磁石を図のように配置した装置（アンジュレーター）を電子が通過すると，磁場の力を受けるために蛇行しながら進む．その際に先と同じ原理で放射光を放出する．

大強度陽子加速器（J-PARC）は，1 基の線形加速器と 2 基の陽子シンクロトロンで構成され，大強度陽子ビームを用いて，原子核・素粒子実験，物質・生命科学実験，等が行われている．**図 5.2.4** に J-PARC 施設の構成を示す．イオン源で生成された負水素イオン（H⁻）ビームを初段の線形加速器（リニアック）で 400 MeV まで加速し，荷電変換膜を通過させることで陽子（H⁺）ビームに変換し，3 GeV シンクロトロン（rapid cycling synchrotron, RCS）で 3 GeV まで陽子を加速する．さらに，一部は主リングシンクロトロン（main ring, MR）で 30 GeV（設計値は 50 GeV）まで加速される．RCS からの陽子の 90 % 以上は，MR の中央に位置する物質・生命科学実験施設（materials & life science experimental facility, MLF）にある中性子とミュオンを生成するための異なる二つのターゲットに導かれる．MR には 2 箇所の陽子ビーム取出しポートがあり，ハドロン実験施設には遅い取出しでビームを導き，おもに K 中間子を用いた素粒子・原子核実験を行う．一方，速い取出しで MR から蹴り出されたビームは，超伝導磁石で MR の内側に曲げられパイ中間子生成用ターゲットに入射される．ニュートリノ実験ではパイ中間子の崩壊でミュオンと一緒にできるニュートリノを 295 km 西方の岐阜県のスーパーカミオカンデに向けて発射している[2]．

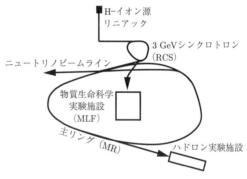

図 5.2.4 J-PARC 施設の構成図

放射線医学総合研究所では，重イオン（炭素イオン）シンクロトロンを用いて，放射線に係る医学に関する科学技術の水準向上を目的とした研究が行われており，これらの成果を基に，近年では多数のがん治療用加速器が建設されている．また，理化学研究所では，原子核実験のための重粒子サイクロトロンが稼働している．そのほか，多数の大学や研究センターでもさまざまな加速器を有している．

〔1〕 **粒子発生装置**

加速器で加速する粒子を生成するために，粒子源が当然必要である．ここでは，粒子源として，電子銃，およびイオン源に関して述べる．

（a）**電子銃**　電子銃は，電子ビームの供給源であり，その形状はさまざまであるが，電子を放出する陰極の種類と，電子を加速する電場の種類によって大別される．陰極に関しては，電子を取り出す方法により，つぎの3種類に分かれる．

1）**熱陰極**　金属の温度を上げていくと，物質内電子のエネルギーが上昇し，その一部のエネルギーが真空準位よりも高くなり，金属外部の真空中へと放出される現象を熱電子放出という．

2）**光陰極**　金属に短波長の光を照射することで金属表面から電子が放出される現象を光電効果という．

3）**電界放出陰極**　金属表面に非常に強い電場をかけると，金属内部の電子がトンネル効果によって真空中に放出される．この現象を電界電子放出と呼ぶ．

陰極から出た電子はエネルギーが低いので，陽極の穴を通るまでの空間で加速する必要がある．その加速電場には

① DC 電場
② 高周波電場

が使用される．これらの組合せで，大きく分けてつぎの6種類の電子銃がある．各種の電子銃の特徴を簡単に述べる．

1）**熱陰極電子銃**　最も広く使用されている電子銃である．熱運動に伴う電子を源としているため，低エミッタンスビームを得ることが一般には難しい．低エミッタンスを必要としない場合に使用されることが多い．しかしながら，最近では，SACLA 用電子銃のような低エミッタンス電子ビームの生成が可能な電子銃も開発されている[3]．

2）**熱 RF 電子銃**　バンチした MeV 程度のビームでかつビームの質を特に問題としない場合によく利用される．DC 電源や RF バンチャーを必要としないため，装置が簡便であるという利点がある．

3）**光陰極電子銃**　光陰極と DC 電場を組み合わせた電子銃である．加速に高電界の高周波空洞を使用しないため，構造が簡単で超高真空も実現しやすい．低エミッタンスを得るためには，DC の加速電圧を最大限に引き上げる必要があるため，放電等の問題に注意が必要である．

4）**光 RF 電子銃**　光陰極と高周波電場を組み合わせた電子銃である．高電界（〜100 MV/m）で加速するため，低エミッタンスビームが得られるが，超高真空を実現するのは困難である．

5）**電界放出電子銃**　陰極に高電界をかけるだけで電子を引き出すため，常温や低温の電子を利用できる．超高真空でなくても電子ビームを生成できること

と構造が単純であることが利点である．

6）**電界放出 RF 電子銃**　電界に対して指数関数的に放出電流が増加するが，現在開発途上にある．

熱陰極と光陰極に使用されている代表的な物質をそれぞれ以下の**表 5.2.1**，**表 5.2.2** にまとめる．

表 5.2.1　代表的な熱陰極物質の特性[4]

陰極物質	仕事関数 [eV]	T_e [℃]	A [A/cm$^2 \cdot$K^2]	比抵抗 [$\Omega \cdot$cm]
CaO	1.78	1 542	10^{-2}	2.8 (800℃)
SrO	1.43	1 430	10^{-3}	18 (800℃)
BaO	1.25	1 128	$10^{-2} \sim 10^{-1}$	4.6 (800℃)
ThO$_2$	2.78	2 200	$2.5 \sim 160$	0.65 (800℃)
W	4.54	2 560	$60 \sim 100$	5.5×10^{-6} (20℃)
LaB$_6$	2.69	1 610	$29 \sim 120$	1.5×10^{-5} (20℃)
CeB$_6$	2.73	—	$3.6 \sim 580$	2.9×10^{-5} (20℃)
TiC	3.32	2 000	2.5	5.3×10^{-5} (20℃)
ZrC	3.39	2 240	$0.2 \sim 140$	6.2×10^{-5} (20℃)

〔注〕　T_e：蒸気圧が 10^{-3} Pa になる温度
　　　A：リチャードソン（Richardson）定数の測定値

表 5.2.2　代表的な光陰極物質の特性[5]

陰極物質	動作波長 [nm]	1A 生成に必要な電力 [W%]	電子親和力	応答速度 [ps]
K$_2$CsSb	527	235	正	< 1
KCsTe	266	466	正	< 1
GaAs(Cs, F)	780	159	負	> 20〜40

（b）**イオン源**　イオン源でのイオン生成機構は，正イオンの場合では，気体原子または金属原子を電離（イオン化）して電子と正イオンに分離し，この電離気体（プラズマ）中の正イオンをイオンビームとしてイオン源の外に取り出す．金属原子の場合は，高温蒸気状にするか，スパッタリングで気体状にしてイオン化させる．また，負イオン生成の場合には，金属表面での電子付着反応やプラズマ中での電子対付着反応を利用する．

イオン源で生成されたイオンビームが加速器で必要とされる特性を持つためには，どの形式のイオン源を選択するかが重要である．生成するイオンが正イオン

または負イオンであるか，軽イオンか重イオンか，さらには，必要とする価数の大小によって，イオン源を選択する必要がある．

図5.2.5 は J-PARC で開発された負水素イオン源である[6]．真空容器（plasma chamber）内に設置された六ホウ化ランタン（LaB$_6$）製のフィラメントに大電力を供給し，水素ガスをプラズマ化させる．plasma chamber には -50 kV の高電圧が印加され，水素プラズマ中から負水素イオンが引き出される．

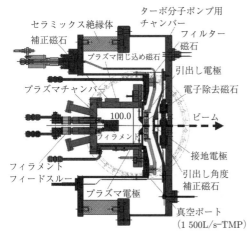

図 5.2.5 J-PARC で開発された負水素イオン源

先に述べたように，イオン源はプラズマ中で生成されたイオンをプラズマ外部に引き出し，ビームとして供給する装置である．したがって，ビームの性質（強度，価数，エミッタンス，等）は生成されたプラズマの性質に強く依存する．プラズマの基礎に関しては，多くの教科書が出版されている．入門書として，F. Chen 内山岱二郎訳「プラズマ物理学入門」（丸善），が良書である．

〔2〕 ビームの寿命および不安定性

加速器でビームを安定に加速，輸送するためには，超高真空が必要である．本項では，加速器で加速されるビームの寿命，およびビーム不安定性（ビームロスにつながる原因）に関して，特に真空と関係ある項目に限定し，簡単に記述する．

（a）ビームの寿命　米国中性子源（SNS），および大強度陽子加速器施設（J-PARC）では，それぞれ陽子リニアック＋陽子蓄積リング，および陽子リニアック＋陽子シンクロトロンの組合せで，核破砕中性子源として，大強度陽子を生成している．両施設の陽子リニアックでは，リングで大強度の陽子ビームを得るために，負水素イオンを加速し，荷電変換入射により，リングに陽子を入射する方法が採用されている．負水素イオンは，水素原子に電子が一つ多く付いている状態であるので，その結合エネルギーは約 0.7 eV と小さく，残留ガスとの相互作用で剥がされ，水素原子となり，ビームロスとなる．そのため，負水素ビームを加速する加速器やビーム輸送ダクトの圧力は，10^{-6} Pa 程度の超高真空が要求される．米国にある RHIC などの重イオン加速器では，多価イオンを加速するのが一般的であり，多価イオンも残留ガスとの相互作用により，価数が減少し，ビームロスの原因となるため，超高真空が要求される．これら以上に超高真空が要求されるのが，電子蓄積リングである．ここでは電子蓄積リングにおける電子ビームの寿命，および電子蓄積リングでの主要なガス放出源である光刺激脱離（photon stimulated gas desorption, PSD, 光励起脱離ともいう）について述べる．

時刻 t におけるビーム電流を $I(t)$ とすると，ビームの寿命 τ は

$$\left.\begin{array}{l}\dfrac{dI(t)}{dt}=-\dfrac{I(t)}{\tau}\\ I(t)=I(0)\exp\left(-\dfrac{t}{\tau}\right)\end{array}\right\} \quad (5.2.1)$$

で定義される．

リングに蓄積されている粒子は，残留気体分子との相互作用で軌道から外れてしまうため，粒子数は徐々に減少する．この気体との相互作用には

1) 残留ガスの原子核による制動放射（bremsstrahlung）
2) 残留ガスの原子核との衝突による散乱（Rutherford scattering）
3) 残留ガスの核外電子との衝突による散乱（Møller scattering）

がある．これらの散乱断面積をそれぞれ，σ_B, σ_R, σ_M とすると，全散乱断面積 σ_T は

$$\sigma_T = \sigma_B + \sigma_R + \sigma_M \quad (5.2.2)$$

となる．残留ガスの分子密度を N とすると，単位時間当りに失われるビーム電流値 $dI(t)/dt$ は，全散乱断面積 σ_T を用いて

$$\dfrac{dI(t)}{dt} = -Nv\sigma_T I(t) \quad (5.2.3)$$

で表される．ここで，v はビームの速度である．これらの式から，ビームの寿命 τ は散乱断面積を用いて

$$\dfrac{1}{\tau} = Nv\sigma_T = Nv(\sigma_B + \sigma_R + \sigma_M) \quad (5.2.4)$$

で表される[7]．

それぞれの散乱で決まる寿命を τ_B, τ_R, τ_M とすると

$$\frac{1}{\tau} = \frac{1}{\tau_B} + \frac{1}{\tau_R} + \frac{1}{\tau_M} \qquad (5.2.5)$$

となり，すべての散乱を考慮した場合のビーム寿命は，それぞれの散乱で決まる寿命で記述することができる．それぞれの散乱断面積について以下に述べる．

1) 残留ガスの原子核による制動放射（bremsstrahlung）　原子番号 Z の原子核による制動放射によって電子が失われる場合の散乱断面積 $\sigma_B(Z)$ は

$$\sigma_B(Z) = 4\alpha r_0^2 \ln\left(\frac{183}{z^{1/3}}\right)$$
$$\times Z(Z+1)\left\{\frac{4}{3}\ln\left(\frac{\gamma}{\gamma_c}\right) - \frac{5}{6}\right\} \qquad (5.2.6)$$

で与えられる[8]．ここで

α：微細構造係数 $= 1/137$

r_0：古典電子半径 $= 2.82 \times 10^{-15}$ m

γ：ビームのローレンツ因子 $= E/me$ （E：ビームエネルギー，me：電子の静止質量）

γ_c：エネルギーロスの臨界値 $= \gamma\Delta E/E$ （ΔE：RF バケットの高さであり，加速空洞の設定条件から決まる値）

である．ただし，この式は，$\gamma_c \ll \gamma$ を仮定している．この式から，原子番号 Z の大きい気体分子が寿命に大きく影響することがわかる．

2) 残留ガスの原子核との衝突による散乱（Rutherford scattering）　衝突によりエネルギーを失い軌道を外れた電子がビームダクトに衝突する限界の散乱角度（臨界角）θ_c は

$$\theta_c = \frac{\alpha}{\beta} \qquad (5.2.7)$$

で与えられる．ここで

a：ビームダクトの小さい方の径

β：ベータトロン振幅関数（リングの偏向磁石と四極磁石の値で決まる値）

である．
原子核との衝突による散乱断面積 $\sigma_R(Z)$ は，この θ_c を用いて

$$\sigma_R(Z) = 4\pi\left(\frac{r_0 Z}{\gamma}\right)^2 \frac{1}{\theta_c^2} \qquad (5.2.8)$$

で与えられる[9]．

3) 残留ガスの核外電子との衝突による散乱（Møller scattering）　散乱角が θ の粒子のエネルギー損失 q は

$$q = \frac{(\gamma^2 - 1)\sin^2\theta}{2 + (\gamma+1)\sin^2\theta} \qquad (5.2.9)$$

で表される．この式に θ_c を代入して得られる q の値 q_c が γ_c より大きいとき，断面積 σ_M は

$$\sigma_M = 4\pi r_0^2 \frac{1}{\gamma_c} \qquad (5.2.10)$$

で表される[10]．

陽子リングの場合に関しても，簡単に以下に述べる．一般に，高エネルギーの陽子が媒質内を進むとき，媒質の原子を取り巻く電子を励起したり，それを原子から離脱させイオン化することによるエネルギー損失（電子的損失，電離損失）が起きる．さらに陽子がこれら電子の遮蔽を突き抜け，原子の内部に侵入すれば，原子核の正電荷との間でのクーロン斥力による散乱が起きる．この際，系全体としては弾性散乱であるが，原子核へのエネルギー遷移があるので陽子はエネルギーを損失する．また，衝突係数が小さい場合には，核力による核散乱も起きる[11],[12]．

こうした過程のうち，数百 MeV から GeV 以上の陽子シンクロトロンにおいては，残留ガス分子がビームに与える影響で最も支配的であるのは，クーロン斥力による多重小角散乱がもたらす軌道からのずれである．

分子一つ当りの散乱角をラザフォードの式から計算し，この散乱角が，位相空間内で陽子が散乱されながら拡散していく際の拡散係数に対応すると考えると，陽子ビームの平均寿命 τ が計算できる[12],[13]．

窒素分子に対して，半径 a [mm] の円形ダクトを考えた場合，ベータトロン振動の波長を λ [mm]，圧力を p [Pa] とすると

$$\tau = 113\frac{(A/\pi)\beta^3\gamma^2}{p(\gamma/2\pi)} = 113\frac{a^2\beta^2\gamma^2}{p(\lambda/2\pi)^2} \text{ [s]}$$
$$(5.2.11)$$

が拡散問題の解として得られる陽子ビームの寿命である．A はこの円形ダクトのアクセプタンスで

$$A = \frac{\pi a^2}{\lambda/2\pi} \qquad (5.2.12)$$

で与えられる．これを用いると，例えば，$\lambda/2\pi$ が 10 m の場合，例えば，10^{-4} Pa の圧力でも，0.2 GeV で数秒，3 GeV で数百秒の寿命が確保できることになる．したがって，入射から出射までの時間が数秒程度以下の場合は，その間のビーム寿命を確保するだけであれば，必要とされる圧力の上限はそれほど低いものではないことがわかる．

（b）光刺激脱離 放射光源加速器などの電子蓄積リング（電子リングに限ったことではないので，以下リングと表現する）では，ビーム運転中に動的なガス放出が起こり真空ダクト内の圧力が上昇する．この主原因は，放射光が真空ダクト内面に照射されることによる光刺激脱離（photon stimulated gas desorption, PSD）である．

ビーム運転時の動的ガス放出は，放射光が直接照射される箇所だけでなく，反射光や散乱光，光電子が当たる場所からも生じる．このため，広義の PSD として，光電子による電子励起脱離（electron stimulated desorption, ESD）を含む[14]．放射光が照射された部分の温度上昇による熱脱離やビームが励起する高次モード（high order mode, HOM）高周波による発熱やマルチパクタリング，等で生じるガス放出もある．PSD との区別は難しいが，熱脱離ガスは時間的に緩やかな圧力変動として観測される．また，PSD や ESD の脱離機構は複雑であり，電子の励起状態を介する電子遷移誘起脱離励起（desorption induced by electronic transitions, DIET），赤外光による直接励起やフォノン励起，等電子の励起を伴わない脱離もある[15]．ここでは，放射光の光子 1 個当りに放出される気体分子数で定義される光刺激脱離係数（PSD yield）：η [molecules/photon] について述べる．この値は，加速器での PSD によるガス放出の程度を示す指標としてよく用いられている．

η は毎秒壁に衝突する光子数 N_{ph} [photons/s] と，毎秒壁から脱離する気体分子数 N_{PSD} [molecules/s] を用いて

$$\eta = \frac{N_{PSD}}{N_{ph}} \quad (5.2.13)$$

で与えられる．

N_{PSD} は，放出ガス流量 Q_{PSD} [Pa·m^3/s] を測定し

$$N_{PSD} = \frac{Q_{PSD}}{kT} \quad (5.2.14)$$

から気体分子数に変換することで求まる．ここで，k はボルツマン定数（1.381×10^{-23} J/K），T は真空ダクトの温度である．

Q_{PSD} は，リング全体の実効排気速度 S_{eff} [m^3/s] が一様に分布すると仮定すれば，平均圧力上昇 Δp_{ave} [Pa] を測定し，真空ポンプへの流れの釣合い

$$Q_{PSD} = \Delta p_{ave} S_{\text{eff}} R_{ave} \quad (5.2.15)$$

から求めることができる．R_{ave} は真空計の平均指示値に対する真空ダクト内の平均圧力との比である．

リングの平均 η を見積もる場合には，リング全周にわたって偏向電磁石から放出される光子数を知っておく必要がある．毎秒放出される光子数を N_{ph} [photons/s] として

$$N_{ph} = 8.083 \times 10^{20} E \cdot I \quad (5.2.16)$$

から計算することができる[16]．ここで，E [GeV] は電子ビームのエネルギー，I [A] はビーム電流値である．

したがって，リング全体の平均 η は

$$\eta = \frac{\Delta p_{ave} S_{\text{eff}} R_{ave} (kT)^{-1}}{8.083 \times 10^{20} E \cdot I}$$

$$= 0.2987 \frac{S_{\text{eff}} R_{ave}}{E} \frac{\Delta p_{ave}}{I} \quad (5.2.17)$$

から求めることができる．この式の最後の項 $\Delta p_{ave}/I$ は規格化圧力と呼ばれ，ビーム電流値が変化してもほぼ一定の値をとる．

光刺激脱離係数は光子のエネルギー，光子の真空容器への入射角度，真空容器の材料，およびその表面状態に依存する．一般的に電子蓄積リングでは，10^{-6} 程度にまで低減させる[17],[18]．

図 5.2.6 に一例として，KEKB 陽電子蓄積リング

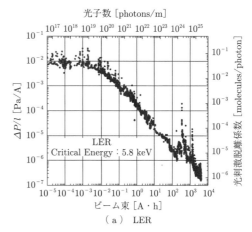

（a）LER

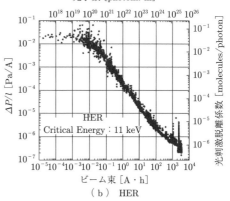

（b）HER

図 5.2.6 ビーム束に対する平均圧力と光刺激脱離係数

（low energy ring, LER），および KEKB 電子蓄積リング（high energy ring, HER）の測定値を示す[19]．

（c） **ビーム不安定性**　加速器の高強度化に伴い，電子陽電子リングはバンチ数を増やし，陽子リングでは長いバンチ（加速される粒子の塊をバンチと呼ぶ）に多くの陽子を詰め，高強度化が行われている．このためビーム電流は数 A に達する．このような加速器では，ビームが作る異種粒子，とりわけビームと電荷が反対の粒子（例えば，陽子リングでは電子）は，ビームに引き寄せられ蓄積し，ビームを取り巻く雲を形成する．その雲とビームがコヒーレント運動をすることで不安定性が起こる．同様な現象が，陽電子リングでも観察されている[20),21]．

加速器におけるプラズマ型不安定性は，陽子リングにおいて，BINP-PSR, CERN–ISR などで観察された[22]．加速器におけるプラズマ型不安定性は，相対速度の異なる 2 種類のプラズマは安定に存在できない，プラズマは集団的な相対速度が等しい状態が安定である，という物理的な事実から起こるべくして起こる現象である．加速器の場合は，磁場による強い収束，ベータトロン振動があるため，多少の違いはあるが，物理的本質は同じである．ここでは，2 流体不安定性の中で特に，e-p 不安定性（電子・陽子不安定性），イオントラッピング（イオン不安定性），および電子雲不安定性について簡単に述べる．

（d） **e-p 不安定性（電子・陽子不安定性）**　陽子ビームは電子ビームに比べてバンチ長が長く，場合によってはリング 1 周にわたってビーム粒子が詰まった状態で運転されている（コースティングビームという）．e-p 不安定性といわれている問題となった現象は，イオン化によってできた電子が陽子ビームに捕獲され，ビームが横方向（x および y 方法）に振動し，不安定になるというものである．この不安定性を軽減させるためには，電子を吸収するための電極の設置や電子が陽子ビームに捕獲されないための外部磁場の導入，等の対策が必要である．

また，放射光用電子加速器が，放射光の高輝度化を目指し，多バンチ運転に移行していった過程で，残留ガスから生成されたイオンが捕獲され，e-p 同様にして不安定が起こることが観察された．この現象はイオントラッピングといわれ長年研究されてきた[23]．

（e） **イオントラッピング（イオン不安定性）**　真空ダクト内の残留気体分子は，ビームとの相互作用により，ある確率で電離し正イオン化される．電子蓄積リングでは，このイオンがクーロン力により電子ビームに引き寄せられる．質量数の小さなイオンは，バンチに引き寄せられる際の加速度が大きくなるため，つ

ぎのバンチが来るまでにビーム軌道から逸れてしまう．しかし，ある質量数以上のイオンは，ビーム軌道周辺に捕捉される．この現象をイオントラッピングといい，イオントラッピングされる最少質量数を臨界質量数という．ビーム軌道上にトラップされたイオンは，ビーム寿命の減少，ビーム不安定性の原因となる．イオントラッピングによるビームの寿命を検討する前に，電子ビームがリングに蓄積される際の残留ガスのイオン化に関して以下に記述する．

ビームの通り道である真空チャンバーは超高真空に保たれるが，$10^{-6}\sim10^{-8}$ Pa 程度の残留ガスが存在する．リングに蓄積されるビームはある確率でこれらのガス分子をイオン化する．リングを周回している 1 個の粒子が 1 個のイオンを生成するのに要する時間 τ_i をイオン化時間（ionization time）と呼び[24]

$$\tau_i = \frac{1}{d_m \sigma_m \beta c} \qquad (5.2.18)$$

で与えられる．ここで，d_m は分子の密度 [m^{-3}]，σ_m は分子 m のイオン化断面積 [m^2]，βc はリング内に蓄積された粒子の速度 [m/s] である．一般に σ_m は分子の種類と衝突する粒子の速度のみに依存し，次式で与えられる[25]．

$$\left.\begin{array}{l} \sigma_m = 4\pi \left(\dfrac{\hbar}{mc}\right)^2 (M^2 \cdot x_1 + C \cdot x_2) \\[2mm] x_1 = \beta^{-2} \ln\{\beta^2/(1-\beta^2)\} - 1 \\[2mm] x_2 = \beta^{-2} \\[2mm] 4\pi \left(\dfrac{\hbar}{mc}\right)^2 = 1.874 \times 10^{-24} \quad \text{m}^2 \\[2mm] B = v/c \end{array}\right\} $$
$$(5.2.19)$$

ここで，M^2 および C は分子を特徴付ける定数である．主要なガスに対するこれらの値を**表 5.2.3** に示す．

表 5.2.3　イオン化断面積を計算する際の係数[16]

分 子	H$_2$	CH$_4$	H$_2$O	CO	Ar	CO$_2$
M^2	0.5	4.2	3.2	3.7	3.7	5.8
C	8.1	41.9	32.3	35.1	38.1	55.9

つぎに，イオントラッピングによるビーム寿命の減少について検討する．

臨界質量数 A_c は

$$A_c = \frac{N}{n} \frac{r_p}{n} \frac{\pi R_c}{\beta^2 \sigma_y (\sigma_x + \sigma_y)} \qquad (5.2.20)$$

で与えられる[14]．ここで，N/n は 1 バンチ当りの電子数，r_p は古典陽子半径 $= 1.58 \times 10^{-18}$ m，σ_x，σ_y は

それぞれ, ビームの水平方向, 垂直方向の幅 [m], R_c はリングの平均半径 $= C/2\pi$ m, そして, C はリングの周長である.

イオンの分布がビームと同じガウス分布だと仮定すると, イオンとの衝突による電子ビームの寿命 τ_{ei} は

$$\frac{1}{\tau_{ei}} = \frac{N_i \sigma_{iT} c}{4\pi \sigma_x \sigma_y C} \qquad (5.2.21)$$

で表される[23]. ここで, N_i はリング全周にトラップされたイオンの総数, σ_{iT} は衝突の全断面積である.

イオントラッピングを回避する方法としては, RF でバンチを振動させる（RF knocking）, バンチを偏在させる（partial fill）, チャンバー中の電極に負電位をかけイオンを軌道から除去する, 等がある.

（f） 電子雲不安定性　電子はイオンに比べてはるかに軽いため, ビームによる振動も速くなる. また, 電子はイオンと違い真空チャンバーの壁から光電効果によっても生成され, その量は圧倒的に多い. ビームが発する放射光の放出は, これまでのさまざまな測定や計算から, 光子が真空チャンバーに当たると, 0.1 個, つまり光子 10 個当り 1 個の電子が放出され, そのエネルギーは非常に低く, 数 eV 程度である. これらの電子が電子雲となり, 真空チャンバー内を周回する粒子に影響を与え, 周回粒子が不安定となる. この不安定性を軽減させるために, 放射光を真空チャンバーに当てないよう, アンテナチャンバーを採用したり, 二次電子放出を低減させるために, 真空チャンバー内面に窒化チタン（TiN）等のコーティングを施すような対策が必要である.

〔3〕 加速器を安定に運転するために
〔2〕ではビームを安定に加速・輸送するための対策やビームの寿命に関して述べたが, 本項では, まず加速器で使用されるおもなポンプについて述べ, つぎに加速器を構成する真空機器を安定に動作させるために留意すべき点について述べる. また, 加速器で重要な放電と帯電に関しても簡単に記述する.

（a） 加速器で使用されるポンプ　ビームダクトを排気するために, さまざまなポンプが使用される. 特によく使用されるポンプに関して, 簡単に紹介する.

1） ターボ分子ポンプ＋スクロールポンプ（またはルーツポンプ）　ターボ分子ポンプ内には動翼と呼ばれる高速で回転する金属の羽と静翼が交互に設置されており, 動翼が気体分子を排気側に弾き飛ばすことで排気を行う. このポンプは, 真空域が $1 \sim 10^{-8}$ Pa の広範囲で使用することができるが, 吸気側と排気側との圧力差には限界があるため, ターボ分子ポンプの排気側の圧力を（できるだけ）低くするためにスクロー

ルポンプやルーツポンプを補助ポンプとして使用する必要がある. 加速器では, ターボ分子ポンプは粗排気用に利用され, 通常排気には使用しないのが一般的であるが, J-PARC 3 GeV シンクロトロンのように, 通常排気ポンプとして利用している例もある[26].

2） スパッタイオンポンプ　加速器の主ポンプとして, 一般的に使用されることが多い. イオンポンプは, 陽極, 陰極（チタン材を使用）, および磁石から成るペニングセルで構成されている. 陰極から出た電子は磁場によりらせん運動し, 残留気体と衝突する. 電子と衝突した気体分子は, 正イオンになり, 陰極に向かって加速され陰極と衝突し, 陰極のチタン原子を弾き飛ばす（スパッタ）. スパッタされたチタン原子は, 陽極や陰極に付着し, ゲッター膜を生成する. この膜に残留気体分子が吸着し, ビームダクト内の圧力が減少する. 圧力の高い状態（いわゆる真空が悪い状態）で使用すると, あっという間に吸着作用がなくなるため, あらかじめターボ分子ポンプ等で粗排気し, ある程度圧力を低くした状態で使用する.

3） NEG ポンプ（non evaporated getter pump）　KEKB や電子蓄積リングでは主ポンプとして NEG ポンプが使用されることが多い. NEG とは, ジルコニウム（Zr）, バナジウム（V）, 鉄（Fe）の金属粉を焼結したもので, ゲッターポンプの一種である. 清浄な（気体分子が吸着していない）NEG 表面には, ビームダクト内の気体分子が吸着するため, ビームダクト内の圧力は減少する. 表面が吸着された気体分子に覆われると排気能力が減少するため, 定期的に再活性化を行う必要がある. スパッタイオンポンプ同様ゲッターポンプであるため, 良い真空状態で使用開始しなければならない. 希ガスは NEG 表面には吸着しないため, NEG ポンプで排気することはできない. また, NEG 表面ではメタンが生成されると考えられており, 希ガスとメタンを排気するために別のポンプ, 例えば, スパッタイオンポンプとの併用が必要である.

（b） 部品の寿命と保守　ガスケット, イオンポンプ, 真空計, ボルトやナットを含め, 加速器で使用する部品数はきわめて多いので, 加速器を設計する際には, それらの故障率および寿命をあらかじめ配慮する必要がある.

加速器の主排気用ポンプとしてイオンポンプがよく利用される. イオンポンプはごく大雑把には 10^{-3} Pa で使用した場合, 5×10^3 時間が寿命だといわれている. これは, カソードのチタン板が損耗するまでの時間を見積もったものであり, 実際には, それ以前にウィスカー（Whisker）の成長や, その放電により排気速度が不安定になる. また, いったん大気暴露した際に

水分などの吸着ガスが多くなったり，それらの脱離によるガス放出がイオンポンプの排気速度を低下させたりする．大気暴露後のベーキング処理は排気速度の低下を抑制する効果はあるが，経験上，安定な動作が保障される寿命はこれより1桁ほど短くなると考える必要がある．そうすると，10^{-5} Pa で運転した場合，このイオンポンプは，5×10^4 時間，すなわち，約6年が寿命となる．大型の加速器では多数のイオンポンプを使用するため，例えば60台のイオンポンプを使用した場合，平均交換頻度が年間10台となり，短い保守期間中にこれだけの台数のイオンポンプを被ばくしながら交換することは望ましくない．1桁真空を良くすれば，平均交換頻度も1桁少なくなり，保守時の作業員の被ばく低減の観点からも超高真空が必要である．

イオンポンプのみならず，真空計など加速器で用いる真空部品の多くは，その表面状態に敏感な機器が多い．熱陰極真空計では，空間の残留水分子はフィラメント表面で化学反応を生じ，タングステンなどの熱陰極材料の損耗を促進する．ちなみに，10^{-4} Pa の圧力においては，空間分子の表面入射頻度は1秒でおよそ1原子層である．陰極陽極間の放電を利用した冷陰極真空計は，放電電流が圧力にほぼ比例するが，放電によりスパッタされた陰極物質の周囲への付着が，放電条件を変化させ測定に誤差を生じさせるだけでなく，放電を停止させてしまうこともある．これらの現象も超高真空を実現する頃でその進行をきわめて遅らせることが可能となる．

（c）**排気の迅速化と超高真空**　一般に真空装置が大型であるほど立上げに要する時間をどこまで短縮できるかは，装置の機能を十分に発揮させる上で重要である．これは，故障修理後すぐに運転が再開できるかどうかという問題だけではなく，装置の改良や新機能付与を試みる場合の精神的苦痛を減少させるからである．立上げ作業が煩雑で時間がかかる装置に対しては，積極的に改良した実験をしてみる気にはならない．排気の迅速化のための手段として，大きい排気速度を持つポンプを設置する方法があるが，これは，小さい真空装置では相応の効果はあるものの，大型装置においては多くの場合，その費用や労力に比べて効率が悪い．特に排気のための開口面積が限られている加速器においては，排気速度を大きくしても開口で制限されるコンダクタンスのために，実行排気速度は増やせない．したがって，最も有効な手段はガス放出速度を低減させることである．

材料の選択，表面処理の最適化などによりガス放出を減少させることが排気に要する時間を直接短縮させる方法である．また，同時に超高真空の実現につながることになる．この表面の制御は，2章の「真空用材料と構成部品」でも述べられているように，材料表面の不動態化を意味し，加速器にとって重要な機能である高電界の安定な発生，つまり放電を抑止する方法でもある．真空中においては，特に，Paschen minimum 以下の圧力では，放電現象は空間のガス分子密度ではなく，固体材料の表面状態に強く依存するためである．

（d）**放電と帯電**[27),28)]
1）**金属ギャップ間絶縁破壊**　真空は基本的には絶縁媒体であるが，絶縁破壊強度は電極の材料や表面状態に強く支配され，実用的には 10〜20 kV/mm 程度の値が得られる．この値は，大気中よりおよそ1桁高い値である．ギャップ間においては，絶縁破壊の開始からアーク放電プラズマによる短絡までは

1) 陰極電子放出 → 陰極のジュール発熱 → 陽極の電子衝撃 → 電極材料の蒸発・ガス放出，
2) 微小粒子の放出と対向電極への衝突 → 加熱・分解・ガス放出

の過程を経ることが多い．

破壊の前兆である電子放出機構は，電解放出が主であるが，表面の微小突起・不純物や酸化膜の誘電体層が電界を増倍する効果を持つ．また，不純物や格子欠陥のトラップ準位からの放出も寄与している（図 5.2.7 参照）．

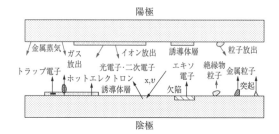

図 5.2.7　放電開始機構の概念図

絶縁破壊強度は，材質（合金比，気孔），不純物，汚れ，塵埃，吸蔵・吸着ガス，結晶構造（粒径，残留応力），等多くの要因に支配される．したがって，材料の鋳造法から機械加工法，さらに研磨・洗浄・加熱・コンディショニング処理に至るまでの管理が必要である．図 5.2.8 は J-PARC リニアックで使用されている高周波加速空洞のコンディショニング時の投入電力と圧力の変化を示す．ここでのコンディショニングというのは，高周波空洞にある程度の高周波電力（パワー）を投入することで，空洞表面にある汚れや突起を除去する作業をいう．

2）**沿面放電・帯電**　真空中で絶縁物を介した電極構造を設計する場合には，通常表面の電界強度が

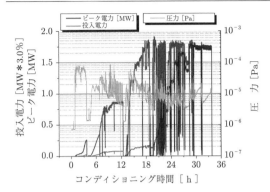

図 5.2.8 J-PARC リニアックで使用されている高周波加速空洞のコンディショニング時の投入電力と圧力の変化[29]

1 kV/mm 程度以下となるよう構造を決めることが多い．しかしながら，これも表面の処理法や誘電体材料そのものの性能が破壊電圧に大きく影響する．放電の開始機構は，誘電体/金属/真空の境界からの電子放出と，その誘電体表面への入射および二次電子放出と考えられている．そこから絶縁破壊へと進展する過程は

① **二次電子雪崩**　二次電子放出による正の帯電 → 電界強度増倍 → 電子放出促進 → 電子衝撃による吸着ガスの脱離 → 電子によるイオン化 → 絶縁破壊

② **分極エネルギー開放**　局所分極（格子欠陥，不純物）での電子の捕捉 → 静電エネルギーと格子ひずみエネルギーの蓄積 → エネルギー開放（電界印加，温度，機械的応力，電子照射等のトリガー） → 誘電体破壊（電子放出等）

③ **伝導電子による発熱**　格子欠陥，不純物に捕捉された電子 → 電子準位間遷移 → 伝導電子

があり，これらのうちの単独の過程で絶縁破壊に至ることは少ないと考えられている．

〔4〕　放射化と耐放射線

J-PARC のようなハドロン加速器施設では，ビームダンプ周辺や実験施設のターゲット周辺では，高エネルギーの陽子や重粒子が材料（例えば，鉄や水銀）へ衝突することにより，高エネルギーの二次粒子，とりわけ高エネルギー中性子が大量に発生する．これらの周辺でなくても，加速粒子のロスにより，加速器本体でも同様の現象が起こる．これらの中性子は相手材料との核反応により，さらに二次，三次の中性子を生み出すとともに，そのエネルギーを建物の床・壁・天井等で失う過程で，非常に多くのガンマ線を発生させる．したがって，ハドロン加速器施設における高放射線環境とは，エネルギー範囲が非常に広い（熱中性子から GeV レベル）中性子とガンマ線が混在する場となる．

このことから加速器の主要構成機器である電磁石，真空機器，冷却水機器等の金属部分は中性子による放射化を十分に考慮する必要がある．これらの条件を踏まえて，具体的な保守作業を行う場合の確認が必要である．特に，真空保守作業時に，放射化した機器周辺での作業が多くなり，作業時の被ばく線量が高くなる可能性が高い．保守作業を行う際の具体的な確認内容を以下に示す．

（1）作業を行う場所の放射線レベルの把握と局所遮蔽，および遠隔作業の検討
（2）作業時間を短縮する方法の検討
（3）保守作業を必要とする部品類の耐放射線特性
（4）作業記録の保存

これらのことに十分注意し作業を行うことが重要である．

J-PARC では施設建設前に，さまざまな材料や機器の耐放射線性を確認するために，ガンマ線による照射試験が行われた．その中から，真空用ビューポートに使用するガラスの光透過率の実験データを紹介する．

図 5.2.9 はレンズ用ガラスの光透過率のガンマ線照射量依存性を示す．短波長側はガンマ線吸収とともに透過率が下がる傾向が見られるが，長波長側は比較的ガンマ線照射の影響小さい．一方，サファイアや石英には短波長・長波長の双方にガンマ線照射の影響は見られない[30]．

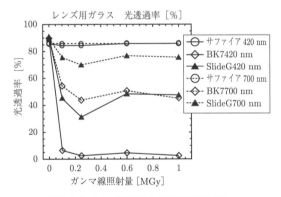

図 5.2.9 レンズ用ガラスの光透過率のガンマ線照射量依存性

そのほか，J-PARC 施設，特に加速器で使用している材料や機器の耐放射線性に関して，以下のデータ集にまとめられているので，ぜひ参考にされたい．

JAEA-Review 2008-012「高放射線環境で使用される機器・材料類の耐放射線特性データ集」，および JAEA-Review 2008-022「J-PARC 使用予定材料・機器の耐放射線特性試験報告集」

加速器ではガス放出の観点から金属製の真空シール

が一般に使用される．しかしながら，取り付ける部品の位置決め作業を繰り返すものには，ゴム製のOリングが使用される場合がある．ゴム製のOリング材料としてフッ素ゴムがよく使用されるが，高放射線化で使用する際には，以下の理由で注意が必要である．フッ素ゴムには，C-F結合が存在し，放射線，特にガンマ線によりこの結合が切断されるとF（フッ素）ラジカルができる．フッ素は反応性が非常に高いため，ただちに水素と反応し，フッ化水素（HF）となる．フッ化水素は腐食性が非常に強い物質であるため，周辺金属を腐食させる可能性がある．

ガンマ線によるゴムの劣化は，酸素ラジカルによるところが大きいため，特に耐酸性，耐オゾン性の特徴を持つものが望ましい．EPDM（ethylene propylene diene terpolymers）は主鎖に二重結合を含まず，かつ結合エネルギーの大きいC（炭素）とH（水素）の結合で構成されており，耐候性が良く，Co60によるガンマ線照射試験でも，吸収線量1 MGyで以下の項目に関して良好な結果を得ており，前述した箇所での使用が可能である[31]．

① ひび割れや粘着等の外観の変化なし
② ガス放出速度が小さい
③ ガス透過が小さい
④ 適当な弾性を保持

大強度のハドロン加速器では，先に述べたように，ビームロスにより機器が放射化するため，保守作業時の作業員の被ばく低減の観点から，機器の残留放射線量を制限しなければならない．すなわち，ビームロス量の上限を設定して，それを超えないように加速器のビーム出力を決定するようなビーム運転を行う．

加速器の真空ダクトに使用する金属としては，非磁性金属であるSUS316Lやアルミニウムが一般的に使用されている．しかしながら，ビームロスが大きい場所にSUSを用いると，長寿命放射能を持つ同位元素が多く生成される．アルミニウムも同様に，長寿命放射能を持つNa22が多く生成される．これらの金属に比べて，チタンは長寿命の同位元素は生成されないため，残留放射線量の観点からSUSやアルミニウムに比べて有利である．図5.2.10に原子番号の違いによる残留放射線量（ガンマ線量）のデータを示す[32]．このデータは，CERN（欧州原子核実験共同体）の陽子加速器を用いて測定したデータである．

したがって，真空ダクトに使用する金属材料にも注意が必要である．

〔5〕 真空システムの具体例

ここでは，大型加速器施設の真空システムの具体的な例として，J-PARC 3 GeVシンクロトロン（以下，

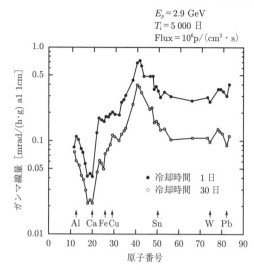

図5.2.10 原子番号とガンマ線量の関係

RCSと呼ぶ）の真空システムを紹介する．

RCSは，周長は約350 mで，前段加速器（リニアック）で400 MeVまで加速された負水素イオンを炭素薄膜で陽子に変換し，入射・加速・出射（エネルギー：3 GeV）を25 Hzで行う最大ビーム出力1 MWの陽子シンクロトロンである．このような大強度陽子加速器では，真空性能がビームロスを左右し，結果として，機器の放射化量，および保守時の作業者の放射線被ばく量を左右する．したがって，ビームロス低減の観点から，10^{-6} Pa程度の超高真空を構築する必要がある．RCSの真空システムを設計するにあたっての設計仕様を以下に示す．

（a）排気速度　排気ポート付きチャンバーの概念図を図5.2.11に示す．この排気速度指定位置にお

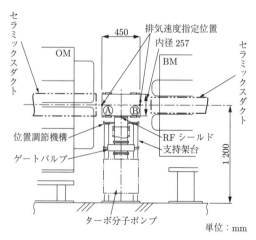

図5.2.11 排気ポート付き真空チャンバーの概念図

ける排気速度を 1 箇所当り（図 5.2.11）に示す Ⓐ および Ⓑ 面の, 真空工学上の排気速度の合算値として), ターボ分子ポンプの取り付けられる箇所で 350 L/s 以上, また, イオンポンプの設置される箇所につき 300 L/s 以上とした.

図 5.2.12 に RCS 全体のターボ分子ポンプ, イオンポンプ, ゲートバルブ, および BA ゲージの配置図を示す.

図 5.2.13 RF コンタクト付き大口径チタン成形ベローズ

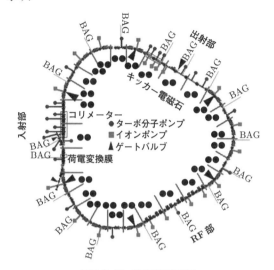

図 5.2.12 真空機器配置図

（b）**放出ガス特性** 室温におけるガス放出速度を, 250℃以上のベーキング処理を施した後, 100 時間の真空排気後の値として, それぞれつぎのように規定した.

・真空チャンバー
 ：1×10^{-9} Pa·m³·s⁻¹·m⁻² 以下
・その他の部品（フォアライン用を除く）：1×10^{-8} Pa·m³·s⁻¹·m⁻² 以下

（c）**許容リーク量** 真空締結部, および溶接部, 等の許容リーク量は, 1 箇所当り 1×10^{-11} Pa·m³·s⁻¹ 未満とした.

（d）**耐放射線性** 運転期間を 30 年とし, 想定される放射線量は, $10^4 \sim 10^8$ Gy である.

・主トンネル内ビームライン付近
 ：最大 100 MGy
・主トンネル内通路：1 MGy
・主トンネル内壁面：0.1 MGy

RCS では, ビームロスによる機器の放射化を考慮し, 金属製真空チャンバーの材料には純チタンを採用した. 図 5.2.13 は RCS で開発した RF コンタクト付き大口径チタン成形ベローズである[33]. ビームが感じるインピーダンスを低減させるための RF コンタクトもチタン材で, チタン線をより合わせたものである.

チタン製チャンバーが大規模に利用された陽子加速器は他に類を見ないため, 陽子ビームロスに起因するイオンビーム誘起脱離を考慮し, チタンチャンバーのバルク中に含有される水素濃度を目標値 1 ppm 以下, 表面から深さ 0.1 μm までの水素濃度を質量比にて, 1%未満とした（ただし, 表面層の 2〜3 nm は除く）. なお, 上記水素濃度の条件を満たす処理に関しては, その処理後においても, JIS 規格値を満たす機械的強度を有するものとした. これらは, 真空中で 750℃, 8 時間以上の熱処理により達成された[34]. 図 5.2.14 に熱処理温度に対する純チタン材中の水素濃度を示す.

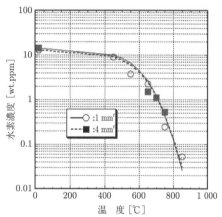

○は板厚 1 mm, ■は 4 mm のチタン材

図 5.2.14 熱処理温度に対するチタン材中の水素濃度

RCS は, 25 Hz で入射・加速・出射を繰り返すシンクロトロンであるため, 電磁石を 25 Hz の繰返しで運転させる（磁場強度が約 0.2 T から約 1.1 T の範囲を 1 秒間に 25 回上下する）必要がある. この磁場中に金属製チャンバーを利用すると, 渦電流の効果で真空チャンバーが発熱し, かつ, 多極磁場も発生するため, ビームに悪影響を与える. したがって, RCS では, 電磁石部に使用する真空チャンバーには, アルミナセラミッ

クス製の真空チャンバーが使用されている[35),36]．アルミナセラミックスは二次電子放出率が高いため，その抑制のためにダクト表面に TiN コーティングが施されている（図 5.2.15 参照）[37]．

RCS での真空機器と電磁石を図 5.2.16 に示す．RCS では，1×10^{-6} Pa 程度の超高真空が達成されている[26]．

図 5.2.15　セラミックスチャンバーと TiN コーティング

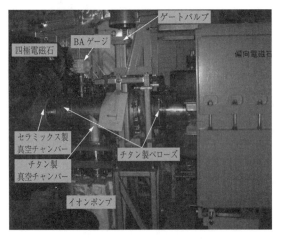

図 5.2.16　RCS での真空機器と電磁石

5.2.3　スペースチャンバー

〔1〕　スペースチャンバーの概要

21 世紀の今日，宇宙では通信衛星，放送衛星，気象衛星，地球観測衛星，国際宇宙ステーションおよびその補給機（こうのとり等），宇宙天文衛星，惑星探査機などさまざまな宇宙機が活躍している．これら宇宙機に求められる機能・性能や寿命などはさまざまであるが，共通していることは，地上で使われる一般的な機器とは違い，ロケットなどで宇宙に打ち上げられた後で故障が発生した場合は修理が困難で，高い信頼性を求められることと厳しい機械的環境や熱真空環境，宇宙放射線などの特殊な環境にさらされることである．機械的環境とは，ロケット打上げ時の衝撃，振動や音響等を指し，熱真空環境とは軌道上での真空，極低温，太陽光等による外部熱入力を指している．

スペースチャンバーとは宇宙空間の熱真空環境を模擬するための地上試験設備であり，海外ではスペースシミュレーター（space simulator），サーマルバキュームチャンバー（thermal vacuum chamber）とも呼ばれている．スペースチャンバーの概要図を図 5.2.17 に示す．スペースチャンバーは本体となる真空容器および真空容器内に宇宙環境を再現するための機器群から構成される．機器群とは真空環境を再現する真空排気系，極低温環境を再現する極低温系，外部熱入力を再現するソーラーシミュレーター（模擬太陽光）系・赤外加熱系等である．各系統の詳細については後述する．真空容器の大きさはおもに宇宙機の搭載機器を試験するための直径 1 m 程度のものから，宇宙機システム全体を試験するための直径が 10 m を超えるものまでさまざまであるが，本項では大型スペースチャンバーに絞って解説する．

図 5.2.17　スペースチャンバーの概要図

〔2〕　宇宙機の熱真空試験

ここではスペースチャンバーを用いて実施される熱真空試験の概要を説明する．スペースチャンバーを用いた試験は，広義に熱真空試験と呼ぶことができるが，狭義ではその目的により，（狭義の）熱真空試験と熱平

衡試験に分類される．(図 5.2.18 参照) (狭義の) 熱真空試験と熱平衡試験については，後述するが，本項では，単に熱真空試験と記述されている場合は，広義の熱真空試験と解釈されたい．

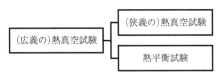

図 5.2.18 熱真空試験の分類

(a) **宇宙機がさらされる熱真空環境** 前述のとおりスペースチャンバーは宇宙空間の熱真空環境を再現するための設備である．したがって，スペースチャンバーを理解するために必要となる軌道上の熱真空環境について説明する．宇宙機と一言でいっても，そのミッションによって活躍するフィールドは多様であり，宇宙機が受ける熱真空環境もさまざまである．例えば地球近傍を飛行する宇宙機と，「はやぶさ 2」のように小惑星をはじめとした地球外惑星軌道に向かう衛星では受ける熱真空環境が異なる．さらに同じ地球近傍軌道であっても地球表面からの軌道高度が高いほど圧力は小さくなる．地球観測衛星等が飛行する 600〜800 km 程度の高度では 10^{-7}〜10^{-8} Pa であるが，気象衛星や通信衛星が飛行する高度 36 000 km の静止軌道では 10^{-11} Pa までになる[38]．また宇宙空間の背景放射は温度が 3 K しかなく，かつ宇宙機から宇宙空間に放射されたエネルギーは宇宙機自体に戻らない冷暗黒環境であるので，宇宙機自体が発熱せずに宇宙空間を飛行していると，3 K 付近まで冷えてしまうことになるだろう．

一方で，宇宙機は太陽光，アルベド（太陽光の惑星表面による反射），惑星赤外放射（惑星自体からの赤外放射）から外部熱入力を受ける．その内，地球近傍軌道で最も支配的なのは太陽光である．宇宙空間での太陽光は地球大気によって減衰しないため，宇宙機は地上の約 2 倍近い平均約 1.4 kW/m² もの強度の太陽光を浴びることになる．宇宙機は軌道上で太陽光を浴びる期間と，地球の影に入る期間があるため入射するエネルギー差の大きい厳しい熱環境条件にさらされる．さらに宇宙空間の真空環境では対流による熱伝達が存在しないため，熱入力のある面とない面の温度差が非常に大きくなる．

(b) **宇宙機の熱制御** つぎに，そのような条件下でも宇宙機内を許容される温度範囲内に保つための受動型と能動型の熱制御について説明する．

受動型熱制御方式は，宇宙機各部表面の幾何学的形状および材料の熱物理特性の選択により，伝導および放射の伝達路を調整して各部の温度を所定の範囲に制御する方式である．

受動型熱制御方式に用いられる代表的な熱制御素子として，多層インシュレーション，サーマルコーティング，サーマルフィラー，ヒートシンク，サーマルダブラー（熱拡散）等がある．受動型は材料の種類や形状を工夫することで，放射と伝導による熱伝達を調整し衛星内部機器の温度を制御するものである．受動型の放射制御は内部の熱を効率的に放出する放熱面と，断熱面を設けることで行う．放熱面は太陽光の吸収率が小さく，赤外放射線の高い OSR（optical solar reflector）という熱制御材で覆うことで実現する．一方，断熱面は MLI（multilayer insulation）と呼ばれるポリイミド等に金属を蒸着したフィルムとプラスチック製の網を重ねた多層断熱材で覆われる．一方，伝導の制御は熱伝導率の低い断熱スペーサーや高いサーマルフィラー等を組み合わせることで行う．

能動型熱制御は，機械的な可動品，流動体の利用，ヒーター電力量の変化，熱物性の変化，もしくは変化を利用した技術によって所定の温度に制御する方式であり，熱環境の変化が大きかったり，機器の許容温度範囲が狭いといった理由があり，受動型熱制御だけでは十分な制御ができない場合に使われる．

本熱制御方式の代表的な方法としてはヒーターで直接機器を加熱する，熱輸送力の大きいヒートパイプやサーマルルーバーを利用するといった方法がとられる[39)〜41)]．

これらの熱制御系の設計が適切になされているかを検証することも熱真空試験の重要な役割の一つである．

(c) **熱真空試験** 先に述べたとおり，熱真空試験は，(狭義の) 熱真空試験と熱平衡試験に分類でき，それぞれの目的は，つぎのとおりである（図 5.2.18[42]参照）．

(狭義の) 熱真空試験の目的は宇宙機が軌道上の熱真空環境下でも正常に動作し，所定の機能・性能を発揮することができること，および部品や材料の欠陥や製造時の作業ミスがないことを確認することである．一方の熱平衡試験は宇宙機の熱数学モデルの検証，熱制御系設計の妥当性および熱制御ハードウェアの性能を確認するための試験である．両者ともに，宇宙機のコンポーネント，サブシステム，全体システムと段階を踏んで確認することを基本としている．これは不具合をできるだけ開発の初期工程で洗い出し，後工程への影響を軽減するための処置である[40),43)]．

宇宙機システムの熱真空試験を実施する場合の代表

的な温度プロファイルを**図5.2.19**に示す[42),44)]．この温度プロファイルは軌道上で宇宙機がさらされる適切なマージンを含んだ上限温度および下限温度の間を往復させ宇宙機に熱的なストレスを負荷するものである．また，上限温度および下限温度では宇宙機の機能性能確認を行う．

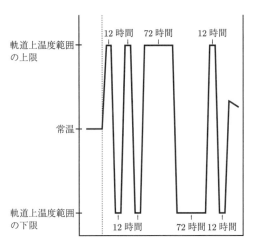

図5.2.19 熱真空試験の温度プロファイル（JERG2-130宇宙機一般試験標準から一部変更して抜粋）

（d）**宇宙空間の模擬** 宇宙空間の熱真空試験環境の特性と，それらをスペースチャンバーが模擬する方法を**表5.2.4**にまとめる．

表5.2.4 スペースチャンバーによる宇宙空間の模擬方法

宇宙空間の特性	模擬方法
冷暗黒	・壁面の冷却 ・壁面の黒色化 ・試験をする宇宙機に対して大きな空間
高真空	・真空排気装置（粗引き排気系，ターボ分子ポンプ，クライオソープションポンプ）による排気 ・シュラウドによる排気
軌道熱入力 （太陽光，アルベド等）	・ソーラーシミュレーター ・赤外加熱ヒーター

しかし，静止軌道における 10^{-11} Pa の圧力や3 Kの極低温を人工衛星をそっくり入れられるほどの大型の装置で実現することは非常に難しい．そこでスペースチャンバーは，宇宙機の熱特性を評価できる範囲で宇宙空間の環境を再現している．

1) 冷暗黒特性の模擬 宇宙空間とスペースチャンバーの冷暗黒特性に関する相違点は大きく二点ある．一点目はスペースチャンバーでは壁面を3 Kまで冷却することができないため，宇宙機からの放熱が実際の宇宙空間よりも小さいこと．二点目は宇宙機に対して無限に大きい空間は用意できないためチャンバー壁面からの熱の反射があることである．したがって，熱真空試験時には実際の宇宙空間と比して，宇宙機の温度上昇があるということになる．例えばJAXAでは一般的な宇宙機向けにはこの温度上昇 ΔT を1%未満（宇宙機の温度を 300 K として $\Delta T < 3$ K）に抑えることを試験成立のための条件としている．ここでシュラウドの温度および宇宙機とシュラウドの面積比が宇宙機の温度上昇にどのように影響を与えるかを，それぞれ**図5.2.20**と**図5.2.21**に示す．これらの結果から，$\Delta T < 1\%$ とするためにスペースチャンバーが満足するべき仕様はシュラウドの温度は 110 K 以下，宇宙機とシュラウドの面積比が 0.28 以下ということがわかる．一般にシュラウドの温度が 100 K 以下であることを試験条件とすることが多い[42),44)]．またシュラウドの面積は変わらないため，チャンバー内に収めることができる宇宙機の表面積が制限を受けることになる．

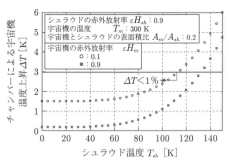

図5.2.20 シュラウド温度が宇宙機の温度上昇に与える影響

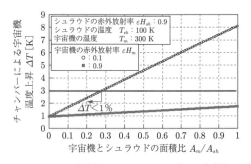

図5.2.21 宇宙機とシュラウドの面積比が宇宙機の温度上昇に与える影響

2) 高真空特性の模擬 宇宙空間の高真空は気体による熱伝導が無視可能で放射が支配的になるという点で宇宙機の熱特性に影響を与える．そこで，熱真空試験時にはチャンバー内圧力を気体による熱伝導が無視できるまで低く設定する必要がある．チャンバー内

圧力と気体による熱伝導／放射による熱伝導の割合の関係を図 5.2.22 に示す．図 5.2.22 によると，チャンバー内圧力が 10^{-3} Pa 以下になれば気体分子による熱伝導の影響を 1% 以下に抑えられることがわかる．以上より，熱真空試験時の条件としてチャンバー内圧力を 10^{-3} Pa 以下とすることが多い[44]．

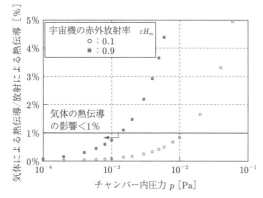

図 5.2.22 チャンバー内圧力と気体／放射による熱伝導の割合

〔3〕 スペースチャンバーを構成しているシステム

ここまで，宇宙機の熱設計や熱真空試験の方法論について述べてきた．ここからはスペースチャンバーの設備について詳しく解説する．

（a） 筑波宇宙センターの大型スペースチャンバー

国立研究開発法人宇宙航空研究開発機構（以下，JAXA）の筑波宇宙センターには 3 基の大型スペースチャンバーがある．ほかにも小型の部品や材料の試験に用いられる小型のチャンバーもあるが，ここでは説明を割愛する．

3 基のスペースチャンバーは真空容器内部のシュラウドの直径によって区別され，それぞれ 6 mφ 放射計スペースチャンバー（以下，6 mφ チャンバー），8 mφ スペースチャンバー（以下，8 mφ チャンバー），13 mφ スペースチャンバー（以下，13 mφ チャンバー）と呼称している（図 5.2.23～図 5.2.25）．これらのスペースチャンバーは試験空間の大きさに違いがあるだけでなく，固有の機能を持っており，試験対象となる供試体の大きさや試験目的によって使い分けられる．固有の機能の一つは，模擬太陽光を発生するソーラーシミュレーターであり，13 mφ チャンバーと 8 mφ チャンバーのみが有している．もう一つの固有の機能として，宇宙機に搭載される光の反射，干渉等を利用する観測装置の光学特性確認試験に対応するための装置があり，6 mφ チャンバーのみが有している．光学特性確認試験では光の入射角を一定にする必要があるため，防振架

図 5.2.23 6 mφ スペースチャンバー

図 5.2.24 8 mφ スペースチャンバー

図 5.2.25 13 mφ スペースチャンバー

台や独立基礎を設けることで真空容器内の防振性能を高めている．各スペースチャンバーの特徴を表 5.2.5 にまとめた．

（b） スペースチャンバーのシステム構成　3 基のスペースチャンバーの中から 13 mφ チャンバーを中心として，そのシステム構成と各サブシステムについて詳細に説明する．13 mφ チャンバーは導入から約 30 年経過しているが，いまでも国内では最大の大きさを誇る．おもに宇宙機システムの試験に使われる設備で過去には WINDS（きずな）[45]，HTV（こうのとり），GCOM-W（しずく），SELENE（かぐや）ASTRO-H[46] 等の試験で活躍してきた．13 mφ スペースチャンバーのシステム構成図を図 5.2.26 に示す．13 mφ チャンバーはサブシステムに分割すると，真空容器系，

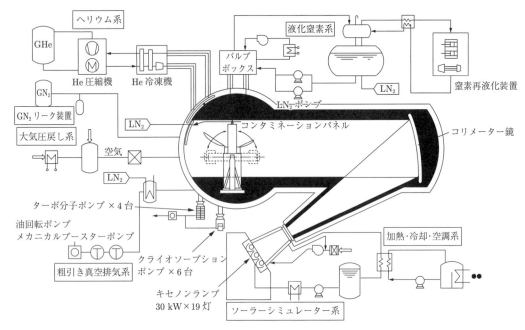

図 5.2.26　13 mφ スペースチャンバーのシステム構成図

表 5.2.5　各スペースチャンバーの特徴

13 mφ	真空容器 (内部寸法)	形状：水平ハンマー型 (※) 13 m (径) × 16 m (長)
	到達圧力/ 排気時間	1.33×10^{-5} Pa/24 時間
	シュラウド 温度	100 K 以下
	ソーラーシミュレーターを備える	
8 mφ	真空容器 (内部寸法)	形状：垂直円筒型 (※) 7.5 m (径) × 19.6 m (長)
	到達圧力/ 排気時間	1.33×10^{-4} Pa/11 時間
	シュラウド 温度	100 K 以下
	ソーラーシミュレーターを備える	
6 mφ	真空容器 (内部寸法)	形状：水平かまぼこ型 (※) 6 m (径) × 8 m (長)
	到達圧力/ 排気時間	1.33×10^{-5} Pa/8 時間
	シュラウド 温度	100 K 以下
	防振機能を備える	

〔注〕※真空容器の形状については〔3〕(b) 1) にて説明する．

真空排気系，極低温系，ソーラーシミュレーター系，赤外加熱系，制御監視系，計測データ処理系から構成される．各サブシステムについて詳細にみていくことにする．

1) **真空容器系**　スペースチャンバーの真空容器は圧力に耐える強度を確保するため，円筒型を採用するのが一般的である．筑波宇宙センターにある 3 基のスペースチャンバーでは 13 mφ チャンバーが円筒を水平に設置した形状を，8 mφ チャンバーが円筒を垂直に設置した形状を採用しており，唯一 6 mφ チャンバーのみ断面がかまぼこ型の真空容器を水平に設置した形状を採用している．

13 mφ チャンバーは人工衛星等の宇宙機を設置する主チャンバーの他に，ソーラーシミュレーターの所定の均一度および平行度を得るための副チャンバーを有し(**図 5.2.27** 参照)，それらが T 字型に結合されている．その結合形状がハンマー型に見えることから水平ハンマー型と呼ばれている．さらに副チャンバーにはソーラーシミュレーターの光路となる円錐状のスパウトが結合されており，ここも真空状態となる．水平容器の外形サイズは主チャンバーが直径 14 m × 長さ 17 m (供試体が入る内部空間は直径 13 m × 長さ 16 m)，副チャンバーが直径 10 × 長さ 20 m の巨大なもので，設置時には輸送上の制約により，多数のブロックに分割して製作され現地にて溶接および据付けがなされた．供試体が入る主チャンバーの前面は搬入のため全面開口となっており，引き戸方式となっている．

なお，6 mφ チャンバーでは開き戸方式が，8 mφ チャンバーでは上下スライド方式が採用されている．

13 mφ チャンバーの真空容器は大型でありながら，副チャンバーやスパウトの結合された複雑な形状をし

5.2 大型真空装置

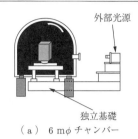

(a) 6 mφ チャンバー

(b) 8 mφ チャンバー

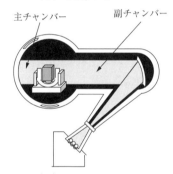

(c) 13 mφ チャンバー

図 5.2.27 各スペースチャンバーの真空容器形状

ているため，設計段階では特に大口径分岐部の変形や応力，座屈強度が重要な課題となった．そのため，真空容器の形状を決定する過程では有限要素法による変型量や応力の把握，縮尺モデルによる座屈試験が行われた[47]．

2) 真空排気系 13 mφ チャンバーの真空容器の容積は約 5030 m³ であり，真空排気系は粗引き排気系と高真空排気系で構成されている．真空排気系の設計にあたり設定した．定常状態での 13 mφ チャンバー自体の放出ガスと供試体からの放出ガス量を表 5.2.6 に示す．

上記放出ガス量を考慮した上で，1.33×10^{-5} Pa という到達圧力を達成できるよう装置が選定された．また 1 台のポンプが故障した場合でも試験を継続できるように，それぞれ複数のポンプを使用する構成となっている．

表 5.2.6 放出ガス量の設定

放出ガス種	ガス放出速度
窒素，酸素，二酸化炭素	67 Pa·L/s
水	2670 Pa·L/s
水素，ヘリウム，ネオン	0.13 Pa·L/s

粗引き排気系は油回転ポンプ 4 基，1 段メカニカルブースター 2 基，2 段メカニカルブースター 2 基から成り，2 系統で構成されている．そのため 1 系統が異常停止しても残った系統で運転を継続可能である．粗引き排気系は大気圧から 1.33 Pa 程度までの排気を 6 時間程度で行う能力を有している．

高真空排気系は 1.33 Pa から 1.33×10^{-5} Pa 以下までの排気を担う系統である．ターボ分子ポンプ 4 基，主クライオポンプ 2 基，副クライオソープションポンプ 6 基，ホールディングポンプ 2 基で構成される．ターボ分子ポンプは 1 基当り 5000 L/s の排気速度を有し，チャンバーを高真空領域に導入する役割を担う．主クライオポンプは 13 mφ チャンバーを構成するポンプの中でも最大となる 1 700 000 L/s の排気速度を有する（2 系統の合計）．主クライオポンプはシュラウド内に設置されたクライオパネルにタービン式ヘリウム冷凍機で 20 K に冷却したヘリウムガスを流す装置である．パネル表面の極低温面に容器内の残留ガスを吸着することでクライオポンプとして機能させている．副クライオソープションポンプは冷凍機直結型のクライオポンプであり，排気速度が 28 000 L/s のポンプを 6 基備えている．また，極低温系（後述）を構成するシュラウドも 100 K に冷却された状態で大容量のクライオパネルとして機能し水に対する排気速度は 2×10^8 L/s になる．

真空排気系を構成する各真空ポンプの排気速度を表 5.2.7 にまとめる[48]．

表 5.2.7 各ポンプの排気速度

ポンプ種類	排気速度（1 基当り）	数量
油回転ポンプ	1800 m³/h	4 基
1 段メカニカルブースターポンプ	12 000 m³/h（6650 Pa で起動）	2 基
2 段メカニカルブースターポンプ	6000 m³/h（10 640 Pa で起動）	2 基
ターボ分子ポンプ	5000 L/s（窒素に対して）	4 基
副クライオソープションポンプ	28 000 L/s（窒素に対して）	6 基
主クライオポンプ	850 000 L/s（窒素に対して）	2 基

3) 極低温系 13 mφ チャンバーの極低温系は，シュラウドやコンタミネーションパネルに冷却用の液

体窒素を供給する窒素系とクライオパネルを冷却する
ヘリウム系で構成される.

真空容器の内壁はアルミフィンチューブ（材質は
A6063S-T5）を接合したシュラウドに覆われている.
アルミフィンチューブ内に液体窒素を流すことによって,
シュラウドを 100 K 以下に冷却し, 宇宙空間の冷暗黒環
境を模擬している. 液化窒素は容量 100 000 L の貯槽 2
基に蓄えられており, その液化窒素を容量 32 000 L/h
の液化窒素ポンプ 3 基により圧送している.

また, シュラウド表面は宇宙空間のヒートシンクを
模擬するため, 太陽光に対する吸収率と赤外放射率が
大きいウレタン系の黒色塗料で塗布している.

コンタミネーションパネルはシュラウドや宇宙機に
放出気体が吸着し汚染されることを防ぐ目的でチャン
バー底部に設置されている. そのため, コンタミネー
ションパネルはシュラウド冷却前からチャンバーへの
大気導入直前まで冷却される.

ヘリウム系は主クライオポンプの冷却に用いられ,
1 350 m³/h のスクリュー型圧縮機と 20 K において
660 W の冷凍能力を有する膨張タービン型冷凍機, ヘ
リウムの純度を維持するヘリウム精製器, 熱交換器から
構成されるクローズドサイクルの冷凍システムである.

シュラウドの設計にあたっては冷却および加温時に
おける温度の均一化, 大型特殊構造物の応力解析, 黒
色塗料の選定等が課題となった. シェラウドは 45 ブ
ロックに分割し工場内で制作され, 各ブロックはヘリ
ウムリーク試験, 液体窒素冷却試験を実施した. その
後, 輸送可能なサイズに分割切断され, 現地で再組立
てを実施した.

4）ソーラーシミュレーター系　　軌道上で宇宙機
が受ける外部熱入力を再現する方法には, 太陽光を直
接模擬するソーラーシミュレーターを使う方法と, 軌
道上で宇宙機が吸収する熱量を解析的に求め, それと
等価な熱量を赤外線により与える方法がある. ここで
は, そのうちソーラーシミュレーターについて述べる.

ソーラーシミュレーター系の光源には太陽光と分光
特性が近いキセノンランプが使用される. 13 mφ チャ
ンバーは 1 灯が 30 kW 入力のキセノンランプを 19 灯
備えており, 最大照射強度は 1.82 kW/m², 有効光束
径は 6 m である. 地球周回軌道上で宇宙機が太陽から
受ける熱入力は平均 1.4 kW/m² であるため, その約
1.3 倍の照射強度まで再現することができる.

強度が均一かつ平行である太陽光を再現するため,
光路上に複数のレンズおよびミラーを設けて光を調整
している.

ソーラー光を均一にする役割はミキサーレンズが担
う. ミキサーレンズはフィールズレンズとプロジェク

ションレンズから構成される 2 層構造をとり, 各層は
それぞれ屈折率の異なる 55 枚の小径レンズから成る.

ソーラー光を平行にする役割は副チャンバー内に設
置されたコリメーター鏡が担う. コリメーター鏡はカー
ボンコンポジットの架台に支持された 163 枚の正六角
形のセグメント鏡から構成された, 有効径 7 600 mm
の球面鏡である. 真空極低温運転時にはコリメーター
鏡は変形するが, 変形を考慮に入れた上で性能要求を
満たせるように設計がされた.

また光学的な機能は有さないが光路の真空側と大気
圧側を隔てる機能を担う直径 1 080 mm, 厚さ 81 mm
の合成石英製の円形ガラス板が窓レンズであり, スパ
ウトのキセノンランプ側の端部に設置されている.

13 mφ チャンバーは大型であり光路長が長いので,
窓レンズやコリメーター鏡の取付け部には光学性能を
満足するために, 高い形状精度が要求された.

また, 光源であるキセノンランプの冷却およびソー
ラーシミュレーターの光学特性が光源による入熱やシュ
ラウドによる冷却により有意な影響を受けないように,
水冷系統, 空冷系統, ヒーター温調機能なども備えて
いる.

5）計測系　　スペースチャンバーの計測系には温
度計測系と圧力計測系がある. ここでは圧力計測系に
ついて述べる.

スペースチャンバーにおける圧力計測の目的は二点あ
り, チャンバー内圧力の把握と残留ガス分析（residual
gas analysis, RGA）である. チャンバー内圧力の測
定に使用する真空計は大気圧から高真空まで途切れる
ことなく計測できる構成であることと, 冗長性を持た
せるために各圧力領域を異なる方式の 2 台の真空計で
カバーすることを考慮し決定された. 13 m φ チャン
バーではブルドン管真空計, 隔膜真空計, ピラニ真空
計, ペニング真空計, B-A 真空計, ヌード真空計等を
圧力領域に応じて使い分けている.

残留ガス分析は真空排気後にチャンバー内に微量に
残る気体の種類を特定するために, 各気体の分圧を測
定することである. 運転中はつねにガスクロマトグラ
フ質量分析計により残留ガスの分圧が測定されている.
そのため, チャンバー内圧力の上昇があった場合には,
質量分析結果から圧力上昇の原因となった気体の種類
が特定できるため, 原因を推測する一助となる.

（c）スペースチャンバーの運転　　13 m φ チャン
バーの排気過程と大気圧戻し過程における一般的な運
転プロファイルを**図 5.2.28** と**図 5.2.29** に示す. この
プロファイルに沿ってスペースチャンバー運転のプロ
セスを説明する.

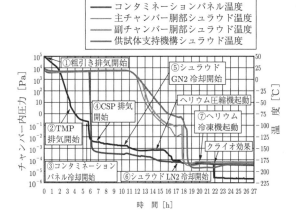

図 5.2.28 真空排気時の運転プロファイル

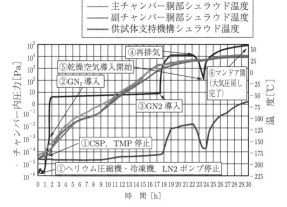

図 5.2.29 大気圧戻し時の運転プロファイル

1) 排気過程
① 機器の最終チェック終了後,粗引き排気を開始する.
② 排気開始から3～4時間程度で8.0 Pa程度に到達し,ターボ分子ポンプ(TMP)排気に切り替えて排気を継続する.
③ 排気開始から5～6時間後に,チャンバー内の汚染を防止するため,コンタミネーションパネルに液体窒素を流し冷却を開始する.この作業に伴いチャンバー内圧力は急激に低下する.
④ 排気開始から7～8時間後に圧力が6.6×10^{-3} Pa付近に達したところでクライオソープションポンプ(CSP)による排気を開始する.
⑤ 排気開始から10～11時間後にシュラウドに気体窒素を流し冷却する.シュラウドは約 −80℃ま

で冷却されて,チャンバー内圧力は1.3×10^{-3} Pa程度まで低下する.
⑥ 排気開始から17～18時間後にシュラウドへの液体窒素供給を開始し,さらに冷却する.ここまでで,熱真空試験実施の条件である,圧力1.3×10^{-3} Pa以下,シュラウド温度100 K以下が達成される.
⑦ ヘリウム冷凍機を起動し,クライオポンプの冷却を開始する.気体分子の凝縮により急激に圧力が低下し,1.0×10^{-5} Pa以下で安定する.
⑧ 各試験条件により試験を開始する.排気開始から約24時間で試験開始の条件が整う.

2) 大気圧戻し過程
① 排気装置停止によりチャンバー内圧力が上昇し始める.
② チャンバー内圧力が放電注意範囲に滞留する時間を短縮するため,チャンバー内へ気体窒素を導入することにより放電注意範囲の上限付近までチャンバー内圧力を急上昇させる.
③ 宇宙機を設置している台車等の冷却された部分の昇温を早めるため気体窒素を用いて1.3×10^{4} Pa程度まで圧力を上げる.
④ 温度が上昇してきたところで,チャンバー開放後の酸欠防止のため,1.0×10^{2} Pa程度まで再排気する.
⑤ 大気導入時の結露防止のため,チャンバー内機器の各部分の温度が露点以上に達したことを確認し大気導入を行う.
⑥ 大気圧戻しは30時間程度で完了し,搬入扉を開放できる状態となる.

〔4〕 熱真空試験中のリスク低減

熱真空試験は宇宙機の開発にとって必要不可欠なものであるが,実施方法を誤ると宇宙機が軌道上で遭遇する環境よりも過酷な条件を与えてしまい破損させるというリスクがある[44].それらのリスクのうち,真空に係るものの防止策について解説する.

(a) コンタミネーションの防止　コンタミネーションとは宇宙機表面への汚染のことであり,これは分子状コンタミネーションと粒子状コンタミネーションに分類できる.

1) 分子状コンタミネーションの防止　分子状コンタミネーションとは,表面への分子の堆積による汚染をいい,形状が規定できないガスまたは液体のような皮膜状の異物によるもので,真空中にて機器から放出された気体から生じるものが多く,潤滑剤,曝露された有機材料や人の脂等が起源である.宇宙機自体,試験ジグ,作業者,時にはチャンバー自体も汚染源となる.過去にはチャンバーのシュラウド塗装に使われて

いる黒色塗料が汚染源となった例もある．宇宙機に搭載される光学センサー等の高精度化に伴い，その性能を低下させる分子状コンタミネーションの防止は熱真空試験時の重要な課題として認識されている．分子状コンタミネーションは低温面に吸着されるため，チャンバー排気過程の早い段階から大気圧戻し完了までコンタミネーションパネルを液体窒素で冷却し，つねに周囲の温度に対し低く維持することで宇宙機への分子状コンタミネーション付着を抑制している．

分子状コンタミネーション把握のための計測方法には質量法と QCM（quartz crystal microbalance，水晶微量天びん）法がある．質量法は，熱真空試験中に，蓄積された汚染量を把握するために用いる．具体的には，試験直前にチャンバー内に NVR（不揮発性残渣）を捕集するための金属製のプレートを設置しておき，試験終了後に天びんにより質量測定，フーリエ変換赤外分光分析（FT-IR）やガスクロマトグラフ質量分析により成分同定を行うものである．QCM 法は，熱真空試験中にリアルタイムで表面の汚染量を把握することが可能で，計測には TQCM（temperature controlled quartz crystal microbalance，温度制御型水晶微量天びん）を用いる．TQCM は共振するクリスタル表面に物質が付着すると共振周波数が変化することを利用したセンサーである．

2）粒子状コンタミネーションの防止 粒子状コンタミネーションは表面上の粒子の堆積による汚染で，空気中のほこり，人の毛髪やコーティングの小片等が起源である．13 mφ チャンバーを例にすると，チャンバーは ISO クラス 8 のクリーンルーム内に設置されているが，管理値に応じた粒子状汚染物が存在することは避けられず，その微粒子が宇宙機表面に堆積することによって粒子状コンタミネーションが発生する．

粒子状コンタミネーションの把握はウィットネスプレート（Si ウェーハ）を設置することで行われ，試験中に採取した粒子はパーティクルカウンターにより，粒径ごとに計数し，基準値内であり急激な上昇など異常なトレンドにないことなどを確認している．

（b）放電の防止 宇宙機は多数の電子機器を搭載しているため，宇宙空間や熱真空試験中の真空環境下での放電に注意する必要がある．軌道上の高真空環境で発生し得る放電については，設計上，配慮されているため熱真空試験中にも特別な対策は必要ない．しかし，熱真空試験の真空排気時と大気圧戻し時に通過する 10^{-3}～10^4 Pa 程度で発生する気中放電については，本来軌道上で遭遇する環境ではないため，設計上も想定されていないことが多く，特別な対策が必要である．具体的には，放電注意圧力領域を通過する際に放電のリスクがある電子機器に通電しない，大気圧戻し時にはその圧力領域を速やかに通過させるため真空容器内に気体窒素を導入する等の対策をとっている．

放電注意圧力領域の判断にはチャンバー内壁に取り付けられた真空計を用いる．しかし，チャンバー内でも場所により圧力差があるため，放電のリスクがある電子機器近傍に真空計を追加するなど配慮が必要な場合がある．

また，宇宙機内外の圧力差についても考慮する必要がある．放電に注意が必要な機器は，通常宇宙機の内部に搭載されるが，宇宙機内部には配線被覆や接着剤等，気体を発生しやすい部材が多く使われている．さらに宇宙機自体は MLI に覆われているため，宇宙機内部から外部への気体流路は狭い．そのため，宇宙機内部は外部と比較して圧力が高くなる傾向にある．JAXA では宇宙機の内部や外部の近傍に真空計を設置し，複数の宇宙機で試験中の圧力測定を実施したが，宇宙機内部の圧力はチャンバー内圧力と比較して 2～3 桁高い値を示すという結果も得られている[49]．

大型真空システム内で複雑な形状をした宇宙機の試験を実施するにあたり，宇宙機内部や近傍に圧力が高い領域が生じるのは避けられないため，実測による宇宙機近傍での圧力把握は重要である．

〔5〕国内外におけるスペースチャンバー整備の動向
国内の大型スペースチャンバーは 1975 年に宇宙開発事業団（現，JAXA）筑波宇宙センター内に 8 mφ チャンバーが建造されたのを皮切りに，1989 年に 13 mφ チャンバー，1998 年に 6 mφ チャンバーが整備された．宇宙機メーカーが試験をする際には JAXA のスペースチャンバーを利用することが通例であった．しかし，近年では国内宇宙機メーカーも独自の大型スペースチャンバーを整備するようになり，日本国内における大型スペースチャンバーの数は増加している[50]．これらのメーカー設備には高度な設計検証に必要となるソーラーシミュレーターは備えていないが，温調した気体窒素をシュラウド内に強制循環させることで，温度調節をする機能を有するものがある．シュラウド自体を用いて外部熱入力を模擬する方法は IR シュラウド法と呼ばれ，商用衛星等の設計がある程度固まっている宇宙機を効率的に試験するためには適した方法である．

また，海外においてもアメリカ航空宇宙局（NASA）やヨーロッパ宇宙機関（ESA）等の宇宙機関や宇宙機メーカーに多数の大型スペースチャンバーが設置されている．

それらの中から特徴的な設備をいくつか紹介する．NASA の Glenn Research Center（GRC）に設置さ

れた Space Power Facility（SPF）という施設には直径 30.5 m，高さ 37.2 m の巨大な真空容器を 10^{-4} Pa の圧力にすることができるスペースチャンバーがあり，その広大な空間を利用してソーラーセイル宇宙機の真空中でのセイル展開試験や火星着陸機のエアバッグ性能試験等が行われている[51]〜[53]．つぎに NASA の Goddard Space Flight Center（GSFC）や Johnson Space Center（JSC）にあるスペースチャンバーは 20 K に冷却した気体ヘリウムを循環させることができるヘリウムシュラウドを備えており，液体窒素の循環により 100 K に冷却するチャンバーよりも高精度の宇宙環境模擬が可能となっている[54],[55]．

ヨーロッパにおける代表的な設備は ESA の European Space Research and Technology Centre（ESTEC）にある Large Space Simulator（LSS）やドイツの iABG 社にあるスペースチャンバー[56]である．特に LSS はヨーロッパ最大のスペースチャンバーであり，真空容器のサイズは直径 10 m，高さ 15 m ある．このチャンバーのソーラーシミュレーターは，ソーラー光をミラーで集光することで，地球周辺軌道上の約 10 倍以上となる強烈な太陽光を再現できる機能を有しており，水星等の内惑星へ飛行する宇宙機の環境試験に用いられる[57],[58]．

さらに近年では宇宙新興国でも大型スペースチャンバーを整備する国が増えてきており，世界的に見ても大型スペースチャンバーの数は増加傾向にある[59]．

5.2.4 核融合装置

〔1〕 核融合装置とは

人類が目指している核融合発電は，重水素と三重水素（トリチウム）の原子核が融合したときに発生するエネルギーを利用するものである．この核融合反応が，他の原子核の組合せによる核融合反応に比べて，最も容易に実現できる．重水素と三重水素が融合すると，ヘリウムの原子核と高速の中性子が発生する．発電は，おもに，この高速の中性子の運動エネルギーを熱エネルギーに変えることによって行う．核融合反応前の重水素と三重水素の原子核の質量と，反応後のヘリウム原子核と中性子の質量を比較すると，反応の後の方が軽くなっており，軽くなった質量分が，アインシュタインの式 $E = mc^2$ に従って，エネルギーに変換される．

核融合反応を起こすには，近付けると電気的な反発力が生じる重水素の原子核と三重水素の原子核を，反発力に打ち勝つ速い速度で衝突させる必要がある．原子核を高速にすることは，高温にすることで，核融合研究は，高温高密度のプラズマをいかに生成するかという問題に帰着する．核融合が起こる条件，すなわち，

核融合条件として求められている温度は 10 keV 以上で，ほかに，10^{20} m^{-3} 以上の密度と 1 秒以上の閉込め時間を，温度の条件と同時に成立させることが求められている．

高温高密度のプラズマを生成する方式は，磁場を使うものと，慣性核融合と呼ばれるレーザーを用いるものの二つに大きく分けられる．現時点では，磁場閉込めに必要な真空容器の方が，慣性核融合の真空容器に比べて，複雑で精巧であるため，ここでは磁場閉込めに必要な真空・真空容器について解説する．磁場があると，プラズマを構成する原子核，すなわち，イオンと，電子は磁力線の周りをサイクロトロン運動により回転することが知られている．この性質を利用して，1 本の磁力線で端のない磁力線の円を作ると，イオンと電子は磁力線の周りを回転しながら，円に沿って運動し続けるため，真空容器を円から離してドーナツ状（トーラス状）に作れば，プラズマを真空容器から離して保持することができる．1 本の磁力線の円では体積がなく，核融合条件で求められている密度を達成できないため，トーラス状の円環磁場がプラズマを閉じ込める磁場として使用される．

プラズマを閉じ込めるには，実際には，単純なトーラス磁場をひねる（回転変換を与える）必要がある．単純なトーラス磁場を作ると，当然，曲率半径方向に磁場の値が変わるため，サイクロトロン運動しているイオンあるいは電子は，曲率半径方向の位置によって回転の半径が変わり，トーラスの上下方向にドリフト運動を始める．イオンと電子では，回転方向が逆のため，イオンと電子は反対方向にドリフトし，ドーナツ状に生成したプラズマの上下の表面で荷電分離を起こす．この荷電分離によって生じた電界によって，プラズマは $E \times B$ ドリフト運動を起こし，トーラスの曲率半径方向に飛散して，トーラス磁場に閉じ込められないことになる．回転変換を与えると，荷電分離した電荷が，磁力線に沿ってつながることによって中和され，プラズマが閉じ込められる．

回転変換の与え方には 2 通りあり，一つは磁場を作るための電磁石を初めからひねっておく方式，もう一つは，単純なトーラス磁場中にプラズマを生成し，プラズマに電流を流して，この電流で発生する磁場を使ってひねる方式である．前者は，ヘリカル方式と呼ばれ，例えば，大学共同利用機関法人自然科学研究機構核融合科学研究所が保有する大型ヘリカル装置（LHD）が採用している[60]．図5.2.30 にこれを示す．LHD のプラズマの主半径は約 4 m で，平均小半径は約 0.6 m である．LHD のヘリカル方式は，ヘリオトロン方式と呼ばれる日本で提案された独創的な方式である．ヘリ

図 5.2.30　大型ヘリカル装置（LHD）

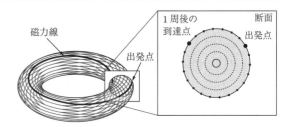

図 5.2.31　磁力線と回転変換

カル方式の特徴は，プラズマ閉込めに必要なすべての磁場を電磁石で生成することから，プラズマを1年でも定常的に生成保持できることで，保守期間以外はつねに稼動していなければならない発電所に適している．もう一つの方式は，トカマク方式と呼ばれ，旧ソ連で開発されたもので，量子科学技術研究開発機構が建設中のJT60-SAや，日本，アメリカ，EU，ロシア，中国，韓国，インドの7極がフランスに建設中の国際熱核融合実験炉（ITER）が採用している．ITERは，人類がこれまで実現したことのない重水素と三重水素の400秒程度の核燃焼実験などを目指しており，核燃焼実験では500 MWの熱を出す予定になっている．この方式は，原理的にトランスを利用してプラズマ中に電流を流すため，運転は，パルス運転となる．JT60-SAは，中性ビーム入射装置と呼ばれるプラズマを加熱する装置を用いて，プラズマ電流を定常的に保持できることを実証し，トカマク方式による定常核融合発電炉への道を開くことを目指している．トカマク方式の特徴は，装置がヘリカル方式より簡単なことと，短時間であれば，高温高密度プラズマを容易に生成できることで，すでに核融合条件を等価的に満たすプラズマの生成に成功している．核融合装置の種類として，現在は，上述のトカマク方式とヘリカル方式に，慣性核融合方式を加えた三つを挙げることが一般的である．過去，種々の核融合方式が提案されてきたが，核融合条件を達成する見通しが得られなかったことから，この3種類以外は，いまはあまり言及されない．

これらの磁場閉込め方式に特有な問題の一つは，以下に説明する閉じた磁気面と呼ばれる磁場配位が形成されるような，精度の高い磁場を生成しなければならないことである．図5.2.31に示したように，トーラスのある断面上の1点から出発した磁力線が，トーラスを1周して元の断面に戻ってくると，回転変換のため，出発点とは異なる点に戻ることになる．したがって，磁力線が無限回トーラス方向に周回すると，トーラスの断面上には，無数に打たれた点が描かれる．この無数の点が断面上で線となり，閉じた磁気面と呼ばれる，円あるいは楕円を描くような磁場配位を形成することができる．LHDの断面図と断面上の磁気面（計算）を図5.2.32に示す．図5.2.32には，閉じた磁気面が中心から同心楕円状にいくつか代表して描かれているが，実際には，無数に存在している．また，破線となっているものがあるが，これは，磁力線を無限回，周回させないで描いたためである．魚の尾っぽのような形状の，太い線状に描かれた一番外側の部分は，閉じた磁気面領域の外側に存在するエルゴディック層（領域）と呼ばれる，開いた磁力線領域である．閉じた一つの磁気面は，トーラス全体としては，自転車のタイヤのゴムチューブ状になっている．このような磁場配位では，イオンあるいは電子は，トーラス方向に周回しながら，原理上，閉じた磁気面上に，サイクロトロン運動の回転中心が無限に止まることになる．したがって，トーラス状の磁場閉込め装置では，閉じた磁気面が形成されるように精度良く，ヘリカル巻線などを製作する必要がある．ヘリカル巻線の設置精度などが悪いと，閉じた磁気面が形成されず，粒子の閉込めが悪くなって，高温高密度のプラズマを生成保持できない．このため，装置の設計にあたっては，極力，閉

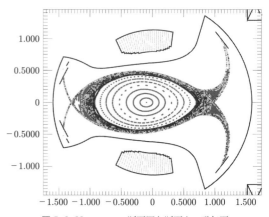

図 5.2.32　LHDの断面図と断面上の磁気面

じた磁気面の形成を阻害する不正磁場を発生させないようにすること，また，不正磁場が発生した場合に備えて，不正磁場を打ち消す仕組みを準備しておくことなどが求められる．

本項では，燃料ガスとして水素を用いる大型の核融合実験装置についておもに記述し，現在実現されていない，重水素と三重水素を用いる核融合発電炉などについては，設計・製作時に注意すべき事項などを述べるにとどめる．また，解説は，LHDの実績を論拠として行う．

〔2〕 大型核融合実験装置の排気速度とパルス運転

真空容器の真空排気系の設計にあたって，重要なことは，超伝導装置では実験に必要な磁場がつねに励磁されており，プラズマをつける間隔，いわゆる，ショット間隔は，プラズマが消えた後にプラズマ生成に使われたガスが排気される時間で制限されるということである．このため，排気速度が大きい方が，ショット間隔を短くできる．プラズマが消えた瞬間，高温のイオンが，プラズマの周辺部から中心部に向かう中性粒子との電荷交換や，再結合などにより，大量の高速中性粒子となり，第1壁あるいは保護版をたたくため，これらから不純物がたたき出される．このため，プラズマ生成に使用されたガスは，不純物を避けるため，生成後，排気して再利用しない．

銅線を使った常伝導装置にすると，磁場を励磁するために大電流の大電力が定常的に必要となることから，一般には，磁場をパルス的に運転して，平均の電力量と設備規模を減らす工夫がなされている．この場合，電磁石の冷却能力をあまり大きくできないことから，ショット間隔は，通常，電磁石の冷却時間で制限され，従来の大型核融合実験装置のショット間隔は最短で15～30分程度である．したがって，15～30分の長い排気時間をとれることから，排気速度は小さくてもよいと考えられていたのか，真空容器の真空排気系の排気速度は比較的小さい装置が多い．さらに，プラズマが消えるときに発生する大量の高速中性粒子が，壁をたたき，付着する，あるいは壁の中に入り込むことから，プラズマが消えた後の排気時間は，壁の中の物理量，例えば，粒子の拡散速度などで決定されるとされ，排気速度を大きくしてもショット間隔は短くできないという神話が作られていた．

しかし，排気速度を大きくすれば実際には比較的短い時間で，壁のかなりの中性粒子を排気することができる．このため，LHDでは，後で述べるように，3分間隔でプラズマが生成されている．先に，LHDのようなヘリカル方式は，定常運転が可能と述べたが，核融合反応が起きてエネルギーが発生する前の段階の実験では，加熱して高温高密度のプラズマを生成するため，加熱に大電力が必要である．このため，実験を定常運転で行うと，大電力量とこれに対応する大規模冷却設備，また，高温に長時間耐えられるプラズマ加熱機器が不可欠となる．したがって，核融合反応が起きる前段階の実験では，コストを抑えるため，通常，パルス運転が行われている．けっきょく，大型核融合実験装置の高温高密度プラズマ生成実験は，現段階ではパルス運転で行われている．

〔3〕 大型核融合実験装置の真空容器および排気系の設計

最近の大型核融合実験装置は，LHDのように，電磁石として超伝導を利用したものが多い．将来の核融合発電炉も，超伝導電磁石を使用するものが想定されている．超伝導の場合，外部からの熱の侵入を防ぐため，超伝導電磁石を真空中に設置する必要がある．この場合，大型核融合実験装置は，プラズマを生成するための真空容器と，その外側に置かれた超伝導電磁石も包み込んで真空にする断熱真空容器の2種類の真空容器を具備しなければならない．図5.2.33に，内部がわかるように一部を切り取ったLHDの鳥瞰図と，LHDを赤道面で輪切りにした概略図を示す．ここでは，材料などについて説明した後，まず，プラズマ用の真空容器について述べ，つぎに，断熱真空容器に言及する．

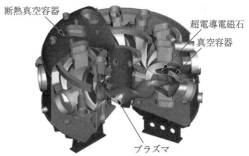

（a） 一部切り取った鳥瞰図

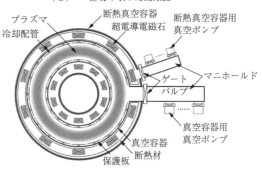

（b） 赤道面で輪切りにした概略図

図5.2.33 大型ヘリカル装置（LHD）

真空容器，断熱真空容器とも，容器の材質は，ガス放出量の少ないもの，磁場配位の近傍で使われることから不正磁場を発生しないもの，必要な強度のあるものでなければならない．どの程度の真空が必要か，また，どの程度の不正磁場まで許されるかなど，許容範囲を算出してから，材質などを決定する必要があるが，一般には，容器材料としてステンレス鋼が使われる．一般に，ステンレス鋼は，曲げる，溶接するなどの加工を行うと，磁化するようになる．ステンレス鋼の SUS316 は，SUS304 に比べて，磁化しにくいことから，精緻な磁場配位を必要とする装置に適している．LHD の場合，高精度の磁場配位を実現するため，SUS316LHD という，SUS316 よりも磁化しにくいステンレス鋼を特注し，真空容器と断熱真空容器に使用している．SUS316LHD の場合，加工後の磁化でも，小さな磁石を磁気力で引き付けることがない程度まで，小さいことが確かめられている．

真空容器の内部には，プラズマからの輻射熱を除去する，また，真空容器内に置かれた配管・配線などをプラズマから保護する目的で，第 1 壁あるいは保護板などが設置されている．この場合，プラズマが消えるときに発生する大量の高速中性粒子，あるいは，一般的には，閉込め領域から逸脱したプラズマが，第 1 壁あるいは保護板に当たることから，これらの材質は，スパッタリングの少ないものでなければならない．このため，通常，ステンレス鋼やカーボンが用いられる．熱除去の目的に，ステンレス鋼は適していないが，矛盾するこれらの要求を満たすため，プラズマ側がステンレス鋼で，冷却配管などの側が銅となるように張り合わされたクラッド材などが用いられる．銅の機器を，第 1 壁や保護板のプラズマと反対側で使用することは問題ない．しかし，ガス放出量の多い材質のものは，プラズマを見込まない位置でも使用すべきではない．プラズマを見込む位置では，タングステンやモリブデンなどの高融点材料を使用することができる．プラズマを受け止める板には，冷却の観点から熱伝導に優れているカーボンや，加えて高融点のタングステンが適している．真空容器内の配線材としては，外部導体が銅継目無管となっているセミリジッド同軸ケーブルタイプのものが適している．

カーボンを第 1 壁あるいは保護板などの目的で，真空容器内に大量に設置する場合，ガスの出入りに注意する必要がある．カーボンに吸着されたガスは，真空に引かれた程度では簡単に脱離しない．このため，実験中に，高速中性粒子やプラズマでカーボンがたたかれると，吸着していた大量のガスが脱離し，真空容器内に放出される．これにより，圧力と不純物の制御が困難となる．このことは，後で，LHD のデータを示して説明する．これを避けるためには，カーボンを 300℃ 程度まで，ベーキングする必要があり，対応する設備が求められる．300℃ のベーキングが，真空容器の構造などにより，実現困難な場合には，真空容器内のカーボンの量を制限して，先に述べたクラッド材を使用するなどの工夫が必要である．しかし，この場合でも，大気開放後に高真空を素早く得るためには，100℃ 程度までベーキングを行える設備を用意しておく必要がある．LHD の場合，真空容器のベーキングは，真空容器の冷却配管を利用して，冷却水の代わりに最高で 95℃ のお湯を流すことによって行っている．

ポート部の真空シール法は，ポートの大きさに依存する．コンフラット（CF）規格の小型の円形フランジ間の真空シールは，通常，銅ガスケットで行う．円形でも，LHD で使用しているような，直径が 2 m もあるものや，同じ程度の大きさの円形でないフランジは，薄いリップを立てて溶接でシールする方法の方が確実である．リップ方式でないと，特に，ベーキング後にリークが発生しやすい．リップの先端を溶接することで，リップの立て方にもよるが，5～6 回は，同じリップを使ってフランジの脱着が可能である．フランジは，溶接したリップの先端をグラインダーで削って，ボルトとナットで固定したポートから外す．これらの中間の大きさのポートとフランジ間の真空シールは，メタル中空オーリングが適している．このメタル中空オーリングは，特注ではあるが，大きさと形状を自在に選ぶことができる．

真空容器の真空排気系は，大気から引くための粗引き用ドライ真空ポンプ（あるいは油回転ポンプ），粗引きに続いてルーツ型真空ポンプ（メカニカルブースターポンプ），さらに高真空用のターボ分子ポンプとクライオポンプで構成するのが一般的である．真空容器用真空排気系の構成（系統）を**図 5.2.34** に示す．何があってもつねに真空容器の真空を保てるよう，また，故障が起きても，全体を止めることなく修理ができるよう，排気を 2 系統以上でできるようにし，このために適切な位置にバルブや配管を配置している．ルーツ型真空ポンプとターボ分子ポンプには，背圧を大気圧から引けるドライ真空ポンプが補助ポンプとして必要であり，クライオポンプにも，再生にやはりドライ真空ポンプが必要である．また，LHD では，排気速度の大きいターボ分子ポンプの背圧をルーツ型真空ポンプで排気している．図 5.2.34 で，上の方に横に真っすぐ引かれた線は，ゲートバルブを介して真空容器に接続された，直径が最大約 2 m で長さが約 10 m のマニホールドを表している．ターボ分子ポンプとクライオポン

5.2 大型真空装置

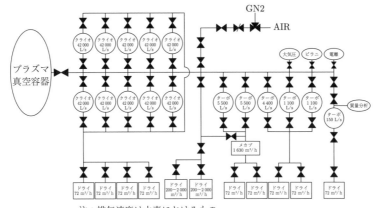

注：排気速度は水素におけるもの

図 5.2.34 真空容器用真空排気系の構成（系統）

プの排気速度は，総計で約 438 m³/s で，実測した排気速度は，マニホールドの先端の位置で，約 110 m³/s となっている．排気速度は，真空容器の体積，排気時間，予想されるガス放出量，実験条件を考慮して決定される．この系統では，排気速度の小さいターボ分子ポンプも使用しているが，これは壁のコンディショニングを行うためのグロー放電用である．真空容器に導入するガスの流量によるが，通常は，1.1 m³/s のターボ分子ポンプ 2 台を用いて，ガス圧が 1 Pa 程度でグロー放電を行っている．LHD は，図 5.2.34 に示した真空排気系のクライオポンプ部分と同じものを，もう 1 系統保有しており，フル排気を行った場合，真空容器の到達圧力は，10^{-6} Pa を少し下回る程度となる．

断熱真空容器に要求される圧力は，10^{-2} Pa 程度以下である．このため，ポートの真空シールは，バイトンで十分である．ただし，断熱真空は絶対に守られなくてはならないため，フランジには，ガラス製の窓など，ガラス系の構造材を用いた真空部品は使うべきではない．断熱真空が悪くなると，侵入した熱で冷却物が不均一な温度分布となり，ひずみが発生して，装置の破壊や精度の大幅な劣化が起こるおそれがある．断熱真空容器の内部には，真空容器と断熱真空容器が室温のため，真空容器の外壁と断熱真空容器の内壁を覆う，大量の断熱材が設置されている．断熱材は，面積が大きくなるため，極力ガス放出量の少ないものを選ぶ必要がある．LHD の場合，アルミ蒸着ポリエステルシートを 15 枚重ねたものを断熱材に用いており，その総表面積は，30 000 m² を超えている．しかし，ガス放出量は，重ねられた断熱シート間のコンダクタンスが悪いため，断熱シートの全表面から単純にガスが放出されるとして計算する必要はない．LHD では，重ねた断熱シートのガス放出率を計測して，ガス放出量を推測し，排気系を設計・製作している[61]．この実験で，重ねた断熱シートのガス放出率は，総表面積を使うと，報告されているガス放出率に比べて 1 桁低い値となっている[61]．いずれ，設計に際しては，実験して確認する必要がある．LHD の場合，真空容器の内壁表面積は約 470 m² で，内部に設置してある保護板の総表面積はこの 2 倍程度である．また，断熱真空容器で，ガスを放出する表面として考慮すべき総面積は，重ねた断熱シートの表と裏だけを考慮すると約 2 500 m² である．

断熱真空容器の真空排気系の構成は，基本的には，真空容器の真空排気系のものと同じである．断熱真空容器用真空排気系の構成を図 5.2.35 に示す．コンディショニングなどのための運転を行う必要がないため，簡潔で，排気速度も小さいことがわかる．ポンプの排気速度の決め方も，実験条件を考慮する必要がないことを除けば，真空容器の場合と同様である．断熱真空容器の真空で重要なことは，断熱真空容器の内部に冷却用ヘリウム配管が多数設置されていることから，冷却用ヘリウム配管からのヘリウムの漏れを考慮して設計・製作する必要があることである．コイルが冷えてきて，冷却用ヘリウムが 4.4 K 程度以下になると，粘性が非常に低くなり，常温でリークなしと判定された冷却用ヘリウム配管の溶接部からでも，大量のヘリウムが漏れ出す，いわゆる，コールドリークが発生する．これにより，圧力は 1 桁以上悪化する．大きなコールドリークが発生し，修理が必要な事態になると，ヘリウム配管であることからバックグラウンドが高すぎて，ヘリウムを使ったリークチェックができないため，リーク箇所を探すのは困難を極めることになる．したがっ

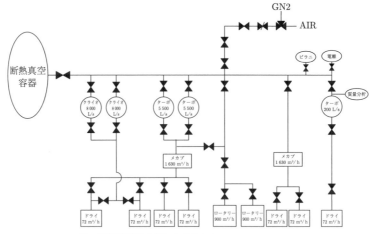

図 5.2.35 断熱真空容器用真空排気系の構成

て，冷却用ヘリウム配管のリークテストは，時間をかけてまったく検知できなくなるまで十分に行わなければならない．LHD は，超伝導状態でコールドリークが発生しても，断熱真空容器の圧力を 10^{-4} Pa 以下に維持している．

〔4〕 大型核融合実験装置の高真空の作成

排気のシナリオは，真空容器，断熱真空容器とも同じで，まず，大気圧から大容量のドライ真空ポンプを用いて粗引きを 700 Pa 程度まで行い，引き続き，ルーツ型真空ポンプに切り替えて 10 Pa 程度まで真空引きを行う．この圧力程度で，ターボ分子ポンプに切り替え，10^{-2} Pa 程度まで引いた後，クライオポンプをターボ分子ポンプに加えて投入する．以上が，排気のシナリオで，これに従って，実際に，LHD の真空容器を大気から高真空まで一気に引いたときに得られた，初期排気特性を**図 5.2.36** に示す．この図で，大気圧から 5×10^{-4} Pa 程度まで引くのに，約 5 時間かかっていることがわかる．真空容器の体積は約 210 m^3 で，断熱真空容器の体積は約 580 m^3 である．図 5.2.36 の例は，大きなリークがない場合で，大きなリークがあると，リークを見つけてシールしながら，真空を引くことになるため，もっと時間がかかることになる．

以上のようなシナリオで，大気からの真空引きを行った後，真空容器の初期ベーキングを行い，大気開放中に壁に吸着した各種のガスを脱離させて排気し，できるだけ低い圧力にする．**図 5.2.37** は，LHD で本格的に 100 時間のベーキングを行ったときの全圧と各種ガスの分圧の時間変化を示している．まず，全圧が，ベーキングの後，2 桁近く低くなっていることがわかる．また，分子量 18 の水が最も多く脱離しているが，これ

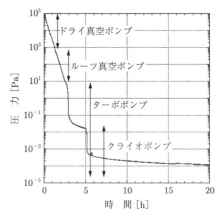

図 5.2.36 プラズマ真空容器初期排気特性

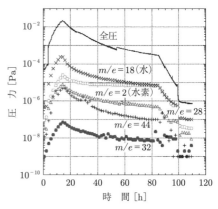

図 5.2.37 ベーキングによる脱ガス特性

は，大気開放中に，大気中の水の分子が真空容器の壁に大量に吸着したことを示している．このように，大

5.2 大型真空装置

気解放後の排気では，水の排気が最も問題であり，時には，粗引き用のロータリーポンプのオイルに水が大量に混入して性能が劣化し，オイルの交換を迫られることもある．

初期ベーキングを行った後，リークテストを行い，小さいリークを探してシールする作業を行う．フランジのシール部のリークであれば，通常はボルトの増し締めで，済むことが多い．リークの検出は，ヘリウムリークディテクターを用いる方法が一般的である．まず，大気開放したポートとフランジに1個ずつビニール袋をかぶせ，遠くから回ってきたヘリウムがこのポートとフランジから真空容器内に入り込まないようにする．例えば，LHD のポートは，親，子，孫などを合わせると約500個あり，すべてのポートとフランジにビニール袋をかぶせるのはたいへんな作業になることから，通常は，大気解放後に外したポートとフランジに施す．このビニール袋にヘリウムを封入すると，リークがあった場合，真空容器内にヘリウムが侵入する．このヘリウムを真空排気系のターボ分子ポンプの背圧排気口につないだヘリウム検出器で検知する．LHD 規模の装置では大きな排気速度のポンプが使われているため，同じ大きさのリークでも，小型装置の場合に比べてリーク信号が小さくなるので，検知できなくなるまで徹底的に調べて，シールする必要がある．図 5.2.38 は，リークを検知したときのデータで，フッ化バリウム窓の接合部にリークが発見された．ビニール袋にヘリウムを入れるとすぐにヘリウムの分圧が上がり始め，約2分半後に最高値に達している．このようにして，大気開放したポート，フランジを1個ずつしらみ潰しにすべて調べ，まったくヘリウムが検知できなくなるまで行う．

実験中にリークが発生した場合，リーク箇所を，質量分析器のデータから推定できることが多いので，質量分析器を真空排気系に，必ず設置する必要がある．真空容器内の水冷配管からリークした場合，水の分圧が圧倒的に多くなる．また，大気が漏れた場合には，窒素と酸素の分圧が大きく増える．これらのデータと経験を基に，リークが予想されるところから，ヘリウムリーク検出器などを用いてリークチェックを行う．なかなかリークが見つからず，チェックのためのヘリウムが大量に真空容器内に入り，ヘリウムのバックグラウンドが上がってしまった場合には，質量分析器を用いて，ネオンでリークチェックを行う方法が有効である．大気解放後の真空排気時には，ヘリウムのバックグラウンドは小さいと考えがちであるが，大気解放前の実験でヘリウムのプラズマを生成した場合には，真空容器壁にヘリウムが吸着されたままになっているため，真空排気時のヘリウムのバックグラウンドレベルは比較的高い値となる．このため，大気解放前に，水素プラズマを生成してから実験を終了する必要がある．図 5.2.39 は，ヘリウムをビニール袋に封入してから，ヘリウム検出器で感知するまでに長い時間がかかる，いわゆる，スローリークの例である．この図の横軸は時刻で，ヘリウムガスを封入して，約 1.5 時間後ぐらいから，ヘリウムの分圧が徐々に上がっていることがわかる．図 5.2.38 の例と異なり，検知され始めてから 3 時間が経っても，ピーク値に達していない．このようなリークは，リーク箇所を同定することが非常に困難である．原因は，フランジに装着した機器の構造が，リークテストに適していなかったためである．この反省から，LHD では，真空容器に装着する機器の構造を，リークが発生した場合，大気側からヘリウムが入りやすい単純なものにすることに努めている．

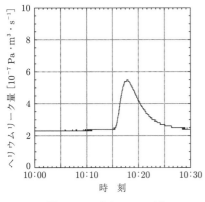

図 5.2.38 真空リークの例

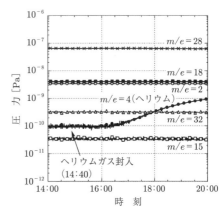

図 5.2.39 スローリークの例

リークチェックを終えた後は，図 5.2.37 に示したような本格的なベーキングを行う．しかし，ベーキングだけでは，大気開放中に真空容器壁に吸着した各種

のガスを脱離させることはできない．このため，プラズマの放電を利用して壁のコンディショニングを行い，高い真空度と不純物の混入しにくい状態を実現する．プラズマ放電を利用したものは，マイクロ波を用いた電子サイクロトロン共鳴加熱による水素プラズマなど，過去にいろいろなものが提案され，実施されてきたが，ネオンを用いたグロー放電が壁のコンディショニングには最も効果的である．水素からネオンまでは，より重いガスを使った方がより効果的であるが，ネオンより重いアルゴンを用いると，スパッタリングが起こるため，壁のコンディショニングには適していない．

〔5〕 プラズマの生成

プラズマを生成するためには，まず，真空容器内にプラズマの種となるガスを供給する必要がある．いわゆる，粒子供給である．核融合実験装置におけるプラズマの保持時間は，通常，数秒程度と短時間であることから，一般に粒子供給はピエゾ素子を利用したガスパフによって行う．ピエゾ素子に与える電圧を一定にして，ガス圧とピエゾ素子にかける電圧の時間幅で粒子供給量を制御する．最近は，電圧の波形も制御する方法なども使われている．LHDのように，1時間にも及ぶ定常放電実験の粒子供給には，マスフローコントローラー／マスフローメーターが用いられる．LHDのガス供給系の概念図を**図 5.2.40**に示す．

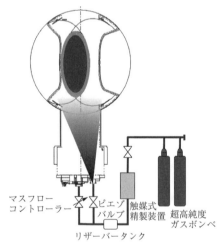

図 5.2.40　ガス供給系の概念図

プラズマを生成，加熱するためには，加熱装置が必要である．加熱には，電子サイクロトロン共鳴加熱（ECH），イオンサイクロトロン共鳴加熱（ICRF），中性ビーム入射（NBI）の3種類の方法が用いられる（これらの略語は，日本語と正しく対応していないが，通称用いられている）．これら3種類の加熱法の概念図を**図 5.2.41**に示す．ECHは，電子のサイクロトロン運動を利用して，ジャイロトロンと呼ばれる装置で発振した大電力のマイクロ波により，電子を加熱する．また，ICRFは，イオンのサイクロトロン運動を利用して，FM周波数帯の電磁波により，イオンを加熱する．LHDでは，ICRFは，1時間を超えるような定常実験にも，プラズマを生成加熱するために使われている．これらのマイクロ波・高周波の周波数は，加熱にサイクロトロン運動を利用していることから，磁場配位と加熱位置で決まる磁場の値で決定される．NBIは，ECHで生成されたプラズマに打ち込まれ，ECHプラズマと荷電交換することにより，プラズマを加熱する．

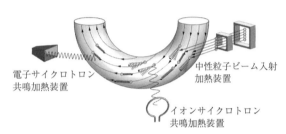

図 5.2.41　プラズマ加熱法の概念図

上述の加熱法を利用して，プラズマを生成・加熱する最もオーソドックスなシナリオは，まず，ガスパフによってプラズマの種となる粒子を供給し，つぎにECHによって放電を開始して，最後にECHプラズマをNBIで加熱するというものである．しかし，NBIのパワーが上がり，NBI生成のために使用するガス量が増えると，NBIから必要な粒子が真空容器に供給されるため，ECHのみでプラズマを生成するとき以外は，放電の前にガスパフを必要としなくなる．**図 5.2.42**は，プラズマ生成・加熱のシナリオを，横軸を時間軸として

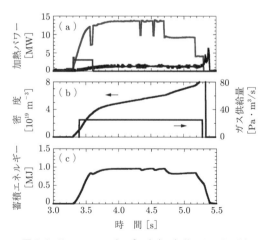

図 5.2.42　LHDのプラズマ生成・加熱シナリオの例

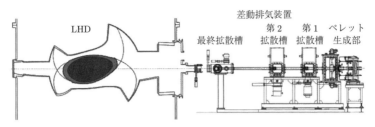

図 5.2.43 ペレット入射装置

示しており，放電波形と呼ばれている．図 5.2.42 では，ECH の前にガスパフを行わず，ECH と NBI を同時に入射してプラズマを生成・加熱している．ほかにも，種々の方法が，必要に応じて開発されている．例えば，ECH や ICRF で使用しているマイクロ波・高周波の周波数よりも低いサイクロトロン周波数となる低磁場でプラズマを生成しようとする場合，上述のオーソドックスなシナリオは使えない．このため，LHD では，標的となる ECH プラズマが生成されていない状態で NBI を入射させ，NBI だけで電離，プラズマ生成，加熱を行う方法が研究・開発され，高ベータ実験と呼ばれる研究で使われている[62]．

プラズマの粒子，すなわち，イオンや電子は拡散や対流により失われるため，閉じた磁気面領域の粒子閉込め時間は有限で，粒子の閉込め時間のスケールで粒子は減少し，プラズマの密度は低くなる．したがって，密度を維持するためには，放電の開始時だけではなく，放電中も外部から粒子を供給する必要がある．最も簡便な方法は，図 5.2.42 でも使われているように，やはりガスパフである．しかし，この方法では，プラズマ周辺部の中性粒子数が多くなり，エネルギー閉込め劣化の一因となる．小さな固体片をペレットと呼ぶが，水素を極低温に冷やして固化させた水素のペレットを，高速に加速して閉じた磁気面内に注入する，ペレット入射法を用いると，プラズマ周辺部の中性粒子数をあまり増やすことなく，効率良く粒子供給を行うことができる[63]．図 5.2.43 は，ペレット入射装置を示している．

〔6〕プラズマと壁との相互作用

図 5.2.44 は，実験中に LHD で計測された真空容器の圧力の時間変化を示している．正確には，真空容器の真空排気系のマニホールドで計測された，種々のガスの圧力，すなわち分圧である．プラズマの生成は水素を用いて行っているため，水素の分圧が最も高く，3分周期で変化している．これは，3分間隔でプラズマを生成しているためである．プラズマの生成が終わると，高速中性粒子が大量に発生し，真空容器壁に衝突する．図 5.2.44 で，圧力が急に高くなっているとき

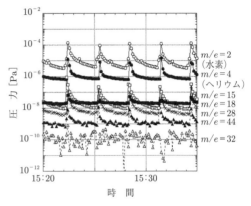

図 5.2.44 プラズマ実験中の分圧特性

に，この衝突現象が起こっている．正確には，ヘリウムの分圧が突然上がる時間に起こっており，それ以前に，水素の分圧が少し上がっているのは，プラズマの生成保持のために，ガスパフや水素ペレットが使われているからである．真空容器壁に衝突した高速中性粒子は，壁の格子間隙に入り込んだり，表面に付着したりするが，LHD の排気速度の大きい真空排気系によって排気されるため，図 5.2.44 に示されたような曲線を描きながら，元の分圧の値に戻る．この図からもわかるように，プラズマ生成を 3 分周期で繰り返しても，これらのガスの分圧は，長時間にわたってほぼ同じ曲線を描き続ける．このことは，真空容器の壁に入り込む，あるいは，付着する量と脱離量が，ほぼバランスしていることを意味している．

プラズマが生成されているとき，荷電交換で発生する高速中性粒子，あるいは，一般的には，閉じた磁気面から逸脱したプラズマは，必然的に第 1 壁あるいは保護板に衝突する．この衝撃によって，第 1 壁あるいは保護板に入り込んでいた，あるいは付着していた中性粒子は脱離する．脱離した中性粒子は，プラズマに衝突して電離し，プラズマとなる．このプラズマが壁の中性粒子に，続いて，壁の中性粒子がプラズマになる一連の還流過程は，リサイクリングと呼ばれている．リサイクリングは，低温のプラズマを周辺部に生成し，

本来，中心部のプラズマを加熱して，高温高密度のプラズマを生成することに使われるべき加熱パワーを失わせることから，これを抑制する仕組みが大型核融合実験装置には施されている[64),65)]．

図 5.2.45 は，LHD で得られた水素プラズマの，半径方向に平均した，いわゆる，線平均密度の時間変化を表している．二つの図は，ともに水素を用いて実験しているが，違いは，図に示されているように，プラズマとなっているガスが放電中に入れ替わっていることである．図 (a) では，最初，水素プラズマがついているが，途中からヘリウムが増えてきて，プラズマが切れるときには，ヘリウムプラズマの方が水素プラズマより多くなり，ヘリウムプラズマとなっている．図 (b) では，そのようなことは起きず，放電の最初から最後まで水素プラズマである．この違いの原因は，前の日の実験にある．図 (a) の場合，前日にヘリウムプラズマの実験が行われ，図 (b) では，水素プラズマの実験が行われた．前の日に使われたガスが壁に残り，つぎの日，壁がたたかれたことによって出てきたことを示している．大型核融合実験装置では，このように，プラズマと壁との間で大規模なリサイクリングが起きているため，プラズマがついている間は，事実上，真空排気系では排気されない．壁からプラズマに戻る中性粒子の量が，入る量より，やや少ない場合，壁による排気が行われる．壁が飽和すると排気されなくなるが，コンディショニングによって「壁を枯ら」せば，また，可能となる．

なっている．すなわち，高速中性粒子が，ステンレスの壁に当たると，図 5.2.46 に示したように，壁の表面にバブルと呼ばれる空洞構造が作られる[66)]．この空洞に，大量のヘリウムが蓄えられることから，水素を用いた実験を行っても，ヘリウムが空洞から出てきて，ヘリウムプラズマとなってしまう．コンディショニングで，このバブルを破壊して壁をきれいにするためには，コンディショニングを効果的に行える，重いネオンが必要となる．さらに，この発見をきっかけに，ヘリウム雰囲気下でのタングステンの形状変化の実験的・理論的研究が進められ，ナノ構造の発見など，思いもかけなかった結果が得られている[67)]．これらの結果は，核融合発電炉の設計に生かされることになる．このようにプラズマと壁との相互作用の理解は，プラズマを制御する上で重要であり，多くの研究がなされている．ちなみに，図 5.2.45 (a) の現象を避けるには，1 日の実験終了後，つぎの日に使うガスを使って，コンディショニングを行えばよい．さらに，つぎに述べるリサイクリングの抑制法も有効である．

（a）ヘリウムバブル　　　　（b）ヘリウムバブル
　（断面透過像）　　　　　　　（透過像）

図 5.2.46　真空容器壁表面に形成されるヘリウムバブル

リサイクリングの抑制のため，種々の試みがなされてきたが，将来の核融合発電炉で使えるものはダイバーターである．ダイバーターは，閉じた磁気面領域から，その一番外側に存在する最外殻磁気面を通って逸脱したプラズマを，真空容器内壁に衝突させず，限定されたところに導くダイバーター磁場配位と呼ばれる磁場配位を，まず，具備する必要がある．図 5.2.32 で，左右の魚の尾のような形状をしている部分とこれにつながる磁力線が，ダイバーター磁場配位である．図 5.2.47 に閉構造ダイバーターによる粒子排気を示す．ダイバーター磁場配位で集められたプラズマは，壁面上に設置されたダイバーター板に衝突し，中性化される．中性化された粒子は，飛び散らないようバッフル板でダイバーター板付近に止められ，近くに設置されたクライオポンプなどで排気される．これらのダイバーター磁場配位からポンプまでの一連のものをダイバーターと呼んでいる．特に，バッフル板とポンプが付いて，ダイバーターに入ったプラズマを中性粒子として真空容

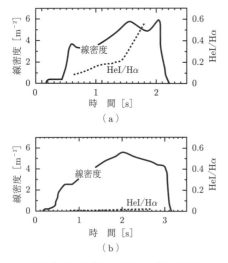

図 5.2.45　放電中の水素・ヘリウム挙動

最近の LHD の研究で，ヘリウムを使って実験を行うと，想像以上に壁に影響を与えることが，明らかに

5.2 大型真空装置

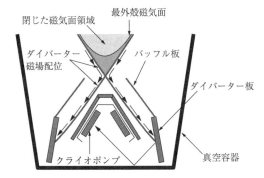

図5.2.47 閉構造ダイバーターによる粒子排気

器内に戻さないものを閉構造ダイバーター（図5.2.47参照），真空容器内に戻ってしまう，図5.2.32のようなものを開構造ダイバーターと呼んでいる．トカマク方式の装置で，10 keVを超えるイオン温度が達成されたのは，閉構造ダイバーターの寄与によるところが大きい．

図5.2.44からも明らかなように，真空容器には，プラズマとなる水素以外にも多くの粒子が存在している．これらは，不純物と呼ばれている．窒素や酸素のような大気の組成物の多くは，大気開放時に壁に吸着したものが，コンディショニングで取りきれず，プラズマ実験中，壁に衝突する高速中性粒子などによってたたき出されたものである．同様に，真空容器の壁，真空容器内に設置されている機器などで，真空容器内のプラズマを見込むすべてのものが，不純物の発生源となる．不純物は，質量の大きい鉄などの場合，多価イオンとなっても，電離では外れない電子が残るため，輻射によって温度が低下する．このため，衝突を介してプラズマの温度も下げることになることから，不純物の混入は極力避けなければならない．LHDの場合，閉じた磁気面は，図5.2.32で，その外側に比較的厚みを持って描かれ，ダイバーターにつながるエルゴディック層と呼ばれるもので包まれている．このため，壁から飛んできた不純物は，エルゴディック層で電離するとダイバーターで運ばれて，ダイバーター板に付着するか，ポンプで排気されるため，閉じた磁気面内のプラズマには混入しにくい．開構造ダイバーターの場合には，ダイバーター板の組成物質やダイバーター板に付着した物質が，ダイバーター板に衝突するプラズマによって脱離し，周辺プラズマで電離して不純物となる．これらのことから，現在の大型核融合実験装置では，第1壁やダイバーター板などにカーボンが多く使われている．カーボンは熱伝導に優れているとともに，質量が比較的小さく，不純物となっても影響が少ないためである．核融合発電炉では，カーボンが燃料の三

重水素を大量に吸着するため，安全上問題があることから，代わりに，熱の伝達に優れ，高温に耐えられるタングステンなどを使う案，不純物の制御に関してはエルゴディック層を使う案などが検討されている．

大型核融合実験装置では，これまで解説してきたように，ダイバーターなどによりリサイクリングや不純物の制御などを行うことができるが，中型，小型の装置では，大規模な設備を伴うものはなかなか具備することが難しい．この場合，不純物を抑制するため，薄膜を壁表面にコーティングして，不純物を，いわば，壁に閉じ込める方法が用いられる．代表的なものとして，ボロンコーティング（ボロニゼーション）がある．このコーティングは，ヘリウムを使ったグロー放電に，ジボランを混入させて行うもので，LHDでは，1日をかけて行っている．このコーティングは，ジボランを扱うことから，設備の設計・製作，コーティングの実施にあたっては，十分に安全に配慮して行う必要があるため，安全基準，取扱い法，実施基準などを整備した上で行わなければならない．また，大気開放して，保守点検を行う際にも，まず，残留しているボロン量を測定し，まったく感知されないことを確認してから行う必要がある．図5.2.48は，LHDで得られたボロンコーティングによる酸素挙動特性を示している．図(a)は，実験開始後26日目にボロニゼーションを行い，前後の酸素量を比較したものである．また，図(b)は，実験開始前に最初のボロニゼーションを行い，2回目と3回目を実験期間中に行っている．この図から，ボロンのコーティング後，酸素量が大幅に減少していることと，1回のコーティングでも十分に効果のあることがわかる．また，酸素ほどではないが，金属不純物やカーボンの量も減少する結果が得られている．この結

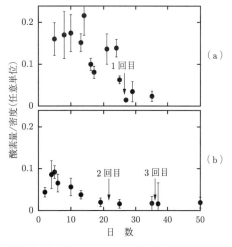

図5.2.48 ボロンコーティングによる酸素挙動特性

果，輻射による放射損失が30%程度抑えられ，放射損失が大きくなることによって発生する密度崩壊と呼ばれる現象が抑制されるため，コーティング前に比べて，プラズマ密度が約2.5倍，プラズマ蓄積エネルギーが1.3倍程度増えることが確認されている．しかし，イオン温度の改善は確認されていない．リサイクリングの抑制には，リチウムのコーティングが用いられる．リチウムは，優れたゲッター効果があり，数百ナノメートル程度の厚さのリチウム膜は，コーティングした全リチウム原子数に匹敵する水素を吸収することが示されている[68]．このため，複数の中型の装置で，金属リチウムの内壁へのコーティングが試みられ，その結果，水素のリサイクリングが大幅に抑制され，温度の高い高性能プラズマを実現することに成功している．リチウムをコーティングした場合，大気解放後，一瞬にしてリチウムが酸化するため，後処理を考えて実施する必要がある．大型核融合実験装置では，他にリサイクリング抑制の仕掛けがあること，核融合発電炉で実用化できるとは考えられないことなどから，アメリカのTFTRが，シャットダウン前に一度リチウムを使ったリサイクリング実験を行った以外，使われていない．

真空容器の内壁，第1壁，保護板あるいは真空容器内機器は，一般に，高速の中性粒子やプラズマでたたかれることにより，損耗する．脱離した原子は，周辺プラズマで電離してプラズマの不純物となるか，そのまま，飛んで行って，各種の壁，あるいは真空容器内機器に再堆積することになる．真空容器内のどの位置に再堆積するかは，磁場配位，各種の壁の位置・向き，構造などに依存するため，一般に論ずることはできない．LHDの場合，高速の中性粒子にたたかれて脱離した多くの原子は，周辺プラズマで電離すると考えられている．すなわち，LHDの閉じた磁気面領域を覆う，ダイバーターにつながるエルゴディック層は，その厚みが厚いため，ここで100%電離し，電離後，エルゴディック層からダイバーター磁場配位を介して，ダイバーター板上で，再結合後，ダイバーター板上に再堆積する．ダイバーター板上で，プラズマがつねに当たる位置に再堆積したものは，プラズマにたたかれるため，再び脱離し，少し離れたダイバーター板上に再堆積するか，再電離してダイバーター板に戻る過程を繰り返して，けっきょく，ダイバーター板上のプラズマの当たる位置に近いが，プラズマの当たらないところに再堆積する．また，プラズマが当たる位置から少し離れた位置に最初から再堆積したものは，そのまま残ることになる．図5.2.49は，このようにして，ダイバーター板上で，プラズマの当たる位置の近くに再堆積した，もともとは，壁から脱離した原子である[69]．

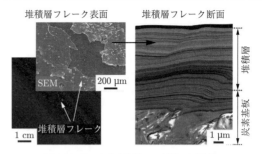

図5.2.49　真空容器壁への原子の再堆積

この図で，地層のようにきれいに再堆積していることがわかる．これは，実験内容が，日々，異なることによるものと思われる．

〔7〕　核融合発電炉

定常的に稼働する，将来の核融合発電炉の設計を行う上で，考慮しなくてはならないことは，定常排気の問題である．定常状態では，真空容器に入れたガスと排気ガスの量は，当然，等しくなくてはならないが，プラズマがついているとリサイクリングによって，真空排気系による排気はできない．このため，ダイバーター磁場配位を工夫するなどして，ダイバーターの排気部分をリサイクルの行われている空間から離し，真空排気系による定常排気が行えるようにする必要がある．

また，放射性物質である三重水素の取扱いと中性子による放射化の問題も重要である．このため，核融合発電炉材料として，低放射化材の研究・開発が精力的に行われている．材料が放射化するかしないか，あるいは，弱い放射化で済むか否かは，材料の組成，すなわち，原子の性質で決まっている．したがって，低放射化材の研究開発は，原子の性質を見極めた上で，強く放射化する原子が不純物として入らないよいかに材料を作るか，材料として必要な強度・耐性などを，限られた原子を使っていかに得るか，という問題に帰着する．現在，低放射化材として使用できると考えられているものは，量子科学技術研究開発機構が研究開発した低放射化フェライト鋼と，核融合科学研究所が研究開発したバナジウム合金などである[70]．図5.2.50は，核融合発電炉でこれらの材料が使われたとして，使用を止めてから，誘導放射能レベルが時間的にどのくらいでどの程度まで下がるかを示している．核融合科学研究所が研究開発したバナジウム合金は，この図でNIFS-HEATと書かれたもので，遠隔操作という制約はあるが，約30年で再利用が可能となる[71]．

現在建設中のITERでは，重水素と三重水素の核燃焼実験を行うため，三重水素の取扱い設備や中性子の発生に対応した安全設備の建設が行われる．また，真

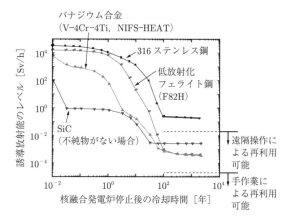

図 5.2.50 核融合発電炉停止後の誘導放射能レベル

空容器内の保守点検は，遠隔操作で行われるため，遠隔操作機器の設計・製作も進んでいる．ITER の後には，2040 年前後に稼動することが予定されている DEMO 炉の建設が計画されている．DEMO 炉は，発電できることを実証するための炉で，実際に核融合エネルギーを利用して発電を行う．ITER で培った技術を，さらに発展させて，設計・製作し，稼動させる計画で，核融合発電炉も，その延長上にある．このように，段階を踏みながら進んでいることから，安全な核融合発電炉を確実に実現させることができると考えられている．また，安全を確保するには，ハードウェアに加えて，安全管理などの，ソフトウェアの充実と安全土壌の醸成，すなわち，運転する人間・組織が安全を最優先に考え行動することを運転する人間・組織に文化・風土として根付かせることなどが必要不可欠である．

現時点では，通常の大型核融合実験装置を用いて，重水素を使った実験が行われている．重水素を使った場合，核融合条件程度の温度のプラズマで，重水素どうしの核融合反応が起こり，三重水素と中性子が発生する．核融合反応率は重水素と三重水素の 100 分の 1 程度で，最大でも，使った重水素ガスの 1 万分の 1 程度以下の量が反応する程度である．したがって，三重水素の発生量は，1 ショットでは法律で規制される量を超えることはないが，安全対策を施しておくべきである．また，中性子に対しては，実験室のコンクリート壁の厚みを適切に設計して，遮蔽をしっかりと行わなくてはならない．いずれ，十分な準備と管理が必要である．

本項を書くにあたり，自然科学研究機構核融合科学研究所の鈴木直之氏，飯間理史氏，坂本隆一氏，時谷政行氏，森崎友宏氏，増崎貴氏には，データの提供，内容の確認，図の作成などで，たいへんお世話になりました．ここに，厚くお礼申し上げます．

5.2.5 重力波検出器
〔1〕 重力波検出器とは

アインシュタインの一般相対性理論でその存在が予言され，2017 年に LIGO で初めてその存在が確認された重力波（gravitational wave）は，時空のひずみが四重極の波動として伝搬する現象で，巨大な質量を持つ物体が大きい加速度で運動する際，例えば，中性子星やブラックホールの合体時などに現れると考えられている．重力波の直接検出は，単に相対性理論の検証だけでなく，強力な重力場における物理現象を解明し，さらに電磁波観測では見えない宇宙初期観測を行う重力波天文学の創成につながると期待されている．

この時空のゆがみである重力波の効果は，地球上では空間の長さ（L）の変化（dL）として現れるが，その比 dL/L はきわめて小さく，それを検出するためには 10^{-24} 程度の感度（これは strain sensitivity，ひずみ感度と呼ばれ，h と記載する）が必要だとされている．

1960 年代は共振型観測装置の開発研究と観測が試みられていた．大きな剛体（質量 1 トン以上のアルミニウム）が重力波により共振して振動が励起されることで検出する方法が研究された．遠く離れた（1 000 km 程度）2 箇所に剛体を置き，それぞれの振動の状態を精密に測定する方法であった．

現在は，より高い感度を有することが期待されるレーザー干渉計が検出器の主流となっている．重力波による空間のひずみを 2 本の直交する腕の光路長差の変化として捉えようとするものである．検出のための干渉計は，基線の端部に鏡を置くマイケルソン型に，さらに，光の折返し数を増加させるための鏡を加えて両腕内で光を共振させるファブリ・ペロー・マイケルソン干渉計と呼ばれるものである[72]（図 5.2.51 参照）．この方法は，直接 2 点間の光路長を測定するものであり，鏡は特に大きな質量を持つ必要はない．基線長をできるだけ長くして感度を高くすることが検討され，わが国で最初に建設された基線長 300 m の干渉計 TAMA300 から[73],[74]，現在では 3～4 km の基線長を持つ KAGRA（日本，図 5.2.52 参照），LIGO（米国），VIRGO（欧州）に至っている．

dL は変位感度（displacement sensitivity，スペクトル密度で表す）と呼ばれ $L \times h$ に相当する数値であるが，KAGRA の例でみれば，100 Hz において

$$dL = 1 \times 10^{-20} \text{ m}/\sqrt{\text{Hz}} \quad (5.2.22)$$

を目標としている．この変位感度の値を越えて発生する光路長（鏡と鏡との距離）の変化（ゆらぎ）は，重力波以外の原因で生じた場合はすべて雑音となり感度を低下させることになる．所定の感度を実現させるため

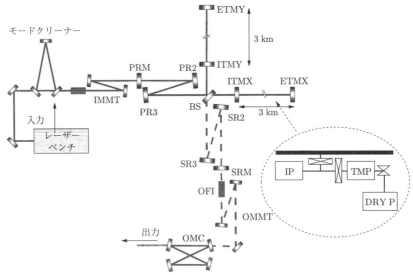

それぞれの鏡は，真空容器内に防振機能を持った懸架装置に取り付けられる．容器間も真空ダクトで接続され排気装置が設置され，干渉計全体が単一の真空系となる．3 km の干渉計アーム（直径 0.8 m の真空ダクト）には，200 m ごとにイオンポンプ，ターボ分子ポンプ，粗排気ポンプから成る排気装置が取り付けられる．IMMT（mode matching telescope），PRM（power recycling mirror），PR2, 3（power recycling mirror 2, 3），BS（beam splitter），ITMX, ITMY（inner test mass X, Y），ETMX, ETMY（end test mass X, Y），SRM（signal recycling mirror），SR2, 3（signal recylcing mirror 2, 3），OFI（output faraday isolator），OMMT（output mode matching telescope），OMC（output mode cleaner）．

図 5.2.51　ファブリ・ペロー・マイケルソン干渉計の鏡の構成（KAGRA の例）

岐阜県飛騨市神岡町の池の山（標高 1368.7 m）の地下に，3 km のトンネル 2 本が掘削されている．中央（トンネル 2 本の交差点）での標高は 372 m．

図 5.2.52　KAGRA の外観

にさまざまな方法が採られるが，例えば，鏡は地面の振動を避けるため多段振り子の構造で懸架され，懸架系の支持点には倒立振り子を利用して防振される．さらに，KAGRA では，地面振動を低減するため，干渉計全体を山中に設置する他では見られない方法を採用した．設置のためのトンネルを掘削した飛騨市神岡町の池の山は，国内でも最古の部類に入る安定した地殻であり，それを構成する飛騨片麻岩は岩質が緻密で注目する周波数帯域での振動が少ない．また，KAGRA では干渉計の鏡の極低温化（20 K）による鏡自体の熱雑音の低減も図られ，鏡をクライオスタット内に懸架する構造としている．このほかにも，高出力レーザー光源を用いた光子散射雑音の低減など多くの技術が必要とされる．

〔2〕 真空の役割

（a）残留気体分子によるレーザー光の散乱　　光路上の気体分子によるレーザー光（波長 1 064 nm）の散乱は，分子の分極率（屈折率）と空間密度に依存した光路長の変化の原因となる[75),76)]．さらに，鏡への気体分子の入射・脱離により鏡の機械的・音響的雑音も生じる．したがって，干渉計はレーザーの入射から干渉信号の取出しまで，そのほとんどすべてが真空中に設置される．干渉計の腕の部分に相当する真空ダクトは，鏡から散乱されるレーザー光が壁に入射して，再び鏡に入らないよう，ビーム径に比べて数十倍の直径を持つ必要があり，およそ 1 m 程度となる．したがっ

て，干渉計は，内表面積および体積とも加速器程度，あるいはそれ以上の大きさを持つ真空装置となる．

気体の屈折率がゆらぐと，そこを通る光の光路長も変化し変位雑音 δL として干渉計に現れる．このゆらぎは光路上に存在する気体分子密度のゆらぎに依存するが，気体分子密度が小さいほどゆらぎも小さくなる．例えば，体積 V 中に N 個の気体分子が存在するとき，微小体積 v の中に k 個の気体分子を見い出す確率 $\mathrm{P}(k)$ は二項分布で表され

$$\mathrm{P}(k) = {}_N\mathrm{C}_k \left(1 - \frac{v}{V}\right)^{N-k} \left(\frac{v}{V}\right) \tag{5.2.23}$$

これは，N/V（空間密度の平均値）を一定にしたまま，N と V とを無限大とした極限（熱力学的極限）では

$$\mathrm{P}(k) = \frac{(\bar{n}v)^k}{k!} e^{\bar{n}v} \tag{5.2.24}$$

の形のポアソン分布となる．この分布は，平均値と分散とも nv であるので

$$\left\langle (\mathrm{P}(k) - \overline{\mathrm{P}(K)})^2 \right\rangle = \bar{n}v \tag{5.2.25}$$

となる．したがって，空間密度のゆらぎに起因する光路長のゆらぎの分散（変位雑音 δL の二乗平均）は圧力 p に比例する．

$$\left\langle \mathrm{d}L^2 \right\rangle \propto n \propto \frac{p}{k_B T} \tag{5.2.26}$$

ここで，T は気体の圧力と温度，k_B はボルツマン定数である．

変位雑音の二乗平均を，残留気体分子の分極率 α も含めて計算すると

$$\left\langle \mathrm{d}L^2 \right\rangle = 4\sqrt{2}\pi\alpha^2 m^{\frac{1}{2}} \int_0^L \frac{p(x)}{\omega(x)\left\{k_B T(x)\right\}^{\frac{3}{2}}} \mathrm{d}x \tag{5.2.27}$$

が得られる．m は気体分子の質量．ω はレーザーのビーム半径であり，p, T とともに基線長 L に沿った位置 x の関数である．式 (5.2.27) については，実際の干渉計 TAMA300 に Xe 気体を導入して直接測定した値と，係数 2 から 5 の範囲で一致することが確かめられている．残留気体の主成分を水と考えると，KAGRA では，目標感度と同等の変位 δL を与える水分子の圧力 p は式 (5.2.27) から 2×10^{-5} Pa と見積もられる．実際にはさらに 1 桁の安全係数を持たせ，干渉計の運転時での圧力の条件を 10^{-7} Pa 程度以下としている．変位雑音 δL は圧力の平方根に比例する．

（b）**イオンポンプの保守頻度と圧力**　この圧力条件は，単に変位雑音を低減するのに必要であるだけでなく，干渉計に用いられる 100 台程度のスパッタイオンポンプの保守交換頻度を数年に 1 台程度以下とするためにも必要である．一般にセル寿命は 10^{-3} Pa 台で使用した場合 5 000 時間程度といわれているが，放電等がない安定な動作期間はそれより 1 桁ほど短い．この値から，100 台のスパッタイオンポンプを 10^{-7} Pa 台で使用した場合の MTBF（mean time between failure）を見積ると 50 000 時間程度となる．

〔**3**〕　**干渉計の 3 km アームダクト（KAGRA での例）**

（a）**山の中の真空装置**　干渉計に要求される 10^{-7} Pa 台の超高真空は，周長が数 km の加速器などでも実現されており，大型真空装置であっても建設が可能な値である．しかしながら，干渉計では，両端の鏡から散乱される光（stray light）がダクト内壁で再び散乱され鏡に入射して雑音となることを避けるため，ダクトの直径は通常の加速器の数倍以上の 0.8～1.2 m が必要とされる．このため，干渉計の真空ダクトは体積，内表面積とも加速器より 1 桁以上大きく，KAGRA はわが国最大の真空装置となっている．さらに，山に掘削したトンネル内では，空調設備や電力供給に制限があり，また，トンネルからの滴水漏水を完全に止めることが困難なこと，さらに閉鎖空間のため安全上の観点から不活性ガスや溶剤の持込みが難しいことなど，加速器と比べて環境にも大きな違いがあることが特徴である．このため，超高真空を得るために通常行われる組立て後のベーキング工程は採用できず，また，坑内での溶接によるダクト締結も難しい．米国の LIGO ではダクトを薄肉ステンレス鋼（3 mm 程度）のスパイラル管で製作し，それらを溶接でつなぎ合わせ，さらにダクトに直接電流を流すことによりベーキングを行っているが，これは，干渉計が地上にあるために可能となる方法である．

KAGRA では，組立て前のユニットダクトの製造工程で気体放出速度低減化のための処理をできる限り行い，それを密封した状態でトンネル内に搬入し設置することとした．ユニットダクトの長さは，わが国の一般交通道路での搬送や坑道への搬入作業を考えると 12 m が限界となる．また，500 本のユニットダクトの設置組立ては，金属ガスケットによるフランジ締結とした．

（b）**真空ダクトの表面処理**　超高真空に適した金属素材としてステンレス鋼やチタン，さらに高純度無酸素銅などがその目的に応じて用いられているが，KAGRA をはじめ LIGO，VIRGO でも，入手性が良く，また，大型部材に対しても表面処理が適用可能な

ステンレス鋼が用いられている．表面に施す気体放出低減化処理法としては，電解複合研磨，電解研磨，化学研磨，TiN-coating などがあり，圧延や溶接などの加工工程で生じた表面変質層を除去し表面の酸化層を安定化して，水分子の吸着エネルギーや吸着サイトを低減して気体放出を減少させるのに効果があると考えられている．

図 5.2.53 は，東海村に建設された J-PARC 加速器（大強度陽子加速器）に用いられるさまざまな材料について，実際の加速器に用いられる大きさと形状を持つダクトでの気体放出速度をコンダクタンス変調法で測定したものである．ステンレス鋼製の真空ダクトでは，電解研磨後に 220℃で加熱脱ガス（ベーキング）した場合は，いったん大気暴露した後の排気過程においても，気体放出速度は加熱脱ガス処理を施さないものより 1 桁近く減少している．実際，J-PARC の 50 GeV リングのビームチャンバーでは，この処理を適用した結果，組立て後にベーキングを行わないで 10^{-7} Pa 台の超高真空領域の圧力に到達している[77]．

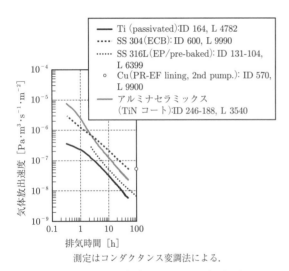

測定はコンダクタンス変調法による．

図 5.2.53 J-PARC 加速器に用いられた大口径長尺の真空ダクトの気体放出速度[77]

表面変質層除去後にベーキングを施すことによって気体放出が低減化できるのは表面酸化層が加熱によりさらに安定（水分子が吸着しにくい）な状態に変化して不動態化が進んだためと推察される．この方法は，KAGRA のようにトンネル内設置後のベーキングが難しいシステムには有効であると期待される．

KAGRA の干渉計用のダクトの表面には，上記の気体放出低減化に加え，もう一つ平滑性も要求される．基線の両端にある鏡の間をレーザーが繰り返し反射する際，鏡素材の結晶欠陥や不純物により散乱されたものは，干渉計の主たる光学軸からわずかに外れる．これがダクト内壁に入射して，さらにそこで散乱されるとこの光は相手の鏡に入射して干渉計の雑音（位相のずれた光の混入）になる．鏡で生ずる散乱光およびそのダクトからの散乱光の除去には，後述するように，光学バッフルと呼ばれる邪魔板をダクト内にある間隔で配置して，そこで吸収させる方法が用いられることが多い．このバッフルでの散乱光除去効率を高めるためには，ダクト内壁で光を極力鏡面反射させる必要があり，特に干渉計の腕の中央部におけるダクト内面では，使用されるレーザーの波長と同程度以下の平坦さが要求される．KAGRA では，基線長 3 km の中央の 1 km の部分は，電解複合研磨処理（表面粗さ Ry 0.4 μm）を施すこととし，それ以外の部分は電解研磨（表面粗さ Ry 2～3 μm）で処理し，いずれの場合もその後にベーキングを行った．

〔4〕 KAGRA における真空ダクトの製造工程

限られた真空排気ポンプとトンネル内での湿潤環境で所定の真空特性を実現するためには，素材の選択や表面処理などの製造工程を通しての管理が重要であるが，KAGRA では以下の工程を実施している．

（a）製管工程　全長 12 m，外径 812.8 mm のダクトを製作するためのステンレス鋼板（SUS304L，肉厚 8 mm）は，一般には熱間圧延により製造されて固溶化熱処理，酸洗の工程を経るので，いわゆる No.1 仕上げと呼ばれる状態となっており，表面粗さは冷間圧延材（6 mm 程度以下の鋼板）に比べると大きい（実際の測定値もおよそ Ry～25 μm）．製管後の電解研磨工程に要する時間を短縮するため，鋼板の段階で Grit #150 の湿式ベルト研磨を片側表面に施し，およそ 0.1 mm 程度を研磨除去し，表面粗さを Ry～8 μm 程度とした．これを，全幅 12 m のプレス機を用いて円筒に成形し（図 5.2.54 参照），継目（ワンシーム）での溶接は外

全幅 12 m のプレス機を用いて円筒形に成形する．溶接後のダクト（直径 800 mm，長さ 11.2 m，厚さ 8 mm）の形状公差は，真直度 11.2 mm，真円度 8 mm．

図 5.2.54　ステンレス鋼板の成形

5.2 大型真空装置

周側からのプラズマアーク法で行っている.

（b）フランジの製作　ISO 800 K のフランジを総計1000枚準備する必要があるが, それはステンレス鋼塊からのリング鍛造（SUS304 F）により素材を製作し, 鍛造後に, 固溶化熱処理, 切削, 洗浄の工程を採択している. また, ダクトとの溶接時に発生する熱ひずみを低減するため 120 mm の溶接首（welding neck）を持たせる構造とする.

（c）ベローズの製作工程　多湿なトンネル内では長期の耐食性が要求されるので, 金属組織の変態が起こりやすい溶接ベローズは避け, 液圧成形型ベローズ（素材は SUS316L, 板厚 0.6 mm）を用いることとした. ベローズの機械特性は, 変位量として +10, −60 mm, ばね定数は 100 N/mm 以下で設計されている.

（d）内面処理と加熱脱ガス　ユニットダクトの両端にフランジとベローズを溶接する際は, 不要な汚染を避けクリーンブース内での清浄雰囲気での作業としている. 溶接後のダクト内面の電解研磨による処理は, 表面層を 30 μm 研磨することにより加工で結晶粒が変質した加工変質層を除去できている. この研磨により Ry〜2.5 μm 程度にまで表面粗さが低減できる. 研磨後の洗浄は, 電気抵抗 15 MΩ 以上の超純水により行い, 表面の清浄度をイオンクロマトグラフにより確認して工程が管理される. 加熱脱ガス処理は, 4時間でダクト全体を 200℃ に昇温し, 20 時間保持した後冷却する工程で行われた. 冷却後, エアドライヤーを用いてダクト内部に乾燥空気（露点 −40℃）を充填し, 封止フランジで密封して神岡地区に搬送する. およそ2年間でユニットダクトの全数（482本）が完成したが, KAGRA のトンネルの掘削が完了するまでの間, これらは, 飛騨市の旧神岡鉄道のトンネル内に逐次搬入して保管された（図 5.2.55 参照）.

〔5〕真空ダクトの締結と真空排気特性

（a）金属ガスケットの耐腐食性　トンネル内は年間を通じて温度はほぼ一定（16℃）であるが, 飽和湿度に近い多湿環境（相対湿度はつねに 96% 以上）であり, また, かび胞子の飛散も多いので, フランジ締結作業は, 作業者2人の入れる移動式クリーンブースを製作しフィルターを介したドライエアーを導入して行った（図 5.2.56 参照）. フランジの周方向の位置調整のため, フランジはボルトではなくクロークランプで締結した. これは, 1本のユニットダクトの重量がおよそ2トンであり, ボルト孔の位相調整が難しいからである.

500箇所のフランジ締結を高いシーリング信頼性で行わなければならないので, シールに必要な線荷重が

1本2トンの重量を持つダクトを, 枕木を用いて4本一括して縛り搬送を行った.

図 5.2.55　ダクトの搬入

（a）

（b）

移動式クリーンブースを用いたダクトの締結（a）と, 締結が完了したアームダクト（b）. 干渉計のアームダクトが設置されるトンネルは, 幅, 高さとも 4 m.

図 5.2.56　ダクトの締結

小さく, かつ, 高い弾性限界のガスケットが必要である. KAGRA では多くの試作試験の後, ステンレス鋼中空 O リングに銀めっきを施したガスケットを採用している：線荷重は 200 N/mm. 内部にばねが入ったアルミニウムライニングの構造を持つガスケットは, 線荷重や弾性限界は十分な性能を持っているが, 耐腐食性が低く湿潤試験で発錆したため KAGRA 坑内での長期間使用には適さないと判断された.

（b）真空ポンプの配置と圧力分布　表 5.2.8 は 3 km のアームダクトに配置するポンプ（3000 L/s）

表 5.2.8 KAGRA アームダクトの圧力分布

ポンプの数 (in an arm)	分布距離 [m]	p_{max}/p_{min}	p_{min} (pump head)*		
			[Pa]@50h	[Pa]@500h	[Pa]@5000h
30	100	1.1	1.2×10^{-6}	1.2×10^{-7}	1.2×10^{-8}
15	200	1.8	2.4×10^{-6}	2.4×10^{-7}	2.4×10^{-8}
10	300	2.2	3.6×10^{-6}	3.6×10^{-7}	3.6×10^{-8}
6	500	4.0	6.0×10^{-6}	6.0×10^{-7}	6.0×10^{-8}
3	1000	6.0	1.2×10^{-5}	1.2×10^{-6}	1.2×10^{-7}

〔注〕 * 気体放出速度 q を，10^{-8} [Pa·m^3·s^{-1}·m^{-2}]（50 時間の排気での測定値）として見積もった圧力．

の数とそのときの圧力分布（最大圧力とポンプ直上圧力の比）および排気時間特性を，ユニットダクトで測定した気体放出速度（50 時間の排気で 10^{-8} Pa·m^3·s^{-1}·m^{-2}）を基に計算したものである．

断面形状が一定できわめて長い長さ L [m] の円形導管（表面積 A [m^2]）に，等間隔に同一の排気速度 S [m^3·s^{-1}] が配置された場合，内面からの気体放出速度 q [Pa·m^3·s^{-1}·m^{-2}] が一様であれば，ポンプとポンプとの間の圧力分布は二次関数となり，最大圧力と最低圧力との比は以下となる．

$$\left.\begin{aligned} p(x) &= \frac{qAL}{2cN^2}\left(\frac{x}{L/N}\right)^2 + \frac{qAL}{2cN^2}\left(\frac{x}{L/N}\right) \\ &\quad + p_{min} \\ p_{min} &= \frac{qA}{SN} \\ \frac{p_{max}}{p_{min}} &= \frac{SL}{8cN} + 1 \end{aligned}\right\} $$

(5.2.28)

c は単位長さ当りに換算したコンダクタンス [m^3·s^{-1}·m] である（断面入射頻度 $\times 4D/3$，D は導管の直径）．

KAGRA の初期運転（試運転）ではポンプ数は十分ではなくアームに 3 台しか設置できないが，その場合，アーム内の最大圧力はポンプ直上のそれの 6 倍程度となり，また，10^{-7} Pa 台に圧力が減少していくのに 500 時間以上を要する．

ダクト設置後の漏れ試験のための真空排気を行った際の実際の排気特性は，3 km のアームに 3000 L/s のターボ分子ポンプを 6 台設置して排気すると，およそ 1 週間で 10^{-5} Pa 台に到達した．これはユニットダクトでの気体放出速度の測定値で類推される値に近く，締結作業等でのダクト内部の汚染を抑止できた結果と考えられる．

〔6〕 真空システムの設置座標系

図 5.2.51 に示される多くの鏡を持つ干渉計も，平面上で光線トレースを用いて設計され，鏡の光線の入出射点は二次元で表される．原点を BS (beam splitter) の鏡の反射点とし，干渉計の両アームのそれぞれの共振軸に平行な方向に X 軸，Y 軸を設定する．この干渉計が乗った二次元座標平面を，実際のトンネル内の測量座標に書き換えて，鏡，真空容器，ダクトを設置していかなければならない．なお，KAGRA ではトンネル内の湧水処理のため，この干渉計平面を一方のトンネルは中央から端に向かって上り傾斜（1/300），他方を下り傾斜（1/300）させており，2 本の干渉計アームの交差角は地図上で見ると直角よりわずかに小さくなっている．

座標系は以下のものが使われ，相互の変換により干渉計の平面座標系に書き直せる（図 5.2.57 参照）．

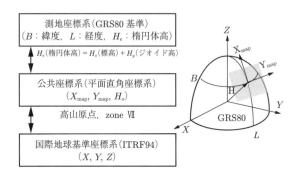

図 5.2.57 KAGRA 干渉計平面と地球座標，地図座標

（a） 公共座標系（平面直角座標系／地図座標系／Japan rectangular plane coordinate） 測量はこの座標系で表される．KAGRA は，国土地理院の高山（岐阜県）を原点とする Zone VII に属し，北方向に X 軸，東方向に Y 軸が設定されている．座標は $[X_{map}, Y_{map}, 標高]$ で表される．標高は Ho (orthometric) と書かれる．掘削のための基準点は，掘削中に測量により設けられており，この座標系での値が与えられている．

（b） 測地座標系（geodetic coordinate） [緯度・経度・楕円体高] で表される座標系で，国際標準

の回転楕円体 GRS80 を基準として，地球上の点がユニークに決められる．ガウス-クリューゲル等角写像により（a）の公共座標系に変換できるが，国土地理院で決められた長さ補正等が必要である．楕円体高（He）は GRS80 回転楕円体の表面からの高さであり，標高（Ho）とジオイド高（Hg）のスカラー和としている．

（c）**国際地球基準座標系（ITRF94／International terrestrial reference system）** 地球の重心を原点とし，X 軸をグリニッジ子午線と赤道との交点方向に，Y 軸を東経 90 度の方向に，Z 軸を北極の方向とした三次元直交座標系で，位置は (X, Y, Z) で表される．（b）の緯度・経度・楕円体高からは，GRS 回転楕円体のパラメーターを用いて変換できる．

まず，KAGRA のトンネルの基準測点を，（a）から（b）を経て（c）の三次元直交座標系に変換し，干渉計の原点と X, Y 軸をしかるべき位置に移動させ干渉計座標を（c）の座標系で表す．それを，（b）から（a）へと変換することにより，干渉計の鏡，真空容器の位置は地図作業系で与えられ，測量により位置を指示できるものとなる（**図 5.2.58** 参照）．なお，（a），（b），（c）とも 10 桁の数字で与えられるが，これは，実際の測量点では 1 mm に相当する．**表 5.2.9** は，鏡（BS とアームの両端）の位置を三つの座標系で記述したものである．

上記の方法で位置を決めて真空容器，鏡を設置していくが，測量精度 1～2 mm，真空容器の製作精度 1 mm，容器の設置精度 2 mm，さらに容器の基準点に対する鏡の設置精度 2 mm であり，全体として 4 mm 程度の精度で鏡の位置が決められると見積もられる．鏡の位置制御は，懸架装置内の各種アクチュエーターにより真空容器の外部から電気的に行えるが，その制御範囲は 5 mm 程度である．

設置計画点を測量によりあらかじめ床に刻印し，容器を設置する．

図 5.2.58 真空容器の設置作業

〔7〕 その他の特徴的部品

重力波レーザー干渉計では，真空中に置かれる部品として，一般的な光学機器以外にも防振懸架装置など特徴的な部品が必要であるが，以下にその例を少し挙げる．これらは，大型装置内部に多量に使用しなければならないが，さらに，超高真空での使用に適したものでなければならない．

（a）**光学バッフル（高光吸収率と低散乱係数の黒色めっき）** レーザー光のごくわずかな一部が鏡で散乱され主たる光学軸から外れた場合，それがダクト内面や光学機器により反射され再び光軸に戻ると雑音となる．光学バッフルによりこれらを吸収させる必要があるが，KAGRA の干渉計アーム内には**図 5.2.59** に示されるリング状（外径 800 mm，幅 40 mm のドーナツ円盤状）の邪魔板が 24 m ごとに設置される．このバッフルは

(i) 使用するレーザーの波長（KAGRA では 1064 nm）に対して鏡面反射率が 10% 未満

(ii) 全散乱係数（鏡面反射角以外への散乱）が 2% 未満

表 5.2.9 KAGRA の位置

鏡の反射面の中心座標	測地座標系（GRS80）			公共座標系（zone VII）		
	B [ddmmss]	L [dddmmss]	H_e [m]	X_{map} [m]	Y_{map} [m]	H_0 [m]
ビームスプリッター鏡（BS）	362 442.697 22	1 371 821.441 71	414.181	45 705.629	12 491.970	373.200
X フロント鏡（IXC）	362 443.121 55	1 371 822.367 03	414.264	45 718.741	12 515.003	373.282
X フロント鏡（IYC）	362 443.252 09	1 371 820.981 04	414.097	45 725.797	12 480.465	373.117
X エンド鏡（EXC）	362 531.184 75	1 372 007.070 60	424.407	47 204.264	15 120.800	383.292
X エンド鏡（EYC）	362 607.963 87	1 371 721.484 51	403.934	48 331.612	10 994.969	363.129

鏡の反射面の中心座標	国際地球基準座標系（ITRF 94）		
	X [m]	Y [m]	Z [m]
ビームスプリッター鏡（BS）	−3 777 336.024	3 484 898.411	3 765 313.697
X フロント鏡（IXC）	−3 777 346.000	3 484 876.246	3 765 324.273
X フロント鏡（IYC）	−3 777 319.384	3 484 898.676	3 765 329.893
X エンド鏡（EXC）	−3 778 473.700	3 482 367.772	3 766 522.541
X エンド鏡（EYC）	−3 775 170.073	3 484 932.092	3 767 422.582

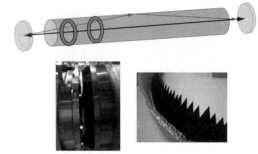

両端の鏡からの小角での散乱を吸収させるため，黒色めっきが施される．バッフルは54度傾けられた円錐状のリングであるが，内側の縁はそこで散乱されるレーザー光の位相がランダムになるよう周期をランダムにした鋸歯の形状となっている．

図5.2.59　光学バッフルの効果の模式図と，実際にKAGRAに設置されるバッフル

(iii) 表面粗さがレーザー波長より小さい
(iv) 実装時に剥がれ落ちない（例えば，薄膜としての曲げ強度や熱衝撃強度，さらには耐摩耗性）
(v) 低気体放出

などが要求される．金属表面の黒化処理法としてはニッケル-リン系化合物のめっきや起毛などがあるが，大型の部品への適用が難しく，表面粗さが大きいため要求する真空特性が得られないことが多い．また，真空特性に優れたDLC薄膜も吸収作用があるが，これは膜内での多重干渉を利用するため膜厚と入射角との間にある関係が成り立つ場合にしか有効ではない．最近開発されたニッケルを基材とする合金めっき層の表面に化学処理を施したものは，処理後に真空ベーキングにより十分な低気体放出となることがわかり，KAGRAではこれを採用している．

（b）低温断熱素材（PETフィルム）からの気体放出　干渉計の両端に置く20Kの低温鏡（直径200 mm, 厚さ100 mmのサファイア単結晶）は，防振システムである長さ13メートルの多段振り子の最終段の質点とし懸架される．また，この鏡に3 km先から入射されるレーザー光の経路の途中には，真空遮断用の光学窓等は光の位相雑音や散乱の原因となるので取り付けることができない．したがって，低温鏡は干渉計全体の真空系と同一の空間に置かれる．なお，鏡の冷却はサファイアファイバーによる熱伝導で行っている．鏡を囲む断熱シールドとして，KAGRAでは厚さ12 μmのPET（ポリエチレンテレフタレート）フィルムにアルミニウムを蒸着したものが用いられている[78]．

図5.2.60はこのフィルムからの気体放出速度を排気時間とともに測定したものであるが（測定は室温），当初は，時間の1/2乗に従って減少しており，これは

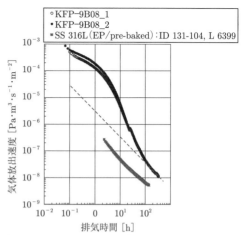

厚さ12 μmのフィルムを20枚重ねて縫い合わせたものが使用される．グラフは重ねたものの表と裏の面積で除した値．

図5.2.60　断熱シールドに使われるPETフィルムからの気体放出速度

フィルム内部に吸蔵された水がフィルム内拡散により徐々に放出されていくからである．200時間の排気を経ると，排気時間の-1乗で変化し始め通常の金属材料に置ける表面からの気体放出過程と同様な挙動となる．この結果から，フィルム内の水が枯渇するのには100時間以上の排気が必要であることがわかる．実際に，さらに厚いPETフィルムでの測定では，この急激な気体放出の低下はより長い排気時間を経ないと見られない．KAGRAでは，鏡の冷却は，十分な脱ガスが終了する200時間の室温排気を経てから開始することとしている．

〔8〕結言

20世紀から21世紀に持ち越された課題である重力波の直接観測は，その実現にだけでなく，さらにそこから重力波天文学が始まるという点にも意義がある．観測感度を高めていくためには広い分野の技術が集積されなければならないが，その多くは，真空の科学や技術に関連するものである．雑音の要因であるゆらぎの現象は，空間の気体分子密度を始め，材料表面からの気体放出や，さらに鏡や懸架に使われる材料の固体内原子の熱揺らぎ，摩擦を利用したねじなどの部品での微細な動き（振動，音響放出）など，多くが真空内で発生する．そして，干渉計の感度が高くなるに従い，これらは低減すべき対象となっていく．

引用・参考文献

1) http://www.spring8.or（Last accessed：2017-12-11）

2) http://j-parc.jp（Last accessed：2017-12-11）

3) K. Togawa, et al.: CeB6 Electron Gun for Low-emittance Injector, Phys. Rev. ST Acc. Beams, **10** (2007) 020703.

4) 財満鎮明ほか：真空，**24**-12 (1981) 660.

5) C. K. Sinclair: Proceedings of the 2003 Particle Accelerator Conference (2003) pp.76–80.

6) H. Oguri, et al.: Operation Status of the J-PARC Ion Source, JPS Conf. Proc., **8** (2015) 011009.

7) J. Le Puff: Nucl. Instr. Meth. A, **239** (1985) 83.

8) W. Heitler: *The Quantum Theory of Radiation* (Oxford University Press, London, 1954).

9) E. Fisher: CERN Report, ISR-VAC/67-16 (1967).

10) N. F. Mott and H. S. W. Massey: *The Theory of Atomic Collisions* (OUP, New York, 1987).

11) フェルドマンほか：表面と薄膜分析技術の基礎（海山堂，東京，1989）.

12) 山本祐靖：高エネルギー物理学（培風館，東京，1973）.

13) W. Hardt: CERN ISR-300/GS/68-11.

14) 小林正典：真空，**27** (1984) 255.

15) K. Fukutani: J. Vac. Soc. Jpn., **49** (2006) 605.

16) O. Grobner: Vacuum, **33** (1983) 397.

17) T. S. Chou: Photon stimulated desorption from aluminum and stainless steel, J. Vac. Sci. Technol. A, **9**-3 (1991).

18) T. Kobari, et al.: Photon stimulated desorption from a vacuum chamber at the National Synchrotron Light Source, J. Vac. Sci. Technol. A, **5** (1987) 2355.

19) K. Kanazawa, et al.: Experiences at the KEK B-factory vacuum system, Prog. Theor. Exp. Phys. 2013, 03A005.

20) M. Izawa, et al.: The vertical instability in a positoron bunched beam, Phys. Rev. Lett., **74** (1995) 5044.

21) K. Ohmi: Beam-photoelectron interactions in positron storage rings, Phys. Rev. Lett., **75** (1995) 1526.

22) E. Keil and B. Zotter: Landau damping of coupled electron-proton oscillation, CERN-ISR-TH/71-58 (1971).

23) S. Kamada: Proc. of the Meeting on Ultra High Vacuum Techniques of Photon Factory Project, KEK, Feb. (1979) p1 (in Japanese)

24) Y. Baconnier and G. Brianti: The stability of ions in bunched beam machines, CERN/SPS/80-2(DI).

25) F. F. Rieke and W. Prepejchal: Ionization cross sections of gaseous atoms and molecules for high energy electrons and positrons, Phys. Rev. A, **6** (1972) 1507.

26) N. Ogiwara, et al.: Vacuum system of the 3-GeV RCS in J-PARC, Vacuum, **84**-5 (2009/12) 723–728.

27) 電気学会技術報告書 第586号，電気学会 (1996).

28) 電気学会技術報告書 第757号，電気学会 (1996).

29) J. Tamura, et al.: Proceedings of the 10th Annual Meeting of Particle Accelerator Society of Japan SAP016 (2013).

30) JAEA-Review 2008-022「J-PARC 使用予定材料・機器の耐放射線特性試験報告集」.

31) 伊野浩史ほか：「真空用 O リングの γ 線による劣化具合の調査」，Shinku，**46**-5 (2003) 397–401.

32) IAEA Technical Report Series No.283 "Radiological Safety Aspects of Operation of Proton Accelerators", p.107.

33) N. Ogiwara, et al.: Ultrahigh vacuum for high intensity proton accelerators: Exemplified by the 3 gev rcs in the J-PARC: Proc. of IPAC11.

34) N. Ogiwara, et al.: Reduction of hydrogen content in pure Ti, Journal of Physics: Conference Series, **100** (2008) 092024.

35) M. Kinsho, et al.: Vacuum system design for the 3 GeV-proton synchrotron of JAERI-KEK joint Project, J. Vac. Sci. Technol. A, **20**-3, May/Jun (2002) 829–832.

36) M. Kinsho, et al.: Titanium flanged alumina ceramics vacuum duct with low impedance, Vacuum, **81** (2007) 808–811.

37) K. Yamamoto, et al.: Estimation of secondary electron effect in the J-PARC rapid cycling synchrotron after first study, Applied Surface Science, **256** (2009) 958–961.

38) 宇宙航空研究開発機構，JERG-2-141 宇宙環境標準.

39) 宇宙航空研究開発機構，JERG-2-310 宇宙機設計標準 熱制御系設計標準.

40) 大西晃：宇宙機の熱設計（名古屋大学出版会，愛知，2014）.

41) 宇宙航空研究開発機構：図説 宇宙工学（日経印刷，2010）.

42) 宇宙航空研究開発機構，JERG-2-130 宇宙機一般試験標準.

43) J.W. Welch: Thermal Testing, *Spacecraft Thermal Control Handbook* (The Aerospace Corporation, 2002).

44) 実用真空技術総覧編集委員会：実用真空技術総覧 (1990).

45) S. Ozawa: *Thermal Deformation Measurement of Onboard Antenna Reflector in Thermal Vacuum Chamber by Photogrammetry* (American Institute of Aeronautics and Astronautics, 2006).

46) N. Iwata: *Solar Simulation Tests of the X-ray Astronomy Satellite ASTRO-H* (American Institute of Aeronautics and Astronautics, 2013).

47) 中村安雄：宇宙開発事業団 φ13 m スペースチャンバーの開発，日立評論，**72** (1990).

48) 北山尚男：13 mφ スペースチャンバー，日本酸素技報，No.9 (1990).

49) 宇宙航空研究開発機構（JAXA）：環境試験技術報

告：第 10 回試験技術ワークショップ開催報告，宇宙航空研究開発機構（JAXA）(2013).

50) 吉田俊之：大型熱真空試験設備，大陽日酸技報，No.33 (2014).

51) L. Homyak: *Unique Test Facilities Available at Plum Brook* (American Institute of Aeronautics and Astronautics, 1994).

52) D. Lichodziejewski: *Vaccum Deployment and Testing of a 20M Solar Sail System* (American Institute of Aeronautics and Astronautics, 2006).

53) D. S. Adams: *Mars Exploration Rover Airbag Landing Loads Testing and Analysis* (American Institute of Aeronautics and Astronautics, 2004).

54) P. Cleveland: *Enhancements to the NASA/ Goddard Space Flight Center (GSFC) Space Environment Simulator (SES) Facility to Support Cryogenic Testing of the James Webb Space Telescope (JWST) Integrated Science Instrument Module (ISIM)* (American Institute of Aeronautics and Astronautics, 2010).

55) J. L. Homan: *Creating the Deep Space Environment for Testing the James Webb Space Telescope at the Johnson Space Center's Chamber A* (American Institute of Aeronautics and Astronautics, 2013).

56) K. Brieb: Spacecraft Design Process, Handbook of Space Technology (2008).

57) A. Popovitch: *Upgrade of ESA Large Space Simulator for Providing Mercury Environment* (American Institute of Aeronautics and Astronautics, 2011).

58) J. Schilke: *BepiColombo MOSIF 10 SC Solar Simulation Test* (American Institute of Aeronautics and Astronautics, 2011).

59) A. B. Uygur: Turkey's New Assembly, Integration and Test (AIT), IEEE (2015).

60) A. Komori, et al.: Fusion Sci. and Technol., **58** (2010) 1.

61) 赤石憲也ほか：真空，**37** (1994) 56.

62) O. Kaneko, et al.: Nucl. Fusion, **39** (1999) 1087.

63) R. Sakamoto, et al.: Nucl. Fusion, **41** (2001) 381.

64) A. Komori, et al.: Fusion Sci. and Technol., **46** (2004) 167.

65) A. Komori, et al.: Nucl. Fusion, **45** (2005) 837.

66) M. Tokitani, et al.: Nucl. Fusion, **45** (2005) 1544.

67) S. Takamura, et al.: Plasma and Fusion Res., **1**-051 (2006) 051.

68) H. Sugai, et al.: J. Nucl. Mater., **220-222** (1995) 254.

69) M. Tokitani, et al.: J. Nucl. Mater., **438** (2013) S818.

70) T. Nagasaka, et al.: Nucl. Fusion, **46** (2006) 618.

71) T. Muroga: Mater. Transactions, **46** (2005) 405.

72) Y. Aso, Y. Michimura and K. Somiya: The KAGRA Collaboration, Phys. Rev. D, **88** (2013) 043007.

73) Y. Saito, Y. Ogawa, G. Horikoshi, N. Matuda, R. Takahashi and M. Fukushima: Vacuum, **53** (1999) 353.

74) Y. Saito, G. Horikoshi, R. Takahashi and M. Fukushima: Vacuum, **60** (2001) 3.

75) R. Takahashi, Y. Saito, M. Fukushima, M. Ando, K. Arai, D. Tatsumi, G. Heinzel, S. Kawamura, T. Yamazaki and S. Moriwaki: Shinku, **47** (2004) 696.

76) R. Takahashi, Y. Saito, M. Fukushima, M. Ando, K. Arai, D. Tatsumi, G. Heinzel, S. Kawamura, T. Yamazaki and S. Moriwaki: J. Vac. Sci. Technol. A, **20** (2002) 1237.

77) Y. Saito, F. Naito, C. Kubota, S. Meigo, H. Fujimori, N. Ogiwara, J. Kamiya, M. Kinsho, Z. Kabeya, T. Kubo, M. Shimamoto, Y. Sato, Y. Takeda, M. Uota and Y. Hori, Vacuum, **86**, (2012) 817–821.

78) T. Ohmori, S. Takada, Y. Sato, Y. Saito, R. Takahashi and J. Cryo: Super. Soc. Jpn., **46** (2011) 408.

5.3 産業用各種生産装置

5.3.1 概　　要

現在，市場で販売あるいは自社製作されている真空装置や真空機器は農業から原子力まで非常に広い用途に用いられている．真空を使ってものづくりを行う場合，何を作るかが目的であって，どう作るかは作る人あるいは企業の専門的技能や技術情報であるため，なかなか表に出てこないことがある．

われわれがある製品を見て，どういう方法でそれを作ったかを想像するには，その道の専門家でないとわからないことが多い．ガラス板に金属の膜が一面に成膜されたものを見せられ，この膜は何であって，化学成膜か真空成膜か湿式のめっきか等，いろいろある金属膜成膜技術のどの方法で形成したものかを知ることはその道の専門家でも難しい．まして膜や加工状態が見えないケースは想像のしようがない．例えば，白菜のような野菜が内部まで数℃の温度に冷却されたものを見せられ，これがわずか 20 分ぐらいで真空急速冷却できたものだといわれても，それがどのような技術なのか，簡単には想像がつかない．またコンクリート舗装の道路建設現場で，コンクリート打ち直後から真空脱水施工が行われていることを知っている真空学会

や真空工業会の真空技術者は非常に少ない．この真空コンクリート工法は真空脱水後数時間で人が歩いて次工程の工事が行えるコンクリート舗装施工技術である．

ここに述べた冷却や真空コンクリート工法等の真空利用技術の多くは，それぞれの産業界では大気より少し低い減圧状態を使う感覚で真空を使用している．この領域は低真空レベルの真空で，真空学会や真空工業会が求めてきた真空技術は高真空，超高真空およびこれらを用いた利用技術に指向してきたといえる．翻ってみれば JIS Z 8126-1: 1990 では「真空とは大気圧よりも低い圧力の気体で満たされた空間内の状態」と表記されており，低真空領域を志向してきた方々はまさしく JIS Z 8126 が示す概念の真空技術をひたすらに利用していたのである．

ここではこのような観点から真空の性質を再考して，その性質をどのように利用しているか等，真空利用事例を紹介する．真空の利用技術への発展のヒントにしていだければ幸いである．

5.3.2 真空の五つの性質

前項で述べたように真空を利用する観点から真空技術を見たとき，真空の持つ性質を五つに分けると，理解も説明もしやすい．

〔1〕 "差圧" を利用する

真空と大気圧の違い "差圧" を利用したたくさんの事例がある．『真空』は大気圧より圧力が低いため，大気中に真空の領域を作るとその境界に差圧が生じ，大気圧側から真空側に圧力が加わる．この力を利用すると吸着や搬送や脱ガス等の仕事ができる．

〔2〕 "断熱" を利用する

空気は熱を運ぶ性質を持つために温度差のある物質の間では，高温の物質から低温の物質に熱を運ぶ空気の流れ，すなわち「対流」が生じる．『真空』には空気がないため，熱を運ぶ手段が絶たれる．このため真空にすることで断熱ができる．

〔3〕 "蒸発" を利用する

蓋をしたコップの中の水は容易に蒸発しない．液体と空気の界面にある大気には水蒸気をいっぱい含んでおり，それ以上吸収できないからである．この空気の層を取り除けば水は容易に蒸発することができる．すなわち『真空』または『減圧』環境に置けば液体は蒸発しやすくなる．

〔4〕 "酸素のない" 環境を利用する

『真空』は大気より圧力が低いため，空気の絶対量が小さくなり，それにつれて酸素の濃度も小さい．真空中は低酸素の環境であるため，酸化などの反応を防止することができる．

〔5〕 "放電" を利用する

放電現象には火花放電，コロナ放電，グロー放電，アーク放電などさまざまな形態がある．低圧の気体中で持続的に起こるグロー放電は，正負の電極の間で加速された電子が気体分子に衝突して気体分子をイオン化し，そこで同時に放出された電子がまた加速されてつぎの気体分子に衝突し…，という連鎖が雪崩現象的に起こるものである．大気圧中では，空気の密度が高すぎて，電子がイオン化エネルギーを超えるまで十分に加速される前につぎの気体分子に衝突するので，イオン化の連鎖が生ぜず放電が起きない．また，高真空下で気体分子密度が低すぎても，電子と気体分子の衝突が起きず放電は起きない．したがって，グロー放電が起きるのは，その間のある圧力範囲である（電場の強さ，気体分子種に依存するが，おおむね 10 kPa～1 Pa の範囲で観測される）．

この五つの性質を図表にしたのが 図 5.3.1 である．

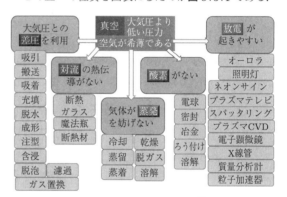

図 5.3.1　真空の五つの性質[1]

5.3.3 差圧を利用する

大気圧と真空の差圧を利用する技術は最もポピュラーに広く使われている．これらの使用例をよく見ると，この差圧は最も大きな場合でも大気圧相当の 10^5 Pa であるにもかかわらず，非常にうまく使っている．

〔1〕 絶対圧とゲージ圧

差圧を利用するときの圧力は，ほとんど大気圧に近い領域の圧力を用いている．真空科学で使う圧力は絶対圧と呼ばれる単位系を使っている．単位は Pa（パスカル）で表示され，他の SI 単位で表示すれば N/m^2 である．すなわち，大気圧は 1 平方メートル当り約 10^5 N の力がかかった状態である．大気圧に近い圧力を取り扱うグループの業界に圧空系がある．この分野ではゲージ圧を用いている．しかも，単位は絶対圧と同じ Pa を用いている．

真空科学と圧空業界で使う単位には根本的な考え方

の違いがある．真空科学の絶対圧は大気圧を標準大気圧（1.01325×10^5 Pa）と定義しており，一方の圧空業界のゲージ圧はそのときの大気圧を 0 Pa と定義している．一般的にゲージ圧を表示するときは Pa の後に G を付けて PaG と表示し，かつ，真空側の負圧表示のときはマイナス（−）を付けて表示するのが一般的である（図 5.3.2 参照）．しかし，両者が混在するときは，ゲージ圧は PaG，絶対圧は Pa（abs）と表示することがある．しかし，圧空業界のカタログや資料を見るとマイナスも G，abs の表示を付与していないことが多いので注意が必要である．

ゲージ圧 [MPaG]	絶対圧 [Pa]
0.10	$2.026\,494 \times 10^5$
0.08	$1.823\,845 \times 10^5$
0.06	$1.621\,195 \times 10^5$
0.04	$1.418\,546 \times 10^5$
0.02	$1.215\,896 \times 10^5$
0	$1.013\,247 \times 10^5$
−0.02	$8.105\,976 \times 10^4$
−0.04	$6.079\,482 \times 10^4$
−0.05	$5.066\,235 \times 10^4$
−0.06	$4.052\,988 \times 10^4$
−0.08	$2.026\,494 \times 10^4$
−0.09	$1.013\,247 \times 10^4$
−0.10	$1.013\,247 \times 10^3$
−0.10	$1.013\,247 \times 10^2$
−0.10	$1.013\,247 \times 10^1$
−0.10	$1.013\,247 \times 10^0$
−0.10	$1.013\,247 \times 10^{-1}$

図 5.3.2　絶対圧とゲージ圧の対比[2]

〔2〕 吸 引・搬 送

（a）ストロー（吸引）　何気なく差圧を使っているのが飲料をストローで飲むメカニズムであろう．人はジュースを飲むときにストローを使う．人の口腔内はそのとき無意識に減圧状態を作っている．コップの中のジュースは大気圧に押されているが，ストローの吸い口側が大気圧に開放されているときは何も起こらない．このストローの吸い口をくわえ，口腔内を減圧状態にすると，ストローの中の力のバランスが崩れ，大気圧に押されたジュースが減圧状態の口腔内に押し込まれるように流れ入るのである．この動作を何人も大気圧や口腔内が減圧状態にあるという認識は持たずに行っている．しかし，これは差圧を用いた吸引に相当する技術である．

（b）ニューマチックアンローダー（吸引搬送）[3],[4]
ストローの吸引を大掛かりにしたのが，港湾等で穀物などの荷揚げをするときに用いられるニューマチックアンローダーである．小麦，トウモロコシ，大豆等の穀物などはばら積み船に乗せられ港から港に移送される．荷揚げにはチェーンバケット式などの機械式のほか，真空吸引機構を用いて船倉から地上のサイロまで穀物を吸引搬送している．毎時 400 トンの搬送能力がある．

使われている真空源は，多段のターボブロワー，ルーツブロワー等が使われる．圧力は 50 kPa（a.u.）レベルの真空である．

（c）真空掃除機（吸引）　吸引を一般家庭に持ち込んだのが掃除機（電気掃除機，真空掃除機）である．掃除機は戦後のテレビ以前の家電三種の神器として電気冷蔵庫，電気洗濯機，電気炊飯器等とその席を争ったものである．日本語では単に掃除機であるが，米語で a vacuum は真空掃除機をかけること，という名詞である．vacuum は動詞では真空掃除機をかけるとなる．

掃除機は内部にモーター直結のターボファンを備えており，ファンの吸引力で減圧状態を作りごみや塵を吸い込み，紙パックなどに塵をため込む．空気は紙パックの繊維を通過して後部に排出している．紙パックはフィルターでろ過の役目をしている．ターボファンの吸込み圧を測定したところ，風量ゼロ時（到達圧力時）であるがブルドン管で −0.035 MPaG（−350 hPaG）であった（図 5.3.3 参照）．

図 5.3.3　真空掃除機の圧力測定

JIS C 9108：2009 によると[6]，掃除機の空気を吸い込む能力を表す指標で空気力学動力曲線の最大値を吸込み仕事率と定めている．空気力学動力 [W] は以下の式で真空度 [Pa] と風量 [m^3/min] から求めるとしている．

空気力学的動力 $= 0.01666 \times$ 風量 $\times$ 真空度

メーカーのある機種の吸込み仕事率が表で与えられていた[5]のでグラフにした（**図 5.3.4** 参照）．これによると仕事率が最大の 400 W のときの吸込み圧力は −0.025 MPa（G）で，絶対圧では 750 hPa（3/4 気圧）となる．

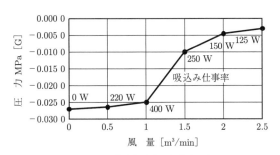

図 5.3.4　真空掃除機の風量と圧力

最近，900 hPa クラスの台風が日本に接近してきたが，750 hPa の掃除機には及ばないが，熱帯低気圧の台風は真空掃除機の巨大なものが地球表面を掃除しているようなものと考えてよい．最近サイクロン式トルネード®等の掃除機が出回っているが，サイクロンとはインド洋に発生する熱帯低気圧で，トルネードは米大陸に発生する竜巻のことである．

（d）PSA，PVSA 式酸素濃縮機（吸引）[7]〜[10]

酸素を空気中から抽出して利用する技術が PSA（pressure swing adsorption），PVSA（pressure vacuum swing adsorption）という酸素濃縮機である．これらは酸素を必要とする産業や医療現場など多くの幅広い分野で用いられている．原理はゼオライトの結晶孔の大きさにより加圧下の酸素や窒素の吸着容量が異なる性質を利用した分子ふるいに基づいている．PSA と PVSA の違いは，PVSA が吸着効率を高めるため，PSA の吸着工程の中に真空ポンプを設けているものである．**図 5.3.5** に PVSA 式酸素濃縮機の原理図を示した．装置の構造は，ゼオライトの詰まった吸着塔 A，B と空気を吸引する空気ブロワー，濃縮ガスを排出するバッファー槽，吸着効果を上げるためのルーツ真空ポンプを配置してある．この装置は交互に吸着塔を使用するために吸着塔近辺には導入部，排出部にバルブ機構が設けてある．空気ブロワーの反対方向に吸着効果を上げるためのルーツ真空ポンプがバルブ機構を通じて接続されている．PSA にはこのルーツ真空ポンプがない．

PVSA の動作方法を追ってみる．吸着塔 A に空気ブロワーで空気を吸引して 0.01〜0.05 MPaG ほどに昇圧して吸着塔 A に流し入れる．このとき吸着塔 A の上部バルブは開放，バッファー槽のバルブも開放してあ

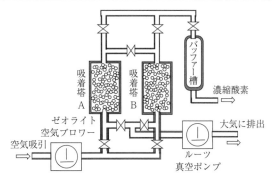

図 5.3.5　PVSA 式酸素濃縮機の原理図

る．吸着塔 A に入った空気のうち窒素はゼオライトに吸着され，酸素は通過してバッファー層を通過して製品酸素となる．このときの吐出圧はおおむね 0.03 MPaG ほどである．数十秒後吸着塔 A は切り替えられ，吸着塔 B に圧縮空気は導かれ，吸着塔 A にたまった窒素は下方のバルブから真空ポンプで減圧され，大気中に排出される．吸着塔 B を通った濃縮酸素はバッファー槽を経て製品酸素として送り出される．このようにして濃縮された酸素は 90〜95% 程度に濃縮されている．装置の規模によるが酸素の生産量は数百 N·m³/H である（N·m³ は 0℃，1 気圧の標準状態に換算した体積）．

〔3〕吸　　着

（a）吸着パッド　一般家庭のキッチンや居間などで使われている吸着パッドをご存知だろう．軟らかいゴム系材料で吸盤形状をしたものであるが，これを平らな壁やタイルなどに押し付けると吸盤のパッドの内側と板の間の空気が追い出され，ゴム系吸盤の復元力のためにこの空間が真空状態になる（**図 5.3.6** 参照）．この結果，ゴム状吸盤を押す大気圧が壁やタイルに押し付けられて固定される．この結果として吸盤の先端にキッチン用品やハンガーなどを吊り下げることがで

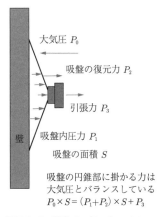

図 5.3.6　吸着パッドの力のバランス

（b） 搬送ロボット[11],[12]　大型工作機械に鉄板などを挿入する場合，人手では危険を伴うため，多くの場合産業用の搬送ロボットを用いている．図5.3.7に示す，5〜6cm直径の吸着パッドを必要個数並べて，吸着パッドと近傍に置いた真空発生器を結べば，重量物の吸着搬送が容易にできる．これを用いると吸着と搬送・脱離の制御や位置制御も容易に行えるようになる．

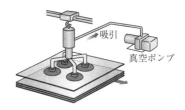

図5.3.7　吸着搬送ロボット[11]

〔4〕　含　浸・充　填

スポンジのような多孔質の物質の中に液体を入れるにはどうすればよいだろう．スポンジを水に浸し何度か握って離すと内部の空気が押し出され，内部に水が入るようになる．一般にはスポンジに水を含ませたというが，産業用語では真空含浸という．

真空含浸でスポンジの中に液体を入れるには，スポンジを真空容器に入れて，内部の空気を真空ポンプで排気する．十分に排気ができたら，真空容器内に液体を満たして大気圧に戻す．スポンジの中の空気が抜けており，液体はスポンジの空間に浸透していき，大気圧に押されて余すことなく浸透する．この状態で液体を抜くと含浸が完了する．真空含浸の原理図を図5.3.8に示す．

（a）　木材への防腐剤の含浸[14]〜[17]　木材は細胞でできているので，内部では隙間だらけである．繊維方向の細胞は強固で，この木材の中に防腐剤や防蟻剤などの薬液を含ませるにはどうすればよいのだろうか．木材は硬くてスポンジのようにつぶして染み込ませることはできない．このため，大気と真空の差圧を利用して木質内の空気や水分を抜き，空隙になった部分に外部から薬液を染み込ませている．製材した木材を，電子レンジ機能を備えた真空容器の中に入れる．減圧状態の中で木材を電子レンジの高周波電波を照射すると，木材の内部や外皮部分の水分が加熱され，木材内部から外に向けて水が吸引されて出てくる．この状態は真空乾燥に相当する．適宜乾燥が進んだ時点で薬液を真空容器内に満たして，外部より容器内を加圧する．これにより木材の繊維の中に薬液が押し込まれ，その後大気中に取り出したときには木材内部まで薬液が浸透して含浸が完了する．

杉材のような針葉樹の場合は細胞壁が堅牢でこのような真空乾燥では細胞壁が壊れないため爆砕という手法がとられる．真空容器を耐圧容器構造に作り，木材を入れ空気を数気圧に加圧注入し，これを瞬間に開放して細胞内部の隔壁を壊す．これを10数回繰り返して隔壁を壊す．通気性が改善できたら，その後は先の真空乾燥同様に真空排気後高周波加熱を行って水分を排気し，高周波加熱で真空乾燥を行ったあとに薬液の真空含浸を行っている[17]．

（b）　航空機軽量化の要CFRPのレジン含浸[18]〜[20]

2000年後半から2010年前半にかけて，日本の航空機製造用素材メーカーは米国や欧州の航空機メーカーから大量の航空機部材の受注契約がまとまり，工場拡大や設備投資が盛んになっている．その要となっているのが炭素繊維を用いた構造材CFRP（carbon fiber reinforced plastics）である．この炭素繊維素材は古くから知られてはいたが，製造技術が難しく世界の競合メーカーは開発を断念していた．日本のメーカーだけがコツコツと研究開発を進め，軽くて鉄よりも強い構造材料に仕上げることに成功した．構造材にする製法はいろいろあるが，代表的なのがVaRTM（vacuum assisted resin transfer molding）である．この技術は真空圧と大気圧の差圧を利用して織物や繊維で形成した基材に樹脂を含浸した後に加熱硬化させて，複合剤を形成する技術である．

カーボン繊維を編んだり重ねたりして布状にしたものを，航空機部品の形状にした成形型の上に載せ，その上に樹脂製のバキュームバッグで覆い周囲をシール

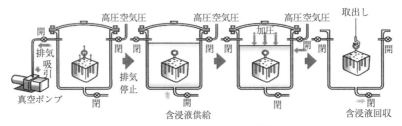

図5.3.8　真空含浸の原理図[13]

する．バッグの一方からバッグ内および繊維内の空気を真空ポンプで抜き取り減圧することで，ポンプと反対側からエポキシレジンを吸引させ，空気の抜けた繊維内に染み込ませ，その後全体を加熱してエポキシレジンを硬化させている．

この素材は比重が 1.53，引張強度が 3.9 GPa，ヤング率が 225 GPa とアルミニウムに比べて比重で 0.6 倍と軽く，引張強度で 10 倍，ヤング率で 3 倍強の強さを持つ．航空機のほかに自動車，風力発電，次世代鉄道台車，スポーツ用品など多くの産業から期待されている素材である．

〔5〕 脱　　　水

土木工事等で地中やコンクリートの水分除去の目的で脱水を行うことは多い．真空は土木関連にも数多く使われている．

■ **真空コンクリート**[21)~23)]　　読者諸氏は坂道で O リングの跡が付いたコンクリートの舗装道路を見たり歩いたりしたことがあるだろう（**図 5.3.9** 参照）．このコンクリート舗装は真空コンクリートという工法で施設されたものである．コンクリートを坂道に設置するときは早めに水を抜かないと水分濃度が一定にならないため強度などが不均一になる危険がある．これを改善するために，生コンクリートを流した後，すぐにスペーサーと滑り止めの役割をする O リングを敷き詰め，その上にサクションマットをかぶせて，マットの中央部を真空ポンプに接続し，マットの下のコンクリート面を減圧状態にする．

図 5.3.9　真空コンクリート施工道路事例

減圧下のコンクリート表面にはおよそ $7〜8\ \text{ton/m}^2$ の大気圧がかかり，水は真空に吸引されて抜けていく．このようにコンクリートの水和反応に不必要な余剰水を物理的に除去できる．この工法により，コンクリートの初期強度の増加，圧縮強度の増加，耐摩耗性の向上，吸水性の大幅な改善が図られる．この工法は欧州で開発され，日本の各地で使われている．

〔6〕 射出成型・成形・注型

身の回りで使われる用具や器具はいろいろな材料でできている．木，金属，ガラス，陶器，プラスチックが代表的だろう．ことにプラスチックは至るところで多用されている．プラスチックは加熱すると融け，冷えると固まる性質のため，型に入れて製造でき，安価で大量生産に向くことから他の素材を大きくしのいでいる．本題の射出成型，成形，注型はプラスチック加工法の代表的なものである．日本語の言葉からでは何がどの加工法か理解しにくいが，英語表記は比較的区別しやすいので以下の項目では英語表記も加えた．

（a）**真空射出成型**（vacuum injection forming）[24)]

射出成型で作られるものは形や厚みや幅などが特定されない容器や造形物などの製造に用いられる．成型法は樹脂のペレット（小粒素材）を溶かして金属の金型の中に圧入して冷やし固めて作るものである．成型時間は数秒から数十秒程度である．一つの金型で同じものをたくさん成型する多数個取りから，1 個だけ成型するものなどさまざまである．

金型は精度と表面の滑らかさが命で，その製造技術は日本が世界の中でも突出した技術を持っている．金型は多くの場合 2 分割であるが，表面の仕上げ精度のために溶けた樹脂が入ってきたとき，内部の空気が抜けにくい構造でもある．このため緻密な製品を成型する場合，空気の逃げ場がなくなり成型品に気泡として残る場合がある．このような場合，金型の中の空気が抜ける通路を設ける必要があり，この通路の先はバルブを介して真空ポンプに接続して射出成型するときに真空排気している．

（b）**真空成形**（vacuum forming）　　各家庭のキッチンでは毎日 3~6 個ほどの食材容器が使用済みで廃棄される．豆腐の容器，惣菜の容器，ヨーグルトなどの容器，魚介類の発泡スチロール容器等である．これらはほとんどが真空成形機で形付けられた容器である．これらは使い捨ての容器を極限まで安価に製造する技術として確立されたものである．**図 5.3.10** に真空成形による樹脂容器の工程図を示した．

巻取りロールから引き出した薄いフィルムを所定の大きさに切り出して保持し，加熱する．これを雌型の上に移動して型内部を真空吸引する．吸引された樹脂は加熱されて軟化しており，雌型の内側に引かれて成形される．型が冷えているのですぐに固化され剥離して不要な端部を切断して成形が完成する．この間の操作は自動で行われるためにコストは材料費と生産のランニングコストだけである．

このときの吸引圧力は $10^2〜10^4$ Pa 程度の圧力である．ポンプは油回転真空ポンプのほかダイヤフラムポ

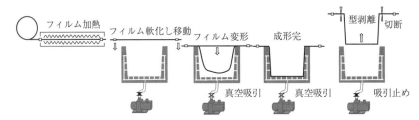

図 5.3.10 真空成形による樹脂容器の工程図[25]

ンプ，スクロールポンプ，ベーンポンプ，フロワーなど数多くの種類のポンプが用いられている．

（c） **真空注型**（vacuum casting）[27]　真空注型は子供のおもちゃから家電製品の開発，新車の開発まで幅広く用いられている樹脂製部品の製造技術である．

樹脂の成型に使われる金型は非常にコストが掛かり，試作段階から高価な金型を用いて樹脂を成型することは困難である．そこで金型に代わって精度の良いシリコーン型を用いて成型する技術が真空注型である．

真空注型ではまずマスターモデルの製作が必要である．実物もしくはそれ相応に製作された実物大の木型や最近では光造形などで製作したマスターモデルを製作する．マスターモデルは注型されてでき上がる製品と同じ形状の雄型である．つぎにこのマスターモデルを用いて注型に用いるシリコーン型を製作する．作業台に箱状の型枠を置き，この中にマスターモデルを周囲の空間を保って設置して，別な装置で真空脱泡された二液混合のシリコーン樹脂を箱状の型枠の中に注ぎ樹脂が重合して固まるのを待つ．精密な型の場合はマスターとシリコーン樹脂の間にできる気泡を排除するために箱状の型枠を真空容器に入れて脱泡することもある．固化したシリコーン型は内部のマスターモデルを取り除くためにナイフやカッター等で切り開きマスターモデルを取り出す．シリコーン樹脂は柔らかく複雑な形状も原型をなぞらえることができる．これによりシリコーン型（樹脂型）が完成する．

このようにしてできたシリコーン樹脂を型にしてこの中に二液硬化型のウレタン樹脂等を注入して本番の製品樹脂を作る．ここからが真空注型である．二液混合樹脂は気泡ができやすいため混合液を真空中に入れて脱泡する．装置は図 5.3.11 に示すように真空容器の中に先に作ったシリコーン型を置き，その上に注入用二液混合樹脂の容器を置く．真空注型装置を真空に排気して脱泡を行う．大気中で混合された樹脂液は真空にさらすと，大気圧中で攪拌されて内蔵された気泡が減圧された周囲の圧力バランスが崩れて大きく膨れ上がり，脱泡が始まる．脱泡が一段落したところで二液硬化性樹脂を型の中に流し入れる．型の中の空気

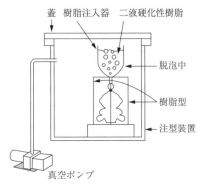

図 5.3.11 真空注型装置[26]

も抜けているので速やかに型の中に充填される．ウレタン樹脂が行き渡った頃に容器内を大気圧に戻し，二液混合樹脂の重合を待ち固化された頃にシリコーン型を外すときれいな樹脂成型品ができる．真空注型は使用する樹脂が自由に選べない問題はあるが，その簡便さや低コスト面から子供の玩具，電気製品や自動車の試作開発段階の形状模型を作るには最適で多く使われている．

〔7〕ろ　　　　過

ろ過というと，ろ紙容器に入れたコーヒーや紅茶にお湯を注ぎ，こし出すのがろ過である．嗜好家にはきわめておなじみである．この場合，ろ過された液体（コーヒー）がろ過の目的か，ろ過された茶葉（かす）が目的か微妙なところであるが，ろ過とは固体や気体や液体の混合物から固体を気体や液体から分離し，こし取る技術である．分離された液体または固体のいずれかを利用する，また固体液体の両方の利用がある．

■ **抄紙機のろ過**[30)～32)]　新聞紙や包装紙，業務用印刷紙など市民生活には不可欠な紙（いわゆる洋紙）である．この洋紙を製造するのが大手製紙会社で，巨大な製紙機械すなわち抄紙機を用いて製造している．抄紙機の前の部分と後の部分を分けて図 5.3.12 と図 5.3.13 に分けて示す．

紙の原料はパルプである．パルプは木材の繊維を細かく砕いたものが原料である．この原料を薬品処理し

図 5.3.12 長網多筒式抄紙機ウエットパート[28]

図 5.3.13 長網多筒式抄紙機のドライパート[29]

て洗浄,漂白などの工程を経て滑らかなパルプの溶液にする.溶液であるからパルプ原液は 100％ が水である.このパルプ溶液を所定の厚さの紙に抄くのが抄紙機である.

抄紙機がパルプ溶液を受けて水をろ過して脱水して乾燥して紙に仕上げていくことになる.パルプ溶液が数百 m/分の速さで走っている金網状のベルト(ワイヤパー ト)に流し込まれていく.ワイヤパートに流し込まれたパルプの繊維はワイヤパートに抄かれ,水はワイヤパート全域に設置されているサクションボックスという水柱 $-50〜-400$ mmAq ($-4.9 \times 10^2 〜 -3.9 \times 10^3$ PaG) 程度に減圧された箱の上部を通過するときに吸引されて強制的にろ過されていく.サクションボックスは湿式ルーツポンプなどを用いて減圧状態を作っている.

ワイヤパートのあとにもサクションボックス内蔵のクーチロールがあり,ここを通過すると水分量は 80％ 台に脱水される.

このあと紙はワイヤパートからプレスパートでロールに挟んで水を切り,次工程のドライヤーパートでは,加熱したいくつものロールの間をくぐらせて乾燥させていく.

5.3.4 断熱を利用する[33),34]

熱の伝わる仕組みは高等学校あたりの物理で学んだような気がする.熱の移動には物質の中を熱が伝わる熱伝導,空気や気体が熱を運ぶ対流,高温の物質から放射される輻射の三つがある.

この熱の移動を絶つためには,熱伝導は熱伝導率の小さな材料を用いる.対流は対流の根源となる気体を排除して真空にする真空断熱,輻射はエネルギーを運ぶ電磁波を遮断するシールドを設けるなどがある.

上述したもののうち真空断熱には 3 種類の手法がある.第一は真空断熱,第二は真空粉末断熱,第三が多層断熱である[34].真空断熱は断熱空間を高真空に保持し気体による熱伝導を遮断したものである.真空粉末断熱は断熱のための空間に熱伝達係数の低い粉末を充填して断熱空間を真空に保持したものである.多層断熱は断熱のための空間に熱輻射を遮断する輻射シールド材を幾重にも積層し,断熱空間を真空に保持したものである.上記 3 種の真空断熱法の断熱効果は多層断熱が最も優れており,そのつぎが真空粉末断熱,つぎが真空断熱である.真空断熱は輻射伝熱が完全に防げない.真空粉末断熱は粉末を伝わる伝熱が微量ではあるが残る.

〔1〕 真 空 断 熱

真空断熱は魔法瓶や真空断熱ガラスに用いられている.断熱空間を高真空に保持し,気体による熱伝達を遮断したものである.

(a) 魔法瓶の真空断熱[36),37]　ガラス製の魔法瓶の中をのぞくと銀色に光ったガラス容器の底を見ることができる.図 5.3.14 に魔法瓶の構造を示す.二重に作られたガラス細工容器の内側を銀鏡反応で銀めっきし,内部を洗浄後真空に排気して封じてある.

ガラス二重容器の内部が真空になっているため空気

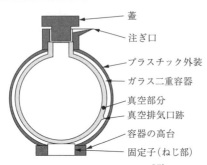

図 5.3.14 魔法瓶の構造[35]

の対流よる熱伝達を防ぎ，ガラスの内面を銀めっきすることにより熱輻射の遮断を行っている．真空の封じ切り圧力は $10^{-3} \sim 10^{-2}$ Pa 台である．この真空二重容器を納め外周をキッチン調品品にデザインしたものが魔法瓶である．1978 年日本酸素（現太陽日酸）がステンレス製の真空断熱魔法瓶を開発[37]，世界中に広まった．現在ではステンレス製の魔法瓶が堅牢であることからガラス製魔法瓶をしのいでいる．

（b） **真空ガラス**[39]　省エネルギー対応の窓ガラスとして真空ガラスがある．このガラスは 1997 年に開発・販売された高断熱の一般家庭・オフィス向けのガラスである．**図 5.3.15** に高断熱真空ガラスの構造を示す．2 枚のガラスの間を真空に保ち，周囲はアルミサッシの枠で囲い，ガラスとの間は樹脂のシールで気密固定してある．構造は魔法瓶と同じである．真空ガラスの場合は，大きな面積の平行平板ガラスの内部を真空に保つと，ガラスはたわんで中央部は接触する．このため 2 枚のガラスの間に，直径 0.6 mm，高さ 0.2 mm の金属製のマイクロスペーサーを 20 mm 間隔で挿入固定してある．この空間は 10^{-2} Pa レベルの真空に保たれ，対流の発生を防いでいる．熱の伝達は対流だけでなく輻射がある．外気からの熱輻射を遮断するために，外側のガラスは内面（真空側）にきわめて薄い酸化スズや銀などの薄膜を形成した Low-E ガラスが用いられている．薄膜で太陽光からの赤外線を反射して室内への侵入を防いでいるのである．これらの技術により，高断熱ガラスの熱還流率は $1.5W/m^2 \cdot K$ を達成，1 枚ガラスの 6 $W/m^2 \cdot K$ に比べて 75％の省エネを実現している．

〔2〕　**真空粉末断熱**[42]

真空粉末断熱は，断熱のための空間に熱伝導率の低い粉末を充填して断熱空間を真空に保持したもので，おもに LNG ガスや液化ガスなどの保管や運搬用のタンクや容器の断熱に用いられている．

■　**液化ガスの貯蔵タンク**　酸素や窒素などの液化ガスの沸点は -183℃，-196℃と極低温である．このため液化ガスを取り扱うにはしっかりした断熱が行える真空断熱設備が不可欠である．液化ガスタンクの外観写真を**図 5.3.16** に，内部構造を**図 5.3.17** に示す．ガスタンク容器の内部にパーライトやシリカ，ゼオライトなどの粉末を詰め込み，これら粉末と容器内の隙間の空気を真空ポンプで排気して封じきっている．詰

図 5.3.16　病院に設置された液化ガスタンク[40]

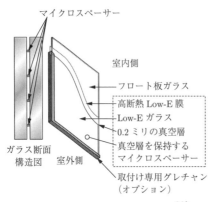

図 5.3.15　高断熱真空ガラスの構造[38]

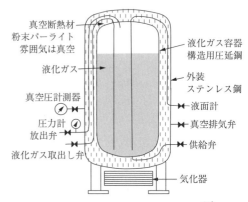

図 5.3.17　液化ガスタンクの内部構造[41]

め込まれた粉末は多孔質の材料であるため熱伝導率は非常に低く，多孔質物質の周辺は 1 Pa 以下の真空にして対流を防ぎ，熱遮蔽性を高めている．

真空粉末断熱は LNG 運搬船の液化タンクにも使われている．LNG 運搬船の球形のタンクは二重構造のタンクになっており，その間の空間にパーライトなどの断熱材を詰め込み，内部を真空に排気して封じたものである．

〔3〕 多 層 断 熱

真空断熱の問題点は高温側の材料の低温化が十分図れず，高温側からの熱輻射が抑えきれないことであった．この問題を解決するために多層断熱では真空断熱の真空のスペースに熱輻射を遮断する方向にシールド層を多数積層して挿入している．その結果，多層断熱はいまでは最も断熱効率の良い断熱技術で，磁気共鳴画像診断装置（MRI）やリニア新幹線等の超電導材料の極低温冷却の断熱に用いられるようになった．

（a） 磁気共鳴画像診断装置の真空断熱[45]〜[48]

磁気共鳴画像診断装置は MRI（magnetic resonance imaging）と呼ばれ，人体内に発生する悪性腫瘍などの様子を画像に映し出す装置である．

人体を強力な磁場の中に入れ，人体を構成する水素原子を強磁場で共鳴させると，悪性腫瘍部分の水素原子核は磁場に共鳴して異常な挙動を示す．MRI では，コンピューターが悪性腫瘍の部分と正常の部分の水素原子核の振舞いの違いを画像の白黒として認識する．

この強力な磁場は，超電導コイルによる磁石で作り出している．超電導コイルは NbTi 系の超電導合金で，これを作動させるには極低温の −269℃（4 K）に冷却する必要がある．MRI 装置を図 5.3.18，その断面図を図 5.3.19 に示す．

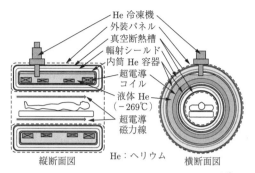

図 5.3.19 超電導磁気共鳴画像診断装置断面図[44]

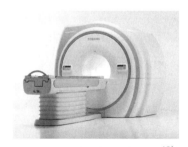

図 5.3.18 磁気共鳴画像診断装置[43]

装置中央部の人の入るスペースは非常に狭く，超電導コイルを設置した外側の部分がこの装置の大半を占める．超電導コイルの収納されている容器は数本のコイルと液体ヘリウム（4 K）が入っており，最上端部にはヘリウムの冷凍機が接続されている．そして，超電導コイルが収納されている容器の周囲は多層断熱槽が取り囲んでいる．すなわち，超電導コイルと多層断熱槽二重構造になっており，液体ヘリウムの温度と外気の温度の断熱を担っている．多層断熱槽の内部はもちろん真空であるが，中には多層断熱シールドを何層にも重ねて挿入し，外部からの熱輻射を防いでいる．この真空容器内の真空は $10^{-4} \sim 10^{-3}$ Pa レベルである．

（b） リニア新幹線の超電導[50]〜[53]　リニア鉄道といえば磁気浮上させた車体をリニアモーターで高速走行を可能にした高速鉄道である．磁気浮上には常電導と，超電導がある．常電導は電磁石の反発力を使って車体を浮かせ，電磁石の吸引反発力を使って車体を走行させるが，電磁石の消費電力が大きく運転コストが掛かるので営業運転を行っているのは上海トランスラピッドと HSST（High Speed Surface Transport）の愛知高速交通 100 L 形（リニモ）だけである．

2011 年 5 月 26 日に整備計画が決定され，JR 東海が計画しているリニア新幹線は超電導磁石を用いたものである．強力な磁場を必要とするために，電磁石は Nb-Ti 系合金の極細多芯線を銅の母材の中に埋め込んで使われる．開発は公益財団法人 鉄道総合技術研究所で行われており，詳細はそちらの Web サイトをご覧いただきたい．車載用の超電導磁石ユニット図を鉄道総研の資料[50]を参考に筆者が制作した（図 5.3.20 参照）．

この超電導コイルは MRI とは大きく異なり，車体支持台車外側の狭いところの両側に設置するため，へん平でへん平面を貫く方向に磁力線が生ずる．

地上にも車載用と同じような構造の超電導磁石が多数設置されている．これらの超電導コイルユニットも液体ヘリウム温度（4 K）の容器とそれを取り囲む真空容器内に多層輻射シールド層を設けている．この多層輻射シールド層は，アルミ蒸着フィルムとスペーサーを交互に積層したものである．この真空容器内の真空は $10^{-4} \sim 10^{-3}$ Pa レベルである．

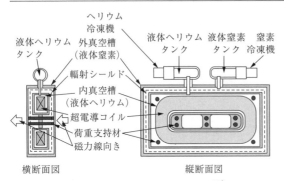

図 5.3.20　リニア新幹線超電導磁石[49]

図 5.3.22　超高性能断熱定温輸送ボックス[54]

〔4〕 第4の真空断熱材[55]〜[57]

いままで説明した真空断熱材は真空断熱を維持するために強固な容器を必要とした．しかし市場は軽くて柔らかい真空断熱も望んでいた．これに対応したのがVIP真空断熱である．vacuum insulation panel の意味で，真空断熱パネルである．

■ **VIP 真空断熱**　電気冷蔵庫や保温輸送容器などに高断熱性の断熱材が求められるようになった．従来の真空断熱では真空部分が外圧に耐えられる強固な容器が不可欠であったが，これらのニーズでは金属性の容器が邪魔で，しかも軽量化が必須である．このようなニーズに対して業界は，アルミ箔をラミネートしたガスバリア性の高いフィルムで粉末断熱材を包んで，内部を真空にして封止したものを用いていた．最近はアルミ箔をラミネートしたポリエステルフィルムの中にガラス繊維を横向きに積層させたものを芯材にして，内部を1〜数十 Pa の真空に排気して封止した断熱材（VIP）を開発した．断熱材の厚さは数〜十数 mm で外形が被断熱機器の形状に合わせて適度な折り曲げもできる．VIP は断熱材を包んだ真空パックのパネルである．**図 5.3.21** に断面を示す．VIP のおもな用途は電気冷蔵庫や冷凍冷蔵庫，電子ジャー，自動販売機，医療・バイオ関連の検体や薬品の断熱定温輸送ボックス（**図 5.3.22**参照），汎用クーラーボックス等の断熱に用いられている．

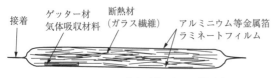

図 5.3.21　VIP 真空断熱パネルの断面図

本項冒頭の真空断熱の三つの分類に当てはめると，真空粉末断熱の分類に近いが，第4の断熱材といってもよいのではないだろうか．

5.3.5　蒸発を利用する

蓋をしたコップの水は容易に蒸発しない．液体に接する空気は水蒸気をいっぱい含んでおり，それ以上水蒸気を吸収できない飽和蒸気圧状態にある．この空気の層を取り除く方法は二つある．飽和蒸気圧状態の空気を風で吹き飛ばす方法と，水に接する空気を真空排気することで除去する方法である．これらの方法をとることにより，コップの水は蒸発が容易になる．また蒸発が起こることにより，物質は物質から蒸発熱を奪う性質がある．蒸発熱を奪われた物質は温度が下がる．これによって蒸発は冷却という物理現象を伴うことになる．

このように真空利用の蒸発は水を蒸発させて物質の温度を下げて冷却するもの，水分を蒸発させて乾燥を行うもの，物質を蒸発させると温度によって蒸発する成分が異なる性質を利用して蒸留するもの，物質中に溶け込んでいる不純物を蒸発させて純度を上げる脱ガス精製を行うもの，物質を蒸発させて蒸発した物質を再び固化させて膜にするものなど蒸発の効能は多岐にわたっている．

〔1〕 冷　　　却

（a）野菜急速冷却装置[58]〜[60]　蒸発の冷却作用を利用したものに，野菜急速冷却（予冷）という技術がある．高原野菜や葉物野菜を生産する農業協同組合では，真空予冷装置を設置しているところが多い．真空予冷の製品事例を**図 5.3.23**に示す．野菜を冷却して保冷車で市場まで搬送し，鮮度を維持するためである．収穫した野菜は段ボールに詰められ，他の段ボールとともに大きな真空容器に入れられ，大きな真空ポンプで排気する．段ボール内，野菜の葉の隙間の空気まで一様に排気することができる．排気が進むと葉の気孔からも水の蒸発が始まる．これによって葉の表面から熱が奪われて温度が下がり，10 数分で 1〜5℃ ぐらいまで冷却ができる．一様に冷却が進んだ頃，排気を止めてあらかじめ冷凍機で冷却された圧縮空気を導入して野菜内部に低温空気を満たして大気開放する．その後保冷車に積み込み，都心の市場に搬送している．これが私たちの食卓に新鮮な野菜として提供されている．このときの圧力は $10^2 \sim 10^3$ Pa レベルである．

図 5.3.23 真空予冷製品

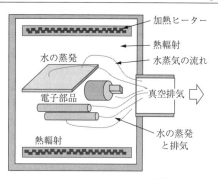

図 5.3.24 真空乾燥装置[62]

（b） **食品冷却装置** 食生活の変化とともに，近年は家庭以外での食事をとることが多くなっている．学校給食やコンビニ弁当など大量に調理して不特定多数の場所に供給する業態がその一因といえる．このような場合に食中毒が発生する危険がある．食中毒防止の施策として，文部科学省や厚生労働省などからの指導もあって真空食品冷却機が多用されている．加熱調理された食品は，冷める過程で 50〜20℃の温度環境に長時間保持されると雑菌の繁殖が盛んになり食中毒の原因となる．そこで調理した食品を短時間で 20℃以下の温度に冷却して菌の繁殖を防いでいる[61]．食品冷却手段の一つとして真空冷却装置は多くの事業所や給食供給センターなどで多用されている．食品を加熱調理した後，特定のトレーに薄く敷き詰め，たくさんの棚の設置された真空容器に入れて真空排気をする．調理食品から大量の水分が蒸発して短時間で食品温度を下げることができる．このような真空冷却技術が，学校給食では子供たちの健康管理や維持に貢献している．

〔2〕 **乾　　　燥**

蒸発を用いた乾燥は真空乾燥や真空凍結乾燥などがある．真空乾燥は電子部品や電気部品の製造工程で湿気・水分の除去などの工程で使われている．トランスの絶縁ワニス含浸の前に絶縁性向上のために古くから真空乾燥が行われている．

（a） **真空乾燥** 電子部品では古くから絶縁性を改善するためにトランスやコンデンサーなどの部品を組み立てる前に，真空加熱炉に入れて加熱乾燥を行っていた．図 5.3.24 に真空乾燥装置の一例を示す．この乾燥は電子部品の表面に付着している水分を除去することが目的である．トランスやコンデンサーなどの部品は線やフィルムを巻き込んで組み立てるため，その隙間の中に水分が残り絶縁性を悪化させる原因になる．このため組立て前の部品あるいは組立て後に乾燥炉に入れて絶縁性を高めている．処理する部品の大きさや個数によるが，大きな真空容器にいくつもの棚を設け，棚には加熱ヒーターを設置して温度制御が行えるようにしたものである．

真空排気は多くの場合，油回転真空ポンプやメカニカルブースター，時にはターボ分子ポンプ等が用いられる．圧力は $1 \sim 10^{-3}$ Pa くらいである．

電子部品以外にも精密機械産業や食品のきのこ類や野菜，干し肉，魚介類などの乾燥にも活用されている．

（b） **医薬品用凍結真空乾燥装置**[64]　医薬品用凍結真空乾燥装置を図 5.3.25 に示す．真空凍結乾燥は，医薬品や食品の製造工程で非常に重要な役割を持つようになった．特に，医薬品関連ではワクチン，インターフェロン，血液製剤，制癌剤などの医薬品は長期保存や無菌性の確保，変質防止などのために乾燥薬にしている．生物・生化学活性を損なわずに乾燥工程を経なければならない．熱を利用する乾燥は使うことができない．そこで液体である薬品を大気圧の中で $-40 \sim -50$℃ の低温に凍結し，真空中に置いて水成分を昇華によって排気・除去することで薬剤を乾燥している．昇華による乾燥にも蒸発熱は奪われることになるため，蒸発熱を補うための加熱は平行して行われる．乾燥処理には 1〜2 日要しているが，薬効は数年に及んでいる．

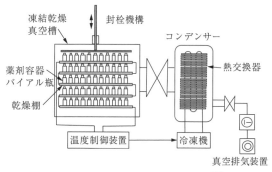

図 5.3.25 医薬品用凍結真空乾燥装置[63]

（c） **食品凍結乾燥装置**　凍結乾燥装置は医薬品だけでなく食品関係への普及も目覚ましいものがある．食品スーパーやコンビニなどでも見かけるようになったが，フリーズドライ食品と称して味噌汁，豚汁，粥・雑炊，卵スープ，カップラーメンの具など裾野を広げている．これらの食品は，具材を椀に入れて熱湯を注ぐだけで食することができる簡便なところが受けている．忙しい人にはふさわしい食品である．図5.3.26に食品スーパーのフリーズドライ食品売り場の写真を示した．

図5.3.26　フリーズドライ食品売り場

製法は医薬品用と変わらないが，味噌汁の製法を例にとり製造工程を順に追ってみる．樹脂製の容器に冷やした具と調味液を入れる．このままの状態で全体を冷凍庫で凍結させる．凍結温度は調味液などに含まれる塩分，糖分によって異なるが，共晶点以下の温度にしないと水の昇華に際し，食品の組織が崩壊し変質する凍結した容器を凍結乾燥装置に入れ水分の蒸発（氷の昇華）を促す熱量だけを補給しながら真空排気を続ける[65],[66]．このときの圧力は氷の温度で決まる飽和蒸気圧以下の圧力には下がらない．真空排気はドライポンプが多い．

このままの状態で，3～4日の時間真空排気を続けると完全に水分が蒸発しきって硬いスポンジのような製品ができる．このように長い時間が掛かるため，フリーズドライは装置産業といわれ，装置も大型で設置台数もそれなりの設備を導入しないと生産が追いつかない産業である．

〔3〕**蒸　　留**

石油，酒類，香料等いろいろな成分を含んだ液体はそれぞれの成分の沸点や蒸気圧をもって混在している．これを各成分に分けて抽出する方法を蒸留という．

酒の種類はたくさんあるが，醸造酒，蒸留酒，混成種などに分けられる．焼酎は蒸留酒でウイスキーやウオッカなどと同じ製法である．ちなみに日本酒は醸造酒でワインと同じ製法である．焼酎の原料は麹菌と米麦芋・穀物等を加えて発酵させたのが原料のもろみである．もろみにはアルコールのほか苦味や甘味などいろいろな成分が含まれている．これを常圧の蒸留釜で炊いて，蒸発したアルコールなどの成分を抽出したものが，昔ながらの焼酎である．臭みや深い味わいが特徴である．

一方，減圧蒸留法で抽出したアルコールは，臭みが少ないためにさっぱりとした焼酎ができる．近年の焼酎ブームを加速させたのは，臭みの少ないさっぱりとした焼酎ができたからだといわれている．図5.3.27に減圧蒸留法の仕組みを示す．

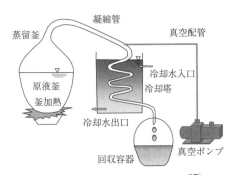

図5.3.27　焼酎の減圧蒸留の仕組み[67]

減圧蒸留法は，1/10気圧ぐらいの真空中で40～50℃位の低温で沸騰させるため，焼酎特有の臭みがなくまろやかな味に仕上がるのが特徴である．ちなみに常圧蒸留は90～100℃ぐらいの温度で蒸留される．

世界中の蒸留酒もいろいろな蒸留法が用いられており，その土地その土地の好みにあった酒が作られている．

このほか産業界で活躍している蒸留には，石油の減圧蒸留，各種洗浄液の再生のための真空蒸留装置などがある．油回転真空ポンプや，油拡散真空ポンプ等の作動油は真空蒸留装置で精製蒸留されたものが市場に供給されている．

〔4〕**脱　ガ　ス**

脱ガスは先にも述べたように，物質中に溶け込んでいる不純物をガス化して蒸発させて純度を上げる技術であり，化学材料，金属材料などの純度を向上させる手段として多用されている．

■ **鉄鋼の脱ガス**　日本の自動車製造に用いられている鉄鋼材料は，軽量化に伴い消費量の削減化が図られているが，それでも日本の鋼材生産の23％を占めている．自動車用鋼材は自動車の製造にふさわしく，強靭で加工性の良い圧延鋼板が用いられている．その鋼材が低炭素の高張力鋼板である．この高張力鋼板は，高炉から取り出した溶鋼を転炉の中で酸素を吹き込み，解け出た炭素と結合させてガス化することで低炭素化を図っている．それでも溶鋼にはppmオーダーの酸素・水素等の不純物が残る．二次精錬として溶鋼を真空脱ガス容器に導き，不活性ガスを導入して溶鋼を

攪拌することにより不純物を蒸発させて脱ガスしている．代表的な真空脱ガスとして，DH 法（Dortmund Hörder vacuum degassing process），RH 法（Rheinstahl Hüttenwerke und Heraus vacuum degassing process）の 2 通りがある．いずれもドイツで開発された手法である．図 5.3.28 に DH 法，RH 法の概略図を示す[68]．DH 法は，転炉から溶鋼を真空容器の中に吸引して引き上げ，溶鋼の中の水素や窒素の脱ガスを促進させる方法である．RH 法は，転炉に真空容器から吸引と排出管の 2 本のパイプを突き出し，溶鋼を還流させ，反応面積を増やす真空処理方法である．

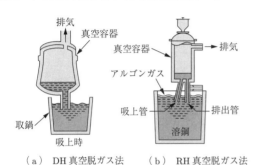

図 5.3.28　二次精錬 真空脱ガス法[68]

ことにこのうち DH 法は 1958～1960 年，RH 法は 1960 年代に日本の鉄鋼業界に導入された．それ以降日本の鉄鋼業界は鉄鋼の品質を上げることに邁進し鉄鋼業界，自動車業界に貢献してきた[69]．

〔5〕真 空 蒸 着

いままでの蒸発の利用は，いかにして水やガスを蒸発させてなくすかということが主だった．真空蒸着は真空蒸発で飛んでいった蒸発物で膜を作るという技術である．1940 年代初め，太平洋戦争のときに潜水艦に搭載する潜望鏡が暗くて標的が見えないという課題があった．当時の同盟国であるドイツはすでにレンズに増透膜（当時の呼称）を形成する技術を保有しており，その技術を日本の海軍は必死で研究していた．それが現在の反射防止膜の真空蒸着技術だったのである[71]．この膜は真空蒸着でフッ化マグネシウム（当時は氷晶石だった）をレンズに蒸着して透過率を上げていた．蒸着の用途はそれ以降，双眼鏡・カメラなどの光学，電子部品，樹脂めっき等幅広い分野で使われるようになった．

■ 真空蒸着装置　真空蒸着装置は真空容器の中に一対の電極を配置し，電極間にフィラメントを固定して蒸発源とし，フィラメント直上に膜形成の基板を載置し，フィラメントには蒸発材料を載せる．高真空中でこのフィラメントに通電加熱し，蒸発材料の蒸発温度にまで加熱する．その温度に達すると材料は蒸発して，直上に置いた基板に蒸発材料の膜が形成される．これが旧海軍であれば増透膜であり，現在であれば反射防止膜であった．

真空蒸着では，蒸発源から蒸発した原子が真空中の残留ガスに衝突して散乱されないよう，高真空である必要がある．また，蒸発源の温度が蒸発材料を十分高温の加熱できる機能を備えている必要がある．図 5.3.29 に真空蒸着装置の構造を示した．

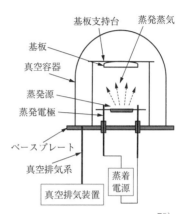

図 5.3.29　真空蒸着装置の構造図[70]

蒸発距離が 70 cm くらいであれば 10^{-3} Pa 以下の高真空が必要である．蒸発源はフィラメントのような抵抗加熱式蒸発源でも 2 000℃以上の加熱ができることが望ましい．抵抗加熱以外では電子ビームで加熱する方式の蒸発源もよく使われている．特殊な事例では高周波加熱，アーク放電加熱などがある．

5.3.6　無酸素環境を利用する

大気は窒素が 78%，酸素が 21%，その他が 1%の気体で構成されている．21%の酸素のために酸化という不都合な状態が発生する．酸化のために食品では鮮度落ち，飲料では変質，有機物・極細金属等は燃焼，化合物や金属などは酸化物（錆）の発生などが起こる．これらを防ぐのが無酸素環境である．これらとは別に一部の細菌などは嫌気性の雰囲気を好むものがあり，酸素がないことを好むものがある．

〔1〕酸 化 防 止

（a）真空包装（真空パック）　食品の酸化防止を目的として真空包装は普及してきた．真空包装はハム，ソーセージ，魚介類，漬物，生鮮野菜などの食品を樹脂フィルムの袋に入れ，内部の空気を真空ポンプで排気して樹脂フィルム袋を溶着封止したものである．真空包装器を図 5.3.30 に示した[72]．真空容器の中に樹脂フィルム袋をそのまま入れて，内部が真空になった

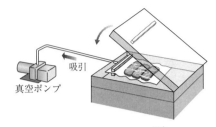

図 5.3.30 真空包装器[72]

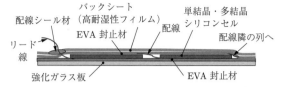

図 5.3.31 結晶系太陽電池モジュールの構造図[74]

ときに加熱圧着ヘッドで袋を挟み付けて溶融封止している．このときの真空排気の圧力は $10^1 \sim 10^2$ Pa レベルである．

樹脂フィルムの材料は酸素や水蒸気の透過率の高いものと低いものがあるので注意を要する．市販の包装袋は酸素や水蒸気などのガスバリア性の高い吟味された材料を用いている．ガスバリア性の良い材料には，ポリ塩化ビニリデン[73]（PVDC）やアルミニウム蒸着フィルムなどがある．PVDC は素人目にはわかりにくいが，家庭用のラップやハム，チーズ等の食品包装用フィルム，高度の防湿や保香を必要とする保存食品の包装，使い捨てカイロ等の包装に使われている比較的なじみのあるフィルムである．樹脂フィルムの表面にアルミニウムの薄膜を真空蒸着で形成したアルミ蒸着フィルムは，PVDC に比べて倍程度ガスバリア性が高く，ポテトチップスのような揚げ菓子の油の酸化を防ぐために使われている．さらにバリア性を高めたものが，アルミニウムの箔に樹脂フィルムをラミネートした包装材料である．これはお茶の保存や包装等に用いられているのは周知のとおりである．

真空包装は腐敗防止の役目も重要である．食品には加工中に菌類が付着することがあり，真空包装しても腐敗が進行することもある．このような場合，真空包装後に電子線や紫外線を照射して殺菌し，長期保存を実現しているケースもある．電子線源や紫外線源も真空技術の支援で作られている．

（b）電子部品用真空包装（太陽電池用ラミネーター）　真空包装は食品だけのものではない．電子部品や機械部品のようなものでも真空包装するものがある．これらのものは単に酸素遮断が目的であれば窒素封入包装したものが多く使われている．しかし，これは内部が膨らんでかさ張るのが問題で，このような場合は真空包装を用いている．

電子部品で太陽電池パネルの事例を紹介する．ほとんどの太陽電池パネルは，内部の太陽電池セルを組み立てた後，ラミネーターで密閉して外気や雨水などから電池を守る加工がされている．結晶系の太陽電池モジュールの構造を図 5.3.31 に示す．太陽電池セルを

ガラス上に並べて配線を済ませた後，ガラスと太陽電池セルとバックシートの間にそれぞれエチレン酢酸ビニル（ethylene vinyl acetate, EVA）フィルムを挟み込んで組み立てる．これを図 5.3.32 に示す真空ラミネーターに入れて真空に排気し，加熱して EVA シートを溶融させて最後に上部に大気を導入してモジュールを圧着して封止している．

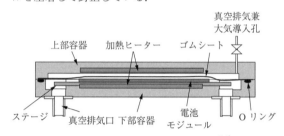

図 5.3.32 真空ラミネーターの構造図[74]

この工程を経ると太陽電池の耐候性は 10 年以上を保障できるレベルになる．このラミネート包装は結晶系太陽電池に限らず，薄膜系や化合物系等ほとんどの太陽電池の製造に適用されている．

（c）真空ろう付け　電子部品や電機部品や精密機械部品に電極や部品を接合する場合，用いられるのが真空ろう付けである．部品本体とろう材と接合材料を重ねておき，真空ろう付け装置に入れて加熱する．所定の温度まで昇温するとろう材が融けて降温させると接合が完了する．真空中では本体や接合材が酸化されないため，ろう材が流れやすくきれいなろう付けができる．大気中のトーチろう付けでは必要となるフラックスが不要である．

身近な製品に適用されているのがステンレス製の魔法瓶のろう付け装置を図 5.3.33 に示した．ステンレスの二重容器を自動溶接で作り，最後に真空排気して封止する開口部はろう付けと封止を同時に行っている．開口部にリング状のろう材を置き，封止板を乗せて真空ろう付け装置に入れて昇温と降温のプロセスを行うと，昇温時にはステンレスボトル全体が加熱され汚染物質もすべて蒸発してクリーニングされ，二重容器内も真空に排気された上でろう材が融けて封止される．この容器に外装をして商品化されるためにこのろう付け部分を見ることは少ない．

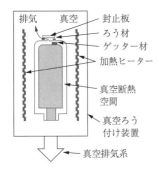

図 5.3.33 ステンレス魔法瓶の真空ろう付け

〔2〕燃焼防止

酸素があってはその使命を達成できないのが電球である．1879年エジソンによって発明されて以来ほぼ1世紀半，人類に明かりを提供し続けていた"電球"であるが，寿命や効率に優れた他の明かりの登場により，そろそろその役割を終えようとしている．電球は2500〜2700℃で光るフィラメントが光源であるため，高温でも安定して酸化で燃焼されない真空の環境が不可欠であった．それが発光に際して真空を必要としないLED（発光ダイオード）ランプの登場でその命を絶たれた感がある．しかし，そのLEDの素材であるGaNの精製やLED製造には真空技術が不可欠である．

■ 電球の製造[75]　エジソンが発明した電球の内部は，2500〜2700℃にまで温度が上げられて輝くタングステンフィラメントと，その発光を酸化燃焼から守る真空の環境から構成されていた．電球内に酸素があれば，高温タングステンは酸化燃焼して電球の役目は果たせなかった．また，電球内に残留した水分がタングステンと反応してタングステンの蒸発を促進することが明らかになってからは，酸化燃焼の防止と蒸発の抑制を両立させるために，電球内を高真空に排気後，不活性ガスのアルゴンガスと窒素ガスを導入して封じ切ったものを用いている．これによって電球の寿命は数百時間から2000時間ほどに延ばすことができた．タングステンフィラメントの電球以外にハロゲン電球やミニクリプトン電球，HID（高輝度放電ランプ，high intensity discharge lamp）電球などがある[75]．HIDは発光効率も白熱電球の6倍にもなり，LEDの効率に並んでいるものもある．いまはLEDに傾注している傾向があるが，用途ごとに適切なものを選定する必要があるだろう．

〔3〕嫌気性環境

■ 嫌気性培養器[77]　微生物学や細菌学の分野では嫌気性微生物等の研究に嫌気性の培養器を用いている．嫌気性菌とは土壌の中や身体の奥の空気に触れない粘膜の中などに生息する細菌である．代表的なものに土中の破傷風菌，体内のボツリヌス菌，口腔内の歯周病菌などがある[77]．これらの菌は空気，特に酸素があると増殖できない細菌である．これらの菌の研究を行うには酸素のない培養器が必要となる．嫌気性培養器を図5.3.34に示す．

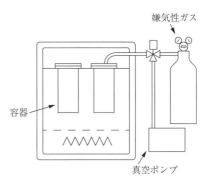

図 5.3.34 嫌気性培養器[76]

これを使用するには培養器の中の空気を真空ポンプで排気し嫌気性ガス（例えば窒素ガスなど）を充填して再び真空排気，嫌気性ガス充填を繰り返して酸素濃度を下げて使用している．

5.3.7 放電を利用する[79],[80]

5.3.2項においても述べたが，ガラス管内の一対の電極間に高電圧を印加してガラス管内を真空ポンプで排気していくと，10kPa程度になると赤い糸のような発光が起こる．これが真空放電の中で起こる発光である．減圧するに従って太い明るい発光になり，10^{-1} Pa程度になるとガラス管に蛍光を発生させて放電は途絶えてしまう．この放電管を発明者であるGeissler（ガイスラー）の名前にちなんでガイスラー管と呼んでいる．放電の様子を図5.3.35に示した．

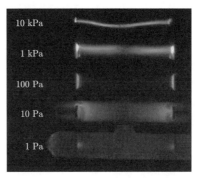

図 5.3.35 ガイスラー管の放電[78]

1 Paの放電では，電極から赤い光の柱が伸びており，この柱を陽光柱と呼んでいる．10 Paのところで電極の前の部分に放電の暗い部分がある．この部分は陰極暗部（ダークスペース）と呼ばれている[79]．このようなガイスラーの放電はグロー放電と呼ばれている．

グロー放電は気体の電離現象で，幅広い分野で利用されている．例えば発光する現象を照明用に用いたり，電離気体（プラズマ）を成膜装置に用いたりしている．また，電子銃，電子顕微鏡，粒子加速器，質量分析装置などでは，プラズマから電子やイオンを取り出して利用しているもの，厳密な意味では放電とは異なるかもしれないが，電界により空間に電子やイオンを放出させて利用するものなどがある．

〔1〕照明

（a）ネオンサイン　ガイスラー管の放電管を直径10 mm程度で長くして文字や絵を一筆書きで作り，内部を減圧に保持したまま，ネオンガスを封入して封じ切って，両端の電極に高電圧をかけると赤い放電色の一筆書きができる．これを壊れないよう枠を作り，商店の看板として掲げたものがネオンサインである．ネオンサインの写真を図5.3.36に示した．

図5.3.36　ネオンサイン[81]

ネオンは高価であることから，他のガスを混入させ，ガラス管内面に蛍光塗料を塗ることでいろいろな発色が行えるようになった．空気は赤紫色，アルゴンガスは青色，水蒸気は白い色を発色する．

（b）蛍光灯[82]　蛍光灯はネオンサインと構造的にはまったく同じである．ガスにアルゴンガスと少量の水銀を入れ，ガラス管の内面に蛍光体を塗布してある．蛍光灯内部の圧力はおおむね2〜4 hPaである．蛍光灯の場合は駆動電圧が100 Vで，ネオンサインのような高電圧を用いていない．そのため蛍光灯の両端にフィラメントを設け，安定器のトランスから両フィラメントに通電して，フィラメントを赤熱化して熱電子を放出させ，さらに安定器で昇圧した二次電圧（およそ300 V）を両フィラメントに印加して放電させている．蛍光灯発光のメカニズムを図5.3.37に示す．

両フィラメントが加熱され熱電子が放出されると両フィラメント管の放電につながり，交流電圧の印加により電子は両フィラメント間を行き来する．このとき電子が水銀原子に衝突して紫外線を出し，紫外線がガ

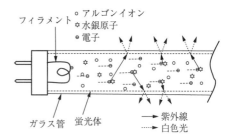

図5.3.37　蛍光灯発光のメカニズム

ラス管内に塗布されている蛍光体に作用して白色光を出している[82]．

（c）高輝度放電ランプ（HID）[84]〜[88]　〔2〕の「電球の製造」でも触れたが，近年屋内商業施設や，広場，公園，工場，道路，広告塔，駅舎，コンコース，スポーツ施設，自動車シールドビーム，プロジェクター光源などに多く使われてきているランプがHID（high intensity discharge lamp，高輝度放電ランプ）である．といっても産業用や自動車などに用いられているので一般の人にはなじみがないだろう．HIDは高圧水銀ランプ，ナトリウムランプ，メタルハライドランプ，セラミックメタルハライドランプなどを含んだ放電型ランプの総称である．発光効率は10年単位で向上しており，まだ性能は開発途上といわれている．HIDランプの構造はメーカーごと，用途ごとに異なるがその一例を図5.3.38に示した．ランプは発光管と外管の二重管で構成されている．

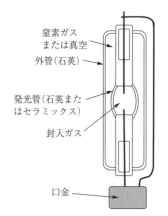

図5.3.38　HIDランプの構造の一例[83]

発光管は内部に一対の電極を持っており，外部の高圧電源からの印加で放電を開始する．放電管の内部は希ガスおよび発光物質としてNa, Scなど，各種金属ハロゲン化物を封入し，幅広いスペクトルを持つ光源を実現することができる．これら封入ガスの圧力は光

束の特性を高めるために12気圧以上が良いとされている．また，発光管を囲う外管は発光管の保温や高温になった金属部品の酸化防止，光源から発する紫外線の遮断等が目的であり，通常は石英で作られている．メタルハライドランプでは内部にネオン，アルゴン，キセノン，窒素のうちの一つあるいはこれらの混合ガスが用いられ，封入圧は1気圧以下，最適には0.2気圧以下の圧力で封入されている[84]．文献85)によれば発光管，外管に封入されるガスはまちまちであり，またその圧力も目的やガス種によって多種多様である．これらHIDランプの製造工程は汎用の真空管などの製造工程と同様，真空排気工程や加熱脱ガス工程が重要な技術となっている．

2010年代後半になってLEDの発光効率の向上，水俣条約規制などが影響して，高圧水銀ランプは2020年製造終了に向けて推進中である．電球と同様，いずれこのHIDランプもLEDに置き換えられる可能性が出てきた[86]．

〔2〕 プラズマの利用

本項初頭で述べたが，ガイスラー管の放電はグロー放電である．グロー放電は気体のイオンが（陰極）に衝突して発生する二次電子や，高速で移動する電子が中性粒子に衝突して電離する電子が電極間の電流を発生させている．

このときの電極間の空間には電子と同数の気体のイオンが存在する．このように気体のイオンと電子で構成されている荷電粒子の状態をプラズマという．このプラズマを利用した装置がたくさんある．その一部を紹介する．

なお，本書6章「真空の応用」に，プラズマの物理やプラズマを利用した成膜装置・プラズマエッチング装置の最新型や各種プラズマ源について詳細に解説されている．本項では，真空の性質を利用し，どのように産業用生産装置に利用しているかという事例の紹介とプラズマ装置の入門に話をとどめる．

（a） **スパッタリング**　スパッタリングは，陰極に高エネルギーのイオンや分子を印加電圧により加速，衝突させ，そのときのエネルギーにより陰極表面の原子を飛び出させて薄膜を形成する技術である．この技術は薄膜形成だけに限らず，薄膜を削るイオンエッチングや，飛び出させた原子に排気作用を持たせたイオンポンプ等にも用いられている．スパッタリングで作られる膜を利用した部品・材料などが産業界で多数活躍している．半導体デバイス，液晶ディスプレイ，太陽電池，電子部品や光学部品，装飾品，包装材料，通信機材，CD/DVD等記録ディスク等数限りなく広範囲の分野に及んでいる．

膜はいかに作られるか，スパッタリング装置の構造図を**図5.3.39**に示す．一般的には四角や円筒形の真空容器に円板状のスパッタ源と基板用のテーブルが用意されている．図では真空容器中央上部にスパッタ源が置かれている．スパッタ源はターゲット部（陰極）と周囲の陽極部で構成されており，ターゲットは周囲とは電気的に絶縁された蒸発材料でできており，基板用テーブルに面して対峙している．ターゲット以外の部分である真空容器，テーブルなどが陽極になっている．陰極部はDC電源に接続されている．図示していないが，ガス導入用の制御装置からアルゴンガスなどが流量を制御しながらスパッタ室内に導入ができるようになっている．基板を置くテーブルには膜を形成する基板を置く．十分な到達圧力（例えば10^{-4} Pa程度）に達した後10^{-1}～1 Pa台のアルゴンガスを導入し，直流電源から1 000 V程度の高電圧を印加すると図5.3.39にあるようなグロー放電が発生する．

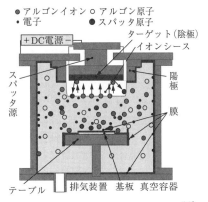

図5.3.39　直流スパッタリングの構造図[89]

陰極のターゲット近傍にはイオンシース（陰極暗部＝ダークスペース）という明るい発光の見られない部分が生じる．他の明るい放電の部分はプラズマ状態でアルゴンイオンと電子が同数存在している領域である．この領域ではアルゴン原子が電子を放出して励起状態にあり，明るい発光を伴った放電が見られる．このように，明るい放電の部位は電子とイオンが共存し導電性の気体で満たされていることになる．このため，放電する気体は真空容器の壁とほぼ同電位である．したがって，陰極暗部の部分にターゲットに印加した電圧が掛かっていることになる．

プラズマ中のアルゴンイオンが自己の熱エネルギーによる運動で動き回っているとき，イオンシースに達したイオンは陰極の高い電圧に引っ張られ，加速しながらターゲットに衝突し，ターゲット材料をたたき出すことになる．たたき出された原子状のターゲット材

料が基板や真空容器内の壁に到達して膜を形成するのである．これがスパッタリングである．

直流のスパッタリングのメカニズムを解説したが直流のスパッタリングでは絶縁物や誘電体のスパッタリングは行えない．ターゲット材料が絶縁物では電流が流れないからである．これを可能にしたのが高周波スパッタリングである．

高周波は商用周波数の 13.56 MHz の高周波電源を用いる．直流スパッタ装置に高周波電源と高周波整合器を接続して用いると，スパッタリングに適した放電が可能になる．高周波スパッタリングはセラミックスのような絶縁体でも放電は可能である．放電の回路の中に絶縁体がある場合，静電容量とみなされ，インピーダンスを生じて放電に必要な電流が流れるのである．

現在最も広く使われているスパッタ源にマグネトロンスパッタ源がある．このスパッタ源はターゲットを支えているバッキングプレートと呼ばれる部材の裏側に，放射状の磁気回路を持つ磁石を挿入したものである．マグネトロンスパッタ源の構造図を図 5.3.40 に示す．この磁気回路はターゲット表面では図に示したように，ターゲットの中心部から出た磁力線がターゲット周辺部に入るようなドーナツ状の磁力線が形成されている．この磁力線の中に電子が取り込まれるとターゲット上で回転運動（サイクロトロン運動）を始めるため，電子の軌跡が長くなり，その分中性粒子に衝突する機会も増えてイオン化（電離）が促進される．電離によって発生した電子も同様の運動を行うために多くがイオン発生し，イオンの密度は高くなってドーナツ状の高い密度のプラズマができる．この放電をマグネトロン放電と呼んでいる．この高い密度のプラズマから大量のアルゴンイオンがターゲット上に降り注ぎスパッタリング粒子が大量にターゲットに到達するため成膜速度の高速化が可能になった．半導体製造や液晶表示装置製造，太陽電池製造など産業用に用いられるスパッタ源はほとんどがこのマグネトロンスパッタ源である．

マグネトロンスパッタ源の問題点はターゲット上の局部的な領域のリング状に蝕刻（エロージョン）されるため，ターゲットにはすぐに穴が開いてしまうことである．このためスパッタ源を開発製造しているメーカーは磁石を偏芯させて回転させる手法をとっており，ターゲットの利用率を向上させている．

半導体や液晶製造用のスパッタ装置の場合の排気系は一時クライオポンプ全盛のときがあった．しかしクライオの再生を嫌って，クライオトラップとターボ分子ポンプを併設したケースも多く使われている．

（b）**プラズマ CVD**[92]　真空成膜技術の中に CVD（chemical vapor deposition）化学的気相成長と呼ばれる成膜技術がある．この成膜技術は膜となる金属，半導体，非金属等の化合物材料をガス化して装置に導入し，プラズマ化して膜として形成する技術である．CVD に対して前掲の真空蒸着やスパッタリングは物理的気相成長（physical vapor deposition, PVD）と呼ばれ，膜となる材料そのものを蒸発あるいはスパッタリングによってたたき出し，膜形成を行うものである．プラズマ CVD によって形成された膜は半導体製造に欠かせない酸化物や窒化物の膜，配線材料の膜，液晶ディスプレイのアモルファスシリコン膜形成工程，太陽電池製造でもアモルファスシリコン膜や金属電極形成工程に取り入れられている．

プラズマ CVD 装置の構造図を図 5.3.41 に示す．

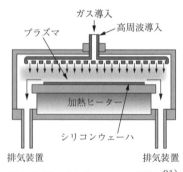

図 5.3.41　プラズマ CVD の構造図[91]

この図に従って膜の形成メカニズムについて説明する．プラズマ CVD は成膜材料を揮発性化合物であるハロゲン化物や有機化合物，炭化水素化合物，カルボニル化合物をガスノズルから供給し，金属製のノズルに高周波電力を印加する．高周波電力が供給したガスを電離させることで，プラズマが発生する．一方，基板は数百℃に加熱された状態にしておく．膜厚の均一性や膜の均質性はガスの流れや基板温度に依存するので，ノズルの配置や，電極間距離，排気孔の位置，基板載置電極の温度均一性などは基本設計とともに多くの経験やノウハウなどを盛り込んだ構造となっている．

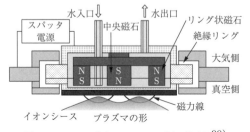

図 5.3.40　マグネトロンスパッタ源の構造図[90]

プラズマで分解されたガスが基板に到達し，基板から熱エネルギーを受け，ガス中のイオンが基板と反応して化学的結合を経て膜に成長させている．

CVDの成膜圧力は，成膜前は数〜10^{-1} Paレベルとし，CVDプロセス中は1〜100 Paレベルで行っている．このため排気系はほとんどがメカニカルブースターやドライポンプを用いている[92]．研究開発用や膜中に不純物を極度に嫌うアモルファスシリコンのp層などを形成する場合は，真空槽の排気にターボ分子ポンプを併用することがある．

プラズマCVDで使われたガスは，プラズマに照射され変質し励起状態になっているガスも多く，そのまま排出することは非常に危険である．このため最終段のドライポンプを経た後は，除害装置に接続して排ガスを無害化している．

（c）**ドライエッチング**[94],[95]　真空成膜技術で形成した膜は基板一面に均一に形成される．半導体素子いわゆるデバイスは，基板一面に均一に形成された薄膜に微細加工を施すことで回路や素子を作り上げている．このとき不可欠な技術がドライエッチングである．フォトリソグラフィという技術で，薄膜上に有機感光膜（フォトレジスト）を塗り付け，回路パターンを露光して感光，現像して回路パターンを形成している[93],[94]．フォトリソグラフィの終わった基板をドライエッチング装置に入れ，レジストに被覆されていない部分の膜を削り取ることで微細な回路パターンが形成できる．エッチングは液体溶液の中で行う処理（ウエットエッチング）もあるが，微細加工にはドライエッチングは欠かせない技術である．成膜工程とフォトリソグラフィ工程，ドライエッチング工程を幾重にも重ねることでデバイスが作られていくのである．

ドライエッチング装置もスパッタリングやプラズマCVDと同じプラズマを用いた装置であり，構造的にはみな同じような構造をした放電装置である．エッチングは反応ガスを導入してプラズマで電離させ，活性化したガスと基板上の膜材料との反応により蒸発しやすい物質に変えることで，レジストに被覆されていない部分の膜を削り取ることができる．蒸発したガスはドライ真空ポンプと除害装置を経て装置外に排除される．

図5.3.42にドライエッチング装置の一例として平行平板型のドライエッチング装置の構造を示した．大型液晶基板対応以外の多くは円筒型の真空容器を用いている．円筒型容器の中央にガスノズルを備えた電極を配置し，対向する面に設置された陰極上に基板を置く．陰極は基板ステージとも呼ばれ，基板保持ができ，基板の温度調節機能（冷却）を持ち，かつ高周波が印加できる構造となっている．ガスノズルは各種エッチ

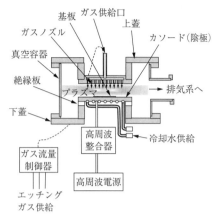

図5.3.42　ドライエッチングの構造[93],[94]

ングガスを供給できる構造となっている．

真空容器内を例えば（10^{-3} Pa）レベルの高真空に排気し，エッチングガスを導入して所定の圧力に調整した後に高周波電力を印加する．スパッタリングのときと同じくカソードとなる基板側はエッチングガスのイオン衝撃が始まり，膜材料とエッチングガスが反応し，揮発性の高い物質となる．これらは蒸発して反応に寄与しなかった反応ガスと一緒にポンプで排気されていく．

半導体製造用のドライエッチング装置は，反応ガスの純度を保つために，初めに排気する圧力が重要になる．そのため最近ではターボ分子ポンプを備えている装置が多い[95]．プラズマ源の形式により異なるが，エッチングを行う圧力範囲は10^{-1}〜10^3 Paレベルである．エッチング時はドライポンプで排気を行っている場合もあるが，最近では複合型ターボ分子ポンプを使用し，ポンプの吸気口に流量調節弁を搭載してターボ分子ポンプを運転しながらエッチングするのが主流となっている．

〔3〕**ビームの利用**

真空中から電子やイオン，陽子などを引き出しビームにしてターゲットに照射する技術は，学術研究，医療用治療装置，工業用生産装置など非常に重要な役割を担っている．これらの電子ビーム，イオンビームの生成法は，プラズマから電子やイオンを引き出すもの，電界により空間に放出させるものなど，目的に応じていろいろな手法がある．各種電子ビーム，イオンビーム発生装置について興味のある読者には，専門書を見ていただくこととし，本項ではどのような産業分野に利用されているかという事例について述べる．

電子ビーム，イオンビームを用いた産業用の事例としては，電子ビームを用いて映像を映し出すブラウン

管,電子ビームを検体に照射して透過する電子や発生する二次電子を観測することによって検体の形状を画像化する各種電子顕微鏡,電子ビームを各種金属材料に照射して金属を溶解させる真空蒸着用の電子銃,同じく電子ビーム真空溶解炉,イオン源から陽子を引き出して加速して人体のがん細胞などに照射する重粒子線治療用加速器,イオン源からイオンを引き出してイオンの質量を調べる質量分析計,電子や陽子を引き出し加速させて衝突させ,飛散する素粒子の研究する加速器などが挙げられる。

(a) **電子ビーム真空溶解炉**　電子銃から電子ビームを発生させ,加速して運動エネルギーを持たせて標的に照射させると,運動エネルギーは熱に変わって標的を溶かすことができる。これを利用したのが電子ビーム真空溶解炉である。ここで太陽電池製造用電子ビーム真空溶解装置を紹介する。太陽電池製造用のシリコン(solar-grade silicon, SOG)の純度はセブンナインレベル(99.999 99%)である。半導体製造用のシリコン(semiconductor grade, SG)はシーメンス法という化学的プロセスを用いて精製しており,イレブンナイン(99.999 999 999%)を実現し,その技術は確立されている。これを太陽電池製造用シリコンに適用するとなるとあまりにも高価である。セブンナインレベルを安く作る方法としてNEDOが開発したのが冶金法で不純物を除去する手法である。これに用いられたのが電子ビーム真空溶解炉である[97]。NEDOの報告書から概念図を制作した(図5.3.43参照)。

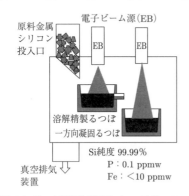

図5.3.43　太陽電池用電子ビーム溶解シリコン精製装置[96]

NEDOはSOGの品質目標値をSi中の不純物濃度をP, Fe, Al, Ti < 0.1 ppmw, C < 5 ppmw, p型Siの比抵抗を0.5〜1.5 Ω·cmに設定した。

NEDOの冶金法は,電子ビーム溶解を用いる第1工程とプラズマ溶解を用いる第2工程から成る。第1工程では,原料である市販の金属シリコン(純度99.5%)を電子ビーム溶解し,P除去・電子ビーム真空溶解と一方向凝固精製によって,Pが25から < 0.1 ppmwのレベルに,Alは800から < 10, Feは1 000から < 10, Tiは800から < 10 ppmwのレベルに,第2工程では,水蒸気添加プラズマ溶解による酸化精錬と一方向凝固精製によって,Bを7から0.3〜0.1 ppmwレベルに,Cを50から < 5 ppmwレベルに,Fe, Al, Tiは < 10から < 0.1 ppmwレベルにOは40から < 2 ppmwにすることに成功した[97]。

第1工程における溶解炉(図5.3.43参照)はインゴットの容量が150 kgという大きな規模で真空容器は12 m^3,インゴット径は0.75 m,電子銃は700 kWを2台用いたものである。初めの溶解精製るつぼは原料の金属シリコンを溶解して不純物を蒸発させて精製する工程に使われる。つぎのるつぼは一方向凝固が目的のるつぼであり,初めの溶解精製るつぼで精製されたシリコンを受けて冷却するときに,下部から冷却する工程に使われる。これは不純物が上部の高温部に移動する性質を利用して純度を上げる手法を用いている。なお,本項では第2工程のプラズマ溶解の解説は省略するが,先に述べた水素添加プラズマ溶解による酸化精錬と一方向凝固精製が行われている[97]。

ここで説明した真空溶解炉級の数百kWの大規模電子銃は工業用のもので,鉄鋼や金属材料の事業所などで広く用いられている。一般の真空蒸着装置などで蒸発源として用いる電子銃は,反射防止膜やフィルター等の多層膜を形成する装置に多く用いられている。電子銃の出力は10 kWレベルで,電子ビームを偏向する機能を備えた水冷るつぼに金属や金属化合物を入れ,溶解させて蒸発させている。光学薄膜形成装置にはなくてはならない重要な部品である。

(b) **電子顕微鏡**[102),103)]　電子顕微鏡は電子ビーム(電子線)を利用して物質の形状を拡大して観察することのできる顕微鏡である。電子顕微鏡には透過電子顕微鏡(transmission electron microscope, TEM)と走査電子顕微鏡(scanning electron microscope, SEM)の2種類がある。

透過電子顕微鏡(TEM)は,電子銃から引き出した電子線を観察対象に照射し,透過した電子線が作り出す干渉像を拡大して観察する装置である。TEMの外観図を図5.3.44に,原理図を図5.3.45に示す。

透過電子顕微鏡(TEM)は,電子銃,照射系,試料室,結像系,観察室から構成され,試料は鏡体(レンズ系)の中央部に装着される。電子銃から発した電子ビームは試料を透過し,結像レンズ系で拡大され観察室に設置された蛍光板に照射されて蛍光像を形成する。像の撮影は蛍光板下部のカメラ室で行う。撮影手法は

5.3 産業用各種生産装置　　517

図 5.3.44　透過電子顕微鏡（TEM）の外観図[98]

図 5.3.46　走査電子顕微鏡（SEM）の外観図[100]

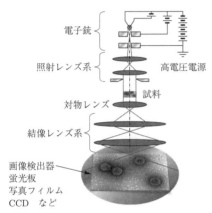

図 5.3.45　透過電子顕微鏡（TEM）の原理図[99]

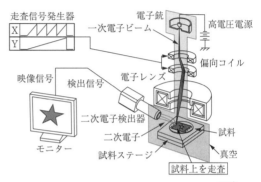

図 5.3.47　走査電子顕微鏡（SEM）の原理図[101]

フィルムを感光させる方法が一般的であるが，最近ではCCDカメラで撮影するなど，フィルムレス化が進んできている．

走査電子顕微鏡（SEM）は，電子銃から引き出した電子ビームを X-Y 二次元走査しながら試料表面の微小領域に照射し，このとき発生した二次電子や反射電子などを検出して拡大像を表示する装置である．

SEMの外観図を**図5.3.46**に，原理図を**図5.3.47**に示す．SEMは，鏡体と試料室，ディスプレイおよび操作部から構成される．電子ビームを試料に照射する過程でコンデンサーレンズ・対物レンズといった電磁レンズで細かく絞り込み，偏向コイルに走査信号を加えることで試料表面を走査する．電子ビームを試料全面に照射するTEMとは大きく異なる点であり，このことから走査電子顕微鏡と呼ばれている．

TEM，SEM等の電子顕微鏡内の気体分子は，電子銃を劣化させ，電子ビームを散乱して輝度や分解能の著しい低下を引き起こすなど，顕微鏡として致命的な問題を引き起こす．そのために，電子顕微鏡内の高真空排気は必須である．TEMの排気系は電子銃室，照射系・試料室結像系，観測室などに分かれて，それぞれ別な排気系が設けられている．電子銃室は電子ビームを発生させることから鏡筒内を 10^{-5} Pa 以下の高真空に保つ必要があるところからイオンポンプ，試料室結像系は試料から出るガスを排気し清浄にするためにターボ分子ポンプ，観測室もガス放出が多い部屋なので他の部屋への影響も考慮しつつ油拡散真空ポンプが用いられている．ポンプの選択はこれに限られるものではなく，各メーカーによって種々の組合せがある．SEMの排気系も同様にイオンポンプ，ターボ分子ポンプ，油拡散真空ポンプ，油回転真空ポンプが用いられている．最近の電子顕微鏡の排気系は，清浄な真空を求める考えから油脂の影響を嫌い，ドライ系の真空排気形を好む傾向が強く，イオンポンプ，ターボ分子ポンプ，スクロールポンプなどドライ系のポンプの組合せが多くなっている．

電子顕微鏡は，像揺れ（分解能）に悪影響を及ぼすことから極端に振動を嫌う．油拡散ポンプが用いられているのは振動のないポンプが選ばれた時代の影響が残っているためであろう．

（c）**医療用粒子加速器**[105),109)]　粒子加速器は5.2.2項で詳細に書かれているので，ここでは粒子加速器が医療用に活用されている事例を紹介する．

悪性腫瘍の発見手段として近年広く利用されているのが PET（positron emission tomography）陽電子放射断層撮影装置である．この診断はがん細胞がブドウ糖を多量に取り込む性質を利用する．あらかじめフッ素19を組み込んだ FDG（fluoro deoxy glucose）を用意し，検査の直前に粒子加速器によりフッ素18に変換して患者に投与する．がん細胞に取り込まれた頃に発生する陽電子を検出することによりがんを見つける．放射性フッ素18の半減期は110分と短い．このため，病院に放射化装置を設置しないと PET 治療ができない．放射化はサイクロトロン（電子加速器）の加速電子をフッ素に照射して行っている．

このサイクロトロンは非常に小型化が進み日本でも3社のメーカーが製造しており2015年9月現在で149の医療施設に導入されている[107]．図 5.3.48 に PET 用フッ素放射化サイクロトロンの一例を示す．

図 5.3.48　PET 用フッ素放射化サイクロトロン[104]

サイクロトロンの排気系では主排気ポンプに油拡散ポンプが用いられている．近年，油拡散ポンプは油を使う関係から，半導体電子部品関連など高度技術には望まれない傾向がある．しかし本件のサイクロトロンには昔から拡散ポンプは多くの実績を持ち，イオン源を作動させるときに強力な水素排気能力を持つ拡散ポンプは，変えがたい存在のようである．

医療系の加速器利用は PET のように放射線源を間接的に使われる検査装置のほかにも，外部から直接がん細胞を狙って放射線を照射するような事例が増えている．病原患部を直接治療する照射治療技術としていくつかの事例がある．

線形加速器（リニアック）：がん細胞にリニアックから放出する放射線を照射して病巣の増殖を抑制したり死滅させたりする．この加速器も真空なくしては存在し得ない．

サイバーナイフ：リニアックをロボットに接続して狙った場所に四方八方から X 線を照射する装置．

重粒子線治療：陽子や炭素を放射線源として用いた加速器で，がん細胞に直接照射する大型加速器の治療装置である．がん細胞は体内奥深くにあり，リニアックなどは皮膚近くが最も線量が強いため，放射線を照射するとがん細胞に至るまでに正常細胞も多く傷付けてしまう．重粒子線の場合はがん細胞に至ったところで最大のエネルギーを放出してがん細胞にダメージを与え，皮膚近くは半分程度の線量で済む効果的な治療ができる．

このように加速器は医療関連に深く関わりを持つようになってきている．

5.3.8　応用最前線
〔1〕　切り花の長期保存[111]

2012年のことであるが，切り花の長期保存に成功した自治体があった．それは300年前からボタンを栽培し，全国一の生産地である島根県である．生け花を家庭で楽しむ文化を持っているこの日本であるが，生け花は生けても長期間美しい花を楽しむことは難しく，わけても生産地から街の生花店まで運搬する間，花の鮮度を保ち，顧客に開花期の楽しみを提供することは難しいことであった．この問題に一つの解決を提供したのが島根県農業技術センターであった．

同センターは県と生産者とで連携して切り花ボタン類の保存・流通方法を10年かけて開発してきた．その結果生まれたのが「ボタン切り花の真空パック」である．2010年に特許を取得し2012年より試験販売が始まった．図 5.3.49 に真空パックされたボタン切り花の写真を，図 5.3.50 に開花したボタンの花を示す．

図 5.3.49　真空パックされたボタン切り花[110]

図 5.3.50　開花したボタン[110]

この技術は，開花度が50％以下の花を取り扱い，切り口を鮮度保持剤に浸し，保存温度を−1〜5℃未満とし，かつ真空減圧包装に際し，花や葉や枝が折れないように形態を整えてパックする．保存期間は2℃で4週，5℃で2週間保持できる．2℃±1℃が適切であった．開封後鮮度保持剤を加えて生け花に供する．このように長期間の保存が可能になったことで，海外への輸出も可能となり，販路の拡大につながると期待されている．

真空パックの技術一つといえども，パックする商品が異なると手法の最適化が重要となる．目的とする商品に適切な手法を開発することで用途が広がる好事例である．

〔2〕DLCによるペット（PET）ボトル内面処理技術[113],[114]

ペットボトルの需要はその軽量さ・簡便さから普及が進んでいる．中でも清涼飲料水用ではそのほとんどがPET化されているように感じる．しかしペットボトルは酸素や二酸化炭素などのガスバリア性が低く，内容物の品質劣化につながる炭酸飲料や酒類への使用は制限されていた．金属膜やダイヤモンドライクカーボン（DLC）などをコーティングするガスバリアー性向上技術が開発されており，外観を損ねないDLC膜の形成技術が注目を集めている．

図5.3.51にペットボトル用DLCコーティング装置の構成を示す．図に示した装置はペットボトルをコーティングする大きな装置の一部を示したものである．この大きな装置は上から見ると円形をしており，個別に成膜するユニットが数十個並んで円周を満たした構造をしている．図の部分は上部に排気ブロックがあり，その下に絶縁ブロック，その下に外部電極ブロックを設け高周波電力の導入を行っている．ここまでの3ブロックはOリングでシールされて固定されている排気ブロックからボトル内部電極を兼ねたガス導入管がボトル内部に伸びて装着されている．最下部のペットボトルを載せたブロックは，下から競り上がって外部電極にはめ込まれる．このとき外部電極とOリングシールは行われるが，電気的にはしっかりと接続される構造になっている．この状態になると排気が始まり，続いて膜の原料となるメタンガスやアセチレンガスガスが導入され，高周波電力が印加される．このとき外部電極の面積と内部電極（ガス導入管）の面積の関係から内部電極が負に自己バイアスされる．この高周波放電によりガスが分解してメタンやアセチレンなどの炭化水素ガスがプラズマとなり，活性化された電子，イオン，ラジカル等に分解されて，陽極側にバイアスされたペットボトル内面にダイヤモンド状のカーボン膜（DLC）が析出することになる．各ペットボトルは装置を1回転したところで装着位置に戻り，ペットボトルが交換されて連続的にDLCコーティングボトルを1時間に18 000本が生産できる装置となっているDLC膜のコーティングにより酸素や，水蒸気，二酸化炭素などのガスの透過を15〜23倍ほど改善できる[114]．この技術は今後，炭酸飲料，ワイン，日本酒等の酒類にもその用途の拡大が望まれている．

〔3〕CD/DVDの反射膜コーティング

CDは1980年前半頃に音楽メディアとして普及し，1990年代にはデータ記録用としてCD-Rが誕生し，2000年頃にはDVD対応ディスクが誕生した．これらディスクは昔のレコードに代わる媒体として市民に受け入れられた媒体である．

CD/DVDには再生専用のディスクと記録再生が可能なディスクがある．ディスク材料はポリカーボネートを射出成形機で120 mm φ厚さ1.2 mmに成形したものである．再生専用のCDは成形時に音楽などが射出成形機で刻印されており，成形後は刻印面側に反射膜（Al）をスパッタリングし，その上に保護膜を塗布し，その上にレーベルが印刷されている．DVDは，ポリカーボネートの厚さを半分の0.6 mmで2枚成形し，刻印側に半透明のSi膜と全反射のAl膜をそれぞれスパッタで成膜する．その後2枚のディスクの成膜面を向き合わせて真空貼合せ機で接着する．Al膜を形成したディスクにレーベル印刷する．こうすることで2面の読取りができ，再生時間が長くできる．記録再生ができるディスクCD-Rは，成形時にグルーブと呼ばれる案内溝を刻印し，記録層として溝の面に有機色素膜を塗布する．色素膜の上に反射層としてAlをスパッタリングする．Al膜面に保護膜を塗布して，レーベルを印刷している．このスパッタ装置は射出成形機や保護膜コーター，有機色素コーター，真空貼合せ装置等と一緒に一体化してインライン製造装置に組み込まれている．

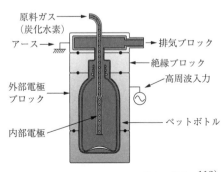

図5.3.51 DLCコーティング装置の構成図[112]

製造ラインに組み込まれた CD/DVD スパッタ装置部分を図 5.3.52 に示す．CD/DVD スパッタ装置にはディスクの生産タクトが 2 秒/枚という性能が要求された．この生産タクトを実現するために非常にユニークな構造が考案された．装置の上面の端部にはスパッタ源が下向きに設置され，もう一端の側にディスクの挿入部ロードロック室を設けた．真空槽上面は厚さ 20 mm のアルミ上蓋で，その厚さの中に直径 130 mm のディスク収納部を設け，ディスク収納部の側面に内径 10 mm 程度の排気口をくり抜き，その端にバルブ機構をはめ込んだ構造にした．すなわちスパッタ機構を構成する上蓋板にディスクを出し入れするロードロック室と排気口とバルブ機構を組み込んだのである．スパッタ源はおよそ 200 mm のターゲットで大電力を 1 秒ほど印加することで，50 nm の膜厚のアルミ膜が形成できる．

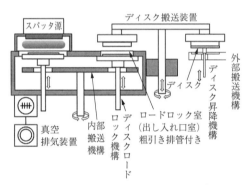

図 5.3.52 CD/DVD スパッタ装置[115]

搬送室にはディスク搬送機構と，ターボ分子ポンプを設けてあり，ロードロック室の粗引きはスパッタリング中に 1 秒で行われ，ディスク搬送中に高真空に排気ができる[116]．スパッタリングと粗引きが同時に 1 秒で，排気と搬送も同時に 1 秒以内で行われる．搬送アームがディスク 2 枚を取り扱うために，2 秒に 1 枚の生産が可能になる．

〔4〕 青色ダイオード製造用 MOCVD 装置[118),119)

2014 年のノーベル物理学賞は青色ダイオード（LED）を開発した日本の科学者，赤崎勇氏，天野浩氏，中村修二氏ら 3 氏が栄誉を受けた．

この青色 LED の登場は単なる青が増えただけでなく，白色光に道を開いたのである．青色 LED を YAG の結晶粉末で作った蛍光体で包むと，青色光のエネルギーを受けて赤色と緑色の混合した黄色光を蛍光として発する．青色 LED の青と蛍光体から発色する赤色と緑色で光の三原色がそろい白色を発光する LED が完成した．LED は照明にまでランクが上がり爆発的に普及したのである．

青色 LED の製法とその装置について解説する．青色 LED はサファイアの基板に MOCVD（metal organic chemical vapor deposition, 有機金属化学的気相成長）という手法で薄膜を 1 層ずつ成膜して作っている．サファイアの基板は非常に高価である．そこで直径 2〜4 インチ，厚さは 0.4〜0.6 mm の基板に 0.3 mm □ と非常に小さいチップを数百〜数千個配置し，チップの小型化と多数個取りでコストを下げている．発光ダイオード LED を用いた発光ダイオードの断面を図 5.3.53 に示す．この図にあるようにマイナス端子の上部に LED チップがセットされている．上部の丸の部分を拡大した LED の構造図を図 5.3.54 に示す．

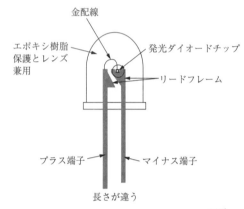

図 5.3.53 発光ダイオード（LED）断面図[117]

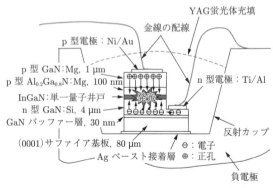

図 5.3.54 青／緑色 InGaN 系 LED の構造図[117]

この素子の構造を見るとサファイア基板上に 6 層もの膜を形成して作られていることがわかる．それを負極側は積層した 3 層を削って電極を形成している．この膜形成については後述するが，チップをマウントした後，電極配線とその後に前述した蛍光体の充填を行っている．

発光ダイオードを構成する InGaN 形の膜を形成す

るには MOCV (metal organic chemical vapor deposition, 有機金属気相成長) という成膜装置が必要になる. **図5.3.55** に MOCVD 装置の構成原理図を示す. 素子の構造を見ると有機金属膜を 5 層重ね, 各チップに切断してから下から 2 層目の膜を削るだけで作れる, このためサファイア基板に図に示す有機金属膜を順じ必要膜厚になるよう積層することにより作っている. 積層する順に膜の原料となる In, Ga, Mg, Al などのトリメチル金属を水素のバブリングで気化させて反応室に供給している. その工程では各流量を精密に制御するマスフローメーターを介して送っている. 膜形成層毎に精密に制御する必要があるため, ガス供給装置には細心の注意が必要である. 第 1 層の GaN はバブラーから蒸発させたトリメチルガリウム (TMGa) とアンモニア (NH_3) を反応室に送る. 第 2 層の n 型 GaN は TMGa と NH_3 とシラン (SiH_4) を供給する. 第 3 層以降順次各工程で求められるガスを求められた流量を精密に制御するマスフローメーターを介して送っていく. 反応室は通常石英のチューブで作られている. 反応室において, MOCVD はガス供給系から送られたガスに熱エネルギーを与えて分解し基板上に堆積させることで膜形成を行っている. 加熱源は石英反応室外部に巻かれた高周波誘導コイルであり, 加熱されるのは基板を置いてあるグラファイトサセプターである. 高周波誘導コイルに通電すると, コイル内に磁場が発生し, この磁場がグラファイトに誘導電流を起こし, この電流によりグラファイトが誘導加熱される仕組みである. 加熱温度はおおよそ 1000℃ 近くになる. またこの工程に使われるガスは水素を含め非常に危険なガスである. 内部は導入するガス以外の不純物で汚染されないよう常時真空ポンプで排気されており, 排出するガスは排ガス処理装置で処理して回収している.

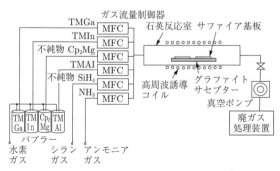

図5.3.55 MOCVD 装置の構成原理図[117]

このように LED 製造工程は, 半導体膜を形成し, スパッタリング等で電極形成, ドライエッチングで半導体層のエッチングをするだけの簡単なプロセスなので, MOCVD 装置と他の成膜加工装置さえあればどこでも LED を作ることができる. 2010 年前後に中国のメーカーが欧米の半導体製造装置メーカーから大量の MOCVD を導入した. これにより 2011 年には中国が世界最大の LED 生産国と化した. 日本で開発された青色 LED は中国で大量生産されているのである.

引用・参考文献

1) 木ノ切恭治:半導体産業新聞主催セミナー「太陽電池製造と真空技術」(2008/11/6) 予稿集「真空技術ってなに?」p.4「真空利用技術」.

2) 日本真空工業会:真空ポケットブック p.34「絶対圧とゲージ圧の対比」.

3) 株式会社アンレット Web カタログ「ルーツブロワ」p.6, http://www.anlet.co.jp/catalog/pdf/anlet005.pdf (Last accessed: 2017-05-30)

4) IHI 運搬機械株式会社 Web サイト http://www.iuk.co.jp/crane/grain_unloader.html (Last accessed: 2017-05-30)

5) 東芝リビング Web サイト「吸込仕事率はどのように測定しているか」http://www.livingdoors.jp/csb/?pid=10&tid=25&fi d=779&kw=&c=&typ=(Last accessed: 2017-05-30)

6) JIS C 9108:2009 「電気掃除機」付属書 A (規定)「吸込仕事率の測定方法」(日本規格協会).

7) ガス事業部春名一生, 三宅正訓, 笹野広昭:「住友化学」住友精化株式会社 2005-II pp.59–66.

8) 山田良吉, 小山俊太郎, 芳賀鉄郎, 山本昭夫:日立評論, **72**-9 (1990) 123.

9) 公開特許公報 特開 2005-205246「真空-加圧圧力変動吸着型酸素濃縮器」日本特殊陶業株式会社.

10) 神鋼エアーテック株式会社 Web サイト, ガス発生装置 http://shinko-airtech.com/equip_o2.html (Last accessed: 2017-05-30)

11) 日本真空工業会 Web サイト http://jvia.gr.jp/what/lowvacuum/(Last accessed:2017-05-30)「吸着搬送ロボット」

12) 株式会社アンレット Web カタログ「ドライポンプ」http://www.anlet.co.jp/catalog/pdf/anlet004.pd p.6 (Last accessed: 2017-05-30)

13) 日本真空工業会 Web サイト「真空含浸の原理図」http://jvia.gr.jp/what/lowvacuum/(Last accessed: 2017-05-30)

14) 公開特許公報 特開平 5-237812「木材の処理装置及び処理方法」株式会社ヤスジマ

15) 特許広報 特公昭 59-034268 「木材の乾燥方法」株式会社芦田製作所, パール工業株式会社.

16) 実用新案公報 実公平 2-018477,「木材乾燥装置」安島製罐株式会社

17) 株式会社ヤスジマ:「真空ジャーナル」日本真空工業会 (2005-7) 101 号, pp.4–7.

18) 山下満広, 板川亨, 武田文人, 木俣文経, 子守康裕:三菱重工技報 (2008) 2-5, Vol.45, No.4.

19） 武田文人，西山茂，林賢吾，子守康裕，須賀康雄，浅原信雄：三菱重工技報 (2005-12) Vol.42, No.4, pp.220–225.

20） 公益財団法人航空機国際共同開発促進基金 Web サイト，「航空機材料としての炭素繊維適用の動向について」http://www.iadf.or.jp/8361/LIBRARY/MEDIA/H19dokojyoho/H19-2.pdf (published Feb 2007, Last accessed 2017-05-30)

21） 太平洋プレコン工業株式会社：真空ジャーナル 2006-11, 109 号，pp.8–13.

22） 陳蒼耀，和美広喜，柿崎正義：真空コンクリート工法による床スラブの施工性に関する研究，昭和54年9月　日本建築学会大会学術講演梗概集（関東）．

23） 中屋敷左官工業株式会社 Web サイト「真空コンクリート」，http://nakayasiki.co.jp/sakan/vacuum.html (Last accessed 2017-05-30)

24） 特許公開公報　特開 2006-272840「真空射出成型装置」株式会社フコク.

25） 木ノ切恭治：おもしろサイエンス　真空の科学（日刊工業新聞社，東京，2013）p.29.

26） 真空展 2005 年展示パネル，日本真空工業会.

27） 蛇の目ミシン工業株式会社：真空ジャーナル，日本真空工業会 2004–9，96 号，pp.6–11.

28） 公益財団法人：紙の博物館 パンフレット「紙のできるまで」p.15「長網多筒式抄紙機のウエットパートの図」：写真は日本製紙株式会社提供

29） 公益財団法人：紙の博物館 パンフレット「紙のできるまで」p.16「長網多筒式抄紙機のドライパートの図」：写真は日本製紙株式会社提供

30） 紙パルプ技術協会：紙パルプ製造技術シリーズ⑥「紙の抄造」1998-12-14 発行 p.110, 181.

31） 公益財団法人　紙の博物館：わかりやすい紙の知識 (2007).

32） 株式会社アンレット Web カタログ「ルーツブロワ」p.6, http://www.anlet.co.jp/catalog/pdf/anlet005.pdf (Last accessed: 2017-05-30)

33） 山本紀征：真空断熱材の開発の裏話，シャープ技報，2008-11，No.98.

34） 多井勉：真空断熱，実用真空技術総覧（産業技術サービスセンター，東京，1990）pp.527–540.

35） 木ノ切恭治：おもしろサイエンス 真空の科学（日刊工業新聞社，東京，2013）p.47.

36） タイガー魔法瓶株式会社 Web サイト：魔法瓶の仕組み，http://www.tiger.jp/products/mahobin/mechanism/index.html (Last accessed 2017-05-30)

37） 宮地賢一：ステンレス魔法瓶の開発，Shinku, **32** (1989) 869.

38） 本図は記事 "真空ガラス「スペーシア」で住宅の省エネに貢献," 日本板硝子 2006 年 5 号「真空ジャーナル」日本真空工業会，および日本板硝子 Web サイトを参照して加筆した．提供：日本板硝子株式会社 http://shinku-glass.jp/shinkuuglass/index.html (Last accessed 2017-05-30)

39） 木ノ切恭治：おもしろサイエンス 真空の科学（日刊工業新聞社，東京，2013）p.48「真空断熱ガラス」.

40） 木ノ切恭治：おもしろサイエンス 真空の科学（日刊工業新聞社，東京，2013）p.52「液化ガスタンク」.

41） 木ノ切恭治：おもしろサイエンス 真空の科学（日刊工業新聞社，東京，2013）p.53「タンク構造図」.

42） 函館酸素株式会社 Web サイト：ガス談話室〈高圧ガス容器の中をのぞいてみよう〉http://www.hakosan. co.jp/gasdanwa060301.html (Last accessed 2017-05-30)

43） 超電導式磁気共鳴画像診断装置 東芝 MRI Vantage Titan3T（提供：東芝メディカルシステム株式会社）

44） 木ノ切恭治：おもしろサイエンス 真空の科学（日刊工業新聞社，東京，2013）p.138.

45） 尾原昭徳，荻野治：クライオスタット材料のアウトガス，Shinku, **28** (1985) p.678.

46） 佐伯満，森田隆昌，宮島剛，佐保典英：MRI 用超電導磁石，日立評論，**71** (1989-7) p.55.

47） 公開特許公報　特開 2008-218809「超電導電磁石およびこれを用いた MRI 装置」三菱電機株式会社.

48） 超電導 Web21「超電導と MRI/NMR（その 1-原理と構造）」2009 年 2 月 2 日発行，財団法人国際超電導産業技術研究センター.

49） 木ノ切恭治：おもしろサイエンス 真空の科学（日刊工業新聞社，東京，2013）p.140.

50） 超電導 Web21 やさしい超電導リニアモーターカーのお話（その 4）超電導磁石の開発経緯，2011 年 8 月 1 日発行，公益財団法人国際超電導産業技術研究センター.

51） 中尾裕行，山下知久，小林芳隆：超高速輸送システムを目指す超電導リニアモーターカー技術，東芝レビュー，**61-9** (2006).

52） 岩松勝：リニアモーターカーと超電導技術，公益財団法人鉄道総合技術研究所 2011-8-6（創造性の育成塾講話）から「超電導磁石の構造」の図版.

53） 公開特許公報　特開 2012-151181「極低温機器の多層断熱材」，公益財団法人鉄道総合技術研究所.

54） 株式会社スギヤマゲン Web サイト：「超高性能断熱輸送 ボックス」http://www.sugiyama-gen.co.jp/products/yusou/p01 02_b.html (Last accessed 2017-05-30)

55） 松下冷機株式会社：真空断熱材 Vacua（ばきゅあ），真空ジャーナル 2006-9．日本真空工業会，pp.14–19.

56） モノづくりスピリッツ発見マガジン　Web サイト：http://panasonic.co.jp/ism/vacuum/index.html (Last accessed 2017-05-30)

57） 倉敷紡績株式会社：真空断熱材 VIP，真空ジャーナル (2007-7) 日本真空工業会，pp.8–13.

58） 長島直樹：実用真空技術総覧（産業技術サービスセンター，東京，1990）p.422.

59） 木ノ切恭治：おもしろサイエンス　真空の科学（日刊工業新聞社，東京，2013）p.58.

60） 真空予冷装置，株式会社日立プラントテクノロジー社カタログ「日立低温・流通システム」50-111D 2007.9.

61） 木ノ切恭治：おもしろサイエンス 真空の科学（日刊工業新聞社，東京，2013）p.60「真空冷却」.

62) 木ノ切恭治：おもしろサイエンス 真空の科学（日刊工業新聞社，東京，2013）pp.69-72「真空乾燥」.

63) 木ノ切恭治：おもしろサイエンス真空の科学（日刊工業新聞社，東京，2013）pp.74–77「凍結乾燥装置」.

64) 中川洋二：凍結乾燥技術の現状と今後の動向，真空ジャーナル，2008-1，116 号，p.20.

65) 畠中和久：日本真空学会関西支部主催第 7 回実用技術セミナー（2014-12-11）予稿集.

66) 畠中和久（天野フーズ）：最新フリーズドライ食品製造技術，JVSJ，**58**（2015）334.

67) 木ノ切恭治：おもしろサイエンス 真空の科学（日刊工業新聞社，東京，2013）p.63「減圧蒸留」.

68) 一般社団法人 日本鉄鋼連盟発行小冊子「鉄ができるまで」p.25.

69) 中村一男：産業技術の発展と真空，先端真空利用技術（日経技術図書，東京，1991）p.34.

70) 木ノ切恭治：おもしろサイエンス 真空の科学（日刊工業新聞社，東京，2013）p.66.

71) 天野佐一郎：真空技術黎明期の反射防止膜，真空ジャーナル（2007-5）日本真空工業会，p.28.

72) 日本真空工業会 Web「サイト低真空を利用した様々な用途」http://jvia.gr.jp/what/lowvacuum/（Last accessed 2017-05-30）

73) 塩化ビニリデン衛生協議会 Web サイト http://vdkyo.jp/whats_pvdc/001.html（Last accessed 2017-05-30）

74) 木ノ切恭治：ものづくりと真空（工業調査会，東京，2010）p.180, 181.

75) HID ランプ業務委員会：セラミックメタルハライドランプの可能性，電球工業会報，日本電球工業会（2012.1）pp.19–24.

76) 一般社団法人 日本科学機器協会：科学機器入門（2012）増補 改訂版，p.40.

77) 嫌気性細菌感染総論 Web サイト：http://hica.jp/kono/kogiroku/anaerobe/anaerobe.htm（Last accessed 2017-05-31）

78) 高木郁二：エネルギー理工学設計演習・実験 2，別冊 3-6 ガイスラー管（1999-1-17）高木郁二氏提供 Web サイト http://www.nucleng.kyoto-u.ac.jp/people/ikuji/edu/vac/chap3/geiss.html（Last accessed 2017-05-31）

79) 熊谷寛夫，富永五郎，辻泰，堀越源一：真空の物理と応用（掌華房，東京，1975）物理学選書 11，第 5 版，p.208.

80) 金原粲：薄膜の基本技術（東京大学出版会，東京，第 2 版）p.25, 26.

81) 木ノ切恭治：おもしろサイエンス 真空の科学（日刊工業新聞社，東京，2013）p.91「ネオンサイン」.

82) 東西電気産業株式会社 Web サイト：東西光辞苑／蛍光ランプ技術解説 http://www. tozaidensan.co.jp/dictionary/dictionary2/fllanp_dic_1.htm（Last accessed 2017-05-31）

83) 木ノ切恭治：おもしろサイエンス 真空の科学（日刊工業新聞社，東京，2013）p.95「HID ランプ図」.

84) 特許公告 WO2014038363A1：メタルハライドランプ，東芝ライテック.

85) 日本照明工業会：一般照明用 HID ランプ及び使用済み HID ランプに関する Q&A，2001 年制定，2015 年 1 月第 5 回改正．http://jlma.or.jp/anzen/pdf/environment02_06.pdf（Last accessed 2017-05-31）

86) 日本照明工業会：水俣条約に関する報告，2014.09.12 http://www.meti.go.jp/committee/sankoushin/seizou/kagaku/seido_wg/pdf/002_03_01.pdf（Last accessed 2017-05-31）

87) 日本照明工業会：「自動車用電球ガイドブック」第 5 版，http://jlma.or.jp/tisiki/pdf/guide_car.pdf（Last accessed 2017-05-31）

88) 岡田淳典：高輝度放電ランプ，J. Plasma Fusion Res.，**81**-10（2005）804-806．https://www.jstage.jst.go.jp/article/jspf/81/10/81_10_804/_pdf（Last accessed 2017-05-31）

89) 木ノ切恭治：おもしろサイエンス 真空の科学（日刊工業新聞社，東京，2013）p.97「スパッタ装置」.

90) 木ノ切恭治：ものづくりと真空（工業調査会，東京，2010）p.217「マグネトロンスパッタ源」.

91) 木ノ切恭治：JVIA 新教育講座「第 8 回真空技術実践講座」（2015）テキスト I，p.62「P-CVD 装置」.

92) 岡田繁信：JVIA 新教育講座「第 8 回真空技術実践講座」（2015）テキスト II，p.57, pp.65–68「P-CVD 装置」

93) 木ノ切恭治：おもしろサイエンス 真空の科学（日刊工業新聞社，東京，2013）p.103「エッチング装置」.

94) 木ノ切恭治：JVIA 新教育講座「第 7 回真空技術実践講座」（2014）テキスト I，p.63「ドライエッチング装置」.

95) 岡田繁信：JVIA 新教育講座「第 7 回真空技術実践講座」（2014）テキスト III，pp.81–86「ドライエッチング装置」.

96) 木ノ切恭治：おもしろサイエンス 真空の科学（日刊工業新聞社，東京，2013）p.82「電子ビーム溶解炉」.

97) NEDO：エネルギー使用合理化シリコン製造プロセス開発事後評価報告書（平成 14 年 6 月）http://www.nedo.go.jp/content/100089441.pdf（Last accessed 2017-05-31）

98) 透過電子顕微鏡（TEM）外観図：株式会社日立ハイテクノロジーズ社提供

99) 透過電子顕微鏡（TEM）原理図：株式会社日立ハイテクノロジーズ社提供

100) 走査電子顕微鏡（SEM）外観図：株式会社日立ハイテクノロジーズ社提供

101) 走査電子顕微鏡（SEM）原理図：株式会社日立ハイテクノロジーズ社提供

102) 斉藤尚武：電子顕微鏡 『実用真空技術総覧』（産業技術サービスセンター，1990）pp.852–865.

103) 日本電子株式会社 みんなの製品（やさしい科学）社内報あゆみ別冊（発行年不詳）.

104) PET 診断用フッ素放射化サイクロトロン：CYPRIS HM-18：住友重機械工業株式会社提供.

105) 独立行政法人 放射線医学総合研究所編集（高橋千太郎, 辻井博彦, 米倉義晴著：知っていますか？医療と放射線–放射線の基礎から最先端の重粒子線治療まで（丸善, 東京, 2007）pp.72–76.

106) 日本放射線技術学会監修, 熊谷孝三編著：放射線治療技術学（オーム社, 東京, 2006）第 7 章 外部照射治療技術.

107) 日本核医学会 PET 核医学分科会 Web サイト「PET 施設一覧」http://www.jcpet.jp/1-3-4-1 (Last accessed 2017-05-31)

108) 学総合研究所 Web サイト：「小型サイクロトロンの運転業務」http://www.nirs.qst.go.jp/publicationtion/annual_reports/H9/index.php?3_2_3.html (Last accessed 2017-05-31)

109) 粒子線医療センターパンフレット：「Hyogo Ion Beam Medical Center」（発行年不詳）.

110) 島根県農業技術センター 栽培研究部花き科専門研究員 田中 博一氏 提供「ボタン切り花の真空パック」,「開花したボタン」.

111) 特開 2007-99713「切り花ボタン類の保存・流通方法」出願人：島根県, 発明者：金森健一.

112) 鹿毛剛：日本真空学会関西支部主催第 7 回実用技術セミナー（2014-12-11）予稿集 pp.17–22.

113) 鹿毛剛：ポリエチレンフタレート（PET）ボトルへのダイヤモンド状炭素（DLC）薄膜の開発, JVSJ, **58** (2015) 330.

114) 上田敦士, 中地正明, 後藤征司, 山越英男, 白倉昌：ペットボトル用高速・高バリ DLC コーティング装置, 三菱重工技報, **42**-1 (2005-1) http://www.mhi.co.jp/technology/review/pdf/421/421042.pdf (Last accessed 2017-05-31)

115) 木ノ切恭治：おもしろサイエンス 真空の科学（日刊工業新聞社, 東京, 2013）p.98「CD/DVD スパッタ装置」.

116) 特開 2000-064043「枚様式マグネトロンスパッタ装置」.

117) 木ノ切恭治：ものづくりと真空（工業調査会, 東京, 2010）pp.205–209「LED 外観図」,「LED 構造図」,「MOCVD 装置の構成図」.

118) 川上養一, 成川幸男, 松本功, 杉本勝, 国安誠祐：「21 世紀の照明高輝度 LED の技術進歩」『真空フォーラム』予稿集（2006）日本真空工業会.

119) 蛯名清志編著：オプト・デバイスの基礎と応用（CQ 出版社, 東京, 2005）.

6. 真空の応用

6.1 薄膜作製

6.1.1 はじめに

薄膜とは，おおむね厚さ数 μm より薄い固体の板であり，現代のナノテクノロジーを支える最も基本的な構成要素の一つである．集積回路やディスプレイはもちろんのこと，太陽電池，眼鏡の反射防止膜，装飾品へのコーティング，スナック菓子の袋など，われわれの生活の至るところで薄膜が活躍している．それらの多くが大気圧よりも低い圧力，すなわち真空下でのプロセスを経て生産されており，真空技術は，薄膜を再現性，耐久性良く大面積に均一に成膜するために不可欠の技術になっている．したがって，成膜の過程において真空下で起きる現象を理解することは，新しい機能薄膜の開発，生産性の改善，トラブルの解決のためにきわめて重要である．

現在，薄膜の研究・開発や生産にはさまざまな成膜方法が用いられており，その一つひとつについて説明するためには紙面が足りないし，詳しい成書やハンドブック[1]~[3]が多数入手可能であるので，ここでは議論しない．本節では，「真空」という観点から成膜過程を概観し，その重要なポイントについて解説する．

6.1.2 薄膜作製法の概要

薄膜を成膜するためにはさまざまな方法が考案されており，図 6.1.1 には，真空技術と関連の深い成膜方

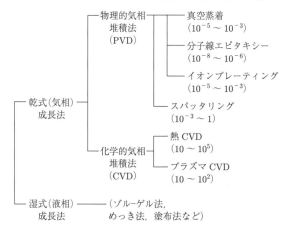

図 6.1.1 おもな成膜方法と成膜中の圧力（単位：Pa）

法と成膜中の圧力をまとめてある．

成膜方法が気相成長法か液相成長法かにかかわらず，成膜過程は一般に，1) 原材料を原子，分子やそのクラスターに分解（分解・蒸発過程）し，2) 基板まで輸送（輸送過程）して，3) 基板表面に堆積させる（堆積過程），という三つの素過程から成る．金箔の場合のように打撃によって延伸する方法や，薬品やイオンによるエッチングによって大きな物体を削って薄くする方法は通常は成膜とはいわないし，またそういった方法で作製したものも薄膜とは呼ばないのが一般的である．

液相成長法は真空装置を必要とせず，比較的安価な製造装置で大型の基板や複雑な形状の表面にも均一に薄膜を形成することができる．一方，気相成長法では真空装置が必要なため，装置の価格は高くなるが，不純物の制御性，膜厚の制御性，材料選択の自由度において優れており，上述のように幅広い分野で利用されている．

気相成長法は，図 6.1.1 に示したように化学的気相堆積法（chemical vapor deposition, CVD）と物理的気相堆積法（physical vapor deposition, PVD）に大別される．二つの方法の違いはおもに原料にある．CVD では最終的には薄膜に取り込まれない元素を含んだ化合物（例えば金属薄膜の原料として有機金属）を原料に用いるのに対して，PVD は原料として薄膜を構成する物質そのものを用いる．したがって CVD では原料分子を含んだ気体，液体，溶液などが供給される．一方，PVD の原料は金属やセラミックスなどの粉末，粒，板などの固体である．真空との関わりや実用的な観点からは，真空蒸着法とスパッタリングが特に重要である．以下ではこの二つの薄膜作製法を概説する．

〔1〕 真空蒸着法

真空蒸着法は，PVD の最も基本となる成膜方法である．真空中で薄膜にしようとする物質を加熱して蒸発（evaporation）させ，その蒸気を適当な基板の上に付着（deposition）させる．原理的には，やかんで湯を沸かし，その水蒸気を冷たいガラス板の上に凝縮させる過程によく例えられる．この凝縮物が薄膜である．なおこの手法は，英語では単に evaporation，あるいは vacuum deposition などと呼ばれることが多い．

真空蒸着法は装置構成が単純なので装置が安価であ

り，多くの単体物質の薄膜作製に適用できる．また堆積時にその場（in situ）での種々の薄膜測定を行いやすい．さらに，薄膜形成過程が気相からの凝縮という最も単純な形式なので，薄膜形成過程の解析が容易で理論との対応がつけやすい，などの利点を持つ．

一方，真空蒸着法の欠点としては，できた薄膜の基板への付着が弱いこと，膜の構造が疎になりやすく，材料本来の物性値を薄膜で得るのが難しいこと，などがある．また Ta, W といった高融点・低蒸気圧の物質には適用しにくい．ただしこれらの欠点は，基板の前処理を十分に行う，基板温度や成膜速度を制御する，適切な蒸発源を選ぶ，などの工夫によって克服できることも多い．

基本的な真空蒸着装置は，図 6.1.2 に示すように，真空容器の内部に蒸発源・基板・シャッター・膜厚モニターを配した構成となる．真空蒸着膜の構造や物性には成膜時の基板温度が大きく影響するため，基板には加熱装置が付属することも多い．シャッターは蒸発源から基板に向かって飛ぶ蒸着原子の流れ（フラックス）を制御する．また膜厚モニターはシャッターの開閉状態によらず，つねに蒸発源に面する位置に置かれる．

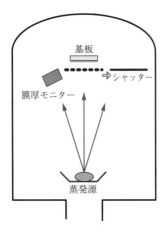

図 6.1.2 真空蒸着装置

膜厚モニターおよび基板の蒸発源からの相対位置関係は異なるから，両者での成膜速度も当然異なる．この両者の比は tooling factor と呼ばれ，規格化定数として事前に与える必要がある．そのために予備成膜を行い，堆積した膜厚を別の方法で計測して，モニターでの読取り値との比を決定する．

真空蒸着法における典型的な成膜の手順は以下のようになる．容器を所定の圧力まで排気した後，まずシャッターを閉じた状態で蒸発源を加熱する．膜厚モニターによって蒸発源からの原子フラックスを計測しつつ加熱温度を制御し，成膜速度が所定の値になって安定したら，シャッターを開いて成膜を開始する．所望の膜厚が得られたところでシャッターを閉じ，加熱を終わって成膜終了となる．一連のプロセスは，$10^{-5} \sim 10^{-3}$ Pa 程度の圧力の下で実施される．

実験装置の蒸発源として最も一般的に用いられるのは，高融点金属のワイヤをらせん形に加工したバスケットや，板をへこませて皿状の部分を作ったボート（boat）と呼ばれるもので，それらに蒸発材料を載せ，大電流を流すことによって加熱蒸発させる．

このほか，加熱フィラメントから発生した電子を 5〜10 kV 程度の電位差で加速し，蒸発材料に衝突させて加熱を行う電子ビーム蒸発源も産業的にはよく利用される．この方法は蒸発材料を局所的に加熱できるため，蒸発材料に接触する部品からの不純物の混入を防ぎ，また蒸発源周辺からのガス放出を低減することが可能である．また蒸発速度の制御性が良いという利点もある．電子ビームを磁場によって偏向・収束させる製品もあり，蒸発源全体がコンパクトになるという利点から，広く普及している．

蒸発源を密閉容器に入れて加熱し，その一部を開口して蒸気を取り出す，クヌーセンセル（Knudsen Cell）と呼ばれる蒸発源もよく用いられる．これは蒸発源の温度の制御性が良いため，非常に安定した蒸発フラックスを長時間得ることができる．このため成膜条件の高い制御性が要求される分子線エピタキシー法（molecular beam epitaxy, MBE）などでよく用いられる．MBE は 10^{-6} Pa 以下の超高真空圧力下で実施されることがほとんどである．

このような種々の蒸発源については，文献 2), 4) などにまとめられているので必要に応じて参照されたい．

〔2〕 スパッタリング法

スパッタリング（sputtering）法は真空蒸着と同じく PVD の一種であるが，固体材料の気化のプロセスが異なる．真空蒸着では加熱蒸発を用いるのに対し，スパッタリング法では数百 eV 以上の高エネルギー粒子を固体材料に衝突させ，その衝撃によって材料を気化する．「スパッタリング」のもともとの意味は，実はこの高エネルギー粒子の衝撃による固体原子・分子の脱離のことである．このとき固体材料の側はターゲットと呼ばれる．このスパッタリング現象を用いた成膜法のことを，スパッタリング法と呼ぶのである．

スパッタリング現象による固体の蒸発は，入射粒子の運動量が固体原子と交換されることによって生じる[5),6)]．このとき，まず入射粒子が固体内部の原子に衝突してこれを動かし，その原子がまた別の内部原子に衝突してこれを動かし…という具合に，衝突カスケードと呼ばれる領域が入射粒子の突入経路の周りに

形成される．このカスケードの原子（分子）が表面に到達し，固体の束縛エネルギー（昇華エネルギー）を振り切ることが可能だと，スパッタ粒子として外部に放出される[7]．スパッタ粒子をターゲットに対向して配置された基板に堆積することで薄膜を形成する．

後述するように，スパッタ粒子の放出時のエネルギーは，真空蒸着のそれと比べて10〜100倍程度と非常に大きい．その結果，適切な条件の下では緻密で密着性の高い薄膜が得られる．一方では高エネルギー粒子によって膜の内部に欠陥を導入したり，格子拡張による応力の発生原因になったりする欠点もあり，成膜条件の最適化が肝要である．真空蒸着とは異なり，高融点・低蒸気圧の材料にも適用可能である．また真空蒸着では，蒸気圧の大きく異なる元素を含む化合物を原料として成膜すると極端な組成ずれが起きるが，スパッタリングの場合には化合物の組成制御が比較的容易である．

スパッタリング装置では，ターゲットの原子をたたき出すために十分高いエネルギーを持った粒子を生成する必要がある．そのためには，低気圧放電を用いたプラズマ中の正イオンを用いるのが最も一般的である．二極放電の陰極をターゲット材料としてグロー放電を発生させると，放電電圧のほとんどは，プラズマ本体（陽光柱）と陰極との間にかかるから，プラズマのイオンはこの電位差を反映した高いエネルギーで陰極に入射する．これによってスパッタリングを発生させるのである．ターゲットが金属であれば，直流高圧電源で十分であるが，絶縁物をスパッタリングする場合には高周波電源が必要である．また，インピーダンス整合のためのマッチングボックスも必要になる．また，容器内部には放電を発生させるためのガスが導入される．この圧力は典型的には0.1〜10 Paであり，真空蒸着で用いる圧力よりも2〜3桁高い．放電を開始して数分経過すれば，成膜速度はきわめて安定になるため，薄膜の堆積量をリアルタイムでモニターするための膜厚計は必ずしも必要ではない．さまざまなスパッタリング装置の構成については文献5)などに詳しい．

6.1.3 成膜の素過程

図6.1.3は，6.1.2項で紹介した気相成長法による成膜過程を模式的に表している．初めに，原料に熱，イオン，レーザーなどのエネルギーを与えて分解・蒸発させる．原料が気体で供給されるCVDでは，この過程が原料メーカーで完了しているとみなすこともできる．分解・蒸発過程で作られた原料の蒸気は，装置内を基板に向かって輸送される．通常PVDでは分解・蒸発過程で原料から飛び出した原子・分子を特に制御せず，基板に自然に飛び込んでくるものだけを受けて薄

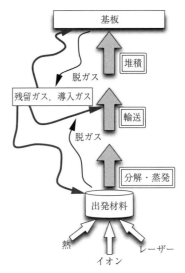

図6.1.3　気相成長法による成膜過程

膜にする．CVDでは原料蒸気を適当なキャリアガスと混合してガスの流れによって輸送する．そして，この過程で原料蒸気に熱やプラズマなどからエネルギーを与えて化学反応を促進する．最終的に原料蒸気や，原料蒸気が化学反応した後の生成物を基板に堆積させて薄膜が形成される．基板表面に吸着した原子・分子は，輸送過程で持っていた運動エネルギーを失いながら表面を拡散・マイグレーションした後に固着する．その間に，原料蒸気に含まれていない成分を補ったり，余分な成分を追い出したりするための化学反応が行われる．この過程は最終的に得られる薄膜の結晶性や組成を決定付ける重要な過程であり，その制御のために必要であれば基板を加熱する．

このように，各種の成膜法は，大きく見れば三つの素過程で統一的に理解することができるが，図6.1.1に示したように，成膜中の圧力は10桁以上も異なる．したがって，各素過程に対する雰囲気の影響は大きく異なっており，「真空」を正しく理解することが，高品質の薄膜の開発，生産のために重要である．〔1〕〜〔3〕項ではそれぞれの素過程の重要なポイントについて解説する．

〔1〕　分解・蒸発過程

6.1.2項で概説したように，PVDでは成膜装置内で原料にエネルギーを与えて蒸気を作る必要がある．真空蒸着法の場合にはタングステン等のフィラメントやボートを通電加熱することで原料を加熱する抵抗加熱法と，数keVに加速した電子線を原料に照射して加熱する電子ビーム蒸着法が一般的である．加熱された原料は溶融して液相から蒸発することが多いが，材料に

よっては固相から直接昇華するものもある．スパッタリングでは数百V～数kVの電圧で加速されたイオンを原料のターゲットにぶつけることで，ターゲットの原子をたたき出して蒸気を得る．しかし，真空蒸着，スパッタリングのいずれにおいても，現実の分解・蒸発過程では，原料と同じ組成の蒸気を作り出すことは必ずしも容易ではなく，付随する現象を理解してその対策を準備しておくことが重要である．以下では，真空蒸着，スパッタリングにおける，分解・蒸発過程の基礎と，付随する現象について解説する．

（a）**真空蒸着法における分解・蒸発** 蒸発源の温度は材料や条件に応じて異なるが，蒸気圧が1Pa程度になる温度とすれば，例えばAgでは約1000℃，Auでは約1300℃である．このような高温を得るには，通常Ta，Mo，Wなどの高融点金属の抵抗加熱が用いられる．このような高温の蒸発源や蒸発物質を，例えば大気にさらすと，あっという間に酸化・窒化してしまうことは容易に想像できるだろう．これを防ぐには，酸素・窒素の排除，すなわち真空が必要となる．どの程度の真空を必要とするかは，蒸発源・蒸発材料の酸化・窒化のしやすさに依存する．AgやAuといった貴金属では10^{-2}～10^{-3}Pa程度で十分だが，酸化しやすい卑金属材料などでは，より低い圧力が要求される．また電子ビームを用いた蒸発源では，フィラメントから放出された電子を5～10kV程度の電位差で加速して蒸発源に衝突させ，そのエネルギーによって加熱を行う．このような高電圧の印加によって放電が起きないようにするには，やはり10^{-2}～10^{-3}Paより低い圧力が要求される

蒸発源の温度と蒸発速度との関係は，熱力学におけるクラペイロン・クラウジウス（Clapayron–Clausius）の関係から考察できる[8]．固体あるいは液体と熱平衡状態にある蒸気の圧力（平衡蒸気圧）p_sは，蒸発熱ΔHが温度によらないとすれば

$$p_s = p_0 \exp\left(-\frac{\Delta H}{kT_s}\right) \quad (6.1.1)$$

という形に書ける．ここで，p_0は材料固有の定数，T_sは蒸発源温度である．このとき気相から液相に入射する分子数は，入射頻度Γで記述でき

$$\Gamma = \frac{1}{4} n_s \bar{v} = \frac{p_s}{\sqrt{2\pi m_s k T_s}} \quad (6.1.2)$$

である．ただし，n_sは気相の分子密度，$\bar{v}$は気体分子速度，m_sは分子質量である．入射した分子のうち，液相（ないし固相）に捕らえられて凝集する分子の割合をcとすれば，熱平衡状態では気相から液相への凝集と，液相から気相への蒸発とが等しいことを利用して，単位面積・単位時間当りの蒸発量は$c\Gamma$と書くことができる．

実際の蒸発源は（実際に原子が放出されて失われているのだから）決して熱平衡状態ではない．しかし例えばクヌーセンセルであれば，セル内の気相が開口部から失われる量が十分小さいとし，セル内の気相圧力を平衡蒸気圧とみなすことによって，$c\Gamma$に開口部の面積を乗じて蒸発量を計算することが許される．この場合，蒸発量はセル内部に残っている蒸発材料の量に依存せず，セルの温度のみによって決まることになる．これは実際の実験結果とよく対応している．

通常のボート型のような，開放型の蒸発源（非平衡系）において蒸発量を与える理論はまだ存在しないが，実用的には平衡蒸気圧を用いた以上の議論を目安に用いている．なお，ここでは仮に蒸発熱を定数と置いた蒸気圧を示したが，各種材料の実際の蒸気圧–温度曲線については文献9）の4.7節に集積されているので，参照されたい．

（b）**スパッタリングにおける分解・蒸発過程** スパッタリングによって放出される原子のエネルギーの分布は，数～十数eVにも及ぶ．具体的なエネルギー分布関数としては，スパッタ原子のエネルギーK_sに対するトンプソン（Thompson）の式[10]

$$f(K_s) \propto \frac{K_s}{(K_s+U_b)^3}\left\{1-\sqrt{(K_s+U_b)/\Lambda K_i}\right\} \quad (6.1.3)$$

が実験をよく再現するといわれている．ここでU_bはスパッタターゲット材料の結合エネルギー，K_iは入射する一次イオンのエネルギー，$\Lambda \equiv 4M_i M_t/(M_i+M_t)^2$は入射イオンとターゲット原子の質量$M_i$, M_tを反映した，エネルギー伝達の尺度を与える量である．図6.1.4は，Ar→Cuの場合について式（6.1.3）を示したものである．放出粒子の運動エネルギーは，ター

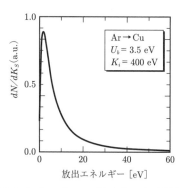

図6.1.4 トンプソンの式によるスパッタ粒子の放出エネルギー分布

ゲット材料の結合エネルギー近辺に極大を持ち，10 eV 程度のエネルギーを持つ粒子も多く存在することがわかる．

このスパッタ粒子の放出時のエネルギーは，真空蒸着のそれと比べて 10～100 倍程度と非常に大きい．真空蒸着における粒子の放出時のエネルギーは，例えば平衡蒸発とみなせるようなクヌーセンセルからのものであれば，蒸発源の温度 T_s でのマクスウェル（Maxwell）分布から得られる．この大きさは kT_s の程度であるから，$T_s = 1\,300$ K としても，おおむね 0.1 eV の程度である．この放出時の粒子エネルギーの大きさの違いが，真空蒸着法で作製された膜とスパッタリングで作製された膜との間に，構造や物性の違いをもたらす原因である．

スパッタ粒子の放出角度分布は，特に気相中での散乱が少ない低圧環境下では，膜厚分布を左右する重要な要素となる．表面からの気体分子の脱離の場合と同様に考え，余弦則で近似してしまう場合も実用上は多いが，実測例の中には余弦則からの差異がはっきり見られる報告もある[11]．単結晶に近いターゲットをスパッタした場合には，原子間距離が密な結晶方位へ優先的にスパッタ放出が起きることが知られている．また微結晶ないしアモルファスのターゲットにおいても，一次イオンのエネルギーによって，あるいは一次イオンとターゲット原子との質量比によって，余弦則とは異なる角度分布を持つことが報告されている．後者については Stepanova らによって計算・実験の両面から評価した報告[12]があり，法線方向への放出率 $J(0)$ と 45° 方向への放出率 $J(\pi/4)$ によって形状パラメーター Δ を

$$\Delta = \frac{J(0)}{\sqrt{2}J(\pi/4)} - 1$$

のように定義し（余弦則では $\Delta = 0$ となる），これに対して

$$-\Delta = 4\left(\frac{U_b M_i}{K_i M_t}\right)^{0.55} - \Delta_f$$

なる経験式が提案されている．この式の右辺第 1 項の各文字は図 6.1.4 に現れたものと同じで，第 2 項の Δ_f はカスケードで発生した粒子が放出される際に，表面近傍のポテンシャル差から受ける収束効果を示している．この式は一次イオンのエネルギーが大きいほど，かつ質量比 M_i/M_t が小さいほど（すなわちターゲット原子の質量が大きいほど）$\Delta > 0$，すなわち法線方向の放出が相対的に大きくなることを意味し，いわゆるオーバーコサイン分布の傾向が強くなることを示している．

（c）　**分解・蒸発過程に付随する過程**　例えば，金属酸化物薄膜を蒸着するために金属酸化物の原料を用いた場合，金属元素より先に酸素が抜けていくことは珍しくない．このような場合には蒸発源から還元気味の酸化物が蒸発することになる．また，先に蒸発した酸素は蒸気圧が高いため，基板や成膜装置の壁面に吸着せずに成膜装置内をガスとして漂うことになる．このような状況は，化合物ターゲットを用いたときのスパッタリングでも起きる．すなわち，気体元素を含む化合物の PVD では，分解・蒸発過程において分解した気体元素が成膜装置内で雰囲気ガスとして存在する中での成膜になるということを理解しておく必要がある．

現実の分解・蒸発過程では，本来原料には含まれないガスも放出されることに注意しなければならない．購入したばかりの新しい原料はもちろん，メンテナンスなどのために成膜装置を大気に解放する際には原料も大気にさらされるため，表面には水や有機物が吸着する．それらは，原料の分解・蒸発のためにエネルギーを与えたときにガスとなって成膜装置内に放出される．

以上のように，PVD の分解・蒸発過程では，原料が分解して放出されるガスや，原料や成膜装置壁面から脱離した水や有機物などのガスの分圧が高くなる．これらのガスは許容圧力を超えると，輸送過程や堆積過程を通じて薄膜の成長に影響する．また，真空蒸着の場合には原料以外にもフィラメントやボートなど，高温に加熱される部品があり，分解・蒸発過程で発生するガスはそれらの寿命を短くすることにもつながる．したがって，輸送過程と堆積過程を正しく理解し，薄膜の性能に悪い影響を及ぼさないように適切な条件で分解・蒸発を行うことが重要である．

〔2〕　**輸　送　過　程**

（a）　**真空蒸着法の輸送過程**　図 6.1.1 に示したように，典型的な真空蒸着は 10^{-5}～10^{-3} Pa の低圧で実施される．このような圧力範囲では残留ガスや原料蒸気の運動は気体分子運動論で議論できる．蒸発源から蒸発した蒸気は，圧力で決まる平均自由行程程度の距離を残留ガスと衝突せずに直進する．25℃の空気の平均自由行程 λ は

$$\lambda = \frac{6.6}{p}\ [\text{mm}] \approx \frac{1}{p}\ [\text{cm}] \tag{6.1.4}$$

で表される（1 章の式 (1.1.70) 参照）．ここで p [Pa] は圧力である．原料蒸気が距離 ℓ を，一度もガスに散乱されずに進む確率は，$\exp(-\ell/\lambda)$ である．真空蒸着の場合の平均自由行程は 10 m 以上になるのに対して，基板と蒸発源の距離は長くても 1 m 程度であるから，原料蒸気のほとんどは 1 回も残留ガスと散乱すること

なく基板に到達することになる．このような，直線的な輸送を「弾道的 (ballistic) な輸送」という．

原料蒸気の平均自由行程は成膜速度に直接影響する．原料蒸気が弾道的に輸送される条件では，原料から基板に向かって飛び出した蒸気はそのまますべて基板に到達する．しかしながら真空蒸着の場合でも，必要に応じて酸素などのガスを導入することがある．また，分解・蒸発過程における脱ガスによって成膜中の圧力が高くなることが起こり得る．それに伴って原料蒸気の平均自由行程が基板–蒸発源距離と同程度かそれ以上になると，原料蒸気が輸送中に散乱されて成膜速度が急速に低下することになるので注意が必要である．

(b) スパッタリング法の輸送過程 スパッタリングの中でもイオンビームスパッタリングを用いる場合は成膜時の圧力が $p \approx 10^{-2}$ Pa 程度なので，ターゲットからはじき出された原子はスパッタリング粒子特有の高いエネルギーを持ったまま基板に向かって弾道的に輸送されることになる．一方，グロー放電を用いるマグネトロンスパッタリングでは $p \approx 1$ Pa 程度で，基板とターゲットの間の距離が 10 cm 程度なので，ターゲットからはじき出された原子は基板に到達するまでに数回ガスと衝突することになる．先に述べたように，ターゲットからスパッタ放出された直後の粒子は，数〜10 eV 程度の高いエネルギーを持つ．このようなスパッタ粒子はガスと衝突するごとに減速され，最終的には周囲のガス温度に対応する熱速度に至る．このようなプロセスは「熱化 (thermalization)」と呼ばれ，この前後でスパッタ粒子の輸送の様式は大きく異なる．

熱化より前では，真空蒸着の場合と同様に弾道的に粒子が輸送される．一方，熱中性化後には，スパッタ粒子は周囲のガスと相互に衝突し合って気相中をランダムウォークする．これは拡散的 (diffusive) な輸送と呼ばれる．雰囲気の圧力が低く，スパッタ粒子の平均自由行程が比較的長ければ，スパッタ粒子は熱化の前に基板や容器壁面に到達してそこに付着するので，弾道的な輸送過程が支配的となる．逆に圧力が高いとスパッタ粒子の多くはターゲット近傍で熱化し，拡散的な輸送過程が支配的となる．

この二つの輸送過程のどちらが支配的かによって，成膜速度のターゲット–基板間距離 (T–S 距離) 依存性，膜厚分布，膜の構造・物性などが顕著な影響を受けるため，熱化の様子を理解することは重要である．ここでは熱化の様子をモンテカルロシミュレーション[13] で評価した結果を示す．

図 6.1.5 は，ガス中に入射した高エネルギーの銅原子の輸送過程をシミュレーションによって再現した結

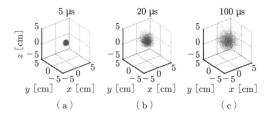

図 6.1.5 ガス中に入射した高エネルギーの銅原子の輸送過程のシミュレーション

果である．5 Pa, 350 K の Ar ガス雰囲気において，原点から z 軸正方向に向かって 5 eV の Cu 原子を打ち出した．モンテカルロ法によって多数の粒子を繰り返し追跡し，画面上にプロットしてある．

5 μs ではスパッタ粒子の分布は達磨のような形をしており，20 μs にかけておもに $z > 0$ の領域に分布していることがわかる．これは銅の粒子が当初持っていた運動量により，弾道的なプロセスを経て移動した結果と考えられる．

時間が経過して 100 μs になると，粒子の広がりはより等方的になる．これはスパッタ粒子のエネルギーが落ち，周囲のガスと熱平衡になった状態で拡散運動 (ランダムウォーク) をしたからである．

図 6.1.6 は，このようにして追跡した多数の Cu 原子をまとめ，速さ (=速度の絶対値) の分布と，集団の z 座標の平均値との時間変化を表したものである．時間が経過するとともにスパッタ粒子は減速し，20〜50 μs の時間が経過すると，速さ分布は雰囲気の Ar と同じ 350 K のマクスウェル分布に従うようになる．ただし Cu は Ar よりも重いので，同じ温度でも速さの分布は異なる．図 6.1.6 に示してあるのは，Cu の原子質量を用いたマクスウェル分布であることに注意してほしい．

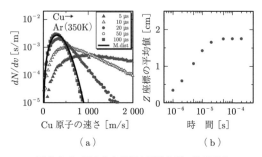

図 6.1.6 速さ分布関数と平均位置の時間変化

速さ分布がマクスウェル分布に移行することに対応して，銅原子の z 座標の平均値も 20 μs 程度で増加が止まり，その後は一定になっている．これは，当初スパッタ粒子が持っていた z 軸正方向の運動量が失われた後の拡散的輸送では，粒子の運動は等方向のランダ

6.1 薄 膜 作 製

ムウォークであるために，粒子集団の「重心」が変化しないことに対応している．

この移動距離は圧力に反比例すると考えられ，距離と雰囲気の圧力を乗じた値は熱化距離，あるいは pd 積などと呼ばれる．なお，実際のスパッタリング成膜過程では，スパッタ粒子の運動エネルギーは初期分布を持つ．そこでトンプソンの式（$K_i = 400$ eV）を用いて初期エネルギーに分布を与え，Al，Cu，Mo の pd 積を計算してみると，それぞれ 7.1，10.3，14.7 Pa·cm，という値が得られる．

pd 積は，一般にスパッタ原子の質量が大きいほど大きな値となる．弾道的輸送のプロセスにおいては，スパッタ原子の速度が十分大きいから，Ar ガスは近似的に止まっているものと考えてよい．このときスパッタ原子–Ar ガス原子の二体衝突を考えると，軽い原子では後方散乱が起こるため，原子が前方へ進行しにくい．原子が重くなるにつれてこの効果は小さくなり，Ar より重い原子では前方散乱のみが，重いほどより前方に集中する形で起こる．よって pd 積が大きくなる．また，原子が重くなって Ar との質量比が拡大すると，スパッタ原子から Ar へのエネルギー伝達が起こりにくくなり，熱化するまでの衝突回数が増える．この効果も pd 積を大きくするのに寄与する．

（c） PVD の輸送過程における化学反応 つぎに，真空蒸着法やスパッタリング法の輸送過程における原料蒸気と雰囲気ガスとの化学反応について考えてみる．化学反応が起きるためには少なくとも原料蒸気と雰囲気ガスの原子・分子が衝突する必要がある．エネルギーと運動量の保存を考慮すると三体衝突が必要になる．弾道的な輸送条件では原料蒸気と，残留ガスや外部から導入したガスとの衝突がないから化学反応は起きない．マグネトロンスパッタリングの場合にはおもに Ar などの希ガスを放電に用いるため，ターゲットからはじき出された原子とは反応しない．酸化物薄膜を成膜する場合には少量の酸素ガスを混合したガスが用いられるが，ターゲットからはじき出された原子が基板に到達するまでに酸素原子と衝突する回数はせいぜい数回程度であり，基本的に輸送中に酸化反応が起きることは期待していない．以上のように PVD の輸送過程では，残留ガスや外部から導入したガスとの化学反応については考えないのが一般的である．

（d） CVD の場合 CVD の場合には，原料蒸気は適当なキャリアガスとともに成膜装置に導入され，成膜時の圧力は中間流から粘性流の領域に相当する．原料蒸気はキャリアガスと十分な頻度で衝突して熱平衡状態に近い状態を維持しながらガスの流れによって輸送される．これは PVD の場合とは対照的に，CVD で

は原料蒸気の輸送中に生じる熱分解や他のガスとの化学反応を積極的に利用するためである．

〔3〕 堆 積 過 程

（a） 真空蒸着における堆積過程 真空蒸着における薄膜の堆積・形成プロセスは，ほぼ蒸発源の温度に等しい蒸発材料の気体分子が，凝固点以下の温度に設定された基板へ凝集する過程と理解できる．このとき入射した原子が薄膜に固定されるまでには，つぎのような段階を経るものと考えられている（文献3) 1.3.2 項参照）．

1. 入射原子が基板に衝突し，一部は反射し他は吸着する．
2. 吸着原子は基板表面上を表面拡散する．拡散原子どうしが衝突してクラスターが形成されたり，あるいは一定時間表面に滞在したのち再蒸発する．
3. クラスターは表面拡散原子と衝突したり，あるいは自身に所属する原子を再放出したりするが，原子数が一定の数（臨界値）を越えると成長を始める．
4. 成長するクラスターは表面拡散原子を捕獲してさらに成長を続け，隣接するクラスターと合体しながら連続膜となる．

以上のような成長プロセスは核生成成長（nucleation and growth）モデルと呼ばれている．このとき過程 1. については基板材料上への，あるいは形成されつつある薄膜上への凝縮係数が影響し，これは基板温度が低いほど大きくなる．また 2. においては，基板温度が高いほど原子の拡散運動は活発となり，結果としてエネルギーのより低い安定な構造に落ち着くことになる．

真空蒸着によって得られる膜は，上記のような成長過程を反映して，多くの場合多結晶（polycrystalline）の膜となる．これは 10 ～ 100 nm 程度の微結晶の集合体であり，結晶粒の粒界（grain boundary）の存在が膜物性に大きな影響を与える．真空蒸着法による一般的な薄膜成長モードは，例えば膜材料の融点と基板温度との比によるゾーンモデル[14]としてまとめられており，基板温度が高いほど結晶粒が大きく，緻密な膜となる．ただし基板の融点による制限や，基板と薄膜材料との熱膨張率の違いなどによって，基板温度を高くできない場合も多く，そのような場合はスパッタリング法などが試みられる．

（b） スパッタリングにおける堆積過程 スパッタリング法による薄膜の成長モードも基本的には真空蒸着の場合と同じであるが，前述のようにスパッタリング粒子のエネルギーは，真空蒸着の場合に比べて 10 ～100 倍大きいことが，得られる薄膜の性質に影響する．スパッタ放出直後の粒子が持つ数～十数 eV とい

う運動エネルギーは，固体材料の結合エネルギーと同程度の大きさなので，このエネルギーを保ったまま基板に入射すると，成長中の膜にさまざまな効果をもたらす．

このような高エネルギー粒子による効果は，文献15)にまとめられている（図6.1.7参照）．成長膜表面で生じる反応としては，吸着種の表面化学反応の活発化や結合の弱い表面吸着種の脱離，二次電子放出，表面原子のスパッタリング放出，などが挙げられる．また表面下に存在する，すでに形成された膜の内部（バルク）に及ぶ影響としては，入射粒子自体が膜内部へ取り込まれる，表面の原子の反跳打込み（recoil implantation），スパッタリング放出に対応して内部に衝突カスケードが起きる，などがある．これらは膜の内部に欠陥を導入したり，格子拡張による応力の発生原因になったりする．また入射粒子のエネルギーの多くは最終的には熱に変わるから，表面・バルクのいずれにおいても原子の移動が活発になる．

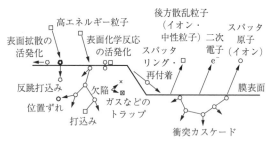

図6.1.7 高エネルギー粒子による効果

このような現象が成長膜に与える影響は，付着原子1個当りのエネルギー（energy per arrival atom）という尺度と対応付けて議論されることが多い[16]．いくつか例を挙げると，(1) エネルギーを増加させていくに従い，結晶粒のサイズは 10〜20 eV/atom 程度まで減少し，その後一定になる，(2) 欠陥密度もこの程度のエネルギーまでは減少するが，その後増大する，(3) 内部応力は，エネルギー増加とともに，一般に圧縮性の方向へシフトする，(4) エネルギーが大きくなると，膜中に形成されるボイドに放電ガスがトラップされるようになり，条件によっては 10 at.% にも及ぶことがある，などが挙げられる．

結晶性が良く，欠陥が少ないといった性質の良い膜は，energy per arrival atom が 10 eV 程度というあたりで得られることが多い．この結果は，原子の典型的な結合エネルギーが数 eV であることと対応しているものと考えられる．ただし以上の効果は，実際にはエネルギーの平均値だけでなく分布にも依存するので，100 eV 以上の超高エネルギー粒子が介在するような場合に，このような議論をそのまま適用できるかどうかについては注意が必要である（超高エネルギー粒子に関する研究例は文献17) でいくつか紹介されている）．

スパッタ膜の成膜条件と形態については，図6.1.8 に示した Thornton による構造ゾーンモデル[18] が有名である．真空蒸着法の堆積過程で紹介した Hentzell のゾーンモデル[14] が基板温度のみの関数であったのに対し，Thornton のモデルでは，成膜時圧力の軸が加わる．この圧力と基板温度の両成膜パラメーターによって，得られる膜の構造は四つに分類され，それぞれ基板温度が低い側から Zone 1, T, 2, 3 と呼ばれる．Zone 1 は基板温度が低く，ガス圧が比較的高い領域に見られる構造で，この場合には粒子の拡散の効果が小さいのに対して，輸送過程が拡散的になり，スパッタ粒子が基板表面に対してさまざまな方向から入射するために，射影効果が顕著になって柱状構造となる．Zone T ではやや表面拡散が盛んとなって柱の隙間が埋まり，平坦な表面を持つ緻密な膜となる．Zone 2 は表面拡散によって柱が太くなる．また結晶面による成長速度の違いを反映し，表面にゴツゴツしたファセット（facet）が見られるようになる．Zone 3 に至ると，薄膜の内部でも拡散が進行し，膜は配向した微結晶となる．これらのゾーンの境界は，圧力が低いほど低温度側にシフトする．これは飛来粒子が入射時に持っている運動エネルギーによって，基板温度が低い場合でも，ある程度の拡散が促進されるためと理解されている．

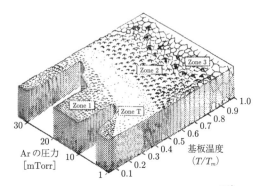

図6.1.8 Thornton による構造ゾーンモデル[18]

なお最近では，スパッタ粒子へのエネルギー付加を利用した成膜手法の進展に伴って，このゾーンモデルを拡張する議論が Anders によって行われている[19]．Anders のモデルでは，Thornton モデルにおける圧力の代わりに，堆積粒子当りに基板にもたらされるエネルギーを，膜材料の凝集エネルギーで規格化した量が軸の一つに用いられている．低温・低エネルギーから

Zone I, T, II, III となる順序は Thonton のモデルと同様である．粒子エネルギーとの対応をより明確にしたのは，スパッタ粒子を高密度プラズマによって堆積前にイオン化し，電位差によって運動エネルギーを与えて基板に入射させようとする，いわゆるイオン化プロセスの進展が背景にある．またイオンは基板に到達すると中性化して内部エネルギー（イオン化エネルギー）を解放するので，その効果も基板温度およびエネルギーの各軸に追加されている．

（c）堆積過程における雰囲気ガスの影響　ここではおもに堆積速度と入射頻度の関係に注目して，堆積過程における雰囲気ガスの影響を議論する．通常堆積速度 r は，単位時間当りに成長する薄膜の厚さとして正確に管理される．堆積する物質の原子数密度を N_d とすると，単位面積，単位時間に堆積する原子の数 Ξ は

$$\Xi = rN_d \tag{6.1.5}$$

である．一方，成膜装置に存在するガスが，表面の単位面積，単位時間に入射する分子数は式 (6.1.2) で表される入射頻度 Γ である．

具体的な計算を行うと，1 nm/s 程度の堆積速度の場合に表面に入射する原子数は，10^{-3} Pa の圧力の下での入射頻度と同等の数になることがわかる．

残留ガス分子が堆積原子と結合しやすい場合，堆積原子の入射数がガスの入射頻度と同程度かそれ以下になると，無視できない量の残留ガスが不純物として薄膜内部に取り込まれることになる．不純物の量を減らすためには，堆積原子の入射数に比べて残留ガスの入射頻度を十分小さくすればよい．具体的には成膜速度を速くするか，成膜中の圧力を下げることで不純物の量を減らすことができる．分子線エピタキシーは原子層レベルで精密に制御するため，低い堆積速度で成膜される．そこで不純物の混入を避けるため，超高真空の成膜装置が必要とされるのである．

一方，成膜装置に酸素などのガスを導入して堆積した原子と反応させて化合物薄膜の成膜を目指す場合，堆積原子の入射数に対して十分な量のガスの入射頻度が得られる条件を実現し，そのバランスを適切に制御することで必要な組成の薄膜を得る．

6.1.4 実際の成膜例

本項では，これまでに述べた素過程が，薄膜の構造や特性にどのように影響するか，具体的な実験例を挙げて考察する．

〔1〕真空蒸着における射影効果[20]

図 6.1.9(a)，(a′) は，室温に保持したガラス基板に，基板法線方向から 70° 傾斜した方向から電子ビーム蒸着した Cr_2O_3 膜の断面の SEM 像である．太さ数十 nm の細長いコラムが Cr_2O_3 蒸気の入射方向に傾斜して成長していることがわかる．斜め蒸着膜に見られる典型的な形態である．このような形態がリソグラフィー技術を用いずとも平坦な基板に自然に成長し，形態に起因するさまざまな有用性を示すことが斜め蒸着膜の特長である．

斜め蒸着膜の特徴的なナノ形態が形成されるメカニズムはおおむね以下のように考えられている[21]．仮にわれわれが 1 μm ぐらいの大きさになって，基板の上

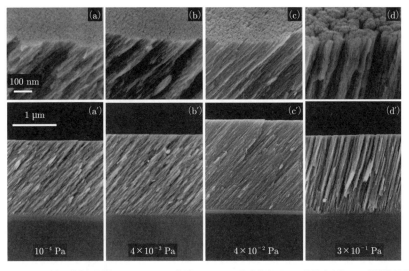

図 6.1.9　基板-蒸着源距離が 500 mm の装置で Cr_2O_3 を蒸着角 70° で蒸着する際に，成膜装置内に Ar ガスを導入して圧力を変えて作製した薄膜の SEM 像．写真下部の値は成膜時の圧力[20]．

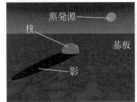

(a) 核生成　　　(b) 自己射影効果のはじまり　　　(c) コラムの成長

図 6.1.10　斜め蒸着によるコラム構造形成メカニズムの模式図

に蒸発源の方向を向いて立っている状況を想像してほしい．そうすると，図 6.1.10 (a) に示したように蒸発源は地平線から上る朝日のように見えるはずである．10^{-4} Pa 程度の高真空中では，蒸着源から蒸発した原子・分子は残留ガスと一度も衝突することなく，ちょうど太陽から発せられた光のようにまっすぐに基板に到達する．薄膜が核生成成長モデルで成長する場合，成長初期段階では島状の核が形成される．その結果，島の後ろに蒸着物質が直接到達することのできない長い影が形成される．蒸着が進んで島の数が増加すると，図 6.1.10 (b) に示したように，前方で成長した大きな島の影に入る島も現れる．これを自己射影効果という．蒸着時の基板温度がそれほど高くなく，吸着原子の表面拡散がそれほど激しくなければ，吸着原子が表面拡散によって影の部分に移動する確率は低い．そのため，影の部分の成長はほとんど止まることになる．こうして斜めの方向から蒸着を進めると，表面の凸部に選択的に蒸気が供給されるため，図 6.1.10 (c) のように，蒸着方向に傾斜したナノコラムが成長するのである．見方を変えると，斜め蒸着によって形成されるコラム構造は，1) 蒸気の輸送過程が弾道的か拡散的か？，2) 薄膜の成長が核生成成長モデルに従うのか？，3) 蒸着粒子の表面拡散の程度，などの素過程を反映している．

図 6.1.9 (b)～(d)，(b′)～(d′) は，図 6.1.9 (a)，(a′) と同様にすべて蒸着角 70° で電子ビーム蒸着した Cr_2O_3 薄膜の SEM 像であるが，蒸着時に Ar ガスを導入して雰囲気の圧力を変えた場合の成膜例である．蒸発源と基板との距離は，およそ 0.5 m であった．また，4×10^{-2} Pa 以下の圧力では，基板よりも若干遠方に設置された膜厚計でモニターした膜厚が同じになるように成膜した．

成膜時の圧力が 10^{-4} Pa 台から 4×10^{-2} Pa まで（図 6.1.9 (a)～(c)）は，圧力にかかわらずおよそ 45° の方向に傾斜した繊維状の組織が形成されている．このことは，この圧力領域において，蒸着物質の蒸気が蒸発源から基板まで弾道的に輸送されており，蒸気流の指向性に大きな変化がないことを示している．一方，膜厚は圧力の増加とともに厚くなっており，蒸気が膜厚計に到達する確率が，雰囲気ガスとの散乱によって徐々に低下していることを示している．

図 6.1.9 (d)，(d′) からわかるように，圧力を 3×10^{-1} Pa として成膜すると，突然太いコラムが基板法線方向に近い角度で形成されていることがわかる．この劇的な形態の変化は，Ar ガスによって蒸気流が散乱され指向性が低下するために起きると考えられる．実際，式 (6.1.4) に $p = 4 \times 10^{-2}$ Pa 台を代入すると $\lambda \approx 25$ cm で蒸発源–基板間距離と同じオーダーであるのに対して，$p = 3 \times 10^{-1}$ Pa では $\lambda \approx 3$ cm となって，蒸気が基板に到達する間に Ar ガスと何度も散乱する条件になっている．

このように，斜め蒸着膜の形態は薄膜作製の素過程の中でも特に輸送過程と堆積過程の影響を強く受ける．換言すれば，これらの素過程をよく理解して制御してやれば，斜め蒸着法が薄膜の内部構造を自己組織的に制御することのできる強力な手法になるということである．近年，斜め蒸着法によってナノ形態を制御することで，従来の薄膜では実現できなかった新しい機能を発現させようという研究が盛んに行われており，実用化レベルの応用も進みつつある．これらの最近の研究・開発については，引用・参考文献 21)～24) などを参照されたい．

〔2〕　スパッタ成膜における膜厚分布の圧力依存[25]

6.1.3 項〔2〕(b) で紹介したスパッタ粒子の輸送に関する計算結果を受け，実際に成膜実験を行った結果を紹介する[25]．ターゲットに対向した，基板ホルダーに相当する位置に，三つの膜厚モニターを備えた図 6.1.11 (a) のようなホルダーを置き，スパッタ条件を変化させながら各モニターにおける成膜速度を測定したものである．ターゲット材料としては，Al，Cu，Mo の金属ターゲットを用いている．

図 6.1.11 (b)～(d) は，ターゲット–基板間距離が 40 mm，60 mm の場合について，成膜速度の圧力依存性を見たグラフである．図中では Center，Edge，Back での値を，それぞれ C，E，B で表している．図 6.1.11 からは，まず背面での成膜速度が圧力とともにピークを持つこと，そのピークよりも高圧側では，対

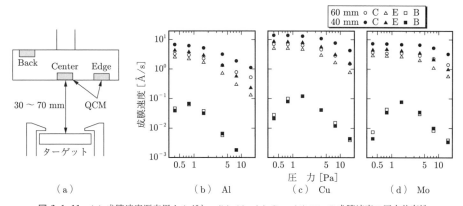

図 6.1.11 (a) 成膜速度測定用ホルダと，(b) Al, (c) Cu, (d) Mo の成膜速度の圧力依存性

向面においても成膜速度が減少することがわかる．このピーク圧力は Al, Cu, Mo の順に高くなっており，シミュレーションで求めた pd 積の大きさの順番に対応している．すなわち，これが熱化の影響によるものであることを示唆している．またこのグラフから，Center に対する Edge での成膜速度比（Edge/Center 比）が圧力とともに小さくなっており，高圧領域では対向面での膜厚均一性が圧力上昇とともに劣化していることがわかる．

このような熱化の開始を示唆する圧力において，背面の膜厚モニターでの値は極大値をとった．このピークの起源については，以下のように解釈できる．低圧の極限ではスパッタ粒子はガスと衝突せず直進するために，背面への回り込みは少ない．圧力が上昇すると徐々に熱化が始まり，ホルダー近傍で熱化したスパッタ原子は，拡散によって背面へ到達できる可能性が比較的高くなる．ここからさらに圧力が増加すると，熱化位置の分布はターゲット近辺へ収束していき，ほとんどの粒子が熱化した後，拡散過程を経て基板ホルダーに到達する．この場合，ターゲット面，その他の壁面は拡散するスパッタ粒子にとって吸収境界として作用するので，ターゲット付近からランダムウォークを開始したスパッタ粒子にとって，ホルダー背面は再び到達しにくい場所になる．

熱化後の拡散輸送が支配的となるような高圧力領域において，ターゲット対向面における膜厚分布が劣化する現象にも，同様の議論が適用できる．圧力が低い極限では，ターゲットからの放出位置（＝エロージョントラックの形状）と放出角度分布とから，単純な射影で膜厚分布が決まる．例えばターゲット法線方向への放出が強い余弦分布の場合では，エロージョントラック直上の膜厚が大きく，不均一な分布になりやすい．圧力が増加して散乱が起こりだすと，この分布はぼかさ

れるので，分布の均一性は向上する場合が多い．しかしさらに圧力が増えて拡散輸送が支配的になると，粒子放出源であるターゲット近傍に近い壁面への付着が増える．このため例えば，小さなターゲットを用いた場合に基板端での成膜速度が落ちたり，大きなターゲットでもエロージョントラックのサイズが大きく T–S 距離が小さな場合には，トラック中心直上での成膜速度が極端に低下するようなことが起こる．

〔3〕 残留水分と巨大磁気抵抗効果[26]

ここでは実際にマグネトロンスパッタリングで巨大磁気抵抗効果を示す Co/Cu の多層膜を成膜した場合を例にとり，成膜中の分圧と多層膜の特性への影響について紹介する[26]．図 6.1.12(a) は，Co/Cu 多層膜の成膜前から成膜終了まで成膜装置内の全圧と主要なガスの分圧をサンプリングした結果を示している．ちなみにこの実験で成膜装置を排気したポンプはクライオポンプである．成膜前の全圧は 10^{-4} Pa でそのほとんどが水である．スパッタリングに必要な Ar ガスを導入して全圧を 4×10^{-1} Pa に保った．導入した Ar

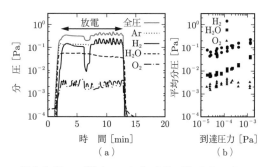

図 6.1.12 マグネトロンスパッタリングによる Co/Cu 多層膜の成膜中の (a) 全圧と分圧の時間変化，(b) 水素，水，酸素の平均分圧と到達圧力の関係[26]．Copyright (1998) The Japan Society of Applied Physics.

ガスの圧力は到達圧力より3桁高く，単純に考えれば残留ガスの存在は無視できるはずである．ところが実際には，Arガスの導入と同時に水の分圧も上昇し，この例ではArの圧力の1/2以上にまで達している．また，放電開始と同時に水素ガスが発生し，その分圧はArと同程度になっている．この実験では，異なる到達圧力まで排気した後に成膜を開始し，到達圧力のさまざまな影響を調べた．図6.1.12(b)は到達圧力と，成膜中の水素，水，酸素の分圧の平均値の関係を示している．酸素の分圧が到達圧力に依存しないのに対して，水素と水の分圧は到達圧力とともに増加することがわかる．このことは，水素や水がArガスに混入していたのではなく，成膜装置の壁面等から放出されるガスが起源であることを示している．大量のArが導入されたときに，壁面からのガス放出量に変化はなくてもポンプの排気速度が影響を受け，ガス導入前の残留ガスの主成分であった水の分圧が上昇したものと考えられる．水素は放電によって水が分解して発生したものと思われる．クライオポンプによる水素の排気速度は遅いため，ひとたび成膜装置内で水素が発生すると，その分圧は他のガスに比べて高くなる．この実験は，実際の成膜中には思いのほか高い分圧の不純物ガスが存在し得ることを示している．

図6.1.13(a)は作製したCo/Cu多層膜の磁気抵抗変化率（MR比）と到達圧力の関係を調べた結果である．Co/Cu多層膜は，成膜速度を0.1, 0.3, 0.5 nm/sの値で作製した．その結果，到達圧力が低くなるほど，また成膜速度が速くなるほどMR比が大きくなることがわかった．堆積原子の入射数とガスの入射頻度の比によってMR比を整理すると，図6.1.13(b)に示したように水の平均分圧$\langle P_{H_2O}\rangle$と成膜速度rの比によってMR比を統一的に理解できることがわかった．このことは，成膜中に表面に入射する水分子がMR特性に悪い影響を与えており，特性の改善のためには水の分圧を下げることと，成膜速度を速くすることが有効であることを示している．このように，実際の成膜では理想とは異なるさまざまな因子が薄膜の特性に影響する．その因子を明らかにして特性の改善につなげるためには，真空科学・技術を理解することが重要である．

〔4〕 **高密度プラズマを利用したスパッタリング粒子のイオン化とエネルギー制御**

通常のスパッタリング成膜において，スパッタされた多くの粒子は中性原子のまま堆積して薄膜を形成する．これに対し，プラズマによってスパッタ粒子をイオン化し，堆積の際のエネルギーや入射方向を制御しようとする手法はイオン化スパッタリング（イオン化蒸着，IPVD）と呼ばれ[27]，1990年代後半から多くの研究がなされてきている．これを受けてスパッタ膜の構造モデルにも進展があったことは6.1.3項〔3〕(b)にて述べた．このAndersによる構造モデルが示唆するのは，堆積粒子に適切なエネルギーを与えれば，低温基板にも構造が緻密で表面が平坦なZone Tの膜を形成できる，ということである．近年，有機EL素子におけるガスバリア膜に代表されるように，低融点の基板や熱ダメージを受けやすい素子に緻密な膜を堆積したい，という需要は強く，イオン化スパッタ法はその解になるのではないかと期待されている．

プラズマを高密度化すればスパッタ粒子のイオン化率も上昇するが，単にマグネトロンスパッタリング装置でターゲットに大電力を加える手法では，ターゲットが熱負荷に耐えられない状況になってしまう．このため当初のイオン化スパッタリングは，プラズマ加熱用の高周波コイルを追加する手法が主流であった．

近年注目されているイオン化スパッタの別法として，パルス電力を低い周波数，低いduty比でターゲットに加え，電力を短時間に集中させて，一瞬のみ高密度のプラズマを形成する大電力パルススパッタリング（high power pulsed magnetron sputtering, HPPMS）と呼ばれる手法がある[28],[29]．

イオン化されたスパッタ粒子を加速して基板に入射させるには，イオンが生成されるプラズマと基板との間に電位差を設ければよい．通常これは基板に負バイアスを印加することによってなされるが，プラズマ電位を上げることができれば，電気的に接地された基板に対しても同様の効果が得られる．ここではそのような試みについていくつか紹介する．

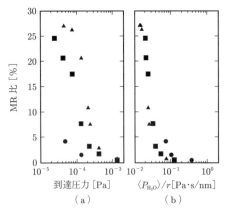

図6.1.13 マグネトロンスパッタリングによって異なる成膜速度で作製したCo/Cu多層膜の(a) MR比と成膜前の到達圧力の関係，(b) MR比と$\langle P_{H_2O}\rangle/r$の関係[26]．多層膜は，1.0 nm/s(●)，3.0 nm/s(■)，5.0 nm/s(▲)の3種類の成膜速度で成膜した．Copyright (1998) The Japan Society of Applied Physics.

6.1 薄膜作製

HPPMS では，図 6.1.14 に示した電圧波形のように，パルス電圧，繰返し周波数，duty 比（パルス幅）などが制御パラメーターとなる．さらに，高電力パルス以外の時間（パルス間欠期）の電位（図中の V_b）を制御することも可能である．実際に V_b を制御できる電源を作製して，ターゲットの電流–電圧波形を観察すると，V_b を加えることで，電圧印加後の電流波形の立上りに顕著な遅れが認められた[30]．これはパルス時に形成されたプラズマが速やかに散逸すること，つまりパルス後にターゲット近傍に残るプラズマ（アフターグロープラズマ）が，ターゲット電位の影響を受けることを示唆している．具体的には，アフターグロープラズマが，最も電位の高いターゲットを遮蔽して自身のプラズマ電位を上げ，そのために 0 V の容器壁への荷電粒子の拡散が促進されたと考えられる．

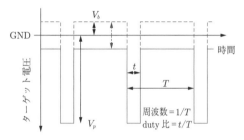

図 6.1.14 パルススパッタ放電における電圧波形

実際に Cu 膜を堆積させてみると，膜の構造は放電様式の影響を強く受けることがわかった[31]．図 6.1.15 は断面 SEM 写真で，右下に 1 μm のスケールが引かれている．これらは水冷した Si 基板上に Ar 圧力 5 Pa で作製した膜で，上から DC，$V_b = 0$ のパルス放電，$V_b = +100$ V のパルス放電，の結果である．雰囲気圧力が高いため，DC 成膜では Zone I に特有の，隙間のある柱状構造が観察できる．これにパルス化，V_b 印加のように条件を加えていくと，膜は緻密になり，破断の際に延性を示すようになった．実際にプラズマ電位も計測したところ，パルスオフ後のアフターグロー期にプラズマ電位の上昇が確認でき，正イオンの基板への入射エネルギーが増加したことで，膜の構造を変化させたと考えられる．

このようなプラズマ電位の上昇は，プラズマ–壁間の電圧電流特性がダイオードのような特性を示すことに由来する（6.2.2 項〔5〕参照）．すなわちプラズマ電位 Φ_p および壁電位 Φ_w に対して，$\Phi_p \gg \Phi_w$ の場合のイオン電流はボーム電流で制限されるのに対して，$\Phi_p \approx \Phi_w$ では，Φ_w の上昇とともに電子電流が指数関数的に増加する．よってプラズマに接触する電極間で

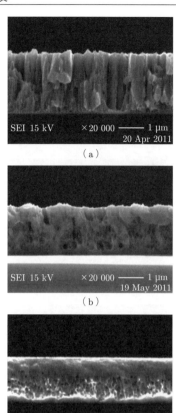

図 6.1.15 DC スパッタとオフ期電位を制御した HPPMS で作製した Cu 膜の断面 SEM 写真

の電流バランスをとるために，プラズマ電位は最も電位の高い電極に追随する形で上昇するのである．

このような考えを踏まえると，プラズマに接触する別の電極を用意できれば，パルスのオン・オフ期間を通してプラズマ電位を上昇することが可能となる．スパッタ粒子の多くはパルス on 期間に生成しイオン化されるから，アフターグローのみを利用する先の手法よりも堆積粒子のエネルギーを上昇させるにはより有効な手法といえる．

実際に電極を追加した三極形 HPPMS での成膜例を図 6.1.16 に示す[32]．図 (a) のように，通常のスパッタガンに円筒状の電極を追加し，これに電位 V_c を印加した．Ar 圧力 5 Pa で HPPMS 成膜を行い，$V_c = 0$ V と 20 V の場合の表面 SEM 写真をそれぞれ図 (b)，図 (c) に示した．パルスオフ期のターゲット電位を上昇させる手法では，構造変化に 100 V が必要だったのに対して，ずっと低い電圧で顕著な平坦化が見られた．

以上見てきたように，HPPMS は粒子エネルギーの

図 6.1.16　三極形 HPPMS と Cu 膜の表面 SEM 写真

制御を通して膜の構造を顕著に変化させ得る，有力な手法である．プラズマ物理の面からも興味深い現象が多く，精力的な研究が進められているこれらについては文献 33),34) などを参照されたい．

6.1.5　ま　と　め

本節では，「真空」の観点から成膜の基礎を解説した．薄膜は，今日のナノテクノロジーにおける最も重要な構成要素の一つであり，その多くが真空を使って成膜される．高性能の薄膜を効率的に成膜するためには，分解・蒸発，輸送，堆積といった成膜の素過程における真空の影響を理解することが重要である．

引用・参考文献

1) 日本学術振興会薄膜第 131 委員会 編：薄膜ハンドブック（オーム社，東京，2008）第 2 版．
2) 金原粲：薄膜の基本技術（東京大学出版会，東京，2008）第 3 版．
3) 金原粲，吉田貞史，近藤高志編：薄膜工学（丸善，東京，2011）第 2 版．
4) K. L. Chopra: *Thin Film Phenomena* (McGraw-Hill, New York, NY, 1969).
5) 金原粲：スパタリング現象（東京大学出版会，東京，1984）．
6) R. Behrisch and W. Eckstein eds.: *Sputtering by Particle Bombardment: experiments and computer calculations from threshold to MeV energies* (Springer, Berlin, 2007).
7) P. Sigmund: Theory of Sputtering. I. Sputtering Yield of Amorphous and Polycrystalline Targets, Phys. Rev., **184** (1969) 383–416.
8) M. Ohring: *Materials Science of Thin Films* (Academic Press, San Diego, CA, 2002).
9) 株式会社アルバック編：新版 真空ハンドブック（オーム社，東京，2002）．
10) M. W. Thompson: II. The energy spectrum of ejected atoms during the high energy sputteirng of gold, Philos. Mag., **18** (1968) 377–414.
11) W. O. Hofer: *Angular, Energy, and Mass Distribution of Sputtered Particles, Sputtering by Particle Bombardment III* (Eds. by R. Behrisch and K. Wittmaack) (Springer-Verlag, Berlin, 1991) chapter 2.
12) M. Stepanova and S. K. Dew: Estimates of differential sputtering yields for deposition applications, J. Vac. Sci. Technol. A, Vacuum, Surfaces, Film., **19**, 6 (2001) 2805.
13) T. Nakano and S. Baba: Estimation of the Pressure-Distance Product for Thermalization in Sputtering for Some Selected Metal Atoms by Monte Carlo Simulation, Jpn. J. Appl. Phys., **53**, 3 (2014) 038002.
14) H. T. G. Hentzell, C. R. M. Grovenor and D. A. Smith: Grain structure variation with temperature for evaporated metal films, J. Vac. Sci. Technol. A, **2**, 2 (1984) 218–219.
15) D. M. Mattox: Particle bombardment effects on thin‐film depositoin: A review, J. Vac. Sci. Technol. A, **7**, 3 (1989) 1105–1114.
16) S. M. Rossnagel and J. J. Cuomo: Film modification by low energy ion bombardment during deposition, Thin Solid Films, **171** (1989) 143–156.
17) T. Nakano: Recent Progress in Researches on Sputter Deposition Process, Shinku, **50**, 1 (2007) 3–8.
18) J. A. Thornton: The microstructure of sputter-deposited coatings, J. Vac. Sci. Technol. A, **4**, 6 (1986) 3059–3065.
19) A. Anders: A structure zone diagram including plasma-based deposition and ion etching, Thin Solid Films, **518**, 15 (2010) 4087–4090.
20) M. Suzuki, T. Ito and Y. Taga: Recent progress of obliquely deposited thin films for industrial applications (invited paper), Proc. SPIE, **3790**

(1999) 94–105.
21) 鈴木基史：物理的蒸着法による薄膜のナノ形態制御, J. Vac. Soc. Jpn., **55**, 3 (2012) 91–96.
22) M. Suzuki: Practical applications of thin films nanostructured by shadowing growth, Journal of Nanophotonics, **7**, 1 (2013) 073598.
23) A. Lakhtakia and R. Messier: Sculptured Thin Films: Nanoengineered Morphology And Optics, SPIE (2005).
24) M. M. Hawkeye, M. T. Taschuk and M. J. Brett: *Glancing Angle Deposition of Thin Films: Engineering the Nanoscale* (Wiley, 2014).
25) T. Nakano and S. Baba: Gas pressure effects on thickness uniformity and circumvented deposition during sputter deposition process, Vacuum, **80**, 7 (2006) 647–649.
26) T. Shiga, M. Suzuki, K. Mukasa and Y. Taga: Effect of residual water on giant magnetoresistance in Co/Cu superlattices, Jpn. J. Appl. Phys. Part 2, **37** (1998) L580.
27) U. Helmersson, M. Lattemann, A. P. Ehiasarian, J. Bohlmark and J. T. Gudmundsson: Ionized physical vapor deposition (IPVD): A review of technology and applications, Thin Solid Films, **513** (2006) 1–24.
28) K. Sarakinos, J. Alami and S. Konstantinidis: High power pulsed magnetron sputtering: A review on scientific and engineering state of the art, Surf. Coat. Technol., **204**, 11 (2010) 1661–1684.
29) J. T. Gudmundsson, N. Brenning, D. Lundin and U. Helmersson: High power impulse magnetron sputtering discharge, J. Vac. Sci. Technol. A, **30** (2012) 030801–34.
30) T. Nakano, C. Murata and S. Baba: Effect of the target bias voltage during off-pulse period on the impulse magnetron sputtering, Vacuum, **84**, 12 (2010) 1368–1371.
31) T. Nakano, N. Hirukawa, S. Saeki and S. Baba: Effects of target voltage during pulse-off period in pulsed magnetron sputtering on afterglow plasma and deposited film structure, Vacuum, **87** (2013) 109–113.
32) T. Nakano, T. Umahashi and S. Baba: Modification of film structure by plasma potential control using triode high power pulsed magnetron sputtering, Jpn. J. Appl. Phys., **53**, 2 (2014) 028001.
33) A. Anders: Discharge physics of high power impulse magnetron sputtering, Surf. Coat. Technol., **205**, Supplement 2 (2011) S1–S9.
34) N. Britun, T. Minea, S. Konstantinidis and R. Snyders: Plasma diagnostics for understanding the plasmasurface interaction in HiPIMS discharges: a review, Journal of Physics D: Applied Physics, **47**, 22 (2014) 224001.

6.2 プラズマプロセス

6.2.1 低中真空領域でのプラズマプロセス
■ 超微細加工プラズマプロセス

現在プラズマプロセスは，電子機器の心臓部である大規模集積回路（ultra-large scale integrated circuit, LSI）[1] 製造をはじめ，機械，医療，環境，農業など多くの産業分野で利用されている．そこではおもに，イオン・活性種（ラジカル）の化学的・物理的反応性を最大限活用している．多くの材料創製，加工において，プラズマプロセスは欠かせない存在である．例えば，米国・インテル社が量産する最先端 LSI には，最小加工寸法が 20 nm レベルのトランジスタ MOSFET（metal–oxide–semiconductor field-effect transistor）[1] が数十億個搭載されている．またその構造も，従来の平面型から立体構造に変化[2),3)]しつつある．さらに，それら LSI チップは直径 12 インチの "シリコンウェーハ" 上に作製されるが，ウェーハ間，LSI チップ間の加工精度が 3σ で約 ± 1 nm 以下，と厳しいスペックが要求[4)]されている．図 6.2.1 にプラズマプロセスによる超微細加工の概念図を示す．LSI チップは単結晶シリコンから成るウェーハ上に，おもにプラズマプロセスによって製造される．最先端 LSI チップに搭載される MOSFET は，現在その特徴寸法が上述したように 20 nm レベルであり，MOSFET の中心部のシリコン（Si）から成る部分は拡大するとおおむね図 6.2.1 右のようである．詳細は後で述べるが，プラズマからのイオン入射を利用して加工（エッチング）が進められ，表面の一部で反応が進行する．図 6.2.1 で示すように，現在の超微細加工のスケールは原子数十層レベルである．

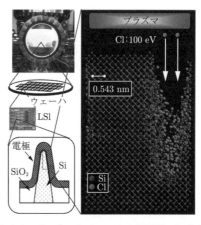

図 6.2.1　プラズマプロセスによる超微細加工の概念図

このような高精度かつ超微細加工を実現するプラズマプロセスは，真空環境下で実施されている．また，量産工場内のクリーンルーム[5]と呼ばれるエリアでは，"パーティクル"と呼ばれる"ゴミ"が生産歩留りを低下させることがわかっており，これらパーティクルを管理・制御するためにも真空プロセスが広く用いられている．LSI チップ製造工程における真空環境プロセスとしては，例えば，プラズマプロセス，不純物イオン注入，熱拡散などがある[5]〜[8]．真空度という観点からは，比較的低真空度から中真空度領域で行われている．高真空度（極低圧力）になると，生産設備コストの上昇とともに，スループットが低下する．そのため，製造工程設計においては，これら各スペックを両立するとともに，LIS チップの所望の超微細加工プロセススペックを満足することが求められている．超微細加工プロセススペックを実現するためには，被加工材料表面での上記のイオン・活性種（ラジカル）の化学的・物理的反応を最適化する必要があり，種々の理由から低中真空領域が超微細加工プロセスでは広く利用されている．

LSI チップ製造や，工具製作・機械加工に利用されるプラズマプロセスは，プラズマパラメーター（電子温度・電子密度が主要な指標となる）の視点から，**図6.2.2** の「グロー放電」で示す領域のように，おおむね電子密度が $10^9 \sim 10^{12}$ cm^{-3}，電子温度が数 eV の領域に位置付けられる[9]．なお，プラズマの分野では，電子温度 T_e をボルツマン定数 k を乗じたエネルギーの次元を持つ量 kT_e で示すことが多い．また，後でも述べるが，圧力領域は 1〜10 Pa である．

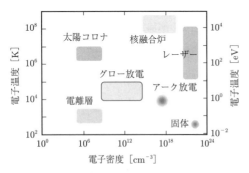

図 6.2.2　「プラズマ」の電子温度・電子密度に対するマッピング

図6.2.3 に典型的なプラズマプロセスチャンバー（誘導結合型プラズマ装置）の例とプラズマ中の各粒子の様子を示す．ここでは装置のイメージのみ理解するための図であり，詳細は以下で説明する．実際の超微細加工プロセスでは，さまざまな形態の装置が使用されている．低中真空領域を実現するために，反応容器（以

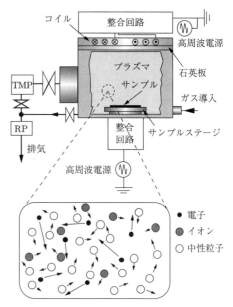

図 6.2.3　超微細加工で用いられるプラズマプロセスチャンバーの例とプラズマ中の各粒子の様子

下，チャンバーと記す）のプロセス圧力を，ターボ分子ポンプ（TMP）と油回転ポンプ（RP）やドライポンプで制御している．到達圧力はおおむね 10^{-6} Pa である．圧力制御された反応容器内に高周波電力を外部から投入し，チャンバー内でガスの電離を促進させてプラズマの状態を実現している．電力投入の効率を高めるために，プラズマチャンバーと高周波電源の間にインピーダンス整合回路が挿入されている．

形成されたプラズマは，電子，イオン，活性種（ラジカル＝励起原子・分子）から成る．そのイメージを図 6.2.3 に合わせて載せている．後でも述べるが，電離・励起はおもにガス粒子と電子との衝突によって促進される．プラズマプロセス中の被加工材料表面の反応過程を支配する活性種（ラジカル）も，おもに電子衝突によって形成され，その密度は衝突過程に支配されている．一方，電子衝突過程は，外部からのエネルギー吸収源である電子の平均自由行程（λ）に強く依存する．つまり，ガスの電離を促進するには，λ がある程度大きくなるよう，真空環境が必要である．また，図 6.2.3 で示すように，低中真空領域のプラズマプロセスでは，電子の速度がイオン・中性粒子の速度に比べて大きい．おのおのの粒子はおおむね熱平衡状態にあるが，電子とイオン・中性粒子とでは，速度分布の代表値である「温度」が異なる．このことから，低中真空領域のプラズマプロセスは，熱的に非平衡であると呼ばれている．**図6.2.4** に低中真空領域のプロセスプラズマに存在する各粒子の密度と温度のマッピング

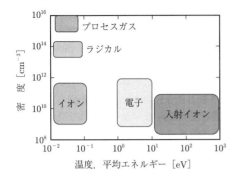

図 6.2.4 プロセスプラズマ中の各粒子の密度・温度に対するマッピング

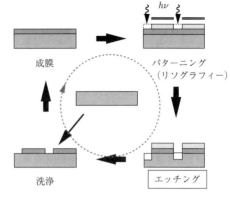

図 6.2.5 LSI チップ製造を構成する基本プロセスステップ

を示す．密度に関していえば，荷電粒子（電子，イオン）の密度が中性粒子（ガスを構成する原子，分子）の密度に比べて小さく（1%未満），低中真空領域のプロセスプラズマは弱電離プラズマと呼ばれる．また温度に関していえば，電子の温度がイオン・中性粒子の温度に比べて十分に大きい．つまり，熱的に各粒子が非平衡状態にある．図 6.2.4 はこの様子を示している．なお，本節の主要テーマであるプラズマエッチング[9]では，被加工材料表面に入射するイオンの平均エネルギーは非常に大きい．このメカニズムについても後で述べる．

このような超微細加工に応用される低中真空領域のプラズマプロセスでは，真空度がさまざまなプロセスパラメーターを決定する．つまり，プラズマプロセスの加工性能は真空度に大きく依存する．本節ではプラズマプロセスのメカニズム，技術上の課題を概観することを目的とする．

6.2.2 低中真空領域プラズマを用いた超微細加工 〜プラズマエッチング

〔1〕微細加工プラズマプロセス装置

LSI チップ製造に代表される超微細加工プロセスは，図 6.2.5 で示すように，洗浄 ⇒ 成膜 ⇒ パターニング（リソグラフィー）⇒ エッチングのサイクルで進められる[5]．デバイスの微細化が進むにつれて，原子層レベルの成膜，数十 nm レベルのパターニング（リソグラフィー）が必要とされ，エッチングプロセスには高い加工精度が要求されている．パターニング（リソグラフィー）により作製されたマスクパターンを忠実に再現するために，低中真空領域のプラズマエッチングが広く利用されている．

つぎに低中真空領域プラズマエッチングに利用される装置例を図 6.2.6 に示す．図 6.2.6 は，現在超微細加工プロセスに利用されているプラズマエッチング装

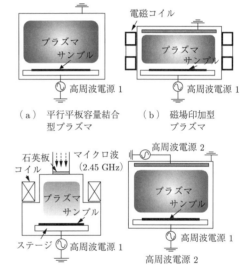

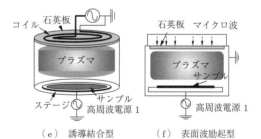

図 6.2.6 低中真空領域プラズマエッチングに利用される装置例

置（プラズマ形成方法）をまとめたものである．歴史的には，図 6.2.6(a) で示す平行平板容量結合型プラズマ（capacitively coupled plasma, CCP）からプラ

ズマエッチングは始まった．CCP では対向電極（ステージとチャンバー）に囲まれた領域にプラズマを形成する．圧力領域は 10～100 Pa であり，プラズマエッチングでは，比較的高い圧力領域でのプロセスに分類される．1980 年代後半には図 6.2.6 (b) の磁場印加型プラズマ（magnetically enhanced plasma）および図 6.2.6 (c) の電子サイクロトロン共鳴型（electron cyclotron resonance, ECR）プラズマが導入された．磁場印加型プラズマでは，外部から印加する磁場により，プラズマ中の電子を拘束しチャンバー内ガスとの衝突頻度を高め，高密度プラズマを実現する．ここでの圧力領域は数十 Pa である．一方，ECR プラズマは，導波管から 2.45 GHz の電磁波を石英窓（石英板）を通して反応容器に導入する．電子のサイクロトロン周波数に整合した外部磁場を印加し，共鳴機構を利用して効率的に電力を吸収させプラズマを形成する．これにより，高密度プラズマが実現される．また，ECR プラズマでは，外部から投入するマイクロ波と外部から印加する磁場を，電子のサイクロトロン共鳴になるよう設計する．共鳴過程を利用して，エネルギー伝達を向上させ，電子衝突を促進し，電離度を高めることを目的としている．ECR プラズマは比較的高真空度，つまり低圧力領域（数 Pa）で形成される．また，プラズマ密度も比較的高い．これにより，後でも述べるイオンの高い異方性を利用した高アスペクト比（縦方向と横方向の加工形状の比）のエッチングが実現された．1990 年代半ばになると，図 6.2.6 (d) で示す二周波励起容量結合型プラズマや図 6.2.6 (e) で示す誘導結合型プラズマ（inductively coupled plasma, ICP）が導入された．これらのプラズマ形態では，プラズマソース部分のパラメーターを一方の電力投入（高周波電源 2）で制御し，サンプルが設置されるステージに他方の電力（高周波電源 1）を投入し，入射イオンエネルギーなどのパラメーターを制御する．二周波励起容量結合型プラズマでは，二つの大きく異なる周波数を用いることで，不要なカップリングを防止し，効率的な電力投入を実現している．一方，ICP では，上面に設置したコイルによる誘導磁場・誘導電場を加熱機構に利用している．これらプラズマ装置におけるプラズマ密度は $> 10^{11}$ cm^{-3} であり，図 6.2.6 (a) に比べると 1 桁以上高い．また，図 6.2.6 (f) に表面波励起型プラズマ（surface wave-exited plasma, SWP）を示す．SWP では，マイクロ波をチャンバー上部または側部から投入し，一部では表面波による伝播によりチャンバー領域全体に電磁波を投入する．真空容器側には，電磁波の染み出しや側部からの表面波伝搬により電子を加速させプラズマを形成する．サンプルの処理は拡散プラズマをおもに用いる．

これらプラズマエッチング装置の進化は，微細化の要求に応じた高密度化に集約される．さらに近年は，電子温度などのプラズマパラメーターを制御する取組みや外部からの投入電力をパルス状に変調させる研究も盛んである．

図 6.2.7 に代表的なプラズマ形成方式の密度・圧力に対するマッピングを示す．衝突電離を支配する電子の平均自由行程から，一般に高真空側（低圧力側）に行くほど，電子温度は高くなる．歴史的には，高真空側（低圧力側）だけでなく，電子衝突頻度の向上によって，高密度プラズマを実現してきた．プラズマの高密度化は，加工速度（スループット）の向上，つまり生産効率向上が期待でき，それは低コスト化など産業上重要な要請でもあった．しかしながら一方で，高密度化のための高真空度（低圧力領域）化は，後半に述べる加工精度という点では有利ではあるが，反応速度（生産効率）向上には不向きである．実際には，真空度は加工精度と密接な関係にあるので，目的に応じてプラズマ形成方式（プラズマプロセス装置）を選択し，生産ラインを設計している．これらを鑑みた最適化の結果が，超微細加工において低中真空領域プラズマが利用される理由の一つでもある．

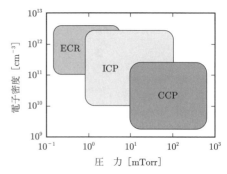

図 6.2.7　各プラズマ形成方式の密度・圧力に対するマッピング

〔2〕　プロセスプラズマパラメーター

つぎに，プロセスプラズマパラメーターについておもなものを説明する．プラズマプロセス設計における主要パラメーターを**表 6.2.1** に載せる．表 6.2.1 では，上部はプロセスパラメーター，下部はプラズマパラメーターに分類している[9]．以下でも述べるように，圧力は表中の各パラメーターを決定する中心的なパラメーターである．圧力以外のプロセス設計パラメーターとしては，プラズマ生成のための外部からの投入電力，ガス流量などが挙げられる．チャンバー体積は，被加工材料サイズに依存する．

表 6.2.1 低中真空領域プラズマエッチングにおける主要プロセスプラズマパラメーター

圧力 p [Pa]	$1\sim100$
投入電力 P_{rf} [W]	$200\sim500$
バイアス周波数 f [kHz]	数百$\sim10^5$
チャンバー体積 V [cm^3]	$\sim30\,000$
ガス流量 Q [sccm]	~100
平均自由行程 λ [cm]	$0.1\sim1$
クヌーセン数 Kn	~0.01
粒子フラックス Γ [cm$^{-2}\cdot$s^{-1}]	$\sim1\times10^{19}$
電子温度 kT_e [eV]	~4
ガス温度 T_n [K]	$300\sim400$
イオン温度 T_i [K]	$300\sim500$
プラズマ密度 n_p [cm^{-3}]	$10^{10}\sim10^{12}$
イオン密度 n_i [cm^{-3}]	$10^{10}\sim10^{12}$
プラズマ周波数 f_p [Hz]	$\sim10^9$
デバイ長 λ_D [cm]	$\sim5\times10^{-3}$
イオンフラックス Γ_i [cm$^{-2}\cdot$s^{-1}]	$\sim10^{15}$
平均イオンエネルギー E_i [eV]	数十$\sim10^3$

例えば，平均自由行程 λ は，おもにプラズマ中（気相中）の粒子が，衝突・散乱なく進むことのできる距離の平均値であり，一般に

$$\lambda \approx \frac{1}{\sigma n} \tag{6.2.1}$$

と書ける．ここで，σ は有効散乱断面積，n は粒子密度である．上記の n は圧力，温度に依存する．電子は，平均的にこの距離まで，衝突することなく，外部から印加した電力が作る電界によってエネルギーを得ることができる．真空度が高く（圧力が低く）なれば，平均自由行程 λ は大きくなる．例えば窒素ガスの場合，1 Pa，300 K でおおよそ数 cm である．つまり，真空度が高く（圧力が低く）なれば，電子はより大きなエネルギーを得ることになり，電子温度が上昇する．電子温度の上昇は，チャンバー内の粒子の電子による電離・励起過程の反応速度定数の増大を意味する．ただし，真空度が高く（圧力が低く）なれば，粒子の数密度が低くなるため，必ずしも，電離度上昇やプラズマ密度上昇をもたらすとは限らない．

一方，クヌーセン（Knudsen）数は平均自由行程を用いて，以下のように書ける．

$$Kn = \frac{\lambda}{L} \tag{6.2.2}$$

ここで，L は考えている領域の代表長さである．Kn は（プラズマプロセスチャンバー内の）ガスの流れが，連続体で扱えるかどうかを決定する指標であり，Kn が 1 より十分小さければ連続体として，1 より大きければ自由分子流としてガスの流れを扱える．通常の低

中真空領域でのプラズマプロセスは，圧力範囲と加工されるサンプルのサイズから決定されるチャンバーサイズより，チャンバー内のガス（反応種，反応生成物）の流れは連続体として考えられる（$Kn\sim0.01$）．しかしながら，凹凸のある反応表面近傍（<1 µm）の領域に限ると，自由分子流に近い状態でもある．後でも述べるように，超微細加工プロセスでの反応副生成物の排出過程の設計上においては，これらパラメーターを十分に考慮する必要がある．

プロセス中に活性種（中性粒子）が，被加工材料表面に単位時間・単位面積当りに入射する粒子数がラジカルフラックスである．ラジカルフラックスは以下のように圧力 p に依存する．

$$\Gamma = \frac{p}{\sqrt{2\pi M_n k T_n}} \tag{6.2.3}$$

ここで，M_n は粒子の質量，k はボルツマン定数，T_n は粒子の温度 [K] である．通常のプラズマプロセスでは，おおむね $10^{18}\sim10^{19}$ cm$^{-2}\cdot$s^{-1} であり，被加工材料表面の原子数面密度（$\sim10^{15}$ cm^{-2})[10] と比べると非常に大きいことがわかる．つまり，プラズマプロセス中では，被加工材料表面は，活性種（ラジカル）にほぼ 100% 覆われていることになる．

一方，プラズマパラメーターは，上記プロセス設計の結果として形成されるプラズマ状態を特徴付けるパラメーターである．プラズマ周波数，デバイ長は，それぞれ

$$f_p = \frac{1}{2\pi}\left(\frac{e^2 n_e}{\varepsilon_0 m_e}\right)^{1/2} \tag{6.2.4}$$

$$\lambda_D = \left(\frac{\varepsilon_0 k T_e}{e n_e}\right)^{1/2} \tag{6.2.5}$$

と書ける．ここで e は電気素量（$=1.602\,18\times10^{-19}$ C），n_e は電子密度，m_e は電子の静止質量（$=0.910\,95\times10^{-30}$ kg），T_e は電子温度，ε_0 は真空の誘電率（$=8.854\,18\times10^{-12}$ F/m）である．プラズマ周波数は，プラズマ中の荷電粒子の振動（プラズマ振動）に対して特徴付けられる．電子がおもに振動するので，ここではイオンは静止していると仮定し，電子の静止質量のみの関数となっている．また，デバイ長は，粒子（電子，イオン）の集団的振舞いを特徴付ける最小サイズに対応する．デバイ長よりも小さいサイズでは，プラズマとしての性質が保証できない．

また，被加工材料表面に入射するイオンフラックスは〔5〕で議論するように

$$\Gamma_i = n_{is} u_B \tag{6.2.6}$$

と書ける．ここで u_B はボーム（Bohm）速度と呼ばれ，M_i をイオン質量として

$$u_B = \sqrt{\frac{kT_e}{M_i}} \quad (6.2.7)$$

である.また,n_{is} はシースと呼ばれるプラズマと固体表面の境界領域のプラズマ密度(=電子密度=イオン密度)である(プラズマ密度は,通常イオン密度に対して使われることが多いが,例えば,アルゴン(Ar)プラズマの場合は,イオン密度が電子密度とほぼ等しいため,区別されないこともある).なお,式 (6.2.6) ではシース内での粒子の散乱がない,と仮定している.さらに,注意すべき点として,低中真空領域でのプロセスプラズマでは,以下の関係式が成り立つ.つまり,プラズマは弱電離で熱的に非平衡な状態にある.

$$n_n \gg n_e \approx n_i \quad (6.2.8)$$
$$T_e \gg T_i \geq T_n \quad (6.2.9)$$

なお,ここで n_n は中性気体分子の数密度である.その他の記号は表 6.2.1 を参照されたい.また表 6.2.1 には,典型的な各パラメーターの値も示している.なお,これらパラメーター範囲外のプラズマプロセスも広く利用されており,例えば図 6.2.4,図 6.2.7 も併せて参照されたい.さらに,プロセスに使われるプラズマの電離度は 1% 程度で,ほとんどが中性粒子から成り立っている.このような中で,活性種(ラジカル)に加え,いかに電子のエネルギー(衝突電離過程)やイオンのエネルギー(表面反応過程)を制御し活用するかが,プロセス設計上の重要な応用課題である.

〔3〕 プラズマ中の素過程(衝突,電離)

プロセスプラズマ中では,外部からのエネルギーによって加速された高速電子の運動により,各反応素過程の速度定数が支配される.高速電子がガス分子と衝突することで,励起,解離,電離反応が誘発される.その結果,ラジカル,イオンが生成され,電離が維持される.これがプラズマ中の素過程である.詳細は他に譲り[9],以下におもな素過程を示す.

- 電子衝突による励起過程
  ガス分子 + 電子 ⇒ ガス分子(活性状態) + 電子
  例) $O_2 + e^- \Rightarrow O_2^* + e^-$
- 電子衝突による解離過程
  ガス分子 + 電子 ⇒ ガス分子 + ラジカル + 電子
  例) $CF_4 + e^- \Rightarrow CF_3 + F + e^-$
- 電子衝突による電離
  ガス分子 + 電子 ⇒ イオン + 電子
  例) $CF_4 + e^- \Rightarrow CF_4^+ + e^- + e^-$
- 電子付着による解離過程
  ガス分子 + 電子 ⇒ イオン,ラジカル
  例) $O_2 + e^- \Rightarrow O^- + O$

上記に加えて,中性粒子とイオンとの衝突による
- 励起・電離・解離
- 電荷交換

なども考える必要がある.

これら素過程の反応速度定数 R は,おもに電子温度によって支配され,通常,活性化エネルギー ΔH を用いて

$$R = A \cdot \exp\left(-\frac{\Delta H}{kT_e}\right) \quad (6.2.10)$$

の形に書ける場合が多い.例えば,電子衝突による解離過程

$$O_2 + e^- \Rightarrow 2O + e^-$$

に対しては,$A = 6.86 \times 10^{-9}$ cm^3/s,$\Delta H = -6.29$ eV という値が報告[11]されている.これらは電子が熱平衡状態(マクスウェル分布に従う)にあると仮定しているので,反応速度定数 R がマクロなパラメーター電子温度 T_e で記述できている.上述したように,電子温度は真空度に大きく依存するため,反応速度定数は真空度に依存することになる.プラズマバルク中の素過程は,被加工材料表面での反応を支配するため,真空度は表面反応過程を支配するパラメーターの一つである.

〔4〕 浮遊電位

つぎに低中真空領域でのプラズマプロセスの理解において重要なメカニズムである浮遊電位の概念を図 6.2.8 に示す.図 6.2.4 で示すように通常,電子の速度は,イオン・中性粒子の速度に比べ大きい.プラズマ中に物体が挿入されると,つぎのような現象が生じる.電子とイオンに着目すると,物体表面にはまず,速度の大きい電子が入射する.なぜなら,プラズマ中に挿入された物体表面に入射するフラックス Γ_e (cm$^{-2}\cdot$s^{-1}) は

$$\Gamma_e = \frac{1}{4} n_e \overline{v_e} \quad (6.2.11)$$

と書くことができ,平均速度 $\overline{v_e}$ に依存するためであ

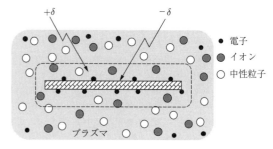

図 6.2.8 プラズマ中に挿入された物体の浮遊電位の概念

る.また,プラズマは電気的に中性であるので,1価のイオンを考えると $n_e \sim n_i$ である.したがって,フラックス量は速度によって決定される.電子がある程度基板表面に入射・付着すると,物体の周りには,電気的平衡状態を維持するためにポテンシャルが形成される(イオン密度の高い領域).つまり,それ以上の電子が入射しないように,電子にとってのバリアが形成される.このポテンシャル(電位)を浮遊電位[9),12)]という.容易にわかるように,浮遊電位は負,つまり,プラズマから見ると物体は負に帯電しているので,電位降下が発生していることになる.この浮遊電位は低中真空領域のプラズマプロセスを理解する上で非常に重要なパラメーターである.また,この電位降下が発生している領域をシースと呼ぶ.シース内では,電子密度がイオン密度よりも低い.

〔5〕 プラズマシース

〔4〕で述べたように,プラズマ中に挿入された物体表面は,電子,イオンとの速度差によって,相対的に負に帯電する.平衡状態では,物体表面に入射する電子のフラックス Γ_e とイオンのフラックス Γ_i が等しくなるように,ポテンシャルが形成される.このポテンシャル形成は,プラズマ中に挿入された物体表面のみならず,反応容器(チャンバー)内壁も,さらには,被加工材料表面においても同様である.以下では,反応容器内壁の浮遊電位 Φ_w について考える.

図 6.2.9(a) に示すように,平衡状態では,反応容器内壁表面では入射するイオンと電子のフラックスは等しい.つまり

$$\Gamma_e = \Gamma_i \quad (6.2.12)$$

が成り立つ.イオンは方向性を持ってシース内に侵入し,一方,電子はポテンシャルバリア Φ_w の影響で壁に近付くにつれてその密度が減少する.いま,電子が熱平衡状態にあるとすると,空間の電位に対して電子密度はボルツマン分布に従う.したがって,電子の平均速度は

$$\overline{v_e} = \sqrt{\frac{8kT_e}{\pi m_e}} \quad (6.2.13)$$

であるので,式 (6.2.11) を用いて

$$\Gamma_e = \frac{1}{4} n_{is} \overline{v_e} \exp\left(\frac{e\Phi_w}{kT_e}\right) \quad (6.2.14)$$

となる($\Phi_w < 0$ に注意).本節で考えている低中真空領域プラズマでは,イオンの平均自由行程はシース領域の幅よりも十分大きい(表 6.2.1 参照)ので,シース内における粒子間の衝突・散乱は無視できる.すなわ

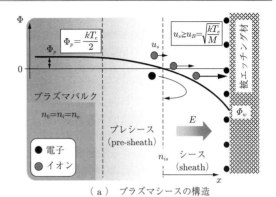

(a) プラズマシースの構造

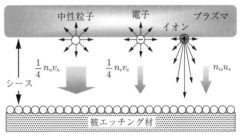

(b) 被加工材料(被エッチング材)表面へ入射する各粒子フラックスの様子

図 6.2.9

ち,シースとバルクプラズマとの境界における Γ_i と反応容器内壁での Γ_e が等しいと仮定できる.式 (6.2.6) と式 (6.2.14) が等しいと置けば

$$\frac{1}{4} n_{is} \overline{v_e} \exp\left(\frac{e\Phi_w}{kT_e}\right) = n_{is} u_B \quad (6.2.15)$$

となり,最終的に

$$\Phi_w = -\frac{kT_e}{e} \ln \sqrt{\frac{M}{2\pi m_e}} \quad (6.2.16)$$

となる.例えば Ar プラズマの場合

$$\Phi_w \approx -4.7 \times \frac{kT_e}{e} \quad (6.2.17)$$

になる.この電位降下は,被加工材料表面においても形成される.つまり,プラズマを利用する限り必ず発生する電位降下であり,イオンはこの領域(シース)で被加工材料表面に向けて加速されることになる.最終的に被加工材料表面に入射するときのエネルギーはおおむね 10～15 eV 程度である.現在,最先端の大規模集積回路(LSIチップ)製造工程においては,このイオンエネルギーが無視できない領域になっている.このエネルギー領域は原子間の結合エネルギーよりも大きく,原子レベルの超微細加工プロセスでは,後でも述べるさまざまな問題を引き起こしている.なお,イオ

ンがシース領域に入射するときの速度がボーム速度 u_B であり，イオンがあらかじめ加速される領域のことをプレシースと呼ぶ．また，図 6.2.9 において，シース領域の幅はデバイ長 λ_D の数倍程度であり，プレシース幅はさらに広い．

図 6.2.9 (b) は，物体表面に入射する各粒子のフラックス，速度の様子を示している．一般に，図 6.2.6 で示す低中真空領域プラズマエッチング装置においては，サンプルステージに高周波電源から電力（数百 W）が投入される．この場合，電力投入によって，被加工材料表面の電位はプラズマに対してさらに低くなる．自己整合的に決定される電位降下量（self DC bias: V_{dc}）は数百 V に達し，被加工材料表面に入射するイオンの（平均）エネルギーはさらに大きくなる．つまり，図 6.2.9 (a) で示す Φ_w に eV_{dc} が重畳された形（$V_0 = \Phi_w + eV_{dc}$）になる（$V_0 < 0$）．

V_{dc} が十分に大きい場合，シース内には電子は存在しないと考えられ（$n_e = 0$）．シース内の位置 x におけるポテンシャルを $\Phi(x)$ [eV] とすれば，位置 x におけるイオンの速度 $u(x)$ に対して，エネルギー保存則より

$$\frac{1}{2} M u^2(x) = -\Phi \tag{6.2.18}$$

が成立する．一方，イオン密度 $n_i(x)$ に対しては，シース内での衝突・散乱がないとすれば，フラックス保存則から

$$\Gamma_i = n_i(x) u(x) (= n_{is} u_B) \tag{6.2.19}$$

が成立する．これらをポアソン方程式に代入すると

$$\frac{d^2 \Phi}{dx^2} = -\frac{n(x)}{\varepsilon_0} = -\frac{e\Gamma_i}{\varepsilon_0} \left(-\frac{2\Phi}{M}\right)^{-1/2} \tag{6.2.20}$$

となる．シース幅を s とすると，$x = s$ で $\Phi(s) = V_0$ なので，これらから，u_B を用いて書けば，最終的に s は

$$s = \frac{\sqrt{3}}{2} \lambda_D \left(-\frac{2V_0}{kT_e}\right)^{3/4} \tag{6.2.21}$$

のように書ける（$V_0 < 0$）．このような場合，s はデバイ長 λ_D の 100 倍程度にまで広がり，肉眼で見える程度（～1 cm）になる．上記のシース構造を Child Law Sheath という．実際のプロセスプラズマ中では，粒子の平均自由行程がシース幅より大きければ，シース内における粒子の衝突・散乱は無視でき，例えばイオンは高い指向性（異方性）を持って，被加工材料表面に向けて入射する．イオンの入射エネルギーも $-V_0$ 程

度になるので，表面反応に大きな影響を及ぼす．この特徴は以下で述べる反応性イオンエッチングにおける加工形状に大きく影響する．高い異方性を実現するには，シース内での衝突・散乱という視点から，高い真空度（低真空）が望ましいことになる（ただし，低圧化によって粒子の数密度は減少するので，反応速度は大きくならない場合もある）．

〔6〕 反応性イオンエッチング

低中真空領域プラズマエッチングにおいては，反応性の中性粒子のほか，プラズマ中で生成される活性種（ラジカル），イオン，さらに電子が被加工材料表面に入射（吸着，衝突）する．これらの過程は同時に起こり，材料表面ではさまざまな反応が起こる．前で見たように，シース内には電位降下があり，イオンは高いエネルギーを得て，被加工材料表面に入射（衝突）する．このイオン衝突を表面反応速度向上に有効活用し，プラズマエッチングを実現するメカニズムが反応性イオンエッチング（reactive ion etching, RIE）である．RIE は 1979 年に Coburn と Winter によってそのメカニズムが明らかにされた[13]．彼らは，活性種である XeF_2 ガスを，シリコン基板に吸着させたときのエッチング速度と，XeF_2 が吸着した表面に Ar イオンを入射させたときのエッチング速度を比較し，Ar イオンを同時に入射させるとエッチング速度が 10 倍以上に向上することを実験的に示した．このときのエッチング速度は，Ar イオン単独時のエッチング速度（スパッタリング速度）よりも十分に大きい．つまり，XeF_2 吸着と Ar イオン入射の相乗効果により，エッチング速度は飛躍的に向上する．このようなイオン入射を活用したエッチングメカニズム：RIE の様子を図 6.2.10 に

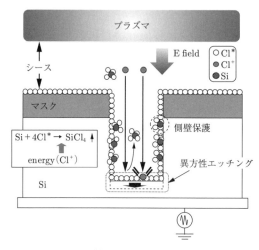

図 6.2.10 反応性イオンエッチングの概念図（塩素プラズマによるシリコンのエッチング例）

示す．図6.2.10は，塩素ガスによるシリコンのエッチング例である．RIEでは，通常減圧環境下においてプラズマを生成（投入エネルギーを電子衝突を介して，ガス（構成粒子）に伝達）する．図6.2.10で示すように，プラズマ中で生成された中性ラジカル粒子 (Cl^*) がマスクを含め被加工材料表面に吸着している（この図では電子の存在は無視している）．シース領域に侵入した塩素イオン (Cl^+) は，外部の高周波電源からの電力印加によりシースに形成された電界によって加速され，被加工材料表面に入射する．シース内での粒子の衝突が無視できる場合，塩素イオンはエッチング表面（図中では溝の底部）に垂直に入射・衝突する．このとき，エッチング表面に入射したイオンの運動エネルギーにより，特に溝底部での化学的・物理的反応が促進される．イオンが側壁部に衝突する確率は低く，そのため図で示すように，イオンが衝突する溝底部の反応面でエッチング反応が促進される．エッチングは，面に垂直な方向に進行（図では下降）する．その結果，マスクパターンに忠実な異方性エッチングが実現される．つまりRIEは

① ラジカル吸着
② イオン衝突
③ 表面での化学的・物理的反応促進
④ 生成物脱離
⑤ 装置外へ排出・プラズマ中に再入射・表面再吸着

の素過程から成り立っている．

一方，エッチング構造の側壁部には，反応によってできた反応副生成物が吸着してできた保護膜が形成されている．この保護膜は，エッチング底面でスパッタされた粒子や，シース内での散乱による斜入射イオンからの衝突から側壁のエッチング進行を防止する役目を担っている．その結果，マスクを忠実に再現した加工形状が得られる．

〔7〕 RIEでの表面反応例（Si, SiO$_2$）

〔6〕の例では，塩素ガスによるSiのエッチングを示したが，エッチングする材料によって使用するべきガスは異なる．反応のしやすさ，つまり，被加工材料中の元素とより安定な結合を形成する元素を含むガスが広く利用される．表6.2.2に代表的な元素間の結合のエネルギーと化合物の融点を載せる（なお，これらの数値は文献データによって若干異なる[5),9)]）．表6.2.2から，Siの場合，おおむねハロゲン系元素との結合エネルギーが大きいことがわかる．同時に，これらハロゲン化物のうち特にSiF$_4$，SiCl$_4$の融点が低いことがわかる．

表6.2.3にはエッチングで利用されるガスの一例を示す．ハロゲン元素は，その反応性の高さから，あま

表6.2.2 シリコンプロセスにおける代表的な元素間の結合のエネルギーと化合物の融点

結 合	エネルギー [eV]		融 点 [℃]
Si–Si	2.2	SiF$_4$	−86
Si–O	4.1	SiCl$_4$	58
Si–Cl	4.0	SiBr$_4$	154
Si–F	5.7	AlCl$_3$	190(sp*)
Si–H	3.0	WF$_6$	17
Si–Br	3.8	TiCl$_4$	136

〔注〕 *sp (sublimation point)

表6.2.3 エッチングで利用されるガスの例

元 素	ガ ス	
F	CF$_4$, SF$_6$, CHF$_3$, NF$_3$, C$_2$F$_6$, C$_4$F$_8$	
Cl	Cl$_2$, BCl$_3$	SiO$_2$, Si$_3$N$_4$
Br	HBr	Si, metal
ほか	He, Ar, N$_2$, O$_2$	

り被加工材料を選ばないため，エッチングプロセスでは，ハロゲン系のガスが広く利用される．F元素は反応性が高く，さまざまな化合物が存在するため，最も広く使用されている元素であるといえる．表で示すように，絶縁膜系材料（SiO$_2$，Si$_3$N$_4$）にも半導体・金属材料にも利用される．一方，Cl系，Br系ガスは，おもに半導体・金属材料のエッチングに利用される．この事実は，表6.2.2から理解できる．例えばSiをエッチングする場合，Si–Siの結合エネルギーの大きさから，ハロゲン系であればSi–SiはSi–Halogen結合に置き換わることは可能である．一方，SiO$_2$をエッチングする場合，Si–Oの結合エネルギーの大きさを考慮すると，選択肢としては，F系ガスになる．Cl系，Br系では，Si–HalogenよりもSi–Oの結合の方が安定であり，エッチングが進行しにくいと予想される（実際の量産プロセスでもそうである）．したがって，使用するガスの設計では，表6.2.2，表6.2.3で示すようなパラメーターを考慮しなければならない．

図6.2.11にこれらを考慮した実際のエッチング表面の様子をSiエッチングの場合とSiO$_2$エッチングの場合に対して示す．図6.2.11では，CF$_4$ガスによるエッチング例である．

図6.2.11(a)はSiエッチングを想定したエッチングプロセス時のSi表面ならびにSiO$_2$表面での様子を示したものである．Si–O結合に比べ，Si–Si結合のエネルギーは小さいので，同じ表面状態ではSiの方がSiO$_2$よりもエッチングされる速度（エッチレート）は大きい．つまり，SiO$_2$はエッチングされにくく，エッチレートに差が発生する．このときのエッチレートの比（＝Siエッチング速度/SiO$_2$エッチング速度）を選

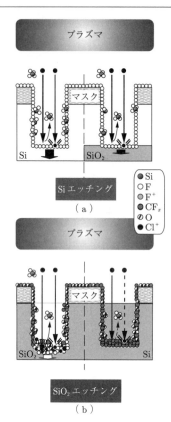

図 6.2.11 典型的な RIE の様子（図 (a) では Si を，図 (b) では SiO₂ をターゲットにしたエッチングである）

択比と定義する．選択比は，エッチングプロセスにおける材料選択性のことであり，選択比が大きいほど，選択性が高く，特定の材料のみエッチングすることが可能な優れたプロセスといえる．

一方，図 6.2.11 (b) には，SiO₂ のエッチングをターゲットにしたプロセスを採用したときの，エッチングの様子を示している．表 6.2.2 から，F 元素を活用しても，SiO₂ よりも Si の方がエッチングされやすく，このままの機構だけでは SiO₂ と Si との選択比は大きくできないことになる．通常このような場合，外部の高周波電源から投入する電力を大きくし，入射するイオンエネルギー（F イオン）を大きくする．それに合わせて，エッチング反応によって形成される副生成物（$SiCF_x$ など）や気相中のポリマー（CF_x）を利用する．図 6.2.11 (b) のように，CF 系のガスを用いた場合，表面には反応層・ポリマー層が形成される．その層の厚さは，被エッチング材料（Si 系および Metal 系，あるいは SiO₂ 系）により異なる．また，底部の Si 表面に形成される CF 系のポリマー層は Si とはあまり反応せず，強固な保護膜として働く．一方，SiO₂ 領域では，O 原子の影響で，CF 系のポリマー層は吸着しにくくその影響は小さい．その結果，表面保護層を通して SiO₂ 表面に到達した F 原子による反応が，SiO₂ 表面において継続的に進行する．Si 表面では保護膜が，SiO₂ 表面では O 原子および反応表面近傍に存在する F 原子が重要な役割を担っている．超微細加工プロセスでは，エッチング速度が大きく，選択性の高いプロセスが必要とされているが，RIE は，それらを実現する有効なプロセスである．しかしながら，超微細加工における RIE は，いまだ反応過程の理解は十分ではなく，現在も新しいガス系が提案されている．

最後に，エッチングプロセス設計に必要な要素を以下にまとめている．

① ラジカル
— 導入ガスの選定
— 被エッチング材に対応したガスケミストリー
② イオンとその入射エネルギー
— 投入電力，圧力
— バイアス周波数
③ 表面反応設計
— エッチング速度，材料選択性
— エッチング副生成物，
— 基板温度

これまで議論してきたように，RIE 設計では，① の化学反応過程の設計に加え，② の表面に入射するイオンエネルギーを有効に使い，かつ，③ のイオンエネルギーに依存したエッチング速度の最大化を目的とする．入射イオンエネルギーは，シース内電界による加速によって決定付けられる．さらにその指向性はシース内での散乱過程に左右される．前でも見てきたように，これらを支配する基礎パラメーターは

● エッチングパラメーター
（圧力，投入電力，ガス流量，ほか）
● プラズマパラメーター
（電子温度，電子密度，ほか）

である．例えば，投入電力を増加すれば入射イオンエネルギーは大きくなり，また，高真空（低圧力）にすれば，平均自由行程が長くなり指向性は向上できる．しかしながら，化学反応という意味では，高真空（低圧力）化は，粒子の数密度の減少となり，エッチング速度向上が十分には期待できない場合もある．RIE 設計は，最適制御設計である．

6.2.3 微細加工プラズマプロセスの今後の展望
〔1〕超微細加工の現在の実力

前項では超微細加工プロセスにおける RIE の役割を中心に述べてきた．最先端の超微細加工における RIE

の現在の実力[4]は

　　加工精度 =～1 nm (3σ)（300 mm ウェーハ）
　　選択比 = Si/SiO$_2$ は無限大（Si エッチング時）

である．この実力で，現在は図 6.2.1 で示すような，原子レベルに迫る加工が可能となっている．量産されている大規模集積回路（LSI）には，数十億個のトランジスターが搭載されている．この数十億個のトランジスターをプラズマエッチングによって，上記の加工精度で実現するには，さまざまな問題点が発生する（してきた）．以下ではそれらの例を概観する．

〔2〕 真空度と加工形状

これまで議論してきたように，RIE における異方性は，イオンエネルギーと入射イオンの指向性に大きく依存する．圧力が高くなるとシース内におけるイオンの粒子との散乱・衝突頻度が上昇するとともに，電子の平均自由行程が短くなることでプラズマ中での電離・励起反応速度が低下する．その結果，電離度が低下し，プロセスプラズマ中では，活性種（ラジカル）密度が相対的に増大する．この変化は，仕上りの加工形状に影響を及ぼす．その様子を図 6.2.12 に示す．図 6.2.12(a) は加工前の状態であり，理想的には（最適化された状態では）プラズマエッチングにより図 (b) に示すようなマスクパターンに忠実な異方形状が得られる．圧力が高くなるとどのような加工形状になるだろうか？

グ反応は RIE よりも通常の化学的エッチングに近くなる．一般に化学的反応は等方的に進行するため，エッチング反応面は等方的に進展し，最終は図で示すような等方形状となる．

一方，図 6.2.12(d) で示すように，圧力上昇によって，シース内での入射イオンの散乱確率増大が発生する場合もある．また，シース長は投入する印加電力増大とともに増加する．シース内での入射イオンの散乱・衝突は，シース長と平均自由行程によって決定される．つまり，圧力上昇はイオンの指向性を低下させ，イオンの斜め入射の頻度が増加することになる．その結果，側壁への斜め入射イオンフラックスの増大により，横方向（ラテラル方向）にエッチングが進行しやすくなる．図 (c)，図 (d) ともに，マスクパターンが忠実に転写されておらず，これらは加工形状異常として問題視されることになる．したがって，これらからわかることは，RIE 設計における真空度の最適化は，プロセス設計上重要な項目の一つであるということである．

〔3〕 加工形状異常について

〔2〕で述べた物理的構造が所望（設計）と異なるような形状異常[9]は，通常，単に「加工形状異常」といわれる．種々の加工形状異常について，図 6.2.13 にまとめている．

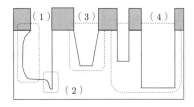

図 6.2.13　RIE における加工形状異常の例

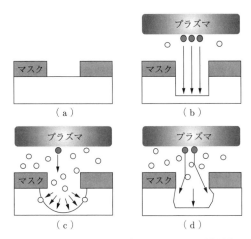

図 6.2.12　圧力上昇に伴う RIE における形状異常

図 6.2.12(c) は，活性種（ラジカル）密度がイオン密度（イオンフラックス）に比べてさらに十分に大きくなった場合の例である（なお，表 6.2.1 に示すように，もともと弱電離プラズマであるので，イオン密度は活性種の数密度に比べ十分に小さいことに注意）．この場合，イオンフラックスよりも活性種（ラジカル）フラックスがより支配的になる．そのため，エッチン

図 6.2.13 において

(1) はボーイングあるいはサイドエッチと呼ばれ，図 6.2.12 の図 (d) の状況に相当する．イオン入射角の広がり（= 斜め入射イオンの増加）に加え，図 6.2.10 で議論した側壁保護膜が不足している場合に発生する．

(2) はマイクロトレンチ[14]と呼ばれ，側壁で反射したイオンがエッジ部分に多く入射することにより発生すると考えられている（側面では必ずしも入射イオンは鏡面反射しない）．

(3) はテーパー形状と呼ばれ，過度の側壁保護膜による．エッチング面が進行するたびに，側壁に付着した保護膜がマスクパターンとして作用し，開口部が徐々に狭くなる．そのサイクルの繰返しにより，エッチング進行とともに先細りする現象である．

(4)はRIEラグと呼ばれ，開口寸法の異なるパターンにおいて，ボトム底面への活性種（ラジカル）フラックス，イオンフラックスのバランスにパターン依存性が発生したときに観測される．エッチング副生成物の脱離⇒排出過程が最適化されていない場合にも発生する．これらの加工異常は，物理的な指標で示されるものであるためプラズマプロセスの問題として容易に認識されやすいが，LSIチップ内のMOSFETのようなデバイス電気特性の立場からは問題にならない場合もある．

[4] **プラズマプロセスによるデバイス特性劣化**

これまで述べてきたように，超微細加工におけるプラズマプロセスの積極的な利用とLSIチップ内のデバイスの微細化の要請によって，プラズマは高密度化，高真空化へと進化してきた．しかしながら近年，それらの副作用（さまざまな問題）が露呈してきた．それは，プラズマと被加工デバイスとの望ましくない相互作用による欠陥形成過程，すなわちプラズマダメージと呼ばれる問題である．本章では，前述の「加工形状異常」以外の，プラズマプロセス直後の形状（図 6.2.13 で示す加工形状異常ではなく，一見マスクパターンが忠実に転写されているような形状）からは判断できないもの，例えば，後の工程での望ましくない相互作用を誘発するものや，加工されるデバイスの品質を劣化させる潜在的な不良を，「プラズマダメージ」と定義する．言い換えるとプラズマダメージは，加工されるデバイス表面・界面において，電気的・物理的・光学的相互作用により，材料表面・界面特性，さらにはLSIチップ内のデバイス特性を劣化させる現象のことである．したがって通常プラズマダメージは，図 6.2.13 で述べた物理的な形状異常よりも，（直接的には認識困難な）デバイス性能異常（劣化）として認識・理解されている．プラズマダメージのメカニズムを**図 6.2.14** に示す[15]．図では，超微細加工プロセス工程の中で，MOSFET本体部形成後の配線工程におけるプラズマダメージの例を示している．

プラズマダメージは大きく分けて三つのメカニズムに大別される．またプラズマダメージは，大規模集積回路に搭載されているデバイス（MOSFET）の特性を計測することで同定される．以下，それらのメカニズムについて説明する．

① **電気的ダメージ**（charging damage）[12),16)] は，プラズマからの電子・イオン電流（フラックス）による効果であり，これらが誘発する伝導電流によってデバイス内に過大電流が流れる現象である．デバイスの視点では，この伝導電流によりMOSFETのゲート酸化膜（SiO_2）中や，SiO_2/Si基板界面に存在するSi–O，

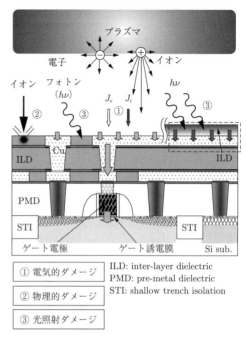

図 6.2.14 プラズマダメージの三つのメカニズム

Si–H, Si–OH などの結合が切断される過程[17)～19)]である．切断された結合は，電荷（キャリア）の捕獲準位になり，巨視的には絶縁体としての特性が劣化することになる．その結果，電気的な信頼性寿命劣化[20),21)]が誘発され，またそれらの準位に捕獲された電荷によって，デバイス特性が変動[12)]する．さらに現在では，LSI回路内のMOSFETの特性変動のばらつき[22)]やRTN（random telegraph noise）[23)]を増大させる報告例もある．これまでチャージングダメージは，デバイス特性，信頼性を劣化させる大きな課題として注目されてきている．プラズマ密度の不均一性，プラズマからのイオン電流（$\sim \Gamma_i$）や電子温度（T_e）がおもな支配パラメーターと考えられている．現在は，プラズマの均一化，低電子温度化などに加え，LSI回路設計（デザインルール）による対策[24),25)]がなされているが，いまだ不十分な点も多い．

② **物理的ダメージ**（physical damage）[15)] は，図 6.2.10 で示すように，シース内で加速されたイオンがデバイス表面に衝突することにより，材料物性値が変化する現象である．プラズマとデバイスとの間に形成されたシース領域でイオンは加速され，デバイス表面に衝突する．このときのエネルギーが大きいと，デバイス表面に衝突・侵入し，微視的な"欠陥"を形成する．デバイス表面のダメージ層構造がシース電界強度，すなわちプラズマパラメーターによって決まっているが，そのパラメーターを大きく変更することはでき

ず，ダメージ防止を目的とした劇的な縮小化は困難[15]である．デバイス寸法は加速しながら縮小しているので，ダメージ層（欠陥層）厚さはいずれ無視できなくなってくる．図6.2.10で示すSi基板の場合，ダメージ層厚さはおおよそ5 nm程度[15],[26]であり，これを例えば1/10にすることは困難である（シース電界強度を変えるためには投入電力を限りなくゼロに近付けるか，電子温度を極端に小さくすると，低中真空領域プラズマプロセスとしての性能は期待できなくなる）．例えば，このような物理的ダメージにより形成されるMOSFET表面の形状変化（リセス構造[27],[28]と呼ばれる）は，デバイス特性を劣化[29]させ，大規模集積回路内のMOSFETの特性変動ばらつきを増大[30]させるものとして最近注目されている．

③ 光照射ダメージ（radiation damage）[31]は，プラズマからのフォトン照射によるダメージに対応し，MOSFETの材料中内部に含まれる結合エネルギーの比較的小さいOH基，CH基が高エネルギー（短波長）の光子により遊離する現象である．形成された膜中の欠陥は，低誘電率材料の誘電率の変化（増加）をもたらす．誘電率の変化は，MOSFETの信号遅延などを誘発する．

これまで述べたように，最先端LSIチップ製造に用いられる低中真空領域プラズマプロセスは，極限レベル，すなわち原子レベルの制御性が要求され，高真空・高密度化でその要求に応えてきた．LSIチップの微細化基準でもあるムーアの法則の破綻[4],[32]が叫ばれているにもかかわらず，プラズマエッチングに対する要求はますます高度になっている．低中真空領域を最大限に活用する超微細加工のためのRIEを有効活用するためには，本章で述べた基礎的なプロセスパラメーター，プラズマパラメーターの理解と制御が必須である．弱電離で熱的に非平衡なプラズマは，今後もますますさまざまな分野での応用が期待されている．

引用・参考文献

1) S. M. Sze and K. K. Ng: *Physics of Semiconductor Devices* (Wiley-Interscience, Hoboken, NJ, 2007) 3rd ed.
2) I. Ferain, C. A. Colinge and J.-P. Colinge: Nature, **479** (2011) 310.
3) K. J. Kuhn: IEEE Trans. Electron Devices, **59** (2012) 1813.
4) SIA: *The International Technology Roadmap for Semiconductors, 2012 update* (2012).
5) S. Franssila: *Micro Fabrication* (John Wiley & Sons, Inc., New York, 2005).
6) S. M. Sze: *Semiconductor Devices, Physics and Technology* (John Wiley & Sons, Hoboken, NJ Inc., 2002) 2nd ed.
7) J. D. Plummer, M. Deal and P. B. Griffin: *Silicon VLSI Technology, Fundamentals, Practice and Modeling* (Prentice Hall, New Jersey, 2000).
8) C. Y. Chang and S. M. Sze: *ULSI Technology* (The McGraw-Hill Book Co., New York, 1996).
9) M. A. Lieberman and A. J. Lichtenberg: *Principles of Plasma Discharges and Materials Processing* (Wiley, New York, 2005) 2nd ed.
10) C. Kittel: *Introduction to Solid State Physics* (John Wiley & Sons, Inc., 2005) Eigth Edition ed.
11) J. T. Gudmundsson: Report RH-21-2002, Science Institute, Univ. Iceland, Reykjavik (2002).
12) K. P. Cheung: *Plasma Charging Damage* (Springer, Heidelberg, 2001).
13) J. W. Coburn and H. F. Winters: J. Appl. Phys., **50** (1979) 3189.
14) T. J. Dalton, J. C. Arnold, H. H. Sawin, S. Swan and D. Corliss: J. Electrochem.l Soc., **140** (1993) 2395.
15) K. Eriguchi and K. Ono: J. Phys. D, **41** (2008) 024002.
16) A. Martin: J. Vac. Sci. Technol. B, **27** (2009) 426.
17) Y. Yoshida and T. Watanabe: *Proc. Symp. Dry Process* (1983) p.4.
18) W. M. Greene, J. B. Kruger and G. Kooi: J. Vac. Sci. Technol. B, **9** (1991) 366.
19) K. Hashimoto: Jpn. J. Appl. Phys., **33** (1994) 6013.
20) S. Krishnan and A. Amerasekera: *Proc. Int. Rel. Phys. Symp.* (1998) 302.
21) K. Eriguchi, Y. Uraoka, H. Nakagawa, T. Tamaki, M. Kubota and N. Nomura: Jpn. J. Appl. Phys., **33** (1994) 83.
22) K. Eriguchi, M. Kamei, Y. Takao and K. Ono: Jpn. J. Appl. Phys., **50** (2011) 10PG02.
23) M. Kamei, Y. Takao, K. Eriguchi and K. Ono: Jpn. J. Appl. Phys., **53** (2014) 03DF02.
24) V. Shukla, V. Gupta, C. Guruprasad and G. Kadamati: *Proc. Int. Symp. Plasma Process-Induced Damage* (2003) p.158.
25) Z.-W. Jiang and Y.-W. Chang: Computer-Aided Design of Integrated Circuits and Systems, IEEE Transactions on, **27** (2008) 1055.
26) K. Egashira, K. Eriguchi and S. Hashimoto: in *IEDM Tech. Dig.* (1998) p.563.
27) S. A. Vitale and B. A. Smith: J. Vac. Sci. Technol. B, **21** (2003) 2205.
28) T. Ohchi, S. Kobayashi, M. Fukasawa, K. Kugimiya, T. Kinoshita, T. Takizawa, S. Hamaguchi, Y. Kamide and T. Tatsumi: Jpn. J.

Appl. Phys., **47** (2008) 5324.
29) K. Eriguchi, A. Matsuda, Y. Nakakubo, M. Kamei, H. Ohta and K. Ono: IEEE Electron Device Lett., **30** (2009) 712.
30) K. Eriguchi, Y. Takao and K. Ono: J. Vac. Sci. Technol. A, **29** (2011) 041303.
31) M. Okigawa, Y. Ishikawa and S. Samukawa: J. Vac. Sci. Technol. B, **21** (2003) 2448.
32) Y. Taur and T. H. Ning: *Fundamentals of Modern VLSI Devices* (Cambridge University Press, New York, 2009) 2nd ed.

6.3 表面分析

走査電子顕微鏡,オージェ電子分光法,X線光電子分光法,二次イオン質量分析法,電子線プローブマイクロアナリシスなどの表面分析法は固体の表面の組成や構造を解析する方法として,各種の産業において欠くことのできない技術である.表面分析法は,固体に電子線,X線,イオンビームなどを照射し,それらと固体表面との相互作用によって発生する電子,光,イオンなどの信号を検出・解析して,表面の組成や構造を推定する方法である.表面分析法を理解するためには,基本となる電子,X線,イオンなどの励起源と固体表面との相互作用を理解することが重要である.

このような表面分析装置の多くは超高真空環境で使われている.ここでは,なぜこのような超高真空が表面分析に必要かを説明した後,一般に広く用いられている表面分析法を,励起源ごとにまとめて解説する.

6.3.1 真空中の試料表面

固体表面分析を行う際には,分析中に表面状態が変化しないように留意することである.試料が超高真空中に置かれていたとしても,分析中に残留気体が吸着し,観測する試料表面が残留気体に覆われてしまう可能性がある.そこで,真空中に置かれた試料表面が残留気体に覆われるまでの時間を推定する.

速度が v と $v+dv$ の間にある気体分子数 dN は,速度分布関数を $f(v)$ とすると次式で表せる.

$$dN = Nf(v)dv$$

気体が熱的に平衡状態にあり,しかも流れがない場合,速度分布関数は以下のマクスウェル分布で表すことができる.

$$f(v)\,dv = \frac{4}{\sqrt{\pi}}\left(\frac{m}{2kT}\right)^{\frac{3}{2}} v^2 \exp\left(-\frac{mv^2}{2kT}\right) dv \quad (6.3.1)$$

ここで,m, k, T はそれぞれ分子質量,ボルツマン定数,絶対温度である.この式から,最も実現頻度の高い速度 v_m は $\partial f(v)/\partial v = 0$ から求められ

$$v_m = \sqrt{\frac{2kT}{m}} \approx 129\sqrt{\frac{T}{M}} \text{ [m/s]} \quad (6.3.2)$$

また,平均速度は $\bar{v} = \int_0^\infty vf(v)dv$ として求められる.ここで,M は気体の分子量である.室温における窒素の場合について計算してみると

$$v_m \approx 417 \text{ m/s}$$
$$\bar{v} = 472 \text{ m/s}$$

となる.このような速度を有する気体分子が試料表面に衝突する分子数を計算する.図6.3.1に示すように,面積素片 dS を考え,dS に立てた法線を z 軸とする.十分短い時間 dt の間に角度 θ の方向から面積素片 dS をたたく分子数 N' は,分子どうしが互いに衝突しないとすれば,n を分子密度とすると次式で与えられる[1]).

$$N' = \frac{n}{4\pi}\int_0^\infty vf(v)dv \int_0^{2\pi} \\ \cdot \int_0^{\pi/2} \cos\theta\sin\theta d\theta \cdot d\phi \cdot dSdt$$

$$(6.3.3)$$

ここで

$$\bar{v} = \int_0^\infty vf(v)\,dv \quad (6.3.4)$$

であるから,単位面積,単位時間当りの分子数 $\varGamma$ は

$$\varGamma = \frac{N'}{dSdt} = \frac{1}{4}n\bar{v} \quad (6.3.5)$$

となる.室温,1気圧の気体の分子密度 n は $n = 6.02 \times 10^{23}/22\,400 = 2.69 \times 10^{25}$ m^{-3} であるから,室温,

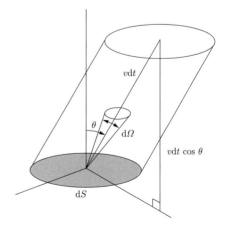

図 6.3.1 試料表面への気体分子の入射頻度

10^{-7} Pa のときは $n = 2.69 \times 10^{25} \times 9.87 \times 10^{-13} = 2.65 \times 10^{13}$ m^{-3} となる．気体として窒素を仮定すると

$$\Gamma = 0.25 \times 2.65 \times 10^{13} \times 472$$
$$= 3.13 \times 10^{15} \text{ 個/s·m}^2$$

この数が固体表面に存在する原子の数に比べてどの程度かを見積もる．例として銀の表面の原子数を計算する．銀 1 モルの質量は 0.107 87 kg，密度は 1.049×10^4 kg·m^{-3} であるから，銀 1 m^3 の中にある原子数は $(6.02 \times 10^{23}/0.107\,87) \times 1.049 \times 10^4 = 5.85 \times 10^{28}$ 個/m^3 である．したがって，単位面積当りの原子数は $(5.85 \times 10^{28})^{2/3} = 1.51 \times 10^{19}$ 個/m^2 と見積もれる．10^{-7} Pa のときには，1 秒当り 3.13×10^{15} 個の窒素分子が銀表面 1 m^2 に衝突する．仮に銀表面に衝突した窒素分子が表面から離脱しないとすると，$(1.51 \times 10^{19})/(3.13 \times 10^{15}) = 4\,820$ 秒，すなわち約 80 分後には全表面が窒素分子に覆われる．仮に定量精度 5%以内で測定しようとすると，4 分以内に測定を終了しなければならない．実際には衝突した気体分子がすべて離脱しないということはないので，この測定条件よりは緩やかとなるが，真空が良いことが正確な表面分析をする上には重要であることが理解できる．

6.3.2 真空中の電子の飛行距離
表面分析は超高真空中で行われるが，これは試料表面の清浄を保つためばかりでない．特に電子を計測する電子分光では，試料から発生した電子が計測装置に入射されるまでに残留気体と衝突すると，正しく計測装置に入らない．真空中で電子はどのくらいの距離を気体と衝突せずに飛行できるかを見積もってみる．

気体どうしの平均自由行程は各分子を剛体球と考え，それぞれの分子に対する相対速度で互いに衝突するという仮定から導かれる[2]．電子の速度 v は相対論効果を考えなければ

$$\frac{1}{2}mv^2 = eV \tag{6.3.6}$$

から求めることができる．ここで m は電子の質量 $(9.11 \times 10^{-31}$ kg)，e は電気素量 $(1.602 \times 10^{-19}$ C)で，V は電子の加速電圧である．電子分光で取り扱う電子のエネルギーはおよそ 20 eV から 2500 eV の範囲なので，代表として 1 000 V に加速された電子の速度を見積もると

$$v = \sqrt{2 \times 1.602 \times 10^{-19} \times \frac{1\,000}{(9.11 \times 10^{-31})}}$$
$$= 1.88 \times 10^{14} \text{ m/s} \tag{6.3.7}$$

となり，気体分子の速度（500 m/s）よりもかなり大きい．したがって，電子から見たときに，気体は静止しているとしてよい．また，電子の大きさは窒素分子の直径（0.378 nm）に比べてかなり小さい．そのため，電子が飛行して静止している気体分子との距離が気体分子の半径となったときに，気体分子に衝突すると考えてよい．すなわち，気体分子の半径を r とすると，電子にとっては断面積が πr^2 の散乱体があると考える．したがって，気体分子密度を n とすると電子の平均自由行程 λ は

$$\lambda = \frac{1}{\pi r^2 n} \tag{6.3.8}$$

と見積もることができる．室温で 10^{-7} Pa のときは気体の分子密度は $n = 2.65 \times 10^{13}$ m^{-3} であるから，気体を窒素とすると

$$\lambda = \frac{1}{3.14} \times (0.189 \times 10^{-9})^2 \times 2.65 \times 10^{13}$$
$$= 3.36 \times 10^5 \text{ m}$$

となり，通常の分析装置を用いている限り，電子と気体の相互作用は考える必要はない．

しかし，近年反応の進展状況をその場で分析したいという要求が出され，少なくとも試料周りの環境を超高真空環境ではなく，反応気体が存在するような環境で分析することが必要となった．この場合には分析管内部は超高真空に保つとしても，試料周りの環境は反応雰囲気になる．しかし，精度良く分析するためには，試料表面から放出された電子が分析管に到達するまでに雰囲気の気体により散乱されてはならない．すなわち試料表面と分析管の距離は電子の平均自由行程以下でなくてはならない．圧力 p [Pa] の窒素雰囲気における電子の平均自由行程は

$$\lambda = 3.36 \times \frac{(10^5/10^7)}{p} = 3.36 \times 10^{-2}/p \text{ [m]} \tag{6.3.9}$$

となるから，仮に試料表面と分析管の距離が 1 cm 必要だとすると，少なくとも気体の圧力は $(3.36/0.01) \times 10^{-2}$ Pa = 3.36 Pa 以下にする必要がある．しかし，逆に考えれば，試料周りの実験環境の気体圧力を 3 Pa 程度まで上昇させても分析可能であることを示しており，表面分析装置の新たな展開の可能性がある．

6.3.3 電子と固体の相互作用を利用した表面分析
固体に電子線を照射すると，そのエネルギーの大部分は熱に変換されるが，他は固体表面と相互作用を起こし，さまざまな信号を発生させる．電子線は電場や

磁場の作用により，ビーム径を小さくすることが可能なので，微小な領域（数 nm 径）の解析ができる．

入射電子の一部は試料表面近くで反射され，弾性あるいは非弾性的に後方に散乱される．これは後方散乱電子または反射電子と呼ばれる．弾性散乱する電子は，固体を構成する原子列により回折されて反射される．回折された電子の強度分布は固体表面の原子の配列によって決定される．この情報を利用して，表面の結晶構造を解析する表面分析法には低速電子線回折法（low energy electron diffraction, LEED），反射高速電子線回折法（reflection high energy electron diffraction, RHEED）がある．後方散乱電子や，照射した電子により表面からたたき出された電子は，表面の形状によりその強度が変化する．この強度変化を測定して表面の形状を解析する方法に走査電子顕微鏡（scanning electron microscope, SEM）が用いられる．

試料内に入った入射電子は，試料を構成する原子と衝突を繰り返し，X 線や電子（これを二次電子という）を発生させる．X 線や二次電子の中には，入射電子と物質中の電子との相互作用により，元素に特有のエネルギーを持った特性 X 線やオージェ電子が含まれる．相互作用により，放出される X 線の情報を利用して，固体の元素の種類と量を解析する方法が電子プローブマイクロアナリシス（electron probe micro analysis, EPMA）である．一方，相互作用により放出される二次電子に含まれるオージェ電子の情報を利用して，固体の元素の種類と量を解析する方法はオージェ電子分光法（Auger electron spectroscopy, AES）である．電子プローブマイクロアナリシスと異なる点は，二次電子は固体表面からのみから放出されるため，極表面（表面からの深さは数 nm～数十 nm）の情報が得られる点である．

〔1〕 低速電子線回折法

低速電子線回折法は低速（数百～数十 eV）の電子線を固体表面に照射し，固体表面の原子により散乱された電子線の回折像から表面の原子配列に関する情報を得る方法である．

電子は固体と衝突すると，固体表面で反射するか，固体内部に進入する．固体表面に電子が衝突すると，電子は波としての性質を持っているために，固体を構成する原子により一部の電子が散乱される．この反射挙動は固体表面の原子配列の規則性を反映する．

電子線の波長 λ はド・ブロイ波の関係式から $\lambda = h/p$ で表すことができる．ここで h はプランク定数，p は電子の運動量である．波長と電子の運動エネルギー E_k との関係は非相対性理論の範囲では

$$E_k = \frac{p^2}{2m} \quad (6.3.10)$$

ただし，m は電子の質量である．したがって

$$\lambda = \frac{h}{\sqrt{2mE_k}} \approx \sqrt{\frac{1.504}{E_k}} \quad (6.3.11)$$

[nm]（E_k は eV 単位）

この式から，数百～数十 eV の電子線の波長はほぼ格子間隔と同程度となり，電子線を表面に垂直に入射した場合でも表面の原子配列を反映した回折が生じる．また，数百～数十 eV の電子の固体内への進入深さは 1 nm 程度なので，反射した電子線はごく表面近傍の情報のみを与える．

ここで，波長 λ の電子が d の間隔で表面に配列する同種の原子により散乱される場合を考えてみる．簡単な例として，図 6.3.2 に示すように原子が一次元に並んでいるとする．この原子列に角度 θ_0 で入射した電子が角度 θ_1 の方向に反射されると，行路差が波長の整数倍のとき，すなわち

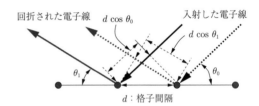

図 6.3.2 一次元配列した原子（格子間隔：d）により電子線が回折される挙動[3]

$$d\cos\theta_0 - d\cos\theta_1 = n\lambda$$
$$\left(\frac{1}{\lambda}\right)\cos\theta_0 - \left(\frac{1}{\lambda}\right)\cos\theta_1 = \frac{n}{d} \quad (6.3.12)$$

のときに，電子波は強め合う．この式は角度 θ_1 の方向に回折波が生じることを示している．ここで n は整数である．したがって，θ_1 を観測することにより，原子配列の間隔 d を求めることができる．また，回折波の方向性，対称性から表面構造の二次元的周期性がわかる．

結晶表面の原子配列は二次元結晶と考えて取り扱うことができる．入射した電子線のエネルギーが小さいときには，電子線は結晶の深さ方向にはほとんど進入しない．したがって，z 方向の回折条件を無視することができ，x, y 方向だけで回折条件が規定されるためである．二次元結晶からの回折を考えるためには，三次元結晶からの X 線回折のときに用いたエバルトの作図法を用いるとよい．三次元結晶からの回折の場合は，逆格子空間上の逆格子点と半径（$1/\lambda$）の球（エバルト

球という)との交点が回折点を与える．なお，エバルト球の中心は，X線の入射軸上で，X線の固体表面の入射点からの距離が $(1/\lambda)$ のところにある．二次元結晶の場合には，垂直方向の次元に周期性がないため，回折条件が大幅に緩和され，三次元結晶の場合の逆格子点が結晶表面に垂直な方向に延びた一次元の線状（ロッド状）になる．これを逆格子ロッドという．すなわち，二次元結晶の逆格子空間には，$1/d$ の間隔で逆格子ロッドが立つ．この逆格子空間に半径 $(1/\lambda)$ のエバルト球を描くと，エバルト球が逆格子ロッドと交差する点が回折する点となる．このことを**図 6.3.3**で確認してみる．図 6.3.3にはわかりやすくするために，格子間隔が d である一次元の逆格子が書かれており，エバルト球は，「球」ではなく「円」として表現されている．$1/d$ の間隔で垂直に引かれた直線が逆格子ロッドである．θ_0 の方向から入射されて，θ_1 の方向に反射された電子線が観測されたとする．このときの入射電子線と反射電子線の行路差は $(1/\lambda)\cos\theta_0 - (1/\lambda)\cos\theta_1$ である．図 6.3.3では，この行路差が逆格子間隔 $(1/d)$ の n 倍になっていることを示している．すなわちエバルト球と逆格子ロッドとの交点の方向に散乱される反射電子が観測されることになる．

〔2〕 反射高速電子線回折法

反射高速電子線回折法は一般に $10\sim 50$ keV の電子線を試料表面に数度程度（$0°$ から $7°$）の浅い入射角度で入射させて，電子の波動性により結晶格子で回折された電子線を反対側に設置された蛍光スクリーン上に投影して，結晶表面の様子を調べる方法である．入射角度が浅いので電子線は試料表面から数原子層しか進入せず，そのため表面層からの回折の寄与が大きいために，表面構造にきわめて敏感である．また，この方法は試料表面上の空間が広くとれるために薄膜成長の様子がその場観察でき，結晶表面上の薄膜形成に関する原子レベルでの評価が可能である．

RHEED で得られる回折像を理解するには，低速電子線回折法の場合と同様に，逆格子とエバルト球の概念を用いるとよい．**図 6.3.4**に RHEED 回折点とスクリーンの関係を示す．半径 $(1/\lambda)$ のエバルト球と $(h\ k)$ ロッドの交点が回折条件を満たすことは，図 6.3.2と同様の理由である．RHEED の場合は入射角度を数度以内と浅くするために，LEED と異なり，スクリーンを入射電子線の進行方向に設置する．回折点はスクリーン上に投影される．RHEED の場合には電子線の入射角が浅いため，結晶表面は二次元格子として電子線に作用する．LEED の項で述べたように，二次元格子の場合は深さ方向の回折条件は緩和され，平面方向だけを考えればよく，逆格子空間では逆格子ロッドを取り扱えばよいということになる．例えば fcc 結晶の (001) 面に [110] 方向から電子線が入射したときには，$(0\ 0)$ ロッドを含む面とエバルト球の交わる円（これを第 0 ラウエゾーンと呼ぶ）の半径は $(1/\lambda)\sin\theta_0$ である．ここで θ_0 は入射角である．同様に $(n\ 0)$ ロッドを含む面とエバルト球の交わる円（第 n ラウエゾーン）にお

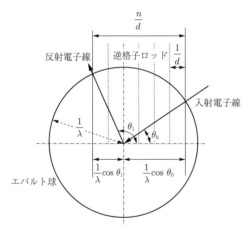

図 6.3.3 逆格子とエバルト球の交点が回折方向を与える[4]

LEED の場合は，通常は試料表面に電子線を垂直に入射する．よって，電子線は試料に垂直に入射するので，$\cos\theta_0 = 0$ となり，反射電子の方向 (θ_1) は，エバルト球と逆格子ロッドとの交点が $(1/\lambda)\cos\theta_1 = n/d$ の条件を満たしていることがわかる．すなわち，角度 θ_1 の方向に反射される電子波が強め合うことになる．この場合，球面蛍光板の中心を電子線の入射軸上に置けば，蛍光板上の回折スポットは逆格子ロッドの正確な投影図となる．

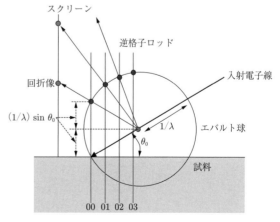

図 6.3.4 RHEED 回折点とスクリーンの関係，逆格子ロッドとエバルト球の交点の方向に回折点が映し出される[5]

いても，**図6.3.5**のような回折像が得られる．すなわち，RHEDでは同心円上に回折点が現れる．これらの同心円を水平線（シャドーエッジ）で半分に区切られた下半分は試料の影になり観察できない．しかしながら，通常用いられる 1 mm φ 以下程度の電子線が試料表面にすれすれの角度で入射するとき，入射電子線の一部は試料をかすめて直接スクリーンに到達して図中の星印の位置に斑点を形成する．この斑点と鏡面反射点（0 0）とを結ぶ線分の垂直二等分線がシャドーエッジを形成する．なお，回折点が理想的な点になるのは，無限に広い完全な二次元平面からの回折像の場合で，実際には結晶の有限性や表面の荒れ，ステップなどにより回折点は上下に延びてストリーク状の回折像が得られる．

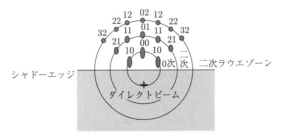

図6.3.5 RHEEDで得られる回折像[5]

〔3〕 走査電子顕微鏡

走査電子顕微鏡は電子工学的に細く絞った電子ビームで試料表面を走査し，試料表面から発生する二次電子，反射電子，および吸収電流を検出することによって試料表面の拡大像を得る方法である．試料表面から放出される二次電子量や反射電子量は対応する点の傾斜角に依存するため，走査電子顕微鏡で得られる像（SEM像）は試料表面の微細な凹凸を映し出すことができる．

電子線を材料表面に照射すると試料表面から反射電子，二次電子，特性X線などが発生する．これらの中で，SEM像の形成に利用されるのは，試料の最表面原子により散乱された反射電子（エネルギーを失わずに弾性散乱した電子，および後方散乱された電子），入射電子と固体構成原子との相互作用によって放出される二次電子である．一方，試料が電子ビーム照射を受けたときに，試料側に吸収される電流量を測定することにより，電子ビームと試料との相互作用を解析し，内部構造を推定することも可能である．

SEMにおける走査ビーム径は，加速電圧を低くするにしたがって大きくなる．これは電子銃の輝度の低下，電子レンズの収差の増加などによるもので，したがって，通常のSEMでは加速電圧は20〜30 keV（低加速電圧のSEMでは電圧は 1 keV から加速が可能）

である．ただし，加速電圧を上昇させると入射電子は試料内部に大きな拡散領域を持つため，加速電圧が高くなるほど試料表面の微細な凹凸に鈍感になる．逆に加速電圧を低くすると，反射電子量は表面の吸着物質などに敏感になり，最表面の汚染層の検出などが可能となる．

電子線が表面に対して斜入射の場合には，垂直入射に比べて反射される電子量が多くなる．すなわち，反射電子の量は，入射電子に対する試料表面の傾き，すなわち試料表面の凹凸に依存するので，反射電子像のコントラストは試料表面の形状を反映する．なお，電子ビームの開き角は非常に小さく，鋭いビームとなって試料表面に照射される．焦点深度は光学顕微鏡に比べるとはるかに大きいので，立体的な像を映し出すことができ，かなり凹凸がある試料でも全面にピントがあった像が得られる．

反射電子の発生効率（η：入射電子量に対する反射電子発生量の比）は原子番号が大きなものほど多くなり，経験的にはおおよそ $\eta = 2^{-9/\sqrt{z}}$（Zは原子番号）で表すことができる[6]．したがって，反射電子像には組成の違いによるコントラストが形成される．

反射電子を用いる場合には，検知器に直進する電子のみを検出するために強い形状コントラスト（試料表面の凹凸）を示す．ただし，反射電子は大きなエネルギーを持つので，数 µm の深さで発生した反射電子でも固体外部に放出され，検出される．したがって，数 µm の深さにおける情報も持っており，二次電子によるコントラスト像ほど表面に敏感ではない．

二次電子のエネルギーは数十 eV 程度以下であり，中でも数 eV のエネルギーを持つ電子の数が最も多い．電子のエネルギーが小さいときには，反射電子の場合とは異なり，表面近傍で発生した電子のみが固体外部に放出されるため，二次電子像を用いて観察した像は表面の形状に敏感である．入射電子が斜入射の場合には，垂直入射の場合に比べて，固体表面を励起する領域が大きいため，二次電子量は多くなる．すなわち二次電子量は試料の凹凸を反映する．また，原子番号が大きい方が二次電子の発生量が多くなる傾向があり，反射電子像と同様に組成の違いによる分布像が得られる．なお，二次電子は低エネルギーであるため，電界や磁界により放出方向の異なる電子を検出器に導くことができる．これにより，反射電子では検出できなかった検知器の影となる部分の情報取得も可能となる．

試料に電流 I_p の電子ビームが照射されたとき，試料に吸収される電子電流 I_a はつぎの式で与えられる．

$$I_a = I_p - \delta I_p - \eta I_p \tag{6.3.13}$$

ここで,δI_p は二次電子電流,ηI_p は反射電子電流である. 吸収電流による像は, 二次電子による像や反射電子による像とコントラストが反転したものとなる. また, 吸収電流は入射電子と固体内部の原子との相互作用によっても変化するので, 固体内の構造観察にも用いられる.

通常の SEM の最高倍率は数十万倍から数万倍である. 試料を微動機構に載せて, 見たい箇所に試料位置を移動させることができる.

SEM の分解能は, 二次電子の脱出深さや空間分布によって決定され, およそ 20〜30 nm が分解能限界とされている. しかし, これは平坦試料の場合で, 実際の試料ではさまざまな凹凸があり, 実際にはこの凹凸を観察することが目的となる. したがって, 最終的には分解能は入射ビーム径とほぼ等しくなり, ビーム径を小さくすることにより SEM の高分解能化を図ることができる.

SEM の高分解能化は電界放出型の電子銃が実用化されたことによることが大きい. 電界放出型の電子銃には電界研磨したタングステン単結晶チップが用いられる. このエミッターチップは常温で使用されるため寿命が長い(LaB_6 チップの 10 倍以上). 電子源の大きさは数 nm と推定され, したがって輝度はきわめて大きく(LaB_6 チップの 100〜1 000 倍以上), 高分解能 SEM に必須となる細い電子プローブを作ることができる.

〔4〕 電子プローブマイクロアナリシス

電子プローブマイクロアナリシス (electron probe micro analysis,EPMA) は細く絞った電子線を固体表面に照射し, 発生する特性 X 線のエネルギーを測定して表面の組成解析を行う方法である. 特性 X 線のエネルギーと試料の原子番号との間には一定の関係があるため元素 (Be 以上) 分析が可能となる. 電子線を照射したときに X 線が発生する場所は限られており, およそ μm オーダーの微小領域の分析ができる. EPMA は同時に二次電子や反射電子も発生するので SEM と同様に形状観察ができ, 形状と元素分布の対応が容易である.

図 6.3.6 に示すように, 試料に入射した電子線は, 物質を構成する原子と衝突して内殻電子を励起する. 励起されて放出された電子の後に生じた空孔に, より外殻の電子が落ち込む際に余分なエネルギーが電磁波として放出される. これが特性 X 線である. 特性 X 線のエネルギーと原子番号の間には以下に示す一定の関係がある (モーズレーの法則).

$$\sqrt{\nu} = K(Z - s) \qquad (6.3.14)$$

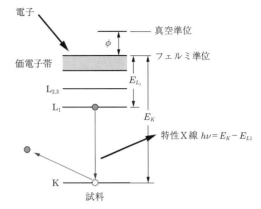

図 6.3.6 特性 X 線発生の原理

ここで,ν は特性 X 線の振動数,Z は原子番号,K, s はスペクトル線の種類に依存する定数である.

電子は原子との 1 回の衝突でその運動エネルギーのすべてを失うわけではなく, 何回かの衝突を繰り返してそのつど原子を励起する. そのため試料に入射したときのビーム径をいくら絞っても励起される範囲は広がり, およそ μm オーダーとなってしまう. 特性 X 線が発生する領域の深さ T はキャスティン (Castaing) により次式のように与えられている[7].

$$T = 0.033(V_0^{1.7} - V_k^{1.7})\left(\frac{A}{\rho Z}\right) \quad [\mu m]$$
$$(6.3.15)$$

ここで,V_0 は加速電圧 [kV],V_k は特性 X 線の最小励起電圧 [kV],A は平均原子量,Z は平均原子番号,ρ は平均密度 [g/cm^3] である. なお, 発生領域の最大径 d [μm] は, 照射電子線の径を d_0 [μm] とすると

$$d = d_0 + T \qquad (6.3.16)$$

となる. 通常の分析条件では, 最大径は 0.5〜5 μm 程度である. 試料表面から数 μm の深さから発生した X 線はあまり吸収されずに試料外に放出される. 特性 X 線の波長は元素に固有であり, すでに表になっているので照合することにより元素が同定でき, 強度から定量ができる. また, 試料に照射する電子線は走査することができ, 線分析や面分析が可能である.

発生した X 線は分光器によってエネルギーが同定される. X 線分光器系は 2 種類ある. 一つは波長分散型 X 線分光器 (wavelength dispersive X-ray spectrometer, WDX または WDS) で, もう一つはエネルギー分散型 X 線分光器 (energy dispersive X-ray spectrometer, EDX または EDS) である.

WDX は分光結晶によるブラッグの回折条件 ($2d\sin\theta = n\lambda$) を利用して, X 線のエネルギー (波長)

を分光する．EPMA で利用する X 線の波長は 3.5 A(U)〜113 A(Be) の範囲と広いため，面間隔の異なる結晶を組み合わせて 1 台の分光器としており，分光すべき波長に応じて結晶を自動的に選択するようになっている．分光された X 線は比例計数管により電気信号に変換され計測される．

半導体に X 線を入射させ，X 線のエネルギーを電気信号として取り出すことにより分光する方法が EDX である．逆バイアスをかけた pn 接合半導体の接合部の空乏層へ X 線が入射すると，X 線のエネルギーを吸収して，そのエネルギーに比例した数の正孔-電子の対が発生する．したがって，発生した正孔と電子を集めて，エネルギーに比例した大きさのパルスに変換し，計測すれば，元素同定ができる．

〔5〕 オージェ電子分光法

オージェ電子分光法（Auger electron spectroscopy, AES）は，細く絞った電子線を固体表面に照射し，オージェ効果により発生するオージェ電子のエネルギーと強度を測定することにより，固体表面に存在する元素の種類と量を同定する方法である．電子ビームは細く絞ることができるため，表面の局所領域の解析が可能であり，固体表面の組成分析法として広く用いられている．さらに，電子線を走査することにより，線分析や面分析ができるとともに，イオンでスパッタリングすることにより表面から内部に向かっての組成の変化を計測することも可能である．

オージェ（Auger）によって発見されたオージェ電子は図 6.3.7 に示される発生過程によって真空中に放出される電子である．図 6.3.7 は金属の内殻のエネルギー準位を模式的に表している．入射プローブとして，電子，光，イオン等の粒子線が試料に当たった場合，図 6.3.7 に示すように試料の内殻準位（K 殻）の電子が励起されて空準位ができたとする．ただし，入射プローブとしては，局所分析が容易なことから，通常は電子線が用いられる．そしてこの空準位を埋めようとして，上の準位（L 殻）に存在する電子が K 殻に移る．この準位間のエネルギー（$E_K - E_{L_1}$）は特性 X 線として放出されるか，または他の L 殻電子（エネルギー準位：$E_{L_{2,3}}$）に与えられてその電子が励起され，原子外に放出させるために使われるかのどちらかになる．後者の電子の放出過程を KLL オージェ遷移，放出された電子を KLL オージェ電子という．このときのオージェ電子のエネルギー E_A は簡単には次式のように書ける．

$$E_A = E_K - E_{L_1} - E_{L_{2,3}} - \phi_{\text{analyzer}}$$

(6.3.17)

ここで，ϕ_{analyzer} はエネルギー分析器の仕事関数である．試料とエネルギー分析器は導通をとり，同一のフェルミ準位にしておく．試料から発生したオージェ電子のエネルギーはエネルギー分析器の真空準位を基準として測定される．オージェ遷移にはこのほかに LMM, MNN 等の遷移がある．

上式に含まれる束縛エネルギーの値は元素によって決まった値であるため，オージェ電子のエネルギーも元素固有の値となる．したがって，試料から放出されるオージェ電子のエネルギー値を測定することにより，試料の構成元素を同定することができる．また，その数を信号強度として測定することにより，試料の化学組成を求めることができる．ただし，オージェ電子の発生には内殻準位間の遷移を利用するため，H と He からはオージェ電子が発生せず分析することはできない．なお，Li の場合は KVV 遷移（V は価電子帯）によりオージェ電子が発生する．元素の内殻準位は元素の結合状態によっても変化するので，元素の化学結合状態を判別することも可能である．

多くの物質のオージェピーク位置はすでに測定されてハンドブック[9]になっているので実際に計算で求めることはまず必要ない．ただし，ハンドブックを参照する際には，化学結合状態などにより，ピーク位置が移動することがあることを考慮する必要がある．

AES は固体の中で発生した電子が，固体表面から真空中に放出されるときに，その電子のエネルギーと信号強度を計測することにより，固体表面の情報を得る分析法である．しかし，固体内で電子が移動するときには移動経路にある原子の電子や表面に存在する非局在化した電子と相互作用する．相互作用の仕方には，電子の進行方向を変えるだけの弾性散乱と，エネルギーのやりとりをする非弾性散乱とがある．固体内で発生した電子が固体表面に出てくるまでにはこのような散乱過程を経る．

電子が固体内を移動するときに非弾性散乱が生じると，元の電子のエネルギーよりも低い運動エネルギー

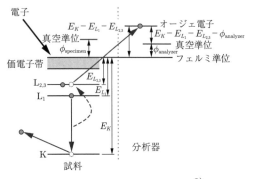

図 6.3.7　オージェ電子発生の原理[8]

側にさまざまなエネルギーを持つ電子が生じるが，これらの電子は明瞭なピークにはならない．一度も非弾性散乱を受けずに，真空中に放出された電子のエネルギー分布は明瞭なピークとなって現れ，そのピークのエネルギーと強度を測定することにより，表面の組成分析ができる．AES で取り扱われる電子のエネルギーはおよそ 20～2500 eV 程度であるが，この程度のエネルギーを持つ電子が固体内で一度も非弾性散乱を受けずに外部に放出される移動距離はおよそ 0.3～5 nm ほどである．すなわち，表面から 0.3～5 nm のところで発生した電子のみが明確な情報を持つ．これが AES で表面分析ができる理由である．

非弾性散乱を受けるまでに電子が進む平均的距離を非弾性平均自由行程（inelastic mean free path, IMFP）と呼ぶ．Tanuma, Pen, Powell は実験的に求められた光学データを用いてそれらの物質のエネルギー損失関数を決定し，これにより非弾性平均自由行程を求めた[10]．非弾性平均自由行程の値は，発生した電子の運動エネルギーと周りにある物質の種類に依存している．高精度な計算を必要としないときには弾性散乱の効果を無視することができ，非弾性平均自由行程は減衰長さと同じになる．非弾性平均自由行程の値は表面分析研究会作成のソフトウェア（Common Data Processing System (http://www.sasj.jp/compro/)）で計算できる．

図 6.3.8 に電子ビームを当てた場合に試料から出る電子のエネルギー分布曲線（スペクトル）を示す．スペクトルは入射電子がエネルギーを失わずに固体表面で散乱された弾性散乱ピーク，プラズモン振動（電子の集団運動）を励起してエネルギーを失ったプラズモン損失ピーク，固体の構成原子の電子を励起してエネルギーを失った損失ピーク，オージェ電子ピーク，および入射電子が固体内の電子を励起することにより放出された二次電子から成る幅広いピークから成っている．

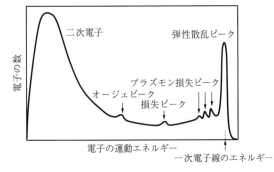

図 6.3.8 電子線を固体に照射したときに放出される電子のエネルギー分布曲線[11]

なお，プラズモン損失ピークには入射電子によるピーク以外に，オージェ電子が試料からの脱出過程でプラズモンを励起し，それに相当するエネルギーを失ったために現れるピークもある．

オージェピークはバックグラウンド（オージェピーク以外のピーク）に比べて非常に小さいため，バックグラウンドを除去することが必要となることがある．通常バックグラウンドはなだらかに変化するので，スペクトルをエネルギーで微分すると，バックグラウンドを除去しオージェピークを強調することができる．図 6.3.9 に Ag のスペクトルとその微分スペクトルを示す．微分スペクトルの鋭いピークが Ag のオージェピークである．微分の場合，このピークの最大値から最小値まで（ピーク振幅）がピーク強度で，ピーク位置はピークの最小値を示すエネルギーである．元のピーク面積と微分ピークの振幅とは，ピーク形状が変化しなければ比例する．ただし，微分スペクトルのピーク位置は，元のピーク位置とは異なるので，ハンドブックを用いるときには，微分に対応した値を参照しなくてはならない．

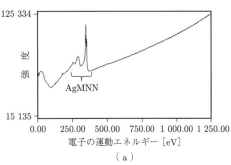

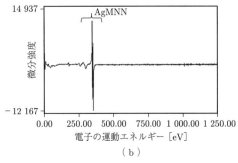

図 6.3.9 Ag のオージェスペクトル，図 (b) は図 (a) のスペクトルを微分したもの[12]

測定元素の化学結合状態が変わると，それに伴ってオージェスペクトルの形状とエネルギー値が変化することがある．これまで，オージェスペクトルの場合は三つの準位の変化が関与するために解釈が複雑となり，オージェピークを利用して化学シフトを観測すること

はX線光電子分光法（XPS）の場合ほど重視されていなかったが，最近では分解能に優れたエネルギー分析器を用いるなどしてオージェスペクトルを取得することが行われるようになり，AESによる化学結合状態の解析が行われるようになった．図6.3.10にSiのLVVピークが化学結合状態により変化する様子を示す．

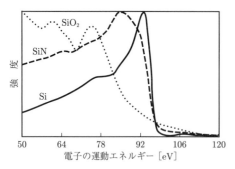

図6.3.10 化学結合状態による Si の LVV オージェピークの変化[12]

元素 i からのオージェ電流 I_i を簡略に表現するとつぎのように書ける．

$$I_i = (1+r)I_0 N \sigma \omega_A E_D \sec\theta \cdot \left(\frac{\Omega}{4\pi}\right) \quad (6.3.18)$$

入射電子が，固体を構成する1個の原子に衝突して後方に散乱され，固体から脱出する前に，さらに数個の原子を励起する．これを背面散乱係数 r という．したがって，入射電子電流 I_0 に対して，背面散乱の効果を考慮すると $(1+r)I_0$ の入射電子を考えたことと同じこととなる．N はオージェ電子発生に寄与する単位体積当りの標的原子の原子数である．σ はイオン化断面積で，図6.3.7の例では，入射電子がK殻をイオン化する確率である．イオン化された原子核がオージェ電子を発生するか特性X線を発生するかは原子によって異なるが，それをオージェ電子の発生確率 ω_A で表す．E_D はエネルギー分析器の方向を考慮した電子の脱出深さである．$\sec\theta$ が掛けられているのは，電子が垂直入射されるよりも，角度 θ の斜め入射の方が，入射電子の横切る体積は $\sec\theta$ だけ増え，それだけオージェ電流は増加するためである．なお，電子分光では電子線回折とは異なり，入射角度 θ は表面に垂直な方向から測る．Ω はエネルギー分析器の立体角で，放出されたオージェ電流の中，$\Omega/4\pi$ の分がエネルギー分析器に入る．

実際の測定で濃度を求めるときには，相対感度係数（装置メーカーのハンドブックに記載されている）を用いて濃度を求めることが行われる．元素 i の測定ピーク強度を I_i とし，基本となる元素のピーク強度を I_{key} とすると，元素 i の元素相対感度係数 (S_i) は $S_i = I_i/I_{\text{key}}$ のように定義される．元素相対感度係数を用いて計算された濃度にはかなり誤差があるので，いまでは相対感度係数としては，原子密度を補正した原子相対感度係数が記載されている．相対感度係数 (S_i) が既知であれば，m 種の元素から成る表面組成は次式により求められる．

$$C_i^{\text{unk}} = \frac{I_i^{\text{unk}}/S_i}{\sum_{j=1}^{m} I_j^{\text{unk}}/S_j} \quad (6.3.19)$$

オージェ電子の脱出深さはオージェ電子のエネルギーによって異なるが，0.3～5 nm くらいである．したがって深さ方向の分析を行うために通常用いられる手段はアルゴンイオンスパッタ法である．また，すべての試料の最表面は水分や有機物などの吸着物や酸化物で汚染されているのが通例であり，真の表面層を観察するためにもこの方法は不可欠である．

アルゴンイオンスパッタ法は，アルゴンガスを熱電子励起によりイオン化し，それを2～3 kV に加速して試料表面に照射し，スパッタリングにより表面を削り取る方法である．通常使用されているイオン銃は，差動排気式イオン銃である．このイオン銃は，導入気体をイオン化する箇所のみが圧力が高くなるように工夫されており，超高真空の分析装置の中でも十分なイオン電流がとれるようになっている．アルゴンイオンビームは走査することができ，広範囲のスパッタリングもできるようになっている．

電子のエネルギー分布の測定法には，通常は電場で電子の軌道を曲げる方法が用いられている．市販のエネルギー分析器には CMA（cylindrical mirror analyzer, 同心円筒鏡型）と CHA（concentric hemispherical analyzer, 同心半球型）の2種類がある．CMA は径の異なる円筒を2個，CHA は径の異なる半球を2個組み合わせて，その間に電場を発生させ，電子をエネルギー別に分別する．

6.3.4 X線と固体の相互作用を利用した表面分析

X線を固体表面に照射すると，電子の束縛エネルギーが X 線の持つエネルギーよりも小さければ X 線による原子の励起が生じ，その結果電子が発生する．この電子は光電効果で発生するために光電子と呼ばれる．この光電効果を利用した表面分析方法が X 線光電子分光法である．

X線を固体表面に照射し，光電子が放出された後には，空孔が生じる．この空孔に，より外殻の電子が X

線を放出して遷移する．この放出されたX線を蛍光X線と呼ぶ．X線の入射角を小さくして，表面で全反射させることにより，表面に敏感にした分析方法が全反射蛍光X線分析法である．

X線は電磁波であるため，X線を試料に入射すると，結晶格子により回折される．X線は固体試料の内部まで侵入するため，散乱は試料全体で生じる．したがって，通常のX線回折法は表面分析には用いられない．しかし，低角度にX線を入射させるとともに，できるだけ平行な入射X線の線束を用いて回折線の発散を小さくすると，薄い試料の構造解析が可能となる．

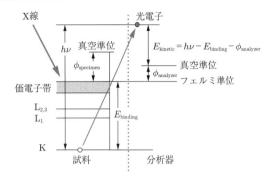

図6.3.11 光電子発生の原理[13]

〔1〕 X線光電子分光法

X線光電子分光法（X-ray photoelectron spectroscopy, XPS）は，固体表面にエネルギーのそろったX線を照射し，光電効果により表面から発生する光電子のエネルギーと強度を測定することにより表面に存在する元素の存在量と種類を同定する方法である．エネルギー分解能に優れたエネルギー分析器を使うことにより，存在する元素の結合状態に関する情報を得ることができ，そのためにESCA（electron spectroscopy for chemical analysis）とも呼ばれることがある．X線は電子線ほど細くは絞れないため，AESほどの局所領域の解析は難しいが，最近は装置の改良により比較的ミクロな領域の分析や，面分析も可能となった．X線は固体に与える損傷が少ないため，絶縁材料や有機材料の解析に多用される．

XPSはX線を試料に照射し，各準位にある電子を真空中に放出させ，その運動エネルギーを測定する分光法である．照射するX線のエネルギー $h\nu$，放出電子の運動エネルギー E_{kinetic}，束縛エネルギー E_{binding} の間にはつぎのような関係がある．

$$E_{\text{binding}} = h\nu - E_{\text{kinetic}} - \phi \quad (6.3.20)$$

ここで，ϕ はエネルギー分析器の仕事関数である．光電子発生の原理を図6.3.11に示す．

束縛エネルギーの値は，元素と電子の準位（軌道）によりほぼ決まった値をとるが，原子の置かれている化学的環境により値が変化する．これを用いて元素の種類と化学状態の同定を行う．原理的には $h\nu - \phi$（ここでの ϕ は試料の仕事関数）より浅い準位にある電子はすべて観測でき，全元素の検出が可能なはずであるが，各準位が光により励起される確率（光イオン化断面積）が小さいと実際には観測できず，HとHeについては観測されない．

光電子スペクトルに現れるピークには主として三つの種類がある．すなわち，内殻準位および価電子帯からの光電子ピークとX線により励起されたオージェピークである．

固体中の電子は，種々の深さの量子化されたエネルギー準位に束縛されている．したがって，観測されるピークエネルギー E_{binding} はとびとびのいくつかの異なるエネルギー準位の値をとり，横軸に束縛エネルギーを，縦軸に検出される電子の強度をとった光電子スペクトルには，いくつかのピークが現れる．図6.3.12に示したのは，X線源としてMgのKα線を用いて励起したときのAuの光電子スペクトルである．内殻準位から放出された一連の光電子ピークが観測される．固体中から光電子が放出されると，その一部は周りの電子と非弾性衝突していくらかエネルギーを失って真空中に飛び出す．図6.3.12で見られる，ピークの左側，すなわち低運動エネルギー側でステップ状に増加するバックグラウンドは，このエネルギーを失った光電子によるものである．図6.3.12には，束縛エネルギー80 eV付近のピークは4f準位の電子，350 eV付近のピークは4d準位の電子，というようにいくつもの異なったエネルギー準位にある内殻電子によるピークが観測される．

s軌道以外の軌道角運動量を持つ軌道では，軌道上

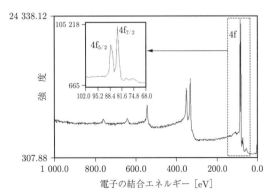

図6.3.12 MgのKα線で励起したときのAuの光電子スペクトル[13]

の電子の磁気的な効果（軌道磁気モーメント）とスピンの相互作用のために，二つのピークに分裂して観測される．

同一元素でも化学結合状態により，異なった束縛エネルギー位置に内殻準位のピークが現れる．これをケミカルシフトと呼ぶ．光電子スペクトルは注目している原子とその周囲の局所的な電子状態を反映している．これらの状態は原子の結合状態によって変化するため，表面に存在する元素の化学結合状態が判別できる．

価電子準位は，低エネルギー電子により占められている．この領域の電子は，孤立した内殻のエネルギー準位のように，特定の値はとらず，バンド構造と呼ばれる幅のあるエネルギー範囲に存在する．エネルギーバンドの中でも，それぞれのエネルギーをとる電子の数（単位エネルギー当り）は決まっており，これを状態密度という．X線で価電子帯を励起したときには，励起するX線のエネルギーが大きいために，放出される光電子の運動エネルギーが大きくなり状態密度の分布がなだらかな自由電子とみなせるので，終状態の影響を受けず，スペクトルは満ちた始状態の電子の状態密度，すなわち基底状態の電子密度を表している．したがって，状態密度の計算結果を実験値と比較する場合にはX線光電子分光法で測定されたスペクトルが利用される．

価電子帯の状態密度は原子間の結合に非常に敏感なので，高分子などでC1sやO1sなどの内殻準位のエネルギーで区別が付かない場合や，高分子の異性体のように，価電子帯が立体構造を反映する場合には，価電子帯スペクトルから判定することができる．

X線を照射すると光電子が発生するばかりでなく，光電子が発生した後の空孔の緩和過程でオージェ電子が放出される．これをX線励起オージェ電子と呼ぶ．

内殻準位の電子が励起されて，内殻準位から電子が放出されると，その準位に不対電子が形成される．このとき最外殻準位に不対電子が存在すると，両者の間に結合が起こり，電子-状態が分裂する．これを多重項分裂という．Mn^{2+}を例にとると，その電子配置は$3s^2 3p^6 3d^5$であり，基底状態では5個の3d電子がすべて不対電子で平行スピンを有する．3s電子が1個励起されると，残った3s電子が不対電子となる．この電子のスピンの方向によって，Mn3sピークは二つに分裂する．分裂の幅は量子力学的に計算ができるがMn3sの場合は，化合物によって異なるが，およそ5〜6 eV程度である．

X線によって内殻電子が励起されて放出され，正孔が生じたときの急激なポテンシャル変化により，外殻電子が励起されたり放出されたりすることがある．内殻電子の励起と同時に外殻の電子が空軌道に励起される場合をシェークアップ過程という．この過程が起こると光電子スペクトルには内殻のイオン化に対応する主ピークの低運動エネルギー側に不連続なピーク（サテライトピーク）が出現する．主ピークとサテライトピークのエネルギー差は，内殻に正孔を持つイオンの基底状態と励起状態とのエネルギー差に等しい．内殻のイオン化と同時に外殻電子が固体外部（真空中）まで励起される過程はシェークオフと呼ばれ，主ピークの低運動エネルギー側に連続的なバンドが出現する．図6.3.13にはシェークアップとシェークオフの原理とこれらの励起により出現するスペクトルを模式的に示した．一番右のエネルギー準位図のように，外殻電子の励起を伴わずに放出される光電子はスペクトルでは高い運動エネルギー側に現れる．中央のエネルギー準位図のように光電子の放出時に外殻電子が空の準位に励起される場合には光電子はこの励起エネルギー分だけエネルギーを失って出てくる．したがって，スペクトルでは，内殻からの光電子によるピークより励起エネルギー分低い運動エネルギーのところに現れる．外殻電子の軌道と空軌道との組合せが何通りかあって，それぞれ励起エネルギーが異なっているので，シェークアップサテライトはいくつかのピークになることが多い．外殻電子が空の準位でなくエネルギーの高い連続帯まで励起されるのが左のエネルギー準位図に示したシェークオフ過程である．この励起に必要なエネルギーはシェークアップより大きいので，シェークオフ過程を伴って放出される光電子は，スペクトルではシェークアップサテライトよりさらに低運動エネルギー側に現れる．また，真空中に放出されるところまで励起するので連続的な励起エネルギーとなり，スペクトル上ではブロードなバンドとなる．

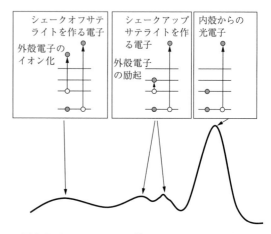

図6.3.13 シェークアップとシェークオフの原理とこれらの励起による出現するスペクトル[14]

試料内で発生した光電子が表面から脱出する際に，多数回の散乱を受けることがある．すなわち，XPSのスペクトルはエネルギーを失わずに観測される電子とさまざまな相互作用によってエネルギーを失った電子のスペクトルから構成される．後者のスペクトルは広いエネルギー範囲に分布し，バックグラウンドと呼ばれる．したがって，測定したスペクトルから，エネルギーを失わずに放出されたピークを正確に分離する（すなわち，光電子ピークを抽出する）ことが，定量分析の上では重要となる．

XPSで通常使用されるバックグラウンド差引き法はシャーリー（Shirley）法である．シャーリー法は，バックグラウンドは，ピークを形成する電子の強度に比例して発生するが，エネルギー依存性はないということを仮定して，バックグラウンドの形状を決定する方法である．

この方法を実際のスペクトルに応用するには，バックグラウンドを差し引く範囲の低運動エネルギー側の強度と高運動エネルギー側の強度との差を，ピーク面積に応じて差し引けばよい．ピーク面積が引かれるバックグラウンドの大きさに依存するので，バックグラウンドを求めてはピーク面積比例のバックグラウンドを引き直すという繰返し計算を行って，バックグラウンド差引き後のピーク面積が変化しなくなったところで計算を終了する[15]．

Fe 2p スペクトル（$2p_{3/2}$ と $2p_{1/2}$ に分裂している）に，束縛エネルギー 727 eV から 703 eV の間でシャーリー法を適用した例を図 6.3.14 に示す．

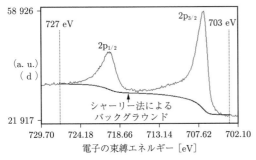

図 6.3.14 Fe2p（$2p_{1/2}$ と $2p_{3/2}$）スペクトルについて，束縛エネルギー 727 eV から 703 eV の範囲でシャーリー法によりバックグラウンドを求めた（使用ソフトウェア：Common Data Processing System Version 11: http://www.sasj.jp/compro/）[16]．

このほかに，物理的意味に基づいて非弾性散乱によるバックグラウンドを差し引こうという方法としてツガード（Tougaard）法がある．しかし，ツガード法はバックグラウンドの差引き法としてよりも，バックグラウンドの形状から膜厚を推定する方法として使用されることが多いので，別に説明する．

単一の元素のピークであっても異なる準位からのピークの強度は異なっている．ピーク強度は，試料中に存在する原子の数だけでなく，それぞれの内殻電子が光によって真空中に放出されるレベルまで励起される確率（光イオン化断面積），光電子が固体中で散乱を受けずに移動して真空中に飛び出せる距離（減衰長さ）に依存している．試料中の元素 i からのピーク強度 I_i は簡略に表現すると $I_i = kfN_iE_D\sigma$ のように書ける．なお，ピーク強度とはバックグラウンドを差し引いたピーク面積である．ここで，k はエネルギー分析器や装置の幾何学的配置に関する定数，f は照射X線束（単位面積当りの光の強度），N_i は標的となる元素 i の原子数，E_D は電子の脱出深さ，σ は $h\nu$ のエネルギーを持つX線によりある準位から光電子を放出する断面積であり，光イオン化断面積と呼ばれる．

元素の存在量を求めるためには相対感度係数を用いて計算することが通常である．相対感度係数の意味や使用方法については，オージェ電子分光法の項で記述してあるので，ここでは省略する．ただし，XPSの場合は，重なった準位のスペクトルを分離して，ピークの化学結合状態を判定する必要がある．このときには数値解析でピーク分離を行う．

ピークはガウス（Gauss）関数，ローレンツ（Lorentz）関数，あるいはそれらの畳込み積分で定義されるホイクト（Voigt）関数の合成で表されると仮定し，関数のパラメーターや関数の数を変えて実測スペクトルとの差が最小になる関数の組合せをガウス・ニュートン法などを用いて決定する．図 6.3.15 に Ni3p のピークをガウス関数を用いて $3p_{1/2}$ と $3p_{3/2}$ の 2 本に分離した例を示す．このピーク分離法は数値的にピークを分離しているだけなので，得られた結果はデータベースと

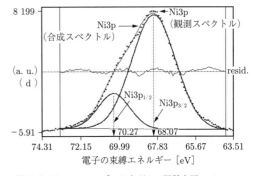

図 6.3.15 Ni3p のピークをガウス関数を用いて $3p_{1/2}$ と $3p_{3/2}$ の 2 本に分離した（使用ソフトウェア：Common Data Processing System Version 11: http://www.sasj.jp/compro/）[17]．

の比較や理論的な検証をすることが必要である．

XPS の場合も AES と同様にイオンスパッタリングにより，深さ方向に試料を削りながら分析することにより，深さ方向の組成変化に関する情報を得ることができる．さらに，試料と検出器（エネルギー分析器）の間の角度を変えれば，深さ方向の情報を変化させてスペクトルを取得することができる．検出器の方向を試料表面に垂直な方向から斜め方向に変化させることにより脱出深さが小さくなり，より表面に近い情報を得ることができる．電子の減衰長さは電子のエネルギーによって異なるが，およそ 0.3～5 nm ぐらいである．したがって，この範囲での組成変化を観察するには最適な方法である．これを角度分解法という．図 6.3.16 に電子の放出角度を変えたときの Si 表面の Si2p スペクトルを示す．放出角度を大きくすると，脱出深さが小さくなり，最表面の組成に敏感となり，SiO_2 に起因する Si のピークが大きくなる．逆に放出角度を小さくすると脱出深さが大きくなり，やや深いところの情報をより強く反映して Si 単体のスペクトルが顕著になる．この図から，Si 最表面は酸化されており，SiO_2 に覆われていることが推定できる．

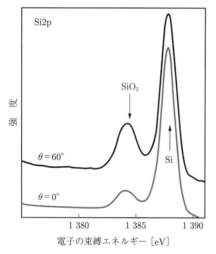

図 6.3.16 Si 表面の Si2p スペクトル．図中の θ は光電子の放出角度[17]

元素 A から成る厚さ d の薄膜が元素 B から成る基板上に存在しているとする．検出器に検出される元素 A の強度を I_A，A_L^A を薄膜中での元素 A からの電子の減衰長さ，I_A^0 は元素 A のバルク標準試料に対応する強度，X_A は薄膜中での元素 A のモル分率とする．基板の元素 B の強度 I_B，薄膜中での元素 B の電子の非弾性平均自由行程を A_L^B，I_B^0 を元素 B のバルク標準試料に対応する強度，X_B を基板中での元素 B のモル分

率とすると，元素 A と元素 B の光電子のエネルギーが大きく違わないとすると，$A_L^A \approx A_L^B = A_L$ と単純化でき，強度比は次式で与えられる．

$$\frac{I_A}{I_B} = \left(\frac{I_A^0}{I_B^0}\right)\frac{X_A}{X_B}\left[\exp\left(\frac{d}{A_L \cos\theta}\right) - 1\right]$$
(6.3.21)

このとき，薄膜の厚さ d は次式で与えられる．

$$d = A_L \cos\theta \cdot \ln\left[\left(\frac{I_B^0}{I_A^0}\right)\frac{I_A X_B}{I_B X_A} + 1\right]$$
(6.3.22)

図 6.3.16 の場合に，この式を適用すると SiO_2 の膜厚はおよそ 0.7 nm となる[18]．角度分解法を用いた解析は，ごく薄い（減衰長さの 3 倍程度までの）薄膜を対象とすることが多い．

単一のエネルギーを持つ電子が試料から発生したときに，発生した電子のうちどれだけがどの程度エネルギーを失うか（エネルギー E が E' になる）を表す関数をエネルギー損失関数と呼ぶ．この関数を数値関数で近似してバックグラウンドの形状を求める方法がツガード法である．Tougaard はエネルギー損失関数 $K(E, E-E')$ に電子の非弾性平均自由行程 λ を掛けた値は，以下に示すような解析的な関数で表すことができることを見い出した[19]．ここで，B, C, D は物質に固有の値で，T はエネルギー損失量 $(E-E')$ である．

$$\lambda(E) K(E, T) = \frac{BT}{(C-T^2)^2 + DT^2}$$
(6.3.23)

図 6.3.17 には代表的ないくつかの物質について，エネルギー損失関数を示す．この関数を用いることにより，バックグラウンドは以下の式で表すことができる．

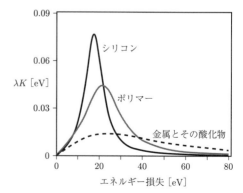

図 6.3.17 代表的な物質のエネルギー損失関数[20]

$$B(E) = \frac{1}{2\pi} \int_0^\infty dE J(E)$$
$$\cdot \int_{-\infty}^{\infty} ds \exp(-isT)\left[1 - \frac{P_1}{P_2}\right]$$
(6.3.24)

$J(E)$ は観測されたスペクトル，E はエネルギー，T は電子が固体中を走行するときに損失するエネルギー，s は積分パラメーターである．P_1 と P_2 は以下のように定義される．

$$P_1 = \int_0^\infty f(x) \exp\left(-\frac{x}{\lambda \cos\theta}\right) dx$$
$$P_2 = \int_0^\infty f(x) \exp\left(-\frac{x}{\cos\theta}\left[\frac{1}{\lambda} - \int_0^\infty K(E,T) \exp(-isT) dT\right]\right) dx$$
(6.3.25)

x は表面からの距離，$f(x)$ は濃度分布，λ は非弾性平均自由行程，θ は放出角度，$K(E, T)$ はエネルギー損失関数である．Tougaard はこの式を用いて，バックグラウンドを解析することにより表面近傍の組成分布が導けることを示した[21]．すなわち，膜の成分のエネルギー損失関数がわかれば，膜の構造を仮定することにより，バックグラウンドを計算で求めることができる．観測されたスペクトルから計算で求めたバックグラウンドを差し引くと，もしバックグラウンドが正しく計算できていれば，ピークが明瞭に判定できるはずである．ツガード法による膜構造解析はこの原理に基づいている．ただし，ツガード法を適用して膜構造を求めるときには，他成分のバックグラウンドが重ならないような遷移を対象とすることが必要である．図 6.3.18 に

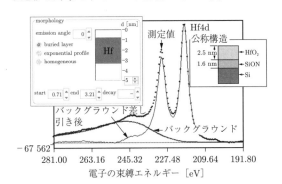

図 6.3.18 HfO$_2$/SiON/Si の HfO$_2$ 層の厚さをツガード法で求めた（使用ソフトウェア：Common Data Processing System Version 11: http://www.sasj.jp/compro/）[22]．

HfO$_2$/SiON/Si 多層膜構造に関し，Hf4d ピークを用いて HfO$_2$ 膜厚を求めた例を示す．仮定した構造を図左上に示す．HfO$_2$ は表面から 0.7 nm と 3.2 nm の間に存在していると仮定する．最表面は有機物で汚染されていると考えられるので，ポリマーのエネルギー損失関数を用い，ポリマー中の電子（おおよそ 1270 eV）の非弾性平均自由行程は 3.7 nm としてバックグラウンドの形状を求めた．この解析から，HfO$_2$ 膜の最表面には 0.7 nm の厚さの有機物が付着し，3.2 nm の深さまで HfO$_2$ が存在していることが示された．これは公称構造と一致している．

〔2〕 全反射蛍光 X 線分析法

固体表面に X 線を照射すると，光電子が放出され，その後に空孔が生じる．この空孔に，より外殻の電子が X 線を放出して遷移する．この放出された X 線を蛍光 X 線と呼ぶ．全反射蛍光 X 線分析法（total reflection X-ray fluorescence analysis, TXRF）は，励起源として X 線平行ビームを用いて，極低角度で表面に入射させることにより，表面に敏感にした分析方法が全反射蛍光 X 線分析法である．

原子に X 線を照射すると電子の束縛エネルギーが X 線の持つエネルギーより小さい電子は軌道から放出されて，空孔が生成する．内殻に生成した空孔に，より高準位にある電子が遷移し，その際に軌道のエネルギー差に相当する X 線を発生する．これを蛍光 X 線という．蛍光 X 線は特性 X 線であり，元素に固有のエネルギーを持つ．この X 線のエネルギーと強度を分析することにより，定性と定量ができる．

通常の蛍光 X 線分析法では入射 X 線は試料内部まで深く侵入するため，表面の情報を分離して得ることは困難である．光は屈折率の大きい方から小さい方へ進むときに全反射が観測される．金属中での X 線の屈折率は 1 以下で空気中（屈折率は 1）より小さい．そこで，励起源として単色化された X 線の平行ビームを試料表面に対して低い入射角度で入射させて，試料表面で全反射させて蛍光 X 線を励起すると，試料表面のみの情報を得ることができる．この方法が全反射蛍光 X 線分析法である．

図 6.3.19 に示すように全反射条件下では入射 X 線は試料表面で鏡面反射され，検出器にはほとんど入らない．入射 X 線を全反射させるための入射角度 θ_c の条件はおよそ

$$\theta_c \approx 1.64 \times 10^5 \sqrt{\rho \lambda} \quad (6.3.26)$$

である[23]．ここで，ρ は試料あるいは試料支持台の密度 [g·cm^{-3}] で，λ は X 線の波長 [cm] である．MoKα 線の場合の θ_c はおよそ 0.104 度である．入射 X 線は

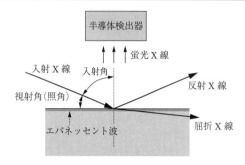

図 6.3.19 視射角 0.1°程度で X 線を試料表面に照射すると，ほぼすべての X 線が反射される．

全反射するため，試料上で励起する箇所は表面に限られ，バックグラウンドが通常の蛍光 X 線分析法に比べて著しく小さくなる．その結果，検出器を信号発生点にまで近付けることができ，感度を向上させることができる．試料表面は平滑であることが望ましい．そのため，シリコンウェーハ表面の汚染物質の検出に多用されている．

〔3〕 X 線 回 折 法

X 線回折法（X-ray diffraction, XRD）は，X 線を物質に照射すると物質に特有の回折パターンが得られることを利用して構造解析する方法である．回折パターンはデータベース化されており，結晶構造を同定することができる．この方法は多くの分野で多用されている．金属に電子線を照射すると，金属に特有なエネルギー（波長）を持った電磁波が発生する．これが X 線である．多くの金属から発生する X 線の波長は結晶の格子間隔程度であるために，X 線は固体により回折される．

X 線回折法は真空環境を必要としないが，薄膜等の解析にも用いられるので，ここで簡単に述べることにする．薄膜を試料としたときには，試料が薄いため，通常の XRD のように十分な回折強度が得られず，また，基板の情報が混在してしまう．そのためには**図 6.3.20**のように低角度に X 線を入射させ，入射角 θ を固定したまま検出器の 2θ 角度だけを走査させればよい．低角度に X 線を入射させれば，X 線が薄膜内を走る行路が $1/\sin\theta$ 倍長くなり回折強度を稼ぐことができるためである[24]．

6.3.5 イオンと固体の相互作用を利用した表面分析

固体表面にイオンビームを照射した場合には，イオンのエネルギーによって固体との相互作用は大きく異なる．イオンのエネルギーが数 MeV 程度以上となると，イオンは表面原子と衝突する確率は非常に小さく，大部分のイオンはほぼ直進して内部に侵入する．ラザフォード後方散乱分光法は H や He のような軽元素のイオンを高速に加速し固体に衝突させ，固体内の原子核により弾性衝突し，後方に散乱された入射イオンのエネルギーを測定することにより固体内の元素の情報と深さ方向分布に関する情報を得る方法である．この方法は，表面から μm オーダーの深さの分析を非破壊的に行えるという特徴がある．

イオンのエネルギーが MeV 以下となると，イオンの一部は試料表面で反射する．反射したイオンのエネルギーや反射の方向を解析して，表面の構造や組成を分析する方法がイオン散乱分光法である．他のイオンは固体内部に侵入し，固体構成原子・分子を外部にはじき出す．はじき出された原子・分子の一部はイオン化される．これを二次イオンという．二次イオン質量分析法では，二次イオンとして放出されたイオンの質量や数を測定して表面の組成解析を行う．

〔1〕 ラザフォード後方散乱分光法

ラザフォード後方散乱分光法（Rutherford backscattering spectrometry, RBS）は H や He のような軽元素のイオンを高速に加速し固体に衝突させ，固体内の原子核により弾性衝突し後方に散乱された入射イオンのエネルギーを測定することにより固体内の元素の情報と深さ方向分布に関する情報を得る方法である．この方法は，表面から μm オーダーの深さの分析を非破壊的に行えるという特徴がある．なお，その際の深さ方向の分解能はおよそ数十 nm 程度である．また，Li 以上の元素に関して標準試料を用いずに定量分析することが可能である．さらに測定は迅速であり，結晶性の評価ができるなどの特徴を持っており，特に，薄膜のキャラクタリゼーションに多用されている．なお，RBS を高エネルギーイオン散乱分光法（high energy ion scattering spectroscopy, HEIS）と呼ぶこともある．

静止している原子（原子番号 Z_2，質量 M_2）にイオン（原子番号 Z_1，質量 M_1）がエネルギー E_0 で衝突して背面方向（入射方向に対して 180°）に散乱されるとする．イオンが原子に最も近付ける距離 b（衝突径

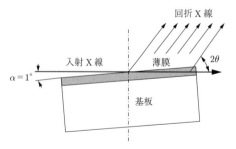

図 6.3.20 X 線を低角度で入射することにより，基板の影響を小さくする．

と呼ばれる）は cgs 単位系を用いて以下のように見積もることができる[25].

$$b = \frac{Z_1 Z_2 e^2}{E_0} \quad \left(\text{SI 単位では } \frac{1}{4\pi\varepsilon_0}\frac{Z_1 Z_2 e^2}{E_0}\right)$$
(6.3.27)

2 MeV の He（$Z_1 = 2$）が Si（$Z_2 = 14$）に衝突する場合を考えると，e^2（SI 単位では $e^2/4\pi\varepsilon_0$）は 1.44 eV·nm なので，およそ，b は 2×10^{-5} nm である．結晶の格子定数は数Å であることを考えると，衝突径は非常に小さいことがわかるであろう．すなわち，RBS の場合，入射するイオンは固体表面から衝突せずに内部深くまで侵入し得ることがわかる．固体内部で原子に衝突し，後方（入射方向に対して180°）に散乱されたイオンのエネルギー E_1 は

$$\left.\begin{array}{l} E_1 = kE_0 \\[2mm] k = \left(\dfrac{M_2 - M_1}{M_1 + M_2}\right)^2 \end{array}\right\}$$
(6.3.28)

となる[25].すなわち k は M_2 によって決定されるため，反射してきたイオンのエネルギーを測定すれば，元素の同定ができるということになる．

後方に散乱されたイオンは主として電子との衝突によってエネルギーを失う．固体中を進むイオンに対しては，電子は弱いブレーキの作用を及ぼし，徐々にイオンを減速させる．単位距離当りのエネルギー損失は阻止能（stopping power）と呼ばれ，固体の構成原子やイオンのエネルギーによって異なるが，およそ数 eV/nm である．したがって，入射イオンが表面から距離 t を進んで散乱されるとすると，散乱直前のエネルギーは

$$E = E_0 - \int_0^t \frac{dE}{dx}dx \approx E_0 - \left(\frac{dE}{dx}\right)_{E_0} t$$
(6.3.29)

同様に，後方散乱後，固体の外に飛び出してきたイオンのエネルギー E_{1t} は

$$E_{1t} = kE - \int_0^t \frac{dE}{dx}dx \approx kE - \left(\frac{dE}{dx}\right)_{kE_0}$$
$$\cdot t = kE_0 - [S]t$$
(6.3.30)

ここで，$[S]$ は後方散乱因子（backscattering factor）と呼ばれ，次式で定義される．

$$[S] = k\left(\frac{dE}{dx}\right)_{E_0} + \left(\frac{dE}{dx}\right)_{kE_0}$$
(6.3.31)

すなわち，深さ t に応じて低エネルギー側に $\Delta E = [S]t$ だけずれる．したがって，この出射イオンのエネルギー

が kE_0 からどれほど低下したかを測定すれば，膜厚が測定できる．電子阻止能の大きさはイオンのエネルギーに依存し，エネルギーの増加とともに急速に増加し，1 MeV 付近で飽和し，それ以上のエネルギーでは徐々に減少する．したがって，RBS でよく使われる 1 MeV 付近では阻止能が大きく，かつエネルギー依存性が小さいため，精度良く深さ方向の分析ができる．深さ方向の分解能 δt は，つぎの式で与えられる．

$$\delta t = \frac{\delta E}{[S]}$$
(6.3.32)

ここで，δE はイオン検出系のエネルギー分解能であり，通常の RBS 装置では 10 keV 程度である．表面への垂直の入・出射では $[S]$ はおよそ 1 keV/nm 程度なので，δt は 10 nm 程度となる．ただし，斜め入・出射にすれば，精度をもう 1 桁程度向上させることができる．

表面層に 2 種以上の元素が存在しており，元素の分布深さが，深さ方向の分解能（δt）以下の場合には，重い元素ほど高エネルギー側にピークが現れる．ピーク強度は照射部分に存在する原子数に，散乱断面積を乗じた値に比例する．ここで，散乱断面積は衝突径 b の 2 乗に比例するので，ピーク強度は原子の濃度に比例するとともに，原子番号の 2 乗に比例することになる．したがって，重元素ほど感度が高い．

ピークが出現するエネルギーをエッジと呼ぶ．元素の分布深さが深さ方向の分解能（δt）以上の場合には，エッジから低エネルギー側にピークが広がって台形状になる．ただし，深さ方向の分布が一定であっても，台形の高さは低エネルギー側で次第に高くなる．これは，深いところでの散乱は阻止能により入射イオンのエネルギーが小さくなり，それに伴い散乱断面積が増加するからである．また，表面が異種物質に覆われたときには，下地元素のエッジの出現エネルギーは低エネルギー側にシフトする．

図 6.3.21 に元素 A と元素 B の合金と元素 A を基板とし，元素 B を蒸着した試料に関する RBS スペクトルを模式的に示す．ここで元素 B は元素 A よりも原子番号が大きいとする．元素 A と元素 B の合金の場合，原子番号が大きい元素 B のエッジは元素 A のエッジが出現するよりも高エネルギー側に出現する．また，元素 A ピーク，および元素 B ピークの台形も低エネルギー側が高くなっている．元素 A に元素 B を蒸着した試料の場合には，元素 B のエッジは表面にあるために，衝突理論式で予測されるエネルギー位置に出現する．元素 B の膜の厚みよりも深いところからは入射イオンは元素 B には散乱されない．したがって，台形は幅 ΔE を持つ．すなわち，元素 B 膜の膜厚 t は

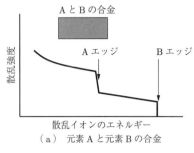
(a) 元素Aと元素Bの合金

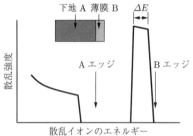
(b) 元素Aの基板に元素Bを蒸着した試料

図6.3.21 RBSスペクトルの模式図

$$t = \frac{\Delta E}{[S]} \qquad (6.3.33)$$

により求まる．元素 A のエッジのエネルギーは，元素 B 膜の存在により，低エネルギー側にシフトする．出現した台形の高さは低エネルギー側が高くなる．

〔2〕 二次イオン質量分析法

二次イオン質量分析法 (secondary ion mass spectrometry, SIMS) は固体表面に質量分離されたイオン（一次イオン）を照射すると，試料表面の物質の一部がイオン化され，イオン（これを二次イオンと称する）として放出される．この発生した二次イオンを質量分析して試料表面の化学情報を得る方法である．

固体表面に高速（1〜20 keV）のイオンを照射すると，イオンビームによる衝撃により，表面にある固体構成原子や分子が放出される．放出された粒子の大部分（ほとんどの系で99.9%以上[26]）は中性粒子であるが，放出された粒子の一部は正または負にイオン化されており，二次イオンと呼ばれる．この現象をスパッタリングという．スパッタリングと同時に，イオン励起により二次電子や光子が放出される．一次イオンの一部は固体表面で反射するが，他は固体内に侵入し，固体構成原子との衝突を繰り返し，周辺の原子に運動エネルギーを与える．その運動エネルギーが結晶格子のポテンシャル壁を越えるに十分なときには，原子や分子は格子点からはじき出される．逐次エネルギーを失いつつ試料中に侵入した一次イオンは，試料内でそのエネルギーを失い，一次イオンのエネルギーに対応した一定の深さで止まる．SIMS では二次イオン放出現象を利用して組成解析を行う．

二次イオン化率は，一次イオン照射によって，固体表面から放出された全原子数の中で，二次イオンとなった個数の割合として定義される．一次イオンを照射する場合，酸素イオンは正イオンのイオン化効率を増大させるが，逆にアルカリ金属イオンは正イオンの生成を減少させるとともに負イオンの生成を高める．したがって，正イオンの分析には酸素イオンが一次イオンとして用いられ，負イオンの分析にはアルカリ金属イオンが用いられる．酸素イオンビームで高い正イオン強度が得られる理由は，定性的には，酸素の注入で試料表面が酸化されることにより，仕事関数が増加し，放出される正イオンへの電子遷移確率が減少するため，イオンが中性化せずに放出されると考えられている．また，負イオン生成に関しては，表面にアルカリ金属が付着すると仕事関数が低下するため，負イオン生成が生じやすくなるとされている[27]．一次イオン照射下における正イオン強度と負イオン強度は相補的な関係になっており，両者の検出法を組み合わせることにより，大部分の元素を高感度に検出することができる．一般に電気陰性度の低い元素（Li, B, Mg, Ti, Cr, Mn, Te, Ni, Ta）などを分析するときは一次イオンに酸素イオンが用いられ，電気陰性度の高い元素（H, C, N, O, Si, As, Te, Au など）を分析する場合は一次イオンとしてアルカリ金属イオン（例えば Cs イオン）を用いる．

スパッタリング率は，入射一次イオンの数に対する全放出粒子数の比として定義される．スパッタリング率は，一次イオンの種類，エネルギー，照射条件，試料組成に大きく依存する．

生成したイオンの質量と，その強度を測定することが SIMS の基本である．生成したイオンは質量分析器によって M/q に応じて分離される．ここで，M はイオンの質量，q はイオンの電荷である．磁場中をイオンが通過するときに，M/q の大きさによって軌道半径が異なることを利用して分離するものには，単収束磁場型（セクター型），二重収束磁場型がある．M/q の大きさによって通過できる高周波電場が異なることを利用した四重極型，一定の距離を通過する時間が異なることを利用した飛行時間型がある．磁場型質量分析器と四重極質量分析を比較すると，磁場型質量分析器は高い質量分解能が得られるため，妨害イオンの除去が容易であるという点で優れている．一方，四重極型質量分析器はコンパクトで装置を超高真空化するのに適しており，試料室内の残留ガス成分に起因するバックグラウンドを低くすることができるということが大きな

特徴といえる．飛行時間型質量分析器は高分解能，高感度であり，最近は後述するスタティックSIMSと組み合わせて使われることが多く，質量分解能（$M/\Delta M$）は10 000程度と高い．

SIMSは表面の組成分析を全元素にわたり，高感度で行えるというのが最大の特徴であり，①マススペクトルをとることによる組成解析，②デプスプロファイルをとることによる表面から数十μmの深さまでの深さ方向の組成分布解析，③二次イオン像をとることによる，μm～数百μmの表面領域の組成分布，に関する情報が得られる．

SIMSは一次イオンの照射条件によって，ダイナミックSIMSとスタティックSIMS（現在は質量分析に飛行時間を使用することが通常なのでTOF-SIMSと呼ばれることが多い）の2種類に分類される．

一次電流の密度が大きく，スパッタリング速度を大きくし，主として深さ方向の高感度組成分布解析に適しているのが，ダイナミックSIMSと呼ばれる方法である．ダイナミックSIMSは，大量の一次イオンの照射により試料表面をスパッタして，二次イオンを大量に発生させる方法で，固体試料の深さ方向の高感度元素分析が可能であり，特に半導体中の不純物解析によく用いられている．

ダイナミックSIMSでは一次イオン電流密度として10 μA·cm^{-2}以上が用いられる．加速エネルギーは通常10 keV前後が用いられ，スパッタリング速度が数nm·s^{-1}～数十nm·s^{-1}となる条件が用いられる．

ダイナミックSIMSの最も一般的な使い方は深さ方向分析である．特定の元素（特定の質量数）に着目して，その強度がイオン照射時間（スパッタリング時間となる）に対してどのように変化するかを測定し，縦軸を特定の質量数に対応する検出された二次イオン強度，横軸を照射時間（スパッタリング時間）として描いたグラフをデプスプロファイルという．なお，二次イオン強度はダイナミックレンジが大きいので，縦軸のスケールは対数で表示するのが普通である．**図6.3.22**にCrをイオン注入したSiウェーハ中におけるCrの深さ方向の濃度分布を測定した結果を示す．なお，縦軸の二次イオン強度は，標準試料を用いた測定を別に行うことにより，濃度に変換することができる．なお，濃度の単位はatoms/cm^{3}がよく用いられる．また，横軸の照射時間は段差膜厚計や表面形状測定計などを用いて深さを実測することにより，表面からの距離に変換することができる．図6.3.22の場合，測定結果から，Crの検出限界として，10^{17}atoms/cm^{3}オーダーであることがわかる[29]．

スタティックSIMSは一次イオンの照射量を少なく

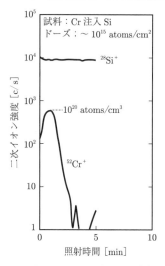

図6.3.22 Si中のCrのミクロ領域深さ方向分析，一次イオン：15 keV, Ga，分析領域：25 mm × 3.5 mm[28]

することにより分析する方法で，表面の分子構造を保ったままイオン化させて分析することが可能であり，特に有機物の分析に優れている．一次イオンの照射量を1×10^{12} ions/cm^{2}以下程度に小さくすると，イオンの衝突点の近傍では有機物の分子構造が破壊されフラグメントとして放出されるが，衝突点より離れたところでは一次イオンのエネルギーが小さくなり，分子がその構造を保ったままイオン化され，放出される．これにより有機物の化学構造の解析が可能となる．

照射一次イオン電流密度を十分に小さくすると，最表面原子層のごく一部しかスパッタされない．例えば，イオン照射量を1×10^{13} ions/cm^{2}程度とすると，スパッタリング率を100としても，この照射量で1原子層がはぎ取られる程度である．したがって，これ以下の照射イオン量（通常は1×10^{12} ions/cm^{2}程度）で測定を行うことで，イオン照射により損傷した試料からの情報を排除し，試料表面の化学組成に沿ったフラグメントイオンを検出することができる．これをスタティックSIMS（TOF-SIMS）と呼ぶ．

スタティックSIMSの基本情報はマススペクトルである．イオン照射量が非常に小さい条件では，1個の一次イオンによって損傷を受けた場所に，2個目のイオンが当たる確率はきわめて低い．このような条件では，固体を構成する原子や分子のイオン化以外に，表面に吸着された化合物分子内の比較的弱い結合が切れて脱離を起こす確率が高くなり，原子間結合を保ったままの分子イオンやフラグメントイオンが生成，放出される．スタティックSIMSは高い質量分解能を有するため，各イオンの精密質量を求めることが可能で，元素

分析以外にイオンの分子式が特定できる．したがって，スタティック SIMS は表面の潤滑現象や摩耗現象の解析，表面微量汚染物の同定，有機化合物の詳細な分析に優れている．

図 6.3.23 にポリエチレンテレフタレートのスタティック SIMS スペクトルを示す．一次イオンは 8 kV の Cs$^+$ である．正イオンの質量数 149 の正イオンと，質量数 165 の負イオンのスペクトルに現れる，わずかに質量の異なる二つのピークが，それぞれ二つの分子構造に帰属することがわかる[31]．スタティック SIMS による化合物のマススペクトルは化合物ごとに明瞭な特徴があり，これを一種の「指紋」として登録しておけば，特に有機物の同定には有効である．

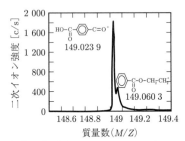

（a）正二次イオン $M/Z=149$ のピーク

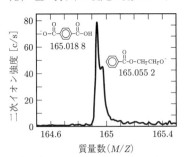

（b）負二次イオン $M/Z=165$ のピーク

図 6.3.23 ポリエチレンテレフタレートで測定された高質量分解能スペクトル[30]

SIMS における元素 M の同位体 M_i の二次イオン強度 I_{Mi} は，一次イオン強度 I_P，母材のスパッタリング収率 S，元素 M の濃度 C_M（全濃度に対する比），同位体 M_i の存在確率 α_i，元素 M の二次イオン化効率 β_{Mi}，および質量分析計の透過効率 η（検出器の検出効率も含む）とすると

$$I_{Mi} = A I_P S C_M \alpha_i \beta_{Mi} \eta \qquad (6.3.34)$$

ここで，A は二次イオンの検出面積である．ここで S や η は実験的に求めることができる．SIMS ではマトリックス効果が大きいため，高精度な定量には材料と元素の組合せごとに標準試料による感度校正が必要である．標準試料には，対象元素を均一にドープした試料を他の手法で定量したもの，あるいは既知量のイオンを注入したものを用いる．

引用・参考文献

1) 吉原一紘，吉武道子：表面分析入門（裳華房，東京，1997）p.5.
2) 堀越源一：真空技術（東京大学出版会，東京，1986）p.9.
3) 吉原一紘：J. Vac. Soc. Jpn., **55** (2012) 562.
4) 吉原一紘：J. Vac. Soc. Jpn., **55** (2012) 563.
5) 吉原一紘：J. Vac. Soc. Jpn., **55** (2012) 564.
6) 日本分析化学会編，機器分析ハンドブック（丸善，東京，1996）p.677.
7) R. Castaing：Advances in Electronics and Electron Physics, **13** (1960) 317.
8) 吉原一紘：J. Vac. Soc. Jpn., **56** (2013) 72.
9) *Handbook of Auger Electron Spectroscopy*, ed. C.L. Hedberg (Physical Electronics Inc., Charkassen, 1995).
10) S. Taruma, C.J. Powell and D.R. Pern: Surf. Interface Anal., **21** (1994) 165.
11) 吉原一紘：J. Vac. Soc. Jpn., **56** (2013) 73.
12) 吉原一紘：J. Vac. Soc. Jpn., **56** (2013) 74.
13) 吉原一紘：J. Vac. Soc. Jpn., **56** (2013) 155.
14) 吉原一紘：J. Vac. Soc. Jpn., **56** (2013) 157.
15) 吉原一紘：入門表面分析（内田老鶴圃，東京，2003）p.94.
16) 吉原一紘：J. Vac. Soc. Jpn., **56** (2013) 244.
17) 吉原一紘：J. Vac. Soc. Jpn., **56** (2013) 245.
18) 吉原一紘，吉武道子：表面分析入門（裳華房，東京，1997）p.70.
19) S. Tougarrd：Solid State Comm., **61** (1987) 547.
20) 吉原一紘：J. Vac. Soc. Jpn., **56** (2013) 246.
21) S. Tougarrd：J. Vac. Sci. Technol. A, **14** (1996) 1415.
22) 吉原一紘：J. Vac. Soc. Jpn., **56** (2013) 247.
23) 吉原一紘：入門表面分析（内田老鶴圃，東京，2003）p.107.
24) 山中高光：粉末 X 線回折による材料分析（講談社サイエンティフィック，東京，1993）p.171.
25) 吉原一紘：入門表面分析（内田老鶴圃，東京，2003）p.119.
26) 加藤茂樹：表面科学，**17** (1996) 214.
27) H. A. Storms, K. F. Brown and J. D. Stein：Anal. Chem., **49** (1997) 2023.
28) 吉原一紘：J. Vac. Soc. Jpn., **56** (2013) 335.
29) 吉原一紘：入門表面分析（内田老鶴圃，東京，2003）p.141.
30) 吉原一紘：J. Vac. Soc. Jpn., **56** (2013) 336.
31) 吉原一紘：入門表面分析（内田老鶴圃，東京，2003）p.143.

索　引

【あ】

アイソレイトバルブ	160
アイソレーションバルブ	444
アクリロニトリルブタジエンゴム	144
圧縮仕事	268
圧　力	16
圧力真空標準	428
圧力天びん	429
圧力–流量線図	251
油回転ポンプ	4, 262, 265
——の排気性能	267
油拡散ポンプ	264, 279
——の排気速度	281
油拡散ポンプ作動油	283
アボガドロ定数	10
アボガドロの法則	10
アモントン・クーロン則	163
粗引きバルブ	160
アルカリ洗浄	184
アルゴンアーク溶接	131
アルフォイルフランジ	155
アルミエッジシール	146
アルミニウム合金	125, 441
——のガス放出速度	201, 441
アングルバルブ	158, 159

【い】

イオン化スパッタリング	536
イオン化断面積	385
イオン化ポテンシャル	78
イオン源	456
イオン検出器	400
チャネルトロン型	401
二次電子増倍管	401
ファラデーカップ型	400
マイクロチャネルプレート	401
CEM	400
MCP	401
SEM	400
イオンコレクター	384
イオン対反発機構	97
イオントラッピング	460
イオン不安定性	460
イオンフラックス	543
イオン分光型真空計	391
イオンポンプ	5
イオン密度	544
異方性エッチング	547
医療用粒子加速器	517
インレットバルブ	161

【う】

ウォーターサイクル現象	4
運動量適応係数	36, 37
運動量流束	24

【え】

永久圧縮ひずみ	141
液化ガスタンク	504
エキシトン	96
エキストラクター真空計	390
液体潤滑剤	164
液体窒素トラップ	282
液柱ポンプ	3
液封ポンプ	262
エジェクターポンプ	276
エージング加熱	304
エッジ	567
エッチング	184, 185
——で利用されるガス	547
エネルギー損失関数	564
エネルギー適応係数	85
エネルギー流束	26
エバルト球	555
エラストマー	141
——の気体透過率	217
——の気体透過量	142
——の気体放出速度	143
——の耐熱温度	144
エラストマーシールフランジ	141
沿面放電	178, 180, 462

【お】

オイルバック	282
オイルミスト	269
オイルミストトラップ	445
オイルレス化	4
大型真空装置	453
大型ヘリカル装置	475
オージェ電子分光法	558
オーステナイト系ステンレス鋼	125
オゾン水	183
オービトロンゲージ	391
オメガトロン	407
オリフィス	412
——のコンダクタンス	60
オリフィス法	429
オールメタルバルブ	160
温度飛躍	68
温度飛躍距離	36

【か】

加圧積分法	369
ガイスラー管	511
回転直線導入機	169
回転導入機	170
回転翼型	265
解離吸着	75
改良ソルベーサイクル	293
化学吸着	71
化学研磨	184
化学的気相堆積法	525
拡散過程	53
拡散距離	119
拡散係数	90, 426
拡散長	119
拡散的な輸送	530
拡散反射	43
拡散放出	112
拡散方程式	118
拡散ポンプ	4, 250, 279
拡散流束	28, 118
核生成成長	531
拡張不確かさ	433
角度分解法	564
隔膜真空計	374
核融合装置	475
加工形状異常	549
ガス透過度	426
ガスバラスト方式	268
ガス放出曲線	328
ガス放出速度	112, 195
ガス放出データ	195
ガスリークバルブ	161
活性化エネルギーの分布	327
活性化障壁	76
活性金属法	135
価電子準位	562
加熱洗浄	186

索引

加熱脱ガス	114
カーボンペースト	138
ガラスおよび金属の熱膨張率	133
ガラスのヘリウム透過率	217
乾式洗浄	181, 186
乾式ブラスト	182
管内平均自由行程	53

【き】

機械式小型冷凍機	293
機械的な（汚れの）除去	181
気化熱	319
キスリュックモデル	77
気体	
——の状態方程式	10
——の透過	112
気体分子によるレーザー光の散乱	488
気体輸送式ポンプ	4
気体流量の計測	420
キニー型	266
ギフォード・マクマホーンサイクル	293
逆格子ロッド	555
逆マグネトロン型真空計	394
キャピラリー	412
キャプチャリングシール機構	153
吸引搬送	498
吸収電流	557
吸着	71, 75
一酸化炭素の——	82
貴ガスの——	79
酸素の——	80
水素の——	79
窒素の——	82
水の——	83
吸着エネルギー	74
吸着確率	76
吸着子	71
吸着質	71
吸着等圧線	102
吸着等温線	102
活性炭の——	293
モレキュラーシーブの——	293
吸着等量線	102
吸着熱測定	74
吸着媒	71
吸着パッド	499
吸着平衡	74
吸着ポテンシャル	74
凝縮	71
共振インピーダンス	382
鏡面反射	43
極高真空	436
凝縮性気体の排気	268
許容排気口圧力	289

許容リーク量	362
金線ガスケット	154

【く】

食込み式継手	157
空間通過時定数	323
空気の成分	9
空気力学動力	498
クヌーセン数	23, 41, 543
クヌーセンセル	526, 528
クヌーセン層	23, 35
クヌーセン流	23
クライオトラップ	299
クライオポンプ	5, 250, 264, 292
——の再生	298
——の最大流量	296
——の到達圧力	297
——の排気速度	295
——の排気容量	296
クラウジング係数	62, 348
エルボー	351
矩形導管	349
邪魔板	353
スリット	349
正三角形導管	351
楕円形導管	350
凸凹のある導管	353
同心円筒	350
長い円形導管	348
バッフル	352
半月形邪魔板	353
縁付円筒導管	352
短い円形導管	348
短い楕円形導管	350
短い同心円筒	351
グラスビーズブラスト処理	182
クラッキングパターン	402
クランプ型継手	145
クランプ締めフランジ	147
グレアムの法則	10
クロー型ドライポンプ	275
クローポンプ	264
クロロプレンゴム	144

【け】

蛍光灯	512
ゲイ＝リュサックの法則	10
ゲージ圧	497
結合解離エネルギー	78
結合性軌道	72
ゲッターポンプ	5, 300
ゲーデ型	265
ゲートバルブ	160
減圧蒸留	508
限界座屈圧力	243
嫌気性培養器	511

研磨材	182

【こ】

高エネルギーイオン散乱分光法	566
高輝度放電ランプ	512
公共座標系	492
交差圧力	296
高周波導入	178
高周波窓	179
校正リーク	361
剛体球モデル	17
高電圧導入	178
光波干渉式標準圧力（気圧）計	373, 428
後方散乱因子	567
高融点金属粉法	135
小型 RGA	404
国際単位系	8
国際地球基準座標系	493
誤差	433
固体潤滑剤	165
固体内部からの拡散	332
黒化処理	494
コーナーシール	154
コバール封着	133
コールドトラップ	282
コールドリーク	479
コンダクタンス	3, 44
——の合成	45
コンダクタンス（中間流領域）	353
開口	355
長い一様な導管	353
短い導管	355
コンダクタンス（粘性流領域）	335
厚みのない開口	339
長い円形導管	336
長い矩形導管	337
長い楕円形導管	339
長い同心円導管	338
粘性係数	336
摩擦係数	336
短い円形導管	339
コンダクタンス（分子流領域）	340
円形断面レデューサー	347
開口	343
矩形断面レデューサー	347
ゲートバルブ	346
同心円筒トラップ	346
長い円形導管	340
長い矩形導管	341
長い正三角断面の導管	342
長い楕円形導管	343
長い同心円筒	342
短い円形導管	344
短い矩形導管	344
短い同軸円筒管	345

索引　573

Lアングル導管	345	質量分析計	6, 397	真空排気システム	248
S型バルブ	345	質量流量	44	真空封止	140
コンダクタンス変調法	393, 421	磁場印加型プラズマ	542	真空吹付け（スプレー）法	368
コンダクタンスリーク	412	磁場偏向型質量分析計	405	真空粉末断熱	504
コンフラットフランジ	152	磁場偏向型分析管	364	真空包装	509
コンプレッションシール	134	シーベルトの法則	113	真空ポンプ	3, 261
【さ】		締付けトルク	246	――の使用圧力範囲	261
		シャーリー法	563	――の選択	238
最確速度	15	射影効果	533	真空ポンプ油	267
最高被占軌道	73	シャルルの法則	10	――の逆拡散	269
最小可検リーク量	364	集電子電極	384	真空容器の設計	242
最大許容交差圧力	296	自由度	27	真空容器（ベルジャー）法	368
最低空軌道	73	自由分子熱伝導率	35, 378	真空予冷	506
サイドチャネル型ドライポンプ	276	自由分子粘性係数	33	真空ろう付け	131, 510
サイドチャネルポンプ	264	重力波検出器	487	真空ロボット	237
サイフォン問題	1	受動型磁気軸受	291	浸せき（ボンビング）法	369
座屈	242	シュミット数	28	振動エネルギー遷移機構	97
サザーランド定数	31	純水洗浄	183	【す】	
サザーランドの式	31	昇温脱離スペクトル	92		
サテライトピーク	562	昇温脱離（分析）法	92, 423	水銀回転ポンプ	4
差動排気型回転導入機	169	抄紙機	502	水銀柱気圧計	2
差動排気型クライオポンプ	298	状態図	11	吸込み仕事率	499
サーマルバキュームチャンバー	466	状態方程式	2	吸込み（スニッファー）法	368
サーミスター真空計	380	衝突カスケード	532	水蒸気透過度	426
サーモカップル真空計	379	衝突径数	17	水晶摩擦真空計	382
三極形スパッタイオンポンプ	311	蒸発源	526	水素結合	72
三極管形電離真空計	388	蒸発速度	528	水素透過	115
三極管真空計	6	常用圧力	234	水素透過率	114, 220
算術平均速度	15	初期吸着エネルギー	77, 79	水素の拡散放出	115
参照標準真空計	382	初期吸着確率（係数）	76	水素溶解度	113
酸洗浄	184	助走距離	51	水分吸収率	113
酸素濃縮機	499	シリコーンゴム	144	スクリュー型ドライポンプ	275
三方ボールバルブ	161	シール	140	スクリューポンプ	264
残留ガス分析計	397	シール過程	256, 258	スクロールポンプ	263, 276, 461
【し】		シール線荷重	244	スタティックSIMS	569
		真空外覆（フード）法	368	ステッピングモーター	173
シェークアップ	562	真空管	4	ステンレス鋼	124
シェークオフ	562	真空含浸	500	――のガス放出率	196
磁気共鳴画像診断装置	505	真空乾燥	507	ストライベック曲線	163
磁気結合	171	真空グリースの蒸気圧	223	スパッタイオンポンプ	
磁気結合方式	168	真空減圧包装	520		249, 264, 308, 461
磁気軸受型ターボ分子ポンプ	289	真空コンクリート	501	――の排気速度	311
仕切り弁	160	真空シール技術	130	スパッタ原子のエネルギー	528
軸シール	158	真空射出成型	501	スパッタ粒子の放出角度分布	529
軸対称透過型電離真空計	392	真空蒸着	509	スパッタリング	513
試験到達圧力	288	真空食品冷却機	507	スパッタリング法	526
自己拡散	28	真空成形	501	スピニングローター真空計	380
自己拡散係数	28	真空掃除機	498	スプレンゲルポンプ	3
シース	545	真空装置の構成	235	スペースシミュレーター	466
磁性流体シール	172	真空装置用フランジ	147	スペースチャンバー	466
実効排気速度	334	真空脱ガス	509	滑り速度	35
実効容積	320	真空断熱	503	滑り流	23
湿式洗浄	181, 183	真空断熱パネル	506	滑り流領域	68
湿式ブラスト	182	真空注型	502	スループット法	420, 426
実表面積	107	真空凍結乾燥	507	スローリーク	481
質量分解能	398, 400	真空の作成	232		

574　　　　　　　　　　索　　　　引

【せ】

成形ベローズ	167
整合相	106
静電容量式隔膜真空計	375
成膜速度	534
積分型透過曲線	427
絶縁破壊	462
絶縁ワニス	138
せっけん膜流量計	415
接線運動量適応係数	85
絶対圧	497
絶対脱離収率	98
セラミックス封着	135
全圧真空計	373
遷移流	23
洗浄用薬剤	189
洗浄水温度	185
選択吸着	76
選択比	547
全脱離断面積	99
全反射蛍光 X 線分析法	565

【そ】

双極子モーメント	78
相互拡散	28
相互拡散係数	28
走査電子顕微鏡	516, 556
相対感度係数	560
層　流	42
――のコンダクタンス	51
層流管	413
測地座標系	492
測定子	
――からの気体放出	419
――の排気速度	418
速度滑り	68
速度定数	91
阻止能	567
その他の材料のガス放出速度	212
粗排気過程	232
粗排気の時間	238
ソープションポンプ	265, 314
ソーラーシミュレーター	472
ゾーンモデル	532

【た】

大気圧	9
大気圧ベントシステム	444
大気中気体の透過率	114
体積入射頻度	20
体積流量	44
帯　電	462
大電力パルススパッタリング	536
ダイナミック SIMS	569
ダイバーター	484

耐薬品性	143
ダイヤフラム型ポンプ	274
ダイヤフラムバルブ	161
ダイヤフラムポンプ	4, 263
ダイヤモンドライクカーボン	165, 519
耐油性	143
太陽電池用ラミネーター	510
高石・泉水による経験式	376, 418
（Takaishi–Sensui の式）	
多孔質体	413
多層吸着	106
多層断熱	505
多段ルーツポンプ	264
タッチダウンベアリング	290
脱　調	173
脱離断面積	98
脱離の活性化エネルギー	424, 437
脱離頻度	91
脱離方向分布	99
タービン翼部	285
ターボ型ドライポンプ	276
ターボ真空ポンプ	264
ターボ分子ポンプ	4, 248, 264, 284, 461
――の圧縮比	288
――の安全性	291
――の排気速度	288
――の流量特性	288
――の臨界背圧	288
玉軸受型ターボ分子ポンプ	290
ダルシー・ワイスバッハ方程式	49
ダルトンの法則	10
単純クエット流	25
単純せん断流	25, 35
弾道的な輸送	530
断熱真空ガラス	504
断熱流れ	49
単分子層	71
単分子層形成時間	22, 436

【ち】

置換吸着	304
蓄積法	422, 426
地図座標系	492
チタンゲッター面の付着確率	303
チタン合金	126
チタンサブリメーションポンプ	264, 301
――の排気速度	303
――のメモリ効果	304
チタンのガス放出速度	207
窒素換算値	387, 417
中間流	23, 42
中間流領域でのコンダクタンス	66
中空メタル O リング	156
超高真空	8, 436

超高真空内用金属材料	442
超高真空内用非金属材料	442
超高真空容器用ステンレス鋼	439
超高真空用材料	439
超高真空領域用真空計	447
超高真空領域用真空ポンプ	445
超微細加工	539
跳躍拡散	89
超臨界二酸化炭素	184
チョーク流れ	49
直線導入機	168

【つ】

通過確率	62
通電加熱型蒸発源	302
ツガード法	564

【て】

定圧比熱	12
定圧流量計	430
低合金チタン	441
定積比熱	12
低速電子線回折法	554
定容流量計	430
適応係数	85
デバイ長	543
テーパーシール型ガスケット	154
テムキン（吸着）式	104, 326
テレフンケン法	135
電解研磨	184
電解複合研磨	184, 490
電気双極子	71
電気的ダメージ	550
電気四極子	72
電子雲不安定性	461
電子温度	540
電子サイクロトロン共鳴型	542
電子銃	456
電子衝撃脱離	93, 330
電子親和力	78
電子遷移誘起脱離	93
電子ビーム蒸発源	526
電子ビーム真空溶解炉	516
電子ビーム部分改質加工	157
電子ビーム溶接	132
電子プローブマイクロアナリシス	557
電子密度	540
電子誘起脱離	93
電子・陽子不安定性	460
電子励起脱離	93, 225, 391, 403, 419
電離真空計	6, 384
――の感度係数	385
――の比感度	385
電流導入端子	175

【と】

透過型ヘリウム標準リーク	415
透過係数	426
透過電子顕微鏡	516
透過リーク	414
透過流束	426
導管の直接接続	63
同軸円筒内の気体の熱伝導	39
到達圧力	232, 288
動粘性係数	42
銅のガス放出速度	210
導波管	178
トカマク方式	476
特殊なガスを用いたリーク検査	259
特性 X 線	557
ドータイト	138
止め弁	160
ドライエッチング	515
ドライベーンポンプ	275
ドライポンプ	263, 274
トリチェリの真空	1
トールシール	136
トレーサビリティ	434
トロコイド（サイクロイド）形	
質量分析計	407
トンプソンの式	528

【な】

内殻準位	561
ナイフエッジ型メタルシール	
フランジ	153
斜め蒸着膜	533
ナビエ・ストークス方程式	48
軟 X 線効果	389, 419

【に】

二極形スパッタイオンポンプ	308
二次イオン質量分析法	568
二次元凝縮	105
二次元分子系	105
二次電子	556
ニッケル基合金	127
入射頻度	16, 20
ニュートンの粘性法則	25
ニュートン流体	25
ニューマチックアンローダー	498
入力カプラー	180
二流路法	422

【ぬ】

濡れ	106

【ね】

ネオンサイン	512
ねじ溝部	287

ねじれ吸収ベローズ	171
熱陰極	384
熱陰極型イオン源	398
熱陰極電離真空計	384
熱化	530
熱化距離	531
熱拡散	30
熱拡散係数	30
熱拡散定数	30
熱真空環境	466
熱遷移	21, 376, 418
熱脱離	91
——によるガス放出	195
熱脱離分光	74
熱脱離法	92
熱的適応係数	38, 85, 120
熱電対	176
熱電対導入端子	176
熱伝導真空計	377
熱伝導率の温度依存性	32
熱平均速度	15
熱流	26
粘性	24
——に基づく分子直径	26
——の衝突断面積	26
粘性係数	25, 360
——の温度依存性	31
粘性真空計	380
粘性率	25
粘性流	23, 42
粘性流領域でのコンダクタンス	47
粘度	25

【は】

排気	
——の時定数	238
——の方程式	238, 318
排気曲線	232, 240, 328, 436
排気速度	45
排気抵抗	44
排気プロセス	318
排気量	43
ハイブリッド型ターボ分子ポンプ	291
背面散乱係数	560
ハウスキーパーシール	134
ハーゲン・ポアズイユ流れ	47
バタフライバルブ	161
パッキン	166
バックグラウンド	563
バックシール	137
発光ダイオード	520
バッフル	282
ばね入りメタル C リング	155
パーフルオロエラストマー	144
バリアブルリークバルブ	161
パルスモーター	173

反結合性軌道	72
反射高速電子線回折法	555
反射電子	556
反射膜コーティング	519
搬送ロボット	500
反跳打込み	532
反応性イオンエッチング	546

【ひ】

ピエゾ抵抗式半導体圧力センサー	374
比較校正	432
光刺激脱離	459
光刺激脱離係数	459
光衝撃脱離	330
光照射ダメージ	551
光脱離	93
光ファイバー導入端子	177
光励起脱離	93, 228
比感度係数	417
飛行時間型質量分析計	406
非蒸発（型）ゲッターポンプ	
	265, 301, 305, 446
ピストン（型真空）ポンプ	263, 274
非弾性平均自由行程	559
被覆率	71
微分型透過曲線	427
ビームの寿命	457
ビーム不安定性	460
標準器	432
標準コンダクタンスエレメント	413
標準状態	12
標準リーク	361
表面粗さ	163
表面拡散	89
表面積測定	107
表面波励起型プラズマ	542
秤量法	423
ピラニ真空計	378
ビルドアップ法	259
ビルトイン イオンポンプ	314

【ふ】

ファンデルワールス（状態）方程式	
	20, 105
ファンデルワールス相互作用	17
ファンデルワールス力	72
フィック	
——の第一法則	23, 113
——の第二法則	113
フォアライントラップ	269, 444
不均質表面	103
複合型ターボ分子ポンプ	285
副標準真空計	388
副標準電離真空計	374
不整合相	106
不確かさ	433

付　着	71	平行平板容量結合型プラズマ	541	【ま】	
付着原子1個当りのエネルギー	532	平面直角座標系	492	マイヤーの関係式	12
フッ素ゴム	144	ベーカブルフランジ	152	マーカスの方法	63
フッ素樹脂	128	ベーキング（ベーク）		膜式流量計	415
物理吸着	71	187, 196, 331, 437, 449, 480		マクスウェル・ボルツマン速度分布	
物理的気相成長	514	ペニング真空計	394	13, 70, 117	
物理的気相堆積法	525	ペニング放電	309	マグデブルクの半球	2
物理的ダメージ	550	ヘリウム透過率	114	マグネトロン型真空計	394
物理リーク	412	ヘリウム漏れ試験での応答時間	372	マグネトロンスパッタ源	514
浮遊電位	544	ヘリウムリークディテクター		マクラウド真空計	6, 373
フラグメントイオン	402	356, 363		摩擦撹拌溶接	132
プラスチックの気体透過率	217	ヘリカル方式	475	摩擦係数	163
ブラスト処理	182	ベリリウム銅合金	442	マシナブルセラミックス	128
プラズマエッチング	541	ベルヌーイの定理	50	マシュー方程式	399
プラズマエッチング処理	252	ヘルマーゲージ	391	マスフローコントローラー	410
プラズマシース	545	ベローズシール	167	マッハ数	42
プラズマ周波数	543	ベローズポンプ	263	魔法瓶	503
プラズマ処理装置	251	弁シール	158	マルチチャンバーシステム	237
プラズマ生成・加熱	482	偏芯ベローズ	171	マルチパクター	180
プラズマダメージ	550	変調型電離真空計	390	【む】	
プラズマと壁との相互作用	483	ベーンポンプ	264	無酸素銅（OFHC）	126, 154
プラズマパラメーター	542	ヘンリー吸着式	326	【め】	
プラズマ密度	544	ヘンリー則	102	メタライジング	135
プラズマCVD	514	【ほ】		メタルシールフランジ	150
フランジ継手	140	ボイル		メタル中空Oリング	155, 156
フランジに発生する応力	244	——の法則	10	面シール型グスケット	154
プルアウトルク	173	——のJ管	2	面シール式継手	156
ブルドン管（真空計）	5, 374	放射化	463	面積流量計	415
フロイントリッヒ（吸着）式 104, 326		放射光	455	メンブレンリーク	414
フロート流量計	416	放射加熱型蒸発源	302	【も】	
プロセスパラメーター	542	膨張法	429	モースポテンシャル	75
プロセスモニター	397	放　電	462	モル	10
分圧計	397	——の防止	474	モル質量	15
分圧標準	430	放電洗浄	187	【や】	
分極率	78	飽和蒸気圧曲線	293	ヤング率	141
分散力	72	ホー係数	281	【ゆ】	
分子状コンタミネーション	473	保守用フランジ	149	融解チタンメタライジング法	135
分子状励起子	96	補償導線	177	有機金属化学的気相成長	520
分子線エピタキシー装置	253	補助軸受	290	誘起双極子	72
分子線エピタキシー法	526	ボーム速度	543	誘導結合型プラズマ	542
分子直径	20	ポリイミド	128	輸送係数	23
分子ドラッグポンプ	4	ポリイミドバルブ	160	【よ】	
噴　出	10	ボルツマン定数	11	溶解拡散機構	425
分子流	23, 41	ボルト締めフランジ	147	溶解度係数	426
分子流量	43	ボルトの締付け力	245	溶接ベローズ	167
分子流領域でのコンダクタンス		ボールバルブ	161	陽電子放射断層撮影装置	518
53, 57		ボロンコーティング	485	揺動ピストン型	266
分配関数	101	ボンネットシール	158	余弦則	43, 88
分布型イオンポンプ	314	ポンプ		呼び径	145
【へ】		——からのガス放出	223		
平均自由行程	17, 543	——の逆拡散	366		
空気の——	19	ポンプ油の蒸気圧	223		
電子の——	19, 553	ポンプ保護システム	277		
平均（表面）滞在時間					
91, 101, 233, 319, 437					

索引

四極子形質量分析計	7, 398
四極子形マスフィルター	399
四極子モーメント	78

【ら】

ラザフォード後方散乱分光法	566
ラジカルフラックス	543
ラファティゲージ	391
ラングミュア吸着式	102, 326
乱流	42
——のコンダクタンス	48

【り】

リーク検査（テスト）	256, 356, 448, 481
リークバルブ	161
リーク標準	430
リーク量	
——の換算	359
——の単位	362
リーク路	256
理想排気速度	21
リフレクトロン	407
粒子加速器	454
粒子状コンタミネーション	474
流束	24, 28, 118
流束密度	24
流量	43
流路切替え法	422
臨界圧力比	50
臨界温度	105
臨界点	11
臨界ノズル	414
臨界背圧曲線	251
臨界流量	51

【る】

ルーツ型ドライポンプ	275, 276
ルーツポンプ	263, 270, 461
——の排気性能	271

【れ】

冷陰極電離真空計	394
励起子	96
励磁最大静止トルク	173
レイノルズ数	42
レジン含浸	500
レナード・ジョーンズポテンシャル	17, 75

【ろ】

| ローター温度 | 289 |
| ロシュミット数 | 13 |

【A】

AC	74
AES	558
Antoniewicz 機構	95
APS	189
AT ゲージ	393

【B】

BET 式	103, 104
BET 法	107
Blyholder モデル	83
BN コーティング	129
B–A 型電離真空計	6
B–A 真空計	388

【C】

CCG	394
CCP	541
CE 機構	96
CF フランジ	152
CMM	393
CP	250
CVD	525

【D】

DDC	404
delayed-DC ramp	404
DH 法	509
DIET	93
DIP	314
DLC	165, 519
DP	250, 279
DPRF	169
DR 式	103, 104

| DR プロット | 105 |
| DR 法 | 107 |

【E】

EAI	74
EBPM	157
ECR	542
ED 機構	96
EID	93
EPMA	557
e-p 不安定性	460
ESCA	561
ESD	93, 391, 403, 419
ESD イオン	403
ESD 断面積	98
Eucken formula	28

【F】

| FSW | 132 |

【G】

| GTR | 426 |
| G–M サイクル | 293 |

【H】

HEIS	566
HID	512
HOMO	73
HPPMS	536

【I】

ICAO 標準大気	9
ICF フランジ	152, 440
ICP	542
IMFP	559

IP	249
IPD ガスケット	154
IPVD	536
ISO フランジ	147

【J】

| JIS フランジ | 149 |

【K】

KAGRA	487
KF 機構	95
Kisliuk モデル	77
Knudsen Minimum	67

【L】

| L 字型バルブ | 159 |
| LUMO | 73 |

【M】

MBE	253
MGR 機構	94
MIG 溶接	131
ML	71
MOCVD	520
MRI	505
MS	397
M-Solvay サイクル	293

【N】

NEG	301, 305, 446
NEG 材内部の水素濃度	306
NEG ポンプ	265, 461
——の活性化	306
——の排気速度	307
Nier 型イオン源	398

【O】

O リング	141
O リングシール	166

【P】

pd 積	531
PET	518
PET フィルムからの気体放出	494
PPA	397
p–Q 線図	251
PSA	499
PSD	93, 459
PSD 断面積	98
PSD yield	459
pV 値	43, 92
PVD	514, 525
PVSA	499

【Q】

QMS	398

【R】

RBS	566
RGA	397
RH 法	509
RIE	546
R/L 導入機	169

【S】

sccm	44
SCE	413
Schulz-Phelps ゲージ	394
SEM	516
SI	8
SIMS	568
SIP	308
STP	114
SUS304L のガス放出速度	439
SWP	542

【T】

Takaishi-Sensui の式	418
TDS	74, 423
TEM	516
TIG 溶接	131
TiN コーティング	129
TMP	248
TOF	406
TOF-SIMS	569
TPD	74, 423
TSP	301
TXRF	565

【U】

U 字管真空計	373
UHV	8, 436
UV／オゾン洗浄	187

【V】

VaRTM	500
VIP	506

【W】

wetting 転移	107
WVTR	426

【X】

X 線回折法	566
X 線光電子分光法	561
X 線励起オージェ電子	562
XHV	436
XPS	561
XRD	566

【Y】

Y 型バルブ	160

【数字・記号】

2 乗平均（根）速度	16
15 K クライオパネル	293
80 K シールド	293
80 K バッフル	293

真空科学ハンドブック
Handbook of Vacuum Science   　　　　　　　　Ⓒ 一般社団法人 日本真空学会 2018

2018 年 3 月 30 日　初版第 1 刷発行

検印省略	編　　者	一般社団法人 日本真空学会
	発行者	株式会社　コロナ社
	代表者	牛来真也
	印刷所	三美印刷株式会社
	製本所	牧製本印刷株式会社

112-0011　東京都文京区千石 4-46-10
発行所　株式会社　コロナ社
CORONA PUBLISHING CO., LTD.
Tokyo Japan
振替 00140-8-14844・電話 (03)3941-3131(代)
ホームページ　http://www.coronasha.co.jp

ISBN 978-4-339-00908-8　C3042　Printed in Japan 　　　　　　　　（横尾）

JCOPY <出版者著作権管理機構 委託出版物>
本書の無断複製は著作権法上での例外を除き禁じられています。複製される場合は，そのつど事前に，出版者著作権管理機構（電話 03-3513-6969, FAX 03-3513-6979, e-mail: info@jcopy.or.jp）の許諾を得てください。

本書のコピー，スキャン，デジタル化等の無断複製・転載は著作権法上での例外を除き禁じられています。購入者以外の第三者による本書の電子データ化及び電子書籍化は，いかなる場合も認めていません。
落丁・乱丁はお取替えいたします。

カーボンナノチューブ・グラフェンハンドブック

フラーレン・ナノチューブ・グラフェン学会 編
B5判／368頁／本体10,000円／箱入り上製本

監　　修：飯島　澄男，遠藤　守信
委 員 長：齋藤　弥八
委　　員：榎　　敏明，斎藤　　晋，齋藤理一郎，
（五十音順）　篠原　久典，中嶋　直敏，水谷　　孝
（編集委員会発足時）

本ハンドブックでは，カーボンナノチューブの基本的事項を解説しながら，エレクトロニクスへの応用，近赤外発光と吸収によるナノチューブの評価と光通信への応用の可能性を概観。最近嘱目のグラフェンやナノリスクについても触れた。

【目　次】

1. **CNTの作製**
   1.1 熱分解法／1.2 アーク放電法／1.3 レーザー蒸発法／1.4 その他の作製法

2. **CNTの精製**
   2.1 SWCNT／2.2 MWCNT

3. **CNTの構造と成長機構**
   3.1 SWCNT／3.2 MWCNT／3.3 特殊なCNTと関連物質／3.4 CNT成長のTEMその場観察／3.5 ナノカーボンの原子分解能TEM観察

4. **CNTの電子構造と輸送特性**
   4.1 グラフェン，CNTの電子構造／4.2 グラフェン，CNTの電気伝導特性

5. **CNTの電気的性質**
   5.1 SWCNTの電子準位／5.2 CNTの電気伝導／5.3 磁場応答／5.4 ナノ炭素の磁気状態

6. **CNTの機械的性質および熱的性質**
   6.1 CNTの機械的性質／6.2 CNT撚糸の作製と特性／6.3 CNTの熱的性質

7. **CNTの物質設計と第一原理計算**
   7.1 CNT，ナノカーボンの構造安定性と物質設計／7.2 強度設計／7.3 時間発展計算／7.4 CNT大規模複合構造体の理論

8. **CNTの光学的性質**
   8.1 CNTの光学遷移／8.2 CNTの光吸収と発光／8.3 グラファイトの格子振動／8.4 CNTの格子振動／8.5 ラマン散乱スペクトル／8.6 非線形光学効果

9. **CNTの可溶化，機能化**
   9.1 物理的可溶化および化学的可溶化／9.2 機能化

10. **内包型CNT**
    10.1 ピーポッド／10.2 水内包SWCNT／10.3 酸素など気体分子内包SWCNT／10.4 有機分子内包SWCNT／10.5 微小径ナノワイヤー内包CNT／10.6 金属ナノワイヤー内包CNT

11. **CNTの応用**
    11.1 複合材料／11.2 電界放出電子源／11.3 電池電極材料／11.4 エレクトロニクス／11.5 フォトニクス／11.6 MEMS, NEMS／11.7 ガスの吸着と貯蔵／11.8 触媒の担持／11.9 ドラッグデリバリーシステム／11.10 医療応用

12. **グラフェンと薄層グラファイト**
    12.1 グラフェンの作製／12.2 グラフェンの物理／12.3 グラフェンの化学

13. **CNTの生体影響とリスク**
    13.1 CNTの安全性／13.2 ナノカーボンの安全性

定価は本体価格+税です。
定価は変更されることがありますのでご了承下さい。

図書目録進呈◆

シミュレーション辞典

日本シミュレーション学会 編
A5判／452頁／本体9,000円／上製・箱入り

◆編集委員長　大石進一（早稲田大学）
◆分 野 主 査　山崎　憲(日本大学),寒川　光(芝浦工業大学),萩原一郎(東京工業大学),
　　　　　　　　矢部邦明(東京電力株式会社),小野　治(明治大学),古田一雄(東京大学),
　　　　　　　　小山田耕二(京都大学),佐藤拓朗(早稲田大学)
◆分 野 幹 事　奥田洋司(東京大学),宮本良之(産業技術総合研究所),
　　　　　　　　小俣　透(東京工業大学),勝野　徹(富士電機株式会社),
　　　　　　　　岡田英史(慶應義塾大学),和泉　潔(東京大学),岡本孝司(東京大学)
　　　　　　　　　　　　　　　　　　　　　　　　　　　　　　　（編集委員会発足当時）

シミュレーションの内容を共通基礎，電気・電子，機械，環境・エネルギー，生命・医療・福祉，人間・社会，可視化，通信ネットワークの8つに区分し，シミュレーションの学理と技術に関する広範囲の内容について，1ページを1項目として約380項目をまとめた。

Ⅰ　**共通基礎**（数学基礎／数値解析／物理基礎／計測・制御／計算機システム）
Ⅱ　**電気・電子**（音　響／材　料／ナノテクノロジー／電磁界解析／VLSI設計）
Ⅲ　**機　　械**（材料力学・機械材料・材料加工／流体力学・熱工学／機械力学・計測制御・
　　　　　生産システム／機素潤滑・ロボティクス・メカトロニクス／計算力学・設計
　　　　　工学・感性工学・最適化／宇宙工学・交通物流）
Ⅳ　**環境・エネルギー**（地域・地球環境／防　災／エネルギー／都市計画）
Ⅴ　**生命・医療・福祉**（生命システム／生命情報／生体材料／医　療／福祉機械）
Ⅵ　**人間・社会**（認知・行動／社会システム／経済・金融／経営・生産／リスク・信頼性
　　　　　／学習・教育／共　通）
Ⅶ　**可視化**（情報可視化／ビジュアルデータマイニング／ボリューム可視化／バーチャル
　　　　　リアリティ／シミュレーションベース可視化／シミュレーション検証のため
　　　　　の可視化）
Ⅷ　**通信ネットワーク**（ネットワーク／無線ネットワーク／通信方式）

本書の特徴

　1. シミュレータのブラックボックス化に対処できるように，何をどのような原理でシミュレートしているかがわかることを目指している。そのために，数学と物理の基礎にまで立ち返って解説している。

　2. 各中項目は，その項目の基礎的事項をまとめており，1ページという簡潔さでその項目の標準的な内容を提供している。

　3. 各分野の導入解説として「分野・部門の手引き」を供し，ハンドブックとしての使用にも耐えうること，すなわち，その導入解説に記される項目をピックアップして読むことで，その分野の体系的な知識が身につくように配慮している。

　4. 広範なシミュレーション分野を総合的に俯瞰することに注力している。広範な分野を総合的に俯瞰することによって，予想もしなかった分野へ読者を招待することも意図している。

定価は本体価格＋税です。
定価は変更されることがありますのでご了承下さい。

図書目録進呈◆

新コロナシリーズ

（各巻B6判，欠番は品切です）

			頁	本体
2.	ギャンブルの数学	木下栄蔵著	174	1165円
3.	音戯話	山下充康著	122	1000円
4.	ケーブルの中の雷	速水敏幸著	180	1165円
5.	自然の中の電気と磁気	高木相著	172	1165円
6.	おもしろセンサ	國岡昭夫著	116	1000円
7.	コロナ現象	室岡義廣著	180	1165円
8.	コンピュータ犯罪のからくり	菅野文友著	144	1165円
9.	雷の科学	饗庭貢著	168	1200円
10.	切手で見るテレコミュニケーション史	山田康二著	166	1165円
11.	エントロピーの科学	細野敏夫著	188	1200円
12.	計測の進歩とハイテク	高田誠二著	162	1165円
13.	電波で巡る国ぐөに	久保田博南著	134	1000円
14.	膜とは何か ―いろいろな膜のはたらき―	大矢晴彦著	140	1000円
15.	安全の目盛	平野敏右編	140	1165円
16.	やわらかな機械	木下源一郎著	186	1165円
17.	切手で見る輸血と献血	河瀬正晴著	170	1165円
19.	温度とは何か ―測定の基準と問題点―	櫻井弘久著	128	1000円
20.	世界を聴こう ―短波放送の楽しみ方―	赤林隆仁著	128	1000円
21.	宇宙からの交響楽 ―超高層プラズマ波動―	早川正士著	174	1165円
22.	やさしく語る放射線	菅野・関共著	140	1165円
23.	おもしろ力学 ―ビー玉遊びから地球脱出まで―	橋本英文著	164	1200円
24.	絵に秘める暗号の科学	松井甲子雄著	138	1165円
25.	脳波と夢	石山陽事著	148	1165円
26.	情報化社会と映像	樋渡涓二著	152	1165円
27.	ヒューマンインタフェースと画像処理	鳥脇純一郎著	180	1165円
28.	叩いて超音波で見る ―非線形効果を利用した計測―	佐藤拓宋著	110	1000円
29.	香りをたずねて	廣瀬清一著	158	1200円
30.	新しい植物をつくる ―植物バイオテクノロジーの世界―	山川祥秀著	152	1165円
31.	磁石の世界	加藤哲男著	164	1200円

			頁	本体
32.	体 を 測 る	木村雄治著	134	1165円
33.	洗剤と洗浄の科学	中西茂子著	208	1400円
34.	電気の不思議 ―エレクトロニクスへの招待―	仙石正和編著	178	1200円
35.	試作への挑戦	石田正明著	142	1165円
36.	地球環境科学 ―滅びゆくわれらの母体―	今木清康著	186	1165円
37.	ニューエイジサイエンス入門 ―テレパシー，透視，予知などの超自然現象へのアプローチ―	窪田啓次郎著	152	1165円
38.	科学技術の発展と人のこころ	中村孔治著	172	1165円
39.	体 を 治 す	木村雄治著	158	1200円
40.	夢を追う技術者・技術士	CEネットワーク編	170	1200円
41.	冬季雷の科学	道本光一郎著	130	1000円
42.	ほんとに動くおもちゃの工作	加藤孜著	156	1200円
43.	磁石と生き物 ―からだを磁石で診断・治療する―	保坂栄弘著	160	1200円
44.	音 の 生 態 学 ―音と人間のかかわり―	岩宮眞一郎著	156	1200円
45.	リサイクル社会とシンプルライフ	阿部絢子著	160	1200円
46.	廃棄物とのつきあい方	鹿園直建著	156	1200円
47.	電 波 の 宇 宙	前田耕一郎著	160	1200円
48.	住まいと環境の照明デザイン	饗庭貢著	174	1200円
49.	ネ コ と 遺 伝 学	仁川純一著	140	1200円
50.	心を癒す園芸療法	日本園芸療法士協会編	170	1200円
51.	温 泉 学 入 門 ―温泉への誘い―	日本温泉科学会編	144	1200円
52.	摩 擦 へ の 挑 戦 ―新幹線からハードディスクまで―	日本トライボロジー学会編	176	1200円
53.	気 象 予 報 入 門	道本光一郎著	118	1000円
54.	続 もの作り不思議百科 ―ミリ，マイクロ，ナノの世界―	JSTP編	160	1200円
55.	人のことば，機械のことば ―プロトコルとインタフェース―	石山文彦著	118	1000円
56.	磁石のふしぎ	茂吉・早川共著	112	1000円
57.	摩 擦 と の 闘 い ―家電の中の厳しき世界―	日本トライボロジー学会編	136	1200円
58.	製品開発の心と技 ―設計者をめざす若者へ―	安達瑛二著	176	1200円
59.	先端医療を支える工学 ―生体医工学への誘い―	日本生体医工学会編	168	1200円
60.	ハイテクと仮想の世界を生きぬくために	齋藤正男著	144	1200円
61.	未来を拓く宇宙展開構造物 ―伸ばす、広げる、膨らませる―	角田博明著	176	1200円
62.	科学技術の発展とエネルギーの利用	新宮原正三著	154	1200円
63.	微生物パワーで環境汚染に挑戦する	椎葉究著	144	1200円

定価は本体価格+税です。
定価は変更されることがありますのでご了承下さい。

図書目録進呈◆

技術英語・学術論文書き方関連書籍

Wordによる論文・技術文書・レポート作成術
−Word 2013/2010/2007 対応−
神谷幸宏 著
A5／138頁／本体1,800円／並製

技術レポート作成と発表の基礎技法
野中謙一郎・渡邉力夫・島野健仁郎・京相雅樹・白木尚人 共著
A5／160頁／本体2,000円／並製

マスターしておきたい 技術英語の基本
−決定版−
Richard Cowell・余　　錦華 共著
A5／220頁／本体2,500円／並製

科学英語の書き方とプレゼンテーション
日本機械学会 編／石田幸男 編著
A5／184頁／本体2,200円／並製

続 科学英語の書き方とプレゼンテーション
−スライド・スピーチ・メールの実際−
日本機械学会 編／石田幸男 編著
A5／176頁／本体2,200円／並製

いざ国際舞台へ！
理工系英語論文と口頭発表の実際
富山真知子・富山　健 共著
A5／176頁／本体2,200円／並製

知的な科学・技術文章の書き方
−実験リポート作成から学術論文構築まで−
中島利勝・塚本真也 共著
A5／244頁／本体1,900円／並製

日本工学教育協会賞
（著作賞）受賞

知的な科学・技術文章の徹底演習
塚本真也 著

工学教育賞（日本工学教育協会）受賞

A5／206頁／本体1,800円／並製

科学技術英語論文の徹底添削
−ライティングレベルに対応した添削指導−
絹川麻理・塚本真也 共著
A5／200頁／本体2,400円／並製

定価は本体価格+税です。
定価は変更されることがありますのでご了承下さい。

図書目録進呈◆